Teubner Studienbücher Chemie

H. Lueken
Magnetochemie

Teubner Studienbücher Chemie

Herausgegeben von
Prof. Dr. rer. nat. Christoph Elschenbroich, Marburg
Prof. Dr. rer. nat. Dr. h. c. Friedrich Hensel, Marburg
Prof. Dr. phil. Henning Hopf, Braunschweig

Die Studienbücher der Reihe Chemie sollen in Form einzelner Bausteine grundlegende und weiterführende Themen aus allen Gebieten der Chemie umfassen. Sie streben nicht die Breite eines Lehrbuchs oder einer umfangreichen Monographie an, sondern sollen den Studenten der Chemie – aber auch den bereits im Berufsleben stehenden Chemiker – kompetent in aktuelle und sich in rascher Entwicklung befindende Gebiete der Chemie einführen. Die Bücher sind zum Gebrauch neben der Vorlesung, aber auch – da sie häufig auf Vorlesungsmanuskripten beruhen – anstelle von Vorlesungen geeignet. Es wird angestrebt, im Laufe der Zeit alle Bereiche der Chemie in derartigen Lehrbüchern vorzustellen. Die Reihe richtet sich auch an Studenten anderer Naturwissenschaften, die an einer exemplarischen Darstellung der Chemie interessiert sind.

Magnetochemie

Eine Einführung in Theorie und Anwendung

Von Prof. Dr. rer. nat. Heiko Lueken
Rheinisch-Westfälische Technische Hochschule Aachen

B. G. Teubner Stuttgart · Leipzig 1999

Prof. Dr. rer. nat. Heiko Lueken

Geboren 1942 in Wilhelmshaven, Chemiestudium an der Westfälischen Wilhelms-Universität Münster, Promotion 1972 an der Rheinisch-Westfälischen Technischen Hochschule Aachen bei W. Bronger, Habilitation 1979. Von 1983 bis 1984 Professor für Anorganische Chemie an der Technischen Universität Clausthal, seit 1984 an der Rheinisch-Westfälischen Technischen Hochschule Aachen.

ISBN-13: 978-3-519-03530-5 e-ISBN-13: 978-3-322-80118-0
DOI: 10.1007/978-3-322-80118-0

Die Deutsche Bibliothek – CIP-Einheitsaufnahme

Ein Titeldatensatz für diese Publikation ist bei
Der Deutschen Bibliothek erhältlich

Für Marie-Jacques

Vorwort

Der vorliegende Text zur Magnetochemie soll vor allem die fortgeschrittenen Studierenden der Naturwissenschaften an diese Domäne der Chemischen Physik heranführen, dabei die erforderlichen mathematischen Methoden und Ableitungen nicht aussparen, aber auf das Nötigste reduzieren und anschaulich darstellen. Die dem heutigen Stand entsprechenden Erkenntnisse aus den verschiedenen Bereichen des Magnetismus werden vorgestellt, die Zusammenhänge mit den Grunderscheinungen dargelegt und die Anwendungen aufgezeigt. Dem Leser wird sowohl ein Überblick über die wichtigsten Erscheinungsformen des Magnetismus gegeben als auch ein tieferer Einblick und damit der Zugang zur Fachliteratur ermöglicht. Darüber hinaus wird Wert gelegt auf eine ausführliche Beschreibung der Meßmethoden mit hilfreichen Details aus der Praxis der Magnetochemie. Das Einheiten-System SI wird konsequent angewendet.

Kapitel 1 behandelt die physikalischen Grundgesetze sowie die Kenngrößen Magnetisierung, magnetische Suszeptibilität und magnetisches Moment. Kapitel 2 ist so angelegt, daß es Erscheinungsformen wie Dia- und Paramagnetismus, kollektiven Magnetismus und PAULI-Suszeptibilität beschreibt, ohne die Quantenmechanik zu bemühen. Es ist insbesondere für Studierende der Chemie gedacht, die sich auf die Diplomprüfung im Fach Anorganische Chemie mit der speziellen Ausrichtung Festkörperchemie oder Komplexchemie vorbereiten. Die weiteren Kapitel wenden sich an diejenigen, die in der Magnetochemie einen Schwerpunkt ihrer Forschungstätigkeit sehen. Zunächst wird in Kapitel 3 auf der Grundlage der Atomtheorie das erforderliche Rüstzeug erarbeitet, um den Zugang zu den beiden letzten Kapiteln zu erleichtern. Diese befassen sich mit dem Einfluß des Ligandenfeldes auf die magnetischen Zentren (Kapitel 4) und mit den kooperativen Effekten zwischen ihnen (Kapitel 5). Im Anhang schließlich wird auf die Tensoroperator-Technik eingegangen. Sie ist zum Verständnis eines großen Teils der Fachliteratur und der Standardwerke erforderlich.

Die bei gängigen magnetochemischen Problemstellungen erforderlichen Gleichungen werden abgeleitet und auf einfache Beispiele angewendet. Ein besonderes Anliegen war es, die komplexe Situation für d- und f-Systeme unter dem Einfluß sowohl von interelektronischer Wechselwirkung, Ligandenfeld, Spin-Bahn-Kopplung und kooperativen Effekten als auch vom äußeren Magnetfeld transparent zu machen. Dieses Bemühen schien erforderlich, um die von kommerziell erhältlichen SQUID-Magnetometern gelieferten Informationen adäquat, d. h. mit Hilfe geeigneter Rechenprogramme, interpretieren zu können. Die Diskussion von Korrelationsdiagrammen mit jeweils nur zwei Wechselwirkungen und, ausgehend von dieser Situation, das schrittweise Einführen weiterer Störungen gehören daher zum didaktischen Konzept. Schließlich sollen auf diesem Wege die Kenntnisse zum „Bau" eines geeigneten Modells entwickelt werden, das sich auf die wirklich wichtigen Störungen („Freiheitsgrade") eines magnetischen Systems konzentriert und von allen unwesentlichen und kaum handhabbaren Einzelheiten abstrahiert [481].

Teile des Textes gehen auf Vorlesungen an der TU Clausthal und der TH Aachen sowie auf gemeinsam mit Professor Dr. W. Bronger durchgeführte Fortbildungskurse zurück. Stoffauswahl und Konzept wurden darüber hinaus von drei Faktoren wesentlich beeinflußt: (1) In meßtechnischer Hinsicht waren die besten Voraussetzungen gegeben, da die Deutsche Forschungsgemeinschaft unserer Arbeitsgruppe ein SQUID-Magnetometer (MPMS-5S, Quantum Design) zur Verfügung stellte; (2) in Professor Dr. H. Schilder fand ich einen Kooperationspartner, der einen großen Teil der für magnetochemische Analysen erforderlichen Programme auf dem heute möglichen Niveau erstellte und sie mit unermüdlichem Einsatz den jeweils neuen Fragestellungen anpaßte; (3) meinen ehemaligen Mitarbeitern Dr. K. Handrick und Dr. Th. Eifert ist es zuzuschreiben, daß die Hochtemperaturentwicklung der Suszeptibilität (zur Berechnung magnetischer Kollektiveffekte bei zwei- und dreidimensional verknüpften magnetischen Zentren) im Text verankert werden konnte. Ihnen allen bin ich zu großem Dank verpflichtet. Ohne die Arbeiten weiterer früherer Mitarbeiter hätten wesentliche Teilgebiete unberücksichtigt bleiben müssen: Dr. U. Neuhausen machte die magnetische Charakterisierung von Einkristallen zu seiner Hauptaufgabe, und Dr. O. Borgmeier befaßte sich intensiv mit der Feldstärkeabhängigkeit der magnetischen Kenngrößen. Professor Dr. R. Dronskowski, Privatdozent Dr. U. Englert, Professor Dr. J. Fleischhauer, Privatdozent Dr. G. Raabe, Dr. U. Ruschewitz, Professor Dr. W. Stahl und Professor Dr. M. Zeidler danke ich für hilfreiche Diskussionen und kritische Kommentare. In bezug auf die Meßtechnik konnte ich auf die Erfahrungen von Herrn K. Kruse und Herrn Dipl.-Ing. P. Lorenz zurückgreifen, und die graphische Gestaltung wäre ohne die Hilfe von Herrn Dipl.-Phys. F. Hüning, Herrn Dr. L. Breil, Frau H. Falke, Frau S. Hasenberg und Herrn Dipl.-Chem. S. Irsen nicht möglich gewesen, wofür ich ihnen meinen Dank ausspreche.

Heiko Lueken Aachen, August 1999

Inhaltsverzeichnis

Häufig verwendete Symbole

A, B, C	RACAH-Parameter
A, B, E, T	irreduzible Darstellungen
$\boldsymbol{B}$	Kraftflußdichte
B_q^k $= A_k^q < r^k >$	Ligandenfeldparameter
$B_J(\alpha)$	BRILLOUIN-Funktion
C	CURIE-Konstante
C_q^k	RACAH-Tensor
C_n	n-zählige Drehachse
D	a) Termbezeichnung b) Zero-Field-Splitting-Parameter
$\mathbf{D}$	Matrix
$D(E)$	Zustandsdichte
Dq, Ds, Dt	Ligandenfeldparameter
e	Elementarladung
E	Identität
E', G'	irreduzible Darstellungen
E_F	FERMI-Energie
E_{kin}	kinetische Energie
E_{pot}	potentielle Energie
$E_n^{(0)}, E_n^{(1)}, \ldots$	Energie 0., 1.,... Ordnung
$\boldsymbol{e}_1, \boldsymbol{e}_2, \boldsymbol{e}_3$	Einheitsvektoren
$\boldsymbol{F}$	Kraft
F	a) Termbezeichnung b) freie Energie
F_0, F_2, F_4, F_6	SLATER-CONDON-Param.
g_J	LANDÉ-Faktor
$\boldsymbol{H}$	Magnetfeldstärke
h	a) Ordnung einer Gruppe b) PLANCK-Wirkungsquantum, $\hbar = h/(2\pi)$
H_{ee}	interelektronische Wechselwirkung
H_{LF}	Ligandenfeldeffekt
H_{SB}	Spin-Bahn-Wechselwirkung
H_{ex}	Austauschwechselwirkung
H_M	Magnetfeldeffekt
$\hat{H}^{(0)}$	Operator (ungestörtes System)
$\hat{H}^{(1)}$	Störoperator
H_{ij}	Matrixelement
H_{eff}	effektives Feld
H_{MF}	Molekularfeld
$\hat{h}$	Einelektronen-Operator
i	a) $\sqrt{-1}$, b) Inversion
$\boldsymbol{i}, \boldsymbol{j}, \boldsymbol{k}$	Einheitsvektoren
j, J	Gesamtdrehimpulsquantenzahl
$\hat{\boldsymbol{j}}, \hat{\boldsymbol{J}}$	Gesamtdrehimpulsoperator
$\boldsymbol{J}_p$	magnetische Polarisation
J_{ab}	COULOMB-Integral
$\mathcal{J}$	Austausch-Parameter
k_B	BOLTZMANN-Konstante
$\boldsymbol{k}; k_x, k_y, k_z$	Wellenzahlvektor, Kompon.
k_F	FERMI-Wellenzahl (-Radius)
K_{ab}	Austausch-Integral
l, L	Bahndrehimpulsquantenzahl
$\hat{\boldsymbol{l}}, \hat{\boldsymbol{L}}$	Bahndrehimpulsoperator
${}^{2S+1}L_J$	Termsymbol
$L(\alpha)$	LANGEVIN-Funktion
LC	Lattice Count
$\boldsymbol{M}$	Magnetisierung
$\boldsymbol{M}^s$	Sättigungsmagnetisierung
$\boldsymbol{M}^\infty$	$\boldsymbol{M}^s$ bei $T = 0$
$\boldsymbol{M}_A, \boldsymbol{M}_B$	Untergittermagnetisierung
$\boldsymbol{m}$	magnetisches Dipolmoment
m_j, M_J	magnetische Quantenzahlen
m_e	Masse des Elektrons
$\mathrm{M_r}$	Molmasse
N_A	AVOGADRO-Konstante
N	a) Normierungsfaktor b) Teilchen pro Volumen
N	Entmagnetisierungsfaktor
n	Hauptquantenzahl
n_{eff}	effekt. BOHR-Magnetonen
$n_{eff}^{s.o.}$	n_{eff} (Spin-only)
$\hat{p}_q$	Impulsoperator
P	Termbezeichnung
$\boldsymbol{p}_i, \boldsymbol{p}_q$	Basisvektoren
q	a) x, y, z, b) Koord.-Zahl
Q	Ladungszahl
$R_{n,l}(r)$	Radialfunktion
R	Symmetrieoperation
$\hat{R}_z(\alpha)$	Drehoperator
S	a) Term, b) Entropie
S_n	Drehspiegelung

s, S	Spinquantenzahl
$\hat{s}, \hat{S}$	Spinoperator
$\hat{S}_x, \hat{S}_y, \hat{S}_z$	Komponenten des Spin-Operators
$\hat{S}_\pm$	Schiebeoperator (Spin)
S_{ab}	Überlappungs-Integral
Sp	*Spur* (einer Matrix)
T	absolute Temperatur
T_C	CURIE-Temperatur
T_N	NÉEL-Temperatur
T_q^k	Tensoroperator
U	innere Energie
V	Volumen
$V(\boldsymbol{r})$	Potential
v	Geschwindigkeit
$W_n^{(1)}, W_n^{(2)}$	ZEEMAN-Koeffizienten 1., 2. Ordnung
$\hat{x}$	Ortsoperator
$Y_{ml}^l(\theta, \phi)$	Kugelflächenfunktion
Z	Zustandssumme
α, β, γ	EULER-Winkel
$\alpha_J, \beta_J, \gamma_J$	STEVENS-Faktor
α, β	magnet. Spinquantenzahl $m_s = +1/2$, $m_s = -1/2$
β	$(k_B T)^{-1}$
γ_e	gyromagnet. Verhältnis
γ_{HS}	High-Spin-Anteil
Γ	Darstellung
Γ_i	BETHE-Symbol für Darstellung
δ_{nm}	KRONECKER-Symbol
Δ	$\equiv 10\,Dq \equiv (10/21)B_0^4$ (Ligandenfeld-Aufspalt.)
ϵ, θ	Symbole zur Kennzeichnung von e-Orbitalen
ϵ	Orbital-Energie
ζ_{nl}	Einelektronen-Spin-Bahn-Kopplungsparameter
ζ, η, ξ	Symbole zur Kennzeichnung von t_2-Orbitalen

θ	STEVENS-Faktor
Θ_p	WEISS-Konstante
$\Theta_{m_l}^l(\theta)$	θ-abh. Faktor der Kugelflächenfunktion
κ	Bahnreduktionsfaktor
λ	Störparameter
λ_{LS}	Term-Spin-Bahn-Kopplungsparameter
λ_{MF}	Molekularfeldparameter
λ_V	volumenbezogener Molekularfeldparameter
$\boldsymbol{\mu}$	Vektor des atomaren magnetischen Dipolmomentes
μ	permanentes atomares magnetisches Moment
$\overline{\mu}$	Komponente des atomaren magnet. Dipolmomentes in Feldrichtung
μ_m^∞	atomares magnetisches Sättigungsmoment ($T = 0$)
μ_B	BOHR-Magneton
μ_0	magnetische Feldkonstante
μ_r	Permeabilitätszahl
ν	Valenzzahl
ρ	räumliche Koordinaten
$\rho(\boldsymbol{R})$	Elektronendichte
σ	a) Spiegelebene b) Spinkoordinate c) spez. Magnetisierung
$\hat{\sigma}_x, \hat{\sigma}_y, \hat{\sigma}_z$	PAULI-Matrizen
Φ	Wellenfunktion
φ	Drehwinkel
χ	Volumensuszeptibilität
χ_g	Massensuszeptibilität
χ_{mol}	Molsuszeptibilität
χ_0	T-unabh. Suszeptibilität
ψ, Ψ	Wellenfunktionen
$\psi(r, \theta, \phi)$	Ortsfunktion
$\psi(\sigma)$	Spinfunktion
$\omega, \hat{\Omega}$	Eigenwert, Operator
∇	Nabla-Operator

Einleitung

In großem Maße nutzt man Materialien mit speziellen magnetischen Eigenschaften, z. B. in der Elektrotechnik, dem Maschinenwesen, der Medizin; auch in der belebten Natur spielen magnetische Vorgänge eine Rolle. Zur Entwicklung neuer Materialien mit sorgfältig abgestimmten magnetischen Eigenschaften sind Kenntnisse über die Theorie des Magnetismus eine wichtige Voraussetzung. Darüber hinaus sind die magnetischen Eigenschaften der Materie für das Studium der chemischen Bindung von Interesse. Nur sehr genaue Modelle zur chemischen Bindung können die magnetischen Eigenschaften gut beschreiben. Die Untersuchung und Charakterisierung magnetischer Phänomene ist, wie wir sehen, somit ein bedeutendes Gebiet in Chemie, Physik und Materialwissenschaft.

Die Anfänge der Magnetochemie gehen auf Michael FARADAY zurück. Er untersuchte Kräfte auf Substanzen im Magnetfeld (~1852). Weitere wichtige Namen sind mit Frankreich verbunden: Pierre CURIE (Paramagnetismus, 1895), Paul LANGEVIN (Dia- und Paramagnetismus, 1905), Pierre WEISS (Ferromagnetismus, 1907), Louis NÉEL (Ferri- und Antiferromagnetismus, 1948). Die quantenmechanische Deutung des Para- und Diamagnetismus haben wir im wesentlichen John H. VAN VLECK zu verdanken. Sein Buch "*The Theory of Electric and Magnetic Susceptibilities*" [8] aus dem Jahre 1932 ist auch heute noch als ein Standardwerk in Fragen des Magnetismus, insbesondere der magnetischen Suszeptibilität, anzusehen. Eine ganz andere Sichtweise in Form des Kollektivelektronen-Modells zum Ferromagnetismus geht auf Edmund C. STONER zurück (1938). Die Magnetochemie in Deutschland wurde maßgeblich durch Wilhelm KLEMM geprägt. Dafür zeugt insbesondere sein Buch „Magnetochemie" [9], erschienen im Jahre 1936.

Während in der Anfangsphase der Magnetochemie die Charakterisierung des magnetischen Zentrums im Vordergrund stand, liegt der Schwerpunkt heuae, von einigen Ausnahmen abgesehen, auf der Untersuchung von Wechselwirkungen zwischen den Zentren. Ein wichtiges Ziel ist dabei, die elektronischen und strukturellen Bedingungen für das Auftreten von spontaner Magnetisierung zu finden, wobei der Schlüssel zum Verständnis in der Quantenmechanik liegt [10].

1 Magnetische Kenngrößen

Die für die Magnetochemie wichtigen Größen Magnetisierung, magnetische Suszeptibilität, Permeabilität und magnetisches Dipolmoment werden vorgestellt. Wir verwenden das Einheiten-System SI. Faktoren zur Umrechnung in das noch verbreitete CGS(GAUSS)-System findet man im Anhang A.1.

1.1 Magnetisierung

Bei der Bestimmung von magnetischen Eigenschaften mißt man die Reaktion eines Systems auf Störungen durch ein äußeres Magnetfeld $\boldsymbol{H}$. $\boldsymbol{H}$ ist ein Vektor und — wie im folgenden alle Vektoren — durch Fettdruck gekennzeichnet. Um die charakteristischen Größen einzuführen, die das magnetische Verhalten beschreiben, betrachten wir ein homogenes Magnetfeld, z. B. im Innern einer langgestreckten, zylinderförmigen und materiefreien Spule mit n Windungen und Länge d, durch die ein Strom der Stärke i fließt (s. Abb. 1.1). Die Magnetfeldstärke, die der Kraftliniendichte entspricht, ist in diesem Fall gegeben durch $|\boldsymbol{H}| = n\,i/d$. Sie wird gemessen in Ampere pro Meter (A/m). Eine Feldstärke von 1 A/m herrscht z. B. in einer Spule der Länge 1 m, durch die ein Strom von $1/n$ A fließt[1)].

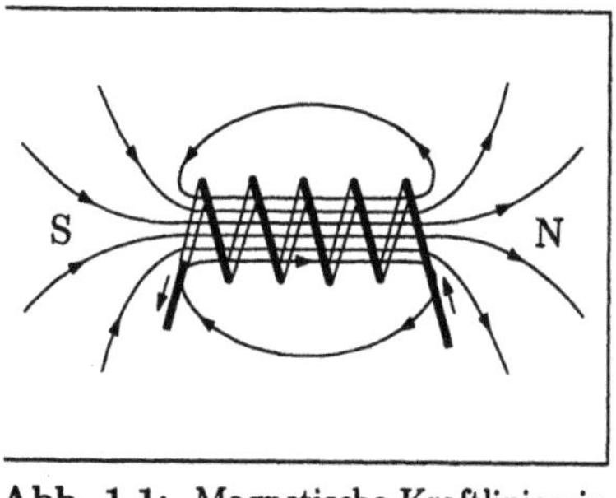

Abb. 1.1: Magnetische Kraftlinien in der Umgebung einer stromdurchflossenen Spule

Zur Definition der Magnetfeldstärke haben wir die *Ursache* des Magnetfelds eines stromführenden Leiters, nämlich den elektrischen Strom, benutzt. Um die *Wirkung* eines Magnetfelds wie die elektromagnetische Induktion oder die Energieänderung im Magnetfeld zu erfassen, wird eine weitere Größe definiert, die magnetische Induktion oder Kraftflußdichte $\boldsymbol{B}$ [5]. Die Flußdichte im

1) Das Erdmagnetfeld hat eine Stärke von ca. 40 A/m. Die in Meßapparaturen wie FARADAY-Waage (s. 2.5.1) und SQUID-Magnetometer (s. 2.5.3) verwendeten Magnete erzeugen normalerweise Felder bis ca. 1200 kA/m bzw. 4 000 kA/m.

materiefreien Raum ist proportional zu $\boldsymbol{H}$:

$$\boldsymbol{B} = \mu_0 \boldsymbol{H}. \tag{1.1}$$

Als Einheit für $\boldsymbol{B}$ dient das Tesla ($1\,\mathrm{T} = 1\,\mathrm{V{\cdot}s/m^2} = 1\,\mathrm{Wb/m^2}$). Den Proportionalitätsfaktor $\mu_0 = 4\pi \times 10^{-7}$ V·s/(A·m) bezeichnet man als magnetische Feldkonstante oder Permeabilität des Vakuums [2)]. Im GAUSSschen CGS-System ist der Zusammenhang zwischen $\boldsymbol{B}$ und $\boldsymbol{H}$ wegen $\mu_0 = 1$ einfacher.

In Materie, die man einem Magnetfeld — z. B. im Innern der stromdurchflossenen Spule — aussetzt, liegt eine gegenüber dem Vakuum geänderte Kraftflußdichte vor:

$$\boldsymbol{B} = \mu_0(\boldsymbol{H} + \boldsymbol{M}). \tag{1.3}$$

Die durch Materie geänderte Flußdichte, dividiert durch μ_0, definiert man als Magnetisierung $\boldsymbol{M}$:

$$\boldsymbol{M} = \frac{\boldsymbol{B} - \mu_0 \boldsymbol{H}}{\mu_0}. \tag{1.4}$$

$\boldsymbol{M}$ wird wie $\boldsymbol{H}$ in A/m gemessen. Mit $\boldsymbol{H}$ ist dabei das im Innern der Materie herrschende Magnetfeld gemeint, das in bestimmten Fällen näherungsweise gleich dem äußeren Feld gesetzt werden darf (s. 2.2.2 und 2.3.2). Gelegentlich ist es zweckmäßig, statt des äußeren *Feldes* $\boldsymbol{H}$ eine äußere *Induktion* $\boldsymbol{B}_0 = \mu_0 \boldsymbol{H}$ („Magnetfeld" genannt) zu verwenden.

Gl. (1.3) stellt den vektoriellen Zusammenhang zwischen Kraftflußdichte $\boldsymbol{B}$, Magnetfeldstärke $\boldsymbol{H}$ im Innern der Materie und Magnetisierung $\boldsymbol{M}$ her und ist allgemein gültig. Zu ihrem Verständnis gehen wir von der physikalischen Grunderscheinung aus, daß Magnetfelder durch bewegte elektrische Ladungen erzeugt werden. Magnetfeldstärke und Kraftflußdichte im Innern der leeren Spule sind eine Folge der Elektronenbewegung im Leiter. Eine Verstärkung von $\boldsymbol{B}$ kann nach Gl. (1.2) durch Vergrößerung von n/d bzw. i erreicht werden. Sie erfolgt jedoch auch in bestimmten Materialien, die Zentren mit ungepaarten Elektronen enthalten, wie folgender Gedankengang zeigt. Die sich in den ato-

---

2) Zur Herleitung von Gl. (1.1) sei an folgenden Versuch erinnert: Man bringt im Innern der in Abb. 1.1 gezeigten Spule eine Induktionsspule (Windungszahl n_I, Querschnitt A_I) so an, daß beide Spulen parallel stehen und die Induktionsspule ein Bündel von magnetischen Feldlinien umfaßt. Beim Ein- und Ausschalten des Stroms in der Spule wird nun jeweils ein Spannungsstoß $\int U\,dt$ in der Induktionsspule induziert, der proportional zur Feldstärke der Spule, d. h. ni/d, sowie zu n_I und A_I ist. Nach Umformung erhält man:

$$\frac{\int U\,dt}{n_I A_I} = \mu_0 \frac{ni}{d}. \tag{1.2}$$

Die linke Seite von Gl. (1.2) ist definitionsgemäß die Kraftflußdichte B.

maren Bausteinen bewegenden Elektronen („Molekularströme") sind ebenfalls mit Magnetfeldern verknüpft und stellen Elementarmagnete dar, die im feldfreien Raum ungeordnet sind (ausgenommen Permanentmagnete), aber durch ein äußeres Magnetfeld ausgerichtet werden (s. 1.3). Abb. 1.2 zeigt schematisch die in Gegenwart eines starken äußeren Magnetfeldes erzwungene gleichsinnige Orientierung der Elementarströme in der Probe, die zur Verdeutlichung der nicht kompensierten Magnetfelder des Stroms in der Umrandung quadratische Form haben. Die Magnetfelder aller Ströme heben sich gegenseitig weg bis auf die im Umrandungsstück. In dieser Modellvorstellung wirkt das Ensemble gleichgerichteter Molekularströme daher so, als ob ein scheinbarer Strom an der Oberfläche der Probe in einer zusätzlichen, unsichtbaren Spule vorhanden wäre, wobei in dem gewählten Beispiel der zusätzliche scheinbare Strom gleichsinnig mit dem der äußeren Spule verläuft und die Kraftflußdichte im Innern der Probe entsprechend erhöht ist.

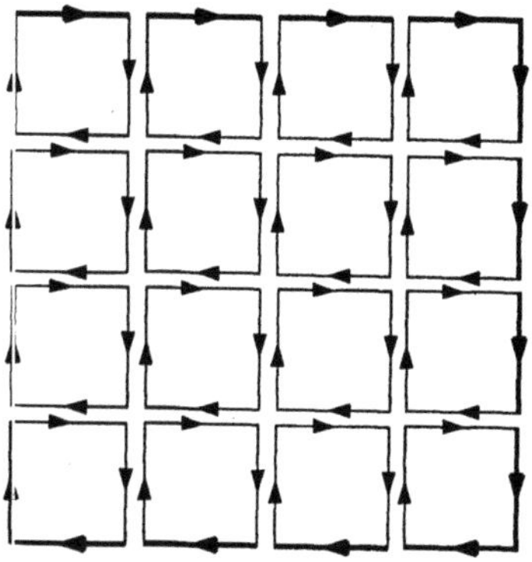

Abb. 1.2: Modell gleichsinnig orientierter Molekularströme

1.2 Suszeptibilität und Permeabilität

Die allgemeine Material-Gl. (1.3) kann vereinfacht werden, wenn man von kooperativen Erscheinungen wie z. B. Ferromagnetismus absieht. In einem magnetisch isotropen Stoff sind in jedem Raumpunkt Kraftflußdichte $\boldsymbol{B}$ und Magnetfeldstärke $\boldsymbol{H}$ richtungsgleich, so daß die Vektoren $\boldsymbol{H}$ und $\boldsymbol{M}$ entweder parallel oder antiparallel liegen müssen. Dies ist i. a. nicht der Fall bei magnetischer Anisotropie (vgl. 4.5.1). Generell gilt, daß die Magnetisierung — abgesehen von sehr hohen Magnetfeldern — der Feldstärke proportional ist. Im Falle isotroper Stoffe kann man schreiben:

$$\boldsymbol{M} = \chi \boldsymbol{H} \quad \text{oder} \quad \mu_0 \boldsymbol{M} = \chi \boldsymbol{B}_0. \tag{1.5}$$

χ ist eine dimensionslose Konstante, die man als magnetische Suszeptibilität bezeichnet[3]. Da die Magnetisierung, wie wir in 1.3 sehen werden, eine volumenbezogene Größe ist, wird χ Volumensuszeptibilität genannt. Einsetzen von Gl. (1.5) in Gl. (1.3) liefert

$$\boldsymbol{B} = \mu_0(1+\chi)\boldsymbol{H} = \mu_0 \mu_r \boldsymbol{H} \tag{1.6}$$

[3] Der Begriff *Suszeptibilität* läßt sich mit „Aufnahmefähigkeit für Kraftlinien" umschreiben. χ kann von anderen Parametern wie Temperatur, Druck usw. abhängen.

$$\text{mit} \quad \mu_r = 1 + \chi. \tag{1.7}$$

Die Konstante μ_r bezeichnet man als Permeabilitätszahl oder relative Permeabilität[4]. Sie stellt das Verhältnis von Kraftflußdichte mit und ohne Materie dar und ist wie χ dimensionslos.

Viele Stoffe haben Permeabilitätszahlen, die nur wenig von 1 abweichen. Zur Kennzeichnung dieses geringen Unterschieds und zur Klassifizierung der Stoffe ist in diesen Fällen die magnetische Suszeptibilität wesentlich besser geeignet. Hinsichtlich des Vorzeichens von χ gilt folgende Einteilung:

diamagnetische Stoffe	$\chi < 0$ bzw. $\mu_r < 1$
Vakuum	$\chi = 0$ bzw. $\mu_r = 1$
paramagnetische Stoffe	$\chi > 0$ bzw. $\mu_r > 1$

Gegenüber der Kraftflußdichte des Vakuums tritt in Diamagneten eine Erniedrigung, in Paramagneten eine Erhöhung ein (s. Abb. 1.3). In isotropen Diamagneten sind somit $\boldsymbol{M}$ und $\boldsymbol{H}$ entgegengesetzt gerichtet, in isotropen Paramagneten gleichgerichtet. In magnetisch anisotropen Stoffen sind i. a. $\boldsymbol{M}$ und $\boldsymbol{H}$ nicht parallel. Auf die daraus folgenden Tensoreigenschaften der magnetischen Suszeptibilität [29] wird in 4.5.1 eingegangen.

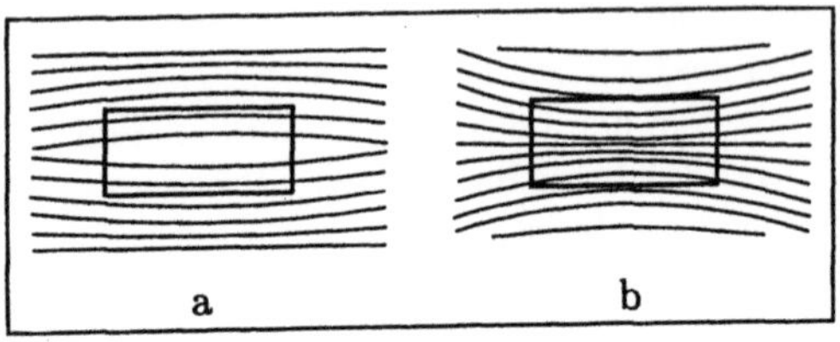

Abb. 1.3: Änderung der Kraftflußdichte in Gegenwart von Materie; (a) diamagnetischer, (b) paramagnetischer Stoff

In der Praxis verwendet man anstelle der Volumensuszeptibilität χ die Massensuszeptibilität χ_g, gemessen in m^3/kg, und insbesondere die Molsuszeptibilität χ_{mol}, gemessen in m^3/mol:

$$\chi_g = \frac{\chi}{\rho} \qquad \chi_{mol} = \chi_g \mathrm{M}_r. \tag{1.8}$$

ρ ist die Dichte (kg/m^3) und M_r die Molmasse (kg/mol).

Diamagnetismus, im Normalfall mit χ-Werten im Bereich von -10^{-4} bis -10^{-6}, wird z. B. beobachtet bei salzartigen Verbindungen aus einfachen Kationen und Anionen mit abgeschlossenen Elektronenschalen und bei vielen Molekülverbindungen (s. 2.1), aber auch bei einigen Metallen wie Kupfer, Silber und Gold (s. 2.4). Eine besondere Klasse bilden die Supraleiter mit einem hohen Diamagnetismus. Ein diamagnetischer Beitrag tritt bei allen Stoffen auf und muß gegebenenfalls bei der Ermittlung z. B. des genauen paramagnetischen Beitrags berücksichtigt werden.

---

[4] Als *Permeabilität* (Durchlässigkeit) bezeichnet man das Produkt $\mu_0\mu_r$.

Paramagnetisch mit χ-Werten von 10^{-2} bis 10^{-5} verhalten sich z. B. d- und f-Element-Verbindungen, in denen die Metalle unvollständig gefüllte Unterschalen mit ungepaarten Elektronen und somit permanente magnetische Momente haben (CURIE[5])-Paramagnetismus). Davon zu unterscheiden sind der Paramagnetismus von Leitungselektronen (PAULI[6])-Paramagnetismus) und der temperaturunabhängige Paramagnetismus TUP [7]) (VAN VLECK[8])-Paramagnetismus).

Eine dritte wichtige Stoffklasse bilden Ferromagnete. Bei ihnen besteht kein einfacher Zusammenhang zwischen $\boldsymbol{M}$ und $\boldsymbol{H}$. Zur Charakterisierung dient u. a. die Permeabilitätszahl μ_r [9]), die je nach Material Werte bis 10^6 annehmen kann. Man unterteilt ferromagnetische Stoffe aus praktischen Gründen in weichmagnetische und hartmagnetische. Bei ferromagnetisch weichen Stoffen — nicht zu kleine Magnetfelder vorausgesetzt — stimmen die Richtungen von $\boldsymbol{B}$ und $\boldsymbol{H}$ überein, aber μ_r ist nicht mehr konstant, sondern von der Feldstärke abhängig, so daß für solche Stoffe anstelle von Gl. (1.6) genauer zu schreiben ist:

$$\boldsymbol{B} = \mu_0 \mu_r(H) \boldsymbol{H}. \tag{1.9}$$

Bei ferromagnetisch harten Stoffen, aus denen Permanentmagnete hergestellt werden, ist der Zusammenhang komplizierter.

1.3 Magnetisches Dipolmoment

Das magnetische Dipolmoment[10]) $\boldsymbol{m}$ einer Probe (gemessen in A·m^2 $\equiv$ J/T) definiert mit

$$\boldsymbol{M} = \frac{\boldsymbol{m}}{V} \tag{1.10}$$

die Magnetisierung $\boldsymbol{M}$ eines Stoffes als das magnetische Dipolmoment pro Volumen (Dipoldichte).

---

[5]) Pierre CURIE (1859 - 1906), Professor für Physik in Paris.

[6]) Wolfgang PAULI (1900 - 1958), Professor für Physik in Zürich; Nobelpreis für Physik 1945.

[7]) In der englischsprachigen Literatur abgekürzt durch TIP (temperature independent paramagnetism).

[8]) John Hasbrouck VAN VLECK (1899 - 1980), Professor für Physik in Cambridge, USA; Nobelpreis für Physik 1977.

[9]) Ferromagnetika werden darüber hinaus durch die Induktionskurve $B(H)$ und die Sättigungsmagnetisierung M^s gekennzeichnet (s. 2.3.2).

[10]) Es werden auch die Bezeichnungen *elektromagnetisches Moment* [5] und *magnetisches Moment* verwendet. In Analogie zum elektrischen Dipolmoment, das als Ladung mal Abstand der Ladungen definiert ist, kann das magnetische Dipolmoment auch als Produkt aus Polstärke und Abstand der Pole voneinander definiert werden. Die elektrische Ladung und die magnetische Polstärke sind somit äquivalente Größen [5].

Um zu überprüfen, ob diese Definition mit Gl. (1.3) vereinbar ist, betrachten wir das magnetische Dipolmoment einer vom Strom i durchflossenen Leiterschleife, deren Ebene parallel zu den Feldlinien eines homogenen Magnetfeldes der Kraftflußdichte $\boldsymbol{B}$ angeordnet ist (s. Abb. 1.4).

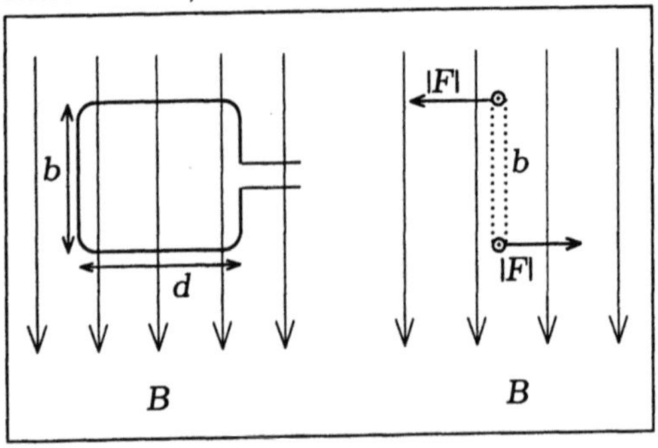

Abb. 1.4: Leiterschleife im homogenen Magnetfeld (rechts: Seitenansicht)

Auf die beiden senkrecht zu den Feldlinien liegenden Leiterstücke (Länge d) der Schleife wirkt jeweils die LORENTZ-Kraft $\boldsymbol{F} = -e\boldsymbol{v} \times \boldsymbol{B}$ (Ladung $-e$ und Geschwindigkeit $\boldsymbol{v}$ des Elektrons), während auf die parallel zu den $\boldsymbol{B}$-Linien liegenden Leiterstücke keine Kräfte ausgeübt werden. Mit $-e\boldsymbol{v} = i\boldsymbol{d}$ folgt $\boldsymbol{F} = i\boldsymbol{d} \times \boldsymbol{B}$. Die beiden Kräfte sind gleich groß, aber entgegengesetzt gerichtet. Die Angriffspunkte der Kräfte haben den Abstand b voneinander. Es wirkt ein Drehmoment $\boldsymbol{D}$ auf die Leiterschleife

$$\boldsymbol{D} = \boldsymbol{b} \times \boldsymbol{F} = \boldsymbol{b} \times [i\boldsymbol{d} \times \boldsymbol{B}],$$

wobei die Richtung von $\boldsymbol{b}$ wie bei $\boldsymbol{d}$ durch die Stromrichtung gegeben ist. Das Produkt $\boldsymbol{b}\times\boldsymbol{d}$ ist der Vektor $\boldsymbol{A}$, dessen Betrag gleich der Fläche der Leiterschleife ist, so daß gilt:

$$\boldsymbol{D} = i\boldsymbol{A} \times \boldsymbol{B}. \tag{1.11}$$

Die Richtung von $\boldsymbol{A}$ (senkrecht sowohl zu $\boldsymbol{b}$ als auch zu $\boldsymbol{d}$) ist durch die Umlaufrichtung des Stroms festgelegt (Rechtsschraubenregel). Nach Gl. (1.11) ist $\boldsymbol{D}$ am größten, wenn $\boldsymbol{A}$ und $\boldsymbol{B}$ senkrecht aufeinanderstehen, und $\boldsymbol{D}$ wird null, wenn $\boldsymbol{A}$ und $\boldsymbol{B}$ gleiche Richtung haben. Das Produkt

$$\boldsymbol{m} = i\boldsymbol{A} \tag{1.12}$$

ist das magnetische Dipolmoment der Leiterschleife. Der Vektor (die Momentachse) steht wie $\boldsymbol{A}$ senkrecht auf der von der Leiterschleife umfaßten Fläche. Handelt es sich um eine Spule mit n Windungen, so gilt $\boldsymbol{m} = ni\boldsymbol{A}$. Für das Drehmoment der Leiterschleife im Magnetfeld[11)] folgt $\boldsymbol{D} = \boldsymbol{m} \times \boldsymbol{B}$.

[11)] Ist das Magnetfeld nicht homogen, sondern inhomogen, tritt außer dem Drehmoment noch eine Kraft auf, die die Leiterschleife in das Gebiet der größeren Flußdichte hineinzieht. Hierauf beruht die Methode von FARADAY-CURIE zur Bestimmung der magnetischen Suszeptibilität (s. 2.5.1).

Um den Zusammenhang zwischen dem magnetischen Dipolmoment $\boldsymbol{m}$ und der Magnetisierung $\boldsymbol{M}$ herzustellen, verwendet man wieder das Bild, mit dem die Änderung der Kraftflußdichte infolge der Magnetisierung simuliert werden kann, nämlich mit einer Spule, deren Strom i' der Summe der nicht kompensierten „Elementarströme“ — auf der Oberfläche des Materials — entspricht und die die gleichen Abmessungen wie die Materie-Probe hat (Grundfläche $|\boldsymbol{A}|$, Länge d). Die Größe des magnetischen Dipolmoments dieser fiktiven Spule ist $|\boldsymbol{m}| = ni'|\boldsymbol{A}| = (ni'/d)d|\boldsymbol{A}| = |\boldsymbol{H}'|V$. Dabei entspricht ni'/d der zusätzlichen Feldstärke $|\boldsymbol{H}'|$, und $d|\boldsymbol{A}|$ ist das Volumen der Probe. Nach Gl. (1.3) ist die durch die fiktive Spule erzeugte Feldstärke $|\boldsymbol{H}'|$ die Magnetisierung, also das magnetische Dipolmoment, geteilt durch das Volumen.

Ausgehend von der stromdurchflossenen Leiterschleife, kann auch das mit der Bahnbewegung eines Elektrons verknüpfte magnetische Dipolmoment klassisch abgeleitet werden. Einer Ladung $-e$, die auf einer Kreisbahn mit dem Radius r und der Geschwindigkeit v umläuft, entspricht ein Strom $i = -e(v/2\pi r)$, wobei $2\pi r/v$ die Zeit für einen Umlauf bedeutet. Der Strom verursacht nach Gl. (1.12) ein magnetisches Dipolmoment der Größe

$$iA = i\pi r^2 = -e(v/2\pi r)\pi r^2 = -(e/2m_e)(m_e r v),$$

wobei m_e die Masse des Elektrons und $m_e vr$ sein Drehimpuls l ist. In vektorieller Schreibweise ergibt sich

$$\boldsymbol{\mu}_l = -\frac{e}{2m_e}\boldsymbol{l} = \gamma_e \boldsymbol{l}. \tag{1.13}$$

Die Konstante $\gamma_e = -(e/2m_e)$ bezeichnet man als gyromagnetisches[12)] Verhältnis. Am negativen Vorzeichen ist erkennbar, daß die Vektoren von Drehimpuls und zugehörigem magnetischen Moment entgegengesetzt gerichtet sind.

[12)] gyromagnetisch [gr.-nlat.]: kreiselmagnetisch, auf dem Zusammenhang zwischen Drehimpuls und magnetischem Moment beruhend.

2 Erscheinungsformen des Magnetismus

Das Verhalten von Materie im Magnetfeld hängt insbesondere davon ab, ob Zentren mit magnetischen Momenten anwesend sind und ob es sich um einen metallischen Leiter oder einen Isolator handelt. Die in Kapitel 1 vorgestellten Begriffe werden vertieft und die Erscheinungsformen des Magnetismus mit einigen typischen Beispielen vorgestellt.

2.1 Diamagnetismus

Diamagnetisch sind nach der Definition Stoffe mit $\chi < 0$. Unter bestimmten Voraussetzungen, auf die wir gleich eingehen, wird diamagnetisches Verhalten bei einem Stoff beobachtet, der weder Zentren mit magnetischen Momenten noch Leitungselektronen aufweist. In diesem Fall wird seine Suszeptibilität durch einen diamagnetischen Anteil bestimmt, der allein auf dem Induktionseffekt beruht: In Gegenwart eines äußeren Magnetfeldes wird die Bahnbewegung der Elektronen durch die Induktion zusätzlicher Ströme gestört, wobei die mit diesen Strömen verknüpften Magnetfelder entsprechend der LENZ-Regel der induktionserzeugenden Ursache — dem äußeren Feld — entgegengerichtet sind. Untersucht man den Einfluß von Feldstärke und Temperatur, so stellt man fest, daß der Diamagnetismus unabhängig von der Feldstärke und auch weitgehend unabhängig von der Temperatur ist[1)].

Ein diamagnetischer Grundbeitrag tritt bei allen Materialien auf und wird bei Suszeptibilitätsmessungen mit erfaßt. Man benötigt ihn vor allem zur Korrektur: Bei der Untersuchung z. B. von paramagnetischen Substanzen — hier liegt ein Schwerpunkt in der Magnetochemie — müssen zur genauen Ermittlung des reinen paramagnetischen Anteils χ^p_{mol} die experimentellen Werte entsprechend korrigiert werden.

Ein erwarteter Diamagnetismus kann durch einen positiven Beitrag verringert und unter Umständen mehr als kompensiert werden (s. 2.1.2). Dieser paramagnetische Beitrag hat kein klassisches Analogon und stellt den bereits erwähnten VAN VLECK-Paramagnetismus dar. Er beruht darauf, daß durch das

---

1) Die diamagnetische Suszeptibilität freier Atome und Ionen ist temperaturunabhängig. Eine Temperaturabhängigkeit kann auftreten, wenn die Wechselwirkung zwischen den Teilchen (im Molekül, Ionengitter oder in Lösung) temperaturabhängig ist [23].

äußere Magnetfeld Beiträge von magnetischen, aber unbesetzten, angeregten Zuständen in den Grundzustand „eingemischt" werden [19, 22] (s. 3.1.4, 3.4.3).

Wir wenden uns zunächst dem diamagnetischen Beitrag der Atome und Atomionen zu und danach dem der Moleküle und Molekülionen sowie der Supraleiter.

2.1.1 Atome und Atomionen

Die grundlegende, von VAN VLECK [8] durchgeführte quantenmechanische Behandlung des Magnetismus zeigt, daß der Diamagnetismus durch

$$\chi_{mol} = -\mu_0 \frac{N_A e^2}{6m_e} \sum_{i=1}^{n} < r_i^2 > \tag{2.1}$$

gegeben ist. Er entspricht dem Induktionseffekt und enthält die Ladung $-e$ und Masse m_e des Elektrons, die Avogadro-Konstante N_A sowie sogenannte Radialintegrale $< r_i^2 >$ (s. 3.2.1; Gl. (3.60)), die über alle mit Elektronen besetzten Zustände summiert werden und jeweils ein Maß für die Ausdehnung eines Orbitals darstellen. Ein entsprechender Ausdruck wurde bereits von LANGEVIN[2] mit Hilfe der klassischen Physik abgeleitet, wobei anstelle der Radialintegrale die gemittelten Quadrate der Bahnradien, $\overline{R_i^2}$, in Gl. (2.1) auftreten.

Aus Messungen im Vergleich mit quantentheoretischen Rechnungen ist bekannt, daß der Magnetismus von Edelgasen allein durch Gl. (2.1), den LANGEVIN-Term, bestimmt ist [20]. Entsprechend sollten sich nach der Theorie auch freie Ionen mit Edelgaskonfiguration und edelgasähnlicher Konfiguration verhalten[3]. Bei den im Kristall gebundenen Ionen ist der experimentell bestimmte Diamagnetismus in der Regel um etwa 10 – 20 % schwächer als bei freien Ionen, bedingt durch Änderungen in den Elektronenhüllen beim Einbau in den Festkörper. In erster Linie ist davon der LANGEVIN-Term betroffen. Bei Abweichungen kristallgebundener Ionen von der Kugelsymmetrie kann aber auch ein i. a. schwacher TUP auftreten und so zu einer Verkleinerung des Diamagnetismus-Wertes führen. Durch Suszeptibilitätsmessungen lassen sich beide Effekte nicht unmittelbar voneinander trennen.

Die u. a. auf Arbeiten von KLEMM[4] beruhenden und heute vielfach zur Bestimmung der diamagnetischen Korrekturwerte verwendeten Ionen-Suszeptibilitäten [11] sind in Tab. A.6 im Anhang A.3 zusammengestellt. Die dort

---

[2] Paul LANGEVIN (1872 – 1946), Professor für Physik, Paris.

[3] Die Bedingung für das Verschwinden des temperaturunabhängigen Paramagnetismus bei freien Atomen und Ionen lautet allgemein, daß ihr Grundzustand ein ^1S („Singulett-S")-Term ist [8] (s. 2.2.1 zur Erläuterung der Termsymbole).

[4] Wilhelm KLEMM (1896 – 1985), Professor für Anorganische Chemie in Hannover, Danzig, Kiel, Münster.

aufgeführten Inkremente sind auf der Grundlage von experimentellen Daten abgeleitet worden. Allerdings ist dies nicht ohne weiteres möglich, da immer nur die Summe von Kation- und Anion-Beiträgen bei der Suszeptibilitätsmessung erhalten wird. Eine Aufteilung auf die Ionen-Sorten muß mit Hilfe zusätzlicher, theoretischer Überlegungen vorgenommen werden. KLEMM [26] verwendete für ein bestimmtes Ionenpaar die nach quantenmechanischen Ansätzen erhältlichen Suszeptibilitätswerte der freien Ionen, bestimmte das Verhältnis der theoretischen Beiträge und teilte die experimentellen Suszeptibilitätswerte der Verbindung entsprechend auf. Eine Zusammenstellung weiterer Verfahren findet man in [20, 23]. Der diamagnetische Korrekturwert für Ionen mit permanentem magnetischen Moment, der wegen der Überdeckung durch den CURIE-Paramagnetismus nicht direkt beobachtbar ist, wurde ebenfalls auf der Grundlage von berechneten Suszeptibilitäten der freien Ionen abgeleitet[5)].

Anhand der Eintragungen in Tab. A.6 erkennt man die Zunahme der diamagnetischen Suszeptibilität mit zunehmender Größe und Elektronenzahl der Atome, wie es der LANGEVIN-Term (s. Gl. (2.1)) verlangt. Mit den tabellierten Daten lassen sich die zur Auswertung magnetochemischer Untersuchungen von Ionen-Verbindungen benötigten diamagnetischen Korrektur-Werte ausreichend genau durch Summation $\chi^k_{mol} = \sum_{i=1}^n \nu_i \, \chi^k_{mol,i}$ ermitteln[6)]. Die Koeffizienten ν_i stehen für die Zahl der Atome i in der betrachteten, im Normalfall auf *ein* paramagnetisches Zentrum bezogenen Formeleinheit. Die korrigierten χ^p_{mol}-Werte ergeben sich dann mit $\chi^p_{mol} = \chi^{exp}_{mol} - \chi^k_{mol}$, wobei $\chi^k_{mol} < 0$ zu beachten ist.

2.1.2 Moleküle und Molekülionen

Bei Molekülen bzw. Molekülionen kann erstens der TUP eine Rolle spielen, und zweitens werden die den Hauptteil des Diamagnetismus ausmachenden äußeren Elektronen durch die kovalenten Bindungen innerhalb der Baugruppen molekülspezifisch beeinflußt.

Der erstgenannte Effekt wird verantwortlich gemacht für die starken Abweichungen vom erwarteten Diamagnetismus bei Verbindungen mit komplexen Anionen, deren Zentralteilchen energetisch tiefliegende leere d-Orbitale haben. Als typische Beispiele sind Na_2CrO_4 und $KMnO_4$ zu nennen, bei denen mit den Gesamtsuszeptibilitäts-Werten von $+14 \times 10^{-11}$ m^3 mol^{-1} bzw. $+30 \times 10^{-11}$ m^3 mol^{-1} der diamagnetische Beitrag mehr als kompensiert wird [20].

---

5) Da die diamagnetischen Inkremente der paramagnetischen Kationen durch drastische Approximation erhalten wurden und im Vergleich zu den diamagnetischen Anteilen der Anionen klein sind, werden sie auch häufig vernachlässigt ([12, 13]).

6) Die Genauigkeit der experimentellen Daten reicht allerdings häufig nicht aus, wenn z. B. die Güte quantenmechanischer Näherungen anhand von magnetischen Suszeptibilitäten überprüft werden soll.

Weniger stark ausgeprägt ist der Effekt bei komplexen Anionen mit Hauptgruppenelementen als Zentralatom wie z. B. Carbonaten, Nitraten oder Sulfacen [20]. Weitere Beispiele mit TUP-Beiträgen sind Komplexverbindungen des Co(III) mit Low-Spin-Konfiguration [120].

Bei organischen Molekülverbindungen gelingt es, mit verfeinerten Inkrementen-Systemen von PASCAL und PACAULT bzw. HABERDITZL [20] den Diamagnetismus additiv zusammenzusetzen (zur theoretischen Begründung siehe [21]). Im Verfahren von HABERDITZL werden für innere Elektronen und freie Elektronenpaare quantenmechanisch berechnete Inkremente verwendet und die Beiträge der Bindungselektronen unter Berücksichtigung von Nachbarbindungseffekten aus experimentellen Daten abgeleitet [14, 20]. Für aromatische Systeme wie Benzol muß zusätzlich ein Inkrement berücksichtigt werden, das dem Elektronen-Delokalisierungseffekt („Ringstrom"-Effekt [15]) Rechnung trägt[7]. In den Tabellen A.7 und A.8 im Anhang A.3 sind die Atomrumpf- bzw. Bindungsinkremente zusammengefaßt. Der Gebrauch der Daten wird an Beispielen im Anhang A.3 gezeigt. Die von PASCAL und PACAULT abgeleiteten Inkremente findet man in [11].

Untersucht man Verbindungen mit makrocyclischen Liganden wie z. B. Eisen(III)-Porphyrinato-Komplexe, empfiehlt es sich, als diamagnetische Korrektur den experimentellen Wert einer entsprechend aufgebauten Verbindung mit einem diamagnetischen Kation (z. B. Sc^{3+}, da $\chi^k(Sc^{3+}) \approx \chi^k(Fe^{3+})$) als Korrekturgröße zu verwenden [24]. Hier ist der Elektronen-Delokalisierungseffekt besonders groß und über Inkrementen-Methoden nicht immer zuverlässig abschätzbar. Das geschilderte Verfahren empfiehlt sich ganz besonders bei Metalloproteinen, die nur wenige paramagnetische Zentren enthalten [25].

Wenn in den folgenden Kapiteln CURIE-paramagnetische Substanzen behandelt werden, so ist davon auszugehen, daß die diamagnetische Korrektur durchgeführt wurde. Auf den Index ‚p' wird zukünftig verzichtet.

2.1.3 Supraleiter

Supraleitung[8] [6, 27, 234] wird bei zahlreichen Stoffen mit metallischer Leitfähigkeit unterhalb einer kritischen Temperatur T_C beobachtet und macht sich

---

[7] Aromaten sind magnetisch stark anisotrop. Bei Benzol beobachtet man im Vergleich zur Suszeptibilität in den beiden Richtungen parallel zur Molekülebene ($\chi_{mol\parallel} = -43,8 \times 10^{-11} m^3 mol^{-1}$) einen etwa dreimal stärkeren Diamagnetismus senkrecht zur Molekülebene ($\chi_{mol\perp} = -119 \times 10^{-11} m^3 mol^{-1}$). Der gemittelte Wert ist $\chi_{mol} = -68,9 \times 10^{-11} m^3 mol^{-1}$ (Zur Bestimmung magnetischer Anisotropie von Molekülen s. [16]; über den Zusammenhang zwischen Ringstrom-Effekt und Aromatizität s. [17, 18]).

[8] Supraleitung wurde erstmals im Jahre 1911 bei Hg unterhalb von 4,2 K beobachtet. Die Untersuchungen erfolgten unter der Leitung von Heike KAMERLINGH ONNES (1853 - 1926; Nobelpreis in Physik 1913) im berühmten Kältelaboratorium der Universität Leiden.

durch ein sprunghaftes Verschwinden des elektrischen Widerstands bemerkbar. Man kennt supraleitende Metalle mit *Sprungtemperaturen* bis zu 9,22 K (Nb), intermetallische Verbindungen ($GeNb_3$: $T_C = 23,2$ K), kristalline anorganische Fasern (Polyschwefel-polynitrid $^1_\infty$[SN]: $T_C = 0,26$ K), organische Verbindungen ($(TMTSF)_2ClO_4$[9]: $T_C = 1$ K) und keramische Hochtemperatursupraleiter (Hg–Ba–Ca–Cu–O-System: $T_C \approx 133\,K$ [28]). Die Sprungtemperaturen T_C lassen sich durch temperaturabhängige Messung des elektrischen Widerstands bestimmen, aber auch in einfacher Weise — ohne daß man Kontakte an dem Supraleiter anbringen muß — durch Messung der magnetischen Suszeptibilität. Im normalleitenden Zustand ist der Wert der magnetischen Suszeptibilität wegen des diamagnetischen Grundbeitrags und eines paramagnetischen Anteils der Leitungselektronen (s. 2.4) sehr klein und die Permeabilitätszahl nahezu 1. Ein Supraleiter verhält sich im Idealfall wie ein Stoff der Permeabilitätszahl $\mu_r = 0$ bzw. der Volumensuszeptibilität $\chi = -1$. (Experimentell wird dieser Wert meist jedoch nur näherungsweise erreicht.) Damit ist nach Gl. (1.5) $\boldsymbol{M} = -\boldsymbol{H}$. Wie man nach Einsetzen in Gl. (1.4) sieht, wird ein magnetisches Feld daher vollständig aus dem Innern eines supraleitenden Materials verdrängt, so daß die Kraftflußdichte im Innern Null wird[10]. Man bezeichnet daher Supraleiter auch als ideale Diamagnete.

Die Messungen dürfen nicht bei zu hohen Magnetfeldern erfolgen, da starke Felder den supraleitenden Zustand zerstören. Im Falle von Supraleitern 1. Art erfolgt bei einer temperaturabhängigen kritischen Feldstärke H_C ein Übergang von der supraleitenden Phase direkt in den normalleitenden Zustand (bei einfachen Metallen liegt H_C zwischen 100 und 10 000 A/m), während im Falle von Supraleitern 2. Art dazwischen noch ein Mischzustand (SHUBNIKOV-Phase) existiert [27].

2.2 Paramagnetismus

Stoffe, die isolierte Zentren mit ungepaarten Elektronen aufweisen, zeigen positive und mit sinkender Temperatur stark zunehmende Suszeptibilitätswerte, d. h. CURIE-Paramagnetismus, sowie i. a. bei hinreichend tiefer Temperatur magnetische Ordnung (siehe 2.2.3, 2.2.4). Das oberhalb dieser Ordnungstemperatur unter bestimmten Voraussetzungen gültige CURIE-Gesetz sowie Abweichungen von diesem Idealverhalten (CURIE-WEISS-Gesetz) werden behandelt. Der Zusammenhang zwischen Suszeptibilität, magnetischem Moment und Elektronenkonfiguration wird unter Zugrundelegung des RUSSELL-SAUNDERS-Kopplungsschemas hergestellt und ein Überblick über das Verhalten parama-

---

[9] TMTSF ≡ Tetramethyltetraselenofulvalen.

[10] MEISSNER-OCHSENFELD-Effekt.

gnetischer Festkörper gegeben.

2.2.1 CURIE-Gesetz

In Abwesenheit eines äußeren Magnetfeldes sind die magnetischen Dipole infolge des Temperatureinflusses regellos orientiert, und es gibt somit keine nach außen hin meßbare Magnetisierung der Materie in irgendeiner Richtung. Bei Einschalsung eines äußeren Magnetfeldes sind sie bestrebt, sich mit ihrer Moment-Achse — soweit es die Temperatur erlaubt — in Feldrichtung einzustellen[11], da dieser Zustand gegenüber der entgegengesetzten Ausrichtung energetisch begünstigt ist. Es resultiert eine makroskopische Magnetisierung parallel zum Feld, gegeben durch die über alle Teilchen pro Volumen summierten Projektionen ihres magnetischen Momentes auf die Feldrichtung (s. Abb. 2.1), und damit ein positiver Beitrag zur Suszeptibilität. Da nun die thermische Energie, die eine regellose Orientierung anstrebt, mit sinkender Temperatur abnimmt, wird sich ein zunehmender Teil der magnetischen Momente in Feldrichtung einstellen. Folglich nehmen Magnetisierung und magnetische Suszeptibilität beim Abkühlen zu.

Mit Hilfe von Kraftmessungen in einem inhomogenen Magnetfeld (siehe 2.5.1) hat CURIE [38] 1895 festgestellt, daß sich die magnetische Suszeptibilität einer Reihe paramagnetischer Substanzen in guter Näherung umgekehrt proportional zur absoluten Temperatur verhält:

$$\boxed{\chi_{mol} = \frac{C}{T}}\,. \tag{2.2}$$

Dieses sog. CURIE-Gesetz wurde insbesondere durch Messungen an gasförmigem Sauerstoff erkannt und ist hier mit den auf 1 Mol bezogenen Größen[12] formuliert; C ist die für die Substanz charakteristische CURIE-Konstante[13]. Trägt man in einem Diagramm die reziproke Suszeptibilität gegen die Temperatur auf — dies ist eine der aussagekräftigsten Darstellungen in der Magnetochemie —, ergibt sich eine Gerade mit dem Anstieg C^{-1}, die durch den Koordinatenursprung verläuft (s. Abb. 2.2). Das CURIE-Gesetz gilt nur bei nicht zu starkem Magnetfeld und nicht zu tiefer Temperatur. Andernfalls strebt die Magnetisierung einem konstanten Wert, der Sättigungsmagnetisierung M_{mol}^{∞}, zu, bei der die Projektion aller Momente in Feldrichtung maximal ist.

---

[11] Phänomenologisch ist der Vorgang so zu beschreiben: Jeder Elementarmagnet stellt einen Kreisel dar, dessen Momentachse aufgrund des vom äußeren Feld ausgeübten Drehmoments eine sogenannte Präzession um eine Achse ausführt [7], die parallel zu den Feldlinien liegt. Bei der Präzession hat also die Momentachse des magnetischen Dipols stets den gleichen Winkel zur Feldrichtung und beschreibt einen Kegel.

[12] Die Umrechnung von der volumen- zur molbezogenen Magnetisierung erfolgt wie bei der Suszeptibilität (s. 1.2): $M_{mol} = M\mathrm{M}_r/\rho$.

[13] Im Fall von O_2 korrespondiert C mit $S = 1$ und $g = 2$ (s. Gl. (2.7)).

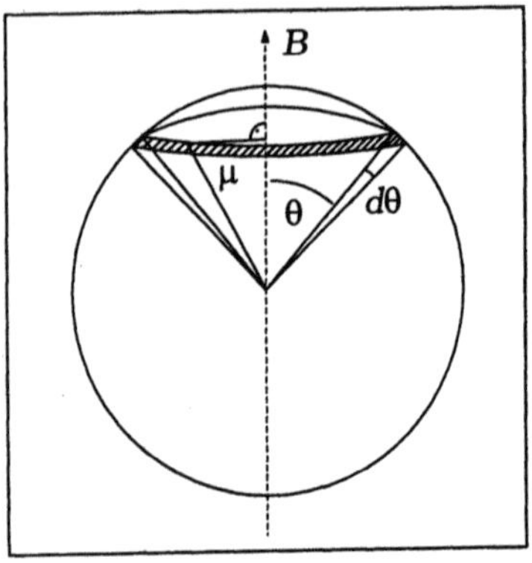

Abb. 2.1: Ausrichtung magnetischer Dipole im Magnetfeld

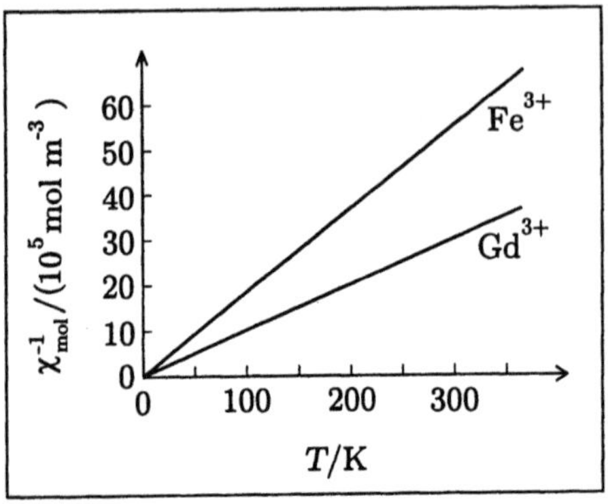

Abb. 2.2: χ^{-1}_{mol}–T-Diagramme von Verbindungen mit CURIE-Verhalten ($Gd_2(SO_4)_3 \cdot 8H_2O$ und $NH_4Fe(SO_4)_2 \cdot 12H_2O$)

Verbindungen mit nahezu idealem CURIE-Verhalten sind $Gd_2(SO_4)_3{\cdot}8H_2O$ und $NH_4Fe(SO_4)_2{\cdot}12H_2O$ [41] [14] (s. Abb. 2.2), da sich hier die Zentren wegen der relativ großen Abstände nicht gegenseitig beeinflussen und eine besondere Situation hinsichtlich der Elektronenkonfiguration vorliegt (Halbbesetzung der 4f- bzw. 3d-Unterschale, siehe 2.2.2). Weitere Beispiele sind gasförmiger Sauerstoff und Radikale, z. B. Triphenylmethyl.

2.2.2 Paramagnetismus freier Ionen

Der Paramagnetismus freier Ionen, der später als Referenz gegenüber dem der chemisch gebundenen dient, sollte dem CURIE-Gesetz folgen — von Ausnahmen abgesehen und normale Bedingungen vorausgesetzt. LANGEVIN hat auf der Grundlage der klassischen BOLTZMANN-Statistik die theoretische Erklärung für dieses Idealverhalten gegeben [8] und den folgenden Zusammenhang zwischen C und dem auf ein einzelnes Zentrum bezogenen magnetischen Moment μ abgeleitet (Einzelheiten am Ende dieses Abschnitts):

$$\chi_{mol} = \mu_0 \frac{N_A \mu^2}{3k_B T} = \frac{C}{T} \quad \text{mit} \quad C = \mu_0 \frac{N_A \mu^2}{3k_B}. \tag{2.3}$$

Dieser für isolierte Zentren mit temperaturunabhängigem μ sowie schwaches Magnetfeld und nicht zu tiefe Temperatur auf der Grundlage der klassischen

[14] Erst bei sehr tiefer Temperatur kommt es zu Abweichungen vom CURIE-Verhalten: Die Gd-Verbindung ordnet bei $T_N = 0{,}182$ K antiferromagnetisch [13]; bei der Fe-Verbindung macht sich die Nullfeldaufspaltung bemerkbar (s. 4.3.2.5).

Physik gültige Zusammenhang bleibt bei der quantenmechanischen Behandlung formal bestehen. Der für μ^2 einzusetzende Wert läßt sich aus der Elektronenkonfiguration ableiten. Ausgehend von den vier Quantenzahlen

Hauptquantenzahl $n = 1, 2, 3, \cdots$

Bahndrehimpulsquantenzahl[15] $l = 0, 1, 2, 3, \cdots, n-1$,

magnetische Bahndrehimpulsquantenzahl $m_l = -l, -l+1, \cdots, +l$,

magnetische Spinquantenzahl[16] $m_s = -1/2, +1/2$,

die zur Charakterisierung eines am Atom lokalisierten Elektrons erforderlich sind, ist beim Einbau von mehreren Elektronen in die Elektronenhülle zu beachten, daß sie sich nach dem PAULI-Ausschließungsprinzip in mindestens einer der Quantenzahlen unterscheiden müssen, z. B. Elektronen derselben Unterschale im Wertepaar m_l, m_s. Darüber hinaus muß die gegenseitige Abstoßung der Elektronen berücksichtigt werden (s. 3.3) sowie die Tatsache, daß die beiden, mit Spin bzw. Bahndrehimpuls verknüpften magnetischen Momente der einzelnen Elektronen in Wechselwirkung treten (Spin-Bahn-Kopplung [19], s. 3.2.4 und 3.3.3). Beide Effekte führen in einem Atom mit N Elektronen zu einem System von $2N$ miteinander gekoppelten Drehimpulsen bzw. Momentvektoren[17]. Dabei sind die Kopplungen (1) der Spins untereinander, (2) der Bahndrehimpulse untereinander, (3) von Bahndrehimpuls und Spin des gleichen Elektrons[18] zu unterscheiden. Bei leichten Atomen ist die letztgenannte Kopplung vergleichsweise schwach, so daß die Elektronen sowohl hinsichtlich ihrer Spins als auch hinsichtlich ihrer Bahndrehimpulse nahezu ungestört koppeln können. Es resultieren je nach Kombination der einzelnen m_s- bzw. m_l-Werte neue, energetisch unterschiedliche Zustände, die sich durch die Gesamtspinquantenzahl S und die Gesamtbahndrehimpulsquantenzahl L charakterisieren lassen. Der schwache Einfluß der Spin-Bahn-Wechselwirkung führt dann zur Kopplung von Gesamtbahndrehimpuls und Gesamtspin zum Gesamtdrehimpuls, letzterer gekennzeichnet durch die Gesamtdrehimpulsquantenzahl J.

Dieses für den Fall relativ schwacher Spin-Bahn-Wechselwirkung geeignete Bild ist das RUSSELL-SAUNDERS- oder LS-Kopplungsschema [66]. Es stellt für die leichten Elemente einschließlich der freien 3d-Ionen eine brauchbare Näherung dar. Bei den Lanthanoiden ist die Spin-Bahn-Wechselwirkung allerdings

[15] l wird auch als Nebenquantenzahl bezeichnet.

[16] Die Spinquantenzahl s, die l entspricht, hat immer den Wert 1/2.

[17] Das magnetische Moment der Kerne ist etwa um 3 Größenordnungen kleiner und kann daher bei unseren Betrachtungen vernachlässigt werden (vgl. [69]).

[18] Darüber hinaus gibt es auch noch eine bedeutend schwächere Kopplung zwischen dem Bahndrehimpuls eines Elektrons und dem Spin eines anderen.

keineswegs nur eine kleine Störung[19]. Mit relativ aufwendigen quantenmechanischen Rechnungen zur Deutung von Spektren wurde aber festgestellt, daß die Abweichungen gegenüber dem RUSSELL-SAUNDERS-Kopplungsschema bei den *Grundzuständen* — diese bestimmen im wesentlichen die magnetischen Eigenschaften — relativ klein sind. Wir dürfen daher näherungsweise auch bei den Lanthanoiden mit dem wesentlich einfacheren Bild der RUSSELL-SAUNDERS-Kopplung arbeiten.

Das magnetische Moment μ eines freien, dem RUSSELL-SAUNDERS-Kopplungsschema folgenden Ions ist normalerweise durch die Quantenzahlen S, L und J des Grundzustands festgelegt. Zu ihnen führen die von HUND[20] empirisch gefundenen Regeln (s. 3.3.3 zur Begründung dieser Regeln):

1. S nimmt den nach dem PAULI-Ausschließungsprinzip erlaubten größten Wert an. Dieser entspricht einer Besetzung der Orbitale der nicht abgeschlossenen Unterschale in der Weise, daß bis zur Halbbesetzung zunächst jedes Orbital einfach von Elektronen mit gleichem m_s-Wert besetzt wird („parallele Spins") und die Summe $|m_{s1}+m_{s2}+\ldots+m_{sN}| = |M_S| = S$ somit möglichst groß wird.

2. L nimmt den mit der ersten Regel vertretbaren größten erlaubten Wert an und ergibt sich als Summe der m_l-Werte aller zu betrachtenden Elektronen.

3. Der Wert für J ist vor der Halbbesetzung einer Unterschale möglichst klein ($J = |L - S|$) und ab der Halbbesetzung möglichst groß ($J = L + S$).

Zur Bezeichnung eines durch die Quantenzahlen L und S charakterisierten RUSSELL-SAUNDERS-Terms[21] dient das Termsymbol $^{2S+1}L_J$. Dabei ist $2S+1$ die Multiplizität (Singulett, Dublett,$\cdots$ entsprechend $S = 0, \frac{1}{2}, \cdots$) und für $L = 0, 1, 2, 3, \cdots$ werden die Buchstaben $S, P, D, F, \cdots$ verwendet[22]. Zur Ermittlung der Quantenzahlen S und L des Grundzustands ist ein Schema hilfreich, das z. B. für 4f-Systeme die folgende Form hat:

---

[19] Die Analyse optischer Spektren [68] hat gezeigt, daß als adäquates Modell das Schema der intermediären Kopplung [70] zu verwenden ist. Es betrachtet interelektronische Abstoßung und Spin-Bahn-Wechselwirkung in ihrer Stärke als vergleichbar und enthält als Grenzfälle einerseits das RUSSELL-SAUNDERS-Kopplungsschema, andererseits — bei dominierender Spin-Bahn-Kopplung — das j-j-Kopplungsschema. In letzterem, das für die Praxis keine Bedeutung hat, werden zunächst jeweils Spin und Bahndrehimpuls zum Gesamtdrehimpuls der einzelnen Elektronen gekoppelt. Die resultierenden, durch j gekennzeichneten Einelektronenzustände koppeln unter dem Einfluß der relativ schwachen interelektronischen Wechselwirkung zu den mit J charakterisierten Zuständen des Gesamtsystems.

[20] Friedrich HUND (1896 - 1997), Professor für Theoretische Physik in Rostock, Leipzig, Jena, Frankfurt, Göttingen.

[21] Unter *Term* versteht man alle $(2L+1)(2S+1)$ Zustände zu gegebenem L und S (s. 3.3). Die durch die Spin-Bahn-Wechselwirkung hervorgerufene Energieaufspaltung eines RUSSELL-SAUNDERS-Terms nennt man *Multiplett-Aufspaltung*.

[22] Sowohl für die Gesamtspinquantenzahl als auch für das Symbol des Termcharakters im Falle von $L = 0$ wird der Buchstabe S verwendet.

N	1	2	3	4	5	6	7	8	9	10	11	12	13	14
m_s	$+\frac{1}{2}$	$+\frac{1}{2}$	$+\frac{1}{2}$	$+\frac{1}{2}$	$+\frac{1}{2}$	$+\frac{1}{2}$	$+\frac{1}{2}$	$-\frac{1}{2}$	$-\frac{1}{2}$	$-\frac{1}{2}$	$-\frac{1}{2}$	$-\frac{1}{2}$	$-\frac{1}{2}$	$-\frac{1}{2}$
m_l	+3	+2	+1	0	−1	−2	−3	+3	+2	+1	0	−1	−2	−3

Je nach $4f^N$-Konfiguration bildet man, von links beginnend, $\sum_N m_{s_N} = M_S$ und $\sum_N m_{l_N} = M_L$ und erhält die relevanten maximalen Quantenzahlen M_S und M_L, die mit den Größen S bzw. L identisch sind. Nachdem man mit der dritten Regel J ermittelt hat, steht das Termsymbol des Grundzustands fest. Für die Ionen Eu^{3+}, Eu^{2+} und Dy^{3+} folgt z. B. (s. Tab. 2.1):

$Eu^{3+}[4f^6]$: $S = 3, L = 3, J = 0 \implies {}^7F_0$
$Eu^{2+}[4f^7]$: $S = 7/2, L = 0, J = 7/2 \implies {}^8S_{7/2}$
$Dy^{3+}[4f^9]$: $S = 5/2, L = 5, J = 15/2 \implies {}^6H_{15/2}$

Nach der Theorie (s. 3.4.1, 3.4.3) ergibt sich auf der Grundlage des RUSSELL-SAUNDERS-Kopplungsschemas die CURIE-Konstante C und das magnetische Moment μ der Lanthanoid-Ionen zu

$$C = \mu_0 N_A \underbrace{g_J^2 J(J+1)\mu_B^2}_{\mu^2} / (3k_B), \tag{2.4}$$

wobei g_J der LANDÉ-Faktor ist:

$$g_J = 1 + \frac{J(J+1) + S(S+1) - L(L+1)}{2J(J+1)}. \tag{2.5}$$

Er berücksichtigt die mit den Drehimpulsmomenten von Spin und Bahnbewegung der Elektronen verknüpften unterschiedlichen Beiträge des magnetischen Moments. Das in Gl. (2.4) auftretende BOHR-Magneton μ_B ist definiert als

$$\mu_B = \frac{eh}{4\pi m_e} = 9,274 \times 10^{-24}\ \mathrm{A\,m^2} (\equiv \mathrm{J/T}). \tag{2.6}$$

Bei reinem Spinparamagnetismus vereinfacht sich Gl. (2.4) wegen $L = 0$ und $J = S$ zu

$$\mu^2 = g^2 S(S+1)\mu_B^2 \tag{2.7}$$

mit $g = 2$. Sie gilt bei Halbbesetzung von Unterschalen, z. B. $4f^7$ ($S = 7/2$) und $3d^5$ ($S = 5/2$). Beispiele stellen die Ionen Gd^{3+} bzw. Fe^{3+} [23] dar, für die man mit Gl. (2.7) $\mu = 7,94\,\mu_B$ bzw. $5,91\,\mu_B$ erhält, in Übereinstimmung mit Werten, die sich z. B. aus den experimentell bestimmten CURIE-Konstanten C für $Gd_2(SO_4)_3 \cdot 8\,H_2O$ bzw. $NH_4Fe(SO_4)_2 \cdot 12\,H_2O$ ergeben.

[23] Ausnahmen bilden Systeme, bei denen der Ligandenfeld-Einfluß stärker als die interelektronische Wechselwirkung ist und zu $S = 1/2$ (Low-Spin) führt bzw. — bei Abweichung von der kubischen Symmetrie — auch zu $S = 3/2$ (Medium-Spin) führen kann [54] (s. 4).

Klassische Ableitung des CURIE-Gesetzes nach LANGEVIN. Man betrachtet N_A magnetische Dipole, deren Momente $\boldsymbol{\mu}$ sich nicht gegenseitig beeinflussen und auf die, abgesehen von einem äußeren Magnetfeld der Flußdichte $\boldsymbol{B}$, keine weiteren Störungen einwirken. Zur Berechnung der Magnetisierung

$$M_{mol} = \mu \sum_{n=1}^{N_A} \cos\theta_n$$

benötigt man die jeweilige Zahl N_n der Teilchen mit der Komponente $\mu\cos\theta_n$ in Feldrichtung (s. Abb. 2.1). Man erhält sie unter Berücksichtigung der potentiellen Energie eines magnetischen Dipols $\boldsymbol{\mu}$ im Feld $\boldsymbol{B}$

$$E = -\boldsymbol{\mu}\cdot\boldsymbol{B} = -\mu B\cos\theta \tag{2.8}$$

mit Hilfe der BOLTZMANN-Statistik [31]:

$$N_n = N_A \frac{\exp(-E_n/k_BT)}{\sum_{n=1}^{N_A}\exp(-E_n/k_BT)} = N_A \frac{\exp(\mu B\cos\theta_n/k_BT)}{\sum_{n=1}^{N_A}\exp(\mu B\cos\theta_n/k_BT)}.$$

Für den Beitrag $N_n\mu\cos\theta_n$ zur Magnetisierung folgt:

$$N_n\mu\cos\theta_n = N_A \frac{\mu\cos\theta_n\,\exp(\mu B\cos\theta_n/k_BT)}{\sum_{n=1}^{N_A}\exp(\mu B\cos\theta_n/k_BT)}.$$

Die Magnetisierung ist die Summe dieser Beiträge über alle Winkel θ_n von 0 bis 180°. Da in der klassischen Betrachtung jeder Winkel θ erlaubt ist (eine Vorstellung, die bei der exakten, quantenmechanischen Behandlung aufgrund der Richtungsquantelung der Drehimpuls-Momente aufgegeben werden muß, s. 3.4.3), wird die Summation durch die Integration

$$M_{mol} = N_A\mu \frac{\int_0^{2\pi}\int_0^{\pi}\cos\theta\,\exp(\mu B\cos\theta/k_BT)\,\sin\theta\,d\theta\,d\phi}{\int_0^{2\pi}\int_0^{\pi}\exp(\mu B\cos\theta/k_BT)\,\sin\theta\,d\theta\,d\phi} \tag{2.9}$$

über den sog. Raumwinkel Ω ersetzt, dessen Element durch $d\Omega = \sin\theta\,d\theta\,d\phi$ gegeben ist [33]. Durch den Winkel ϕ wird die Orientierung eines magnetischen Dipols auf dem Kegel mit dem Öffnungswinkel θ festgelegt. Nach Integration über ϕ in den Grenzen von 0 und 360° setzt man $(\mu B/k_BT) = \alpha$ und $(\mu B\cos\theta/k_BT) = q$, ändert entsprechend die Integrationsgrenzen und -variablen [35] und ersetzt $N_A\,\mu$ durch M_{mol}^{∞}, der größtmöglichen Magnetisierung bei $\alpha \to \infty$ $(T \to 0)$:

$$\frac{M_{mol}}{M_{mol}^{\infty}} = \frac{\int_{-\alpha}^{+\alpha} q\,\exp(q)dq}{\alpha\int_{-\alpha}^{+\alpha}\exp(q)dq} = \coth\alpha - \frac{1}{\alpha} = L(\alpha). \tag{2.10}$$

Im letzten Schritt wurde dabei durch partielle Integration die LANGEVIN-Funktion $L(\alpha)$ (s. Abb. 2.3) mit $\coth\alpha = (e^{\alpha} + e^{-\alpha})/(e^{\alpha} - e^{-\alpha})$ erhalten. (Die quantenmechanische Ableitung führt anstelle der LANGEVIN-Funktion zur sog. BRILLOUIN-Funktion, s. 3.4.3.2.)

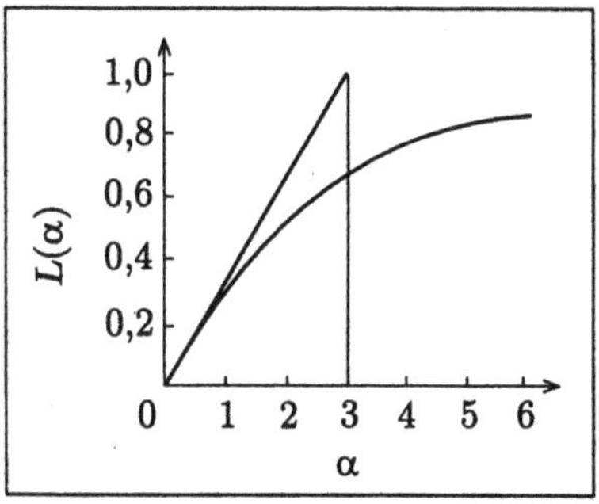

Abb. 2.3: Verlauf der LANGEVIN-Funktion $L(\alpha) = \coth\alpha - 1/\alpha$

Der Parameter α stellt das Verhältnis von magnetischer und thermischer Energie dar. Für große α-Werte, d. h. bei starkem Magnetfeld und großem μ sowie tiefer Temperatur, nähert sich $L(\alpha)$ dem Wert 1. Das entspricht der Sättigung $M_{mol}^{\infty} = N_A\mu$, die erreicht ist, wenn alle atomaren magnetischen Dipole sich parallel zu $\boldsymbol{B}$ eingestellt haben. Im Fall $\alpha \ll 1$, also bei nicht zu starkem Magnetfeld und nicht zu tiefer Temperatur, kann die LANGEVIN-Funktion durch ihre Tangente im Ursprung angenähert werden. Die Geradengleichung erhält man, indem man $L(\alpha)$ in eine Reihe entwickelt

$$L(\alpha) \approx \frac{\alpha}{3} - \frac{\alpha^3}{45} + \frac{2\alpha^5}{945} - \ldots,$$

und sie nach dem 1. Glied abbricht[24]. Daraus folgt für Magnetisierung und Suszeptibilität

$$M_{mol} = \frac{\alpha}{3} M_{mol}^{\infty} = \frac{N_A\,\mu^2 B}{3k_B T} \quad \text{bzw.} \quad \chi_{mol} = \frac{M_{mol}}{H} = \mu_0 \frac{N_A\,\mu_r \mu^2}{3k_B T}, \tag{2.11}$$

wobei wir von Gl. (1.6) Gebrauch gemacht haben. Da in paramagnetischen Stoffen μ_r normalerweise nur wenig von 1 abweicht, macht man nur einen kleinen, vernachlässigbaren Fehler, wenn man in Gl. (2.11) $\mu_r = 1$ setzt. Damit erhält man das CURIE-Gesetz:

$$\chi_{mol} = \mu_0 \frac{N_A\,\mu^2}{3k_B T} = \frac{C}{T}. \tag{2.12}$$

[24] Bei $B = 1$ T, $T = 300$ K und einem mit der Spinquantenzahl $s = 1/2$ verknüpften magnetischen Moment ist mit $\alpha = 0{,}004$ die Bedingung $\alpha \ll 1$ erfüllt. Sie ist dagegen im Falle von Verbindungen mit Gd^{3+} oder Fe^{3+}, die große magnetische Momente aufweisen, im Tieftemperaturbereich ($T \leq 10$ K) nur erfüllt, wenn B den Wert von ca. 0,1 T nicht übersteigt. Führt man in diesen Fällen Messungen bei höheren Feldern durch, macht sich der Sättigungseffekt durch eine charakteristische Abhängigkeit der Suszeptibilität von der Feldstärke bemerkbar (s. 2.5.1).

2.2.3 CURIE-WEISS-Gesetz

Es gibt nur wenige Stoffe, deren magnetisches Verhalten sich befriedigend durch das CURIE-Gesetz beschreiben läßt. Häufig folgt die Suszeptibilität in einem bestimmten Temperaturbereich dem CURIE-WEISS[25]-Gesetz

$$\boxed{\chi_{mol} = \frac{C}{T - \Theta_p},} \tag{2.13}$$

in dem die Temperatur durch den Parameter Θ_p korrigiert ist[26][27]. Es stellt im $\chi_{mol}^{-1} - T$-Diagramm eine Gerade dar, die die T-Achse bei Θ_p schneidet (s. Abb. 2.4) und gilt vielfach bei genügend hoher Temperatur für „magnetisch konzentrierte" Substanzen, in denen es unterhalb bestimmter Temperaturen

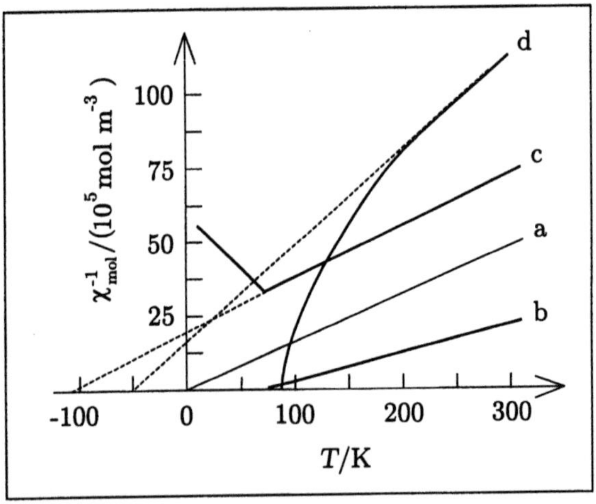

Abb. 2.4: χ_{mol}^{-1}–T-Diagramme (schematisch): (a) CURIE-Verhalten, (b) EuO, (c) MnF_2 und (d) Na_2NiFeF_7, bezogen auf [NiFe]/2.

infolge kooperativer Effekte zu einer Ausrichtung der magnetischen Dipole benachbarter Zentren kommt[28] (s. 2.3). Die Untersuchung der auf diese Wechselwirkungen zurückzuführenden Erscheinungen dient zur Charakterisierung der

[25] Pierre WEISS (1865–1940), französischer Physiker, Professor für Physik u. a. an der ETH Zürich und in Straßburg.

[26] Das CURIE-WEISS-Gesetz kann auch als Beginn einer Reihenentwicklung in inversen Potenzen von T betrachtet werden: $\chi = C/T(1 + \Theta_p/T + \cdots)$ [8].

[27] In der älteren Literatur findet man auch die Form $\chi_{mol} = C/(T + \Theta_p)$.

[28] Anstelle von *kooperativem Effekt* verwendet man auch häufig den Begriff *magnetische Wechselwirkung*. Er ist aber nur im Falle der vergleichsweise schwachen magnetischen Dipol-Dipol-Wechselwirkungen (MDD) [53] wörtlich zu nehmen. Meistens sind die quantenmechanischen Austauschwechselwirkungen gemeint, die elektrostatischen Ursprungs sind (s. 5).

chemischen Bindung zwischen Metallionen bzw. zwischen Metallionen über verbrückende Liganden und steht daher in der Magnetochemie an zentraler Stelle.

Der als WEISS-Konstante oder paramagnetische CURIE-Temperatur bezeichnete Parameter Θ_p beschreibt z. B. den Suszeptibilitätsverlauf im paramagnetischen Bereich von Stoffen, die bei Abkühlung auf Werte unterhalb der CURIE-Temperatur T_C Ferromagnetismus zeigen[60], d. h. magnetische Ordnung mit parallel ausgerichteten Dipolen aller Zentren (⇑⇑⇑⇑). Der Θ_p-Wert ist positiv und wird im $\chi_{mol}^{-1} - T$-Diagramm aus dem Hochtemperaturbereich des paramagnetischen Gebietes durch Extrapolation auf $\chi_{mol}^{-1} = 0$ erhalten. Bei tiefen Temperaturen wird eine Abweichung von der Linearität aufgrund von Nahordnung[29)] beobachtet. Normalerweise ist $\Theta_p > T_C$ (s. Abb. 2.4 und 2.3.2).

CURIE-WEISS-Verhalten mit negativem Θ_p-Wert wird gefunden, wenn aufgrund der Tendenz zu antiparalleler Ausrichtung benachbarter Dipole entweder Antiferromagnetismus (s. 2.3.3) oder Ferrimagnetismus (s. 2.3.4) unterhalb einer bestimmten kritischen Temperatur (NÉEL[30)]-Temperatur T_N bzw. CURIE-Temperatur T_C) auftritt. Beschränken wir uns auf einfachste Beispiele mit kollinearen Anordnungen, so sind die hier jeweils antiparallel ausgerichteten magnetischen Dipole im ersten Fall gleich groß und auf gleichberechtigten (äquivalenten) Untergittern[31)] lokalisiert (⇑⇓⇑⇓), im zweiten Fall dagegen unterschiedlich und auf nicht-äquivalenten Untergittern angeordnet (⇑↓⇑↓). Ferrimagnetismus entspricht in diesem einfachen Fall somit einem nicht kompensierten Antiferromagnetismus. In Abb. 2.4 ist das Verhalten im paramagnetischen Bereich von EuO ($T_C^{ferro} = 69\,\mathrm{K}$, $\Theta_p = 74\,\mathrm{K}$), MnF_2 ($T_N = 74\,\mathrm{K}$, $\Theta_p = -113\,\mathrm{K}$) und Na_2NiFeF_7 ($T_C^{ferri} \doteq 88\,\mathrm{K}$, $\Theta_p = -50\,\mathrm{K}$) als typische Beispiele für Verbindungen mit CURIE-WEISS-Verhalten skizziert.

Zur Diskussion von Θ_p und C. (1) Die aus dem gemessenen $\chi_{mol}^{-1} - T$-Verlauf erhaltenen Θ_p- und C-Werte lassen sich nur dann verläßlich im Hinblick auf einen kooperativen Effekt bzw. das magnetische Moment des isolierten Zentrums interpretieren, wenn eine „einfache“ Elektronenkonfiguration, d. h. ein thermisch isolierter Grundzustand vorliegt, wie es bei reinem Spinmagnetismus ($3d^5$-High-Spin, $4f^7$) häufig der Fall ist.

---

29) Bei $T > T_C(T_N)$ ist die dreidimensionale (3D) magnetische Ordnung zerstört, nicht aber der Einfluß kooperativer Effekte im Nahbereich. Sie führen zu charakteristischer Abweichung vom CURIE-WEISS-Verlauf, aus dem mit der *Hochtemperaturentwicklung* Wechselwirkungsparameter ermittelt werden können (s. 5.4.4.1).

30) Louis NÉEL, geb. 1904, Professor für Physik in Grenoble, Nobelpreis für Physik 1970 [477].

31) Ein solcher Fall liegt z. B. vor, wenn die magnetischen Ionen sowohl Ecken als auch Zentrum der Elementarzelle einer innenzentrierten Struktur besetzen und die magnetischen Dipole auf den Ecken antiparallel zu den auf den Zentren orientiert sind: Der antiferromagnetische Zustand kann dann als Kombination zweier genau gleicher, ineinander gestellter primitiver Untergitter aufgefaßt werden, deren Dipolausrichtung jeweils parallel ist.

(2) In einem „magnetisch konzentrierten" Material ist i. a. davon auszugehen, daß nicht nur zwischen nächsten, sondern auch übernächsten und möglicherweise noch weiter entfernt liegenden magnetischen Zentren Wechselwirkungen bestehen. Diese Wechselwirkungen können sich im Vorzeichen unterscheiden, d. h. parallele (+) bzw. antiparallele (−) Momentausrichtung bevorzugen, und miteinander konkurrieren (s. 5.1.3.1, Gl. (5.46)). Im Θ_p-Wert spiegelt sich der summarische Effekt der verschiedenen Beiträge wider. Ein positiver Θ_p-Wert bedeutet nicht automatisch — bei weiterem Abkühlen — den Übergang in eine ferromagnetische Phase, sondern besagt nur, daß ferromagnetische Wechselwirkungen überwiegen. Es gibt eine Reihe von Beispielen, bei denen es trotz eines positiven Θ_p-Wertes zu einer antiferromagnetischen Ordnung kommt (z. B. $FeCl_2$, $FeBr_2$ und EuSe; s. 2.3.3).
(3) Eine nicht durch den Ursprung verlaufende, angenähert lineare $\chi_{mol}^{-1} - T$-Kurve kann auch von „magnetisch verdünnten" Stoffen befolgt werden, in denen die magnetischen Zentren eine kompliziertere Elektronenkonfiguration haben und Spin-Bahn-Kopplung und Ligandenfeldeffekte zu einer Temperaturabhängigkeit des magnetischen Moments führen [36] (s. 4.3.1.2, Beisp. 4.14). Hier müssen zur Bestätigung eines linearen Verlaufs Messungen bis zu genügend hoher Temperatur erfolgen. Ansonsten ist Θ_p bedeutungslos, ebenso ein aus C berechnetes, „permanentes" magnetisches Moment [8, 12]. Zur Darstellung der sich in diesem Verhalten äußernden Temperaturabhängigkeit des magnetischen Moments eignet sich die Zahl effektiver BOHR-Magnetonen n_{eff} (s. 2.2.4).

Andere Erweiterungen des CURIE-Gesetzes. Neben dem CURIE-WEISS-Gesetz spielt die Erweiterung des CURIE- und des CURIE-WEISS-Gesetzes durch einen temperaturunabhängigen positiven Beitrag χ_0

$$\chi_{mol} = \frac{C}{T} + \chi_0 \qquad \chi_{mol} = \frac{C}{T - \Theta_p} + \chi_0 \tag{2.14}$$

eine Rolle, auf die bei der Behandlung der magnetischen Eigenschaften von d-Metall-Komplexverbindungen eingegangen wird (s. 4.3.1.2, Beisp. 4.15). Darüber hinaus kann das Verhalten durch kombinierten Einfluß von interelektronischer Wechselwirkung, Ligandenfeld, Spin-Bahn-Kopplung und kooperativem Effekt wesentlich komplizierter sein, so daß eine Beschreibung mit den beiden genannten Erweiterungen des CURIE-Gesetzes nicht gelingt.

2.2.4 Paramagnetische Festkörper

Wir betrachten Verbindungen mit Zentren, die ein magnetisches Moment tragen. Intermetallische Phasen der d-Metalle, nicht jedoch die der f-Metalle, werden außer acht gelassen. Sind kooperative Effekte zwischen den magnetischen

Zentren vernachlässigbar, zeigen die Verbindungen i. a. bis zu tiefer Temperatur Paramagnetismus. Das magnetische Verhalten der chemisch gebundenen Ionen wird dabei mehr oder weniger stark von dem der freien Ionen abweichen. Der Einfluß der Umgebung auf das magnetische Zentrum macht sich i. w. in der elektrostatischen Wechselwirkung zwischen den Liganden und den Valenzelektronen (Kristallfeld- bzw. Ligandenfeld-Effekt[32]), symbolisiert durch H_{LF}), bemerkbar. Der Magnetismus wird maßgeblich bestimmt durch die Stärke dieses Einflusses im Vergleich zur Elektron-Elektron-Wechselwirkung (H_{ee}) und zur Spin-Bahn-Kopplung (H_{SB}), gemessen jeweils als Energie-Aufspaltung der Valenzelektronenzustände. Bei den Ionen der Lanthanoiden mit ihren großen Radien (100 pm bis 124 pm) und den tief im Innern der Elektronenhülle unter der abgeschlossenen $5s^2p^6$-Schale angeordneten 4f-Elektronen ist der Ligandenfeldeffekt deutlich schwächer als die Spin-Bahn-Kopplung. Dagegen haben bei den 3d-Ionen Ligandenfeld-Effekte einen um mehrere Größenordnungen stärkeren Einfluß und rangieren eindeutig vor der Spin-Bahn-Kopplung, da die den Magnetismus bestimmenden Valenzelektronen nach außen ragen.

Verbindungen der 4f-Elemente. Ordnet man die auf die Valenzelektronen neben der Anziehung durch den Atomkern wirkenden Kräfte nach fallender Stärke, so ergibt sich bei den Lanthanoiden $H_{ee} > H_{SB} > H_{LF}$. Entsprechend dieser Reihenfolge erwarten wir für chemisch gebundene Lanthanoid-Ionen ein Verhalten, das sich weitgehend an das der freien Ionen anlehnt. In Tab. 2.1 sind für alle $4f^N$-Konfigurationen das Termsymbol des Grundzustands und, der Vollständigkeit halber, der Einelektronen-Spin-Bahn-Kopplungsparameter ζ_{4f} [68] (s. 3.2.4) zusammengestellt. Darüber hinaus sind aufgeführt: Der LANDÉ-Faktor g_J (s. Gl. (2.5)), $g_J J$, die sich nach Gl. (2.4) ergebende Magnetonenzahl $g_J[J(J+1)]^{1/2}$ des magnetischen Momentes des freien Ions sowie die für eine Reihe von Verbindungen aus der Suszeptibilität bestimmte Zahl effektiver BOHR-Magnetonen n_{eff}, die sich aus Gl. (2.3) in der Form

$$\chi_{mol} = \mu_0 \frac{N_A \mu_B^2 n_{eff}^2}{3k_B T} \quad \text{zu} \tag{2.15}$$

$$\boxed{n_{eff} = \left(\frac{3k_B T \chi_{mol}}{\mu_0 N_A \mu_B^2}\right)^{1/2} = \frac{797,7}{(\mathrm{m^3\,K\,mol^{-1}})^{1/2}} (T\chi_{mol})^{1/2}} \tag{2.16}$$

[32]) Die Kristallfeldtheorie geht auf BETHE [151] zurück und betrachtet in einem rein elektrostatischen Modell (Punktladungsmodell) den Einfluß der umgebenden Ionen auf das d- bzw. f-Elektronensystem des Zentralteilchens, während die Ligandenfeldtheorie, unserem heutigen Sprachgebrauch entsprechend, zwar die von BETHE eingeführten gruppentheoretischen Betrachtungen übernimmt, das elektrostatische Modell jedoch durch ein Modell mit freien Parametern ersetzt [170] (s. 4.2.1).

Tab. 2.1: Lanthanoid-Ionen: Termsymbol (Grundzustand), Einelektronen-Spin-Bahn-Kopplungsparameter ζ_{4f} [cm^{-1}], g_J, $g_J J$, $g_J[J(J+1)]^{1/2}$ und n_{eff}^{exp}(295 K)

Ln^{3+}	$4f^N$	$^{2S+1}L_J$	ζ_{4f} [a]	g_J	$g_J J$	$g_J[J(J+1)]^{1/2}$	n_{eff}^{exp}
La^{3+} [b]	$4f^0$	$^1S_0$				0	
Ce^{3+}	$4f^1$	$^2F_{5/2}$	625	6/7	15/7	2,535	2,3–2,5
Pr^{3+}	$4f^2$	$^3H_4$	758	4/5	16/5	3,578	3,4–3,6
Nd^{3+}	$4f^3$	$^4I_{9/2}$	884	8/11	36/11	3,618	3,4–3,5
Pm^{3+}	$4f^4$	$^5I_4$	1000	3/5	12/5	2,683	2,9 [c]
Sm^{3+}	$4f^5$	$^6H_{5/2}$	1157	2/7	5/7	0,845	1,6
Eu^{3+}	$4f^6$	$^7F_0$	1326	0	0	0	3,5
Gd^{3+}	$4f^7$	$^8S_{7/2}$	1450	2	7	7,937	7,8–7,9
Tb^{3+}	$4f^8$	$^7F_6$	1709	3/2	9	9,721	9,7–9,8
Dy^{3+}	$4f^9$	$^6H_{15/2}$	1932	4/3	10	10,646	10,2–10,6
Ho^{3+}	$4f^{10}$	$^5I_8$	2141	5/4	10	10,607	10,3–10,5
Er^{3+}	$4f^{11}$	$^4I_{15/2}$	2369	6/5	9	9,581	9,4–9,5
Tm^{3+}	$4f^{12}$	$^3H_6$	2628	7/6	7	7,561	7,5
Yb^{3+}	$4f^{13}$	$^2F_{7/2}$	2870	8/7	4	4,536	4,5
Lu^{3+} [b]	$4f^{14}$	$^1S_0$				0	

[a] Der Zusammenhang zwischen ζ_{4f} und $\lambda_{LS,Grund}$ des RUSSELL-SAUNDERS-Grundterms ist gegeben durch $\lambda_{LS,Grund} = \pm(\zeta_{4f}/2S)$, wobei das (+)-Zeichen für $N \leq 2l+1$ und das (−)-Zeichen für $N \geq 2l+1$ gilt [66].
[b] diamagnetisch
[c] Gemessen an Nd^{2+}-Verbindungen [67].

ergibt[33) [8]. Die empirische Zahl n_{eff} ist bei Gültigkeit des CURIE-Gesetzes temperaturunabhängig und entspricht in diesem Fall der Magnetonenzahl des magnetischen Momentes μ. Der Vorteil bei der Angabe von n_{eff}- gegenüber χ_{mol}-Werten besteht darin, daß eine Abweichung vom CURIE-Gesetz an den temperaturabhängigen n_{eff}-Werten unmittelbar erkannt wird.

Bei der Interpretation von magnetischen Eigenschaften genügt es in vielen Fällen, allein vom Grundzustand $^{2S+1}L_J$ des freien 4f-Ions auszugehen und seine angeregten Zustände unberücksichtigt zu lassen. Dies gilt jedoch nicht für

---

33) Alternativ wird auch ein effektives magnetisches *Moment* μ_{eff} definiert: Mit $\chi_{mol} = \mu_0 N_A \mu_{eff}^2/(3k_B T)$ folgt $\mu_{eff} = [3k_B T \chi_{mol}/(\mu_0 N_A)]^{1/2}$.

die Konfigurationen $4f^4$, $4f^5$ und insbesondere $4f^6$: Bereits für die freien Ionen wäre ein vom CURIE-Gesetz abweichendes Verhalten mit temperaturabhängigem n_{eff} zu erwarten (s. 3.3.3).

Die bei den Lanthanoid-Ionen normalerweise beobachtete relativ gute Übereinstimmung zwischen n_{eff}^{exp} und $g_J[J(J+1)]^{1/2}$ bei Raumtemperatur ist darauf zurückzuführen, daß die im Innern der Ionen angeordneten 4f-Elektronen durch den Einbau in das Kristallgitter nur wenig gestört werden. Unterhalb von ca. 100 K kann es aber aufgrund von Ligandenfeldeffekten zu deutlichen Abweichungen vom Verhalten der freien Ionen kommen (s. 4.4).

Die in Tab. 2.1 aufgeführte Zahl $g_J J$, multipliziert mit μ_B, ist die größtmögliche Komponente des magnetischen Dipols der freien Lanthanoid-Ionen in Feldrichtung und entspricht dem atomaren Sättigungsmoment μ_m^∞ bei $T = 0\,\mathrm{K}$. Es kann als Referenz gegenüber Werten dienen, die im Falle von magnetischer Ordnung experimentell z. B. durch Neutronenbeugung oder bei Ferromagnetismus durch Messung der Sättigungsmagnetisierung bestimmt wurden.

Verbindungen der 3d-Elemente. Im Gegensatz zu den 4f-Systemen können wir im Falle der 3d-Systeme wegen des deutlich stärkeren Ligandenfeld-Einflusses nicht davon ausgehen, daß sich das magnetische Verhalten ihrer Verbindungen grundsätzlich an das der freien Ionen anlehnt. Hinsichtlich der relativen Stärke von interelektronischer Wechselwirkung und Ligandenfeld unterscheidet man drei Fälle [12]:

1. Schwaches Ligandenfeld: $H_{ee} > H_{LF}$

In diesem Fall übersteigt die Elektron-Elektron-Wechselwirkung den Ligandenfeld-Effekt, d. h., die Energieunterschiede zwischen den RUSSELL-SAUNDERS-Termen des freien Ions sind groß im Vergleich zur Ligandenfeld-Aufspaltung. Die Multiplizität $2S + 1$ ist dieselbe wie beim freien Ion (High-Spin).

2. starkes Ligandenfeld: $H_{LF} > H_{ee}$

Hier ist der Ligandenfeld-Effekt stärker als die Elektron-Elektron-Wechselwirkung. Als Folge *kann* es zur Erniedrigung der Spinmultiplizität (Low-Spin bzw. Medium-Spin) gegenüber der des freien Ions kommen.

3. intermediäres Ligandenfeld: $H_{LF} \approx H_{ee}$

In den Tabellen 2.2 und 2.3 sind die experimentellen n_{eff}-Daten zusammen mit Termsymbol, Spin-Bahn-Kopplungsparameter, Gesamtspinquantenzahl und Magnetonenzahl $2[S(S+1)]^{1/2}$ bez. eines reinen Spinmagnetismus angegeben. Die in Tab. 2.2 aufgeführten Systeme zeigen dieselbe Spinmultiplizität wie die freien Ionen. Hier führt die Störung durch die Umgebung zu Zuständen, deren Bahnmomentbeiträge je nach Stärke und Symmetrie des Ligandenfelds teilweise oder ganz ausgelöscht sind, aber noch nicht zur Ernied-

Tab. 2.2: Ionen mit $3d^N$-High-Spin-Konfiguration: Termsymbol (Grundzustand), Einelektronen-Spin-Bahn-Kopplungsparameter ζ_{3d} [cm^{-1}] [178], S, $2[S(S+1)]^{1/2}$ und n_{eff}^{exp} (295 K).

Ion	$3d^N$	$^{2S+1}L_J$	ζ_{3d}	S	$2[S(S+1)]^{1/2}$	n_{eff}^{exp}
$Sc^{3+a)}$	$3d^0$	$^1S_0$				0
Ti^{3+}	$3d^1$	$^2D_{3/2}$	154	1/2	1,73	1,65 – 1,79
V^{3+}	$3d^2$	$^3F_2$	209	1	2,83	2,75 – 2,85
V^{2+}	$3d^3$	$^4F_{3/2}$	167	3/2	3,87	3,80 – 3,90
Cr^{3+}	$3d^3$	$^4F_{3/2}$	273	3/2	3,87	3,70 – 3,90
Cr^{2+}	$3d^4$	$^5D_0$	230	2	4,90	4,75 – 4,90
Mn^{3+}	$3d^4$	$^5D_0$	352	2	4,90	4,90 – 5,00
Mn^{2+}	$3d^5$	$^6S_{5/2}$	347	5/2	5,92	5,65 – 6,10
Fe^{3+}	$3d^5$	$^6S_{5/2}$	(460)	5/2	5,92	5,70 – 6,00
Fe^{2+}	$3d^6$	$^5D_4$	410	2	4,90	5,10 – 5,70
Co^{3+}	$3d^6$	$^5D_4$	(580)	2	4,90	5,30
Co^{2+}	$3d^7$	$^4F_{9/2}$	533	3/2	3,87	4,30 – 5,20
Ni^{3+}	$3d^7$	$^4F_{9/2}$	(715)	3/2	3,87	
Ni^{2+}	$3d^8$	$^3F_4$	649	1	2,83	2,80 – 3,50
Cu^{2+}	$3d^9$	$^2D_{5/2}$	829	1/2	1,73	1,70 – 2,20
$Zn^{2+a)}$	$3d^{10}$	$^1S_0$				0

[a] diamagnetisch

rigung der Multiplizität. Für die Konfigurationen $3d^1$ bis $3d^5$ wird angenähert reiner Spinmagnetismus mit $\mu^2 = g^2 S(S+1)\mu_B^2$ und $g \approx 2$, beobachtet[34]. Bei Zentralionen mit den Konfigurationen $3d^6$ bis $3d^9$ ist n_{eff} gegenüber dem Spin-only-Wert vergrößert und mit der zunehmenden Spin-Bahn-Wechselwirkung zu erklären. Co^{2+}-Verbindungen weisen einen großen n_{eff}-Bereich auf, in dem sich ein relativ starker Einfluß der Ligandenfeldsymmetrie (tetraedrische bzw. oktaedrische Koordination) äußert [37]. Die größtmögliche Spin-Komponente des magnetischen Dipols bei 0 K, $\mu_m^\infty = 2\,S\mu_B$, dient als Referenzwert gegenüber der experimentell im Falle von magnetischer Ordnung mit Hilfe der Neutronenbeugung oder der Magnetisierung (bei Ferromagnetismus) bestimmten Größe.

Tab. 2.3 enthält Angaben zu 3d-Systemen, bei denen infolge eines sehr

[34] Bei mehrkernigen Komplexverbindungen kann es infolge intramolekularer Spin-Spin-Kopplung zu Änderungen gegenüber dem beschriebenen Verhalten kommen (s. 5.4.2).

starken Ligandenfeldes das RUSSELL-SAUNDERS-Kopplungsschema zusammenbricht. Der Einfluß ist so stark, daß die erste HUNDsche Regel nicht mehr erfüllt ist, und es kommt zur Spinpaarung ($3d^N$-Low-spin-Konfiguration).

Tab. 2.3: Ionen mit $3d^N$-Low-Spin-Konfiguration: Zahl der ungepaarten Elektronen N', S, $2[S(S+1)]^{1/2}$ und n_{eff}^{exp} (295 K).

Ion	$3d^N$	Geometrie	N'	S	$2[S(S+1)]^{1/2}$	n_{eff}^{exp}
Cr^{2+}	$3d^4$	okt.(verz.)[a]	2	1	2,83	3,20 – 3,30
Mn^{3+}		okt.(verz.)				3,18
Mn^{2+}	$3d^5$	okt.(verz.)	1	1/2	1,73	1,80 – 2,10
Fe^{3+}		okt.(verz.)				2,0 – 2,5
Fe^{2+}	$3d^6$	okt.	0	0	0	0
Co^{3+}		okt.				TUP[b]
Co^{2+}	$3d^7$	okt.(verz.)	1	1/2	1,73	1,8
Ni^{2+}	$3d^8$	quadr.	0	0	0	0

[a] Verzerrt aufgrund des JAHN-TELLER-Effekts (s. 4).
[b] Temperatur-unabhängiger Paramagnetismus.

Zur Veranschaulichung des Übergangs von der High-Spin- zur Low-Spin-Konfiguration betrachten wir ein $3d^6$-System in oktaedrischer Umgebung. In Abb. 2.5 sind unter weitgehender Vernachlässigung der interelektronischen Wechselwirkung die beiden möglichen Konfigurationen mit Verteilung der Elektronen auf die drei tiefliegenden t_{2g}-Orbitale d_{xy}, d_{xz}, d_{yz} und die beiden höherliegenden e_g-Orbitale $d_{x^2-y^2}$, d_{z^2} in einem sog. Einelektronenschema dargestellt. Stark vereinfachend betrachtet man die Aufspaltung eines d^1-Systems durch das Ligandenfeld und verteilt — unter Beachtung des PAULI-Prinzips und bez. der High-Spin-Konfiguration der 1. HUNDschen Regel — die Elektronen auf die Einelektronenzustände [139]. Zur Low-Spin-Anordnung t_{2g}^6 kommt es, wenn die Oktaederfeldaufspaltung Δ die zur Spinpaarung erforderliche Energie übersteigt. Dies ist z. B. der Fall bei $[Co(NH_3)_6]^{3+}$ und $[Fe(CN)_6]^{4-}$, nicht jedoch z. B. bei $[Fe(OH_2)_6]^{2+}$. Anhand des Schemas kann man auch das Auftreten von Low-Spin-Konfigurationen bei d^4-, d^5- und d^7-Systemen im Oktaederfeld und High-Spin–Low-Spin-Übergänge verstehen.

Verbindungen der 4d-, 5d- und 5f-Elemente. Die wichtigsten Resultate und Erklärungen lassen sich wie folgt zusammenfassen: In der zweiten und dritten Reihe der Übergangsmetalle sind Low-Spin-Anordnungen und diamagnetisches Verhalten wesentlich häufiger anzutreffen als in der 3d-Reihe, weil

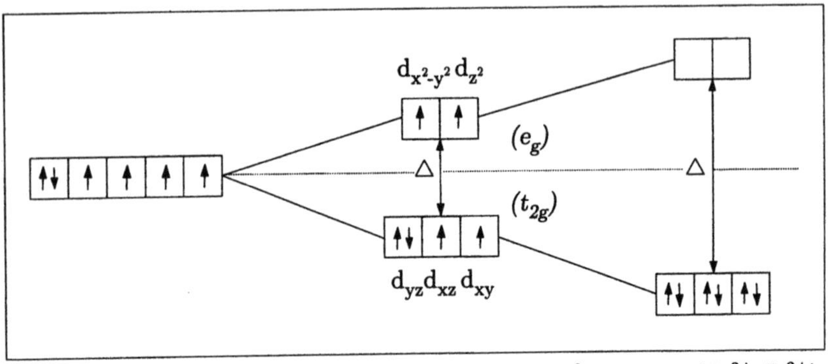

Abb. 2.5: Zum magnetischen Verhalten oktaedrischer $3d^6$-Komplexe (Co^{3+}, Fe^{2+}) im Einelektronenschema (Mitte: High-Spin; rechts: Low-Spin)

einerseits die höhere effektive Kernladung zu einer stärkeren Anziehung der Liganden führt, wodurch die d-Orbitale eine größere energetische Aufspaltung erfahren, und weil andererseits durch die größere räumliche Ausdehnung der 4d- und 5d-Orbitale im Vergleich zu den 3d-Orbitalen die interelektronische Abstoßung — diese wirkt einer Spinpaarung entgegen — verringert wird. Die Spin-Bahn-Kopplung nimmt beim Übergang von der ersten zur zweiten und von der zweiten zur dritten Übergangsmetallreihe jeweils um den Faktor ≈ 3 zu (Beispiel für ζ_{nd} [cm^{-1}]: Cr^{4+} 325; Mo^{4+} 850; W^{4+} 2300). Man mißt n_{eff}-Werte, die z. T. deutlich unter denen für reinen Spinmagnetismus liegen [152]. Zwischen dem magnetischen Verhalten von Lanthanoiden und Actinoiden gibt es wichtige Unterschiede. Die 5f-Orbitale liegen bei den Actinoiden nicht so tief im Innern der Elektronenhülle wie die 4f-Orbitale bei den Lanthanoiden. Dadurch erfahren die 5f-Niveaus der Actinoid-Ionen Ligandenfeld-Aufspaltungen, die fast um eine Zehnerpotenz größer sein können als die der Lanthanoid-4f-Elektronen. Da die Spin-Bahn-Kopplung mit der Ligandenfeld-Aufspaltung in der Größe vergleichbar (und nicht deutlich stärker wie im Falle der Lanthanoide) ist, lassen sich die Elektronenzustände der chemisch gebundenen Ionen nicht durch die Gesamtdrehimpulsquantenzahl J charakterisieren. Außerdem liegen die 5f- und 6d-Orbitale zumindest bei den leichten Actinoiden energetisch dichter beisammen als die Lanthanoid-4f- und -5d-Orbitale. Die 6d-Orbitale dürfen bei der Deutung von elektronischen Eigenschaften der Actinoid-Verbindungen nicht außer acht gelassen werden. Wegen der in ihrer Stärke vergleichbaren Einflüsse $H_{ee} \approx H_{LF} \approx H_{SB}$ lassen sich die magnetischen Eigenschaften dieser Verbindungen nicht in einfacher Weise vorhersagen.

Verbindungen zwischen Hauptgruppenelementen. Die Zahl paramagnetischer Hauptgruppenelement-Verbindungen ist relativ klein. Neben Molekülen wie NO [23], NO_2 [19, 22], ClO_2 [39], N@C_{60} [243, 244] gibt es eine Reihe von Beispielen, bei denen Anionen Träger des magnetischen Momentes sind. Dazu gehören die Hyperoxide und Ozonide der Alkalimetalle, MO_2 bzw. MO_3 mit M ≙ (Na), K, Rb, Cs, deren charakteristische Daten in Tab. 2.4 zusammengestellt sind. Die $\chi_{mol}^{-1}-T$-Kurven der Alkalimetallhyperoxide [153] weisen CURIE-

Tab. 2.4: Zum magnetischen Verhalten der Alkalimetall-Hyperoxide [153] und -Ozonide [154]

Verbindung	Struktur[a]	n_{eff}^{exp}	μ/μ_B[b]	Θ_p/K	T_N/K
NaO_2	NaCl	1,87 (295 K)	1,97	−31	
KO_2	CaC_2	1,95 (295 K)	2,01	−18	7,1
RbO_2	CaC_2	2,01 (295 K)	2,05	−12	15
CsO_2	CaC_2	1,90 (295 K)	1,92	−7	9,5
KO_3	KO_3	1,63 (250 K)	1,74	−34	
RbO_3	RbO_3	1,72 (250 K)	1,80	−23	
CsO_3	RbO_3	1,71 (250 K)	1,74	−10	

[a] Bei Raumtemperatur.
[b] Aus dem Anstieg der CURIE-WEISS-Geraden berechnet.

WEISS-ähnliche Abschnitte auf mit unterschiedlichen Steigungen und Sprüngen bei den Temperaturen, an denen sich die Orientierung der O_2^--Hanteln ändert. Bei den Phasenwechseln ändert sich also sowohl das magnetische Moment der Anionen als auch der kooperative Effekt. Die in Tab. 2.4 aufgeführten Daten beziehen sich auf die bei Raumtemperatur stabile Phase. Der Verlauf der Θ_p-Werte spricht für eine Abnahme der antiferromagnetischen Wechselwirkungen zwischen den Anionen mit steigender Größe des Alkalimetalls. Die Alkalimetallozonide [154] zeigen oberhalb von 50 K CURIE-WEISS-Verhalten. Die aus der CURIE-Konstanten berechneten permanenten magnetischen Momente entsprechen dem Spinmoment für isolierte O_3^--Anionen mit jeweils einem ungepaarten Elektron. Die Θ_p-Werte zeigen auch in diesem Fall, daß die antiferromagnetischen Wechselwirkungen zwischen den Anionen entsprechend dem steigenden Abstand von der Kalium- zur Caesium-Verbindung abnehmen.

2.3 Kollektiver Magnetismus (3 D)

Die mit den magnetischen Dipolen einer CURIE-paramagnetischen Phase verknüpften Spins erfahren bei genügend tiefer Temperatur richtende Kräfte: Sie bevorzugen bestimmte Orientierungen zueinander, bedingt durch die Austauschwechselwirkung zwischen Elektronen verschiedener Zentren[35] (HEISENBERG [76]). Die zu ihrem Verständnis erforderlichen quantenmechanischen Grundlagen werden in Kapitel 5 behandelt. Hier wollen wir uns mit der Tatsache begnügen, daß die Wechselwirkungen *direkt* zwischen den Orbitalen unvollständig gefüllter Unterschalen benachbarter Zentren oder *indirekt* über verbrückende Liganden (Superaustausch) bzw. Leitungselektronen wirken können. Abgesehen vom letztgenannten Mechanismus sind die Kräfte im wesentlichen auf den Nahbereich (nächste, übernächste und gegebenenfalls weitere Zentren) beschränkt. Je nach Strukturvorgaben können sie in Mehrkern-Einheiten, Ketten oder Schichten vorherrschen[36] oder in allen drei Raumrichtungen gleichermaßen wirksam sein. In den zuletzt genannten Stoffen mit dreidimensionalem Bauzusammenhang, auf deren Betrachtung wir uns — abgesehen von dem zunächst behandelten Beispiel mit intramolekularem Antiferromagnetismus — in der folgenden Übersicht konzentrieren, beobachtet man bei genügend tiefer Temperatur einen Übergang vom paramagnetischen in den magnetisch dreidimensional geordneten Zustand[37] (langreichweitige Ordnung, 3 D). Der Phasenwechsel äußert sich in Anomalien der spezifischen Wärmekapazität und durch ein magnetisches Verhalten, das charakteristisch von dem der drei erstgenannten, niederdimensionalen Systeme mit kurzreichweitiger Ordnung abweicht [55, 56]. Man unterscheidet bei magnetischer 3 D-Ordnung hinsichtlich Ausrichtung und Größe der magnetischen Dipole zwischen Ferro-, Ferri- und Antiferromagnetismus mit kollinearen und komplizierteren Spinstrukturen. Antiferromagneten haben im Gegensatz zu Ferro- und Ferrimagneten keine technische Bedeutung, spielen aber eine wichtige Rolle bei der Untersuchung des Zusammenhangs zwischen Magnetismus und chemischer Bindung.

Wir betrachten zunächst als einfachstes Beispiel eines Kollektiveffekts die klassische binukleare Komplexverbindung $[Cu(CH_3COO)_2(H_2O)]_2$ — als „Zwischenstufe“ auf dem Weg vom magnetisch-verdünnten zum magnetisch-konzen-

---

35) Die Austauschwechselwirkung zwischen Elektronen verschiedener Zentren ist von elektrostatischer Natur wie die für die *LS*-Kopplung verantwortliche Wechselwirkung zwischen Elektronen des gleichen Atoms.

36) Klassische Beispiele: $[Cu(CH_3COO)_2(H_2O)]_2$ (abgeschlossene Baugruppe, Zweikern-Komplex), s. 2.3.1; $CsNiCl_3$ (1 D für $T > T_N = 4,3$ K), s. 5.4.3; $FeCl_2$ (2 D für $T > T_N = 23,5$ K), s. 5.4.4.

37) Erscheinungen ohne magnetische Fernordnung beobachtet man bei Spingläsern wie z. B. $Cu_{1-x}Mn_x$ [63] und $Eu_xSr_{1-x}S$ [64]; zum Begriff *Cluster-Glas*-Magnetismus (*Mictomagnetismus*) s. [63].

trierten Material — und anschließend Ferro-, Antiferro- und Ferrimagnetismus in Stoffen mit dreidimensionalem Bauzusammenhang. Eine Auswahl magnetisch wichtiger Materialien findet man in Lit. [438].

2.3.1 Intramolekularer Antiferromagnetismus

In der klassischen binuklearen Verbindung $[Cu(CH_3COO)_2(H_2O)]_2$ ist der Kollektiveffekt auf die zwei im Molekül aneinander gebundenen Cu^{2+}-Ionen beschränkt (Cu-Cu-Abstand: 264 pm; zum Vergleich: 256 pm im Cu-Metall). Molekülstruktur und magnetisches Verhalten der Verbindung sind in Abb. 2.6 dargestellt.

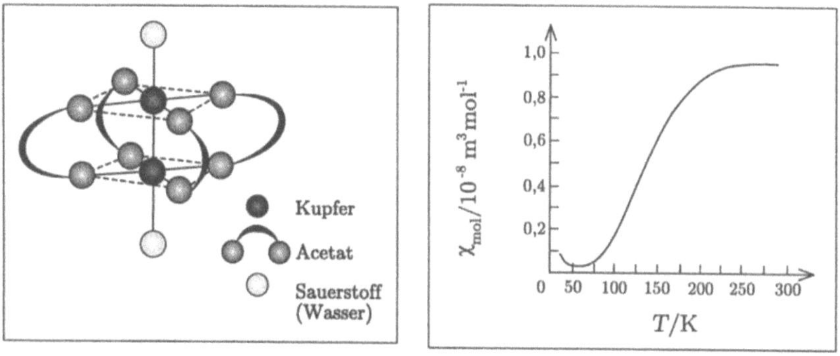

Abb. 2.6: Molekülstruktur und χ_{mol}–T-Diagramm von $[Cu(CH_3COO)_2(H_2O)]_2$ [54]

Man beobachtet im $\chi_{mol} - T$-Diagramm bei ca. 250 K ein Maximum und mit fallender Temperatur ein Absinken der Suszeptibilität fast bis null. Das Verhalten unterscheidet sich also drastisch von einem System mit isolierten Cu^{2+}-Ionen, für das ein CURIE-ähnlicher Verlauf mit einem n_{eff}-Wert zu erwarten ist, der etwas größer als der Spin-only-Wert 1,73 ist (s. Beisp. 4.16). Die mit fallender Temperatur abnehmenden χ_{mol}-Werte zeigen, daß der Grundzustand der binuklearen Einheit durch den Gesamtspin $S' = 0$ charakterisiert ist (antiparallele Kopplung der beiden Spins $S_1 = S_2 = \frac{1}{2}$). Der Verlauf der Kurve in Abb. 2.6 läßt sich mit einem Modell simulieren, welches die Stärke der Spin-Spin-Kopplung als Parameter $\mathcal{J}$ enthält, der den Meßergebnissen angepaßt werden kann. Die Kopplungskonstante $\mathcal{J}$ entspricht dem halben Energieunterschied zwischen Singulett ($S' = 0$) und angeregtem Triplett ($S' = 1$, parallele Spinausrichtung). Außerdem müssen, um eine gute Übereinstimmung zwischen gemessenen und berechneten χ_{mol}-Werten zu erzielen, der g-Faktor und ein temperaturunabhängiger Parameter χ_0 verfeinert werden. Die den Rechnungen zugrunde liegende Formel, bezogen auf ein Cu, lautet [282] [38]:

$$\chi_{mol} = \mu_0 \frac{N_A \mu_B^2 g^2}{3 k_B T} \left[1 + \frac{1}{3} \exp\left(\frac{-2\mathcal{J}}{k_B T} \right) \right]^{-1} + \chi_0 \tag{2.17}$$

Eine gute Anpassung wird mit den Parameter-Werten $g = 2,16$, $\chi_0 = 76 \times 10^{-11}\,\mathrm{m^3\,mol^{-1}}$ und $2\mathcal{J} = -295\ \mathrm{cm^{-1}}$ erhalten. Die Erhöhung von g gegenüber dem Wert 2 ist durch Spin-Bahn-Kopplung erklärbar, während sich im kleinen, positiven χ_0 ein schwacher TUP äußert. Beide Parameter haben einen vergleichsweise geringen Einfluß auf den Verlauf der theoretischen Kurve. Einen starken Einfluß hat jedoch der Spin-Spin-Kopplungsparameter $\mathcal{J}$. Wert und Vorzeichen sprechen für eine relativ starke antiferromagnetische Wechselwirkung zwischen den beiden magnetisch aktiven Zentren [282, 406]. Bei hoher Temperatur liegt weitgehend Gleichverteilung auf Singulett- und Triplettzustand vor. Mit sinkender Temperatur wird entsprechend einer BOLTZMANN-Verteilung das angeregte Triplett entvölkert, das Singulett dagegen zunehmend besetzt. Bei einer Temperatur unterhalb von ca. 50 K ist nur noch das unmagnetische Singulett besetzt. Wegen $\chi_0 > 0$ geht die Suszeptibilität allerdings nicht auf null zurück.

Quantenchemische Rechnungen zur Deutung des $\mathcal{J}$-Wertes zeigen, daß nicht nur die direkte Überlappung der beiden $d_{x^2-y^2}$-Orbitale der Metallionen und die Überlappung der $d_{x^2-y^2}$-Orbitale mit den von zwei Elektronen besetzten Orbitalen am Acetat-Anion (*Superaustausch*) berücksichtigt werden müssen, sondern daß erst eine erweiterte Konfigurationswechselwirkung zu der gemessenen Stabilisierung des Singulett-Grundzustands führt [273, 281].

2.3.2 Ferromagnetismus

Ferromagnetismus wird vorwiegend in Festkörpern beobachtet[39], und zwar bei metallischen Elementen, kristallinen und amorphen Legierungen, Verbindungen der d- und f-Metalle mit Hauptgruppenelementen sowie metallorganischen und sogar rein organischen Verbindungen. Zur Charakterisierung eines Ferromagnetikums dienen CURIE-Temperatur T_C, unterhalb der es spontan zur Parallelstellung benachbarter magnetischer Dipole kommt, WEISS-Konstante Θ_p (ermittelt nach Gl. (2.13) aus dem CURIE-WEISS-Verlauf oberhalb von T_C), Permeabilitätszahl μ_r (s. Gl. (1.9)), die atomare Sättigungsmagnetisierung μ_m^∞ (oder M^∞, σ^∞ bzw. M_{mol}^∞) und — wie wir später sehen werden — die Hysteresisschleife ($B-H$- bzw. $M-H$-Diagramm).

[38] Für das ungekoppelte System ($\mathcal{J} = 0$) ergibt sich bei Vernachlässigung von χ_0 das CURIE-Gesetz entsprechend einem System mit $S = \frac{1}{2}$.

[39] Ferromagnetisch verhalten sich auch $Co_{1-x}Pd_x$-Schmelzen [46]. Bei *magnetischen Flüssigkeiten* (Ferrofluide [93]) handelt es sich um kleinste ferro- oder ferrimagnetische feste Partikel in einer Trägerflüssigkeit.

In Tab. 2.5 sind T_C, Θ_p und μ_m^∞ von typischen Vertretern zusammengestellt. Die Elemente mit den höchsten CURIE-Temperaturen sind Fe, Co und

Tab. 2.5: Magnetische Kenngrößen einiger ferromagnetischer Substanzen

Substanz	Struktur	T_C/K	Θ_p/K	μ_m^∞/μ_B	Lit.
α-Fe	kiz	1044(2)	1100	2,216	[78]
β-Co	kdp	1388(2)	1415	1,715	[78]
Ni	kdp	627,4(3)	649	0,616	[78]
Gd	hdp	293,4	317	7,63	[80]
Cu_2MnAl	[a]	≈ 600		3,7 (77 K)	[58]
$ZrZn_2$	$MgCu_2$	21,5	33	0,16	[82]
$NdCo_5$	$CaCu_5$	910		9,5–11,7 [b]	[81]
$TbIr_2$	$MgCu_2$	43		6,9	[81]
$HoIr_2$	$MgCu_2$	12		7,5	[81]
MnAs	NiAs	307	283	3,4	[83]
MnSb	NiAs	600	600	3,5	[84, 480]
MnBi	NiAs	633		4,5	[85]
EuO	NaCl	69	74,2	6,94	[86, 52]
EuS	NaCl	16,6	18,2	6,97	[86, 52]
$La_{1-x}Sr_xMnO_3$	[c]	210-385			[314]
US	NaCl	172–180	173–180	1,20–1,76	[87]
NpN	NaCl	82–100	82–100	1,4–2,2	[87]
$TbCl_3$	$PuBr_3$	3,65	4,55 [d]	8,1	[88]
Rb_2CrCl_4	[e]	52,4	92		[90]
$[FeCp_2^*][T]$ [f]	[59]	4,6	≈ 30	2,9	[59]
Biradikal [g]	[91]	1,48	10	1 [h]	[91]

[a] HEUSLER-Legierung; in der kristallographisch vollständig geordneten kubischen Phase bildet Mn eine kubisch-flächenzentrierte Anordnung, in der Al alle Oktaeder- und Cu alle Tetraederlücken besetzt [186].
[b] Summe der Beiträge von Nd und Co.
[c] Verzerrter Perowskit.
[d] $4\,K < T < 60\,K$.
[e] Orthorhombisch verzerrte K_2NiF_4-Struktur.
[f] $Cp^* \equiv C_5(CH_3)_5$, T ≡ TCNE ≡ Tetracyanoethylen.
[g] N,N′-Dioxy-1,3,5,7-tetramethyl-2,6-diazaadamantan.
[h] Pro NO-Radikal.

Ni. Ihr magnetisches Verhalten wird i. w. durch Leitungselektronen ('itinerant electrons') im 3d-Band bestimmt, deren Zahl hinsichtlich der m_s-Werte auch bei Abwesenheit eines äußeren Magnetfelds nicht gleich ist [40] (s. 2.4). Man

[40] Aus Streuexperimenten mit polarisierten Neutronen (s. 5.3.3) an α-Fe bei tiefen Tem-

nennt diese Erscheinung, die auf einen Überschuß an Leitungselektronen einer Spinkomponente zurückgeht, Band- oder Itinerant-Ferromagnetismus ('itinerant ferromagnetism') sowie Ferromagnetismus delokalisierter Elektronen. Die Sättigungsmomente dieser Ferromagnete sind i. a. durch gebrochene Zahlenwerte gekennzeichnet (vgl. 5.2.3).

Die magnetischen Eigenschaften der Lanthanoide werden durch die lokalisierten Elektronen der unvollständig gefüllten 4f-Unterschale geprägt, und ihr magnetischer Beitrag in intermetallischen Phasen läßt sich — von Ausnahmen abgesehen [41] — auf der Grundlage einer spezifischen $4f^N$-Konfiguration der Ionen mit ganzzahliger Valenz verstehen. Ein direkter Beitrag zur magnetischen Suszeptibilität von 5d- und 6s-Elektronen — diese haben weitgehend Leitungselektronen-Charakter (s. 2.4) — ist i. a. gering und kann in den meisten Fällen vernachlässigt werden [42]. Man beobachtet bei den Metallen selbst und bei einer Reihe von Lanthanoid-Phasen mit nicht-ferromagnetischen Partnern eine Abnahme der kritischen Temperaturen T_C oder T_N mit sinkender Gesamtspinquantenzahl S des RUSSELL-SAUNDERS-Grundterms [71]. Dem entspricht der relativ hohe CURIE-Punkt des Gadoliniums und der größere T_C-Wert von $TbIr_2$ gegenüber dem von $HoIr_2$. Als Sättigungsmoment für die Ln-Atome ergeben sich aus den Experimenten i. a. gebrochene Zahlenwerte. Im Falle von Gd wird die Erhöhung um 0,63 μ_B gegenüber dem idealerweise erwarteten Wert von $7\mu_B$ (wegen $g_J = 2$ und $J = S = 7/2$) mit einem Leitungselektronen-Beitrag erklärt [57]. Die bei den anderen Lanthanoiden bzw. Lanthanoid-Verbindungen gemessenen Sättigungsmomente sind i. a. gegenüber den in Tab. 2.1 aufgeführten Werten der freien Ionen durch Kristallfeldeffekte erniedrigt (s. 4.4.2.1).

In der Reihe der Mangan-Pnictide steigt T_C mit steigender Ordnungszahl des Hauptgruppenelements (vgl. NaMnX mit X $\widehat{=}$ Pnictid, Tab. 2.7). Beim Übergang von EuO nach EuS nimmt T_C ab, während sich EuSe (Tab. 2.8) und EuTe (Tab. 2.7)) bereits antiferromagnetisch verhalten.

Ferromagnetismus wird auch bei metallorganischen und organischen Verbindungen angetroffen [54, 72, 75, 462].

Hysteresisschleife und Bezirksstruktur eines Ferromagneten. Über die bisher behandelten Kenngrößen T_C, Θ_p und μ_m^∞ hinaus werden Ferromagnetika durch spez. Sättigungsmagnetisierung σ^s, Permeabilitätszahl μ_r und

---

peraturen ergeben sich längs den Würfelkanten und den entsprechenden Verbindungslinien der zentrierten Fe-Atome Regionen mit positiver Spindichte ($\mu_m^s = +2,39\mu_B$ pro Fe), die einen Ring mit negativer Spindichte ($\mu_m^s = -0,21\mu_B$) durchstoßen. Der positive Beitrag wird den Leitungselektronen mit 3d-Charakter und der negative Beitrag denen mit 4s-Charakter zugeschrieben [100].

41) Ausnahmen in Form von Zwischenvalenzzuständen findet man bei elektrisch leitenden Verbindungen mit Ce, Sm, Eu, Tm und Yb (s. 4.4.3).

42) Sie vermitteln aber nach der RKKY-Theorie [101, 102, 103] die kooperativen Wechselwirkungen; RKKY steht für RUDERMAN, KITTEL, KASUYA, YOSHIDA.

Induktionskurve $B(H)$ gekennzeichnet. Wir erinnern an den Zusammenhang zwischen magnetischer Induktion B, Magnetfeldstärke H, Magnetisierung M und μ_r, der entsprechend Gl. (1.3) und Gl. (1.9) bei isotropen Proben durch $B = \mu_0(H+M) = \mu_0\mu_r(H)H$ gegeben ist. Die Werte von μ_r können in der Größenordnung von 10^4 und darüber liegen und sind damit wesentlich größer als bei einem Paramagneten ($\approx 1,001$ bei normaler Temperatur). In Abb. 2.7 ist das Verhalten eines Ferromagneten als Induktionskurve (B–H-Diagramm) dargestellt. Ausgehend vom „unmagnetisierten" Material mit $B = H = 0$ nähert sich B mit steigendem H entlang der sog. Neukurve (nicht gezeichnet) asymptotisch der Geraden $B = \mu_0(H + M^s)$, wobei M^s der Grenzfall der Magnetisierung für großes H ist. Zusätzlich findet man in Abb. 2.7 die korrespondierende μ_0M–H-Kurve, bei der aus Gründen des besseren Vergleichs mit der B–H-Kurve die sog. magnetische Polarisation $J_p = \mu_0M$ anstelle von M aufgetragen wurde. Die beiden Äste der Sättigungshysteresisschleife werden durchlaufen, wenn die Feldstärke in der Probe sich von einem zur Sättigung ausreichenden Wert über Null bis zur Sättigungsfeldstärke in entgegengesetzter Richtung ändert. Bei $H = 0$ hat die Induktion auf $B_r = \mu_0M_r$, die Remanenz, abgenommen. Die Induktion verschwindet erst, wenn die sog. Induktionskoerzitivfeldstärke ${}_BH_c$ in Gegenrichtung angelegt wird.

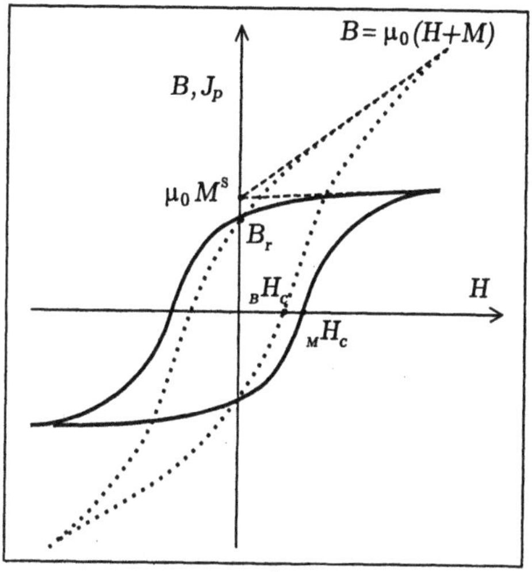

Abb. 2.7: Induktions- und Magnetisierungskurve eines Ferromagnetikums

Beim Übergang von der $B(H)$- zur $\mu_0M(H)$-Darstellung ist zu beachten, daß beide Kurven-Systeme nur die Remanenzpunkte ($H = 0$) gemeinsam haben. Unterschiede bestehen u. a. darin, daß B und μ_0M auf der Sättigungshysteresisschleife bei verschiedenen Feldstärken, der Induktionskoerzitivfeldstärke ${}_BH_c$ und der (größeren) Magnetisierungskoerzitivfeldstärke ${}_MH_c$, verschwinden. Bei hohen Feldern geht B mit H gegen unendlich, während die Polarisation dem Grenzwert μ_0M^s zustrebt. Daher benutzt man zur Beschreibung ferromagnetischer Stoffe nahe der Sättigung nicht die Induktion, sondern die magnetische Polarisation (bzw. Magnetisierung). Ferromagnetika mit schmaler Hysteresischleife bezeichnet man als *weichmagnetisch*, solche mit breiter Hysteresisschleife als *hartmagnetisch* (s. Abb. 2.8).

Die Schwierigkeit bei der Bestimmung der Hysteresisschleife eines Ferromagnetikums liegt darin, daß man die Werte von B und H *im Innern der Probe* kennen muß [30]. H ist i. a. von der ohne Probe vorhandenen Feldstärke H_0 des äußeren Feldes verschieden: Setzt man eine „offene" Probe (z. B. einen Stab) dem Feld H_0 aus, entstehen an ihren Enden Pole, die ihr eigenes Magnetfeld erzeugen. Dieses zusätzliche Feld ist in der Probe dem äußeren Feld entgegengerichtet und wird daher als entmagnetisierendes Feld bezeichnet. Die Differenz beider Felder ergibt das Feld H im Innern der Probe. Das entmagnetisierende Feld hängt außer von der Größe der Magnetisierung auch von ihrer Richtung in der Probe und von der Probenform ab. Verwendet man ringförmige Proben (z. B. Toroide), auf die eine magnetisierende Spule aufgewickelt ist, werden die wahren Magnetisierungskurven gemessen, da keine Pole in der Probe vorhanden sind und folglich ein entmagnetisierendes Feld nicht existiert. Rotationsellipsoide oder sehr lange Zylinderstäbe zeichnen sich dadurch aus, daß sie bei homogenem äußeren Feld auch ein homogenes inneres Feld veranlassen und daß das Entmagnetisierungsfeld berechnet werden kann. Letzteres setzt man als Produkt aus der Magnetisierung M und einem allein von der Geometrie der Probe abhängigen Entmagnetisierungsfaktor N an, so daß der Zusammenhang zwischen H und H_0 durch $H = H_0 - \mathrm{N}M$ gegeben ist. Einige Beispiele für Entmagnetisierungsfaktoren seien angegeben: Kugel: N = 1/3; flache Scheibe: ≈ 1 für $\boldsymbol{H}$ senkrecht zur Ebene; unendlich langer Kreiszylinder: ≈ 0 für $\boldsymbol{H}$ parallel zur Zylinderachse [73, 74].

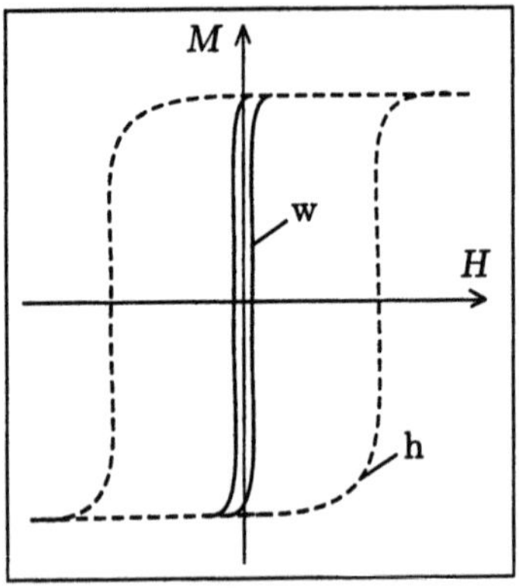

Abb. 2.8: Hysteresisschleife eines weich- und eines hartmagnetischen Materials (w bzw. h)

Die Erklärung für das komplizierte Verhalten der Ferromagnetika liegt in ihrer Bezirksstruktur: Durch die Austauschwechselwirkungen werden die Spins benachbarter atomarer Zentren und damit auch die mit ihnen verknüpften magnetischen Dipole innerhalb von Bezirken in eine gemeinsame Richtung gezwungen. Diese WEISS-Bezirke oder Domänen (Größe ca. 10^{-6} cm^3 bis 10^{-3} cm^3) sind in einer *leichten Richtung* bis zur Sättigung magnetisiert. Unter einer leichten Richtung versteht man die von den magnetischen Dipolen spontan eingenommene Richtung. Sie wird bestimmt durch Form-Anisotropie, Spin-Bahn-Kopplung und Kristallfeld-Effekt [77]. In einem unmagnetisierten Material sind die Magnetisierungsvektoren der Domänen so zueinander ausgerichtet, daß nach außen kein magnetisches Dipolmoment in irgendeiner Richtung resultiert. Wenn ein Feld eingeschaltet wird, wachsen die Domänen mit günstig zum Feld gerichteten Dipolen (s. Abb. 2.9), und die Magnetisierung ändert sich entsprechend der Neukurve. Beim Magnetisierungsprozeß finden mit steigender Feldstärke zunächst reversible, danach irreversible Domänenwand-Verschiebun-

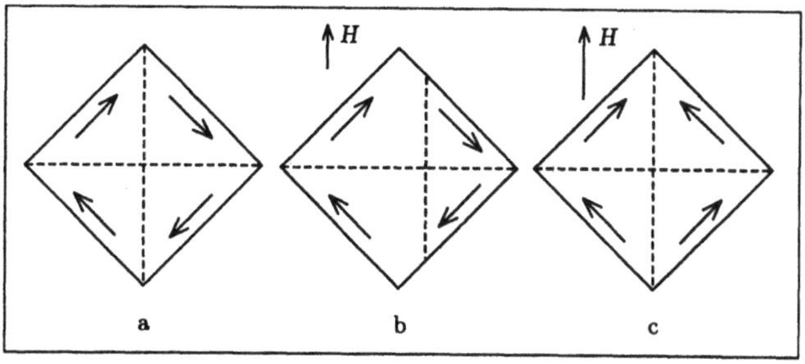

Abb. 2.9: Schematische Darstellung von Domänen in einem Einkristall eines ferromagnetischen Materials: (a) unmagnetisiert; (b) Magnetisierung durch Domänenwandbewegung; Domänen mit günstiger Orientierung zu $\boldsymbol{H}$ wachsen auf Kosten der ungünstig orientierten; (c) Magnetisierung durch Drehprozesse; um die Magnetisierung aus der eingenommenen leichten Richtung vollständig in Feldrichtung zu drehen, sind noch größere Magnetfeldstärken erforderlich [30].

gen und schließlich Drehprozesse statt. Verkleinert man die Feldstärke wieder, bleibt die Magnetisierung zunächst höher als bei der Neukurve. Die Magnetisierung wird erst null, wenn das äußere Feld in Gegenrichtung verstärkt wird.

Sorgfältig gezüchtete Eisen-Einkristalle von großem Reinheitsgrad zeigen eine außerordentlich kleine Hysteresis und Remanenz. Die Domänenwände lassen sich leicht verschieben, da das Gitter des Metallkristalls nur wenige Störungen aufweist, an denen sich die Wände verankern können. Ferner sind die Kristalle magnetisch anisotrop (s. Abb. 2.10): Legt man das Feld entlang der Würfelkante ([100]) des kubisch-innenzentrierten Gitters — dabei handelt es sich um die leichte Richtung —, wird die Sättigung bei niedrigerem Feld erreicht als bei einer Feldrichtung entlang der Flächen- ([110]) oder Raumdiagonalen ([111]).

Die nach Abb. 2.7 bei hohen Feldern vorliegende ferromagnetische oder technische Sättigungsmagnetisierung entspricht der in den Domänen herrschenden spontanen Magnetisierung und ist daher eine wichtige physikalische Größe. Sie nimmt bei Temperaturerniedrigung zu und erreicht bei $T = 0$ K ihren größten Wert (s. Abb. 2.11).

Ferromagnetische Werkstoffe. Ferromagnetische Materialien haben eine große Bedeutung als magnetische Werkstoffe. Sie werden anhand ihrer Koerzitiv-Feldstärke in zwei Klassen eingeteilt (s. Tab. 2.6 und Abb. 2.8):

(1) Weichmagnetische Materialien mit hoher Permeabilitätszahl können durch

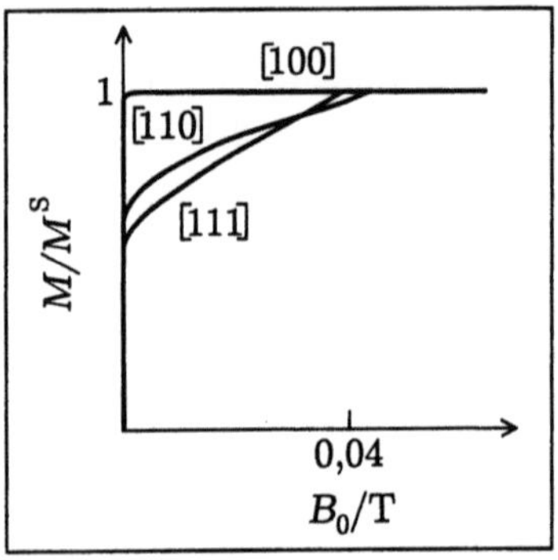

Abb. 2.10: Magnetisierungskurven eines Eisen-Einkristalls (s. Text)

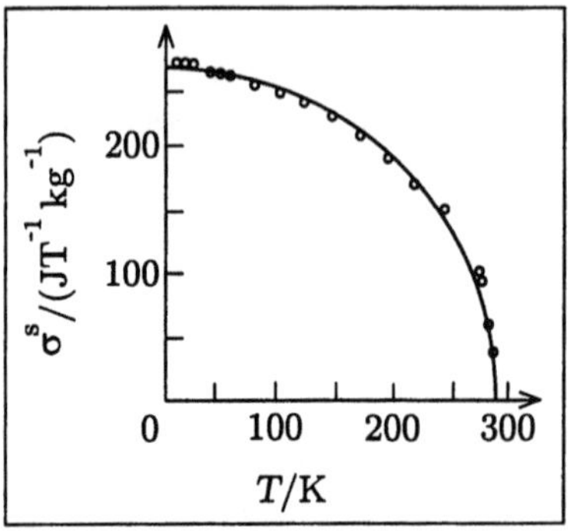

Abb. 2.11: σ^s–T-Diagramm von Gadolinium

kleine Felder stark magnetisiert und auch wieder leicht entmagnetisiert werden (Koerzitivfeldstärke $H_c < 1$ kA/m). Sie finden z. B. in Transformatoren Verwendung. Ihre Domänenwände sind leicht verschiebbar, Kristallanisotropie und Wirbelstromverluste sind klein. Als ferromagnetische Materialien kommen Fe, Fe-Si, Supermalloy und amorphe Legierungen in Frage [49].

(2) Hartmagnetische Materialien haben eine relativ niedrige Permeabilitäts-

Tab. 2.6: Ferromagnetische Werkstoffe: Eigenschaften und Verwendung. T_C [K], μ_m^s [μ_B] pro Formeleinheit, $(BH)_{max}$ [kJ m^{-3}] (MA: magnetische Aufzeichnung; WM: weichmagnetisches Material; PM: Permanentmagnet)

Material	Struktur	T_C	μ_m^s	$(BH)_{max}$ [a]	Verw.	Lit.
$Fe_{40}Co_{40}B_{20}$	amorph	> 800	1,43		WM	[94, 95]
Supermalloy[b]	kflz	673			WM	[45, 97]
Alnico[c]	[d]	> 800		25	PM	[45, 96]
$SmCo_5$	$CaCu_5$	1000		160	PM	[99]
Sm_2Co_{17}	Th_2Zn_{17}			225	PM	[99]
$Nd_2Fe_{14}B$	$Nd_2Fe_{14}B$	585	37,6	360	PM	[98]
CrO_2	Rutil	392	2,00		MA	[92]

[a] Durch den Maximalwert $(BH)_{max}$ wird die Leistungsfähigkeit eines Permanentmagneten gekennzeichnet.

[b] Typische Zusammensetzung (Gew.-%): Ni (79), Fe (15,5), Mo (5,0), Mn (0,5).

[c] Alnico 2 (Gew.-%): Ni (18–21), Al (8–10), Co (17–20), Cu (2–4), Nb (0–1), Fe (Rest).

[d] Heterogenes System: ferromagnetische Ausscheidungen (Fe/Co) in einer (Ni/Al)-Matrix.

zahl, können nur in hohen Feldern gesättigt werden, sind dafür aber nur schwer zu entmagnetisieren ($H_c > 30$ kA/m) und finden Verwendung als Permanentmagnete. Die am besten geeigneten Materialien, die sich durch hohe Kristallanisotropie und schwere Verschiebbarkeit der Domänenwände auszeichnen, sind Stoffe aus 3d- und 4f-Metallen wie z. B. $SmCo_5$, Sm_2Co_{17} und $Nd_2Fe_{14}B$. Sie enthalten mit Cobalt oder Eisen die Elemente mit den höchsten CURIE-Temperaturen (s. Tab. 2.5) und Lanthanoide wie Samarium oder Neodym [107, 463]. Die Herstellung von Phasen mit den in Tab. 2.6 aufgeführten optimierten Eigenschaften ist metallurgisch verwickelt (Abweichungen von der exakten Zusammensetzung, Zusätze, thermische Behandlung). Durch Verwendung nadelförmiger Eindomänen-Teilchen läßt sich die Remanenz steigern, da sich zur Entmagnetisierung der Magnetisierungsvektor einzelner Teilchen drehen müßte und dieser Vorgang mehr Energie verlangt als die bei diesen Teilchen ausgeschlossenen Wandverschiebungen. Die guten permanentmagnetischen Eigenschaften von Alnico beruhen auf demselben Effekt: Durch geeignete Wärmebehandlung wird erreicht, daß sich eine ferromagnetische Fe/Co-Phase aus der festen Lösung mit Ni und Al ausscheidet [49]. Das in Tab. 2.6 aufgeführte ferromagnetische CrO_2 dient als Material für magnetische Aufzeichnungen [104].

2.3.3 Antiferromagnetismus

Antiferromagnetismus trifft man wesentlich häufiger an als Ferromagnetismus. Abb. 2.12 verdeutlicht die oft in einem kubisch- oder tetragonal-innenzentrierten Gitter gefundene Anordnung: Die Dipole aller Ionen an den Ecken (Untergitter A) stehen parallel zueinander, aber antiparallel zu den Dipolen der zentrierten Ionen (Untergitter B). Man kann sich das System aus zwei ineinandergreifenden Untergittern aufgebaut denken, von denen das eine spontan in die eine Richtung und das andere in die entgegengesetzte Richtung magnetisiert ist. Auf diesem Bild beruht die von NÉEL vorgenommene Deutung der magnetischen Eigenschaften von Antiferromagneten[65] (s. 5.1.3.3).

Die in Abb. 2.12 gezeigte Spinstruktur liegt bei MnF_2 (Rutil-Typ) unterhalb der NÉEL-Temperatur von 74 K vor, wobei die Moment-Achsen parallel bzw. antiparallel zur tetragonalen c-Achse liegen (kollinear-antiferromagnetische Spinstruktur). Die kristallographische Zelle ist tetragonal innenzentriert und die unter Berücksichtigung der Momentrichtung zugrunde liegende magnetische Zelle tetragonal primitiv, wobei die beiden ineinandergestellten Untergitter gleichberechtigt sind. Die Spinstruktur wurde mit Hilfe der Neutronenbeugung bestimmt. Mit dieser Methode kann nicht nur der Ort der Atomkerne, sondern aufgrund des magnetischen Momentes des Neutrons auch die Richtung der atomaren Dipole sowie das Sättigungsmoment μ_m^s bei endlicher Temperatur bzw. μ_m^∞ für $T \to 0$ ermittelt werden (s. 5.3.3). Um Stärke und Vorzeichen der Wechselwirkungen zwischen nächsten, übernächsten und gegebenenfalls drittnächsten „magnetischen" Nachbarn zu bestimmen, müssen weitere Untersuchungen vorgenommen werden (s. z. B. Lit. [52]).

Bei einem typischen Antiferromagneten ist die antiparallele Moment-Kopplung zwischen den Untergittern die stärkste Wechselwirkung (erkennbar z. B. an einem negativen Θ_p-Wert, wenn CURIE-WEISS-Verhalten bei $T > T_N$ vorliegt). Durch sie wird automatisch die parallele Moment-Anordnung innerhalb der Untergitter hergestellt. Bei $T > T_N$ bricht die Kopplung zwischen den Untergittern zusammen und damit auch die Parallelstellung der Momente innerhalb der Untergitter.

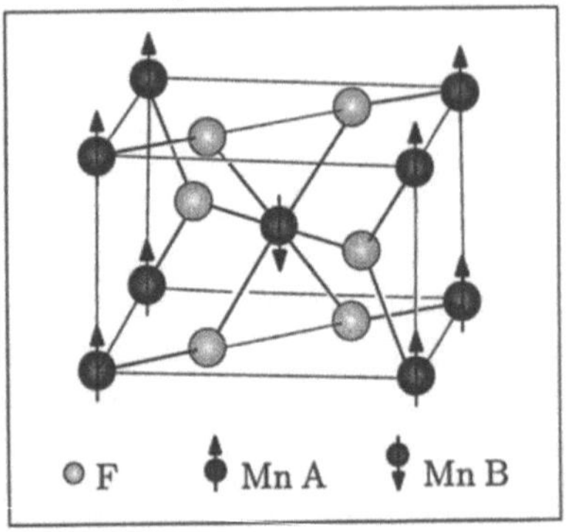

Abb. 2.12: Spinstruktur des Antiferromagneten MnF_2 (Rutil-Typ)

Da sich die Untergitter-Magnetisierungen kompensieren, ist die spontane Magnetisierung null. Zur Beschreibung des magnetischen Verhaltens auch unterhalb von T_N ist die Suszeptibilität geeignet. Man beobachtet Paramagnetismus, der wesentlich von der Richtung des Magnetfeldes in bezug auf die Momentrichtung (im Beispiel MnF_2 also parallel und senkrecht zur c-Achse) und von der Kristall-Anisotropie abhängt (s. 5.1.3.3).

Metamagnetismus. Einige Stoffe mit antiferromagnetischer Ordnung zeigen Metamagnetismus [115] (s. Tab. 2.8): In schwachen Magnetfeldern besteht typisches antiferromagnetisches Verhalten (H-unabhängige Suszeptibilität); in starken Feldern findet man dagegen die für ferromagnetische Substanzen in starken Feldern typische Temperaturabhängigkeit der Magnetisierung. Die in letzterem Fall vorliegende Phase bezeichnet man als paramagnetisch-gesättigt [112]. Metamagneten sind, wie die positiven Θ_p-Werte erkennen lassen, durch dominierende ferromagnetische Wechselwirkungen charakterisiert. Im Falle z. B. von $FeCl_2$ ($CdCl_2$-Typ) herrschen diese innerhalb der Schichten senkrecht zur hexagonalen c-Achse. Zwischen den Schichten gibt es vergleichsweise schwache antiferromagnetische Wechselwirkungen, die bei Überschreiten der kritischen Feldstärke aufgebrochen werden (s. 5.1.3.3).

2.3.4 Ferrimagnetismus

Ferrimagneten (s. Tab. 2.9) zeigen spontane Magnetisierung, Remanenz und andere Eigenschaften ähnlich den Ferromagneten, aber das aus der Magnetisierung

Tab. 2.7: Magnetische Kenngrößen einiger antiferromagnetischer Stoffe

Substanz	Struktur	T_N/K	Θ_p/K	μ_m^∞/μ_B	Lit.
MnAu	CsCl [a]			4,6	[100]
DyCu	CsCl	61	−22	10,60	[105, 106]
NaMnP	PbFCl [b]			3,65	[108]
NaMnAs	PbFCl	> 600		4,01	[108]
NaMnSb	PbFCl	380		4,08	[108]
NaMnBi	PbFCl	375		4,58	[108]
EuTe	NaCl	9,6	−4,0	6,94	[86, 52]
MnO	NaCl	118	−610	5	[109]
FeO	NaCl	185	−570	3,3	[111]
CoO	NaCl	292		3,8	[111]
NiO	NaCl	523		≈ 2	[111]
Co_3O_4	Spinell	40	[c]	3,02	[110]
$ZnFe_2O_4$	Spinell	10,6	0	4,0 [d]	[113]
$YBa_2Cu_3O_{6,35}$	[e]	390(Cu2)		0,40	[155]
$ErBa_2Cu_3O_{6,87}$	[f]	0,585(Er)		4,4	[156]
$ErBa_2Cu_3O_{6,53}$	[f]	0,460(Er)		3,7	[156]
MnF_2	Rutil	74	−113	4,98	[50]
α-O_2	[g]	23,9 [h]	[i]	2,0	[158]

[a] Bei Raumtemperatur tetragonal verzerrt.
[b] Mn ≙ F; Na ≙ Cl, Pnictid ≙ Pb.
[c] Kein Curie-Weiss-Verhalten.
[d] Magnetisches Moment des paramagnetischen Bereichs: $\mu = 5,50\mu_B$ [114].
[e] $YBa_2Cu_3O_7$-Typ mit Sauerstoff-Überstruktur.
[f] $YBa_2Cu_3O_7$-Typ.
[g] Monokline Elementarzelle mit zwei Molekülen [157].
[h] Bei Abkühlung unter 23,9 K: β-O_2 → α-O_2.
[i] Kein Curie-Weiss-Verhalten oberhalb von T_N aufgrund kurzreichweitiger antiferromagnetischer Wechselwirkung [159, 160].

Tab. 2.8: Magnetische Kenngrößen einiger metamagnetischer Substanzen

Substanz	Struktur	T_N/K	Θ_p/K	μ_m^∞/μ_B	Lit.
EuSe	NaCl	4,6	8,5	6,96	[86, 52]
$FeCl_2$	$CdCl_2$	23,5	48,0	4,5(7)	[116, 117, 55]
$FeBr_2$	CdI_2	11	6	4,4(7)	[117, 11, 235]

erhaltene Sättigungsmoment korrespondiert nicht mit paralleler Ausrichtung aller Dipole. Außerdem erhält man normalerweise aus dem Curie-Weiss-Verlauf des paramagnetischen Bereichs negative Θ_p-Werte wie bei einem Antiferromagneten. Die Namensgebung erfolgte in Anlehnung an das magnetische Verhalten vieler Ferrite.

Zur Erklärung dieses Verhaltens nahm NÉEL [65] für den einfachsten Fall an, daß die magnetischen Zentren auf zwei Untergittern angeordnet sind, deren Magnetisierungen zwar entgegengesetzt gerichtet sind, aber ein resultierendes Moment ergeben, da die Untergitter nicht äquivalent sind. In Abb. 2.13 sind neben diesem einfachen Beispiel (b) für die Momentenausrichtung zwei weitere gegeben. In (a) sind alle Sättigungsmomente der Zentren gleich groß, aber ein Untergitter enthält mehr Zentren. Dieser Fall liegt beim Yttrium-Eisen-Granat $Y_3Fe_5O_{12}$ vor. Drei der fünf Fe^{3+}-Ionen sind tetraedrisch (Platz A) und zwei oktaedrisch (B) koordiniert. Die Momente dieser beiden Teilgitter stehen antiparallel zueinander, so daß mit $\mu_m^\infty(Fe^{3+}) = 5\mu_B$ ($g = 2$, $S = 5/2$) ein Sättigungsmoment pro Formeleinheit von $\mu_m^\infty(A) - \mu_m^\infty(B) = 15\mu_B - 10\mu_B = 5\mu_B$ gemessen wird. Fall (c) trifft man in Ferriten mit normaler oder inverser Spinell-Struktur an. In Fe_3O_4 (inverser Spinell) ist entsprechend der Kationenverteilung mit Fe^{3+} auf den Tetraederplätzen (A) sowie Fe^{2+} und Fe^{3+} auf den Oktaederplätzen (B) und der antiferromagnetischen Kopplung zwischen den Untergittern mit einem Sättigungsmoment von $\mu_m^\infty(B) - \mu_m^\infty(A) = (5+4)\mu_B - 5\mu_B = 4\mu_B$ pro Formeleinheit zu rechnen, in guter Übereinstimmung mit dem experimentellen Wert von 4,1 μ_B. Im Falle von $NiFe_2O_4$ (inverser Spinell) ergibt die Magnetisierungsmessung pro Formeleinheit das Sättigungsmoment $\mu_m^\infty = 2,3\,\mu_B$, das unter Annahme von $\mu_m^\infty(Fe^{3+}) = 5,0\,\mu_B$ mit $\mu_m^\infty(B) - \mu_m^\infty(A) = (5+2,3)\,\mu_B - 5\,\mu_B = 2,3\,\mu_B$ dem Ni^{2+} zuzuordnen ist. Hier wird eine Erhöhung gegenüber dem reinen Spinwert von $2,0\,\mu_B$ beobachtet. Weitgehend im Einklang mit dem Ergebnis der Magnetisierungsmessung sind die mit Hilfe der Neutronenbeugung bestimmten Sättigungsmomente 4,86 μ_B, 4,73 μ_B und 2,22 μ_B für die Ionen Fe_A^{3+}, Fe_B^{3+} bzw. Ni^{2+} [164].

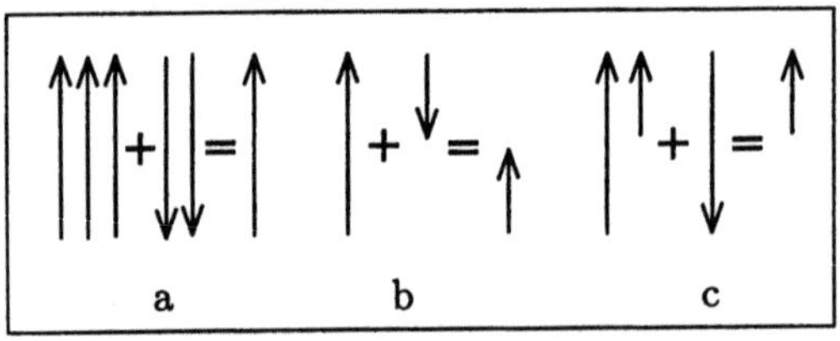

Abb. 2.13: Drei mögliche Momenten-Anordnungen in ferrimagnetischen Stoffen. (a) Ungleiche Zahl identischer Momente auf zwei Untergittern; (b) ungleiche Momente auf zwei Untergittern; (c) zwei gleiche Momente und ein ungleiches Moment.

Die in Tab. 2.9 notierten oxidischen ferrimagnetischen Materialien haben große technische Bedeutung, und zwar Ferrite vom Spinell-Typ als weichmagnetischer Kern in Hochfrequenz-Transformatoren und Induktoren, Granate als magnetische Blasen ('magnetic bubbles') und bei Mikrowellen-Anwendungen,

γ-Fe_2O_3 als Material für magnetische Aufzeichnungen und hexagonale Ferrite als permanent-magnetische Materialien.

Tab. 2.9: Magnetische Kenngrößen einiger ferrimagnetischer Substanzen

Substanz	Struktur	T_C/K	Θ_p/K	μ_m^∞/μ_B	Lit.
$TbCo_5$	$CaCu_5$	980		8,4 (Tb)	[161, 162]
				1,55(Co1)	
				1,70(Co2)	
Mn_3O_4	Spinell	42		1,85	[112]
Fe_3O_4	Spinell (invers)	858		4,1 [a]	[163]
$NiFe_2O_4$	Spinell (invers)	858		2,3[a]	[163]
				4,86(Fe_A)	[164]
				4,73(Fe_B)	
				2,22(Ni)	
γ-Fe_2O_3 [b]	Spinell (invers)[c]	948		2,5[a]	[49, 165]
$Y_3Fe_5O_{12}$	Granat	559		5,0[a]	[118]
$BaFe_{12}O_{19}$	$PbFe_{12}O_{19}$ [d]	740	[e]	20[a]	[166, 167]
Na_2NiFeF_7	Weberit	88	-50	2,2(Ni)	[40]
				5,0(Fe)	

[a] Pro Formeleinheit.
[b] Neben CrO_2 das am häufigsten verwendete Material für magnetische Aufzeichnungen.
[c] Defektstruktur.
[d] Magnetoplumbit.
[e] $\Theta_p = 710\,K$ für $PbFe_{12}O_{19}$.

2.4 Magnetismus der Leitungselektronen

In kondensierter Phase treten zwischen Metallatomen so starke Wechselwirkungen auf, daß Valenzelektronen von den Atomen losgelöst und zu Leitungselektronen werden. Im gängigen einfachsten Modell nimmt man an, daß der Metallkristall aus positiv geladenen Atomrümpfen auf den Gitterplätzen und delokalisierten Valenzelektronen aufgebaut ist. Betrachten wir Metalle, bei denen die in den Atomrümpfen lokalisierten Elektronen abgeschlossene (Unter-)Schalen besetzen und daher kein permanentes magnetisches Moment tragen — Metalle mit Lücken in einer f- oder d-Unterschale sind damit ausgeschlossen —, so zeigen sie im Normalfall einen schwachen, weitgehend temperaturunabhängigen Paramagnetismus (Beispiel: Lithium, $\chi_{mol} = 30 \times 10^{-11}$ $m^3\,mol^{-1}$ bei 294 K [42]) oder einen ebenfalls nahezu temperaturunabhängigen Diamagnetismus, der schwächer als der Beitrag des Atomrumpfes ist (Beispiel: Gold, $\chi_{mol}^{Au} = -35 \times 10^{-11}$ $m^3\,mol^{-1}$; zum Vergleich: $\chi_{mol}^{Au^+} = -50 \times 10^{-11}$ $m^3\,mol^{-1}$).

Die Leitungselektronen liefern in diesen Fällen einen paramagnetischen Beitrag, der um mehrere Größenordnungen kleiner ist als z. B. der temperaturabhängige CURIE-Paramagnetismus von Teilchen mit einem ungepaarten Elektron (295 K: $\chi_{mol} \approx 1600 \times 10^{-11}$ m^3 mol^{-1}, 4 K: $\chi_{mol} \approx 120\,000 \times 10^{-11}$ m^3 mol^{-1}).

Nach der Theorie setzt sich die Volumensuszeptibilität dieser einfachen Metalle aus drei weitgehend temperaturunabhängigen Beiträgen

$$\chi = \chi^d + \chi_S^p + \chi_B^d \tag{2.18}$$

zusammen, die in ihrer Größe vergleichbar sind. Der erste Term, χ^d, steht für den diamagnetischen Anteil der Atomrümpfe, und die beiden anderen berücksichtigen Beiträge der Leitungselektronen: χ_S^p ist der mit ihrem Spin verknüpfte und experimentell mit Hilfe der ESR-Spektroskopie ([30, 44]; s. 5.3.2) zugängliche PAULI-Paramagnetismus (Bahnmoment-Beiträge wie bei lokalisierten Elektronen spielen keine Rolle), während χ_B^d für den LANDAU-Bahndiamagnetismus [53] steht, der mit der durch das äußere Feld gestörten Translation der Leitungselektronen zusammenhängt.

Um die Leitungselektronenbeiträge zur Suszeptibilität zu berechnen, geht man vom Elektronengas-Modell aus [294, 30] (s. TAFEL, S. 60). Die in einem Metall vorhandenen diskreten, energetisch sehr dicht beieinander liegenden Leitungselektronen-Zustände können nach dem PAULI-Ausschließungsprinzip mit zwei Elektronen unterschiedlicher magnetischer Spinquantenzahl m_s ($+\frac{1}{2}$ und $-\frac{1}{2}$) besetzt werden. In Abb. 2.15 (Tafel) ist die Situation für $T = 0$ dargestellt. Ohne äußeres Magnetfeld ist die Magnetisierung null, da gleich viele Elektronen von beiden Sorten vorhanden sind. Schaltet man das Magnetfeld ein, wird die Energie der Elektronen mit $m_s = -\frac{1}{2}$ nach Gl. (2.8) um $\mu_B B$ abgesenkt, da die Momentachse ihres magnetischen Dipols in Feldrichtung (+) orientiert ist. Die Energie der Elektronen mit $m_s = +\frac{1}{2}$ wird um $\mu_B B$ angehoben (−).

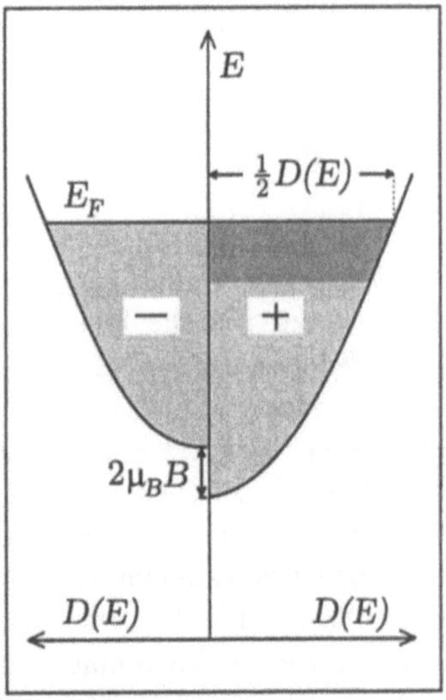

Abb. 2.14: Verschiebung der (+)- und (−)-Leitungselektronenbänder durch ein äußeres Magnetfeld.

Diese Situation ist in Abb. 2.14 zu sehen, in der im Unterschied zur üblichen Auftragung das Band in zwei Hälften geteilt ist, die linke für Leitungselektronen mit $m_s = +1/2$ und die rechte für $m_s = -1/2$. Zur Wiederherstellung des

Gleichgewichts klappen soviele magnetische Dipole der energiereichsten Elektronen aus der Gegenrichtung in die Feldrichtung um, bis sich eine gemeinsame FERMI-Grenze für beide Elektronensorten einstellt, so daß alle Zustände, wie es bei $T = 0$ sein muß, nach steigender Energie bis zu einer scharfen Grenze besetzt sind. Damit ist die Zahl der Leitungselektronen mit einer in Feldrichtung orientierten Moment-Achse geringfügig größer geworden auf Kosten der in Gegenrichtung orientierten Momente. Die Dichte dieser Überschußelektronen ergibt sich aus der in Abb. 2.14 dunkelgrau markierten Fläche mit der Zustandsdichte $D(E_F)$ an der FERMI-Grenze zu $\frac{1}{2}D(E_F)\, 2\mu_B B$. Multipliziert man sie mit der Komponente $\mu_B B$ des Elektrons in Feldrichtung, ergibt sich die Magnetisierung zu $M = D(E_F)\mu_B^2 B$. Für die Volumensuszeptibilität folgt

$$\chi_S^p = \mu_0 \mu_B^2 D(E_F) = \mu_0 \frac{N\mu_B^2}{E_F}\left(\frac{3}{2}\right) \qquad (T = 0\,\mathrm{K}). \qquad (2.19)$$

Dabei wurde berücksichtigt, daß sich für $E = E_F$ aus den Gln. (2.21,2.22) $D(E_F) = (3N/2E_F)$ mit der Elektronendichte N ergibt. Rechnet man noch den diamagnetischen Anteil aufgrund der Bahnbewegung der Leitungselektronen hinzu, erhalten wir

$$\chi_S^p + \chi_B^d = \mu_0 \frac{N\mu_B^2}{E_F}\left(\frac{3}{2}\right)\left[1 - \frac{1}{3}\left(\frac{m_e}{m_e^*}\right)^2\right] \qquad (2.20)$$

mit der Masse m_e und der *effektiven* Masse m_e^* des Ladungsträgers. Letztere berücksichtigt, daß die Elektronen sich nicht im Vakuum, sondern in einem Kristallgitter bewegen.

Die Elektronendichte und die FERMI-Energie für die Metalle kann man Tabellen entnehmen (vgl. [294]). Für Natrium (Lithium) ergibt sich mit $N = 2{,}53(4{,}62) \times 10^{22}$ cm^{-3} und $E_F = 3{,}14(4{,}70)$ eV sowie $m_e^* = m_e$ die Volumensuszeptibilität $\chi_S^p + \chi_B^d = 5{,}44(6{,}63) \times 10^{-6}$. Daraus folgt unter Berücksichtigung eines diamagnetischen Beitrags von $-6(-0{,}8) \times 10^{-11}$ m^3 mol^{-1} für $\chi_{mol} = 18{,}9(9{,}4) \times 10^{-11}$ m^3 mol^{-1}.

Der für die einfachen Metalle berechnete schwache Paramagnetismus ist zudem *temperaturunabhängig*, da die bei $T=0$ vorliegende Verteilung der Elektronen und damit auch die Zahl der Überschußelektronen bei Erhöhung der Meßtemperatur praktisch unverändert bleibt (vgl. die Ausführungen zur FERMI-DIRAC-Statistik in 5.1.4). Bei einem CURIE-Paramagneten dagegen fällt die Suszeptibilität mit steigender Temperatur, da die Orientierung der Moment-Achse in Gegenrichtung ($m_s = +\frac{1}{2}$) im Sinne der BOLTZMANN-Statistik zunehmend Gewicht bekommt.

TAFEL: Kurze Erinnerung an das Modell des freien Elektronengases im Potentialtopf [294, 295]. Die Leitungselektronen bewegen sich unabhängig voneinander in einem Potentialtopf, den sie aufgrund unendlich hoher Energiewände nicht verlassen können und der aus einem Würfel mit der Kantenlänge L bestehen soll. Die Zustandsfunktionen der Elektronen haben die Form $\psi(\boldsymbol{r}) = (2/L)^{3/2} \sin k_x x \, \sin l_y y \, \sin k_z z$ (bei periodischen Randbedingungen ergeben sich laufende Elektronenwellen $\psi(\boldsymbol{r}) = (1/L)^{3/2} \exp(i\boldsymbol{k}\cdot\boldsymbol{r})$), und die möglichen Energiewerte in Abhängigkeit der Wellenzahlen k_x, k_y, k_z sind

$$E = \frac{\hbar^2 k^2}{2m_e} = \frac{\hbar^2}{2m_e}\left(k_x^2 + k_y^2 + k_z^2\right) \quad \text{mit} \quad \left\{ \begin{array}{ll} k_x = (\pi/L)n_x, & n_x \\ k_y = (\pi/L)n_y, & n_y \\ k_z = (\pi/L)n_z, & n_z \end{array} \right\} = 1, 2, 3, \ldots .$$

Im dreidimensionalen Raum der Wellenzahlvektoren $\boldsymbol{k}$ liegen die Zustände gleicher Energie auf Kugeln. Bei makroskopischer Größe von L sind die Energiezustände quasikontinuierlich. Jeder Zustand kann mit zwei Elektronen besetzt werden, die sich in der magnetischen Spinquantenzahl m_s ($+\frac{1}{2}$ und $-\frac{1}{2}$) unterscheiden. Die Zahl der Zustände innerhalb einer Kugelschale mit den Begrenzungsflächen $E(\boldsymbol{k})$ und $E(\boldsymbol{k}) + dE$ ist $dD = D(E)dE$ mit der *Zustandsdichte*

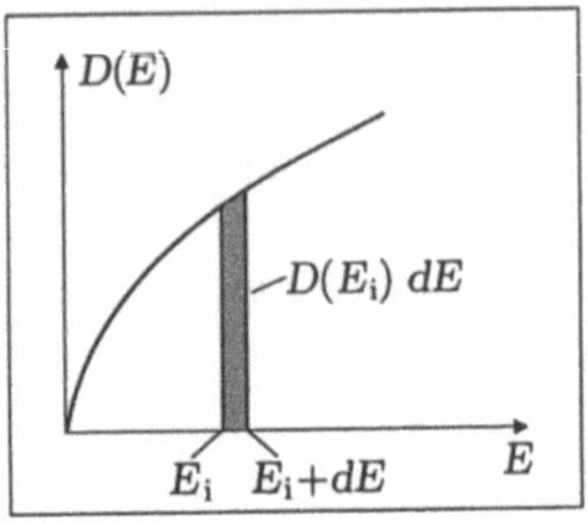

Abb. 2.15: Dichte $D(E)$ der Elektronenzustände in Abhängigkeit von E

$$D(E) = \frac{dD}{dE} = \frac{(2m_e)^{3/2}}{2\pi^2\hbar^3} E^{1/2}. \tag{2.21}$$

Die $D(E)$-Parabel ist in Abb. 2.15 dargestellt. Die graue Fläche $D(E_i)dE$ entspricht der Zahl der Zustände im Intervall dE. Im Zustand niedrigster Energie, d. h. bei $T \to 0\,\text{K}$, sind bei der Elektronendichte N alle Zustände bis zu einer oberen Grenze, der sog. FERMI-Energie E_F, besetzt:

$$E_F = \frac{\hbar^2 k_F^2}{2m_e} = \frac{\hbar^2}{2m_e}\left(3\pi^2 N\right)^{2/3} \quad \text{mit} \quad \left\{ \begin{array}{ll} k_F & \text{FERMI-Radius} \\ N & \text{Elektronendichte.} \end{array} \right. \tag{2.22}$$

Die bis jetzt besprochenen einfachen Metalle verhalten sich entweder schwach paramagnetisch oder diamagnetisch, je nachdem, welcher der in Gl. (2.18) genannten Anteile überwiegt. Bei den Alkali- und Erdalkalimetallen [61] ist es z. B. der paramagnetische, bei Cu, Ag, Au sowie Zn, Cd, Hg der diamagnetische Beitrag (s. Abb. 2.16). Ein Wechsel von dia- zu paramagnetischem Verhalten wird

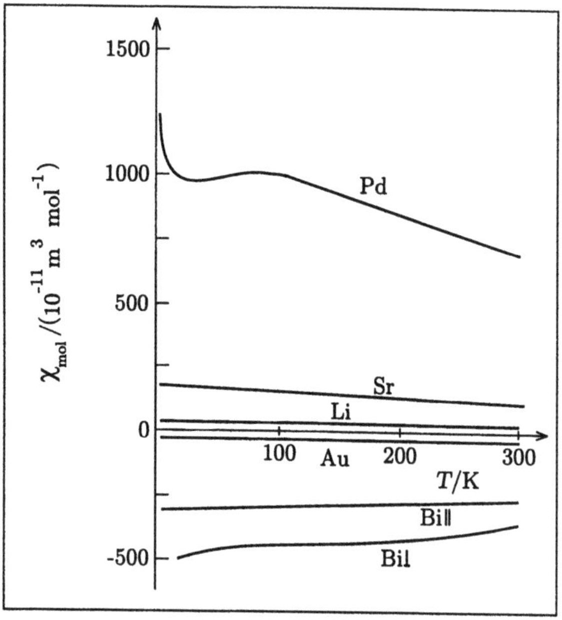

Abb. 2.16: $\chi_{mol} - T$-Diagramme von Li, Sr, Au, Bi und Pd.

beim Phasenübergang des halbleitenden α-Sn zum metallischen β-Sn aufgrund des größeren PAULI-Paramagnetismus beobachtet: $\chi_{mol}(\alpha) = -46,5 \times 10^{-11}$ $m^3\,mol^{-1}$; $\chi_{mol}(\beta) = +3,8 \times 10^{-11}$ $m^3\,mol^{-1}$. Effekte vergleichbarer Größe findet man auch beim Übergang vom festen in den flüssigen Zustand bei manchen Halbleitern (z. B. Ge, Te [47]; zum magnetischen Verhalten der flüssigen Elemente In, Tl, Sn und Bi siehe [79]).

Überraschend starken Diamagnetismus mit ausgeprägter Anisotropie und Temperatur-Abhängigkeit beobachtet man bei Halbmetallen, insbesondere beim Bismut, dem am stärksten diamagnetischen Element (295 K: $\chi_{mol} = -352 \times 10^{-11}$ $m^3\,mol^{-1}$ [41, 45]), während sich eine Reihe von Übergangsmetallen relativ stark paramagnetisch verhält, wobei Palladium[43] als markantes Beispiel zusätzlich eine auffallende Temperatur-Abhängigkeit zeigt (295 K: $\chi_{mol} =$

[43] Bemerkenswert ist die bereits durch geringe Eisen-Anteile (≈1000 ppm) hervorgerufene starke Zunahme der Magnetisierung des Palladiums. Sie geht wesentlich über den Beitrag der Verunreinigung hinaus und wird damit erklärt, daß das magnetische Moment des isolierten Fe-Atoms ein Moment im Wirtsgitter induziert. Der Gesamtbeitrag aus magnetischem Moment des Störatoms und der polarisierten Umgebung wird Riesen-Moment ('giant' magnetic moment) genannt [63].

$+700 \times 10^{-11}$ m^3 mol^{-1}; 80 K: $\chi_{mol} = +1010 \times 10^{-11}$ m^3 mol^{-1} [48]).

Im Falle der einfachen Metalle liegen die mit Hilfe des Elektronengas-Modells und unter Berücksichtigung der Atomrumpf-Beiträge berechneten Suszeptibilitäten gewöhnlich in derselben Größenordnung wie die experimentell bestimmten, so daß das Modell als grobe Näherung brauchbar ist. Um das Verhalten im einzelnen zu deuten, muß es jedoch wesentlich erweitert werden, da

1. die Energien der Leitungselektronen durch das periodische Potentialfeld der Atomrümpfe neu quantisiert werden;
2. die Leitungselektronen ihre Umgebung polarisieren und bei der Translation diese Polarisationswolke mit sich ziehen;
3. zur Deutung des ungewöhnlich hohen Diamagnetismus bei den Halbmetallen insbesondere die Abweichung des FERMI-Körpers von der im Bild der freien Elektronen vorausgesetzten Kugelgestalt betrachtet werden muß;
4. zwischen den Leitungselektronen mit d-Charakter Wechselwirkungen bestehen, die die Gleichverteilung der Elektronen bez. der beiden magnetischen Spinquantenzahlen stören (s. 5.1.4) und größere paramagnetische Beiträge hervorrufen (Beispiel: Palladium und andere Übergangsmetalle).

2.5 Messung magnetischer Kenngrößen

Die in der Magnetochemie wichtigsten Methoden zur Untersuchung magnetischer Eigenschaften des Festkörpers werden vorgestellt. Sie beruhen auf der Messung der Kraft und des Induktionseffekts mit FARADAY[44)]-Waage bzw. Vibrations- oder SQUID-Magnetometer. Ergänzende Hinweise findet man in Lit. [168, 170, 172]. Auf komplementäre Methoden wie Neutronenbeugung, MÖSSBAUER-Spektroskopie, Elektronenspinresonanz, usw. wird in 5.3 eingegangen.

2.5.1 FARADAY-Waage

Bei der Methode von FARADAY-CURIE wird die Kraft F gemessen, mit der Proben in einem inhomogenen Magnetfeld zum Ort größerer oder kleinerer Kraftflußdichte hingezogen werden, je nachdem, ob χ positiv oder negativ ist. Der arithmetische Zusammenhang zwischen F und χ wird deutlich, wenn man eine rechteckige, stromdurchflossene Leiterschleife (Fläche $A = b\Delta z$) betrachtet, die sich in einem Magnetfeld mit der Inhomogenität $\partial B/\partial z$ in z-Richtung befindet (s. Abb. 2.17). Von den vier an den Leiterabschnitten angreifenden Kräften kompensieren sich die nach rechts und links wirkenden, während wegen der größeren Dichte der B-Linien die Kraft nach unten (F_u) stärker als die nach

44) Michael FARADAY (1791 – 1867), Professor für Chemie in London.

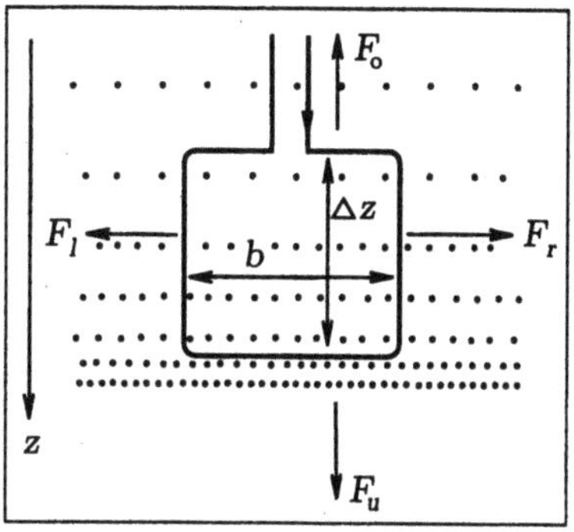

Abb. 2.17: Stromdurchflossene Leiterschleife in einem inhomogenen Magnetfeld (**B**-Linien senkrecht zur Papierebene auf den Betrachter zukommend).

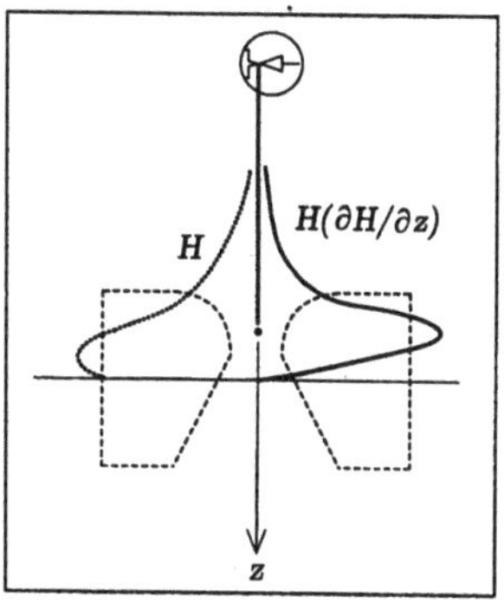

Abb. 2.18: Anordnung (schematisch) nach FARADAY-CURIE; eingezeichnet ist der Verlauf von H und $H(\partial H/\partial z)$.

oben (F_o) ist ($F_u = ib[B + (\partial B/\partial z)\Delta z]$ bzw. $F_o = ibB$). Damit ergibt sich eine resultierende Kraft F nach unten vom Betrag

$$F = ib\left(\frac{\partial B}{\partial z}\right)\Delta z = \mu_0 iA\left(\frac{\partial H}{\partial z}\right) = \mu_0 m\left(\frac{\partial H}{\partial z}\right), \tag{2.23}$$

wobei B durch $\mu_0 H$ angenähert [45] und mit $iA = m$ das magnetische Dipolmoment eingeführt wird. Ersetzt man die Leiterschleife durch eine Probe [46], erhält man mit $m = MV = \chi HV = \chi_g m_g H$ (m_g: Masse der Probe) die der Methode nach FARADAY-CURIE zugrunde liegende Beziehung

$$F = \mu_0 \chi V H\left(\frac{\partial H}{\partial z}\right) = \frac{1}{2}\mu_0 \chi V\left(\frac{\partial H^2}{\partial z}\right) = \frac{1}{2}\mu_0 \chi_g m_g\left(\frac{\partial H^2}{\partial z}\right). \tag{2.24}$$

Gl. (2.24) gilt streng nur für das Vakuum. Enthält der Probenraum zur thermischen Ankopplung ein Gas der Suszeptibilität χ_e, so wird mit dem Einführen der Probe vom Volumen V dasselbe Gasvolumen aus dem Feld verdrängt. Anstelle von Gl. (2.24) gilt dann: $F = \frac{1}{2}\mu_0(\chi - \chi_e)V(\partial H^2/\partial z)$ [23]. Bei Verwendung von He, insbesondere bei niedrigem Druck, ist diese Korrektur aber vernachlässigbar. Üblicherweise befindet sich die zu untersuchende Substanz, eingeschlossen in ein Röhrchen aus hochreinem Quarzglas, in einem Probenhalter (Tiegel). Dieser ist mit einem Faden aus Quarzglas an einer elektronischen Ultramikrowaage (Genauigkeit: 10^{-10} kg) aufgehängt (s. Abb. 2.18). Geeignet

---

[45] Diese Näherung ist bei para- und diamagnetischen Stoffen erlaubt, da die Permeabilitätszahl μ_r i. a. nur wenig von 1 abweicht (s. 1.2).

[46] Die stromdurchflossene Leiterschleife entspricht einer Probe mit $\chi > 0$.

geformte Polschuhe sorgen dafür, daß $\partial H^2/\partial z$ einen großen und in einem Bereich Δz von mindestens 5 mm konstanten Wert hat. Die Größe $\partial H^2/\partial z$ am Ort der Probe wird durch hochreine Substanzen bekannter Suszeptibilität bestimmt (s. Tab. 2.10). Zur Temperaturmessung dient eine unterhalb der Probe angebrachte Sonde (C, Si, GaAs), die über die Suszeptibilität einer Verbindung mit CURIE-Verhalten (s. Tab. 2.10) kalibriert wird.

Tab. 2.10: Materialien zur Kalibrierung von Meßapparaturen bez. $\partial H^2/\partial z$, T, M und Anisotropie-Messungen

Substanz		Kenngröße[a]	Lit.
$HgCo(NCS)_4$	$\partial H^2/\partial z$	$\chi_g(293\,K) = 20,70(6) \times 10^{-8}$	[130]
$NH_4Fe(SO_4)_2 \cdot 12\,H_2O$	T	$C = 5,51 \times 10^{-5}$	[41]
$(NH_4)_2Mn(SO_4)_2 \cdot 6\,H_2O$	T	$C = 5,498 \times 10^{-5}$	[119]
Ni	M, B		[135]
Cs_3CoCl_5	$\chi_{\parallel}, \chi_{\perp}$		[264]

[a] χ_g in m^3/kg; C in $m^3\,K/mol$.

Mit FARADAY-Waagen lassen sich i. a. para- und diamagnetische Suszeptibilitäten zwischen 3 K und 300 K (1000 K) bei Magnetfeldstärken bis zu 1 200 kA/m ($B \leq 1,5\,T$) sowie Probenmengen von wenigen Milligramm und sogar darunter mit einem Fehler $\leq 1\,\%$ bestimmen[47]. Nachteilig ist, daß aufgrund der Inhomogenität des Magnetfeldes die Feldstärkeabhängigkeit der Suszeptibilität nicht präzise untersucht werden kann und wegen eingeschränkter Justiermöglichkeit eines Einkristalls die Bestimmung magnetischer Anisotropie erschwert ist (siehe dazu auch Lit. [23, 168, 170]).

2.5.2 Vibrationsmagnetometer

Das Prinzip des FONER-Vibrationsmagnetometers [131, 132] beruht auf dem Induktionseffekt (s. Abb. 2.19): Man mißt die von einer magnetisierten, periodisch bewegten Probe S ('vibrating sample' durch Lautsprechermembran T) in einer Spule induzierte Wechselspannung. Nach dem FARADAYschen Induktionsgesetz ist der Zusammenhang zwischen der in einer Spule (Windungs-

[47] Mit Ultramikrowaagen könnten im Prinzip Änderungen in m von 10^{-9} Am^2 registriert werden, wie man anhand Gl. (2.23) in der Form $\Delta F = \mu_0 \Delta m(\partial H/\partial z)$ mit $\Delta F = 10^{-8}$ N und (typischerweise) $\partial H/\partial z = 10^8/(4\pi)$ A/m^2 sieht. Das Dipolmoment z. B. einer Probe von 10 mg $HgCo(NCS)_4$ beträgt bei 295 K und $H = 10^7/(4\pi)$ A/m mit $\chi_g \approx 20 \times 10^{-8}$ m^3/kg ca. $1,6 \times 10^{-6}$ Am^2 und könnte daher bez. der Waage mit einer Genauigkeit besser als 0,1 % bestimmt werden. Aufgrund begrenzter Genauigkeit von $(\partial H^2/\partial z)$, T, Einwaage, Probenhalter-Korrektur usw. wird dieser Wert jedoch nicht erreicht.

zahl n, Querschnitt A) induzierten Spannung und der zeitlichen Änderung des magnetischen Flusses Φ gegeben durch $U_{ind} = -n\mathrm{d}\Phi/\mathrm{d}t = -(\mathrm{d}/\mathrm{d}t)\int \boldsymbol{B}\mathrm{d}\boldsymbol{A}$ [5]. Die an einem Halter befestigte Probe schwingt senkrecht zum angelegten Magnetfeld mit fester Frequenz. Das oszillierende Magnetfeld der schwingenden Probe induziert in den beiden Spulen A und B — diese dienen zur Justierung der Probe — eine Spannung als Meßgröße. Zur Steigerung der Empfindlichkeit wird eine zweite Spannung, die in den Spulen C und D durch eine Referenzprobe M induziert wird, zur Kompensation verwendet, wobei der zum Abgleich erforderliche Wert ein Maß für die Magnetisierung der Probe ist. Durch die „Nullmethode" wird erreicht, daß die Messungen weitgehend unabhängig von Änderungen in der Schwingungsfrequenz und -amplitude sowie von geringen Instabilitäten und Inhomogenitäten des Magnetfelds sind.

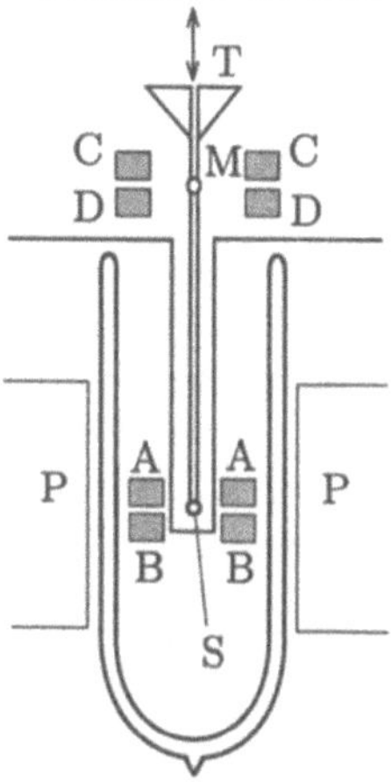

Abb. 2.19: Schema des Vibrations-Magnetometers von FONER (s. Text)

Die Genauigkeit des Gerätes erreicht mit einem Fehler < 2 % nicht ganz die der FARADAY-Waage. Vorteile gegenüber dieser bestehen darin, daß die Messungen im homogenen Magnetfeld erfolgen und dadurch eine Bestimmung der Magnetisierung zulassen und daß sie durch Drehung der Probe um eine vertikale Achse richtungsabhängig durchführbar sind. Das Instrument eignet sich gut zur Messung der Sättigungsmagnetisierung M^s von ferro- und ferrimagnetischen Stoffen [165], weniger gut jedoch zur Aufnahme von $M-H$-Kurven bzw. Hysteresisschleifen, da wegen der erforderlichen kurzen Abmessung der Probe die Entmagnetisierung eine große Rolle spielt (vgl. 2.3.2).

2.5.3 SQUID-Magnetometer

Das SQUID[48]-Magnetometer stellt das empfindlichste und komfortabelste Instrument zur Bestimmung magnetischer Dipolmomente $\boldsymbol{m}$ dar [122, 30, 170]. Es ist um etwa drei bis vier Zehnerpotenzen empfindlicher als die FARADAY-Waage. Rechnergesteuerte Systeme der Firma *Quantum Design* erlauben Untersuchungen im Temperaturbereich zwischen 1,7 K und 800 K in homogenen Magnetfeldern bis 7 T. Dank horizontaler und vertikaler Drehvorrichtung können Einkristalle im Instrument orientiert und magnetische Dipolmomente richtungs-

[48] Abkürzung für Superconducting Quantum Interference Device.

abhängig gemessen werden. Mit Hilfe einer sog. AC-Option läßt sich das magnetische Verhalten in oszillierendem Magnetfeld untersuchen (Einzelheiten dazu in Lit. [405]).

Das Verfahren basiert auf der Empfindlichkeit eines SQUID-Sensors, bestehend aus einem supraleitenden Ring mit einer „schwachen Stelle“ (JOSEPHSON[49])-Kontakt), auf Änderungen im magnetischen Fluß (s. Lit. [121, 27] für Einzelheiten). Mit ihm lassen sich noch Magnetfelder nachweisen, die um ca. acht Zehnerpotenzen kleiner als das Erdfeld sind (10^{-13} T bzw. 10^{-5} T), z. B. das den Herzstrom des Menschen begleitende Magnetfeld.

Wie Abb. 2.20 verdeutlicht, wird in der SQUID-Magnetometrie die von einem homogenen Feld magnetisierte Probe durch eine supraleitende Meßspule nach oben geführt, und zwar üblicherweise in 32 oder 64 Schritten. Bei der ge-

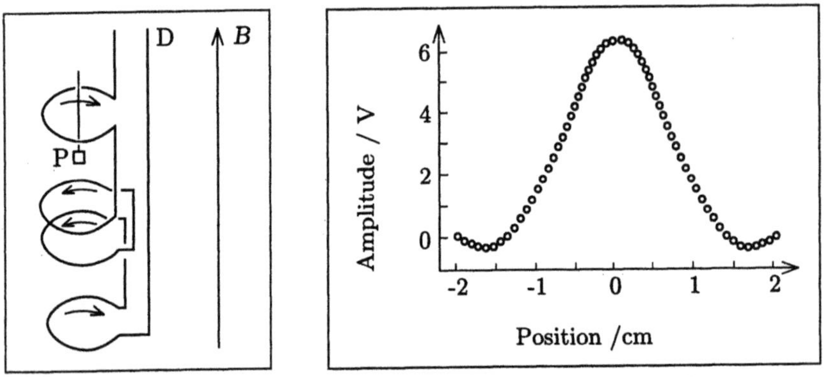

Abb. 2.20: Spannungssignal (rechts) am Schwingkreis für einen punktförmigen, zentrisch durch die Meßspule (links) eines SQUID-Magnetometers geführten magnetischen Dipols P.

zeigten Anordnung mißt man die Änderung des Flusses, nicht den Fluß selbst. Eine zweite, mit der Meßspule in Reihe geschaltete supraleitende Spule (Koppelspule) befindet sich in der Nähe des SQUID-Sensors. Der in der Meßspule durch die Bewegung der Probe induzierte Strom wird über die zweite Spule induktiv an den SQUID-Sensor gekoppelt (Flußtransformator). In diesem SQUID-Ring entsteht ein periodisch schwankender Abschirmstrom. An den SQUID-Sensor ist ein Schwingkreis gekoppelt, so daß dieser periodisch wechselnde Strom als Spannung abgegriffen werden kann. Nach jedem Schritt wird die Spannung am eingekoppelten Schwingkreis als Funktion des Probenortes registriert (Wechselstrom- oder r.f.-SQUID (r.f.: radio frequency)). Alternativ gibt es auch Gleichstrom-

[49]) Brian David JOSEPHSON (geb. 1940), Professor für Physik, Cambridge, England; Nobelpreis für Physik 1973.

SQUIDs (d.c. SQUID) mit zwei schwachen Stellen im supraleitenden Ring, so daß eine Spannung direkt an den beiden Hälften des SQUID-Rings abgegriffen werden kann. Das Verfahren ist technisch aufwendiger und daher nicht üblich.

Probenhalter in der SQUID-Magnetometrie. Das in Abb. 2.20 gezeigte ideale Signal wird nur bei punktförmigen Proben beobachtet, wie sie z. B. ein Zylinder aus Pd (Durchmesser 2 mm, Länge 2 mm) darstellt. Wäre dagegen die Probe in der Bewegungsrichtung z. B. unendlich lang ausgedehnt, verschwände das Signal. In der Praxis weichen die Signale mehr oder weniger stark von der Idealform ab, weil die zu untersuchende Substanz gehalten und geführt sowie gegebenenfalls zum Schutz vor Luft und Feuchtigkeit eingekapselt werden muß und das registrierte Signal zusätzlich durch Beiträge von Suszeptibilität, Masse, Geometrie und Positionierung des Probenhalters und des Probenröhrchens beeinflußt wird. Von Vorteil sind Probenhalterungen, die sich durch kleine und verläßlich abschätzbare Blindwerte auszeichnen und präzise Messungen auch an schwach magnetischen Stoffen wie Diamagnetika gestatten. Als Material eignet sich hochreines Quarzglas aufgrund seiner chemischen und thermischen Beständigkeit sowie seiner weitgehend temperaturunabhängigen Suszeptibilität. Um auch kleine Probenmengen empfindlicher Substanzen zu untersuchen, empfehlen sich Ampullen der in Abb. 2.21 gezeigten Form (a). Sie haben einen Außendurchmesser von 2 mm, eine Wandstärke von 0,01 mm und eine Länge von höchstens 8 mm. Um zu verhindern, daß sich eine feinkristalline Substanz im Innern der Kapsel während des Meßvorgangs bewegt und damit zu nicht reproduzierbaren Meßergebnissen führt, sitzt eine mit dem oberen Ende der Ampulle verschmolzene Kugel aus Quarzglas fest auf der Substanz auf. Die Probenhalter (b) und (c) sind ausgelegt für das System MPMS-5 S (*Quantum Design*) mit einem Probenraumdurchmesser von 9 mm (für Messungen zwischen 1,7 K und 400 K) bzw. 3 mm (350 K – 800 K; geringerer Platz wegen des Ofens). Der Probenhalter (b) besteht aus einem Quarzglasrohr (Länge 165 mm, Innendurchmesser 3 mm, Wandstärke 1 mm), in dessen Innern zum Halten der Ampulle ein Stift einseitig eingeschmolzen ist. Zwei Abstandshalter aus Delrin sorgen für eine gute Vorzentrierung der Probe[50)]. Der Probenhalter liefert nur einen relativ schwachen Untergrund zum SQUID-Signal, woraus folgt, daß die Quarzglas-Verteilung in vertikaler Richtung nahezu homogen ist. Für Messungen oberhalb von Raumtemperatur an Probenröhrchen von 2 mm Durchmesser hat sich die Halterung (c) bewährt. Sie besteht aus einem Bündel von sechs Quarzglas-Fasern (Faser-Durchmesser $\leq 0,5$ mm, Länge 85 mm), das an beiden Enden verschmolzen ist und nach oben in einen etwa 1 mm dicken Quarzglasfa-

[50)] Um genaue Meßwerte zu erhalten, empfiehlt es sich, die Zentrierung in horizontaler Richtung durch Messung des Dipolmoments an zwei Positionen ϕ und $\phi + 180°$ des Rotators um die vertikale Achse zu kontrollieren und die Meßwerte gegebenenfalls zu mitteln.

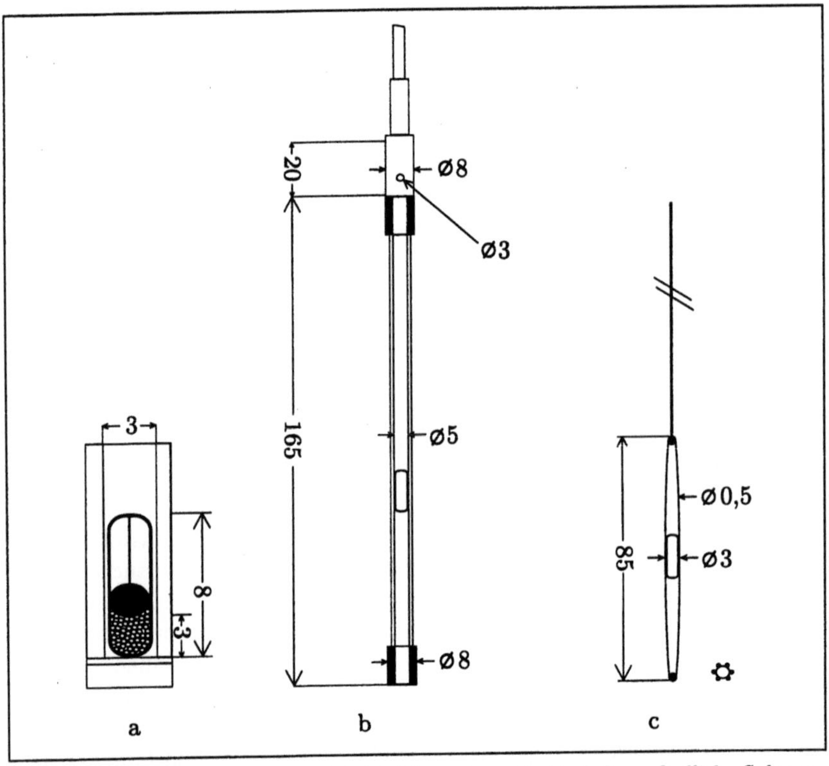

Abb. 2.21: Probenhalter in der SQUID-Magnetometrie für luftempfindliche Substanzen (Abmessungen in mm); **a**: Ampulle mit der durch einen Stempel fixierten Substanz; **b**: Probenhalter für Messungen zwischen 1,7 K und 400 K; **c**: Probenhalter für Hochtemperaturmessungen.

den übergehen. Die Fasern sind ausreichend elastisch, um einen Käfig zu bilden, der das Probenröhrchen aufnimmt und in der Höhe fixiert. Auch dieser Probenhalter gestattet eine gute Vorzentrierung und zeichnet sich durch einen sehr kleinen Beitrag zum Meßsignal aus, ist aber aufgrund seiner filigranen Bauweise mechanisch nur wenig belastbar.

Der magnetische Blindwert von Probenhalter und -röhrchen — weitgehend gleiche Geometrie der Kapseln einschließlich des Stempels in der entsprechenden Höhe vorausgesetzt — hängt von der Masse M_{SiO_2} der Kapsel, der Temperatur T und der Kraftflußdichte B des Magnetfelds ab. Für die spezifische Magnetisierung gilt

$$\sigma(T,B) = \sigma_0(B) + \frac{\kappa(B)}{T-\Theta(B)}.$$

Die Parameter $\sigma_0(B)$, $\kappa(B)$ und $\Theta(B)$ hängen in systematischer Weise von B ab. Nach Multiplikation der $\sigma(T,B)$-Werte mit M_{SiO_2} stehen die Werte zur Verfügung, die als Korrektur auf die Rohdaten m (magnetisches Dipolmoment) des Instruments anwendbar sind.

Dieses Korrekturverfahren eignet sich nur, wenn die Signale nicht allzu stark von der Idealform abweichen. Andernfalls ist es erforderlich, eine Subtraktion des Blindwert-Signals vom Probensignal 'Punkt-für-Punkt' vorzunehmen und aus dem erhaltenen, der Idealform angenäherten Signal das magnetische Dipolmoment zu bestimmen [174, 175].

2.5.4 Darstellung von Meßergebnissen

Vorbemerkung. Um sich einen schnellen Überblick über die magnetischen Eigenschaften einer Probe zu verschaffen, empfiehlt es sich, Messungen bei einem *relativ schwachen* Feld ($B \leq 0{,}01\,\mathrm{T}$) über den gesamten Temperaturbereich in Intervallen von 5 K bei tiefen Temperaturen und von 10 K – 20 K bei hohen Temperaturen durchzuführen. Durch das niedrige Feld ist gewährleistet, daß z. B. Supraleitung und Ferromagnetismus normalerweise erkannt werden. Sind Phasenwechsel festgestellt worden, sollten sich detaillierte Messungen im entsprechenden Temperaturbereich mit kleinen Temperaturintervallen bei stärkeren Feldern in Schritten von 0,5 T oder darunter anschließen.

Paramagnetisches Verhalten. Um das Temperaturverhalten paramagnetischer Substanzen darzustellen, wählt man i. a. das jeweils auf ein magnetisches Zentrum bezogene $\chi_{mol}-T$-, $\chi_{mol}^{-1}-T$- oder $n_{eff}-T$-Diagramm (s. die in Abb. 2.22 (a – c) dargestellten Diagramme in reduzierten Kenngrößen χ_{mol}/C bzw. $n_{eff}/n_{eff}(0)$). Das $\chi_{mol}^{-1} - T$-Diagramm ist günstig zur Darstellung des Verhaltens von Stoffen mit CURIE-paramagnetischem Verhalten, insbesondere bei reinem Spinmagnetismus. Das $\chi_{mol} - T$-Diagramm empfiehlt sich bei Antiferromagneten oder PAULI-Paramagneten wegen der relativ schwachen Temperaturabhängigkeit der Suszeptibilitätswerte, während das $n_{eff}-T$- oder auch das $n_{eff}^2 - T$-Diagramm [51)] bei komplizierterem Verhalten (Bahnanteile, s. 4.3.2.6;

[51)] Alternativ wird gelegentlich das $\chi_{mol}T - T$-Diagramm gewählt. Es ist bis auf einen konstanten Faktor mit dem $n_{eff}^2 - T$-Diagramm identisch (s. Gl. (2.16)). Letzteres hat den Vorteil, unabhängig vom Einheitensystem SI bzw. CGS(GAUSS) zu sein.

intramolekularer Ferromagnetismus, s. 5.4.2) geeignet ist. Zur genauen Charakterisierung z. B. schwacher Spin-Spin-Kopplungen kann das $\chi_{mol} - H$-Diagramm sehr wertvoll sein.

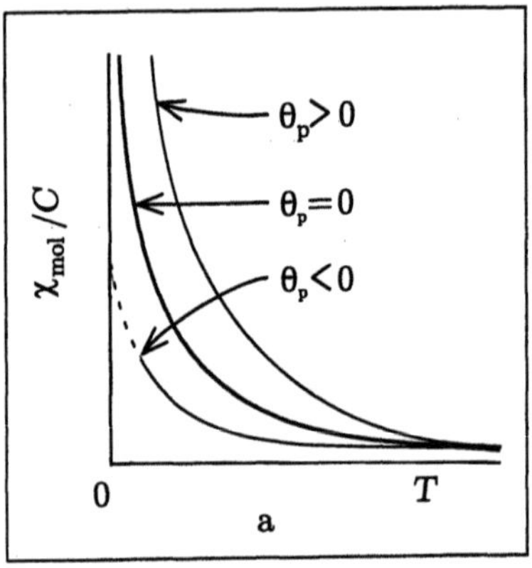

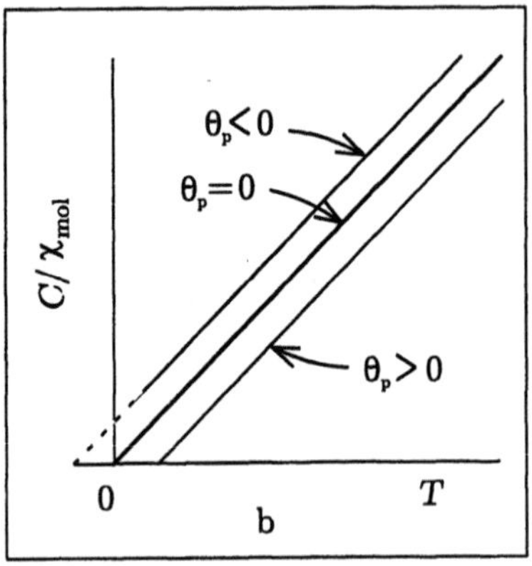

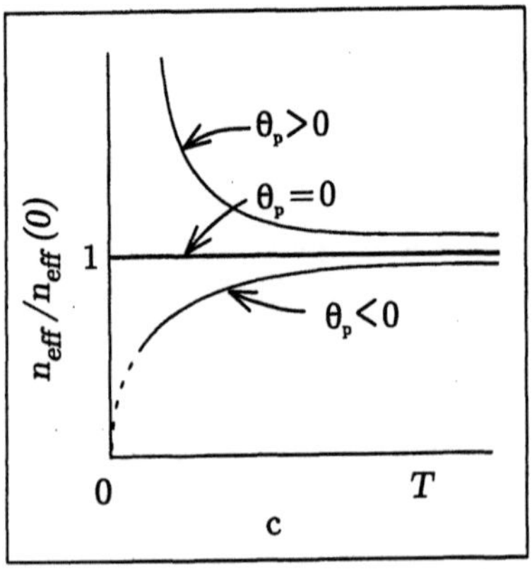

CURIE-Verhalten (fettgedruckte Linie) und CURIE-WEISS-Verhalten in reduzierten magnetischen Kenngrößen χ_{mol}/C bzw. $n_{eff}/n_{eff}(0)$ (C und $n_{eff}(0)$ beziehen sich auf das freie Ion)

Abb. 2.22 a: $\chi_{mol}/C - T$

Abb. 2.22 b: $C/\chi_{mol} - T$

Abb. 2.22 c: $n_{eff}(n_{eff}(0) - T$

Ferro-, ferri-, metamagnetisches Verhalten. Während bei antiferromagnetischer Ordnung in der Regel zur Darstellung der Meßergebnisse das $\chi_{mol} - T$- ($T < T_N$) und das $\chi_{mol}^{-1} - T$-Diagramm ($T > T_N$) ausreichen, wählt man bei Materialien mit spontaner Magnetisierung wie Ferro- oder Ferrimagnetika sowie bei metamagnetischem Verhalten Diagramme, in denen die Magnetisierung einerseits in Abhängigkeit von T, andererseits in Abhängigkeit von H oder B (z. B. Hysteresisschleifen, s. 2.3.2) aufgetragen ist. Um unabhängig vom Maßsystem zu sein, empfiehlt es sich, die auf ein magnetisches Zentrum bezogene Magnetisierung μ_m (in μ_B) zu wählen. Bei M–H- und M–B-Diagrammen ist i. a. die Entmagnetisierung zu berücksichtigen (s. 2.3.2).

Supraleiter. Bei Proben, die supraleitende Verbindungen enthalten, stellt man durch Messung der Suszeptibilität bei kleinen Magnetfeldern beim Abkühlen unterhalb einer bestimmten Temperatur eine sprunghafte Abnahme der Meßwerte fest. Um den Volumenanteil der supraleitenden Phase abzuschätzen, muß von den Meßwerten der Suszeptibilitätsbeitrag abgezogen werden, den die Probe im nichtsupraleitenden Zustand aufweist. Zur Beschreibung dieses Anteils ist für Proben wie z. B. $LnBa_2Cu_3O_{7-x}$ (Ln $\neq$ Y, La, Lu) die Beziehung

$$\chi^C_{mol} = \frac{C}{T - \Theta_p} + \chi_0, \tag{2.25}$$

geeignet, bestehend aus einem CURIE-WEISS-Term und einem temperaturunabhängigen Beitrag χ_0[52]. Die Parameter C, Θ_p, χ_0 werden durch Anpassung an den $\chi_{mol} - T$-Verlauf oberhalb der Sprungtemperatur T_c bestimmt. Die unter Berücksichtigung des Beitrags χ^C_{mol} resultierende $\Delta\chi - T$-Kurve wird unter der Voraussetzung, daß der Verlauf der experimentellen $\chi_{mol} - T$-Kurve bei Abwesenheit einer supraleitenden Phase im gesamten Temperaturbereich durch Gl. (2.25) adäquat beschrieben wird, bei $T > T_c$ mit der T-Achse zusammenfallen und für $T < T_c$ in eine Parallele zur T-Achse mit negativem $\Delta\chi$ übergehen. Der benötigte volumenbezogene Wert $\Delta\chi_V$ ergibt sich zu

$$\Delta\chi_V = \Delta\chi\frac{\rho}{\mathrm{M}_r},$$

mit der Dichte ρ und der Molmasse M_r der untersuchten Substanz. Durch Vergleich mit dem angenommenen Idealwert -1 erhält man den Volumenanteil (in %) der supraleitenden Phase $V_{supra} = \Delta\chi_V \cdot 100/(-1)$.

2.5.5 Auswertung einer Suszeptibilitätsmessung

Magnetisches Verhalten läßt sich nur dann zuverlässig interpretieren, wenn man Messungen über einen möglichst großen Temperaturbereich bei verschiedenen Feldstärken an hochreinen und über den gesamten Bereich strukturell gut charakterisierten Substanzen vornimmt. Die Messungen bei verschiedenen Feldstärken sind auch bei para- und diamagnetischen Stoffen zur Überprüfung

---

[52] Gl. (2.25) ist auch geeignet, um neben einem CURIE-paramagnetischen Beitrag die PAULI-Suszeptibilität eines Metalls oder den TUP-Beitrag einer Verbindung (z. B. Y_2Cl_3 [478]) zu bestimmen.

des Reinheitsgrades der Proben in bezug auf ferro- oder ferrimagnetische Verunreinigungen unerläßlich, da deren Anwesenheit bereits in Spuren das Meßergebnis beeinflußt. Sie lassen sich rechnerisch eliminieren, wenn die Suszeptibilität $\chi_g(H)$ bei mehreren, ausreichend hohen Feldstärken H gemessen wird, so daß die Verunreinigungen magnetisch gesättigt sind. Jedoch darf die Feldstärke nicht soweit gesteigert werden, daß man bez. der Suszeptibilität der zu untersuchenden Substanz in den Bereich der Sättigung gelangt, d. h., daß die Bedingung $(\mu B/k_BT) \ll 1$ (s. 2.2.2) nicht mehr erfüllt ist. Man erhält die gesuchte Suszeptibilität $\chi_g(\infty)$ des von Verunreinigungen freien Stoffes, indem man

$$\chi_g(H) = \chi_g(\infty) + \sigma^s/H \tag{2.26}$$

gegen H^{-1} aufträgt und die im Idealfall erhaltenen Geraden bis $H^{-1} = 0$ verlängert [133, 134].

Die Auswertung einer Messung mit einer FARADAY-Waage sei am Beispiel der binuklearen Eisen(III)-Molekülverbindung μ-Oxo-bis[(5,15-dimethyl-2,3,7,-8,12,13,17,18-octaethylporphinato)eisen(III)] gezeigt (s. Abb. 2.23). Die Bestimmung exakter $\chi_{mol}(Fe^{3+})$-Werte ist hier problematisch, da (1) die Substanz nur

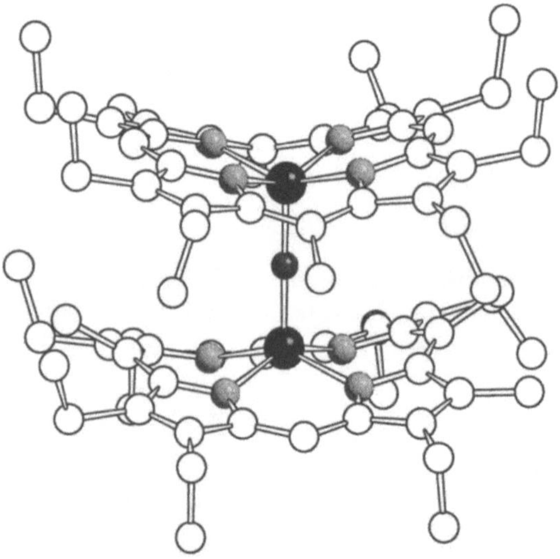

Abb. 2.23: Perspektivische Ansicht des Moleküls μ-Oxo-bis[(5,15-dimethyl-2,3,7,8,12,13,17,18-octaethylporphinato)eisen(III)]; Fe schwarz, N hell schraffiert, O dunkel schraffiert. Die C-Atome der Ethyl-Gruppen und alle H-Atome sind nicht gezeichnet.

sehr schwach paramagnetisch ist[53]), (2) die apparativen Vorgaben nur Einwaagen von höchstens 10 mg erlauben und (3) geringe Anteile einer ferro- bzw. ferrimagnetischen Komponente sich trotz größter Sorgfalt bei der Präparation nicht vermeiden lassen [176].

Die von der Waage bei vorgegebener Temperatur und Feldstärke registrierte Kraft F setzt sich aus dem Beitrag der zu untersuchenden Substanz (F_S) und des Probenhalters (F_H) zusammen, wobei sich F_H i. a. in einen Beitrag von Tiegel und Ampulle aufteilt. Tab. 2.11 enthält die bei 120 K aufgenommenen Meßwerte und ihre Auswertung. Die $\chi_g(H)$-Werte werden nach Gl. (2.24)

Tab. 2.11: Auswertung der Suszeptibilitätsmessung von μ-Oxo-bis[(5,15-dimethyl-2,3,7,8,12,13,17,18-octaethylporphinato)eisen(III)] (Faraday-Waage; 120 K; fünf Felder; M_r = 1249,4 g/mol; $m_g = 10,1$ mg)

	1	2	3	4	5
$H \times 10^{-6}$ [A/m]	0,372	0,447	0,560	0,797	1,148
$H(\partial H/\partial z) \times 10^{-13}$ [A²/m³]	0,280	0,400	0,618	1,227	2,297
$F_S \times 10^6$ [N]	0,514	0,704	1,021	1,940	3,395
$\chi_g(H) \times 10^8$ [m³/kg]	1,45	1,39	1,30	1,25	1,16

berechnet. Durch lineare Regression für $H^{-1} \to 0$ erhält man entsprechend Gl. (2.26) $\chi_g(\infty) = 1,04 \times 10^{-8}$ m³/kg, woraus sich durch Multiplikation mit der halben Molmasse und nach Abzug des diamagnetischen Beitrags χ_{mol}^k (s. 2.1) χ_{mol} pro Fe ergibt. Für χ_{mol}^k wird von der experimentell bestimmten, auf ein Metall-Zentrum bezogenen Suszeptibilität der Scandium-Verbindung μ-Oxo-bis[(2,3,7,8,12,13,17,18-octaethylporphinato)scandium(III)] ausgegangen (-624×10^{-11} m³/mol) und nach Berücksichtigung des Beitrags der Methylgruppen mit Hilfe der Inkrementenmethode (s. 2.1.2) $\chi_{mol}^k = -660 \times 10^{-11}$ m³/mol erhalten. Es resultiert $\chi_{mol}(Fe^{3+}) = \chi_{mol}^{exp} - \chi_{mol}^k = (653 + 660) \times 10^{-11}$ m³/mol $= 1313 \times 10^{-11}$ m³/mol ($n_{eff} = 1,00$). Die diamagnetische Korrektur beeinflußt hier maßgeblich den $\chi_{mol}(Fe^{3+})$-Wert[54]).

Entsprechend wird mit den bei den anderen Temperaturen zwischen 4 K und 295 K erhaltenen Daten verfahren und anschließend der Temperaturverlauf im $\chi_{mol} - T$-Diagramm (s. 2.5.4) aufgetragen [176].

---

53) Der schwache Paramagnetismus ist auf eine relativ starke intramolekulare antiferromagnetischen Kopplung der beiden Fe(III)-Spins (s. 5) und einen hohen diamagnetischen Beitrag des makrocyclischen Liganden zurückzuführen.

54) Bei einer mononuklearen Verbindung wie $NH_4Fe(SO_4)_2 \cdot 12\,H_2O$ mit $\chi_{mol}(Fe^{3+}, 120\,K) = 45\,725 \times 10^{-11}$ m³/mol ($n_{eff} = 5,91$) und $\chi_{mol}^k = -325 \times 10^{-11}$ m³/mol spielt die diamagnetische Korrektur nur eine untergeordnete Rolle.

3 Theorie freier Ionen

Ausgangspunkt für das Verständnis des Magnetismus chemisch gebundener Ionen ist das mit Hilfe der Quantenmechanik vorhersagbare magnetische Verhalten freier Ionen. Zunächst werden die erforderlichen quantenmechanischen Grundlagen vorgestellt. Es folgt die Behandlung der Drehimpulse bei Ein- und Mehrelektronensystemen unter Berücksichtigung der interelektronischen Wechselwirkung und der Spin-Bahn-Kopplung. Den Abschluß bilden ZEEMAN[1)]-Effekt und magnetische Suszeptibilität.

3.1 Quantenmechanische Grundlagen

Führt man z. B. spektroskopische Untersuchungen an magnetischen Atomen in der Gasphase in Gegenwart eines statischen Magnetfelds durch, beobachtet man, daß sich die Energie der elektronischen Zustände in Abhängigkeit von der Magnetfeldstärke ändert. Bei der Erklärung dieser und anderer im atomaren Bereich sich abspielenden Erscheinungen versagt die klassische Physik. Erst die Quantenmechanik ist der geeignete Apparat, mit dem die Ergebnisse beschrieben werden können. Sie ist in zahlreichen Lehrbüchern ausführlich dargelegt (z. B. [33, 143, 144, 145]). Wir erinnern an einige wichtige Begriffe.

In der klassischen Mechanik hat ein Teilchen zu jedem Zeitpunkt einen bestimmten Ort und einen bestimmten Impuls. Durch diese Größen ist die Bahnkurve des Teilchens vollständig beschrieben, und aus den Werten des Ortes und des Impulses zu einem bestimmten Zeitpunkt kann auch im Prinzip sein Verhalten bei allen zukünftigen Zeitpunkten vorausgesagt werden. Für Teilchen im atomaren Bereich sind, wie HEISENBERG[2)] in seinem sog. Unbestimmtheitsprinzip dargelegte, Bahnkurven nicht bekannt. Wenn der Ort z. B. eines Elektrons durch eine Messung genau bestimmt wurde, dann hat es keinen bestimmten Impuls. Hat das Elektron umgekehrt einen bestimmten Impuls, dann kann es keinen bestimmten Ort im Raum einnehmen[3)]. Die gleichzeitige Kenntnis von

---

1) Pieter ZEEMAN (1865 – 1943), Prof. für Physik, Amsterdam; Nobelpreis für Physik 1902.

2) Werner HEISENBERG (1901 – 1976), Prof. für Theor. Physik in Leipzig, Berlin, Göttingen; Max-Planck-Institut für Physik und Astrophysik, München; Nobelpreis für Physik 1932.

3) Bezeichnet man die Unschärfen von Ort und Impuls in einer Raumrichtung mit Δx bzw. Δp_x, so gilt $\Delta x \cdot \Delta p_x \geq \frac{1}{2}\hbar$. Das Produkt der Unschärfen hat die Dimension einer *Wirkung* (Energie mal Zeit); $\hbar$ ist das PLANCKsche Wirkungsquantum.

Ort und Impuls ist grundsätzlich nicht möglich. Die zur Beschreibung atomarer Vorgänge unbedingt erforderliche Quantenmechanik kann daher keine exakten Voraussagen über das zukünftige Verhalten des Elektrons machen. Sie ist aber in der Lage, die *Wahrscheinlichkeit* zu berechnen, mit der ein bestimmter Meßwert (bez. Ort, Impuls, ...) erwartet werden kann. In manchen Fällen kann diese Wahrscheinlichkeit gleich 1 sein, so daß das Ergebnis einer entsprechenden Messung eindeutig wird.

Am Anfang der Quantentheorie stehen *Postulate*. Diese ohne Beweis vorangestellten Sätze erfahren ihre Rechtfertigung erst durch die aus ihnen ableitbaren Resultate und deren Übereinstimmung mit dem Experiment. Mathematisch gesehen bietet die Wellenmechanik von SCHRÖDINGER[4] den einfachsten Zugang zur Quantenmechanik. Zu lösen ist hierbei die SCHRÖDINGER-Gleichung, die dem System entsprechend aufzustellen ist. Im Konzept dieser Theorie haben *Wellenfunktionen* und *Operatoren* zentrale Bedeutung [31, 33]: Die Quantenmechanik postuliert, daß der Zustand eines Elektrons durch Wellenfunktionen beschreibbar ist und daß die sog. Observablen, d. h. meßbare und folglich reelle Größen, mit Operatoren korrespondieren, welche — angewandt auf die Wellenfunktionen — zu den beobachtbaren Werten führen.

3.1.1 Zustand und Wellenfunktion

Die zur Beschreibung eines Zustands geeignete Wellenfunktion liefert mit den Methoden der Quantenmechanik alle Informationen, die für ihn charakteristisch sind. Die Wellenfunktion hat die allgemeine Form $\Psi(\boldsymbol{r}_1, \boldsymbol{r}_2, \ldots; t)$, kann reell oder komplex sein[5] und hängt i. a. ab von den Ortsvariablen (Koordinaten) $\boldsymbol{r}_1, \boldsymbol{r}_2 \ldots$ der Teilchen $1, 2, \ldots$, die das System aufbauen, und von der Zeit t. Handelt es sich um stationäre Zustände[6] — mit solchen werden wir uns ausschließlich befassen —, genügt es, den in diesem Fall abtrennbaren zeitunabhängigen Teil $\Psi(\boldsymbol{r}_1, \boldsymbol{r}_2, \ldots)$ der Wellenfunktion zu betrachten. Der Zustand kann darüber hinaus noch von internen Variablen wie z. B. dem Elektronenspin abhängen. Diese zunächst unberücksichtigte Tatsache bekommt später eine große Bedeutung.

Eine physikalisch anschauliche Bedeutung hat das Quadrat $\Psi^*\Psi$ der Wellenfunktion[7]. Während sich die Bahn z. B. eines an einem Atom lokalisierten

[4] Erwin SCHRÖDINGER (1887 – 1961), Professor für Theoretische Physik in Zürich, Berlin, Heidelberg, Graz, Dublin; Nobelpreis für Physik 1933 (zusammen mit DIRAC).

[5] Eine komplexe Funktion hat die Form $\Psi = \Psi_R + i\Psi_I$ mit $i = \sqrt{-1}$, wobei Ψ_R der Realteil und $i\Psi_I$ der Imaginärteil ist [136]. Um aus Ψ die konjugiert komplexe Funktion Ψ^* zu erhalten, muß i durch $-i$ ersetzt werden.

[6] Bei einem stationären Zustand ist die Gesamtenergie eine Konstante.

[7] (1) Die Größe Ψ^2 im Falle reeller bzw. $\Psi^*\Psi = |\Psi|^2$ im Falle komplexer Funktionen, die immer reell ist und nicht negativ sein kann, wird als Wahrscheinlichkeitsdichte bezeichnet; (2)

Elektrons nicht exakt vorhersagen läßt (der Ort des Elektrons ist in diesem Fall „nicht scharf“), kann $|\Psi|^2 d\tau$, das Produkt aus $|\Psi|^2$ und dem Volumenelement $d\tau = dxdydz$, interpretiert werden als Wahrscheinlichkeit, das Elektron in x-Richtung zwischen x und $x + dx$, in y-Richtung zwischen $y + dy$ und in z-Richtung zwischen z und $z + dz$ zu finden („Wahrscheinlichkeitsdeutung“ der Quantenmechanik von BORN[8]). Dabei ist vorausgesetzt, daß Ψ *normiert* ist. Für normierte Wellenfunktionen gilt

$$\int \Psi^* \Psi d\tau = 1, \tag{3.1}$$

wobei über den ganzen Raum zu integrieren ist[9]. Das Integral entspricht der Gesamtwahrscheinlichkeit, das Elektron irgendwo im Raum anzutreffen. Bei Mehrelektronensystemen ist mit $|\Psi|^2 dx_1 dy_1 dz_1 dx_2 dy_2 dz_2 \ldots$ die Wahrscheinlichkeit gegeben, gleichzeitig das erste Teilchen in x-Richtung zwischen x_1 und $x_1 + dx_1$, in y-Richtung zwischen y_1 und $y_1 + dy_1$, in z-Richtung zwischen z_1 und $z_1 + dz_1$ und das zweite Teilchen in x-Richtung zwischen x_2 und $x_2 + dx_2 \ldots$ zu finden[10].

3.1.2 Observable und Operator

Um aus einer Wellenfunktion Informationen über den elektronischen Zustand wie Energie, Bahndrehimpuls usw. zu erhalten, werden die Operatoren, die diesen Größen zugeordnet sind, auf die Wellenfunktionen angewendet. Ein *Operator* $\hat{\Omega}$, durch Zirkumflex gekennzeichnet, steht dabei für eine spezifische mathematische Operation (Rechenvorschrift), die auf eine ihm folgende Funktion f wirkt und diese i. a. verändert[11]. Eine besondere Rolle spielen die *Eigenfunktionen*: Ergibt sich nach Anwendung des Operators auf die Funktion f dieselbe,

---

Ψ nennt man die Wahrscheinlichkeitsamplitude.

[8] Max BORN (1882 - 1970), Professor für Theoretische Physik in Berlin, Breslau, Frankfurt (M), Göttingen und Edinburgh; Nobelpreis für Physik 1954.

[9] Eine nicht-normierte Wellenfunktion wird durch Multiplikation mit einem geeigneten Zahlenfaktor normiert. Wellenfunktionen, die sich nur um einen konstanten Faktor unterscheiden, beschreiben denselben physikalischen Sachverhalt.

[10] Im Hinblick auf die Interpretation von $|\Psi|^2$ sind die in der Quantenmechanik akzeptablen Wellenfunktionen drastischen Einschränkungen unterworfen: (1) Sie dürfen (fast) nirgends unendlich groß sein, sie müssen stetig differenzierbar sein und, im Falle gebundener Zustände, im Unendlichen verschwinden, d. h., sie müssen quadratisch integrierbar sein; (2) Sie müssen eindeutig sein, d. h., bei Wahl bestimmter Koordinaten für die Teilchen darf sich nur *ein* Funktionswert ergeben [19, 31].

[11] (1) Das Symbol f für eine Funktion wird verwendet, wenn es nur darum geht, das mathematische Verfahren zu erläutern; (2) Lautet die Rechenvorschrift $\hat{\Omega} = d/dx$ („differenziere nach x“), so ergibt sich im Falle von $f = x^2$: $g = \hat{\Omega} f = dx^2/dx = 2x$.

nur mit einem konstanten Faktor multiplizierte Funktion entsprechend der sog. *Eigenwertgleichung*

$$\hat{\Omega} f = \omega f, \tag{3.2}$$

so ist f eine *Eigenfunktion* von $\hat{\Omega}$ und ω der *Eigenwert*[12]. Die Zahl ω kann komplex sein. Sie ist jedoch immer reell, wenn $\hat{\Omega}$ einer Observablen zugeordnet und ein sog. *hermitescher* Operator ist.

Von besonderer Bedeutung sind die mit Impuls und Ort verknüpften Operatoren: Sie bilden ein Paar *komplementärer* Operatoren, d. h., die mit ihnen korrespondierenden physikalischen Größen eines Teilchens sind entsprechend der HEISENBERG-Unbestimmtheitsrelation nicht gleichzeitig exakt definiert. Je genauer der Impuls des Teilchens definiert ist, desto unbestimmter ist sein Ort, und je genauer sein Ort definiert ist, desto unbestimmter ist sein Impuls [137, 31]. Dies bedeutet quantenmechanisch, daß die entsprechenden Operatoren nicht *kommutieren*. Zur Verdeutlichung betrachten wir Impuls und Ort eines Teilchens in x-Richtung, p_x und x. Die korrespondierenden Operatoren lauten nach einem Postulat der Quantenmechanik

$$\hat{p}_x = \frac{\hbar}{i}\frac{d}{dx} \quad \text{und} \quad \hat{x} = x\cdot\,. \tag{3.3}$$

Operatoren für die y- und z-Richtung sind analog aufgebaut. Der Zusammenhang zwischen den auf dieselbe Raumrichtung bezogenen Orts- und Impulsoperatoren wird offensichtlich, wenn man auf eine Wellenfunktion Ψ nacheinander z. B. $\hat{p}_x$ und $\hat{x}$ einwirken läßt und das Resultat mit demjenigen vergleicht, das sich bei Anwendung dieser beiden Operatoren in umgekehrter Reihenfolge ergibt. Lautet die Anweisung $\hat{x}\hat{p}_x\Psi$, differenziert man im ersten Schritt gemäß Gl. (3.3) nach x, da $\hat{p}_x$ direkt vor der Funktion steht, im zweiten Schritt multipliziert man die sich nach dem ersten Schritt ergebende Funktion mit x:

$$\hat{x}\hat{p}_x\Psi = x\frac{\hbar}{i}\frac{d\Psi}{dx}. \tag{3.4}$$

Die Anwendung der Operatoren in umgekehrter Reihenfolge führt zu

$$\hat{p}_x\hat{x}\Psi = \frac{\hbar}{i}\frac{d(x\Psi)}{dx} = \frac{\hbar}{i}\left(\Psi + x\frac{d\Psi}{dx}\right). \tag{3.5}$$

Subtrahiert man Gl. (3.5) von Gl. (3.4), folgt

$$(\hat{x}\hat{p}_x - \hat{p}_x\hat{x})\Psi = -\frac{\hbar}{i}\Psi = i\hbar\Psi. \tag{3.6}$$

---

12) Beispiel: $f = \exp(ax)$ ist Eigenfunktion zum Operator d/dx; denn $d[\exp(ax)]/dx = a\exp(ax)$, d. h., es entsteht dieselbe Funktion, multipliziert mit der Zahl a. Dagegen ist $f = \exp(ax^2)$ keine Eigenfunktion zum Operator d/dx: $d[\exp(ax^2)]/dx = 2ax\exp(ax^2)$; hier entsteht die neue Funktion $g = x\exp(ax^2)$.

Die in Gl. (3.6) gegebene *Vertauschungsrelation* gilt allgemein und ist daher unabhängig von der gewählten Funktion. Da entsprechende Beziehungen auch zwischen den Operator-Paaren bez. y- und z-Richtung bestehen, kann man Gl. (3.6) als Operatorgleichung allgemein schreiben als

$$\hat{q}\hat{p}_q - \hat{p}_q\hat{q} = [\hat{q}, \hat{p}_q] = i\hbar, \tag{3.7}$$

wobei q für x, y oder z steht; die Abkürzung $[\hat{q}, \hat{p}_q]$ bezeichnet man als *Kommutator*. Aus diesem Ergebnis folgt, daß es keine Funktionen gibt, die sowohl Eigenfunktionen zum Ortsoperator als auch zum Impulsoperator sind.

Gl. (3.7) zeigt, daß wichtige Ergebnisse der Quantenmechanik bereits durch die alleinige Betrachtung und Manipulation von Operatoren hergeleitet werden können, also ohne Kenntnis von Wellenfunktionen. Davon werden wir vor allem bei der Behandlung der Drehimpulse Gebrauch machen.

Operatoren für die kinetische und die potentielle Energie, den Bahndrehimpuls usw. lassen sich herleiten, indem man die klassischen Gleichungen mit Hilfe von Ort und Impuls schreibt und anschließend diese Größen durch Operatoren ersetzt. Einige Beispiele zeigt Tab. 3.1.

Tab. 3.1: Klassische Größen für kinetische und potentielle Energie (E_{kin} bzw. E_{pot}) und ihre quantenmechanische Formulierung

Größe	D[a]	klassisch	quantenmechanisch
E_{kin}	1	$\frac{m_e v_x^2}{2} = \frac{p_x^2}{2m_e}$	$\frac{\hat{p}_x^2}{2m_e} = \frac{1}{2m_e}\left(\frac{\hbar}{i}\frac{d}{dx}\right)^2 = -\frac{\hbar^2}{2m_e}\frac{d^2}{dx^2}$
	3	$\frac{p^2}{2m_e}$	$-\frac{\hbar^2}{2m_e}\left(\frac{\partial^2}{\partial x^2} + \frac{\partial^2}{\partial y^2} + \frac{\partial^2}{\partial z^2}\right) = -\frac{\hbar^2}{2m_e}\nabla^2$ [b]
E_{pot} [c]	1	$-eV(x)$	$-e\hat{V}(x) = -eV(x)\cdot$
	3	$-eV(\boldsymbol{r})$	$-e\hat{V}(\boldsymbol{r}) = -eV(\boldsymbol{r})\cdot$

[a] Dimension.
[b] ∇ wird als NABLA-Operator bezeichnet.
[c] Gültig für ein Elektron mit der Ladung $-e$ im Potential V.

3.1.3 Ergänzungen zu den quantenmechanischen Begriffen

Eigenwertgleichung. Zu einem Operator gibt es nicht nur *eine* Eigenfunktion, sondern einen *Satz von Eigenfunktionen* f_n mit $n = 1$ bis ∞, so daß anstelle von Gl. (3.2) zu schreiben ist:

$$\hat{\Omega} f_n = \omega_n f_n. \tag{3.8}$$

Existiert zu einem bestimmten Eigenwert ω_n nur eine einzige Funktion f_n, so handelt es sich um einen *nicht-entarteten Eigenwert*. Gibt es dagegen k verschiedene Funktionen $f_{n,1}, f_{n,2}, \dots, f_{n,k}$ zu ω_n, so spricht man von *k-facher Entartung*:

$$\hat{\Omega} f_{n,i} = \omega_n f_{n,i} \quad \text{mit} \quad i = 1, 2, \dots, k. \tag{3.9}$$

Ein Beispiel stellt das quantenmechanische Modell des Wasserstoff-Atoms dar: Die Wellenfunktionen sind die Eigenfunktionen $\psi_{n,i}$ [13] (Tab. 3.2). Auf ihre explizite Form wird in 3.2.1 eingegangen. Hier soll der Hinweis genügen, daß sie u. a. durch die Hauptquantenzahl n charakterisiert sind. Soll die Energie der Elektronenzustände berechnet werden, muß für $\hat{\Omega}$ der HAMILTON-Operator

$$\hat{H} = -\frac{\hbar^2}{2m_e}\nabla^2 - \frac{e^2}{r} \tag{3.10}$$

eingesetzt werden. Er repräsentiert die Summe aus kinetischer und potentieller Energie[14] (s. Tab. 3.1). Der Eigenwert ω_n steht hier für den Energie-Eigenwert E_n. Die Anwendung von Operator (3.10) auf die Funktionen $\psi_{n,i}$ zeigt, daß nur diskrete Energiewerte für die gebundenen Elektronen zugelassen sind, wobei n^2-fache Energie-Entartung vorliegt (wenn man den Spin außer acht läßt). Bei $n = 3$ z. B. besteht neunfache Entartung, entsprechend den zu dieser Hauptquantenzahl gehörenden neun Funktionen (eine 3s-Funktion, drei 3p- und fünf 3d-Funktionen)[15].

Im Falle von Entartung gilt, daß jede *Linearkombination* g des Satzes entarteter Eigenfunktionen

$$g = c_{n,1} f_{n,1} + c_{n,2} f_{n,2} + \dots + c_{n,k} f_{n,k} = \sum_{i=1}^{k} c_{n,i} f_{n,i} \tag{3.11}$$

mit beliebigen Koeffizienten $c_{n,i}$ ebenfalls eine Eigenfunktion zum selben Eigenwert ist. Dies kann man zeigen, indem man $\hat{\Omega}$ auf die linke und rechte Seite von Gl. (3.11) einwirken läßt und die Form der Eigenwert-Gl. (3.2) erhält:

$$\hat{\Omega} g = \hat{\Omega} \sum_{i=1}^{k} c_{n,i} f_{n,i} = \sum_{i=1}^{k} c_{n,i} \hat{\Omega} f_{n,i} = \sum_{i=1}^{k} c_{n,i} \omega_n f_{n,i} = \omega_n \sum_{i=1}^{k} c_{n,i} f_{n,i}. \tag{3.12}$$

[13] Da es sich in diesem Fall um *Einelektronen*wellenfunktionen handelt, verwenden wir als Symbol den griechischen Kleinbuchstaben.

[14] $V(r) \sim e/r$ (e: Ladung des Protons), d. h., der Wert des Potentials V ist nur eine Funktion des Abstands r (Zentralfeld).

[15] Die Entartung wird bei Mehrelektronen-Systemen teilweise aufgehoben (s. 3.3).

Diese Eigenschaft wird sich z. B. als nützlich erweisen, wenn komplexe Wellenfunktionen in reelle umzuwandeln sind.

Hermitesche Operatoren. Eine wichtige Klasse quantenmechanischer Operatoren, zu der z. B. auch der HAMILTON-Operator zählt, stellen die hermiteschen oder selbstadjungierten Operatoren dar. Ihre Anwendung auf die Eigenfunktionen Ψ_i ergibt immer reelle Eigenwerte. Ihre Definition[16] erfolgt über die Gleichung

$$\int \Psi_m^* \hat{\Omega} \Psi_n d\tau = \left(\int \Psi_n^* \hat{\Omega} \Psi_m d\tau \right)^* . \tag{3.13}$$

Gl. (3.13) wird besonders übersichtlich, wenn man für die Integrale die *Bracket*-Symbolik[17] verwendet:

$$\langle m | \hat{\Omega} | n \rangle = \langle n | \hat{\Omega} | m \rangle^* . \tag{3.14}$$

Das Symbol $| n \rangle$ bezeichnet einen Zustand mit der Wellenfunktion Ψ_n und wird *ket* genannt, während das Symbol $\langle n |$ einen Zustand mit der zu Ψ_n konjugiert-komplexen Funktion Ψ_n^* bezeichnet und *bra* genannt wird. Die Kombination von einem *bra* und einem *ket* mit einem zwischen ihnen stehenden Operator (im einfachsten Fall die Multiplikation mit 1) stellt ein Integral dar.

Hermitesche Operatoren haben zwei wichtige Eigenschaften:

1. Die Eigenwerte eines hermiteschen Operators sind reell.
2. Die Eigenfunktionen eines hermiteschen Operators, die zu verschiedenen Eigenwerten ω_m und ω_n gehören, sind *orthogonal* zueinander, d. h., $\langle m | n \rangle = 0$ $(m \neq n)$[18].

Beweise:

1. Man geht von der Eigenwert-Gleichung $\hat{\Omega}\psi_n = \omega_n \psi_n$ oder $\hat{\Omega} | n \rangle = \omega_n | n \rangle$ aus, multipliziert von links beide Seiten mit Ψ_n^* und integriert. Ist Ψ_n normiert, erhält man:

$$\int \Psi_n^* \hat{\Omega} \Psi_n d\tau = \omega_n \int \Psi_n^* \Psi_n d\tau = \omega_n \qquad \text{oder}$$

$$\langle n | \hat{\Omega} | n \rangle = \omega_n \langle n | n \rangle = \omega_n .$$

Handelt es sich bei $\hat{\Omega}$ um einen hermiteschen Operator, folgt mit der Definition Gl. (3.13):

$$\omega_n = \langle n | \hat{\Omega} | n \rangle = \langle n | \hat{\Omega} | n \rangle^* = \omega_n^* .$$

---

[16] Die alternative Definition lautet: $\int \Psi_m^* \hat{\Omega} \Psi_n d\tau = \int (\hat{\Omega} \Psi_m)^* \Psi_n d\tau$.

[17] Eingeführt von Paul Adrien Maurice DIRAC (1902 - 1984) (Prof. für Mathematik, Universität Cambridge (England); Nobelpreis für Physik 1933 zusammen mit SCHRÖDINGER) und abgeleitet aus (engl.) *bracket*: (eckige) Klammer.

[18] Das Integral ist analog definiert wie das Skalarprodukt zweier Vektoren.

Eine komplexe Größe kann nur dann mit der konjugiert-komplexen Größe übereinstimmen, wenn der Imaginäranteil null ist, d. h., wegen $\omega_n = \omega_n^*$ muß der Eigenwert reell sein.

2. Man betrachtet zwei Eigenzustände $|n\rangle$ und $|m\rangle$ mit den Eigenwerten ω_n und ω_m ($\omega_n \neq \omega_m$). Die Eigenwert-Gleichungen lauten: $\hat{\Omega}|n\rangle = \omega_n|n\rangle$ und $\hat{\Omega}|m\rangle = \omega_m|m\rangle$. Die erste Gleichung wird nun von links mit $\langle m|$ und die zweite mit $\langle n|$ multipliziert:

$$\langle m|\hat{\Omega}|n\rangle = \omega_n\langle m|n\rangle \qquad \langle n|\hat{\Omega}|m\rangle = \omega_m\langle n|m\rangle.$$

Man überführt die zweite Gleichung in die entsprechende komplex-konjugierte Gleichung, $\langle n|\hat{\Omega}|m\rangle^* = \omega_m^*\langle n|m\rangle^* = \omega_m^*\langle m|n\rangle$, und subtrahiert die erhaltene Gleichung von der ersten:

$$\langle m|\hat{\Omega}|n\rangle - \langle n|\hat{\Omega}|m\rangle^* = (\omega_n - \omega_m^*)\langle m|n\rangle.$$

Jetzt werden entsprechend der Voraussetzung die hermiteschen Eigenschaften von $\hat{\Omega}$ berücksichtigt. Mit $\omega_m^* = \omega_m$ sowie $\langle m|\hat{\Omega}|n\rangle = \langle n|\hat{\Omega}|m\rangle^*$ folgt:

$$0 = (\omega_n - \omega_m)\langle m|n\rangle.$$

Da laut Voraussetzung $\omega_n \neq \omega_m$, muß $\langle m|n\rangle = 0$ sein. Die beiden Eigenzustände sind also orthogonal zueinander.

Das Integral $\langle m|n\rangle$ hat im Falle von $m = n$ — normierte Funktionen vorausgesetzt — den Wert 1, im Falle von $m \neq n$ den Wert 0. Orthogonalitäts- und Normierungs-Bedingungen lassen sich im sog. KRONECKER-Symbol δ_{mn} zur Orthonormierungs-Bedingung zusammenfassen:

$$\langle m|n\rangle = \delta_{mn} = \begin{cases} 0 & \text{für} \quad m \neq n \\ 1 & \text{für} \quad m = n \end{cases} \tag{3.15}$$

Vertauschbarkeit von Operatoren. Die Operatoren von Impuls und Ort vertauschen nicht: $[\hat{q}, \hat{p}_q] \neq 0$ (s. Gl. (3.7)). Es gibt daher keine Funktionen, die sowohl Eigenfunktionen des Impuls- als auch des Ortsoperators sind. Dies bedeutet, daß Impuls und Ort eines Teilchens nicht gleichzeitig scharfe Werte annehmen können. Vertauschen dagegen zwei Operatoren $\hat{M}$ und $\hat{N}$, d. h., ist es gleichgültig, ob man zuerst $\hat{N}$ und dann $\hat{M}$ anwendet oder umgekehrt, also

$$\hat{M}\hat{N} = \hat{N}\hat{M}, \qquad \hat{M}\hat{N} - \hat{N}\hat{M} = [\hat{M}, \hat{N}] = 0, \tag{3.16}$$

dann gibt es Wellenfunktionen — ihre gemeinsamen Eigenfunktionen —, bez. derer die mit beiden Operatoren korrespondierenden Eigenschaften gleichzeitig scharfe Werte annehmen. Hinsichtlich der Eigenwerte und Eigenfunktionen sind dabei folgende Fälle zu unterscheiden (vgl. [33], S. 258f.):

(1) Vertauscht $\hat{M}$ mit $\hat{N}$ und ist Ψ Eigenfunktion von $\hat{N}$ zu einem nichtentarteten Eigenwert n

$$\hat{N}\Psi = n\Psi, \quad n \text{ nichtentartet,} \tag{3.17}$$

so ist Ψ auch Eigenfunktion von $\hat{M}$; denn nach Gl. (3.16) gilt:

$$\hat{N}\hat{M}\Psi = \hat{M}\hat{N}\Psi = \hat{M}n\Psi = n\hat{M}\Psi. \tag{3.18}$$

Daraus folgt, daß $\hat{M}\Psi$ ebenfalls Eigenfunktion von $\hat{N}$ zum Eigenwert n ist; da n aber nichtentartet sein soll, kann sich $\hat{M}\Psi$ von Ψ nur um einen skalaren Faktor m unterscheiden: $\hat{M}\Psi = m\Psi$. Ψ ist also auch Eigenfunktion von $\hat{M}$.

(2) Sind im Gegensatz zu (1) $\hat{M}\Psi$ und Ψ linear unabhängig, ist der Eigenwert n entartet, d. h., die beiden Funktionen $\hat{M}\Psi$ und Ψ sind Eigenfunktionen von $\hat{N}$ zum gleichen Eigenwert n. Dies läßt sich auf ähnliche Weise zeigen wie (1) mit Hilfe Gl. (3.18).

(3) Vertauscht $\hat{M}$ mit $\hat{N}$ und ist $\hat{N}$ ein hermitescher Operator, zu dem k linear unabhängige Eigenfunktionen Ψ_j $(j = 1, 2, \ldots, k)$ mit einem k-fach entarteten Eigenwert n gehören, so lassen sich geeignete Linearkombinationen der Ψ_j bilden, die gleichzeitig Eigenfunktionen von $\hat{M}$ sind [33].

Vertauschbar sind z. B. der HAMILTON-Operator Gl. (3.10) und der Operator des Bahndrehimpulses (s. 3.2.2). Energie und Bahndrehimpuls sind also zwei Observable, die gleichzeitig definierte Werte annehmen können. Die Tatsache, daß der HAMILTON-Operator $\hat{H}$ und ein mit ihm kommutierender Operator gemeinsame Eigenfunktionen haben, kann ausgenutzt werden, um die Eigenfunktionen von $\hat{H}$ zu finden.

Erwartungswert eines Operators. Der sog. *Erwartungswert* eines Operators ist definiert als

$$<\hat{\Omega}> \equiv \int \Psi^* \hat{\Omega} \Psi d\tau. \tag{3.19}$$

Wir müssen zwei Fälle unterscheiden:

1. Das System befindet sich im Zustand Ψ, wobei Ψ Eigenfunktion von $\hat{\Omega}$ mit dem Eigenwert ω ist.
2. Das System ist im Zustand Ψ, wobei Ψ jetzt aber keine Eigenfunktion von $\hat{\Omega}$ ist: $\hat{\Omega}\Psi = \Phi$.

Während im ersten Fall die Messungen immer den (scharfen) Wert ω ergeben, hat im zweiten Fall die durch $\hat{\Omega}$ repräsentierte Observable keinen scharfen Wert, sondern es existiert lediglich eine Wahrscheinlichkeitsverteilung für die einzelnen Werte. Sie läßt sich berechnen, indem man Ψ mit Hilfe des Satzes orthogonaler Eigenfunktionen Ψ_n von $\hat{\Omega}$ entwickelt [138]. Analog zur Darstellung eines Vektors im Raum mit Hilfe der Einheitsvektoren, setzt man

$$\Psi = \sum_n c_n \Psi_n \tag{3.20}$$

und erhält z. B. den Entwicklungskoeffizienten c_i, indem man beide Seiten dieser Gleichung von links mit Ψ_i^*, einer Funktion aus der in Gl. (3.20) auftretenden Summe, multipliziert und anschließend integriert. Auf der rechten Seite verschwinden wegen der Orthogonalität der Funktionen Ψ_n alle Terme bis auf c_i, wofür man erhält: $\int \Psi_i^* \Psi d\tau = c_i$. Entsprechend wird bei den anderen Koeffizienten verfahren[19)], so daß sich für den Einfluß von $\hat{\Omega}$ auf Ψ ergibt:

$$\begin{aligned} \hat{\Omega}\Psi &= \hat{\Omega} \sum_n c_n \Psi_n \\ &= \sum_n c_n \hat{\Omega} \Psi_n = \sum_n c_n \omega_n \Psi_n . \end{aligned}$$

Der Erwartungswert des Operators ist damit gegeben durch

$$\begin{aligned} <\hat{\Omega}> &= \int \Psi^* \hat{\Omega} \Psi d\tau = \int \Big(\sum_m c_m \Psi_m\Big)^* \hat{\Omega} \Big(\sum_n c_n \Psi_n\Big) d\tau \\ &= \sum_m \sum_n c_m^* c_n \int \Psi_m^* \hat{\Omega} \Psi_n d\tau = \sum_m \sum_n c_m^* c_n \omega_n \underbrace{\int \Psi_m^* \Psi_n d\tau}_{\delta_{mn}} \\ &= \sum_n c_n^* c_n \omega_n = \sum_n |c_n|^2 \omega_n . \end{aligned}$$

Im vorletzten Schritt wurde die Orthogonalität der Funktionen Ψ_n und Ψ_m ($n \neq m$) berücksichtigt. Der Erwartungswert ist die mit $|c_n|^2$ gewichtete Summe der Eigenwerte von $\hat{\Omega}$ und stellt den bei der Messung der Observablen im Mittel erhaltenen Wert dar. Ein einzelnes Experiment liefert in diesem Fall einen der Eigenwerte ω_n von $\hat{\Omega}$, wobei die Wahrscheinlichkeit, mit der dieser Wert gemessen wird, gleich dem Quadrat des Koeffizienten c_n der Eigenfunktion Ψ_n in der Entwicklung der Wellenfunktion Ψ ist.

3.1.4 Störungstheorie

Die im folgenden behandelte zeitunabhängige Störungstheorie [19, 33, 141, 142] wird in der Magnetochemie zur Berechnung der Störung des elektronischen

19) Die Summe (Linearkombination) erstreckt sich im Prinzip von $n = 1$ bis ∞. In der Praxis kann man sich meist auf wenige Summanden beschränken. Die Normierungsbedingung lautet: $\sum_n c_n^* c_n = \sum_n |c_n|^2 = 1$.

Systems durch interelektronische Wechselwirkung (H_{ee}), Ligandenfeld (H_{LF}), Spin-Bahn-Kopplung (H_{SB}), kooperativen Effekten (H_{ex}) sowie äußeres Magnetfeld (H_M) angewandt. Ziel ist die Aufstellung einer Suszeptibilitäts- oder Magnetisierungs-„Formel", die die systemspezifischen Parameter in bezug auf die Störungen enthält und zur Deutung der Meßergebnisse dient. Die durch H_M hervorgerufenen Energie-Änderungen sind ca. $1\,\mathrm{cm}^{-1}$ ($\hat{=} B \approx 2\,\mathrm{T}$). Effekte durch H_{ee}, H_{LF} ($\approx 10^4\,\mathrm{cm}^{-1}$ bei d-Ionen, $\approx 10^2\,\mathrm{cm}^{-1}$ bei 4f-Ionen) und H_{SB} ($\approx 10^2\,\mathrm{cm}^{-1}$) sind deutlich stärker, während H_{ex} im Bereich zwischen $\leq 10^3\,\mathrm{cm}^{-1}$ und $10^{-1}\,\mathrm{cm}^{-1}$ liegen kann. Diese schwachen Effekte können bei einer Suszeptibilitätsmessung nur erfaßt werden, wenn die Störung durch das Magnetfeld ebenfalls relativ klein ist und die Feldstärkeabhängigkeit der Suszeptibilitätswerte explizit berücksichtigt wird. In der Störungstheorie unterscheidet man zwei Fälle: Entartung und Nicht-Entartung der ungestörten Wellenfunktionen. Obwohl wir es in der Praxis fast immer mit Entartung zu tun haben werden, wird zur Verdeutlichung der Methode zunächst der einfachere nichtentartete Fall behandelt.

Nichtentarteter Fall. Der HAMILTON-Operator eines Systems mit stationären Zuständen sei $\hat{H}^{(0)}$, und die Eigenwerte $E_n^{(0)}$ und Eigenfunktionen $\Psi_n^{(0)}$ seien exakt bekannt:

$$\hat{H}^{(0)}\Psi_n^{(0)} = E_n^{(0)}\Psi_n^{(0)}. \tag{3.21}$$

Setzen wir das System einer schwachen Störung aus, so unterscheidet sich der jetzt aktuelle Operator $\hat{H}$ durch einen Störterm $\lambda\hat{H}^{(1)}$ vom Operator des ungestörten Systems:

$$\hat{H} = \hat{H}^{(0)} + \lambda\hat{H}^{(1)}, \tag{3.22}$$

wobei λ als Störparameter bezeichnet wird. Die im Symbol $\hat{H}^{(1)}$ hochgestellte $^{(1)}$ bedeutet, daß im Operator die schwache Störung in 1. Ordnung, also in 1. Näherung, betrachtet wird[20)]. Bei der Störung durch ein äußeres Magnetfeld übernimmt die Kraftflußdichte B die Rolle von λ. B ist hier ein *natürlicher* Störparameter (vgl. 3.4.3.1). In Fällen ohne natürlichen Störparameter, z. B. bei der Spin-Bahn-Wechselwirkung, führt man formal ebenfalls λ ein und setzt am Schluß der störungstheoretischen Behandlung einfach $\lambda = 1$ [33]. Einen solchen Fall wollen wir im folgenden betrachten.

Gesucht sind die Energien E_n und die Wellenfunktionen Ψ_n, die die SCHRÖDINGER-Gleichung

$$\hat{H}\Psi_n = E_n\Psi_n \tag{3.23}$$

---

20) Es gibt auch Beispiele, bei denen man die Störung bis zur 2. Ordnung durch einen weiteren Term $\hat{H}^{(2)}$ berücksichtigt. Wir werden im Zusammenhang mit den Austauschwechselwirkungen einen solchen Fall behandeln (s. biquadratischer Austausch, Gl. (5.27)).

erfüllen. Die Aufgabe besteht darin, die SCHRÖDINGER-Gleichung für das gestörte System zu *lösen*, d. h. die Wellenfunktionen und die Energien zu finden. Wir nehmen an, daß wegen der schwachen Störung durch $\lambda\hat{H}^{(1)}$ die Lösungen E_n und Ψ_n in der Nähe der Lösungen des ungestörten Systems liegen und daß Ψ_n und E_n jeweils als Potenzreihen entwickelt werden können[21]:

$$\Psi_n = \Psi_n^{(0)} + \lambda\Psi_n^{(1)} + \lambda^2\Psi_n^{(2)} + \ldots \tag{3.24}$$
$$E_n = E_n^{(0)} + \lambda E_n^{(1)} + \lambda^2 E_n^{(2)} + \ldots. \tag{3.25}$$

Diese Reihen setzt man in Gl. (3.23) ein:

$$\begin{aligned}(\hat{H}^{(0)} + \lambda\hat{H}^{(1)})(\Psi_n^{(0)} + \lambda\Psi_n^{(1)} + \lambda^2\Psi_n^{(2)} + \ldots) = \\ (E_n^{(0)} + \lambda E_n^{(1)} + \lambda^2 E_n^{(2)} + \ldots)(\Psi_n^{(0)} + \lambda\Psi_n^{(1)} + \lambda^2\Psi_n^{(2)} + \ldots),\end{aligned}$$

multipliziert aus und sortiert die Terme nach Potenzen von λ:

$$\begin{aligned}\hat{H}^{(0)}\Psi_n^{(0)} + \lambda\big(\hat{H}^{(1)}\Psi_n^{(0)} + \hat{H}^{(0)}\Psi_n^{(1)}\big) + \lambda^2\big(\hat{H}^{(1)}\Psi_n^{(1)} + \hat{H}^{(0)}\Psi_n^{(2)}\big) + \ldots = \\ E_n^{(0)}\Psi_n^{(0)} + \lambda\big(E_n^{(1)}\Psi_n^{(0)} + E_n^{(0)}\Psi_n^{(1)}\big) + \\ \lambda^2\big(E_n^{(2)}\Psi_n^{(0)} + E_n^{(1)}\Psi_n^{(1)} + E_n^{(0)}\Psi_n^{(2)}\big) + \ldots.\end{aligned}$$

Da λ ein beliebiger Parameter ist, können die beiden Seiten der letzten Gleichung nur dann übereinstimmen, wenn die Koeffizienten derselben Potenz von λ gleich sind. Man erhält somit die folgende Serie von Gleichungen:

$$\lambda^0 \qquad \hat{H}^{(0)}\Psi_n^{(0)} = E_n^{(0)}\Psi_n^{(0)} \tag{3.26}$$
$$\lambda^1 \qquad (\hat{H}^{(0)} - E_n^{(0)})\Psi_n^{(1)} = (E_n^{(1)} - \hat{H}^{(1)})\Psi_n^{(0)} \tag{3.27}$$
$$\lambda^2 \qquad (\hat{H}^{(0)} - E_n^{(0)})\Psi_n^{(2)} = E_n^{(2)}\Psi_n^{(0)} + (E_n^{(1)} - \hat{H}^{(1)})\Psi_n^{(1)} \tag{3.28}$$
$$\vdots \qquad \qquad \vdots$$

Gl. (3.26) ist nach Voraussetzung bereits gelöst. Zur Lösung von Gl. (3.27) müssen $\Psi_n^{(1)}$ und $E_n^{(1)}$, zur Lösung von Gl. (3.28) $\Psi_n^{(2)}$ und $E_n^{(2)}$ gefunden werden usw. Zur Berechnung von $E_n^{(1)}$, d. h. der Korrektur der Energie in 1. Ordnung, multipliziert man beide Seiten der Gl. (3.27) von links mit $\Psi_n^{(0)*}$ und integriert:

$$\int \Psi_n^{(0)*}\hat{H}^{(0)}\Psi_n^{(1)}d\tau - E_n^{(0)}\int \Psi_n^{(0)*}\Psi_n^{(1)}d\tau = E_n^{(1)} - \int \Psi_n^{(0)*}\hat{H}^{(1)}\Psi_n^{(0)}d\tau. \tag{3.29}$$

---

[21] Anmerkungen: (1) Eine Entwicklung nach Gl. (3.24) und (3.25) ist nicht immer möglich (vgl. [33], S. 99ff). (2) Anstelle der üblicherweise gewählten Normierung $\int \Psi^*\Psi d\tau = 1$ empfiehlt sich in der Störungstheorie die Normierung $\int \Psi_n^{(0)*}\Psi_n^{(0)}d\tau = 1$ und $\int \Psi_n^{(0)*}\Psi_n d\tau = 1$ (vgl. [33], S. 105f).

Da $\hat{H}^{(0)}$ hermitesch ist (s. Gl.(3.13)), ergibt die linke Seite bei Berücksichtigung von Gl. (3.26) null. In der DIRAC-Notation ($\Psi_n^{(0)} \equiv |n\rangle$) folgt damit für $E_n^{(1)}$:

$$\boxed{E_n^{(1)} = \langle n|\hat{H}^{(1)}|n\rangle.} \tag{3.30}$$

Die durch die Störung hervorgerufene Energieänderung in der Näherung 1. Ordnung ergibt sich als Erwartungswert des Störoperators im ungestörten Zustand.

Zur Bestimmung des Korrekturterms $\Psi_n^{(1)}$ wird entsprechend Gl. (3.20) entwickelt, und zwar nach den Eigenfunktionen $\Psi_1^{(0)}, \Psi_2^{(0)}, \ldots$ des Operators $\hat{H}^{(0)}$ des ungestörten Systems:

$$\Psi_n^{(1)} = c_1\Psi_1^{(0)} + c_2\Psi_2^{(0)} + \ldots = \sum_{l=1}^{\infty} c_l\Psi_l^{(0)}. \tag{3.31}$$

Die Koeffizienten $c_1, c_2, \ldots$ werden berechnet, indem man mit diesem Ansatz in Gl. (3.27) geht und Gl. (3.26) berücksichtigt:

$$\sum_i c_i(E_i^{(0)} - E_n^{(0)})\Psi_i^{(0)} = (E_n^{(1)} - \hat{H}^{(1)})\Psi_n^{(0)}. \tag{3.32}$$

Multiplikation von links mit $\Psi_m^{(0)*}$ ($m \neq n$) und anschließende Integration ergibt bei Berücksichtigung der Orthonormalität

$$c_m(E_m^{(0)} - E_n^{(0)}) = -\int \Psi_m^{(0)*}\hat{H}^{(1)}\Psi_n^{(0)}d\tau = -\langle m|\hat{H}^{(1)}|n\rangle, \tag{3.33}$$

und für den Koeffizienten c_m erhalten wir

$$c_m = -\frac{\langle m|\hat{H}^{(1)}|n\rangle}{E_m^{(0)} - E_n^{(0)}} \qquad (m \neq n). \tag{3.34}$$

Damit folgt für $\Psi_n^{(1)}$:

$$\boxed{\Psi_n^{(1)} = -\sum_{m\neq n} \frac{\langle m|\hat{H}^{(1)}|n\rangle}{E_m^{(0)} - E_n^{(0)}}\Psi_m^{(0)}.} \tag{3.35}$$

Die Störung der Wellenfunktion $\Psi_n^{(0)}$ besteht darin, daß kleine Anteile von solchen Funktionen $\Psi_m^{(0)}$ ($m \neq n$) „eingemischt“ werden, die mit $\Psi_n^{(0)}$ durch ein nicht verschwindendes *Matrixelement*[22] $\langle m|\hat{H}^{(1)}|n\rangle$ verknüpft sind. Um welche Matrixelemente es sich gegebenenfalls handelt, hängt von den Zuständen und dem Störoperator ab.

[22] Der Name rührt daher, daß sich die Gesamtheit der zu betrachtenden Integrale in Form einer Matrix in übersichtlicher Form darstellen läßt (s. 3.2.4).

Nachdem $\Psi_n^{(1)}$ bekannt ist, kann mit Hilfe von Gl. (3.28) die Korrektur der Energie in 2. Ordnung berechnet werden. Setzt man Gl. (3.35) in Gl. (3.28) ein und führt eine entsprechende Ableitung wie für $E_n^{(1)}$ durch, resultiert für $E_n^{(2)}$:

$$\boxed{E_n^{(2)} = -\sum_{m \neq n} \frac{\left|\langle m|\hat{H}^{(1)}|n\rangle\right|^2}{E_m^{(0)} - E_n^{(0)}}.} \tag{3.36}$$

Gl. (3.36) zeigt, daß die Energiekorrekturen dem Betrag nach umso größer sind, je größer das Matrixelement $\langle m|\hat{H}^{(1)}|n\rangle$ ist und je kleiner die zugehörige Energiedifferenz $E_m^{(0)} - E_n^{(0)}$ ist. Die Berücksichtigung weiterer Korrekturterme wie z. B. $\Psi_n^{(2)}$ oder $E_n^{(3)}$ ist bei kleinen Störungen normalerweise nicht erforderlich.

Entarteter Fall. In dem für die Praxis wichtigen entarteten Fall werden zur Berechnung der Korrekturterme die gleichen Formeln wie im nichtentarteten Fall verwendet, jedoch mit dem Unterschied, daß die im ungestörten System entarteten Funktionen in eine geeignete Form gebracht werden müssen. Allgemein ist der Fall zu betrachten, daß es zum Eigenwert $E_n^{(0)}$ des ungestörten System k Eigenfunktionen (k-fache Entartung) gibt, die durch einen zweiten Index gekennzeichnet werden:

$$\hat{H}^{(0)}\Psi_{n,i}^{(0)} = E_n^{(0)}\Psi_{n,i}^{(0)} \qquad (i = 1, 2, \ldots k). \tag{3.37}$$

Der Einfachheit halber wird nur zweifache Energieentartung angenommen, die durch die Störung aufgehoben wird. Die Behandlung von höheren Entartungsgraden ist analog. Im Gegensatz zum nichtentarteten Fall sind die Wellenfunktionen durch die Gl. (3.26) nicht eindeutig bestimmt; denn zu $\hat{H}^{(0)}$ gibt es im gewählten speziellen Beispiel zwei (linear unabhängige[23]) Eigenfunktionen $\Psi_{n,1}^{(0)}$ und $\Psi_{n,2}^{(0)}$ (die im übrigen orthogonal zueinander sein sollen) und damit beliebige Linearkombinationen, die ebenfalls eine Lösung zum selben Energiewert darstellen (s. Gl. (3.11) und (3.12)). Die „richtigen" Linearkombinationen sind offenbar diejenigen, in die die gestörten Funktionen im Grenzfall $\lambda \to 0$ übergehen. Man nennt sie die *korrekten Funktionen nullter Ordnung.* Diese an die Störung adaptierten Linearkombinationen sind zunächst nicht bekannt. Wenn von beliebig gewählten Funktionen ausgegangen wird, kann man nicht erwarten, daß diese mit den korrekten Funktionen nullter Ordnung zusammenfallen. Ausgehend vom allgemeinen Ansatz

$$\Psi_n^{(0)} = u_1\Psi_{n,1}^{(0)} + u_2\Psi_{n,2}^{(0)} \tag{3.38}$$

[23] Ein Satz von n Eigenfunktionen ist linear unabhängig, wenn zwischen ihnen außer der trivialen Wahl $c_1 = c_2 = \ldots = c_n = 0$ keine Beziehung der Art $c_1\Psi_1 + c_2\Psi_2 + \ldots + c_n\Psi_n = 0$ besteht.

müssen die Koeffizienten u_1 und u_2 bestimmt werden. Dazu wird Gl. (3.38) in Gl. (3.24) und Gl. (3.25) eingesetzt. Die den Gl. (3.26) und (3.27) entsprechenden Beziehungen lauten jetzt:

$$\hat{H}^{(0)}\left(u_1\Psi_{n,1}^{(0)} + u_2\Psi_{n,2}^{(0)}\right) = E_n^{(0)}\left(u_1\Psi_{n,1}^{(0)} + u_2\Psi_{n,2}^{(0)}\right) \tag{3.39}$$

$$\left(\hat{H}^{(0)} - E_n^{(0)}\right)\Psi_n^{(1)} = \left(E_n^{(1)} - \hat{H}^{(1)}\right)\left(u_1\Psi_{n,1}^{(0)} + u_2\Psi_{n,2}^{(0)}\right). \tag{3.40}$$

Man geht aus von Gl. (3.40), multipliziert von links mit $\Psi_{n,1}^{(0)*}$ und integriert. Anschließend wird im gleichen Sinne mit $\Psi_{n,2}^{(0)*}$ verfahren. Unter Ausnutzung der Hermitezität von $\hat{H}^{(0)}$ sind die linken Seiten der Gleichungen null, und man erhält die folgenden beiden Gleichungen, wobei die Integrale $\int \Psi_{n,i}^{(0)*}\,\hat{H}^{(1)}\,\Psi_{n,j}^{(0)}\,d\tau$ durch H_{ij} abgekürzt werden:

$$\begin{aligned} u_1\left(H_{11} - E_n^{(1)}\right) + u_2 H_{12} &= 0 \\ u_1 H_{21} + u_2\left(H_{22} - E_n^{(1)}\right) &= 0 \end{aligned} \tag{3.41}$$

$\hat{H}^{(1)}$ ist üblicherweise ein hermitescher Operator. Daher besteht zwischen den Matrixelementen H_{12} und H_{21} der Zusammenhang $H_{12} = H_{21}^*$. Im homogenen Gleichungssystem (3.41) stellen die Integrale H_{ij} die Konstanten dar, während u_1 und u_2 sowie $E_n^{(1)}$ ermittelt werden müssen. Neben der trivialen Lösung $u_1 = u_2 = 0$ erhält man weitere Lösungen, indem man die Determinante aus den Koeffizienten null setzt [24]:

$$\begin{vmatrix} H_{11} - E_n^{(1)} & H_{12} \\ H_{21} & H_{22} - E_n^{(1)} \end{vmatrix} = 0. \tag{3.42}$$

Für die Energien $E_n^{(1)}$ folgt:

$$\left(E_n^{(1)}\right)^2 - E_n^{(1)}\left(H_{11} + H_{22}\right) + H_{11}H_{22} - H_{12}H_{21} = 0$$

$$E_{n(1,2)}^{(1)} = \left(H_{11} + H_{22}\right)/2 \pm \sqrt{(H_{11} - H_{22})^2/4 + |H_{12}|^2}. \tag{3.43}$$

Nach Einsetzen der Lösungen $E_{n(1,2)}^{(1)}$ in die obere Gl. (3.41) erhält man zunächst das Verhältnis der Koeffizienten $x_{(1,2)} = u_{1(1,2)}/u_{2(1,2)}$. Man beachte, daß bei negativem $x_{(1,2)}$ entweder $u_{1(1,2)}$ oder $u_{2(1,2)}$ negativ gewählt werden kann (vgl. die Anmerkungen zur Phasenwahl in 3.2.4, Gl. (3.116)). Sollen

---

[24] Für die Fälle $k > 3$ gibt es i. a. keine geschlossenen analytischen Lösungen. Zur Bestimmung der Eigenwerte und Eigenfunktionen bedient man sich numerischer Methoden (z. B. Jacobi- oder Givens-Householder-Verfahren [146, 147]).

die gesuchten Linearkombinationen normiert sein, sind die Koeffizienten so zu wählen, daß $u_{1(1,2)}u^*_{1(1,2)} + u_{2(1,2)}u^*_{2(1,2)} = 1$ ist. Dabei ist berücksichtigt, daß die Koeffizienten komplex sein können. Im Falle von $E^{(1)}_{n(1)}$ erhält man:

$$u_{1(1)}(H_{11} - E^{(1)}_{n(1)}) + u_{2(1)}H_{12} = 0; \qquad x_{(1)} = \frac{u_{1(1)}}{u_{2(1)}} = -\frac{H_{12}}{H_{11} - E^{(1)}_{n(1)}}. \tag{3.44}$$

Zunächst betrachten wir den einfachen Fall, daß die Koeffizienten u_1, u_2 reell sind. Mit der Normierungsbedingung

$$x^2_{(1)}u^2_{2(1)} + u^2_{2(1)} = 1 \quad \text{folgt} \quad u_{2(1)} = \frac{1}{\sqrt{x^2_{(1)} + 1}}. \tag{3.45}$$

Für $u_{1(1)}$ ergibt sich:

$$u_{1(1)} = x_{(1)}u_{2(1)} = \frac{x_{(1)}}{\sqrt{x^2_{(1)} + 1}}. \tag{3.46}$$

Damit ist die zur Energie $E^{(1)}_{n(1)}$ gehörende, an die Störung adaptierte Wellenfunktion $\Psi^{(0)}_{n(1)} = u_{1(1)}\Psi^{(0)}_{n,1} + u_{2(1)}\Psi^{(0)}_{n,2}$ bekannt. Die zu $E^{(1)}_{n(2)}$ gehörende Wellenfunktion erhält man entsprechend:

$$\begin{aligned}
\Psi^{(0)}_{n(2)} &= u_{1(2)}\Psi^{(0)}_{n,1} + u_{2(2)}\Psi^{(0)}_{n,2} \\
\text{mit} \quad u_{1(2)} &= \frac{x_{(2)}}{\sqrt{x^2_{(2)} + 1}}; \qquad u_{2(2)} = \frac{1}{\sqrt{x^2_{(2)} + 1}} \\
\text{und} \quad x_{(2)} &= \frac{u_{1(2)}}{u_{2(2)}} = -\frac{H_{12}}{H_{11} - E^{(1)}_{n(2)}}.
\end{aligned} \tag{3.47}$$

Anstelle dieses Verfahrens kann auch ein allgemeiner Ansatz zur Lösung von 2 × 2-Determinanten verwendet werden (vgl. [150], S. 119), von dem wir häufiger Gebrauch machen werden. Man schreibt die an die Störung adaptierten Linearkombinationen anstelle von Gl. (3.38) in der Form

$$\Psi_1 = \sin\alpha\psi_1 - \cos\alpha\psi_2 \quad \text{und} \quad \Psi_2 = \cos\alpha\psi_1 + \sin\alpha\psi_2.$$

Mit diesem Ansatz ist gewährleistet, daß die aus ψ_1 und ψ_2 zusammengesetzten Funktionen Ψ_1 und Ψ_2 orthonormiert sind. Die Koeffizienten werden so gewählt, daß die 2 × 2-Matrix aus $E^{(1)}_1$, $E^{(1)}_2$ und $\langle\Psi_1|\hat{H}^{(1)}|\Psi_2\rangle$ diagonal wird, d. h., daß das Nichtdiagonalelement verschwindet. Zunächst berechnet man $E^{(1)}_1 = \langle\Psi_1|\hat{H}^{(1)}|\Psi_1\rangle$ und $E^{(1)}_2 = \langle\Psi_2|\hat{H}^{(1)}|\Psi_2\rangle$:

$$\begin{aligned}
E^{(1)}_1 &= \sin^2\alpha\, H_{11} + \cos^2\alpha\, H_{22} - 2\sin\alpha\cos\alpha H_{12} \\
E^{(1)}_2 &= \cos^2\alpha\, H_{11} + \sin^2\alpha\, H_{22} + 2\sin\alpha\cos\alpha H_{12}.
\end{aligned}$$

Aus der Bedingung, daß das Nichtdiagonalelement $\langle\Psi_1|\hat{H}^{(1)}|\Psi_2\rangle$ verschwinden soll, gewinnt man dann 2α und damit die Koeffizienten $\sin\alpha$ und $\cos\alpha$:

$$\begin{aligned} 0 &= \sin\alpha\cos\alpha H_{11} - \sin\alpha\cos\alpha H_{22} + (\sin^2\alpha - \cos^2\alpha)H_{12} \\ &= \underbrace{\sin\alpha\cos\alpha}_{\frac{1}{2}\sin 2\alpha}(H_{11} - H_{22}) + \underbrace{(\sin^2\alpha - \cos^2\alpha)}_{-\cos 2\alpha} H_{12}. \end{aligned}$$

Mit Hilfe der Additionstheoreme für die Winkelfunktionen ergibt sich:

$$\tan 2\alpha = \frac{2H_{12}}{H_{11} - H_{22}}.$$

Die Ausdrücke für die Energien $E_1^{(1)}$ und $E_2^{(1)}$ lassen sich in eine kürzere Form überführen. Sie sind zusammen mit den wichtigsten Beziehungen dieses Ansatzes im folgenden Schema zusammengefaßt:

Allgemeiner Lösungsansatz von 2 × 2-Determinanten:

$$\begin{vmatrix} H_{11} - E & H_{12} \\ H_{12} & H_{22} - E \end{vmatrix} = 0. \qquad \tan 2\alpha = 2H_{12}/(H_{11} - H_{22})$$

$$E = \begin{cases} H_{11} - H_{12}\cot\alpha; & \Psi_1 = \sin\alpha\psi_1 - \cos\alpha\psi_2 \\ H_{22} + H_{12}\cot\alpha; & \Psi_2 = \cos\alpha\psi_1 + \sin\alpha\psi_2 \end{cases} ; \; H_{ij} = \langle\psi_i|\hat{H}^{(1)}|\psi_j\rangle \tag{3.48}$$

Jetzt betrachten wir den allgemeinen Fall, daß die Koeffizienten komplex sein können. Mit der Normierungsbedingung

$$\begin{aligned} x_{(1)}x_{(1)}^* u_{2(1)}u_{2(1)}^* + u_{2(1)}u_{2(1)}^* &= |x_{(1)}|^2 |u_{2(1)}|^2 + |u_{2(1)}|^2 = 1 \\ \text{folgt:} \quad |u_{2(1)}| &= \frac{1}{\sqrt{|x_{(1)}|^2 + 1}}. \end{aligned} \tag{3.49}$$

Die komplexe Zahl $u_{2(1)}$ läßt sich als Produkt ihres Betrags $|u_{2(1)}|$ und dem Phasenfaktor $e^{i\alpha_{(1)}}$ darstellen, wobei $\alpha_{(1)}$ eine reelle Zahl ist:

$$u_{2(1)} = |u_{2(1)}|\, e^{i\alpha_{(1)}} = \frac{e^{i\alpha_{(1)}}}{\sqrt{|x_{(1)}|^2 + 1}}. \tag{3.50}$$

Wegen $e^{i\alpha} = \cos\alpha + i\sin\alpha$ ist $u_{2(1)}$ im Falle von $\alpha_{(1)} = 0°$ reell und positiv, im Falle von $\alpha_{(1)} = 270°$ imaginär und negativ. Für $u_{1(1)}$ ergibt sich:

$$u_{1(1)} = x_{(1)}u_{2(1)} = \frac{x_{(1)}\, e^{i\alpha_{(1)}}}{\sqrt{|x_{(1)}|^2 + 1}}. \tag{3.51}$$

Die Phasenwahl bei Wellenfunktionen ist willkürlich [66], und man kann α immer so wählen, daß ein Koeffizient in der Linearkombination reell wird, z. B. $u_{1(1)}$. Damit ist die zur Energie $E^{(1)}_{n(1)}$ gehörende, an die Störung adaptierte Wellenfunktion $\Psi^{(0)}_{n(1)} = u_{1(1)}\Psi^{(0)}_{n,1} + u_{2(1)}\Psi^{(0)}_{n,2}$ bekannt. Die zu $E^{(1)}_{n(2)}$ gehörende Wellenfunktion erhält man entsprechend:

$$
\begin{aligned}
\Psi^{(0)}_{n(2)} &= u_{1(2)}\Psi^{(0)}_{n,1} + u_{2(2)}\Psi^{(0)}_{n,2} \\
\text{mit} \quad u_{1(2)} &= \frac{x_{(2)}\,e^{i\alpha_{(2)}}}{\sqrt{|x_{(2)}|^2+1}}; \qquad u_{2(2)} = \frac{e^{i\alpha_{(2)}}}{\sqrt{|x_{(2)}|^2+1}} \\
\text{und} \quad x_{(2)} &= \frac{u_{1(2)}}{u_{2(2)}} = -\frac{H_{12}}{H_{11} - E^{(1)}_{n(2)}}.
\end{aligned} \tag{3.52}
$$

Wendet man den Operator $\hat{H}^{(0)} + \hat{H}^{(1)}$ auf die korrekten Funktionen nullter Ordnung $\Psi^{(0)}_{n(1)}$ und $\Psi^{(0)}_{n(2)}$ an, hat die Matrix (3.42) nur Diagonalelemente. Im Vorgriff auf spätere Betrachtungen sei angemerkt, daß die Operatoren $\hat{H}^{(0)}$ und $\hat{H}^{(1)}$ i. a. nicht kommutieren. In diesem Fall können die ihnen zugeordneten Matrizen nicht gemeinsam auf Diagonalform gebracht werden. Betrachtet man, wie in unserem Beispiel, nur die bezüglich $\hat{H}^{(0)}$ entarteten Funktionen (mit der Energie $E^{(0)}_n$), ist die zu $\hat{H}^{(0)}$ gehörende Teilmatrix proportional der Einheitsmatrix. Nur deshalb ist es möglich, ein geeignetes System von linearkombinierten Wellenfunktionen zu finden, in dem beide Operatoren diagonal sind ([144], S. 195).

Nachdem die korrekten Funktionen 0. Ordnung und die Energien 1. Ordnung bekannt sind, können wie im nichtentarteten Fall die weiteren Korrektur-Terme hinsichtlich Energie und Wellenfunktion berechnet werden.

3.2 Einelektronensysteme

Die Bahndrehimpuls-Operatoren werden definiert und auf die Wellenfunktionen des Wasserstoff-Atoms angewendet. Der Spin wird phänomenologisch eingeführt und analog zum Bahndrehimpuls behandelt. Anschließend werden die mit Bahnbewegung und Spin verknüpften magnetischen Momente gekoppelt.

3.2.1 Wellenfunktionen

Wir betrachten das quantenmechanische Modell des Wasserstoff-Atoms und das der wasserstoffähnlichen Ionen, also die intra-atomare Bewegung eines Elektrons mit der Masse m_e und der Ladung $-e$ im Feld des durch den positiv geladenen

Atomkern hervorgerufenen Potentials V. Es liegt ein Zentralfeld[25] vor, und zwar der Spezialfall eines COULOMB-Potentials: $V(r) \sim e/r$ bzw. $\sim Ze/r$, wobei Ze die Kernladung des betreffenden wasserstoffähnlichen Ions ist. Für die stationären Zustände können Energien und Eigenfunktionen in geschlossener Form explizit angegeben werden. Die zu lösende Eigenwert-Gleichung für die Energie lautet unter Vernachlässigung zunächst aller Effekte, die mit dem Spin verknüpft sind:

$$\left[-\frac{\hbar^2}{2m_e}\nabla^2 - e\hat{V}(r)\right]\psi(\boldsymbol{r}) = E\psi(\boldsymbol{r}). \tag{3.53}$$

Der Inhalt der eckigen Klammer ist der HAMILTON-Operator des Systems. Die Lösung wird relativ einfach, wenn die Koordinaten $\boldsymbol{r}$ des Elektrons in sphärischen Polarkoordinaten r, θ, ϕ angegeben sind. Den Zusammenhang mit den kartesischen Koordinaten x, y, z verdeutlicht Abb. 3.1[26].

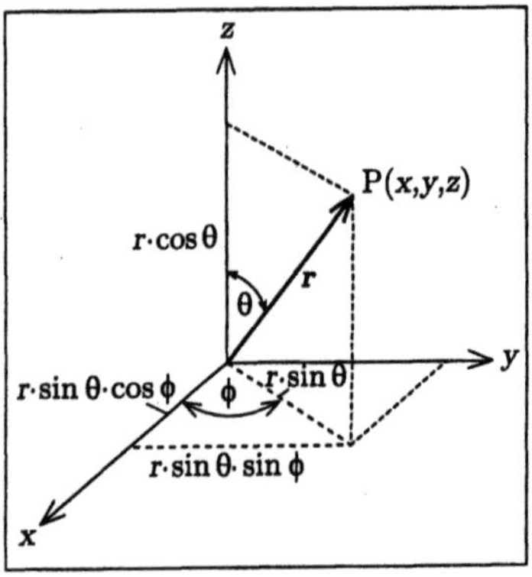

$$\begin{aligned} x &= r \cdot \sin\theta \cdot \cos\phi \\ y &= r \cdot \sin\theta \cdot \sin\phi \\ z &= r \cdot \cos\theta \end{aligned} \tag{3.54}$$

$$\begin{aligned} r^2 &= x^2 + y^2 + z^2 \\ \cos\theta &= z/r \\ \tan\phi &= y/x \end{aligned} \tag{3.55}$$

Abb. 3.1: Kartesische Koordinaten und sphärische Polarkoordinaten für Punkt P

Es zeigt sich, daß die Eigenfunktionen $\psi(\boldsymbol{r})$ zum HAMILTON-Operator in Gl. (3.53) von drei Quantenzahlen — der Hauptquantenzahl n, der Bahndrehimpulsquantenzahl l und der magnetischen Bahndrehimpulsquantenzahl m_l — abhängen [31, 139]:

$$\psi(\boldsymbol{r}) = \psi_{n,l,m_l}(r, \theta, \phi) = R_{n,l}(r) \cdot Y^l_{m_l}(\theta, \phi). \tag{3.56}$$

---

[25] Bei einem Zentralfeld hängt der Wert des Potentials nur vom Abstand vom Zentrum der Potentialquelle ab.

[26] Mit Hilfe der Gl. (3.54) ergeben sich z. B. für die Koordinaten x, y, z der sechs Ecken eines Oktaeders folgende Polarkoordinaten (r, θ, ϕ): (1) $0, 0, a$ $(a, 0, 0)$; (2) $0, 0, -a$ $(a, \pi, 0)$; (3) $a, 0, 0$ $(a, \pi/2, 0)$; (4) $0, a, 0$ $(a, \pi/2, \pi/2)$; (5) $-a, 0, 0$ $(a, \pi/2, \pi)$; (6) $0, -a, 0$ $(a, \pi/2, 3\pi/2)$.

Diese Einelektronenwellenfunktionen werden *Atomorbitale* genannt und lassen sich als Produkt eines Radialanteils $R_{n,l}(r)$ und eines winkelabhängigen Anteils $Y^l_{m_l}(\theta, \phi)$ schreiben[27]. Aus Gl. (3.53) folgt, daß das Wasserstoff-Atom bzw. das wasserstoffähnliche Ion nicht jede beliebige Energie annehmen kann, sondern nur bestimmte Werte, die von der natürlichen Zahl n abhängen ($E_n \sim 1/n^2$), aber bei Abwesenheit äußerer Felder unabhängig vom Wertepaar l, m_l sind. Zu einem bestimmten n-Wert gibt es n verschiedene l-Werte (von 0 bis $n-1$) und zu einem gegebenen l-Wert $2l+1$ verschiedene m_l-Werte (von $-l$ bis $+l$), insgesamt also $\sum_{l=0}^{n-1}(2l+1) = n^2$ verschiedene Wertepaare l, m_l. Bei $n = 3$ ergeben sich die neun Möglichkeiten

$$\begin{array}{lcrl} l=0 & m_l = & 0 & \text{(3s)} \\ l=1 & m_l = & -1,0,+1 & \text{(3p)} \\ l=2 & m_l = & -2,-1,0,+1,+2 & \text{(3d).} \end{array}$$

Die Radialfunktionen sind reell, orthogonal zueinander und normiert[28]:

$$\int_0^\infty R_{n,l}(r)\, R_{n,l}(r)\, r^2 dr = 1. \tag{3.60}$$

Die i. a. komplexen Lösungen für $Y^l_{m_l}(\theta, \phi)$ sind die Kugelflächenfunktionen[29] (s. Tab. 3.2). Sie sind ebenfalls orthogonal zueinander und normiert:

$$\int_0^\pi \int_0^{2\pi} Y^l_{m_l *}(\theta, \phi)\, Y^{l'}_{m_{l'}}(\theta, \phi) \sin\theta\, d\theta\, d\phi = \delta_{l,l'} \cdot \delta_{m_l,m_{l'}}. \tag{3.61}$$

Das Integral in Gl. (3.61)[30] ist gleich 0, wenn $l \neq l'$ und/oder $m_l \neq m_{l'}$, und gleich 1, wenn $l = l'$ und $m_l = m_{l'}$. Dieser winkelabhängige Anteil der

---

[27] Die allgemeine Formel für die Kugelflächenfunktionen lautet:

$$Y^l_{m_l}(\theta,\phi) = (-1)^{(m_l+|m_l|)/2} \left[\frac{(2l+1)(l-|m_l|)!}{4\pi(l+|m_l|)!}\right]^{1/2} P^l_{|m_l|}(\cos\theta) \exp(im_l\phi) \quad \text{mit} \tag{3.57}$$

$$P^l_{|m_l|}(\cos\theta) = (1-\cos^2\theta)^{|m_l|/2} \frac{d^{|m_l|}}{d\cos^{|m_l|}\theta} P_l(\cos\theta) \quad \text{und} \tag{3.58}$$

$$P_l(\cos\theta) = \frac{1}{2^l l!} \frac{d^l}{d\cos^l\theta} (\cos^2\theta - 1)^l \quad \text{(LEGENDRE-Funktionen).} \tag{3.59}$$

Die in der Ligandenfeldtheorie benötigten LEGENDRE- und assoziierten LEGENDRE-Funktionen (Gl. (3.58)) mit den l-Werten 0, 2, 4 und 6 sind in Lit. [210], Tab. II notiert.

[28] Das Integral in Gl. (3.60) ist mit dem r-abhängigen Anteil $r^2 dr$ des Volumenelementes $d\tau = dx\,dy\,dz = r^2 dr \sin\theta\, d\theta\, d\phi$ gebildet (Wertebereich: r $(0 \to \infty)$).

[29] Die Kugelflächenfunktionen beschreiben die Umlaufbewegung eines Massenpunktes auf den Großkreisen einer Kugel und werden durch die zwei Quantenzahlen l und m_l charakterisiert [31].

[30] Das Integral ist mit dem winkelabhängigen Anteil $\sin\theta\, d\theta\, d\phi$ des Volumenelementes $d\tau = r^2 dr \sin\theta\, d\theta\, d\phi$ gebildet (Wertebereiche: $\theta(0 \to \pi), \phi(0 \to 2\pi)$). Man bezeichnet $d\Omega = \sin\theta\, d\theta\, d\phi$ häufig auch als Raumwinkelelement.

Wellenfunktion legt den Bahndrehimpuls des Elektrons fest und ist von großer Bedeutung hinsichtlich der magnetischen Eigenschaften. Ein Vorteil bei der Verwendung von sphärischen Polarkoordinaten besteht darin, daß sich die Funktionen $Y^l_{m_l}(\theta,\phi)$ als Produkt von zwei Faktoren schreiben lassen (s. Tab. 3.2), von denen der eine nur von θ und der andere nur von ϕ abhängt:

$$Y^l_{m_l}(\theta,\phi) = \Theta^l_{m_l}(\theta)\sqrt{\frac{1}{2\pi}}\,e^{im_l\phi}. \tag{3.62}$$

Die Funktionen $Y^l_{m_l}(\theta,\phi)$ und somit $\psi_{n,l,m_l}(r,\theta,\phi)$ sind im Falle von $m_l \neq 0$ komplex. Zur Veranschaulichung ist die Wahl reeller Funktionen zweckmäßig. Da die Funktionen ψ_{n,l,m_l} mit $m_l = -l, -l+1, \ldots, l$ bei kugelsymmetrischem Potential $V(r)$ Eigenfunktionen zum gleichen Energie-Eigenwert sind, müssen auch die Linearkombinationen Eigenfunktionen zum selben Energie-Eigenwert sein. Die reellen Funktionen lassen sich aus den in Tab. 3.2 dargestellten erhalten, indem man Linearkombinationen von solchen Funktionen bildet, die sich im Vorzeichen von m_l unterscheiden: $c(\psi_{n,l,m_l} \pm \psi_{n,l,-m_l})$. Die Koeffizienten c hängen davon ab, ob m_l ungerade (Gl. (3.63)) oder gerade (Gl. (3.64)) ist:

$$\begin{aligned} \tfrac{1}{\sqrt{2}}\left[-\psi_{n,l,m_l} + \psi_{n,l,-m_l}\right] &= \tfrac{1}{\sqrt{\pi}} R_{n,l}(r)\Theta^l_{-m_l}(\theta)\cos m_l\phi \\ \tfrac{1}{i\sqrt{2}}\left[-\psi_{n,l,m_l} - \psi_{n,l,-m_l}\right] &= \tfrac{1}{\sqrt{\pi}} R_{n,l}(r)\Theta^l_{-m_l}(\theta)\sin m_l\phi \end{aligned} \tag{3.63}$$

$$\begin{aligned} \tfrac{1}{\sqrt{2}}\left[\psi_{n,l,m_l} + \psi_{n,l,-m_l}\right] &= \tfrac{1}{\sqrt{\pi}} R_{n,l}(r)\Theta^l_{m_l}(\theta)\cos m_l\phi \\ \tfrac{1}{i\sqrt{2}}\left[\psi_{n,l,m_l} - \psi_{n,l,-m_l}\right] &= \tfrac{1}{\sqrt{\pi}} R_{n,l}(r)\Theta^l_{m_l}(\theta)\sin m_l\phi. \end{aligned} \tag{3.64}$$

In Tab. 3.3 sind die reellen Linearkombinationen der orthonormierten Kugelflächenfunktionen $Y^l_{m_l}(\theta,\phi)$ für $l = 0, 1, 2$ dargestellt.

Zur vollständigen Beschreibung des Zustands eines Elektrons ist es erforderlich, eine Wellenfunktion zu verwenden, die neben den drei Ortskoordinaten r, θ, ϕ noch eine vierte Koordinate, die sog. *Spinkoordinate* σ des Elektrons enthält, deren Bereich nur die beiden Werte $+\frac{1}{2}$ und $-\frac{1}{2}$ umfaßt. Die vollständige Zustandsfunktion des Elektrons schreibt man daher $\psi(r,\theta,\phi;\sigma)$. Wirken auf das magnetische Moment, das mit dem Spin des Elektrons verknüpft ist, keine Kräfte, kann man für das *Spinorbital* $\psi(r,\theta,\phi;\sigma)$ das Produkt

$$\psi(r,\theta,\phi;\sigma) = \psi(r,\theta,\phi)\,\psi(\sigma) \tag{3.65}$$

schreiben, wobei $\psi(\sigma)$ die *Spinfunktion* und σ die Spinkoordinate ist.

Tab. 3.2: Kugelflächenfunktionen für $l = 0, 1, 2, 3, 4$

l	m_l	$Y^l_{m_l}(\theta,\phi)$ [a]	$Y^l_{m_l}(x,y,z)$
0	0	$\left(\frac{1}{4\pi}\right)^{1/2}$	$\left(\frac{1}{4\pi}\right)^{1/2}$
1	0	$\left(\frac{3}{4\pi}\right)^{1/2}\cos\theta$	$\left(\frac{3}{4\pi}\right)^{1/2}\frac{z}{r}$
	±1	$\mp\left(\frac{3}{8\pi}\right)^{1/2}\sin\theta\, e^{\pm i\phi}$	$\mp\left(\frac{3}{8\pi}\right)^{1/2}\frac{x\pm iy}{r}$
2	0	$\left(\frac{5}{16\pi}\right)^{1/2}(3\cos^2\theta-1)$	$\left(\frac{5}{16\pi}\right)^{1/2}\frac{3z^2-r^2}{r^2}$
	±1	$\mp\left(\frac{15}{8\pi}\right)^{1/2}\cos\theta\sin\theta\, e^{\pm i\phi}$	$\mp\left(\frac{15}{8\pi}\right)^{1/2}\frac{z(x\pm iy)}{r^2}$
	±2	$\left(\frac{15}{32\pi}\right)^{1/2}\sin^2\theta\, e^{\pm i2\phi}$	$\left(\frac{15}{32\pi}\right)^{1/2}\frac{(x\pm iy)^2}{r^2}$
3	0	$\left(\frac{7}{16\pi}\right)^{1/2}(5\cos^3\theta-3\cos\theta)$	$\left(\frac{7}{16\pi}\right)^{1/2}\frac{z(5z^2-3r^2)}{r^3}$
	±1	$\mp\left(\frac{21}{64\pi}\right)^{1/2}\sin\theta(5\cos^2\theta-1)e^{\pm i\phi}$	$\mp\left(\frac{21}{64\pi}\right)^{1/2}(x\pm iy)\frac{(5z^2-r^2)}{r^3}$
	±2	$\left(\frac{105}{32\pi}\right)^{1/2}\cos\theta\sin^2\theta\, e^{\pm i2\phi}$	$\left(\frac{105}{32\pi}\right)^{1/2}\frac{z(x\pm iy)^2}{r^3}$
	±3	$\mp\left(\frac{35}{64\pi}\right)^{1/2}\sin^3\theta\, e^{\pm i3\phi}$	$\mp\left(\frac{35}{64\pi}\right)^{1/2}\frac{(x\pm iy)^3}{r^3}$
4	0	$\left(\frac{9}{256\pi}\right)^{1/2}(35\cos^4\theta-30\cos^2\theta+3)$	$\left(\frac{9}{256\pi}\right)^{1/2}\frac{(35z^4-30z^2r^2+3r^4)}{r^4}$
	±1	$\mp\left(\frac{45}{64\pi}\right)^{1/2}\sin\theta(7\cos^3\theta-3\cos\theta)\, e^{\pm i\phi}$	$\mp\left(\frac{45}{64\pi}\right)^{1/2}(x\pm iy)\frac{(7z^3-3zr^2)}{r^4}$
	±2	$\left(\frac{45}{128\pi}\right)^{1/2}\sin^2\theta(7\cos^2\theta-1)\, e^{\pm i2\phi}$	$\left(\frac{45}{128\pi}\right)^{1/2}(x\pm iy)^2\frac{(7z^2-r^2)}{r^4}$
	±3	$\mp\left(\frac{315}{64\pi}\right)^{1/2}\sin^3\theta\cos\theta\, e^{\pm i3\phi}$	$\mp\left(\frac{315}{64\pi}\right)^{1/2}\frac{z(x\pm iy)^3}{r^4}$
	±4	$\left(\frac{315}{512\pi}\right)^{1/2}\sin^4\theta\, e^{\pm i4\phi}$	$\left(\frac{315}{512\pi}\right)^{1/2}\frac{(x\pm iy)^4}{r^4}$

[a] Der Phasenfaktor wurde entsprechend der Konvention von CONDON und SHORTLEY [66] gewählt. Er ist für ungerade positive m_l gleich -1, sonst immer $+1$.

Tab. 3.3: Reelle orthonormierte Linearkombinationen der Kugelflächenfunktionen $Y^l_{m_l}(\theta,\phi)$ für $l = 0, 1, 2, 3$.

l	Linearkombination		Bezeichnung
0	$\left(\frac{1}{4\pi}\right)^{1/2}$		s
1	$\left(\frac{3}{4\pi}\right)^{1/2}\cos\theta$	$= \left(\frac{3}{4\pi}\right)^{1/2}\frac{z}{r}$	p_z
	$\left(\frac{3}{4\pi}\right)^{1/2}\sin\theta\cos\phi$	$= \left(\frac{3}{4\pi}\right)^{1/2}\frac{x}{r}$	p_x
	$\left(\frac{3}{4\pi}\right)^{1/2}\sin\theta\sin\phi$	$= \left(\frac{3}{4\pi}\right)^{1/2}\frac{y}{r}$	p_y
2	$\left(\frac{5}{16\pi}\right)^{1/2}(3\cos^2\theta - 1)$	$= \left(\frac{5}{16\pi}\right)^{1/2}\frac{3z^2 - r^2}{r^2}$	d_{z^2}
	$\left(\frac{15}{4\pi}\right)^{1/2}\cos\theta\sin\theta\cos\phi$	$= \left(\frac{15}{4\pi}\right)^{1/2}\frac{xz}{r^2}$	d_{xz}
	$\left(\frac{15}{4\pi}\right)^{1/2}\cos\theta\sin\theta\sin\phi$	$= \left(\frac{15}{4\pi}\right)^{1/2}\frac{yz}{r^2}$	d_{yz}
	$\left(\frac{15}{16\pi}\right)^{1/2}\sin^2\theta\cos 2\phi$	$= \left(\frac{15}{16\pi}\right)^{1/2}\frac{x^2 - y^2}{r^2}$	$d_{x^2-y^2}$
	$\left(\frac{15}{16\pi}\right)^{1/2}\sin^2\theta\sin 2\phi$	$= \left(\frac{15}{4\pi}\right)^{1/2}\frac{xy}{r^2}$	d_{xy}
3	$\left(\frac{7}{16\pi}\right)^{1/2}(5\cos^3\theta - 3\cos\theta)$	$= \left(\frac{7}{16\pi}\right)^{1/2}\frac{z(5z^2 - 3r^2)}{r^3}$	f_{z^3}
	$\left(\frac{21}{32\pi}\right)^{1/2}\sin\theta(5\cos^2\theta - 1)\cos\phi$	$= \left(\frac{21}{32\pi}\right)^{1/2}\frac{x(5z^2 - r^2)}{r^3}$	f_{xz^2}
	$\left(\frac{21}{32\pi}\right)^{1/2}\sin\theta(5\cos^2\theta - 1)\sin\phi$	$= \left(\frac{21}{32\pi}\right)^{1/2}\frac{y(5z^2 - r^2)}{r^3}$	f_{yz^2}
	$\left(\frac{105}{16\pi}\right)^{1/2}\cos\theta\sin^2\theta\sin 2\phi$	$= \left(\frac{105}{4\pi}\right)^{1/2}\frac{xyz}{r^3}$	f_{xyz}
	$\left(\frac{105}{16\pi}\right)^{1/2}\cos\theta\sin^2\theta\cos 2\phi$	$= \left(\frac{105}{16\pi}\right)^{1/2}\frac{z(x^2 - y^2)}{r^3}$	$f_{z(x^2-y^2)}$
	$\left(\frac{35}{32\pi}\right)^{1/2}\sin^3\theta\cos 3\phi$	$= \left(\frac{35}{32\pi}\right)^{1/2}\frac{x(x^2 - 3y^2)}{r^3}$	$f_{x(x^2-3y^2)}$
	$\left(\frac{35}{32\pi}\right)^{1/2}\sin^3\theta\sin 3\phi$	$= \left(\frac{35}{32\pi}\right)^{1/2}\frac{y(3x^2 - y^2)}{r^3}$	$f_{y(3x^2-y^2)}$

3.2.2 Bahndrehimpuls

Bei der Anwendung eines äußeren Magnetfeldes auf das Wasserstoffatom werden Niveaus, die zuvor energieentartet waren, aufgespalten. Zum Verständnis dieses Phänomens, das zentrale Bedeutung bei der Untersuchung magnetischer Eigenschaften hat, müssen wir uns näher mit dem Bahndrehimpuls und dem Spin sowie den mit ihnen verknüpften Operatoren befassen. Bahndrehimpulsoperatoren wirken ausschließlich auf den winkelabhängigen Anteil $Y_l^{m_l}(\theta,\phi)$ und die Spinoperatoren nur auf den spinabhängigen Anteil $\psi(\sigma)$ der Gesamtwellenfunktion $\psi(r,\theta,\phi;\sigma) = R_{n,l}(r)\, Y_l^{m_l}(\theta,\phi)\, \psi(\sigma)$.

Operatoren, Vertauschungsrelationen, Eigenwerte. Zur Herleitung der Operatoren des Bahndrehimpulses und seiner Komponenten geht man von der klassischen Definition des Drehimpulses $\boldsymbol{l}$ als Vektorprodukt von $\boldsymbol{r}$ und $\boldsymbol{p}$ aus:

$$\boldsymbol{l} = \boldsymbol{r} \times \boldsymbol{p}. \tag{3.66}$$

$\boldsymbol{r}$ ist der Vektor vom Zentrum zum Teilchen, und $\boldsymbol{p}$ ist sein Translationsimpuls. Die Richtung von $\boldsymbol{l}$ ergibt sich im Sinne einer Rechtsschraube aus den Richtungen von $\boldsymbol{r}$ und $\boldsymbol{p}$ (s. Abb. 3.2). Setzt man die Komponenten von $\boldsymbol{l}$, $\boldsymbol{r}$ und $\boldsymbol{p}$ in Gl. (3.66) ein, so folgt für $\boldsymbol{l}$:

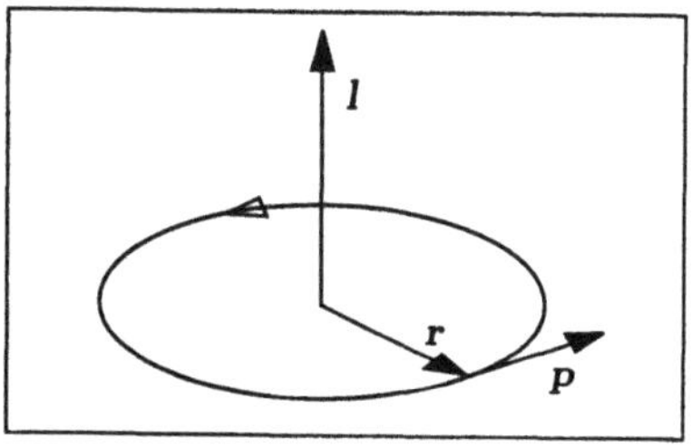

Abb. 3.2: Definition des Drehimpulses

$$\begin{aligned}\boldsymbol{l} &= l_x\boldsymbol{i} + l_y\boldsymbol{j} + l_z\boldsymbol{k}\\ &= (yp_z - zp_y)\boldsymbol{i} + (zp_x - xp_z)\boldsymbol{j} + (xp_y - yp_x)\boldsymbol{k}\end{aligned}$$

mit den Einheitsvektoren $\boldsymbol{i}$, $\boldsymbol{j}$, $\boldsymbol{k}$. Die Komponenten $l_x = yp_z - zp_y$ usw. lassen sich durch zyklisches Vertauschen von x, y, z ineinander überführen. Das Längenquadrat des Drehimpulsvektors ist gegeben mit

$$|\boldsymbol{l}|^2 = l_x^2 + l_y^2 + l_z^2. \tag{3.67}$$

Um die quantenmechanischen Operatoren $\hat{l}_x$, $\hat{l}_y$ und $\hat{l}_z$ zu erhalten, werden die Koordinaten und Impulskomponenten durch die mit Gl. (3.3) gegebenen Operatoren ersetzt:

$$\hat{l}_x = \hat{y}\hat{p}_z - \hat{z}\hat{p}_y; \qquad \hat{l}_y = \hat{z}\hat{p}_x - \hat{x}\hat{p}_z; \qquad \hat{l}_z = \hat{x}\hat{p}_y - \hat{y}\hat{p}_x \tag{3.68}$$

$$\hat{l}_x = \frac{\hbar}{i}\left(\hat{y}\frac{\partial}{\partial z} - \hat{z}\frac{\partial}{\partial y}\right); \quad \hat{l}_y = \frac{\hbar}{i}\left(\hat{z}\frac{\partial}{\partial x} - \hat{x}\frac{\partial}{\partial z}\right); \quad \hat{l}_z = \frac{\hbar}{i}\left(\hat{x}\frac{\partial}{\partial y} - \hat{y}\frac{\partial}{\partial x}\right). \tag{3.69}$$

Zu den wichtigsten Beziehungen in der Theorie der Drehimpulse gehören die drei Vertauschungsrelationen

$$\boxed{[\hat{l}_x, \hat{l}_y] = i\hbar\hat{l}_z; \qquad [\hat{l}_y, \hat{l}_z] = i\hbar\hat{l}_x; \qquad [\hat{l}_z, \hat{l}_x] = i\hbar\hat{l}_y}, \tag{3.70}$$

deren Herleitung weiter unten gezeigt wird. Aus ihnen folgt, daß es keine Wellenfunktionen geben kann, die gleichzeitig Eigenfunktionen von zwei oder drei Komponenten dieses Operators sind — abgesehen von s-Funktionen, bei denen alle drei Komponenten l_x, l_y und l_z null sind. Man kann die Funktionen aber so wählen, daß sie Eigenfunktionen z. B. des Operators $\hat{l}_z$ sind. In diesem Fall ist die Komponente des Bahndrehimpulses in z-Richtung jeweils scharf, während die anderen beiden Komponenten nicht scharf sind. Die Bevorzugung der z-Richtung hat praktische Gründe. Die Form des Operators $\hat{l}_z$ ist besonders einfach und lautet in sphärischen Polarkoordinaten:

$$\hat{l}_z = \frac{\hbar}{i}\frac{\partial}{\partial\phi}. \tag{3.71}$$

Man erkennt, daß $\hat{l}_z$ bei Anwendung auf die Funktionen der Gl. (3.56) nur auf den ϕ-abhängigen Teil der Kugelflächenfunktionen $Y_l^{m_l}(\theta, \phi)$ (s. Tab. 3.2) wirkt. Diese sind Eigenfunktionen zu $\hat{l}_z$, d. h., die Eigenwertgleichung lautet in der DIRAC-Notation

$$\hat{l}_z \,|\, l\, m_l \rangle \;=\; l_z \,|\, l\, m_l \rangle. \tag{3.72}$$

Wie wir später zeigen, ist der Eigenwert l_z gleich $m_l\hbar$.

Die in Tab. 3.3 aufgeführten reellen Linearkombinationen sind im Gegensatz zu den Funktionen der Tab. 3.2, mit Ausnahme von s, p_z, d_{z^2} und f_{z^3} ($m_l = 0$), keine Eigenfunktionen von $\hat{l}_z$.

Eine weitere wichtige Vertauschungsrelation betrifft den Bahndrehimpulsoperator $\hat{\boldsymbol{l}}^2$ und seine Komponenten. Wie etwas später gezeigt wird, gilt:

$$[\hat{\boldsymbol{l}}^2, \hat{l}_z] = 0, \tag{3.73}$$

d. h., es gibt Zustände, bei denen die Länge des Drehimpulsvektors und seine z-Komponente gleichzeitig scharfe Werte haben[31)]. Ein entsprechendes Ergebnis erhält man für seine beiden anderen Komponenten. Die Vertauschungsrelationen Gl. (3.70) der Komponenten untereinander zeigen darüber hinaus, daß nur *eine* Komponente, vereinbarungsgemäß die z-Komponente, einen scharfen Wert haben kann (abgesehen von der bereits erwähnten Ausnahme bei $l = 0$).

---

31) Bei der Formulierung des Kommutators wurde berücksichtigt, daß der Bahndrehimpuls ein Vektor und der zugehörige Operator ein Vektoroperator ist und daher in Fettdruck erscheint. Außerdem betrachtet man den Operator des Drehimpuls*quadrats*, um zu vermeiden, daß bei der Komponentendarstellung entsprechend Gl. (3.67) Wurzeln auftreten.

Die Zustände $|\,l\,m_l\,\rangle$ sind somit nicht nur Eigenzustände von $\hat{l}_z$, sondern auch von $\hat{l}^2$. Es gilt die Eigenwertgleichung

$$\hat{l}^2\,|\,l\,m_l\,\rangle \;=\; l(l+1)\hbar^2\,|\,l\,m_l\,\rangle, \tag{3.74}$$

mit dem Eigenwert $l(l+1)\hbar^2$. Für die Zustände $|\,2\,m_l\,\rangle$ z. B. ergibt sich unabhängig von m_l der Eigenwert $6\hbar^2$ (s. u.).

Von praktischem Nutzen sind die sog. *Schiebe-*, *Leiter-* oder *Stufenoperatoren* $\hat{l}_+$ und $\hat{l}_-$. Sie erzeugen aus $|\,l\,m_l\,\rangle$ den Zustand mit dem um 1 größeren bzw. kleineren m_l-Wert ($|\,l\,m_l+1\,\rangle$ bzw. $|\,l\,m_l-1\,\rangle$) und haben die Form

$$\hat{l}_+ = \hat{l}_x + i\hat{l}_y; \qquad \hat{l}_- = \hat{l}_x - i\hat{l}_y. \tag{3.75}$$

Die Umkehrungen lauten:

$$\hat{l}_x = \frac{1}{2}(\hat{l}_+ + \hat{l}_-); \qquad \hat{l}_y = \frac{1}{2i}(\hat{l}_+ - \hat{l}_-). \tag{3.76}$$

Läßt man $\hat{l}_+$ bzw. $\hat{l}_-$ auf $|\,l\,m_l\,\rangle$ einwirken, ergibt sich [19]:

$$\begin{aligned}\hat{l}_+\,|\,l\,m_l\,\rangle &= \sqrt{l(l+1)-m_l(m_l+1)}\;\hbar\,|\,l\,m_l+1\,\rangle\\ \hat{l}_-\,|\,l\,m_l\,\rangle &= \sqrt{l(l+1)-m_l(m_l-1)}\;\hbar\,|\,l\,m_l-1\,\rangle.\end{aligned} \tag{3.77}$$

Aus der ersten Gleichung folgt, daß die Anwendung von $\hat{l}_+$ auf Zustände mit dem maximal möglichen Wert $m_l = l$ null ergibt. Nach der zweiten Gleichung gilt Entsprechendes für $\hat{l}_-$ und den Zustand mit $m_l = -l$.

Wirkt $\hat{l}_x = \frac{1}{2}(\hat{l}_+ + \hat{l}_-)$ z. B. auf $|\,2\,1\,\rangle$ ein, erhält man mit Gl. (3.77):

$$\begin{aligned}\hat{l}_x\,|\,2\,1\,\rangle &= \frac{1}{2}(\hat{l}_+\,|\,2\,1\,\rangle + \hat{l}_-\,|\,2\,1\,\rangle)\\ &= \frac{1}{2}(2\hbar\,|\,2\,2\,\rangle + \sqrt{6}\,\hbar\,|\,2\,0\,\rangle).\end{aligned}$$

Aus $|\,2\,1\,\rangle$ entsteht damit ein neuer Zustand, bestehend aus $|\,2\,2\,\rangle$ und $|\,2\,0\,\rangle$. Damit wird im übrigen bestätigt, daß $|\,2\,1\,\rangle$ kein Eigenzustand von $\hat{l}_x$ ist.

Zusammengefaßt lauten die wichtigsten Ergebnisse bez. des Bahndrehimpulses:

$$\boxed{\begin{aligned}\hat{l}_z\,|\,l\,m_l\,\rangle &= m_l\,\hbar\,|\,l\,m_l\,\rangle\\ \hat{l}^2\,|\,l\,m_l\,\rangle &= l(l+1)\,\hbar^2\,|\,l\,m_l\,\rangle\\ \hat{l}_\pm\,|\,l\,m_l\,\rangle &= \sqrt{l(l+1)-m_l(m_l\pm 1)}\;\hbar\,|\,l\,m_l\pm 1\,\rangle.\end{aligned}} \tag{3.78}$$

Anschaulich lassen sich die Ergebnisse folgendermaßen interpretieren: Ein durch die Quantenzahl l charakterisierter Zustand ist mit einem Bahndrehimpuls-Vektor der Länge $|\boldsymbol{l}| = \sqrt{l(l+1)}\,\hbar$ verknüpft. Die Quantenzahl m_l spezifiziert die Orientierung dieses Bahndrehimpuls-Vektors in bezug auf die z-Richtung („Richtungsquantelung"). Die im Fall von $l = 2$ erlaubten fünf Einstellungen entsprechen den fünf möglichen m_l-Werten $-2, -1, 0, +1, +2$. Der Vektor $\boldsymbol{l}$ hat in allen Fällen dieselbe Länge $\sqrt{6}\,\hbar$. Seine z-Komponente ist scharf und kann die Werte $-2\hbar, -\hbar, 0, +\hbar, +2\hbar$ annehmen. Die Komponenten in x- und y-Richtung sind dagegen nicht scharf, d. h., die Vektoren nehmen irgendeine Richtung auf den in Abb. 3.3 gezeigten Kegelmänteln ein. Entsprechend der Unschärferelation sind diese Komponenten nicht spezifiziert. Nur die jeweilige Projektion auf die z-Richtung ist ein scharfer Wert. Man erkennt ferner, daß der Drehimpulsvektor $\boldsymbol{l}$ niemals exakt in z-Richtung liegen kann, weil dann alle Komponenten gleichzeitig scharf wären. Die maximale Projektion auf diese Achse ist $l\,\hbar$, während die Länge mit $\sqrt{l(l+1)}\,\hbar$ größer ist. Mit steigendem l nähern sich die Werte jedoch immer mehr an, und für großes l gilt: $\sqrt{l(l+1)} = \sqrt{l^2+l} \approx \sqrt{l^2} = l$.

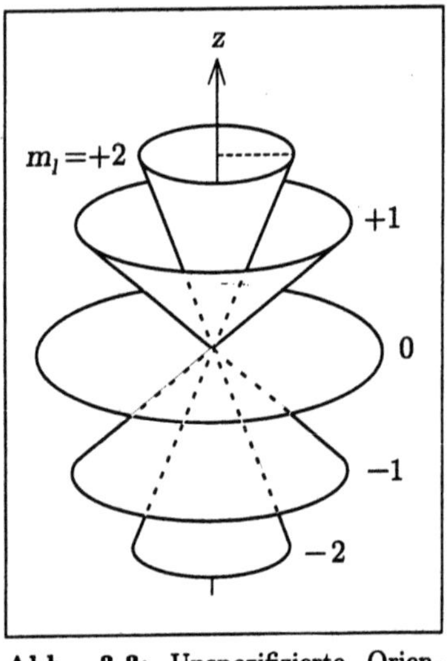

Abb. 3.3: Unspezifizierte Orientierung der Bahndrehimpulsvektoren bez. der l_x- und l_y-Komponenten bei gleichzeitig scharfer l_z-Komponente

Ergänzungen zu den Vertauschungsrelationen. Zunächst überprüfen wir die Vertauschungsrelationen Gl. (3.70) anhand der Komponenten $\hat{l}_x$ und $\hat{l}_y$:

$$\begin{aligned}
[\hat{l}_x, \hat{l}_y] &= \hat{l}_x\hat{l}_y - \hat{l}_y\hat{l}_x \\
&= (\hat{y}\hat{p}_z - \hat{z}\hat{p}_y)(\hat{z}\hat{p}_x - \hat{x}\hat{p}_z) - (\hat{z}\hat{p}_x - \hat{x}\hat{p}_z)(\hat{y}\hat{p}_z - \hat{z}\hat{p}_y) \\
&= +\hat{y}\hat{p}_z\hat{z}\hat{p}_x - \hat{y}\hat{p}_z\hat{x}\hat{p}_z - \hat{z}\hat{p}_y\hat{z}\hat{p}_x + \hat{z}\hat{p}_y\hat{x}\hat{p}_z \\
&\quad -\hat{z}\hat{p}_x\hat{y}\hat{p}_z + \hat{x}\hat{p}_z\hat{y}\hat{p}_z + \hat{z}\hat{p}_x\hat{z}\hat{p}_y - \hat{x}\hat{p}_z\hat{z}\hat{p}_y .
\end{aligned}$$

Diese Gleichung, bei der zunächst streng auf die Reihenfolge der Operatoren beim Ausmultiplizieren geachtet wurde, kann wesentlich vereinfacht werden. Während die auf *eine* Raumrichtung bezogenen Operatoren von Ort und Impuls ihre Reihenfolge beibehalten müssen — sie kommutieren entsprechend Gl. (3.7) nicht —, dürfen die auf unterschiedliche Raumrichtungen bezogenen Operatoren ihren Platz im entsprechenden Viererprodukt ändern — sie kommutieren,

z. B. $\hat{p}_x$ und $\hat{z}$. (Differenziert man eine Funktion nach x, so ist das Ergebnis unabhängig davon, ob diese Funktion mit z multipliziert wurde.) Betrachtet man daraufhin der Reihe nach die in den letzten beiden Zeilen von Gl. (3.79) jeweils paarweise untereinander stehenden Terme von vier Operatoren, so ergibt sich aus dem ersten Vierer-Paar

$$\hat{y}\hat{p}_z\hat{z}\hat{p}_x - \hat{z}\hat{p}_x\hat{y}\hat{p}_z = \hat{y}\hat{p}_x\hat{p}_z\hat{z} - \hat{y}\hat{p}_x\hat{z}\hat{p}_z = -\hat{y}\hat{p}_x[\hat{z},\hat{p}_z] = -i\hbar\hat{y}\hat{p}_x,$$

während sich das zweite und dritte Paar jeweils weghebt und das letzte Paar $i\hbar\hat{x}\hat{p}_y$ ergibt. Mit Gl. (3.68) folgt somit für den Kommutator $[\hat{l}_x,\hat{l}_y]$

$$[\hat{l}_x,\hat{l}_y] = i\hbar(\hat{x}\hat{p}_y - \hat{y}\hat{p}_x) = i\hbar\hat{l}_z.$$

Die beiden Operatoren vertauschen also nicht. Entsprechendes gilt für die beiden anderen möglichen Relationen, die man durch zyklisches Vertauschen der Indizes x, y, z aus obiger Gleichung erhält.

Als nächstes überprüfen wir $[\hat{\boldsymbol{l}}^2,\hat{l}_z] = 0$. Bei der Entwicklung des Kommutators wird zunächst $\hat{\boldsymbol{l}}^2$ durch $\hat{l}_x^2 + \hat{l}_y^2 + \hat{l}_z^2$ ersetzt:

$$[\hat{\boldsymbol{l}}^2,\hat{l}_z] = [\hat{l}_x^2 + \hat{l}_y^2 + \hat{l}_z^2,\hat{l}_z] = [\hat{l}_x^2,\hat{l}_z] + [\hat{l}_y^2,\hat{l}_z] + [\hat{l}_z^2,\hat{l}_z].$$

Für die rechts stehenden drei Terme ergibt sich:

$$\begin{aligned}
[\hat{l}_x^2,\hat{l}_z] &= \hat{l}_x\hat{l}_x\hat{l}_z - \hat{l}_z\hat{l}_x\hat{l}_x \\
&= \hat{l}_x\hat{l}_x\hat{l}_z - \hat{l}_x\hat{l}_z\hat{l}_x + \hat{l}_x\hat{l}_z\hat{l}_x - \hat{l}_z\hat{l}_x\hat{l}_x \\
&= \hat{l}_x[\hat{l}_x,\hat{l}_z] + [\hat{l}_x,\hat{l}_z]\hat{l}_x \\
&= -i\hbar(\hat{l}_x\hat{l}_y + \hat{l}_y\hat{l}_x) \\
[\hat{l}_y^2,\hat{l}_z] &= i\hbar(\hat{l}_x\hat{l}_y + \hat{l}_y\hat{l}_x) \\
[\hat{l}_z^2,\hat{l}_z] &= 0
\end{aligned}$$

und für den Kommutator folgt $[\hat{\boldsymbol{l}}^2,\hat{l}_z] = 0$, womit Gl. (3.73) bewiesen ist. Zu diesem Resultat wären wir unmittelbar gekommen, wenn wir $\hat{\boldsymbol{l}}^2$ in sphärischen Polarkoordinaten verwendet hätten:

$$\hat{\boldsymbol{l}}^2 = -\Lambda\hbar^2 \quad \text{mit} \quad \Lambda\hbar^2 = \left\{\frac{1}{\sin^2\theta}\frac{\partial^2}{\partial\phi^2} + \frac{1}{\sin\theta}\frac{\partial}{\partial\theta}\sin\theta\frac{\partial}{\partial\theta}\right\}. \qquad (3.79)$$

Schließlich soll darauf hingewiesen werden, daß der HAMILTON-Operator $\hat{H}$ in Gl. (3.53) mit $\hat{\boldsymbol{l}}^2$ und den Komponenten $\hat{l}_x$, $\hat{l}_y$ und $\hat{l}_z$ vertauscht:

$$[\hat{l}_q,\hat{H}] = 0; \qquad [\hat{\boldsymbol{l}}^2,\hat{H}] = 0. \qquad (3.80)$$

Um dies zu überprüfen, schreibt man $\hat{H}$ in sphärischen Polarkoordinaten:

$$\hat{H} = -\frac{\hbar^2}{2m_e}\left[\frac{1}{r}\frac{\partial^2}{\partial r^2} + \frac{1}{r^2}\Lambda^2\right] - \frac{e^2}{r}, \qquad (3.81)$$

wobei Λ^2 durch Gl. (3.79) gegeben ist. Daraus folgt, daß jede Wellenfunktion, die eine Eigenfunktion des Energie-Operators (HAMILTON-Operator, Gl. (3.53)) ist, gleichzeitig eine Eigenfunktion von $\hat{\boldsymbol{l}}^2$ und $\hat{l}_z$ ist.

Ergänzungen zu den Eigenwertgleichungen.

Beispiel 3.1 [32] *Anwendung von* $\hat{l}_z$

Wird $\hat{l}_z$ z. B. auf den Zustand $|\,2\,2\,\rangle$ angewandt, ergibt sich

$$\begin{aligned}
\hat{l}_z\,|\,2\,2\,\rangle &= R_{n,2}(r)\frac{\hbar}{i}\frac{\partial Y_2^2(\theta,\phi)}{\partial\phi} \\
&= R_{n,2}(r)\frac{\hbar}{i}\frac{\partial}{\partial\phi}\left[\left(\frac{15}{32\pi}\right)^{1/2}\sin^2\theta\, e^{i2\phi}\right] \\
&= R_{n,2}(r)\frac{\hbar}{i}\left(\frac{15}{32\pi}\right)^{1/2}\sin^2\theta\,\frac{\partial e^{i2\phi}}{\partial\phi} \\
&= R_{n,2}(r)i2\frac{\hbar}{i}\left(\frac{15}{32\pi}\right)^{1/2}\sin^2\theta\, e^{i2\phi} = 2\hbar\,|\,2\,2\,\rangle.
\end{aligned}$$

Man erhält dieselbe Funktion, multipliziert mit der Zahl l_z, die in diesem Fall $2\hbar$ und allgemein $m_l\hbar$ beträgt. *

Beispiel 3.2 *Anwendung von* $\hat{\boldsymbol{l}}^2$

Wir hatten mit Gl. (3.74) die Eigenwertgleichung

$$\hat{\boldsymbol{l}}^2\,|\,l\,m_l\,\rangle = (\hat{l}_x^2+\hat{l}_y^2+\hat{l}_z^2)\,|\,l\,m_l\,\rangle = l(l+1)\hbar^2\,|\,l\,m_l\,\rangle\,.$$

kennengelernt. Um dieses Ergebnis anhand eines Beispiels zu überprüfen, werden die Terme $\hat{l}_x^2$ und $\hat{l}_y^2$ des Operators mit Hilfe der Schiebeoperatoren Gl. (3.75) und (3.76) sowie den Vertauschungsrelationen Gl. (3.70) vereinfacht:

$$\begin{aligned}
\hat{l}_+\hat{l}_- &= (\hat{l}_x+i\hat{l}_y)(\hat{l}_x-i\hat{l}_y) = \hat{l}_x^2+i\hat{l}_y\hat{l}_x-i\hat{l}_x\hat{l}_y+\hat{l}_y^2 \\
&= \hat{l}_x^2+\hat{l}_y^2+\hbar\hat{l}_z \\
\hat{l}_x^2+\hat{l}_y^2 &= \hat{l}_+\hat{l}_- - \hbar\hat{l}_z. \qquad (3.82)
\end{aligned}$$

$\hat{\boldsymbol{l}}^2$ kann daher geschrieben werden als

$$\hat{\boldsymbol{l}}^2 = \hat{l}_z^2+\hat{l}_+\hat{l}_- - \hbar\hat{l}_z. \qquad (3.83)$$

---

[32] Das Ende eines Beispiels ist jeweils durch „*“ gekennzeichnet.

Mit der Funktion $|21\rangle$ als Beispiel erhält man

$$\begin{aligned}(\hat{l}_z^2 + \hat{l}_+\hat{l}_- - \hbar\hat{l}_z)|21\rangle &= \hat{l}_z^2|21\rangle + \hat{l}_+\hat{l}_-|21\rangle - \hbar\hat{l}_z|21\rangle \\ &= 1\hbar^2|21\rangle + \sqrt{6}\,\hbar\,\hat{l}_+|20\rangle - 1\hbar^2|21\rangle \\ &= 6\hbar^2|21\rangle.\end{aligned}$$

Die Anwendung von $\hat{\boldsymbol{l}}^2$ ergibt somit denselben Zustand, multipliziert mit $6\hbar^2$. Dieser Wert entspricht $l(l+1)\hbar^2$ mit $l=2$ und bestätigt Gl. (3.74). Man kann sich leicht davon überzeugen, daß mit jedem anderen Zustand $|2\,m_l\rangle$ ebenfalls $6\hbar^2$ resultiert. *

3.2.3 Spin

Die bisher betrachteten Eigenschaften der Elektronen ließen sich streng aus der nichtrelativistischen Quantenmechanik ableiten. Bei Eigenschaften, die mit dem Spin („Eigendrehimpuls") zusammenhängen, ist dies nicht möglich. Hier muß man sich der relativistischen Theorie bedienen [140]. Wir werden uns mit einem Modell begnügen, welches die Eigenschaften richtig beschreibt, ohne sie wirklich zu erklären.

Der Spin wird in der Gesamtwellenfunktion durch die Spinfunktion $\psi(\sigma)$ berücksichtigt (s. Gl. (3.65)). Nach der Erfahrung[33] ist der Elektronenspin wie der Bahndrehimpuls ein Vektor und hat den Betrag $\sqrt{\frac{1}{2}(\frac{1}{2}+1)}\,\hbar$. Wählt man wiederum die z-Richtung als ausgezeichnete Richtung, hat seine z-Komponente entweder den Wert $+\frac{1}{2}\hbar$ oder $-\frac{1}{2}\hbar$, d. h., im Gegensatz zu den ganzzahligen Quantenzahlen l und m_l sind die entsprechenden spinbezogenen Größen s und m_s halbzahlig (1/2 bzw. $\pm 1/2$). Ähnlich dem Bahndrehimpuls läßt sich auch dem Spin ein Operator $\hat{\boldsymbol{s}}$ zuordnen, für dessen Komponenten $\hat{s}_x$, $\hat{s}_y$, $\hat{s}_z$ und Quadrat $\hat{\boldsymbol{s}}^2$ die Vertauschungsrelationen

$$[\hat{s}_x, \hat{s}_y] = i\hbar\,\hat{s}_z \qquad \text{(zyklisch in } x, y, z) \tag{3.84}$$

$$\text{und} \quad [\hat{\boldsymbol{s}}^2, \hat{s}_x] = [\hat{\boldsymbol{s}}^2, \hat{s}_y] = [\hat{\boldsymbol{s}}^2, \hat{s}_z] = 0 \tag{3.85}$$

gelten. Analog zu den Bahndrehimpulsen gilt:

$$\hat{\boldsymbol{s}}^2 = \hat{s}_x^2 + \hat{s}_y^2 + \hat{s}_z^2; \qquad \hat{s}_+ = \hat{s}_x + i\hat{s}_y; \qquad \hat{s}_- = \hat{s}_x - i\hat{s}_y. \tag{3.86}$$

---

33) UHLENBECK und GOUDSMIT stellten 1925 fest, daß sich Atomspektren gut beschreiben ließen, wenn man annahm, daß das Elektron einen intrinsischen Drehimpuls mit der Quantenzahl $\frac{1}{2}$ hat. DIRAC zeigte, daß sich in der relativistischen Quantenmechanik die Existenz von Teilchen mit halbzahligem Drehimpuls automatisch ergibt [19, 140].

Zu den Operatoren $\hat{s}_z$ und $\hat{\mathbf{s}}^2$ gibt es zwei linear unabhängige Eigenfunktionen, $\alpha(\sigma)$ und $\beta(\sigma)$, die für die beiden möglichen Spinkoordinaten-Werte $\sigma = +\frac{1}{2}$ und $\sigma = -\frac{1}{2}$ die Werte

$$\alpha(\tfrac{1}{2}) = 1, \quad \beta(\tfrac{1}{2}) = 0, \quad \alpha(-\tfrac{1}{2}) = 0, \quad \beta(-\tfrac{1}{2}) = 1 \tag{3.87}$$

haben. Die Funktionen sind orthonormiert[34)]:

$$\int \alpha^*(\sigma)\alpha(\sigma)d\sigma = 1; \quad \int \beta^*(\sigma)\beta(\sigma)d\sigma = 1; \quad \int \alpha^*(\sigma)\beta(\sigma)d\sigma = 0. \tag{3.88}$$

In der DIRAC-Notation $|\, s\, m_s \rangle$ schreibt man $\alpha(\sigma)$ und $\beta(\sigma)$ als $|\, \frac{1}{2}\ +\frac{1}{2} \rangle$ bzw. $|\, \frac{1}{2}\ -\frac{1}{2} \rangle$.

Die Anwendung der Spinoperatoren auf die Zustände $|\, s\, m_s \rangle$ entspricht der der Bahndrehimpulsoperatoren auf die Zustände $|\, l\, m_l \rangle$ (s. Gl. (3.78)):

$$\begin{aligned} \hat{\mathbf{s}}^2 \,|\, s\, m_s\rangle &= s(s+1)\,\hbar^2\,|\, s\, m_s\rangle \quad \text{mit} \quad s = \tfrac{1}{2} \\ \hat{s}_z \,|\, s\, m_s\rangle &= m_s\hbar\,|\, s\, m_s\rangle \\ \hat{s}_\pm \,|\, s\, m_s\rangle &= \sqrt{s(s+1) - m_s(m_s \pm 1)}\;\hbar\,|\, s\, m_s \pm 1\rangle. \end{aligned} \tag{3.89}$$

PAULI-Matrizen. In bestimmten Fällen ist es zweckmäßig, die Spinoperatoren und Spineigenfunktionen in Matrixform zu schreiben (vgl. 5.4.4). Ordnet man den Operatoren $\hat{s}_z$, $\hat{s}_x$, $\hat{s}_y$ die 2×2-Matrizen

$$\hat{s}_z = \frac{\hbar}{2}\underbrace{\begin{pmatrix} 1 & 0 \\ 0 & -1 \end{pmatrix}}_{\hat{\sigma}_z}; \qquad \hat{s}_x = \frac{\hbar}{2}\underbrace{\begin{pmatrix} 0 & 1 \\ 1 & 0 \end{pmatrix}}_{\hat{\sigma}_x}; \qquad \hat{s}_y = \frac{\hbar}{2}\underbrace{\begin{pmatrix} 0 & -i \\ i & 0 \end{pmatrix}}_{\hat{\sigma}_y} \tag{3.90}$$

mit den PAULI-Spinmatrizen $\hat{\sigma}_z, \hat{\sigma}_x, \hat{\sigma}_y$ zu, lassen sich die folgenden Matrizen für die Operatoren $\hat{s}_+$, $\hat{s}_-$ und $\hat{\mathbf{s}}^2$ mit Hilfe der Gln. (3.86) und (3.83) gewinnen:

$$\hat{s}_+ = \frac{\hbar}{2}\begin{pmatrix} 0 & 1 \\ 1 & 0 \end{pmatrix} + \frac{i\hbar}{2}\begin{pmatrix} 0 & -i \\ i & 0 \end{pmatrix} = \hbar\begin{pmatrix} 0 & 1 \\ 0 & 0 \end{pmatrix} \tag{3.91}$$

$$\hat{s}_- = \frac{\hbar}{2}\begin{pmatrix} 0 & 1 \\ 1 & 0 \end{pmatrix} - \frac{i\hbar}{2}\begin{pmatrix} 0 & -i \\ i & 0 \end{pmatrix} = \hbar\begin{pmatrix} 0 & 0 \\ 1 & 0 \end{pmatrix} \tag{3.92}$$

$$\hat{\mathbf{s}}^2 = \hat{s}_z^2 - \hbar\hat{s}_z + \hat{s}_+\hat{s}_-$$

34) Der Wertebereich der Spinvariablen σ umfaßt nur die beiden Werte $+\frac{1}{2}$ und $-\frac{1}{2}$. Die „Integration“ über die Spinkoordinate ist daher durch die Summe über die beiden Werte $\sigma = +\frac{1}{2}$ und $\sigma = -\frac{1}{2}$ zu ersetzen (s. 3.2.4 und 4.3.1.1 sowie [140]):

$$\sum_{\sigma=-\frac{1}{2},\frac{1}{2}} \alpha^*(\sigma)\alpha(\sigma) = 1; \quad \sum_{\sigma=-\frac{1}{2},\frac{1}{2}} \beta^*(\sigma)\beta(\sigma) = 1; \quad \sum_{\sigma=-\frac{1}{2},\frac{1}{2}} \alpha^*(\sigma)\beta(\sigma) = 0.$$

$$= \frac{\hbar^2}{4}\begin{pmatrix} 1 & 0 \\ 0 & -1 \end{pmatrix}\begin{pmatrix} 1 & 0 \\ 0 & -1 \end{pmatrix} - \frac{\hbar^2}{2}\begin{pmatrix} 1 & 0 \\ 0 & -1 \end{pmatrix} + \hbar^2\begin{pmatrix} 0 & 1 \\ 0 & 0 \end{pmatrix}\begin{pmatrix} 0 & 0 \\ 1 & 0 \end{pmatrix}$$
$$= \frac{3\hbar^2}{4}\begin{pmatrix} 1 & 0 \\ 0 & 1 \end{pmatrix}. \qquad (3.93)$$

Die Spineigenfunktionen schreibt man jetzt in der Form

$$\alpha(\sigma) = |\,\tfrac{1}{2}\,\tfrac{1}{2}\,\rangle \to \begin{pmatrix} 1 \\ 0 \end{pmatrix} \quad \text{und} \quad \beta(\sigma) = |\,\tfrac{1}{2}\,{-\tfrac{1}{2}}\,\rangle \to \begin{pmatrix} 0 \\ 1 \end{pmatrix}. \qquad (3.94)$$

Anwendung der Spinmatrizen z. B. auf $\binom{1}{0}$ ergibt im Einklang mit Gl. (3.89):

$$\hat{s}_z\begin{pmatrix} 1 \\ 0 \end{pmatrix} = \frac{\hbar}{2}\begin{pmatrix} 1 & 0 \\ 0 & -1 \end{pmatrix}\begin{pmatrix} 1 \\ 0 \end{pmatrix} = \frac{\hbar}{2}\begin{pmatrix} 1 \\ 0 \end{pmatrix}$$
$$\hat{s}_+\begin{pmatrix} 1 \\ 0 \end{pmatrix} = \hbar\begin{pmatrix} 0 & 1 \\ 0 & 0 \end{pmatrix}\begin{pmatrix} 1 \\ 0 \end{pmatrix} = 0$$
$$\hat{s}_-\begin{pmatrix} 1 \\ 0 \end{pmatrix} = \hbar\begin{pmatrix} 0 & 0 \\ 1 & 0 \end{pmatrix}\begin{pmatrix} 1 \\ 0 \end{pmatrix} = \hbar\begin{pmatrix} 0 \\ 1 \end{pmatrix}$$
$$\hat{\boldsymbol{s}}^2\begin{pmatrix} 1 \\ 0 \end{pmatrix} = \frac{3\hbar^2}{4}\begin{pmatrix} 1 & 0 \\ 0 & 1 \end{pmatrix}\begin{pmatrix} 1 \\ 0 \end{pmatrix} = \frac{3\hbar^2}{4}\begin{pmatrix} 1 \\ 0 \end{pmatrix} \qquad (3.95)$$

Entsprechend kann man mit der Spinfunktion $\binom{0}{1}$ verfahren.

3.2.4 Spin-Bahn-Wechselwirkung

Bisher haben wir Bahndrehimpuls und Spin eines Elektrons getrennt voneinander behandelt. Die beiden Drehimpulse können jedoch koppeln aufgrund der Wechselwirkung des magnetischen Spinmomentes $\boldsymbol{\mu}_s$ mit dem von der Bahnbewegung herrührenden Magnetfeld. Der Effekt ist bei leichten Atomen relativ schwach und gewinnt mit steigender Ordnungszahl, d. h. zunehmender effektiver Kernladung, an Bedeutung. Zur Veranschaulichung dieser Abhängigkeit dient das folgende Bild [19, 144]: In bezug auf ein Koordinatensystem, das im Elektron verankert ist, kreist der Kern um das Elektron. Das Elektron spürt damit ein Magnetfeld, durch das sein magnetisches Spinmoment eine richtende Kraft erfährt, die um so stärker ist, je größer die effektive Kernladung ist.

Der Operator der Spin-Bahn-Wechselwirkung. Zur Herleitung des Operators, der die Spin-Bahn-Wechselwirkungsenergie repräsentiert, ersetzt man den in der klassischen Physik gültigen Ausdruck $-\boldsymbol{\mu}\cdot\boldsymbol{B}$ der potentiellen Energie eines magnetischen Dipols in einem Magnetfeld (s. Gl. (2.8)) durch die entsprechenden Operatoren, in diesem Fall:

$$-\hat{\boldsymbol{\mu}}_s\cdot\hat{\boldsymbol{B}} \qquad (3.96)$$

Der Zusammenhang zwischen $\hat{\boldsymbol{\mu}}_s$ und $\hat{\boldsymbol{s}}$ ist in Anlehnung an die Beziehung zwischen $\boldsymbol{\mu}_l$ und $\boldsymbol{l}$ (s. Gl. (1.13)) gegeben durch

$$\hat{\boldsymbol{\mu}}_s = -\frac{e}{2m_e} g\hat{\boldsymbol{s}} = \gamma_e g \hat{\boldsymbol{s}}, \tag{3.97}$$

wobei gegenüber dem Bahndrehimpuls ein zusätzlicher Faktor g zu berücksichtigen ist, der nach der von DIRAC im Rahmen der relativistischen Quantenmechanik entwickelten Theorie [140] gleich 2 ist [35][36]. Die Analogie zwischen den beiden Drehimpulsen gilt für die korrespondierenden magnetischen Momente also nicht (Anomalie des magnetischen Momentes des Spins).

Die Elektrodynamik liefert für den Zusammenhang zwischen $\hat{\boldsymbol{B}}$ und $\hat{\boldsymbol{l}}$:

$$\hat{\boldsymbol{B}} = -\frac{1}{m_e c^2}\frac{1}{r}\frac{\partial V(r)}{\partial r}\hat{\boldsymbol{l}}.$$

$V(r)$ ist das vom Kern hervorgerufene Potential. Setzt man diesen für $\hat{\boldsymbol{B}}$ erhaltenen Ausdruck in (3.96) ein und berücksichtigt noch einen relativistischen Faktor $\frac{1}{2}$, so erhält man mit $g = 2$ den Operator, der die Spin-Bahn-Wechselwirkungsenergie repräsentiert [19]:

$$\hat{H}_{SB} = \xi(r)\,\hat{\boldsymbol{l}}\cdot\hat{\boldsymbol{s}} \qquad \text{mit} \qquad \xi(r) = -\frac{e}{2m_e^2c^2}\frac{1}{r}\frac{\partial V(r)}{\partial r}. \tag{3.98}$$

Der um $\hat{H}_{SB}$ erweiterte HAMILTON-Operator lautet daher

$$\hat{H} = \underbrace{-\frac{\hbar^2}{2m_e}\nabla^2 - e\hat{V}(r)}_{\hat{H}^{(0)}} + \xi(r)\,\hat{\boldsymbol{l}}\cdot\hat{\boldsymbol{s}}. \tag{3.99}$$

Exakte Lösungen der SCHRÖDINGER-Gleichung mit diesem Operator lassen sich nicht angeben. In vielen uns interessierenden Fällen ist jedoch die Spin-Bahn-Kopplung relativ schwach, so daß sie störungstheoretisch behandelt werden kann (s. 3.1.4). Das ungestörte System mit dem HAMILTON-Operator $\hat{H}^{(0)}$ ist uns aus 3.2.1 bekannt. Im folgenden wird der Einfluß des erweiterten Operators Gl. (3.99) auf ein atomares Einelektronensystem untersucht, dessen Elektron sich in einer p-Unterschale befindet [37]. Im folgenden wird zunächst das Ergebnis vorgestellt und danach die Rechnung explizit durchgeführt.

---

[35] Vgl. STERN-GERLACH-Versuch [6].

[36] Nach der exakten quantenelektrodynamischen Behandlung gilt $g = 2{,}002\,319\,304$ [129].

[37] Genaugenommen müßte Operator (3.99) auf alle Wellenfunktionen des Wasserstoff-Atoms bzw. des wasserstoffähnlichen Ions angewandt werden. Man kann aber den Fehler aufgrund dieser Vereinfachung und auch weiterer Näherungen dadurch ausgleichen, daß man später einzuführende Parameter (s. Gl. (3.107)) durch exakte Meßwerte ersetzt.

Spin-Bahn-Kopplung des p^1-Systems (qualitativ). Für das p-Elektron stehen im ungestörten System sechs Zustände $|\, l\, m_l\, s\, m_s \,\rangle$ (mit $l = 1$; $s = \frac{1}{2}$) gleicher Energie zur Verfügung, die sich im Wertepaar (m_l, m_s) mit $m_l = 0, \pm 1$ und $m_s = \pm\frac{1}{2}$ unterscheiden. Die Spin-Bahn-Wechselwirkung führt zu neuen elektronischen Zuständen, zu deren Charakterisierung die sog. *Gesamtdrehimpulsquantenzahl* j geeignet ist. Diese setzt sich aus l und s zusammen und kann die Werte $j = l + s = l + \frac{1}{2}$ und $j = l - s = l - \frac{1}{2}$ annehmen, bei einem p^1-System also $j = \frac{3}{2}$ und $\frac{1}{2}$. Entsprechend der 3. HUNDschen Regel ist der Zustand mit $j = \frac{1}{2}$ Grundzustand. Er entspricht im klassischen Bild einer Anordnung, bei der die beiden mit Bahnbewegung und Spin verknüpften magnetischen Momente und damit auch die beiden Drehimpulsvektoren antiparallel zueinander ausgerichtet sind. Die sechsfach energieentarteten Zustände des p^1-Systems werden durch die Spin-Bahn-Wechselwirkung in ein energetisch höherliegendes Quartett ($j = \frac{3}{2}$; Energie E_Q) und ein tieferliegendes Dublett ($j = \frac{1}{2}$; Energie E_D) aufgespalten. Die Energieaufspaltung ist symmetrisch zur Energie des ungestörten Systems ($4E_Q + 2E_D = 0$; s. Abb. 3.4) und ein Maß für die Stärke der Spin-Bahn-Wechselwirkung.

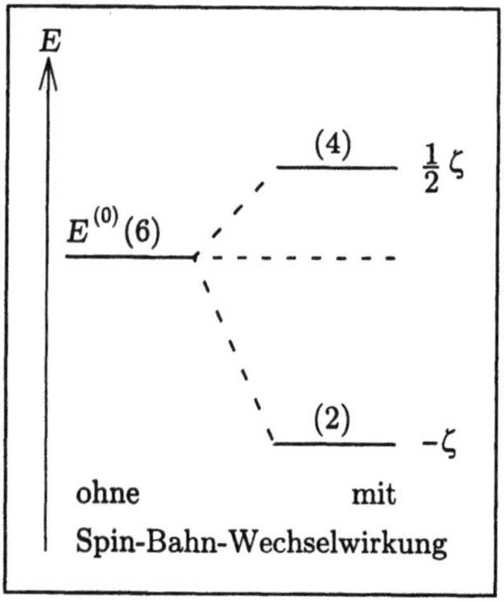

Abb. 3.4: Aufspaltung der p^1-Zustände durch die Spin-Bahn-Wechselwirkung

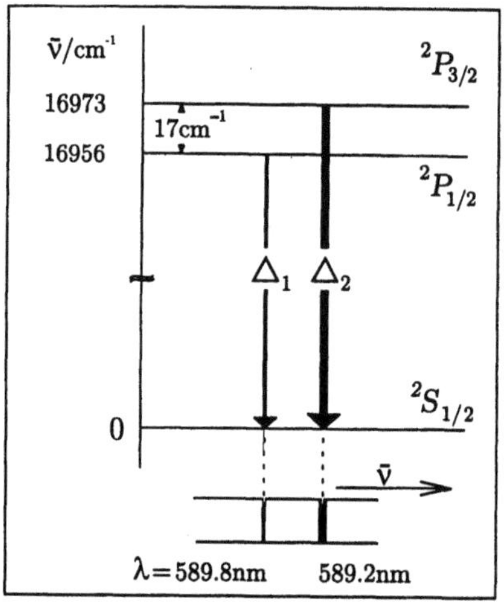

Abb. 3.5: Termschema des Natrium-Atoms

Die Spin-Bahn-Wechselwirkung kann aus der Feinstruktur von Spektren ermittelt werden. Alkalimetall-Atome z. B. sind wegen des einsamen Valenzelektrons außerhalb einer abgeschlossenen Schale mit dem hier untersuchten

Einelektronen-System in erster Näherung vergleichbar (s. 3.3.1). Im Grundzustand befindet sich das Valenzelektron in einem s-Orbital. Wegen $l = 0$ ist auch die Spin-Bahn-Wechselwirkungsenergie null. Besetzt das Elektron nach Anregung ein p-Orbital, hat es ein Bahnmoment, da jetzt $l = 1$ ist. Die erlaubten Werte für j sind $\frac{3}{2}$ und $\frac{1}{2}$. Beim Zurückspringen des Valenzelektrons ins s-Orbital beobachtet man z. B. im Spektrum des Natriums eine Doppellinie (s. Abb. 3.5), zusammengesetzt aus einer Linie bei 589,16 nm (16 973 cm^{-1}) und einer weiteren bei 589,76 nm (16 956 cm^{-1}). Die Linien entsprechen Übergängen zwischen den Niveaus ${}^2P_{3/2}$ bzw. ${}^2P_{1/2}$ der [Ne]3p-Konfiguration und dem Grundniveau ${}^2S_{1/2}$ (Konfiguration [Ne]3s). Die Spin-Bahn-Wechselwirkung führt also zu einer Aufspaltung des 3p-Niveaus von 17 cm^{-1}. Wegen $\Delta E = E({}^2P_{3/2} - {}^2P_{1/2}) = \frac{3}{2}\zeta$ (s. Tab. 3.4) ergibt sich daraus die Einelektronen-Spin-Bahn-Kopplungskonstante ζ_{3p} des Na-3p-Elektrons zu 11 cm^{-1}.

Die nach der Spin-Bahn-Wechselwirkung resultierenden Zustände des p^1-Systems sind Eigenzustände des Operators $\hat{j}_z = \hat{l}_z + \hat{s}_z$, der die z-Komponente der Resultante von Bahndrehimpuls und Spin darstellt. Der Eigenwert ergibt sich zu $(m_l + m_s)\hbar = m_j\hbar$, wobei man m_j als *magnetische Gesamtdrehimpulsquantenzahl* bezeichnet. Wendet man $\hat{j}_z$ auf die Quartett-Funktionen an, erhält man $\frac{3}{2}\hbar, \frac{1}{2}\hbar, -\frac{1}{2}\hbar$ bzw. $-\frac{3}{2}\hbar$, während sich im Falle der Dublett-Funktionen $\frac{1}{2}\hbar$ bzw. $-\frac{1}{2}\hbar$ ergibt; m_j kann also i. a. die Werte $j, j-1, \ldots, -j+1, -j$ annehmen. Die Eigenfunktionen des Spin-Bahn-Kopplungsoperators sind daher mit den Quantenzahlen j und m_j charakterisierbar: $|\, j\, m_j\,\rangle$.

Tab. 3.4 zeigt die für das p^1-System erzielten Ergebnisse. In der 2. und 6. Spalte sind bereits Ergebnisse notiert, die sich auf die im folgenden Abschnitt durchgeführte quantitative Behandlung der Spin-Bahn-Kopplung beziehen.

Tab. 3.4: Funktionen und Energien des p^1-Systems

ψ	$\lvert m_l\, m_s\rangle$	$\lvert j\, m_j\rangle$	$m_j = m_l + m_s$	j	$E^{(1)}$
ψ_1	$\lvert 1\, \frac{1}{2}\rangle$	$\lvert \frac{3}{2}\, \frac{3}{2}\rangle$	$\frac{3}{2}$		
ψ_2	$\sqrt{\frac{1}{3}}\lvert 1\, -\frac{1}{2}\rangle + \sqrt{\frac{2}{3}}\lvert 0\, \frac{1}{2}\rangle$	$\lvert \frac{3}{2}\, \frac{1}{2}\rangle$	$\frac{1}{2}$	$\frac{3}{2}$	$\frac{1}{2}\zeta$
ψ_4	$\sqrt{\frac{1}{3}}\lvert -1\, \frac{1}{2}\rangle + \sqrt{\frac{2}{3}}\lvert 0\, -\frac{1}{2}\rangle$	$\lvert \frac{3}{2}\, -\frac{1}{2}\rangle$	$-\frac{1}{2}$		
ψ_6	$\lvert -1\, -\frac{1}{2}\rangle$	$\lvert \frac{3}{2}\, -\frac{3}{2}\rangle$	$-\frac{3}{2}$		
ψ_3	$-\sqrt{\frac{2}{3}}\lvert 1\, -\frac{1}{2}\rangle + \sqrt{\frac{1}{3}}\lvert 0\, \frac{1}{2}\rangle$	$\lvert \frac{1}{2}\, \frac{1}{2}\rangle$	$\frac{1}{2}$	$\frac{1}{2}$	$-\zeta$
ψ_5	$\sqrt{\frac{2}{3}}\lvert -1\, \frac{1}{2}\rangle - \sqrt{\frac{1}{3}}\lvert 0\, -\frac{1}{2}\rangle$	$\lvert \frac{1}{2}\, -\frac{1}{2}\rangle$	$-\frac{1}{2}$		

Analog zum Bahndrehimpuls und Spin sind auch dem Gesamtdrehimpuls neben der z-Komponente $\hat{\jmath}_z$ die Operatoren

$$\hat{\jmath}^2 = \hat{\jmath}_x^2 + \hat{\jmath}_y^2 + \hat{\jmath}_z^2 \qquad \hat{\jmath}_+ = \hat{\jmath}_x + i\hat{\jmath}_y \qquad \hat{\jmath}_- = \hat{\jmath}_x - i\hat{\jmath}_y \tag{3.100}$$

zugeordnet. Ihre Anwendung auf die Zustände $|\, j\, m_j\, \rangle$ entspricht der der Bahndrehimpulsoperatoren auf die Zustände $|\, l\, m_l\, \rangle$ und der der Spinoperatoren auf die Zustände $|\, s\, m_s\, \rangle$:

$$\boxed{\begin{aligned} \hat{\jmath}^2 \,|\, j\, m_j \,\rangle &= j(j+1)\,\hbar^2 \,|\, j\, m_j \,\rangle \\ \hat{\jmath}_z \,|\, j\, m_j \,\rangle &= m_j \hbar \,|\, j\, m_j \,\rangle \\ \hat{\jmath}_\pm \,|\, j\, m_j \,\rangle &= \sqrt{j(j+1) - m_j(m_j \pm 1)}\;\hbar \,|\, j\, m_j \pm 1 \,\rangle. \end{aligned}} \tag{3.101}$$

Spin-Bahn-Kopplung des p^1-Systems (quantitativ) Für das p-Elektron stehen im ungestörten System sechs Zustände gleicher Energie zur Verfügung:

$$\hat{H}^{(0)} \psi_i^{(0)} = E^{(0)} \psi_i^{(0)} \qquad (i = 1, 2, \ldots, 6).$$

Sie unterscheiden sich im Wertepaar (m_l, m_s). Wir wenden die Störungsrechnung für entartete Systeme an (s. 3.1.4) und berechnen die Energien 1. Ordnung sowie die an die Störung adaptierten Linearkombinationen. Gl. (3.40) lautet bei Verzicht auf den hier nicht benötigten Index n:

$$(\hat{H}^{(0)} - E^{(0)})\psi^{(1)} = (E^{(1)} - \hat{H}^{(1)})\big(u_1 \psi_1^{(0)} + \ldots + u_6 \psi_6^{(0)}\big). \tag{3.102}$$

Man multipliziert von links zunächst mit $\psi_1^{(0)*}$ und integriert:

$$\underbrace{\int \psi_1^{(0)*} \big(\hat{H}^{(0)} - E^{(0)}\big)\psi^{(1)} d\tau}_{0} = \int \psi_1^{(0)*} \big(E^{(1)} - \hat{H}^{(1)}\big)\big(u_1 \psi_1^{(0)} + \ldots + u_6 \psi_6^{(0)}\big) d\tau$$

$$\begin{aligned} 0 \;=\; & u_1 E^{(1)} \int \psi_1^{(0)*}\, \psi_1^{(0)} d\tau + \ldots + u_6 E^{(1)} \int \psi_1^{(0)*}\, \psi_6^{(0)} d\tau \\ & - u_1 \int \psi_1^{(0)*}\, \hat{H}^{(1)}\, \psi_1^{(0)} d\tau - \ldots - u_6 \int \psi_1^{(0)*}\, \hat{H}^{(1)}\, \psi_6^{(0)} d\tau. \end{aligned} \tag{3.103}$$

Die linke Seite der Gl. (3.103) ergibt null, da $\hat{H}^{(0)}$ hermitesch ist, und auf der rechten Seite verschwindet eine Reihe von Integralen aus Gründen der Orthogonalität von Funktionen, die sich im m_l- oder m_s-Wert unterscheiden. In der ersten Zeile von Gl. (3.103) sind bis auf den ersten Term alle weiteren null.

Mit der Abkürzung $\int \psi_i^{(0)*} \hat{H}^{(1)} \psi_j^{(0)} d\tau \equiv H_{ij}$ ergibt sich die erste Zeile des folgenden Gleichungssystems (3.104). Die weiteren Zeilen werden erhalten, indem man entsprechend zu $\psi_1^{(0)*}$ mit $\psi_2^{(0)*}$ bis $\psi_6^{(0)*}$ verfährt.

$$\begin{aligned}
0 &= u_1\big(H_{11} - E^{(1)}\big) + u_2 H_{12} + \cdots + u_6 H_{16} \\
0 &= u_1 H_{21} + u_2\big(H_{22} - E^{(1)}\big) + \cdots + u_6 H_{26} \\
&\vdots \qquad\qquad \vdots \\
0 &= u_1 H_{61} + u_2 H_{62} + \cdots + u_6\big(H_{66} - E^{(1)}\big)
\end{aligned} \tag{3.104}$$

Das Gleichungssystem hat neben der trivialen Lösung $u_1 = \cdots = u_6 = 0$ weitere Lösungen, die man durch Nullsetzen der Determinante aus den Koeffizienten erhält. Um die Energien $E^{(1)}$ und die Größen u_i zu ermitteln, müssen die Integrale H_{ij} berechnet werden, deren allgemeine Form gegeben ist durch:

$$\int \big(\psi_{n,l,m_l}(r,\theta,\phi)\,\psi_{m_s}(\sigma)\big)^* \hat{H}_{SB}\,\psi_{n,l,m_l'}(r,\theta,\phi)\,\psi_{m_s'}(\sigma)\,r^2\,dr\,\sin\theta\,d\theta\,d\phi\,d\sigma. \tag{3.105}$$

Integriert wird über r, θ, ϕ und σ. Da sich die links und rechts vom Operator stehenden Funktionen in den m_l- und m_s-Werten unterscheiden können, werden gestrichene und ungestrichene Quantenzahlen verwendet. Um das Integral Gl. (3.105) zu entwickeln, wird berücksichtigt, daß aus den Funktionen der Radialanteil $R_{n,l}(r)$ abgetrennt werden kann und der Operator $\hat{H}_{SB}$ mit $\xi(r)$ einen Faktor aufweist, der nur die Integrationsvariable r enthält:

$$\int_0^\infty R_{n,l}(r)\,\xi(r)\,R_{n,l}(r)\,r^2\,dr \;\times \tag{3.106}$$

$$\int_0^\pi \int_0^{2\pi} \int_{-1/2}^{1/2} \big(Y_l^{m_l}(\theta,\phi)\,\psi_{m_s}(\sigma)\big)^* \hat{\boldsymbol{l}}\cdot\hat{\boldsymbol{s}}\,\big(Y_l^{m_l'}(\theta,\phi)\,\psi_{m_s'}(\sigma)\big)\sin\theta\,d\theta\,d\phi\,d\sigma.$$

Das Radialintegral, multipliziert mit dem bei der Berechnung des Dreifachintegrals auftretenden Faktor $\hbar^2$, kürzt man ab:

$$hc\,\zeta_{n,l} = \hbar^2 \int_0^\infty R_{n,l}(r)\,\xi(r)\,R_{n,l}(r)\,r^2\,dr. \tag{3.107}$$

$\zeta_{n,l}$ ist die sog. *Einelektronen-Spin-Bahn-Kopplungskonstante.* Die rechte Seite von Gl. (3.107) entspricht einer Energie, gemessen in J; $\zeta_{n,l}$ hat die Dimension einer Wellenzahl [38)].

Im Rahmen der hier vorgenommenen Vereinfachungen (z. B. isolierte Betrachtung der p-Zustände) ist nicht zu erwarten, daß quantitative Übereinstimmung zwischen dem nach Gl. (3.107) berechenbaren Parameter $\zeta_{n,l}$ und

[38)] hc ist der Faktor zur Umrechnung in die Energieersatzgröße $\tilde{\nu}$ (Wellenzahl, s. A.1).

dem experimentell aus Spektren zugänglichen Wert besteht. Man kann hier wie auch in später zu betrachtenden Fällen bez. interelektronischer Wechselwirkung und Ligandenfeldeffekt „semiempirisch“ vorgehen: Man verzichtet auf eine sehr genaue und aufwendige quantenmechanische Berechnung von Parametern und versucht, die eigentlich erforderlichen Korrekturen durch exakte Meßwerte auszugleichen. Im vorliegenden Fall führt man die Spin-Bahn-Kopplungskonstante als Parameter mit und ersetzt sie bei Bedarf durch den empirisch bestimmten Zahlenwert. Als eigentliche Aufgabe verbleibt die Lösung des Dreifachintegrals von Gl. (3.106). Bei den folgenden Betrachtungen verwenden wir zur Charakterisierung der Zustände $R_{n,l}Y^l_{m_l}\psi_{m_s}$ aus praktischen Gründen die DIRAC-Notation (s. 3.1.3, Gl. (3.14)) in der Kurzform $|\, m_l\, m_s\rangle$. Auf die Angabe von l und s kann verzichtet werden, da sich die Elektronen in diesen Quantenzahlen nicht unterscheiden. Die sechs orthonormierten *Basis*-Zustände sind:

$$|\,1\,\tfrac{1}{2}\rangle \quad |\,0\,\tfrac{1}{2}\rangle \quad |\,-1\,\tfrac{1}{2}\rangle \quad |\,1\,-\tfrac{1}{2}\rangle \quad |\,0\,-\tfrac{1}{2}\rangle \quad |\,-1\,-\tfrac{1}{2}\rangle. \tag{3.108}$$

Das Integral Gl. (3.106) läßt sich unter Berücksichtigung von Gl. (3.107) jetzt übersichtlich schreiben als

$$\frac{hc\zeta_{n,l}}{\hbar^2}\langle m_l\, m_s|\hat{\boldsymbol{l}}\cdot\hat{\boldsymbol{s}}|\, m_l'\, m_s'\rangle. \tag{3.109}$$

Insgesamt müssen 36 solcher Integrale betrachtet werden (allgemein: n^2 Integrale bei n Basisfunktionen). Die jeweils durch die Klammern $\langle \cdots \rangle$ eingefaßten Integrale lassen sich als Elemente einer 6 × 6-Matrix übersichtlich schreiben [33]. Man bezeichnet sie als *Matrixelemente des Operators* $\hat{\boldsymbol{l}}\cdot\hat{\boldsymbol{s}}$. Zu ihrer Berechnung ersetzt man in $\hat{\boldsymbol{l}}\cdot\hat{\boldsymbol{s}} = \hat{l}_x\hat{s}_x + \hat{l}_y\hat{s}_y + \hat{l}_z\hat{s}_z$ die x- und y-Komponenten durch die Schiebeoperatoren (s. Gl. (3.75) und Gl. (3.86)):

$$\begin{aligned}
\hat{\boldsymbol{l}}\cdot\hat{\boldsymbol{s}} &= \hat{l}_z\hat{s}_z + \tfrac{1}{2}(\hat{l}_+ + \hat{l}_-)\tfrac{1}{2}(\hat{s}_+ + \hat{s}_-) + \tfrac{1}{2i}(\hat{l}_+ - \hat{l}_-)\tfrac{1}{2i}(\hat{s}_+ - \hat{s}_-) \\
&= \hat{l}_z\hat{s}_z + \tfrac{1}{4}(\hat{l}_+\hat{s}_+ + \hat{l}_-\hat{s}_+ + \hat{l}_+\hat{s}_- + \hat{l}_-\hat{s}_- \\
&\qquad - \hat{l}_+\hat{s}_+ + \hat{l}_-\hat{s}_+ + \hat{l}_+\hat{s}_- - \hat{l}_-\hat{s}_-) \\
&= \hat{l}_z\hat{s}_z + \tfrac{1}{2}(\hat{l}_+\hat{s}_- + \hat{l}_-\hat{s}_+)
\end{aligned} \tag{3.110}$$

und schreibt das Matrixelement (3.109) als

$$\begin{aligned}
\langle m_l\, m_s|\hat{\boldsymbol{l}}\cdot\hat{\boldsymbol{s}}|\, m_l'\, m_s'\rangle &= \langle m_l\, m_s|\hat{l}_z\hat{s}_z + \tfrac{1}{2}(\hat{l}_+\hat{s}_- + \hat{l}_-\hat{s}_+)|\, m_l'\, m_s'\rangle \\
&= \langle m_l\, m_s|\hat{l}_z\hat{s}_z|\, m_l'\, m_s'\rangle \\
&\quad + \tfrac{1}{2}\langle m_l\, m_s|\hat{l}_+\hat{s}_-|\, m_l'\, m_s'\rangle \\
&\quad + \tfrac{1}{2}\langle m_l\, m_s|\hat{l}_-\hat{s}_+|\, m_l'\, m_s'\rangle.
\end{aligned} \tag{3.111}$$

Bevor wir speziell auf die Matrixelemente des Spin-Bahn-Wechselwirkungsoperators eingehen, schicken wir einige generelle Bemerkungen zur Berechnung von Matrixelementen $\langle m|\hat{H}^{(1)}|n\rangle$ [12] voraus (vgl. auch 3.1.4):

1.) $\hat{H}^{(1)}$ wird auf die rechts stehende Funktion angewandt: $\hat{H}^{(1)}|n\rangle$.
Es resultiert eine mit a bezeichnete Konstante, multipliziert mit einer Funktion, die entweder identisch oder nicht identisch mit der Ausgangsfunktion ist. Bei Anwendung von $\hat{H}^{(1)} = \hat{l}_z$ auf $|n\rangle = |l\,m_l\rangle$ ergibt sich z. B. dieselbe Funktion, multipliziert mit $a = m_l\hbar$, also allgemein $\hat{H}^{(1)}|n\rangle = a|n\rangle$. Bei Anwendung von $\hat{l}_+$ auf $|l\,m_l\rangle$ entsteht dagegen die neue Funktion $|l\,m_l+1\rangle$, multipliziert mit a entsprechend Gl. (3.77), also allgemein $\hat{H}^{(1)}|n\rangle = a|n'\rangle$. Die Konstante a wird jeweils vor das Integral gezogen, und man erhält im ersten Fall $a\langle m|n\rangle$, im zweiten Fall $a\langle m|n'\rangle$.
2.) Der zweite Schritt besteht aus der „Berechnung" von $\langle m|n\rangle$ bzw. $\langle m|n'\rangle$. Sind die Funktionen orthonormiert, ergibt sich im ersten Fall $\langle m|n\rangle = 1$ für $m = n$ (Diagonalelement) und ansonsten 0, d. h. $\langle m|n\rangle = \delta_{m,n}$. Entsprechend gilt im zweiten Fall, daß auch hier nur dann das Matrixelement nicht automatisch null ist, wenn nach Anwendung des Operators auf die rechte Funktion die linke Funktion entsteht, also für $|n'\rangle \equiv |m\rangle$. In vielen Fällen kann die Frage, welche Funktion nach Anwendung des Operators entsteht, leicht beantwortet werden, so daß sich gegebenenfalls die Berechnung von a erübrigt.

Nach diesen Vorbemerkungen überlegen wir u. a., welche Matrixelemente (3.111) des Spin-Bahn-Kopplungsoperators von vornherein null sein müssen. (1) Da die Zustände orthonormiert sind,

$$\langle m_l\,m_s|\,m_l'\,m_s'\rangle = \delta_{m_l,m_l'}\,\delta_{m_s,m_s'}, \tag{3.112}$$

ist das Integral nur dann von null verschieden und gleich 1, wenn $m_l = m_l'$ und $m_s = m_s'$. (2) Die Basiszustände sind Eigenzustände von $\hat{l}_z$ und $\hat{s}_z$, so daß sich für die Anwendung der drei Operatorprodukte in Gl. (3.111) auf die rechts stehenden Funktionen mit Hilfe der Gl. (3.78) und (3.89) ergibt:

$$\begin{aligned}
\hat{l}_z\hat{s}_z\,|m_l\,m_s\rangle &= m_l\,m_s\hbar^2\,|m_l\,m_s\rangle\\
\hat{l}_+\hat{s}_-\,|m_l\,m_s\rangle &= \\
&\sqrt{l(l+1)-m_l(m_l+1)}\sqrt{s(s+1)-m_s(m_s-1)}\,\hbar^2\,|m_l+1\,m_s-1\rangle\\
\hat{l}_-\hat{s}_+\,|m_l\,m_s\rangle &= \\
&\sqrt{l(l+1)-m_l(m_l-1)}\sqrt{s(s+1)-m_s(m_s+1)}\,\hbar^2\,|m_l-1\,m_s+1\rangle
\end{aligned}$$

mit $s = \frac{1}{2}$. (3) Bei Diagonalelementen genügt die Berücksichtigung von $\hat{l}_z\hat{s}_z$, da Beiträge durch die Schiebeoperatoren aus Orthogonalitätsgründen verschwinden (s. Gl. (3.112)). (4) Bei Nichtdiagonalelementen spielt $\hat{l}_z\hat{s}_z$ aus Orthogonalitätsgründen keine Rolle, und bei der Anwendung der Schiebeoperatoren kann man sich auf die Integrale

$$\langle m_l\,m_s|\hat{l}_+\hat{s}_-|\,m_l-1\,m_s+1\rangle \qquad \langle m_l\,m_s|\hat{l}_-\hat{s}_+|\,m_l+1\,m_s-1\rangle$$

beschränken, da alle anderen aus Gründen der Orthogonalität null sind.

Diese Vorüberlegungen zeigen, daß nur solche Matrixelemente (3.109) betrachtet zu werden brauchen, bei denen die Bedingung

$$m_l + m_s = m_l' + m_s' \tag{3.113}$$

erfüllt ist. Das ist nur bei zehn der insgesamt 36 Matrixelemente der Fall, nämlich den sechs Diagonalelementen und den folgenden vier Nichtdiagonalelementen:

$$\langle 1\ -\tfrac{1}{2}\,|\hat{l}_+\hat{s}_-|\,0\ \tfrac{1}{2}\rangle \qquad \langle 0\ -\tfrac{1}{2}\,|\hat{l}_+\hat{s}_-|\,-1\ \tfrac{1}{2}\rangle$$
$$\langle 0\ \tfrac{1}{2}\,|\hat{l}_-\hat{s}_+|\,1\ -\tfrac{1}{2}\rangle \qquad \langle -1\ \tfrac{1}{2}\,|\hat{l}_-\hat{s}_+|\,0\ -\tfrac{1}{2}\rangle.$$

Die Matrix hat damit die folgende Form:

(3.114)

$m_l m_s$	$\|1\ \tfrac{1}{2}\rangle$	$\|1\ -\tfrac{1}{2}\rangle$	$\|0\ \tfrac{1}{2}\rangle$	$\|0\ -\tfrac{1}{2}\rangle$	$\|-1\ \tfrac{1}{2}\rangle$	$\|-1\ -\tfrac{1}{2}\rangle$
$\langle 1\ \tfrac{1}{2}\|$	$\tfrac{1}{2}\zeta$					
$\langle 1\ -\tfrac{1}{2}\|$		$-\tfrac{1}{2}\zeta$	$\sqrt{\tfrac{1}{2}}\zeta$			
$\langle 0\ \tfrac{1}{2}\|$		$\sqrt{\tfrac{1}{2}}\zeta$	0			
$\langle 0\ -\tfrac{1}{2}\|$				0	$\sqrt{\tfrac{1}{2}}\zeta$	
$\langle -1\ \tfrac{1}{2}\|$				$\sqrt{\tfrac{1}{2}}\zeta$	$-\tfrac{1}{2}\zeta$	
$\langle -1\ -\tfrac{1}{2}\|$						$\tfrac{1}{2}\zeta$

Auf die Eintragung von $-E^{(1)}$ in den Diagonalpositionen entsprechend Gl. (3.42) wurde verzichtet, ebenso auf den Faktor hc, da die Energie üblicherweise in cm^{-1} angegeben wird. In den leer gelassenen Nichtdiagonal-Positionen dieser 6×6-Matrix steht jeweils eine 0. Die in die H-Matrix eingetragenen Werte ergeben sich im einzelnen wie folgt:

$$H_{11} = \frac{\zeta}{\hbar^2}\langle 1\ \tfrac{1}{2}\,|\hat{l}_z\hat{s}_z|\,1\ \tfrac{1}{2}\rangle = \zeta\cdot 1\cdot\tfrac{1}{2}\,\langle 1\ \tfrac{1}{2}\,|\,1\ \tfrac{1}{2}\rangle = \tfrac{1}{2}\zeta$$
$$H_{22} = \frac{\zeta}{\hbar^2}\langle 1\ -\tfrac{1}{2}\,|\hat{l}_z\hat{s}_z|\,1\ -\tfrac{1}{2}\rangle = \zeta\cdot 1\cdot(-\tfrac{1}{2}) = -\tfrac{1}{2}\zeta$$
$$H_{33} = \frac{\zeta}{\hbar^2}\langle 0\ \tfrac{1}{2}\,|\hat{l}_z\hat{s}_z|\,0\ \tfrac{1}{2}\rangle = \zeta\cdot 0\cdot\tfrac{1}{2} = 0$$
$$H_{44} = \frac{\zeta}{\hbar^2}\langle 0\ -\tfrac{1}{2}\,|\hat{l}_z\hat{s}_z|\,0\ -\tfrac{1}{2}\rangle = \zeta\cdot 0\cdot(-\tfrac{1}{2}) = 0$$
$$H_{55} = \frac{\zeta}{\hbar^2}\langle -1\ \tfrac{1}{2}\,|\hat{l}_z\hat{s}_z|\,-1\ \tfrac{1}{2}\rangle = \zeta\cdot(-1)\cdot\tfrac{1}{2} = -\tfrac{1}{2}\zeta$$

$$H_{66} = \frac{\zeta}{\hbar^2}\langle -1\ -\tfrac{1}{2}\,|\hat{l}_z\hat{s}_z|\,-1\ -\tfrac{1}{2}\rangle = \zeta\cdot(-1)\cdot(-\tfrac{1}{2}) = \tfrac{1}{2}\zeta$$

$$H_{23} = \frac{\zeta}{\hbar^2}\langle 1\ -\tfrac{1}{2}\,|\tfrac{1}{2}\hat{l}_+\hat{s}_-|\,0\ \tfrac{1}{2}\rangle = \tfrac{1}{2}\zeta\cdot\sqrt{2}\cdot 1\,\langle 1\ -\tfrac{1}{2}\,|\,1\ -\tfrac{1}{2}\rangle = \sqrt{\tfrac{1}{2}}\,\zeta = H_{32}$$

$$H_{45} = \frac{\zeta}{\hbar^2}\langle 0\ -\tfrac{1}{2}\,|\tfrac{1}{2}\hat{l}_+\hat{s}_-\,|\,-1\ \tfrac{1}{2}\rangle = \tfrac{1}{2}\zeta\cdot\sqrt{2}\cdot 1 = \sqrt{\tfrac{1}{2}}\,\zeta = H_{54}$$

Auf die Hermitizität des Operators $\hat{\boldsymbol{l}}\cdot\hat{\boldsymbol{s}}$ ist zurückzuführen, daß $H_{23} = H_{32}$ und $H_{45} = H_{54}$ ist [39], so daß man sich bei der Berechnung der Nichtdiagonalelemente entsprechend Punkt (4) der Vorbetrachtung auf einen der Bereiche rechts und links der Diagonalen beschränken kann.

Entsprechend der Störungsrechnung für entartete Systeme muß die H-Matrix auf Diagonalform gebracht werden. Sie liegt bereits in *Blockform* vor: Symmetrisch zur Diagonalen gibt es zwei 1×1- und zwei 2×2-Blöcke. Dies hat den Vorteil, daß zur Lösung der aus der Determinante erhaltenen Gleichung, also zur Berechnung der Energien $E^{(1)}$ und der Koeffizienten u_i, die Blöcke separat betrachtet werden können [40]. Sind wie bei den 1×1-Blöcken nur Diagonalelemente vorhanden, können die Energien direkt abgelesen werden. Danach haben die Zustände $|\,1\ \tfrac{1}{2}\rangle$ und $|{-1}\ {-\tfrac{1}{2}}\rangle$, die wir mit ψ_1 bzw. ψ_6 bezeichnen, die Energie $E^{(1)}_{(1)} = \tfrac{1}{2}\,\zeta$. Von den identischen 2×2-Blöcken betrachten wir den ersten:

$$\begin{vmatrix} -\tfrac{1}{2}\zeta - E^{(1)} & \sqrt{\tfrac{1}{2}}\,\zeta \\ \sqrt{\tfrac{1}{2}}\,\zeta & -E^{(1)} \end{vmatrix} = (-\tfrac{1}{2}\zeta - E^{(1)})(-E^{(1)}) - \tfrac{1}{2}\zeta^2 = 0$$

$$E^{(1)}_{(1)} = \tfrac{1}{2}\,\zeta; \qquad E^{(1)}_{(2)} = -\zeta.$$

Die Berechnung der zugehörigen korrekten Funktionen nullter Ordnung sei am Beispiel der ersten Zeile gezeigt. Unter Berücksichtigung der im Gleichungssystem (3.104) vorgenommenen Numerierung und der Gln. (3.44) bis (3.46) folgt mit $E^{(1)}_{(1)} = \tfrac{1}{2}\,\zeta$:

$$0 = (-\tfrac{1}{2}\,\zeta - \tfrac{1}{2}\,\zeta)\,u_{2(1)} + \sqrt{\tfrac{1}{2}}\,\zeta\,u_{3(1)}$$

$$x_{(1)} = \frac{u_{2(1)}}{u_{3(1)}} = \sqrt{\tfrac{1}{2}}; \qquad u_{2(1)} = \sqrt{\tfrac{1}{3}}; \qquad u_{3(1)} = \sqrt{\tfrac{2}{3}}$$

$$\psi_2 = \sqrt{\tfrac{1}{3}}\,|\,1\ -\tfrac{1}{2}\rangle + \sqrt{\tfrac{2}{3}}\,|\,0\ \tfrac{1}{2}\rangle. \tag{3.115}$$

---

[39] Aus der Hermitizität eines Operators Gl. (3.13) folgt allgemein $H_{ij} = H^*_{ji}$. Nur im speziellen Fall reeller Matrixelemente wie im behandelten Fall gilt $H_{ij} = H_{ji}$.

[40] Das Nullsetzen der mit der Matrix in Blockform korrespondierenden *Stufendeterminante* ist gleichbedeutend mit dem Nullsetzen der einzelnen Unterdeterminanten, die die Stufen bilden. Damit die Stufen erkennbar werden, muß die Reihenfolge der Basisfunktionen bei der Aufstellung der Matrix geeignet gewählt werden.

Die entsprechenden Resultate zur Energie $E^{(1)}_{(2)} = -\zeta$ lauten:

$$
\begin{aligned}
0 &= \left(-\tfrac{1}{2}\zeta + \zeta\right) u_{2(2)} + \sqrt{\tfrac{1}{2}}\,\zeta\, u_{3(2)} \\
x_{(2)} &= \frac{u_{2(2)}}{u_{3(2)}} = -\sqrt{2}; \qquad u_{2(2)} = -\sqrt{\tfrac{2}{3}}; \qquad u_{3(2)} = \sqrt{\tfrac{1}{3}} \\
\psi_3 &= -\sqrt{\tfrac{2}{3}}\,|1\ {-\tfrac{1}{2}}\rangle + \sqrt{\tfrac{1}{3}}\,|0\ \tfrac{1}{2}\rangle.
\end{aligned}
\tag{3.116}
$$

Die Vorzeichen bei ψ_3 sind im Einklang mit der Phasenkonvention von CONDON und SHORTLEY (vgl. [66], S. 75, 123 und Erläuterungen zu Tab. 3.5).

Aus dem zweiten 2 × 2-Block ergeben sich folgende Zustände:

$$E^{(1)}_{(1)} = \tfrac{1}{2}\zeta: \qquad \psi_4 = \sqrt{\tfrac{1}{3}}\,|{-1}\ \tfrac{1}{2}\rangle + \sqrt{\tfrac{2}{3}}\,|0\ {-\tfrac{1}{2}}\rangle \tag{3.117}$$

$$E^{(1)}_{(2)} = -\zeta: \qquad \psi_5 = \sqrt{\tfrac{2}{3}}\,|{-1}\ \tfrac{1}{2}\rangle - \sqrt{\tfrac{1}{3}}\,|0\ {-\tfrac{1}{2}}\rangle. \tag{3.118}$$

Die erhaltenen Funktionen ψ_1, ψ_2, ..., ψ_6 sind die an die Störung adaptierten Linearkombinationen. Verwendet man sie von vornherein anstelle der Basis (3.108), ist die korrespondierende H-Matrix diagonal; denn ψ_1, ψ_2, ..., ψ_6 sind im Rahmen unserer Näherung (Beschränkung auf das p^1-System) Eigenfunktionen des Spin-Bahn-Wechselwirkungsoperators $\xi(r)\,\hat{\boldsymbol{l}}\cdot\hat{\boldsymbol{s}}$. Sie sind aber auch weiterhin — wie der Startsatz (3.108) — Eigenzustände von $\hat{\boldsymbol{l}}^2$ und $\hat{\boldsymbol{s}}^2$ mit den Eigenwerten $2\hbar^2$ (folgend aus $l(l+1)\hbar^2$ mit $l = 1$) bzw. $\frac{3}{4}\hbar^2$ (entsprechend $s(s+1)\hbar^2$ mit $s = \frac{1}{2}$), nicht jedoch von $\hat{l}_z$ und $\hat{s}_z$. Darüber hinaus stellt man fest, daß sie nicht nur Eigenzustände des Operators $\hat{\boldsymbol{l}}\cdot\hat{\boldsymbol{s}}$ sind, sondern auch der Operatoren $\hat{\boldsymbol{s}}\cdot\hat{\boldsymbol{l}}$ sowie

$$\hat{\boldsymbol{l}}^2 + \hat{\boldsymbol{l}}\cdot\hat{\boldsymbol{s}} + \hat{\boldsymbol{s}}\cdot\hat{\boldsymbol{l}} + \hat{\boldsymbol{s}}^2 = (\hat{\boldsymbol{l}} + \hat{\boldsymbol{s}})^2 = \hat{\boldsymbol{j}}^2, \tag{3.119}$$

der das Quadrat der Resultante von Bahndrehimpuls und Spin ist. Läßt man $\hat{\boldsymbol{j}}^2$ auf einen Quartettzustand ψ_Q $(\psi_1, \psi_2, \psi_4, \psi_6)$ bzw. einen Dublettzustand ψ_D (ψ_3, ψ_5) einwirken, so erhält man:

$$
\begin{aligned}
\hat{\boldsymbol{j}}^2\,\psi_Q &= \left(\hat{\boldsymbol{l}}^2 + 2\,\hat{\boldsymbol{l}}\cdot\hat{\boldsymbol{s}} + \hat{\boldsymbol{s}}^2\right)\psi_Q \\
&= \hbar^2\left(2 + 2\cdot\tfrac{1}{2} + \tfrac{3}{4}\right)\psi_Q = \hbar^2\left(\tfrac{15}{4}\right)\psi_Q = \hbar^2\left(\tfrac{3}{2}\right)\left(\tfrac{5}{2}\right)\psi_Q \\
&= \hbar^2\, j_1(j_1+1)\,\psi_Q \qquad \text{mit} \quad j_1 = \tfrac{3}{2}
\end{aligned}
\tag{3.120}
$$

$$
\begin{aligned}
\hat{\boldsymbol{j}}^2\,\psi_D &= \left(\hat{\boldsymbol{l}}^2 + 2\,\hat{\boldsymbol{l}}\cdot\hat{\boldsymbol{s}} + \hat{\boldsymbol{s}}^2\right)\psi_D \\
&= \hbar^2\left(2 - 2\cdot 1 + \tfrac{3}{4}\right)\psi_D = \hbar^2\left(\tfrac{3}{4}\right)\psi_D = \hbar^2\left(\tfrac{1}{2}\right)\left(\tfrac{3}{2}\right)\psi_D \\
&= \hbar^2\, j_2(j_2+1)\,\psi_D \qquad \text{mit} \quad j_2 = \tfrac{1}{2}.
\end{aligned}
\tag{3.121}
$$

In Tab. 3.4 sind die für das p^1-System erzielten Ergebnisse zusammengefaßt.

Tab. 3.5: Vektorkopplungskoeffizienten für Systeme mit $j_2 = 1/2$ [66]

$j =$	$m_2 = \frac{1}{2}$	$m_2 = -\frac{1}{2}$
$j_1 + \frac{1}{2}$	$\sqrt{\frac{j_1 + m + \frac{1}{2}}{2j_1 + 1}}$	$\sqrt{\frac{j_1 - m + \frac{1}{2}}{2j_1 + 1}}$
$j_1 - \frac{1}{2}$	$-\sqrt{\frac{j_1 - m + \frac{1}{2}}{2j_1 + 1}}$	$\sqrt{\frac{j_1 + m + \frac{1}{2}}{2j_1 + 1}}$

Bei Einelektronensystemen mit $l = 2$ (d^1: $j = \frac{5}{2}$ und $\frac{3}{2}$) oder $l = 3$ (f^1: $j = \frac{7}{2}$ und $\frac{5}{2}$) wird zur Bestimmung von $E_i^{(1)}$ und den Koeffizienten u_i im Prinzip wie beim p^1-System verfahren. Zur generellen Berechnung der Koeffizienten u_i für Einelektronensysteme stehen die in Tab. 3.5 aufgeführten Formeln zur Verfügung. Die Zusammensetzung z. B. des Zustands $|jm\rangle = |\frac{1}{2}\ \frac{1}{2}\rangle$ des p^1-Systems ergibt sich aus der unteren Zeile von Tab. 3.5: Mit $j_1 = l = 1$ und $m = \frac{1}{2}$ erhält man zunächst $\sqrt{\frac{2}{3}}$ bei $m_2 = -\frac{1}{2}$ und $-\sqrt{\frac{1}{3}}$ bei $m_2 = \frac{1}{2}$. Dabei mußten wir $j_1 = l$ und $j_2 = s$ setzten. Diese Zuordnung entspricht aber nicht der von CONDON und SHORTLEY für diesen Fall eingeführten Standard-Zuordnung $s \to j_1$ und $l \to j_2$. Bei der Umformung muß berücksichtigt werden, daß es wegen der Phasenbeziehung $|j_b j_a jm\rangle = (-1)^{j_a+j_b-j}\,|j_a j_b jm\rangle$ zum Vorzeichenwechsel bei den Koeffizienten kommen kann (s. Gl. (B.22)). Das ist auch in unserem Beispiel der Fall, so daß wir im Einklang mit den Angaben in der 5. Zeile von Tab. 3.4 die Werte $-\sqrt{\frac{2}{3}}$ und $\sqrt{\frac{1}{3}}$ erhalten. Auch für Mehrelektronensysteme mit größeren Gesamtspinquantenzahlen S stehen Beziehungen zur Berechnung dieser CLEBSCH-GORDAN- oder Vektorkopplungs (VC)-Koeffizienten zur Verfügung (s. [66, 148, 149] und B.3).

3.3 Mehrelektronensysteme

Die Behandlung von Mehrelektronenatomen wird aufgrund der interelektronischen Wechselwirkung wesentlich aufwendiger als die eines Einelektronensystems. Ist die Kernladung $+Ze$ und hat das Atom N Elektronen, lautet die SCHRÖDINGER-Gleichung bei Vernachlässigung der Spin-Bahn-Kopplung:

$$\hat{H}\Psi = \left[\sum_{i=1}^{N}\left(-\frac{\hbar^2}{2m_e}\nabla_i^2 - \frac{Ze^2}{r_i}\right) + \sum_{i<j=1}^{N}\frac{e^2}{r_{ij}}\right]\Psi = E\Psi. \qquad (3.122)$$

Die in der ersten Summe über alle N Elektronen des Mehrelektronensystems zusammengefaßten Teile des Operators sind Einelektronenoperatoren, die uns von der Behandlung des Einelektronensystems bekannt sind. Im zweiten Teil wird über Zweielektronenoperatoren summiert, die die COULOMB-Energie der

Wechselwirkung zwischen allen Paaren von Elektronen repräsentieren. Die Operatoren werden auf die Zustandsfunktion $\Psi = \Psi(\boldsymbol{r}_1, \sigma_1; \boldsymbol{r}_2, \sigma_2; \ldots; \boldsymbol{r}_N, \sigma_N)$ angewendet. Sie hängt von den Orts- und Spinkoordinaten aller N Elektronen ab. Gl. (3.122) läßt sich für $N > 1$ wegen der Zweielektronenoperatoren nicht exakt lösen. Ausgangspunkt für Näherungsverfahren zur Behandlung der Elektron-Elektron-Wechselwirkung ist gewöhnlich die *Zentralfeldnäherung* [66, 143].

3.3.1 Zentralfeldnäherung

In diesem Modell bewegt sich jedes Elektron unabhängig von den anderen in einem Zentralpotential $V(r)$, bestehend aus der Kernanziehung und einer gemittelten Abstoßung durch die anderen Elektronen, d. h., das COULOMB-Feld des Kerns erfährt durch die interelektronische Wechselwirkung eine Abschirmung. Der Operator der Zentralfeldnäherung hat die Form

$$\hat{H}^{(0)} = \hat{h}_1 + \hat{h}_2 + \ldots + \hat{h}_N \quad \text{mit} \quad \hat{h}_i = -\frac{\hbar^2}{2m_e}\nabla_i^2 - eV(r_i) \tag{3.123}$$

und den Vorteil, daß nur Einelektronenoperatoren auftreten, deren Eigenfunktionen und Eigenwerte wir in 3.2.1 bereits kennengelernt haben. Später wird der durch diese Näherung eingeführte Fehler wieder korrigiert, indem wir die Differenz zwischen der exakten COULOMB-Wechselwirkung und der in $\hat{H}^{(0)}$ auftretenden potentiellen Energie als Störung behandeln, also formal nach Addition der verschwindenden Größe $-\sum_i eV(r_i) + \sum_i eV(r_i)$ zum Operator (3.122) die Zerlegung

$$\hat{H} = \underbrace{\sum_{i=1}^{N}\left[-\frac{\hbar^2}{2m_e}\nabla_i^2 - eV(r_i)\right]}_{\hat{H}^{(0)}} \underbrace{-\sum_{i=1}^{N}\left[\frac{Ze^2}{r_i} - eV(r_i)\right] + \sum_{i<j=1}^{N}\frac{e^2}{r_{ij}}}_{\hat{H}_{ee}} \tag{3.124}$$

in $\hat{H}^{(0)}$ und $\hat{H}_{ee}$ vornehmen.

Eine Lösungsfunktion Ψ_0 der Zentralfeldnäherung mit dem Operator $\hat{H}^{(0)}$ ist entsprechend der Eigenwert-Gl. (3.37)

$$\hat{H}^{(0)}\Psi_0 = E^{(0)}\Psi_0 \tag{3.125}$$

durch ein Produkt von Einelektronen-Wellenfunktionen

$$\Psi_0 = \psi_1(\boldsymbol{\rho}_1)\psi_2(\boldsymbol{\rho}_2)\cdots\psi_N(\boldsymbol{\rho}_N) \tag{3.126}$$

gegeben. Die Einelektronen-Wellenfunktionen $\psi_i(\boldsymbol{\rho}_i) \equiv \psi_{n_i l_i m_{l_i} m_{s_i}}(\boldsymbol{r}_i, \sigma_i)$ entsprechen weitgehend den Lösungsfunktionen der SCHRÖDINGER-Gleichung für *ein* Elektron (Gl. (3.56) bis (3.65))[41], wobei der tiefgestellte Index an der Funktion für die vier Quantenzahlen und $\boldsymbol{\rho}_i$ für räumliche Koordinaten und Spinkoordinate stehen. Damit sind die *Spinorbitale* des Mehrelektronensystems in der Zentralfeldnäherung bekannt.

SLATER-**Determinante.** In Ψ_0 der Gl. (3.126) wurde Elektron 1 in ψ_1 untergebracht ($\psi_1(\boldsymbol{\rho}_1)$), Elektron 2 in ψ_2 usw. Ψ_0 ist jedoch nicht die einzige Eigenfunktion des Operators $\hat{H}^{(0)}$ zur Energie $E^{(0)}$. Eine Funktion, die z. B. Elektron 2 in ψ_1 enthält, dafür Elektron 1 in ψ_2, wäre entsprechend der Ununterscheidbarkeit der Elektronen mit gleicher Berechtigung möglich. Insgesamt gibt es $1 \cdot 2 \cdot \ldots \cdot N = N!$ solcher Produktfunktionen, die sich allein in der Zuordnung der Elektronen zu den Einelektronenfunktionen unterscheiden.

Die Erfahrung lehrt, daß eine physikalisch sinnvolle Funktion, die wir mit Φ bezeichnen wollen, antisymmetrisch in bezug auf die Vertauschung der Koordinaten zweier Elektronen sein muß, d. h. bei einer solchen Vertauschung in $-\Phi$ übergehen muß[42]. Die Funktion läßt sich aus einer bestimmten Linearkombination aller $N!$ möglichen einfachen Produktfunktionen konstruieren und hat die allgemeine Form

$$\Phi = \frac{1}{\sqrt{N!}} \sum_P (-1)^P \hat{P} \Psi_0. \tag{3.127}$$

$1/\sqrt{N!}$ ist der Normierungsfaktor, und summiert wird über alle Permutationen P der Elektronenkoordinaten. Der Faktor $(-1)^P$ bewirkt, daß gerade Permutationen mit dem Koeffizienten $+1$, ungerade Permutationen mit -1 erscheinen. Die *antisymmetrisierte* Funktion Φ läßt sich in Form einer sog. SLATER-Determinante schreiben:

$$\Phi = \frac{1}{\sqrt{N!}} \underbrace{\begin{vmatrix} \psi_1(\boldsymbol{\rho}_1) & \psi_2(\boldsymbol{\rho}_1) & \cdots & \psi_N(\boldsymbol{\rho}_1) \\ \psi_1(\boldsymbol{\rho}_2) & \psi_2(\boldsymbol{\rho}_2) & \cdots & \psi_N(\boldsymbol{\rho}_2) \\ \vdots & \vdots & & \vdots \\ \psi_1(\boldsymbol{\rho}_N) & \psi_2(\boldsymbol{\rho}_N) & \cdots & \psi_N(\boldsymbol{\rho}_N) \end{vmatrix}}_{\det|\psi_1(\boldsymbol{\rho}_1)\psi_2(\boldsymbol{\rho}_2)\ldots\psi_N(\boldsymbol{\rho}_N)|}. \tag{3.128}$$

[41] Die Einelektronen-Wellenfunktionen des Mehrelektronensystems („Atomorbitale“) unterscheiden sich von den Wasserstoff-Funktionen im Radialanteil und berücksichtigen damit die Änderung im Potential. Jedes Atomorbital kann wie bisher durch die Quantenzahlen n, l, m_l gekennzeichnet werden. Ein wichtiger Unterschied zwischen den Atomorbitalen und den Eigenfunktionen des Wasserstoff-Atoms besteht aber darin, daß die Energie der letztgenannten nur eine Funktion von n ist, während die Energie der Atomorbitale auch von l abhängt, so daß z. B. die 2s- und 2p-Atomorbitale unterschiedliche Energien $E^{(0)}$ haben.

[42] Es handelt sich um das PAULI-Prinzip (vgl. [19], S. 218 zum Zusammenhang mit dem PAULI-Ausschließungsprinzip).

Wir sehen, daß bei identischen Sätzen von Quantenzahlen zweier Elektronen (z. B. $\psi_1 = \psi_2$) — dies widerspräche dem PAULI-Ausschließungsprinzip — die Determinante zwei identische Spalten hat und daher verschwindet. Das Vertauschen zweier Elektronen entspricht dem Vertauschen zweier Reihen der SLATER-Determinante, also einem Vorzeichenwechsel von Φ. Für ein Zweielektronensystem gilt

$$\Phi = \frac{1}{\sqrt{2}} \begin{vmatrix} \psi_1(\rho_1) & \psi_2(\rho_1) \\ \psi_1(\rho_2) & \psi_2(\rho_2) \end{vmatrix} = \frac{1}{\sqrt{2}}[\psi_1(\rho_1)\psi_2(\rho_2) - \psi_1(\rho_2)\psi_2(\rho_1)]. \quad (3.129)$$

$\hat{P}$ besteht nur aus der Identität $\hat{P}_0$ und der ungeraden Permutation $\hat{P}_{12}$ („vertausche Elektron 1 und 2"). Φ geht entsprechend Gl. (3.127) bei Vertauschung von Elektron 1 und 2 in $-\Phi$ über.

Elektronenkonfiguration und Zustandsfunktionen. Nimmt man Ionen mit der Elektronenkonfiguration $[\mathrm{Ar}]3\mathrm{d}^N$ als Beispiel, wobei N nunmehr die Zahl der Elektronen in der d-Unterschale ist, so ist im Rahmen der Zentralfeldnäherung die Energie für alle Wellenfunktionen gleich.

Die zu einer gegebenen Elektronenkonfiguration gehörenden Φ-Funktionen erhält man, indem man unter Beachtung des PAULI-Ausschließungsprinzips alle möglichen Besetzungen innerhalb dieser Elektronenkonfiguration vornimmt. Dabei kann man die „offene" d-Unterschale formal von der abgeschlossenen Schale (Rumpfelektronen) abtrennen. Letztere liefert zwar den dominierenden Beitrag zur Gesamtenergie einer Konfiguration und ihrer Terme, spielt jedoch bei der Bestimmung der uns interessierenden *relativen* Termenergien keine Rolle. Bei Besetzung der d-Einelektronenzustände in der offenen Schale sind — je nach Elektronenzahl N — verschiedene Kombinationen möglich.

Bei der Konfiguration $[\mathrm{Ar}]3\mathrm{d}^1$ gibt es für das d-Elektron entsprechend den zehn m_l, m_s-Wertepaaren zehn verschiedene Zustände in der d-Unterschale, also auch zehn Funktionen $\Phi([\mathrm{Ar}]; m_l, m_s)$. In einer Kurzschreibweise verzichten wir auf das Symbol [Ar] und kennzeichnen die m_s-Werte $+\frac{1}{2}$ und $-\frac{1}{2}$ durch ein hochgestelltes (+)- bzw. (−)-Zeichen und schreiben: (m_l^+) bzw. (m_l^-):

$$(2^+) \quad (1^+) \quad (0^+) \quad (-1^+) \quad (-2^+) \quad (2^-) \quad (1^-) \quad (0^-) \quad (-1^-) \quad (-2^-)$$

Da die zugrunde liegenden zehn Zustände in der Zentralfeldnäherung gleiche Energie haben, ist das d^1-System zehnfach energieentartet. Auch das d^9-System hat diesen Entartungsgrad. Notiert man die m_l, m_s-Kombination des „Loches", kommt man zu zehn Funktionen, die denen des d^1-Systems formal gleichen (*Elektron-Loch-Äquivalenz*).

Ist bei der Konfiguration $[\mathrm{Ar}]3\mathrm{d}^2$ Elektron 1 z. B. durch (2^+) charakterisiert, kann Elektron 2 nur eines der übrigen neun Symbole zugeordnet werden:

$(1^+), (0^+), (-1^+), (-2^+), (2^-), (1^-), (0^-), (-1^-), (-2^-)$. Ein möglicher Zweielektronenzustand, ein *Mikrozustand*, wäre daher mit $(2^+; 1^+)$ zu kennzeichnen. Insgesamt ergeben sich $10 \cdot 9/2 = 45$ unterschiedliche Kombinationen. Sie sind in Tab. 3.6 nach $m_l(1) + m_l(2) = M_L$ und $m_s(1) + m_s(2) = M_S$ geordnet. Von

Tab. 3.6: Quantenzahl-Symbole der möglichen Mikrozustände bei $n\mathrm{d}^2$-Konfiguration

M_L	M_S		
	1	0	−1
4		$(2^+;2^-)$	
3	$(2^+;1^+)$	$(2^+;1^-),(2^-;1^+)$	$(2^-;1^-)$
2	$(2^+;0^+)$	$(2^+;0^-),(2^-;0^+),(1^+;1^-)$	$(2^-;0^-)$
1	$(2^+;-1^+)$ $(1^+;0^+)$	$(2^+;-1^-),(2^-;-1^+)$ $(1^+;0^-),(1^-;0^+)$	$(2^-;-1^-)$ $(1^-;0^-)$
0	$(2^+;-2^+)$ $(1^+;-1^+)$	$(2^+;-2^-),(2^-;-2^+)$ $(1^+;-1^-),(1^-;-1^+),(0^+;0^-)$	$(2^-;-2^-)$ $(1^-;-1^-)$
−1	$(1^+;-2^+)$ $(0^+;-1^+)$	$(1^+;-2^-),(1^-;-2^+)$ $(0^+;-1^-),(0^-;-1^+)$	$(1^-;-2^-)$ $(0^-;-1^-)$
−2	$(0^+;-2^+)$	$(0^+;-2^-),(0^-;-2^+),(-1^+;-1^-)$	$(0^-;-2^-)$
−3	$(-1^+;-2^+)$	$(-1^+;-2^-),(-1^-;-2^+)$	$(-1^-;-2^-)$
−4		$(-2^+;-2^-)$	

Funktionen, die sich nur in der Reihenfolge von m_l, m_s und m_l', m_s' unterscheiden (und daher physikalisch gleichwertig sind), ist jeweils nur eine Funktion aufgeführt. In der Zentralfeldnäherung gehören alle Φ-Funktionen mit den in Tab. 3.6 aufgeführten Quantenzahlen zur gleichen Energie, d. h., das d^2-System ist 45-fach energieentartet. Bei den Systemen d^3, d^4 und d^5 steigt der Entartungsgrad weiter an (120, 210 bzw. 252). Eine Elektron-Loch-Äquivalenz besteht bei $\mathrm{d}^2/\mathrm{d}^8$, $\mathrm{d}^3/\mathrm{d}^7$ und $\mathrm{d}^4/\mathrm{d}^6$.

3.3.2 Interelektronische Wechselwirkung

Wir haben in 3.3.1 gesehen, daß der Entartungsgrad eines Mehrelektronensystems in der Zentralfeldnäherung z. B. durch Abzählen der Mikrozustände bestimmt werden kann. Die Elektron-Elektron-Wechselwirkung sorgt dafür, daß diese Entartung teilweise aufgehoben wird. Man erhält *Terme*, die sich durch L (Gesamtbahndrehimpulsquantenzahl) und S (Gesamtspinquantenzahl) charakterisieren lassen. Wir werden sehen, daß die Terme, nicht aber die Termenergien, nach einem einfachen Verfahren bestimmt werden können, wobei der für den Magnetismus wichtige Grundterm aus den ersten beiden HUNDschen Regeln folgt. Ist man an den durch die Elektron-Elektron-Wechselwirkung bewirkten Energieaufspaltungen interessiert, müssen quantenmechanische Rechnungen durchgeführt werden, die in ihren Grundzügen am Schluß dieses Abschnitts dargelegt und an einem Beispiel demonstriert werden.

Gesamtbahndrehimpuls, Gesamtspin. In der Quantenmechanik spielt das Aufsuchen von Operatoren $\hat{\Omega}$, die mit dem HAMILTON-Operator $\hat{H}$ vertauschen und deren Eigenfunktionen leichter zu finden sind als diejenigen von $\hat{H}$, eine wichtige Rolle [33]. Bei Einelektronensystemen kommutiert $\hat{H}$ mit $\hat{l}_z$, $\hat{\boldsymbol{l}}^2$, $\hat{s}_z$ und $\hat{\boldsymbol{s}}^2$, wenn die Spin-Bahn-Kopplung vernachlässigt wird. Unter derselben Voraussetzung kommutiert in Mehrelektronenatomen oder -ionen $\hat{H}$ mit den Gesamtdrehimpulsoperatoren $\hat{L}_z$, $\hat{\boldsymbol{L}}^2$, $\hat{S}_z$ und $\hat{\boldsymbol{S}}^2$ [141]. Die richtigen Eigenfunktionen von $\hat{H}$ sind daher gleichzeitig Eigenfunktionen von $\hat{L}_z$, $\hat{S}_z$, $\hat{\boldsymbol{L}}^2$ und $\hat{\boldsymbol{S}}^2$ oder können zumindest als solche gewählt werden (s. 3.1.3).

Die Operatoren $\hat{\boldsymbol{L}}$ und $\hat{\boldsymbol{S}}$ eines N-Elektronen-Systems sind definiert durch

$$\begin{array}{lcllcl}
\hat{\boldsymbol{L}} & = & \hat{\boldsymbol{l}}_1 + \hat{\boldsymbol{l}}_2 + \ldots + \hat{\boldsymbol{l}}_N & \hat{\boldsymbol{S}} & = & \hat{\boldsymbol{s}}_1 + \hat{\boldsymbol{s}}_2 + \ldots + \hat{\boldsymbol{s}}_N \\
\hat{\boldsymbol{L}}^2 & = & \hat{L}_x^2 + \hat{L}_y^2 + \hat{L}_z^2 & \hat{\boldsymbol{S}}^2 & = & \hat{S}_x^2 + \hat{S}_y^2 + \hat{S}_z^2 \\
\hat{L}_x & = & \hat{l}_{x_1} + \hat{l}_{x_2} + \ldots + \hat{l}_{x_N} & \hat{S}_x & = & \hat{s}_{x_1} + \hat{s}_{x_2} + \ldots + \hat{s}_{x_N} \\
\hat{L}_y & = & \hat{l}_{y_1} + \hat{l}_{y_2} + \ldots + \hat{l}_{y_N} & \hat{S}_y & = & \hat{s}_{y_1} + \hat{s}_{y_2} + \ldots + \hat{s}_{y_N} \\
\hat{L}_z & = & \hat{l}_{z_1} + \hat{l}_{z_2} + \ldots + \hat{l}_{z_N} & \hat{S}_z & = & \hat{s}_{z_1} + \hat{s}_{z_2} + \ldots + \hat{s}_{z_N} .
\end{array}$$

Alle bisher für die Operatoren des Einelektronensystems abgeleiteten Beziehungen gelten entsprechend auch hier:

$$\begin{array}{lcl}
\left[\hat{L}_x, \hat{L}_y\right] & = & i\hbar\,\hat{L}_z \quad \text{zyklisch in } x, y, z; \quad \left[\hat{\boldsymbol{L}}^2, \hat{L}_z\right] = 0 \\
\hat{L}_\pm & = & \hat{L}_x \pm i\hat{L}_y
\end{array}$$

$$\begin{array}{lcl}
\left[\hat{S}_x, \hat{S}_y\right] & = & i\hbar\,\hat{S}_z \quad \text{zyklisch in } x, y, z; \quad \left[\hat{\boldsymbol{S}}^2, \hat{S}_z\right] = 0 \\
\hat{S}_\pm & = & \hat{S}_x \pm i\hat{S}_y
\end{array}$$

Die Operatoren $\hat{\boldsymbol{L}}^2$, $\hat{L}_z$, $\hat{\boldsymbol{S}}^2$, $\hat{S}_z$ sind miteinander vertauschbar. Für ihre Eigenfunktionen $\Psi(L, M_L, S, M_S)$, im folgenden mit $|L\,M_L\,S\,M_S\rangle$ bezeichnet, gilt:

$$
\begin{array}{|rcl|}
\hline
\hat{\boldsymbol{L}}^2\,|L\,M_L\,S\,M_S\rangle &=& L(L+1)\,\hbar^2\,|L\,M_L\,S\,M_S\rangle \\
L &=& 0,1,2,\ldots \\
\hat{L}_z\,|L\,M_L\,S\,M_S\rangle &=& M_L\hbar\,|L\,M_L\,S\,M_S\rangle \\
M_L &=& -L,-L+1,\ldots,L-1,L \\
\hat{L}_\pm\,|L\,M_L\,S\,M_S\rangle &=& \sqrt{L(L+1)-M_L(M_L\pm 1)}\,\hbar\,|L\,M_L\pm 1\,S\,M_S\rangle \\
\hat{\boldsymbol{S}}^2\,|L\,M_L\,S\,M_S\rangle &=& S(S+1)\,\hbar^2\,|L\,M_L\,S\,M_S\rangle \\
S &=& 0,\frac{1}{2},1,\frac{3}{2},\ldots \\
\hat{S}_z\,|L\,M_L\,S\,M_S\rangle &=& M_S\hbar\,|L\,M_L\,S\,M_S\rangle \\
M_S &=& -S,-S+1,\ldots,S-1,S \\
\hat{S}_\pm\,|L\,M_L\,S\,M_S\rangle &=& \sqrt{S(S+1)-M_S(M_S\pm 1)}\,\hbar\,|L\,M_L\,S\,M_S\pm 1\rangle . \\
\hline
\end{array}
\tag{3.130}
$$

Terme. Die den Eintragungen in Tab. 3.6 entsprechenden Φ-Funktionen sind Eigenfunktionen von $\hat{L}_z$ und $\hat{S}_z$, i. a. aber noch nicht von $\hat{\boldsymbol{L}}^2$ und $\hat{\boldsymbol{S}}^2$. Sie repräsentieren in einem N-Elektronensystem Zustände, in denen die z-Komponente von Gesamtbahndrehimpuls und Gesamtspin die scharfen Werte $M_L\hbar = (m_{l_1}+m_{l_2}+\ldots+m_{l_N})\,\hbar$ bzw. $M_S\hbar = (m_{s_1}+m_{s_2}+\ldots+m_{s_N})\,\hbar$ hat. Wir werden später sehen, wie man zu den Eigenzuständen $|L\,M_L\,S\,M_S\rangle$ von $\hat{\boldsymbol{L}}^2$ und $\hat{\boldsymbol{S}}^2$ gelangt, indem man geeignete Linearkombinationen von solchen Φ-Funktionen bildet, die in Tab. 3.6 im gleichen Kästchen stehen. Bei einer Reihe unserer späteren Betrachtungen sind nur noch die gekoppelten, durch L und S charakterisierten Zustände von Belang, die man generell aus Schemata wie Tab. 3.6 für N-Elektronensysteme ermitteln kann. Man muß dabei beachten, daß zur Quantenzahl L die Zustände mit M_L von $-L,-L+1,\ldots,L-1,L$ und zur Quantenzahl S die Zustände mit M_S von $-S,-S+1,\ldots,S-1,S$ gehören. Es gilt also: $L \geq |M_L|$ und $S \geq |M_S|$. Am Beispiel des $n\mathrm{d}^2$-Systems sei das Verfahren erläutert:

1. Schritt: Man sucht in Tab. 3.6 den höchsten M_L-Wert: $M_L(max) = 4$; dazu gehört $M_S = 0$. Da man keinen Zustand mit $M_L = 4$ und $M_S = \pm 1$ findet, kann der Zustand daher nur zu $L = 4$ und $S = 0$ gehören. Zu $L = 4$ und $S = 0$ gibt es insgesamt neun Zustände, die sich im M_L-Wert unterscheiden: $M_L = 4,3,2,1,0,-1,-2,-3,-4$ und $M_S = 0$. Man streicht deshalb in den entsprechenden Kästchen jeweils ein Symbol[43)].

2. Schritt: Bei den verbliebenen Zuständen sind die höchsten M_L- und M_S-Werte 3 bzw. 1. Sie gehören daher zu $L = 3$ und $S = 1$. Zu $L = 3, S = 1$ gibt es

[43)] Die Ψ-Funktionen sind i. a. Linearkombinationen der Φ-Funktionen eines Kästchens, wobei sowohl die Zahl der Ψ als auch die Zahl der Φ gleich der Zahl der notierten Symbole ist. Werden daher bei der vorgenommenen *Abzählung* Zustände „verbraucht“, darf man die entsprechende Zahl von Symbolen streichen [139].

insgesamt 21 Zustände, die gekennzeichnet sind mit $M_L = 3, 2, 1, 0, -1, -2, -3$ und M_S jeweils gleich $1, 0, -1$. Man streicht in den entsprechenden Kästchen wiederum jeweils einen Zustand.

Weitere Schritte: Von den restlichen Zuständen weist derjenige mit $M_L = 2, M_S = 0$ den höchsten M_L- und M_S-Wert auf. Zu ihm gehört $L = 2$ und $S = 0$, und wir streichen die fünf entsprechenden Symbole. Schließlich findet man nach dem gleichen Verfahren die neun Zustände zu $L = 1, S = 1$ und den einen Zustand zu $L = 0, S = 0$.

Die Gesamtheit von Zuständen mit bestimmtem L und S einer gegebenen Elektronenkonfiguration nennt man *Term*. In Analogie zum Einelektronensystem, bei dem die Zustände zu l = 0, 1, 2, 3, ... als s-, p-, d-, f-,... -Zustände bezeichnet werden, schreibt man für Terme mit $L = 0, 1, 2, 3, 4, 5, 6, \ldots$ die Symbole S, P, D, F, G, H, $I, \ldots$. Jeder Term wird durch ein *Termsymbol* charakterisiert: ^{2S+1}L, wobei $2S + 1$ die *Multiplizität* ist. Einen Term mit der Multiplizität $1, 2, 3, 4, \ldots$ entsprechend der Gesamtspinquantenzahl $S = 0, \frac{1}{2}, 1, \frac{3}{2}, \ldots$ nennt man Singulett, Dublett, Triplett, Quartett, ... Der Entartungsgrad eines Terms ist $(2L + 1)(2S + 1)$. In Tab. 3.7 sind die L- und S-Werte sowie Termsymbole und Entartungsgrad der nd^2-Konfiguration zusammengestellt. Die Tatsache, daß die Terme nicht jeweils als Singuletts und Tripletts vorkommen (^1G z. B. tritt auf, ^3G aber nicht), ist eine Konsequenz des PAULI-Prinzips. In Tab. 3.8 sind die Terme für alle nd^N-Ionen aufgeführt. Entsprechend der Elektron-Loch-Äquivalenz hat ein nd^N-Ion dieselben Terme wie ein nd^{10-N}-Ion.

Tab. 3.7: RUSSELL-SAUNDERS-Terme der Ionen mit nd^2-Konfiguration

L	S	Term	$(2L+1)(2S+1)$
4	0	^1G	9
3	1	^3F [a]	21
2	0	^1D	5
1	1	^3P	9
0	0	^1S	1
Summe :			45

[a] Grundterm entsprechend den ersten beiden HUNDschen Regeln (s. 2.2.2).

Termenergien (qualitativ). Um die Termenergien zu berechnen, werden Störungsrechnungen (für entartete Systeme) mit dem Störoperator $\hat{H}_{ee}^{(1)}$ (s. Gl. (3.124)) durchgeführt, wobei die für *eine bestimmte Elektronenkonfiguration* gefundenen Lösungsfunktionen der SCHRÖDINGER-Gl. (3.125) als Basis dienen. Wir gehen im nächsten Abschnitt ausführlicher auf das Verfahren ein. Hier betrachten wir das Ergebnis für das nd^2-System. Durch die interelektronische Wechselwirkung wird die 45-fache Entartung aufgehoben. Die Energie-Unterschiede sind durch sog. Elektronenabstoßungsparameter gegeben; die an die Störung adaptierten Funktionen $|L\, M_L\, S\, M_S\rangle$ sind

Linearkombinationen der als Startsatz verwendeten Φ-Funktionen und Eigenfunktionen der Operatoren $\hat{\boldsymbol{L}}^2$, $\hat{L}_z$, $\hat{\boldsymbol{S}}^2$, $\hat{S}_z$. Diese beziehen sich auf den Gesamtbahndrehimpuls bzw. den Gesamtspin des Mehrelektronensystems. Durch die interelektronische Wechselwirkung werden folglich die Bahndrehimpulse der einzelnen Elektronen miteinander gekoppelt und gleichfalls ihre Spins. Die einem Term angehörenden $(2L + 1)(2S + 1)$ Zustände sind Eigenzustände von $\hat{\boldsymbol{L}}^2$ und $\hat{\boldsymbol{S}}^2$ zum selben Eigenwert $L(L + 1)\hbar^2$ bzw. $S(S + 1)\hbar^2$ und außerdem Eigenfunktionen von $\hat{L}_z$ und $\hat{S}_z$ zu verschiedenen M_L- bzw. M_S-Werten. Die Energien der Terme ergeben sich aus einer Störungsrechnung. Sie führt zu einer Reihe von Beiträgen, die entsprechend dem Schalenmodell des Atoms die Wechselwirkungen zwischen den Elektronen (1) der nichtabgeschlossenen Unterschale, (2) der abgeschlossenen Schalen und (3) der nichtabgeschlossenen Unterschale und der abgeschlossenen Schalen betreffen. Die Beiträge (2) und (3) können wir außer acht lassen, denn sie tragen nicht zur Energie*differenz* zwischen den Termen bei. Es verbleiben damit die Beiträge (1). Sie bestehen im Fall von d-Systemen aus den drei Elektronenabstoßungsparametern F_0, F_2 und F_4. Bei f-Systemen muß zusätzlich F_6 berücksichtigt werden. Die Parameter sind Radialintegralen proportional und werden als SLATER-CONDON-Parameter bezeichnet. (Die Symbole dürfen nicht mit den Termsymbolen verwechselt werden.) In Tab. 3.9 sind die Energien in Abhängigkeit dieser Parameter für das $n\mathrm{d}^2$-System aufgeführt. F_0 liefert einen konstanten Beitrag zu allen Termen einer gegebenen Elektronenkonfiguration, so daß die Energiedifferenz zwischen den Termen nur von F_2 und F_4 abhängt.

Tab. 3.8: RUSSELL-SAUNDERS-Terme der Ionen mit d^N-Konfiguration

d^N	Terme[a]
d^1, d^9	${}^2D$
d^2, d^8	${}^3F$ ${}^3P$ ${}^1G$ ${}^1D$ ${}^1S$
d^3, d^7	${}^4F$ ${}^4P$ ${}^2H$ ${}^2G$ ${}^2F$ ${}^2_aD$ ${}^2_bD$ ${}^2P$
d^4, d^6	${}^5D$ ${}^3H$ ${}^3G$ ${}^3_aF$ ${}^3_bF$ ${}^3D$ ${}^3_aP$ ${}^3_bP$ ${}^1I$ ${}^1_aG$ ${}^1_bG$ ${}^1F$ ${}^1_aD$ ${}^1_bD$ ${}^1_aS$ ${}^1_bS$
d^5	${}^6S$ ${}^4G$ ${}^4F$ ${}^4D$ ${}^4P$ ${}^2I$ ${}^2H$ ${}^2_aG$ ${}^2_bG$ ${}^2_aF$ ${}^2_bF$ ${}^2_aD$ ${}^2_bD$ ${}^2_cD$ ${}^2P$ ${}^2S$

[a] Der Grundterm ist immer an erster Stelle notiert. Mit a, b, c werden bei gegebener Elektronenkonfiguration d^N Terme mit gleichem L und gleichem S unterschieden.

Bei nd-Systemen verwendet man anstelle der SLATER-CONDON-Parameter gewöhnlich die RACAH-Parameter A, B und C (s. Tab. 3.9). Sie sind positiv, woraus folgt, daß beim $n\mathrm{d}^2$-System ${}^3F$ der Grundterm ist — im Einklang mit den ersten beiden HUNDschen Regeln (vgl. 2.2.2). Über die weitere energetische Abfolge der Terme entscheidet die relative Größe von B und C. Abb. 3.6 zeigt, daß für $B/C < 0{,}2$ ${}^3P$ der 1. angeregte und ${}^1D$ der 2. angeregte Term ist, während sich für $B/C > 0,2$ die Reihenfolge umkehrt.

Tab. 3.9: Energien der RUSSELL-SAUNDERS-Terme von Ionen mit nd²-Konfiguration

Term	Energie SLATER-CONDON	Energie RACAH[a]	ΔE[b]
^3F[c]	$F_0 - 8F_2 - 9F_4$	$A - 8B$	0
^1D	$F_0 - 3F_2 + 36F_4$	$A - 3B + 2C$	$5B + 2C$
^3P	$F_0 + 7F_2 - 84F_4$	$A + 7B$	$15B$
^1G	$F_0 + 4F_2 + F_4$	$A + 4B + 2C$	$12B + 2C$
^1S	$F_0 + 14F_2 + 126F_4$	$A + 14B + 7C$	$22B + 7C$

[a] Definition der RACAH-Parameter:
$A = F_0 - 49F_4$, $B = F_2 - 5F_4$, $C = 35F_4$.
[b] Energiedifferenz zum Grundterm.
[c] ^3F ist Grundterm.

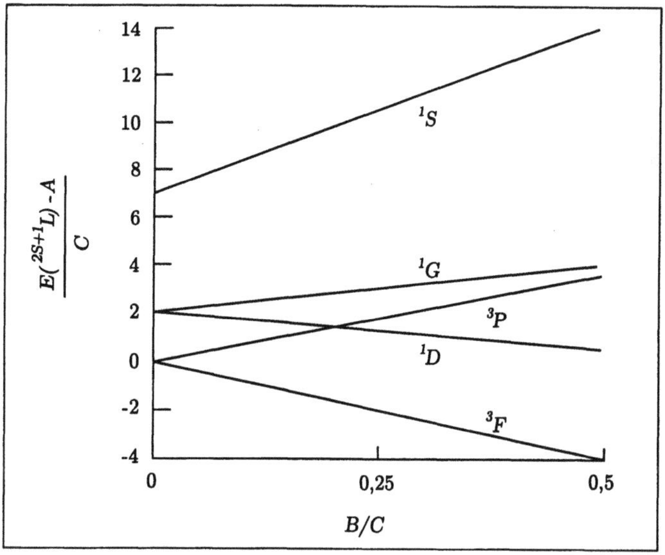

Abb. 3.6: Theoretische Termenergien des d²-Systems [178] (aufgetragen ist $[E(^{2S+1}L) - A]/C$ gegen B/C).

Anmerkungen und Ergänzungen zur interelektronischen Wechselwirkung:

1. Nach spektroskopischen Untersuchungen beträgt der Elektronenabstoßungsparameter B bei Ionen der 3d-Elemente einige hundert Wellenzahlen [178] (B [cm^{-1}]: Ti^{2+} 720; V^{3+} 860; Cr^{4+} 1040), während C in vielen Fällen um den Faktor ≈ 4 größer ist (C/B: Ti^{2+} 3,7; V^{3+} 4,8; Cr^{4+} 4,1).

2. An der Größe von B und C ist ablesbar, daß normalerweise bei Temperaturen bis ca. 300 K nur der Grundterm besetzt ist. Bei genaueren Rechnungen müssen auch angeregte Terme mit derselben Multiplizität berücksichtigt werden. Die Energiedifferenz zwischen Grundterm und diesen angeregten Termen ist nur von *einem* Parameter (B) abhängig.

3. Quantitative Übereinstimmung zwischen den nach dem vorgestellten Modell berechenbaren und den empirisch zugänglichen Werten der Elektronenabstoßungsparameter ist wegen ungenügender Kenntnis der Radialanteile der Wellenfunktionen nicht zu erwarten. Man verwendet die Größen als Parameter und ersetzt sie gegebenenfalls durch die aus Meßdaten erhaltenen Werte.

4. Während bei d-Systemen die SLATER-CONDON-Parameter F_0, F_2 und F_4 eine Rolle spielen, sind bei p- und f-Systemen F_0 und F_2 bzw. F_0, F_2, F_4 und F_6 zu berücksichtigen.

5. Bei Ionen, die von Liganden umgeben sind, kommt es immer zu einer Verkleinerung des Elektronenabstoßungsparameters B gegenüber den Werten B_{frei} der freien Ionen, da im Komplex die Ladungswolke der d-Elektronen ausgedehnter und daher die interelektronische Abstoßung geringer ist [139]. Das Verhältnis B/B_{frei} dient zur Charakterisierung des kovalenten Anteils der Metall-Ligand-Bindung (nephelauxetische Serie, s. 4.3.2.3).

Termzustände $|L\, M_L\, S\, M_S\rangle$ (quantitativ). Ein Verfahren zur Bestimmung der Funktionen $|L\, M_L\, S\, M_S\rangle$ eines Terms beruht auf der (wiederholten) Anwendung der Schiebeoperatoren $\hat{L}_\pm$, $\hat{l}_\pm$, $\hat{S}_\pm$, $\hat{s}_\pm$ auf eine bekannte Funktion dieses Terms[44]. Wir erzeugen nach diesem Verfahren aus dem bekannten Zustand

$$|3\,3\,1\,1\rangle = \Phi(2^+;1^+), \tag{3.131}$$

der nach Tab. 3.6 nur aus *einem* Mikrozustand besteht, die weiteren Zustände $|3\, M_L\, 1\, 1\rangle$ mit $M_L = 2, 1, \ldots, -3$ unter Anwendung von Gl. (3.130) und

$$\hat{L}_\pm \Phi(m_{l_1}, m_{s_1}; m_{l_2}, m_{s_2}; \ldots; m_{l_N}, m_{s_N}) = \sum_{i=1}^{N} \sqrt{l_i(l_i+1) - m_{l_i}(m_{l_i} \pm 1)}\, \hbar\, \Phi(m_{l_1}, m_{s_1}; \ldots; m_{l_i} \pm 1, m_{s_i}; \ldots; m_{l_N}, m_{s_N}. \tag{3.132}$$

Eine entsprechende Beziehung gilt für den Schiebeoperator des Spins.

[44] Alternativ können die Termzustände aus den Mikrozuständen mit Hilfe von Vektorkopplungs (VC)-Koeffizienten berechnet werden (vgl. B.3).

Beispiel 3.3 *Konstruktion der Zustände* $|\,3\,M_L\,1\,1\,\rangle$ *aus* $|\,3\,3\,1\,1\,\rangle$ *mit Hilfe von Schiebeoperatoren*

Auf die linke Seite von Gl. (3.131) wird $\hat{L}_-$ angewandt:

$$\begin{aligned} \hat{L}_-|\,3\,3\,1\,1\,\rangle &= \sqrt{3(3+1)-3(3-1)}\,\hbar\,|\,3\,2\,1\,1\,\rangle \\ &= \sqrt{6}\,\hbar\,|\,3\,2\,1\,1\,\rangle. \end{aligned} \tag{3.133}$$

Die Anwendung von Gl. (3.132) auf die rechte Seite der Gl. (3.131) ergibt:

$$\hat{L}_-\Phi(2^+;1^+) = \sqrt{6}\,\hbar\,\Phi(2^+;0^+) \tag{3.134}$$

Wegen Gl. (3.131) müssen die rechten Seiten der Gln. (3.133) und (3.134) gleich sein, und es ergibt sich für den Zustand mit $M_L = 2$:

$$|\,3\,2\,1\,1\,\rangle = \Phi(2^+;0^+) \tag{3.135}$$

Um $|\,3\,1\,1\,1\,\rangle$ zu erhalten, wendet man $\hat{L}_-$ auf die Funktion (3.135) an:

$$\begin{aligned} \hat{L}_-|\,3\,2\,1\,1\,\rangle &= \sqrt{10}\,\hbar\,|\,3\,1\,1\,1\,\rangle \\ \hat{L}_-\Phi(2^+;0^+) &= 2\,\hbar\,\Phi(1^+;0^+) + \sqrt{6}\,\hbar\,\Phi(2^+;-1^+) \\ |\,3\,1\,1\,1\,\rangle &= \sqrt{\tfrac{2}{5}}\,\hbar\,\Phi(1^+;0^+) + \sqrt{\tfrac{3}{5}}\,\hbar\,\Phi(2^+;-1^+) \end{aligned}$$

Im Schema (3.136) sind die Ergebnisse für alle Zustände des Terms $^3F(\mathrm{d}^2)$ mit $M_S = 1$ zusammengefaßt. Mit aufgeführt sind für spätere Zwecke die Zustände des $^3P(\mathrm{d}^2)$-Terms (vgl. 4.3.2.5). Die Zustände mit $M_S = 0$ und $M_S = -1$ erhält man daraus durch ein- bzw. zweimaliges Anwenden von $\hat{S}_-$.

^3L	$\lvert L\,M_L\,1\,1\,\rangle$		$\Phi(m_{l_1}, m_{s_1}; m_{l_2}, m_{s_2})$
^3F	$\lvert 3\,3\,1\,1\rangle$	=	$\Phi(2^+;1^+)$
	$\lvert 3\,2\,1\,1\rangle$	=	$\Phi(2^+;0^+)$
	$\lvert 3\,1\,1\,1\rangle$	=	$\sqrt{\frac{3}{5}}\,\Phi(2^+;-1^+) + \sqrt{\frac{2}{5}}\,\Phi(1^+;0^+)$
	$\lvert 3\,0\,1\,1\rangle$	=	$\sqrt{\frac{1}{5}}\,\Phi(2^+;-2^+) + \sqrt{\frac{4}{5}}\,\Phi(1^+;-1^+)$
	$\lvert 3\,-1\,1\,1\rangle$	=	$\sqrt{\frac{3}{5}}\,\Phi(1^+;-2^+) + \sqrt{\frac{2}{5}}\,\Phi(0^+;-1^+)$
	$\lvert 3\,-2\,1\,1\rangle$	=	$\Phi(0^+;-2^+)$
	$\lvert 3\,-3\,1\,1\rangle$	=	$\Phi(-1^+;-2^+)$
^3P	$\lvert 1\,1\,1\,1\rangle$	=	$\sqrt{\frac{2}{5}}\,\Phi(2^+;-1^+) - \sqrt{\frac{3}{5}}\,\Phi(1^+;0^+)$
	$\lvert 1\,0\,1\,1\rangle$	=	$\sqrt{\frac{4}{5}}\,\Phi(2^+;-2^+) - \sqrt{\frac{1}{5}}\,\Phi(1^+;-1^+)$
	$\lvert 1\,-1\,1\,1\rangle$	=	$\sqrt{\frac{2}{5}}\,\Phi(1^+;-2^+) - \sqrt{\frac{3}{5}}\,\Phi(0^+;-1^+)$

(3.136)

Termenergien (quantitativ). Man stellt die H-Matrix mit dem Operator $\hat{H}_{ee}^{(1)}$ auf, diagonalisiert sie und erhält die Energien und die an die Störung adaptierten Wellenfunktionen. Allerdings sind die Rechnungen hier umfangreicher als z. B. bei der Behandlung der Spin-Bahn-Wechselwirkung mit $\hat{H}^{(1)} = \hat{H}_{SB}$ im Falle des p^1-Systems (s. 3.2.4): Anstelle einer 6×6-Matrix liegt eine 45×45-Matrix vor, und die Berechnung der Matrixelemente ist wesentlich aufwendiger, da die Funktionen Φ wegen des Antisymmetrieprinzips einen komplizierteren Aufbau haben und Integrale des Typs $\int \Phi_a^* \hat{H}_{ee}^{(1)} \Phi_b d\tau$ erst behandelt werden können, nachdem man die Glieder e^2/r_{ij} im Operator $\hat{H}_{ee}^{(1)}$ umgeformt hat. Vom Störoperator $\hat{H}_{ee}^{(1)}$ (3.124) im Matrixelement $\langle L\,M_L\,S\,M_S|\hat{H}_{ee}^{(1)}|\,L\,M_L\,S\,M_S\rangle$ ist nur der Operator e^2/r_{12} für uns von Interesse, da nur er zu einer Energieaufspaltung führt. Damit die Integration über Radial- und Winkelkoordinaten separat durchgeführt werden kann, ersetzt man zunächst r_{12} durch r_1, r_2 und den Winkel ω, den $\boldsymbol{r}_1$ und $\boldsymbol{r}_2$ einschließen (Cosinus-Satz):

$$r_{12} = \left[r_1^2 + r_2^2 - 2r_1\,r_2\cos\omega\right]^{1/2}. \tag{3.137}$$

Mit den Größen $r_> = \max(r_1, r_2)$ und $r_< = \min(r_1, r_2)$ folgt für e^2/r_{12}:

$$\frac{e^2}{r_{12}} = \frac{e^2}{r_>}\left[1 + \left(\frac{r_<}{r_>}\right)^2 - 2\left(\frac{r_<}{r_>}\right)\cos\omega\right]^{-1/2} \tag{3.138}$$

Der Klammerausdruck kann in eine TAYLOR-Reihe nach Potenzen von $r_</r_>$ entwickelt werden (s. [33, 136]):

$$\frac{e^2}{r_{12}} = \frac{e^2}{r_>}\sum_{k=0}^{\infty}\left(\frac{r_<}{r_>}\right)^k P_k(\cos\omega) = e^2\sum_{k=0}^{\infty}\frac{r_<^k}{r_>^{k+1}}\,P_k(\cos\omega). \tag{3.139}$$

Die Entwicklungskoeffizienten $P_k(\cos\omega)$ sind die LEGENDRE-Polynome[45] (s. 3.2.1). Diese wandeln wir für die folgenden Integrationen mit Hilfe des Additionstheorems für Kugelflächenfunktionen [199], d. h. der Entwicklung eines LEGENDRE-Polynoms der Ordnung k in $\cos\omega$ in eine Summe über die Produkte von Kugelflächenfunktionen der Polarwinkel (θ_1, ϕ_1) und (θ_2, ϕ_2), in Produkte um, deren Faktoren die Koordinaten jeweils nur *eines* Elektrons enthalten:

$$\begin{aligned} P_k(\cos\omega) &= \sum_{q=-k}^{+k}(-1)^q C_{-q}^k(\theta_1,\phi_1)\,C_q^k(\theta_2,\varphi_2) \quad \text{mit} \\ C_q^k(\theta,\phi) &= \left(\frac{4\pi}{2k+1}\right)^{1/2} Y_q^k(\theta,\phi) \end{aligned} \tag{3.140}$$

[45] Die LEGENDRE-Polynome für $k = 0, 1$ und 2 sind: $P_0(\cos\omega) = 1$; $P_1(\cos\omega) = \cos\omega$; $P_2(\cos\omega) = \frac{3}{2}\cos^2\omega - \frac{1}{2}$. Zwischen ihnen und den Kugelflächenfunktionen besteht der Zusammenhang: $P_k(\cos\omega) = \sqrt{4\pi/(2k+1)}Y_0^k(\omega,\phi)$.

Für den Operator der interelektronischen Wechselwirkung erhalten wir:

$$\frac{e^2}{r_{12}} = e^2 \sum_{k=0}^{\infty} \frac{r_<^k}{r_>^{k+1}} \sum_{q=-k}^{k} (-1)^q C_{-q}^k(\theta_1, \phi_1)\, C_q^k(\theta_2, \phi_2) \tag{3.141}$$

Um das Matrixelement $\langle LM_L SM_S | e^2/r_{12} | LM_L SM_S \rangle$ zu berechnen, schreibt man zunächst den Zustand $|LM_L SM_S\rangle$ in der Basis der ungekoppelten Funktionen. Man erhält ein oder mehrere Integrale der Form

$$\left\langle \langle n_a l_a m_{l_a} m_{s_a}(1) | \langle n_b l_b m_{l_b} m_{s_b}(2) | \left| \frac{e^2}{r_{12}} \right| | n_c l_c m_{l_c} m_{s_c}(1) \rangle | n_d l_d m_{l_d} m_{s_d}(2) \rangle \right\rangle =$$
$$\sum_k R^k(n_a l_a, n_b l_b; n_c l_c, n_d l_d)$$
$$\times \sum_{q=-k}^{k} (-1)^q \langle Y_{m_{l_a}}^{l_a} | C_{-q}^k | Y_{m_{l_c}}^{l_c} \rangle \langle Y_{m_{l_b}}^{l_b} | C_q^k | Y_{m_{l_d}}^{l_d} \rangle \delta_{m_{s_a}, m_{s_c}} \delta_{m_{s_b}, m_{s_d}}, \tag{3.142}$$

$$\text{mit} \quad R^k = e^2 \left\langle R_{n_a l_a}(1) R_{n_b l_b}(2) \left| \frac{r_<^k}{r_>^{k+1}} \right| R_{n_c l_c}(1) R_{n_d l_d}(2) \right\rangle. \tag{3.143}$$

Werden ausschließlich Matrixelemente von e^2/r_{12} innerhalb derselben Konfiguration betrachtet, können nur die beiden Integraltypen

$$F^k(n_a l_a; n_b l_b) = e^2 \left\langle R_{n_a l_a}(1) R_{n_b l_b}(2) \left| \frac{r_<^k}{r_>^{k+1}} \right| R_{n_a l_a}(1) R_{n_b l_b}(2) \right\rangle \tag{3.144}$$

$$G^k(n_a l_a; n_b l_b) = e^2 \left\langle R_{n_a l_a}(1) R_{n_b l_b}(2) \left| \frac{r_<^k}{r_>^{k+1}} \right| R_{n_b l_b}(1) R_{n_a l_a}(2) \right\rangle \tag{3.145}$$

vorkommen, die man als SLATER-CONDON-Parameter bezeichnet. Im speziellen Fall äquivalenter Elektronen ($n_a = n_b$; $l_a = l_b$) liefern sie den gleichen Wert, so daß man nur F^k benötigt. Im folgenden Beispiel wird die Elektron-Elektron-Wechselwirkung des ${}^3F$-Terms eines d^2-Systems berechnet, dessen Zustände durch Gl. (3.136) gegeben sind.

Beispiel 3.4 *Berechnung des Matrixelementes*

$$\langle {}^3F(d^2), 3\,3\,1\,1 | e^2/r_{12} | {}^3F(d^2), 3\,3\,1\,1 \rangle$$

Der Zustand $|3\,3\,1\,1\rangle = \Phi(2^+; 1^+)$, geschrieben als antisymmetrisiertes Produkt von $|m_{l_a} m_{s_a}(1);\, m_{l_b} m_{s_b}(2)\rangle$ (mit $l_a = l_b = 2$; $s_a = s_b = \frac{1}{2}$), hat die Form:

$$|\,3\,3\,1\,1\,\rangle = \frac{1}{\sqrt{2}} \left\{ \,|\,2\,\tfrac{1}{2}\,(1);\, 1\,\tfrac{1}{2}\,(2)\rangle - |\,1\,\tfrac{1}{2}\,(1);\, 2\,\tfrac{1}{2}\,(2)\rangle \,\right\}. \tag{3.146}$$

Das Matrixelement besteht aus vier Integralen:

$$\begin{aligned}\langle 3311|\tfrac{e^2}{r_{12}}|3311\rangle \;=\; & \tfrac{1}{2}\Big\{ \langle 2\,\tfrac{1}{2}(1);\, 1\,\tfrac{1}{2}(2)|\,\tfrac{e^2}{r_{12}}\,|2\,\tfrac{1}{2}(1);\, 1\,\tfrac{1}{2}(2)\rangle \\ & -\langle 2\,\tfrac{1}{2}(1);\, 1\,\tfrac{1}{2}(2)|\,\tfrac{e^2}{r_{12}}\,|\tfrac{1}{2}(1);\, 2\,\tfrac{1}{2}(2)\rangle \\ & -\langle 1\,\tfrac{1}{2}(1);\, 2\,\tfrac{1}{2}(2)|\,\tfrac{e^2}{r_{12}}\,|2\,\tfrac{1}{2}(1);\, 1\,\tfrac{1}{2}(2)\rangle \\ & +\langle 1\,\tfrac{1}{2}(1);\, 2\,\tfrac{1}{2}(2)|\,\tfrac{e^2}{r_{12}}\,|1\,\tfrac{1}{2}(1);\, 2\,\tfrac{1}{2}(2)\rangle \Big\}\end{aligned}$$

Da die Integrale 1 und 4 sowie 2 und 3 gleich groß sind, schreiben wir:

$$\begin{aligned}\langle 3311|\tfrac{e^2}{r_{12}}|3311\rangle \;=\; & \langle 2\,\tfrac{1}{2}(1);\, 1\,\tfrac{1}{2}(2)|\,\tfrac{e^2}{r_{12}}\,|2\,\tfrac{1}{2}(1);\, 1\,\tfrac{1}{2}(2)\rangle \\ & -\langle 2\,\tfrac{1}{2}(1);\, 1\,\tfrac{1}{2}(2)|\,\tfrac{e^2}{r_{12}}\,|1\,\tfrac{1}{2}(1);\, 2\,\tfrac{1}{2}(2)\rangle \qquad (3.147)\end{aligned}$$

Wir entwickeln zunächst das erste Integral (COULOMB-Integral) auf der rechten Seite dieser Gleichung. Von den in Gl. (3.142) zu berücksichtigenden Summanden spielen nur solche mit geradem k eine Rolle. Dies ist eine Konsequenz der Tatsache, daß die in den beiden Integralen über drei Kugelfunktionen jeweils vorkommenden Funktionen Y_m^l den gleichen l-Wert haben. Weiterhin gilt, daß im Falle von d-Systemen $k \leq 4$ ist. Folglich sind die Terme mit $k = 0, 2, 4$ zu betrachten, wobei sich herausstellen wird, daß sich nur dann von null verschiedene Werte für die Integrale ergeben, wenn $q = 0$ ist. Da es sich ausschließlich um Zustände mit $m_s = +\frac{1}{2}$ handelt, ergeben die δ-Symbole in Gl. (3.142) immer 1. Die in den folgenden Gleichungen angegebenen Werte für die Integrale über drei Kugelflächenfunktionen sind bei CONDON und SHORTLEY [66] als $c^k(lm_l, l'm_l')$-Werte tabelliert und in Tab. 3.10 zusammengestellt.

Tab. 3.10: Integrale über drei Kugelflächenfunktionen, $c^k(lm_l, l'm_l')$ für $l = l' = 2$; $c^k(l'm_l', lm_l) = (-1)^{m_l - m_l'} c^k(lm_l, l'm_l')$ [66, 178]

m_l	m_l'	c^0	$7\,c^2$ a)	$21\,c^4$ a)
±2	±2	$+1$	-2	$+1$
±2	±1	0	$+\sqrt{6}$	$-\sqrt{5}$
±2	0	0	-2	$+\sqrt{15}$
±1	±1	$+1$	$+1$	-4
±1	0	0	$+1$	$+\sqrt{30}$
0	0	$+1$	$+2$	$+6$
±2	∓2	0	0	$+\sqrt{70}$
±2	∓1	0	0	$-\sqrt{35}$
±1	∓1	0	$-\sqrt{6}$	$-\sqrt{40}$

a) Der Zahlenfaktor ist der Nenner aller c^k-Werte einer Spalte.

$$k=0 \quad (q=0): \qquad F^0 \times \underbrace{\langle Y_2^2|C_0^0|Y_2^2\rangle}_{1}\;\underbrace{\langle Y_1^2|C_0^0|Y_1^2\rangle}_{1} \;=\; F^0$$

$$k=2 \quad (q=0): \qquad F^2 \times \underbrace{\langle Y_2^2|C_0^2|Y_2^2\rangle}_{-\frac{2}{7}} \underbrace{\langle Y_1^2|C_0^2|Y_1^2\rangle}_{\frac{1}{7}} = -\frac{2}{49}F^2$$

$$k=4 \quad (q=0): \qquad F^4 \times \underbrace{\langle Y_2^2|C_0^4|Y_2^2\rangle}_{\frac{1}{21}} \underbrace{\langle Y_1^2|C_0^4|Y_1^2\rangle}_{-\frac{4}{21}} = -\frac{4}{441}F^4$$

Beim zweiten Integral der Gl. (3.147) (*Austauschintegral*) liefern der Term mit $k=0$ keinen und die Terme mit $k=2$ und $k=4$ nur für $q=-1$ einen von null abweichenden Beitrag:

$$k=2 \quad (q=-1): \quad F^2 \times (-1) \underbrace{\langle Y_2^2|C_1^2|Y_1^2\rangle}_{\frac{\sqrt{6}}{7}} \underbrace{\langle Y_1^2|C_{-1}^2|Y_2^2\rangle}_{-\frac{\sqrt{6}}{7}} = \tfrac{6}{49}F^2$$

$$k=4 \quad (q=-1): \quad F^4 \times (-1) \underbrace{\langle Y_2^2|C_1^4|Y_1^2\rangle}_{-\frac{\sqrt{5}}{21}} \underbrace{\langle Y_1^2|C_{-1}^4|Y_2^2\rangle}_{\frac{\sqrt{5}}{21}} = \tfrac{5}{441}F^4$$

Eingesetzt in Gl. (3.147) erhalten wir die Energie $E(^3F;\mathrm{d}^2)$

$$E(^3F;\mathrm{d}^2) = F^0 - \frac{8}{49}F^2 - \frac{9}{441}F^4 = F_0 - 8F_2 - 9F_4, \tag{3.148}$$

wobei $F^2/49$ und $F^4/441$ durch F_2 bzw. F_4 ersetzt wurden und man die in Tab. 3.9 gegebene Eintragung erhält. *

3.3.3 Spin-Bahn-Wechselwirkung

In eine genauere Betrachtung von Mehrelektronensystemen muß die Spin-Bahn-Kopplung einbezogen werden. In den Operator (3.124) wird der Term $\hat{H}_{SB}$ aufgenommen[46)], der gegenüber dem des Einelektronensystems die Summation über alle Elektronen enthält:

$$\hat{H} = \hat{H}^{(0)} + \hat{H}_{ee} + \underbrace{\sum_{i=1}^{N} \xi(r_i)\hat{l}_i\cdot\hat{s}_i}_{\hat{H}_{SB}}. \tag{3.149}$$

[46)] Dabei wird nur die Wechselwirkung zwischen den magnetischen Momenten von Bahnbewegung und Spin des gleichen Elektrons betrachtet und die deutlich schwächere Wechselwirkung des magnetischen Spinmoments eines Elektrons mit dem Bahnmoment eines anderen vernachlässigt.

Als Basis nimmt man wie bisher die Atomorbitale der Zentralfeldnäherung. Im Vergleich zur Störungsrechnung mit $\hat{H}_{ee}$ allein ist die Diagonalisierung der H-Matrix aufwendiger. Energien und an die Störung adaptierte Funktionen hängen in komplizierterer Weise von der relativen Stärke der beiden Störungen ab. Es empfiehlt sich, H_{ee} und H_{SB} zunächst getrennt zu betrachten und dann einem *Korrelationsdiagramm* zu entnehmen, wie sich das System beim Übergang vom einen Extremfall zum anderen verhält. Relativ einfach ist die Situation bei einem $n\mathrm{p}^2$-System. Einzelheiten dazu findet man in Lit. [182] (S. 55 ff.). Wir beschränken uns auf eine qualitative Betrachtung.

Tab. 3.11: Integrale über drei Kugelflächenfunktionen, $c^k(lm_l, l'm_l')$ für $l = l' = 1$ (vgl. Tab. 3.10)

m_l	m_l'	c^0	$5\,c^2$ a)
±1	±1	$+1$	-1
±1	0	0	$+\sqrt{3}$
0	0	$+1$	$+2$
±1	∓1	0	$-\sqrt{6}$

a) Der Zahlenfaktor ist der Nenner der c^2-Werte.

Das Korrelationsdiagramm Abb. 3.7 zeigt auf der linken Seite die Terme ^3P, ^1D und ^1S, die man nach Anwendung von $\hat{H}_{ee}$ auf die Funktionen der Zentralfeldnäherung erhält. Ihre Energien berechnet man analog zu Beispiel 3.4 unter Verwendung der in Tab. 3.11 für $l = l' = 1$ notierten $c^k(lm, l'm_l')$-Werte. Man erhält, abgesehen von dem für alle Terme gleichen Beitrag F_0, die Werte $-5\,F_2(^3P)$, $F_2(^1D)$ und $10\,F_2(^1S)$. Schaltet man H_{SB} dazu, erfolgt nach der 3. HUNDschen Regel die Aufspaltung der Terme in die Multipletts (vgl. 2.2.2). Ganz rechts in Abb. 3.7 sind die Energien der Zustände unter alleiniger Berücksichtigung der Spin-Bahn-Wechselwirkung aufgetragen. Wir ermitteln sie mit den für das Einelektronensystem p¹ erhaltenen Werten $\zeta/2$ für $j = 3/2$ und $-\zeta$ für $j = 1/2$ (vgl. 3.2.4). Die Energien des p²-Systems ergeben sich daraus je nach Größe von j_1 (Elektron 1) und j_2 (Elektron 2) für die vier möglichen (j_1, j_2)-Kombinationen $(\frac{3}{2}, \frac{3}{2})$, $(\frac{3}{2}, \frac{1}{2}; \frac{1}{2}, \frac{3}{2})$ und $(\frac{1}{2}, \frac{1}{2})$ zu ζ, $-\zeta/2$ bzw. -2ζ. Schaltet man jetzt H_{ee} dazu, kommt es zu einer Aufspaltung bei den $(\frac{3}{2}, \frac{3}{2})$- und $(\frac{3}{2}, \frac{1}{2})$-Zuständen, nicht

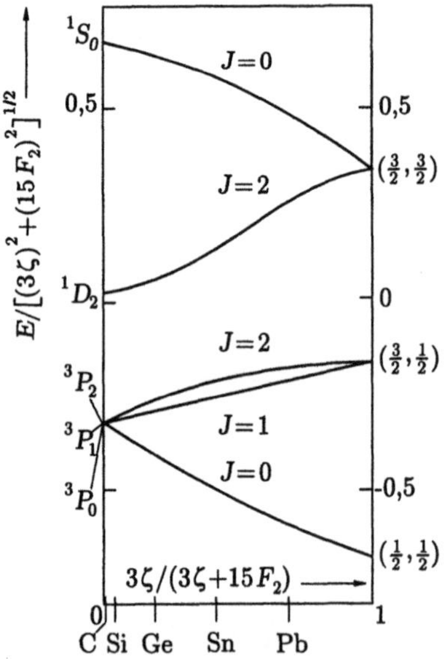

Abb. 3.7: Korrelationsdiagramm für ein $n\mathrm{p}^2$-System unter dem Einfluß von H_{ee} und H_{SB} [19]

jedoch bei $\left(\frac{1}{2},\frac{1}{2}\right)$. Die Markierungen in Abb. 3.7 verdeutlichen die Situation für die Atome der 4. Hauptgruppe C – Pb. Während C nahe am linken Rand erscheint, findet man die Position der schwereren Elemente systematisch nach rechts verschoben. Hier äußert sich die Zunahme von ζ infolge steigender effektiver Kernladung, verbunden mit der Abnahme von F_2 aufgrund zunehmender räumlicher Ausdehnung der p-Orbitale.

Die Beschreibung des kombinierten Einflusses von H_{ee} und H_{SB} wird vergleichsweise einfach, wenn eine Störung sehr viel kleiner ist als die andere. Dominiert die interelektronische Wechselwirkung ($H_{ee} \gg H_{SB}$), läßt sich das Verhalten im RUSSELL-SAUNDERS-Kopplungsschema beschreiben; dominiert die Spin-Bahn-Wechselwirkung ($H_{SB} \gg H_{ee}$), ist das j-j-Kopplungsschema geeignet.

RUSSELL-SAUNDERS-Kopplungsschema. Gilt $H_{ee} \gg H_{SB}$, kann man zunächst H_{SB} gegenüber H_{ee} vernachlässigen. Die Spins $\boldsymbol{s}(1), \boldsymbol{s}(2), \ldots, \boldsymbol{s}(N)$ koppeln zum Gesamtspin $\boldsymbol{S}$ und die Bahndrehimpulse $\boldsymbol{l}(1)$, $\boldsymbol{l}(2)$, ..., $\boldsymbol{l}(N)$ zum Gesamtbahndrehimpuls $\boldsymbol{L}$. Es kommt zur Aufspaltung in Terme, deren Zustände als $\left|L\, M_L\, S\, M_S\right\rangle$ geschrieben werden (s. 3.3.2). Man behandelt dann H_{SB} als Störung 1. Ordnung innerhalb der $(2L+1)(2S+1)$-fach entarteten Niveaus eines jeden Terms, wobei man bez. jedes einzelnen Terms wie beim Einelektronensystem verfährt. Dabei gibt es allerdings eine Komplikation: Während die Termzustände Eigenfunktionen von $\hat{\boldsymbol{L}}^2$ und $\hat{\boldsymbol{S}}^2$ sind und durch die Quantenzahlen L, S, M_L und M_S charakterisiert werden, besteht $\hat{H}_{SB}$ aus einer Summe von Operatoren, die auf die Einelektronenfunktionen anzuwenden sind. Man kann jedoch zeigen (s. Anhang C.3.4), daß die in $\hat{H}_{SB}$ auftretende Summe von Einelektronen-Operatoren einem Operator $\hat{\boldsymbol{L}}\cdot\hat{\boldsymbol{S}}$ äquivalent ist, der auf Gesamtbahndrehimpuls und Gesamtspin der Termzustände wirkt:

$$\left\langle L\, S\, J\, M_J\middle|\hat{H}_{SB}\middle|L\, S\, J\, M_J\right\rangle = \lambda_{LS}\left\langle L\, S\, J\, M_J\middle|\hat{\boldsymbol{L}}\cdot\hat{\boldsymbol{S}}\middle|L\, S\, J\, M_J\right\rangle. \quad (3.150)$$

An die Stelle der Einelektronen-Spin-Bahn-Kopplungskonstante ζ_{nl} tritt die *Term-Spin-Bahn-Kopplungskonstante* λ_{LS} [66, 150]. Damit läßt sich das bisher am Einelektronen-System praktizierte Vorgehen (3.2.4) auf das Mehrelektronensystem übertragen: Die Operatoren $\hat{\boldsymbol{L}}$ und $\hat{\boldsymbol{S}}$ werden auf die Zustände $\left|L\, M_L\, S\, M_S\right\rangle$ des Mehrelektronensystems angewendet. Die an die Störung adaptierten Zustände $\left|L\, S\, J\, M_J\right\rangle$ sind somit Eigenzustände von $\hat{\boldsymbol{J}}^2$ und $\hat{J}_z$ und weiterhin Eigenzustände von $\hat{\boldsymbol{L}}^2$ und $\hat{\boldsymbol{S}}^2$ (L, S, J sind „gute" Quantenzahlen), nicht aber von $\hat{L}_z$ und $\hat{S}_z$. Ein gegebener Term spaltet dann in eine energetisch eng beieinander liegende Gruppe von Niveaus auf, die sich durch die Quantenzahl J unterscheiden, wobei J die Werte $L+S, L+S-1, \ldots, |L-S|$ annehmen kann. Zur Charakterisierung dieser *Multipletts* verwendet man das um J erweiterte Termsymbol $^{2S+1}L_J$. Die Multiplett-Aufspaltung hängt vom Parameter λ_{LS} ab.

Das vorgestellte Kopplungsmodell bezeichnet man als RUSSELL-SAUNDERS- oder LS-Kopplungsschema. Es ist umso besser erfüllt, je kleiner die Kernladungszahl des Atoms ist und gilt in guter Näherung noch für 3d-Ionen. Angewendet z. B. auf das $3d^2$-System, ergeben sich nach Berücksichtigung der interelektronischen Wechselwirkung die Terme ^3F, ^3P, ^1D, ^1G und ^1S (s. Tab. 3.8) und nach Einschalten der Spin-Bahn-Kopplung die Multipletts

$$^3F_2 \;\; ^3F_3 \;\; ^3F_4 \qquad ^3P_0 \;\; ^3P_1 \;\; ^3P_2 \qquad ^1D_2 \qquad ^1G_4 \qquad ^1S_0.$$

Beispiel 3.5 *Ermittlung von $|JM_J\rangle$ aus $|LM_LSM_S\rangle$*
Die nach der Spin-Bahn-Kopplung resultierenden Zustände $|LSJM_J\rangle$, Kurzform $|JM_J\rangle$, ergeben sich als Linearkombinationen der Zustände $|LM_LSM_S\rangle$ im Rahmen der Störungsrechnung. Sie lassen sich jedoch einfacher mit Hilfe von Formeln für Vektorkopplungskoeffizienten ermitteln, wie wir bereits bei der Behandlung des p^1-Systems in 3.2.4 erwähnten. Unter Verwendung von Gl. (B.28) erhält man z. B. für die fünf Zustände des Multipletts $^3F_2$:

$\lvert JM_J\rangle$		$\lvert M_LM_S\rangle$ mit $L=3, S=1$
$\lvert 2\,\pm2\rangle$	$=$	$\sqrt{\frac{5}{7}}\,\lvert \pm3\,\mp1\rangle - \sqrt{\frac{5}{21}}\,\lvert \pm2\,0\rangle + \sqrt{\frac{1}{21}}\,\lvert \pm1\,\pm1\rangle$
$\lvert 2\,\pm1\rangle$	$=$	$\sqrt{\frac{10}{21}}\,\lvert \pm2\,\mp1\rangle - \sqrt{\frac{8}{21}}\,\lvert \pm1\,0\rangle + \sqrt{\frac{1}{7}}\,\lvert 0\,\pm1\rangle$
$\lvert 2\,0\rangle$	$=$	$\sqrt{\frac{2}{7}}\,\lvert 1\,-1\rangle - \sqrt{\frac{3}{7}}\,\lvert 0\,0\rangle + \sqrt{\frac{2}{7}}\,\lvert -1\,1\rangle$

* (3.151)

Das Kopplungsschema ist am Beispiel der Triplett-Terme ^3F und ^3P des $V^{3+}(3d^2)$-Ions [179] in Abb. 3.8 verdeutlicht. Die elektrostatische Abstoßung der 3d-Elektronen führt zu einer Aufspaltung von 12 925 cm^{-1} zwischen den Energieschwerpunkten des ^3F-Grundterms und des angeregten ^3P-Terms[47)]. Demgegenüber ist die Multiplett-Aufspaltung eines Terms durch die Spin-Bahn-Kopplung relativ klein (100 cm^{-1} bis 400 cm^{-1}), so daß das schrittweise Vorgehen mit der Behandlung der Spin-Bahn-Kopplung im Anschluß an die zunächst eingeschaltete interelektronische Wechselwirkung gerechtfertigt ist.

Ergänzungen zur Multiplett-Aufspaltung von Termen. 1.) Für den Zusammenhang zwischen ζ_{nd} und $\lambda_{LS(Grund)}$ des Grundterms eines nd^N-Systems gilt ([178], S. 111; [181], S. 593 und dort zitierte Literatur):

$$\lambda_{LS(Grund)} = \pm\frac{\zeta_{nd}}{2S}. \qquad (3.152)$$

Das positive Vorzeichen bezieht sich auf Elektronenkonfigurationen vor der Halbbesetzung der Unterschale ($N < 2l+1$) und das negative Vorzeichen auf

47) Die Energiedifferenzen zwischen dem Grundterm ^3F und den angeregten Singulett-Termen betragen 11 239 cm^{-1} (^1D), 18 668 cm^{-1} (^1G) und 19 672 cm^{-1} (^1S).

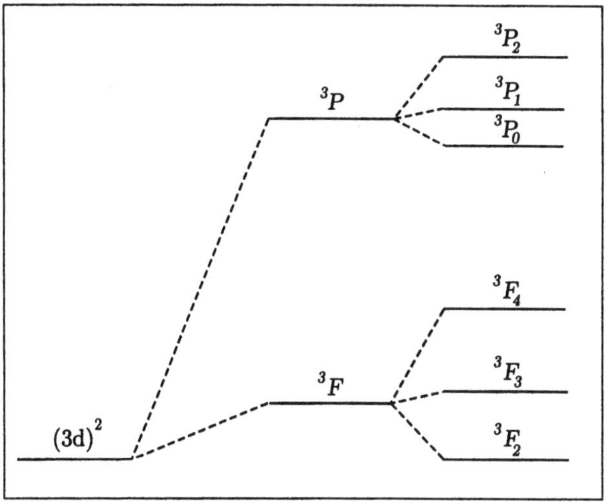

Abb. 3.8: Triplett-Energiezustände des freien V^{3+}-Ions (nicht maßstabsgetreu)

solche nach der Halbbesetzung ($N > 2l + 1$). Bei Halbbesetzung ($N = 2l + 1$) ist $\lambda_{LS(Grund)} = 0$, da ein Bahnsingulett-Zustand ($L = 0$) vorliegt.

2.) Zwischen den Energien der J-Multipletts eines Terms gibt es eine wichtige Beziehung, zu deren Ableitung zunächst das Skalarprodukt $\hat{\boldsymbol{L}}\cdot\hat{\boldsymbol{S}}$ in Gl. (3.150) umgeformt wird:

$$\begin{aligned} \hat{\boldsymbol{J}} &= \hat{\boldsymbol{L}} + \hat{\boldsymbol{S}} \\ \hat{\boldsymbol{J}}^2 &= (\hat{\boldsymbol{L}} + \hat{\boldsymbol{S}})^2 = \hat{\boldsymbol{L}}^2 + \hat{\boldsymbol{S}}^2 + 2\hat{\boldsymbol{L}}\cdot\hat{\boldsymbol{S}} \\ \hat{\boldsymbol{L}}\cdot\hat{\boldsymbol{S}} &= \tfrac{1}{2}(\hat{\boldsymbol{J}}^2 - \hat{\boldsymbol{L}}^2 - \hat{\boldsymbol{S}}^2). \end{aligned} \tag{3.153}$$

Für die Energie $E(L, S, J, M_J)$ folgt unter Zuhilfenahme von Gl. (3.150)

$$E(L, S, J, M_J) = E(^{2S+1}L) + \frac{\lambda_{LS}}{2}\left[J(J+1) - L(L+1) - S(S+1)\right], \tag{3.154}$$

wobei $E(^{2S+1}L)$ für die Termenergie ohne Spin-Bahn-Wechselwirkungsenergie steht. Entsprechend erhält man die Energie für einen Zustand des gleichen Terms, der durch die Gesamtdrehimpulsquantenzahl $J - 1$ charakterisiert ist:

$$E(L, S, J-1, M_J) = E(^{2S+1}L) + \frac{\lambda_{LS}}{2}\left[(J-1)J - L(L+1) - S(S+1)\right]. \tag{3.155}$$

Als Energiedifferenz folgt:

$$\Delta E(J, J-1) = \frac{\lambda_{LS}}{2}\left[J(J+1) - (J-1)J\right] = J\,\lambda_{LS}. \tag{3.156}$$

Gl. (3.156) bezeichnet man als LANDÉ-Intervallregel[48)][49)].

Wir haben gesehen, daß dominierende interelektronische Wechselwirkung und schwache Spin-Bahn-Kopplung zu einem Grundzustand des atomaren Systems führen, der sich durch maximales S (1. HUNDsche Regel) und damit vertretbares möglichst großes L auszeichnet (2. Regel); die Gesamtdrehimpulsquantenzahl J ist bei Systemen vor der Halbbesetzung einer Unterschale $L - S$, ab der Halbbesetzung $L + S$ (3. Regel). Zur anschaulichen Begründung dieser Regeln muß die Elektron-Kern-Anziehung, die interelektronische Abstoßung und die Wechselwirkung zwischen den magnetischen Momenten von Bahnbewegung und Spin betrachtet werden. Die Tatsache, daß entsprechend der 1. Regel ein Term mit möglichst hohem Gesamtspin (High-Spin) eine niedrigere Energie hat als irgendein anderer Term dieser Konfiguration mit niedrigerem Gesamtspin, ist darauf zurückzuführen, daß die Elektron-Kern-Anziehung bei einem Term mit parallelen Elektronenspins stärker ist [260, 261]. Der Effekt läßt sich mit der Antisymmetrie der Gesamtwellenfunktion erklären. Aufgrund der Antisymmetrie ist die Wellenfunktion immer dann null, wenn sich zwei Elektronen mit gleichem Spin an demselben Ort befinden, so daß diese Elektronen sich nicht sehr nahe kommen können. Dies führt in der Umgebung des betrachteten Elektrons zu einem Unterschuß an Ladung mit demselben Spin (FERMI-Loch). Wegen des größeren Abstands dieser Elektronen voneinander wird die Kernladung weniger abgeschirmt. Die Elektronenwolke kontrahiert, und Energie wird durch die Erhöhung der Elektron-Kern-Anziehung gewonnen. Die in der kompakteren Elektronenwolke erhöhte Elektron-Elektron-Abstoßung wird durch die Elektron-Kern-Anziehung mehr als kompensiert. Bei gegebener Multiplizität ist der Term mit dem größten L energetisch begünstigt, da bei großem Gesamtbahnmoment die Kreisbewegung der Elektronen im gleichen Drehsinn erfolgt und sie sich weniger häufig als bei entgegengesetztem Drehsinn treffen. Im Mittel ist also ihre Abstoßung kleiner, wenn L groß ist [19]. Zur 3. Regel ist anzumerken, daß nach Gl. (3.152) vor der Halbbesetzung $\lambda_{LS(Grund)}$ positiv ist und daher der Zustand mit möglichst kleinem J günstig ist; nach der Halbbesetzung ist $\lambda_{LS(Grund)}$ negativ und daher der Zustand mit möglichst großem J günstig (vgl. [144] für eine tiefergehende Erklärung).

Das RUSSELL-SAUNDERS-Kopplungsschema trifft bei leichten Atomen zu und ist auch anwendbar auf Atome und Ionen der 3d-Elemente. Allerdings

---

48) Die LANDÉ-Intervallregel gilt selbstverständlich auch beim Einelektronensystem und lautet hier: $\Delta E(j, j-1) = j\zeta_{nl}$; Beispiel: p^1-System, $\Delta E(\frac{3}{2}, \frac{1}{2}) = \frac{3}{2}\zeta_{n1}$ (s. 3.2.4).

49) Um die Gültigkeit der Intervallregel beim V^{3+}-Ion zu überprüfen, wird zunächst aus $\zeta_{3d}(V^{3+}) = 217$ cm^{-1} (s. Tab. 2.2) mit Hilfe von Gl. (3.152) $\lambda_{LS} = 108$ cm^{-1} berechnet. Damit ergibt sich nach Gl. (3.156) $\Delta E(^3F_3, ^3F_2) = 324$ cm^{-1} bzw. $\Delta E(^3F_4, ^3F_3) = 432$ cm^{-1}, in relativ guter Übereinstimmung mit den Eintragungen in Abb. 3.8 von 318 cm^{-1} bzw. 412 cm^{-1}.

kommt bei chemisch gebundenen 3d-Ionen die Spin-Bahn-Kopplung in der geschilderten Form nicht zum Tragen, da der Ligandeneffekt einen um mehr als zwei Größenordnungen stärkeren Einfluß hat (s. 4).

j-j-**Kopplung und intermediäre Kopplung.** Dominiert die Spin-Bahn-Kopplung im Vergleich zur COULOMB-Abstoßung der Elektronen, kommt es zunächst zu einer Kopplung von Bahndrehimpuls $\boldsymbol{l}(i)$ und Spin $\boldsymbol{s}(i)$ jedes Elektrons, so daß die Elektronen jeweils durch ihren Gesamtdrehimpuls $\boldsymbol{j}(i)$ charakterisiert sind. Anschließend betrachtet man H_{ee} als Störung in 1. Ordnung nur innerhalb der dann noch energieentarteten Zustände [182]. Die Behandlung von aufeinanderfolgenden Störungen in dieser Abfolge wird als *j-j*-Kopplungsschema bezeichnet.

Diese Situation trifft jedoch selbst bei schweren Atomen wie Pb (vgl. Abb. 3.7) nie in reiner Form zu und ist daher für uns ohne praktische Bedeutung. Man hat vielmehr bei den 4d- und 5d- sowie den 4f- und 5f-Ionen von der anfangs erwähnten intermediären Kopplung auszugehen, da interelektronische Wechselwirkung und Spin-Bahn-Kopplung von vergleichbarem Einfluß sind und korrekterweise als gleichzeitige Störungen behandelt werden müssen. Bei den nach intermediärer Kopplung resultierenden Zuständen ist nur noch J eine gute Quantenzahl, nicht jedoch L und S. Die gleichzeitige Betrachtung der Störungen ist zwingend im Fall der 4d-, 5d- und 5f-Systeme, allerdings mit einem großen rechnerischen Aufwand verbunden. Im Fall der Lanthanoidverbindungen ist es bei magnetochemischen Analysen in gewissen Fällen ausreichend, nur den nach dem RUSSELL-SAUNDERS-Kopplungsschema resultierenden Grundterm zu betrachten. Da man darüber hinaus durch spektroskopische Untersuchungen festgestellt hat, daß sich Abweichungen von diesem Schema nur relativ wenig beim J-Grundzustand bemerkbar machen[50], reicht es für halbquantitative Betrachtungen aus, den Einfluß der Umgebung allein auf diesen J-Grundzustand in Rechnung zu stellen (s. 4.4.1.4 und 4.4.2.2). Dies trifft jedoch nicht für die Systeme mit den Konfigurationen $4f^4$ (Nd^{2+}), $4f^5$ (Sm^{3+}) und $4f^6$ (Sm^{2+}, Eu^{3+}) zu. Hier dürfen angeregte J-Multipletts auf keinen Fall vernachlässigt werden, da die Energiedifferenzen relativ gering sind (s. Abb. 3.9 und 3.4.3).

---

[50] Der J-Grundzustand z. B. des Er^{3+}-Ions, der im RUSSELL-SAUNDERS-Kopplungsschema mit $^4I_{15/2}$ bezeichnet wird, hat im Schema der intermediären Kopplung die Zusammensetzung

$$|^4I'_{15/2}\rangle = 0,984\,|^4I_{15/2}\rangle + 0,176\,|^2K_{15/2}\rangle + 0,019|^2L_{15/2}\rangle.$$

Dabei haben wir in einer Kurzschreibweise die Termsymbole als charakteristische Größen in den *kets* der DIRAC-Notation verwendet. An der Größe der Koeffizienten ist abzulesen, daß der mit Strich gekennzeichnete Zustand im Schema der intermediären Kopplung nur wenig vom reinen RUSSELL-SAUNDERS-Term abweicht [68].

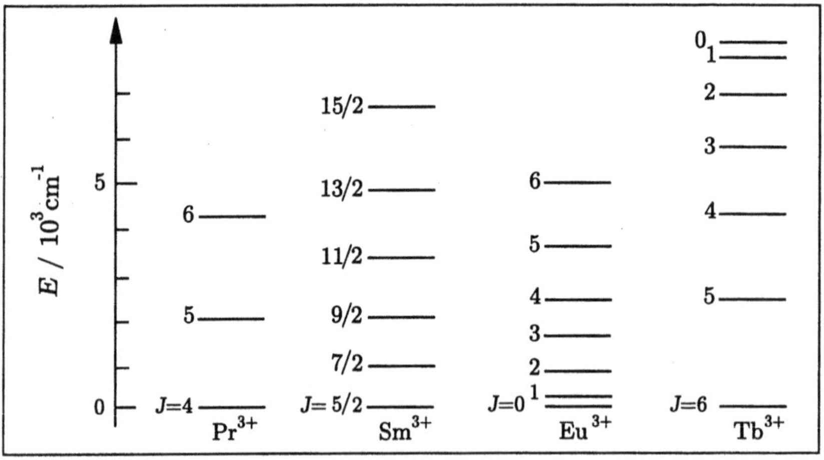

Abb. 3.9: Multiplett-Abstände bei Lanthanoid-Ionen

3.4 Freie Ionen im Magnetfeld

3.4.1 Das magnetische Moment freier Ionen

Nach Gl. (1.13) ist mit dem Bahndrehimpuls $\boldsymbol{l}$ eines Elektrons das magnetische Moment $\boldsymbol{\mu}_l = \gamma_e \boldsymbol{l}$ und nach Gl. (3.97) mit seinem Spin $\boldsymbol{s}$ das magnetische Moment $\boldsymbol{\mu}_s = \gamma_e g \boldsymbol{s}$ verknüpft; $\gamma_e = -(e/2m_e)$ bezeichnet man als gyromagnetisches Verhältnis, und das (−)-Zeichen zeigt an, daß die Vektoren von Drehimpuls und zugehörigem magnetischen Moment entgegengesetzt gerichtet sind. Der Proportionalitätsfaktor zwischen $\boldsymbol{\mu}_s$ und $\boldsymbol{s}$ ist etwas mehr als doppelt so groß wie der zwischen $\boldsymbol{\mu}_l$ und $\boldsymbol{l}$ (Anomalie des magnetischen Spinmomentes, s. 3.2.4). Meistens rechnet man mit $g = 2$.

Um das magnetische Moment eines freien Atoms oder Ions zu ermitteln, müssen die durch Elektron-Elektron- und Spin-Bahn-Wechselwirkung verursachten Kopplungen der individuellen Spins, Bahndrehimpulse und magnetischen Momente berücksichtigt werden. Wir setzen das RUSSELL-SAUNDERS-Kopplungsschema voraus und fragen nach dem magnetischen Moment eines Ions, dessen Elektronenniveaus durch das Multiplett ${}^{2S+1}L_J$ gekennzeichnet sind. Das mit der Vektorsumme $\boldsymbol{S}$ für N Elektronen in der Unterschale verknüpfte magnetische Gesamtspinmoment $\boldsymbol{\mu}_S$ ergibt sich als Vektor kollinear zu $\boldsymbol{S}$ mit dem Proportionalitätsfaktor $2\gamma_e$ wie im Einelektronensystem. Entsprechend gilt im Falle des Bahnmoments: $\boldsymbol{\mu}_L = \gamma_e \boldsymbol{L}$. Werden jetzt $\boldsymbol{S}$ und $\boldsymbol{L}$ durch die Spin-Bahn-Wechselwirkung zu $\boldsymbol{J}$ gekoppelt, ist der Zusammenhang zwischen $\boldsymbol{J}$ und dem magnetischen Gesamtmoment wegen des für $\boldsymbol{S}$ und

$\boldsymbol{L}$ unterschiedlichen Proportionalitätsfaktors verwickelter. Der Vektor $\boldsymbol{\mu}_J$, der sich durch vektorielle Addition von $\boldsymbol{\mu}_S$ und $\boldsymbol{\mu}_L$ ergibt, kann nicht kollinear zu $\boldsymbol{J}$ liegen. Dies verdeutlicht Abb. 3.10, in der $\boldsymbol{\mu}_L$ gleich lang mit $\boldsymbol{L}$ gewählt ist und $\boldsymbol{\mu}_S$ die doppelte Länge von $\boldsymbol{S}$ hat. $\boldsymbol{\mu}_J$ kann allerdings nicht direkt gemessen werden, denn $\boldsymbol{S}$ und $\boldsymbol{L}$ präzessieren mit relativ hoher Frequenz um $\boldsymbol{J}$ (Winkelgeschwindigkeit $\sim \lambda_{LS}$) und folglich auch die mit $\boldsymbol{S}$ und $\boldsymbol{L}$ verknüpften magnetischen Momente $\boldsymbol{\mu}_S$ bzw. $\boldsymbol{\mu}_L$ sowie das resultierende Moment $\boldsymbol{\mu}_J$. Das magnetische Moment $\boldsymbol{\mu}_J$ besteht somit aus einer konstanten Komponente $\boldsymbol{\mu}$, gegeben durch die Projektion von $\boldsymbol{\mu}_J$ auf die Richtung von $\boldsymbol{J}$, und den präzessierenden Komponenten. Bei der Spin-Bahn-Kopplung (s. 3.2.4) handelt es sich um einen magnetischen Effekt, hervorgerufen durch die mit Bahnbewegung und Spin verknüpften magnetischen Momente. Jedes Moment erzeugt ein Magnetfeld, welches auf das Moment des anderen ein Drehmoment ausübt und den Kreiselgesetzen [7, 5] entsprechend die Präzession beider Momentachsen um eine gemeinsame Richtung, die des Gesamtdrehimpulsvektors $\boldsymbol{J}$, veranlaßt.

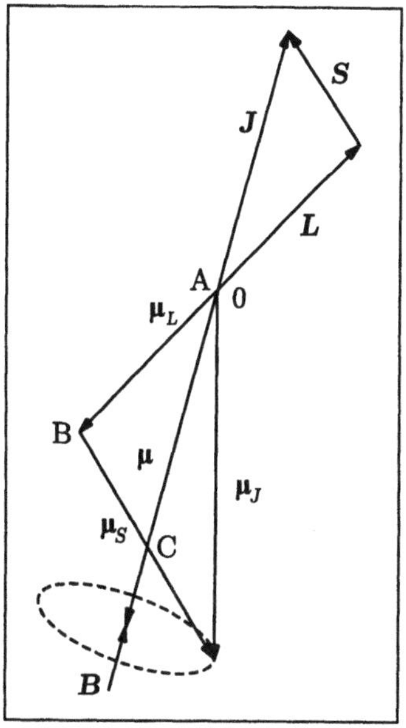

Abb. 3.10: Vektor-Diagramm zur Ableitung des LANDÉ-Faktors

Normalerweise ist nur die Komponente $\boldsymbol{\mu}$ von Interesse. Sie besteht aus zwei Beiträgen, den Projektionen von $\boldsymbol{\mu}_S$ und $\boldsymbol{\mu}_L$ auf die Richtung von $\boldsymbol{J}$. Mit Hilfe des Cosinus-Satzes sowie der Längenquadrate $S(S+1)\hbar^2, L(L+1)\hbar^2$ und $J(J+1)\hbar^2$ der Vektoren $\boldsymbol{S}$, $\boldsymbol{L}$ bzw. $\boldsymbol{J}$ ergibt sich der Betrag der Bahnkomponente zu

$$\begin{aligned} |\boldsymbol{\mu}_L| \cos(\angle \mathrm{BAC}) &= \mu_B \sqrt{L(L+1)} \left[\frac{J(J+1)+L(L+1)-S(S+1)}{2\{L(L+1)J(J+1)\}^{1/2}} \right] \\ &= \mu_B \left[\frac{J(J+1)+L(L+1)-S(S+1)}{2\{J(J+1)\}^{1/2}} \right] \end{aligned}$$

mit $\mu_B = (e\hbar/2m_e)$. Entsprechend folgt für die Projektion von $\boldsymbol{\mu}_S$ auf die Richtung von $\boldsymbol{J}$:

$$|\boldsymbol{\mu}_S| \cos(\angle \mathrm{ACB}) = 2\mu_B \sqrt{S(S+1)} \left[\frac{S(S+1)+J(J+1)-L(L+1)}{2\{S(S+1)J(J+1)\}^{1/2}} \right]$$

$$= \quad 2\mu_B \left[\frac{S(S+1) + J(J+1) - L(L+1)}{2\{J(J+1)\}^{1/2}} \right].$$

Die Summe der beiden Komponenten,

$$\mu_B \left[\frac{3J(J+1) + S(S+1) - L(L+1)}{2\{J(J+1)\}^{1/2}} \right],$$

ist das gesuchte magnetische Moment

$$\boxed{\begin{aligned} \mu &= g_J \sqrt{J(J+1)}\, \mu_B \\ \text{mit} \quad g_J &= 1 + \frac{J(J+1) + S(S+1) - L(L+1)}{2J(J+1)}. \end{aligned}} \qquad (3.157)$$

g_J bezeichnet man als LANDÉ- oder g-Faktor. Im Fall von $S = 0$ $(J = L)$ und $L = 0$ $(J = S)$ nimmt er die Werte 1 bzw. 2 an (reines magnetisches Bahn- bzw. Spinmoment; zum Fall $J = 0$ s. Gl. (3.179)).

3.4.2 ZEEMAN-Effekt

Nach inneren Einflüssen wie H_{ee} und H_{SB} betrachten wir nun den Einfluß eines äußeren Magnetfelds auf ein Atom, wobei wir wiederum die Gültigkeit des RUSSELL-SAUNDERS-Kopplungsschemas voraussetzen.

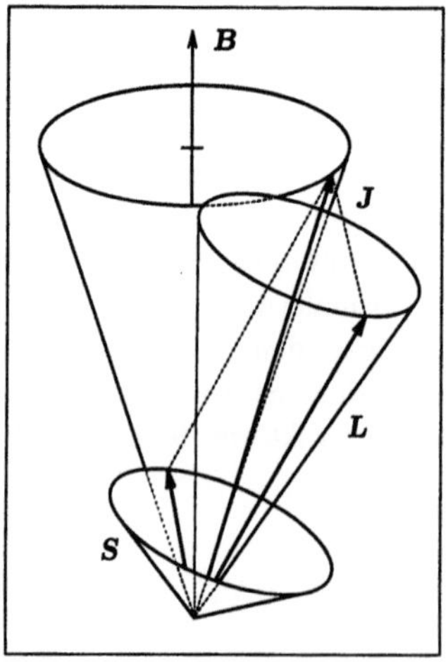

Abb. 3.11: Präzession des Gesamtdrehimpulsvektors $\boldsymbol{J} = \boldsymbol{L} + \boldsymbol{S}$ um die Richtung des Magnetfeldes bei bestehender Spin-Bahn-Kopplung

Entsprechend den Bedingungen bei magnetischen Messungen mit Flußdichten von üblicherweise $B \leq 1{,}5\,\mathrm{T}$ bei der FARADAY-Methode bzw. $\leq 7\,\mathrm{T}$ bei SQUID-Magnetometern ist der Magnetfeldeinfluß schwach im Vergleich zur Spin-Bahn-Kopplung. $\boldsymbol{L}$ und $\boldsymbol{S}$ werden nach Einschaltung des Feldes weiterhin mit hoher Frequenz um $\boldsymbol{J}$ präzessieren wie im Fall von verschwindendem äußeren Feld, aber $\boldsymbol{J}$ ist nun nicht mehr stationär im Raum, sondern führt eine vergleichsweise langsame Präzession (Winkelgeschwindigkeit $\sim \boldsymbol{B}$) um die Richtung des Feldes $\boldsymbol{B}$ aus (s. Abb. 3.11). Die Präzession von $\boldsymbol{L}$ und $\boldsymbol{S}$ um $\boldsymbol{J}$ liegt normalerweise bei einer wesentlich höheren Frequenz als die von $\boldsymbol{J}$ um $\boldsymbol{B}$, da das äußere Feld klein im Vergleich zur Spin-Bahn-Kopplung ist. Die Komponenten von $\boldsymbol{\mu}_J$, die um $\boldsymbol{J}$ kreisen, mitteln sich heraus, und zur

Wechselwirkung zwischen $\boldsymbol{\mu}_J$ und $\boldsymbol{B}$ trägt daher nur die feste, mit $\boldsymbol{J}$ kollineare Komponente $\boldsymbol{\mu}$ bei. Die Quantisierungsregel besagt, daß die Projektion von $\boldsymbol{J}$ auf $\boldsymbol{B}$ nach den Regeln für Bahndrehimpuls und Spin (s. 3.2.2 bzw. 3.2.3) nur feste Werte annehmen kann: $M_J\hbar$ mit $M_J = J, \ldots - J$. Das magnetische Moment hat damit in Feldrichtung die Komponente $\bar{\mu} = -g_J M_J \mu_B$ und nach Gl. (2.8) in dieser Orientierung die Energie

$$E_{M_J} = g_J M_J \mu_B B. \tag{3.158}$$

Die in Abwesenheit eines äußeren Magnetfeldes energieentarteten Zustände eines Multipletts werden durch das Feld in $2J + 1$ äquidistante Niveaus ($\Delta E = g_J \mu_B B$) aufgespalten[51].

Der Operator, der die Energie der Wechselwirkung mit einem äußeren Magnetfeld der Kraftflußdichte $\boldsymbol{B}$ repräsentiert, hat bei Anwendung auf einen Term ^{2S+1}L (RUSSELL-SAUNDERS-Kopplungsschema) die Form[52]:

$$\hat{H}_M = -\hat{\boldsymbol{\mu}}\cdot\boldsymbol{B} = -\gamma_e(\hat{\boldsymbol{L}} + 2\hat{\boldsymbol{S}})\cdot\boldsymbol{B}. \tag{3.159}$$

[51] In einer für die Magnetochemie wichtigen und zur Suszeptibilitätsmessung komplementären Methode, der Elektronenspinresonanz ('electron paramagnetic resonance', EPR), mißt man die Übergänge zwischen den ZEEMAN-Niveaus (s. 5.3.2).

[52] Zur Herleitung des Operators (3.159) wird, ausgehend von $\hat{H}^{(0)}$ des ungestörten Systems (s. Gl. (3.122)), der Impuls $\boldsymbol{p}_i$ eines jeden Elektrons i (Ladung $-e$) durch $\boldsymbol{p}_i + e\boldsymbol{A}(\boldsymbol{r}_i)$ ersetzt, wobei $\boldsymbol{A}(\boldsymbol{r}_i)$ das sog. Vektorpotential darstellt, das im Falle eines homogenen Magnetfelds $\frac{1}{2}(\boldsymbol{B} \times \boldsymbol{r}_i)$ ist [181, 33]. (Die Berücksichtigung eines *Feldes* in der SCHRÖDINGER-Gleichung durch sein *Potential* ist uns schon bei Gl. (3.53) und (3.122) begegnet: Hier erscheint das vom Atomkern herrührende elektrische Feld als Skalarpotential $V(r)$ [19].) Der die kinetische Energie der Elektronen repräsentierende Term lautet damit $(1/2m_e)\sum_{i=1}^{N}(\boldsymbol{p}_i + e\boldsymbol{A}(\boldsymbol{r}_i))^2$. Die gegenüber $\hat{H}^{(0)}$ zusätzlich auftretenden Terme sind:

$$\hat{H}_M = \frac{e}{2m_e}\boldsymbol{B}\cdot\sum_{i=1}^{N}(\boldsymbol{r}_i \times \boldsymbol{p}_i) + \frac{e^2}{8m_e}\sum_{i=1}^{N}(\boldsymbol{r}_i \times \boldsymbol{B})^2.$$

$\sum_{i=1}^{N}(\boldsymbol{r}_i \times \boldsymbol{p}_i) = \hat{\boldsymbol{L}}$ wird durch den Operator des Gesamtbahndrehimpulses ersetzt:

$$\hat{H}_M = -\gamma_e\boldsymbol{B}\cdot\hat{\boldsymbol{L}} + \frac{e^2}{8m_e}\sum_{i=1}^{N}(\boldsymbol{r}_i \times \boldsymbol{B})^2.$$

Der erste Term enthält das magnetische Gesamtbahnmoment, während der zweite den sog. diamagnetischen Term darstellt [19, 140]. Letzteren werden wir im folgenden nicht weiter betrachten, da er zur Aufspaltung durch das Magnetfeld nicht beiträgt. Er liefert aber zur Suszeptibilität einen i. a. nicht zu vernachlässigenden Korrekturwert (s. 2.1.2).

Das mit dem (Gesamt-)Spin verknüpfte magnetische Moment kann entweder phänomenologisch eingeführt werden (vgl. 3.2.3), indem wir dem mit dem Spin des Elektronensystems verknüpften magnetischen Moment den Operator $\hat{\boldsymbol{\mu}}_S = 2\gamma_e\hat{\boldsymbol{S}}$ zuordnen, oder mit der relativistischen Quantenmechanik abgeleitet werden [140]. Operator (3.159) repräsentiert den Bahn- und Spinbeitrag.

Die normalerweise angewendeten Magnetfelder führen zu Aufspaltungen, die wesentlich kleiner als die Abstände $\Delta E(J, J-1)$ zwischen den J-Multipletts sind. Will man in 1. Näherung ausschließlich den ZEEMAN-Effekt innerhalb einzelner Multipletts, z. B. im Grundmultiplett, betrachten, kann anstelle von Gl. (3.159) wegen $\boldsymbol{L} + 2\boldsymbol{S} = g_J \boldsymbol{J}$ der Operator Gl. (3.160) angewendet werden, der sich im Falle eines S-Terms (Bahnsingulett, $L = 0$) auf Gl. (3.161) reduziert:

$$\hat{H}_M = -\gamma_e g_J \hat{\boldsymbol{J}} \cdot \boldsymbol{B} \qquad (3.160) \qquad\qquad \hat{H}_M = -\gamma_e 2 \hat{\boldsymbol{S}} \cdot \boldsymbol{B}. \qquad (3.161)$$

Die Operatoren in Gl. (3.160) und (3.161) spielen in der Praxis eine wichtige Rolle. Im folgenden betrachten wir die ZEEMAN-Aufspaltung bei einigen typischen Systemen.

Beispiel 3.6 ZEEMAN-*Aufspaltung des* ^1P-*Terms*

Die Eigenzustände dieses Singulett-Terms (Multiplizität 1, $S = 0$, $g_J = 1$) werden in einer vereinfachten DIRAC-Notation unter Verzicht auf die Angabe von $L = 1$ als $|M_L\rangle$ mit $M_L = 1, 0, -1$ geschrieben. Ein freies Ion stellt ein isotropes System dar, so daß die Aufspaltung unabhängig von der Richtung des Feldes ist. Einfach werden die Rechnungen, wenn wir die Magnetfeldrichtung als z-Richtung definieren ($B_x = B_y = 0$), da die Basis aus Eigenzuständen von $\hat{L}_z$ besteht und vom Skalarprodukt $\hat{\boldsymbol{L}} \cdot \boldsymbol{B} = \hat{L}_x B_x + \hat{L}_y B_y + \hat{L}_z B_z$ nur der letzte Term im ZEEMAN-Operator bleibt: $\hat{H}_z = -\gamma_e \hat{L}_z B_z$. Das allgemeine Diagonalelement lautet:

M_L	$\|1\rangle$	$\|0\rangle$	$\|-1\rangle$
$\langle 1\|$	$\mu_B B_z$		
$\langle 0\|$		0	
$\langle -1\|$			$-\mu_B B_z$

$$\langle M_L | \hat{H}_{M_z} | M_L \rangle = -\gamma_e B_z \langle M_L | \hat{L}_z | M_L \rangle = -\gamma_e \hbar B_z M_L = M_L \mu_B B_z.$$

Alle Nichtdiagonalelemente sind null, d. h., die Basis $|M_L\rangle$ ist die richtige 0. Näherung. Die Diagonalelemente geben direkt die Energieänderungen nach Einschalten des Magnetfelds wieder. Zur Darstellung der Ergebnisse wurde wiederum die Matrixform gewählt.

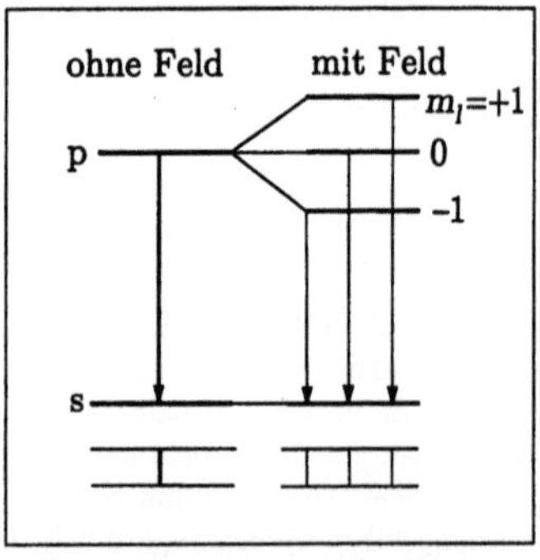

Abb. 3.12: ZEEMAN-Effekt für den Übergang $^1P \rightarrow {}^1S$.

Die Diagonalelemente stellen direkt die Störenergien 1. Ordnung dar. Der zunächst dreifach energieentartete Zustand ^1P spaltet unter dem Einfluß eines äußeren Magnetfeldes in drei Zustände auf (s. Abb. 3.12): $|1\rangle$ wird energetisch angehoben, da sein magnetisches Moment eine ungünstige Stellung zum Feld hat (die Projektion von $\boldsymbol{\mu}_L$ auf die Richtung des Feldes zeigt in dessen Gegenrichtung), während $|-1\rangle$ wegen der günstigen Lage des magnetischen Momentes zur Feldrichtung energetisch abgesenkt wird und $|0\rangle$ unbeeinflußt bleibt. *

Beispiel 3.7 ZEEMAN-*Aufspaltung beim* $^6S_{5/2}$- *und* $^2F_{5/2}(^2F_{7/2})$*-Multiplett*

Der Grundzustand $^6S_{5/2}$ liegt z. B. beim freien Fe^{3+}- und Mn^{2+}-Ion vor. Der Operator $\hat{H}_{M_z} = -\gamma_e g \hat{S}_z B_z$ (mit $g = 2$) hebt die Entartung der sechs Niveaus $|M_S\rangle$ (mit $M_S = 5/2, 3/2, 1/2, -1/2, -3/2, -5/2$) vollständig auf. Die Energien 1. Ordnung ergeben sich als Diagonalelemente

$$\langle M_S|\hat{H}_{M_z}|M_S\rangle = -\gamma_e g B_z \langle M_S|\hat{S}_z|M_S\rangle = M_S g \mu_B B_z. \tag{3.162}$$

Soll anstelle von $^6S_{5/2}$ das Grundmultiplett $^2F_{5/2}$ des $4f^1$-Systems (Ce^{3+}-Ion) betrachtet werden, kennzeichnet man die Niveaus mit $|M_J\rangle$ ($M_J = 5/2, 3/2, \ldots, -5/2$) und wendet $\hat{H}_{M_z} = -\gamma_e g_J \hat{J}_z B_z$ an. Man erhält ein zu (3.162) analoges Resultat mit $g_J = 6/7$ anstelle von $g = 2$. Zur Berechnung der ZEEMAN-Aufspaltung des Yb^{3+}-Ions ([$4f^{13}$], Grundmultiplett $^2F_{7/2}$) wird derselbe Operator mit $g_J = 8/7$ auf die acht Zustände $|M_J\rangle$ ($M_J = 7/2, 5/2, \ldots, -7/2$) angewendet. *

Beispiel 3.8 ZEEMAN-*Aufspaltung des* $^3F(3d^2)$*-Terms*

Der Grundterm ^3F der $3d^2$-Elektronenkonfiguration wird durch die Spin-Bahn-Wechselwirkung in die Multipletts mit $J = 2$, 3, 4 aufgespalten, wobei $J = 2$ nach der 3. HUNDschen Regel energetisch am tiefsten liegt. Abb. 3.13 verdeutlicht die ZEEMAN-Aufspaltung in 1. Ordnung dieser Multipletts im Falle des V^{3+}-Ions. Die vom Feld hervorgerufenen Aufspaltungen sind um drei Größenordnungen kleiner als die Multiplett-Aufspaltung durch die Spin-Bahn-Kopplung. *

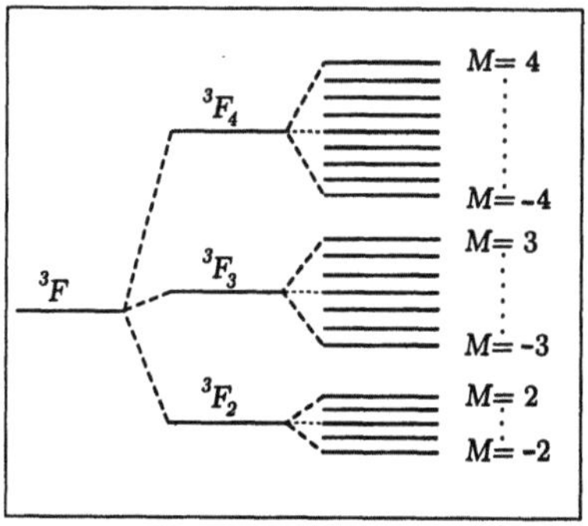

Abb. 3.13: ZEEMAN-Aufspaltung des ^3F-Terms des V^{3+}-Ions

3.4.3 Magnetische Suszeptibilität (Paramagnetismus)

Die TAFEL auf S. 144 zeigt den Zusammenhang zwischen der thermodynamischen Größe F (freie Energie) und den magnetischen Kenngrößen M und χ.

TAFEL: Beziehung zwischen Magnetisierung/Suszeptibilität und Zustandssumme [31, 4]. Das Bindeglied zwischen den thermodynamischen Funktionen und den quantenmechanischen Zuständen eines Teilchens ist die statistische Thermodynamik. Die Teilchen eines Systems sind über die zur Verfügung stehenden Zustände $|n\rangle$ mit der jeweiligen Energie E_n entsprechend der BOLTZMANN-Verteilung

$$p_n = \frac{\exp(-\beta E_n)}{\sum_n \exp(-\beta E_n)} = \frac{\exp(-\beta E_n)}{Z} \quad \text{mit} \quad \beta \equiv \frac{1}{k_B T}$$

verteilt. p_n steht für die Wahrscheinlichkeit, mit der sich ein Teilchen im Zustand $|n\rangle$ befindet; Z ist die Zustandssumme. Die mittlere Energie $\overline{E}$ der Teilchen

$$\overline{E} = \sum_n p_n E_n = \sum_n E_n \exp(-\beta E_n)/Z \quad \text{ergibt sich wegen}$$

$$\sum_n E_n \exp(-\beta E_n) = -\sum_n \frac{\partial}{\partial\beta} \exp(-\beta E_n) = -\frac{\partial Z}{\partial\beta} \quad \text{zu}$$

$$\overline{E} = -\frac{1}{Z}\frac{\partial Z}{\partial\beta} = -\frac{\partial \ln Z}{\partial\beta}. \tag{3.163}$$

Daraus läßt sich die molare Entropie gewinnen (vgl. [31]):

$$S = N_A k_B(\ln Z + \beta\overline{E}) = N_A k_B \ln Z + N_A\overline{E}/T.$$

Mit $U = N_A\overline{E}$ folgt für die molare freie Energie F

$$\boxed{F = U - TS = -N_A k_B T \ln Z.} \tag{3.164}$$

Ist $\bar{\mu}_n$ die Komponente des magnetischen Momentes eines Teilchens in Richtung eines äußeren Magnetfeldes mit der Flußdichte B und $E_n = -\bar{\mu}_n B$ die zugehörige Energie, so folgt für die mittlere Komponente $\overline{\mu}$

$$\overline{\mu} = \sum_n p_n\bar{\mu}_n = \sum_n \bar{\mu}_n \exp(\beta\bar{\mu}_n B)/Z.$$

Entsprechend Gl. (3.163) für $\overline{E}$ ergibt sich für $\overline{\mu}$ und die Magnetisierung M_{mol}

$$\overline{\mu} = k_B T\frac{\partial \ln Z}{\partial B}, \qquad M_{mol} = N_A k_B T\frac{\partial \ln Z}{\partial B}. \tag{3.165}$$

Vergleicht man mit Gl. (3.164), erhält man für den Zusammenhang zwischen M_{mol} und F sowie χ_{mol} und F:

$$\boxed{M_{mol} = -\frac{\partial F}{\partial B}} \qquad \boxed{\chi_{mol} = \mu_0\frac{\partial M_{mol}}{\partial B} = -\mu_0\frac{\partial^2 F}{\partial B^2}.} \tag{3.166}$$

In der klassischen Ableitung des CURIE-Gesetzes haben wir mit Gl. (2.9) einen allgemeinen Ausdruck für M_{mol} erhalten. Bei der quantenmechanischen Behandlung sind aufgrund der Richtungsquantelung nur wenige Orientierungen der Dipole zum Feld erlaubt. Daher müssen die in Gl. (2.9) auftretenden Integrale durch Summen ersetzt werden. Bezeichnen wir die im klassischen Bild verwendete Komponente $\mu\cos\theta$ des magnetischen Momentes in Feldrichtung jetzt einfacher mit $\bar{\mu}$ und schreiben unter Berücksichtigung von Gl. (2.8) $-\partial E_n/\partial B = \bar{\mu}_n$, erhalten wir für M_{mol}

$$\boxed{M_{mol} = -N_A \frac{\sum\limits_n (\partial E_n/\partial B)\exp(-E_n/k_B T)}{\sum\limits_n \exp(-E_n/k_B T)} = N_A \frac{\sum\limits_n \bar{\mu}_n \exp(-E_n/k_B T)}{\sum\limits_n \exp(-E_n/k_B T)}.} \tag{3.167}$$

Die Summe im Nenner ist die Zustandssumme Z. Gl. (3.167) kann als Fundamentalgleichung für den Magnetismus von Paramagnetika betrachtet werden. Ihre Anwendung ist jedoch aufwendig, da die Abhängigkeit der Energie aller zu betrachtenden Zustände von der Kraftflußdichte des äußeren Magnetfeldes berechnet werden muß. Da für die Mehrzahl der Systeme diese Abhängigkeit unter normalen Meßbedingungen nur sehr schwach ist, hat VAN VLECK [8] Gl. (3.167) in eine praktikablere Form überführt, deren Entwicklung der folgende Abschnitt zeigt. In 3.4.3.2 und 3.4.3.3 werden Fälle behandelt, deren Magnetismus durch Gl. (3.167) beschrieben werden muß.

3.4.3.1 Die VAN VLECK-Gleichung

Bei der Suszeptibilitätsmessung mit FARADAY-Waage oder SQUID-Magnetometer (s. 2.5) wird die zu untersuchende Probe einem statischen äußeren Magnetfeld ausgesetzt. Dabei werden die Elektronenniveaus der magnetischen Zentren aufgespalten, wobei hier vorausgesetzt wird, daß diese Aufspaltung sehr klein im Vergleich zu den Multiplettabständen ist (ZEEMAN-Effekt). Der im folgenden hergestellte Zusammenhang zwischen ZEEMAN-Aufspaltung und magnetischer Suszeptibilität — unter Anwendung der Störungstheorie bis zur 2. Ordnung —, gilt allgemein für isotrope Systeme und ist nicht auf freie Ionen beschränkt.

Die Zustände $\Psi_n^{(0)}$ und Zustandsenergien $W_n^{(0)}$ [53] des betrachteten atomaren Systems nach Einschaltung der interelektronischen Wechselwirkung, der Spin-Bahn-Kopplung und gegebenenfalls weiterer Einflüsse (z. B. eines Ligandenfeldes), aber noch in Abwesenheit eines äußeren Magnetfelds, werden als bekannt vorausgesetzt. Trifft z. B. das RUSSELL-SAUNDERS-Kopplungsschema

[53] Für die Herleitung der Suszeptibilitätsbeziehung ist es zweckmäßig, das Symbol $W_n^{(0)}$ anstelle von $E_n^{(0)}$ zu verwenden.

zu, beziehen sich die Energien $W_n^{(0)}$ $(n = 0, 1, 2, \ldots)$ auf die nach Term- und Multiplett-Aufspaltung resultierenden Zustände $^{2S+1}L_J$, wobei jedes der $2J+1$ Niveaus eines Multipletts einzeln zu zählen ist. Die Energie bei eingeschaltetem Magnetfeld, das zur Vereinfachung der Rechnungen in z-Richtung liegt[54], wird durch den Operator $\hat{H} = \hat{H}^{(0)} + B_z\hat{H}_z^{(1)}$ repräsentiert, wobei B_z die Rolle des Störparameters λ (s. 3.1.4) übernimmt. Der Störoperator hat z. B. bei Gültigkeit des RUSSELL-SAUNDERS-Kopplungsschemas und Betrachtung eines Terms die Form $B_z\hat{H}_z^{(1)} = -\gamma_e(\hat{L}_z + 2\hat{S}_z)B_z$. Die neuen Energien werden als Potenzreihe von B_z entwickelt

$$E_n = W_n^{(0)} + B_z W_n^{(1)} + B_z^2 W_n^{(2)} + \ldots . \tag{3.168}$$

Die sog. ZEEMAN-*Koeffizienten* $W_n^{(1)}, W_n^{(2)}, \ldots$ haben im Gegensatz zu $W_n^{(0)}$ und den im Rahmen der Störungstheorie eingeführten Stör*energien* $E_n^{(1)}, E_n^{(2)}, \ldots$ nicht die Dimension einer Energie. ($W_n^{(1)}$ entspricht z. B. den durch B_z dividierten Eintragungen in Matrix (3.162).) Die Koeffizienten lassen sich jedoch ebenfalls direkt mit Hilfe von Gl. (3.30) bzw. (3.36) berechnen, indem man $\hat{H}_z^{(1)}$ auf die Basisfunktionen des ungestörten Systems anwendet. Sind die ZEEMAN-Koeffizienten bekannt, läßt sich die in Richtung des Magnetfelds vorhandene Moment-Komponente $\bar{\mu}_n = -\partial E_n/\partial B$ eines Niveaus angeben. Man setzt für E_n die Reihe (3.168) ein und erhält

$$\bar{\mu}_n = -W_n^{(1)} - 2BW_n^{(2)} - \ldots . \tag{3.169}$$

Einsetzen der Gln. (3.168) und (3.169) in Gl. (3.167) liefert:

$$M_{mol} = N_A \frac{\sum\limits_n (-W_n^{(1)} - 2BW_n^{(2)} - \ldots) \exp[(-W_n^{(0)} - BW_n^{(1)} - B^2W_n^{(2)} - \ldots)/k_BT]}{\sum\limits_n \exp[(-W_n^{(0)} - BW_n^{(1)} - B^2W_n^{(2)} - \ldots)/k_BT]} .$$

Man entwickelt den Teil der Exponential-Funktionen, die sich auf das Magnetfeld beziehen:

$$M_{mol} = N_A \frac{\sum\limits_n (-W_n^{(1)} - 2BW_n^{(2)} - \ldots) \exp(-W_n^{(0)}/k_BT)(1 - BW_n^{(1)}/k_BT - \ldots)}{\sum\limits_n \exp(-W_n^{(0)}/k_BT)(1 - B_M W_n^{(1)}/k_BT - \ldots)} .$$

---

[54] Bei dem hier betrachteten isotropen System ist man frei in der Wahl der Magnetfeldrichtung, während bei den im Kristallgitter gebundenen Ionen i. a. die Richtung des äußeren Feldes in bezug auf die Symmetrieelemente spezifiziert werden muß (s. 4.5.1).

Da die Energieänderungen durch das Magnetfeld klein gegenüber k_BT sein sollen, kann man den Teil der Exponential-Funktion, der sich auf das Magnetfeld bezieht, approximieren ($\exp(-x) \approx 1 - x$). Diese Näherung ist erlaubt, da sich, wie das Experiment lehrt, die Magnetisierung von Paramagneten — abgesehen von später zu behandelnden Sonderfällen — bei schwachem Feld linear mit B ändert (Sättigungseffekte spielen keine Rolle). Man multipliziert den Zähler aus und vernachlässigt dann in Zähler und Nenner Glieder zweiten und höheren Grades in B:

$$M_{mol} = N_A \frac{\sum\limits_n (-W_n^{(1)} - 2BW_n^{(2)} + B(W_n^{(1)})^2/k_BT) \exp(-W_n^{(0)}/k_BT)}{\sum\limits_n \exp(-W_n^{(0)}/k_BT)}.$$

Bei verschwindendem Feld ($B = 0$) muß die Magnetisierung null sein, d. h., die sich nach Nullsetzen von B ergebende Magnetisierung $M_{mol(B=0)}$ muß verschwinden:

$$M_{mol(B=0)} = N_A \frac{\sum\limits_n -W_n^{(1)} \exp(-W_n^{(0)}/k_BT)}{\sum\limits_n \exp(-W_n^{(0)}/k_BT)} = 0$$

$$\text{bzw.} \quad \sum_n -W_n^{(1)} \exp(-W_n^{(0)}/k_BT) = 0, \qquad (3.170)$$

so daß sich

$$M_{mol} = N_A \frac{B \sum\limits_n [(W_n^{(1)})^2/k_BT - 2W_n^{(2)}] \exp(-W_n^{(0)}/k_BT)}{\sum\limits_n \exp(-W_n^{(0)}/k_BT)}$$

ergibt[55]. Mit $B \approx \mu_0 H$ und Division durch H folgt

$$\boxed{\chi_{mol} = \mu_0 N_A \frac{\sum\limits_n [(W_n^{(1)})^2/k_BT - 2W_n^{(2)}] \exp(-W_n^{(0)}/k_BT)}{\sum\limits_n \exp(-W_n^{(0)}/k_BT)}.} \qquad (3.171)$$

Diese von VAN VLECK für kleine Felder und nicht zu tiefe Temperatur entwickelte und nach ihm benannte Gleichung stellt die Suszeptibilität als Funktion der Energien $W_n^{(0)}$ des ungestörten Systems und der ZEEMAN-Koeffizienten

[55]) Das Verschwinden der Summe (3.170) ist auch aus folgendem Grund einleuchtend: Ein nichtentarteter Zustand des ungestörten Systems erfährt durch ein Magnetfeld keine Energieänderung 1. Ordnung ($W_n^{(1)} = 0$); ein entarteter Zustand des ungestörten Systems, dessen Beiträge zur Summe (3.170) wegen des gemeinsamen Faktors $\exp(-W_n^{(0)})$ zusammengefaßt werden können, wird symmetrisch aufgespalten, so daß die jeweilige Summe $\sum_n W_n^{(1)}$ über seine Niveaus null ergibt.

1. und 2. Ordnung dar. Sie spielt eine zentrale Rolle in der Magnetochemie und wird zunächst in ihrer speziellen Anwendung auf freie Einelektronen- und Mehrelektronen-Systeme der Lanthanoide betrachtet. Die 4f-Systeme wurden ausgewählt, da ihr Termschema im Gegensatz zu dem der d-Ionen beim Einbau in einen Komplex oder Festkörper nur wenig gestört wird und die mit Hilfe der Gl. (3.171) abgeleiteten Beziehungen auch bei späteren Betrachtungen als Referenz für das Verhalten bei höheren Temperaturen dienen können.

Einelektronensystem ($4f^1$) [56]. Die 14 energieentarteten Zustände eines f^1-Systems (z. B. Ce^{3+}) sind als Folge der Spin-Bahn-Wechselwirkung in ein sechsfach energieentartetes Grundmultiplett $^2F_{5/2}$ und ein um $\frac{7}{2}\zeta$ höher liegendes Multiplett $^2F_{7/2}$ aufgespalten. Die resultierenden Zustände $|J\,M_J\rangle$ [57] sind Linearkombinationen der Zustände $|m_l\,m_s\rangle$ (s. 3.2.4). Sie lassen sich mit den Formeln aus Tab. 3.5 ermitteln und sind in Tab. 3.12 aufgeführt. Die störungstheo-

Tab. 3.12: Eigenzustände eines freien f^1-Systems

[a]	$\|J\,M_J\rangle$ [b]		$\|m_l\,m_s\rangle$	$E_J^{(0)}$
$\phi_1;\phi_6$	$\|\frac{5}{2}\pm\frac{5}{2}\rangle$	=	$\mp\sqrt{\frac{6}{7}}\,\|\pm3\mp\frac{1}{2}\rangle\pm\sqrt{\frac{1}{7}}\,\|\pm2\pm\frac{1}{2}\rangle$	
$\phi_2;\phi_5$	$\|\frac{5}{2}\pm\frac{3}{2}\rangle$	=	$\mp\sqrt{\frac{5}{7}}\,\|\pm2\mp\frac{1}{2}\rangle\pm\sqrt{\frac{2}{7}}\,\|\pm1\pm\frac{1}{2}\rangle$	-2ζ
$\phi_3;\phi_4$	$\|\frac{5}{2}\pm\frac{1}{2}\rangle$	=	$\mp\sqrt{\frac{4}{7}}\,\|\pm1\mp\frac{1}{2}\rangle\pm\sqrt{\frac{3}{7}}\,\|0\pm\frac{1}{2}\rangle$	
$\phi'_1;\phi'_8$	$\|\frac{7}{2}\pm\frac{7}{2}\rangle$	=	$\|\pm3\pm\frac{1}{2}\rangle$	
$\phi'_2;\phi'_7$	$\|\frac{7}{2}\pm\frac{5}{2}\rangle$	=	$\sqrt{\frac{1}{7}}\,\|\pm3\mp\frac{1}{2}\rangle+\sqrt{\frac{6}{7}}\,\|\pm2\pm\frac{1}{2}\rangle$	
$\phi'_3;\phi'_6$	$\|\frac{7}{2}\pm\frac{3}{2}\rangle$	=	$\sqrt{\frac{2}{7}}\,\|\pm2\mp\frac{1}{2}\rangle+\sqrt{\frac{5}{7}}\,\|\pm1\pm\frac{1}{2}\rangle$	$\frac{3}{2}\zeta$
$\phi'_4;\phi'_5$	$\|\frac{7}{2}\pm\frac{1}{2}\rangle$	=	$\sqrt{\frac{3}{7}}\,\|\pm1\mp\frac{1}{2}\rangle+\sqrt{\frac{4}{7}}\,\|0\pm\frac{1}{2}\rangle$	

[a] Abgekürzte Schreibweise der Funktionen: das erste Symbol bezieht sich auf das obere, das zweite auf das untere Vorzeichen.
[b] Zur Wahl der Großbuchstaben siehe Text.

[56] Die in diesem Abschnitt entwickelte Gl. (3.173) trifft auch für ein freies $5f^1$-System wie z. B. U^{5+} zu. Im Gegensatz zu $4f^1$-Ionen stellt Gl. (3.173) jedoch kein geeignetes Referenzmodell für Actinoide mit $5f^1$-Konfiguration dar wegen der wesentlich stärkeren Ligandenfeldeffekte (vgl. 4.4.1.2).

[57] Quantenzahlen zur Charakterisierung von Einelektronenzuständen haben wir bisher durch Kleinbuchstaben symbolisiert. Im Sinne einer einheitlichen Schreibweise der folgenden Gleichungen und Formeln verwenden wir hier jedoch bei den gekoppelten Zuständen Großbuchstaben wie bei Mehrelektronensystemen.

retische Berechnung der durch das äußere Magnetfeld hervorgerufenen Energieänderungen 1. Ordnung haben wir bereits mit Matrix (3.162) vorgestellt. Sie bilden, nach Division durch B, die zur Formulierung der VAN VLECK-Gleichung benötigten ZEEMAN-Koeffizienten $W_n^{(1)}$ und sind im folgenden Schema (3.172) mit „⊗“ markiert. Zur Berechnung von $W_n^{(2)}$ werden die Nichtdiagonalelemente zwischen den Funktionen ϕ' $(J = 7/2)$ und ϕ $(J = 5/2)$ betrachtet. Die Funktionen „mischen“ nur dann miteinander, d. h. Integrale verschwinden nur dann nicht, wenn die beteiligten Funktionen denselben M_J-Wert haben („×“ in (3.172)):

(3.172)

	ϕ_1	ϕ_2	ϕ_3	ϕ_4	ϕ_5	ϕ_6	ϕ'_1	ϕ'_2	ϕ'_3	ϕ'_4	ϕ'_5	ϕ'_6	ϕ'_7	ϕ'_8
ϕ_1	⊗							×						
ϕ_2		⊗							×					
ϕ_3			⊗							×				
ϕ_4				⊗							×			
ϕ_5					⊗							×		
ϕ_6						⊗							×	
ϕ'_1							⊗							
ϕ'_2	×							⊗						
ϕ'_3		×							⊗					
ϕ'_4			×							⊗				
ϕ'_5				×							⊗			
ϕ'_6					×							⊗		
ϕ'_7						×							⊗	
ϕ'_8														⊗

Wir berechnen das Beispiel mit $M_J = 5/2$:

Beispiel 3.9 *Berechnung des Nichtdiagonalelementes* $\langle\, \phi'_2 \,|\hat{H}_z^{(1)}|\, \phi_1 \,\rangle$

$$\begin{aligned}
\langle\, \phi'_2 \,|\hat{H}_z^{(1)}|\, \phi_1 \,\rangle &= \langle \tfrac{7}{2}\,\tfrac{5}{2}\,| - \gamma_e(\hat{l}_z + 2\hat{s}_z)|\,\tfrac{5}{2}\,\tfrac{5}{2}\,\rangle \\
&= -\gamma_e\Big\langle \sqrt{\tfrac{1}{7}}\,\langle 3-\tfrac{1}{2}| + \sqrt{\tfrac{6}{7}}\,\langle 2+\tfrac{1}{2}\,\Big|\Big|\hat{l}_z + 2\hat{s}_z\Big|\sqrt{\tfrac{6}{7}}|3-\tfrac{1}{2}\rangle - \sqrt{\tfrac{1}{7}}|2+\tfrac{1}{2}\rangle\Big\rangle \\
&= -\frac{\gamma_e}{7}\Big[\sqrt{6}\underbrace{\langle 3-\tfrac{1}{2}|\hat{l}_z + 2\hat{s}_z|3-\tfrac{1}{2}\rangle}_{(3-1)\hbar} - \underbrace{\langle 3-\tfrac{1}{2}|\hat{l}_z + 2\hat{s}_z|2+\tfrac{1}{2}\rangle}_{0} \\
&\qquad + 6\underbrace{\langle 2+\tfrac{1}{2}\,|\hat{l}_z + 2\hat{s}_z|3-\tfrac{1}{2}\rangle}_{0} - \sqrt{6}\underbrace{\langle 2+\tfrac{1}{2}\,|\hat{l}_z + 2\hat{s}_z|2+\tfrac{1}{2}\rangle}_{(2+1)\hbar}\Big] = -\frac{\sqrt{6}}{7}\mu_B
\end{aligned}$$

Daraus folgt mit Gl. (3.36) für $W^{(2)}_{|\frac{5}{2}\,\frac{5}{2}\rangle}$:

$$W^{(2)}_{|\frac{5}{2}\frac{5}{2}\rangle} = -\frac{|\langle \frac{7}{2}\frac{5}{2}| - \gamma_e(\hat{l}_z + 2\hat{s}_z)|\frac{5}{2}\frac{5}{2}\rangle|^2}{W^{(0)}_{7/2} - W^{(0)}_{5/2}} = -\frac{(6/49)\,\mu_B^2}{(7/2)\,\zeta} = -\frac{12\,\mu_B^2}{343\,\zeta}. \quad *$$

In Tab. 3.13 sind die Größen $W_n^{(0)}$, $W_n^{(1)}$ und $W_n^{(2)}$ aufgeführt. Bei $W_n^{(0)}$ genügt die Berücksichtigung der Spin-Bahn-Wechselwirkungsenergie, da sich bez. des ungestörten ^2F-Terms alle anderen Energiebeiträge in der Gleichung für χ_{mol} herauskürzen.

Damit sind die erforderlichen Größen bekannt, um die Suszeptibilitätsformel für das freie f^1-System aufzustellen. Summiert wird über alle 14 Niveaus, wobei man die Glieder mit dem Faktor $\exp(2\zeta/k_BT)$ bzw. $\exp(-3\zeta/2k_BT)$ jeweils zusammenfaßt. Nach Kürzen und Erweitern mit $\exp(-2\zeta/k_BT)$ erhält man:

Tab. 3.13: Energien $W_n^{(0)}$ und ZEEMAN-Koeffizienten $W_n^{(1)}$, $W_n^{(2)}$ eines freien f^1-Systems ($g_{J_1} = 6/7$ für $^2F_{5/2}$, $g_{J_2} = 8/7$ für $^2F_{7/2}$)

$\lvert J\,M_J\rangle$	$W_n^{(0)\,a)}$	$W_n^{(1)}/\mu_B$	$W_n^{(2)}/\mu_B^2$
$\lvert\frac{5}{2}\pm\frac{5}{2}\rangle$		$\pm(5/2)\,g_{J_1}$	$-[12/(343\,\zeta)]$
$\lvert\frac{5}{2}\pm\frac{3}{2}\rangle$	$-2\,\zeta$	$\pm(3/2)\,g_{J_1}$	$-[20/(343\,\zeta)]$
$\lvert\frac{5}{2}\pm\frac{1}{2}\rangle$		$\pm(1/2)\,g_{J_1}$	$-[24/(343\,\zeta)]$
$\lvert\frac{7}{2}\pm\frac{7}{2}\rangle$		$\pm(7/2)\,g_{J_2}$	
$\lvert\frac{7}{2}\pm\frac{5}{2}\rangle$		$\pm(5/2)\,g_{J_2}$	$+[12/(343\,\zeta)]$
$\lvert\frac{7}{2}\pm\frac{3}{2}\rangle$	$\frac{3}{2}\,\zeta$	$\pm(3/2)\,g_{J_2}$	$+[20/(343\,\zeta)]$
$\lvert\frac{7}{2}\pm\frac{1}{2}\rangle$		$\pm(1/2)\,g_{J_2}$	$+[24/(343\,\zeta)]$

a) Andere Beiträge zu $W_n^{(0)}$ außer der Spin-Bahn-Wechselwirkungsenergie sind für alle Niveaus gleich und kürzen sich aus der Suszeptibilitätsgleichung heraus.

$$\chi_{mol} = \mu_0 \frac{N_A \mu_B^2}{3k_BT} n_{eff}^2 \quad \text{mit} \quad n_{eff}^2 =$$

$$\frac{\left[3\left(\frac{45}{7} + \frac{16k_BT}{49\,\zeta}\right) + 4\left(\frac{144}{7} - \frac{12k_BT}{49\,\zeta}\right)\exp\left(-\frac{7\zeta}{2k_BT}\right)\right]}{\left[3 + 4\exp\left(-\frac{7\zeta}{2k_BT}\right)\right]}. \qquad (3.173)$$

Diese zunächst für ein f^1-System abgeleitete Gleichung ist im Sinne der Elektron-Loch-Äquivalenz auch für ein f^{13}-System (z. B. Yb^{3+}) gültig, mit dem Unterschied, daß ζ entsprechend Gl. (3.152) durch $\lambda_{LS} = -\zeta$ zu ersetzen und damit das Multiplett $^2F_{7/2}$ energetisch begünstigt ist[58].

[58] Der absolute Energieunterschied zwischen $^2F_{7/2}$ und $^2F_{5/2}$ beträgt beim Yb^{3+}-Ion $\frac{7}{2} \times \zeta_{Yb} = \frac{7}{2} \times 2870\,\text{cm}^{-1} \approx 10\,000\,\text{cm}^{-1}$ und beim Ce^{3+}-Ion $\frac{7}{2} \times \zeta_{Ce} = \frac{7}{2} \times 625\,\text{cm}^{-1} \approx 2\,200\,\text{cm}^{-1}$.

In der magnetochemischen Praxis wird Gl. (3.173) im Falle der 4f-Systeme häufig vereinfacht, da die Multiplett-Aufspaltung $\Delta E(J, J-1)$ meist groß im Vergleich zur thermischen Energie k_BT ist[59] und der Beitrag des jeweiligen angeregten Multipletts vernachlässigt werden kann. Dabei sind zwei Stufen der Vereinfachung möglich:

1.) In der starken Vereinfachung betrachtet man das jeweilige Grundmultiplett als „thermisch isoliert“, d. h. den Grenzfall $\zeta \to \infty$ ($4f^1$) bzw. $\lambda_{LS} \to -\infty$ ($4f^{13}$)[60], so daß die jeweiligen Beiträge des angeregten Multipletts sowie die ZEEMAN-Koeffizienten 2. Ordnung verschwinden:

$$\chi_{mol}(4f^1) = \mu_0 \frac{N_A \mu_B^2}{3k_BT} \underbrace{\frac{45}{7}}_{n_{eff}^2} \quad \text{bzw.} \quad \chi_{mol}(4f^{13}) = \mu_0 \frac{N_A \mu_B^2}{3k_BT} \underbrace{\frac{144}{7}}_{n_{eff}^2} \tag{3.174}$$

Nach Ausklammern von $g_J^2 = (6/7)^2$ aus der linken bzw. $(8/7)^2$ aus der rechten Gleichung folgt für n_{eff}^2

$$\begin{aligned} n_{eff}^2(4f^1) &= \frac{45}{7} = \left(\frac{6}{7}\right)^2 \left(\frac{5}{2}\right) \left(\frac{7}{2}\right) \quad \text{bzw.} \\ n_{eff}^2(4f^{13}) &= \frac{144}{7} = \left(\frac{8}{7}\right)^2 \left(\frac{7}{2}\right) \left(\frac{9}{2}\right). \end{aligned}$$

n_{eff}^2 ist jeweils eine Konstante, d. h., n_{eff} ist temperaturunabhängig und entspricht daher der Magnetonenzahl des magnetischen Momentes μ. Man erhält erwartungsgemäß ein Verhalten nach dem CURIE-Gesetz:

$$\chi_{mol} = \mu_0 \frac{N_A g_J^2 J(J+1)\mu_B^2}{3k_BT} = \mu_0 \frac{N_A \mu^2}{3k_BT} = \frac{C}{T}, \tag{3.175}$$

in dem das Quadrat des temperaturunabhängigen magnetischen Moments durch $\mu^2 = g_J^2 J(J+1)\mu_B^2$ mit $J = 5/2$ (Ce^{3+}) bzw. $7/2$ (Yb^{3+}) gegeben ist.

2.) In einer weniger drastischen Vereinfachung vernachlässigt man den Beitrag des angeregten Multipletts, nicht jedoch $W^{(2)}$ des Grundmultipletts. Die Suszeptibilitätsgleichung lautet damit im Falle des $4f^1$-Systems

$$\chi_{mol}(4f^1) = \mu_0 \frac{N_A \mu_B^2}{3k_BT} \left\{ \frac{45}{7} + \frac{16k_BT}{49\zeta} \right\} \tag{3.176}$$

$$\text{allgemein} \quad \chi_{mol} = \mu_0 \frac{N_A g_J^2 J(J+1)\mu_B^2}{3k_BT} + \chi_0. \tag{3.177}$$

---

59) Bei $T = 293\,K$ ist $k_BT \approx 204\,cm^{-1}$ (s. Tab. A.4 und A.5).

60) Um die Formel für diesen Grenzfall zu ermitteln, ersetzt man in Gl. (3.173) zunächst ζ durch $-\lambda_{LS}$ und erweitert mit $\exp(-7\lambda_{LS}/2k_BT)$.

Die auf dem ZEEMAN-Effekt 2. Ordnung beruhende Konstante χ_0 ist immer *positiv*, da die im Falle des Grundzustands für $-W^{(2)}$ in die VAN VLECK-Gleichung einzusetzende Größe immer > 0 ist.

Zur Abschätzung der aus diesen Näherungen folgenden Ungenauigkeiten vergleichen wir die mit den Gln. (3.173), (3.176) und (3.174) jeweils für 293 K berechneten n_{eff}-Werte (in Klammern: χ_{mol}-Werte in Einheiten von 10^{-11} m^3/mol, s. Tab. A.4 und A.5) für das Ce^{3+}-System. Mit Gl. (3.173) ergeben sich 2,56 (3 505), mit Gl. (3.176) 2,56 (3 505) und mit Gl. (3.174) 2,54 (3 448).

Die ersten beiden Gleichungen führen zum gleichen Resultat, während die letzte Gleichung, die der stärksten Vereinfachung entspricht, etwas kleinere Werte liefert, aber auch noch eine gute Näherung darstellt[61)].

Das mit den Modellen (3.173) und (3.176) erhaltene gleiche Resultat zeigt, daß die thermische Besetzung des angeregten Multipletts für $T \leq 300$ K vernachlässigbar ist ($\exp(-7\zeta/2k_BT) \approx 2 \times 10^{-5}$ bei $T = 293$ K). Der um ca. 1,6 % höhere χ_{mol}-Wert gegenüber dem nach Modell (3.174) berechneten beruht damit auf dem ZEEMAN-Effekt 2. Ordnung, also dem „Einmischen" des angeregten Zustands in den Grundzustand durch das Magnetfeld. Im Falle des Yb^{3+}-Ions macht dieser Anteil bei 293 K wegen der wesentlich größeren Multiplett-Aufspaltung nur 0,08 % des Gesamtparamagnetismus aus.

Mehrelektronensysteme ($4f^N$). 1.) Wie bei den Konfigurationen $4f^1$ und $4f^{13}$ ist es auch bei den meisten anderen 4f-Systemen für viele Zwecke ausreichend, in Gl. (3.171) angeregte Multipletts und den ZEEMAN-Effekt 2. Ordnung wegen großer Multiplettabstände zu vernachlässigen, so daß auch hier CURIE-Verhalten resultiert. Für das Grundmultiplett sind die ZEEMAN-Koeffizienten 1. Ordnung $W_{M_J}^{(1)} = g_J M_J \mu_B$ einzusetzen[62)]:

$$\begin{aligned}
\chi_{mol} &= \mu_0 N_A \frac{\sum\limits_{M_J=-J}^{J} (E_{M_J}^{(1)})^2/k_BT}{2J+1} = \mu_0 \frac{N_A g_J^2 \mu_B^2}{k_BT} \frac{\sum\limits_{M_J=-J}^{J} M_J^2}{2J+1} \\
&= \mu_0 \frac{N_A g_J^2 \mu_B^2}{k_BT} \frac{[J^2 + (J-1)^2 + \ldots + (-1+J)^2 + (-J)^2]}{2J+1} \\
&= \mu_0 \frac{N_A g_J^2 \mu_B^2}{k_BT} \frac{2J(J+1)(2J+1)}{6(2J+1)} = \mu_0 \frac{N_A g_J^2 J(J+1) \mu_B^2}{3k_BT}. \qquad (3.178)
\end{aligned}$$

---

61) Bei höherer Temperatur, z. B. $T = 800$ K, werden die Unterschiede zwischen den drei Modellen deutlicher: $\chi_{mol} = 1388 \times 10^{-11}$ m^3/mol ($n_{eff} = 2,66$), 1319×10^{-11} m^3/mol ($n_{eff} = 2,59$) bzw. 1262×10^{-11} m^3/mol ($n_{eff} = 2,54$).

62) Beim Übergang von der 2. zur 3. Zeile in Gl. (3.178) wird die in eckigen Klammern stehende Summe gemäß $\sum_{x=1}^{n} x^2 = n(n+1)(2n+1)/6$ ersetzt.

2.) Sind Multiplett-Abstände und thermische Energie von vergleichbarer Größe, ist die Besetzung angeregter Multipletts nach der BOLTZMANN-Statistik nicht mehr vernachlässigbar. Da sich die Zustände in den J-Werten unterscheiden, ist das magnetische Moment des Systems von der Temperatur abhängig, und man beobachtet Abweichungen vom CURIE-Gesetz. Dies ist der Fall bei den Elektronenkonfigurationen $4f^4$ (Nd^{2+}), $4f^5$ (Sm^{3+}) und ganz besonders ausgeprägt bei $4f^6$ (Sm^{2+}, Eu^{3+}). Der Grund für die starke Temperaturabhängigkeit des magnetischen Momentes beim letzten Fall besteht darin, daß wegen $L = 3$ und $S = 3$ der Grundzustand $^7F_0$ und die nächsten angeregten Zustände $^7F_1, ^7F_2, \ldots$ sehr kleine J-Werte aufweisen, so daß die Energiedifferenzen nach der LANDÉ-Intervallregel, $\Delta E(J, J-1) = J\lambda_{LS}$ (s. Gl. (3.156)) mit $\lambda_{LS} = \zeta_{4f}/6$, ungewöhnlich klein sind und der thermischen Energie bei Raumtemperatur entsprechen. Folglich sind hier neben dem Grundzustand auch angeregte Zustände erheblich besetzt. Abb. 3.9 verdeutlicht anhand der Multiplett-Aufspaltung einer Reihe von Ln-Ionen die Ausnahmesituation beim Eu^{3+}-Ion.

Die für die Bedingung $\Delta E(J, J-1) \approx k_BT$ gültige und auf der Grundlage des RUSSELL-SAUNDERS-Kopplungsschemas abgeleitete Suszeptibilitätsgleichung hat die allgemeine Form [182] [63)]

$$\chi_{mol} = \frac{\mu_0 N_A \mu_B^2}{3k_BT} \frac{\sum\limits_{J=L-S}^{L+S} (2J+1)\Lambda_J \exp\left\{-\frac{\lambda_{LS}}{2}\frac{J(J+1)}{k_BT}\right\}}{\sum\limits_{J=L-S}^{L+S} (2J+1) \exp\left\{-\frac{\lambda_{LS}}{2}\frac{J(J+1)}{k_BT}\right\}} \tag{3.179}$$

$$\text{mit} \quad \Lambda_J = g_J^2 J(J+1) + 2(g_J-1)(g_J-2)\frac{k_BT}{\lambda_{LS}}.$$

Bei $J = 0$ ist Gl. (3.157) nicht anwendbar. Hier ist für den LANDÉ-Faktor $g_J = L+2$ zu setzen. In allen anderen Fällen wird g_J nach Gl. (3.157) berechnet.

Beispiel 3.10 *Suszeptibilitätsbeziehung für* $4f^6$*-Systeme*

Die Anwendung von Gl. (3.179) auf das $4f^6$-System (Eu^{3+}) führt mit $g_J = 3/2$ für die Multipletts mit $J = 1,2,3,4,5,6$ und $g_J = 5$ bei $J = 0$ sowie mit $\lambda_{LS} = \zeta/6$ zu folgender Gleichung:

$$\chi_{mol} = \mu_0 \frac{N_A\mu_B^2}{3k_BT} n_{eff}^2 \quad \text{mit}$$

$$n_{eff}^2 = Z^{-1}\left\{144\frac{k_BT}{\zeta} + \left(\frac{27}{2} - 9\frac{k_BT}{\zeta}\right)\exp\left(-\frac{\zeta}{6k_BT}\right)\right. \tag{3.180}$$

$$+\left(\frac{135}{2} - 15\frac{k_BT}{\zeta}\right)\exp\left(-\frac{\zeta}{2k_BT}\right) + \left(189 - 21\frac{k_BT}{\zeta}\right)\exp\left(-\frac{\zeta}{k_BT}\right)$$

63) Die Gleichung ist selbstverständlich auch im Falle der Systeme $4f^1$ und $4f^{13}$ gültig.

$$+\left(405-27\frac{k_BT}{\zeta}\right)\exp\left(-\frac{5\zeta}{3k_BT}\right)+\left(\frac{1485}{2}-33\frac{k_BT}{\zeta}\right)\exp\left(-\frac{5\zeta}{2k_BT}\right)$$
$$+\left(\frac{2457}{2}-39\frac{k_BT}{\zeta}\right)\exp\left(-\frac{7\zeta}{2k_BT}\right)\Bigg\}\quad \text{und}$$
$$Z = \Bigg\{1+3\exp\left(-\frac{\zeta}{6k_BT}\right)+5\exp\left(-\frac{\zeta}{2k_BT}\right)+7\exp\left(-\frac{\zeta}{k_BT}\right)$$
$$+9\exp\left(-\frac{5\zeta}{3k_BT}\right)+11\exp\left(-\frac{5\zeta}{2k_BT}\right)+13\exp\left(-\frac{7\zeta}{2k_BT}\right)\Bigg\}.$$

Z steht wiederum für die Zustandssumme. Durch Einsetzen des entsprechenden ζ-Wertes für das Eu^{3+}-Ion (s. Tab. 2.1) in Gl. (3.180) zeigt sich, daß zur Suszeptibilität z. B. bei Raumtemperatur der ZEEMAN-Effekt 2. Ordnung zu etwa 75 % beiträgt, bei tiefer Temperatur sogar 100 % ausmacht, so daß ausschließlich ein TUP-Beitrag bleibt. Dieser hohe Anteil bei kleiner Multiplett-Aufspaltung ist anschaulich darauf zurückzuführen, daß sich in Gegenwart eines Magnetfeldes — wegen der in diesem speziellen Fall relativ langsamen Präzession von $\boldsymbol{\mu}_J$ um $\boldsymbol{J}$ — die zu $\boldsymbol{J}$ senkrechten Komponenten des magnetischen Momentes nicht mehr herausmitteln. Die Präzession des Momentvektors um die Richtung des Magnetfelds ist hier *unsymmetrisch*, und zum magnetischen Moment wird ein Zusatzbeitrag induziert. Bei Ionen wie Sm^{3+} und Eu^{3+} mit einem temperaturabhängigen magnetischen Moment empfiehlt sich zur graphischen Darstellung das $n_{eff}-T$-Diagramm (s. Abb. 3.14).

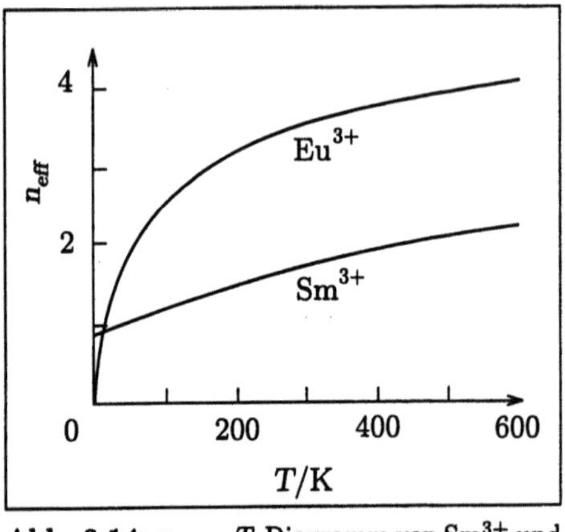

Abb. 3.14: n_{eff}–T-Diagramm von Sm^{3+} und Eu^{3+}

Anmerkungen und Ergänzungen. 1.) Den bisher abgeleiteten Suszeptibilitätsgleichungen liegt das RUSSELL-SAUNDERS-Kopplungsschema zugrunde, das bei den Lanthanoiden nur hinsichtlich des Grundmultipletts relativ gut erfüllt ist. Man verzichtet jedoch wegen des enormen Aufwands häufig auf die Einführung des adäquaten Modells der intermediären Kopplung und trägt in einer gegenüber Gl. (3.180) verbesserten Formel diesem Modell in gewisser Weise dadurch Rechnung, daß man die Multiplett-Abstände $\Delta E(J, J-1)$ nicht streng nach der LANDÉ-Intervallregel berechnet, sondern — sofern möglich — aus spektroskopischen Untersuchungen ermittelt und übernimmt (Beispiel: Eu^{3+}).

2.) Liegt reiner Spinmagnetismus vor, wird im CURIE-Gesetz der Gl. (3.175) $g_J^2 J(J+1)$ durch $g^2 S(S+1)$ mit $g = 2$ ersetzt. Beispiele sind Ionen mit den Elektronenkonfigurationen $3d^5$ (Mn^{2+}, Fe^{3+}) und $4f^7$ (Eu^{2+}, Gd^{3+}).

3.) Ist die Multiplett-Aufspaltung sehr klein gegenüber k_BT ($\Delta E(J, J-1) \ll k_BT$), ergibt sich das mit dem Termsymbol ^{2S+1}L verknüpfte magnetische Moment zu $\mu = \sqrt{L(L+1) + 4S(S+1)}\,\mu_B$ (ohne praktischen Bezug).

3.4.3.2 Magnetische Sättigung

Thermisch isoliertes Grundmultiplett. Bisher wurde davon ausgegangen, daß die Stärke des äußeren Magnetfeldes sehr schwach im Vergleich zur thermischen Energie ist und somit Sättigungseffekte keine Rolle spielen. Bei Messungen im Tieftemperaturbereich ist diese Bedingung häufig nicht erfüllt, und man stellt fest, daß die Suszeptibilitätswerte mit steigendem Feld kleiner werden. In dem einfachen Fall, daß das magnetische Verhalten allein durch das Grundmultiplett bestimmt wird, läßt sich der Verlauf der Magnetisierung in Abhängigkeit vom äußeren Feld durch die sog. BRILLOUIN-Funktion beschreiben, deren Herleitung wir im folgenden betrachten.

Das Grundmultiplett $^{2S+1}L_J$ ist, den Werten $M_J = J, J-1, \ldots -J$ entsprechend, $(2J+1)$-fach entartet. Durch ein äußeres Magnetfeld wird die Entartung vollständig aufgehoben. Die Niveaus sind nicht gleich stark besetzt, sondern es gilt eine BOLTZMANN-Verteilung. Während wir jedoch bei der Herleitung der VAN VLECK-Gl. (3.171) voraussetzten, daß die Energieänderungen durch das Magnetfeld sehr klein gegenüber der thermischen Energie sind und demzufolge die diesbezüglichen Exponential-Terme approximiert werden durften, ist diese Näherung jetzt nicht mehr erlaubt. Mit der Komponente $\bar{\mu} = -M_J g_J \mu_B$ des magnetischen Moments in Feldrichtung folgt für die Magnetisierung M_{mol} aus der Fundamental-Gl. (3.167):

$$M_{mol} = N_A \frac{\sum\limits_{M_J=-J}^{J} -M_J g_J \mu_B \exp(-M_J g_J \mu_B B/k_BT)}{\sum\limits_{M_J=-J}^{J} \exp(-M_J g_J \mu_B B/k_BT)}. \qquad (3.181)$$

In den folgenden Schritten wird Gl. (3.181) in eine praktikable Form überführt. Zunächst ergibt sich mit der Abkürzung $y = (g_J \mu_B B/k_BT)$ und dem Verzicht auf das (−)-Zeichen vor der magnetischen Quantenzahl [64]:

[64] Die Summen ändern sich bei diesem Vorzeichenwechsel nicht.

$$M_{mol} = N_A g_J \mu_B \frac{\sum\limits_{M_J=-J}^{J} M_J \exp(M_J y)}{\sum\limits_{M_J=-J}^{J} \exp(M_J y)}. \tag{3.182}$$

Die Summe im Zähler von Gl. (3.182) ist die Ableitung der Summe im Nenner nach y, so daß man schreiben kann:

$$M_{mol} = N_A g_J \mu_B \frac{d}{dy} \left[\ln \sum_{M_J=-J}^{J} \exp(M_J y) \right]. \tag{3.183}$$

Die in Gl. (3.183) in Klammern stehende Summe enthält eine geometrische Reihe[65]:

$$\begin{aligned} \sum_{M_J=-J}^{J} \exp(M_J y) &= \exp(-Jy) \underbrace{\{1 + [\exp(y)]^1 + \ldots + [\exp(y)]^{2J}\}}_{S_{2J}} \\ \text{mit} \quad S_{2J} &= \frac{\exp[(2J+1)y] - 1}{\exp(y) - 1}. \end{aligned}$$

Die Magnetisierung ergibt sich zu

$$\begin{aligned} M_{mol} &= N_A g_J \mu_B \frac{d}{dy} \ln \left\{ \exp(-Jy) \frac{\exp[(2J+1)y] - 1}{\exp(y) - 1} \right\} \\ &= N_A g_J \mu_B \frac{d}{dy} \ln \left\{ \frac{\exp[(J+1)y] - \exp(-Jy)}{\exp(y) - 1} \right\}. \end{aligned}$$

Man erweitert mit $\exp\left(-\frac{1}{2}y\right)$, führt $\sinh(x) = [\exp(x) - \exp(-x)]/2$ ein

$$\begin{aligned} M_{mol} &= N_A g_J \mu_B \frac{d}{dy} \ln \left\{ \frac{\exp\left[(J+\frac{1}{2})y\right] - \exp\left[-(J+\frac{1}{2})y\right]}{\exp\left(\frac{1}{2}y\right) - \exp\left(-\frac{1}{2}y\right)} \right\} \\ &= N_A g_J \mu_B \frac{d}{dy} \ln \left\{ \frac{\sinh\left[(J+\frac{1}{2})y\right]}{\sinh\left(\frac{1}{2}y\right)} \right\} \end{aligned}$$

und differenziert:

$$\begin{aligned} M_{mol} &= N_A g_J \mu_B \frac{\sinh\left(\frac{1}{2}y\right)}{\sinh\left[\left(J+\frac{1}{2}\right)y\right]} \times \\ &\left\{ \frac{\sinh\left(\frac{1}{2}y\right)\,\left(J+\frac{1}{2}\right)\cosh\left[\left(J+\frac{1}{2}\right)y\right] - \cosh\left(\frac{1}{2}y\right)\left(\frac{1}{2}\right)\sinh\left[\left(J+\frac{1}{2}\right)y\right]}{\sinh^2\left(\frac{1}{2}y\right)} \right\} \end{aligned}$$

[65] Geometrische Reihe: $\sum_{i=1}^{n} q^{i-1} = 1 + q + \ldots + q^{n-1} = (q^n - 1)/(q-1)$. Im vorliegenden Fall ist $n - 1 = 2J$ und $q = \exp(y)$.

$$
\begin{aligned}
&= N_A g_J \mu_B \left\{ \left(J + \frac{1}{2} \right) \frac{\cosh\left[\left(J+\frac{1}{2}\right) y\right]}{\sinh\left[\left(J+\frac{1}{2}\right) y\right]} - \frac{1}{2} \frac{\cosh\left(\frac{1}{2}y\right)}{\sinh\left(\frac{1}{2}y\right)} \right\} \\
&= N_A g_J J \mu_B \underbrace{\left\{ \frac{2J+1}{2J} \coth\left[\left(\frac{2J+1}{2J}\right)\alpha\right] - \frac{1}{2J}\coth\left(\frac{\alpha}{2J}\right)\right\}}_{B_J(\alpha)}, \qquad (3.184)
\end{aligned}
$$

wobei $\alpha = Jy = (g_J J \mu_B B / k_B T)$. $N_A g_J J \mu_B$ ist die maximal mögliche Magnetisierung M^{∞}_{mol}, so daß Gl. (3.184) auch geschrieben werden kann als

$$
\boxed{
\begin{aligned}
M_{mol} &= M^{\infty}_{mol} B_J(\alpha) \quad \text{mit} \\
B_J(\alpha) &= \left\{ \tfrac{2J+1}{2J} \coth\left[\left(\tfrac{2J+1}{2J}\right)\alpha\right] - \tfrac{1}{2J}\coth\left(\tfrac{\alpha}{2J}\right)\right\}, \\
\alpha &= \frac{g_J J \mu_B B}{k_B T} \quad \text{und} \quad M^{\infty}_{mol} = N_A g_J J \mu_B .
\end{aligned}
} \qquad (3.185)
$$

In Gl. (3.185) ist die BRILLOUIN-Funktion definiert. Sie gibt die Abhängigkeit der Magnetisierung von g_J, J, B und T an. Mit steigendem J nähert sie sich der LANGEVIN-Funktion Gl. (2.9) an. Dies ist zu erwarten, da die Einstellmöglichkeiten der magnetischen Dipole zum äußeren Feld zunehmen und das System sich damit dem klassischen Fall nähert. In Abb. 3.15 ist der mit Hilfe der BRILLOUIN-Funktion gut beschreibbare Verlauf von $M_{mol}/(N_A \mu_B)$ gegen α für die Verbindungen $Gd_2(SO_4)_3 \cdot 8\,H_2O$ ($S = 7/2$), $NH_4Fe(SO_4)_2 \cdot 12\,H_2O$ ($S = 5/2$) und $KCr(SO_4)_2 \cdot 12\,H_2O$ ($S = 3/2$) dargestellt, die weitgehend isolierte Metallionen enthalten. In Gl. (3.185) ist, da diese Ionen reinen Spinparamagnetismus zeigen, J durch S und $g_J = 2$ zu setzen.

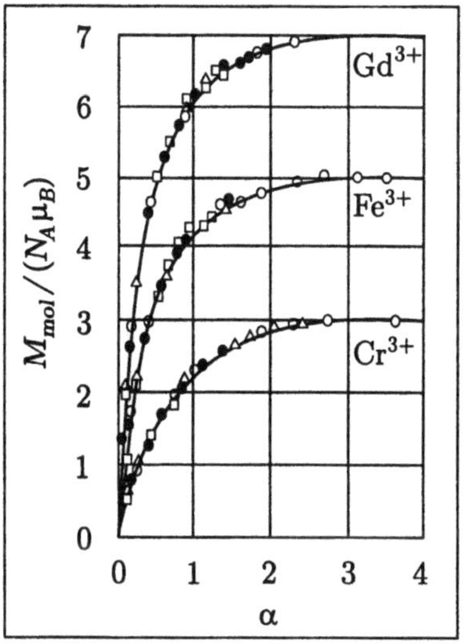

Abb. 3.15: $(M_{mol}/N_A\mu_B) - \alpha$-Diagramm für Verbindungen mit Gd^{3+}, Fe^{3+} und Cr^{3+}.

Bei kleinem α ist der Anstieg der Kurven linear, während bei ausreichend großem Verhältnis *magnetische Sättigung* erreicht wird. Beide Grenzfälle werden genauer betrachtet.

1.) Der erste Fall, $\alpha \ll 1$, liegt praktisch immer bei normalen Feldstärken und gewöhnlichen Temperaturen vor. Die BRILLOUIN-Funktion kann hier durch ihre Tangente im Ursprung angenähert werden. Diese wird erhalten, indem man $\coth x = \cosh x / \sinh x$ in der Form $\coth x = 1/x + x/3 + \ldots$ entwickelt[66], x durch $[(2J+1)\alpha/2J]$ bzw. $(\alpha/2J)$ ersetzt und die Reihe nach den ersten beiden Gliedern abbricht:

$$\begin{aligned} B_J(\alpha \ll 1) &= \frac{2J+1}{2J}\left[\frac{2J}{(2J+1)\alpha} + \frac{(2J+1)\alpha}{6J}\right] - \frac{1}{2J}\left[\frac{2J}{\alpha} + \frac{\alpha}{6J}\right] \\ &= \left(\frac{2J+1}{2J}\right)^2 \frac{\alpha}{3} - \frac{\alpha}{12J^2} = \frac{J+1}{3J}\alpha. \end{aligned} \tag{3.186}$$

Daraus folgt: $(M_{mol}/(N_A\mu_B) = g_J(J+1)\alpha/3$.
Man ersetzt α durch die ursprüngliche Bedeutung, löst nach M_{mol} auf und setzt dann $B \approx \mu_0 H$ sowie $M_{mol}/H = \chi_{mol}$:

$$M_{mol} = \frac{J(J+1)}{3}\frac{N_A g_J^2 \mu_B^2 B}{k_B T}, \qquad \chi_{mol} = \mu_0 \frac{N_A g_J^2 J(J+1)\mu_B^2}{3k_B T}. \tag{3.187}$$

Wir erhalten das CURIE-Gesetz mit dem erwarteten magnetischen Moment $\mu = g_J\sqrt{J(J+1)}\,\mu_B$, das sich zu 7,94 μ_B (Gd^{3+}; $g_J = 2, J = S = 7/2$), 5,92 μ_B (Fe^{3+}; $g_J = 2, J = S = 5/2$) bzw. 3,87 μ_B (Cr^{3+}; $g_J = 2, J = S = 3/2$[67]) ergibt.

2.) Bei starkem Magnetfeld und tiefer Temperatur strebt $\alpha \to \infty$ und damit $B_J(\alpha) \to 1$. Dies entspricht der Sättigung, d. h., nach Gl. (3.184) wird mit $M_{mol}/N_A = g_J J \mu_B$ das Sättigungsmoment $\mu_m^\infty = g_J J \mu_B$ von 7,0 μ_B (Gd^{3+}), 5,0 μ_B (Fe^{3+}) bzw. 3,0 μ_B (Cr^{3+}) erreicht[68] (vergl. 2.2.4). Wegen der großen ZEEMAN-Aufspaltung und der geringen thermischen Energie ist allein die energetisch tiefste ZEEMAN-Komponente mit $M_J = -J$ des entsprechenden Multipletts besetzt. Der Momentvektor $\boldsymbol{\mu}$ präzessiert auf dem durch $M_J = -J$ festgelegten Kegelmantel um die Richtung von $\boldsymbol{B}$, wobei seine Projektion auf diese Richtung das atomare Sättigungsmoment μ_m^∞ liefert.

---

[66] $\sinh x = x + x^3/3! + x^5/5! + \ldots$; $\cosh x = 1 + x^2/2! + x^4/4! + \ldots$.

[67] Das Cr^{3+}-Ion befindet sich in oktaedrischer Umgebung; das Bahnmoment ist, bedingt durch den Ligandenfeldeffekt, „ausgelöscht“ (s. 4.3.2.6).

[68] Hierin unterscheiden sich BRILLOUIN- und LANGEVIN-Funktion. Für ein gegebenes Ion liefert letztere dasselbe Moment μ für beide Grenzfälle — im Gegensatz zum experimentellen Befund.

3.4.3.3 Anwendung der Fundamentalgleichung

Im Falle von Systemen mit großen Multiplettabständen $\Delta E(J, J-1)$ im Vergleich zur Aufspaltung ΔE_{M_J} der Niveaus durch das Magnetfeld wird das $\chi_{mol} - T$-Verhalten mit der VAN VLECK-Gl. (3.171) adäquat beschrieben. Als Beispiel hatten wir das Ce^{3+}-Ion mit $\Delta E(^2F_{7/2}, ^2F_{5/2}) \approx 2\,200\ \text{cm}^{-1}$ und den um über drei Größenordnungen kleineren Aufspaltungen ΔE_{M_J} in herkömmlichen Meßapparaturen betrachtet ($1\,\text{T} \mathrel{\hat{=}} 0{,}467\,\text{cm}^{-1}$). Auf ein $2p^1$-System wäre Gl. (3.171) unter diesen Bedingungen nicht anwendbar; denn hier beträgt $\Delta E(^2P_{3/2}, ^2P_{1/2})$ nur einige cm^{-1} und ist mit ΔE_{M_J} vergleichbar[69]. Um in diesem Fall den $\chi_{mol} - T$-Verlauf zu beschreiben, müssen wir von der Fundamentalgleichung (3.167) ausgehen. Betrachtet man die gleichzeitige Störung eines p^1-Systems durch Spin-Bahn-Kopplung (H_{SB}) und äußeres Magnetfeld (H_M), repräsentiert durch den Operator $\hat{H}^{(1)} = \xi(r)\hat{\boldsymbol{l}}\cdot\hat{\boldsymbol{s}} - \gamma_e(\hat{l}_z + 2\hat{s}_z)B$, ergibt sich bei Verwendung der $|m_l, m_s\rangle$-Basis und $G \equiv \mu_B B$ die H-Matrix:

(3.188)

$m_l m_s$	$\|1\,\frac{1}{2}\rangle$	$\|1\,-\frac{1}{2}\rangle$	$\|0\,\frac{1}{2}\rangle$	$\|0\,-\frac{1}{2}\rangle$	$\|-1\,\frac{1}{2}\rangle$	$\|-1\,-\frac{1}{2}\rangle$
$\langle 1\,\frac{1}{2}\|$	$\frac{1}{2}\zeta + 2G$					
$\langle 1\,-\frac{1}{2}\|$		$-\frac{1}{2}\zeta$	$\sqrt{\frac{1}{2}}\zeta$			
$\langle 0\,\frac{1}{2}\|$		$\sqrt{\frac{1}{2}}\zeta$	G			
$\langle 0\,-\frac{1}{2}\|$				$-G$	$\sqrt{\frac{1}{2}}\zeta$	
$\langle -1\,\frac{1}{2}\|$				$\sqrt{\frac{1}{2}}\zeta$	$-\frac{1}{2}\zeta$	
$\langle -1\,-\frac{1}{2}\|$						$\frac{1}{2}\zeta - 2G$

Sie enthält gegenüber der Matrix (3.114) auf der Hauptdiagonalen Beiträge des ZEEMAN-Operators. Wir erkennen zwar wie dort je zwei 1×1- und 2×2-Blöcke, jedoch sind letztere nicht mehr identisch. Wählt man zur Lösung der 2×2-Blöcke den Ansatz Gl. (3.48), erhält man die in Tab. 3.14 aufgeführten

[69] Spektroskopisch ist der simultane Einfluß von $H_{SB} + H_M$ beim Lithium-Atom eingehend verfolgt worden [242]. Ist die Kraftflußdichte $\boldsymbol{B}$ sehr schwach im Vergleich zur Spin-Bahn-Kopplung, beobachtet man die Übergänge $^2S_{1/2} \longleftarrow {}^2P_{1/2}$ und $^2S_{1/2} \longleftarrow {}^2P_{3/2}$. $\boldsymbol{L}$ und $\boldsymbol{S}$ des ^2P-Terms präzessieren relativ schnell um $\boldsymbol{J}$, und $\boldsymbol{J}$ präzessiert relativ langsam um $\boldsymbol{B}$ (ZEEMAN-Effekt). Bei starker Flußdichte $\boldsymbol{B}$ sind $\boldsymbol{L}$ und $\boldsymbol{S}$ entkoppelt und präzessieren getrennt um $\boldsymbol{B}$ (PASCHEN-BACK-Effekt). Die Aufspaltung der Niveaus im Magnetfeld ist groß gegenüber der Multiplettaufspaltung. Man beobachtet mit steigender Flußdichte den Übergang vom ZEEMAN-Effekt mit den Quantenzahlen L, S, J, M_J zum PASCHEN-BACK-Effekt mit den Quantenzahlen L, S, M_L, M_S [242].

Energien E_n und Eigenzustände ϕ_n als Funktionen der Parameter α und β; α und β hängen von ζ und G ab:

$$\tan 2\alpha = -\frac{\sqrt{2}\,\zeta}{G+\frac{1}{2}\zeta}; \qquad \tan 2\beta = -\frac{\sqrt{2}\,\zeta}{G-\frac{1}{2}\zeta}.$$

Tab. 3.14: Funktionen und Energien des p^1-Systems nach Störung durch $H_{SB}+H_M$ sowie die Diagonalelemente des Moment-Operators $\hat{\mu}_z$ ($G \equiv \mu_B B$)

ϕ_n	$\lvert m_l m_s\rangle$	E_n	$\langle\phi_n\lvert\hat{\mu}_z\rvert\phi_n\rangle/\mu_B$
ϕ_1	$\lvert 1\ \frac{1}{2}\rangle$	$2G+\frac{1}{2}\zeta$	-2
ϕ_2	$\cos\alpha\lvert 1\ -\frac{1}{2}\rangle+\sin\alpha\lvert 0\ \frac{1}{2}\rangle$	$G+\sqrt{\frac{1}{2}}\,\zeta\cot\alpha$	$-\sin^2\alpha$
ϕ_3	$\cos\beta\lvert 0\ -\frac{1}{2}\rangle+\sin\beta\lvert -1\ \frac{1}{2}\rangle$	$-\frac{1}{2}\zeta+\sqrt{\frac{1}{2}}\,\zeta\cot\beta$	$\cos^2\beta$
ϕ_4	$\lvert -1\ -\frac{1}{2}\rangle$	$-2G+\frac{1}{2}\zeta$	2
ϕ_5	$\sin\alpha\lvert 1\ -\frac{1}{2}\rangle-\cos\alpha\lvert 0\ \frac{1}{2}\rangle$	$-\frac{1}{2}\zeta-\sqrt{\frac{1}{2}}\,\zeta\cot\alpha$	$-\cos^2\alpha$
ϕ_6	$\sin\beta\lvert 0\ -\frac{1}{2}\rangle-\cos\beta\lvert -1\ \frac{1}{2}\rangle$	$-G-\sqrt{\frac{1}{2}}\,\zeta\cot\beta$	$\sin^2\beta$

Ist $G=0$ und folglich nur H_{SB} eingeschaltet, haben die an die Störung adaptierten Zustände eine feste Zusammensetzung (vgl. Tab. 3.4). Wie im Korrelationsdiagramm der Abb. 3.16 am linken Rand dargestellt, resultiert ein Quartett $^2P_{3/2}$ und ein Dublett $^2P_{1/2}$ mit der Energien $\frac{1}{2}\zeta$ bzw. $-\zeta$. Schaltet man jetzt ein schwaches Magnetfeld dazu, werden Quartett und Dublett in ihre vier bzw. zwei Komponenten aufgespalten. Wächst G bis zu relativ großen Werten an, werden die durch H_{SB} gekoppelten Zustände — ausgenommen ϕ_1 und ϕ_4 — in steigendem Maße entkoppelt, d. h., in den vier Linearkombinationen wächst jeweils eine Komponente auf Kosten der anderen, bis schließlich die reinen $|m_l, m_s\rangle$-Zustände erhalten werden (siehe die Situation am rechten Rand in Abb. 3.16). Zur Aufstellung der Suszeptibilitätsgleichung benötigen wir neben den Energien E_n die Momente $\bar{\mu}_n$, welche wir durch Anwendung des Operators $\hat{\mu}_z=\gamma_e(\hat{l}_z+2\hat{s}_z)$ auf die Basiszustände ϕ_n gewinnen (s. Tab. 3.14). Eingesetzt in Gl. (3.167) erhalten wir

$$\begin{aligned}\chi_{mol}(\zeta,B) \;=\; & \mu_0\frac{N_A\mu_B}{BZ}\times\Bigg[-2\exp\left(-\frac{E_1}{k_BT}\right)-\sin^2\alpha\exp\left(-\frac{E_2}{k_BT}\right)+\\ & \cos^2\beta\exp\left(-\frac{E_3}{k_BT}\right)+2\exp\left(-\frac{E_4}{k_BT}\right)-\cos^2\alpha\exp\left(-\frac{E_5}{k_BT}\right)+\\ & \sin^2\beta\exp\left(-\frac{E_6}{k_BT}\right)\Bigg] \qquad \text{mit} \quad Z=\sum_{n=1}^{6}\exp\left(-\frac{E_n}{k_BT}\right). \qquad (3.189)\end{aligned}$$

Das hier gewählte einfache Beispiel zeigt, wie die Magnetfeldabhängigkeit in die entsprechende Suszeptibilitätsgleichung eingeht. Wir werden später bei verschiedenen Gelegenheiten ähnliche Untersuchungen bei Systemen vornehmen, die in der Praxis von Bedeutung sind, z. B. in 4.3.2.3, 5.1.1.2 und 5.4.2.

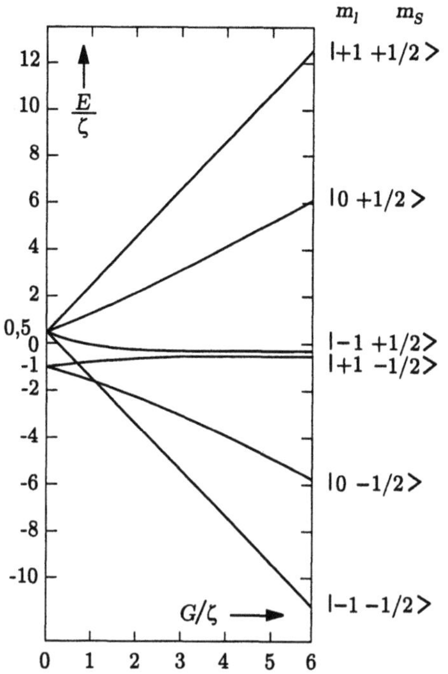

Abb. 3.16: Korrelationsdiagramm für ein p^1-System unter dem Einfluß von $H_{SB}+H_M$ [242]

Gl. (3.189) beschreibt die magnetische Suszeptibilität von p^1-Systemen in Abhängigkeit der Parameter ζ und B bis zu tiefer Temperatur. In Abb. 3.17 ist das $\chi_{mol}^{-1} - T$-Verhalten für $\zeta = 2,3$ cm^{-1} (Schätzwert für 2p^1 (Bor)) sowie $B = 10\,\mathrm{T}$ ($B > \zeta$) ($\cdots$) und 0,1 T ($B < \zeta$) (—) dargestellt. Für $T \to 0$ und großem B/ζ ist nur $\phi_4 = |-1-\frac{1}{2}\rangle$ besetzt (s. Abb. 3.16). Bis auf die Exponentialterme mit $\exp(-E_4/k_BT)$ verschwinden alle anderen Terme in Gl. (3.189), so daß sich $\chi_{mol} = 2\mu_0 N_A \mu_B/B = 7,018 \times 10^{-6}/5\ \mathrm{m^3/mol} = 1,404 \times 10^{-6}\mathrm{m^3/mol}$ und $\chi_{mol}^{-1} = 7,12 \times 10^5\ \mathrm{mol/m^3}$ ergibt, im Einklang mit Abb. 3.17. Die Spin-Bahn-Kopplung kommt nicht zum Tragen.

Kurve (—) mit kleinem B/ζ entspricht dem VAN VLECK-Fall, in den sich Gl. (3.189) überführen läßt. Dazu werden die Größen E_n und $\bar{\mu}_n$ durch Ausdrücke approximiert, die nur linear in B sind, so daß sich die B-Abhängigkeit von χ_{mol} herauskürzt. In Beispiel 3.11 sind die Einzelergebnisse aufgeführt. Setzt man sie in Gl. (3.167) ein, erhält man die jetzt B-unabhängige VAN VLECK-Gleichung

$$\chi_{mol}(\zeta) = \mu_0 \frac{N_A \mu_B^2}{3k_BT} \frac{\left[\left(\frac{40}{3} - \frac{8k_BT}{9\zeta}\right)\exp\left(-\frac{\zeta}{2k_BT}\right) + \left(\frac{1}{3} + \frac{8k_BT}{9\zeta}\right)\exp\left(\frac{\zeta}{k_BT}\right)\right]}{\left[2\exp\left(-\frac{\zeta}{2k_BT}\right) + \exp\left(\frac{\zeta}{k_BT}\right)\right]}. \tag{3.190}$$

Sie läßt sich mit Formel (3.179) überprüfen.

Beispiel 3.11 *Spezialisierung von Gl. (3.189) auf den* VAN VLECK*-Fall*

Die Faktoren $\cot\alpha$ und $\cot\beta$ in den Energieausdrücken ergeben sich unter der Voraussetzung $G/\zeta \ll 1$ zu

$$\cot\alpha \approx \sqrt{\frac{1}{2}}\left(-\frac{2}{3}\frac{G}{\zeta}+1\right);$$

$$\cot\beta \approx \sqrt{2}\left(-\frac{2}{3}\frac{G}{\zeta}+1\right).$$

Die daraus folgenden genäherten Größen für Energie und Moment zeigt Tab. 3.15. Setzt man sie in Gl. (3.189) ein und entwickelt wie zur Herleitung von Gl. (3.171) jeweils den Teil der Exponentialausdrücke, der die Flußdichte enthält, resultiert Gl. (3.190).

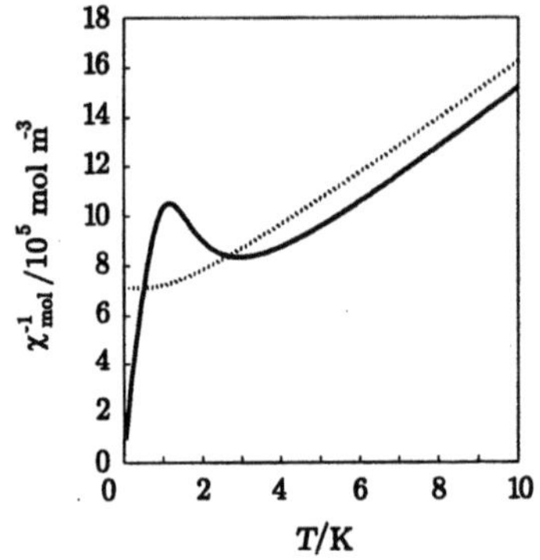

Abb. 3.17: Berechnetes χ_{mol}^{-1} – T-Verhalten eines durch $H_{SB}+H_M$ gestörten p^1-Systems mit $\zeta = 2,3\ \mathrm{cm}^{-1}$ für $B = 10\,\mathrm{T}$ ($\cdots$) und $B = 0,1\,\mathrm{T}$ (—).

Tab. 3.15: Energien und Diagonalelemente des Moment-Operators $\hat{\mu}_z$ für das p^1-Systems im Grenzfall $H_{SB} \gg H_M$

ϕ_n	E_n	$\langle\phi_n\|\hat{\mu}_z\|\phi_n\rangle/\mu_B$	ϕ_n	E_n	$\langle\phi_n\|\hat{\mu}_z\|\phi_n\rangle/\mu_B$
ϕ_1	$2G+\frac{1}{2}\zeta$	-2	ϕ_4	$-2G+\frac{1}{2}\zeta$	2
ϕ_2	$\frac{2}{3}G+\frac{1}{2}\zeta$	$-\left(\frac{2}{3}+\frac{8}{27}\frac{G}{\zeta}\right)$	ϕ_5	$\frac{1}{3}G-\zeta$	$-\left(\frac{1}{3}-\frac{8}{27}\frac{G}{\zeta}\right)$
ϕ_3	$-\frac{2}{3}G+\frac{1}{2}\zeta$	$\frac{2}{3}-\frac{8}{27}\frac{G}{\zeta}$	ϕ_6	$-\frac{1}{3}G-\zeta$	$\frac{1}{3}+\frac{8}{27}\frac{G}{\zeta}$

Für $T < 1\,\mathrm{K}$ wird CURIE-ähnliches Verhalten beobachtet. Hier ist nur das Grundmultiplett $^2P_{1/2}$ besetzt, das mit $\mu = g_J\sqrt{J(J+1)}\,\mu_B = \sqrt{\frac{1}{3}}\,\mu_B$ korrespondiert. Mit steigender Temperatur wird das angeregte Multiplett $^2P_{3/2}$ mit bevölkert. Der CURIE-Paramagnetismus korrespondiert bei hohen Temperaturen mit $\mu = \sqrt{L(L+1)+4S(S+1)}\,\mu_B = 2,23\,\mu_B$. *

4 Einfluß der Umgebung I: Ligandenfeld

In Kapitel 3 haben wir die mit Hilfe der Quantenmechanik vorhersagbaren magnetischen Eigenschaften eines freien Ions behandelt. Das Verhalten in kondensierter Phase weicht i. a. davon ab, bedingt durch Wechselwirkungen zwischen dem Zentralion und den Liganden sowie der Zentralionen untereinander. Wir lassen die letztgenannten Wechselwirkungen, die sog. Kollektiveffekte, hier außer acht, setzen also „magnetisch isolierte" Zentren voraus. Nach Vorbemerkungen zur Symmetrie und Gruppentheorie wird der Operator vorgestellt, der die elektrostatische Wechselwirkung der Valenzelektronen mit den Liganden repräsentiert. Wir wenden zuerst den Operator für kubische Ligandenfelder auf Einelektronen-, danach auf Mehrelektronensysteme an und diskutieren jeweils die magnetische Suszeptibilität. In gleicher Weise werden anschließend nichtkubische Systeme behandelt.

4.1 Symmetrie

Bei Kenntnis der Punktsymmetrie der Ladungsverteilung um ein Metallion können z. B. dessen spektroskopische und magnetische Eigenschaften qualitativ verstanden werden. Die Grundlage zu diesem Verständnis liefert die Gruppentheorie [139, 184, 185], mit deren Hilfe Zahl und Entartungsgrad der Energieniveaus nach Ligandenfeld-Einfluß vorhergesagt werden können.

4.1.1 Symmetrieelemente und Symmetrieoperationen

Die Punktsymmetrie eines Objekts, z. B. eines Übergangsmetall-Ions in einem Komplex, ist durch Symmetrieelemente festgelegt. Sie dienen zur Charakterisierung der Symmetrieoperationen, die das Objekt in neue, von der Ausgangslage nicht zu unterscheidende Lagen überführen (Deckoperationen). Die Bezeichnung der Symmetrieelemente kann durch Symmetriesymbole von HERMANN-MAUGUIN oder von SCHOENFLIES erfolgen [184, 186, 187]. Bei Betrachtungen zum Ligandenfeld werden meist letztere verwendet. Vier Symmetrieelemente sind zu unterscheiden:

1. Drehachse mit Zähligkeit n (SCHOENFLIES-Symbol C_n). Unter der Zähligkeit n einer Drehachse versteht man den größten Wert von n, mit dem sich nach Drehung um $2\pi/n$ eine äquivalente Lage ergibt. Auch die Symmetrieoperation wird durch das Symbol C_n bezeichnet, wobei man die m-fache Ausführung der Drehung um $2\pi/n$ durch C_n^m kennzeichnet. Im Falle von $n = 3$ (dreizählige Achse) schreibt man C_3 und C_3^2 für die Drehung des Objekts um $1 \times 2\pi/3$ bzw. $2{\times}2\pi/3$. Mit der Drehung um $3{\times}2\pi/3$ ist die Ausgangslage wieder erreicht, d. h., die Symmetrieoperation C_3^3 entspricht der *Identität* (E). Liegen mehrere Drehachsen vor, so bezeichnet man diejenige mit der maximalen Zähligkeit als Hauptachse. Das Benzol-Molekül z. B. hat 2- und 3-zählige Achsen und eine 6-zählige Hauptachse (s. Abb. 4.1).

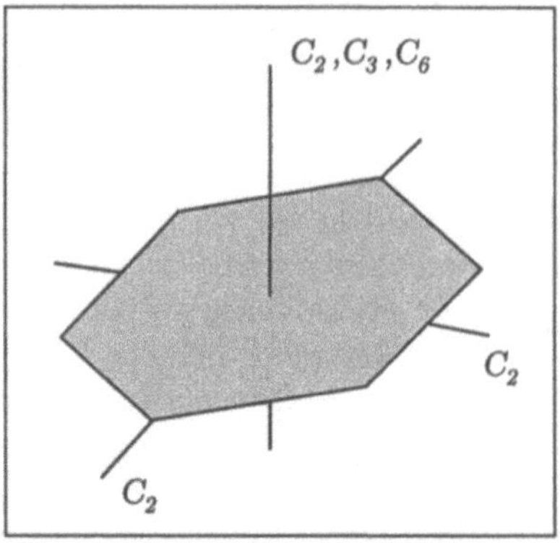

Abb. 4.1: Typische Drehachsen des Benzol-Moleküls

2. Spiegelebene (σ). Eine Spiegelebene wird bez. ihrer Lage zur Drehachse mit der größten Zähligkeit (Hauptdrehachse) gekennzeichnet (s. Abb. 4.2):

σ_v: die Spiegelebene enthält die Hauptdrehachse;

σ_h: die Spiegelebene liegt senkrecht zur Hauptdrehachse;

σ_d: die Spiegelebene enthält die Hauptdrehachse und halbiert den Winkel zwischen zwei C_2-Achsen, die senkrecht zur Hauptdrehachse stehen.

Zwei direkt aufeinanderfolgende Spiegelungen an derselben Ebene führen zur Ausgangslage und entsprechen der Identität.

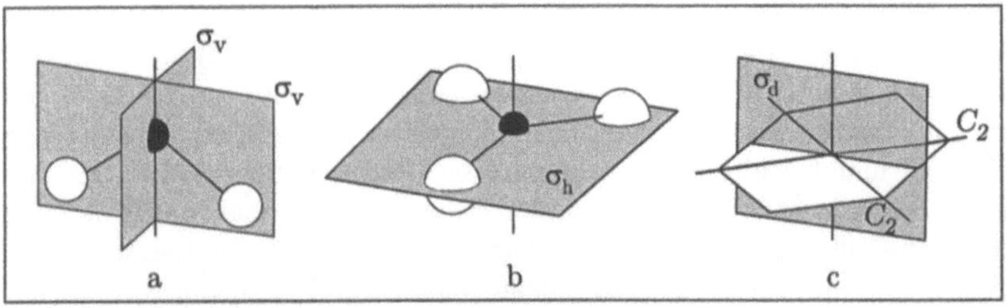

Abb. 4.2: Spiegelebenen (a: σ_v; b: σ_h; c: σ_d)

3. Inversionszentrum oder Symmetriezentrum (i). Die Inversion ist die „Spiegelung" an einem Punkt.

4. Drehspiegelachse mit Zähligkeit n (S_n). Unter Drehspiegelung versteht man eine gekoppelte Symmetrieoperation aus einer Drehung mit Spiegelung an einer Ebene senkrecht zur Drehachse (s. Abb. 4.3). Alternativ kann die Operation auch als Drehinversion aufgefaßt werden (Kopplung von Drehung und Inversion an einem Punkt, der auf der Achse liegt; HERMANN-MAUGUIN-Symbol $\bar{n}$, wobei $S_2 \equiv \bar{1}$, $S_3 \equiv \bar{6}$, $S_4 \equiv \bar{4}$, $S_6 \equiv \bar{3}$). Das Symmetrieelement ist die Inversionsachse.

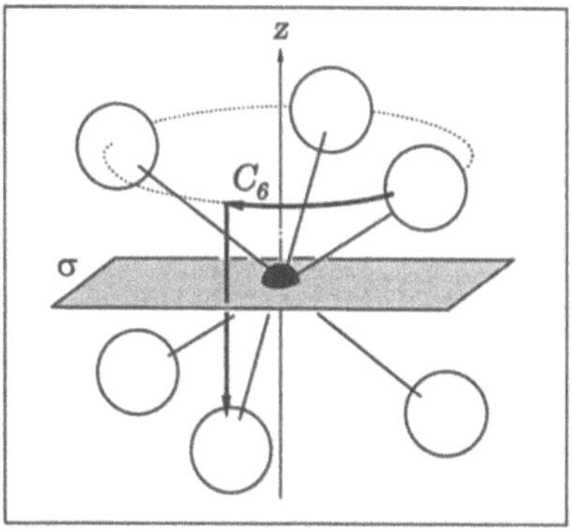

Abb. 4.3: Drehspiegelung $S_6 \equiv \bar{3}$

In Tab. 4.1 sind die HERMANN-MAUGUIN- und SCHOENFLIES-Symbole wichtiger Punktgruppen zusammengefaßt.

4.1.2 Symmetriegruppen

Die Symmetrieoperationen einer Punktgruppe stellen im Sinne der Gruppentheorie eine *Gruppe* dar. Wir betrachten zunächst die Definition einer Gruppe am Beispiel der Punktgruppe C_{3v} und anschließend die in Komplexen und Festkörpern wichtigen Punktgruppen O_h, D_{4h}, D_3, T_d und D_{6h}.

Definition einer Gruppe. Eine Gruppe ist definiert als eine Menge von Elementen $P, Q, R, \ldots$, die folgende Bedingungen erfüllen:

1.) Es gibt eine Verknüpfung („Multiplikation") zwischen den Elementen einer Menge, so daß das „Produkt" zweier Elemente eindeutig ein Element der Menge ergibt;

2.) die Menge enthält das Einheitselement E, das die Beziehung $EP = PE = P$ erfüllt, wobei P jedes Element der Menge sein kann;

3.) das Assoziativgesetz ist erfüllt, d. h., es gilt für beliebige Elemente der Menge: $P(QR) = (PQ)R$;

4.) zu jedem Element P der Menge gibt es ein inverses Element Q der Menge, so daß $PQ = E$ oder $Q = P^{-1}$ gilt.

Zur Veranschaulichung bietet sich die Punktgruppe C_{3v} an, die z. B. für das NH_3-Molekül zutrifft und die nur eine geringe Zahl an Symmetrieelementen (eine Drehachse, drei äquivalente Spiegelebenen) und Symmetrieoperationen (E, C_3, C_3^2, $\sigma_v(1)$, $\sigma_v(2)$, $\sigma_v(3)$) aufweist (s. Abb. 4.4).

Tab. 4.1: Symmetriesymbole kristallographischer und ausgewählter nichtkristallographischer Punktgruppen; in der ersten Zeile ist jeweils das HERMANN-MAUGUIN-Symbol, in der zweiten Zeile das SCHOENFLIES-Symbol angegeben. Die ersten 12 Zeilen enthalten, nach Kristallsystemen geordnet, die kristallographischen Punktgruppen (Kristallklassen). Die vertikale Einfachlinie trennt dabei Punktgruppen unterschiedlicher LAUE-Klassen [187, 226].

System[a]	Allgemeines Symbol						
	n	$\overline{n}$	n/m	$n22$ / $n32$	nmm	$\overline{n}2m$ / $\overline{n}3m$	$n/m2/m2/m$ / $n/m3/m2/m$
triklin	1	$\overline{1}$					
	C_1	C_i					
monoklin bzw. rhombisch	monoklin			rhombisch			
	2	$m \equiv \overline{2}$	$2/m$	222	$mm2$		$2/m2/m2/m$
	C_2	C_s	C_{2h}	D_2	C_{2v}		D_{2h}
tetragonal	4	$\overline{4}$	$4/m$	422	$4mm$	$\overline{4}2m$	$4/m2/m2/m$
	C_4	S_4	C_{4h}	D_4	C_{4v}	D_{2d}	D_{4h}
trigonal	3	$\overline{3}$		32	$3m$	$\overline{3}2/m$	
	C_3	C_{3i}		D_3	C_{3v}	D_{3d}	
hexagonal	6	$\overline{6} \equiv 3/m$	$6/m$	622	$6mm$	$\overline{6}2m$	$6/m2/m2/m$
	C_6	C_{3h}	C_{6h}	D_6	C_{6v}	D_{3h}	D_{6h}
kubisch	23		$2/m\overline{3}$	432		$\overline{4}3m$	$4/m\overline{3}2/m$
	T		T_h	O		T_d	O_h
ikosaedrisch				532		$\overline{5}\overline{3}m$	
				I		I_h	
zylindrisch					∞m		$\infty/mm \equiv \overline{\infty}m$
					$C_{\infty v}$		$D_{\infty h}$
sphärisch							$2/m\infty$
				$SO(3)$			$O(3)$

[a] Unter den 32 Kristallklassen gibt es 11 Punktgruppen, die ein Inversionszentrum haben: $\overline{1}$ (C_i), $2/m$ (C_{2h}), $2/m2/m2/m$ (D_{2h}), $4/m$ (C_{4h}), $4/m2/m2/m$ (D_{4h}), $\overline{3}$ (C_{3i}), $\overline{3}2/m$ (D_{3d}), $6/m$ (C_{6h}), $6/m2/m2/m$ (D_{6h}), $2/m\overline{3}$ (T_h) und $4/m\overline{3}2/m$ (O_h). Ferner existieren 11 enantiomorphe Punktgruppen mit Rechts- und Linksformen. Sie haben nur gewöhnliche Drehachsen als Symmetrieelemente: 1 (C_1), 2 (C_2), 222 (D_2), 4 (C_4), 422 (D_4), 3 (C_3), 32 (D_3), 6 (C_6), 622 (D_6), 23 (T), 432 (O).

Führt man nacheinander mehrere Symmetrieoperationen aus, ergeben sich wiederum Operationen, die bereits in der Liste der Symmetrieoperationen vorhanden sind, z. B. $C_3\sigma_v(2) = \sigma_v(1)$ und $\sigma_v(2)C_3 = \sigma_v(3)$. Die Operationen werden dabei von rechts nach links ausgeführt. Man erkennt, daß die Reihenfolge bei der Kombination von Symmetrieoperationen P und Q beachtet werden muß; denn i. a. ist $PQ \neq QP$. (Gilt $PQ = QP$ für alle Elemente der Gruppe, spricht man von einer ABELschen Gruppe. Hierzu gehört z. B. die Punktgruppe C_{2v}, nicht aber C_{3v}.) In der folgenden Multiplikationstafel sind alle denkbaren Kombinationen von zwei Operationen zusammengefaßt. In der ersten Zeile ist die jeweils rechts stehende, zuerst auszuführende Operation und in der ersten Spalte die links stehende, sich anschließende Operation aufgeführt.

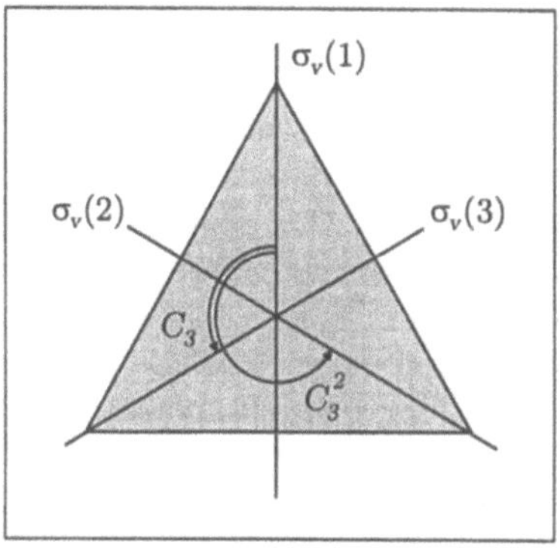

Abb. 4.4: Symmetrieelemente der Punktgruppe C_{3v}

C_{3v}	E	$\sigma_v(1)$	$\sigma_v(2)$	$\sigma_v(3)$	C_3	C_3^2
E	E	$\sigma_v(1)$	$\sigma_v(2)$	$\sigma_v(3)$	C_3	C_3^2
$\sigma_v(1)$	$\sigma_v(1)$	E	C_3	C_3^2	$\sigma_v(2)$	$\sigma_v(3)$
$\sigma_v(2)$	$\sigma_v(2)$	C_3^2	E	C_3	$\sigma_v(3)$	$\sigma_v(1)$
$\sigma_v(3)$	$\sigma_v(3)$	C_3	C_3^2	E	$\sigma_v(1)$	$\sigma_v(2)$
C_3	C_3	$\sigma_v(3)$	$\sigma_v(1)$	$\sigma_v(2)$	C_3^2	E
C_3^2	C_3^2	$\sigma_v(2)$	$\sigma_v(3)$	$\sigma_v(1)$	E	C_3

Die Punktgruppe C_{3v} besteht aus sechs Symmetrieoperationen, d. h., die Zahl ihrer Elemente und damit auch ihre *Ordnung h* ist 6.

Klassen. In der Punktgruppe C_{3v} gibt es drei Typen von Symmetrieoperationen und damit drei *Klassen*: die identische Operation, $[E]$, die Drehungen, $[C_3, C_3^2]$, sowie die Spiegelungen, $[\sigma_v(1), \sigma_v(2), \sigma_v(3)]$. Die strenge Definition der Klasse lautet: Zwei Elemente Q und R gehören zur selben Klasse, wenn sie die Beziehung $P^{-1}QP = R$ erfüllen, wobei P ein beliebiges Element der Gruppe und P^{-1} das dazu inverse Element ist.

Der Begriff der Klasse hat folgende geometrische Bedeutung: Gehören zwei Operationen zu derselben Klasse, so ist es stets möglich, das ursprünglich gewählte Koordinatensystem durch ein neues Koordinatensystem so zu ersetzen, daß die eine Operation durch die andere ersetzt wird. Dreht man z. B. in

Abb. 4.4 das Koordinatensystem um $2\pi/3$ im Uhrzeigersinn um die z-Achse, dann führt $\sigma_v(1)$ zu einem Ergebnis, das im alten Koordinatensystem durch $\sigma_v(2)$ geliefert wurde.

Untergruppen. Häufig erfüllt ein Teil der Elemente einer Gruppe für sich selbst alle Bedingungen, die an eine Gruppe gestellt werden. Man bezeichnet einen solchen Teil als *Untergruppe*. Der Multiplikationstafel zur Punktgruppe C_{3v} kann man entnehmen, daß es vier Untergruppen gibt. Ihre Multiplikationstafeln sind in Tab. 4.2 dargestellt.

Tab. 4.2: Multiplikationstafeln zu den Untergruppen C_3 und C_s von C_{3v}

C_3	E	C_3	C_3^2
E	E	C_3	C_3^2
C_3	C_3	C_3^2	E
C_3^2	C_3^2	E	C_3

C_s	E	$\sigma(j)$
E	E	$\sigma(j)$
$\sigma(j)$	$\sigma(j)$	E

mit $j = 1, 2$ und 3

Kugeldrehspiegelungsgruppe ($O(3)$). Zu dieser Gruppe gehören Operationen, bei denen die Kugel in sich übergeht. Dazu gehören (a) Drehungen um einen beliebigen Winkel um irgendeine Achse durch den Mittelpunkt der Kugel, (b) Spiegelungen am Symmetriezentrum der Kugel (Kugelmittelpunkt), (c) Kopplung von Drehungen und Inversion.

Die Ordnung dieser Gruppe ist unendlich. Eine Untergruppe ist die *Kugeldrehgruppe* ($SO(3)$), zu der nur die Menge der genannten Drehungen gehört. Die Kugeldrehspiegelungsgruppe hat für uns eine große Bedeutung, denn alle in der Ligandenfeldtheorie auftretenden Symmetriegruppen sind Untergruppen von ihr.

Punktgruppe des Oktaeders und Würfels (O_h). Die für d-Metall-Verbindungen wichtigste Symmetriegruppe O_h besteht aus den reinen Drehungen der Punktgruppe O und Elementen, die sich durch Kombination mit i ergeben (s. Abb. 4.5). Zu ersteren zählen: E (Identische Operation), $8\,C_3$ (Drehungen um $2\pi/3$ und $4\pi/3$ um die vier Raumdiagonalen), $3\,C_2$ (Drehungen um π um die Koordinatenachsen x, y, z), $6\,C_4$ (Drehungen um $\pi/2$ und $3\pi/2$ um x, y, z-Achse), $6\,C_2'$ (Drehungen um π um die Verbindungslinien der Mitten gegenüberliegender Oktaeder- bzw. Würfelkanten).

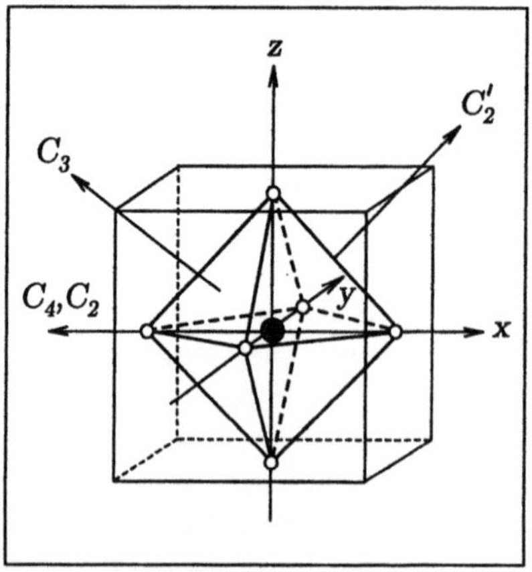

Abb. 4.5: Oktaeder, Würfel (O_h)

Diesen 24 Elementen werden die 24 Elemente $iE = i$, $8\,iC_3 \equiv 8\,S_6$, $3\,iC_2 \equiv 3\,\sigma_h$,

$6\,iC_4 \equiv 6\,S_4$ und $6\,iC_2' \equiv 6\,\sigma_d$ hinzufügt. Die Gruppe O_h hat daher die Ordnung 48. Beispiele: Cr in $[Cr(NH_3)_6]^{3+}$, Mn in MnO (NaCl-Typ), Re in ReO_3, Dy in DyCu (CsCl-Typ), Tm in $TmPt_3$ ($AuCu_3$-Typ).

Punktgruppe des gestreckten oder gestauchten Oktaeders (D_{4h}). Der Übergang vom regulären zum gestreckten oder gestauchten Oktaeder ist mit einer Symmetrieerniedrigung verbunden, d. h., die Zahl der Deckoperationen ist beim gestreckten oder gestauchten Oktaeder geringer als beim regulären Oktaeder. Man hat folgende Symmetrieoperationen (Abb. 4.6): E (Identische Operation), $2\,C_4$ (Drehungen um $\pm\pi/2$ um die z-Achse), C_2 (Drehung um π um die z-Achse), $2\,C_2'$ (Drehungen um π um die x- und y-Achse), $2\,C_2''$ (Drehungen um π um die beiden Achsen, die die Winkel zwischen x- und y-Achse halbieren). Um zur vollständigen Gruppe D_{4h} zu kommen, muß das Symmetriezentrum berücksichtigt werden: $iE = i$, $2\,iC_4 = 2\,S_4$, $iC_2 = \sigma_h$, $2\,iC_2' = 2\sigma_v$, $2\,iC_2'' = 2\sigma_d$. Die Gruppe D_{4h} hat die Ordnung 16 und ist Untergruppe von O_h.
Beispiele für die Punktgruppe D_{4h}:
Co in *trans*-$[Co(NH_3)_4Cl_2]^+$,
Pd in $[PdCl_4]^{2-}$,
Ni in K_2NiF_4.

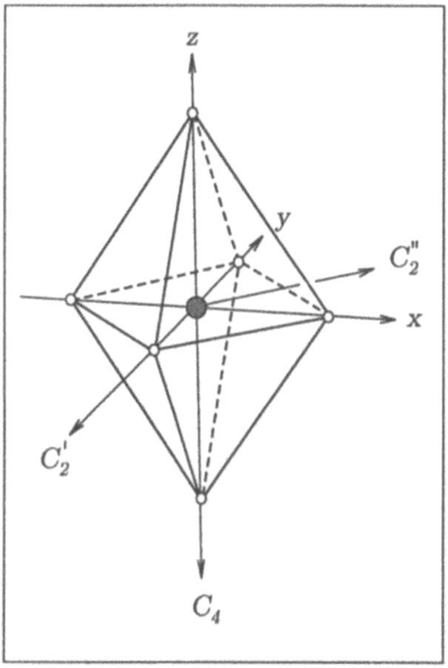

Abb. 4.6: Längs der z-Achse gestrecktes Oktaeder (D_{4h})

Punktgruppe D_3. Diese Punktgruppe liegt bei Komplexionen vor, die drei zweizähnige Liganden besitzen. Die Liganden sind in Abb. 4.7 durch Bögen symbolisiert. Man hat folgende Symmetrieoperationen: E (Identische Operation), $2\,C_3$ (Drehungen um $\pm 2\pi/3$), $3\,C_2$ (Drehungen um π um die Achsen, die jeweils die Mitte eines Bogens mit dem Mittelpunkt des Komplexes verbinden). Die Gruppe hat die Ordnung 6 und ist Untergruppe von O_h.
Beispiele: $[Cr(ox)_3]^{3-}$, $[Co(en)]^{3+}$ mit ox $\widehat{=}$ Oxalat-Ion und en $\widehat{=}$ Ethylendiamin.

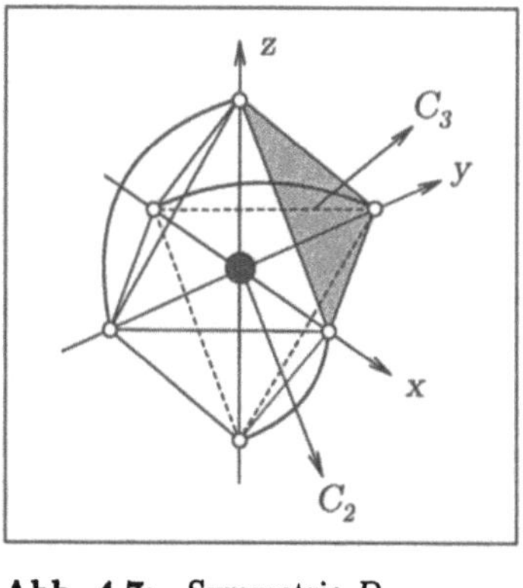

Abb. 4.7: Symmetrie D_3

Punktgruppe des regulären Tetraeders T_d. In Abb. 4.8 ist ein reguläres Tetraeder in einen Würfel eingezeichnet. Es besitzt kein Symmetriezentrum. Symmetrieoperationen: E (Identische Operation), $8\,C_3$ (Drehungen um $\pm 2\pi/3$ um die Würfeldiagonalen), $3\,C_2$ (Drehungen um π um die Koordinatenachsen x, y, z), $6\,S_4 \equiv 6\,\sigma_h C_4$ (Drehungen um $\pm\pi/2$ um x-, y- und z-Achse mit anschließender Spiegelung an den dazu senkrechten Ebenen, die den Tetraedermittelpunkt enthalten), $6\,\sigma_d \equiv 6\,iC_2'$ (Drehungen um π um die Achsen, die jeweils die Mittelpunkte zweier gegenüberliegender Würfelkanten verbinden, und anschließende Spiegelung am Tetraedermittelpunkt). Die Gruppe T_d hat die Ordnung 24 und ist Untergruppe von O_h. Ein wesentlicher Unterschied zwischen den Gruppen T_d und O_h besteht darin, daß nur O_h ein Symmetriezentrum besitzt.

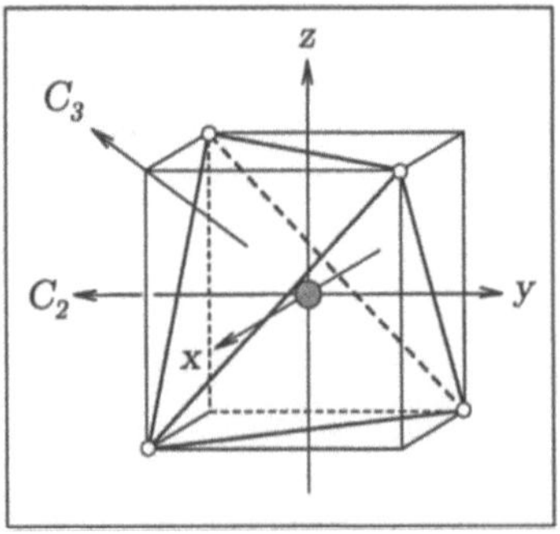

Abb. 4.8: Reguläres Tetraeder (T_d)

Beispiele: $[Zn(NH_3)_4]^{2+}$, Ce in $CePt_2$ ($MgCu_2$-Typ).

Punktgruppe D_{6h}. Symmetrieoperationen (siehe Abb. 4.1 und 4.2, rechts): E (Identische Operation), $2\,C_6$ (Drehungen um $\pm\pi/3$), $2\,C_3$ (Drehungen um $\pm 2\pi/3$ um die sechszählige Hauptachse), C_2 (Drehungen um π um die Hauptachse), $3C_2'$ (Drehungen um π um Achsen senkrecht zur Hauptachse), $3C_2''$ (Drehungen um π um zur Hauptachse senkrechte Achsen, die die Winkelhalbierenden der C_2'-Achsen bilden). Zu diesen 12 Elementen kommen die 12 Elemente $iE = i$, $2\,iC_6 = 2\,S_3$, $2\,iC_3 = 2\,S_6$, $iC_2 = \sigma_h$, $3\,iC_2' = 3\,\sigma_d$, $3\,iC_2'' = 3\,\sigma_v$ hinzu. Die Ordnung der Gruppe D_{6h} ist somit 24.

Beispiele: Cr in $Cr(C_6H_6)_2$, Nd in $NdPt_5$ ($CaCu_5$-Typ).

4.1.3 Darstellungen

Wir betrachten zunächst die Basisvektoren $\boldsymbol{p}_a$, $\boldsymbol{p}_b$ und $\boldsymbol{p}_c$, die im NH_3-Molekül (Punktsymmetrie C_{3v}) vom N-Atom aus zu den drei entsprechenden H-Atomen gerichtet sind (s. Abb. 4.9). Unter dem Einfluß z. B. der Symmetrieoperation C_3^2 (Drehung um $2\times 2\pi/3$ im Gegenuhrzeigersinn) erfolgen die Transformationen $\boldsymbol{p}_a \longrightarrow \boldsymbol{p}_c$, $\boldsymbol{p}_c \longrightarrow \boldsymbol{p}_b$ und $\boldsymbol{p}_b \longrightarrow \boldsymbol{p}_a$. Das Ergebnis läßt

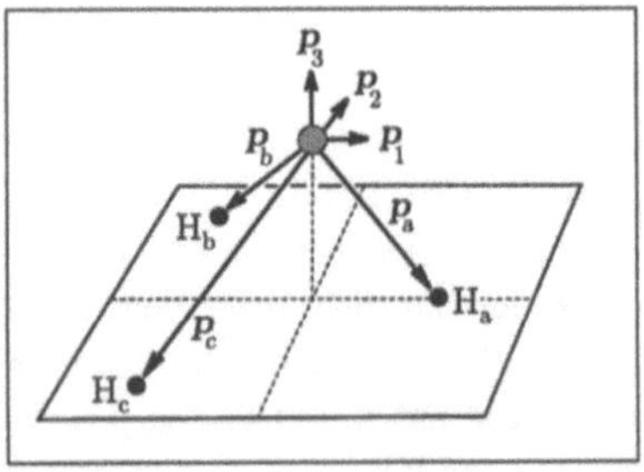

Abb. 4.9: NH_3-Molekül (C_{3v}) mit den Basisvektorsätzen $\boldsymbol{p}_a$, $\boldsymbol{p}_b$, $\boldsymbol{p}_c$ und $\boldsymbol{p}_1$, $\boldsymbol{p}_2$, $\boldsymbol{p}_3$

sich in Form von drei Gleichungen schreiben:

$$\begin{aligned} C_3^2 \boldsymbol{p}_a &= 0 \cdot \boldsymbol{p}_a + 0 \cdot \boldsymbol{p}_b + 1 \cdot \boldsymbol{p}_c \\ C_3^2 \boldsymbol{p}_b &= 1 \cdot \boldsymbol{p}_a + 0 \cdot \boldsymbol{p}_b + 0 \cdot \boldsymbol{p}_c \\ C_3^2 \boldsymbol{p}_c &= 0 \cdot \boldsymbol{p}_a + 1 \cdot \boldsymbol{p}_b + 0 \cdot \boldsymbol{p}_c \end{aligned}$$

oder mit Hilfe einer quadratischen Matrix formulieren:

$$C_3^2(\boldsymbol{p}_a\boldsymbol{p}_b\boldsymbol{p}_c) = (\boldsymbol{p}_a\boldsymbol{p}_b\boldsymbol{p}_c)\begin{pmatrix} 0 & 1 & 0 \\ 0 & 0 & 1 \\ 1 & 0 & 0 \end{pmatrix} = (\boldsymbol{p}_a\boldsymbol{p}_b\boldsymbol{p}_c)\mathbf{D}(C_3^2). \tag{4.1}$$

Die Anwendung der Symmetrieoperation auf den Basisvektor $\boldsymbol{p}_a$ wird durch die erste *Spalte* der Matrix $\mathbf{D}(C_3^2)$ beschrieben, die auf $\boldsymbol{p}_b$ durch die zweite Spalte, usw. Durch entsprechende Überlegungen erhält man auch die Matrizen für alle anderen Symmetrieoperationen der Punktgruppe C_{3v}:

$$\begin{array}{ccc} \begin{pmatrix} 1 & 0 & 0 \\ 0 & 1 & 0 \\ 0 & 0 & 1 \end{pmatrix} & \begin{pmatrix} 0 & 0 & 1 \\ 1 & 0 & 0 \\ 0 & 1 & 0 \end{pmatrix} & \begin{pmatrix} 0 & 1 & 0 \\ 0 & 0 & 1 \\ 1 & 0 & 0 \end{pmatrix} \\ \mathbf{D}(E) & \mathbf{D}(C_3) & \mathbf{D}(C_3^2) \\ \begin{pmatrix} 1 & 0 & 0 \\ 0 & 0 & 1 \\ 0 & 1 & 0 \end{pmatrix} & \begin{pmatrix} 0 & 0 & 1 \\ 0 & 1 & 0 \\ 1 & 0 & 0 \end{pmatrix} & \begin{pmatrix} 0 & 1 & 0 \\ 1 & 0 & 0 \\ 0 & 0 & 1 \end{pmatrix} \\ \mathbf{D}(\sigma_v(1)) & \mathbf{D}(\sigma_v(2)) & \mathbf{D}(\sigma_v(3)) \end{array} \tag{4.2}$$

$\mathbf{D}(E)$ wird *Einheitsmatrix* genannt. Sie ist eine quadratische Matrix, deren Diagonalelemente gleich 1 und deren Nichtdiagonalelemente gleich 0 sind, so daß jeder Vektor bei ihrer Anwendung in sich selbst überführt wird.

In 4.1.2 haben wir die Verknüpfung der Symmetrieoperationen von C_{3v} anhand einer Multiplikationstafel verdeutlicht. Für die jetzt vorliegenden Transformationsmatrizen läßt sich ebenfalls eine Multiplikationstafel aufstellen, wobei man als Verknüpfung die Matrizenmultiplikation[1] wählt. Man stellt fest, daß die beiden Multiplikationstafeln gleich sind: Jedem „Produkt“ $PQ = R$

---

[1] Werden die Elemente einer Matrix $\mathbf{D}(P)$ mit P_{ij} bezeichnet (der erste Index gibt die Zeile, der zweite die Spalte an), so werden die Elemente R_{ij} der Produktmatrix nach folgender Vorschrift erhalten:

$$R_{ij} = \sum_{k=1}^{n} P_{ik}Q_{kj} = P_{i1}Q_{1j} + P_{i2}Q_{2j} + \cdots + P_{in}Q_{nj}.$$

(Nacheinanderausführen von Symmetrieoperationen) kann das Produkt der entsprechenden Transformationsmatrizen $\mathbf{D}(P)\mathbf{D}(Q) = \mathbf{D}(R)$ eindeutig zugeordnet werden [2].

Beispiel 4.1 *Verknüpfung von Symmetrieoperationen*

$$\underset{\mathbf{D}(C_3)}{\begin{pmatrix} 0 & 0 & 1 \\ 1 & 0 & 0 \\ 0 & 1 & 0 \end{pmatrix}} \underset{\mathbf{D}(\sigma_v(2))}{\begin{pmatrix} 0 & 0 & 1 \\ 0 & 1 & 0 \\ 1 & 0 & 0 \end{pmatrix}} = \underset{\mathbf{D}(\sigma_v(1))}{\begin{pmatrix} 1 & 0 & 0 \\ 0 & 0 & 1 \\ 0 & 1 & 0 \end{pmatrix}} \qquad C_3 \; \sigma_v(2) = \sigma_v(1)$$

$$\underset{\mathbf{D}(\sigma_v(2))}{\begin{pmatrix} 0 & 0 & 1 \\ 0 & 1 & 0 \\ 1 & 0 & 0 \end{pmatrix}} \underset{\mathbf{D}(C_3)}{\begin{pmatrix} 0 & 0 & 1 \\ 1 & 0 & 0 \\ 0 & 1 & 0 \end{pmatrix}} = \underset{\mathbf{D}(\sigma_v(3))}{\begin{pmatrix} 0 & 1 & 0 \\ 1 & 0 & 0 \\ 0 & 0 & 1 \end{pmatrix}} \qquad \sigma_v(2) \; C_3 = \sigma_v(3)$$

Die Menge quadratischer Matrizen $\mathbf{D}(P), \mathbf{D}(Q), \ldots$, die sich den Elementen $P, Q, \ldots$ einer Gruppe so zuordnen lassen, daß jedem Produkt zweier Gruppenmitglieder das Produkt der zugeordneten Matrizen entspricht, ist eine *Darstellung* der Gruppe. Die für C_{3v} mit Hilfe der Basisvektoren $\boldsymbol{p}_a$, $\boldsymbol{p}_b$, $\boldsymbol{p}_c$ erhaltene Darstellung bezeichnen wir mit Γ.

Bei Matrizen von Symmetrieoperationen, die derselben Klasse angehören, ist die Summe der Diagonalelemente, der *Charakter* oder die *Spur* $\chi_c = \sum_{i=1}^{3} c_{ii}$, gleich: $\mathbf{D}(C_3)$ und $\mathbf{D}(C_3^2)$ haben $\chi_c = 0$, $\mathbf{D}(E)$ hat $\chi_c = 3$, und bei $\mathbf{D}(\sigma_v(1))$, $\mathbf{D}(\sigma_v(2))$ und $\mathbf{D}(\sigma_v(3))$ ist $\chi_c = 1$. Der Charakter von Darstellungsmatrizen wird bei den späteren Betrachtungen eine wesentliche Rolle spielen.

Eine Darstellung hängt von der gewählten Basis ab. Man sagt auch, eine Basis *induziere* eine Darstellung. Wählt man z. B. die in Abb. 4.9 eingezeichneten Basisvektoren $\boldsymbol{p}_1$, $\boldsymbol{p}_2$ und $\boldsymbol{p}_3$, die in die Richtungen x, y bzw. z eines orthogonalen Achsensystems zeigen, ergibt die Anwendung von C_3^2:

$$C_3^2 \boldsymbol{p}_1 = -\frac{1}{2}\boldsymbol{p}_1 - \frac{\sqrt{3}}{2}\boldsymbol{p}_2 + 0 \cdot \boldsymbol{p}_3$$

[2] Das symbolische Produkt $PQ = R$ und die Matrizenmultiplikation $\mathbf{D}(P)\mathbf{D}(Q) = \mathbf{D}(R)$ entsprechen sich nur dann, wenn die Transformationsmatrizen wie in Gl. (4.1) definiert werden [19]. Für die inverse Operation gilt $\mathbf{D}(R)^{-1} = \mathbf{D}(Q)^{-1}\,\mathbf{D}(P)^{-1}$, d. h., das Inverse des Produktes zweier Matrizen $\mathbf{D}(P)$ und $\mathbf{D}(Q)$ ist das Produkt der Inversen in umgekehrter Reihenfolge.

$$\begin{aligned} C_3^2\boldsymbol{p}_2 &= \frac{\sqrt{3}}{2}\boldsymbol{p}_1 - \frac{1}{2}\boldsymbol{p}_2 + 0\cdot\boldsymbol{p}_3 \\ C_3^2\boldsymbol{p}_3 &= 0\cdot\boldsymbol{p}_1 + 0\cdot\boldsymbol{p}_2 + 1\cdot\boldsymbol{p}_3 \end{aligned}$$

und in Matrixschreibweise

$$C_3^2(\boldsymbol{p}_1\boldsymbol{p}_2\boldsymbol{p}_3) = (\boldsymbol{p}_1\boldsymbol{p}_2\boldsymbol{p}_3)\begin{pmatrix} -1/2 & \sqrt{3}/2 & 0 \\ -\sqrt{3}/2 & -1/2 & 0 \\ 0 & 0 & 1 \end{pmatrix} = (\boldsymbol{p}_1\boldsymbol{p}_2\boldsymbol{p}_3)\mathbf{D}'(C_3^2).$$

Die den sechs Symmetrieoperationen von C_{3v} entsprechenden Matrizen lauten:

$$\underset{\mathbf{D}'(E)}{\begin{pmatrix} 1 & 0 & 0 \\ 0 & 1 & 0 \\ 0 & 0 & 1 \end{pmatrix}} \quad \underset{\mathbf{D}'(C_3)}{\begin{pmatrix} -1/2 & -\sqrt{3}/2 & 0 \\ \sqrt{3}/2 & -1/2 & 0 \\ 0 & 0 & 1 \end{pmatrix}} \quad \underset{\mathbf{D}'(C_3^2)}{\begin{pmatrix} -1/2 & \sqrt{3}/2 & 0 \\ -\sqrt{3}/2 & -1/2 & 0 \\ 0 & 0 & 1 \end{pmatrix}}$$

$$\underset{\mathbf{D}'(\sigma_v(1))}{\begin{pmatrix} 1 & 0 & 0 \\ 0 & -1 & 0 \\ 0 & 0 & 1 \end{pmatrix}} \quad \underset{\mathbf{D}'(\sigma_v(2))}{\begin{pmatrix} -1/2 & -\sqrt{3}/2 & 0 \\ -\sqrt{3}/2 & 1/2 & 0 \\ 0 & 0 & 1 \end{pmatrix}} \quad \underset{\mathbf{D}'(\sigma_v(3))}{\begin{pmatrix} -1/2 & \sqrt{3}/2 & 0 \\ \sqrt{3}/2 & 1/2 & 0 \\ 0 & 0 & 1 \end{pmatrix}} \tag{4.3}$$

Diese Matrizen bilden ebenfalls eine Darstellung (Γ') der Punktgruppe C_{3v}. Auch hier stellt man fest, daß Matrizen von Symmetrieoperationen der gleichen Klasse denselben Charakter haben. Darüber hinaus zeigt ein Vergleich der einander entsprechenden Matrizen von Γ und Γ', daß ihr Charakter gleich ist.

Äquivalente Darstellungen. Zwischen den beiden Darstellungen Γ und Γ' gibt es einen Zusammenhang: Die beiden Sätze von Basisvektoren, $\boldsymbol{p}_a$, $\boldsymbol{p}_b$, $\boldsymbol{p}_c$ und $\boldsymbol{p}_1$, $\boldsymbol{p}_2$, $\boldsymbol{p}_3$, sind durch Transformationsgleichungen der Art

$$(\boldsymbol{p}_a\boldsymbol{p}_b\boldsymbol{p}_c) = (\boldsymbol{p}_1\boldsymbol{p}_2\boldsymbol{p}_3)\mathbf{A} \qquad (\boldsymbol{p}_1\boldsymbol{p}_2\boldsymbol{p}_3) = (\boldsymbol{p}_a\boldsymbol{p}_b\boldsymbol{p}_c)\mathbf{A}^{-1}$$

ineinander überführbar. $\mathbf{A}$ und $\mathbf{A}^{-1}$ sind 3×3-Matrizen; $\mathbf{A}^{-1}$ ist die zu $\mathbf{A}$ inverse Matrix: $\mathbf{A}\mathbf{A}^{-1} = \mathbf{D}(E)$. Aus der Relation zwischen den Basisvektoren-Sätzen folgt, daß zwischen den mit den Symmetrieoperationen korrespondierenden Matrizen die Beziehung

$$\mathbf{D}'(P) = \mathbf{A}^{-1}\mathbf{D}(P)\mathbf{A} \tag{4.4}$$

existiert. Man nennt Gl. (4.4) eine *Ähnlichkeitstransformation* [3] und bezeichnet Γ und Γ' als *äquivalente Darstellungen*. Die einander entsprechenden Matrizen äquivalenter Darstellungen haben denselben Charakter.

---

[3] Ähnlichkeitstransformationen spielen in der Quantenmechanik eine wichtige Rolle bei der Matrixdiagonalisierung.

Irreduzible Darstellungen. Im Gegensatz zu den Matrizen von Γ haben die von Γ' Blockform: Sie zerfallen in gleicher Weise jeweils in einen 2×2- und einen 1×1-Block. Jeder 1×1-Block besteht aus der 1 und bezieht sich auf den Basisvektor $\boldsymbol{p}_3$. Dieser geht folglich bei allen Symmetrieoperationen von C_{3v} in sich selbst über; $\boldsymbol{p}_1$ und $\boldsymbol{p}_2$ transformieren sich dagegen gemeinsam. Man kann sich leicht anhand von Multiplikationstafeln davon überzeugen, daß die sechs 2×2- und die sechs 1×1-Blöcke jeweils für sich die Gruppeneigenschaften erfüllen, d. h., sie sind ebenfalls Darstellungen der Punktgruppe C_{3v} und werden mit Γ_2' bzw. Γ_1' bezeichnet.

Eine Darstellung Γ, deren Matrizen für alle Elemente $P, Q, \ldots$ der Gruppe nach einer geeigneten Basis-Transformation dieselbe Blockform haben, nennt man *reduzibel*. Für alle Elemente der Gruppe muß daher gelten:

$$\mathbf{D}(P) = \begin{pmatrix} \boxed{\mathbf{D}_1(P)} & 0 & \\ & \boxed{\mathbf{D}_2(P)} & \\ & & \ddots \end{pmatrix} ; \quad \mathbf{D}(Q) = \begin{pmatrix} \boxed{\mathbf{D}_1(Q)} & 0 & \\ & \boxed{\mathbf{D}_2(Q)} & \\ & & \ddots \end{pmatrix} \tag{4.5}$$

Die Blöcke $\mathbf{D}_1(P), \mathbf{D}_1(Q), \ldots$ erfüllen die Gruppeneigenschaften und sind ebenfalls eine Darstellung der Gruppe. Das gleiche gilt für $\mathbf{D}_2(P), \mathbf{D}_2(Q), \ldots$.

Im Falle der Gruppe C_{3v} ist die von der Basis $\boldsymbol{p}_a, \boldsymbol{p}_b, \boldsymbol{p}_c$ induzierte Darstellung reduzibel. Sie zerfällt beim Wechsel zur Basis $\boldsymbol{p}_1, \boldsymbol{p}_2, \boldsymbol{p}_3$ in die zwei Darstellungen Γ_1' und Γ_2' (s. Gl. (4.3)). Γ_1' und Γ_2' lassen sich nicht weiter reduzieren: Die sog. *totalsymmetrische* Darstellung Γ_1' — ihre Transformationsmatrizen bestehen nur aus der 1 — ist eindimensional und damit *irreduzibel*. Aber auch Γ_2' ist irreduzibel, denn es läßt sich keine Basis finden, die zu einer Aufspaltung der 2×2-Blöcke führt. Neben Γ_1' und Γ_2' gibt es in der Punktgruppe C_{3v} noch eine weitere irreduzible Darstellung, die jedoch bei den von uns gewählten Basisvektoren keine Rolle spielt. Sie ist wie Γ_1' eindimensional, unterscheidet sich von dieser aber dadurch, daß bei den Darstellungsmatrizen für die Spiegelungen (-1) anstelle von (1) steht.

Zur Zahl r und Dimension der irreduziblen Darstellungen gibt es zwei wichtige Sätze:

Satz 1: Zu jeder Punktgruppe gibt es so viele irreduzible Darstellungen, wie die Gruppe Klassen hat.

Satz 2: Die Quadratsumme $\sum_{i=1}^{r} l_i^2 = h$ der Dimensionen $l_1, l_2, \ldots, l_r$ der irreduziblen Darstellungen $\Gamma_1, \Gamma_2, \ldots, \Gamma_r$ einer Gruppe ist gleich der Ordnung h der Gruppe.

Beispiel 4.2 *Zahl und Dimension der irreduziblen Darstellungen von C_{3v}*

In C_{3v} gibt es drei Klassen und nach Satz 1 daher auch drei irreduzible Darstellungen. Die Ordnung der Gruppe ist 6. Wegen $\sum_{i=1}^{3} l_i^2 = 6$ (Satz 2) bleibt nur die Möglichkeit $6 = 1^2 + 1^2 + 2^2$, d. h., in C_{3v} gibt es eine zweidimensionale und zwei eindimensionale irreduzible Darstellungen. *

Charaktertafeln. Bei den in späteren Abschnitten folgenden Betrachtungen ist zu ermitteln, in welche irreduziblen Darstellungen eine durch die Basisvektoren bzw. -funktionen vorgegebene Darstellung einer Gruppe zerfällt. Dabei wird sich herausstellen, daß die Kenntnis der Charaktere der Darstellungsmatrizen ausreicht. In der *Charaktertafel* einer Punktgruppe sind in Form eines quadratischen Schemas die Charaktere der irreduziblen Darstellungen nach Klassen geordnet angegeben. Die Charaktertafel für die Punktgruppe C_{3v} zeigt Tab. 4.3 (mit zusätzlicher Angabe der bisher verwendeten Bezeichnungen für die irreduziblen Darstellungen). Die Eintragungen der ersten Spalte kennzeichnen die irreduziblen Darstellungen entsprechend den MULLIKENschen Symbolen, welche folgende Bedeutung haben:

Tab. 4.3: Irreduzible Darstellungen der Punktgruppe C_{3v}

C_{3v}	E	$2C_3$	$3\sigma_v$	
A_1	1	1	1	Γ_1'
A_2	1	1	-1	
E	2	-1	0	Γ_2'

1.) Eindimensionale Darstellungen bezeichnet man mit A oder B, zweidimensionale mit E, dreidimensionale mit T, vierdimensionale mit G (erforderlich z. B. für f-Elektronensysteme mit halbzahligem J in Kristallfeldern mit kubischer Symmetrie) und fünfdimensionale mit H (bei Ikosaeder-Symmetrie [185]).

2.) Die Bezeichnung A oder B richtet sich nach dem Vorzeichen des Charakters bei Drehungen um die Hauptachse (A bei $\chi(C_n) = 1$, d. h. symmetrisch; B bei $\chi(C_n) = -1$, d. h. antisymmetrisch).

3.) Mit den Indizes 1 oder 2 unterscheidet man Darstellungen gleicher Dimension in bezug auf das Vorzeichen des Charakters bei C_2 senkrecht zur Hauptdrehachse oder, falls keine C_2-Achsen vorliegen, bei σ_v (siehe A_1 und A_2 in der Charaktertafel der Gruppe C_{3v}).

4.) Einfach oder zweifach gestrichene Symbole werden, falls erforderlich, verwendet, um das Vorzeichen des Charakters in bezug auf σ_h zu kennzeichnen (Beispiel: A' und A'' bei der Punktgruppe C_{3h}).

5.) In Gruppen mit Inversionszentrum wird mit den Indizes g und u (gerade bzw. ungerade) zwischen Darstellungen unterschieden, die symmetrisch oder antisymmetrisch in bezug auf die Inversion sind (Beispiel: A_g bzw. A_u im Falle der Gruppe C_i).

Die Reduktion reduzibler Darstellungen. In der Ligandenfeldtheorie tritt oft folgendes Problem auf: Eine Darstellung einer Gruppe ist gegeben, und man möchte wissen, in welche irreduziblen Darstellungen die gegebene

Darstellung zerfällt. Die Lösung gelingt mit der *Reduktionsformel*

$$\boxed{a_{\Gamma_i} = \frac{1}{h} \sum_R \chi^*_{\Gamma_i}(R)\, \chi_\Gamma(R)} \tag{4.6}$$

bei Kenntnis der Charaktere der gegebenen Darstellung und der irreduziblen Darstellungen der betreffenden Symmetriegruppe. Die in der Formel (4.6) [4] auftretenden Größen bedeuten:

a_{Γ_i}	Häufigkeit von Γ_i in Γ
h	Ordnung der Gruppe
$\chi_{\Gamma_i}(R)$	Charakter der i-ten irreduziblen Darstellung Γ_i für das Gruppenelement R
$\chi_\Gamma(R)$	Charakter der auszureduzierenden Darstellung Γ für das Gruppenelement R
$\sum_R$	Summation über sämtliche Gruppenelemente

Beispiel 4.3 *Anwendung der Reduktionsformel auf* $\Gamma(C_{3v})$

Wir ergänzen zunächst die Charaktertafel dieser Punktgruppe um das Charakterensystem der von der Basis p_a, p_b, p_c in C_{3v} induzierten Darstellung Γ, das sich aus den Darstellungsmatrizen in Gl. (4.2) durch Summation der jeweiligen Diagonalelemente ergibt. Mit der Reduktionsformel (4.6) wird ermittelt, in welche irreduziblen Darstellungen Γ zerfällt. Sie liefert für a_{A_1}, a_{A_2} und a_E die Werte

C_{3v}	E	$2C_3$	$3\sigma_v$	
A_1	1	1	1	Γ_1'
A_2	1	1	−1	
E	2	−1	0	Γ_2'
	3	0	1	Γ

$$\begin{aligned} a_{A_1} &= \tfrac{1}{6}[1 \cdot 1 \cdot 3 + 2 \cdot 1 \cdot 0 + 3 \cdot 1 \cdot 1] = 1 \\ a_{A_2} &= \tfrac{1}{6}[1 \cdot 1 \cdot 3 + 2 \cdot 1 \cdot 0 + 3 \cdot (-1) \cdot 1] = 0 \\ a_E &= \tfrac{1}{6}[1 \cdot 2 \cdot 3 + 2 \cdot (-1) \cdot 0 + 3 \cdot 0 \cdot 1] = 1 \end{aligned}$$

Γ enthält im Einklang mit früheren Ergebnissen die irreduziblen Darstellungen A_1 und E. *

[4] Gl. (4.6) folgt aus der sog. *großen Orthogonalitätsrelation* [198]

$$\sum_R \mathbf{D}_a(R)^*_{ij}\, \mathbf{D}_b(R)_{kl} = \frac{h}{h_a}\, \delta_{a,b}\, \delta_{i,k}\, \delta_{j,l}, \tag{4.7}$$

in der $\mathbf{D}_a(R)_{ij}$ für das Element in der i-ten Zeile und der j-ten Spalte der Darstellungsmatrix $\mathbf{D}_a(R)$ der irreduziblen Darstellung Γ_a steht und h_a deren Dimension angibt. Faßt man z. B. die Zahlen in den Darstellungen A_1 und A_2 der Punktgruppe C_{3v} als Komponenten eines Vektors auf, so besagt Gl. (4.7), daß die mit verschiedenen Darstellungen verknüpften Vektoren orthogonal zueinander sind. Mit der zweidimensionalen Darstellung E lassen sich vier Vektoren verknüpfen, wenn wir die sich jeweils entsprechenden Matrixelemente $\mathbf{D}_E(R)_{ij}$ als Komponenten des Vektors auffassen.

Beispiel 4.4 *Symmetrieerniedrigung* $T_d \longrightarrow C_{3v}$
Ausgehend von einem System hoher Symmetrie (T_d, O_h; Charaktertafel s. Tab. 4.4), interessiert in der Ligandenfeldtheorie häufig der Übergang zu einem niedersymmetrischen System, dessen Symmetriegruppe Untergruppe der hochsymmetrischen Gruppe ist. Dabei stellt sich im Zusammenhang mit Termaufspaltungen die Frage, welche irreduziblen Darstellungen der Untergruppe in den irreduziblen Darstellungen der Obergruppe enthalten sind. Um die Antwort mit Hilfe der Reduktionsformel geben zu können, muß zunächst festgestellt werden, aus welchen Klassen der Obergruppe die Klassen der Untergruppe hervorgehen. Betrachten wir z. B. den Übergang $T_d \longrightarrow C_{3v}$, so folgt aus den Abschnitten 4.1.2 und 4.1.3 die Zuordnung $E(T_d) \longrightarrow E(C_{3v})$, $C_3(T_d) \longrightarrow C_3(C_{3v})$, $\sigma_d(T_d) \longrightarrow \sigma_v(C_{3v})$ (zur Symmetrieerniedrigung vgl. auch Lit. [139], S. 308ff. und [34], S. 512ff.).

Tab. 4.4: Charaktertafel der Symmetriegruppen O und T_d

O	E	$6C_4$	$3C_2$	$8C_3$	$6C_2'$	BETHE–
T_d	E	$6S_4$	$3C_2$	$8C_3$	$6\sigma_d$	Nomen.
A_1	1	1	1	1	1	Γ_1
A_2	1	−1	1	1	−1	Γ_2
E	2	0	2	−1	0	Γ_3
T_1	3	1	−1	0	−1	Γ_4
T_2	3	−1	−1	0	1	Γ_5

Wir untersuchen das sich nach T_2 transformierende dreifach entartete Niveau des Systems mit T_d-Symmetrie und entnehmen Tab. 4.4 die Charaktere

T_d	E	$6S_4$	$3C_2$	$8C_3$	$6\sigma_d$
T_2	3	−1	−1	0	1

.

Das System werde einer Störung C_{3v} unterworfen (mit einer C_3-Achse, die mit einer der C_3-Achsen in T_d übereinstimmt). Die Basis liefert eine Darstellung der Gruppe C_{3v}, wobei die Charaktere gleich den Charakteren der Klassen in der Ausgangsdarstellung T_2 von T_d sind:

C_{3v}	E	$2C_3$	$3\sigma_v$
	3	0	1

Die Darstellung ist reduzibel, und nach Beisp. 4.3 zerfällt sie in die irreduziblen Teile A_1 und E. Das sich nach T_2 transformierende Triplett spaltet folglich in ein nichtentartetes Niveau A_1 und ein zweifach entartetes Niveau E auf. *

4.1.4 Drehung von Funktionen

Bei der Anwendung gruppentheoretischer Methoden in der Ligandenfeldtheorie spielt das Transformationsverhalten von Funktionen, insbesondere bei Drehungen, eine zentrale Rolle[5)]. Wir vertiefen zunächst die in 4.1.3 begonnenen

[5)] Die Erschließung der Originalliteratur zur Transformation von Funktionen ist erschwert durch differierende Schreibweise und Konvention (vgl. Lit. [194, 195, 196]).

Betrachtungen zur Transformation von Vektoren und gehen dann zu den Funktionen über. Unser Ziel ist die Herleitung von Gl. (4.18). Akzeptiert man diese, können die Ausführungen bis dorthin übergangen werden.

Vektoren. Wir betrachten ein fest im Raum verankertes rechtshändiges kartesisches Koordinatensystem mit x-, y- und z-Achse. In jede dieser Richtungen wird ein Einheitsvektor gelegt, bezeichnet mit $\boldsymbol{e}_1$, $\boldsymbol{e}_2$ bzw. $\boldsymbol{e}_3$. Diese *Basis* erfüllt die Bedingung $\boldsymbol{e}_i \cdot \boldsymbol{e}_j = \delta_{ij}$ $(i, j = 1, 2, 3)$, d. h., das Skalarprodukt zweier Einheitsvektoren ist 1 für $i = j$ und 0 für $i \neq j$. Jeder Vektor $\boldsymbol{r}$ mit Anfangspunkt im Koordinatenursprung (Ortsvektor) ist in dieser Basis durch die Koordinaten x, y, z seines Endpunktes definiert:

$$\boldsymbol{r} = x\boldsymbol{e}_1 + y\boldsymbol{e}_2 + z\boldsymbol{e}_3 = \underbrace{(\boldsymbol{e}_1\boldsymbol{e}_2\boldsymbol{e}_3)}_{\mathbf{e}} \underbrace{\begin{pmatrix} x \\ y \\ z \end{pmatrix}}_{\underline{\mathbf{r}}} = \mathbf{e}\,\underline{\mathbf{r}}. \tag{4.8}$$

In der rechts stehenden Matrixform wird die Basis aus den Einheits*vektoren* als Zeilenmatrix $\mathbf{e}$ geschrieben, während die *Komponenten* des Vektors als Spaltenmatrix $\underline{\mathbf{r}}$ erscheinen.

Der Ortsvektor $\boldsymbol{r}$ werde durch Drehung um den Winkel α um $\boldsymbol{e}_3$ (symbolisiert durch $\hat{R}_z(\alpha)$) in den Vektor $\boldsymbol{r}'$ überführt (Abb. 4.10). Die Drehung erfolge — bei Betrachtung der Operation entlang der Drehachse von deren positivem Ende zum Ursprung — im *Gegenuhrzeigersinn*. Bezogen auf die raumfeste Basis $\boldsymbol{e}_1, \boldsymbol{e}_2, \boldsymbol{e}_3$ ergeben sich die neuen Koordinaten (x', y', z') des Vektors aus den ursprünglichen (x, y, z) mit Hilfe der orthogonalen Matrix $\mathbf{D}\{R_z(\alpha)\}$:

$$\begin{array}{ccccc} \begin{pmatrix} x' \\ y' \\ z' \end{pmatrix} & = & \begin{pmatrix} \cos\alpha & -\sin\alpha & 0 \\ \sin\alpha & \cos\alpha & 0 \\ 0 & 0 & 1 \end{pmatrix} & \begin{pmatrix} x \\ y \\ z \end{pmatrix} \\ \underline{\mathbf{r}}' & = & \mathbf{D}\{R_z(\alpha)\} & \underline{\mathbf{r}} \end{array} \tag{4.9}$$

Für ein Koordinatensystem $\boldsymbol{e}'_1, \boldsymbol{e}'_2, \boldsymbol{e}'_3$, das sich zusammen mit $\boldsymbol{r}$ dreht und vor Beginn der Operation mit dem raumfesten System $\boldsymbol{e}_1, \boldsymbol{e}_2, \boldsymbol{e}_3$ zusammenfiel, gilt hinsichtlich der beiden Sätze von Basisvektoren

$$\begin{array}{cccc} \underbrace{\hat{R}_z(\alpha)\,(\boldsymbol{e}_1\boldsymbol{e}_2\boldsymbol{e}_3)}_{(\boldsymbol{e}'_1\boldsymbol{e}'_2\boldsymbol{e}'_3)} & = & (\boldsymbol{e}_1\boldsymbol{e}_2\boldsymbol{e}_3) & \begin{pmatrix} \cos\alpha & -\sin\alpha & 0 \\ \sin\alpha & \cos\alpha & 0 \\ 0 & 0 & 1 \end{pmatrix} \\ \underbrace{\hat{R}_z(\alpha)\,\mathbf{e}}_{\mathbf{e}'} & = & \mathbf{e} & \mathbf{D}\{R_z(\alpha)\} \end{array} \tag{4.10}$$

Die Matrizen in Gl. (4.9) und Gl. (4.10) sind identisch. Man beachte aber, daß bei der Transformation der Basisvektoren diese als Reihenvektor $\mathbf{e}$ geschrieben sind und die Matrix nachgestellt ist ($\mathbf{e}' = \mathbf{e}\,\mathbf{D}\{R_z(\alpha)\}$), während bei der

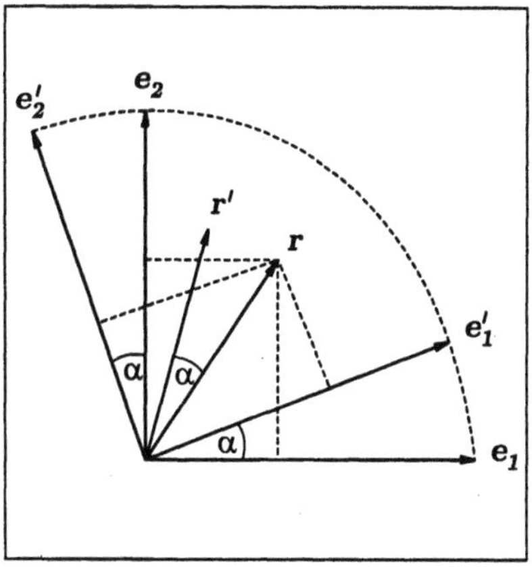

Abb. 4.10: Drehung eines Vektors im Gegenuhrzeigersinn bei raumfestem Koordinatensystem

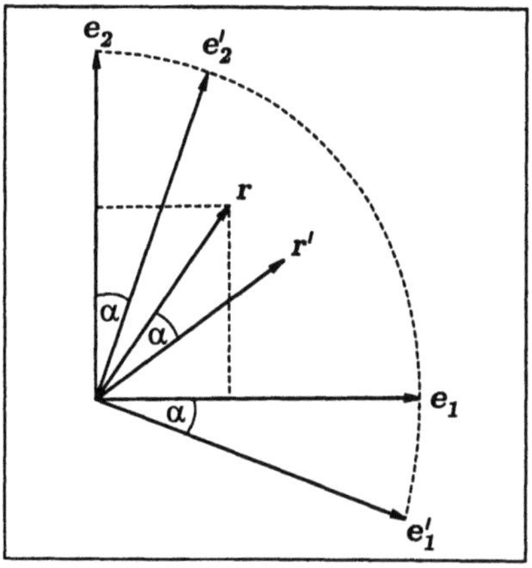

Abb. 4.11: Drehung eines Koordinatensystems im Uhrzeigersinn bei raumfestem Vektor

Transformation der Koordinaten, geschrieben als Spaltenmatrix $\underline{\mathbf{r}}$, die Matrix vorgestellt wird ($\underline{\mathbf{r}}' = \mathbf{D}\{R_z(\alpha)\}\,\underline{\mathbf{r}}$). Der Zusammenhang zwischen transformiertem Vektor $\boldsymbol{r}'$ und den Basisvektoren ist gegeben durch

$$\boldsymbol{r}' = \hat{R}_z(\alpha)\,\boldsymbol{r} = \mathbf{e}'\,\underline{\mathbf{r}} = \mathbf{e}\,\mathbf{D}\{R_z(\alpha)\}\,\underline{\mathbf{r}} = \mathbf{e}\,\underline{\mathbf{r}}' \tag{4.11}$$

Wegen $\boldsymbol{r}' = \mathbf{e}'\,\underline{\mathbf{r}}$ hat der gedrehte Vektor $\boldsymbol{r}'$ bez. der Basis $\boldsymbol{e}_1', \boldsymbol{e}_2', \boldsymbol{e}_3'$ dieselben Koordinaten wie der ungedrehte Vektor $\boldsymbol{r}$ bez. der raumfesten Basis $\boldsymbol{e}_1, \boldsymbol{e}_2, \boldsymbol{e}_3$ (s. Gl. (4.8)).

Anstelle der Drehung des Vektors (im Gegenuhrzeigersinn) bei festgehaltenem Koordinatensystem werde jetzt das Koordinatensystem im Uhrzeigersinn bei festgehaltenem Vektor gedreht (Abb. 4.11). Zwischen der gedrehten Basis $\boldsymbol{e}_1', \boldsymbol{e}_2', \boldsymbol{e}_3'$ und der raumfesten Referenzbasis $\boldsymbol{e}_1, \boldsymbol{e}_2, \boldsymbol{e}_3$ ist der Zusammenhang

$$\begin{array}{ccc} (\boldsymbol{e}_1'\boldsymbol{e}_2'\boldsymbol{e}_3') & = & (\boldsymbol{e}_1\boldsymbol{e}_2\boldsymbol{e}_3) \begin{pmatrix} \cos\alpha & \sin\alpha & 0 \\ -\sin\alpha & \cos\alpha & 0 \\ 0 & 0 & 1 \end{pmatrix} \\ \mathbf{e}' & = & \mathbf{e} \qquad \mathbf{D}\{R_z(\alpha)\}^{-1} \end{array}$$

gegeben. Die Komponenten x', y', z' des Vektors $\boldsymbol{r}'$ gegenüber dem neuen System werden mit Hilfe der Transformation $\underline{\mathbf{r}}' = \mathbf{D}\{R_z(\alpha)\}\,\underline{\mathbf{r}}$ erhalten. Die Transformation kann daher formuliert werden durch

$$\boldsymbol{r} = \mathbf{e}'\,\underline{\mathbf{r}}' = \mathbf{e}\,\mathbf{D}\{R_z(\alpha)\}^{-1}\,\mathbf{D}\{R_z(\alpha)\}\,\underline{\mathbf{r}} = \mathbf{e}\,\underline{\mathbf{r}} \qquad \text{mit} \quad \underline{\mathbf{r}}' = \mathbf{D}(R_z(\alpha))\,\underline{\mathbf{r}}. \tag{4.12}$$

In den Gln. (4.9) und (4.12) wird die Transformation der Koordinaten des Vektors durch dieselbe Matrix beschrieben, obwohl bei der Herleitung unterschiedliche Drehungen durchgeführt wurden (im ersten Fall eine Drehung des Vektors im Gegenuhrzeigersinn, im zweiten Fall eine Drehung des Koordinatensystems im Uhrzeigersinn). Es sind damit grundsätzlich zwei Interpretationen der Transformation $\underline{\mathbf{r}}' = \mathbf{D}\{R_z(\alpha)\}\,\underline{\mathbf{r}}$ möglich, die man als *aktiv* (der Vektor wird gedreht, das Koordinatensystem bleibt fest) bzw. *passiv* (der Vektor bleibt fest, das Koordinatensystem wird zurückgedreht) bezeichnet. Der Grund für diese Übereinstimmung liegt darin, daß die mit den beiden Gleichungen zum Ausdruck gebrachte relative Lage von Vektor und Koordinatensystem nach Ausführung der Operation gleich ist. Wir werden im folgenden immer die aktive Interpretation verwenden.

Parametrisierung von Drehungen durch die EULER-*Winkel.* Bisher wurde die Drehung um $\boldsymbol{e}_3$ betrachtet. Wir gehen jetzt über zu einer allgemeinen Drehung um eine Achse, die ebenfalls durch den Ursprung eines im Raum fixierten Achsensystems verläuft, aber eine beliebige Orientierung zum Achsensystem hat. Gesucht ist die Matrix, die die Basisvektoren des raumfesten Systems in die Basisvektoren des gedrehten Systems überführt.

Jede allgemeine Rotation kann durch die Angabe ihrer EULER-Winkel α, β, γ beschrieben werden. Die Basis $\boldsymbol{e}_1, \boldsymbol{e}_2, \boldsymbol{e}_3$ bilde das Ausgangssystem, die Basis $\boldsymbol{e}_1''', \boldsymbol{e}_2''', \boldsymbol{e}_3'''$ das daraus durch die betrachtete Drehung entstehende System. Die drei Drehungen (jeweils im Gegenuhrzeigersinn) sind folgendermaßen definiert [143, 200] (s. Abb. 4.12):

1. Drehung mit α um $\boldsymbol{e}_3$, $\hat{R}_z(\alpha)$; man erhält das Basissystem $\boldsymbol{e}_1', \boldsymbol{e}_2', \boldsymbol{e}_3'$ mit $\boldsymbol{e}_3' = \boldsymbol{e}_3$.

2. Drehung mit β um $\boldsymbol{e}_2'$, $\hat{R}_{y'}(\beta)$; man erhält das Basissystem $\boldsymbol{e}_1'', \boldsymbol{e}_2'', \boldsymbol{e}_3''$ mit $\boldsymbol{e}_2'' = \boldsymbol{e}_2'$.

3. Drehung mit γ um $\boldsymbol{e}_3''$, $\hat{R}_{z''}(\gamma)$; man erhält das Basissystem $\boldsymbol{e}_1''', \boldsymbol{e}_2''', \boldsymbol{e}_3'''$ mit $\boldsymbol{e}_3''' = \boldsymbol{e}_3''$.

Die Gesamtdrehung ist $\hat{R}(\alpha, \beta, \gamma) = \hat{R}_{z''}(\gamma)\hat{R}_{y'}(\beta)\hat{R}_z(\alpha)$, wobei streng auf die Reihenfolge der drei Faktoren zu achten ist. Für die Praxis ist diese Form unhandlich, da sich die Einzeldrehungen auf unterschiedliche Achssysteme beziehen. Man kann jedoch zeigen, daß diese Transformation einer anderen äquivalent ist, in der die drei Teildrehungen in umgekehrter Reihenfolge und ausschließlich um Achsen des Ausgangssystems vorzunehmen sind[6)]:

$$\hat{R}(\alpha, \beta, \gamma) = \hat{R}_z(\alpha)\hat{R}_y(\beta)\hat{R}_z(\gamma). \tag{4.13}$$

---

6) Wir verzichten auf die ausführliche Darstellung und verweisen auf Lit. [199], S. 77.

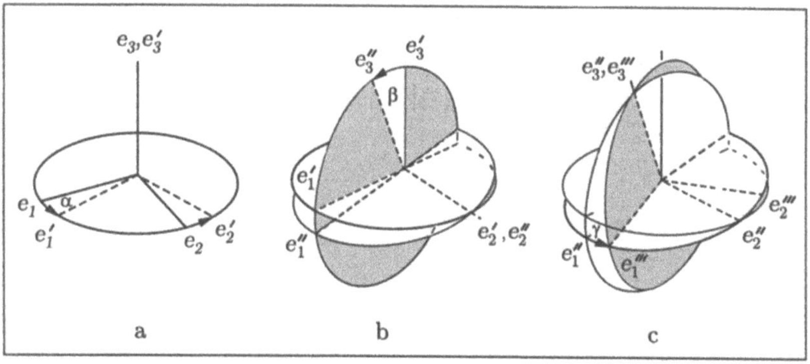

Abb. 4.12: Die EULER-Winkel α, β, γ und die drei EULER-Drehungen, die das Ausgangssystem e_1, e_2, e_3 in das Endsystem e_1''', e_2''', e_3''' überführen

Die Matrizen bez. der Drehungen um die Achsen des Ausgangssystems haben die Form [200]:

$$\underset{\mathbf{D}\{R_z(\alpha)\}}{\begin{pmatrix} \cos\alpha & -\sin\alpha & 0 \\ \sin\alpha & \cos\alpha & 0 \\ 0 & 0 & 1 \end{pmatrix}} \quad \underset{\mathbf{D}\{R_y(\beta)\}}{\begin{pmatrix} \cos\beta & 0 & \sin\beta \\ 0 & 1 & 0 \\ -\sin\beta & 0 & \cos\beta \end{pmatrix}} \quad \underset{\mathbf{D}\{R_z(\gamma)\}}{\begin{pmatrix} \cos\gamma & -\sin\gamma & 0 \\ \sin\gamma & \cos\gamma & 0 \\ 0 & 0 & 1 \end{pmatrix}}. \tag{4.14}$$

Die Transformation der Basis vom alten ins neue System lautet:

$$(e_1''' e_2''' e_3''') = (e_1 e_2 e_3)\,\mathbf{D}\{R(\alpha,\beta,\gamma)\} \quad \text{mit}$$

$$\mathbf{D}\{R(\alpha,\beta,\gamma)\} = \mathbf{D}\{R_z(\alpha)\}\mathbf{D}\{R_y(\beta)\}\mathbf{D}\{R_z(\gamma)\} = \tag{4.15}$$

$$\begin{pmatrix} \cos\alpha\cos\beta\cos\gamma - \sin\alpha\sin\gamma & -\cos\alpha\cos\beta\sin\gamma - \sin\alpha\cos\gamma & \cos\alpha\sin\beta \\ \sin\alpha\cos\beta\cos\gamma + \cos\alpha\sin\gamma & -\sin\alpha\cos\beta\sin\gamma + \cos\alpha\cos\gamma & \sin\alpha\sin\beta \\ -\sin\beta\cos\gamma & \sin\beta\sin\gamma & \cos\beta \end{pmatrix}.$$

$\mathbf{D}\{R(\alpha,\beta,\gamma)\}$ kann auch zur Transformation der Koordinaten x, y, z verwendet werden, wobei zu beachten ist, daß entsprechend der Formulierung von $\underline{\mathbf{r}}$ als Spaltenmatrix die Drehmatrix vorgestellt werden muß (vgl. Gl. (4.9)). Die Matrix (4.15) repräsentiert in der Kugeldrehgruppe $SO(3)$ die Darstellung eines durch seine drei kartesischen Koordinaten gegebenen Vektors.

Funktionen. Wir betrachten die Transformation von sog. skalaren Funktionen $f(x, y, z)$ [7], die kontinuierlich in den Ortsparametern sind. Beispiele sind

[7] Man wählt meist die Kurzform $f(\boldsymbol{r})$, wobei $\boldsymbol{r}$ auch in Polarkoordinaten r, θ, ϕ gegeben sein kann.

Wellenfunktionen, deren Quadrate die Wahrscheinlichkeitsdichte von Elektronen beschreiben (s. 3.1.1). f ist eine Vorschrift, mit deren Hilfe der Wert des durch die Funktion repräsentierten „Feldes" aus den Koordinaten erhalten werden kann. Um wie bei den Vektoren den Zusammenhang zwischen den kartesischen Koordinaten eines „Feldpunktes" und den Basisvektoren entlang den Achsen des Koordinatensystems zu verdeutlichen, ersetzen wir in $f(x, y, z)$ die Koordinate x durch $\boldsymbol{e}_1 \cdot \boldsymbol{r}$, y durch $\boldsymbol{e}_2 \cdot \boldsymbol{r}$, z durch $\boldsymbol{e}_3 \cdot \boldsymbol{r}$: $f(x, y, z) = f(\boldsymbol{e}_1 \cdot \boldsymbol{r}, \boldsymbol{e}_2 \cdot \boldsymbol{r}, \boldsymbol{e}_3 \cdot \boldsymbol{r})$. Für die rechte Form schreiben wir kürzer $f(\mathbf{e} \cdot \boldsymbol{r})$. Die rellen p-Funktionen beispielsweise, die nach Tab. 3.3 bei Verzicht auf den Faktor $(3/4\pi)^{1/2}$ die Form $\mathrm{p}_x \sim \frac{1}{r}x$, $\mathrm{p}_y \sim \frac{1}{r}y$ und $\mathrm{p}_z \sim \frac{1}{r}z$ haben, lauten jetzt $\mathrm{p}_x \sim \frac{1}{r}(\boldsymbol{e}_1 \cdot \boldsymbol{r})$, $\mathrm{p}_y \sim \frac{1}{r}(\boldsymbol{e}_2 \cdot \boldsymbol{r})$ bzw. $\mathrm{p}_z \sim \frac{1}{r}(\boldsymbol{e}_3 \cdot \boldsymbol{r})$.

Wir drehen die Funktion $f(\mathbf{e} \cdot \boldsymbol{r})$ und ein mit ihr fest verknüpftes Basissystem $\boldsymbol{e}'_1, \boldsymbol{e}'_2, \boldsymbol{e}'_3$ um $\boldsymbol{e}_3$. In der Basis $\boldsymbol{e}_1, \boldsymbol{e}_2, \boldsymbol{e}_3$, die wiederum als im Raum fixiertes Referenzsystem dient, existiere ein Punkt P mit dem Ortsvektor $\boldsymbol{r} = x\boldsymbol{e}_1 + y\boldsymbol{e}_2 + z\boldsymbol{e}_3$, der bei der Rotation in den Punkt P' mit dem Ortsvektor $\boldsymbol{r}' = \hat{R}_z(\alpha)\,\boldsymbol{r} = x\boldsymbol{e}'_1 + y\boldsymbol{e}'_2 + z\boldsymbol{e}'_3$ übergeht. P' hat somit zur gedrehten Basis und zur gedrehten Funktion dieselbe relative Lage wie P zur raumfesten Basis und zur Ausgangsfunktion (s. Abb. 4.13). Daher muß der Wert $f(\mathbf{e}' \cdot \boldsymbol{r}')$ (neue Funktion am neuen Ort) gleich dem Wert $f(\mathbf{e} \cdot \boldsymbol{r})$ (alte Funktion am alten Ort) sein:

$$f([\hat{R}_z(\alpha)\mathbf{e}] \cdot [\hat{R}_z(\alpha)\boldsymbol{r}]) = f(\mathbf{e}' \cdot \boldsymbol{r}') = f(\mathbf{e} \cdot \boldsymbol{r}). \tag{4.16}$$

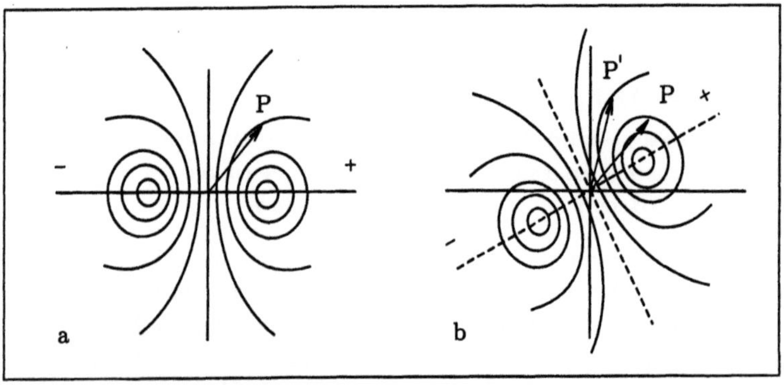

Abb. 4.13: Zur gleichzeitigen Drehung von Funktion und Koordinatensystem

Bei gleichzeitiger Drehung von System und Feldpunkt bleibt die Beziehung zwischen Basis und Ortsvektor erhalten und damit auch der Funktionswert.

Beispiel 4.5 *Gleichzeitige Drehung von Funktion und Basis*

Zur Überprüfung der in Gl. (4.16) verwendeten Schreibweise betrachten wir die Funktion $\mathrm{p}_x \sim \frac{x}{r} = \frac{1}{r}(\boldsymbol{e}_1 \cdot \boldsymbol{r})$. Man berechnet zunächst $\boldsymbol{e}_1' = \hat{R}_z(\alpha)\boldsymbol{e}_1$ mit Hilfe der Matrix in Gl. (4.10): $\hat{R}_z(\alpha)\boldsymbol{e}_1 = \boldsymbol{e}_1 \cos\alpha + \boldsymbol{e}_2 \sin\alpha$. Für $\hat{R}_z(\alpha)\boldsymbol{r}$ ergibt sich mit Hilfe der Gl. (4.11): $\hat{R}_z(\alpha)\boldsymbol{r} = \boldsymbol{e}_1(x\cos\alpha - y\sin\alpha) + \boldsymbol{e}_2(x\sin\alpha + y\sin\alpha) + \boldsymbol{e}_3 z$. Das Skalarprodukt der beiden Vektoren, multipliziert mit r^{-1}, ist identisch mit der Ausgangsfunktion $\frac{x}{r}$. *

Gl. (4.16) ist gültig für alle Punkte $\boldsymbol{r}$, also auch für $\hat{R}_z(\alpha)^{-1}\,\boldsymbol{r}$. Ersetzen wir $\boldsymbol{r}$ durch $\hat{R}_z(\alpha)^{-1}\,\boldsymbol{r}$, so erhalten wir

$$f([\hat{R}_z(\alpha)\mathbf{e}] \cdot \boldsymbol{r}) = f(\mathbf{e} \cdot [\hat{R}_z(\alpha)^{-1}\boldsymbol{r}]). \tag{4.17}$$

Zur Verdeutlichung dieser wichtigen Beziehung betrachten wir zwei Beispiele.

Beispiel 4.6 *Drehung der* p_x*- und* p_y*-Funktion um* $\pi/2$ *um* $\boldsymbol{e}_3$

Wir schreiben die Funktionen in der Form

$$\mathrm{p}_x \sim \frac{1}{r}x = \frac{1}{r}(\boldsymbol{e}_1 \cdot \boldsymbol{r}) \qquad \mathrm{p}_y \sim \frac{1}{r}y = \frac{1}{r}(\boldsymbol{e}_2 \cdot \boldsymbol{r}).$$

Bei der Drehung um $\pi/2$ um $\boldsymbol{e}_3$ werden die Basisvektoren entsprechend $\boldsymbol{e}_1 \to \boldsymbol{e}_2$, $\boldsymbol{e}_2 \to -\boldsymbol{e}_1$, $\boldsymbol{e}_3 \to \boldsymbol{e}_3$ transformiert:

$$(\boldsymbol{e}_1'\boldsymbol{e}_2'\boldsymbol{e}_3') = (\boldsymbol{e}_1\boldsymbol{e}_2\boldsymbol{e}_3)\begin{pmatrix} 0 & -1 & 0 \\ 1 & 0 & 0 \\ 0 & 0 & 1 \end{pmatrix}, \quad \text{und wir erhalten:}$$

$$\begin{array}{llll} \mathrm{p}_x & \overset{\hat{R}_z(\pi/2)}{\Longrightarrow} & \frac{1}{r}(\boldsymbol{e}_1' \cdot \boldsymbol{r}) = \frac{1}{r}(\hat{R}_z(\pi/2)\boldsymbol{e}_1 \cdot \boldsymbol{r}) = \frac{1}{r}(\boldsymbol{e}_2 \cdot \boldsymbol{r}) = \frac{1}{r}y \sim \mathrm{p}_y \\ \mathrm{p}_y & \overset{\hat{R}_z(\pi/2)}{\Longrightarrow} & \frac{1}{r}(\boldsymbol{e}_2' \cdot \boldsymbol{r}) = \frac{1}{r}(\hat{R}_z(\pi/2)\boldsymbol{e}_2 \cdot \boldsymbol{r}) = \frac{1}{r}(-\boldsymbol{e}_1 \cdot \boldsymbol{r}) = -\frac{1}{r}x \sim -\mathrm{p}_x. \end{array}$$

Es ergeben sich die um $\pi/2$ im Gegenuhrzeigersinn gedrehten Funktionen (s. Abbn. 4.14 und 4.15). Wir erhalten das wichtige Resultat, daß die Drehoperation, angewandt auf die Basisvektoren, die im gleichen Sinn gedrehte Funktion liefert: $f(\hat{R}_z(\alpha)\mathbf{e} \cdot \boldsymbol{r}) = \hat{R}_z(\alpha)f(\underline{\mathbf{r}})$. Dabei ist $\hat{R}_z(\alpha)f$ als *ein* Symbol für die transformierte Funktion zu lesen. Dasselbe Resultat sollte nach Gl. (4.17) erhalten werden, wenn man anstelle der Anwendung von $\hat{R}_z(\pi/2)$ auf die Basis den inversen Operator $\hat{R}_z(\pi/2)^{-1}$ auf die Koordinaten x, y, z wirken läßt. Die Transformation lautet hier:

$$\begin{pmatrix} x' \\ y' \\ z' \end{pmatrix} = \begin{pmatrix} 0 & 1 & 0 \\ -1 & 0 & 0 \\ 0 & 0 & 1 \end{pmatrix}\begin{pmatrix} x \\ y \\ z \end{pmatrix},$$

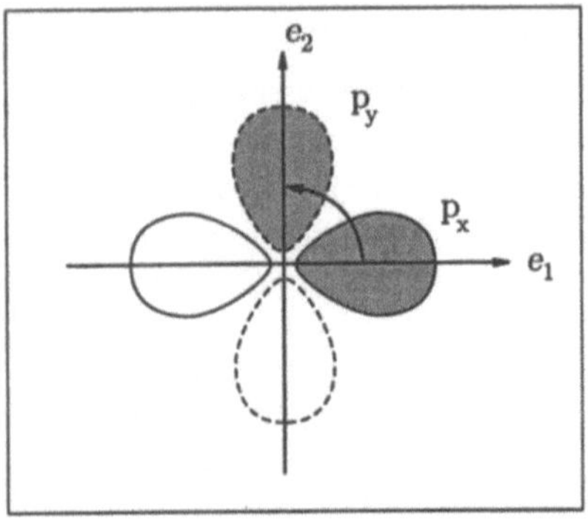

Abb. 4.14: Drehung der p_x-Funktion um $\pi/2$ im Gegenuhrzeigersinn

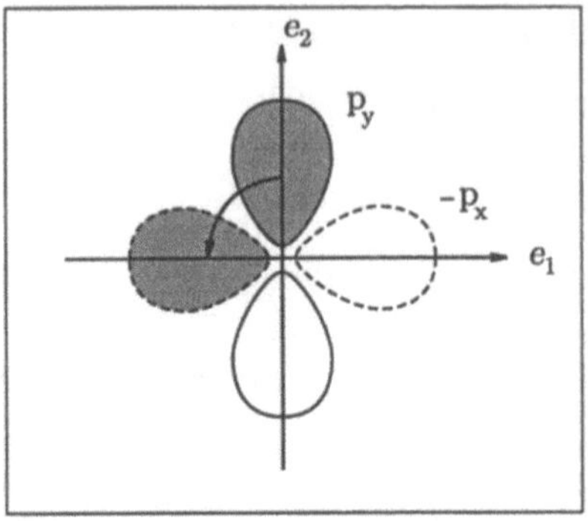

Abb. 4.15: Drehung der p_y-Funktion um $\pi/2$ im Gegenuhrzeigersinn

und für die Funktionen folgt entsprechend Gl. (4.17) im Einklang mit Gl. (4.18):

$$
\begin{aligned}
p_x &\overset{\hat{R}_z(\pi/2)}{\Longrightarrow} \frac{1}{r}(\boldsymbol{e}_1\cdot\boldsymbol{r}') = \frac{1}{r}(\boldsymbol{e}_1\cdot\hat{R}_z(\pi/2)^{-1}\boldsymbol{r}) = \frac{1}{r}y \sim p_y \\
p_y &\overset{\hat{R}_z(\pi/2)}{\Longrightarrow} \frac{1}{r}(\boldsymbol{e}_2\cdot\boldsymbol{r}') = \frac{1}{r}(\boldsymbol{e}_2\cdot\hat{R}_z(\pi/2)^{-1}\boldsymbol{r}) = -\frac{1}{r}x \sim -p_x. \qquad *
\end{aligned}
$$

Die Ergebnisse aus den Beispielen 4.5 und 4.6 lassen sich verallgemeinern:

$$\boxed{\hat{R}f(\boldsymbol{r}) = f(\hat{R}^{-1}\boldsymbol{r})}. \tag{4.18}$$

Gl. (4.18) zufolge kann die gegenüber dem Referenzsystem gedrehte Funktion dadurch erhalten werden, daß man entweder die Basisvektoren (im ausführlich geschriebenen Argument der Funktion) dreht ($\hat{R}_z(\alpha)\mathbf{e}$) oder den Feldpunkt *zurück*dreht ($\hat{R}_z(\alpha)^{-1}\boldsymbol{r}$).

Gl. (4.18) ist auch anwendbar, wenn die Funktion in sphärischen Polarkoordinaten θ und ϕ formuliert ist:

$$\hat{R}_z(\alpha)f(\theta,\phi) = f(\theta,\phi-\alpha).$$

Im Fall der p-Funktionen mit $p_x \sim \sin\theta\cos\phi$ und $p_y \sim \sin\theta\sin\phi$ erhalten wir wie in Beispiel 4.6

$$
\begin{aligned}
\hat{R}_z(\pi/2)\,p_x &\sim \sin\theta\cos(\phi-\pi/2) = \sin\theta\sin\phi \sim p_y \\
\hat{R}_z(\pi/2)\,p_y &\sim \sin\theta\sin(\phi-\pi/2) = \sin\theta(-\cos\phi) \sim -p_x.
\end{aligned}
$$

Nach demselben Verfahren wie bei p-Funktionen sind auch die Transformationen bei den für uns im folgenden wichtigen d-Funktionen vorzunehmen.

Beispiel 4.7 *Drehung der* $\mathrm{d}_{x^2-y^2}$*-Funktion um* $\alpha = \pi/4$ *um* $\boldsymbol{e}_3$

Die $\mathrm{d}_{x^2-y^2}$-Funktion hat bei Verzicht auf den Faktor $\sqrt{15/4\pi}\, r^{-2}$ die Form $\mathrm{d}_{x^2-y^2} \sim \frac{1}{2}(x^2-y^2) = \frac{1}{2}[(\boldsymbol{e}_1\cdot\boldsymbol{r})^2 - (\boldsymbol{e}_2\cdot\boldsymbol{r})^2]$. Bei der Drehung um $\alpha = \pi/4$ um $\boldsymbol{e}_3$ erfolgt die Basistransformation nach

$$(\boldsymbol{e}_1'\boldsymbol{e}_2'\boldsymbol{e}_3') = (\boldsymbol{e}_1\boldsymbol{e}_2\boldsymbol{e}_3)\begin{pmatrix} \frac{1}{\sqrt{2}} & -\frac{1}{\sqrt{2}} & 0 \\ \frac{1}{\sqrt{2}} & \frac{1}{\sqrt{2}} & 0 \\ 0 & 0 & 1 \end{pmatrix}.$$

Ausgehend von der ausführlichen Schreibweise lautet die Transformation der Funktion:

$$\begin{aligned} \mathrm{d}_{x^2-y^2} \sim \frac{1}{2}(x^2-y^2) \quad &\overset{\hat{R}_z(\pi/4)}{\Longrightarrow} \quad \tfrac{1}{2}\left\{\left[\hat{R}_z(\pi/4)\boldsymbol{e}_1\cdot\boldsymbol{r}\right]^2 - \left[\hat{R}_z(\pi/4)\boldsymbol{e}_2\cdot\boldsymbol{r}\right]^2\right\} \\ &= \quad \tfrac{1}{2}\left[\tfrac{1}{2}(x+y)^2 - \tfrac{1}{2}(-x+y)^2\right] = xy \sim \mathrm{d}_{xy} \end{aligned}$$

Es ergibt sich — nach Multiplikation mit $\sqrt{15/4\pi}\, r^{-2}$ — die Funktion d_{xy}, wie geometrisch leicht überprüfbar ist. Zum identischen Resultat führt die Anwendung des Operators

$$\hat{R}_z(\pi/4)^{-1} = \begin{pmatrix} \frac{1}{\sqrt{2}} & \frac{1}{\sqrt{2}} & 0 \\ -\frac{1}{\sqrt{2}} & \frac{1}{\sqrt{2}} & 0 \\ 0 & 0 & 1 \end{pmatrix} \quad \text{auf die Koordinaten:}$$

$$\mathrm{d}_{x^2-y^2} \overset{\hat{R}_z(\pi/4)}{\Longrightarrow} \tfrac{1}{2}\left\{\left[\boldsymbol{e}\cdot\boldsymbol{e}_1\hat{R}_z(\pi/4)^{-1}x\right]^2 - \left[\boldsymbol{e}\cdot\boldsymbol{e}_2\hat{R}_z(\pi/4)^{-1}y\right]^2\right\} = xy \sim \mathrm{d}_{xy}. \qquad *$$

In Tab. 4.5 ist das Transformationsverhalten der reellen d-Funktionen unter den Drehoperationen der Punktgruppe O aufgeführt. Diese Angaben werden uns bei der Aufstellung symmetrieadaptierter Linearkombinationen bei Mehrelektronensystemen nützlich sein. Wir überprüfen sie im folgenden Beispiel.

Beispiel 4.8 *Drehung von* $|\,e\theta\,\rangle \equiv \mathrm{d}_{z^2}$ *um die Richtung [111] um* $2\pi/3$

Als C_3-Achse, um die die d_{z^2}-Funktion gedreht werden soll, wählen wir die [111]-Richtung. Für die Basistransformation gilt:

$$(\boldsymbol{e}_1'\boldsymbol{e}_2'\boldsymbol{e}_3') = (\boldsymbol{e}_1\boldsymbol{e}_2\boldsymbol{e}_3)\begin{pmatrix} 0 & 0 & 1 \\ 1 & 0 & 0 \\ 0 & 1 & 0 \end{pmatrix}$$

Tab. 4.5: Transformationsverhalten der reellen d-Einelektronenfunktionen bei den Drehoperationen der Punktgruppe O_h. Von den Drehungen einer Klasse ist jeweils nur eine Operation berücksichtigt.

Γ_i	$\bar{M}$ [a]	E	C_3 [b]	C_2 [c]	C_4 [d]	C_2' [e]
E	$\vert e\theta\rangle \equiv d_{z^2}$	$\vert e\theta\rangle$	$-\frac{1}{2}\vert e\theta\rangle + \frac{\sqrt{3}}{2}\vert e\epsilon\rangle$	$\vert e\theta\rangle$	$\vert e\theta\rangle$	$\vert e\theta\rangle$
	$\vert e\epsilon\rangle \equiv d_{x^2-y^2}$	$\vert e\epsilon\rangle$	$-\frac{\sqrt{3}}{2}\vert e\theta\rangle - \frac{1}{2}\vert e\epsilon\rangle$	$\vert e\epsilon\rangle$	$-\vert e\epsilon\rangle$	$-\vert e\epsilon\rangle$
T_2	$\vert t_2\zeta\rangle \equiv d_{xy}$	$\vert t_2\zeta\rangle$	$\vert t_2\xi\rangle$	$\vert t_2\zeta\rangle$	$-\vert t_2\zeta\rangle$	$\vert t_2\zeta\rangle$
	$\vert t_2\eta\rangle \equiv d_{xz}$	$\vert t_2\eta\rangle$	$\vert t_2\zeta\rangle$	$-\vert t_2\eta\rangle$	$\vert t_2\xi\rangle$	$-\vert t_2\xi\rangle$
	$\vert t_2\xi\rangle \equiv d_{yz}$	$\vert t_2\xi\rangle$	$\vert t_2\eta\rangle$	$-\vert t_2\xi\rangle$	$-\vert t_2\eta\rangle$	$-\vert t_2\eta\rangle$

[a] $\bar{M}$ steht für Symbole zur Kennzeichnung der reellen d-Funktionen (s. [178], Tab. A 16).
[b] $C_3 : (\boldsymbol{e}_1 \to \boldsymbol{e}_2;\ \boldsymbol{e}_2 \to \boldsymbol{e}_3;\ \boldsymbol{e}_3 \to \boldsymbol{e}_1)$.
[c] $C_2 : (\boldsymbol{e}_1 \to -\boldsymbol{e}_1;\ \boldsymbol{e}_2 \to -\boldsymbol{e}_2;\ \boldsymbol{e}_3 \to \boldsymbol{e}_3)$.
[d] $C_4 : (\boldsymbol{e}_1 \to \boldsymbol{e}_2;\ \boldsymbol{e}_2 \to -\boldsymbol{e}_1;\ \boldsymbol{e}_3 \to \boldsymbol{e}_3)$.
[e] $C_2' : (\boldsymbol{e}_1 \to \boldsymbol{e}_2;\ \boldsymbol{e}_2 \to \boldsymbol{e}_1;\ \boldsymbol{e}_3 \to -\boldsymbol{e}_3)$.

Angewandt auf die d_{z^2}-Funktion, erhalten wir unter Verzicht auf den Faktor $\sqrt{15/4\pi}\, r^{-2}$

$$d_{z^2} \sim \tfrac{1}{2}\sqrt{\tfrac{1}{3}}(3z^2 - r^2) \overset{\hat{R}_{[111]}(\frac{2\pi}{3})}{\Longrightarrow} \tfrac{1}{2}\sqrt{\tfrac{1}{3}}\left[3(\hat{R}_{[111]}(\tfrac{2\pi}{3})\boldsymbol{e}_3\cdot\boldsymbol{r})^2 - r^2\right] = \tfrac{1}{2}\sqrt{\tfrac{1}{3}}(3x^2 - r^2).$$

Die resultierende Funktion läßt sich als Linearkombination der beiden Funktionen d_{z^2} und $d_{x^2-y^2}$ darstellen:

$$\tfrac{1}{2}\sqrt{\tfrac{1}{3}}(3x^2 - r^2) = -\tfrac{1}{2} \times \underbrace{\tfrac{1}{2}\sqrt{\tfrac{1}{3}}(3z^2 - r^2)}_{\sim\, d_{z^2}(|e\theta\rangle)} + \tfrac{\sqrt{3}}{2} \times \underbrace{\tfrac{1}{2}(x^2 - y^2)}_{\sim\, d_{x^2-y^2}(|e\epsilon\rangle)} ,$$

im Einklang mit der entsprechenden Eintragung in Tab. 4.5. *

4.1.5 Gruppentheorie und Quantenmechanik

Symmetriegruppe des HAMILTON-Operators. Befindet sich ein Zentralion im Potential von sechs gleichgroßen oktaedrisch angeordneten Punktladungen, so ist die potentielle Energie invariant gegenüber sämtlichen Symmetrieoperationen der Oktaedergruppe O_h. Der einer Symmetrietransformation zugeordnete Operator $\hat{R}$ ist mit dem HAMILTON-Operator vertauschbar. Die Menge aller Operatoren $\hat{R}$, die mit dem HAMILTON-Operator vertauschbar sind, $\hat{R}\hat{H} = \hat{H}\hat{R}$, bildet die Gruppe des HAMILTON-Operators. Wendet man auf beide Seiten einer SCHRÖDINGER-Gleichung $\hat{H}\Psi(\boldsymbol{r}) = E\Psi(\boldsymbol{r})$ einen Symmetrieoperator $\hat{R}$ an,

$$\hat{R}\hat{H}\Psi(\boldsymbol{r}) = \hat{R}E\Psi(\boldsymbol{r}),$$

so gilt wegen der Konstanz von E

$$\hat{H}\hat{R}\Psi(\boldsymbol{r}) = E\hat{R}\Psi(\boldsymbol{r}).$$

Daraus folgt, daß neben $\Psi(\boldsymbol{r})$ auch $\hat{R}\Psi(\boldsymbol{r})$ eine Eigenfunktion von $\hat{H}$ ist. Beide Funktionen, $\Psi(\boldsymbol{r})$ und $\hat{R}\Psi(\boldsymbol{r})$, gehören zum selben Eigenwert. Ist der Eigenwert nicht entartet und existiert daher nur eine Eigenfunktion, muß gelten: $\hat{R}\Psi(\boldsymbol{r}) = c\Psi(\boldsymbol{r})$, wobei c eine Konstante ist. Bei auf 1 normierten Funktionen ist $\hat{R}\Psi(\boldsymbol{r}) = \pm\Psi(\boldsymbol{r})$. Die Eigenfunktion zu einem nichtentarteten Eigenwert induziert unter der Wirkung der Symmetrieoperatoren eine eindimensionale und folglich irreduzible Darstellung (s. Gln. (3.17) und (3.18)).

In der Ligandenfeldtheorie sind die Fälle entarteter Eigenwerte wichtiger. Im Falle von g-facher Entartung gilt

$$\hat{H}\Psi_i = E\Psi_i, \quad i = 1, 2, \ldots, g.$$

Die Funktionen $\Psi_1, \Psi_2, \ldots, \Psi_g$ bilden einen Satz von g linear unabhängigen Funktionen. Wird ein Symmetrieoperator $\hat{R}$ der Symmetriegruppe von $\hat{H}$ auf die Eigenwertgleichung angewandt, erhält man

$$\hat{R}\hat{H}\Psi_i = \hat{H}\hat{R}\Psi_i = E\hat{R}\Psi_i$$

mit der neuen Funktion $\hat{R}\Psi_i$, die ebenfalls Eigenfunktion von $\hat{H}$ zu demselben Eigenwert ist. $\hat{R}\Psi_i$ muß sich als Linearkombination der Ψ_i darstellen lassen:

$$\hat{R}\Psi_i = \sum_{j=1}^{g} \Psi_j \mathbf{D}(R)_{ji}, \quad i = 1, 2, \ldots, g. \tag{4.19}$$

Andernfalls wäre der Eigenwert E entgegen der Voraussetzung mehr als g-fach entartet. Die $g \times g$ Koeffizienten $\mathbf{D}(R)_{ji}$ können als Elemente einer Matrix aufgefaßt werden, wobei sich die Funktion Ψ_i nach der i-ten Spalte der Matrix $\mathbf{D}(R)$ transformiert.

Kugelflächenfunktionen. In den Einelektronenzustandsfunktionen

$$\psi_{n,l,m_l}(r,\theta,\phi) = R_{n,l}(r)\, Y^l_{m_l}(\theta,\phi) = R_{n,l}(r)\, \Theta^l_{m_l}(\theta)\sqrt{\frac{1}{2\pi}}e^{im_l\phi}$$

mit $m_l = l, l-1, \ldots, -l$ spielt die jeweilige winkelabhängige Kugelflächenfunktion $Y^l_{m_l}(\theta,\phi)$ (s. Tab. 3.3) für die Ligandenfeldtheorie die wichtigste Rolle (vgl.

4.2.1). In Gegenwart eines kugelsymmetrischen Potentials $V(r)$ besteht $(2l+1)$-fache (Bahn-)Entartung, z. B. fünffache im Falle der d-Funktionen.

In den Beispielen 4.7 und 4.8 haben wir spezielle Drehungen der *reellen* d-Funktionen $d_{x^2-y^2}$ und d_{z^2} anschaulich darstellen können. Im Hinblick auf gruppentheoretische Methoden zur Bestimmung von Anzahl und Entartungsgrad der Spaltterme eines Ions im Ligandenfeld werden wir im folgenden Beziehungen vorstellen, mit deren Hilfe das Charakterensystem von Darstellungsmatrizen aufgestellt werden kann, die die Funktionen $Y^l_{m_l}(\theta,\phi)$ unter der Wirkung von Symmetrieoperationen zur Kugeldrehspiegelungsgruppe $O(3)$ (Drehung, Invertierung und Drehinversion) transformieren. Diese Gruppe ist für uns deshalb von großer Bedeutung, weil die in der Ligandenfeldtheorie auftretenden Punktgruppen Untergruppen von ihr sind.

Drehung mit dem Winkel φ. Da der Charakter — an diesem sind wir im Hinblick auf die Anwendung der Reduktionsformel interessiert — eine Klasseneigenschaft ist und alle Drehungen im Fall der Kugelgruppe zur selben Klasse gehören, können wir eine Drehung um eine beliebige Achse herausgreifen. Wir wählen die Drehung (im Gegenuhrzeigersinn) um die z-Achse. Die Wirkung des Symmetrieoperators $\hat{R}_z(\varphi)$ auf die Einelektronenwellenfunktion $\psi_{n,l,m_l}(r,\theta,\phi)$ läßt sich nach Gl. (4.18) durch

$$\begin{aligned}\hat{R}_z(\varphi)\psi_{n,l,m_l}(r,\theta,\phi) &= \psi_{n,l,m_l}(r,\theta,\phi-\varphi) = R_{n,l}(r)\Theta^l_{m_l}(\theta)\sqrt{\frac{1}{2\pi}}\,e^{im_l(\phi-\varphi)} \\ &= e^{-im_l\varphi}\,\psi_{n,l,m_l}(r,\theta,\phi) \qquad (4.20)\end{aligned}$$

beschreiben. Die entsprechende Matrix $\mathbf{D}\{R_z(\varphi)\}$ für die $2l+1$ Basisfunktionen lautet:

$$\mathbf{D}\{R_z(\varphi)\} = \begin{pmatrix} e^{-il\varphi} & 0 & \dots & 0 \\ 0 & e^{i(-l+1)\varphi} & \dots & 0 \\ \vdots & \vdots & \ddots & \vdots \\ 0 & 0 & \dots & e^{il\varphi} \end{pmatrix} \qquad (4.21)$$

Der Charakter der Matrix ergibt sich zu

$$\chi_l(\varphi) = e^{-il\varphi} + e^{i(-l+1)\varphi} + \dots + e^{il\varphi} \qquad (4.22)$$

und nach Umformung [207]

$$\chi_l(\varphi) = \frac{\sin[(l+\frac{1}{2})\varphi]}{\sin\frac{\varphi}{2}}. \qquad (4.23)$$

Analoge Formeln sind gültig für Mehrelektronensysteme, deren Elektronenzustände sich nicht durch l, sondern durch L bzw. ganzzahliges J charakterisieren lassen. Auf eine Komplikation im Falle von halbzahligem J wird in 4.1.7 eingegangen.

Identität und Inversion. Bei der Identität geht jede Funktion in sich über, d. h., die Transformation wird durch die Einheitsmatrix mit dem Charakter

$$\chi(E) = 2l + 1 \tag{4.24}$$

beschrieben. Dieses Ergebnis folgt auch aus Gl. (4.23) für $\varphi = 2\pi$, wobei man entsprechend der Regel von l'Hopital

$$\chi(2\pi) = \frac{(l+\frac{1}{2})\cos[(l+\frac{1}{2})2\pi]}{\frac{1}{2}\cos\pi} = 2l + 1$$

zu setzen hat. Für die Inversion am Koordinatenursprung ergibt sich:

$$\hat{R}(i)\psi_{n,l,m_l}(r,\theta,\phi) = (-1)^l\,\psi_{n,l,m_l}(r,\theta,\phi).$$

Funktionen mit ungeradem l ändern ihr Vorzeichen (p-, f-Funktionen), während Funktionen mit geradem l ohne Vorzeichenwechsel in sich übergehen (s-, d-Funktionen). Die entsprechende Matrix $\mathbf{D}\{R(i)\}$ für die $2l+1$ Basisfunktionen hat die Form

$$\mathbf{D}\{R(i)\} = \begin{pmatrix} (-1)^l & \dots & 0 \\ \vdots & \ddots & \vdots \\ 0 & \dots & (-1)^l \end{pmatrix} \quad \text{und den Charakter}$$

$$\chi_l(i) = (2l+1)(-1)^l. \tag{4.25}$$

Drehinversion. Für den Charakter der Darstellungsmatrix, die die Drehinversion beschreibt, folgt durch entsprechende Überlegungen

$$\chi_l(i\varphi) = (-1)^l\,\frac{\sin[(l+\frac{1}{2})\varphi]}{\sin\frac{\varphi}{2}}. \tag{4.26}$$

In Tab. 4.6 sind die Charaktere für die Operationen E, i, C_n, iC_n und für die l-Werte von 0 bis 5 zusammengestellt. Um zu ermitteln, welche Darstellung eine Basis ψ_{n,l,m_l} induziert, wenn diese einer Gruppe von Symmetrieoperationen unterworfen wird, benötigt man (1) das Charakterensystem der Basisfunktionen (Tab. 4.6), (2) die Charaktertafel der betreffenden Punktgruppe und (3) die Reduktionsformel Gl. (4.6).

Tab. 4.6: Charaktere von Darstellungsmatrizen, die von den Funktionen $Y^l_{m_l}$ bzw. den Atomfunktionen ψ_{n,l,m_l} induziert werden (Drehwinkel φ).

	φ	l: 0 s	1 p	2 d	3 f	4 g	5 h
$\chi_l(E)$	0	1	3	5	7	9	11
$\chi_l(C_2)$	π	1	−1	1	−1	1	−1
$\chi_l(C_3)$	$2\pi/3$	1	0	−1	1	0	−1
$\chi_l(C_4)$	$\pi/2$	1	1	−1	−1	1	1
$\chi_l(i)$	0	1	−3	5	−7	9	−11
$\chi_l(iC_2)$	π	1	1	1	1	1	1
$\chi_l(iC_3)$	$2\pi/3$	1	0	−1	−1	0	1
$\chi_l(iC_4)$	$\pi/2$	1	−1	−1	1	1	−1

Beispiel 4.9 *Ermittlung der irreduziblen Bestandteile von Darstellungen, die von den Atomfunktionen $\psi_{n,l,m_l}(r,\theta,\phi)$ mit $l=2$ und $l=3$ in der Symmetriegruppe O induziert werden*

1.) Bestimmung der Charaktere für $\Gamma(l=2)$ und $\Gamma(l=3)$ (s. Tab. 4.6):

O	E	$6\,C_4$	$3\,C_2$	$8\,C_3$	$6\,C_2$
$\Gamma(l=2)$	5	−1	1	−1	1
$\Gamma(l=3)$	7	−1	−1	1	−1

2.) Ausreduzieren der Darstellungen $\Gamma(l=2)$ und $\Gamma(l=3)$ unter Verwendung der Charaktertafel Tab. 4.4 für die Symmetriegruppe O und Anwendung von Gl. (4.6):

$$\begin{aligned}
&\Gamma(l=2)\\
a_{A_1} &= a_{A_2} = a_{T_1} = 0\\
a_E &= \tfrac{1}{24}[1\cdot 2\cdot 5+6\cdot 0\cdot(-1)+3\cdot 2\cdot 1+8(-1)(-1)+6\cdot 0\cdot 1]=1\\
a_{T_2} &= \tfrac{1}{24}[1\cdot 3\cdot 5+6(-1)(-1)+3(-1)\cdot 1+8\cdot 0(-1)+6\cdot 1\cdot 1]=1\\
&\Gamma(l=3)\\
a_{A_1} &= a_E = 0; \qquad a_{A_2} = a_{T_1} = a_{T_2} = 1
\end{aligned}$$

Die durch die Basen $\psi_{n,l,m_l}(r,\theta,\phi)$ mit $l=2$ bzw. 3 induzierten Darstellungen der Symmetriegruppe O sind reduzibel. Sie enthalten als irreduzible Bestandteile die irreduziblen Darstellungen E und T_2 ($l=2$) bzw. A_2, T_1 und T_2 ($l=3$). Beim Übergang $O \longrightarrow O_h$ ist den Darstellungssymbolen der Index g oder u anzufügen, je nachdem, ob die Atomfunktionen gerade oder ungerade Parität besitzen.

4.1.6 Produktdarstellungen

Gegeben seien eine Punktgruppe G, bestehend aus den Symmetrieoperationen $E,\ldots,R,\ldots$, sowie zwei verschiedene Basen $f_1^a, f_2^a, \ldots f_{n_a}^a$ und $g_1^b, g_2^b, \ldots g_{n_b}^b$ von irreduziblen Darstellungen Γ_a (Dimension n_a) und Γ_b (Dimension n_b). Läßt man eine Symmetrieoperation $\hat{R}$ einwirken, folgt mit Gl. (4.19)

$$\hat{R}\,f_i^a = \sum_{j=1}^{n_a} f_j^a\,\mathbf{D}_a(R)_{ji}, \qquad \hat{R}\,g_k^b = \sum_{l=1}^{n_b} g_l^b\,\mathbf{D}_b(R)_{lk}.$$

Die Anwendung von $\hat{R}$ auf das Produkt $f_i^a g_k^b$ ergibt

$$\hat{R}\,(f_i^a g_k^b) = (\hat{R}\,f_i^a)(\hat{R}\,g_k^b) =$$
$$\sum_{j=1}^{n_a}\sum_{l=1}^{n_b} f_j^a\,g_l^b\,\mathbf{D}_a(R)_{ji}\,\mathbf{D}_b(R)_{lk} = \sum_{j=1}^{n_a}\sum_{l=1}^{n_b} f_j^a\,g_l^b\,\mathbf{D}_{ab}(R)_{jl,ik}.$$

Die Menge aller möglichen Produkte $f_i^a g_k^b$ ($i = 1, 2, \ldots, n_a$; $k = 1, 2, \ldots, n_b$) ist ebenfalls eine Basis für eine Darstellung der Gruppe G. Die zugehörige *Produktdarstellung* $\Gamma_{ab} = \Gamma_a \otimes \Gamma_b$ (in Form der Matrizen $\mathbf{D}_{ab}(R)$ für alle Symmetrieoperationen R) hat die Dimension $n_a\, n_b$.

Die Matrix $\mathbf{D}_{ab}(R)$ ist das *direkte Produkt* der Matrizen $\mathbf{D}_a(R)$ und $\mathbf{D}_b(R)$:

$$\mathbf{D}_{ab}(R) = \mathbf{D}_a(R) \otimes \mathbf{D}_b(R). \tag{4.27}$$

$\mathbf{D}_{ab}(R)$ mit den Elementen $\mathbf{D}_{ab}(R)_{jl,ik}$ wird erhalten, indem man jedes Element $\mathbf{D}_a(R)_{ji}$ von $\mathbf{D}_a(R)$ durch sein Produkt mit der gesamten Matrix $\mathbf{D}_b(R)$ ersetzt.

Beispiel 4.10 *Das direkte Produkt zweier* 2×2*-Matrizen*

Gegeben sind die Matrizen

$$\mathbf{D}_a = \begin{pmatrix} a_{11} & a_{12} \\ a_{21} & a_{22} \end{pmatrix} \quad \text{und} \quad \mathbf{D}_b = \begin{pmatrix} b_{11} & b_{12} \\ b_{21} & b_{22} \end{pmatrix}.$$

Ihr direktes Produkt ist

$$\begin{aligned} \mathbf{D}_{ab} &= \mathbf{D}_a \otimes \mathbf{D}_b = \begin{pmatrix} a_{11} & a_{12} \\ a_{21} & a_{22} \end{pmatrix} \otimes \begin{pmatrix} b_{11} & b_{12} \\ b_{21} & b_{22} \end{pmatrix} \\ &= \begin{pmatrix} a_{11}\begin{pmatrix} b_{11} & b_{12} \\ b_{21} & b_{22} \end{pmatrix} & a_{12}\begin{pmatrix} b_{11} & b_{12} \\ b_{21} & b_{22} \end{pmatrix} \\ a_{21}\begin{pmatrix} b_{11} & b_{12} \\ b_{21} & b_{22} \end{pmatrix} & a_{22}\begin{pmatrix} b_{11} & b_{12} \\ b_{21} & b_{22} \end{pmatrix} \end{pmatrix} \end{aligned}$$

*

Die Charaktere $\chi_{ab}(R)$ der Darstellungsmatrizen $\mathbf{D}_{ab}(R)$ haben eine wichtige Eigenschaft: Sie sind gleich den Produkten der Charaktere $\chi_a(R)$ und $\chi_b(R)$ der Darstellungen, die durch die Basen f_i^a bzw. g_k^b induziert werden:

$$\boxed{\chi_{ab}(R) = \chi_a(R)\, \chi_b(R)} \tag{4.28}$$

Beispiel 4.11 *Produktdarstellungen in* C_{3v} [136]

Ausgehend von der Charaktertafel Tab. 4.3 und Gl. (4.28), erhält man folgende Charaktere der Produktdarstellungen

C_{3v}	E	$2C_3$	$3\sigma_v$		E	$2C_3$	$3\sigma_v$
$A_1 \otimes A_1$	1	1	1	$A_1 \otimes E$	2	−1	0
$A_1 \otimes A_2$	1	1	−1	$A_2 \otimes E$	2	−1	0
$A_2 \otimes A_2$	1	1	1	$E \otimes E$	4	1	0

Wir erkennen, daß $A_1 \otimes A_1 = A_1$, $A_1 \otimes A_2 = A_2$, $A_2 \otimes A_2 = A_1$, $A_1 \otimes E = E$ und $A_2 \otimes E = E$ ist. Die Produktdarstellung $E \otimes E$ ist reduzi-

C_{3v}	A_1	A_2	E
A_1	A_1	A_2	E
A_2	A_2	A_1	E
E	E	E	$A_1 \oplus A_2 \oplus E$

bel. Nach Ausreduzieren mit Gl. (4.6) erhalten wir $a_{A_1} = a_{A_2} = a_E = 1$, so daß für die Summe der irreduziblen Darstellungen des direkten Produkts $E \otimes E = A_1 \oplus A_2 \oplus E$ folgt. Es ergibt sich daher nebenstehende Multiplikationstabelle für irreduzible Darstellungen der Symmetriegruppe C_{3v}. *

Eine wichtige Rolle spielt die Bildung von Produktdarstellungen bei der Berechnung von Matrixelementen $\langle \Psi | \hat{\Omega} | \Phi \rangle$. Ψ und Φ sind häufig Basen irreduzibler Darstellungen der Symmetriegruppe des betreffenden Systems. Die Darstellung $\Gamma(I)$, nach der sich das Matrixelement transformiert, findet man durch Bildung der Produktdarstellung $\Gamma^*(\Psi) \otimes \Gamma(\hat{\Omega}) \otimes \Gamma(\Phi)$ und ihre anschließende Zerlegung mit Hilfe der Gl. (4.6) in ihre irreduziblen Bestandteile. Stellt sich heraus, daß sich das Matrixelement oder Teile von ihm nach der totalsymmetrischen Darstellung transformieren, kann das Integral von null verschieden sein. Es gilt der Satz: *Ein Matrixelement $\langle \Psi | \hat{\Omega} | \Phi \rangle$ kann nur dann von null verschieden sein, wenn die totalsymmetrische Darstellung in $\Gamma(I)$ enthalten ist.* Wegen des Satzes: *Die Produktdarstellung Γ_{mn} zweier irreduzibler Darstellungen Γ_m und Γ_n, $\Gamma_{mn} = \Gamma_m \otimes \Gamma_n$, enthält die totalsymmetrische Darstellung nur dann, wenn $\Gamma_m = \Gamma_n$ ist*, kann der erste Satz spezialisiert werden: *Transformiert sich der Operator $\hat{\Omega}$ nach der totalsymmetrischen Darstellung, so kann das Integral nur dann von null verschieden sein, wenn Ψ und Φ derselben irreduziblen Darstellung, $\Gamma(\Psi) = \Gamma(\Phi)$, angehören (Nichtkombinationssatz).* Bei mehrdimensionalen Darstellungen lautet der Nichtkombinationssatz:

$$\langle \Psi_i^m | \hat{\Omega} | \Phi_j^n \rangle = 0 \quad \text{außer für} \quad m = n,\ i = j \tag{4.29}$$

$$\langle \Psi_i^m | \hat{\Omega} | \Phi_i^n \rangle = \langle \Psi_j^m | \hat{\Omega} | \Phi_j^n \rangle. \tag{4.30}$$

Gl. (4.29) besagt, daß das Matrixelement nur dann von null verschieden sein kann, wenn sich die Funktionen Ψ_i^m und Φ_j^n nach derselben Zeile derselben irreduziblen Darstellung transformieren, und Gl. (4.30), daß dann die Matrixelemente unabhängig davon sind, welche Zeile gewählt wird.

4.1.7 Doppelgruppen

Als Charakter der Darstellungsmatrix, die von einer Basis $Y_{m_l}^l$ bei einer Drehung mit dem Winkel φ induziert wird, erhielten wir Gl. (4.23). Sie ist auch anwendbar auf Mehrelektronensysteme, wobei L oder J anstelle von l zu schreiben ist. Verwendet man in Verallgemeinerung des Drehimpulses die Gesamtdrehimpulsquantenzahl J, lautet Gl. (4.23):

$$\chi_J(\varphi) = \frac{\sin[(J + \frac{1}{2})\varphi]}{\sin \frac{\varphi}{2}}, \tag{4.31}$$

wobei J ganz- oder halbzahlig sein kann. Für ganzzahliges J stellt man fest, daß die Drehung um 2π, die das System wieder in sich überführt, eine identische Operation ist. Setzt man in Gl. (4.31) $\varphi + 2\pi$ anstelle von φ ein, findet man

$$\chi_J(\varphi + 2\pi) = \chi_J(\varphi) \qquad \text{für ganzzahliges} \quad J.$$

Im Falle von halbzahligem J ist dagegen

$$\chi_J(\varphi + 2\pi) = -\chi_J(\varphi) \qquad \text{für halbzahliges} \quad J. \tag{4.32}$$

Bei der Drehung um 2π ändert sich das Vorzeichen des Charakters. Die Drehung um 2π entspricht somit nicht der Identität. Weiterhin stellt man fest, daß

$$\chi_J(\varphi + 4\pi) = \chi_J(\varphi) \quad \text{und} \quad \chi_J(\pi) = \chi_J(3\pi) \tag{4.33}$$

ist. Die Drehung um 4π ist somit die identische Operation, und allein für Drehungen um $\varphi = \pi$ ist die Darstellung eindeutig.

Nach BETHE erfolgt die Bestimmung der doppeldeutigen Darstellungen durch Einführung eines neuen Gruppenelementes R (Drehung um 2π) und der (neuen) Identität E (Drehung um 4π). Die Elemente der sog. *Doppelgruppe* erhält man, indem man den Elementen der einfachen Gruppe $E, A, B, C, \ldots$ die Elemente hinzufügt, die man durch Kombination mit R erhält: ER, AR, BR, CR, ... Für die Doppelgruppe resultiert damit die doppelte Anzahl an Elementen. Die Zahl der Klassen vergrößert sich allerdings nicht unbedingt um den Faktor 2. Während wegen der Verschiedenheit der Charaktere i. a. eine Drehung mit dem Winkel φ nicht in dieselbe Klasse wie eine Drehung (um die gleiche Achse) mit dem Winkel $2\pi \pm \varphi$ gehört, ist dies für $\varphi = \pi$ nicht der Fall, d. h., die zweizähligen Drehungen C_2 und C_2R gehören in dieselbe Klasse. Allgemein erhält man die folgenden Klassentypen einer Doppelgruppe:

$$\{E\} \quad \{R\} \quad \{C_2, C_2R\} \quad \{C_n, C_n^{n-1}R\} \quad \{C_n^m, C_n^{n-m}R\}$$

Alle weiteren Folgerungen, wie z. B. Zahl und Dimension der irreduziblen Darstellungen, ergeben sich nach den bekannten Gesetzmäßigkeiten. Doppelgruppen werden zur Unterscheidung von einfachen Gruppen durch einen Strich am Gruppensymbol gekennzeichnet. Für irreduzible Darstellungen gibt es die Schreibweise von MULLIKEN mit Strich oder Doppelstrich. Dieser Vereinbarung schließen wir uns an. Alternativ wird die Nomenklatur von BETHE verwendet, nach der alle irreduziblen Darstellungen Γ genannt und durch Indizes unterschieden werden.

Die für die folgenden Betrachtungen wichtigste Doppelgruppe ist O'. Die einfache Gruppe O besteht aus den Elementen

$$E \quad 8\,C_3 \quad 3\,C_2 \quad 6\,C_4 \quad 6\,C_2'.$$

Daraus erhält man die Elemente der Doppelgruppe

$$E \quad R \quad 8\,C_3 \quad 8\,C_3R \quad 3\,C_2 \quad 3\,C_2R \quad 6\,C_4 \quad 6\,C_4R \quad 6\,C_2' \quad 6\,C_2'R$$

und die Klasseneinteilung

$$\{E\} \quad \{R\} \quad \begin{matrix}\{4\,C_3 \\ 4\,C_3^2R\}\end{matrix} \quad \begin{matrix}\{4\,C_3^2 \\ 4\,C_3R\}\end{matrix} \quad \begin{matrix}\{3\,C_2 \\ 3\,C_2R\}\end{matrix} \quad \begin{matrix}\{3\,C_4 \\ 3\,C_4^3R\}\end{matrix} \quad \begin{matrix}\{3\,C_4^3 \\ 3\,C_4R\}\end{matrix} \quad \begin{matrix}\{6\,C_2' \\ 6\,C_2'R\}\end{matrix} \; .$$

Es existieren somit 8 Klassen und damit 8 irreduzible Darstellungen. Wegen der Ordnung 48 der Doppelgruppe gilt: $\sum_{i=1}^{8} l_i^2 = 48$. Es ist nur die folgende Zerlegung von 48 in 8 Quadrate ganzer Zahlen möglich:

$$48 = 1^2 + 1^2 + 2^2 + 2^2 + 2^2 + 3^2 + 3^2 + 4^2.$$

Zur Doppelgruppe O' kommen somit gegenüber der einfachen Gruppe O eine vierdimensionale und zwei zweidimensionale irreduzible Darstellungen hinzu (s. Tab. 4.7). Die drei Darstellungen haben *gerade* Dimension. Dieses Ergebnis läßt sich verallgemeinern: Zustände mit halbzahligem J sind immer, d. h. in Ligandenfeldern beliebiger Symmetrie, mindestens zweifach entartet (KRAMERS-Entartung [181]). Die Charakterentafel für O' ist nach Umbenennung einiger Symmetrieoperationen auch für T_d' gültig.

Tab. 4.7: Charaktertafel der Doppelgruppen O' und T_d'

O'	E	R	$4\,C_3$ $4\,C_3^2R$	$4\,C_3^2$ $4\,C_3R$	$3\,C_2$ $3\,C_2R$	$3\,C_4$ $3\,C_4^3R$	$3\,C_4^3$ $3\,C_4R$	$6\,C_2'$ $6\,C_2'R$
T_d'	E	R	$4\,C_3$ $4\,C_3^2R$	$4\,C_3^2$ $4\,C_3R$	$3\,C_2$ $3\,C_2R$	$3\,S_4$ $3\,S_4^3R$	$3\,S_4^3$ $3\,S_4R$	$6\,\sigma_d$ $6\,\sigma_dR$
$A_1(\Gamma_1)$	1	1	1	1	1	1	1	1
$A_2(\Gamma_2)$	1	1	1	1	1	−1	−1	−1
$E(\Gamma_3)$	2	2	−1	−1	2	0	0	0
$T_1(\Gamma_4)$	3	3	0	0	−1	1	1	−1
$T_2(\Gamma_5)$	3	3	0	0	−1	−1	−1	1
$E'(\Gamma_6)$	2	−2	1	−1	0	$\sqrt{2}$	$-\sqrt{2}$	0
$E''(\Gamma_7)$	2	−2	1	−1	0	$-\sqrt{2}$	$\sqrt{2}$	0
$G'(\Gamma_8)$	4	−4	−1	1	0	0	0	0

4.2 Ligandenfeldeffekt

Die Ligandenfeldaufspaltung hat einen *Symmetrie*-Aspekt (Anzahl und Entartungsgrad von Spalttermen eines Ions im Ligandenfeld) und einen *Energie*-Aspekt (Größe der Aufspaltung). Der erste Punkt ist seit den gruppentheoretischen Betrachtungen in der grundlegenden Arbeit von BETHE [151] vollständig verstanden [8)], der zweite jedoch nicht: Die Vorhersage der durch das Ligandenfeld bewirkten Energieaufspaltungen bei Vorgabe eines bestimmten Metall-Ligand-Systems stellt auch heute noch ein großes Problem dar (vgl. [220, 221]).

Wir wollen uns mit den magnetischen Eigenschaften von Verbindungen der *n*d- und *n*f-Elemente befassen. Hier bietet sich mit der *Ligandenfeldtheorie* [34, 169, 170, 171] ein Modell an, das — bei alleiniger Berücksichtigung der winkelabhängigen Anteile der d- bzw. f-Funktionen — die gruppentheoretischen Überlegungen von BETHE übernimmt und die Größe der Ligandenfeldaufspaltung durch geeignete Parameter beschreibt, die den Meßergebnissen angepaßt werden können [9)]. Die Beschränkung auf einen Basissatz *effektiver* d- bzw. f-Orbitale unter Vernachlässigung (a) der Metall-s- und Metall-p-Orbitale sowie (b) ihrer Mischung mit Ligand-Orbitalen hat Konsequenzen z. B. hinsichtlich des Bahndrehimpulses: Da die zugemischten Komponenten aus den Ligand-Orbitalen nur wenige oder überhaupt keine Bahnmomentbeiträge aufweisen, wird der Bahnanteil des effektiven d- bzw. f-Basissatzes erniedrigt. Wir werden später sehen, daß man diesem Fehler des Modells durch Modifizierung der quantenmechanischen Operatoren entgegenwirkt und z. B. $\hat{\boldsymbol{L}}$ in $\hat{H}_{SB}$ und $\hat{H}_M$ durch den *effektiven Operator* $\kappa\hat{\boldsymbol{L}}$ ersetzt (κ: Bahnreduktionsfaktor; s. Gl. (4.70)).

4.2.1 Ligandenfeldoperatoren

Im folgenden stellen wir Ligandenfeldoperatoren vor, die im Rahmen der Ligandenfeldtheorie den Anforderungen hinsichtlich Symmetrie genügen. Die Dichte

---

8) BETHE wendet in seiner berühmten Arbeit „Termaufspaltung in Kristallen" gruppentheoretische Methoden an, um Anzahl und Entartungsgrad der Zustände von Metallionen bei gegebener Punktsymmetrie zu bestimmen. Er berechnet dann die Aufspaltungen der Zustände der freien Ionen unter der Annahme von Punktladungen an den kristallographischen Positionen der Ionen. Diese sog. *Kristallfeldtheorie* liefert zwar häufig die richtige Niveau-Abfolge, kann aber zusätzlichen Beiträgen zur Ligandenfeldaufspaltung wie kovalenten Anteilen in der Metall–Ligand-Bindung sowie Beteiligung von s- und p-Elektronen an der Bindung keine Rechnung tragen.

9) Im Gegensatz zur Ligandenfeldtheorie bezieht die *Molekülorbitaltheorie* in ihrer anspruchsvollen Version mit einer geeigneten Basis (s-, p-, d- sowie gegebenenfalls f-Funktionen der Metalle) alle Zweielektronen-Wechselwirkungen ein. Wir verweisen außerdem auf das *Angular-Overlap-Modell* zur Parametrisierung von Ligandenfeldeinflüssen [220, 169, 170, 171, 238]. Zum Vergleich von Ligandenfeldparametern mit Ergebnissen aus *Ab-Initio*-Rechnungen s. Lit. [259].

der räumlichen Ladungsverteilung $\rho(\boldsymbol{R}) \equiv \rho(R, \Theta, \Phi)$ um ein Zentralion, hervorgerufen durch die Atome der Umgebung, erzeugt am Ort $\boldsymbol{r} \equiv \{r, \theta, \phi\}$ des Elektrons unseres zunächst betrachteten Einelektronen-Systems (s. Abb. 4.16) nach der klassischen Elektrostatik das Potential

$$V(\boldsymbol{r}) = \int \frac{\rho(\boldsymbol{R})}{|\boldsymbol{R} - \boldsymbol{r}|} d\tau_{\boldsymbol{R}}.$$

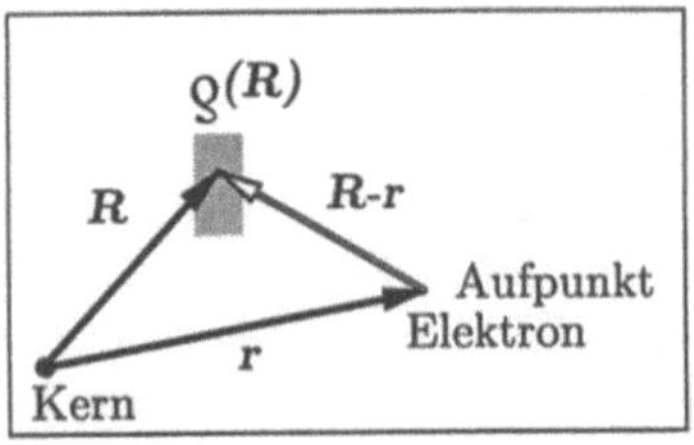

Abb. 4.16: Zum Ligandenfeldpotential

$\boldsymbol{R}$ bezeichnet den Ortsvektor vom Kern des Zentralions zu einem Punkt mit den sphärischen Polarkoordinaten R, Θ, Φ. Die Integration ist über den ganzen Raum vorzunehmen. Die vom Ligandensystem herrührende potentielle Energie am Ort des Elektrons ergibt sich zu $-eV(\boldsymbol{r})$. Für den Ligandenfeldoperator $\hat{H}_{LF}$, der diese Energie repräsentiert, folgt

$$\hat{H}_{LF} = -eV(\boldsymbol{r}) = -e \int \frac{\rho(\boldsymbol{R})}{|\boldsymbol{R} - \boldsymbol{r}|} d\tau_{\boldsymbol{R}}. \tag{4.34}$$

Analog zur Entwicklung von $1/|\boldsymbol{r}_1 - \boldsymbol{r}_2|$ bei der interelektronischen Wechselwirkung (s. 3.3.2) wird mit $1/(|\boldsymbol{R} - \boldsymbol{r}|)$ des Operators (4.34) verfahren. Von Interesse ist das Raumgebiet in der näheren Umgebung des Zentrums, in dem sich das Elektron des Zentralions bewegt. Für diesen Bereich gilt $r < R$ $(r/R < 1)$, und anstelle der Gl. (3.139) schreiben wir hier:

$$\frac{1}{|\boldsymbol{R} - \boldsymbol{r}|} = \frac{1}{R\sqrt{1 + (r/R)^2 - 2(r/R)\cos\omega}} = \sum_{k=0}^{\infty} \left(\frac{r^k}{R^{k+1}}\right) P_k(\cos\omega). \tag{4.35}$$

Die LEGENDRE-Polynome $P_k(\cos\omega)$ werden wie in Gl. (3.140) nach dem Additionstheorem für Kugelflächenfunktionen entwickelt:

$$P_k(\cos\omega) = \sum_{q=-k}^{+k} (-1)^q C^k_{-q}(\Theta, \Phi)\, C^k_q(\theta, \varphi) \tag{4.36}$$

Man setzt die Gln. (4.35) und (4.36) in (4.34) ein und erhält:

$$\hat{H}_{LF} = \sum_{k=0}^{\infty} \sum_{q=-k}^{+k} C^k_q(\theta, \phi)\, r^k \underbrace{(-e)(-1)^q \int \frac{\rho(\boldsymbol{R})}{R^{k+1}} C^k_{-q}(\Theta, \Phi)\, d\tau_{\boldsymbol{R}}}_{A^q_k} \tag{4.37}$$

$$\boxed{\begin{aligned} \hat{H}_{LF} &= \sum_{k=0}^{\infty}\sum_{q=-k}^{+k} A_k^q\, r^k\, C_q^k(\theta,\phi) \quad \text{mit} \\ A_k^q &= -e(-1)^q \int \frac{\rho(\boldsymbol{R})}{R^{k+1}}\, C_{-q}^k(\Theta,\Phi)\, d\tau_{\boldsymbol{R}} \end{aligned}} \tag{4.38}$$

Die Koeffizienten A_k^q beschreiben das Potential, das von den Liganden in der Umgebung des Zentralions hervorgerufen wird. $\hat{H}_{LF}$ ist wegen der Summation über k eine unendliche Reihe. In der Ligandenfeldtheorie spielen jedoch nur wenige Glieder dieser Reihe eine Rolle:

1.) Generell gilt, daß $\hat{H}_{LF}$ dieselbe Symmetrie wie die Ladungsverteilung $\rho(\boldsymbol{R})$ des Ligandensystems haben muß, d. h., $\hat{H}_{LF}$ muß invariant gegenüber allen Symmetrieoperationen der betreffenden Symmetriegruppe sein und sich nach deren totalsymmetrischer Darstellung transformieren (s. u.).

2.) Speziell in der Ligandenfeldtheorie treten die Glieder $A_k^q\, r^k\, C_q^k(\theta,\phi)$ als Teile des Störoperators auf, d. h., es müssen Integrale über drei Kugelflächenfunktionen $\langle Y_m^l | C_q^k | Y_{m'}^l \rangle$ mit $l = 2$ (d-Elektronen) oder $l = 3$ (f-Elektronen) berechnet werden. Es läßt sich allgemein zeigen, daß diese Integrale nur dann von null verschieden sind, wenn k gerade sowie $q = m - m'$ ist und wenn für d-Elektronen $k \leq 4$ bzw. für f-Elektronen $k \leq 6$ ist [210].

Nach Bedingung 2 können wir, ungeachtet der Symmetrie des Metallions, anstelle der Gl. (4.38) die einfachere Form

$$\hat{H}_{LF} = \tag{4.39}$$
$$A_0^0\, r^0\, C_0^0(\theta,\phi) + \sum_{q=-2}^{+2} A_2^q\, r^2\, C_q^2(\theta,\phi) + \sum_{q=-4}^{+4} A_4^q\, r^4\, C_q^4(\theta,\phi) + \sum_{q=-6}^{+6} A_6^q\, r^6\, C_q^6(\theta,\phi)$$

verwenden, wobei im Falle des d-Elektrons nur Glieder mit $k \leq 4$ zu berücksichtigen sind. Weitere Vereinfachungen ergeben sich gemäß Bedingung 1. Wählen wir als Beispiel die Symmetrie O mit den Symmetrieoperationen $\hat{R}(O)$, so wird vom Ligandenfeld-Operator $\hat{R}(O)\hat{H}_{LF}(O) = \hat{H}_{LF}(O)$ gefordert. Damit besteht die Möglichkeit, ausgehend von Gl. (4.39), die im Ligandenfeldoperator auftretenden Glieder zu bestimmen. Wir drehen dazu das in Abb. 4.5 gezeigte Oktaeder um $\pi/2$ um die in z-Richtung liegende C_4-Achse. Dabei gehen die Funktionen C_q^k der Gl. (4.39) in neue Funktionen über, die unter Berücksichtigung von Gl. (4.20) jeweils mit $\exp(-iq\pi/2)$ multipliziert sind:

$$\begin{aligned} \hat{R}(\pi/2)\hat{H}_{LF} &= A_0^0\, r^0 \exp(i0\pi/2)\, C_0^0 + \sum_{q=-2}^{+2} A_2^q\, r^2 \exp(iq\pi/2)\, C_q^2 \\ &+ \sum_{q=-4}^{+4} A_4^q\, r^4 \exp(iq\pi/2)\, C_q^4 + \sum_{q=-6}^{+6} A_6^q\, r^6 \exp(iq\pi/2)\, C_q^6. \end{aligned}$$

(Auf die Angabe (θ, ϕ) wurde verzichtet.) Nach der Invarianzforderung dürfen bez. der Drehung $\hat{R}(\pi/2)$ nur solche Glieder in $\hat{H}_{LF}(O)$ vorkommen, deren Faktor $\exp(iq\pi/2)$ gleich 1 ist. Dies ist nur für $q = 0, \pm4, \pm8, \ldots$ erfüllt, so daß in $\hat{H}_{LF}(O)$ ausschließlich Glieder mit $q = 0$ und ±4 vorkommen. Ihre Zahl reduziert sich weiter, wie entsprechende Betrachtungen mit den anderen Symmetrieoperationen der Punktgruppe O zeigen [150] (S. 60), [70] (S. 35). Es gibt keine Glieder mit $k = 2$, und zwischen Parametern A_k^q mit demselben k gibt es z. B. bei der Standardaufstellung der Koordinationspolyeder (Abbn. 4.5 und 4.8) die festen Beziehungen:

$$A_4^{-4} = A_4^4, \quad A_4^4 = \sqrt{5/14}\, A_4^0; \qquad A_6^{-4} = A_6^4, \quad A_6^4 = -\sqrt{7/2}\, A_6^0. \quad (4.40)$$

Eine letzte Vereinfachung des Operators betrifft das Glied $A_0^0\, r^0\, C_0^0$. Sein Beitrag überwiegt zwar gegenüber den anderen (da es proportional zu $1/R$ und nicht zu einer höheren Potenz von $1/R$ ist), führt aber nicht zu einer Aufspaltung der d- bzw. f-Niveaus, sondern nur zu einer konstanten Verschiebung [10)]. Es kann daher bei den weiteren Betrachtungen außer acht gelassen werden. Schließlich stellt man fest, daß der im Rahmen der Ligandenfeldtheorie für O-Symmetrie gültige Operator auch für andere kubische Systeme wie z. B. T_d zutrifft [11)], so daß der Operator

$$\hat{H}_{LF}^c = \overbrace{\underbrace{A_4^0 r^4 \left[C_0^4 + \sqrt{5/14}\,(C_4^4 + C_{-4}^4)\right]}_{\text{für d-Elektron}} + A_6^0 r^6 \left[C_0^6 - \sqrt{7/2}\,(C_4^6 + C_{-4}^6)\right]}^{\text{für f-Elektron}} \quad (4.41)$$

generell den Ligandenfeldeffekt bei einem d- bzw. f-Elektron im Falle kubischer Symmetrie repräsentiert. Im Falle des d-Elektrons enthält $\hat{H}_{LF}^c$ nur das Glied mit $k = 4$ und beim f-Elektron darüber hinaus den zweiten Term mit $k = 6$. Die in Gl. (4.41) vorkommenden RACAH-Tensoren lauten:

$$C_0^4 = \tfrac{1}{8}(35\cos^4\theta - 30\cos^2\theta + 3) \quad (4.42)$$

$$C_{\pm4}^4 = \tfrac{1}{16}\sqrt{70}\sin^4\theta\, e^{\pm i4\phi} \quad (4.43)$$

$$C_0^6 = \tfrac{1}{16}(231\cos^6\theta - 315\cos^4\theta + 105\cos^2\theta - 5) \quad (4.44)$$

$$C_{\pm4}^6 = \tfrac{3}{32}\sqrt{14}\sin^4\theta(11\cos^2\theta - 1)\, e^{\pm i4\phi} \quad (4.45)$$

---

10) $A_0^0\, r^0\, C_0^0$ mit $C_0^0 = 1$ und $A_0^0 = -e\int[\rho(\boldsymbol{R})/R]d\tau_{\boldsymbol{R}}$ beschreibt z. B. im Punktladungsmodell das Potential, das eine Kugelfläche in ihrem Innern hat, auf der die Ladungen sämtlicher Liganden gleichmäßig verteilt sind.

11) Legt man bez. der Glieder in $\hat{H}_{LF}$ ausschließlich die Restriktion 1 zugrunde, müßte $\hat{H}_{LF}(T_d)$ noch ein weiteres Glied mit $k = 3, q = \pm2$ haben. Wegen Bedingung 2 bliebe es im Rahmen der Ligandenfeldtheorie jedoch ohne Einfluß.

Will man mit Hilfe des Operators (4.41) die Ligandenfeldaufspaltung der Basis $\psi_{n,l,m_l}(r,\theta,\phi) = R_{n,l}(r)\, Y^l_{m_l}(\theta,\phi)$ (mit $m_l = -l, -l+1, \ldots, +l$) eines *Einelektronensystems* untersuchen, müssen die Integrale

$$\int \psi^*_{n,l,m_l}(r,\theta,\phi)\, \hat{H}_{LF}\, \psi_{n,l,m'_l}(r,\theta,\phi) d\tau \tag{4.46}$$

berechnet werden, wobei über r, θ und ϕ zu integrieren ist. Die links und rechts vom Operator stehenden Funktionen können sich im m_l-Wert unterscheiden. Entsprechend dem Verfahren bei der Spin-Bahn-Wechselwirkung (s. Gl. (3.105) – Gl. (3.107)) wird berücksichtigt, daß $\hat{H}_{LF}$ einen von r abhängigen Faktor enthält und bei den Funktionen der Radialanteil abgetrennt werden kann, so daß das Matrixelement bez. $k = 4$ in Gl. (4.41) die Form

$$A^0_4 \underbrace{\int_0^\infty R_{n,l}(r)\, r^4\, R_{n,l}(r)\, r^2 dr}_{<r^4>} \times \tag{4.47}$$

$$\int_0^\pi \int_0^{2\pi} Y^{l*}_{m_l}(\theta,\phi))\, [C^4_0 + \sqrt{5/14}(C^4_4 + C^4_{-4})]\, Y^l_{m'_l}(\theta,\phi) \sin\theta\, d\theta\, d\phi$$

hat. Das Radialintegral kürzt man mit $<r^4>$ ab, das Produkt A^0_4 $<r^4>$ faßt man zum Ligandenfeldparameter B^4_0 (WYBOURNE-Definition [188]) zusammen. Ein entsprechender Ausdruck gilt für das Glied mit $k = 6$. Man schreibt $\hat{H}^c_{LF}$ daher auch in der Form

$$\hat{H}^c_{LF} = B^4_0 \left[C^4_0 + \sqrt{5/14}\,(C^4_4 + C^4_{-4})\right] + B^6_0 \left[C^6_0 - \sqrt{7/2}\,(C^6_4 + C^6_{-4})\right], \tag{4.48}$$

wobei in B^4_0 und B^6_0 die Integration über r bereits enthalten ist [12)].

Die Ligandenfeldparameter B^k_q sind ein Maß für die Ladungsverteilung in der Umgebung des Zentralions und die radiale Aufenthaltswahrscheinlichkeit des d- bzw. f-Elektrons. Je größer z. B. die Ausdehnung des d- oder f-Orbitals, desto größer sind auch die Radialintegrale und desto stärker ist der Ligandenfeldeffekt [212]. Im Rahmen der Ligandenfeldtheorie behandelt man die Größen B^k_q als freie Parameter. Bei Kenntnis ihres funktionalen Zusammenhangs mit der Ligandenfeldaufspaltung können sie dann z. B. aus spektroskopischen Daten

[12)] Der Spinanteil der Funktionen $\psi_{m_s}(\sigma)$ kann außer acht gelassen werden, da $\hat{H}_{LF}$ keine auf den Spin wirkenden Operatoren enthält. Verwendet man den Basissatz $\psi_{n,l,m_l}(r,\theta,\phi)\psi_{m_s}(\sigma)$, ist das Gl. (4.46) entsprechende Integral nur dann nicht automatisch null, wenn die beiden Spinfunktionen links und rechts vom Operator denselben m_s-Wert haben. Nach Integration über den Spin (s. 3.2.3) kann man für das Integral schreiben: $\delta_{m_s,m'_s} \int (\psi_{n,l,m_l}(r,\theta,\phi))^*\, \hat{H}_{LF}\psi_{n,l,m'_l}(r,\theta,\phi) d\tau$ mit dem Kronecker-Symbol δ_{m_s,m'_s}. Der Wert des Integrals ist unabhängig davon, ob die Zustände die Spinquantenzahl $m_s = +1/2$ oder $-1/2$ haben.

bestimmt und in günstigen Fällen (4f-Elemente, hohe Symmetrie) aus magnetochemischen Untersuchungen abgeschätzt werden.

Zur Ermittlung der Ligandenfeldaufspaltungen als Funktion der B_q^k müssen die Matrixelemente $\langle l, m_l | C_q^k | l, m_l' \rangle$ mit Hilfe der Tabn. 3.10 und 4.27 berechnet werden, im speziellen Fall des Operators Gl. (4.48) also

$$\langle l, m_l | C_0^k | l, m_l' \rangle, \quad \langle l, m_l | C_4^k | l, m_l' \rangle, \quad \langle l, m_l | C_{-4}^k | l, m_l' \rangle$$

mit $l = 2$ bzw. 3 und $k = 4$ bzw. 4 und 6. Wir werden $\hat{H}_{LF}^c$ zunächst auf Ionen mit d^1- bzw. f^1-Konfiguration anwenden.

Anmerkungen und Ergänzungen zum Ligandenfeldoperator. 1.) Mit sinkender Punktsymmetrie des Zentralions nimmt i. a. die Zahl der in $\hat{H}_{LF}$ zu berücksichtigenden Glieder zu. Im Falle zylindrischer ($D_{\infty h}$, D_∞, $C_{\infty v}$, hexagonaler (D_{6h}, D_{3h}, D_6, C_{6v}), tetragonaler (D_{4h}, D_4, C_{4v}, D_{2d}) und trigonaler Symmetrie (D_{3d}, D_3, C_{3v}) nimmt der Ligandenfeldoperator die Formen

$$\hat{H}_{LF}^z = B_0^2 C_0^2 + B_0^4 C_0^4 + B_0^6 C_0^6 \tag{4.49}$$

$$\hat{H}_{LF}^h = B_0^2 C_0^2 + B_0^4 C_0^4 + B_0^6 C_0^6 + B_6^6 \left(C_{-6}^6 + C_6^6\right) \tag{4.50}$$

$$\hat{H}_{LF}^{tet} = \tag{4.51}$$
$$B_0^2 C_0^2 + B_0^4 C_0^4 + B_4^4 \left(C_{-4}^4 + C_4^4\right) + B_0^6 C_0^6 + B_4^6 \left(C_{-4}^6 + C_4^6\right)$$

$$\hat{H}_{LF}^{tri} = B_0^2 C_0^2 + B_0^4 C_0^4 + B_3^4 \left(C_{-3}^4 - C_3^4\right) + \tag{4.52}$$
$$B_0^6 C_0^6 + B_3^6 \left(C_{-3}^6 - C_3^6\right) + B_6^6 \left(C_{-6}^6 + C_6^6\right)$$

an [13]), wobei für das f-Elektron jeweils alle aufgeführten Glieder zu berücksichtigen sind, für das d-Elektron nur die mit $k \leq 4$. Im zylindrischen, hexagonalen, tetragonalen und trigonalen Ligandenfeld besteht $\hat{H}_{LF}$ für das d(f)-Elektron aus 2(3), 2(4), 3(5) bzw. 3(6) Gliedern. Vollständige Angaben zur Form von $\hat{H}_{LF}$ für alle in Betracht kommenden Punktsymmetrien (einschließlich I_h) findet man in Lit. [233].

2.) Bei Mehrelektronensystemen enthält $\hat{H}_{LF}$ die Summation über die Zahl der d- bzw. f-Elektronen, so daß z. B. im Falle kubischer Symmetrie anstelle von Gl. (4.41) zu schreiben ist:

$$\begin{aligned} \hat{H}_{LF}^c &= B_0^4 \sum_{i=1}^N \left[C_0^4(i) + \sqrt{5/14}\left(C_4^4(i) + C_{-4}^4(i)\right)\right] \\ &+ B_0^6 \sum_{i=1}^N \left[C_0^6(i) - \sqrt{7/2}\left(C_4^6(i) + C_{-4}^6(i)\right)\right] \end{aligned} \tag{4.53}$$

[13]) $C_0^2 = \frac{1}{2}\left(3\cos^2\theta - 1\right)$; $C_{\pm 3}^4 = \mp\frac{1}{4}\sqrt{35}\sin^3\theta\cos\theta e^{\pm i3\phi}$; $C_{\pm 3}^6 = \mp\frac{1}{16}\sqrt{105}\sin^3\theta\cos\theta\left(11\cos^2\theta - 3\right)e^{\pm i3\phi}$; $C_{\pm 6}^6 = \frac{1}{32}\sqrt{231}\sin^6\theta e^{\pm i6\phi}$.

3.) Die Form des Operators $\hat{H}_{LF}$ hängt von der Orientierung des Koordinationspolyeders in bezug auf das Koordinatensystem (Ursprung im Zentralatom) ab. Der Konvention entsprechend ([233], S. 151) legt man ein rechtshändiges kartesisches Koordinatensystem zugrunde, in dessen z-Richtung die Hauptdrehachse C_n zeigt. Die y-Richtung wird so gewählt, daß sie mit einer C_2-Achse zusammenfällt [14]. Bei Systemen mit z. B. kubischer Symmetrie kann es jedoch aus Vergleichszwecken von Vorteil sein, das Koordinatensystem so zu wählen, daß seine z-Richtung mit der dreizähligen Achse zusammenfällt [150, 211, 233]. In diesem Fall lautet der Operator (für ein Elektron)

$$\begin{aligned}\hat{H}_{LF}^{c(3)} &= B_0^4\left[C_0^4 - \sqrt{10/7}\,(C_{-3}^4 - C_3^4)\right] \\ &+ B_0^6\left[C_0^6 - \left(\sqrt{210}/24\right)(C_{-3}^6 - C_3^6) + \left(\sqrt{231}/24\right)(C_{-6}^6 + C_6^6)\right].\end{aligned}$$

Gegenüber der konventionellen Aufstellung mit einer vierzähligen Drehachse in z-Richtung hat sich die Zahl der Ligandenfeldparameter (B_0^4, B_0^6) nicht verändert, denn die Wahl des Koordinatensystems kann nicht die Energien der Zustände beeinflussen; jedoch ist der Rechenaufwand größer, da mehr Matrixelemente zu berechnen sind. Weicht man gegenüber der konventionellen Anordnung z. B. des Oktaeders dadurch ab, daß man das Polyeder um $\pi/4$ um die z-Achse dreht, ändern sich die Verhältnisse B_4^k/B_0^k ($k = 4, 6$) im Vorzeichen.

4.2.2 d- und f-Zentren im Ligandenfeld - ein Überblick

Die elektronischen Zustände chemisch gebundener d- und f-Mehrelektronenzentren erfahren Aufspaltungen, die bei Abwesenheit magnetischer Kollektiveffekte durch die Konkurrenz dreier Wechselwirkungen bestimmt sind: (a) Interelektronische Abstoßung (H_{ee}; sie favorisiert die Kopplungen zu S und L an den magnetischen Zentren), (b) Spin-Bahn-Kopplung (H_{SB}), (c) Ligandenfeldeffekt (H_{LF}). Als Maß für die verschiedenen Einflüsse stehen die Parameter F^k, ζ_{nl} bzw. B_q^k. Im Hinblick auf ihre relative Größe ergibt sich — stark vereinfachend — eine gewisse Systematik anhand des Periodensystems: Die Serien 4f, 3d und 4d/5d unterscheiden sich in der Stellung von H_{LF} bez. H_{ee} und H_{SB}, so daß Vorhersagen zum grundsätzlichen magnetischen Verhalten möglich sind. Demgegenüber bietet sich bei der 5f-Serie von vornherein keine energetische Reihung der drei Einflüsse H_{ee}, H_{SB}, H_{LF} an, so daß man vom allgemeinen Fall $H_{ee} \approx H_{SB} \approx H_{LF}$ auszugehen hat.

($4f^N$). Bei den Lanthanoiden gilt $H_{ee} > H_{SB} > H_{LF}$. Die 4f-Elektronen werden nur wenig durch die Umgebung gestört. Ihre Wechselwirkungsenergie

[14] In der Standardaufstellung des Oktaeders, für die die Gln. (4.48) und (4.53) zutreffen, liegt in y- und x-Richtung jeweils eine vierzählige Achse.

mit dem Ligandenfeld liegt in der Größenordnung von $10^2\,cm^{-1}$ und ist damit schwächer als die Spin-Bahn-Kopplungsenergie von $10^3\ cm^{-1}$. Die $2J + 1$ Zustände eines J-Multipletts erfahren Aufspaltungen von $2 - 5 \times 10^2\ cm^{-1}$.

($3d^N$). Die Wechselwirkung der 3d-Valenzelektronen mit dem Ligandenfeld ist in der Größenordnung von $10^4\ cm^{-1}$ und vergleichbar mit der Energie der Kopplung zu S und L durch die interelektronische Abstoßung. Im Falle „schwacher" Liganden wie z. B. Cl^- ergibt sich jedoch insbesondere bei tetraedrischer Koordination die Situation, daß H_{ee} vor H_{LF} rangiert und die Reihung $H_{ee} > H_{LF} > H_{SB}$ vorliegt, so daß in einer ersten Näherung das Ligandenfeld die $(2L + 1)$ Bahnzustände eines Terms aufspaltet und die resultierenden Spinzustände durch die Spin-Bahn-Wechselwirkung beeinträchtigt werden. Die Spinmultiplizität des freien Ions bleibt erhalten. Sind „starke" Liganden wie z. B. CN^- an das magnetische Zentrum koordiniert, wird die Kopplung zu S verhindert, so daß es z. B. bei oktaedrischer Koordination und $N = 4 - 7$ zur Low-Spin-Konfiguration kommt. Hier lautet die Reihung $H_{LF} > H_{ee} > H_{SB}$.

($4d^N/5d^N$). Beim Übergang von den Metallen der 3d-Reihe zu denen der 4d- und 5d-Reihen ist folgender Trend zu beobachten: Die Ausdehnung der d-Orbitale, d. h. ihr Radialanteil, nimmt zu. Folglich steigt der Einfluß der Liganden, während die Elektron-Elektron-Wechselwirkung sinkt. Auffallend ist außerdem die starke Zunahme der Spin-Bahn-Kopplungskonstanten in der Reihe 3d → 4d → 5d als Folge steigender effektiver Kernladung (vgl. Tab. 4.8). Der Ligandenfeldeffekt ist stärker als die Kopplung zu L und gegebenenfalls —

Tab. 4.8: RACAH-Parameter (B, C [cm^{-1}]), Einelektronen-Spin-Bahn-Kopplungsparameter (ζ_{nd} [cm^{-1}]) und Radialintegral $< r^4 >$ (atomare Einheiten) von Atomen bzw. dreiwertigen Ionen der 5. und 6. Nebengruppe

Element	$B^{a)}$	C	ζ_{nd}	$<r^4>^{b)}$	Element	B	C	ζ_{nd}	$<r^4>$
V	578	2273	158	3,5926	Cr	790	2520	223	4,2967
Nb	300	2390	475	18,6001	Mo	455	1771	552	14,3861
Ta	345	1289	1657		W	371	1900	2089	

[a)] Die Parameter B, C, ζ_{nd} [178] beziehen sich auf die Atome.

[b)] Radialintegrale [212] beziehen sich auf die M^{3+}-Ionen. Sie sind in atomaren Einheiten angegeben: 1 atomare Längeneinheit ≙ 52,9167 pm.

häufiger als bei 3d-Systemen — zu S (Low-Spin-Konfiguration). Die $(2l + 1)$ Bahnzustände eines jeden Elektrons werden aufgespalten. Aufgrund der Abfolge $H_{LF} > H_{ee} \approx H_{SB}$ resultieren neue Einelektronenzustände, die durch die interelektronische Wechselwirkung und die Spin-Bahn-Kopplung gestört werden.

Man findet häufig magnetische Momente, die kleiner sind als die entsprechenden Spin-only-Werte.

Diese Vorbetrachtung verdeutlicht, daß es zur Simulierung des generellen magnetischen Verhaltens erforderlich ist, die Einflüsse H_{ee}, H_{SB} und H_{LF} als gleichzeitige Störungen auf den durch die Elektronenkonfiguration in der Zentralfeldnäherung vorgegebenen Basissatz zu betrachten. Wir gehen noch einen Schritt weiter. Mit der heutigen Generation von SQUID-Magnetometern steht ein hochempfindliches Instrumentarium zur Verfügung, mit dem nicht nur extrem schwache Effekte nachweisbar sind (z. B. interatomare Spin-Spin-Kopplungen mit Aufspaltungen von $10^{-1}\,\mathrm{cm}^{-1}$ und weniger), sondern auch Messungen bis zu hohen Magnetfeldern von $B = 7\,\mathrm{T}$ erfolgen können. Um die Möglichkeiten des Instruments auszuschöpfen und die Meßergebnisse adäquat zu analysieren, reicht in vielen Fällen die bisherige Praxis, nämlich die Anwendung der VAN VLECK-Beziehung (3.171), nicht mehr aus. Vielmehr muß der Magnetfeldeinfluß H_M als weitere gleichzeitige und neben H_{ee}, H_{SB} und H_{LF} gleichberechtigte Störung aufgenommen werden[15]. Der dazu erforderliche mathematische Formalismus ist entwickelt [214, 230, 238], und Computerprogramme stehen zur Verfügung. Dem heutigen Stand der Magnetochemie entsprechend, werden in den folgenden Abschnitten Simulationen mit einem solchen Programm (CONDON [232]) an zentraler Stelle stehen.

Magnetochemischen Analysen auf diesem Niveau fehlt es jedoch an „Transparenz“: Durch die vier Wechselwirkungen wird die Entartung in der Regel vollständig aufgehoben, und die Herkunft eines Niveaus hinsichtlich Term, Multiplett, usw. ist i. a. nicht mehr ersichtlich. Zur Einführung in die von den Programmen zu bewältigende komplexe Situation werden wir daher schrittweise vorgehen. In der ersten Stufe greifen wir leichter überschaubare Fälle wie Einelektronensysteme heraus ($H_{ee} = 0$), lassen die Feldstärkeabhängigkeit der Suszeptibilität noch außer acht und beschränken uns auf Metallionen in kubischen Ligandenfeldern[16]. Im weiteren Verlauf werden die Einschränkungen Punkt für Punkt abgebaut: (1) Die Betrachtung der Mehrelektronensysteme ist gleichbedeutend mit dem Einschalten von H_{ee}. (2) Bestimmte elektronische Situationen verlangen die Einbeziehung der Feldstärkeabhängigkeit von Suszeptibilität und Magnetisierung. (3) Magnetochemisch interessante Systeme enthalten oft Metallzentren, deren Punktsymmetrie niedriger als O_h oder T_d ist. Sie erfordern einen entsprechend erweiterten Ligandenfeldoperator, der uns dann zu den ma-

[15] Bei magnetisch konzentrierten Systemen kommen noch magnetische Kollektiveffekte H_{ex} (Spin-Spin-Austausch-Kopplung, exchange coupling) hinzu.

[16] Perfekte O_h- oder T_d-Symmetrie wird bei magnetischen Zentren — bedingt u. a. durch den JAHN-TELLER-Effekt — nur selten angetroffen. Häufig ist jedoch die Abweichung von der hochsymmetrischen Anordnung nur gering, so daß diese ein wichtiger Startpunkt für ein zu verfeinerndes Modell sein kann.

gnetisch anisotropen Materialien führt.

Bei diesem Vorgehen sollen zwei Dinge nicht auf der Strecke bleiben, weder die historisch bedeutsamen Entwicklungen (z. B. *Methode des schwachen/starken Feldes*) noch handliche Formeln für Suszeptibilität und Magnetisierung mit einer eingeschränkten, aber für viele Zwecke ausreichenden Genauigkeit.

4.3 Magnetische Eigenschaften der nd-Ionen in kubischen Ligandenfeldern

4.3.1 d^1-Systeme

Wir beginnen mit der Störung des ^2D-Terms durch das Ligandenfeld (H_{LF}) und nehmen nacheinander die Spin-Bahn-Kopplung (H_{SB}) und das äußere Magnetfeld (H_M) als weitere Störungen hinzu.

4.3.1.1 d^1, H_{LF}

Auf die fünf Ortsfunktionen $|m_l\rangle$ des D-Terms ($l = 2$, $m_l = 2, 1, 0, -1, -2$) wird Operator (4.48) angewendet. Die Werte der Integrale $\langle m_l|C_q^k|m_l'\rangle$ entnimmt man Tab. 3.10 und stellt sie in Matrixform zusammen. Zu den Diagonalelementen trägt nur das Glied mit $q = 0$ bei, zu den Nichtdiagonalelementen nur das mit $q = \pm 4$.

(4.54)

	$\|0\rangle$	$\|1\rangle$	$\|-1\rangle$	$\|2\rangle$	$\|-2\rangle$
$\langle 0\|$	$\frac{6}{21}B_0^4$				
$\langle 1\|$		$-\frac{4}{21}B_0^4$			
$\langle -1\|$			$-\frac{4}{21}B_0^4$		
$\langle 2\|$				$\frac{1}{21}B_0^4$	$\frac{5}{21}B_0^4$
$\langle -2\|$				$\frac{5}{21}B_0^4$	$\frac{1}{21}B_0^4$

H-Matrix (4.54) enthält drei 1×1-Blöcke und einen 2×2-Block. Mit $m_l = 0, \pm1$ treten nur Diagonalelemente auf, so daß hier direkt die Störenergien 1. Ordnung vorliegen. Die noch fehlenden Energien erhält man durch Nullsetzen der 2×2-Determinante (vgl. 3.1.4):

$$\begin{vmatrix} \frac{1}{21}B_0^4 - E & \frac{5}{21}B_0^4 \\ \frac{5}{21}B_0^4 & \frac{1}{21}B_0^4 - E \end{vmatrix} = \left(\tfrac{1}{21}B_0^4 - E\right)^2 - \left(\tfrac{5}{21}B_0^4\right)^2 = 0$$

$$E_1 = \tfrac{6}{21}B_0^4; \qquad E_2 = -\tfrac{4}{21}B_0^4.$$

Damit resultieren insgesamt zwei Zustände mit $E_1 = (6/21)\,B_0^4$ und drei mit $E_2 = -(4/21)\,B_0^4$. Zur Bestimmung der an die Symmetrie adaptierten Linearkombinationen $\psi_{1/2} = u_{1(1/2)}\,|2\rangle + u_{2(1/2)}\,|-2\rangle$, für die die 2×2-Matrix diagonal wird, betrachten wir z. B. deren erste Zeile. Mit $E_1 = (6/21)B_0^4$ ergibt sich:

$$\begin{aligned} 0 &= \left(\tfrac{1}{21}B_0^4 - \tfrac{6}{21}B_0^4\right) u_{1(1)} + \tfrac{5}{21}\,B_0^4\,u_{2(1)}; \quad u_{1(1)} = \sqrt{\tfrac{1}{2}},\ u_{2(1)} = \sqrt{\tfrac{1}{2}} \\ \psi_1 &= \sqrt{\tfrac{1}{2}}\,(|\,2\,\rangle + |-2\,\rangle) \equiv d_{x^2-y^2} \end{aligned}$$

Mit $E_2 = -(4/21)B_0^4$ erhält man entsprechend $\psi_2 = \sqrt{\tfrac{1}{2}}\,(|\,2\,\rangle - |-2\,\rangle)$.

In Tab. 4.9 sind die Ergebnisse zusammengefaßt. Der fünffach bahnentartete Zustand wird im kubischen Ligandenfeld in ein Dublett (E) und ein Triplett (T_2) aufgespalten, wie bereits gruppentheoretisch aus Beispiel 4.9 folgte. (Bei O_h-Symmetrie transformieren sich die d-Funktionen nach E_g und T_{2g}, bei T_d-Symmetrie nach E und T_2. Bei der hier und später vorgenommenen generellen Betrachtung kubischer Systeme verzichten wir auf den Index „g".) Darüber hinaus ergeben sich aus der Rechnung die Eigenzustände und Energien. Die E-Zustände sind die reellen d-Orbitale d_{z^2} und $d_{x^2-y^2}$. Die T_2-Zustände sind komplex, lassen sich aber in die reellen Orbitale d_{xy}, d_{xz}, d_{yz} überführen (s. Fußnote in Tab. 4.9). Der Energieunterschied Δ zwischen E- und T_2-Orbitalen, die Ligandenfeldaufspaltung, beträgt $\frac{10}{21}B_0^4$ und entspricht der üblicherweise bei d-Systemen verwendeten Größe $10\,Dq$. Zwischen den Ligandenfeldparametern B_0^4 und Dq besteht bei kubischer Symmetrie der Zusammenhang $B_0^4 = 21\,Dq$. Auch zukünftig geben wir die Ligandenfeldaufspaltung als Funktion der Parameter B_q^k (WYBOURNE-Definition) und bei d-Systemen den Zusammenhang mit den dort üblichen Parametern an.

Tab. 4.9: Ortsfunktionen und Energien des d[1]-Systems im kubischen Ligandenfeld

$\lvert m_l\rangle\quad (l=2)$	$\lvert\Gamma\,\bar{M}\rangle$ [a]	Γ	E_{LF}
$\lvert\,0\,\rangle$	$\lvert e\theta\rangle \sim d_{z^2}$	E	$\frac{6}{21}B_0^4$
$\sqrt{\frac{1}{2}}\,(\lvert\,2\,\rangle + \lvert-2\,\rangle)$	$\lvert e\epsilon\rangle \sim d_{x^2-y^2}$		$\equiv 6\,Dq$
$\lvert-1\,\rangle$	$\lvert t_2\,1\rangle$ [b]	T_2	$-\frac{4}{21}B_0^4$
$\sqrt{\frac{1}{2}}\,(\lvert\,2\,\rangle - \lvert-2\,\rangle)$	$\lvert t_2\,0\rangle$ [c]		$\equiv -4\,Dq$
$-\lvert\,1\,\rangle$	$\lvert t_2\,-1\rangle$ [b]		

[a] Zur Erläuterung der Symbolik s. Tab. 4.5.
[b] $d_{xz} \sim -\frac{1}{\sqrt{2}}\,(|\,1\,\rangle - |-1\,\rangle)$; $d_{yz} \sim \frac{i}{\sqrt{2}}\,(|\,1\,\rangle + |-1\,\rangle)$.
[c] $d_{xy} \sim -\frac{i}{\sqrt{2}}\,(|\,2\,\rangle - |-2\,\rangle)$ (reelle Funktionen; s. Text).

Um die Ligandenfeldaufspaltung für die kubischen Systeme Oktaeder, Tetraeder und Würfel miteinander zu vergleichen, wird im folgenden Beispiel jeweils A_4^0 (vgl. Gl. (4.38)) auf der Grundlage des Punktladungsmodells berechnet.

Beispiel 4.12 *Berechnung von A_4^0 für Oktaeder, Tetraeder und Würfel nach dem Punktladungsmodell*
Wir betrachten sechs Punktladungen $-Qe$ [17] an den Ecken eines regulären Oktaeders mit dem Abstand R zum Oktaederzentrum. Die in Gl. (4.38) formulierte

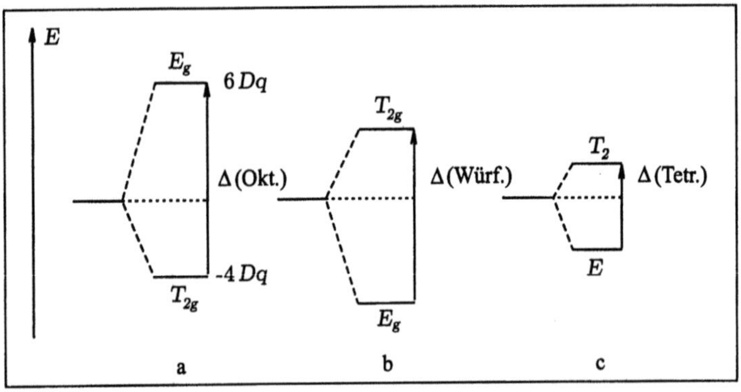

Abb. 4.17: Termschemata für das d^1-System im (a) Oktaeder-, (b) Würfel-, (c) Tetraederfeld ($\Delta = (10/21)B_0^4 = (10/21)A_4^0 < r^4 >$; die jeweilige durch B_0^0 bedingte Verschiebung ist nicht berücksichtigt.)

Integration zur Berechnung von A_4^0 reduziert sich hier auf die Summation über die Liganden:

$$A_4^0(Okt.) = \frac{Qe^2}{R^5} \sum_{j=1}^{6} C_0^4(\Theta_j, \Phi_j).$$

Die Winkelkoordinaten (Θ_j, Φ_j) der sechs Liganden sind $(0,0)$, $(\pi,0)$, $(\pi/2,0)$, $(\pi/2,\pi/2)$, $(\pi/2,\pi)$, $(\pi/2,3\pi/2)$ (s. 3.2.1 und Abb. 4.5). Mit

$$\begin{aligned} C_0^4(\Theta_j, \Phi_j) &= \left(\frac{4\pi}{9}\right)^{1/2} Y_0^4(\Theta_j, \Phi_j) \\ &= \tfrac{1}{8}(35\cos^4\Theta_j - 30\cos^2\Theta_j + 3) \quad \text{ergibt sich für} \quad A_4^0(Okt.): \\ A_4^0(Okt.) &= \frac{7}{2}\frac{Qe^2}{R^5}. \end{aligned} \tag{4.55}$$

Bei negativ geladenen Liganden ($Q > 0$) ist A_4^0 positiv und daher auch B_0^4 und Dq. Entsprechende Rechnungen für Tetraeder und Würfel führen zu

$$A_4^0(Tetr.) = -\frac{14}{9}\frac{Qe^2}{R^5} \qquad \text{und} \qquad A_4^0(Würf.) = -\frac{28}{9}\frac{Qe^2}{R^5}, \tag{4.56}$$

[17] e ist positiv (Elementarladung, Ladung des Protons). Die Ladung des Elektrons ist $-e$. Liganden mit der Ladung $-Qe$ sind negativ geladen für $Q > 0$.

wobei für erstere die Winkelkoordinaten $(\alpha, \pi/4)$, $(\alpha, 5\pi/4)$, $(\pi - \alpha, 3\pi/4)$, $(\pi - \alpha, 7\pi/4)$ mit $\cos\alpha = 1/\sqrt{3}$, für letztere zusätzlich $(\alpha, 3\pi/4)$, $(\alpha, 7\pi/4)$, $(\pi - \alpha, \pi/4)$, $(\pi - \alpha, 5\pi/4)$, einzusetzen sind. Gleiche Abstände R und gleiche Ladungen Q vorausgesetzt, ergeben sich die folgenden Verhältnisse für die Koeffizienten A_4^0 der drei Koordinationspolyeder:

$$A_4^0(Okt.) \; : \; A_4^0(Tetr.) \; : \; A_4^0(Würf.) = 1 \; : \; (-4/9) \; : \; (-8/9) \qquad (4.57)$$

Das Punktladungsmodell liefert eine Aufspaltung im Tetraeder, die etwas weniger als halb so groß wie die im Oktaeder ist. Das (−)-Zeichen bedeutet, daß sich im Energieniveau-Schema die Reihenfolge der Zustände umkehrt (s. Abb. 4.17). Die Aufspaltung im Würfel ist doppelt so groß wie die im Tetraeder.

Während für Punktladungen nach Gl. (4.55) $A_4^0 \sim 1/R^5$ gilt, ergibt die entsprechende Rechnung für Punktdipole (μ_e) $A_4^0 \sim 1/R^6$ [139]. *

4.3.1.2 $\mathbf{d^1}$, $H_{LF} + H_{SB}$

Bei adäquater Behandlung der magnetischen Eigenschaften muß neben dem Ligandenfeldeffekt die Spin-Bahn-Kopplung berücksichtigt werden. Liegt das freie d^1-Ion vor, wird sein Term ^2D in das Sextett $^2D_{5/2}$ (angeregter Zustand, $E_{SB} = \zeta$) und das Quartett $^2D_{3/2}$ (Grundzustand, $E_{SB} = -\frac{3}{2}\zeta$) aufgespalten (vgl. 3.4.3). Der LANDÉ-Intervallregel entsprechend ist der Energieunterschied $\frac{5}{2}\zeta$. Im Korrelationsdiagramm Abb. 4.18 für Oktaederkoordination ist diese Situation links dargestellt. Ist nur das Ligandenfeld eingeschaltet, erfolgt die Aufspaltung in E (vierfach entarteter angeregter Zustand mit $E_{LF} = +6\,Dq$) und T_2 (sechsfach entarteter Grundzustand mit $E_{LF} = -4\,Dq$). Diese Situation sehen wir in Abb. 4.18 auf der rechten Seite. Gesucht sind die Zustandsfunktionen, die das System zwischen den beiden Grenzfällen beschreiben, so daß nach Anwendung von $\hat{H}_{LF}^c + \hat{H}_{SB}$ die Energien in Abhängigkeit von Dq und ζ erhalten werden und das Korrelationsdiagramm aufgestellt werden kann.

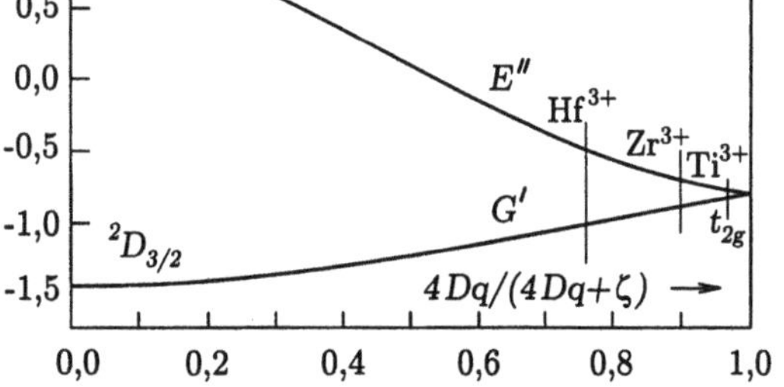

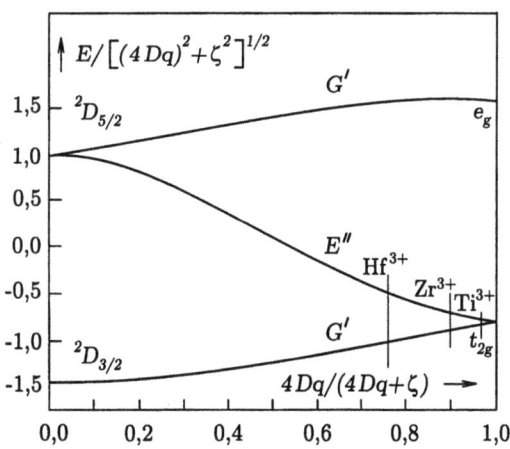

Abb. 4.18: Korrelationsdiagramm für ein einzelnes d-Elektron unter dem Einfluß von oktaedrischem Ligandenfeld und Spin-Bahn-Wechselwirkung [219].

Gruppentheoretische Vorbetrachtung. Die Rechnungen lassen sich vereinfachen, wenn man mit Hilfe gruppentheoretischer Methoden solche Funktionen aufsucht, die die richtige Symmetrie hinsichtlich des Störoperators $\hat{H}^{(1)} = \hat{H}^c_{LF} + \hat{H}_{SB}$ aufweisen (vgl. [139], S. 447 ff.). Auf dem Wege dorthin gibt es, den beiden Grenzfällen entsprechend, zwei Möglichkeiten: Man geht entweder (1) von den an die kubische Symmetrie adaptierten Ortsfunktionen aus oder (2) von den nach Spin-Bahn-Kopplung resultierenden Zuständen des freien Ions. Wir betrachten zunächst den erstgenannten Weg. Die an die Symmetrie des Ligandenfeldes adaptierten Einelektronenortszustände haben wir bereits bestimmt (s. Tab. 4.9). Betrachten wir jetzt die Produktzustände aus Orts- und Spinfunktion, so spaltet der zehnfach (5×2) entartete ^2D-Term des d^1-Ions mit verschwindender Spin-Bahn-Kopplung in einen vierfachen ^2E-Term und einen sechsfachen $^2T_2$-Term auf. Die Darstellungssymbole beziehen sich dabei auf die einfache Gruppe O bzw. T_d. Für das Transformationsverhalten der zu einem Elektron gehörenden Spinfunktionen ist wegen der Halbzahligkeit der Spinquantenzahl $(s = \frac{1}{2})$ jedoch die Doppelgruppe O' relevant (vgl. 4.1.7, Tab. 4.7). Dies trifft auch für die vollständigen Funktionen aus Orts- und Spinanteil zu. Um zu ermitteln, welche Darstellung jeweils die Produktfunktionen (vgl. 4.1.6) des ^2E- und $^2T_2$-Terms in der Doppelgruppe O' induziert, müssen wir zunächst das Charakterensystem für die beiden Spinzustände $|\frac{1}{2} \pm \frac{1}{2}\rangle$ durch Einsetzen von $s = 1/2$ in die Beziehungen (4.31) – (4.33) aufstellen. Das Resultat, E', ist in der ersten Zeile der Tab. 4.10 notiert. Des weiteren zeigt ein Vergleich der Charaktere der E-Darstellung der einfachen Gruppe O (Tab. 4.4) mit den Charakterensystemen der Doppelgruppe O', daß die für die Ortsanteile der Zustandsfunktionen zuständige E-Darstellung der irreduziblen Darstellung E der Doppelgruppe entspricht. Die ^2E-Funktionen induzieren somit eine Darstellung von O', die gleich der Produktdarstellung $E \otimes E'$ ist. Stellt man unter Anwendung von Gl. (4.28) das Charakterensystem auf, erkennt man mit Hilfe

Tab. 4.10: Charakterensysteme der Spin- und Gesamtwellenfunktionen des d^1-Systems für die Doppelgruppe O'

O'		E	R	$4C_3$ $4C_3^2R$	$4C_3^2$ $4C_3R$	$3C_2$ $3C_2R$	$3C_4$ $3C_4^3R$	$3C_4^3$ $3C_4R$	$6C_2'$ $6C_2'R$
$E', \Gamma(s=\frac{1}{2})$	Γ_6	2	−2	1	−1	0	$\sqrt{2}$	$-\sqrt{2}$	0
(1)	$E \otimes E'$	4	−4	−1	1	0	0	0	0
	$T_2 \otimes E'$	6	−6	0	0	0	$-\sqrt{2}$	$\sqrt{2}$	0
(2)	$\Gamma(j=\frac{3}{2})$	4	−4	−1	1	0	0	0	0
	$\Gamma(j=\frac{5}{2})$	6	−6	0	0	0	$-\sqrt{2}$	$\sqrt{2}$	0

der Tabn. 4.7 und 4.10, daß $E \otimes E' = G'$ ist. Es ergibt sich *eine* irreduzible Darstellung, woraus zu schließen ist, daß unter der Einwirkung der Spin-Bahn-Kopplung der ^2E-Term nicht aufspaltet.

Die analoge Untersuchung des $^2T_2$-Terms zeigt, daß sich seine Ortsanteile nach der irreduziblen Darstellung T_2 der einfachen Gruppe O transformieren. T_2 in O entspricht, wie der Charakterenvergleich zeigt, der Darstellung T_2 der Doppelgruppe O'. Die zum Term $^2T_2$ gehörenden Gesamtwellenfunktionen transformieren sich nach der Darstellung $T_2 \otimes E'$ von O'. Nach Ausreduzieren erhalten wir $T_2 \otimes \Gamma(s = \frac{1}{2}) = T_2 \otimes E' = E'' \oplus G'$.

Der Term $^2T_2$ wird infolge der Spin-Bahn-Wechselwirkung in einen Dublettzustand E'' und einen Quartett-Zustand G' aufgespalten, wie der rechte Teil der Abb. 4.18 zeigt. Da die beiden E''-Zustände nur Ortsanteile aus T_2 aufweisen können, bezeichnen wir sie mit $|E''\alpha''(t_2)\rangle$ und $|E''\beta''(t_2)\rangle$.

Geht man in der zweiten Betrachtungsweise von den Multipletts $^2D_{5/2}$ und $^2D_{3/2}$ des freien Ions aus, so bilden diese jeweils eine Basis zu einer Darstellung der Gruppe O'. Deren Charakterensysteme, aufgestellt mit Hilfe der Formel (4.31), sind ebenfalls in Tab. 4.10 aufgeführt. Ein Vergleich der Charaktere mit den irreduziblen Darstellungen von O' zeigt, daß sich die Zustände $^2D_{3/2}$ nach G' transformieren und daher irreduzibel sind, während die zu $^2D_{5/2}$ gehörende Darstellung reduzibel ist und in E'' und G' zerfällt:

$$\Gamma(j_2 = \tfrac{3}{2}) = G' \qquad \Gamma(j_1 = \tfrac{5}{2}) = E'' \oplus G'.$$

Abb. 4.18 (links) zeigt das Ergebnis dieser Betrachtung. Das Dublett E'' geht einerseits aus $^2T_2$, andererseits aus $^2D_{5/2}$ hervor. Eine entsprechende Zuordnung der Quartetts G' kann nicht vorgenommen werden. Es wird sich herausstellen, daß sie je nach Größe von $10\,Dq$ und ζ „gemischt" werden.

Funktionen und Energien. Für die anschließenden Rechnungen[18)] ist es wichtig, zumindest die E''-Zustandsfunktionen zu finden. Von Vorteil ist, daß das Dublett $E''(^2T_2)$ eindeutig dem $^2D_{5/2}$-Folgeterm E'' zuzuordnen ist. Daraus ist nämlich zu schließen, daß die gesuchten Funktionen sowohl Eigenfunktionen von $\hat{\jmath}^2$ (mit $j = 5/2$) sind als auch ausschließlich aus $^2T_2$-Ortsanteilen bestehen. Die Eigenfunktionen von $\hat{\jmath}^2$ des Multipletts $^2D_{5/2}$ werden mit Hilfe der in Tab. 3.5 notierten VC-Koeffizienten ermittelt und lauten:

$\|j\,m\rangle$		$\|m_l\,m_s\rangle$
$\|\frac{5}{2}\ \pm\frac{5}{2}\rangle$	$=$	$\|\pm2\ \pm\frac{1}{2}\rangle$
$\|\frac{5}{2}\ \pm\frac{3}{2}\rangle$	$=$	$\sqrt{\frac{1}{5}}\|\pm2\ \mp\frac{1}{2}\rangle + \sqrt{\frac{4}{5}}\|\pm1\ \pm\frac{1}{2}\rangle$
$\|\frac{5}{2}\ \pm\frac{1}{2}\rangle$	$=$	$\sqrt{\frac{2}{5}}\|\pm1\ \mp\frac{1}{2}\rangle + \sqrt{\frac{3}{5}}\|0\ \pm\frac{1}{2}\rangle.$

(4.58)

18) Das Ziel ist die Entwicklung der Suszeptibilitäts-Gl. (4.65). Akzeptiert man diese, können die Rechnungen bis dorthin übergangen werden.

Die E''-Zustandsfunktionen ergeben sich daraus nach Anwendung des Ligandenfeldoperators $\hat{H}^c_{LF}$. Das Verfahren gleicht dem zur Ermittlung der Ligandenfeldaufspaltung des $^2F_{5/2}$-Multipletts des f^1-Systems, das wir noch ausführlich besprechen werden (vgl. 4.4.1.1, Tab. 4.30). Im Vorgriff auf diese Rechnungen übernehmen wir hier die E''-Funktionen:

$$|E''\alpha''\rangle = \sqrt{\tfrac{1}{6}}\,|\tfrac{5}{2}\,\tfrac{5}{2}\rangle - \sqrt{\tfrac{5}{6}}\,|\tfrac{5}{2}\,-\tfrac{3}{2}\rangle; \qquad |E''\beta''\rangle = \sqrt{\tfrac{1}{6}}\,|\tfrac{5}{2}\,-\tfrac{5}{2}\rangle - \sqrt{\tfrac{5}{6}}\,|\tfrac{5}{2}\,\tfrac{3}{2}\rangle.$$

Mit Hilfe von (4.58) werden sie in der $|m_l m_s\rangle$-Basis formuliert:

$$|E''\alpha''\rangle = \sqrt{\tfrac{1}{3}}\underbrace{\sqrt{\tfrac{1}{2}}\left(|2\,\tfrac{1}{2}\rangle - |-2\,\tfrac{1}{2}\rangle\right)}_{|0\,\alpha'\rangle} - \sqrt{\tfrac{2}{3}}\underbrace{|-1\,-\tfrac{1}{2}\rangle}_{|1\,\beta'\rangle} \tag{4.59}$$

$$|E''\beta''\rangle = -\sqrt{\tfrac{1}{3}}\underbrace{\sqrt{\tfrac{1}{2}}\left(|2\,-\tfrac{1}{2}\rangle - |-2\,-\tfrac{1}{2}\rangle\right)}_{|0\,\beta'\rangle} + \sqrt{\tfrac{2}{3}}\underbrace{\left(-|1\,\tfrac{1}{2}\rangle\right)}_{|-1\,\alpha'\rangle} \tag{4.60}$$

Die an die kubische Symmetrie adaptierten Funktionen lassen sich auch mit Hilfe der Tabellen A 19 und A 20 aus Lit. [178] ermitteln. (Zur Verdeutlichung des Verfahrens dienen die in den Gln. (4.59) und (4.60) eingeführten, in Tab. 4.9 definierten Kurzbezeichnungen der Funktionen.) Die für das von uns betrachtete System relevanten Koeffizienten sind in Tab. 4.11 zusammengestellt. Mit ihrer

Tab. 4.11: Koeffizienten für die Oktaedergruppe (vgl. Tab. A 20 in Lit. [178] und Tab. 4.9 zur Definition der Kurzbezeichnungen)

$T_2 \otimes E'$	E''		$G'(t_2)$			
$(\Gamma_5 \otimes \Gamma_6)$	α''	β''	κ	λ	μ	ν
$\|1\,\alpha'\rangle$	.	.	.	.	1	.
$\|0\,\alpha'\rangle$	$\sqrt{\tfrac{1}{3}}$	.	.	.	.	$-\sqrt{\tfrac{2}{3}}$
$\|-1\,\alpha'\rangle$	.	$\sqrt{\tfrac{2}{3}}$	$-\sqrt{\tfrac{1}{3}}$	.	.	.
$\|1\,\beta'\rangle$	$-\sqrt{\tfrac{2}{3}}$	.	.	.	.	$-\sqrt{\tfrac{1}{3}}$
$\|0\,\beta'\rangle$	.	$-\sqrt{\tfrac{1}{3}}$	$-\sqrt{\tfrac{2}{3}}$	.	.	.
$\|-1\,\beta'\rangle$	.	.	.	1	.	.

$E \otimes E'$	$G'(e)$			
$(\Gamma_3 \otimes \Gamma_6)$	κ	λ	μ	ν
$\|\theta\,\alpha'\rangle$	.	-1	.	.
$\|\theta\,\beta'\rangle$	.	.	1	.
$\|\epsilon\,\alpha'\rangle$	.	.	.	-1
$\|\epsilon\,\beta'\rangle$	1	.	.	.

Hilfe ergeben sich die folgenden Funktionen der beiden G'-Terme:

$$|G'\kappa\,(t_2)\rangle = -\sqrt{\tfrac{2}{3}}\sqrt{\tfrac{1}{2}}\left(|2\,-\tfrac{1}{2}\rangle - |-2\,-\tfrac{1}{2}\rangle\right) - \sqrt{\tfrac{1}{3}}\left(-|1\,\tfrac{1}{2}\rangle\right)$$

$$|G'\lambda\,(t_2)\rangle = -|1\,-\tfrac{1}{2}\rangle; \qquad |G'\mu\,(t_2)\rangle = |-1\,\tfrac{1}{2}\rangle$$

$$
\begin{aligned}
|G'\nu\,(t_2)\rangle &= -\sqrt{\tfrac{2}{3}}\sqrt{\tfrac{1}{2}}\,(\,|\,2\,\tfrac{1}{2}\,\rangle - |\,-2\,\tfrac{1}{2}\,\rangle) - \sqrt{\tfrac{1}{3}}|\,-1-\tfrac{1}{2}\,\rangle \\
|G'\kappa\,(e)\rangle &= \sqrt{\tfrac{1}{2}}\,(\,|\,2-\tfrac{1}{2}\rangle + |\,-2-\tfrac{1}{2}\,\rangle) \\
|G'\lambda\,(e)\rangle &= -|\,0\,\tfrac{1}{2}\,\rangle; \qquad\qquad |G'\mu\,(e)\rangle = |\,0-\tfrac{1}{2}\,\rangle \\
|G'\nu\,(e)\rangle &= -\sqrt{\tfrac{1}{2}}\,(\,|\,2\,\tfrac{1}{2}\rangle + |\,-2\,\tfrac{1}{2}\,\rangle)
\end{aligned}
$$

Auf die zehn symmetrieadaptierten Funktionen wird der Störoperator $\hat{H}^{(1)} = \hat{H}^c_{LF} + \hat{H}_{SB}$ angewendet. $\hat{H}^{(1)}$ ist invariant gegenüber sämtlichen Symmetrieoperationen der Doppelgruppe O'. Nach dem Nichtkombinationssatz Gl. (4.29) können nur solche $|\Gamma\,\bar{M}\rangle$-Funktionen bez. $\hat{H}^{(1)}$ miteinander kombinieren, die derselben irreduziblen Darstellung von O' angehören. Die 10×10-Determinante wird daher in einen 2×2-Block (zu E'' gehörend) und einen 8×8-Block (zu G' gehörend) zerfallen. Die Blöcke zerfallen jedoch noch weiter, da darüber hinaus Kombinationsverbot für Funktionen besteht, die sich nach verschiedenen Zeilen derselben irreduziblen Darstellung transformieren. Daraus folgt, daß die E''-Determinante in zwei 1×1-Determinanten und die 8×8-Determinante in vier 2×2-Determinanten zerfällt. Nach Gl. (4.30) ergibt sich aus beiden E''-Determinanten dieselbe Energie, und zwar $-4\,Dq+\zeta$, wie das folgende Beispiel zeigt:

Beispiel 4.13 *Berechnung von $E_{LF/SB}(E'')$*

Das zu berechnende Integral setzt sich unter Berücksichtigung von Gl. (4.59) aus folgenden Teilintegralen zusammen ($\bar{M}''$ steht für α'' oder β''):

$$
\begin{aligned}
E_{LF/SB}(E'') &= \left\langle E''\,\bar{M}''\left|\hat{H}^c_{LF}+\hat{H}_{SB}\right|E''\,\bar{M}''\right\rangle \\
&= \tfrac{1}{6}\Big[\underbrace{\langle\,2\,\tfrac{1}{2}\,|\hat{H}^c_{LF}+\hat{H}_{SB}|\,2\,\tfrac{1}{2}\,\rangle}_{(1/21)B_0^4+\zeta} - 2\underbrace{\langle\,2\,\tfrac{1}{2}\,|\hat{H}^c_{LF}|\,-2\,\tfrac{1}{2}\,\rangle}_{(5/21)B_0^4} + \\
&\qquad \underbrace{\langle\,2\,\tfrac{1}{2}\,|\hat{H}^c_{LF}+\hat{H}_{SB}|\,-2\,\tfrac{1}{2}\,\rangle}_{(1/21)B_0^4-\zeta} + \\
&\qquad 4\underbrace{\langle\,-1-\tfrac{1}{2}\,|\hat{H}_{SB}|\,-2\,\tfrac{1}{2}\,\rangle}_{\zeta} + 4\underbrace{\langle\,-1-\tfrac{1}{2}\,|\hat{H}^c_{LF}+\hat{H}_{SB}|\,-1-\tfrac{1}{2}\,\rangle}_{-(4/21)B_0^4+\zeta/2}\Big] \\
&= -\tfrac{4}{21}\,B_0^4+\zeta = -4\,Dq+\zeta \qquad * \qquad (4.61)
\end{aligned}
$$

Die Berechnung der Matrixelemente mit den G'-Funktionen kann mit einem beliebigen Paar der vier möglichen Funktionspaare $|G'\bar{M}'(t_2)\rangle$ und $|G'\bar{M}'(e)\rangle$ ($\bar{M}' = \kappa,\lambda,\mu,\nu$) erfolgen, da alle Integrale aus Symmetriegründen denselben Wert haben müssen. (Wählt man den 2×2-Block mit $|G'\mu(t_2)\rangle/|G'\mu(e)\rangle$ oder

$|G'\lambda(t_2)\rangle/|G'\lambda(e)\rangle$, werden die Rechnungen relativ einfach.) Die 2×2-Determinante lautet:

$$\begin{array}{l|cc} & |\,G'M'(t_2)\,\rangle & |\,G'M'(e)\,\rangle \\ \hline \langle G'M'(t_2)\,| & -4\,Dq - \frac{1}{2}\zeta - E(G') & \sqrt{\frac{3}{2}}\zeta \\ \langle\, G'M'(e)\,| & \sqrt{\frac{3}{2}}\zeta & 6\,Dq - E(G') \end{array} \tag{4.62}$$

Gesucht sind die Energien $E(G')_{1,2}$ und die an die Störung adaptierten Linearkombinationen der beiden G'-Terme $|\,G'\bar{M}'^{(1)}\rangle$ und $|\,G'\bar{M}'^{(2)}\rangle$, für die die 2×2-Determinante diagonal ist. Wir verwenden den allgemeinen Ansatz Gl. (3.48)

$$\begin{aligned} |\,G'\bar{M}'^{(1)}\rangle &= \sin\alpha\,|\,G'\bar{M}'(t_2)\,\rangle - \cos\alpha\,|\,G'\bar{M}'(e)\,\rangle \\ |\,G'\bar{M}'^{(2)}\rangle &= \cos\alpha\,|\,G'\bar{M}'(t_2)\,\rangle + \sin\alpha\,|\,G'\bar{M}'(e)\,\rangle. \end{aligned} \tag{4.63}$$

Ihre Energien bez. $H_{LF} + H_{SB}$ ergeben sich zu

$$\begin{aligned} E(G'^{(1)}) &= (-4\,Dq - \tfrac{1}{2}\zeta)\sin^2\alpha + 6\,Dq\cos^2\alpha - 2\cos\alpha\sin\alpha\sqrt{\tfrac{3}{2}}\,\zeta \\ E(G'^{(2)}) &= (-4\,Dq - \tfrac{1}{2}\zeta)\cos^2\alpha + 6\,Dq\sin^2\alpha + 2\cos\alpha\sin\alpha\sqrt{\tfrac{3}{2}}\,\zeta \\ \text{mit}\quad \tan 2\alpha &= -\frac{\sqrt{6}\,\zeta}{10\,Dq + \zeta/2}. \end{aligned} \tag{4.64}$$

In Tab. 4.12 sind die Ergebnisse zusammengestellt, wobei die Energieausdrücke für die G'-Zustände in eine einfachere Form überführt wurden [150].

Tab. 4.12: Funktionen und Energien der d^1-Zustände nach Einschalten von kubischem Ligandenfeld und Spin-Bahn-Kopplung

Funktionen [a)]			Energie $E(\Gamma)$
$\|G'\bar{M}'^{(1)}\rangle$	$=$	$\sin\alpha\,\|G'\bar{M}'(t_2)\rangle - \cos\alpha\,\|G'\bar{M}'(e)\rangle$	$-4\,Dq - \frac{1}{2}\zeta - \sqrt{\frac{3}{2}}\zeta\,\cot\alpha$
$\|G'\bar{M}'^{(2)}\rangle$	$=$	$\cos\alpha\,\|G'\bar{M}'(t_2)\rangle + \sin\alpha\,\|G'\bar{M}'(e)\rangle$	$6\,Dq + \sqrt{\frac{3}{2}}\zeta\,\cot\alpha$
$\|E''\bar{M}''\rangle$	$=$	$\|E''\bar{M}''(t_2)\rangle$	$-4\,Dq + \zeta$

a) $|G'\bar{M}'\rangle$ mit $\bar{M}' = \kappa, \lambda, \mu, \nu$; $|E''\bar{M}''\rangle$ mit $\bar{M}'' = \alpha'', \beta''$.

4.3.1.3 $\mathbf{d^1}$, $H_{LF} + H_{SB} + H_M$

Man wendet den ZEEMAN-Operator $\hat{H}_{M_z} = -\gamma_e(\hat{l}_z + 2\hat{s}_z)B_z$ auf die zehn in Tab. 4.12 notierten Zustände an, die nach Einfluß von $\hat{H}_{LF} + \hat{H}_{SB}$ erhalten wurden. Die H-Matrix (10×10) zerfällt in zwei 3×3- und zwei 2×2-Blöcke. Die beiden erstgenannten werden von den Funktionen $|G'\kappa^{(2)}\rangle$, $|G'\kappa^{(1)}\rangle$, $|E''\alpha''\rangle$ bzw. $|G'\nu^{(2)}\rangle$, $|G'\nu^{(1)}\rangle$, $|E''\beta''\rangle$ gebildet, letztgenannte von den Funktionen $|G'\lambda^{(2)}\rangle$, $|G'\lambda^{(1)}\rangle$ bzw. $|G'\mu^{(2)}\rangle$, $|G'\mu^{(1)}\rangle$. Die Blöcke gleicher Dimension unterscheiden sich nur in der Vorzeichenkombination einiger Matrixelemente und lassen sich zusammenfassen, wobei das obere Vorzeichen immer für Funktionen mit dem erstgenannten $\bar{M}$ und das untere für die mit dem zweiten $\bar{M}$ gilt. In den folgenden Schemata sind die Matrixelemente in Einheiten von $\mu_B\, B_z$ aufgeführt.

	$\lvert G'\kappa,\nu^{(2)}\rangle$	$\lvert G'\kappa,\nu^{(1)}\rangle$	$\lvert E''\alpha'',\beta''\rangle$
$\langle G'\kappa,\nu^{(2)}\rvert$	$\mp\sin^2\alpha$ $\mp\frac{8}{\sqrt{6}}\sin\alpha\cos\alpha$	$\pm\sin\alpha\cos\alpha$ $\pm\frac{4}{\sqrt{6}}(\cos^2\alpha - \sin^2\alpha)$	$-\sqrt{2}\cos\alpha$ $-\frac{2}{\sqrt{3}}\sin\alpha$
$\langle G'\kappa,\nu^{(1)}\rvert$	$\pm\sin\alpha\cos\alpha$ $\pm\frac{4}{\sqrt{6}}(\cos^2\alpha - \sin^2\alpha)$	$\mp\cos^2\alpha$ $\pm\frac{8}{\sqrt{6}}\sin\alpha\cos\alpha$	$-\sqrt{2}\sin\alpha$ $+\frac{2}{\sqrt{3}}\cos\alpha$
$\langle E''\alpha'',\beta''\rvert$	$-\sqrt{2}\cos\alpha$ $-\frac{2}{\sqrt{3}}\sin\alpha$	$-\sqrt{2}\sin\alpha$ $+\frac{2}{\sqrt{3}}\cos\alpha$	± 1

	$\lvert G'\lambda,\mu^{(2)}\rangle$	$\lvert G'\lambda,\mu^{(1)}\rangle$
$\langle G'\lambda,\mu^{(2)}\rvert$	$\mp\sin^2\alpha$	$\pm\sin\alpha\cos\alpha$
$\langle G'\lambda,\mu^{(1)}\rvert$	$\pm\sin\alpha\cos\alpha$	$\mp\cos^2\alpha$

In Tab. 4.13 sind die Energien $W_n^{(0)} \equiv E(\Gamma)^{(0)}$ und ZEEMAN-Koeffizienten aufgelistet. Man setzt sie in die Suszeptibilitätsformel Gl. (3.171) ein und erhält

Tab. 4.13: d^1-System unter dem Einfluß von $\hat{H}^c_{LF}$, $\hat{H}_{SB}$ und $\hat{H}_{M_z}$: $W_n^{(0)}$ und ZEEMAN-Koeffizienten $W_n^{(1)}$, $W_n^{(2)}$, vgl. auch Gl. (4.64) und Tab. 4.12

	$W_n^{(0)} \equiv E(\Gamma)$	$W_n^{(1)}/\mu_B$	$W_n^{(2)}/\mu_B^2$
$\vert G'\kappa, \nu^{(1)}\rangle$	$-4\,Dq - \frac{1}{2}\zeta - \sqrt{\frac{3}{2}}\zeta \cot\alpha$	$\mp a_1$ $^{a)}$	$-\dfrac{a_2}{\Delta_2} - \dfrac{b_2}{\Delta_1}$ $^{b)}$
$\vert G'\lambda, \mu^{(1)}\rangle$		$\mp b_1$	$-\dfrac{c_2}{\Delta_2}$
$\vert G'\kappa, \nu^{(2)}\rangle$	$6\,Dq + \sqrt{\frac{3}{2}}\zeta \cot\alpha$	$\mp c_1$	$\dfrac{a_2}{\Delta_2} - \dfrac{d_2}{\Delta_1 - \Delta_2}$
$\vert G'\lambda, \mu^{(2)}\rangle$		$\mp d_1$	$\dfrac{c_2}{\Delta_2}$
$\vert E''\alpha'', \beta''\rangle$	$-4\,Dq + \zeta$	± 1	$\dfrac{b_2}{\Delta_1} + \dfrac{d_2}{\Delta_1 - \Delta_2}$

a) $\begin{cases} a_1 = \frac{1}{2}(1 + \cos 2\alpha - \frac{8}{\sqrt{6}} \sin 2\alpha) & b_1 = \frac{1}{2}(1 + \cos 2\alpha) \\ c_1 = \frac{1}{2}(1 - \cos 2\alpha + \frac{8}{\sqrt{6}} \sin 2\alpha) & d_1 = \frac{1}{2}(1 - \cos 2\alpha) \end{cases}$

b) $\begin{cases} \Delta_1 = E(E'') - E(G'^{(1)}) & \Delta_2 = E(G'^{(2)}) - E(G'^{(1)}) \\ a_2 = \left(\frac{1}{2}\sin 2\alpha + \sqrt{\frac{8}{3}}\cos 2\alpha\right)^2 & b_2 = \frac{5}{3} - \frac{1}{3}\cos 2\alpha - \sqrt{\frac{8}{3}}\sin 2\alpha \\ c_2 = \frac{1}{4}\sin^2 2\alpha & d_2 = \frac{5}{3} + \frac{1}{3}\cos 2\alpha + \sqrt{\frac{8}{3}}\sin 2\alpha \end{cases}$

$$\chi_{mol} = \mu_0 \frac{N_A \mu_B^2}{3\,k_B T} n_{eff}^2 \quad \text{mit} \quad n_{eff}^2 = \\ 3\left\{\left[a_1^2 + b_1^2 + 2\left(\frac{a_2 + c_2}{\Delta_2} + \frac{b_2}{\Delta_1}\right) k_B T\right] \exp\left(-\frac{E(G'^{(1)})}{k_B T}\right) + \right. \\ \left[c_1^2 + d_1^2 - 2\left(\frac{a_2 + c_2}{\Delta_2} - \frac{d_2}{\Delta_1 - \Delta_2}\right) k_B T\right] \exp\left(-\frac{E(G'^{(2)})}{k_B T}\right) + \\ \left.\left[1 - 2\left(\frac{d_2}{\Delta_1 - \Delta_2} + \frac{b_2}{\Delta_1}\right) k_B T\right] \exp\left(-\frac{E(E'')}{k_B T}\right)\right\} \times \\ \left\{2\exp\left(-\frac{E(G'^{(1)})}{k_B T}\right) + 2\exp\left(-\frac{E(G'^{(2)})}{k_B T}\right) + \exp\left(-\frac{E(E'')}{k_B T}\right)\right\}^{-1}. \tag{4.65}$$

Diskussion. 1.) Modell (4.65) wurde für kubische d^1-Systeme mit beliebigem Dq/ζ-Verhältnis entwickelt und ist daher nicht nur für 3d-, sondern auch für 4d- und 5d-Ionen gültig. Im Falle oktaedrischer Koordination durch negativ geladene Liganden ist $Dq > 0$, bei tetraedrischer (würfelförmiger) Koordination ist $Dq < 0$. Darüber hinaus gilt Gl. (4.65) jedoch auch für $n\mathrm{d}^9$-Systeme, wenn man anstelle von ζ die Term-Spin-Bahn-Kopplungskonstante $\lambda = -\zeta$ (vgl. Gl. (3.152)) einführt und, der Elektron-Loch-Äquivalenz entsprechend, Dq durch $-Dq$ ersetzt.

2.) Gl. (4.65) enthält auch die Grenzfälle $Dq = 0$ und $\zeta = 0$. Im ersten Fall nehmen die in Tab. 4.13 definierten Größen Werte an, die in Tab. 4.14, Spalte 3, aufgeführt sind[19]. Es resultiert Beziehung (4.66):

$$\chi_{mol} = \mu_0 \frac{N_A \mu_B^2}{3k_B T} \underbrace{\frac{3\left[\frac{8}{5} + \frac{8k_B T}{25\zeta} + \left(\frac{63}{5} - \frac{8k_B T}{25\zeta}\right)\exp\left(-\frac{5\zeta}{2k_B T}\right)\right]}{\left[2 + 3\exp\left(-\frac{5\zeta}{2k_B T}\right)\right]}}_{n_{eff}^2} . \qquad (4.66)$$

Gl. (4.66) beschreibt das magnetische Verhalten eines freien d^1-Ions unter Berücksichtigung der Spin-Bahn-Kopplung und gilt für die im Termschema der Abb. 4.18 links dargestellte Situation.

3.) Die Spezialisierung von Gl. (4.65) auf den zweiten Fall ($\zeta = 0$) liefert mit Tab. 4.14, Spalte 2, die Beziehung (4.67)[20]:

$$\chi_{mol} = \mu_0 \frac{N_A \mu_B^2}{3k_B T} n_{eff}^2 \quad \text{mit}$$

$$n_{eff}^2 = \frac{3\left[\left(5 + \frac{8k_B T}{10\,Dq}\right)\exp\left(\frac{4\,Dq}{k_B T}\right) + \left(2 - \frac{8k_B T}{10\,Dq}\right)\exp\left(-\frac{6\,Dq}{k_B T}\right)\right]}{\left[3\exp\left(\frac{4\,Dq}{k_B T}\right) + 2\exp\left(-\frac{6\,Dq}{k_B T}\right)\right]} . \qquad (4.67)$$

Obwohl Modell (4.67) aufgrund fehlender Spin-Bahn-Kopplung (und zu hoher Symmetrie) nicht direkt auf reale d^1-Systeme anwendbar ist, zeigt der mit ihm verknüpfte Magnetismus einige wichtige Merkmale. Die Ligandenfeldaufspaltung $10\,|Dq|$ liegt in der Größenordnung von 10^4 cm^{-1}, und zwar für zweiwertige Übergangsmetall-Ionen gewöhnlich im Bereich von 5 000 – 15 000 cm^{-1},

---

[19] Das Nullsetzen eines Parameters x (ζ bzw. Dq) in der allgemeinen Formel kann zu Divisionen durch Null oder unbestimmten Ausdrücken wie 0/0 führen. In diesen Fällen ist zunächst mit den entsprechenden Näherungen für kleines x wie $\exp \pm x \approx 1 \pm x$, $\sin x \approx x$ bzw. $\tan x \approx x$ zu rechnen und erst dann $x = 0$ zu setzen. Beispiel: Das Nullsetzen von ζ in $\sqrt{\frac{3}{2}}\zeta \cot\alpha$ führt zum unbestimmten Ausdruck 0/0. Schreibt man dagegen zunächst $\cot\alpha \approx \alpha^{-1}$, so folgt wegen $\alpha \approx -\sqrt{\frac{3}{2}}\zeta/(10\,Dq)$ das in Tab. 4.14, Spalte 2, notierte Ergebnis $-10\,Dq$.

[20] Für $Dq = \zeta = 0$, resultiert $n_{eff}^2 = 9$, also das Curie-Gesetz $\chi_{mol} = C/T$ mit einem magnetischen Moment von $\mu = 3\,\mu_B$, im Einklang mit $\mu = \sqrt{L(L+1) + 4S(S+1)}\,\mu_B$ für $L = 2$ und $S = \frac{1}{2}$, dem theoretischen Wert für ein freies d^1-Ion ohne Spin-Bahn-Kopplung.

Tab. 4.14: d^1-System unter dem Einfluß von $\hat{H}^c_{LF}$, $\hat{H}_{SB}$ und $\hat{H}_{M_z}$: Werte für die in Tab. 4.13 definierten Größen unter bestimmten Grenzbedingungen

	$\zeta = 0$	$Dq = 0$	$\zeta \ll \lvert Dq \rvert$	
			$Dq > 0$(okt.)	$Dq < 0$(tetr.)
$\tan 2\alpha$	0	$-2\sqrt{6}$	$0^{a)}$	$-\sqrt{6}\zeta/(10\,Dq)$
2α	$0^{b)}$	$101{,}537°$	$180°$	$-\sqrt{6}\zeta/(10\,Dq)$
$\sqrt{\frac{3}{2}}\zeta \cot\alpha$	$-10\,Dq$	1	0	$-10\,Dq$
$E(G'^{(1)})$	$6\,Dq$	$-\frac{3}{2}\zeta$	$-4\,Dq - \frac{1}{2}\zeta$	$6\,Dq$
$E(G'^{(2)})$	$-4\,Dq$	ζ	$6\,Dq$	$-4\,Dq$
$E(E'')$	$-4\,Dq$	ζ	$-4\,Dq + \zeta$	$-4\,Dq$
a_1	1	$\frac{6}{5}$	–	$1 + 4\zeta/(10\,Dq)$
b_1	1	$\frac{2}{5}$	–	1
c_1	0	$\frac{11}{5}$	1	–
d_1	0	$\frac{3}{5}$	1	–
a_2	$\frac{8}{3}$	$\frac{2}{75}$	$\frac{8}{3}$	$\frac{8}{3}$
b_2	$\frac{4}{3}$	$\frac{2}{15}$	2	$\frac{4}{3}$
c_2	0	$\frac{6}{25}$	0	0
d_2	2	$\frac{16}{5}$	$\frac{4}{3}$	–

$^{a)}$ $\tan 2\alpha = 0$ wegen $Dq \to \infty$.

$^{b)}$ $2\alpha = 180°$ ist ebenfalls eine Lösung und führt zur äquivalenten χ_{mol}-Formel mit vertauschter Rolle von $G'^{(1)}$ und $G'^{(2)}$.

für dreiwertige Ionen zwischen 10 000 – 30 000 cm^{-1}. Die Aufspaltung hängt stark von den Liganden ab und kann sich beim Übergang von der 3d- zur 4d- und 5d-Reihe verdoppeln. Die thermische Energie k_BT ist in der Regel um drei Größenordnungen kleiner ($k_BT \approx 200\,\mathrm{cm}^{-1}$ bei 300 K). Bei der folgenden Diskussion wird daher der jeweilige angeregte Zustand (E im Falle von oktaedrischem, T_2 im Falle von tetraedrischem Ligandenfeld) außer acht gelassen. Die beiden Situationen ergeben sich aus Gl. (4.67) dadurch, daß man den Grenzübergang $Dq \to +\infty$ bzw. $Dq \to -\infty$ vornimmt. Man erhält jeweils CURIE-Gesetze mit den magnetischen Momenten $\mu = \sqrt{5}\,\mu_B$ (okt.) bzw. $\mu = \sqrt{3}\,\mu_B$ (tetr.). Während im Oktaederfeld ein Moment erhalten wird, wie man es für ein freies p^1-System unter Vernachlässigung der Spin-Bahn-Kopplung erwartet ($\mu = \sqrt{L(L+1)+4S(S+1)}\,\mu_B$ mit $L = 1$, $S = \frac{1}{2}$), folgt für das Tetraederfeld das reine Spinmoment $\mu = \sqrt{S(S+1)}\,\mu_B$ mit $L = 0, S = \frac{1}{2}$ entsprechend einem s-Elektron. Durch das Ligandenfeld werden Bahnanteile teilweise bzw. ganz „gelöscht", da nach Einschalten des kubischen Ligandenfeldes die im freien Ion vorhandenen und mit scharfen m_l-Werten versehenen Zustände $|\,2\,\rangle$ und $|\,-2\,\rangle$ nicht mehr existieren, sondern durch das Ligandenfeld in die unmagnetischen Linearkombinationen $(|\,2\,\rangle \pm |\,-2\,\rangle)\,/\sqrt{2}$ überführt werden. Dagegen bleiben die magnetischen Komponenten $|\,1\,\rangle$ und $|\,-1\,\rangle$ erhalten. Diese können sich jedoch nur bei oktaedrischer Koordination bemerkbar machen, da sie hier dem Grundterm T_2 angehören. Im Tetraederfeld sind sie, da zum angeregten Term T_2 gehörend, thermisch nicht erreichbar, so daß im Rahmen des betrachteten Modells die Bahnanteile zum magnetischen Moment vollständig gelöscht werden. Dieses Verhalten wird modifiziert, wenn die Spin-Bahn-Wechselwirkung dazugeschaltet wird (s. 4.3.1.4, 4.3.1.5).

4.3.1.4 Simulation des magnetischen Verhaltens von d¹-Ionen

Unter Verwendung realistischer Parameterwerte für $B_0^4\,(Dq)$ und ζ werden in den folgenden Beispielen einige Simulationen mit Modell (4.65) für die dreiwertigen Ionen der 4. Nebengruppe ($3d^1$, $4d^1$, $5d^1$) vorgestellt.

Beispiel 4.14 *Magnetische Suszeptibilität nach Gl. (4.65) für nd¹-Ionen im Oktaederfeld*

In den Abbn. 4.19 und 4.20 ist das χ_{mol}–T- bzw. n_{eff}–T-Diagramm mit $B_0^4 = 25\,000$ cm^{-1} ($10\,Dq = 11\,900$ cm^{-1}) und den Werten für den Spin-Bahn-Kopplungsparameter $\zeta = 150$ cm^{-1} (Ti^{3+}), 500 cm^{-1} (Zr^{3+}) und 1 500 cm^{-1} (Hf^{3+}) [178] dargestellt. In der Reihe $3d^1$, $4d^1$, $5d^1$ nimmt ζ jeweils um den Faktor ≈ 3 zu, während B_0^4 konstant gehalten wird. Die drei Situationen sind im Korrelationsdiagramm der Abb. 4.18 markiert. Der jeweilige Temperaturgang der magnetischen Kenngrößen wird vom ζ-Wert relativ stark beeinflußt. Während χ_{mol} von Ti^{3+} mit sinkender Temperatur zunächst geringfügig ansteigt, ab ca. 80 K ein Plateau erreicht und erst bei (normalen Messungen nicht mehr zugänglichen) Temperaturen von $T < 2$ K stark zunimmt, ist der Verlauf für Zr^{3+} durch einen großen Bereich mit deutlich kleinerem, nahezu T-unabhängigem χ_{mol} (TUP) und starkem Anstieg ab $T \approx 20$ K gekennzeichnet. Im Fall von Hf^{3+} erfolgt eine weitere Reduktion von χ_{mol} im oberen Temperaturbereich, jedoch ein deutlicher Anstieg bereits unterhalb von 100 K.

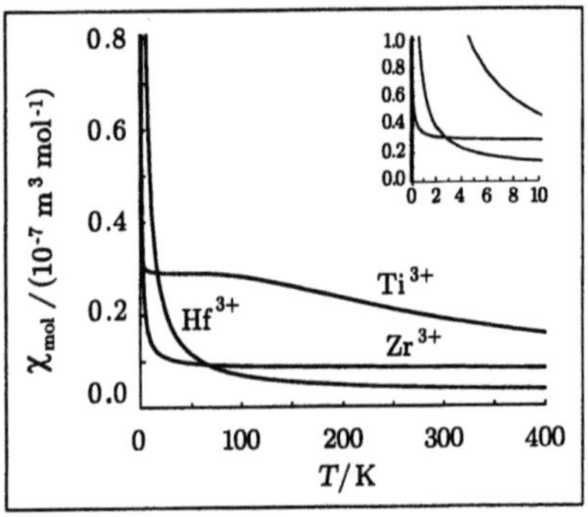

Abb. 4.19: Berechnetes χ_{mol}–T-Diagramm (Modell (4.65)) für Ti^{3+}, Zr^{3+}, Hf^{3+} in oktaedrischer Koordination

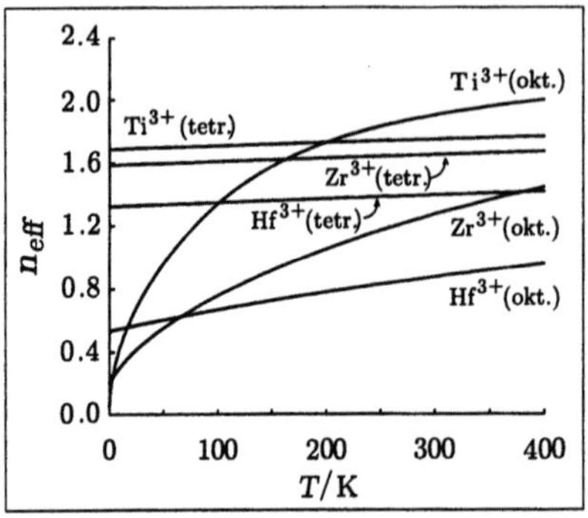

Abb. 4.20: Berechnetes n_{eff}–T-Diagramm (Modell (4.65)) für Ti^{3+}, Zr^{3+}, Hf^{3+} in oktaedrischer und tetraedrischer Koordination

Bei der Diskussion des unterschiedlichen Verhaltens der drei Ionen anhand der Gl. (4.65) läßt man den angeregten Quartettzustand $G'^{(2)}$ außer acht, da zwischen ihm und $G'^{(1)}$ sowie E'' die relativ große Energiedifferenz $\approx 10\,Dq$ besteht. Die Zunahme von ζ hat i. w. zwei Konsequenzen: (1) $\Delta_1 = (3\zeta/2)$, die Energiedifferenz zwischen dem Grundzustand $G'^{(1)}$ und dem ersten angeregten Zustand E'', steigt; (2) a_1 und b_1, die ZEEMAN-Koeffizienten 1. Ordnung des Grundzustands, werden größer. a_1 und b_1 sind beim 3d^1-System noch vernachlässigbar, und χ_{mol} wird hauptsächlich durch den ZEEMAN-Koeffizienten 2. Ordnung, b_2/Δ_1, bestimmt. Die schwache T-Abhängigkeit von χ_{mol} für $400 > T > 60$ K ist auf die mit der Temperaturabsenkung verbundene Entvölkerung von E'' zurückzuführen. Beim 4d^1-System ist Δ_1 bereits so groß, daß E'' keine Rolle mehr spielt. Außerdem verkleinert sich b_2/Δ_1. Schließlich sind a_1 und b_1 größer als beim 3d^1-Ion, so daß dieser CURIE-paramagnetische Beitrag bereits unterhalb von 20 K stark in Erscheinung tritt. Dieser letztgenannte Anteil steigt beim 5d^1-Ion nochmals an, während b_2/Δ_1 weiter abgesenkt wird, so daß sich der CURIE-Term bereits bei Raumtemperatur bemerkbar macht. Die beobachteten Trends im Temperaturgang von χ_{mol} äußern sich in entsprechender Weise in den n_{eff}–T-Kurven. Insbesondere stellt man fest, daß durch die Spin-Bahn-Wechselwirkung die n_{eff}-Werte deutlich kleiner sind als der Spin-only-Wert. *

Beispiel 4.15 *Magnetische Suszeptibilität nach Gl. (4.65) für* nd^1*-Ionen im Tetraederfeld*

Die Ergebnisse entsprechender Rechnungen für das Tetraederfeld ($B_0^4 = -25\,000$ cm$^{-1} \mathrel{\hat{=}} 10\,Dq = -11\,900$ cm^{-1}) sind in den Abbn. 4.20 und 4.21

dargestellt. Die χ_{mol}^{-1}–T-Diagramme zeigen, daß bei d^1(tetr.)-Systemen mit einer starken Temperaturabhängigkeit der Suszeptibilität im Sinne von CURIE-Paramagnetismus zu rechnen ist — im Unterschied zu $3d^1$(okt.)- und $4d^1$(okt.)-Systemen. Offensichtlich nimmt der CURIE-Anteil mit steigendem ζ ab. Dies wird auch deutlich aus der in Abb. 4.20 gezeigten Abnahme der n_{eff}-Werte, wenn man vom Ti^{3+}- zum Hf^{3+}-Ion geht. Zur genaueren Diskussion der berechneten Suszeptibilitätskurven bietet sich wieder Gl. (4.65) an. Mit den vorgegebenen Werten für Dq und ζ ergibt sich in allen Fällen $G'^{(1)}$ als Grundzustand. E'' und $G'^{(2)}$ liegen ca. $12\,000\,\mathrm{cm}^{-1}$ höher und spielen keine Rolle. Reduziert auf die Glieder mit dem BOLTZMANN-Faktor $\exp\left(-E(G'^{(1)})/k_BT\right)$, ergibt sich eine Suszeptibilitätsbeziehung, die aus einem CURIE-Term C/T und einem TUP-Beitrag χ_0 besteht. Man stellt durch Einsetzen der aktuellen Werte für Dq und ζ fest, daß der mit $1,73\,\mu_B$ korrespondierende Spin-only-Wert $C = 0,4714 \times 10^{-5}$ $\mathrm{m^3\,K\,mol^{-1}}$ mit steigendem ζ abnimmt. *

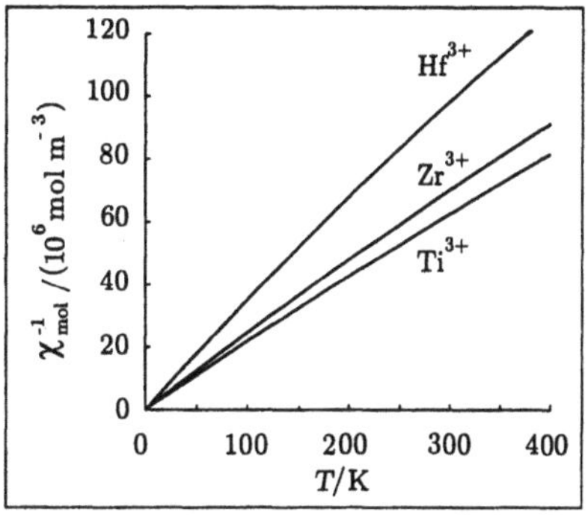

Abb. 4.21: Berechnetes χ_{mol}^{-1}–T-Diagramm (Modell (4.65)) für Ti^{3+}, Zr^{3+}, Hf^{3+} in tetraedrischer Koordination

4.3.1.5 Näherungen für $3d^1$- und $3d^9$-Systeme

Modell (4.65) läßt sich zu zwei Beziehungen komprimieren, die auf $3d^1$- und $3d^9$-Ionen mit oktaedrischer bzw. tetraedrischer Koordination anwendbar sind.

$3d^1$(okt.); $3d^9$(tetr.). In diesem Modell für ein $3d^1$-Ion im Oktaederfeld zuzüglich einer schwachen Spin-Bahn-Kopplung betrachtet man nur den ^2D-Folgeterm $^2T_2$ und läßt den angeregten Zustand ^2E vollständig außer acht ($Dq \to +\infty$). Ist die Spin-Bahn-Kopplung zunächst ausgeschaltet, resultiert das im Zusammenhang mit der Formel (4.67) diskutierte CURIE-Verhalten entsprechend einem p^1-System. Nach Einschalten der Spin-Bahn-Kopplung kommt es, wie in 4.3.1.2 behandelt, zu einer Aufspaltung in ein Dublett und ein Quartett.

Um Formel (4.65) auf diesen Fall zu reduzieren, benötigen wir die Dublett-Funktionen $|E''\bar{M}''\rangle$ und von den Quartett-Zuständen ausschließlich die Basisfunktionen $|G'\bar{M}'(t_2)\rangle$. Letztere werden nach Tab. 4.12 erhalten, wenn $\alpha = 90°$ ($|G'\bar{M}'^{(1)}\rangle = |G'\bar{M}'(t_2)\rangle$) und damit $\tan 2\alpha = 0$ ist. Man vernachlässigt die Glieder mit $\exp\left(-E(G'^{(2)})/(k_BT)\right)$ in Zähler und Nenner von Gl. (4.65) und erhält mit den Eintragungen in der vierten Spalte von Tab. 4.14

$$\chi_{mol} = \mu_0 \frac{N_A \mu_B^2}{3k_BT} \underbrace{\frac{\left[\frac{8k_BT}{\zeta}\exp\left(\frac{\zeta}{2\,k_BT}\right) + \left(3 - \frac{8k_BT}{\zeta}\right)\exp\left(-\frac{\zeta}{k_BT}\right)\right]}{\left[2\exp\left(\frac{\zeta}{2\,k_BT}\right) + \exp\left(-\frac{\zeta}{k_BT}\right)\right]}}_{n_{eff}^2}. \quad (4.68)$$

Gl. (4.68) ist auch gültig für $3d^9$-Ionen im Tetraederfeld sowie für $3d^5$-Low-Spin-Zentren im Oktaeder- und Tetraederfeld, wobei ζ durch $\lambda = -\zeta$ zu ersetzen ist (s. Abbn. 4.22 und 4.34).

Die $\chi_{mol} - T$-Simulation für ein $3d^1$-Ion nach Modell (4.68) ist praktisch mit der nach Modell (4.65) identisch, abgesehen vom Ausbleiben des steilen Anstiegs im Tieftemperaturbereich. Bei 300 K beispielsweise ergibt sich nach beiden Modellen $n_{eff} = 1,90$. Bei $4d^1$- und erst recht beim $5d^1$-System kommt es dagegen zu deutlichen Abweichungen, so daß Modell (4.68) für diese Ionen nicht geeignet ist.

$3d^1$(tetr.); $3d^9$(okt.). Wir sahen in der Diskussion von Gl. (4.67) für das d^1-System ohne Spin-Bahn-Kopplung, daß die Betrachtung des thermisch isolierten Ligandenfeldgrundzustands ^2E im Tetraederfeld ($Dq < 0$) zu reinem Spinmagnetismus in Form des CURIE-Gesetzes mit $\mu = \sqrt{3}\,\mu_B$ führt. Suszeptibilitätsmessungen belegen jedoch eine Erniedrigung der χ_{mol}-Werte gegenüber dem Spin-only-Verhalten. Sie läßt sich auf die Spin-Bahn-Kopplung zurückführen. Schaltet man sie dazu, so kann sie innerhalb der ^2E-Zustände allerdings keinen Beitrag liefern, da mit dem E-Term kein Bahnmoment verknüpft ist. Vielmehr muß das angeregte Bahntriplett berücksichtigt werden[21], indem den Quartettzuständen $|G'\bar{M}'(e)\rangle$ ein kleiner Anteil an $|G'\bar{M}'(t_2)\rangle$ zugemischt wird. Wir gehen dabei wieder von den in Tab. 4.12 notierten Funktionen $|G'\bar{M}'^{(1)}\rangle$ aus und bestimmen die „Mischungskoeffizienten" $\sin\alpha$ und $\cos\alpha$ aufgrund folgender Überlegung: 2α ist zwar sehr klein, wird aber nicht null gesetzt, sondern $2\alpha \approx \tan 2\alpha = -\sqrt{6}\zeta/(10\,Dq)$, d. h. $\alpha \approx -\sqrt{\frac{3}{2}}\zeta/(10\,Dq)$. Diese Approximation entspricht einer Näherung 1. Ordnung[22]. Die für die Einmischung von $|G'\bar{M}'(t_2)\rangle$ in $|G'\bar{M}'(e)\rangle$ erforderlichen Koeffizienten $\sin\alpha$ und $\cos\alpha$ bekommen entsprechend der Näherung 1. Ordnung die Werte $-\sqrt{\frac{3}{2}}\zeta/(10\,Dq)$ bzw. 1. Unter

[21] Bei entsprechender Behandlung der Spin-Bahn-Kopplung im Fall $3d^1$(okt.) hätte auch dort der angeregte Zustand (^2E) einbezogen werden müssen. Der damit verbundene Suszeptibilitätsanteil wäre jedoch gegenüber dem Beitrag der Spin-Bahn-Kopplung innerhalb des Grundzustands $^2T_2$ kaum ins Gewicht gefallen und wurde daher weggelassen.

[22] Entwickelt man $\tan x = \sin x/\cos x$ in die Reihe $\tan x = (x - x^3/3! + x^5/5! - \ldots)/(1 - x^2/2! + x^4/4! - x^6/6! \ldots)$ und bricht nach dem ersten Glied ab, erhält man $\tan x \approx x$.

diesen Bedingungen ist $a_1 = 1 + 4\zeta/(10\,Dq)$ [23]. Zur Berechnung der ZEEMAN-Koeffizienten 2. Ordnung für den Grundzustand $G'^{(1)}$ setzt man näherungsweise $\cos 2\alpha = 1$ und $\sin 2\alpha = 0$. Nach Einsetzen der Daten in Gl. (4.65) resultiert die hier in allgemeiner Form angegebene Beziehung

$$\boxed{\chi_{mol} = \mu_0 \frac{N_A\,\mu_B^2}{3k_BT} g^2 \left(1 - \frac{4\lambda}{\Delta}\right) S(S+1) + \mu_0 \frac{4\,N_A\mu_B^2}{\Delta}} \tag{4.69}$$

mit $\lambda = \zeta$, $\Delta = 10|Dq|$, $g = 2$, $S = 1/2$. Sie hat die Form $\chi = C/T + \chi_0$, besteht also aus einem CURIE- und einem TUP-Beitrag, und gilt auch für $3d^9$-Ionen im Oktaederfeld, wenn man $\lambda = -\zeta$ setzt [220]. Die n_{eff}-Werte sind bei $3d^1$(tetr.) gegenüber dem Spin-only-Wert verkleinert, bei $3d^9$(okt.) dagegen wegen des negativen λ-Wertes vergrößert (s. Abb. 4.22).

Beispiel 4.16 *Magnetische Suszeptibilität nach Gln. (4.68) und (4.69) für das* $Cu^{2+}[3d^9]$*-Ion in Oktaeder- und Tetraederfeld*
Abb. 4.22 zeigt das n_{eff}–T- und χ_{mol}^{-1}–T-Diagramm für Cu^{2+} in oktaedrischem und tetraedrischem Ligandenfeld mit den Parameterwerten $B_0^4 = 25\,000$ bzw. $-25\,000\,\text{cm}^{-1}$, $\zeta = 820\,\text{cm}^{-1}$. Die gepunkteten Linien stellen Referenzgraden für reinen Spinmagnetismus ($S = 1/2, g = 2$) dar. Der für das Cu^{2+}-Ion zu erwartende CURIE-Paramagnetismus liegt über den Spin-only-Werten. Die $n_{eff} - T$-Kurven sind leicht anhand der Näherungsgleichungen für 3d-Systeme nachzuvollziehen. Bei oktaedrischer Koordination ergibt sich nach Gl. (4.68) ein nur schwach mit der Temperatur zunehmender Wert. Die Erhöhung gegenüber dem Spin-only-Wert ergibt sich durch den Faktor $(1 - 4\lambda/\Delta)$ mit $\lambda < 0$. Im Tetraederfeld spielen bei T=0 nur die Terme mit $\exp(-\lambda/k_BT)$ eine Rolle, woraus $n_{eff} = \sqrt{3}$ folgt. Mit steigender Temperatur trägt dann insbesondere der Term $-8k_BT/\lambda$ zur Vergrößerung von n_{eff} bei. *

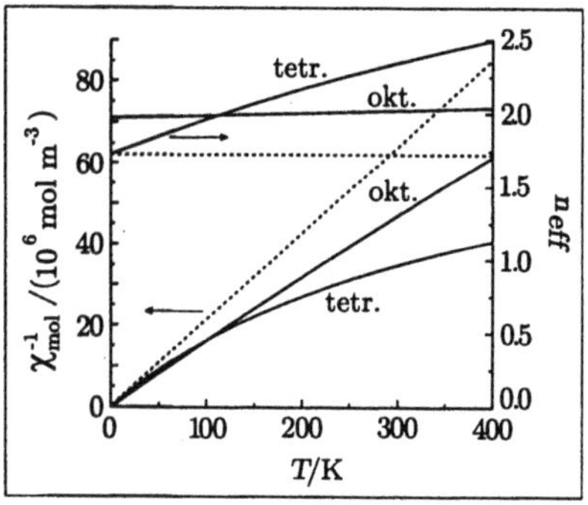

Abb. 4.22: Berechnetes χ_{mol}^{-1}–T- und $n_{eff} - T$-Diagramm (Modell (4.65)) für Cu^{2+} in oktaedrischer und tetraedrischer Koordination (s. Tab. 4.25)

Ergänzungen. Die abgeleiteten Suszeptibilitätsbeziehungen können nicht nur zu Simulations-, sondern auch zu Anpassungsrechnungen an gemessene χ_{mol}-T-Werte verwendet werden. Dabei ist zu beachten:

[23] Man beachte, daß für das Tetraederfeld $Dq < 0$ ist. In der Literatur findet man meist die Form $1 - 4\lambda/\Delta$ mit $\Delta = 10\,|Dq|$ [220]; beim d^1-System ist $\lambda = \zeta$.

1.) Gl. (4.65) stellt im Rahmen der Ligandenfeldtheorie das komplette Modell für kubische $nd^1(nd^9)$-Systeme dar. Die Gln. (4.68) und (4.69) sind auf 3d-Systeme beschränkt.

2.) Ligandenfeldeffekte löschen teilweise oder ganz Bahnanteile zum magnetischen Moment. Die Spin-Bahn-Wechselwirkung führt bei d^1 zu einer weiteren Erniedrigung des magnetischen Momentes, bei d^9 dagegen zu einer Erhöhung. Beide Trends verstärken sich, wenn ζ im Vergleich zu $|Dq|$ zunimmt.

3.) Bei Komplexionen beobachtet man in der Regel eine Erniedrigung von ζ des freien Ions um 10 – 40 % (sog. *relativistischer nephelauxetischer Effekt*), da sich die d-Elektronenwolke gegenüber der des freien Ions ausdehnt. Diese Delokalisierung kann durch stärkere radiale Ausdehnung der d-Funktionen oder durch Ladungsübertragung (Charge-Transfer) zwischen Zentralion und Liganden verursacht werden [222, 223]. Die effektive Kernladung des Metallions wird erniedrigt und damit die Spin-Bahn-Wechselwirkung geschwächt.

4.) Durch kovalente Anteile der Metall-Ligand-Bindung kann der Bahnbeitrag der t_2-Orbitale aufgrund ihrer Mischung mit Ligand-π-Orbitalen verkleinert werden [224, 225]. Diesem Effekt trägt man durch den sog. *Bahnreduktionsfaktor* κ Rechnung. Die Operatoren $\hat{H}_{SB}$ und $\hat{H}_M$ bekommen die Form:

$$\hat{H}_{SB} = \xi(r)\,\kappa\hat{\boldsymbol{l}}\cdot\hat{\boldsymbol{s}} \qquad \hat{H}_M = -\gamma_e(\kappa\hat{\boldsymbol{l}} + 2\hat{\boldsymbol{s}})\cdot\boldsymbol{B}. \tag{4.70}$$

κ ist i. a. < 1 und liegt häufig in der Nähe von 0,7.

5.) Die Metallionen sind nicht immer „magnetisch isoliert". Magnetische Kollektiveffekte können z. B. im Rahmen der *Molekularfeldnäherung* (vgl. 5.1.3) mit Hilfe des Molekularfeldparameters λ_{MF} berücksichtigt werden: $\chi_{mol}^{-1} = \chi_{mol}^{-1}(Dq,\zeta) - \lambda_{MF}$. λ_{MF} führt zu einer Parallelverschiebung der $\chi_{mol}^{-1}(Dq,\zeta)$-$T$-Kurve und entspricht Θ_p im Falle von CURIE-WEISS-Verhalten [24]. Bei $\lambda_{MF} > 0$ dominieren ferro-, bei $\lambda_{MF} < 0$ antiferromagnetische Wechselwirkungen.

6.) Der Ligandenfeldparameter $10\,Dq$ hängt von Art und Zahl der Liganden sowie vom Zentralteilchen (Ladung, Größe, Elektronenkonfiguration) ab (s. 4.3.2.3 und Lit. [220], Tabn. 5 und 6).

7.) Die Punktsymmetrie der d^1- und d^9-Zentren ist in der Regel niedriger als O_h oder T_d [363]. Tatsächlich sind keine Beispiele bekannt, bei denen der Suszeptibilitätsverlauf durch Gl. (4.65) gut wiedergegeben wird. $[TiX_6]$-Baugruppen (z. B. mit X $\widehat{=}$ H_2O) in Ti(III)-Verbindungen haben zwar nahezu O_h-Symmetrie, ihr magnetisches Verhalten läßt sich jedoch nicht mit einem kubischen Ligandenfeldmodell unter Verwendung der Parameter κ, Dq und ζ befriedigend beschreiben [12, 220]. Dies gelingt erst durch verfeinerte Modelle mit niedrigerer Symmetrie (vgl. 4.5.1 und Lit. [139] zum JAHN-TELLER-Theorem). Das kubische Modell hat hier nur die Funktion eines Startmodells.

---

[24] Bei Gültigkeit des CURIE-WEISS-Gesetzes ist $\lambda_{MF} = \Theta_p/C$.

4.3.2 d^N-Systeme

Unser Ziel ist die Vorhersage des magnetischen Verhaltens von Mehrelektronensystemen unter dem Einfluß von H_{ee}, H_{LF}, H_{SB} und H_M. Der bisherigen Praxis entsprechend, befassen wir uns zunächst mit Modellsystemen, die nur zwei Störungen erfahren, in diesem Fall H_{ee} und H_{LF} [139, 220, 178, 182].

4.3.2.1 d^2, $H_{ee} + H_{LF}$

Gruppentheoretische Vorbetrachtung. Unser Interesse gilt den Termenergien der Zustände ${}^{2S+1}\Gamma$ als Funktion der Ligandenfeld- und Elektronenabstoßungsparameter. Das für ein d^2-System in oktaedrischer Umgebung gültige Korrelationsdiagramm zeigt Abb. 4.23. Wir sehen im linken Teil die Terme ${}^3F$, ${}^1D$, ${}^3P$, ${}^1G$, ${}^1S$ des freien Ions, wie sie sich bei LS-Kopplung aus der Elektronenwechselwirkung H_{ee} ergeben (vgl. Abb. 3.6, Tabn. 3.8 und 3.9). In Gegenwart des kubischen Ligandenfeldes liegen nach gruppentheoretischer Betrachtung die folgenden Spaltterme vor:

$$
\begin{array}{lcl}
{}^1S & \longrightarrow & {}^1A_1 \\
{}^1D & \longrightarrow & {}^1E \oplus {}^1T_2 \\
{}^1G & \longrightarrow & {}^1A_1 \oplus {}^1E \oplus {}^1T_1 \oplus {}^1T_2 \\
{}^3P & \longrightarrow & {}^3T_1 \\
{}^3F & \longrightarrow & {}^3A_2 \oplus {}^3T_1 \oplus {}^3T_2
\end{array} \tag{4.71}
$$

Ist $H_{ee} \gg H_{LF}$, können die Folgeterme noch eindeutig dem jeweiligen Ursprungsterm zugeordnet werden. Störungstheoretisch reicht es in diesem Fall aus, jeden Term ${}^{2S+1}L$ separat zu behandeln und Nichtdiagonalelemente von $\hat{H}_{LF}$ zwischen verschiedenen Termen zu vernachlässigen (*Grenzfall des schwachen Feldes*). Bei stärkerem Einfluß von H_{LF} ist es erforderlich, die Wechselwirkung zwischen solchen Folgetermen gleicher Multiplizität zu berücksichtigen, die zur gleichen irreduziblen Darstellung der Punktgruppe des Metallions gehören (s. eingerahmte Terme im Schema (4.71)). Dazu müssen in der H-Matrix des Störoperators auch diejenigen Nichtdiagonalelemente berechnet werden, die von verschiedenen Termen gleicher Multiplizität und Rasse herrühren. Bei einem $3d^2$-Ion in oktaedrischer Umgebung ist diese *Termwechselwirkung* z. B. zwischen den beiden ${}^3T_1$-Zuständen zu berücksichtigen, und die sich ergebenden Zustände lassen sich nicht mehr eindeutig dem ${}^3P$- oder dem ${}^3F$-Zustand des freien Ions zuordnen. Der energetisch tiefere Zustand hat jedoch überwiegend F-, der höherliegende überwiegend P-Charakter. Entsprechende Überlegungen gelten für die Terme ${}^1A_1$, ${}^1E$ und ${}^1T_2$. In der folgenden schema-

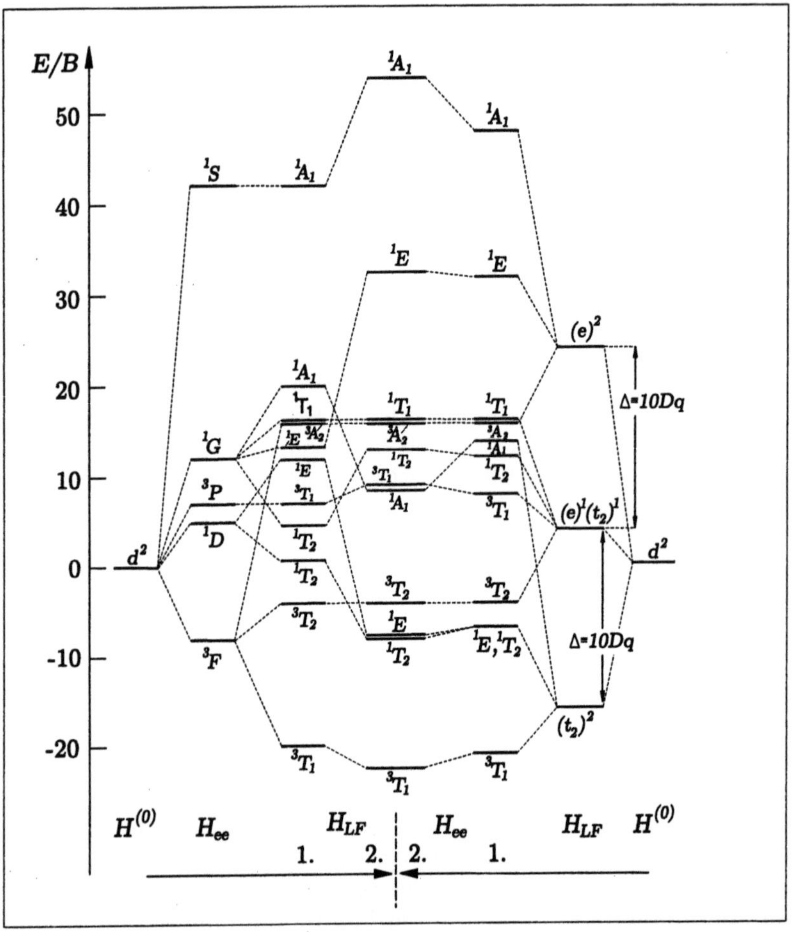

Abb. 4.23: Korrelationsdiagramm für ein d^2-Ion im oktaedrischen Ligandenfeld mit den Parametern $C/B = 4$ und $10\,Dq = 20\,B$. Die für alle Zustände gleich großen Energien A und B_0^0 bez. H_{ee} bzw. H_{LF} sind nicht berücksichtigt [139].

tischen Darstellung dieses Verfahrens gehen wir, links bei den Zuständen des freien Ions beginnend, zwei Schritte nach rechts:

$$\underbrace{d^N \xrightarrow{H_{ee}} {}^{2S+1}L \xrightarrow{H_{LF}}}_{\text{Methode des schwachen Feldes}} \boxed{{}^{2S+1}\Gamma} \underbrace{\xleftarrow{H_{ee}} (t_2)^n(e)^{N-n} \xleftarrow{H_{LF}} d^N}_{\text{Methode des starken Feldes}}. \quad (4.72)$$

Sie entsprechen der *Methode des schwachen Feldes (weak field case).*

Die theoretische Ermittlung des Termsystems kann auch auf einem Wege erfolgen, bei dem man formal H_{LF} als stark gegenüber H_{ee} ansetzt ($H_{LF} \gg H_{ee}$), so daß die LS-Kopplung nicht zustande kommt. In der auf der rechten Seite des Korrelationsdiagramms in Abb. 4.23 dargestellten Situation ist zunächst H_{LF} eingeschaltet, d. h., im ersten Schritt betrachtet man die Aufspaltung eines d-*Einelektronenzustands* im Ligandenfeld. Wenn das Zentralion N d-Elektronen besitzt, so lassen sich seine Zustände z. B. bei oktaedrischem Ligandenfeld verschiedenen Elektronenkonfigurationen $(t_2)^n(e)^{N-n}$ zuordnen[25]. Einer solchen *Ligandenfeldkonfiguration* kommt in *nullter Näherung* (d. h. ohne Berücksichtigung von H_{ee}) der Energiewert

$$E(n, N-n) = n(-4\,Dq) + (N-n)\,6\,Dq; \quad [n \leq 6;\ (N-n) \leq 4] \qquad (4.73)$$

zu. Für das d^2-System resultieren die Ligandenfeldkonfigurationen $(t_2)^2$ (mit der Energie $E_{LF} = -4\,Dq \times 2 = -8\,Dq$), $(t_2)^1(e)^1$ $(-4\,Dq + 6\,Dq = 2\,Dq)$ und $(e)^2$ $(6\,Dq \times 2 = 12\,Dq)$. Die Energien unterscheiden sich in dieser Abfolge jeweils um $10\,Dq$. Im zweiten Schritt berechnet man den Einfluß von H_{ee}, wobei auch hier verschiedene Näherungsstufen denkbar sind. In der einfachsten Form behandelt man störungstheoretisch jede Konfiguration separat und vernachlässigt Nichtdiagonalelemente von $\hat{H}_{ee}$ zwischen verschiedenen Konfigurationen (*Grenzfall des starken Feldes*). In der verbesserten Version berücksichtigt man die *Konfigurationswechselwirkung* zwischen solchen Folgetermen gleicher Multiplizität, die zur gleichen irreduziblen Darstellung der Punktgruppe des Metallions gehören. Dazu werden in der H-Matrix des Störoperators $\hat{H}_{ee}$ auch diejenigen Nichtdiagonalelemente berechnet, die von verschiedenen Konfigurationen derselben Multiplizität und Rasse stammen. Dieser Weg, der die *Methode des starken Feldes (strong field case)* darstellt, läßt sich, rechts außen im Schema (4.72) beginnend, in zwei Schritten nach links verfolgen. Beide in (4.72) skizzierten Wege sind gleichberechtigt und führen bei Behandlung im Rahmen des *intermediären* Ligandenfeldes, d. h. einschließlich Term- bzw. Konfigurationswechselwirkung, zum gleichen Ergebnis.

Bei der Aufstellung des Korrelationsdiagramms, anhand dessen der Übergang der insgesamt 45 Zustände von der einen zur anderen Seite verfolgt werden kann, sind gruppentheoretische Betrachtungen äußerst hilfreich. So gibt es eine 1:1-Korrelation zwischen Zuständen auf der linken und auf der rechten Seite des Diagramms, die sich nach derselben irreduziblen Darstellung transformieren. Während die Zustände nach der Methode des schwachen Feldes in bezug auf Symmetrie und Multiplizität bereits charakterisiert sind, ist dies für die Zustände nach der Methode des starken Feldes noch nicht der Fall. Um auch

---

[25] Zur Kennzeichnung der d-*Orbitale* verwendet man die Gruppentheorie-Symbole in Form der Kleinbuchstaben.

hier die richtigen Symbole $^{2S+1}\Gamma$ zu finden, bildet man hinsichtlich des Ortsanteils zunächst mit Hilfe der Charakterentafel von O die drei direkten Produkte $t_2 \otimes t_2$, $t_2 \otimes e$ und $e \otimes e$ und reduziert diese aus:

$$\begin{array}{lllllllll} (t_2)^2: & t_2 \otimes t_2 & \longrightarrow & A_1 & & \oplus & E & \oplus\ T_1 & \oplus\ T_2 \\ (t_2)^1(e)^1: & e \otimes t_2 & \longrightarrow & & & & & T_1 & \oplus\ T_2 \\ (e)^2: & e \otimes e & \longrightarrow & A_1 & \oplus\ A_2 & \oplus & E. & & \end{array} \tag{4.74}$$

Bei der Kennzeichnung des Spinanteils ist zu berücksichtigen, daß $2S + 1$ im Zweielektronensystem nur 1 oder 3 sein kann. Weiterhin ist ableitbar, daß von den 45 Zuständen fünfzehn auf die Konfiguration $(t_2)^2$, 24 auf $(t_2)^1(e)^1$ und sechs auf $(e)^2$ entfallen. Nehmen wir zunächst die $(t_2)^2$-Konfiguration, so gilt allgemein für die irreduziblen Bestandteile ${}^aA_1 \oplus {}^bE \oplus {}^cT_1 \oplus {}^dT_2$ die Beziehung $a + 2b + 3c + 3d = 15$, wobei a, b, c und d entweder 1 oder 3 sind. Mit dieser Einschränkung gibt es die Lösungen I, II, III.

	a	b	c	d
I	1	1	1	3
II	1	1	3	1
III	3	3	1	1

Für die irreduziblen Bestandteile der $(e)^2$-Konfiguration, ${}^aA_1 \oplus {}^bA_2 \oplus {}^cE$, ergibt sich in entsprechender Weise $a+b+2c = 6$. Dies führt zu den Lösungen I und II. Im Falle der Konfiguration $(t_2)^1(e)^1$ sind alle Anordnungen bez. des Spins erlaubt, so daß die irreduziblen Bestandteile sowohl als Singulett- als auch als Triplettzustand vorkommen: ${}^1T_1 \oplus {}^3T_1 \oplus {}^1T_2 \oplus {}^3T_2$.

	a	b	c
I	1	3	1
II	3	1	1

Die Möglichkeiten bei $(t_2)^2$ und $(e)^2$ ergeben sich aus der 1:1-Korrespondenz zwischen den Zuständen beider Seiten. Links gibt es zwei ${}^1A_1$-Zustände, aber keinen ${}^3A_1$-Zustand. Beide A_1-Zustände rechts müssen daher Singuletts sein. Dies ist nicht vereinbar mit II von $(e)^2$ und III von $(t_2)^2$. Damit lassen sich bei $(e)^2$ die Multiplizitäten zuordnen. Auf der linken Seite gibt es zwei ${}^3T_1$-Terme. Entsprechend der „non-crossing rule“ — Zustände, die dieselbe Symmetrie und Multiplizität haben, schneiden sich nicht — muß der höhere mit dem ${}^3T_1$-Term verbunden werden, der von $(t_2)^1(e)^1$ kommt. Es gibt nur einen T_1-Term darunter, nämlich den von $(t_2)^2$. Dieser muß also ein Triplett sein. Damit bleibt nur die Lösung II von $(t_2)^2$ übrig. Die restlichen Verbindungslinien in Abb. 4.23 kann man unter Einhaltung der „non-crossing rule“ einzeichnen.

Im folgenden berechnen wir die Energien und bestimmen die symmetrieadaptierten Funktionen, wobei wir zunächst die beiden Grenzfälle und dann das Modell des intermediären Ligandenfeldes betrachten.

Grenzfall des schwachen Feldes. [26] Der Operator (4.53) wird separat auf die Terme des d^2-Systems angewendet. Im Hinblick auf die magnetischen

---

[26] Der *Grenzfall des schwachen Feldes* ist relativ gut in tetraedrischen Komplexen wie $[CoCl_4]^{2-}$ (Co^{2+}[3d^7]) erfüllt: Die Ligandenfeldgesamtaufspaltung des ${}^4F$-Terms ist ≈5 500 cm^{-1} und 15 $B \approx 11\,000$ cm^{-1} zwischen ${}^4F$ und ${}^4P$ (s. [231]. S. 279).

Eigenschaften ist der Grundterm ^3F von größter Bedeutung. Wir werden daher seiner Störung durch H_{LF} die meiste Beachtung schenken. Wendet man $\hat{H}^c_{LF}$ auf die Ortsfunktionen des Grundterms ^3F (Gl. (3.136)) an, ergeben sich die im Schema (4.75) dargestellten Matrixelemente $\langle LM_L|\hat{H}^c_{LF}|LM'_L\rangle$ in Einheiten von Dq. In Beispiel 4.17 wird das Diagonalelement mit $M_L = 0$ berechnet.

(4.75)

	$\|30\rangle$	$\|3\pm3\rangle$	$\|3\mp1\rangle$	$\|32\rangle$	$\|3-2\rangle$
$\langle 30\|$	-6				
$\langle 3\pm3\|$		-3	$-\sqrt{15}$		
$\langle 3\mp1\|$		$-\sqrt{15}$	-1		
$\langle 32\|$				7	-5
$\langle 3-2\|$				-5	7

Beispiel 4.17 *Berechnung des Matrixelementes* $\langle 30|\hat{H}^c_{LF}|30\rangle$

Das Diagonalelement mit $M_L = 0$ hat die Form (vgl. Tab. 3.10 und Gl. (3.136)):

$$\langle 30|\hat{H}^c_{LF}|30\rangle = B^4_0\Big\{\tfrac{1}{5}\big[\underbrace{\langle 2|C^4_0|2\rangle}_{(1/21)}+\underbrace{\langle -2|C^4_0|-2\rangle}_{(1/21)}\big]+$$

$$\tfrac{4}{5}\big[\underbrace{\langle 1|C^4_0|1\rangle}_{-(4/21)}+\underbrace{\langle -1|C^4_0|-1\rangle}_{-(4/21)}\big]\Big\} = -\tfrac{6}{21}\,B^4_0 \equiv -6\,Dq.^*$$

Die Auswertung der mit der H-Matrix korrespondierenden Determinante liefert die in Tab. 4.15 dargestellten Energien und die an das kubische Ligandenfeld adaptierten Eigenfunktionen. Außerdem sind die Ortsfunktionen des $^3T_1^{(P)}$-Zustands aufgeführt, die aus dem ^3P-Term hervorgegangen sind und die im Rahmen der Termwechselwirkung berücksichtigt werden müssen. Die Aufspaltung des ^3F-Terms in ein Singulett ($^3A_2$) und zwei Tripletts ($^3T_1^{(F)}$, $^3T_2$) entspricht formal der des f-Elektrons ($l = 3$), wie in 4.4.1.1 gezeigt wurde[27)]. Im Oktaederfeld ist wegen $Dq > 0$ der Zustand $^3T_1^{(F)}$ Grundzustand ($E_{LF} = -6\,Dq$); $^3T_2$

[27)] Matrix (4.75) für den F-Term des d^2-Systems gleicht Matrix (4.84) für das f^1-System, wenn man in letzterer $b_6 = 0$ und $Dq = -b_4$ setzt. Die Funktionen beider Systeme unterscheiden sich in der Parität. Die Funktionen $\Psi(LM_LSM_S)$ des $^3F(d^2)$-Terms bestehen aus Summen von Produkten der d-Einelektronenfunktionen. Sie transformieren sich bei Drehungen wie die Kugelflächenfunktionen $Y^L_{M_L}$. Gegenüber der Inversion sind sie jedoch invariant, da d-Elektronen gerade Parität besitzen. Bei Systemen, zu deren Symmetriegruppe gerade und ungerade irreduzible Darstellungen gehören, sind deshalb die Spaltzustände immer den geraden irreduziblen Darstellungen zuzuordnen, unabhängig davon, ob L gerade oder ungerade ist. Die f-Funktionen und ihre Spaltzustände transformieren sich in den entsprechenden Symmetriegruppen immer nach den ungeraden irreduziblen Darstellungen.

Tab. 4.15: Ortsfunktionen und Energien nach Störung des ^3F- und ^3P-Terms (d^2) durch H_{ee} und $\hat{H}^c_{LF}$ im Grenzfall des schwachen Feldes

L	$\lvert\Gamma\,\bar{M}\rangle^{a)}$	$\lvert LM_L\rangle^{b)}$	E_{ee}	E_{LF}
F	$\lvert A_2\,0\rangle$	$\sqrt{\frac{1}{2}}(\lvert 3\,2\rangle - \lvert 3\,-2\rangle)$	$-8B$	$\frac{12}{21}\,B^4_0 \equiv 12\,Dq$
	$\lvert T_2\,1\rangle$	$-\sqrt{\frac{3}{8}}\lvert 3\,3\rangle + \sqrt{\frac{5}{8}}\lvert 3\,-1\rangle$		$\frac{2}{21}\,B^4_0 \equiv 2\,Dq$
	$\lvert T_2\,0\rangle$	$\sqrt{\frac{1}{2}}(\lvert 3\,2\rangle + \lvert 3\,-2\rangle)$		
	$\lvert T_2\,-1\rangle$	$-\sqrt{\frac{3}{8}}\lvert 3\,-3\rangle + \sqrt{\frac{5}{8}}\lvert 3\,1\rangle$		
	$\lvert T_1\,1\rangle$	$-\sqrt{\frac{5}{8}}\lvert 3\,-3\rangle - \sqrt{\frac{3}{8}}\lvert 3\,1\rangle$		$-\frac{6}{21}\,B^4_0 \equiv -6\,Dq$
	$\lvert T_1\,0\rangle$	$\lvert 3\,0\rangle$		
	$\lvert T_1\,-1\rangle$	$-\sqrt{\frac{5}{8}}\lvert 3\,3\rangle - \sqrt{\frac{3}{8}}\lvert 3\,-1\rangle$		
P	$\lvert T_1\,1\rangle$	$\lvert 1\,1\rangle$	$7\,B$	0
	$\lvert T_1\,0\rangle$	$\lvert 1\,0\rangle$		
	$\lvert T_1\,-1\rangle$	$\lvert 1\,-1\rangle$		

a) Symbolik von GRIFFITH [178]. Die für $\bar{M}$ eingesetzten Zahlen kennzeichnen komplexe Basisfunktionen.
b) Die Gesamtwellenfunktionen ergeben sich durch Multiplikation mit $\lvert SM_S\rangle$ ($S = 1$, $M_S = 1, 0, -1$).

ist erster angeregter ($2\,Dq$) und $^3A_2$ der höchste Zustand ($12\,Dq$). Der $^3T_1^{(P)}$-Term wird im kubischen Ligandenfeld nicht aufgespalten. Er liegt energetisch um $15\,B$ höher als der ^3F-Term. In gleicher Weise untersucht man die Störung der Singulett-Terme ^1S, ^1G und ^1D durch $\hat{H}^c_{LF}$ [139]. Alle Energien im Zusammenhang zeigt Tab. 4.16.

Tab. 4.16: Termenergien kubischer d^2-Systeme im Grenzfall des schwachen Feldes

^{2S+1}L	^3F			^1D		^3P	^1G				^1S
E_{ee} a)	$-8\,B$			$-3\,B$ $+2\,C$		$7\,B$	$4\,B$ $+2\,C$				$14\,B$ $+7\,C$
$^{2S+1}\Gamma$	$^3T_1$	$^3T_2$	$^3A_2$	$^1T_2$	^1E	$^3T_1$	$^1T_2$	^1E	$^1T_1$	$^1A_1$	$^1A_1$
E_{LF}/Dq a)	-6	2	12	$-\frac{16}{7}$	$\frac{24}{7}$		$-\frac{26}{7}$	$\frac{4}{7}$	2	4	

a) Ohne den für alle Terme konstanten Beitrag.

Grenzfall des starken Feldes. Wir gehen von den im Schema (4.72) rechts außen angegebenen Ligandenfeldkonfigurationen $(t_2)^2$, $(t_2)^1(e)^1$, $(e)^2$ ohne interelektronische Wechselwirkung aus. Schaltet man H_{ee} ein, beginnen die Elektronen in bestimmter Weise zu koppeln. Dies führt innerhalb der drei Konfigurationen zu Aufspaltungen, die im Rahmen einer Störungsrechnung mit $\hat{H}_{ee}$ ermittelt werden. Als Basis für die Ortsfunktionen wählt man Produkte des in Tab. 4.17 aufgeführten reellen d-Einelektronen-Startsatzes, da mit ihm die H_{LF}-Matrix des betrachteten d²-Systems weitgehend diagonal ist (s. u.). Die

Tab. 4.17: Reelle d-Einelektronen-Funktionen im kubischen Ligandenfeld

	Funktion	
E	$\|e\theta\rangle = \|0\rangle$	$\equiv d_{z^2}$
	$\|e\epsilon\rangle = \sqrt{\frac{1}{2}}(\|2\rangle + \|-2\rangle)$	$\equiv d_{x^2-y^2}$
T_2	$\|t_2\zeta\rangle = -i\sqrt{\frac{1}{2}}(\|2\rangle - \|-2\rangle)$	$\equiv d_{xy}$
	$\|t_2\eta\rangle = -\sqrt{\frac{1}{2}}(\|1\rangle - \|-1\rangle)$	$\equiv d_{xz}$
	$\|t_2\xi\rangle = i\sqrt{\frac{1}{2}}(\|1\rangle + \|-1\rangle)$	$\equiv d_{yz}$

Berechnung der Matrixelemente $\langle \Gamma \bar{M}, SM_S | e^2/r_{12} | \Gamma \bar{M}, SM_S \rangle$ setzt die Kenntnis der Funktionen $|\Gamma \bar{M}, SM_S\rangle$ voraus, die wie folgt aus Produkten der reellen d-Einelektronenfunktionen konstruiert werden.

Zur Berechnung der interelektronischen Wechselwirkung für die Terme einer Ligandenfeld-Konfiguration ist es zweckmäßig, Basisfunktionen zu verwenden, die sich erstens nach irreduziblen Darstellungen der Symmetriegruppe O transformieren und zweitens Eigenfunktionen von $\hat{S}^2$ und $\hat{S}_z$ sind [139]. Wir konstruieren die symmetrieadaptierten Funktionen $|^{2S+1}\Gamma\bar{M}, M_S\rangle$ für $(t_2)^2$ aus den in Tab. 4.17 gegebenen reellen Einelektronenfunktionen. Zwei Elektronen lassen sich wie folgt auf die t_2-Zustände verteilen:

$$M_S = 1 \quad \boxed{\uparrow \; \uparrow}_{\zeta^+ \; \eta^+} \quad \boxed{\uparrow \; \uparrow}_{\zeta^+ \; \xi^+} \quad \boxed{\uparrow \; \uparrow}_{\eta^+ \; \xi^+} \quad 3$$

$$M_S = -1 \quad \boxed{\downarrow \; \downarrow}_{\zeta^- \; \eta^-} \quad \boxed{\downarrow \; \downarrow}_{\zeta^- \; \xi^-} \quad \boxed{\downarrow \; \downarrow}_{\eta^- \; \xi^-} \quad 3$$

$$\boxed{\uparrow\downarrow}_{\zeta^+\zeta^-} \quad \boxed{\uparrow\downarrow}_{\eta^+\eta^-} \quad \boxed{\uparrow\downarrow}_{\xi^+\xi^-} \quad (4.76)$$

$$M_S = 0 \quad \boxed{\uparrow \; \downarrow}_{\zeta^+ \; \eta^-} \quad \boxed{\uparrow \; \downarrow}_{\zeta^+ \; \xi^-} \quad \boxed{\uparrow \; \downarrow}_{\eta^+ \; \xi^-} \quad 9$$

$$\boxed{\downarrow \; \uparrow}_{\zeta^- \; \eta^+} \quad \boxed{\downarrow \; \uparrow}_{\zeta^- \; \xi^+} \quad \boxed{\downarrow \; \uparrow}_{\eta^- \; \xi^+}$$

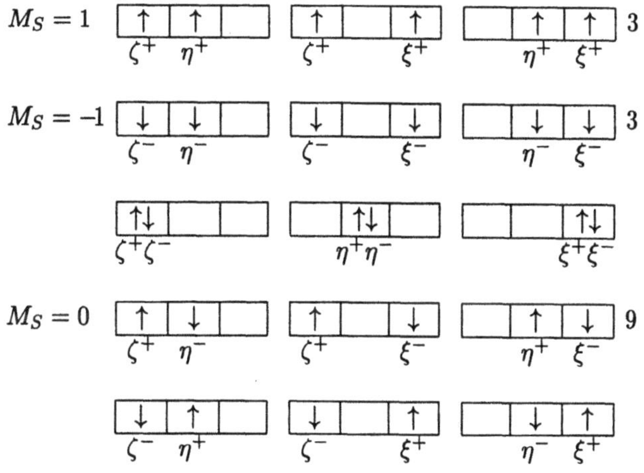

Aus diesen Eigenfunktionen von $\hat{S}_z$ werden jetzt die Eigenfunktionen auch von $\hat{S}^2$ bestimmt. Bei den in der 1. Zeile des Schemas (4.76) stehenden Funktionen $\Phi(\zeta^+;\eta^+)$, $\Phi(\zeta^+;\xi^+)$, $\Phi(\eta^+;\xi^+)$ muß es sich jeweils um eine Triplettfunktion ($S=1$, $M_S=1$) handeln. Sie erhalten die Bezeichnung $|\zeta\eta 11\rangle$, $|\zeta\xi 11\rangle$, $|\eta\xi 11\rangle$ (allgemein $|\bar{m}_1\bar{m}_2 SM_S\rangle$). Wendet man auf sie den Stufenoperator $\hat{S}_-$ an, ergibt sich nach dem in Beispiel 3.3 beschriebenen Verfahren:

$$\begin{aligned} \hat{S}_-|\zeta\eta 11\rangle &= \sqrt{2}|\zeta\eta 10\rangle; \qquad \hat{S}_-\Phi(\zeta^+;\eta^+) = \Phi(\zeta^+;\eta^-) + \Phi(\zeta^-;\eta^+) \\ \Longrightarrow |\zeta\eta 10\rangle &= \sqrt{\tfrac{1}{2}}\,[\Phi(\zeta^+;\eta^-) + \Phi(\zeta^-;\eta^+)] \quad (M_S = 0). \end{aligned}$$

Nach einer weiteren Anwendung des Stufenoperators erhalten wir

$$|\zeta\eta 1\,{-1}\rangle = \Phi(\zeta^-;\eta^-) \quad (M_S = -1).$$

Entsprechend werden die anderen Triplettfunktionen bestimmt. Sie lauten:

$$\begin{aligned} &|\zeta\xi 11\rangle = \Phi(\zeta^+;\xi^+); && |\eta\xi 11\rangle = \Phi(\eta^+;\xi^+) \\ &|\zeta\xi 10\rangle = \tfrac{1}{\sqrt{2}}[\Phi(\zeta^+;\xi^-) + \Phi(\zeta^-;\xi^+)]; && |\eta\xi 10\rangle = \tfrac{1}{\sqrt{2}}[\Phi(\eta^+;\xi^-) + \Phi(\eta^-;\xi^+)] \\ &|\zeta\xi 1\text{-}1\rangle = \Phi(\zeta^-;\xi^-); && |\eta\xi 1\text{-}1\rangle = \Phi(\eta^-;\xi^-). \end{aligned}$$

Die sechs Singulett-Funktionen sind

$$\begin{aligned} &|\zeta\zeta 00\rangle = \Phi(\zeta^+;\zeta^-); && |\zeta\eta 00\rangle = \tfrac{1}{\sqrt{2}}[\Phi(\zeta^+;\eta^-) - \Phi(\zeta^-;\eta^+)] \\ &|\eta\eta 00\rangle = \Phi(\eta^+;\eta^-); && |\zeta\xi 00\rangle = \tfrac{1}{\sqrt{2}}[\Phi(\zeta^+;\xi^-) - \Phi(\zeta^-;\xi^+)] \\ &|\xi\xi; 00\rangle = \Phi(\xi^+;\xi^-); && |\eta\xi 00\rangle = \tfrac{1}{\sqrt{2}}[\Phi(\eta^+;\xi^-) - \Phi(\eta^-;\xi^+)]\,. \end{aligned}$$

Letztere wurden orthogonal zu den Triplett-Funktionen gewählt. Nach Aufsuchen der Eigenzustände von Operatoren des Gesamtspins besteht die Aufgabe jetzt darin, aus den $|\bar{m}_1\bar{m}_2; SM_S\rangle$-Funktionen solche Linearkombinationen zu bilden, deren Ortsanteile sich nach irreduziblen Darstellungen der Gruppe O transformieren. Um herauszufinden, welche Linearkombination sich nach der irreduziblen Darstellung T_1, T_2, E bzw. A_1 transformiert, untersucht man zunächst das Transformationsverhalten der $|\bar{m}_1\bar{m}_2; SM_S\rangle$-Funktionen selbst. Zu diesem Zweck wurden die Transformationseigenschaften der Einelektronenortsanteile $|\Gamma\bar{m}\rangle$ (mit $\Gamma = t_2, \bar{m} = \zeta,\eta,\xi$ und $\Gamma = e, \bar{m} = \theta,\epsilon$) unter den Symmetrieoperationen von O in Tab. 4.5 zusammengestellt [28]. Die für die Konfiguration $(t_2)^2$ gültigen Zustände mit der Energie $E_{LF} = -8\,Dq$ ergeben sich wie folgt:

[28] Man entnimmt Tab. 4.5 z. B. die Transformation der Zustände $|t_2\bar{m}\rangle$ bei Anwendung der Symmetrieoperation C_3: $|t_2\zeta\rangle \longrightarrow |t_2\xi\rangle$, $|t_2\eta\rangle \longrightarrow |t_2\zeta\rangle$, $|t_2\xi\rangle \longrightarrow |t_2\eta\rangle$. Der Charakter der entsprechenden 3×3-Darstellungsmatrix ist null: Alle Diagonalelemente verschwinden, da jede Funktion jeweils in eine andere übergeht. Die Darstellungsmatrix für die drei Produktzustände $|t_2\zeta\rangle|t_2\eta\rangle$, $|t_2\zeta\rangle|t_2\xi\rangle$, $|t_2\eta\rangle|t_2\xi\rangle$ unseres Zweielektronensystems hat ebenfalls den Charakter null, da jede Produktfunktion bei der dreizähligen Drehung in eine andere übergeht, so daß für den Charakter $\chi(C_3) = 0$ gilt. Entsprechend geht man bei den anderen Drehungen vor und kann somit das Charakterensystem für die drei Produktfunktionen aufstellen.

Man stellt bei der Betrachtung des Transformationsverhaltens der Ortsanteile fest, daß sich jeweils drei $|\bar{m}_1\bar{m}_2; SM_S\rangle$-Funktionen untereinander transformieren (s. Tab. 4.18): Die drei Funktionen $|\zeta\eta 1 M_S\rangle$, $|\zeta\xi 1 M_S\rangle$, $|\eta\xi 1 M_S\rangle$ mit

Tab. 4.18: Transformationsverhalten der $|\bar{m}_1\bar{m}_2 SM_S\rangle$-Funktionen der Konfiguration $(t_2)^2$ unter den Symmetrieoperationen von O.

$\Gamma(O)$	$\|\bar{m}_1\bar{m}_2 SM_S\rangle$	E	C_3	C_2	C_4	C_2'
	$\|\zeta\eta 11\rangle$ a)	$\|\zeta\eta 11\rangle$	$-\|\zeta\xi 11\rangle$	$-\|\zeta\eta 11\rangle$	$-\|\zeta\xi 11\rangle$	$-\|\zeta\xi 11\rangle$
$^3T_1$	$\|\zeta\xi 11\rangle$	$\|\zeta\xi 11\rangle$	$-\|\eta\xi 11\rangle$	$-\|\zeta\xi 11\rangle$	$\|\zeta\eta 11\rangle$	$-\|\zeta\eta 11\rangle$
	$\|\eta\xi 11\rangle$	$\|\eta\xi 11\rangle$	$\|\zeta\eta 11\rangle$	$\|\eta\xi 11\rangle$	$\|\eta\xi 11\rangle$	$-\|\eta\xi 11\rangle$
χ_c		3	0	-1	1	-1
	$\|\zeta\eta 00\rangle$	$\|\zeta\eta 00\rangle$	$\|\zeta\xi 00\rangle$	$-\|\zeta\eta 00\rangle$	$-\|\zeta\xi 00\rangle$	$-\|\zeta\xi 00\rangle$
$^1T_2$	$\|\zeta\xi 00\rangle$	$\|\zeta\xi 00\rangle$	$\|\eta\xi 00\rangle$	$-\|\zeta\xi 00\rangle$	$-\|\zeta\eta 00\rangle$	$-\|\zeta\eta 00\rangle$
	$\|\eta\xi 00\rangle$	$\|\eta\xi 00\rangle$	$\|\zeta\eta 00\rangle$	$\|\eta\xi 00\rangle$	$-\|\eta\xi 00\rangle$	$\|\eta\xi 00\rangle$
χ_c		3	0	-1	-1	1
$^1A_1$	$\|\zeta\zeta 00\rangle$	$\|\zeta\zeta 00\rangle$	$\|\xi\xi 00\rangle$	$\|\zeta\zeta 00\rangle$	$\|\zeta\zeta 00\rangle$	$\|\zeta\zeta 00\rangle$
$\oplus$	$\|\eta\eta 00\rangle$	$\|\eta\eta 00\rangle$	$\|\zeta\zeta 00\rangle$	$\|\eta\eta 00\rangle$	$\|\xi\xi 00\rangle$	$\|\xi\xi 00\rangle$
^1E	$\|\xi\xi 00\rangle$	$\|\xi\xi 00\rangle$	$\|\eta\eta 00\rangle$	$\|\xi\xi 00\rangle$	$\|\eta\eta 00\rangle$	$\|\eta\eta 00\rangle$
χ_c		3	0	3	1	1

a) $|\bar{m}_1\bar{m}_2 10\rangle$ und $|\bar{m}_1\bar{m}_2 1-1\rangle$ zeigen dasselbe Transformationsverhalten.

bestimmtem M_S-Wert ($M_S = 1, 0$ bzw. -1) transformieren sich in gleicher Weise, und zwar nach T_1, wie ein Vergleich mit der Charaktertafel für O, Tab. 4.4, zeigt. Diese neun Funktionen gehören somit zu einem $^3T_1$-Term. Ihnen werden die Symbole $|^3T_1 x, M_S\rangle$, $|^3T_1 y, M_S\rangle$, $|^3T_1 z, M_S\rangle$ zugeordnet [178]. Die Funktionen $|\zeta\eta 00\rangle$, $|\zeta\xi 00\rangle$, $|\eta\xi 00\rangle$ gehören zu einem $^1T_2$-Term ($|^1T_2\xi\rangle$, $|^1T_2\eta\rangle$, $|^1T_2\zeta\rangle$), während die Darstellung, die von den Singulett-Funktionen $|\zeta\zeta 00\rangle$, $|\eta\eta 00\rangle$, $|\xi\xi 00\rangle$ induziert wird, reduzibel ist und die irreduziblen Bestandteile A_1 und E enthält. Somit wären alle nach dem direkten Produkt zu erwartenden irreduziblen Darstellungen zugeordnet.

Alle Funktionen bis auf die drei letztgenannten sind bereits symmetrieadaptiert. Aus $|\zeta\zeta 00\rangle$, $|\eta\eta 00\rangle$, $|\xi\xi 00\rangle$ sind noch die Linearkombinationen zu konstruieren, die sich nach A_1 und E transformieren. Man ermittelt sie über die Anwendung von Symmetrieoperationen. Aus den drei Funktionen muß sich eine Singulettfunktion $|^1A_1, M_S = 0\rangle$ konstruieren lassen, deren Ortsanteil sich nach A_1 von O transformiert. Es müssen also die Koeffizienten a, b und c der Linearkombination $|^1A_1, 0\rangle = a\,|\zeta\zeta 00\rangle + b\,|\eta\eta 00\rangle + c\,|\xi\xi 00\rangle$ bestimmt werden. Man wendet wiederum die Symmetrieoperationen von O an und bestimmt die Koeffizienten so, daß die Invarianz erfüllt ist. Aus der Anwendung von C_4 und C_3 folgt $a = b = c$ und damit

$$|^1A_1, 0\rangle = a\,[|\zeta\zeta 00\rangle + |\eta\eta 00\rangle + |\xi\xi 00\rangle] = \sqrt{\tfrac{1}{3}}\,[|\zeta\zeta 00\rangle + |\eta\eta 00\rangle + |\xi\xi 00\rangle]\,.$$

a entspricht der Normierungskonstante und nimmt hier den Wert $\sqrt{\frac{1}{3}}$ an.

Die noch zu bestimmenden zwei Funktionen, die sich nach E transformieren, müssen orthogonal zu $|^1A_1, 0\rangle$ sein. Sie lauten

$$\begin{aligned} |^1E\epsilon, 0\rangle &= \sqrt{\tfrac{1}{2}}\,(|\eta\eta 00\rangle - |\xi\xi 00\rangle) \\ |^1E\theta, 0\rangle &= \sqrt{\tfrac{1}{6}}\,(|\eta\eta 00\rangle + |\xi\xi 00\rangle - 2\,|\zeta\zeta 00\rangle) \end{aligned}$$

Damit sind jetzt alle 15 symmetrieadaptierten Basisfunktionen der Konfiguration $(t_2)^2$ bekannt. Sie sind Eigenfunktionen von $\hat{H}^c_{LF}$. Wendet man $\hat{H}^c_{LF}$ auf sie an, ergibt sich der Eigenwert $E_{LF} = -8\,Dq$, im Einklang mit dem nach Gl. (4.73) berechneten Wert.

Im nächsten Schritt wird die Elektron-Elektron-Wechselwirkung in Rechnung gestellt. Wir betrachten als Beispiel den Zustand $|\zeta\eta 11\rangle = \Phi(\zeta^+;\eta^+)$ des $^3T_1$-Terms. Man läßt Operator (3.141) einwirken und erhält das Matrixelement (unter Berücksichtigung von Gl. (3.142) und Beispiel 3.4)

$$\begin{aligned} E_{ee}(^3T_1, 1) &= \langle\Phi(\zeta^+;\eta^+)|\tfrac{e^2}{r_{12}}|\Phi(\zeta^+;\eta^+)\rangle\rangle \\ &= \langle\zeta(1)\eta(2)|\tfrac{e^2}{r_{12}}|\zeta(1)\eta(2)\rangle - \langle\zeta(1)\eta(2)|\tfrac{e^2}{r_{12}}|\zeta(2)\eta(1)\rangle \\ E_{ee}(^3T_1) &= F_0 - 5\,F_2 - 24\,F_4 = A - 5\,B. \end{aligned} \tag{4.77}$$

Entsprechend folgt für die anderen Terme:

$$\begin{aligned} E_{ee}(^1T_2) &= F_0 + F_2 + 16\,F_4 = A + B + 2\,C \\ E_{ee}(^1E) &= F_0 + F_2 + 16\,F_4 = A + B + 2\,C \\ E_{ee}(^1A_1) &= F_0 + 10\,F_2 + 76\,F_4 = A + 10\,B + 5\,C \end{aligned}$$

Wir sehen, daß die Terme $^1T_2$ und ^1E im Grenzfall des starken Feldes (zufällig) entartet sind. Da B und C positiv sind, ist $^3T_1$ Grundterm und $^1A_1$

der energetisch höchste Term der Konfiguration $(t_2)^2$. Analog geht man bei den Konfigurationen $(t_2)^1(e)^1$ und $(e)^2$ vor und erhält auch hier die Aufspaltungen in Form der RACAH-Parameter (Tab. 4.19). Im rechten Teil der Abb. 4.23 sind die Ergebnisse nach Anwendung von H_{ee} (in 1. Ordnung, d. h. ohne Konfigurationswechselwirkung) dargestellt.

Tab. 4.19: Termenergien kubischer d²-Systeme im Grenzfall des starken Feldes

$(t_2)^n(e)^{N-n}$	$(t_2)^2$				$(t_2)^1(e)^1$				$(e)^2$		
E_{LF} a)	$-8\,Dq$				$2\,Dq$				$12\,Dq$		
$^{2S+1}\Gamma$	$^3T_1$	$^1T_2$	^1E	$^1A_1$	$^3T_2$	$^1T_2$	$^3T_1$	$^1T_1$	$^3A_2$	^1E	$^1A_1$
E_{ee} a)	$-5\,B$	B $+2\,C$	B $+2\,C$	$10\,B$ $+5\,C$	$-8\,B$	$2\,C$	$4\,B$	$4\,B$ $+2\,C$	$-8\,B$	$2\,C$	$8\,B$ $+4\,C$

a) Ohne den für alle Terme konstanten Beitrag.

Intermediäres Ligandenfeld. Im Grenzfall des schwachen Feldes wurden Integrale mit $\hat{H}_{LF}$ und Funktionen *verschiedener* Terme ^{2S+1}L vernachlässigt. Wenn der Einfluß von H_{LF} gegenüber H_{ee} zunimmt, muß diese Vernachlässigung in Form der Termwechselwirkung korrigiert werden, und zwar bei $^1A_1^{(S)}$—$^1A_1^{(G)}$, $^1E^{(D)}$—$^1E^{(G)}$, $^1T_2^{(D)}$—$^1T_2^{(G)}$ und $^3T_1^{(P)}$—$^3T_1^{(F)}$. Die Einbeziehung der bisher nicht betrachteten Matrixelemente in die Rechnung führt zur Mischung der beiden jeweils in Wechselwirkung stehenden Zustände. Beispiel 4.18 zeigt, wie im Falle der $^3T_1^{(P)}$—$^3T_1^{(F)}$-Wechselwirkung der höherliegende Zustand $^3T_1(P)$ in den tieferliegenden Zustand $^3T_1(F)$ eingemischt wird und die Energie der beiden Zustände modifiziert wird. Wir werden sehen, daß sich die magnetischen Eigenschaften gegenüber der Beschreibung im Grenzfall des schwachen Feldes ändern. Dies gilt generell für Systeme mit T_1-Grundtermen.

Beispiel 4.18 *Termwechselwirkung* $^3T_1^{(P)} - {}^3T_1^{(F)}$

Die Terme $^3T_1^{(P)}$ und $^3T_1^{(F)}$ bestehen jeweils aus neun Basisfunktionen. Nichtverschwindende Matrixelemente $\langle {}^3T_1^{(P)}\bar{M}, M_S|\hat{H}_{LF}^c|{}^3T_1^{(F)}\bar{M}', M_S'\rangle$ gibt es nur, wenn $\bar{M} = \bar{M}'$ und $M_S = M_S'$ (s. Gln. (4.29) und (4.30)). Die 18 × 18-Matrix zerfällt in neun 2 × 2-Determinanten, in denen jeweils Paare von Funktionen stehen, die zu derselben Zeile von T_1 (gleiches $\bar{M}$-Symbol) gehören und gleichen M_S-Wert haben, z. B. die beiden Funktionen (vgl. Gl. (3.136))

$$|3011\rangle \equiv |{}^3T_1^{(F)}0,1\rangle = \sqrt{\tfrac{1}{5}}\,\Phi(2^+;-2^+) + \sqrt{\tfrac{4}{5}}\,\Phi(1^+;-1^+)$$

$$|1011\rangle \equiv |{}^3T_1^{(P)}0,1\rangle = \sqrt{\tfrac{4}{5}}\,\Phi(2^+;-2^+) - \sqrt{\tfrac{1}{5}}\,\Phi(1^+;-1^+).$$

Die Diagonalelemente mit dem Operator $e^2/r_{12} + \hat{H}^c_{LF}$ lauten unter Vernachlässigung der nicht zur Aufspaltung beitragenden Integrale A und B^0_0:

$$\begin{aligned}H_{11} &= \langle {}^3T_1^{(F)}\bar{M}, M_S|e^2/r_{12}|{}^3T_1^{(F)}\bar{M}, M_S\rangle \\ &\quad + \langle {}^3T_1^{(F)}\bar{M}, M_S|\hat{H}^c_{LF}|{}^3T_1^{(F)}\bar{M}, M_S\rangle = -8\,B - \tfrac{6}{21}\,B^4_0 = -8\,B - 6\,Dq \\ H_{22} &= \langle {}^3T_1^{(P)}\bar{M}, M_S|e^2/r_{12}|{}^3T_1^{(P)}\bar{M}, M_S\rangle \\ &\quad + \underbrace{\langle {}^3T_1^{(P)}\bar{M}, M_S|\hat{H}^c_{LF}|{}^3T_1^{(P)}\bar{M}, M_S\rangle}_{0} = 7\,B\end{aligned}$$

Die nachfolgenden Rechnungen werden übersichtlicher, wenn man die Diagonalelemente um $8\,B$ verschiebt, so daß diese die Werte $H_{11} = -6\,Dq$ und $H_{22} = 15\,B$ annehmen. Für die Nichtdiagonalelemente ergibt sich mit Hilfe der Tab. 3.10:

$$\begin{aligned}H_{12} = H_{21} &= \underbrace{\langle {}^3T_1^{(P)}\bar{M}, M_S|e^2/r_{12}|{}^3T_1^{(F)}\bar{M}, M_S\rangle}_{0} \\ &\quad + \langle {}^3T_1^{(P)}\bar{M}, M_S|\hat{H}^c_{LF}|{}^3T_1^{(F)}\bar{M}, M_S\rangle \\ &= B^4_0\left(\tfrac{4}{5}\underbrace{\langle 2|C^4_0|2\rangle}_{(1/21)} - \tfrac{4}{5}\underbrace{\langle 1|C^4_0|1\rangle}_{-(4/21)}\right) = \tfrac{4}{21}\,B^4_0 \equiv 4\,Dq.\end{aligned}$$

Die 2×2-Determinanten werden mit Hilfe des allgemeinen Ansatzes Gl. (4.63) gelöst:

$$\begin{vmatrix} -6Dq - E & 4Dq \\ 4Dq & 15B - E \end{vmatrix} = 0. \quad \text{Mit} \quad \tan 2\alpha = -8Dq/(15B + 6Dq) \quad \text{folgt}$$

$$\begin{aligned}E_1 &= -6Dq - 4Dq\cot\alpha; & |{}^3T_1^{(1)}\rangle &= \sin\alpha|{}^3T_1^{(F)}\rangle - \cos\alpha|{}^3T_1^{(P)}\rangle \\ E_2 &= 15B + 4Dq\cot\alpha; & |{}^3T_1^{(2)}\rangle &= \cos\alpha|{}^3T_1^{(F)}\rangle + \sin\alpha|{}^3T_1^{(P)}\rangle.\end{aligned}$$

Im Grenzfall des schwachen Feldes, d. h. bei Vernachlässigung des Nichtdiagonalelementes, ist $\alpha = 90°$ und damit $|{}^3T_1^{(1)}\rangle = |{}^3T_1^{(F)}\rangle$ sowie $E_1 = -6\,Dq$. Auch der Grenzfall des starken Feldes kann simuliert werden, indem man den Racah-Parameter B vernachlässigt. Wegen $\tan 2\alpha = -4/3$ ergibt sich $\cot\alpha = 1/2$ und damit $E_1 = -8\,Dq$. Dabei handelt es sich um die Energie des ${}^3T_1$-Terms, der zur Konfiguration $(t_2)^2$ gehört. Man stellt darüber hinaus beim Durchspielen realistischer Werte für Dq fest, daß mit steigender Ligandenfeldstärke der höherliegende Term labilisiert, der tieferliegende Term stabilisiert wird: Beide Terme "stoßen sich ab". *

An die Stelle der in Tab. 4.15 notierten Basisfunktionen $|{}^3T_1^{(F)}\bar{M}, M_S\rangle$ und $|{}^3T_1^{(P)}\bar{M}, M_S\rangle$ treten jetzt die gemischten Funktionen $|{}^3T_1^{(1)}\bar{M}, M_S\rangle$ und $|{}^3T_1^{(2)}\bar{M}, M_S\rangle$ (s. Tab. 4.20).

Tab. 4.20: Funktionen und Energien nach Störung der ^3F- und ^3P-Terme (d^2) durch H_{ee} und $\hat{H}^c_{LF}$ im Modell des intermediären Ligandenfeldes

$\|^{2S+1}\Gamma\,\bar{M}, M_S\rangle$	$\|LM_LSM_S\rangle \quad M_S = 1, 0, -1$	E_{LF}
$\|^3T_1^{(1)}\,1, M_S\rangle$	$-\sin\alpha\left(\sqrt{\frac{5}{8}}\,\|3\,-3 1 M_S\rangle + \sqrt{\frac{3}{8}}\,\|3 1 1 M_S\rangle\right)$ $-\cos\alpha\|1 1 1 M_S\rangle$	$-6\,Dq - 4\,Dq\cot\alpha$
$\|^3T_1^{(1)}0, M_S\rangle$	$\sin\alpha\|3 0 1 M_S\rangle - \cos\alpha\|1 0 1 M_S\rangle$	
$\|^3T_1^{(1)}\,-1, M_S\rangle$	$-\sin\alpha\left(\sqrt{\frac{5}{8}}\,\|3 3 1 M_S\rangle + \sqrt{\frac{3}{8}}\,\|3\,-1 1 M_S\rangle\right)$ $-\cos\alpha\|1\,-1 1 M_S\rangle$	
$\|^3T_1^{(2)}\,1, M_S\rangle$	$-\cos\alpha\left(\sqrt{\frac{5}{8}}\,\|3\,-3 1 M_S\rangle + \sqrt{\frac{3}{8}}\,\|3 1 1 M_S\rangle\right)$ $+\sin\alpha\|1 1 1 M_S\rangle$	$15\,B + 4\,Dq\cot\alpha$
$\|^3T_1^{(2)}0, M_S\rangle$	$\cos\alpha\|3 0 1 M_S\rangle + \sin\alpha\|1 0 1 M_S\rangle$	
$\|^3T_1^{(2)}\,-1, M_S\rangle$	$-\cos\alpha\left(\sqrt{\frac{5}{8}}\,\|3 3 1 M_S\rangle + \sqrt{\frac{3}{8}}\,\|3\,-1 1 M_S\rangle\right)$ $+\sin\alpha\|1\,-1 1 M_S\rangle$	

Geht man vom Grenzfall des starken Feldes aus und berücksichtigt die durch H_{ee} hervorgerufene Kopplung zwischen Zuständen gleicher Multiplizität und Rasse der verschiedenen Konfigurationen im Rahmen der *Konfigurationswechselwirkung*, erhält man dieselben in Tab. 4.20 notierten Energien [139]. In diesem Fall kommt es zu einer Mischung der aus den Konfigurationen $(t_2)^2$ und $(t_2)^1(e)^1$ hervorgehenden $^3T_1$-Terme. Sie ist der Mischung der Terme $^3T_1^{(F)}$ und $^3T_1^{(P)}$ äquivalent. Es ist also gleichgültig, ob man vom Grenzfall des schwachen Feldes ausgeht und die Termwechselwirkung berücksichtigt oder ob man, ausgehend vom Grenzfall des starken Feldes, die Konfigurationswechselwirkung in Rechnung stellt.

4.3.2.2 d^N, $H_{ee} + H_{LF}$

Grenzfall des schwachen Feldes. Die Grundterme ^{2S+1}L freier d^N-Systeme ändern sich mit N in systematischer Weise:

d^N	d^0, d^{10}	d^1, d^9	d^2, d^8	d^3, d^7	d^4, d^6	d^5
Term	^1S	^2D	^3F	^4F	^5D	^6S

Der S-Term ($L = 0$) bei leerer, voller und halbbesetzter d-Unterschale wird wegen der kugelsymmetrischen Ladungsverteilung nicht aufgespalten. Ein D-Term ($L = 2$) liegt bei d^1, d^9, d^6, d^4 vor. Er spaltet im kubischen Ligandenfeld in ein (Bahn-)Dublett (^{2S+1}E) und ein (Bahn-)Triplett ($^{2S+1}T_2$) auf. Bei d^1 gilt: $^2D \longrightarrow {}^2E + {}^2T_2$ mit $\Delta E_{LF} = E_{LF}(^2E) - E_{LF}(^2T_2) = 10\,Dq$. Bei $Dq > 0$ (Oktaederfeld) ist $^2T_2$ Grundterm, im Tetraederfeld ($Dq < 0$) ^2E (s. Abb. 4.24). Beim d^9-System ergibt sich die Aufspaltung aufgrund der Elektron-Loch-Äquivalenz durch Inversion ($\Delta E_{LF} = -10\,Dq$). Für ein d^6-Ion (^5D-Grundterm) mit einem Elektron mehr als bei Halbbesetzung ist die Aufspaltung wie bei d^1, während die Situation für d^4 mit einem Elektron weniger als bei Halbbesetzung derjenigen bei d^9 entspricht. Für die Systeme d^2, d^3, d^7 und d^8, die zu F-Termen maximaler Multiplizität Anlaß geben und im Ligandenfeld zu A_2, T_1 und T_2 führen, gilt analog, daß sie hinsichtlich ihrer Bahnanteile äquivalent den Zweielektronen- oder Zweilöcher-Zuständen sind: Bei d^2 und d^7 liegt die Abfolge $^3T_1$ (mit $E_{LF} = -6\,Dq$), $^3T_2$ ($2\,Dq$) und $^3A_2$ ($12\,Dq$) vor, während sich in den Energieausdrücken für die Aufspaltung bei d^3 und d^8 die Vorzeichen ändern: $E_{LF}(A_2) = -12\,Dq$, $E_{LF}(T_2) = -2\,Dq$ und $E_{LF}(T_1) = 6\,Dq$ (vgl. Abb. 4.24).

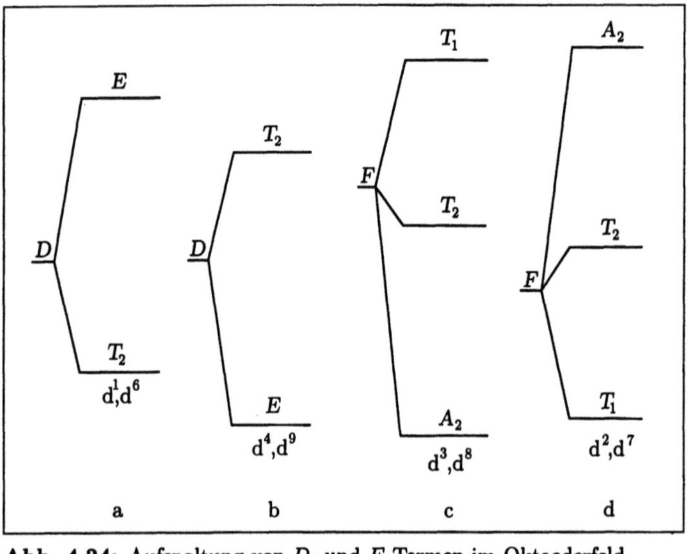

Abb. 4.24: Aufspaltung von D- und F-Termen im Oktaederfeld

Die aus dem Grundterm sowie gegebenenfalls aus weiteren Termen derselben Multiplizität im Grenzfall des schwachen Feldes resultierenden Zustände sind, jeweils nach steigender Energie geordnet, für alle Konfigurationen d^N in Tab. 4.21 zusammengestellt. Die Angaben lassen sich leicht überprüfen, wenn

Tab. 4.21: d^N: Zustände maximaler Multiplizität im Grenzfall schwacher, kubischer Ligandenfelder.

d^N	^{2S+1}L	$^{2S+1}\Gamma$ a) oktaedrisch	tetraedrisch
d^0	^1S	$^1A_1$	$^1A_1$
d^1	^2D	$^2T_2$, ^2E	^2E, $^2T_2$
d^2	^3F; ^3P	$^3T_1$, $^3T_2$, $^3A_2$; $^3T_1$	$^3A_2$, $^3T_2$, $^3T_1$; $^3T_1$
d^3	^4F; ^4P	$^4A_2$, $^4T_2$, $^4T_1$; $^4T_1$	$^4T_1$, $^4T_2$, $^4A_2$; $^4T_1$
d^4	^5D	^5E, $^5T_2$	$^5T_2$, ^5E
d^5	^6S	$^6A_1$	$^6A_1$
d^6	^5D	$^5T_2$, ^5E	^5E, $^5T_2$
d^7	^4F; ^4P	$^4T_1$, $^4T_2$, $^4A_2$; $^4T_1$	$^4A_2$, $^4T_2$, $^4T_1$; $^4T_1$
d^8	^3F; ^3P	$^3A_2$, $^3T_2$, $^3T_1$; $^3T_1$	$^3T_1$, $^3T_2$, $^3A_2$; $^3T_1$
d^9	^2D	^2E, $^2T_2$	$^2T_2$, ^2E
d^{10}	^1S	$^1A_1$	$^1A_1$

a) Jeweils geordnet nach steigender Energie. Der Index „g" wurde bei den Symbolen für O_h-Symmetrie weggelassen.

man berücksichtigt, daß die Termsymbole der freien Ionen an der Stelle d^5 gespiegelt sind und daß man nur die Aufspaltung für $^2D(d^1)$ und $^3F(d^2)$ im Oktaederfeld kennen muß. Alles Weitere ergibt sich aus halbgefüllter und gefüllter Unterschale und dem Loch-Formalismus sowie aus der Tatsache, daß die Situation für das Tetraederfeld ($Dq < 0$) sich immer durch Inversion aus der für das Oktaederfeld ($Dq > 0$) ergibt [12].

Anhand Tab. 4.21 erkennen wir, für welche Situation der Ligandenfeldgrundterm in Abhängigkeit von der Ligandenfeldstärke durch die Termwechselwirkung verändert werden kann und daher mit einem deutlichen Einfluß auf die magnetischen Eigenschaften zu rechnen ist. Dies ist der Fall bei einem $^{2S+1}T_1(F)$-Grundzustand, der über $\hat{H}^c_{LF}$ mit $^{2S+1}T_1(P)$ koppelt. Im Gegensatz dazu bleiben die aus D-Termen eines freien Ions resultierenden T_2-Zustände unverändert [29], da es hier keine T_2-Zustände mit derselben Multiplizität wie beim Grundterm gibt, die mit dem Grundterm über $\hat{H}^c_{LF}$ gemischt werden. Aus dem gleichen Grund spielt die Termwechselwirkung bei A_2- und E-Grundzuständen,

[29] Bei d^4 und d^6 mit $^5T_2$-Grundzuständen in kubischen Ligandenfeldern kann es allerdings zur Termüberschneidung und damit zur Low-Spin-Anordnung kommen.

die aus F- und D-Termen des freien Ions folgen, keine Rolle. Ihre Zusammensetzung ist unabhängig von der Ligandenfeldstärke. Im Zusammenhang mit magnetischen Eigenschaften ist die Termwechselwirkung bei Systemen mit kubischer Symmetrie also nur dann von Bedeutung, wenn ein T_1-Grundterm vorliegt. Dies ist der Fall bei d^2 und d^7 im Oktaederfeld sowie d^3 und d^8 im Tetraederfeld (vgl. Tab. 4.21).

Grenzfall des starken Feldes. Bei $H_{ee} = 0$ lauten die drei energetisch günstigsten Ligandenfeldkonfigurationen im Falle oktaedrischer Koordination:

ΔE_{LF}	$N = 1$	2	3	4	5	6	7	8	9
$20\,Dq$		e^2	$t_2^1e^2$	$t_2^2e^2$	$t_2^3e^2$	$t_2^4e^2$	$t_2^4e^3$	$t_4^4e^4$	
$10\,Dq$	e^1	$t_2^1e^1$	$t_2^2e^1$	$t_2^3e^1$	$t_2^4e^1$	$t_2^5e^1$	$t_2^5e^2$	$t_2^5e^3$	$t_2^5e^4$
0	t_2^1	t_2^2	t_2^3	t_2^4	t_2^5	t_2^6	$t_2^6e^1$	$t_2^6e^2$	$t_2^6e^3$

Unter dem Einfluß von H_{ee} spalten sie (mit Ausnahme von d^1 und d^9) auf, wie wir repräsentativ beim d^2-System sahen. Mit Hilfe der Gruppentheorie lassen sich auf einfache Weise die irreduziblen Darstellungen ermitteln, nach denen sich die Ortsanteile der Mehrelektronensysteme transformieren. Die Zuordnung der Multiplizitäten ist nicht auf so einfache Weise möglich, sondern verlangt weitere Überlegungen, wie wir beim d^2-System zeigten.

TANABE-SUGANO-**Diagramme.** TANABE und SUGANO [229] haben nach der Methode des starken Feldes unter Berücksichtigung aller Ligandenfeldkonfigurationen und der Konfigurationswechselwirkung die Termenergien für alle d^N-Systeme berechnet. Die Lösung der Determinanten ist mit Computern im Prinzip einfach durchführbar, wenn sie auch im Falle der Konfigurationen d^4/d^6 und d^5 zeitaufwendig ist (210 bzw. 252 Zustände). Man erhält so die Energien z. B. für oktaedrische Koordination in Abhängigkeit der Parameter Dq, B und C. Für ein bestimmtes Verhältnis C/B ist es dann möglich, die Termenergien in (E/B)—(Dq/B)-Diagrammen graphisch darzustellen. Diese Diagramme, die eine wesentliche Hilfe bei der Interpretation von Spektren sind, müßten im Prinzip für jedes Ion gesondert erstellt werden, da es für jedes Ion ein charakteristisches C/B-Verhältnis gibt. Dessen Wert variiert jedoch von einem Ion zu einem anderen eng verwandten Ion einer Serie nicht sehr stark, so daß *ein* Diagramm mit einem repräsentativen C/B-Wert ausreicht, um die wichtigsten zu erwartenden Merkmale eines Spektrums zu erklären. Die Zahl der Korrelationsdiagramme für oktaedrische und tetraedrische Koordination läßt sich auf vier reduzieren, wenn man berücksichtigt, daß aufgrund der Elektron-Loch-Äquivalenz die Termstruktur für die Konfigurationen d^N und d^{10-N} $(N < 5)$ identisch ist und man durch Zulassen auch negativer Dq-Werte sowohl oktaedrische als auch tetraedrische Ligandenfelder einbeziehen kann [220].

Den meisten publizierten Diagrammen liegt $C/B \approx 4$ zugrunde. Sie sind in erster Linie für die 3d-Ionen zutreffend, aber auch dann noch von praktischem Wert, wenn die Symmetrie nicht sehr stark von O_h oder T_d abweicht (z. B. bei leicht verzerrter tetraedrischer Umgebung des Metallions in Co(II)-Verbindungen). Bei manchen Ionen der 4d- und 5d-Serie gibt es jedoch relativ starke Abweichungen von $C/B \approx 4$, sowohl nach oben als auch nach unten. Außerdem führt bei 4d- und insbesondere 5d-Systemen die deutlich stärkere Spin-Bahn-Wechselwirkung zu weiteren Komplikationen (s. 4.3.2.3).

In den Abbn. 4.25 und 4.26 sind die Diagramme für d^2/d^8 bzw. d^6 (nicht vollständig) dargestellt. Hier wie in anderen entsprechenden Auftragungen ist der Grundzustand stets so gezeichnet, daß er mit der Abszisse zusammenfällt. Wir entnehmen dem Diagramm 4.25, daß bei d^2(okt.) und d^8(tetr.) der $^3T_1$-Term Grundzustand ist, während sich bei d^2(tetr.) und d^8(okt.) $^3A_2$ als Grundterm ergibt.

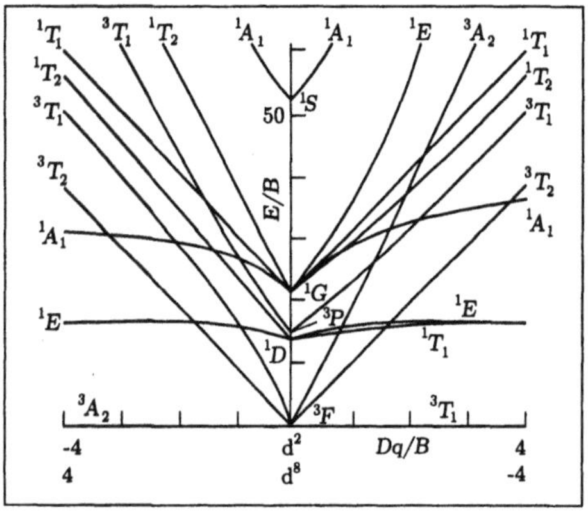

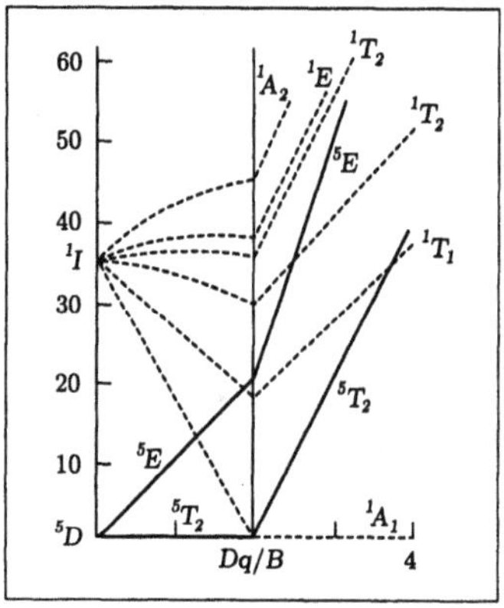

Abb. 4.25: TANABE-SUGANO-Diagramm für d^2 und d^8 (Oktaeder- und Tetraederfeld).

Abb. 4.26: TANABE-SUGANO-Diagramm für d^6 (Oktaederfeld).

Das in Abb. 4.26 gezeigte TANABE-SUGANO-Diagramm trifft für oktaedrisch koordinierte d^6-Ionen (Co^{3+}, Fe^{2+}) zu. Im Unterschied zum d^2-System zeigt es oberhalb eines kritischen (Dq/B)-Wertes *Termüberschneidung*. Bei Ligandenfeldstärken $(Dq/B) < 2$ ist ein $^5T_2$-Term Grundzustand, bei Feldstärken $(Dq/B) > 2$ ein $^1A_1$-Term. Zu Termüberschneidungen in oktaedrischen Ligandenfeldern kommt es auch bei den Konfigurationen d^4, d^5 und d^7. Wir werden im Zusammenhang mit Low-Spin-Anordnungen auf die gegenüber High-Spin-Anordnungen drastisch geänderten magnetischen Eigenschaften in 4.3.2.4 zurückkommen.

4.3.2.3 $\mathbf{d}^N$, $H_{ee} + H_{LF} + H_{SB} + H_M$

Bei der Anwendung der Ligandenfeldtheorie auf magnetische Eigenschaften der $n\mathrm{d}^N$-Systeme ist die Berücksichtigung von H_{SB} unerläßlich. Schaltet man H_{SB} zu einem durch H_{ee} und H_{LF} gestörten System dazu, kommt es zu weiteren Aufspaltungen. Terme nicht nur gleicher, sondern auch unterschiedlicher Spinmultiplizität werden gemischt, da $\hat{H}_{SB}$ nicht wie $\hat{H}_{LF}$ nur auf die Ortsanteile, sondern auch auf die Spinanteile der Gesamtwellenfunktionen wirkt. Darüber hinaus werden wir auf Systeme stoßen, bei denen eine deutliche Feldstärkeabhängigkeit der Suszeptibilität bereits bei Magnetfeldern zu beobachten ist, wie sie in SQUID-Magnetometern zur Verfügung stehen. Hier ist die VAN VLECK-Näherung nicht mehr adäquat.

Rechnungen zur magnetischen Suszeptibilität eines Mehrelektronensystems unter dem gleichzeitigen Einfluß aller vier Wechselwirkungen und einem im Rahmen der Ligandenfeldtheorie vollständigen Basissatz sind nur unter Einsatz von Großrechnern möglich. Die Ergebnisse lassen sich i. a. nicht mehr anschaulich an Hand von Korrelationsdiagrammen nachvollziehen. Im Prinzip ändert sich gegenüber dem bisher skizzierten Rechenverfahren jedoch nichts, abgesehen davon, daß zwei weitere Störungen und damit zwei zusätzliche Parameter, ζ und die Flußdichte $B_{(M)}$ des äußeren Magnetfelds [30], in den Rechengang aufgenommen werden müssen.

Mit Hilfe des von uns verwendeten Computerprogramms [232] können Simulations- und Anpassungsrechnungen an experimentelle Daten in Abhängigkeit von Parametern bez. H_{ee}, H_{LF}, H_{SB} und H_M durchgeführt werden. Auf die Basisfunktionen Φ der Zentralfeldnäherung Gl. (3.127) für die Elektronenkonfiguration d^N (zehn Funktionen bei d^1, 45 (d^2), 120 (d^3), 210 (d^4), 252 (d^5)) wendet man den Operator

$$\hat{H} = \underbrace{\sum_{i=1}^{N}\left[-\frac{\hbar^2}{2m_e}\nabla_i^2 + V(r_i)\right]}_{\hat{H}^{(0)}} + \underbrace{\sum_{i>j}^{N}\frac{e^2}{r_{ij}}}_{\hat{H}_{ee}} + \underbrace{\sum_{i=1}^{N}\xi(r_i)\kappa\hat{\boldsymbol{l}}_i\cdot\hat{\boldsymbol{s}}_i}_{\hat{H}_{SB}} + \tag{4.78}$$

$$\underbrace{B_0^4\sum_{i=1}^{N}\left\{C_0^4(i) + \sqrt{5/14}\,\left[C_4^4(i) + C_{-4}^4(i)\right]\right\}}_{\hat{H}_{LF}^c} \underbrace{- \sum_{i=1}^{N}\gamma_e(\kappa\hat{\boldsymbol{l}}_i + 2\hat{\boldsymbol{s}}_i)\cdot\boldsymbol{B}_{(M)}}_{\hat{H}_M}$$

an, wobei der Term $\hat{H}^{(0)}$ bei der Berechnung der Matrixelemente $\langle\Phi|\hat{H}|\Phi'\rangle$ ignoriert werden kann, da er nicht zur Energieaufspaltung beiträgt.

---

[30] Um Verwechselungen mit dem RACAH-Parameter B zu vermeiden, verwenden wir hier und an späteren kritischen Stellen für die Flußdichte das Symbol $B_{(M)}$.

Aus der für die gewählte Richtung α des Magnetfelds erhaltenen H-Matrix werden die Energie-Eigenwerte E_n und die zugehörigen Eigenfunktionen berechnet. Nach Anwendung des Operators $\hat{H}_M$ auf die Eigenfunktionen ergeben sich die Komponenten $\overline{\mu}_{n,\alpha} = -(\partial E_n/\partial B_{(M),\alpha})$ des magnetischen Momentes der Zustände n. Nach Einsetzen von E_n und $\overline{\mu}_{n,\alpha}$ in Gl. (3.167), die anstelle der VAN VLECK-Gl. (3.171) wegen der gegebenenfalls relativ starken Magnetfeldstörung verwendet werden muß, kann die Magnetisierung in Abhängigkeit der Parameter B, C, ζ, κ, B_0^4 [31] und $B_{(M)}$ für jede Temperatur berechnet werden. Diese Behandlung hat zur Folge, daß i. a. die an die Gesamtstörung adaptierten Zustände und ihre Energien E_n von $B_{(M)}$ abhängen.

Abschätzung des Einflusses von H_{LF}, H_{ee} und H_{SB} [139, 220]. Das magnetische Verhalten monomerer Übergangsmetallverbindungen kann — mit Ausnahme von Spincrossover (4.3.2.4) — recht genau vorhergesagt werden. Bei kubischer Symmetrie ist dazu die Kenntnis von Dq und B, C sowie ζ erforderlich. Das auf der Grundlage spektroskopischer Untersuchungen hauptsächlich an Verbindungen mit oktaedrisch koordiniertem Metallzentrum empirisch erhaltene Material zeigt, daß $\Delta \equiv 10\,Dq$ näherungsweise als Produkt einer Funktion $f(\mathrm{L})$, die nur vom Liganden L abhängt, und einer Funktion $g(\mathrm{M})$, die nur vom Zentralion M abhängt, formuliert werden kann: $10\,Dq \approx f(\mathrm{L}) \cdot g(\mathrm{M})$. $f(\mathrm{L})$ ist ein Maß für die Ligandenfeldstärke (Beispiele: $f(\mathrm{Cl^-}) = 0,80$; $f(\mathrm{H_2O}) = 1,00$; $f(\mathrm{CN^-}) = 1,70$) und liegt der *spektrochemischen Serie* [32] zugrunde. $g(\mathrm{M})$ steigt mit zunehmender Oxidationszahl (Beispiele für Δ(Okt.)-Werte: $[\mathrm{Fe(OH_2)_6}]^{2+}$ 10 400 cm^{-1}, $[\mathrm{Fe(OH_2)_6}]^{3+}$ 14 000 cm^{-1}) und zunehmender Hauptquantenzahl n (Beispiele: $[\mathrm{Co(NH_3)_6}]^{3+}$ 22 900 cm^{-1}, $[\mathrm{Rh(NH_3)_6}]^{3+}$ 34 100 cm^{-1}, $[\mathrm{Ir(NH_3)_6}]^{3+}$ 41 200 cm^{-1}).

Für die Verkleinerung des RACAH-Parameters B eines d-Ions in einer Verbindung gegenüber $\overline{B}$ des freien Ions im Sinne der *nephelauxetischen Serie* [33] läßt sich eine Abhängigkeit feststellen, die näherungsweise durch $\beta = B/\overline{B} \approx 1 - hk$ mit den nephelauxetischen Parametern h (Ligand) und k (Metall-Ion) beschrieben wird. Je kleiner β ist, desto größer ist der Ladungstransfer von den Liganden auf das Metallzentrum entsprechend zunehmender kovalenter M–L-Bindung.

---

[31] Bei niedrigerer Punktsymmetrie und bei f-Systemen kommen weitere Ligandenfeldparameter B_q^k hinzu.

[32] *Spektrochemische Serie*, Liganden: $\mathrm{I^-} < \mathrm{Br^-} < \mathrm{S^{2-}} <$ <u>S</u>CN$^-$ $< \mathrm{Cl^-} < \mathrm{N_3^-} \approx \mathrm{F^-} < \mathrm{OH^-} <$ ox $\approx \mathrm{O^{2-}} < \mathrm{H_2O} <$ <u>N</u>CS$^-$ $<$ py $\approx \mathrm{NH_3} <$ en $<$ bipy $\approx$ phen $<$ <u>N</u>O$_2^-$ $< \mathrm{CN^-} < \mathrm{PR_3} <$ CO; Metallionen: Mn(II) < Ni(II) < Co(II) < V(II) < Fe(III) < Cr(III) < Co(III) < Ru(II) < Mn(IV) < Mo(III) < Rh(III) < Ir(III) < Re(IV) < Pt(IV).

[33] *Nephelauxetische Serie*, Liganden (fallendes Verhältnis $\beta = B/\overline{B}$): $\mathrm{F^-} > \mathrm{H_2O} > \mathrm{NH_3} >$ en $>$ ox $>$ <u>N</u>CS$^-$ $> \mathrm{Cl^-} > \mathrm{CN^-} > \mathrm{Br^-} > \mathrm{I^-} > \mathrm{(EtO)_2PSe_2^-}$; Metallionen: Mn(II) > Ni(II) ≈ Co(II) ≈ Mo(III) > Cr(III) > Fe(III) > Rh(III) ≈ Ir(III) > Co(III) > Mn(IV) > Pt(IV).

Beim Übergang vom freien zum chemisch gebundenen Ion beobachtet man eine Verminderung des Spin-Bahn-Kopplungsparameters ζ (*relativistischer nephelauxetischer Effekt*) um 10 - 40 % (Beipiel: freies Cu^{2+}-Ion $\overline{\zeta} = 830\,\mathrm{cm}^{-1}$, Cu^{2+}-Aquo-Komplex $\zeta \approx 620\,\mathrm{cm}^{-1}$). Weitgehend analog zu B definiert man die Größe $\beta^* = \zeta/\overline{\zeta}$. ζ sollte umso kleinere Werte annehmen, je ausgedehnter die Elektronenwolke ist (z. B. durch Delokalisierung von d-Elektronen oder durch Ladungsübertragung L $\rightarrow$ M). Auch hier gibt es aus spektroskopischen Untersuchungen Hinweise, in welchem Maße ζ abnehmen kann.

Durch die Parametrisierung von Dq und β hat man den Einfluß von Zentralatom und Ligand getrennt. Die Parameter können daher neu kombiniert werden, wenn Verbindungen untersucht werden, von denen keine spektroskopischen Daten vorliegen. Für wenig verzerrte, gemischte Komplexe $[\mathrm{ML_nL'_{6-n}}]$ gewinnt man näherungsweise Dq-Werte durch lineare Interpolation[139]

$$Dq\left([\mathrm{ML_nL'_{6-n}}]\right) \approx \frac{n}{6} Dq\left([\mathrm{ML_6}]\right) + \frac{6-n}{6} Dq\left([\mathrm{ML'_6}]\right).$$

Fehlen spektroskopische Daten, sind die für Dq, $B(C)$ und ζ nach diesen Näherungsverfahren abgeschätzten Parameterwerte eine wesentliche Hilfe bei der magnetochemischen Charakterisierung.

4.3.2.4 Spinpaarungen

3d-Low-Spin-Verbindungen. Bei oktaedrisch koordinierten d-Metallzentren mit den Konfigurationen d^4 bis d^7 kann das Ligandenfeld so stark im Vergleich zur interelektronischen Wechselwirkung sein, daß die Besetzung des Satzes der t_2-Orbitale erzwungen wird, bevor e-Orbitale besetzt werden. Die Gesamtspinquantenzahl des Grundterms ist dann gegenüber der des freien Ions um $\Delta S = 1$

Tab. 4.22: Angaben zu High-Spin- und Low-Spin-Anordnungen im Oktaederfeld

d^N	High-Spin (HS)[a] LF-Konf.	Term	$n_{eff}^{s.o.}$	Low-Spin (LS) LF-Konf.	Term	$n_{eff}^{s.o.}$	ΔS	Dq/B	ΔR [b] (M-L)
d^4	$(t_2)^3(e)^1$	^5E	4,90	$(t_2)^4$	$^3T_1$	2,83	1	$\approx 2,7$	
d^5	$(t_2)^3(e)^2$	$^6A_1$	5,92	$(t_2)^5$	$^2T_2$	1,73	2	$\approx 2,8$	11 – 15
d^6	$(t_2)^4(e)^2$	$^5T_2$	4,90	$(t_2)^6$	$^1A_1$	0	2	$\approx 2,0$	14 – 24
d^7	$(t_2)^5(e)^2$	$^4T_1$	3,87	$(t_2)^6(e)^1$	^2E	1,73	1	$\approx 2,2$	9 – 11

[a] Der High-Spin-Zustand ist hier näherungsweise durch eine Ligandenfeld(LF)-Konfiguration (starkes Feld) charakterisiert; $n_{eff}^{s.o.}$ bezieht sich auf das reine Spinmoment.

[b] ΔR(M-L)= R(M-L)$_{\mathrm{HS}}$ – R(M-L)$_{\mathrm{LS}}$[pm] für Fe(III), Fe(II), Co(II).

(d^4, d^7) bzw. 2 (d^5, d^6) erniedrigt (s. Tab. 4.22). Die relative Stärke des Ligandenfeldparameters Dq, oberhalb der mit einer Low-Spin-Konfiguration zu rechnen ist, kann näherungsweise aus TANABE-SUGANO-Diagrammen abgelesen werden. Tetraedrische Ligandenfelder reichen normalerweise nicht zur Spinpaarung aus. Eine Ausnahme liegt bisher lediglich bei einem Kobalt-Komplex vor [241]. Jedoch gibt es bei Symmetrien niedriger als kubisch eine Reihe weiterer Möglichkeiten für Spinpaarungen. Man erhält Low-Spin-Konfigurationen generell mit $S = 0$ und $S = 1/2$ bei gerader bzw. ungerader Zahl an d-Elektronen. Wenn jedoch Bahnentartung besteht, wie in quadratisch-planaren Komplexen (d_{xz}, d_{yz}, s. 4.5.4), kann S Werte zwischen S_{HS} und S_{LS} annehmen (Medium-Spin oder Intermediate-Spin). So resultieren z. B. bei d^5- und d^6-Systemen Grundterme mit $S = 3/2$ bzw. $S = 1$ und auch Mixed-Spin-Systeme [214, 251]. Die Bedingungen hinsichtlich der Ligandenfeldparameter, unter denen diese Grundzustände stabil sind, können Energieniveaudiagrammen entnommen werden [250, 214]. In 4.3.2.6 wird auf das magnetische Verhalten im Zusammenhang mit den anderen d-Systemen eingegangen.

High-Spin–Low-Spin-Übergänge (Spincrossover) bei 3d-Systemen. Ist das Verhältnis von Ligandenfeldaufspaltung und interelektronischer Abstoßung in der Nähe des kritischen Wertes, kann die Energie eines Terms mit niedrigem Spin vergleichbar der eines Terms mit hohem Spin sein. In diesem Fall sind thermisch induzierte Spinübergänge möglich[34]. Die Untersuchung des damit verbundenen physikalischen Verhaltens hat sich in den vergangenen 30 Jahren zu einem breiten Forschungsgebiet entwickelt und ist Gegenstand mehrerer Übersichtsartikel [245, 246, 247, 248] und von Spezialliteratur [54].

Relativ häufig werden HS–LS-Übergänge in oktaedrischen 3d-Komplexen mit Fe(II)[35], Fe(III) und Co(II) beobachtet, seltener mit Ni(II), Co(III) [275], Mn(III) und Cr(II) [267]. Intensiv untersucht wurden bisher Fe(II)-Komplexe, z. B. $[Fe(phen)_2(NCS)_2]$ und $[Fe(phen)_3]X_2$ (phen $\hat{=}$ 1,10-Phenanthrolin) mit verschiedenen Anionen X^-. Während man bei ersterem einen temperaturabhängigen Spinübergang ${}^1A_{1g}(O_h) \overset{176K}{\rightleftharpoons} {}^5T_{2g}(O_h)$[36] [253] beobachtet, ist letzterer ein LS-Komplex, der bereits durch kleine Substitutionen am phen-Liganden

[34] Auch durch ein starkes Magnetfeld kann das Gleichgewicht zwischen LS- und HS-Anordnung eines Komplexes in Lösung zugunsten der HS-Komponente mit dem größeren magnetischen Moment verschoben werden, wie z. B. für den Co(III)-Komplex $[CoL_2]SbCl_6$ mit $L^- = C_5H_5Co[PO(OC_2H_5)_2]_3^-$ gezeigt wurde [276].

[35] Fe(II)-Spincrossover-Verbindungen, bei tiefer Temperatur im Low-Spin-Zustand, lassen sich auch optisch (grünes Licht) in den High-Spin-Zustand umschalten (LIESST = Light-Induced Excited Spin State Trapping [247]). Mit rotem Licht schaltet man den metastabilen High-Spin-Zustand in den Low-Spin-Zustand zurück.

[36] Die Symbole beziehen sich auf Oktaedersymmetrie. Die tatsächliche Symmetrie der Komplexe ist niedriger.

HS–LS-Übergänge zeigt [245, 252].

Eine der einfachsten Methoden, Spinübergänge nachzuweisen, besteht in der temperaturabhängigen Messung der magnetischen Suszeptibilität. Sie ist bei einer Crossover-Verbindung durch die temperaturabhängigen Anteile an HS- und LS-Spezies, γ_{HS} bzw. $\gamma_{LS} = 1 - \gamma_{HS}$, bestimmt:

$$\chi(T) = \gamma_{HS}\,\chi_{HS}(T) + (1-\gamma_{HS})\,\chi_{LS}(T) \quad\rightarrow\quad \gamma_{HS} = \frac{\chi(T)-\chi_{LS}(T)}{\chi_{HS}(T)-\chi_{LS}(T)}$$

Sind $\chi_{HS}(T)$ und $\chi_{LS}(T)$ bekannt, läßt sich die für alle weiteren Betrachtungen wichtige $\gamma_{HS} - T$-Spinübergangskurve ermitteln[37]. Ihre Erstellung auf der Grundlage von Suszeptibilitätsdaten ist bei d^6-Systemen relativ einfach, da die LS-Komponente (unmagnetischer Grundterm $^1A_{1g}$) nur einen TUP-Beitrag liefert. Für die magnetischen Komponenten setzt man meist CURIE-Verhalten voraus, mit gegenüber dem reinen Spinmoment erhöhten magnetischen Momenten bei Konfigurationen $3d^N$, $N > 5$ (vgl. Tabn. 2.2 und 2.3). Genauer sind Spinübergangskurven, die man bei Kenntnis der relevanten Parameter bez. H_{ee}, H_{LF}, H_{SB} aus berechneten Suszeptibilitätskurven (z. B. mit Programmen wie CONDON [232]) für HS- und LS-Komponenten ermittelt.

Die Form einer Spinübergangskurve kann sehr unterschiedlich sein (Abb. 4.27). In Lösung folgt sie einem einfachen BOLTZMANN-Gesetz (a(1)), während sie im Festkörper aufgrund kooperativer Effekte meistens davon abweicht. Zum Verständnis dieser Abweichung ist es wichtig zu wissen, daß die mit dem Übergang HS → LS einhergehende Verkürzung des Metall-Ligand-Abstands (ΔR, s.

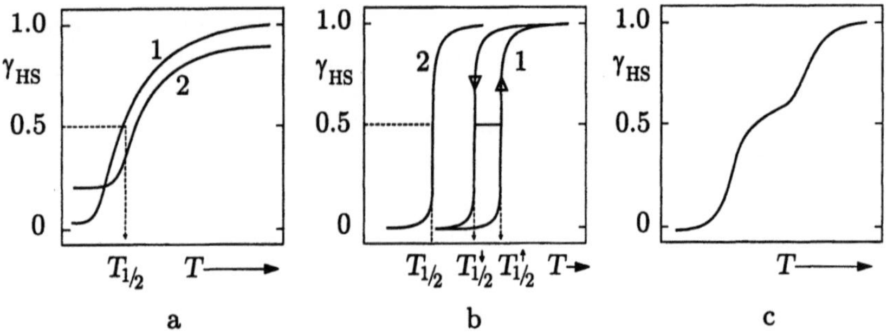

Abb. 4.27: Spinübergangskurven γ_{HS}–T für $3d^N$-Systeme [247] (N = 4-7); a: Gradueller Spinübergang ((1) ohne und (2) mit HS- und LS-Restanteil); b: Steiler Spinübergang ((1) mit und (2) ohne Hysteresis); c: Zweistufiger Spinübergang; $\gamma_{HS}(T_{1/2}) = 0.5$

[37] Neben der Bestimmung der HS- und LS-Anteile aus Suszeptibilitätsmessungen sind weitere Methoden in Gebrauch, u. a. die MÖSSBAUER-Spektroskopie und die Schwingungsspektroskopie [247].

Tab. 4.22) ausschlaggebend ist und die normale Gitterkontraktion bei Temperaturerniedrigung keine entscheidende Rolle spielt. Die auf ΔR zurückgehende Zunahme von Dq z. B. für Fe(II) läßt sich wie folgt abschätzen: Man betrachtet ungeladene Liganden mit dem elektrischen Dipolmoment μ_e im Abstand R vom Zentralatom. Mit Hilfe der Angaben in Beispiel 4.12 kann man die Relation $Dq(\mathrm{LS})/Dq(\mathrm{HS}) = [R(\mathrm{HS})/R(\mathrm{LS})]^6 \approx 1,74$ aufstellen, aus der sich dann Bereiche für $10\,Dq$ abschätzen lassen, für die HS-, LS- oder Spincrossover-Komplexe zu erwarten sind: HS-Komplex: $10\,Dq(\mathrm{HS}) < 11\,000\,\mathrm{cm}^{-1}$, Spincrossover-Komplex: $10\,Dq(\mathrm{HS}) \approx 11\,500 - 12\,500\,\mathrm{cm}^{-1}$, $10\,Dq(\mathrm{LS}) \approx 19\,000 - 21\,000\,\mathrm{cm}^{-1}$; LS-Komplex: $10\,Dq(\mathrm{LS}) > 21\,500\,\mathrm{cm}^{-1}$ [247].

Spinübergänge können, wie Abb. 4.27 zeigt, (1) steil verlaufen mit abruptem Anstieg innerhalb weniger K und darunter oder graduell über mehrere 100 K. (2) Sie können vollständig sein bei tiefer ($\gamma_{\mathrm{HS}} = 0$) und hoher Temperatur ($\gamma_{\mathrm{HS}} = 1$) oder unvollständig bei tiefer und/oder hoher Temperatur sowie (3) ohne und mit Hysteresis verlaufen. (4) In besonderen Fällen werden zweistufige Übergänge beobachtet.

Beispiele zu (1) sind $[Fe(phen)_2(NCS)_2]$ mit steilem Verlauf [253] (s. n_{eff}–T-Diagramm in Abb. 4.28) und Mischkristalle $[Fe_xM_{1-x}(phen)_2(NCS)_2]$ (M = Mn, Co, Ni, Zn) [249] mit zunehmend graduellerem Anstieg der $\gamma_{\mathrm{HS}} - T$-Kurve bei sinkender Fe(II)-Konzentration und Verschiebung des ansteigenden Bereiches zu tieferer Temperatur, d. h. zunehmender Stabilisierung des HS-Zustands. Für die in (2) erwähnte Unvollständigkeit eines Übergangs z. B. in Form eines HS-Restanteils bei tiefer Temperatur macht man Gitterdefekte verantwortlich. Hysteresis-Effekte (3) werden häufig bei steilem Verlauf der $\gamma_{\mathrm{HS}} - T$-Kurve und Kristallstrukturwechsel beim HS-LS-Übergang beobachtet. Der besondere Fall (4) tritt z. B. bei $[Fe(2\text{-}pic)_3]Cl_2 \cdot EtOH$ in Erscheinung [254] und spricht für eine Ordnung zwischen HS- und LS-Molekülen in der Zwischenstufe, die HS–LS-Paare bevorzugt.

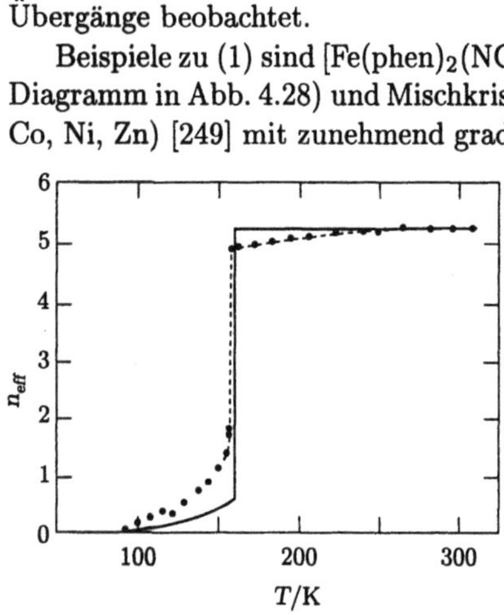

Abb. 4.28: n_{eff} – T-Diagramm für $Fe(phen)_2(NCS)_2$

Das Spinübergangsverhalten läßt sich, wie die Fülle von Ergebnissen zeigt, durch sterische und elektronische Einflüsse (Veränderungen im Ligandensystem, Austausch nichtkoordinierender Anionen und Solvensmoleküle im Festkörper, Verdünnung der am Spinübergang beteiligten Metallzentren) steuern und durch Druck, Magnetfeld, Kristallqualität beeinflussen. Zur Deutung der vielfältigen Erscheinungen im Festkörper existieren Modelle, die neben der Thermodynamik die Größe der Kristalle, die Größe der Domänen mit Komplexmolekülen des gleichen Spinzustands und die elastischen Spannungen im Kristall — aufgrund des größeren Volumens der HS- gegenüber der LS-Komponente — betrachten (vgl. [247, 54] und dort zitierte Literatur).

Spinübergang in Nb_6I_{11} und HNb_6I_{11}. In Nb_6I_{11} und HNb_6I_{11} mit oktaedrischen Nb_6-Clustern [255] werden die Spinübergänge $S = \frac{3}{2} \overset{274\,\mathrm{K}}{\rightleftharpoons} S = \frac{1}{2}$ bzw. $S = 1 \overset{324\,\mathrm{K}}{\rightleftharpoons} S = 0$ beobachtet, ausgelöst jeweils durch Verdrillung zweier gegenüberliegender Dreiecksflächen der Nb_6-Cluster. Zur Deutung des magnetischen Verhaltens müssen magnetische Kollektiveffekte, sog. Intercluster-Wechselwirkungen, herangezogen werden [256].

4.3.2.5 Näherungen für $3d^N$-Systeme

Wird das elektronische System eines Übergangsmetallzentrums hauptsächlich durch H_{ee} und H_{LF} und deutlich schwächer durch H_{SB} gestört — eine Situation, die für 3d-Ionen zutrifft —, lassen sich unter bestimmten Voraussetzungen handliche VAN VLECK-Gleichungen angeben, die den Temperaturgang der magnetischen Suszeptibilität zumindest für eine qualitative Betrachtung ausreichend genau beschreiben [12]. Zu den Voraussetzungen gehört z. B., daß der Grundterm des betrachteten Ions möglichst weitgehend thermisch isoliert ist. Verhältnisse, wie sie bei d^4 – d^7-Systemen in der Nähe von High-Spin–Low-Spin-Übergängen vorliegen, können daher mit diesen Näherungen nicht erfaßt werden. Fünf Situationen sind entsprechend den Ligandenfeld-Grundtermen T_2, T_1, E, A_2 und A_1 zu unterscheiden. Bei T-Termen betrachtet man H_{SB} in 1. Ordnung. Höhere Terme läßt man außer acht. Bei A- und E-Grundtermen — diese bleiben in 1. Ordnung durch H_{SB} unbeeinflußt — berücksichtigt man H_{SB} in 2. Ordnung und betrachtet Nichtdiagonalelemente zwischen Grundterm und benachbarten angeregten Termen.

Grundterm T_2. Die Situation für den $^2T_2$-Grundterm beim d^1(okt.)- und d^9(tetr.)-System haben wir in 4.3.1.5, Gl. (4.68) behandelt. Diese Gleichung ist auch näherungsweise anwendbar auf $3d^5$-Low-Spin-Systeme, wenn man berücksichtigt, daß die Beziehung $\lambda = \pm(\zeta/2S)$ auf die t_2-Unterschale anzuwenden ist. Im Falle oktaedrischer Koordination ist sie mehr als halbbesetzt, so daß das Minuszeichen zutrifft ($\lambda = -\zeta$) [257, 178][38], während sie im Falle tetraedrischer Koordination weniger als halbbesetzt ist und $\lambda = \zeta$ zu setzen ist. Der

---

[38] GRIFFITH [178] hat gezeigt, daß sich die Orbitale des t_2-Satzes und die des p-Satzes hinsichtlich des Bahnmomentes ähneln: $|(t_2)2,-1\rangle \mathrel{\widehat{=}} |(\mathrm{p})1,1\rangle$, $-\sqrt{\frac{1}{2}}\,(|(t_2)2,2\rangle - |(t_2)2,-2\rangle) \mathrel{\widehat{=}} |(\mathrm{p})1,0\rangle$, $-|(t_2)2,1\rangle \mathrel{\widehat{=}} |(\mathrm{p})1,-1\rangle$ (t_2-p-*Korrespondenz*). Die Matrixelemente von $\hat{\boldsymbol{l}}$ zwischen den t_2-Funktionen sind gleich denen von $-\hat{\boldsymbol{l}}$ zwischen den entsprechenden p-Funktionen.

Grundterm $^2T_2$ wird durch H_{SB} in die Zustände mit $J = 3/2$ und $J = 1/2$ aufgespalten.

Ein $^5T_2$-Grundterm liegt bei d^6(okt.) und d^4(tetr.) vor. Wendet man $\hat{H}_{SB}$ separat auf ihn an, kommt es zu einer Aufspaltung in drei Zustände mit $J = 1$, $J = 2$ bzw. $J = 3$ (vgl. Abb. 4.29). Die Suszeptibilitätsbeziehung, die hier ohne Herleitung angegeben wird, lautet [12]:

$$^5T_2 \quad [3\mathrm{d}^6(\text{okt.}, \lambda = -\zeta/4); \quad 3\mathrm{d}^4(\text{tetr.}, \lambda = \zeta/4)];$$

$$\chi_{mol}(^5T_2) = \mu_0 \frac{N_A \mu_B^2}{3k_BT} n_{eff}^2 \quad \text{mit} \quad n_{eff}^2 = 3 \times \tag{4.79}$$

$$\frac{\left[\left(28 + \frac{28k_BT}{3\lambda}\right)\exp\left(\frac{2\lambda}{k_BT}\right) + \left(\frac{45}{2} + \frac{25k_BT}{6\lambda}\right)\exp\left(-\frac{\lambda}{k_BT}\right) + \left(\frac{49}{2} - \frac{27k_BT}{2\lambda}\right)\exp\left(-\frac{3\lambda}{k_BT}\right)\right]}{\left[7\exp\left(\frac{2\lambda}{k_BT}\right) + 5\exp\left(-\frac{\lambda}{k_BT}\right) + 3\exp\left(-\frac{3\lambda}{k_BT}\right)\right]}$$

Gl. (4.79) ist eine relativ gute Näherung, solange $Dq < 1\,300$ cm^{-1} ist [269].

Grundterm T_1. Wir betrachten als Beispiel die Spin-Bahn-Kopplung innerhalb eines $^3T_1$-Grundterms, wie er bei d^2(okt.) im intermediären Ligandenfeld vorliegt. Auf die in Tab. 4.20 angegebenen neun Funktionen $|^3T_1^{(1)}\bar{M}, M_S\rangle$ wendet man den Operator $\hat{H}_{SB} = \xi(r)\left(\hat{\boldsymbol{l}}_1\cdot\hat{\boldsymbol{s}}_1 + \hat{\boldsymbol{l}}_2\cdot\hat{\boldsymbol{s}}_2\right)$ an. Die 9×9-Matrix zerfällt in je zwei 1×1- und 2×2-Blöcke sowie einen 3×3-Block. 1×1-Blöcke bilden die beiden Zustände $|T_1\, 1, 1\rangle$ und $|T_1\, -1, -1\rangle$. Sie haben die Energie

$$\begin{aligned} E_{SB} &= (\zeta/\hbar^2)\langle T_1 \pm 1, \pm 1|\hat{\boldsymbol{l}}_1\cdot\hat{\boldsymbol{s}}_1 + \hat{\boldsymbol{l}}_2\cdot\hat{\boldsymbol{s}}_2|T_1 \pm 1, \pm 1\rangle = -\tfrac{1}{2}A\zeta \equiv -A\lambda \\ \text{mit} \quad A &= \tfrac{3}{2}\sin^2\alpha - \cos^2\alpha. \end{aligned}$$

Die anderen Blöcke lauten:

	$\|T_1\, 1,-1\rangle$	$\|T_1\, 0,0\rangle$	$\|T_1\, -1,1\rangle$
$\langle T_1\, 1,-1\|$	$A\lambda$	$-A\lambda$	0
$\langle T_1\, 0,0\|$	$-A\lambda$	0	$-A\lambda$
$\langle T_1\, -1,1\|$	0	$-A\lambda$	$A\lambda$

	$\|T_1 \pm 1,0\rangle$	$\|T_1\, 0,\pm 1\rangle$
$\langle T_1 \pm 1,0\|$	0	$-A\lambda$
$\langle T_1\, 0,\pm 1\|$	$-A\lambda$	0

Aus ihnen ergeben sich nach dem bekannten Verfahren die weiteren, in Tab. 4.23 aufgeführten Energien und Zustände. Der neunfach entartete Grundterm $^3T_1$ wird in ein Singulett ($J = 0$), ein Triplett ($J = 1$) und ein Quintett ($J = 2$) aufgespalten, wobei das Quintett energetisch am tiefsten liegt.

Tab. 4.23: Funktionen und Energien der aus dem $^3T_1$-Grundterm ($3d^2$, intermediäres Oktaederfeld) durch Störung mit $\hat{H}_{SB}$ resultierenden Zustände ($\lambda(^3F, d^2) = \zeta/2$)

$\lvert JM_J\rangle$	$\lvert ^3T_1\bar{M}, M_S\rangle$	E_{SB}
$\lvert 0\,0\rangle$	$\sqrt{\frac{1}{3}}\left(\lvert T_1\,1,-1\rangle - \lvert T_1\,0,0\rangle + \lvert T_1\,-1,1\rangle\right)$	$2A\lambda$
$\lvert 1\,1\rangle$	$\sqrt{\frac{1}{2}}\left(\lvert T_1\,1,0\rangle - \lvert T_1\,0,1\rangle\right)$	
$\lvert 1\,0\rangle$	$\sqrt{\frac{1}{2}}\left(\lvert T_1\,1,-1\rangle - \lvert T_1\,-1,1\rangle\right)$	$A\lambda$
$\lvert 1\,-1\rangle$	$\sqrt{\frac{1}{2}}\left(\lvert T_1\,0,-1\rangle - \lvert T_1\,-1,0\rangle\right)$	
$\lvert 2\,2\rangle$	$\lvert T_1\,1,1\rangle$	
$\lvert 2\,1\rangle$	$\sqrt{\frac{1}{2}}\left(\lvert T_1\,1,0\rangle + \lvert T_1\,0,1\rangle\right)$	
$\lvert 2\,0\rangle$	$\sqrt{\frac{1}{6}}\left(\lvert T_1\,1,-1\rangle + 2\lvert T_1\,0,0\rangle + \lvert T_1\,-1,1\rangle\right)$	$-A\lambda$
$\lvert 2\,-1\rangle$	$\sqrt{\frac{1}{2}}\left(\lvert T_1\,0,-1\rangle + \lvert T_1\,-1,0\rangle\right)$	
$\lvert 2\,-2\rangle$	$\lvert T_1\,-1,-1\rangle$	

Die Anwendung des ZEEMAN-Operators in der Form $\hat{H}_{M_z} = -\gamma_e\left[\hat{l}_{z_1} + \hat{l}_{z_2} + 2(\hat{s}_{z_1} + \hat{s}_{z_2})\right] B_{M_z}$ führt zur H-Matrix (in Einheiten von $\mu_B B_{M_z}$, mit den Abkürzungen $a = \frac{1}{2}(2 - A)$ und $b = \frac{1}{2}(2 + A)$):

	$\lvert 22\rangle$	$\lvert 21\rangle$	$\lvert 20\rangle$	$\lvert 2\,-1\rangle$	$\lvert 2\,-2\rangle$	$\lvert 11\rangle$	$\lvert 10\rangle$	$\lvert 1\,-1\rangle$	$\lvert 00\rangle$
$\langle 22\rvert$	$2a$								
$\langle 21\rvert$		a				$-b$			
$\langle 20\rvert$			0				$-\frac{2}{\sqrt{3}}b$		0
$\langle 2\,-1\rvert$				$-a$				$-b$	
$\langle 2\,-2\rvert$					$-2a$				
$\langle 11\rvert$		$-b$				a			
$\langle 10\rvert$			$-\frac{2}{\sqrt{3}}b$				0		$-\sqrt{\frac{8}{3}}b$
$\langle 1\,-1\rvert$				$-b$				$-a$	
$\langle 00\rvert$			0				$-\sqrt{\frac{8}{3}}b$		0

Setzt man die sich daraus ergebenden ZEEMAN-Koeffizienten $W_n^{(1)}$ und $W_n^{(2)}$ sowie die Energien $W_n^{(0)} \equiv E_{SB}$ in die VAN VLECK-Gl. (3.171) ein, erhält man die Suszeptibilitätsbeziehung:

$$
\begin{array}{l}
{}^3T_1 \quad [3\mathrm{d}^2(\text{okt.}, \lambda = \zeta/2);\; 3\mathrm{d}^8(\text{tetr.}, \lambda = -\zeta/2)];\; 3\mathrm{d}^4(\text{okt. LS}, \lambda = -\zeta/2) \\
\chi_{mol}({}^3T_1) = \mu_0 \dfrac{N_A \mu_B^2}{3k_BT} n_{eff}^2 \quad \text{mit} \quad n_{eff}^2 = \dfrac{3}{2} \times \\
\dfrac{\left\{ -\dfrac{8(2+A)^2 k_BT}{3A\lambda} \exp\left(-\dfrac{2A\lambda}{k_BT}\right) + \left[(2-A)^2 + \dfrac{(2+A)^2 k_BT}{A\lambda}\right] \exp\left(-\dfrac{A\lambda}{k_BT}\right) + \left[5(2-A)^2 + \dfrac{5(2+A)^2 k_BT}{3A\lambda}\right] \exp\left(\dfrac{A\lambda}{k_BT}\right) \right\}}{\left\{ \exp\left(-\dfrac{2A\lambda}{k_BT}\right) + 3\exp\left(-\dfrac{A\lambda}{k_BT}\right) + 5\exp\left(\dfrac{A\lambda}{k_BT}\right) \right\}}.
\end{array}
\tag{4.80}
$$

Diskrepanzen zwischen dem vollständigen Modell und Gl. (4.80) sind im Falle von $3\mathrm{d}^2$(okt.) relativ groß bei $T < 40\,\mathrm{K}$ und im Falle $3\mathrm{d}^8$(tetr.) bei $T > 200\,\mathrm{K}$ [271] und können bis zu $\Delta n_{eff} \approx 0,3$ betragen. Gl. (4.80) gilt auch für $3\mathrm{d}^4$(okt.)-Low-Spin-Systeme, wobei man $\lambda = -\zeta/2$ und $A = 1$ (starkes Ligandenfeld) setzt.

Auf analoge Weise leitet man die Beziehung für den Grundterm ${}^4T_1$ ab:

$$
\begin{array}{l}
{}^4T_1 \quad [\mathrm{d}^7(\text{okt.}, \lambda = -\zeta/3);\quad \mathrm{d}^3(\text{tetr.}, \lambda = \zeta/3)] \\
\chi_{mol}({}^4T_1) = \mu_0 \dfrac{N_A \mu_B^2}{3k_BT} n_{eff}^2 \quad \text{mit} \quad n_{eff}^2 = 3 \times \\
\dfrac{\left\{ \left[\dfrac{7(3-A)^2}{5} + \dfrac{12(A+2)^2 k_BT}{25A\lambda}\right] \exp\left(\dfrac{3A\lambda}{2k_BT}\right) + \left[\dfrac{2(11-2A)^2}{45} + \dfrac{176(A+2)^2 k_BT}{675A\lambda}\right] \exp\left(-\dfrac{A\lambda}{k_BT}\right) + \left[\dfrac{(A+5)^2}{9} - \dfrac{20(A+2)^2 k_BT}{27A\lambda}\right] \exp\left(-\dfrac{5A\lambda}{2k_BT}\right) \right\}}{\left\{ 3\exp\left(\dfrac{3A\lambda}{2k_BT}\right) + 2\exp\left(-\dfrac{A\lambda}{k_BT}\right) + \exp\left(-\dfrac{5A\lambda}{2k_BT}\right) \right\}}
\end{array}
\tag{4.81}
$$

Die Diskrepanzen gegenüber dem vollständigen Modell können je nach Temperaturbereich beträchtlich sein ($\Delta n_{eff} \approx 0,3 - 0,5$ [270]).

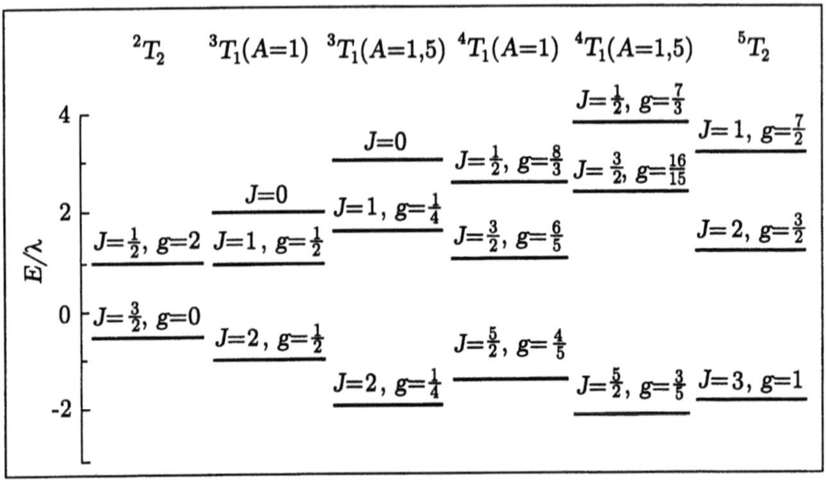

Abb. 4.29: Aufspaltung von kubischen T-Grundtermen durch die Spin-Bahn-Kopplung [220]

In Abb. 4.29 sind die verschiedenen, durch die Spin-Bahn-Kopplung hervorgerufenen Situationen mit T-Grundtermen zusammengefaßt [220]. Bei Systemen mit T_1-Grundterm wird jeweils zwischen den Grenzfällen schwaches Feld ($A = 3/2$) und starkes Feld ($A = 1$) unterschieden [220].

Grundterm *E*. ^2E ist Grundterm bei d^1(tetr.) und d^9(okt.). Die entsprechende Suszeptibilitätsbeziehung haben wir in Gl. (4.69) für $S = 1/2$ bereits vorgestellt. Sie gilt auch für die Ionen $3d^4(\text{okt.}, \lambda = \zeta/4)$ und $3d^6(\text{tetr.}, \lambda = -\zeta/4)$ mit ^5E-Grundterm, indem man $S = 2$ setzt [220].

Grundterm A_2. Auch für Systeme mit einem A_2-Grundterm gibt es eine allgemein gültige Beziehung, die wir hier ohne Herleitung angeben:

$$\boxed{\chi_{mol}(A_2) = \mu_0 \frac{N_A \mu_B^2}{3k_B T} g^2 \left(1 - \frac{8\lambda}{\Delta}\right) S(S+1) + \mu_0 \frac{8 N_A \mu_B^2}{\Delta}.} \tag{4.82}$$

Folgende vier Situationen sind dabei zu unterscheiden:
$^3A_2$: $S = 1, g = 2$ $[3d^2(\text{tetr.}, \lambda = \zeta/2)$ und $3d^8(\text{okt.}, \lambda = -\zeta/2)]$
$^4A_2$: $S = 3/2, g = 2$ $[3d^3(\text{okt.}, \lambda = \zeta/3)$ und $3d^7(\text{tetr.}, \lambda = -\zeta/3)]$

Die Gln. (4.69) und (4.82) bestehen aus einem Curie-Term C/T und einem temperaturunabhängigen Glied χ_0: $\chi_{mol} = C/T + \chi_0$. Die Curie-Konstante C ist bei $3d^N$-Systemen mit $N < 5$ gegenüber Spin-only-Verhalten erniedrigt ($\lambda > 0$), bei $N > 5$ erhöht ($\lambda < 0$).

Grundterm A_1. Diese Situation gibt es bei $3d^5$-High-Spin-Konfiguration in Form des $^6A_1$-Grundterms, der aus dem ^6S-Term resultiert. Ligandenfelder führen zu keiner Aufspaltung, und da kein Bahnanteil vorhanden ist, bleibt die Spin-Bahn-Kopplung in 1. Ordnung ohne Einfluß. Über H_{SB} können jedoch angeregte Zustände einmischen, wodurch der Grundterm in das Dublett E'' und das Quartett G' aufspaltet [268] (im Oktaederfeld ist G', im Tetraederfeld E'' Grundzustand). Diese Aufspaltung, die im cm^{-1}-Bereich oder darunter liegt und als *Nullfeldaufspaltung* (*Zero-Field-Splitting*) bezeichnet wird[39], ist allerdings bei nicht zu starkem Ligandenfeld (s. u.) vernachlässigbar. Es resultiert in diesem Fall praktisch reiner Spinmagnetismus und CURIE-Verhalten

$$\boxed{\chi_{mol}(^6A_1) = \mu_0 \frac{N_A \mu_B^2}{3k_B T} g^2 S(S+1)} \quad g = 2,\ S = 5/2. \tag{4.83}$$

Wächst dagegen der Dq-Wert über 2 100 cm^{-1} an, nähert er sich also dem kritischen Wert für den $^6A_1$–$^2T_2$-Spinübergang, gilt diese Gleichung nicht mehr. Da sowohl der $^6A_1$- als auch der $^2T_2$-Term unter dem Einfluß von H_{SB} jeweils in ein Dublett E'' und ein Quartett G' aufspalten und bei abnehmenden Multiplettabständen in steigendem Maße gemischt werden, kommt es nicht nur zur Temperaturabhängigkeit von n_{eff} für $T < 40$ K, sondern auch zu einer deutlichen Feldstärkeabhängigkeit der magnetischen Kenngrößen [268] (vgl. 4.3.2.6 und Abb. 4.33).

Ein $^1A_1$-Term liegt bei der $3d^6$(okt.)-Low-Spin-Konfiguration vor. Der hier zu erwartende TUP für einen Fe(II)-Low-Spin-Komplex mit $B = 1\,058$, $C = 3\,900$, $\zeta = 410$, $10\,Dq = 23\,800$ (alle Angaben in cm^{-1}) und einem Magnetfeld der Flußdichte $B_{(M)} = 0,1$ T erhält man nach dem vollständigen Modell [232] $\chi_{mol} \approx 260 \times 10^{-11}\ m^3\ mol^{-1}$. Im $n_{eff} - T$-Diagramm ergibt sich wegen $n_{eff} \sim \sqrt{T}$ ein charakteristischer parabelförmiger Verlauf (s. Abb. 4.34).

4.3.2.6 Regeln zum magnetischen Verhalten kubischer d^N-Systeme

Wir gehen auf die Magnetochemie einiger ausgewählter Beispiele von nd^N-Systemen in kubischen Ligandenfeldern ein unter besonderer Berücksichtigung der 3d-Ionen. Zum Verständnis des grundsätzlichen magnetischen Verhaltens sind Termschemata für Oktaederfeld, Abb. 4.24, und Tetraederfeld eine wesentliche Hilfe. Aus ihnen ergeben sich die in Tab. 4.24 aufgeführten und für die magnetischen Eigenschaften hauptverantwortlichen Grundterme der $3d^N$-Systeme. Tab. 4.24 weist außerdem auf die in den Abbn. 4.19 – 4.22 und 4.30 – 4.35 gezeigten $n_{eff} - T$-Diagramme hin. Diese wurden mit dem *vollständigen Modell* [232] und den in Tab. 4.25 notierten Parameterwerten berechnet. Die hier dargestellten Ergebnisse können nur exemplarisch sein. Vollständige Angaben

---

[39] Die Bezeichnung *Zero-Field-Splitting* rührt daher, daß ein Teil der Spinentartung bereits *vor* der Anwendung eines äußeren Magnetfelds aufgehoben wird (s. Lit. [365] und 4.5.5).

Tab. 4.24: Angaben über Simulationsrechnungen zum magnetischen Verhalten von $3d^N$-Ionen in kubischen Ligandenfeldern (Oktaederfeld: $Dq > 0$, Tetraederfeld: $Dq < 0$); HS ≙ High-Spin, LS ≙ Low-Spin

nd^N	Grundterm okt.	Grundterm tetr.	$n_{eff} - T$ Abb.[a]	Näherungsgleichung okt.	S, λ	tetr.	S, λ
$3d^1$	$^2T_2$	^2E	4.20	(4.68)	$\frac{1}{2}, \zeta$	(4.69)	$\frac{1}{2}, \zeta$
$3d^9$	^2E	$^2T_2$	4.22	(4.69)	$\frac{1}{2}, -\zeta$	(4.68)	$\frac{1}{2}, -\zeta$
$3d^2$	$^3T_1$	$^3A_2$	4.30	(4.80)	$1, \frac{\zeta}{2}$	(4.82)	$1, \frac{\zeta}{2}$
$3d^8$	$^3A_2$	$^3T_1$	4.35	(4.82)	$1, -\frac{\zeta}{2}$	(4.80)	$1, -\frac{\zeta}{2}$
$3d^3$	$^4A_2$	$^4T_1$	4.31	(4.82)	$\frac{3}{2}, \frac{\zeta}{3}$	(4.81)	$\frac{3}{2}, \frac{\zeta}{3}$
$3d^7$ HS	$^4T_1$	$^4A_2$	4.35	(4.81)	$\frac{3}{2}, -\frac{\zeta}{3}$	(4.82)	$\frac{3}{2}, -\frac{\zeta}{3}$
$3d^7$ LS	^2E	[b]	4.35	(4.69)	$\frac{1}{2}, -\zeta$		
$3d^4$ HS	^5E	$^5T_2$	4.32	(4.69)	$2, \frac{\zeta}{4}$	(4.79)	$2, \frac{\zeta}{4}$
$3d^6$ HS	$^5T_2$	^5E	4.34	(4.79)	$2, -\frac{\zeta}{4}$	(4.69)	$2, -\frac{\zeta}{4}$
$3d^4$ LS	$^3T_1$	[b]	4.32	(4.80)	$1, -\frac{\zeta}{2}$		
$3d^6$ LS	$^1A_1$	[b]	4.34	TUP	0		
$3d^5$ HS	$^6A_1$	$^6A_1$	4.33	(4.83)	$\frac{5}{2}$	(4.83)	$\frac{5}{2}$
$3d^5$ LS	$^2T_2$	$^2T_2$[c]	4.33	(4.68)	$\frac{1}{2}, -\zeta$	(4.68)	$\frac{1}{2}, \zeta$

[a] Die Abbildungen enthalten auch $n_{eff} - T$-Kurven mit 4d- und 5d-Ionen. Alle Kurven wurden mit dem kompletten Modell [232] berechnet.
[b] Bisher keine Beispiele.
[c] Beispiel: Co(IV)-Komplex, Ligandenfeldkonfiguration $(e)^4(t_2)^1$ [241].

zum magnetischen Verhalten der $3d^N$-Ionen in Form von n_{eff}-T-Diagrammen nicht nur kubischer Systeme findet man in 'Magnetism Diagrams for Transition Metal Ions' von KÖNIG und KREMER [214]. Für vertiefte Studien sind die Publikationen [268] – [271] dieser Autoren zu empfehlen.

Aus den folgenden $n_{eff} - T$-Diagrammen läßt sich ablesen, welchen Einfluß Temperatur, Ligandenfeld und äußeres Magnetfeld auf die magnetischen Eigenschaften haben. Zur Aufstellung von Regeln erweist es sich als sinnvoll, hinsichtlich des Ligandenfeldes bei den Systemen mit $N = 4-7$ solche Dq-Werte auszusparen, die innerhalb des kritischen Bereichs für einen HS–LS-Übergang

Tab. 4.25: B-, C-, ζ- und Dq-Parameterwerte (in [cm^{-1}]) für Simulationsrechnungen zum magnetischen Verhalten von d^N-Ionen in kubischen Ligandenfeldern; Oktaederfeld: $Dq > 0$, Tetraederfeld: $Dq < 0$; L $\widehat{=}$ Ligand; HS $\widehat{=}$ High-Spin, LS $\widehat{=}$ Low-Spin.

nd^N	Ion	B	C	ζ	Dq	L	a)	Dq	L	a)	Abb.
$3d^1$	Ti^{3+}			150	1190			−1190			4.19
$4d^1$	Zr^{3+}			500	1190			−1190			bis
$5d^1$	Hf^{3+}			1500	1190			−1190			4.21
$3d^2$	V^{3+}	861	4165	209	1200	Cl^-	e	2000	H_2O	f	
$4d^2$	Mo^{4+}	440	1795	950	1900	Cl^-	c	3190	H_2O	d	4.30
$5d^2$	W^{4+}	648	2761	2850	1900	Cl^-	a	3190	H_2O	b	
$3d^3$	Cr^{3+}	1030	3850	273	1300	Cl^-	e	1700	H_2O	f	
$4d^3$	Mo^{3+}	416	1677	800	1920	Cl^-	c	2510	H_2O	d	4.31
$5d^3$	Os^{5+}	693	2952	2900	2830	Cl^-	a	3710	H_2O	b	
$3d^4$	Cr^{2+}	830	3430	230	1000	Cl^-	c	1300	H_2O	e	
$3d^4$	Cr^{2+}	830	3430	230	1950	CN^-	d				
$4d^4$	Re^{3+}	656	2800	2970	1475	Cl^-	b	1920	H_2O	b	4.32
$4d^4$	Re^{3+}	850	1190	3400	1200	H^- b)	a				
$3d^5$	Fe^{3+}	1058	3900	400	2000	HS	d,e	3000	LS	c	
$4d^5$	Ru^{3+}	464	1875	1180	2860	H_2O	b				4.33
$5d^5$	Ir^{4+}	700	2993	4710	2700	F^-	a				
$3d^6$	Fe^{2+}	1058	3900	410	950	HS	c	2380	LS	a,b	4.34
$3d^6$	Fe^{2+}	1058	3900	410	500	HS	d	1300	HS	c	
$3d^7$	Co^{2+}	878	3828	456	930	H_2O	h	−800		d	
$3d^7$	Co^{2+}	878	3828	456	650		i	−265		g	
$3d^7$	Co^{2+}	878	3828	456	3000	LS	a				4.35
$3d^8$	Ni^{2+}	1080	4860	630	850	H_2O	b	−410	Cl^-	f	
$3d^8$	Ni^{2+}	1080	4860	630	650		c	−800		e	
$3d^9$	Cu^{2+}			820	1190			−1190			4.22

a) Bezeichnung der Kurve in der entsprechenden Abbildung.
b) [364].

liegen.

Die wichtigsten aus dem Temperaturgang von n_{eff} folgenden Resultate sind in Tab. 4.26 zusammengefaßt. Wir erkennen, daß bez. des Temperatur- und Ligandenfeldeinflusses die beiden Blöcke mit $\{A, E\}$- und $\{T\}$-Grundtermen zu unterscheiden sind, wobei über die Zahl N der d-Elektronen eine weitere Differenzierung möglich ist. Bei der Feldstärkeabhängigkeit der n_{eff}-Werte finden sich Unterschiede zwischen Grundtermen mit hoher und niedriger Multiplizität ($2S + 1 \geq 4$ bzw. $2S + 1 < 4$).

Tab. 4.26: Charakteristika der n_{eff}-T-Diagramme von 3d-Ionen mit bestimmtem Grundterm in kubischen Ligandenfeldern. Die zugehörigen $3d^N$-Konfigurationen (High-Spin und Low-Spin) entnehme man Tab. 4.24.

Grund-Term	Abhängigkeit der n_{eff}-Werte von [a]							$n_{eff}/n_{eff}^{s.o.}$		
	T			H_{LF}			H_M			
	N: < 5	$= 5$	> 5	< 5	$= 5$	> 5		< 5	$= 5$	> 5
$^1A_1$			$+^{b)}$			$+$	$-$			> 1
$^6A_1$		$-^{c)}$			$-^{d)}$		$+$		$1^{c)}$	
$^3A_2$	$-$		$-$	$-$		$+$	$-$	< 1		> 1
$^4A_2$	$-$		$-$	$-$		$+$	$-$	< 1		> 1
^2E	$-$		$-$	$-$		$+$	$-$	$< 1^{e)}$		> 1
^5E	$-^{c)}$		$-^{c)}$	$-^{d)}$		$+$	$+$	< 1		
$^3T_1$	$+$		$+$	$+$		$+$	$-$			
$^4T_1$	$+$		$+$	$+$		$+$	$+$	< 1		
$^2T_2$	$+$	$+$	$+$	$-$	$-$	$-$	$-$	< 1		
$^5T_2$	$+$		$+$	$-$		$-$	$+$			

[a] '+' steht für deutliche und '−' für schwache (vernachlässigbare) Abhängigkeit.
[b] TUP: $n_{eff} \sim \sqrt{T}$.
[c] $T > 40\,\mathrm{K}$.
[d] $Dq < 1\,600\,\mathrm{cm}^{-1}$.
[e] $T < 250\,\mathrm{K}$.

1.) Zur Abhängigkeit der n_{eff}-Werte von der Temperatur

Regel: n_{eff} ist praktisch temperaturunabhängig bei Grundtermen der Rasse A und E, zeigt dagegen eine ausgeprägte Temperaturabhängigkeit bei T-Grundtermen.

Beispiele: Nahezu T-unabhängig: $^4A_2[3d^3(\text{okt.})]$ (Abb. 4.31;a-f), $^3A_2[3d^8(\text{okt.})]$ (Abb. 4.35;b,c), $^4A_2[3d^7(\text{tetr.})]$ (Abb. 4.35;d,g); *Ausnahmen:* $^1A_1[3d^6(\text{LS})]$ (nur TUP-Beitrag, d. h. $n_{eff} \sim \sqrt{T}$, s. Abb. 4.34;a,b) und $^5E[3d^4(\text{okt.})]$ (Abweichung bei $T < 40\,\mathrm{K}$ aufgrund einer geringen Aufspaltung des ^5E-Terms durch Einmischung höherer Terme über H_{SB} [269], s. Abb. 4.32;c-e). T-abhängig: $^3T_1$ (Abb. 4.30;e,f und Abb. 4.35;e,f); $^4T_1$ (Abb. 4.35;h,i).

Erklärung: Die Entartung der ^{2S+1}T-Terme wird durch H_{SB} teilweise aufgehoben (s. Abb. 4.29), wobei die Aufspaltungen im Bereich von k_BT liegen. Bei Temperaturänderung kommt es daher zu Änderungen in der Besetzung der Niveaus und damit zur Temperaturabhängigkeit von n_{eff}. Im Gegensatz dazu bleibt bei A- und E-Termen die Spin-Bahn-Kopplung in 1. Ordnung ohne Einfluß. Hier kommt es zwar in 2. Ordnung zur Einmischung höherer Zustände in den Grundterm, jedoch nicht zu einer nennenswerten Temperaturabhängigkeit von n_{eff}, wie bereits mit Hilfe der in Tab. 4.24 zitierten Näherungsgleichungen nachvollziehbar ist.

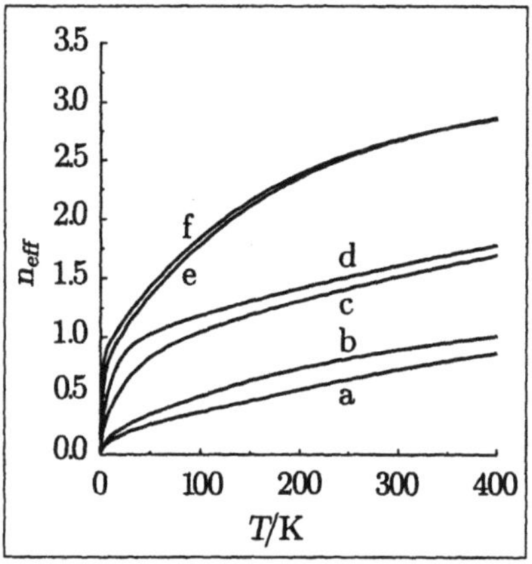

Abb. 4.30: Theoretische n_{eff}-T-Diagramme für die oktaedrischen d^2-Systeme W^{4+} (a,b), Mo^{4+} (c,d), V^{3+} (e,f); s. Tab. 4.25.

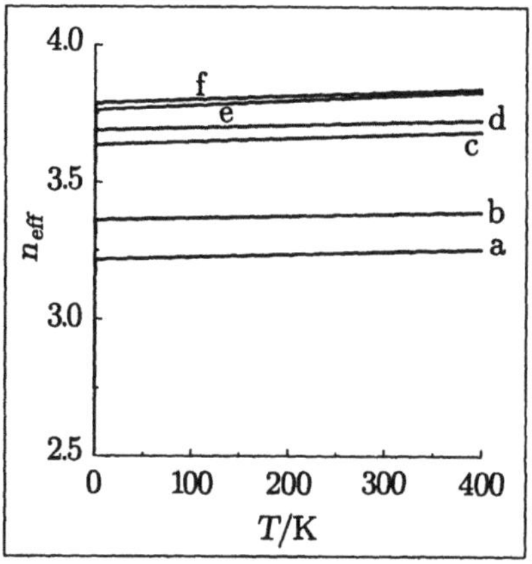

Abb. 4.31: Theoretische n_{eff}-T-Diagramme für die oktaedrischen d^3-Systeme Os^{5+} (a,b), Mo^{3+} (c,d) und Cr^{3+} (e,f); s. Tab. 4.25.

2.) Zur Abhängigkeit der n_{eff}-Werte von der Ligandenfeldstärke

Regel: Bei T_1-Grundtermen ist im Gegensatz zu T_2-Grundtermen n_{eff} deutlich von H_{LF} abhängig.

Beispiele: $^3T_1[3d^2(\text{okt.})]$ (Abb. 4.30;e,f) und $^3T_1[3d^8(\text{tetr.})]$ (Abb. 4.35;e,f) von H_{LF} abhängig; $^5T_2[3d^6(\text{okt.})]$ (Abb. 4.34;c,d) von H_{LF} nur schwach abhängig.

Erklärung: Die stärkere Abhängigkeit der n_{eff}-Werte von H_{LF} bei T_1-Grundtermen spiegelt sich bereits in der Näherungsgleichung wider und ist durch die $T_1(F)$–$T_1(P)$-Termwechselwirkung bedingt.

Regel: Bei A_2- und E-Grundtermen hängt n_{eff} nur dann deutlich von H_{LF} ab, wenn $N > 5$.

Beispiel: $^4A_2[3d^7(\text{tetr.})]$ (Abb. 4.35 (d,g) und 4.5.5).

Erklärung: Die Beobachtung, daß sich bei A_2- und E-Grundtermen von Systemen mit $N > 5$ die H_{LF}-Abhängigkeit der n_{eff}-Werte stärker bemerkbar macht als bei entsprechenden Systemen mit $N < 5$, ist eine Folge der bei ersteren stärkeren Wechselwirkung des Grundterms mit höheren Termen, bedingt

u. a. durch den größeren ζ-Wert (zum Vergleich: Innerhalb der 3d-Reihe nimmt ζ von $\approx 150\ \text{cm}^{-1}$ (Ti^{3+}) auf $\approx 800\ \text{cm}^{-1}$ (Cu^{2+}) zu).

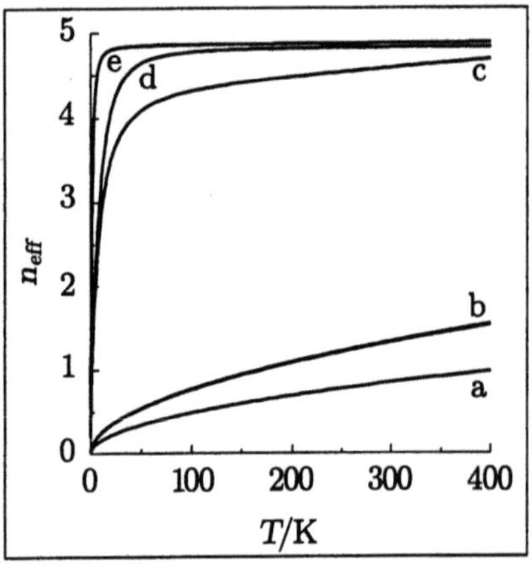

Abb. 4.32: Theoretische n_{eff}-T-Diagramme für oktaedrische d^4-Systeme; mit Cr^{2+} (c-e), Re^{3+} (a,b) (s. Tab. 4.25).

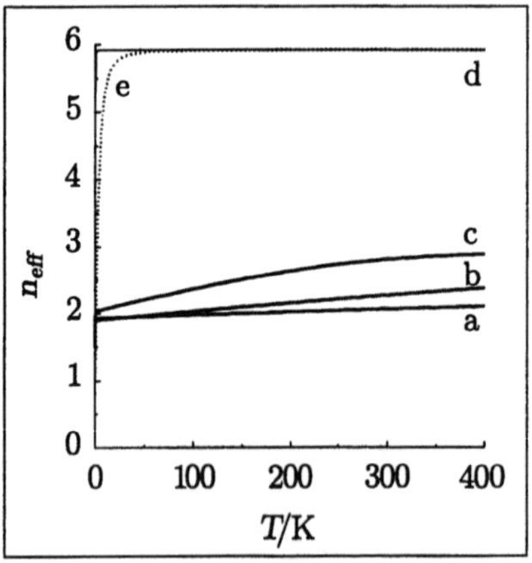

Abb. 4.33: Theoretische n_{eff}–T-Diagramme für oktaedrische d^5-Systeme; Ir^{4+} (LS,a), Ru^{3+} (LS,b), Fe^{3+} (LS,c), Fe^{3+} (HS, $B = 0,1$ T,d und 5 T, e); s. Tab. 4.25.

3.) Zur Abhängigkeit der n_{eff}-Werte von der Magnetfeldstärke

Regel: Bei Grundtermen mit hoher Multiplizität wird n_{eff} unterhalb von ≈ 40 K in einem Ausmaß von der Stärke des äußeren Magnetfeldes abhängig, das über den Sättigungseffekt hinausgeht.

Beispiel: $^6A_1[3d^5]$ (Abb. 4.33; d,e); s. Tab. 4.25.

Erklärung: Bei kubischer Symmetrie kann es höchstens drei- oder vierfache Entartung geben, je nachdem, ob N gerade oder ungerade ist. Bei den Spinsextett- und Spinquintett-Zuständen kommt es aufgrund einer Einmischung angeregter Zustände über H_{SB} zum Zero-Field-Splitting (vgl. 4.3.2.5). Die Aufspaltung liegt im cm^{-1}-Bereich und ist vergleichbar mit den Aufspaltungen durch das Magnetfeld (1 T $\hat{=}$ 0,467 cm^{-1}). Die Störung durch das Magnetfeld führt daher zu einer weiteren Mischung der energetisch tiefliegenden Zustände mit der Konsequenz, daß n_{eff} von der Feldstärke abhängig wird.

4.) Zur Abweichung der n_{eff}-Werte vom Spin-only-Wert

Regel: Bei Abweichungen des n_{eff}-Wertes gegenüber $n_{eff}^{s.o.}$ im Falle von A- und E-Grundterme gilt $n_{eff} < n_{eff}^{s.o.}$ bei $N < 5$ und $n_{eff} > n_{eff}^{s.o.}$ bei $N > 5$.

Beispiele: $^4A_2[3d^7(\text{tetr.})]$ (Abb. 4.35), $^4A_2[3d^3(\text{okt.})]$ (Abb. 4.31), $^2E[3d^9(\text{okt.})]$ (Abb. 4.22)

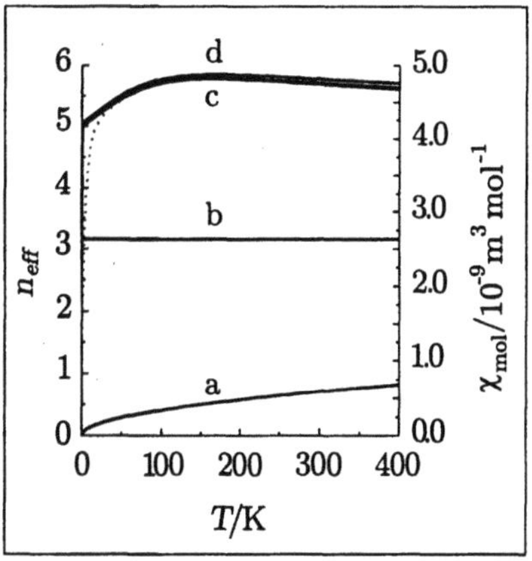

Abb. 4.34: Theoretische n_{eff}–T- und χ_{mol}–T-Diagramme für oktaedrische Fe^{2+}-Komplexe (LS,n_{eff},a), (LS,χ_{mol},b), (HS,n_{eff},c,d); s. Tab. 4.25.

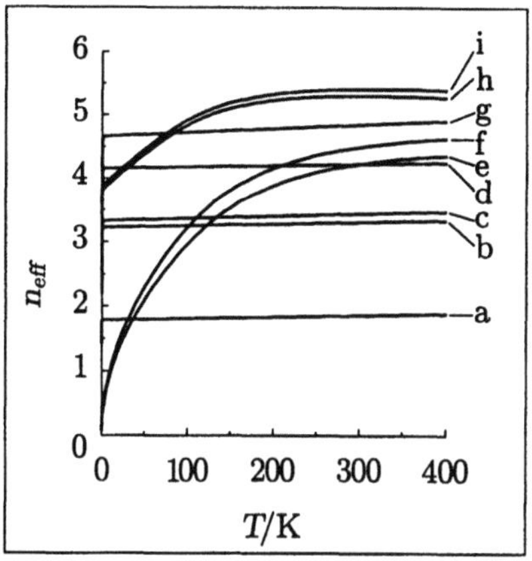

Abb. 4.35: Theoretische n_{eff}–T-Diagramme; Co^{2+}: LS,okt.(a), tetr.(d,g), HS,okt.(h,i); Ni^{2+}: okt.(b,c), tetr.(e,f); s. Tab. 4.25.

Erklärung: Das unterschiedliche Verhalten von Systemen mit $N < 5$ und $N > 5$ ist auf den Vorzeichenwechsel bei λ (Term-Spin-Bahn-Kopplungsparameter) entsprechend der 3. HUNDschen Regel zurückzuführen. Eine vergleichbare Systematik gibt es bei T-Grundtermen aufgrund des starken H_{SB}-Einflusses nicht.

5.) Zum magnetischen Verhalten kubischer 4d^N- und 5d^N-Systeme.

Regel: In der Abfolge 3d → 4d → 5d gibt es einen Trend zur Verkleinerung von n_{eff} und zur Low-Spin-Konfiguration.

Beispiele: nd^N mit $N = 1$ (Abb. 4.20), $N = 2$ (Abb. 4.30), $N = 3$ (Abb. 4.31), $N = 4$ (Abb. 4.32), $N = 5$ (Abb. 4.33)

Erklärung: Die generelle Erniedrigung von n_{eff} bei den Komplexen mit 4d- und 5d-Ionen gegenüber 3d-Ionen hängt mit der Zunahme von H_{SB} bei gleichzeitiger Abnahme von H_{ee} zusammen. Bei $N > 4$ werden im Falle der 4d- und 5d-Systeme Low-Spin-Anordnungen leichter gebildet als bei 3d-Systemen. Die bei den elektronenreichen 4d- und 5d-Systemen häufig zu beobachtenden nichtkubischen Ligandenanordnungen und Low-Spin-Konfigurationen, z. B. quadratisch-planare Koordination bei nd^8-Systemen, sind eine Folge der Abnahme von H_{ee} und Zunahme von H_{LF} [220].

4.4 Magnetische Eigenschaften der nf-Ionen in kubischen Ligandenfeldern

4.4.1 f^1-Systeme

Die Behandlung eines f^1-Lanthanoid- oder -Actinoidions [40] mit eingeschalteter Spin-Bahn-Kopplung im kubischen Ligandenfeld zeigt Parallelen zu Abschnitt 4.3.1.2 über d^1-Systeme. Wir werden wie dort zunächst den Einfluß von H_{LF} allein und anschließend den von $H_{LF} + H_{SB}$ betrachten [41].

4.4.1.1 f^1, H_{LF}

Für die Störung des siebenfach bahnentarteten F-Terms durch ein kubisches Ligandenfeld läßt sich gruppentheoretisch die Aufspaltung in die drei Zustände $A_2 \oplus T_2 \oplus T_1$ [42] vorhersagen (Beispiel 4.9). Zur Berechnung der Energien $E(\Gamma)$ und der an die kubische Symmetrie adaptierten Eigenfunktionen wendet man Operator (4.48) auf die Ortsfunktionen des ^2F-Terms ($l = 3$, $m_l = 3, 2, \ldots, -3$, Tab. 3.2) an. Im Gegensatz zu kubischen d-Systemen, deren Ligandenfeldaufspaltung nur von Gliedern mit $k = 4$ bestimmt wird, sind bei den f-Systemen auch solche mit $k = 6$ zu berücksichtigen. Mit Hilfe von Tab. 4.27 ergeben sich die im Schema (4.84) dargestellten Matrixelemente $\langle m_l|\hat{H}^c_{LF}|m_l'\rangle$, von denen zwei in den anschließenden Beispielen berechnet werden.

	$\|\pm 3\rangle$	$\|\mp 1\rangle$	$\|2\rangle$	$\|-2\rangle$	$\|0\rangle$
$\langle \pm 3\|$	$3\,b_4 - b_6$	$(b_4 + 7\,b_6)\sqrt{15}$			
$\langle \mp 1\|$	$(b_4 + 7\,b_6)\sqrt{15}$	$b_4 - 15\,b_6$			
$\langle 2\|$			$-7\,b_4 + 6\,b_6$	$5\,b_4 - 42\,b_6$	
$\langle -2\|$			$5\,b_4 - 42\,b_6$	$-7\,b_4 + 6\,b_6$	
$\langle 0\|$					$6\,b_4 + 20\,b_6$

$$\text{mit} \quad b_4 = \left(\tfrac{1}{33}\right) B_0^4 \quad \text{und} \quad b_6 = \left(\tfrac{5}{429}\right) B_0^6 \tag{4.84}$$

[40] Zwischen den Ionen der Actinoiden (An) und Lanthanoiden (Ln) bestehen folgende Unterschiede, die das magnetische Verhalten beeinflussen: (1) H_{ee} ist bei An um ca. 30% kleiner als bei Ln; (2) H_{SB} ist bei An doppelt so groß wie bei Ln; (3) H_{LF} ist bei An^{3+} und Ln^{3+} vergleichbar groß, nimmt bei An mit steigender Oxidationszahl stark zu und wird dann in der Größe vergleichbar mit H_{SB}; (4) in An-Verbindungen spielt Kovalenz eine wichtigere Rolle als in Ln-Verbindungen.

[41] Besteht hauptsächlich Interesse an Näherungen, die für ein $4f^1$-Ion praktikabel sind, kann direkt zu 4.4.1.4 gegangen werden.

[42] Im Falle von O_h-Symmetrie erhalten die Symmetriesymbole noch den Index „u" aufgrund der ungeraden Parität der f-Funktionen.

Tab. 4.27: Integrale über drei Kugelflächenfunktionen, $c^k(lm_l, l'm_l')$ für $l = l' = 3$; $c^k(l'm_l', lm_l) = (-1)^{m_l - m_l'} c^k(lm_l, l'm_l')$ [66, 178]

m_l	m_l'	c^0	$15\,c^{2\,a)}$	$33\,c^{4\,a)}$	$\frac{429}{5}\,c^{6\,a)}$	m_l	m_l'	c^0	$15\,c^2$	$33\,c^4$	$\frac{429}{5}\,c^6$
± 3	± 3	$+1$	-5	$+3$	-1	± 1	0	0	$+\sqrt{2}$	$+\sqrt{15}$	$+\sqrt{350}$
± 3	± 2	0	5	$-\sqrt{30}$	$+\sqrt{7}$	0	0	$+1$	$+4$	$+6$	$+20$
± 3	± 1	0	$-\sqrt{10}$	$+\sqrt{54}$	$-\sqrt{28}$	± 3	∓ 3	0	0	0	$-\sqrt{924}$
± 3	0	0	0	$-\sqrt{63}$	$+\sqrt{84}$	± 3	∓ 2	0	0	0	$+\sqrt{462}$
± 2	± 2	$+1$	0	-7	$+6$	± 3	∓ 1	0	0	$+\sqrt{42}$	$-\sqrt{210}$
± 2	± 1	0	$+\sqrt{15}$	$+\sqrt{32}$	$-\sqrt{105}$	± 2	∓ 2	0	0	$+\sqrt{70}$	$+\sqrt{504}$
± 2	0	0	$-\sqrt{20}$	$-\sqrt{3}$	$+\sqrt{224}$	± 2	∓ 1	0	0	$-\sqrt{14}$	$-\sqrt{378}$
± 1	± 1	$+1$	$+3$	$+1$	-15	± 1	∓ 1	0	$-\sqrt{24}$	$-\sqrt{40}$	$-\sqrt{420}$

[a] Der Zahlenfaktor ist der Nenner für alle c^k-Werte einer Spalte.

Beispiel 4.19 *Berechnung des Diagonalelementes* $\langle 3|\hat{H}^c_{LF}|3\rangle$

$$\begin{aligned} H_{11} &= \langle 3|\hat{H}^c_{LF}|3\rangle = B^4_0 \underbrace{\langle 3|C^4_0|3\rangle}_{3/33} + B^6_0 \underbrace{\langle 3|C^6_0|3\rangle}_{-5/429} \\ &= 3\underbrace{(1/33)B^4_0}_{b_4} - \underbrace{(5/429)B^6_0}_{b_6} = 3\,b_4 - b_6 \end{aligned}$$ *

Beispiel 4.20 *Berechnung des Nichtdiagonalelementes* $\langle 3|\hat{H}^c_{LF}|-1\rangle$

$$\begin{aligned} H_{12} &= \langle 3|\hat{H}^c_{LF}|-1\rangle = B^4_0 \sqrt{\tfrac{5}{14}}\underbrace{\langle 3|C^4_4|-1\rangle}_{\sqrt{42}/33} - B^6_0 \sqrt{\tfrac{7}{2}}\underbrace{\langle 3|C^6_4|-1\rangle}_{-\sqrt{210}(5/429)} \\ &= \sqrt{15}\underbrace{(1/33)B^4_0}_{b_4} + 7\sqrt{15}\underbrace{(5/429)B^6_0}_{b_6} = (b_4 + 7\,b_6)\sqrt{15} \end{aligned}$$ *

Die H-Matrix (4.84) enthält einen 1×1-Block mit dem (m_l, m_l')-Paar (0,0) und drei 2×2-Blöcke mit den Paaren $(3,-1)$, $(-3,1)$ — diese sind zusammengefaßt — sowie $(2,-2)$. Der 1×1-Block gehört zur Funktion $|\,0\,\rangle$: $E_1 = 6\,b_4 + 20\,b_6$. Die anderen Energien und Zustände ergeben sich durch Nullsetzen der 2×2-Determinanten, und man erhält:

$E_1 = 6\,b_4 + 20\,b_6$	$E_2 = -2\,b_4 - 36\,b_6$	$E_3 = -12\,b_4 + 48\,b_6$
$\vert 0\rangle$	$\sqrt{\frac{1}{2}}(\vert 2\rangle + \vert -2\rangle)$	$\sqrt{\frac{1}{2}}(\vert 2\rangle - \vert -2\rangle)$
$\sqrt{\frac{5}{8}}\vert \pm 3\rangle + \sqrt{\frac{3}{8}}\vert \mp 1\rangle$	$\sqrt{\frac{3}{8}}\vert \pm 3\rangle - \sqrt{\frac{5}{8}}\vert \mp 1\rangle$	

Nur *ein* Zustand hat die Energie E_3, folglich muß es sich um ein Bahnsingulett, also den A_2-Term, handeln ($E_3 \equiv E(A_2)$). Zu den Energien E_1 und E_2 gibt es jeweils drei Zustände, sie gehören daher zwei Bahntriplett-Zuständen an. Aus ihrem Transformationsverhalten unter den Symmetrieoperationen von O ergibt sich die Zuordnung $E_1 \equiv E(T_1)$ und $E_2 \equiv E(T_2)$ (vgl. das folgende Beispiel). Die Ergebnisse sind in Tab. 4.28 zusammengefaßt.

Beispiel 4.21 *Das Transformationsverhalten der Bahntriplettzustände aus dem ^2F-Term im Oktaederfeld*

Bei der Zuordnung der Symbole T_1 und T_2 zu den Triplettzuständen macht man sich zunutze, daß sich die Charakterensysteme der entsprechenden irreduziblen Darstellungen der Punktgruppe O bei der Klasse C_4 unterscheiden (s. Tab. 4.4). Bestimmt man mit Gl. (4.20) den Charakter der Triplett-Funktionssätze z. B. bei der vierzähligen Drehung um die z-Achse, werden die Rechnungen besonders einfach. Wir wenden den Drehoperator $\hat{R}_z(\pi/2)$ zunächst auf die Funktionen mit der Energie E_1 und dann auf die mit E_2 an. Die Numerierung der Funktionen wird aus Tab. 4.28 übernommen.

$$\hat{R}_z(\pi/2)\left(\psi_{1(1)}, \psi_{2(1)}, \psi_{3(1)}\right) = \left(\psi_{1(1)}, \psi_{2(1)}, \psi_{3(1)}\right)\begin{pmatrix} -i & 0 & 0 \\ 0 & 1 & 0 \\ 0 & 0 & i \end{pmatrix}$$

Es ergibt sich die Spur $\chi(C_4) = 1$. Folglich handelt es sich um die $\psi(T_1)$-Funktionen ($E_1 \equiv E(T_1)$).

$$\hat{R}_z(\pi/2)\left(\psi_{1(2)}, \psi_{2(2)}, \psi_{3(2)}\right) = \left(\psi_{1(1)}, \psi_{2(1)}, \psi_{3(1)}\right)\begin{pmatrix} i & 0 & 0 \\ 0 & -1 & 0 \\ 0 & 0 & -i \end{pmatrix}$$

Für die Spur folgt $\chi(C_4) = -1$. Die Funktionen transformieren sich nach T_2 ($E_2 \equiv E(T_2)$). *

Wir stellen fest, daß die Ligandenfeldaufspaltung in kubischen f-Systemen nicht wie bei d-Systemen nur von einem, sondern von zwei Parametern abhängt. Den Energieausdrücken ist zu entnehmen, daß b_4 und b_6 und damit auch B_0^4 und B_0^6 mit unterschiedlichem Gewicht und Vorzeichen eingehen. Ihre relative Größe bestimmt in der Grenzsituation $H_{SB} = 0$ daher die Energieabfolge der

Tab. 4.28: Ortsfunktionen und Energien nach Störung des $F(\mathrm{f}^1)$-Terms durch $\hat{H}^c_{LF}$

$\psi_i(\Gamma)$	[a]	$\vert m_l\rangle \quad (l=3)$	$E(\Gamma)$ [b) c)]
$\psi(A_2)$	f_{xyz}	$\sqrt{\frac{1}{2}}(\vert 2\rangle - \vert -2\rangle)$	$E(A_2) = -12\,b_4 + 48\,b_6 \quad (E_3)$
$\psi_1(T_2)$	[d]	$-\sqrt{\frac{3}{8}}\vert 3\rangle + \sqrt{\frac{5}{8}}\vert -1\rangle$	
$\psi_2(T_2)$	$\mathrm{f}_{z(x^2-y^2)}$	$\sqrt{\frac{1}{2}}[\vert 2\rangle + \vert -2\rangle]$	$E(T_2) = -2\,b_4 - 36\,b_6 \quad (E_2)$
$\psi_3(T_2)$	[d]	$-\sqrt{\frac{3}{8}}\vert -3\rangle + \sqrt{\frac{5}{8}}\vert 1\rangle$	
$\psi_1(T_1)$	[e]	$-\sqrt{\frac{5}{8}}\vert 3\rangle - \sqrt{\frac{3}{8}}\vert -1\rangle$	
$\psi_2(T_1)$	f_{z^3}	$\vert 0\rangle$	$E(T_1) = 6\,b_4 + 20\,b_6 \quad (E_1)$
$\psi_3(T_1)$	[e]	$-\sqrt{\frac{5}{8}}\vert -3\rangle - \sqrt{\frac{3}{8}}\vert 1\rangle$	

[a] Reelle f-Funktionen (vgl. Tab. 3.3).
[b] $b_4 = (1/33)B_0^4$; $b_6 = (5/429)B_0^6$.
[c] Als Ligandenfeldparameter sind auch $\Theta = E(T_1) - E(T_2)$ und $\Delta = E(T_2) - E(A_2)$ in Gebrauch [236, 237].
[d] Reelle f-Funktionen [184]:
$\mathrm{f}_{x(z^2-y^2)} \equiv \sqrt{\frac{1}{2}}[\psi_1(T_2) + \psi_3(T_2)]$; $\mathrm{f}_{y(z^2-x^2)} \equiv \sqrt{\frac{1}{2}}[\psi_1(T_2) - \psi_3(T_2)]$.
[e] Reelle f-Funktionen:
$\mathrm{f}_{x^3} \equiv \sqrt{\frac{1}{2}}[\psi_1(T_1) + \psi_3(T_1)]$; $\mathrm{f}_{y^3} \equiv \sqrt{\frac{1}{2}}[\psi_1(T_1) - \psi_3(T_1)]$.

Ligandenfeld-Niveaus, wie bereits einfache Punktladungsrechnungen verdeutlichen. Wir benötigen dazu die in B_0^4 und B_0^6 auftretenden Faktoren A_4^0 bzw. A_6^0. A_4^0 ist bereits in Beispiel 4.12 für Oktaeder, Tetraeder und Würfel ermittelt worden. Die Berechnung von A_6^0 zeigt Beispiel 4.22.

Beispiel 4.22 *Berechnung von A_6^0 für Oktaeder, Tetraeder und Würfel nach dem Punktladungsmodell*

Wir gehen wie in Beispiel 4.12 und Gl. (4.44) vor und betrachten sechs Punktladungen an den Ecken eines regulären Oktaeders mit dem Abstand R zum Oktaederzentrum.

$$\begin{aligned} A_6^0(Okt.) &= \frac{Qe^2}{R^7}\sum_{j=1}^{6} C_0^6(\Theta_j,\Phi_j) \quad \text{mit} \\ C_0^6(\Theta_j,\Phi_j) &= \left(\frac{4\pi}{13}\right)^{1/2} Y_0^6(\Theta_j,\Phi_j) \\ &= \frac{1}{16}(231\cos^6\Theta_j - 315\cos^4\Theta_j + 105\cos^2\Theta_j - 5) \end{aligned}$$

Nach Einsetzen der Winkelkoordinaten ergibt sich für $A_6^0(Okt.)$:

$$A_6^0(Okt.) = \frac{3}{4}\frac{Qe^2}{R^7}. \tag{4.85}$$

Die Rechnungen für Tetraeder und Würfel führen zu

$$A_6^0(Tet.) = \frac{8}{9}\frac{Qe^2}{R^7} \quad \text{und} \quad A_6^0(Wür.) = \frac{16}{9}\frac{Qe^2}{R^7}. \tag{4.86}$$

Bei negativ geladenen Liganden ($Q > 0$) ist in allen Fällen A_6^0 positiv. Gleiche Abstände R und gleiche Ladungen Q vorausgesetzt, ergeben sich die folgenden Verhältnisse für die Koeffizienten A_6^0 der drei Koordinationspolyeder:

$$A_6^0(Okt.) \ : \ A_6^0(Tet.) \ : \ A_6^0(Wür.) = 1 \ : \ (32/27) \ : \ (64/27) \quad * \tag{4.87}$$

Die Beispiele 4.12 und 4.22 zeigen, daß bei oktaedrischer Koordination mit negativ geladenen Liganden A_4^0 und A_6^0 und damit auch b_4 und b_6 positiv sind. Ist $b_6 = 0$, lautet die Abfolge $E(T_1) > E(T_2) > E(A_2)$, während für $b_4 = 0$ gilt: $E(A_2) > E(T_1) > E(T_2)$. Diese beiden Situationen sind in Abb. 4.36 ganz links bzw. ganz rechts dargestellt. Die Skala auf der Abszisse trägt der unterschiedlichen Gewichtung von b_4 und b_6 (Gesamtumfang $18\,b_4$ bzw. $84\,b_6$) Rechnung. So bedeutet z. B. der Wert 0,25, daß der Beitrag von b_4 zur Ligandenfeldaufspaltung vierzehnmal stärker ist als der von b_6. Die Energiewerte auf der Ordinate sind so normiert, daß die Gesamtaufspaltung durch das Ligandenfeld am linken und rechten Rand jeweils 1 ist und der Schwerpunkt der Aufspaltung bei 0 liegt.

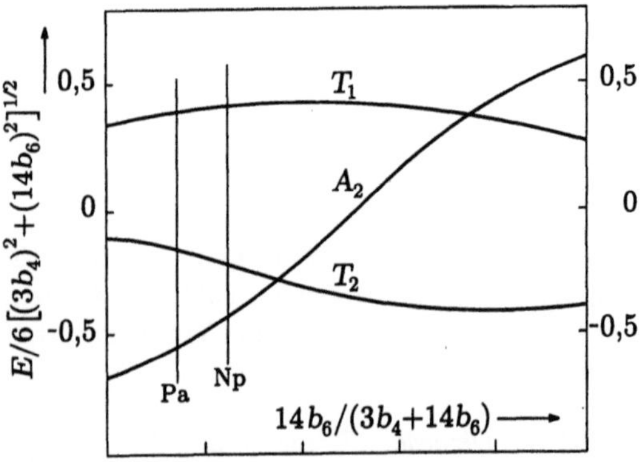

Abb. 4.36: Energieniveau-Diagramm für ein einzelnes f-Elektron unter dem Einfluß eines oktaedrischen Ligandenfeldes. Gezeigt ist der relative Einfluß der Ligandenfeldparameter $b_4 = (1/33)\,B_0^4$ und $b_6 = (5/429)\,B_0^6$ von $\hat{H}_{LF}^c$ (ganz links: $b_6 = 0$; ganz rechts: $b_4 = 0$); Pa $\widehat{=}$ Cs_2PaCl_6, Np $\widehat{=}$ NpF_6 [190].

Eingezeichnet ist die aus spektroskopischen Daten ableitbare Mischung von b_4 und b_6 für Cs_2PaCl_6 und NpF_6 (vgl. [190], S. 50). Man befindet sich auf der linken Seite des Diagramms, d. h., b_4 dominiert. Für das Verhältnis der beiden Ligandenfeldparameter gibt es keine einfachen Regeln. Eine wichtige Rolle spielen neben dem Metall-Ligand-Abstand — man beachte, daß dieser in A_4^0 mit R^{-5} und in A_6^0 mit R^{-7} eingeht — und den Radialintegralen $< r^4 >$ und $< r^6 >$ der nf-Funktionen (vgl. Gl. (4.47)) kovalente Bindungsanteile. Letztere werden insbesondere bei Actinoidverbindungen durch Bahnreduktionsfaktoren berücksichtigt (s. [237] und dort zitierte Literatur).

4.4.1.2 $\mathbf{f}^1, H_{LF} + H_{SB}$

Nachdem wir das Verhalten der f-Systeme gegenüber H_{LF} genauer betrachtet haben, wird jetzt zusätzlich H_{SB} eingeschaltet. Unter dem alleinigen Einfluß von H_{SB} spaltet der 14-fach entartete Term ^2F des freien Ions in das Grundmultiplett $^2F_{5/2}$ und das um $\frac{7}{2}\zeta$ höher liegende angeregte Multiplett $^2F_{7/2}$ auf (vgl. Tab. 3.12). Zur Aufstellung des Korrelationsdiagramms Abb. 4.37 legen wir uns bei H_{LF} auf das Verhältnis $b_4/b_6 = 14$ fest, dem experimentellen Befund für NpF_6 entsprechend. Die Situation für $H_{LF} = 0$ ist in Abb. 4.37 am linken Rand und für $H_{SB} = 0$ am rechten Rand zu sehen. Um die Zustände beider Seiten miteinander verbinden zu können, müssen wir das Transformationsverhalten (1) der $^2F_{5/2}$- und $^2F_{7/2}$-Zustände im Oktaederfeld sowie (2) der Produktfunktionen aus den an die kubische Symmetrie adaptierten Ortsfunktionen, multipliziert mit den Spinfunktionen, untersuchen. Dazu werden analog zum Verfahren in 4.3.1.2 die Charakterensysteme für die Doppelgruppe O' aufgestellt. Die Ergebnisse für die Basissätze mit $j = 5/2$ und $j = 7/2$ sind in den beiden untersten Zeilen von Tab. 4.29 dargestellt. In den drei Zeilen darüber stehen Angaben zu den Produktdarstellungen. Eine Überprüfung der fünf Darstellungen mit der Reduktionsformel und der Charakterentafel für O' ergibt:

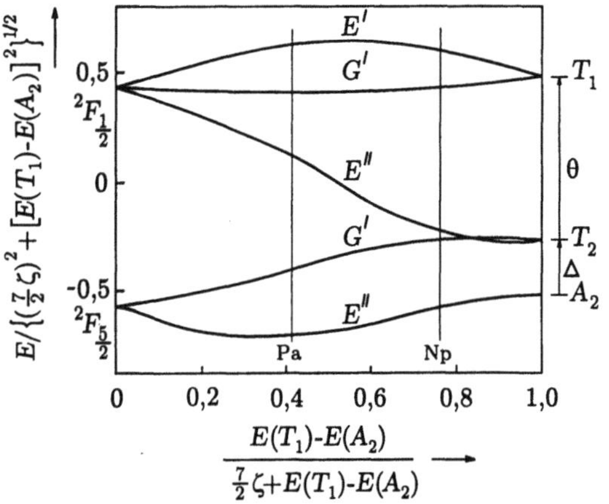

Abb. 4.37: Korrelationsdiagramm für ein einzelnes f-Elektron unter dem Einfluß von oktaedrischem Ligandenfeld und Spin-Bahn-Kopplung [190].

$$A_2 \otimes E' \longrightarrow E''(\Gamma_7) \qquad \Gamma(j=\tfrac{5}{2}) \longrightarrow E'' \oplus G'$$
$$T_1 \otimes E' \longrightarrow E' \oplus G'(\Gamma_8) \qquad \Gamma(j=\tfrac{7}{2}) \longrightarrow E' \oplus E'' \oplus G'.$$
$$T_2 \otimes E' \longrightarrow E'' \oplus G'$$

Tab. 4.29: Charakterensysteme der f^1-Produktzustände für die Doppelgruppe O'

O'	E	R	$4C_3$ $4C_3^2R$	$4C_3^2$ $4C_3R$	$3C_2$ $3C_2R$	$3C_4$ $3C_4^3R$	$3C_4^3$ $3C_4R$	$6C_2'$ $6C_2'R$
$A_2(\Gamma_2) \otimes E'(\Gamma_6)$	2	−2	1	−1	0	$-\sqrt{2}$	$\sqrt{2}$	0
$T_1(\Gamma_4) \otimes E'$	6	−6	0	0	0	$\sqrt{2}$	$-\sqrt{2}$	0
$T_2(\Gamma_5) \otimes E'$	6	−6	0	0	0	$-\sqrt{2}$	$\sqrt{2}$	0
$\Gamma(j = \frac{5}{2})$	6	−6	0	0	0	$-\sqrt{2}$	$\sqrt{2}$	0
$\Gamma(j = \frac{7}{2})$	8	−8	1	−1	0	0	0	0

Die $^2A_2$-Funktionen induzieren die irreduzible Darstellung E'' von O', während die zu den Termen $^2T_1$ und $^2T_2$ gehörenden Gesamtwellenfunktionen reduzible Darstellungen induzieren, deren irreduzible Bestandteile jeweils aus einem Dublett- und einem Quartett-Zustand bestehen: E', G' bzw. E'', G'. Geht man von den Multipletts $^2F_{5/2}$ und $^2F_{7/2}$ des freien Ions aus, stellt man fest, daß beide in O' reduzible Darstellungen induzieren, wobei $^2F_{5/2}$ in ein Dublett und ein Quartett (E'', G') und $^2F_{7/2}$ in zwei Dubletts und ein Quartett (E', E'', G') zerfallen. Das Dublett E' geht einerseits aus $^2A_2$, andererseits aus $^2F_{7/2}$ hervor. Eine entsprechende Zuordnung der anderen Dubletts (E'') und Quartetts (G') kann nicht vorgenommen werden. Sie werden je nach Größe der Ligandenfeld- und Spin-Bahn-Kopplungsparameter gemischt.

Für die weiteren Rechnungen ist es erforderlich, die Zustandsfunktionen zu finden, die sich nach den ermittelten irreduziblen Darstellungen der Doppelgruppe O' transformieren. Man verfährt analog zu 4.3.1.2, weshalb wir auf eine ausführliche Darstellung verzichten. Im Korrelationsdiagramm 4.37 sind Markierungen angebracht, die die Situation für die Actinoid-Verbindungen mit Werten auf der Abszisse zwischen 0,4 und 0,7 charakterisieren. Für ein entsprechendes $4f^1$-System sind deutlich kleinere Werte im Bereich von 0,2 zu erwarten. Dies ist eine Folge der im Vergleich zum Spin-Bahn-Kopplungsparameter wesentlich kleineren Ligandenfeldaufspaltung. Bei den Actinoiden in hohen Oxidationsstufen sind H_{LF} und H_{SB} vergleichbar stark.

4.4.1.3 Simulation des magnetischen Verhaltens von nf^1- und $4f^{13}$-Ionen

In den Abb. 4.38 und 4.39 ist das für Verbindungen mit oktaedrisch koordiniertem Ce(III), Yb(III) und U(V) typische paramagnetische Verhalten in Form von χ_{mol}^{-1}–T- und n_{eff}–T-Diagrammen dargestellt. Sie wurden durch ein Computerprogramm [232] (4.3.1.3) mit den folgenden Parametersätzen berechnet (alle Angaben in cm^{-1}): Ce(III): $B_0^4 = 2\,119$, $B_0^6 = 261$, $\zeta = 623$, s. Tab. 4.32 [239]; Yb(III): $B_0^4 = 1\,471$, $B_0^6 = 0$, $\zeta = 2\,903$ [239]; U(V): $B_0^4 = 23\,100$, $B_0^6 = 3\,750$, $\zeta = 2\,200$ [236]. Am stärksten paramagnetisch ist das $4f^{13}$-Ion, gefolgt vom $4f^1$-Ion und dem $5f^1$-Ion. Der Unterschied bei den beiden Lanthanoid-Ionen zeigt sich schon bei den freien Ionen (vgl. 3.4.3, Gl. (3.173)). Das nur schwach paramagnetische Verhalten des U(V)-Ions ist im wesentlichen auf den relativ starken Ligandenfeldeffekt zurückzuführen.

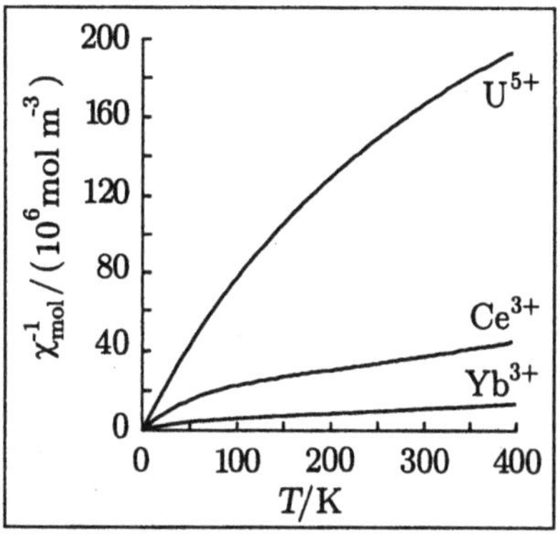

Abb. 4.38: Typischer $\chi_{mol}^{-1} - T$-Verlauf für Verbindungen mit Ce(III), Yb(III) und U(V) in oktaedrischer Umgebung.

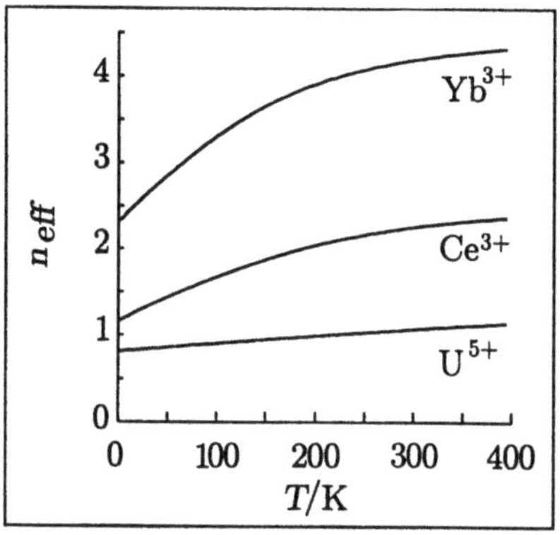

Abb. 4.39: Typischer $n_{eff} - T$-Verlauf für Verbindungen mit Ce(III), Yb(III) und U(V) in oktaedrischer Umgebung.

4.4.1.4 Ein primitives Modell für das $4f^1$-System

H_{LF}. Das 4f-Elektron z. B. des Ce^{3+}-Ions erfährt in erster Linie eine Störung durch die Spin-Bahn-Kopplung und eine schwächere durch das Ligandenfeld ($H_{SB} > H_{LF}$). So liegt die Multiplett-Aufspaltung $\Delta E(\frac{7}{2}, \frac{5}{2})$ bei ca. $2\,200\ cm^{-1}$, während Ligandenfeldaufspaltungen nur einige $100\,cm^{-1}$ ausmachen. Daher ist es für magnetochemische Analysen häufig ausreichend, näherungsweise den Einfluß von H_{LF} isoliert auf das sechsfach entartete Grundmultiplett $^2F_{5/2}$ des freien Ions zu betrachten und das angeregte Multiplett $^2F_{7/2}$ zu ignorieren (vgl. 3.4.3). Als Basis verwendet man üblicherweise die sechs zu $J = 5/2$ gehörenden Zustände $|M_J\rangle$ mit $M_J = 5/2, 3/2, \dots, -5/2$. Wir schreiben sie jedoch, um die Matrixelemente von $\hat{H}_{LF}^c$ zu berechnen, in Form der ungekoppelten Basis $|m_l m_s\rangle$ (Tab. 3.12), damit die Wirkung von $\hat{H}_{LF}^c$ auf die Bahnanteile $|m_l\rangle$ offensichtlich wird. Mit Hilfe der Tab. 4.27 erhält man die im Schema (4.88) aufgeführten Matrixelemente H_{ij} des Operators (4.48) in Einheiten von B_0^4.

(4.88)

	$\lvert\frac{5}{2}\rangle$	$\lvert-\frac{3}{2}\rangle$	$\lvert-\frac{5}{2}\rangle$	$\lvert\frac{3}{2}\rangle$	$\lvert\frac{1}{2}\rangle$	$\lvert-\frac{1}{2}\rangle$
$\langle\frac{5}{2}\rvert$	$\frac{1}{21}$	$\frac{\sqrt{5}}{21}$				
$\langle-\frac{3}{2}\rvert$	$\frac{\sqrt{5}}{21}$	$-\frac{3}{21}$				
$\langle-\frac{5}{2}\rvert$			$\frac{1}{21}$	$\frac{\sqrt{5}}{21}$		
$\langle\frac{3}{2}\rvert$			$\frac{\sqrt{5}}{21}$	$-\frac{3}{21}$		
$\langle\frac{1}{2}\rvert$					$\frac{2}{21}$	
$\langle-\frac{1}{2}\rvert$						$\frac{2}{21}$

Das Glied mit $k = 6$ in $\hat{H}^c_{LF}$ liefert keinen Beitrag. Es handelt sich hier um eine Besonderheit bei f-Zuständen mit $J < 3$. Wir überprüfen sie in den folgenden beiden Beispielen.

Beispiel 4.23 *Berechnung des Diagonalelementes* $\langle \frac{5}{2} \lvert\hat{H}^c_{LF}\rvert \frac{5}{2} \rangle$

In der Basis $|m_l, m_s\rangle$ hat das Matrixelement die Form

$$H_{11} = \tfrac{1}{7}\left\langle -\sqrt{6}\langle 3, -\tfrac{1}{2}\,\rvert + \langle 2, \tfrac{1}{2}\,\rvert \right| \hat{H}^c_{LF} \left| -\sqrt{6}\,\lvert 3, -\tfrac{1}{2}\rangle + \lvert 2, \tfrac{1}{2}\rangle \right\rangle$$

Nach Integration über den Spin folgt mit Hilfe der $c^k(lm_l, l'm_l')$-Werte

$$H_{11} = \tfrac{1}{7}\Big(6\langle 3\,|\hat{H}^c_{LF}|\,3\rangle + \langle 2\,|\hat{H}^c_{LF}|\,2\rangle\Big) =$$

$$\tfrac{1}{7}\Big[B^4_0\,(6\underbrace{\langle 3\,|C^4_0|\,3\rangle}_{3/33} + \underbrace{\langle 2\,|C^4_0|\,2\rangle}_{-7/33}) + B^6_0\,\big(\underbrace{6\langle 3\,|C^6_0|\,3\rangle + \langle 2\,|C^6_0|\,2\rangle}_{0}\big)\Big] = \tfrac{1}{21}\,B^4_0.$$

Beispiel 4.24 *Berechnung des Nichtdiagonalelementes* $\langle \frac{5}{2} \lvert\hat{H}^c_{LF}\rvert -\frac{3}{2} \rangle$

Auf weitgehend analoge Weise zu Beispiel 4.23 ergibt sich:

$$H_{12} = \tfrac{1}{7}\left\langle -\sqrt{6}\langle 3, -\tfrac{1}{2}| + \langle 2, \tfrac{1}{2}| \right| \hat{H}^c_{LF} \left| -\sqrt{2}|-1, -\tfrac{1}{2}\rangle + \sqrt{5}|-2, \tfrac{1}{2}\rangle \right\rangle$$

$$H_{12} = \tfrac{1}{7}\Big(\sqrt{12}\,\langle 3\,|\hat{H}^c_{LF}|\,-1\rangle + \sqrt{5}\,\langle 2\,|\hat{H}^c_{LF}|\,-2\rangle\Big) =$$

$$\tfrac{1}{7}\left[B^4_0\sqrt{\tfrac{5}{14}}\Big(\sqrt{12}\,\underbrace{\langle 3\,|C^4_4|\,-1\rangle}_{\sqrt{42}/33} + \sqrt{5}\,\underbrace{\langle 2\,|C^4_4|\,-2\rangle}_{\sqrt{70}/33}\Big)\right]$$

$$-\sqrt{\tfrac{7}{2}}\,B^6_0\Big[\Big(\underbrace{\sqrt{12}\langle 3\,|C^6_4|\,-1\rangle + \sqrt{5}\,\langle 2\,|C^6_4|\,-2\rangle}_{0}\Big)\Big] = \tfrac{\sqrt{5}}{21}\,B^4_0. \quad *$$

Die H-Matrix (4.88) enthält jeweils identische 1×1- und 2×2-Blöcke. Erstere betreffen die $|M_J\rangle$-Zustände $|\frac{1}{2}\rangle$ und $|-\frac{1}{2}\rangle$. Hier kann die Störenergie 1. Ordnung $E^{(1)} = E_{LF} = (2/21)\, B_0^4$ direkt abgelesen werden. Die Energie der anderen Zustände erhält man durch Nullsetzen der 2×2-Determinanten (vgl. 3.1.4):

$$\begin{vmatrix} \frac{1}{21} B_0^4 - E & \frac{\sqrt{5}}{21} B_0^4 \\ \frac{\sqrt{5}}{21} B_0^4 & -\frac{3}{21} B_0^4 - E \end{vmatrix} = 0 \implies \begin{cases} E_1 = \frac{2}{21} B_0^4 \\ E_2 = -\frac{4}{21} B_0^4. \end{cases}$$

In Tab. 4.30 sind die Ergebnisse unter Einbeziehung auch des zweiten 2×2-Blocks zusammengefaßt. Der sechsfach entartete Zustand $^2F_{5/2}$ wird im kubischen Ligandenfeld in ein Dublett $(E''; \Gamma_7)$ und ein Quartett $(G'; \Gamma_8)$ aufgespalten. Im Oktaeder mit negativer Ladung der Liganden ist E'' Grundzustand $(A_0^4, B_0^4 > 0)$, im Tetraederfeld kehrt sich die Abfolge um. Für die Aufspaltung gilt $\Delta E(G', E'') = (6/21)\, B_0^4$. Sie liegt im Bereich weniger $100\,\text{cm}^{-1}$ und ist um mehrere Größenordnungen kleiner als bei d-Metallen, bedingt u. a. durch kleinere Radialintegrale und größere Metall–Ligand-Abstände bei 4f-Systemen. Die Abfolge der Zustände G' und E'' wird anhand der in Abb. 4.40 gezeigten Elektronendichten [213] plausibel: Der im Oktaederfeld angeregte G'-Zustand hat erhöhte Elektronendichte in Richtung der Liganden (Oktaederecken), der E''-Zustand in Richtungen zwischen den Liganden (Dreieckszentren).

Tab. 4.30: Funktionen und Energien des $^2F_{5/2}$-Multipletts nach Störung durch ein kubisches Ligandenfeld

$\|\Gamma\bar{M}\rangle$ [a]	$\|M_J\rangle$	E_{LF}
$\|G'\kappa,\mu\rangle$	$\pm\sqrt{\frac{5}{6}}\,\|\pm\frac{5}{2}\rangle \pm \sqrt{\frac{1}{6}}\,\|\mp\frac{3}{2}\rangle$	$\frac{2}{21} B_0^4$
$\|G'\lambda,\nu\rangle$	$\pm\|\pm\frac{1}{2}\rangle$ [b]	
$\|E''\alpha''\beta''\rangle$	$\sqrt{\frac{1}{6}}\,\|\pm\frac{5}{2}\rangle - \sqrt{\frac{5}{6}}\,\|\mp\frac{3}{2}\rangle$ [c]	$-\frac{4}{21} B_0^4$

[a] $G' \equiv \Gamma_8;\ E'' \equiv \Gamma_7$.
[b] Zur Phasenwahl s. [178, 181].
[c] Phasenwahl beim KRAMERS-Dublett [181]:
$|\xi\rangle = \sum_{J,M} C_{J,M} |JM\rangle$
$|\bar{\xi}\rangle = \sum_{J,M} C^*_{J,M} (-1)^{J-M} |J-M\rangle$.

H_M. Wir betrachten die in Tab. 4.30 gegebenen sechs an die kubische Symmetrie adaptierten Linearkombinationen der $|\frac{5}{2}M_J\rangle$-Basis des Grundmultipletts $^2F_{5/2}$ und lassen den ZEEMAN-Operator (3.160) einwirken, der für die z-Richtung die Form $\hat{H}_{M_z} = -\gamma_e g_J\, B_z\, \hat{J}_z$ mit $g_J = 6/7$ hat. Die in Tab. 4.30 aufgeführten Eigenzustände kürzen wir durch $|G'\bar{M}'\rangle$ $(\bar{M}' = \kappa, \lambda, \mu, \nu)$ bzw. $|E''\bar{M}''\rangle$ $(\bar{M}'' = \alpha'', \beta'')$ ab. Die H-Matrix enthält die folgenden Elemente (in Einheiten von $g_J\, \mu_B\, B_z$):

(4.89)

	$\vert G'\kappa\rangle$	$\vert G'\nu\rangle$	$\vert G'\lambda\rangle$	$\vert G'\mu\rangle$	$\vert E''\alpha''\rangle$	$\vert E''\beta''\rangle$
$\langle G'\kappa\vert$	$11/6$				$2\sqrt{5}/3$	
$\langle G'\nu\vert$		$-11/6$				$2\sqrt{5}/3$
$\langle G'\lambda\vert$			$1/2$			
$\langle G'\mu\vert$				$-1/2$		
$\langle E''\alpha''\vert$	$2\sqrt{5}/3$				$-5/6$	
$\langle E''\beta''\vert$		$2\sqrt{5}/3$				$5/6$

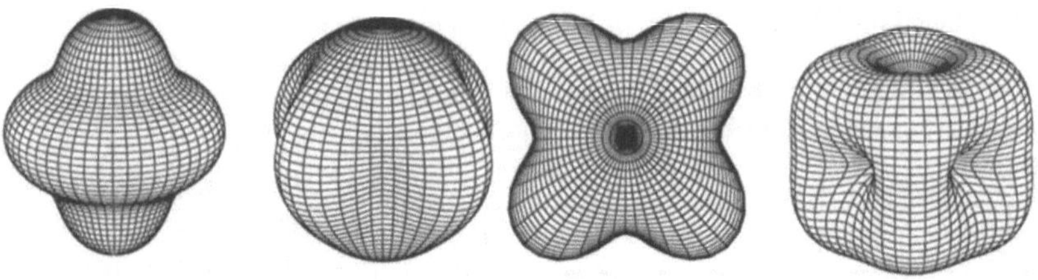

Abb. 4.40: Ladungsverteilung der an die kubische Symmetrie adaptierten $4f^1$-Zustände des Multipletts $^2F_{5/2}$ [213]; z-Achse jeweils nach oben, ausgenommen bei der zweiten Figur von rechts: z-Achse auf den Betrachter zukommend, x- und y-Achse als Diagonalen im umschreibenden Quadrat. $|E''\alpha''\beta''\rangle$ (ganz rechts) und $G'(\Gamma_8)$ ($|G'\lambda,\nu\rangle$ (ganz links) sowie $|G'\kappa,\mu\rangle$ mit den zwei verschiedenen Blickrichtungen).

Mit Hilfe der Gl. (3.36) ergeben sich aus diesen Matrixelementen die in Tab. 4.31 aufgeführten ZEEMAN-Koeffizienten, wobei als Abkürzung $\Delta = E_{LF}(G') - E_{LF}(E'') = (6/21)\,B_0^4$ verwendet wird. Betrachtet man als Beispiel das Diagonalelement $H_{11} = \langle G'\kappa|\hat{H}_{M_z}|G'\kappa\rangle$, so erhalten wir $H_{11} = [(\frac{5}{6})(\frac{5}{2}) + (\frac{1}{6})(-\frac{3}{2})]\, g_J\mu_B B_z = (\frac{11}{6}) g_J\mu_B B_z$. Für das Nichtdiagonalelement $H_{15} = \langle G'\kappa|\hat{H}_{M_z}|E''\alpha''\rangle$ folgt $H_{15} = \left[\sqrt{\frac{1}{6}}\sqrt{\frac{5}{6}}(\frac{5}{2}) - \sqrt{\frac{1}{6}}\sqrt{\frac{5}{6}}(-\frac{3}{2})\right] g_J\mu_B B_z = (2\sqrt{5}/3) g_J\mu_B B_z$. Setzt man die Größen

Tab. 4.31: $W_n^{(0)}$, $W_n^{(1)}$ und $W_n^{(2)}$ des $4f^1$-Systems nach Störung des $^2F_{5/2}$-Multipletts durch H_{LF}^c ($\Delta \equiv (6/21)B_0^4$)

	$W_n^{(0)}$	$\dfrac{W_n^{(1)}}{g_J\,\mu_B}$	$\dfrac{W_n^{(2)}}{g_J^2\,\mu_B^2}$
$\vert G'\kappa,\nu\rangle$	Δ	$\pm 11/6$	$+\dfrac{20}{9\,\Delta}$
$\vert G'\lambda,\mu\rangle$		$\pm 1/2$	0
$\vert E''\bar{M}''\rangle$	0	$\mp 5/6$	$-\dfrac{20}{9\,\Delta}$

$W_n^{(0)}$, $W_n^{(1)}$ und $W_n^{(2)}$ in die VAN VLECK-Gleichung (3.171) ein, ergibt sich die magnetische Suszeptibilität für das $4f^1$-System im kubischen Ligandenfeld zu

$$\chi_{mol} = \mu_0 \frac{N_A \mu_B^2}{3k_B T} n_{eff}^2 \quad \text{mit} \tag{4.90}$$

$$n_{eff}^2 = \frac{g_J^2 \left[\frac{25}{12} + \frac{40}{3\Delta} k_B T + \left(\frac{130}{12} - \frac{40}{3\Delta} k_B T\right) \exp\left(-\frac{\Delta}{k_B T}\right)\right]}{\left[1 + 2\exp\left(-\frac{\Delta}{k_B T}\right)\right]}.$$

Abb. 4.41 zeigt in Form von χ_{mol}^{-1}-T- und n_{eff}-T-Diagrammen das auf der Grundlage dieses Modells zu erwartende magnetische Verhalten des Ce^{3+}-Ions für die beiden Situationen mit $\Delta = +605\,\text{cm}^{-1}$ (Ligandenfeld-Grundzustand $E''(\Gamma_7)$, $B_0^4 = 2\,119\ \text{cm}^{-1}$) und $\Delta = -605\,\text{cm}^{-1}$ ($G'(\Gamma_8)$, $B_0^4 = -2\,119\ \text{cm}^{-1}$).

Anmerkungen und Ergänzungen. 1.) Die Störung durch das Ligandenfeld bewirkt, daß es zu deutlichen Abweichungen im magnetischen Verhalten gegenüber dem des freien Ions kommt (vgl. die Referenzgeraden a und b in Abb. 4.41, die sich im Grenzfall $\Delta \to 0$ ergeben). Dieses Verhalten zeigen generell Ln-Ionen, ausgenommen bei $4f^7$-Konfiguration.

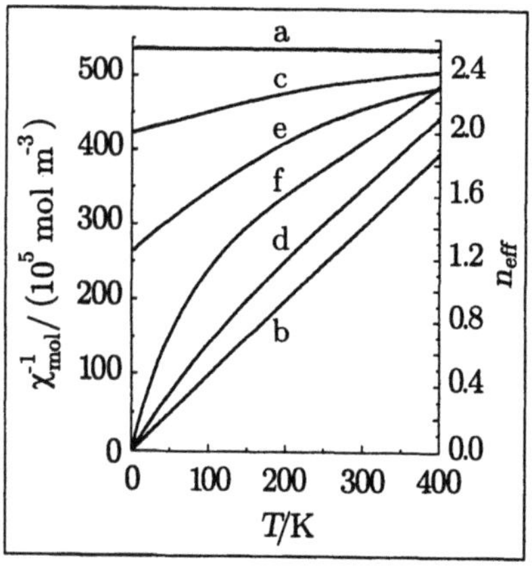

Abb. 4.41: Ce^{3+} im kubischen Ligandenfeld; χ_{mol}^{-1}-T- (b,d,f) und n_{eff}-T-Diagramme (a,c,e); $\Delta = 605\,\text{cm}^{-1}$ (e,f), $\Delta = -605\,\text{cm}^{-1}$ (c,d); Referenzgeraden (a,b) für das freie Ion.

2.) Im Tieftemperaturbereich werden die durch den Ursprung verlaufenden $\chi_{mol}^{-1} - T$-Kurven nahezu linear. Sie sind nicht streng linear, da neben dem CURIE-Term ein kleiner Beitrag $\sim 40/(3\Delta)$ durch den ZEEMAN-Effekt 2. Ordnung auftritt. Er fällt mit sinkender Temperatur immer weniger ins Gewicht und ist bei $T \to 0$ neben C/T vernachlässigbar. Dieses CURIE-ähnliche Verhalten im Tieftemperaturbereich ist eine Folge der ausschließlichen Besetzung des jeweiligen Ligandenfeldgrundzustands E'' bzw. G'. Voraussetzung für das CURIE-Verhalten bei tiefen Temperaturen ist eine ausreichend große Energiedifferenz zwischen Grundzustand und erstem angeregten Zustand. Die Geraden haben unterschiedliche Steigung, da die mit den beiden Zuständen verknüpften ZEEMAN-Koeffizienten 1. Ordnung und damit die magnetischen Momente unterschiedlich groß sind: $\mu = 1{,}24\,\mu_B$ bzw. $1{,}41\,\mu_B$. Diese Werte für das magnetische Moment der beiden Ligandenfeldzustände ergeben sich aus Gl. (4.90), wenn man die Grenzfälle $\Delta \to +\infty$ und $\Delta \to -\infty$ betrachtet. Im ersten Fall wird $\mu = n_{eff}\,\mu_B = (\frac{6}{7})\sqrt{\frac{25}{12}}\,\mu_B = 1{,}24\,\mu_B$, im zweiten Fall $\mu = (\frac{6}{7})\sqrt{\frac{130}{12}(\frac{1}{2})}\,\mu_B = 1{,}41\,\mu_B$. Da bei Temperaturerhöhung der jeweilige angeregte Zustand in steigendem Maße mit besetzt wird, wird das magnetische Moment temperaturabhängig, und das CURIE-Gesetz gilt nicht mehr.

3.) Ein CURIE-ähnliches Verhalten im Tieftemperaturbereich mit einem Verlauf der $\chi_{mol}^{-1}-T$-Kurve durch den Ursprung wird bei Abwesenheit kooperativer Effekte bei allen [$4f^N$]-Ionen mit halbzahligem J (ungeradem N) beobachtet. Bei ganzzahligem J ist das Verhalten komplizierter (vgl. 4.4.2.2).

4.) Der obere Temperaturbereich der $\chi_{mol}^{-1} - T$-Kurven läßt sich *nicht adäquat* durch ein CURIE-WEISS-Gesetz $\chi_{mol} = C_{mol}/(T - \Theta_p)$ beschreiben. Versucht man, den Hochtemperaturverlauf durch eine Gerade wiederzugeben, stellt man fest, daß sowohl ihr Anstieg als auch ihr Schnittpunkt mit der T-Achse vom betrachteten Temperaturbereich abhängen. Die CURIE-WEISS-Parameter C und Θ_p sind daher bedeutungslos. Dies gilt generell für Ln-Systeme mit einer von $4f^7$ abweichenden Elektronenkonfiguration. Zum Vergleich mit dem Verhalten des freien Ions eignet sich das $n_{eff} - T$-Diagramm.

5.) Kooperative Effekte zwischen den magnetischen Zentren können mit dem Molekularfeldparameter λ_{MF} (vgl. 4.3.1.5) berücksichtigt werden:

$$\chi_{mol}^{-1} = \chi_{mol}^{-1}(LF) - \lambda_{MF}. \tag{4.91}$$

6.) Suszeptibilitätsbeziehungen wie Gl. (4.90) sind auch für intermetallische Phasen gültig, in denen das Lanthanoid-Ion eine stabile Valenz aufweist, dessen Grundzustand also mit *einer* Elektronenkonfiguration [$4f^N$] beschrieben werden kann. Die anderen Valenzelektronen (6s, 5d) sind als delokalisiert zu betrachten und führen i. a. zu einem kleinen, im Realfall kaum verläßlich abschätzbaren Beitrag zur Suszeptibilität. Gegebenenfalls kann dieser Anteil durch einen temperaturunabhängigen Parameter χ_0 beschrieben werden.

7.) Speziell im Fall des Cers ist auch damit zu rechnen, daß es vierwertig ist oder eine gebrochene Valenz aufweist (vgl. [218]).

4.4.2 f^N-Systeme

4.4.2.1 $4f^N$-Ionen

In diesem Abschnitt werden vorrangig die 4f-Systeme betrachtet, da eine im Vergleich zu den 5f-Systemen größere Zahl von systematischen spektroskopischen und magnetochemischen Untersuchungen vorliegt. Außerdem sind die Störungen in der Weise $H_{ee} > H_{SB} > H_{LF}$ abgestuft. Folglich werden die nach Ein-

lung durch H_{SB} nur wenig gemischt (3.3.3). Zu ihrer Kennzeichnung eignen sich die für die RUSSELL-SAUNDERS-Kopplung vorgesehenen Symbole $^{2S+1}L_J$, obwohl jetzt nur noch J, nicht jedoch S und L, eine „gute" Quantenzahl ist. Damit ist es uns möglich, die nach Einschalten von H_{LF} erzeugten Spaltterme den Zuständen des freien Ions zuzuordnen. Die für die magnetischen Eigenschaften verantwortlichen Grundmultipletts lauten für die Ionen von f^1 bis f^{13}:

f^N	f^1, f^{13}	f^2, f^{12}	f^3, f^{11}	f^4, f^{10}	f^5, f^9	f^6, f^8	f^7
Grund-zustand	$^2F_{\frac{5}{2},\frac{7}{2}}$	$^3H_{4,6}$	$^4I_{\frac{9}{2},\frac{15}{2}}$	$^5I_{4,8}$	$^6H_{\frac{5}{2},\frac{15}{2}}$	$^7F_{0,6}$	$^8S_{\frac{7}{2}}$

Betrachtet man die schwächste Störung, H_{LF}, nur in 1. Ordnung, wendet also $\hat{H}^c_{LF}$ separat auf jedes Multiplett an, spricht man vom *Grenzfall des sehr schwachen Feldes*. Er liegt in guter Näherung bei Cl^-- und Br^--Liganden vor. Bei O^{2-} oder F^- ist der Ligandenfeldeffekt stärker, so daß Matrixelemente mit $\hat{H}^c_{LF}$ zwischen solchen Funktionen unterschiedlicher Multipletts berücksichtigt werden müssen, die sich nach derselben irreduziblen Darstellung transformieren. Die dadurch bewirkte Mischung von Zuständen bezeichnet man als *J-Mixing*[43)].

Im folgenden wollen wir beobachten, wie sich der Magnetismus freier Ln^{3+}-Ionen beim Einschalten eines oktaedrischen Ligandenfeldes ändert. Wir legen dabei wie im Falle von Ce^{3+} in den Abbn. 4.38 und 4.39 Parameterwerte zugrunde, die aus spektroskopischen Untersuchungen an den Verbindungen $Cs_2NaLnCl_6$ (Elpasolit-Typ, Abb. 4.42) erhalten wurden ([239], s. Tab. 4.32). Mit Hilfe der tabellierten Daten berechnen wir die magnetische Suszeptibilität für die Ionen Pr^{3+} ($4f^2$), Nd^{3+} ($4f^3$), Sm^{3+} ($4f^5$) und Eu^{3+} ($4f^6$). Mit diesen Bei-

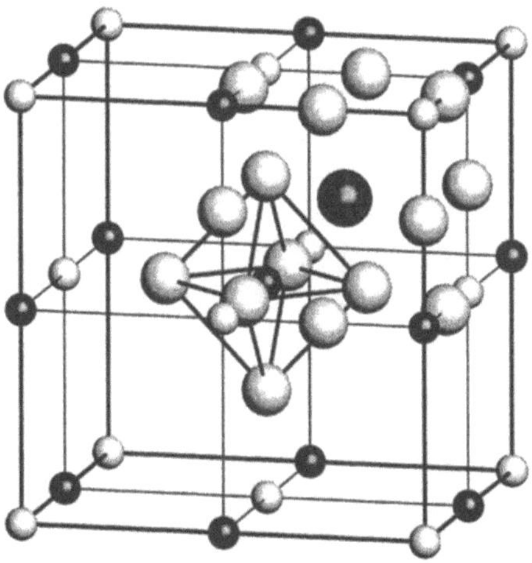

Abb. 4.42: $Cs_2NaLnCl_6$: Elementarzelle des Elpasolit-Typs

43) Bei RUSSELL-SAUNDERS-Kopplung einschließlich Spin-Bahn-Kopplung in 1. Ordnung sind S, L und J gute Quantenzahlen. Bei intermediärer Kopplung ist nur noch J eine gute Quantenzahl. Durch J-Mixing können mehrere J-Multipletts mit verschiedenen J-Werten unter dem Einfluß des Ligandenfeldoperators mischen. Das Modell ohne und mit J-Mixing wird auch *weak field lanthanide system* bzw. *strong field lanthanide system* genannt.

spielen läßt sich das unter bestimmten Bedingungen (s. u.) unterschiedliche magnetische Verhalten von Ionen mit gerader und ungerader Elektronenzahl N, d. h. ganz- bzw. halbzahligem J, demonstrieren.

4f²(Pr³⁺). Die Zustände des freien Pr^{3+}-Ions sind aufgrund der Störung durch $H_{ee} + H_{SB}$ in dreizehn Multipletts aufgespalten. Das Grundmultiplett ist nach den HUNDschen Regeln $^3H_4$, die nächst höheren sind $^3H_5$ und $^3H_6$. Es folgen, wie der ersten Zeile von Tab. 4.33 zu entnehmen ist, $^3F_{2,3,4}$, $^1G_4$, $^1D_2$, $^3P_{0,1}$, $^1I_6$, $^3P_2$ und $^1S_0$. Sie spalten bis auf $^3P_{0,1}$ und $^1S_0$ nach Einschalten von H_{LF} auf. In der ersten Spalte von Tab. 4.33 sind die aus dem Grundmultiplett resultierenden Terme der Rasse $A_1(\Gamma_1)$, $T_1(\Gamma_4)$, $E(\Gamma_3)$ und $T_2(\Gamma_5)$ mit steigender Energie notiert, wie sie sich für das oktaedrisch koordinierte Pr^{3+} in $Cs_2NaPrCl_6$ ergeben. A_1 ist bei $B_0^4, B_0^6 > 0$ immer Grundterm (vgl. Tab. 4.39 und Abb. 4.45). Im Schema Tab. 4.33 sind auch alle weiteren Ligandenfeld-Niveaus jeweils mit steigender Energie von oben nach unten und von links nach rechts aufgeführt. Das Aufspaltungsbild ist wesentlich komplizierter als z. B. bei einem d^2-System.

Tab. 4.32: Spektroskopisch bestimmte Ligandenfeldparameter B_0^4 und B_0^6 für oktaedrisch koordinierte Ln^{3+}-Ionen in $Cs_2NaLnCl_6$ [239]

Ln^{3+}	B_0^4 a)	B_0^6 a)	Ln^{3+}	B_0^4	B_0^6
Ce^{3+}	2119	261	Tb^{3+}	1624	150
Pr^{3+}	1938	290	Dy^{3+}	1614	148
Nd^{3+}	1966	258	Ho^{3+}	1593	171
Sm^{3+}	(1671) b)	(228) b)	Er^{3+}	1492	163
Eu^{3+}	2055	308	Tm^{3+}	1498	159
Gd^{3+}	1776	136	Yb^{3+}	1471	[0]

a) Werte in cm^{-1}.
b) Werte für $Cs_2NaYCl_6 : Sm^{3+}$.

Tab. 4.33: Abfolge der spektroskopisch bestimmten Niveaus des Pr^{3+}-Ions (O_h) in $Cs_2NaPrCl_6$ [239]. Die Energie steigt von oben nach unten und von links nach rechts.

$^3H_4$	$^3H_5$	$^3H_6$	$^3F_2$	$^3F_3$	$^3F_4$	$^1G_4$	$^1D_2$	$^3P_0$	$^3P_1$	$^1I_6$	$^3P_2$	$^1S_0$
$A_1(0$ a)$)$	$T_1^{(1)}$ b)	E c)	E	T_1	E	A_1	T_2	A_1	T_1	A_1	T_2	A_1
$T_1(236)$	T_2	$T_2^{(1)}$	T_2	T_2	T_1	E	E			T_1	E	
$E(422)$	E	A_1		A_2	A_1	T_1				$T_2^{(1)}$		
$T_2(701)$	$T_1^{(2)}$	A_2			T_2	T_2				A_2		
		T_1								$T_2^{(2)}$		
		$T_2^{(2)}$								E		

a) Energie in cm^{-1}; b) 2300; c) 4392.

Aus den spektroskopischen Daten ergeben sich die Ligandenfeldparameter zu $B_0^4 = 1938\,\mathrm{cm}^{-1}$ und $B_0^6 = 290\,\mathrm{cm}^{-1}$. Berechnet man mit ihnen und den Parametern $F^2 = 67169$, $F^4 = 48106$, $F^6 = 30919$ und $\zeta = 745$ (jeweils in cm^{-1}) für eine Flußdichte $B = 0{,}1\,\mathrm{T}$ die magnetische Suszeptibilität, ergibt sich die in Abb. 4.43 (links) dargestellte $\chi_{mol}^{-1} - T$-Kurve. Wir sehen einen weitgehend temperaturunabhängigen Paramagnetismus entsprechend dem unmagnetischen A_1-Term. Ein entsprechendes Verhalten wird in magnetochemischen Untersuchungen an den analogen Fluoriden gefunden [240].

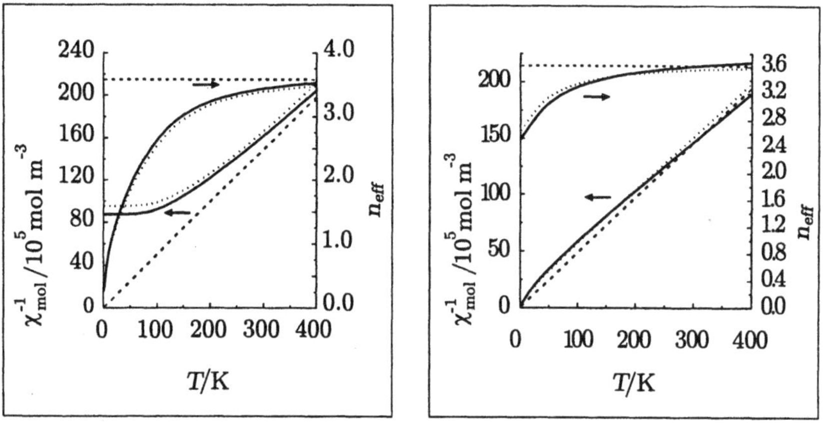

Abb. 4.43: χ_{mol}^{-1}-T- und n_{eff}-T-Diagramm für Pr^{3+} (links) und Nd^{3+} (rechts), berechnet jeweils mit spektroskopisch bestimmten Daten von $Cs_2NaPrCl_6$ bzw. $Cs_2NaNdCl_6$ [239], Tab. 4.32 (durchgezogene Kurve); die gepunkteten Kurven beziehen sich auf das primitive Modell (s. 4.4.2.2), die gestrichelten Kurven auf das freie Ion.

4f³(Nd³⁺). Das magnetische Verhalten von $Cs_2NaNdCl_6$, berechnet unter Zuhilfenahme spektroskopisch bestimmter Parameter, ist als χ_{mol}^{-1}-T- und n_{eff}-T-Diagramm in Abb. 4.43 (rechts) dargestellt. Wegen der ungeraden 4f-Elektronenzahl verhält sich das System bis zur tiefsten Temperatur CURIE-paramagnetisch, da der Grundzustand im Unterschied zu dem des Pr^{3+}-Systems magnetisch ist.

$4f^5(Sm^{3+})$. Aufgrund energetisch eng liegender Multipletts ist n_{eff} des freien Sm^{3+}-Ions bereits temperaturabhängig (s. Abb. 4.44, links, Kurve b). Nach Einschalten eines kubischen Ligandenfeldes ergeben sich drastische Änderungen bei $T < 200\,\mathrm{K}$.

$4f^6(Eu^{3+})$. Im betrachteten Temperaturbereich wird das magnetische Verhalten von Eu^{3+}-Verbindungen (Grundmultiplett mit $J = 0$) durch einen TUP-Beitrag geprägt (s. Abb. 4.44, rechts). Das Ligandenfeld führt nur zu einer

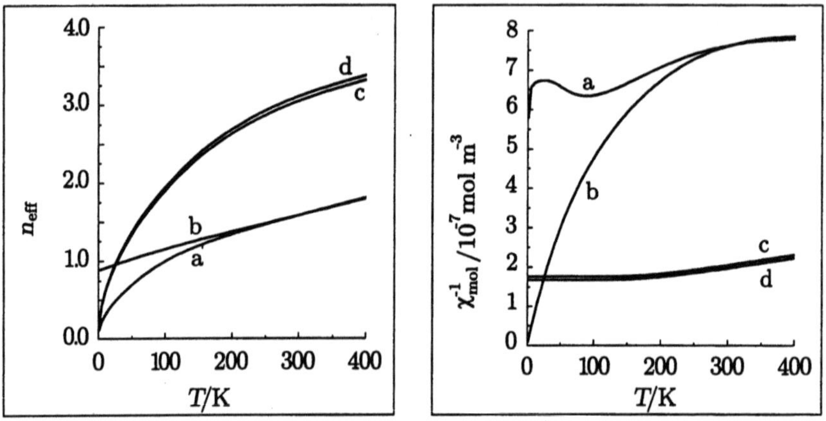

Abb. 4.44: n_{eff}–T-Diagramme (links) und χ^{-1}_{mol}–T-Diagramme (rechts) für Sm^{3+} und Eu^{3+}, berechnet mit den spektroskopisch bestimmten Daten von $Cs_2NaYCl_6 : Sm^{3+}$ (a) bzw. $Cs_2NaEuCl_6$ (d) [239]; freies Sm^{3+}-Ion (b), freies Eu^{3+}-Ion (c).

kleinen Änderung im TUP-Beitrag, hat also nur einen geringen Einfluß.

4.4.2.2 Ein primitives Modell für $4f^N$-Ionen

Um das grundsätzliche magnetische Verhalten chemisch gebundener Lanthanoid-Ionen zu beschreiben, reicht — ausgenommen bei $4f^5$ und $4f^6$ — ein Modell aus, das nur das nach RUSSELL-SAUNDERS-Kopplung erhaltene Grundmultiplett $^{2S+1}L_J$ und seine Störung durch H_{LF} betrachtet. Diese Beschränkung erlaubt eine einfache Berechnung der Matrixelemente $\langle JM_J|\hat{H}_{LF}|JM_J'\rangle$ mit der *Methode der Operator-Äquivalenzen.* Auf die zur Berechnung der Integrale $\langle l_i m_{l_i}|C_q^k(i)|l_i m_{l_i}'\rangle$ erforderliche und insbesondere bei Mehrelektronensystemen mühsame Entschlüsselung der Basis $|JM_J\rangle$ bez. der Mikrozustände kann dabei weitestgehend verzichtet werden.

Die Methode der Operator-Äquivalenzen. Das Verfahren beruht darauf, daß man die in $\hat{H}_{LF}$ auftretenden Operatoren $C_q^k = \sqrt{4\pi/(2k+1)}\,Y_q^k$, formuliert in kartesischen Koordinaten (Tab. 3.2), durch die auf $|JM_J\rangle$ mit spezifischem J direkt anwendbaren Gesamtdrehimpulsoperatoren $\hat{J}_z$, $\hat{J}_x$, $\hat{J}_y$ ersetzen kann [208]. Auf die Weise lassen sich Operator-Äquivalenzen $\tilde{O}_q^k$ konstruieren, deren Matrixelemente den entsprechenden Matrixelementen von $\hat{H}_{LF}$ proportional sind (vgl. C.2). Einfache Beispiele von Operator-Äquivalenzen sind: $x^2 - y^2 \equiv \theta(\hat{J}_x^2 - \hat{J}_y^2)$, $3z^2 - r^2 \equiv \theta[3\hat{J}_z^2 - J(J+1)]$, $xy \equiv \theta\frac{1}{2}(\hat{J}_x\hat{J}_y + \hat{J}_y\hat{J}_x)$, wobei, wie das letzte Beispiel zeigt, der Nicht-Kommutierbarkeit von $\hat{J}_x$, $\hat{J}_y$, $\hat{J}_z$

Rechnung zu tragen ist.

Der Proportionalitätsfaktor θ (STEVENS-Faktor [191]) hat eine wichtige Funktion: Er berücksichtigt den Anteil der Ortsfunktionen — nur auf diese wirkt H_{LF} — in der Basis $|JM_J\rangle$. In diesem Anteil unterscheiden sich die $4f^N$-Konfigurationen. Da θ außerdem von k abhängt, gibt es für jedes Lanthanoid-Ion entsprechend den Operator-Äquivalenzen mit $k = 2, 4$ und 6 die θ-Faktoren α_J, β_J bzw. γ_J (vgl. Tab. 4.39 und Beispiel 4.25).

Die von uns verwendeten Operator-Äquivalenzen $\tilde{O}_q^k$ beziehen sich auf die sog. RACAH-Tensoren C_q^k [208, 209]. Sie unterscheiden sich um einen Zahlenfaktor von den gleichfalls in Gebrauch befindlichen, auf die Kugelflächenfunktionen Y_q^k bezogenen Operatoren-Äquivalenzen O_q^k [191, 210, 215]. Die für Ln-Systeme mit kubischer Symmetrie benötigten Operator-Äquivalenzen $\tilde{O}_q^k$ mit $k = 4$ und 6 haben die in Tab. 4.34 gezeigte Form. Sie ersetzen, multipliziert mit β_J bzw. γ_J, die Summe über i der entsprechenden Operatoren $C_q^k(i)$ in $\hat{H}_{LF}^c$ (Gl. (4.53)):

$$\hat{H}_{LF}^c = \qquad (4.92)$$
$$B_0^4\,\beta_J \underbrace{\left[\tilde{O}_0^4 + \sqrt{5/14}\left(\tilde{O}_4^4 + \tilde{O}_{-4}^4\right)\right]}_{\widehat{O}^4} + B_0^6\,\gamma_J \underbrace{\left[\tilde{O}_0^6 - \sqrt{7/2}\left(\tilde{O}_4^6 + \tilde{O}_{-4}^6\right)\right]}_{\widehat{O}^6}.$$

Die Symbole $\hat{O}^4$ und $\hat{O}^6$ werden später erklärt. Die Integrale $\langle M_J|\tilde{O}_0^k|M_J\rangle$ und $\langle M_J|\tilde{O}_{\pm q}^k|M_J \mp q\rangle$ liegen tabelliert vor [208]. Wir wenden Operator (4.92) auf $^2F_{5/2}$ (Ce^{3+}) und $^3H_4$ (Pr^{3+}) an.

Tab. 4.34: Operator-Äquivalenzen für Ln-Systeme mit kubischer Symmetrie [208].

$C_0^4 \propto \tilde{O}_0^4 = \frac{1}{8}\left\{35\hat{J}_z^4 - [30J(J+1) - 25]\hat{J}_z^2 + 3J^2(J+1)^2 - 6J(J+1)\right\}$
$C_{\pm4}^4 \propto \tilde{O}_{\pm4}^4 = \frac{1}{16}\sqrt{70}\,\hat{J}_\pm^4$
$C_0^6 \propto \tilde{O}_0^6 = \frac{1}{16}\left\{231\,\hat{J}_z^6 - [315\,J(J+1) - 735]\hat{J}_z^4 + [105\,J^2(J+1)^2 - 525\,J(J+1) + 294]\hat{J}_z^2 - 5\,J^3(J+1)^3 + 40\,J^2(J+1)^2 - 60\,J(J+1)\right\}$
$C_{\pm4}^6 \propto \tilde{O}_{\pm4}^6 = \frac{3}{64}\sqrt{14}\left\{[11\,\hat{J}_z^2 - J(J+1) - 38]\hat{J}_\pm^4 + \hat{J}_\pm^4[\ldots]\right\}.$

Ce^{3+}[$4f^1$], $J = 5/2$. Man benötigt die Matrixelemente der Operator-Äquivalenzen $\tilde{O}_0^4$ und $\tilde{O}_{\pm4}^4$ in der Basis $|5/2\,M_J\rangle$ [208, 209]:

$$\begin{array}{lclclcl} \langle \pm\frac{1}{2}|\tilde{O}_0^4|\pm\frac{1}{2}\rangle &=& 15 & \quad & \langle \pm\frac{5}{2}|\tilde{O}_0^4|\pm\frac{5}{2}\rangle &=& 15/2 \\ \langle \pm\frac{3}{2}|\tilde{O}_0^4|\pm\frac{3}{2}\rangle &=& -45/2 & & \langle \pm\frac{5}{2}|\tilde{O}_{\pm4}^4|\mp\frac{3}{2}\rangle &=& 15\sqrt{14}/2. \end{array} \qquad (4.93)$$

Man beachte, daß der Faktor $\hbar$ weggelassen wird. Mit diesen Matrixelementen sowie $\beta_J = \frac{2}{315}$ aus Tab. 4.39 kann die H-Matrix für ${}^2F_{5/2}$ mit $\hat{H}^c_{LF}$ aufgestellt werden. Sie ist identisch mit Matrix (4.88). Die damit korrespondierende Beziehung für χ_{mol} wurde in 4.4.1.4 hergeleitet.

Beispiel 4.25 *Berechnung von β_J für ${}^2F_{5/2}$*

Aus dem Vergleich eines (möglichst einfach zu berechnenden) Matrixelementes, das einerseits mit den Operatoren C^k_q, andererseits mit den Operator-Äquivalenzen $\tilde{O}^k_q$ ermittelt wird, gewinnen wir β_J. Das in Beispiel 4.23 berechnete Diagonalelement wird mit Hilfe von (4.93) ermittelt und liefert β_J:

$$\beta_J \underbrace{\langle \tfrac{5}{2} | \tilde{O}^4_0 | \tfrac{5}{2} \rangle}_{15/2} = \underbrace{\langle \tfrac{5}{2} | C^4_0 | \tfrac{5}{2} \rangle}_{1/21} \longrightarrow \beta_J = \frac{2}{3^2 \cdot 5 \cdot 7}$$

Auch für die anderen Matrixelemente mit $k = 4$ gilt derselbe Faktor β_J, so daß sich mit ihm und den Tabellen von Matrixelementen der Operator-Äquivalenzen die Aufstellung der H-Matrix stark vereinfacht. *

$Pr^{3+}[4f^2]$, $J = 4$. Das Grundmultiplett mit $J = 4$ spaltet bei kubischer Symmetrie in Zustände der Rasse A_1, E, T_1 und T_2 auf. Zur Ermittlung der Ligandenfeldenergien und der symmetrieadaptierten Zustände wenden wir Operator (4.92) auf die Basis $|4M_J\rangle$ an. Mit den in Tab. 4.39 notierten Werten für β_J und γ_J, den Integralen $\langle M_J|\tilde{O}^k_0|M_J\rangle$ und $\langle M_J|\tilde{O}^k_{\pm 4}|M_J \mp 4\rangle$ für $k = 4$ und $k = 6$ (Tab. 4.35) zerfällt die 9×9-Matrix in einen 3×3- und drei 2×2-Blöcke:

	$\lvert 4\rangle$	$\lvert 0\rangle$	$\lvert -4\rangle$
$\langle 4\rvert$	$14\,b_4 + 4\,b_6$	$\sqrt{70}\,(b_4 - 6\,b_6)$	0
$\langle 0\rvert$	$\sqrt{70}\,(b_4 - 6\,b_6)$	$18\,b_4 - 20\,b_6$	$\sqrt{70}\,(b_4 - 6\,b_6)$
$\langle -4\rvert$	0	$\sqrt{70}\,(b_4 - 6\,b_6)$	$14\,b_4 + 4\,b_6$

$$\text{mit} \quad b_4 = (\tfrac{15}{2})\beta_J\,B^4_0 \quad \text{und} \quad b_6 = (\tfrac{315}{4})\gamma_J\,B^6_0 \tag{4.94}$$

	$\lvert \pm 3\rangle$	$\lvert \mp 1\rangle$	$\lvert 2\rangle$	$\lvert -2\rangle$
$\langle \pm 3\rvert$	$-21\,b_4 - 17\,b_6$	$\sqrt{7}\,(5\,b_4 + 3\,b_6)$		
$\langle \mp 1\rvert$	$\sqrt{7}\,(5\,b_4 + 3\,b_6)$	$9\,b_4 + b_6$		
$\langle 2\rvert$			$-11\,b_4 + 22\,b_6$	$15\,b_4 + 42\,b_6$
$\langle -2\rvert$			$15\,b_4 + 42\,b_6$	$-11\,b_4 + 22\,b_6$

Tab. 4.35: Matrixelemente der Operator-Äquivalenzen $\tilde{O}_q^k$ in der Basis $|JM_J\rangle$ mit $J=4$ für kubische Symmetrie [209]

$\langle M_J\|\tilde{O}_q^k\|M_J'\rangle$	$k=4$	$k=6$	$\langle M_J\|\tilde{O}_q^k\|M_J'\rangle$	$k=4$	$k=6$
$\langle 0\|\tilde{O}_0^k\|0\rangle$	135	−1575	$\langle \pm4\|\tilde{O}_0^k\|\pm4\rangle$	105	315
$\langle \pm1\|\tilde{O}_0^k\|\pm1\rangle$	$\frac{135}{2}$	$\frac{315}{4}$	$\langle \pm2\|\tilde{O}_{\pm4}^k\|\mp2\rangle$	$\frac{45}{2}\sqrt{70}$	$-\frac{945}{2}\sqrt{14}$
$\langle \pm2\|\tilde{O}_0^k\|\pm2\rangle$	$-\frac{165}{2}$	$\frac{3465}{2}$	$\langle \pm3\|\tilde{O}_{\pm4}^k\|\mp1\rangle$	$\frac{105}{2}\sqrt{10}$	$-\frac{945}{4}\sqrt{2}$
$\langle \pm3\|\tilde{O}_0^k\|\pm3\rangle$	$-\frac{315}{2}$	$-\frac{5355}{4}$	$\langle \pm4\|\tilde{O}_{\pm4}^k\|0\rangle$	105	$945\sqrt{5}$

Tab. 4.36: Funktionen und Energien nach Störung des $^3H_4(4f^2)$-Multipletts durch ein kubisches Ligandenfeld

Funktionen $\|M_J\rangle$ $(J=4)$	$\|\Gamma\bar{M}\rangle$ [a]	E_{LF} [b]
$\sqrt{\frac{1}{24}}\left(\sqrt{14}\,\|0\rangle+\sqrt{5}\,\|4\rangle+\sqrt{5}\,\|-4\rangle\right)$	$\|A_1a_1\rangle$	$28\,b_4-80\,b_6$
$\sqrt{\frac{1}{24}}\left(-\sqrt{10}\,\|0\rangle+\sqrt{7}\,\|4\rangle+\sqrt{7}\,\|-4\rangle\right)$	$\|E\theta\rangle$	$4\,b_4+64\,b_6$
$\sqrt{\frac{1}{2}}\left(\|2\rangle+\|-2\rangle\right)$	$\|E\epsilon\rangle$	
$-\sqrt{\frac{1}{8}}\,\|-3\rangle-\sqrt{\frac{7}{8}}\,\|1\rangle$	$\|T_1 1\rangle$	$14\,b_4+4\,b_6$
$\sqrt{\frac{1}{2}}\left(\|4\rangle-\|-4\rangle\right)$	$\|T_1 0\rangle$	
$\sqrt{\frac{1}{8}}\,\|3\rangle+\sqrt{\frac{7}{8}}\,\|-1\rangle$	$\|T_1 -1\rangle$	
$\sqrt{\frac{7}{8}}\,\|3\rangle-\sqrt{\frac{1}{8}}\,\|-1\rangle$	$\|T_2 1\rangle$	$-26\,b_4-20\,b_6$
$\sqrt{\frac{1}{2}}\left(\|2\rangle-\|-2\rangle\right)$	$\|T_2 0\rangle$	
$-\sqrt{\frac{7}{8}}\,\|-3\rangle+\sqrt{\frac{1}{8}}\,\|1\rangle$	$\|T_2 -1\rangle$	

[a] Zur Bezeichnung der Zustände s. [178]; $A_1\equiv\Gamma_1, E\equiv\Gamma_3, T_1\equiv\Gamma_4, T_2\equiv\Gamma_5$.
[b] $b_4=(15/2)\beta_J B_0^4$; $b_6=(315/4)\gamma_J B_0^6$.

Die Auswertung der H-Matrix führt zu den in Tab. 4.36 dargestellten Energien und Eigenfunktionen. Auf letztere wendet man die z-Komponente des ZEEMAN-Operators an und erhält die Matrixelemente (in Einheiten von $g_J\,\mu_B B_z$; $g_J=4/5$):

(4.95)

Γ	$\bar{M}$	A_1: a_1	E: θ	E: ϵ	T_1: 1	T_1: 0	T_1: -1	T_2: 1	T_2: 0	T_2: -1
A_1	a_1	0	0			$\sqrt{\frac{20}{3}}$				
E	θ	0	0			$\sqrt{\frac{28}{3}}$				
	ϵ			0					2	
T_1	1				$\frac{1}{2}$					$-\frac{\sqrt{7}}{2}$
	0	$\sqrt{\frac{20}{3}}$	$\sqrt{\frac{28}{3}}$			0				
	-1						$-\frac{1}{2}$	$\frac{\sqrt{7}}{2}$		
T_2	1						$-\frac{\sqrt{7}}{2}$	$\frac{5}{2}$		
	0			2					0	
	-1				$\frac{\sqrt{7}}{2}$					$-\frac{5}{2}$

In Tab. 4.37 sind die Energien $W_n^{(0)}$ und die ZEEMAN-Koeffizienten aufgeführt. Nach Einsetzen von $W_n^{(0)}, W_n^{(1)}$ und $W_n^{(2)}$ in die VAN VLECK-Gl. (3.171) erhalten wir die Suszeptibilitätsbeziehung für das Pr^{3+}-Ion im kubischen Ligandenfeld (mit $X_\Gamma \equiv W^{(0)}(\Gamma)/k_B T$) :

$$\chi_{mol}(\mathrm{Pr}^{3+}) = \mu_0 \frac{N_A \mu_B^2}{3k_B T} n_{eff}^2 \quad \text{mit} \quad n_{eff}^2 = g_J^2 \times \tag{4.96}$$

$$\left\{ \left[\frac{40k_BT}{\Delta(T_1;A_1)} \right] \exp(-X_{A_1}) + \left[\frac{56k_BT}{\Delta(T_1;E)} + \frac{24k_BT}{\Delta(T_2;E)} \right] \exp(-X_E) \right.$$
$$+ \left[\frac{3}{2} + \frac{21k_BT}{\Delta(T_2;T_1)} - \frac{40k_BT}{\Delta(T_1;A_1)} - \frac{56k_BT}{\Delta(T_1;E)} \right] \exp(-X_{T_1})$$
$$\left. + \left[\frac{75}{2} - \frac{21k_BT}{\Delta(T_2;T_1)} - \frac{24k_BT}{\Delta(T_2;E)} \right] \exp(-X_{T_2}) \right\} \times$$
$$\left\{ \exp(-X_{A_1}) + 2\exp(-X_E) + 3\exp(-X_{T_1}) + 3\exp(-X_{T_2}) \right\}^{-1}$$

In Abb. 4.43 sind berechnete χ_{mol}^{-1}–T- und n_{eff}–T-Kurven für das Pr^{3+}-Ion in kubischer Umgebung dargestellt. Wir sehen zum Vergleich das mit dem kompletten Modell berechnete Verhalten und stellen fest, daß sich Unterschiede in den Suszeptibilitätswerten von mehr als 3 % ergeben.

Tab. 4.37: Energien $W_n^{(0)}$ und ZEEMAN-Koeffizienten $W_n^{(1)}$, $W_n^{(2)}$ des $4f^2$-Systems (Pr^{3+}) nach Störung des $^3H_4$-Multipletts durch ein kubisches Ligandenfeld

	$W_n^{(0)\,a)}$	$\frac{W_n^{(1)}}{g_J\,\mu_B}$	$\frac{W_n^{(2)}}{g_J^2\,\mu_B^2}\,^{b)}$
$\lvert A_1 a_1\rangle$	$28\,b_4 - 80\,b_6$	0	$-\frac{(20/3)}{\Delta(T_1;A_1)}$
$\lvert E\theta\rangle$	$4\,b_4 + 64\,b_6$	0	$-\frac{(28/3)}{\Delta(T_1;E)}$
$\lvert E\epsilon\rangle$		0	$-\frac{4}{\Delta(T_2;E)}$
$\lvert T_1 \pm 1\rangle$	$14\,b_4 + 4\,b_6$	$\pm 1/2$	$-\frac{(7/4)}{\Delta(T_2;T_1)}$
$\lvert T_1 0\rangle$		0	$+\frac{(20/3)}{\Delta(T_1;A_1)} + \frac{(28/3)}{\Delta(T_1;E)}$
$\lvert T_2 \pm 1\rangle$	$-26\,b_4 - 20\,b_6$	$\pm 5/2$	$+\frac{(7/4)}{\Delta(T_2;T_1)}$
$\lvert T_2 0\rangle$		0	$+\frac{4}{\Delta(T_2;E)}$

[a] Andere Beiträge zu $W_n^{(0)}$ außer E_{LF} sind für alle Niveaus gleich und kürzen sich aus der Suszeptibilitätsgleichung heraus; $b_4 = \left(\frac{15}{2}\right)\beta_J B_0^4, b_6 = \left(\frac{315}{4}\right)\gamma_J B_0^6$.
[b] $\Delta(\Gamma_m;\Gamma_n) = W_m^{(0)} - W_n^{(0)}$.

$Ln^{3+}[4f^N]$: Korrelationsdiagramme für kubische Ligandenfelder[216]. Welcher Zustand nach Aufspaltung des jeweiligen $^{2S+1}L_J$-Grundmultipletts im kubischen Ligandenfeld Grundterm ist, hängt von $\beta_J B_0^4$ und $\gamma_J B_0^6$ ab. Um Diagramme zu erstellen, aus denen die Abfolge der Ligandenfeldniveaus in Abhängigkeit des Parameterverhältnisses $\beta_J B_0^4/\gamma_J B_0^6$ ablesbar ist, wird zunächst der Operator Gl. (4.92) für kubische Symmetrien in die Form

$$\begin{aligned} \hat{H}_{LF}^c &= \beta_J\, B_0^4\, \hat{\mathcal{O}}^4 + \gamma_J\, B_0^6\, \hat{\mathcal{O}}^6 \\ &= \beta_J\, B_0^4\, \tilde{F}(4)\frac{\hat{\mathcal{O}}^4}{\tilde{F}(4)} + \gamma_J\, B_0^6\, \tilde{F}(6)\frac{\hat{\mathcal{O}}^6}{\tilde{F}(6)} \end{aligned} \tag{4.97}$$

gebracht. $\tilde{F}(4)$ und $\tilde{F}(6)$ sind Faktoren, die charakteristisch für den J-Wert des Grundmultipletts sind. Sie sorgen dafür, daß die Energieeigenwerte in demselben numerischen Bereich für beliebige Verhältnisse der Glieder mit $k = 4$

und $k = 6$ des Ligandenfeldoperators liegen[44]. Jetzt setzt man

$$\underbrace{\beta_J B_0^4 \tilde{F}(4)}_{b_4} = Wx \quad \text{und} \quad \underbrace{\gamma_J B_0^6 \tilde{F}(6)}_{b_6} = W(1-|x|) \quad \text{mit} \quad -1 < x < +1, \tag{4.98}$$

um alle möglichen Werte für das Verhältnis der Glieder mit $k = 4$ und $k = 6$ abzudecken [216]. Für das Verhältnis $\beta_J B_0^4/\gamma_J B_0^6$ folgt

$$\frac{\beta_J B_0^4}{\gamma_J B_0^6} = \frac{x}{1-|x|}\,\frac{\tilde{F}(6)}{\tilde{F}(4)}, \tag{4.99}$$

so daß $\beta_J B_0^4/\gamma_J B_0^6 = 0$ für $x = 0$ und $\beta_J B_0^4/\gamma_J B_0^6 = \pm\infty$ für $x = \pm 1$. Damit nimmt Gl. (4.97) die Form

$$\hat{H}_{LF}^c = W\left[x\,\frac{\widehat{O}^4}{\tilde{F}(4)} + (1-|x|)\,\frac{\widehat{O}^6}{\tilde{F}(6)}\right] \tag{4.100}$$

an. Die Energieausdrücke für die Ligandenfeldzustände, $\beta_J B_0^4 \tilde{F}(4) = b_4$ und $\gamma_J B_0^6 \tilde{F}(6) = b_6$, ersetzt man durch Wx bzw. $W(1-|x|)$. Tab. 4.38 zeigt das Ergebnis für das $4f^2$-System. In Abb. 4.45 ist das auf der Grundlage dieser Werte konstruierte E_{LF}/W–x-Diagramm dargestellt.

Tab. 4.38: Energien E_{LF} des $4f^2$-Systems im kubischen Ligandenfeld in Abhängigkeit von W und x [216]

	Energie E_{LF}		E_{LF}/W	
			$x=0$	$x=\pm 1$
A_1	$28\,b_4 - 80\,b_6$	$W[28x - 80(1-\|x\|)]$	−80	±28
E	$4\,b_4 + 64\,b_6$	$W[4x + 64(1-\|x\|)]$	64	±4
T_1	$14\,b_4 + 4\,b_6$	$W[14x + 4(1-\|x\|)]$	4	±14
T_2	$-26\,b_4 - 20\,b_6$	$W[-26x - 20(1-\|x\|)]$	−20	∓26

44) Im Falle z. B. des $4f^2$-Systems gilt $\tilde{F}(4) = 15/2 = 60(1/8)$ und $\tilde{F}(6) = 315/4 = 1260(1/16)$. $\tilde{F}(4)$ und $\tilde{F}(6)$ setzen sich aus dem gemeinsamen Faktor (hier 60 bzw. 1260) aller Matrixelemente $\langle M_J|O_0^k|M_J\rangle$ ($k = 4$ bzw. 6) in der STEVENS-Definition [210] und dem Faktor (1/8) bzw. (1/16) zusammen, mit dem die Operator-Äquivalenzen $\tilde{O}_q^k$ [208, 209] gegenüber O_q^k [191, 210] multipliziert sind. Die Faktoren $\tilde{F}(4)$ und $\tilde{F}(6)$ werden im Zusammenhang mit Korrelationsdiagrammen [216] gebraucht, die auf der Grundlage der Operator-Äquivalenzen O_q^k erstellt wurden (vgl. Tab. 4.39).

Über Punktladungsrechnungen für Oktaeder- und Tetraederkoordination mit Hilfe der Gln. (4.55), (4.56), (4.85) und (4.86) in den Beispielen 4.12 und 4.22 kann man die Vorzeichen von $b_4 = \beta_J B_0^4 \tilde{F}(4)$ und $b_6 = \gamma_J B_0^6 \tilde{F}(6)$ ermitteln, woraus sich die Vorzeichen von W und x ableiten lassen. So ergibt sich aus Gl. (4.98), daß das Vorzeichen von W durch das Vorzeichen von b_6 bestimmt wird, da $(1 - |x|)$ immer positiv ist für $-1 < x < +1$. Aus Gl. (4.99) folgt, daß das Vorzeichen von x durch das Vorzeichen von b_4/b_6 bestimmt ist. Damit ergeben sich im Falle von Pr^{3+} die W/x-Vorzeichenkombinationen $+/-$ (Oktaeder) bzw. $+/+$ (Tetraeder, Würfel). Sie entsprechen, wie Abb. 4.45 zeigt, den Ligandenfeldgrundzuständen $A_1(\Gamma_1)$ im Oktaeder- und $A_1(\Gamma_1)$ oder $T_2(\Gamma_5)$ im Tetraeder(Würfel)-Feld.

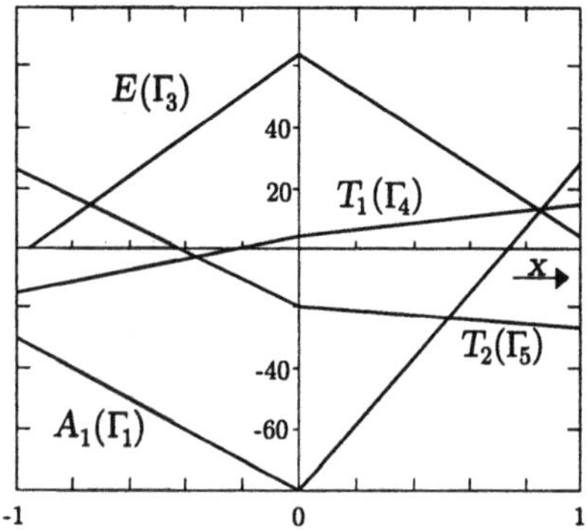

Abb. 4.45: E_{LF}/W–x-Diagramm für $Pr^{3+}[4f^2]$ ($J = 4$) in kubischen Ligandenfeldern [216]

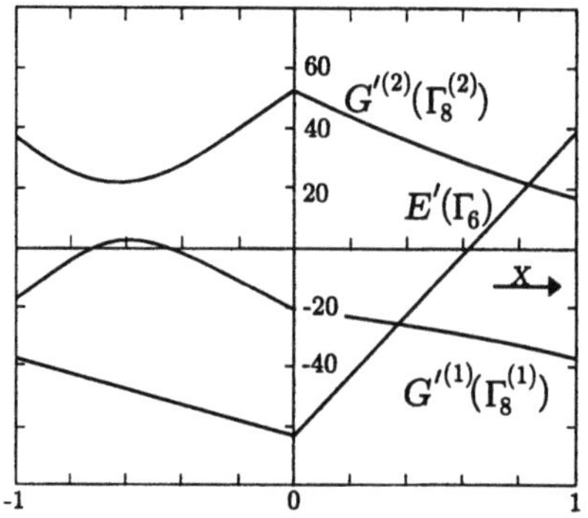

Abb. 4.46: E_{LF}/W–x-Diagramm für $Nd^{3+}[4f^3]$ ($J = 9/2$) in kubischen Ligandenfeldern [216]

Tab. 4.39 gibt einen Überblick über die bei Lanthanoid-Ionen in kubischen Ligandenfeldern aus dem Grundmultiplett resultierenden Zustände. Angegeben ist ferner, welcher Grundterm zu erwarten ist, wenn das Lanthanoid tetraedrisch (würfelförmig) und oktaedrisch durch negativ geladene Liganden koordiniert ist. Die Rechnungen zum Ligandenfeldeffekt erfolgen im Prinzip wie für das Pr^{3+}-Ion: Mit dem Ausdruck in der eckigen Klammer von Gl. (4.100) werden unter Verwendung der β_J-, γ_J-, $\tilde{F}(4)$- und $\tilde{F}(6)$-Werte die Matrixelemente innerhalb des jeweiligen Grundmultipletts J berechnet. Durch Diagonalisierung dieser Matrix und Variation des Parameters x kann die Niveauabfolge erstellt werden. Die Skalierung der Energien erfolgt über W. Korrelationsdiagramme für alle J-Zustände sind der Publikation von LEA, LEASK, WOLF [216] zu entnehmen.

Anmerkungen und Ergänzungen. 1.) Im System mit $J = 4$ sind die an die Ligandenfeldsymmetrie adaptierten Linearkombinationen von $|JM_J\rangle$ unabhängig von B_0^4 und B_0^6. Dies trifft auch für Ionen mit $J = \frac{5}{2}$ und $\frac{7}{2}$ zu. Die E_{LF}/W–x-

Tab. 4.39: Grundzustände der Ln^{3+}-Ionen in kubischen Ligandenfeldern [216].

$Ln^{3+}[4f^N]$	$Ce^{3+}[4f^1]$	$Pr^{3+}[4f^2]$	$Nd^{3+}[4f^3]$	$Nd^{2+}[4f^4]$	$Tb^{3+}[4f^8]$
$^{2S+1}L_J$	$^2F_{5/2}$	$^3H_4$	$^4I_{9/2}$	$^5I_4$	$^7F_6$
α_J	$\frac{-2}{35}$	$\frac{-52}{2\,475}$	$\frac{-7}{1\,089}$	$\frac{14}{1\,815}$	$\frac{-1}{99}$
β_J	$\frac{2}{315}$	$\frac{-4}{5\,445}$	$\frac{-136}{467\,181}$	$\frac{952}{2\,335\,905}$	$\frac{2}{16\,335}$
γ_J	0	$\frac{272}{4\,459\,455}$	$\frac{-1\,615}{42\,513\,471}$	$\frac{2\,584}{42\,513\,471}$	$\frac{-1}{891\,891}$
$\tilde{F}(4)$ [a)]	$\frac{15}{2}$	$\frac{15}{2}$	$\frac{21}{2}$	$\frac{15}{2}$	$\frac{15}{2}$
$\tilde{F}(6)$	0	$\frac{315}{2}$	315	$\frac{315}{2}$	$\frac{945}{2}$
$\Gamma^{[O]}$ [b)]	$E''\,[\frac{+}{+1}]$ [c)]	$A_1\,[\frac{+}{-}]$	$G', E'\,[\frac{-}{+}]$	$A_1, T_2\,[\frac{+}{+}]$	$A_2, A_1\,[\frac{-}{-}]$
$\Gamma^{[T]}$	$G'\,[\frac{-}{+1}]$	$A_1, T_2\,[\frac{+}{+}]$	$G'\,[\frac{-}{-}]$	$A_1\,[\frac{+}{-}]$	$A_2, E\,[\frac{-}{+}]$
$Ln^{3+}[4f^N]$	$Dy^{3+}[4f^9]$	$Ho^{3+}[4f^{10}]$	$Er^{3+}[4f^{11}]$	$Tm^{3+}[4f^{12}]$	$Yb^{3+}[4f^{13}]$
$^{2S+1}L_J$	$^6H_{15/2}$	$^5I_8$	$^4I_{15/2}$	$^3H_6$	$^2F_{7/2}$
α_J	$\frac{-2}{315}$	$\frac{-1}{450}$	$\frac{4}{1\,575}$	$\frac{1}{99}$	$\frac{2}{63}$
β_J	$\frac{-8}{135\,135}$	$\frac{-1}{30\,030}$	$\frac{2}{45\,045}$	$\frac{8}{49\,005}$	$\frac{-2}{1\,155}$
γ_J	$\frac{4}{3\,864\,861}$	$\frac{-5}{3\,864\,861}$	$\frac{8}{3\,864\,861}$	$\frac{-5}{891\,891}$	$\frac{4}{27\,027}$
$\tilde{F}(4)$	$\frac{15}{2}$	$\frac{105}{2}$	$\frac{15}{2}$	$\frac{15}{2}$	$\frac{15}{2}$
$\tilde{F}(6)$	$\frac{3\,465}{4}$	$\frac{3\,465}{4}$	$\frac{3\,465}{4}$	$\frac{945}{2}$	$\frac{315}{2}$
$\Gamma^{[O]}$	$E'', E'\,[\frac{+}{-}]$	$E, A_1\,[\frac{-}{+}]$	$E'', G'\,[\frac{+}{+}]$	$A_2, A_1\,[\frac{-}{-}]$	$E'\,[\frac{+}{-}]$
$\Gamma^{[T]}$	$E'', G'\,[\frac{+}{+}]$	$E, T_2\,[\frac{-}{-}]$	$E'', E'\,[\frac{+}{-}]$	$A_2, E\,[\frac{-}{+}]$	$E', E''\,[\frac{+}{+}]$

[a)] $\tilde{F}(4)$ und $\tilde{F}(6)$ sind den Faktoren $F(4)$ und $F(6)$ [216] äquivalent und berücksichtigen die unterschiedliche Definition der Operator-Äquivalenzen $\tilde{O}_q^k$ und O_q^k.

[b)] Die Indizes O und T kennzeichnen einen zu erwartenden Ligandenfeld-Grundterm bei oktaedrischer bzw. tetraedrischer (würfelförmiger) Umgebung mit negativ geladenen Liganden ($A_1 \equiv \Gamma_1; A_2 \equiv \Gamma_2; E \equiv \Gamma_3; T_1 \equiv \Gamma_4; T_2 \equiv \Gamma_5; E' \equiv \Gamma_6; E'' \equiv \Gamma_7; G' \equiv \Gamma_8$).

[c)] Vorzeichenkombination für die Ligandenfeldparameter $[\frac{W}{x}]$.

Diagramme enthalten nur Geraden. Bei größerem J gibt es mehrere Zustände gleicher Rasse. So wird z. B. das Multiplett $J = \frac{9}{2}$ (Nd^{3+}) von kubischen Ligandenfeldern in die Zustände E' (Γ_6) und $G'^{(1)}$ ($\Gamma_8^{(1)}$) und $G'^{(2)}$ ($\Gamma_8^{(8)}$) aufgespalten (Abb. 4.46). Während ein einfach vorkommender Zustand (E' im genannten Beispiel) eine feste Zusammensetzung aufweist und seine Energie linear von x abhängt, haben mehrfach vorkommende Zustände (wie die beiden Quartettzustände) von den Ligandenfeldparametern abhängige Koeffizienten und komplizierteres E_{LF}/W–x-Verhalten.

2.) Die Multipletts der Ln^{3+}-Ionen mit gleichem J wie Tb^{3+}, Tm^{3+} ($J = 6$) und Dy^{3+}, Er^{3+} ($J = 15/2$) zerfallen in kubischen Ligandenfeldern jeweils in denselben Satz irreduzibler Darstellungen. Im ersten Paar sind nach Punktladungsrechnungen dieselben Ligandenfeldgrundzustände zu erwarten, im zweiten Fall jedoch nicht (vgl. Vorzeichenkombinationen für W/x in Tab. 4.39). Dieses abweichende Verhalten ist bedingt durch unterschiedliche Ortsanteile, was sich u. a. im Vorzeichen der Faktoren β_J und γ_J äußert.

3.) Normalerweise ist man nicht in der Lage, einen definierten Wert für die Ligandenfeldparameter vorzugeben[45)], da ein Punktladungsmodell eine zu drastische Näherung ist und außerdem keine adäquaten Werte für die in den Parametern B_q^k enthaltenen Radialintegrale $< r^k >$ vorliegen (zur Diskussion von Ligandenfeldparametern s. [68, 217, 233]). Die *Vorzeichen* der Ligandenfeldparameter lassen sich auf der Grundlage eines Ladungsmodells dagegen für die Lanthanoide in vielen Fällen, u. a. intermetallischen Phasen, vorhersagen. Damit liegen dann die Vorzeichen von x und W fest, und es gelingt die Bestimmung des möglichen Grundzustands im kubischen Ligandenfeld.

4.) Das grundsätzliche Verhalten der verschiedenen Ligandenfeldgrundzustände gegenüber einem im Vergleich zur Ligandenfeldaufspaltung schwachen Magnetfeld kann anhand der E_{LF}/W–x-Diagramme leicht abgeleitet werden. Systeme mit halbzahligem J haben ausschließlich magnetische Zustände, auch in niedersymmetrischen Ligandenfeldern, und zeigen daher — bei Abwesenheit von magnetischen Kollektiveffekten — CURIE-Paramagnetismus bis zu tiefer Temperatur. Bei Systemen mit ganzzahligem J sind Ligandenfeldzustände der Rasse $A_1(\Gamma_1)$, $A_2(\Gamma_2)$ und $E(\Gamma_3)$ unmagnetisch und führen im Tieftemperaturbereich zu temperaturunabhängigem Paramagnetismus, während die Triplettgrundzustände $T_1(\Gamma_4)$ und $T_2(\Gamma_5)$ auch bei tiefen Temperaturen CURIE-paramagnetisches Verhalten veranlassen.

[45)] Einen gewissen Grad an Übertragbarkeit von Parametern bez. einer Metall-Ligand-Bindung verspricht das Angular Overlap Model [220, 238].

4.4.3 Ungewöhnliche Valenzzustände

Lanthanoide, die als dreiwertige Ionen eine 4f-Elektronenkonfiguration in der Nähe von leerer, halbvoller oder voller 4f-Unterschale aufweisen (Ce; Sm, Eu; Tm,Yb), können sich im metallisch leitenden Festkörper in einem ungewöhnlichen Valenzzustand befinden: Obwohl im Kristall dieselbe Punktlage besetzend, ist ihre Valenz nicht ganzzahlig und darüber hinaus empfindlich von Temperatur und Druck abhängig. Zur Erklärung dieser Beobachtung betrachtet man für das Lanthanoidatom in seiner spezifischen Umgebung zwei verschiedene Konfigurationen, eine mit N Elektronen in der 4f-Unterschale ($4f^N$) und eine mit $N-1$ Elektronen in der 4f-Unterschale sowie einem delokalisierten Elektron in der Umgebung ($4f^{N-1}+e$) [452]. Der jweilige Grundterm dieser Konfigurationen hat die Energie E_N bzw. $E_{N-1}+E_F$. Sie unterscheiden sich um $E_x = E_N - (E_{N-1}+E_F)$. Im Metall kann die Wechselwirkung der Leitungselektronen mit der lokalen 4f-Unterschale Übergänge zwischen den Konfigurationen induzieren, so daß eine dynamische Mischung, ein *zwischenvalenter* Zustand, vorliegt [46]. E_x ist bestimmt durch die Wechselwirkung des Ln-Atoms mit der Umgebung (u. a. H_{LF}) und durch die intraatomare Multiplettstruktur ($H_{ee}+H_{SB}$).

Das magnetische Verhalten einer Phase mit zwischenvalentem Lanthanoid wird durch die Wahrscheinlichkeit $1-\nu$ und ν bestimmt, mit der die Grundterme der $4f^N$- bzw. $4f^{N-1}$-Konfiguration besetzt sind. Um die Temperaturabhängigkeit der Suszeptibilität phänomenologisch zu beschreiben, wird neben E_x der Parameter T_f als Korrektur zur thermodynamischen Temperatur T eingeführt: $T^+ = (T^2+T_f^2)^{1/2}$. T_f berücksichtigt, daß es auch bei $T=0$ quantenmechanische Fluktuationen gibt und angeregte Zustände eine bestimmte Lebenszeit haben [449]. Die beiden Parameter E_x und T_f hängen vom Volumen ab: Dieses ist bei einem Lanthanoid-Ion um 20 - 30 % größer in der $4f^N$- als in der $4f^{N-1}$-Konfiguration und mit einer entsprechenden Änderung des Elementarzellenvolumens verknüpft, so daß die mit einem Temperaturwechsel verbundene Änderung des Verhältnisses $(1-\nu)/\nu$ wiederum E_x beeinflußt. E_x und T_f sind über die allgemeine Suszeptibilitätsgleichung

$$\begin{aligned} \chi(T) &= (1-\nu)\chi_N(T^+) + \nu\chi_{N-1}(T^+) \quad \text{mit} \qquad (4.101) \\ \frac{1-\nu}{\nu} &= \frac{\zeta_N(T^+)}{\zeta_{N-1}(T^+)} \exp\left(-\frac{E_x}{k_B T^+}\right) \quad \text{und} \quad T^+ = \left(T^2+T_f^2\right)^{1/2} \end{aligned}$$

aus experimentellen Daten zugänglich. ζ_N und ζ_{N-1} sind die Zustandssummen der betreffenden Multipletts der Konfigurationen $4f^N$ bzw. $4f^{N-1}$ unter dem Einfluß von H_{SB} und H_{LF}. Im folgenden Beispiel wenden wir Gl. (4.101) auf

[46] Zur Abgrenzung von *Zwischenvalenz* und *gemischter Valenz* ('intermediate valence' bzw. 'mixed valence') vgl. Lit. [442].

eine Verbindung mit zwischenvalentem Europium mit den Konfigurationen $4f^7$ und $4f^6$ an (vgl. Tab. 4.40). Ohne einen großen Fehler zu machen, können wir hier H_{LF} vernachlässigen.

Beispiel 4.26 *Suszeptibilitätsgleichung für eine Verbindung mit zwischenvalentem Europium*
Wir nehmen an, daß die Konfiguration Eu[$4f^7$] (zweiwertiges Europium, Grundzustand $^8S_{7/2}$) eine um E_x höhere Energie hat als die Konfiguration aus Eu[$4f^6$] (dreiwertiges Europium, ^7F_J mit $J = 0, 1, 2, \dots, 6$) und delokalisiertem Elektron (s. Abb. 4.47). Das Verhältnis $(1-\nu)/\nu$ in Abhängigkeit von E_x und T_f — beide Parameter werden hier näherungsweise als temperaturunabhängig angenommen — ist bei Vernachlässigung der Multipletts mit $J > 3$ bei Eu[$4f^6$] gegeben durch

$$\frac{1-\nu}{\nu} = \frac{8\exp\left(-\dfrac{E_x}{k_B T^+}\right)}{1 + 3\exp\left(-\dfrac{\lambda_{LS}}{k_B T^+}\right) + 5\exp\left(-\dfrac{3\lambda_{LS}}{k_B T^+}\right) + 7\exp\left(-\dfrac{6\lambda_{LS}}{k_B T^+}\right) + \cdots}.$$

Die Suszeptibilität χ_{zv} für zwischenvalentes Europium ergibt sich zu

$$\begin{aligned} \chi_{zv} &= (1-\nu)\chi_7^+ + \nu\chi_6^+ \quad \text{mit} \\ \chi_7 &= \mu_0 \frac{N_A \mu_B^2}{3k_B T^+} g^2 \left(\frac{63}{4}\right) \quad \text{und} \quad \chi_6 = \mu_0 \frac{N_A \mu_B^2}{3k_B T^+} \left(n^+_{eff(6)}\right)^2, \end{aligned}$$

wobei $n^+_{eff(6)}$ durch Gl. (3.180) nach Ersatz von T durch T^+ gegeben ist. Die Valenz des Europiums ist $2+\nu$. In Abb. 4.48 ist das n_{eff}–T-Diagramm für eine Verbindung mit zwischenvalentem Europium (Parameterwerte: $E_x = 120\,\mathrm{cm}^{-1}$, $T_f = 80\,\mathrm{K}$) zusammen mit dem Verhalten von zwei- und dreiwertigem Europium dargestellt. *

Typische Beispiele zwischenvalenter Lanthanoid-Verbindungen[47)] zeigt Tab. 4.40. Zur Charakterisierung des Valenzzustands kommen neben der Messung der Suszeptibilität [449, 451, 452, 454] und der temperaturabhängigen röntgenographischen Untersuchung komplementäre Meßmethoden wie MÖSSBAUER-Spektroskopie (Eu [451, 454]) und L_{III}-Absorption [450] (oder X-ray photoelectron spectroscopy (XPS) und ultraviolet photoelectron spectroscopy (UPS)) in Betracht [449]. Der Zwischenvalenzwert kann hier über die röntgenographisch bestimmten Gitterkonstanten, die Isomerieverschiebung bei der MÖSSBAUER-Spektroskopie bzw. die Lage der L_{III}-Absorptionskante festgelegt werden.

---

47) Auch bei Verbindungen der Actinoide und der Übergangsmetalle kennt man ungewöhnliche Valenzzustände, z. B. in U- und Np-Verbindungen [443] und in Alkalithiocupraten ACu_4S_3 [455, 456] sowie keramischen Hochtemperatursupraleitern (vgl. 2.1.3) und Lit. [457].

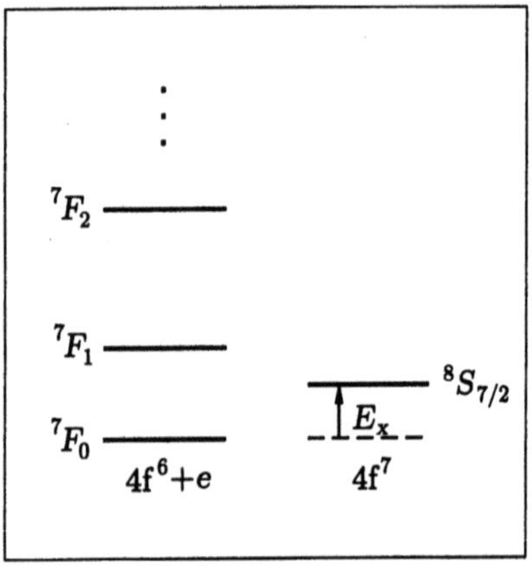

Abb. 4.47: Energieniveauschema für zwischenvalentes Europium

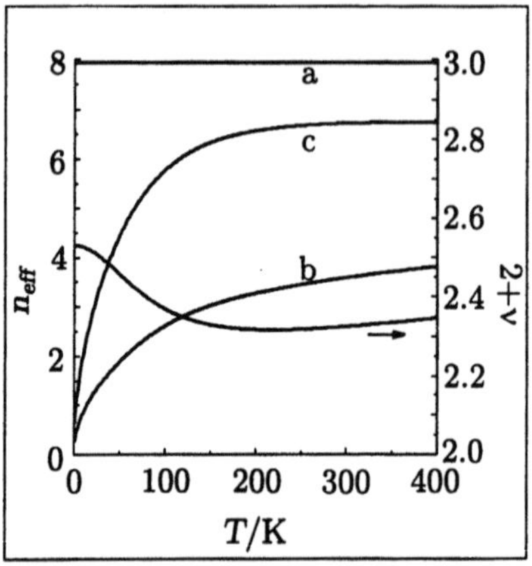

Abb. 4.48: n_{eff}–T-Diagramm von (a) zwei- und (b) dreiwertigem sowie (c) zwischenvalentem Europium; Valenz des Eu $(2+\nu)$ als Funktion der Temperatur.

Tab. 4.40: Phasen mit Lanthanoiden in ungewöhnlichem Valenzzustand [443, 449]

Verbindung	Strukturtyp	Termsymbol (Ln) [a]	Valenz	Lit.
γ-Ce	Cu	$^2F_{5/2}[4f^1]$ $^1S_0[4f^0]$	3,06	[444, 445]
α-Ce [b]			3,3 [c]	
$CePd_3$	$AuCu_3$		3,2	[453]
SmS [d]	NaCl	$^7F_0[4f^6]$ $^6H_{5/2}[4f^5]$	2,7	[446]
$Sm_{0.75}Y_{0.25}S$			2,5	
SmB_6	CaB_6		2,6	
$EuNi_2P_2$	$ThCr_2Si_2$	$^8S_{7/2}[4f^7]$ $^7F_0[4f^6]$	2,45	[447]
EuPtP	AlB_2 [e]		2,3	[448]
TmSe [f]	NaCl	$^2F_{7/2}[4f^{13}]$ $^3H_6[4f^{12}]$	2,6	[446]
$YbAl_3$	$AuCu_3$	$^1S_0[4f^{14}]$ $^2F_{7/2}[4f^{13}]$	2,85	[452]

[a] Die Termsymbole beziehen sich auf die Grundzustände der Konfigurationen $4f^N$ und $4f^{N-1}$ mit ganzzahliger Valenz.

[b] γ-Ce: $T = 298$ K, Normaldruck; α-Ce: $T = 77$ K oder $p = 8$ kbar.

[c] Es handelt sich hier und bei den folgenden Valenzdaten um einen Mittelwert. In der Regel ist der Valenzwert T-abhängig (bis zu ±0,15).

[d] Unter Druck ($p = 6,5$ kbar).

[e] Überstruktur.

[f] Bei Tm sind im Gegensatz zu den Ln der anderen Beispiele beide Valenzzustände magnetisch.

4.5 Magnetische Eigenschaften von nd^N- und $4f^N$-Ionen in nichtkubischen Ligandenfeldern

4.5.1 Anisotroper Paramagnetismus

Kristall-Suszeptibilitäten. Bei der Behandlung der Magnetisierung betrachtet man die drei Vektoren $\boldsymbol{H}$ (Magnetfeldstärke innerhalb der Materie), $\boldsymbol{M}$ (Magnetisierung) und $\boldsymbol{B}$ (Kraftflußdichte), zwischen denen der Zusammenhang $\boldsymbol{B} = \mu_0(\boldsymbol{H} + \boldsymbol{M})$ besteht (vgl. 1.1 und 1.2). In Kristallen kubischer, isotroper paramagnetischer Substanzen sind die drei Vektoren gleichgerichtet [48], und die Magnetisierung ist, ausgenommen bei starken Magnetfeldern, proportional zur Feldstärke: $\boldsymbol{M} = \chi\boldsymbol{H}$. Der Proportionalitätsfaktor χ, die Volumensuszeptibilität, ist ein Skalar, also eine von der Richtung des Magnetfeldes unabhängige Konstante (bei ansonsten gleichen Bedingungen).

Ist die Kristallsymmetrie niedriger als kubisch, werden die Verhältnisse komplizierter, da die Magnetisierung von der Richtung des Feldes bez. der Kristallachsen abhängt und nur für bestimmte Richtungen die Vektoren $\boldsymbol{M}$ und $\boldsymbol{H}$ kollinear sind. Diese Richtungen bezeichnet man als *magnetische Hauptachsen* und die mit ihnen korrespondierenden Suszeptibilitäten als *Hauptsuszeptibilitäten.* Im folgenden wird der Zusammenhang zwischen den kristallographischen Achsen und den magnetischen Hauptachsen aufgezeigt. Letztere stehen immer senkrecht aufeinander bzw. werden sinnvollerweise so gewählt [29]. Bei Kristallen mit *einachsiger Anisotropie (trigonale, tetragonale oder hexagonale Symmetrie)* sind die Hauptsuszeptibilitäten $\chi_{\parallel}$ und $\chi_{\perp}$ zu unterscheiden. Sie sind i. a. unterschiedlich groß und werden bei Orientierung des Magnetfeldes parallel bzw. senkrecht zur Achse höchster Zähligkeit (Hauptdrehachse) gemessen. Diese stellt eine magnetische Hauptachse dar, während die anderen beiden zwar senkrecht zu ihr stehen, ansonsten jedoch frei gewählt werden können. Ist nun das Magnetfeld weder parallel noch senkrecht zur Hauptdrehachse orientiert, muß man zur Bestimmung der Magnetisierung folgendermaßen vorgehen (vgl. Abb. 4.49): Man

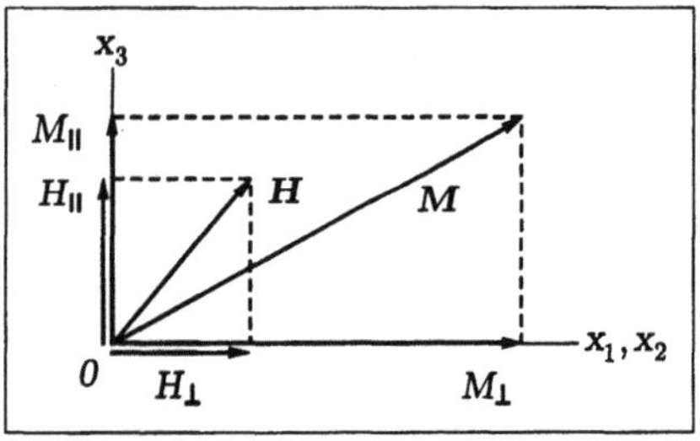

Abb. 4.49: Beispiel eines Kristalls mit einachsiger Anisotropie ($\chi_{\parallel} \neq \chi_{\perp}$; $\chi_{\parallel} = \chi_3$; $\chi_{\perp} = \chi_{1,2}$). Zeigt $\boldsymbol{H}$ nicht in eine magnetische Hauptachse, hat $\boldsymbol{M}$ eine andere Richtung als $\boldsymbol{H}$.

[48] In isotropen diamagnetischen Körpern, auf die die hier beschriebenen Betrachtungen sinngemäß übertragbar sind, haben $\boldsymbol{H}$ und $\boldsymbol{M}$ entgegengesetzte Richtung.

zerlegt $\boldsymbol{H}$ in Komponenten parallel und senkrecht zur Hauptdrehachse, multipliziert diese Komponenten mit $\chi_{\|}$ bzw. $\chi_{\perp}$ und addiert sie anschließend vektoriell. Wir erhalten das wichtige Resultat, daß die Magnetisierung $\boldsymbol{M}$ jetzt nicht mehr die gleiche Richtung wie das Feld $\boldsymbol{H}$ aufweist.

Der bisher erhaltene Zusammenhang zwischen Magnetisierung und Magnetfeldstärke bei Systemen mit einachsiger Anisotropie läßt sich in Form einer Matrix schreiben. Wir legen ein orthogonales System magnetischer Hauptachsen mit den Achsbezeichnungen x_1, x_2 und x_3 zugrunde, wobei x_3 in Richtung der kristallographischen Hauptdrehachse zeigt und x_1 und x_2 senkrecht dazu stehen. Mit $\chi_1 = \chi_2 = \chi_{\perp}$ und $\chi_3 = \chi_{\|}$ können wir schreiben (linke Gleichung):

$$\begin{pmatrix} M_1 \\ M_2 \\ M_3 \end{pmatrix} = \underbrace{\begin{bmatrix} \chi_{\perp} & 0 & 0 \\ 0 & \chi_{\perp} & 0 \\ 0 & 0 & \chi_{\|} \end{bmatrix}}_{\text{uniaxiale Systeme}} \begin{pmatrix} H_1 \\ H_2 \\ H_3 \end{pmatrix} \qquad \underbrace{\begin{bmatrix} \chi_1 & 0 & 0 \\ 0 & \chi_2 & 0 \\ 0 & 0 & \chi_3 \end{bmatrix}}_{\text{rhombische Systeme}} \tag{4.102}$$

Die 3×3-Matrix aus den Suszeptibilitäten ordnet jedem Vektor $\boldsymbol{H}$ einen Vektor $\boldsymbol{M}$ zu[49]. Die linke Gleichung in (4.102) steht für

$$M_1 = \chi_{\perp} H_1; \quad M_2 = \chi_{\perp} H_2; \quad M_3 = \chi_{\|} H_3$$

Im *rhombischen* Kristallsystem sind die drei Hauptsuszeptibilitäten χ_1, χ_2 und χ_3 zu unterscheiden. Die magnetischen Hauptachsen x_1, x_2 und x_3 fallen mit den kristallographischen Achsen a, b bzw. c zusammen. Die Matrix mit den Suszeptibilitäten hat die rechts in (4.102) gezeigte Form.

Bei *monoklinen* Kristallen fällt eine magnetische Hauptachse mit derjenigen kristallographischen Achse zusammen, die senkrecht auf den beiden übrigen steht. Üblicherweise wird $b \,\|\, \chi_2$ gewählt. Die beiden anderen magnetischen Hauptachsen liegen in der ac-Ebene und sind in ihrer Richtung zunächst nicht bekannt. Wählt man sie gemäß a, b, c^*, d. h. $c^* \perp a$ und b, hat die Matrix mit den Suszeptibilitäten die in (4.103) links dargestellte Form[50].

$$\underbrace{\begin{bmatrix} \chi_{11} & 0 & \chi_{13} \\ 0 & \chi_{22} & 0 \\ \chi_{13} & 0 & \chi_{33} \end{bmatrix}}_{\text{monokline Systeme}} \qquad \underbrace{\begin{bmatrix} \chi_{11} & \chi_{12} & \chi_{13} \\ \chi_{12} & \chi_{22} & \chi_{23} \\ \chi_{13} & \chi_{23} & \chi_{33} \end{bmatrix}}_{\text{trikline Systeme}} \tag{4.103}$$

Sie enthält neben Diagonalelementen die Nichtdiagonalelemente χ_{13} und χ_{31}, wobei $\chi_{13} = \chi_{31}$. Durch geeignete Wahl der Achsrichtungen x_1 und x_3 kann

[49] Die 3×3-Matrix ist ein Beispiel für einen *Tensor zweiter Stufe* und durch eckige Klammern gekennzeichnet.

[50] Es handelt sich wie auch schon bei den Matrizen in Gl. (4.102) um einen symmetrischen Tensor, für dessen Elemente T_{ij} gilt: $T_{ij} = T_{ji}$.

sie in Diagonalform gebracht werden. Weitere Einzelheiten entnehme man der Monographie von NYE ([29], S. 22, 41) sowie [228].

In *triklinen* Systemen ist keine der magnetischen Hauptachsen kristallographisch festgelegt. Die Matrix mit den Suszeptibilitäten hat die in (4.103) rechts dargestellte Form. Durch Diagonalisierung können die magnetischen Hauptachsen x_1, x_2 und x_3 sowie die korrespondierenden Hauptsuszeptibilitäten gewonnen werden [29, 228].

Molekül-Suszeptibilitäten. Nur die Kristallsuszeptibilitäten sind einer Suszeptibilitätsmessung zugänglich. Von Interesse sind dagegen in erster Linie die auf die einzelnen magnetischen Zentren bezogenen Größen, da aus ihnen Informationen z. B. über den Ligandenfeldeffekt zu gewinnen sind. Die lokalen Suszeptibilitäten der Zentren müssen aus den gemessenen Kristallsuszeptibilitäten ermittelt werden. Letztere können direkt übernommen werden, wenn die magnetischen Hauptachsen von Kristallsuszeptibilität und „molekularer" Suszeptibilität übereinstimmen. Verfahren bei komplizierten Fällen können der Lit. [170, 228] entnommen werden.

Zur magnetochemischen Analyse der Molekül-Suszeptibilitäten muß jeweils eine Suszeptibilitätsgleichung für die zu unterscheidenden Kristallrichtungen zur Verfügung stehen. Die Entwicklung der Gleichungen ist aufwendiger als bei kubischer Symmetrie, wie folgendes einfache Beispiel zeigt.

Beispiel 4.27 *Die Berechnung von $\chi_{mol\parallel}$ und $\chi_{mol\perp}$ eines $4f^1(^2F_{5/2})$-Systems im zylindrischen (hexagonalen) Ligandenfeld*

Beschränkt man sich auf das Multiplett $^2F_{5/2}$, spielen Glieder mit $k = 6$ im Ligandenfeldoperator keine Rolle, so daß $\hat{H}^z_{LF}$ (Gl. (4.49)) hier die einfache Form

$$\hat{H}^z_{LF} = B^2_0\, C^2_0 + B^4_0\, C^4_0 \tag{4.104}$$

annimmt [51]. Wendet man ihn auf die Basis $|JM_J\rangle$ mit $J = 5/2$ an, treten wegen $q = 0$ nur Diagonalelemente auf. Die Integrale $\langle M_J|C^k_0|M_J\rangle$ für $k = 4$ kennen wir aus Matrix (4.88). Die entsprechenden Daten für $k = 2$ ergeben sich mit Hilfe der Tabn. 3.12 und 4.27 zu

$$\langle\pm\tfrac{1}{2}|C^2_0|\pm\tfrac{1}{2}\rangle = \tfrac{8}{35}; \quad \langle\pm\tfrac{3}{2}|C^2_0|\pm\tfrac{3}{2}\rangle = \tfrac{2}{35}; \quad \langle\pm\tfrac{5}{2}|C^2_0|\pm\tfrac{5}{2}\rangle = -\tfrac{10}{35}.$$

In Tab. 4.41, Spalte 2, sind die Ergebnisse zusammengestellt. Im zylindrischen (hexagonalen) Ligandenfeld spaltet das Multiplett $^2F_{5/2}$ in drei Dubletts auf, deren Energieunterschiede durch B^2_0 und B^4_0 gegeben sind.

---

[51] Bei Beschränkung jeweils auf Glieder mit $k \leq 4$ unterscheiden sich die Operatoren (4.104) und (4.50) für zylindrisches bzw. hexagonales Ligandenfeld nicht, so daß das durch sie gegebene Parametrisierungsschema identisch ist.

Tab. 4.41: Aufspaltung des $^2F_{5/2}(4f^1)$-Multipletts durch $\hat{H}^z_{LF}$ und $\hat{H}_{M\|}$ (z-Richtung) bzw. $\hat{H}_{M\perp}$ (x-Richtung); Energien $E_{LF} \equiv W_n^{(0)}$ sowie ZEEMAN-Koeffizienten $W_{n,z}^{(1)}$ und $W_{n,x}^{(1)}$, $W_{n,x}^{(2)}$

$\lvert M_J\rangle$	$E_{n,LF} \equiv W_n^{(0)}$	$W_{n,z}^{(1)}/g_J\mu_B$	$W_{n,x}^{(1)}/g_J\mu_B$	$W_{n,x}^{(2)}/g_J^2\mu_B^2$
$\lvert \pm\frac{1}{2}\rangle^{a)}$	$\frac{8}{35}B_0^2 + \frac{2}{21}B_0^4$	$\pm\frac{1}{2}$	$\pm\frac{3}{2}$	$(2/\Delta_1)$
$\lvert \pm\frac{3}{2}\rangle$	$\frac{2}{35}B_0^2 - \frac{3}{21}B_0^4$	$\pm\frac{3}{2}$	0	$-(5/4\Delta_2) - (2/\Delta_1)$
$\lvert \pm\frac{5}{2}\rangle$	$-\frac{10}{35}B_0^2 + \frac{1}{21}B_0^4$	$\pm\frac{5}{2}$	0	$(5/4\Delta_2)$

a) Funktionen für Magnetfeld in x-Richtung: $\lvert\psi_\pm\rangle = \frac{1}{\sqrt{2}}\left(\pm\lvert\frac{1}{2}\rangle + \lvert -\frac{1}{2}\rangle\right)$ (s. Text).

Bei der Berechnung der magnetischen Suszeptibilität im Falle von Systemen mit einachsiger Anisotropie (zylindrisch, hexagonal, tetragonal, trigonal) müssen die Magnetfeldrichtungen parallel und senkrecht zur Hauptachse betrachtet werden.

Magnetfeld parallel zur Hauptachse (z-Richtung). Die Magnetfeldstörung wird durch den Operator $\hat{H}_{M_z} = -\gamma_e g_J \hat{J}_z B_z$ ($g_J = 6/7$) repräsentiert. Die H-Matrix ist — abgesehen von den Energien $W_n^{(0)} \equiv E_{n,LF}$ — mit derjenigen für das freie Ion identisch (vgl. Beisp. 3.7, Gl. (3.162)). Die Ergebnisse sind in Tab. 4.41 in der dritten Spalte notiert. Nach Einsetzen der Größen $W_n^{(0)}$ und $W_{n,z}^{(1)}$ in die VAN VLECK-Gleichung (3.171) lautet die Suszeptibilitätsgleichung für $\chi_{mol\|}$:

$$\chi_{mol\|} = \mu_0 \frac{N_A\mu_B^2}{3k_BT} n^2_{eff\|} \quad \text{mit} \tag{4.105}$$

$$n^2_{eff\|} = g_J^2 \frac{3\left[\frac{1}{4}\exp\left(-\frac{\Delta_1}{k_BT}\right) + \frac{9}{4} + \frac{25}{4}\exp\left(-\frac{\Delta_2}{k_BT}\right)\right]}{\exp\left(-\frac{\Delta_1}{k_BT}\right) + 1 + \exp\left(-\frac{\Delta_2}{k_BT}\right)}$$

$$\text{und} \quad \Delta_1 = W_{1/2}^{(0)} - W_{3/2}^{(0)} = \tfrac{6}{35}B_0^2 + \tfrac{5}{21}B_0^4$$

$$\Delta_2 = W_{5/2}^{(0)} - W_{3/2}^{(0)} = -\tfrac{12}{35}B_0^2 + \tfrac{4}{21}B_0^4.$$

Magnetfeld senkrecht zur z-Richtung. Wir wählen die x-Richtung. Der entsprechende Operator lautet $\hat{H}_{M_x} = -\gamma_e g_J \hat{J}_x B_x = -\gamma_e g_J \frac{1}{2}\left(\hat{J}_+ + \hat{J}_-\right) B_x$. Die Matrixelemente $\langle M_J|\hat{H}_{M_x}|\pm M_J\rangle$ mit $M_J = \pm\frac{5}{2}$ und $\pm\frac{3}{2}$ sind null, wie ihre Berechnung mit Hilfe Gl. (3.101) zeigt. Zwischen den Dublettzuständen $\lvert\pm\frac{1}{2}\rangle$

gibt es das Nichtdiagonalelement $\langle \pm\frac{1}{2}|\hat{H}_{M_x}| \mp \frac{1}{2}\rangle = \frac{3}{2} g_J \mu_B B_x$, so daß hier zunächst die richtige nullte Näherung bestimmt werden muß. Nach dem bekannten störungstheoretischen Verfahren für entartete Systeme folgt aus dem 2×2-Block:

$$\begin{vmatrix} -W_n^{(1)} & \frac{3}{2} g_J \mu_B \\ \frac{3}{2} g_J \mu_B & -W_n^{(1)} \end{vmatrix} = 0; \quad W_{n(1,2)}^{(1)} = \pm\frac{3}{2} g_J \mu_B; \quad |\psi_\pm\rangle = \frac{1}{\sqrt{2}}\left(\pm|\tfrac{1}{2}\rangle + |-\tfrac{1}{2}\rangle\right).$$

Die H-Matrix bez. $\hat{H}_{M_x}$ hat die Form (in Einheiten von $g_J \mu_B B_x$):

	$\vert\frac{5}{2}\rangle$	$\vert-\frac{5}{2}\rangle$	$\vert\frac{3}{2}\rangle$	$\vert-\frac{3}{2}\rangle$	$\vert\psi_+\rangle$	$\vert\psi_-\rangle$
$\langle\frac{5}{2}\vert$	0		$\frac{\sqrt{5}}{2}$			
$\langle-\frac{5}{2}\vert$		0		$\frac{\sqrt{5}}{2}$		
$\langle\frac{3}{2}\vert$	$\frac{\sqrt{5}}{2}$		0		1	-1
$\langle-\frac{3}{2}\vert$		$\frac{\sqrt{5}}{2}$		0	1	1
$\langle\psi_+\vert$			1	1	$\frac{3}{2}$	
$\langle\psi_-\vert$			-1	1		$-\frac{3}{2}$

In Tab. 4.41, Spalte 4 und 5, sind die Resultate zusammengefaßt. Einsetzen von $W_n^{(0)}$, $W_{n,x}^{(1)}$ und $W_{n,x}^{(2)}$ in Gl. (3.171) liefert die Beziehung für die magnetische Suszeptibilität $\chi_{mol\perp}$:

$$\chi_{mol\perp} = \mu_0 \frac{N_A \mu_B^2}{3k_B T} n_{eff\perp}^2 \quad \text{mit} \tag{4.106}$$

$$n_{eff\perp}^2 = g_J^2\, 3 \left[\left(\frac{9}{4} - \frac{4k_BT}{\Delta_1}\right)\exp\left(-\frac{\Delta_1}{k_BT}\right) + \left(\frac{4}{\Delta_1} + \frac{5}{2\Delta_2}\right)k_BT - \frac{5k_BT}{2\Delta_2}\exp\left(-\frac{\Delta_2}{k_BT}\right)\right]\left[\exp\left(-\frac{\Delta_1}{k_BT}\right) + 1 + \exp\left(-\frac{\Delta_2}{k_BT}\right)\right]^{-1}$$

und $\quad \Delta_1 = W_{1/2}^{(0)} - W_{3/2}^{(0)} = \frac{6}{35}B_0^2 + \frac{5}{21}B_0^4$

$$\Delta_2 = W_{5/2}^{(0)} - W_{3/2}^{(0)} = -\frac{12}{35}B_0^2 + \frac{4}{21}B_0^4.$$

Die an einer polykristallinen Probe mit statistischer Verteilung der Kristallite gemessene Suszeptibilität ergibt sich aus $\chi_{mol\parallel}$ und $\chi_{mol\perp}$ zu

$$\overline{\chi}_{mol} = \frac{1}{3}\left(\chi_{mol\parallel} + 2\chi_{mol\perp}\right). \tag{4.107}$$

Die Gleichungen für $\chi_{mol\parallel}$ und $\chi_{mol\perp}$ gehen bei $B_0^2 \to 0$ und $B_0^4 \to 0$ in Gl. (3.174) für das freie Ce^{3+}-Ion über. Für realistische B_0^2- und B_0^4-Werte unterscheiden sich die mit den Gln. (4.105) und (4.106) berechneten Kurven in charakteristischer Weise (vgl. Abb. 4.61). Bei ihrer getrennten Bestimmung durch richtungsabhängige Messungen an einem Einkristall können über Anpassungsrechnungen die Ligandenfeldparameter verläßlicher bestimmt werden als aus Meßwerten einer polykristallinen Probe.

Das in diesem Beispiel behandelte Modell für $\overline{\chi}_{mol}$ ist nach Erweiterung durch λ_{MF} (Molekularfeldparameter, kooperative Effekte) und χ_0 (temperaturunabhängiger Parameter, PAULI-Suszeptibilität von Leitungselektronen) zur Beziehung $(\chi_{mol} - \chi_0)^{-1} = \overline{\chi}_{mol}^{-1} - \lambda_{MF}$ auf $CePt_5$ ($CaCu_5$-Typ; Ce-Punktsymmetrie D_{6h}) angewendet worden [227]. Eine gute Anpassung konnte mit den Parameterwerten $B_0^2 = -1108\,\text{cm}^{-1}$, $B_0^4 = -104\,\text{cm}^{-1}$, $\lambda_{MF} = -0{,}43 \times 10^5\,\text{mol}\,\text{m}^{-3}$, $\chi_0 = 63 \times 10^{-11}\,\text{m}^3\,\text{mol}^{-1}$ erzielt werden. Die Ligandenfeldgesamtaufspaltung von ca. $600\,\text{cm}^{-1}$ und die beobachtete Abfolge der drei Dubletts mit steigender Energie $|\pm\frac{1}{2}\rangle$, $|\pm\frac{3}{2}\rangle$, $|\pm\frac{5}{2}\rangle$ ist im Einklang mit einem Punktladungsmodell, bei dem nur die Cer-Nachbarn in c-Richtung eines betrachteten Cer-Atoms mit einer Ladung von $+3$ in Rechnung gestellt werden und die Ladung der weiteren Cer-Atome durch negative Partialladungen an den Platinatomen kompensiert werden (vgl. Abb. 4.60). Der χ_0-Wert stellt nur eine kleine Korrektur dar. Der λ_{MF}-Wert entspricht $\Theta_p \approx -0{,}5\,\text{K}$. Er signalisiert schwache antiferromagnetische Ce–Ce-Wechselwirkungen, die durch magnetische und kalorische Messungen ($T_N = 1\,\text{K}$) bestätigt wurden [258]. *

4.5.2 Einkristall-SQUID-Magnetometrie

SQUID-Magnetometer (2.5.3) sind wegen (1) des homogenen Magnetfeldes, (2) der variablen Geometrie des Detektionssystems und (3) ihrer hohen Empfindlichkeit zur Messung der magnetischen Anisotropie geeignet. Außerdem können mit einer passenden Geometrie der Detektorspulen auch Komponenten des magnetischen Dipolmomentes bestimmt werden, die nicht kollinear zum angelegten Magnetfeld sind. Man benutzt einen Probenhalter, der eine Drehung der Probe um eine Achse ermöglicht, die senkrecht zum angelegten Feld liegt. Die Bestimmung der magnetischen Anisotropie dia- und paramagnetischer Substanzen kann im Prinzip nach zwei verschiedenen Methoden erfolgen, durch Messung entweder der Hauptsuszeptibilitäten oder der longitudinalen und transversalen Komponenten des magnetischen Dipolmomentes.

Messung der Hauptsuszeptibilitäten. Der Kristall wird so auf dem Probenhalter aufgebracht, daß eine seiner magnetischen Hauptachsen genau parallel zum äußeren Magnetfeld liegt. $\boldsymbol{M}$ und $\boldsymbol{H}$ sind dann kollinear. Mißt man derart entlang aller drei Hauptachsen x_1, x_2 und x_3, erhält man die drei Hauptsuszeptibilitäten χ_1, χ_2 bzw. χ_3, d. h. den Suszeptibilitätstensor in Diagonalform. Das para- oder diamagnetische Verhalten ist damit vollständig charakterisiert.

Bei Kristallen mit rhombischer oder höherer Symmetrie fallen die magnetischen Hauptachsen mit den kristallographischen Achsen zusammen. Bei monoklinen Kristallen ist dies nur bei *einer* magnetischen Achse (in der Regel $b \mathrel{\widehat{=}} x_2$) der Fall. Die anderen beiden magnetischen Achsen können jedoch bestimmt werden, indem man den Kristall im Magnetometer senkrecht zum angelegten Feld schrittweise um die b-Achse dreht und in jeder neuen Position mißt. Die beiden Extrempunkte des magnetischen Dipolmomentes entsprechen den noch fehlenden beiden magnetischen Achsen. Für trikline Kristalle sind kristallograpische und magnetische Achsen unabhängig voneinander. Daher ist die beschriebene Methode hier nicht praktikabel.

Messung der transversalen Komponente des magnetischen Dipolmomentes. Ist ein Einkristall einer magnetisch anisotropen Substanz beliebig in bezug auf das äußere Feld orientiert, sind $\boldsymbol{H}$ und $\boldsymbol{M}$ nicht kollinear (s. Abb. 4.49). $\boldsymbol{M}$ hat folglich nicht nur eine Komponente in Feldrichtung („longitudinales Moment"), sondern auch eine Komponente senkrecht dazu („transversales Moment"). Sie ist über ein zusätzliches SQUID-Detektionssystem einer Messung zugänglich (s. Abb. 4.50). Während zur Messung des longitudinalen Momentes die durch den bewegten magnetisierten Kristall hervorgerufene Flußänderung in den vier Schleifen (Abb. 2.20) registriert wird, sind im Falle des Detektionssystems für das transversale Moment die Spulen so geschaltet, daß die Flußänderung in den zylindrischen Bereichen mit den Längen l und $2l$ senkrecht zu den Schleifen gemessen wird (Abb. 4.50). Diese Flußänderungen werden über einen supraleitenden Flußtransformator in das SQUID eingekoppelt. Da die zylindrische Fläche des mittleren Teils doppelt so groß wie die der äußeren beiden und zu diesen entgegengesetzt gewickelt ist, werden in der gezeigten Anordnung nur Änderungen des Flußgradienten erfaßt. Eine typische Signalkurve zeigt Abb. 4.50.

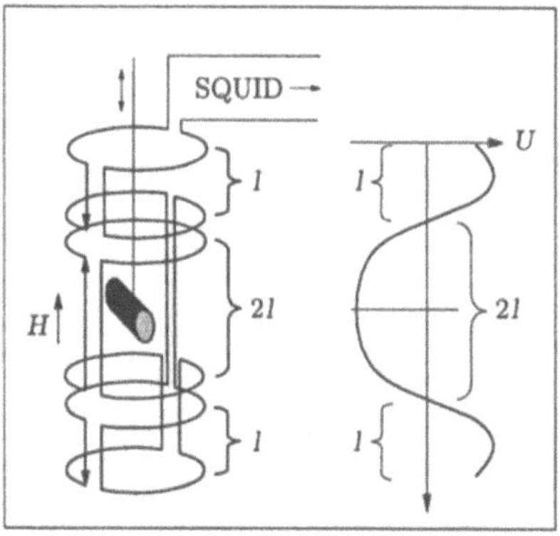

Abb. 4.50: SQUID-Magnetometer; Links: Detektionssystem für transversale Momente; rechts: Transversales Signal

Eine Möglichkeit zur Ermittlung des Suszeptibilitätstensors besteht nun darin, den Kristall in einer beliebigen Ausrichtung auf einen drehbaren Probenhalter aufzubringen und das transversale und das longitudinale Moment in dieser Orientierung zu messen. Die nächste Messung erfolgt nach Drehung des

Kristalls um 90° um eine Achse senkrecht zum Magnetfeld. Schließlich dreht man den Kristall um eine Achse senkrecht sowohl zur ersten Drehachse als auch zum Feld und bestimmt wiederum das longitudinale und transversale Moment. Der so erhaltene Suszeptibilitätstensor in allgemeiner Form kann durch eine Ähnlichkeitstransformation (s. 4.4) in Diagonalform gebracht werden und besteht dann nur noch aus den Hauptsuszeptibilitäten. Diese Methode ist die einzig praktikable für trikline Systeme. Bei höhersymmetrischen Systemen bietet sich die Methode der Bestimmung der Hauptsuszeptibilitäten an. Hier kann die Messung des transversalen Momentes zur Verifizierung einer korrekten Probenjustierung verwendet werden, da beim „Treffen" einer magnetischen Hauptachse das transversale Moment verschwinden muß.

Beondere Bedeutung hat die Methode des transversalen Momentes bei der Untersuchung von Materialien mit magnetischer Ordnung, indem Komponenten einer spontanen Magnetisierung senkrecht zum angelegten Feld bestimmt werden. Auf die Weise können komplexe Spinordnungsprozesse und magnetische Phasenübergängen wie z. B. in $FeBr_2$ [235] untersucht werden.

4.5.3 Ligandenfeldaufspaltung in nichtkubischen Systemen

In den Abschnitten 4.3 und 4.4 wurden die magnetischen Eigenschaften der d- und f-Systeme in kubischen Ligandenfeldern behandelt. Wir wiesen jedoch darauf hin, daß diese hohe Symmetrie nur selten vorliegt. Bei d-Systemen sind es häufig axiale Verzerrungen des Oktaeders (D_{4h}, D_{3d}) oder Tetraeders (D_{2d}), die die magnetische Anisotropie veranlassen. Die gruppentheoretisch vorhersagbaren Spaltterme der Symmetriegruppe O_h sind in Tab. 4.42 aufgeführt. Bei

Tab. 4.42: Korrelationsschemata für Untergruppen der Symmetriegruppe O_h.

O_h	T_d	D_{4h}	D_3
A_{1g}	A_1	A_{1g}	A_1
A_{1u}	A_2	A_{1u}	A_1
A_{2g}	A_2	B_{1g}	A_2
A_{2u}	A_1	B_{1u}	A_2
E_g	E	$A_{1g} \oplus B_{1g}$	E
E_u	E	$A_{1u} \oplus B_{1u}$	E
T_{1g}	T_1	$A_{2g} \oplus E_g$	$A_2 \oplus E$
T_{1u}	T_2	$A_{2u} \oplus E_u$	$A_2 \oplus E$
T_{2g}	T_2	$B_{2g} \oplus E_g$	$A_1 \oplus E$
T_{2u}	T_1	$B_{2u} \oplus E_u$	$A_1 \oplus E$

D_{4h}	C_{4v}	C_{2v}
A_{1g}	A_1	A_1
A_{1u}	A_2	A_2
A_{2g}	A_2	B_1
A_{2u}	A_1	B_2
B_{1g}	B_1	A_1
B_{1u}	B_2	A_2
B_{2g}	B_2	B_1
B_{2u}	B_1	B_2
E_g	E	$A_2 \oplus B_2$
E_u	E	$A_1 \oplus B_1$

T_d	D_{2d}
A_1	A_1
A_2	B_1
E	$A_1 \oplus B_1$
T_1	$A_2 \oplus E$
T_2	$B_2 \oplus E$

f-Systemen spielt u. a. die hexagonale Symmetrie eine wichtige Rolle, sowohl in ionogenen als auch in intermetallischen Verbindungen.

Bereits eine kleine Verzerrung des Koordinationspolyeders kubischer Symmetrie kann einen merklichen Einfluß auf das magnetische Verhalten haben. Diese Beobachtung hängt damit zusammen, daß Zusammensetzung und Energie der Zustände Funktionen von B, C, ζ und der Ligandenfeldparameter B_q^k sind und empfindlich geändert werden, wenn aufgrund einer Symmetrieerniedrigung weitere Glieder in $\hat{H}_{LF}$ in Rechnung zu stellen sind. Aufgrund dieser Tatsache können magnetochemische Methoden unter Einbeziehung der EPR-Spektroskopie (s. 5.3.2) einen wesentlichen Beitrag zum Verständnis der elektronischen Struktur von Übergangsmetall- und Lanthanoid-Verbindungen leisten.

Eine verläßliche magnetochemische Analyse ist an mehrere Vorgaben geknüpft: (1) Hohe Reinheit der Proben; (2) möglichst vollständige Strukturinformation für den untersuchten Temperaturbereich; (3) ergänzende Meßdaten aus komplementären Untersuchungsmethoden, z. B. Spektroskopie; (4) an Einkristallen richtungsabhängig bestimmte Suszeptibilitätsdaten im Falle anisotroper Kristalle; (5) Simulations- und Anpassungsrechnungen mit Computerprogrammen, die möglichst alle Terme der betreffenden d^N- oder f^N-Konfiguration im Rahmen der Ligandenfeldtheorie berücksichtigen.

Zahlreiche Beispiele belegen, daß aufgrund zu einfacher Modelle bei der Interpretation von Meßresultaten Parameterwerte [52)] erhalten werden, die bei Vergleich mit Meßdaten anderer Methoden sich als nicht konsistent erweisen [178, 12, 262, 220]. Die uns heute dank hochempfindlicher Meßinstrumente zur Verfügung stehenden Daten können i. a. nur bei Verwendung eines (im Rahmen der Ligandenfeldtheorie) vollständigen Basissatzes und unter Berücksichtigung aller relevanten Störungen adäquat und damit widerspruchsfrei interpretiert werden. In dieser Hinsicht kommt den bei Punkt (5) in obiger Aufzählung genannten Programmen eine Schlüsselrolle zu.

4.5.4 nd^1-System (D_{4h})

4.5.4.1 d^1, H_{LF}^{tet}

Der für tetragonale Symmetrie gültige Ligandenfeldoperator (4.51) hat im Falle eines d^1-Systems die Form

$$\hat{H}_{LF}^{tet} = B_0^2\,C_0^2 + B_0^4\,C_0^4 + B_4^4\left(C_4^4 + C_{-4}^4\right).$$

Im Vergleich zu $\hat{H}_{LF}^{c}$ mit nur *einem* Ligandenfeldparameter B_0^4 (und festem Verhältnis $B_4^4/B_0^4 = \sqrt{5/14}$) kommen die Parameter B_0^2 und B_4^4 (jetzt

52) Beispiele: *Zero-field-splitting-Parameter* D (4.5.5), Bahnreduktionsparameter κ.

unabhängig von B_0^4) hinzu. Die im folgenden zusammengestellten Matrixelemente zur Berechnung der Ligandenfeldaufspaltung und der an die Symmetrie adaptierten Linearkombinationen (Basis $|m_l\rangle$, $l = 2$) entnehmen wir Tab. 3.10:

(4.108)

	$\lvert 0\rangle$	$\lvert \pm 1\rangle$	$\lvert 2\rangle$	$\lvert -2\rangle$
$\langle 0\rvert$	$\frac{2}{7}B_0^2 + \frac{6}{21}B_0^4$			
$\langle \pm 1\rvert$		$\frac{1}{7}B_0^2 - \frac{4}{21}B_0^4$		
$\langle 2\rvert$			$-\frac{2}{7}B_0^2 + \frac{1}{21}B_0^4$	$\frac{\sqrt{70}}{21}B_4^4$
$\langle -2\rvert$			$\frac{\sqrt{70}}{21}B_4^4$	$-\frac{2}{7}B_0^2 + \frac{1}{21}B_0^4$

Wie bei Matrix (4.54) für das kubische System muß auch hier eine 2 × 2-Determinante gelöst werden, um die Störenergie 1. Ordnung und die richtige Linearkombination 0. Ordnung aus $|2\rangle$ und $|-2\rangle$ zu erhalten. Die Ergebnisse sind in Tab. 4.43 zusammengefaßt. Es resultieren dieselben Zustände wie bei kubischer Symmetrie, die Entartung wird jedoch weiter aufgehoben (s. Abb.

Tab. 4.43: Funktionen und Energien des d^1-Systems im tetragonalen Ligandenfeld (ohne Spin-Bahn-Kopplung)

$\lvert m_l\rangle$	$\Gamma(D_{4h})$	$E_{LF}(B_q^k)$	$E_{LF}(Ds, Dq, Dt)$ [a]
$\sqrt{\frac{1}{2}}(\lvert 2\rangle + \lvert -2\rangle)$	B_1	$-\frac{2}{7}B_0^2 + \frac{1}{21}B_0^4 + \frac{\sqrt{70}}{21}B_4^4$	$2Ds + 6Dq - Dt$
$\lvert 0\rangle$	A_1	$\frac{2}{7}B_0^2 + \frac{6}{21}B_0^4$	$-2Ds + 6Dq - 6Dt$
$\sqrt{\frac{1}{2}}(\lvert 2\rangle - \lvert -2\rangle)$	B_2	$-\frac{2}{7}B_0^2 + \frac{1}{21}B_0^4 - \frac{\sqrt{70}}{21}B_4^4$	$2Ds - 4Dq - Dt$
$\lvert -1\rangle$ $\lvert 1\rangle$	E	$\frac{1}{7}B_0^2 - \frac{4}{21}B_0^4$	$-Ds - 4Dq + 4Dt$

[a] Bei d-Systemen übliche Ligandenfeldparameter, siehe Gl. (4.109).

4.51). Der kubische E-Term [53] zerfällt bei D_{4h}-Symmetrie in die beiden Singuletts $A_1 \oplus B_1$, und der T_2-Term spaltet in $B_2 \oplus E$ auf. In Tab. 4.43 sind die Ligandenfeldenergien auch als Funktion der üblicherweise bei d-Systemen

[53] Bei D_{3d} bleibt die zweifache Entartung erhalten (s. Abb. 4.51 und Lit. [150, 139]).

verwendeten Parameter Dq, Dt und Ds angegeben [150]. Zwischen ihnen und den von uns verwendeten Parametern B_q^k besteht der Zusammenhang

$$B_0^2 = -7\,Ds; \qquad B_0^4 = 21(Dq - Dt); \qquad B_4^4 = 3\sqrt{35/2}\,Dq. \qquad (4.109)$$

Ds ersetzt B_0^2, während Dt bei den Gliedern mit $k = 4$ die Abweichung von kubischer Symmetrie beschreibt (bei $Dt = 0$ ergibt sich $B_4^4/B_0^4 = \sqrt{5/14}$).

4.5.4.2 d^1, $H_{LF}^{tet} + H_{SB} + H_M$

Schaltet man H_{SB} dazu, verläuft die Berechnung der Matrixelemente analog zu 4.3.1.2. Neben 2 × 2-Blöcken treten auch 3 × 3-Blöcke auf, so daß die Bestimmung der Energien und Eigenfunktionen komplizierter ist. Es ergeben sich aber keine grundsätzlich neuen Gesichtspunkte, so daß wir hier auf die detaillierte Behandlung verzichten. Bei der Berücksichtigung von H_M muß gegenüber dem kubischen System (4.3.1.3) die Suszeptibilität $\chi_{mol\parallel}$ und $\chi_{mol\perp}$ in bezug auf die vierzählige Hauptachse berechnet werden. Diese Rechnungen sind wesentlich umfangreicher als in Beispiel 4.27, lehnen sich aber prinzipiell an diese an.

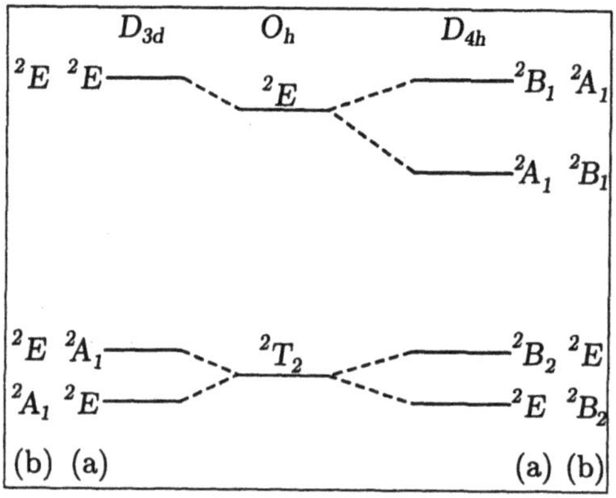

Abb. 4.51: Aufspaltung des $^2D(d^1)$-Terms durch trigonale und tetragonale Ligandenfelder; (a) gestreckter und (b) gestauchter Oktaeder

Die Ergebnisse von Simulationsrechnungen [232] zum magnetischen Verhalten eines $3d^1$-Ions im tetragonal verzerrten Oktaeder sind in Form von n_{eff}–T-Diagrammen in den Abbn. 4.52 (gestreckter Oktaeder) und 4.53 (gestauchter Oktaeder) dargestellt. Die vorgegebenen Parameter sind $\zeta = 150$ cm^{-1} und $B_0 = 0{,}1\,$T in beiden Fällen sowie die Ligandenfeldparameter (in cm^{-1}) für den gestreckten Oktaeder $B_0^2 = -3\,800$, $B_0^4 = 32\,644$, $B_4^4 = 22\,340$ ($Dq = 1\,780$, $Ds = 545$, $Dt = 225$) und für den gestauchten Oktaeder $B_0^2 = 3\,800$, $B_0^4 = 36\,225$, $B_4^4 = 18\,825$ ($Dq = 1\,500$, $Ds = -545$, $Dt = -225$). Die generellen Bedingungen sind für tetragonal verzerrte Oktaeder $Ds > 0$, $Dt > 0$ bei Streckung und $Ds < 0$, $Dt < 0$ bei Stauchung [139].

Das magnetische Verhalten des Ti^{3+}-Ions in den beiden oktaedrischen D_{4h}-Verzerrungsformen unterscheidet sich bei $T < 50\,$K stark: Die n_{eff}–T-Kurven

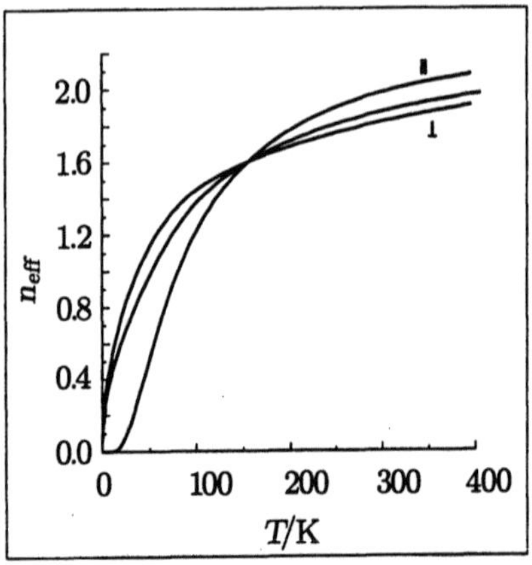

Abb. 4.52: n_{eff}–T-Diagramm für Ti^{3+} (D_{4h}), gestreckter Oktaeder; unbezeichnete Kurve: polykristalline Probe; Parameterwerte s. Text.

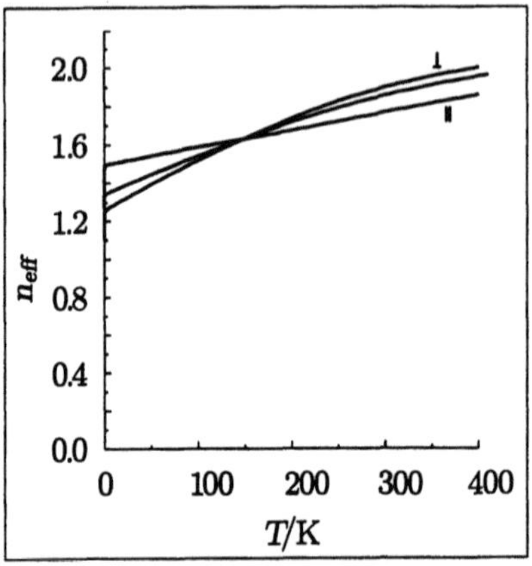

Abb. 4.53: n_{eff}–T-Diagramm für Ti^{3+} (D_{4h}), gestauchter Oktaeder; unbezeichnete Kurve: polykristalline Probe; Parameterwerte s. Text.

fallen bei Streckung für $T \to 0$ auf null ab, während sie bei Stauchung auf $n_{eff} \approx 1,4$ zulaufen. Im gestreckten Fall ist, wie die $n_{eff\parallel}$–T- und $n_{eff\perp}$–T-Diagramme in den Abbn. 4.52 und 4.53 z. B. bei 50 K zeigen, eine wesentlich größere magnetische Anisotropie zu erwarten als im gestauchten Fall.

4.5.5 nd^7-System (D_{2d})

Klassische $[CoL_4]^{2-}$-Komplexe des $Co^{2+}(3d^7)$-Ions mit L$\hat{=}$ Halogenid oder Pseudohalogenid haben verzerrt tetraedrische Struktur. Ein Beispiel ist Cs_3CoCl_5 (Raumgruppe $I\,4/mcm$ [263]) mit isolierten $[CoCl_4]^{2-}$-Einheiten der Symmetrie D_{2d}. Das Koordinationspolyeder ist ein längs einer S_4-Achse gestrecktes Tetraeder. Der Winkel Cl–Co–Cl, der von der Parallelen zur c-Achse halbiert wird, beträgt anstatt 109,47° (T_d) nur 106°. Die Verzerrung hat in bezug auf die magnetischen Eigenschaften weitreichende Konsequenzen, wie wir sehen werden. Nach einer gruppentheoretischen Vorbetrachtung analysieren wir die magnetischen Eigenschaften der Verbindung.

Gruppentheoretische Vorbetrachtung (vgl. 4.3.1.2). Ausgehend vom vollständigen Termsystem des freien Ions mit 120 Niveaus (s. Tab. 3.8), betrachten wir zunächst den Einfluß eines Ligandenfeldes mit T_d-Symmetrie, schalten dann H_{SB} dazu und erniedrigen schließlich die Symmetrie nach D_{2d}. Das Hauptaugenmerk richten wir dabei auf die für den Magnetismus wichtigen tiefliegenden Energiezustände.

Der nach den HUNDschen Regeln 1 und 2 vorliegende Grundterm ^4F spaltet im Tetraederfeld auf in den Grundzustand $^4A_2(F)$, den ersten angeregten Zustand $^4T_2(F)$ im Abstand von $10\,|Dq|$ und den zweiten angeregten Zustand $^4T_1$, der im Grenzfall des schwachen Feldes den Abstand von $18\,|Dq|$ zu A_2 hat, bei Einbeziehung der Termwechselwirkung mit ^4P jedoch stabilisiert wird (s. Abb. 4.54, Tab. 4.21 und Beisp. 4.18). Die Terme mit der Multiplizität 2 liegen bei höherer Energie. Um das Transformationsverhalten der Gesamtfunktionen zu ermitteln, müssen wir zunächst das der Spinfunktionen $|S{=}\frac{3}{2}, M_S\rangle$ und $|S{=}\frac{1}{2}, M_S\rangle$ der $^4\Gamma$- bzw. $^2\Gamma$-Zustände kennen. Wegen der Halbzahligkeit von S ist die Doppelgruppe T_d' relevant (s. Tab. 4.7). Man stellt fest, daß die Funktionen mit $S = 3/2$ und $S = 1/2$ die irreduziblen Darstellungen G' bzw. E' induzieren. Jetzt bildet man jeweils das direkte Produkt $^4\Gamma(T_d) \otimes G'$ bzw. $^2\Gamma(T_d) \otimes E'$ und reduziert mit Hilfe der Gl. (4.6) und der Charakterentafel Tab. 4.7 aus (vgl. Tab. 3-8 aus Lit. [150]). Für die Spinquartettzustände ergibt sich

$$A_2 \otimes G' \to G'; \quad T_2 \otimes G' \to E' \oplus E'' \oplus 2\,G'; \quad T_1 \otimes G' \to E' \oplus E'' \oplus 2\,G'.$$

Analog geht man bei den Zuständen mit der Multiplizität 2 vor. Es resultieren unter dem Einfluß von $H_{LF}^c + H_{SB}$ bei Betrachtung aller Quartett- und Dublett-zustände insgesamt neun Terme der Rasse E', neun Terme der Rasse E'' — bei beiden handelt es sich um KRAMERS-Dubletts — und 21 Terme der Rasse G'. Die 120×120-Determinante zerfällt somit in zwei 18×18-Blöcke (zu E' bzw. E'' gehörend) und einen 84×84-Block (zu G' gehörend). Die Blöcke zerfallen noch weiter in jeweils identische Blöcke entsprechend dem Nicht-kombinationssatz Gl. (4.30), und zwar die E'- und E''-Determinanten jeweils in zwei 9×9- und die G'-Determinante in vier 21×21-Blöcke.

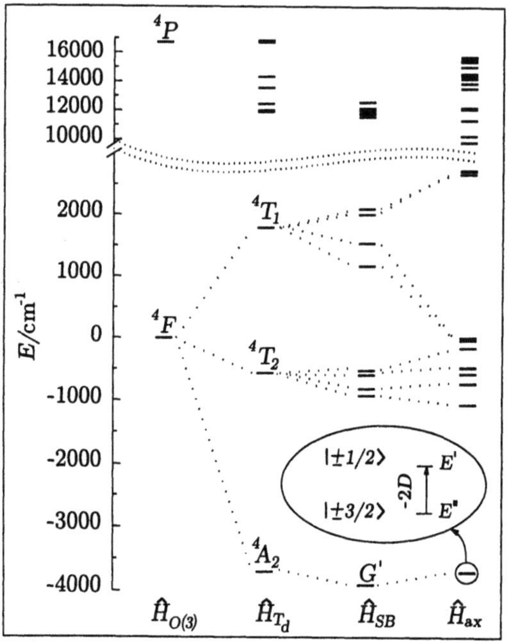

Abb. 4.54: Termdiagramm für Cs_3CoCl_5; (a) $H_{LF}(T_d)$, (b) $H_{LF}(T_d) + H_{SB}$, (c) $H_{LF}(D_{2d}) + H_{SB}$

Energie und Funktionen des aus dem $^4A_2$-Term resultierenden Quartett-Grundzustands $G'(A_2)$ ergeben sich aus der Lösung der G'-Blöcke. In diesen Grundzustand sind Beiträge aus den anderen G'-Termen je nach Größe von B, C, Dq und ζ eingemischt. Zum weitaus größten Teil besteht der Ortsanteil aus dem ursprünglichen A_2-Term, und nennenswerte Beiträge stammen hauptsächlich aus den energetisch benachbarten T_2- und T_1-Termen. Das Einmischen solcher Zustände in den $^4A_2$-Grundterm, die Bahnanteile enthalten, kann mit Hilfe der EPR-Spektroskopie (5.3.2) nachgewiesen werden. Außerdem ist der CURIE-Paramagnetismus mit $n_{eff} \approx 4,6$ (300 K) gegenüber dem Spin-only-Wert $n_{eff} = 3,87$ erhöht.

Wird jetzt die Symmetrie von T_d auf D_{2d} erniedrigt, bleibt die KRAMERS-Entartung bei E' und E'' bestehen, während die durch G' induzierten Darstellungen in D'_{2d} reduzibel sind und in $E' \oplus E''$ zerfallen (s. Einsatz in Abb. 4.54). Welche Konsequenzen diese Aufhebung der Entartung auf den Magnetismus von Cs_3CoCl_5 hat, sehen wir in der magnetochemischen Analyse.

Magnetochemische Analyse von Cs_3CoCl_5. Die S_4-Achse, längs der das Koordinationstetraeder des Anions $[CoCl_4]^{2-}$ gestreckt ist, liegt bei allen Anionen parallel zur tetragonalen kristallographischen c-Achse. Daher liefern Suszeptibilitätsmessungen an einem Einkristall mit $\boldsymbol{B}_0 \| \boldsymbol{c}$ und $\boldsymbol{B}_0 \perp \boldsymbol{c}$ direkt $\chi_{mol\|}$ bzw. $\chi_{mol\perp}$ der molekularen Einheit. Die Ergebnisse dieser Messungen sind zusammen mit den Daten für eine polykristalline Probe in den Abbn. 4.55, 4.56 und 4.57 dargestellt [264]. Die Kurven für $\boldsymbol{B}_0 \| \boldsymbol{c}$ und $\boldsymbol{B}_0 \perp \boldsymbol{c}$ unterscheiden sich erst unterhalb von 30 K deutlich. Oberhalb von 30 K wird der Verlauf näherungsweise durch die Gleichung $\chi_{mol} = C/(T - \Theta_p) + \chi_0$ beschrieben[54].

Anpassungsrechnungen unter Vorgabe des Magnetfeldes $B_0 = 0,1$ T, der RACAH-Parameter $B = 780\ \mathrm{cm}^{-1}$ (zum Vergleich: $\overline{B} = 1120\ \mathrm{cm}^{-1}$) und $C = 3680\ \mathrm{cm}^{-1}$ aus optischen Spektren [265] sowie $\zeta = \overline{\zeta} = 533\ \mathrm{cm}^{-1}$ und Bahnreduktionsfaktor $\kappa = 0,8$ [266] führen zu den Ligandenfeldparametern $B_0^2 = 12600\ \mathrm{cm}^{-1}$, $B_0^4 = -8650\ \mathrm{cm}^{-1}$, $B_4^4 = -3930\ \mathrm{cm}^{-1}$. Sie entsprechen $Ds = -1800\ \mathrm{cm}^{-1}$, $Dq = -313\ \mathrm{cm}^{-1}$ und $Dt = -99\ \mathrm{cm}^{-1}$. Das negative Vorzeichen von Dq ist im Einklang mit der tetraedrischen Koordination. Die negativen Vorzeichen von Ds und Dt entsprechen der Erwartung für ein gestrecktes Tetraeder. Das sich aus den Parameterwerten ergebende Termdiagramm ist in Abb. 4.54 dargestellt. Im Hinblick auf das magnetische Tieftemperaturverhalten sind die im tetragonalen Ligandenfeld aus dem $^4A_2$-Term hervorgehenden KRAMERS-Dubletts $E' \equiv |\pm 1/2\rangle$ und $E'' \equiv |\pm 3/2\rangle$ (zur Bezeichnung vgl. [226]) und deren magnetischem Verhalten für $\boldsymbol{B}_0 \| \boldsymbol{c}$ und $\boldsymbol{B}_0 \perp \boldsymbol{c}$ von entschei-

---

[54] Für C, Θ_p und χ_0 werden folgende Parameterwerte erhalten: Für $\chi_{mol\|}$: $C_\| = 3,378 \times 10^{-5}\ \mathrm{m^3\,K\,mol^{-1}}$, $\Theta_{p\|} = 3,98\,\mathrm{K}$, $\chi_0 = 150 \times 10^{-11}\ \mathrm{m^3\,mol^{-1}}$; für $\chi_{mol\perp}$: $C_\perp = 3,215 \times 10^{-5}\ \mathrm{m^3\,K\,mol^{-1}}$, $\Theta_{p\perp} = -3,30\,\mathrm{K}$, χ_0 wie oben.

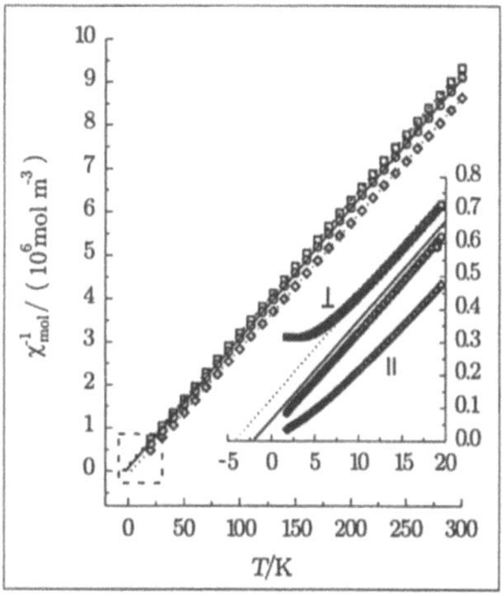

Abb. 4.55: χ_{mol}^{-1}–T-Diagramme für Cs_3CoCl_5, $B_0 = 0,1\,T$; unbezeichnete Kurve: polykristalline Probe; Anpassungen mit $\chi_{mol} = C/(T - \Theta_p) + \chi_0$ (30 K $\leq T \leq 300\,K$)

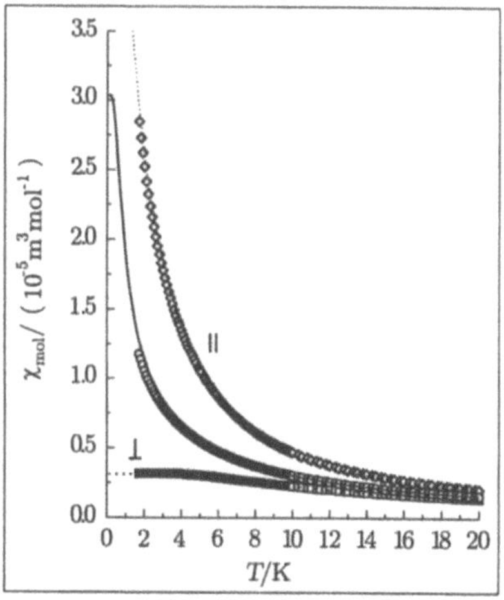

Abb. 4.56: χ_{mol}–T-Diagramme für Cs_3CoCl_5, $B_0 = 0,1\,T$; unbezeichnete Kurve: polykristalline Probe; Linien und Punkte: Anpassung [232] (s. Text).

dender Bedeutung. Aus der magnetochemischen Analyse ergibt sich $|\pm 3/2\rangle$ als Grunddublett und die Energiedifferenz $\Delta E = E_{1/2} - E_{3/2} = 8,44\ \text{cm}^{-1}$. Für die magnetische Anisotropie ist das Grunddublett $|\pm 3/2\rangle$ verantwortlich. Abb. 4.58 zeigt die Magnetfeldaufspaltung für die beiden Richtungen parallel und senkrecht zur c-Achse. Während bei $\boldsymbol{B}_0 \| \boldsymbol{c}$ eine deutliche Aufspaltung zu erkennen ist, die mit relativ starkem Paramagnetismus verknüpft ist, ist im Falle $\boldsymbol{B}_0 \perp \boldsymbol{c}$ praktisch keine Aufspaltung zu beobachten, im Einklang mit der Abwesenheit von CURIE-Paramagnetismus in dieser Richtung[55]. Das angeregte Dublett $|\pm 1/2\rangle$ verhält sich bei schwachem Magnetfeld nahezu isotrop.

Die durch die tetragonale Verzerrung im Zusammenwirken mit H_{SB} bedingte teilweise Aufhebung der Spinentartung bezeichnet man auch als Nullfeld-Aufspaltung (Zero-Field-Splitting). Das magnetische Verhalten von $Co^{2+}(D_{2d})$ kann auch durch folgende Suszeptibilitätsgleichungen näherungsweise beschrie-

[55] Der mit $|\pm 3/2\rangle$ verknüpfte magnetische Dipol hat nur eine z-Komponente. Dies hat Konsequenzen für die bei $T_N = 0,52\,K$ einsetzenden magnetischen Kollektiveffekte (s. 5.1.1.2; Gl. (5.26)).

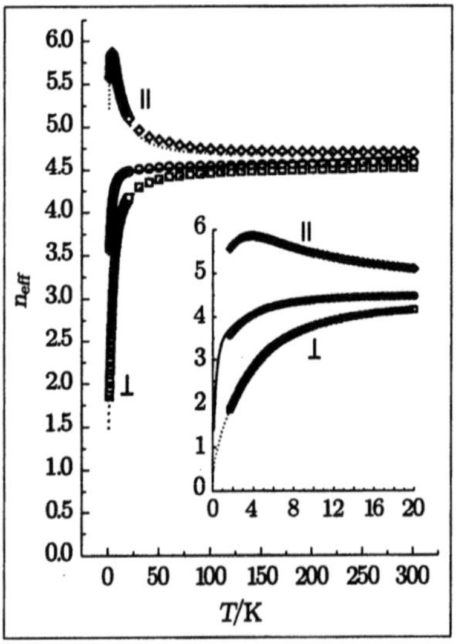

Abb. 4.57: n_{eff}–T-Diagramme für Cs_3CoCl_5, $B_0 = 0{,}1\,T$; Linien und Punkte: Anpassung (s. Text)

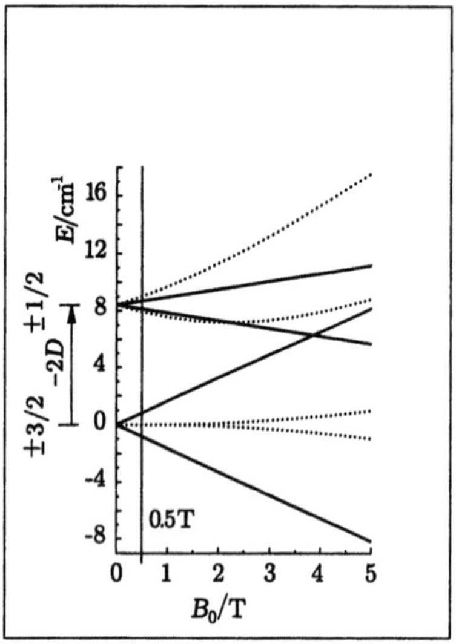

Abb. 4.58: ZEEMAN-Aufspaltung der E''- und E'-Zustände $\boldsymbol{B}_0 \| \boldsymbol{c}$ (—) und $\boldsymbol{B}_0 \perp \boldsymbol{c}$ (···)

ben werden [365, 54]:

$$\chi_{mol\|} = \mu_0 \frac{N_A g_{\|}^2 \mu_B^2}{4k_BT} \left[\frac{1 + 9\exp\left(-\frac{2D}{k_BT}\right)}{1 + 2\exp\left(-\frac{2D}{k_BT}\right)} \right] \tag{4.110}$$

$$\chi_{mol\perp} = \mu_0 \frac{N_A g_{\perp}^2 \mu_B^2}{k_BT} \left[\frac{1 + \frac{3k_BT}{4D}\left[1 - \exp\left(-\frac{2D}{k_BT}\right)\right]}{1 + \exp\left(-\frac{2D}{k_BT}\right)} \right].$$

Der Parameter D ist ein Maß für die Größe der Aufspaltung: $2D = E_{3/2} - E_{1/2}$ und beträgt in unserem Beispiel $2D = -8{,}44\,\mathrm{cm}^{-1}$. Um eine befriedigende Übereinstimmung zwischen Messung und Simulation zu erhalten, müssen $g_{\|}$ und $g_{\perp}$ als Parameter frei gegeben werden.

Die Gln. (4.110) mit den anzupassenden Parametern D, $g_{\|}$ und $g_{\perp}$ können das magnetische Verhalten des Cs_3CoCl_5 zwar gut beschreiben, jedoch nicht erklären. Im Gegensatz dazu führt die Rechnung [232] bei Vorgabe der Symmetrie D_{2d} und der Parameterwerte für B, C und ζ unter Anpassung der Ligandenfeldparameter automatisch zur geforderten Aufspaltung, die damit im einzelnen nachvollziehbar wird. Die Gleichungen (4.110) gelten allgemein für die Nullfeldaufspaltung bei einem $^4A_2$-Grundterm, also auch für Cr^{3+} im axial-verzerrten Oktaeder. Entsprechende Beziehungen für die Nullfeldaufspaltung bei anderen Systemen findet man in Lit. [365, 54].

4.5.6 $4f^1$, $H_{SB} + H_{LF}^h$

Wir betrachten als Beispiel $CeCl_3$ (UCl_3-Typ, Ce-Punktsymmetrie C_{3h}). Das Ce^{3+}-Ion ist neunfach durch Cl^- in Form eines trigonalen Prismas mit Überkappung der drei Vierecksflächen koordiniert. Abb. 4.59 zeigt das spektroskopisch

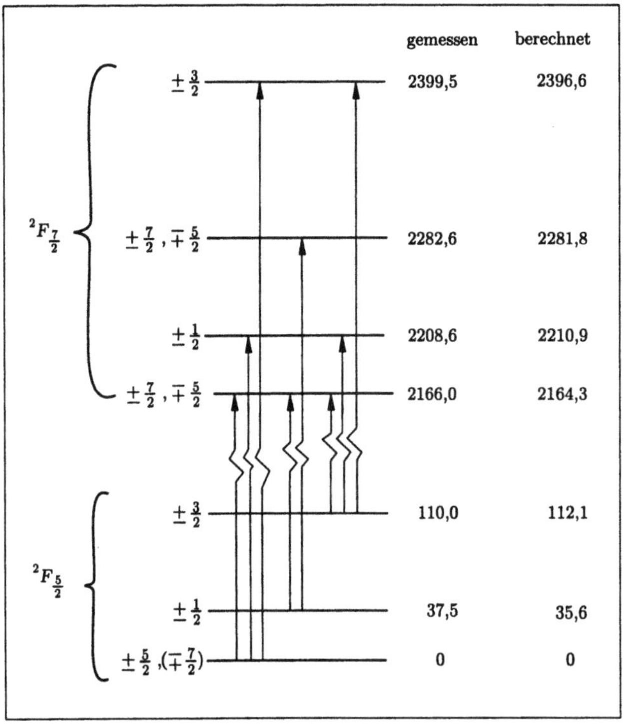

Abb. 4.59: Energieniveaus und optische Übergänge des Ce^{3+}-Ions in $LaCl_3$ [30, 181]).

bestimmte Energieniveauschema des Ce^{3+}-Ions in $LaCl_3$ (UCl_3-Typ) [30, 181]. Hinsichtlich der drei niedrigsten Dublett-Zustände wird die energetische Abfolge mit $|\pm 5/2\rangle(|\mp 7/2\rangle)$ als Grundniveau sowie $|\pm 1/2\rangle$ und $|\pm 3/2\rangle$ als erstem und zweitem angeregten Niveau erhalten. In Abb. 4.60 sind die Elektronendichten dieser drei Zustände dargestellt. Betrachtet man das Koordinationspolyeder

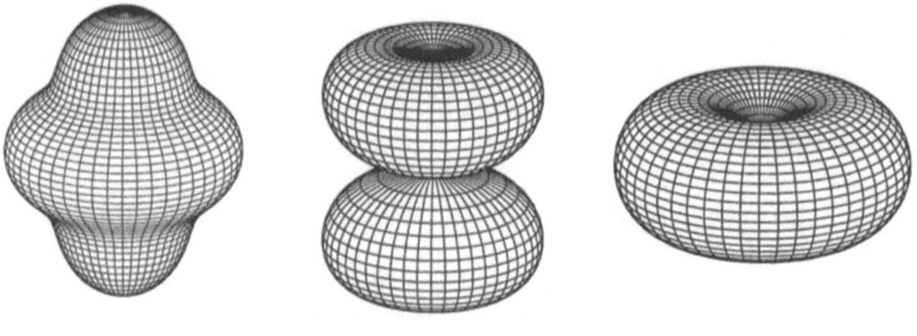

Abb. 4.60: Ladungsverteilung der $4f^1$-Zustände (von links nach rechts) $|\pm\frac{1}{2}\rangle$, $|\pm\frac{3}{2}\rangle$, $|\pm\frac{5}{2}\rangle$ im hexagonalen Ligandenfeld [213]

um das Ce^{3+}-Ion, so ist plausibel, daß das Dublett $|\pm 3/2\rangle$ energetisch am höchsten liegt, da es Elektronendichtemaxima in Richtung der benachbarten Cl^--Ionen hat, die das Prisma bilden. Die beiden anderen Dubletts, die Elektronendichtemaxima in Richtung der überkappenden Cl^- und der nächsten Kationen aufweisen, liegen energetisch darunter. Der Ligandenfeld-Grundzustand besteht hauptsächlich aus dem $|\pm 5/2\rangle$-Dublett, das aus dem $^2F_{5/2}$-Multiplett des freien Ions stammt.

Der Ligandenfeldoperator für die Symmetrie C_{3h} unterscheidet sich vom Operator (4.50) für ein hexagonales Ligandenfeld durch einen imaginären Term $iB_6^{\prime 6}(C_6^6 - C_{-6}^6)$. Im Falle von $LnCl_3$ bzw. $LaCl_3 : Ln^{3+}$ hat sich jedoch gezeigt, daß $iB_6^{\prime 6}$ vernachlässigbar klein ist. Das Ligandenfeld läßt sich daher durch einen effektiven Operator beschreiben, der für D_{3h} zutrifft (Gl. (4.50)). Durch ihn werden die beiden nach Anwendung von H_{SB} resultierenden Multipletts $^2F_{5/2}$ und $^2F_{7/2}$ in sieben Dubletts aufgespalten. Ein wesentlicher Unterschied zwischen diesem Modell und dem in 4.5.1 (Beispiel 4.27) behandelten primitiven Modell besteht darin, daß bei ersterem die Zustände $|\pm 5/2\rangle$ und $|\mp 7/2\rangle$ wegen der Glieder $C_6^6 + C_{-6}^6$ in $\hat{H}_{LF}^h$ gemischt werden.

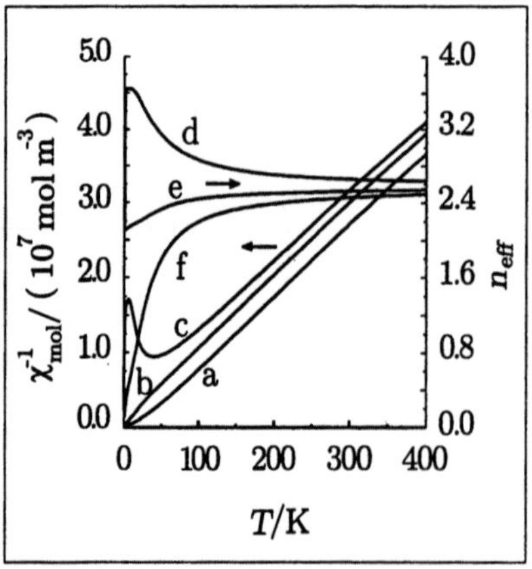

Abb. 4.61: χ_{mol}^{-1}–T- (a,b,c) und n_{eff}–T-Diagramme (d,e,f) von $CeCl_3$; (Parameterwerte s. Text); a,d: $\boldsymbol{B}_0 \| \boldsymbol{c}$, c,f: $\boldsymbol{B}_0 \perp \boldsymbol{c}$, b,e: gemittelt.

Abb. 4.61 zeigt das χ_{mol}^{-1}–T- und n_{eff}–T-Diagramm von $CeCl_3$, berechnet für die Magnetfeldrichtungen $\boldsymbol{B}_0 \| \boldsymbol{c}$ und $\boldsymbol{B}_0 \perp \boldsymbol{c}$ mit $B_0 = 0,1$ T und den spektroskopisch bestimmten Parametern (in [cm^{-1}]) $\zeta = 623$, $B_0^2 = 127$, $B_0^4 = -319$, $B_0^6 = -1\,047$ und $B_6^6 = -427$ [233]. Die Kurven a und d beziehen sich auf Werte, bei denen das Magnetfeld parallel zur Hauptachse liegt. Die $\chi_{mol\|}^{-1}$–T-Kurve (a) mündet im Tieftemperaturbereich in eine CURIE-Gerade, aus deren Anstieg sich $n_{eff\|} \approx 3,6$ ergibt. Diesen Wert erreicht die $n_{eff\|}$–T-Kurve (d) im Plateau bei $T \to 0$. (Zum Vergleich: Aus Gl. (4.105) des primitiven Modells resultiert für den reinen $| \pm 5/2\rangle$-Grundzustand $n_{eff\|} = 3,71$.) Die entsprechenden berechneten Kurven für die Magnetfeldrichtung senkrecht zur Hauptachse sind c ($\chi_{mol\perp}^{-1}$–T) und f ($n_{eff\perp}$–T); c durchläuft mit sinkender Temperatur ein Minimum, erreicht ein Maximum und fällt danach steil ab, während f kontinuierlich abnimmt und bei $T \to 0$ einen kleinen $n_{eff\perp}$-Wert erreicht. Die Kurven b und e beziehen sich auf die gemittelte Suszeptibilität $\overline{\chi}_{mol} = \frac{1}{3}(\chi_{mol\|} + 2\chi_{mol\perp})$ einer polykristallinen Probe.

5 Einfluß der Umgebung II: Kooperative magnetische Effekte

Die magnetisch relevanten Wechselwirkungen zwischen Zentren mit ungepaarten Elektronen können von zweierlei Art sein: (1) magnetische Dipol-Dipol-Wechselwirkung (MDD), hervorgerufen durch das auf einen Dipol wirkende Magnetfeld eines anderen [53], (2) Austauschwechselwirkung [1)] zwischen Elektronen verschiedener Zentren, von elektrostatischer Natur wie die Wechselwirkung zwischen Elektronen des gleichen Atoms (und dort für die LS-Kopplung verantwortlich). Meistens überwiegt die Austauschwechselwirkung. Bei elementarem Nickel als Beispiel weist der CURIE-Punkt $T_C = 627\,\mathrm{K}$ (s. Tab. 2.5) auf die Temperatur hin, bei der die Austauschwechselwirkung zwischen den Nickelatomen (Abstand $\approx 250\,\mathrm{pm}$) von der Größenordnung der thermischen Energie $k_B T$ ist. Die rein magnetische MDD-Wechselwirkung zweier atomarer Dipole wäre $T < 1\,\mathrm{K}$ äquivalent. Die Austauschwechselwirkung nimmt jedoch bei Vergrößerung des Abstands der magnetischen Zentren stärker ab als die MDD-Wechselwirkung, jedoch kann für erstere kein einfaches Gesetz angegeben werden. Bei paramagnetischen Salzen der 3d-Elemente ist die Austauschwechselwirkung i. a. bis zu einem Abstand der Zentren von $\approx 600\,\mathrm{pm}$ stärker als die MDD-Wechselwirkung. Unter dieser Bedingung sind jedoch beide so klein, daß sie sich erst bei $T < 1\,\mathrm{K}$ im magnetischen Verhalten bemerkbar machen [30]. Wir werden uns ausschließlich mit den Austauschwechselwirkungen befassen.

Das in diesem Kapitel behandelte, für Grundlagen und Anwendung gleichermaßen wichtige Gebiet der Magnetochemie ist in drei Abschnitte gegliedert: Nach Einführung in die für die magnetochemische Analyse wichtigen Parametrisierungsschemata und den Mechanismus der magnetischen Kollektiveffekte in elektrisch leitenden und nichtleitenden Verbindungen [277, 295], greifen wir aus dem großen Datenmaterial repräsentative Systeme mit kooperierenden magnetischen Zentren heraus, unterteilt nach der Dimensionalität ihrer Verknüpfung. Umfangreiche Spezialliteratur gibt es über molekulare Systeme [284, 56, 54, 462, 280], wobei Verbindungen mit magnetisch aktiven Zentren

---

1) Zur Bezeichnung: Es handelt sich um elektrostatische COULOMB-Kräfte. Bei Anwendung antisymmetrisierter Wellenfunktionen enthalten die Matrixelemente Terme, die klassisch nicht verständlich sind und einem „Austausch" der Indizes identischer Teilchen, hier Elektronen, entsprechen [277]. Andere Bezeichnungen: *Spin-Spin-Austauschkopplung*, *(magnetic) exchange coupling*.

in abgeschlossenen Baugruppen, insbesondere dinuklearen Einheiten [281], eine wichtige Rolle spielen. Sie sind als Bindeglieder zwischen magnetisch-verdünnten und magnetisch-konzentrierten Materialien anzusehen. Das klassische Beispiel $[Cu(CH_3COO)_2(H_2O)]_2$, einen dinuklearen Komplex mit antiferromagnetischer intramolekularer Spin-Spin-Austauschkopplung, lernten wir bereits in 2.3.1 kennen.

5.1 Parametrisierung der kooperativen Effekte

HEISENBERG [76] und DIRAC [298] erkannten unabhängig voneinander die Austauschphänomene als ausschlaggebend für den kollektiven Magnetismus. Da eine abgeschlossene Theorie, die sämtliche Erscheinungen einheitlich beschreibt, noch nicht existiert, ist man auf Modellvorstellungen angewiesen, die in der Regel nur auf spezielle Situationen anwendbar sind. Dabei ist es sinnvoll, eine Klassifizierung nach Isolator — hier sind die magnetischen Momente lokalisiert — und Leiter und bei den Leitern nach lokalisiertem Magnetismus (4f-Systeme) und Bandmagnetismus vorzunehmen [277]. Wir werden zunächst die magnetischen Kollektiveffekte für lokalisierte Momente behandeln und einen geeigneten Modell-Operator, den Operator des HEISENBERG-Modells, ableiten.

5.1.1 HEISENBERG-Modell

5.1.1.1 Phänomenologischer Austauschwechselwirkungsoperator

Zur Herleitung eines Operators, der die Austauschwechselwirkung zwischen magnetisch aktiven Zentren mit lokalisierten Momenten beschreibt, geht man vom HEITLER-LONDON-Modell des H_2-Moleküls aus [308, 137]. Die beiden H-Atome befinden sich, wie in Abb. 5.1 dargestellt, mit ihren Kernen in den Punkten a und b im Abstand r_{ab} voneinander. Die Gesamtenergie des Moleküls unterscheidet sich von der Summe der inneren Energien der beiden H-Atome (zweimal die Energie des H-Grundzustands) um eine gewisse Wechselwirkungsenergie, die von r_{ab} abhängt und nur bei großem r_{ab} null wird. Das Elektron des ersten H-Atoms (Kern in a, Abb. 5.1), das wir mit Nr. 1 bezeichnen und das den Abstand r_{a1} zum Kern a hat, wird durch die 1s-Funktion $\phi_a(1)$ beschrieben und das Elektron (2) des zweiten H-Atoms (Kern in b) mit dem Abstand r_{b2} zum

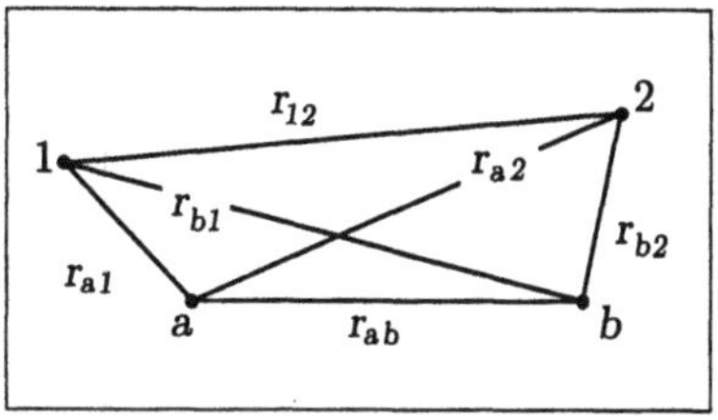

Abb. 5.1: Zum H_2-Modell; a und b dienen zur Unterscheidung der Kerne, 1 und 2 zur Unterscheidung der Elektronen

Kern b durch die 1s-Funktion $\phi_b(2)$. Ist r_{ab} nicht sehr groß, überlappen die beiden Ladungswolken.

Dem Modell von HEITLER und LONDON liegt ein Valence-Bond(VB)-Ansatz zugrunde: Aus den vier *Spinorbitalen* $\phi_a\alpha$, $\phi_a\beta$, $\phi_b\alpha$ und $\phi_b\beta$ bildet man Produkte mit der Bahnkonfiguration $\phi_a\phi_b$, läßt also polare Zustände mit beiden Elektronen am selben Zentrum, $\phi_a\phi_a$ und $\phi_b\phi_b$, außer acht. Eine Möglichkeit ist $\phi_a(1)\alpha(1)\phi_b(2)\beta(2)$, wobei Elektron 1 dem Kern a und Elektron 2 dem Kern b zugeordnet ist. Um dem PAULI-Prinzip zu genügen, wird die Funktion antisymmetrisiert, so daß sie bei Vertauschung von Elektron 1 und 2 in die negative Funktion übergeht: $\phi_a(1)\alpha(1)\phi_b(2)\beta(2) - \phi_a(2)\alpha(2)\phi_b(1)\beta(1)$. In Form der SLATER-Determinante (vgl. Gln. (3.127) – (3.129)) lautet sie $\det|\phi_a\alpha\,\phi_b\beta|$, wobei wir gegenüber der ausführlicheren Schreibweise $\det|\phi_a(\boldsymbol{r}_1)\alpha(\sigma_1)\,\phi_b(\boldsymbol{r}_2)\beta(\sigma_2)|$ auf die Variablen $\boldsymbol{r}_i$ und σ_i verzichtet haben. Neben dieser Funktion, die wir mit D_1 bezeichnen, gibt es noch die drei Konfigurationen [308]

$$D_2 = \det|\phi_a\beta\,\phi_b\alpha| \quad D_3 = \det|\phi_a\alpha\,\phi_b\alpha| \quad D_4 = \det|\phi_a\beta\,\phi_b\beta|.$$

Um die weiteren Rechnungen zu vereinfachen, bildet man aus den vier SLATER-Determinanten Eigenfunktionen des Gesamtspins $\hat{\boldsymbol{S}}' = \hat{\boldsymbol{S}}_1 + \hat{\boldsymbol{S}}_2$ ($S_1 = S_2 = 1/2$)[2)]. Man stellt durch Anwendung von $\hat{\boldsymbol{S}}'^2 = (\hat{\boldsymbol{S}}_1 + \hat{\boldsymbol{S}}_2)^2$ und $\hat{S}'_z = \hat{S}_{z1} + \hat{S}_{z2}$ fest, daß D_3 und D_4 bereits Eigenfunktionen des Gesamtspins mit $S' = 1$ und $M_{S'} = 1$ bzw. -1 sind und damit zu einem Spintriplett-Zustand gehören. Die dritte Triplettfunktion mit $M_{S'} = 0$ erhält man aus $D_1 + D_2$, während $D_1 - D_2$ eine Spinsingulett-Funktion ($S' = 0$, $M_{S'} = 0$) darstellt. Damit haben wir durch Kombination der Determinanten folgende Eigenfunktionen des Gesamtspins erhalten, die explizit in den Gln. (5.2,5.3) dargestellt sind:

$$\begin{array}{cccc} \Phi_1 = D_1 - D_2, & \Phi_2 = D_1 + D_2, & \Phi_3 = D_3, & \Phi_4 = D_4 \\ (0,0) & (1,0) & (1,1) & (1,-1). \end{array} \tag{5.1}$$

In der zweiten Zeile sind jeweils die Quantenzahlen S' und $M_{S'}$ angegeben. Bevor wir die vier Funktionen diskutieren, weisen wir noch auf einen wichtigen Punkt hin. Wir setzen voraus, daß die Wellenfunktionen der beiden H-Atome normiert sind: $\int \phi_a(1)^*\phi_a(1)d\tau_1 = \int \phi_b^*(2)\phi_b(2)d\tau_2 = 1$. Da ϕ_a und ϕ_b zu verschiedenen Atomen gehören, sind sie jedoch nicht orthogonal zueinander, sondern überlappen. Folglich ist das sog. Überlappungsintegral $S_{ab} = \int \phi_a(1)^*\phi_b(1)d\tau_1 = \int \phi_a(2)^*\phi_b(2)d\tau_2$ ungleich null — außer bei großem Abstand r_{ab}. Das Integral S_{ab} ist mit Ausnahme sehr kleiner Abstände r_{ab} viel kleiner als 1. Es spielt daher häufig nur die Rolle einer Korrektur und wird dann bei einer qualitativen Diskussion außer acht gelassen. Dies ist jedoch, wie

2) Im Sinne einer einheitlichen Schreibweise verwenden wir für die Spinquantenzahlen auch im Falle von Einelektronensystemen Großbuchstaben.

wir später sehen werden, bei der Betrachtung von magnetischen Kollektiveffekten nicht erlaubt. Die Überlappung von ϕ_a und ϕ_b wird im Normierungsfaktor N_g bzw. N_u berücksichtigt (s. Beisp. 5.1):

$$\Phi_1 = N_g\,[\phi_a(1)\phi_b(2) + \phi_a(2)\phi_b(1)]\,\sqrt{\tfrac{1}{2}}\,[\alpha(1)\beta(2) - \alpha(2)\beta(1)] \tag{5.2}$$

$$\left.\begin{array}{l}\Phi_2\\ \Phi_3\\ \Phi_4\end{array}\right\} = N_u\,[\phi_a(1)\phi_b(2) - \phi_a(2)\phi_b(1)]\left\{\begin{array}{l}\alpha(1)\alpha(2)\\ \sqrt{\tfrac{1}{2}}\,[\alpha(1)\beta(2) + \alpha(2)\beta(1)]\\ \beta(1)\beta(2)\end{array}\right. \tag{5.3}$$

mit $N_g = [2 + 2S_{ab}^2]^{-\frac{1}{2}}$ und $N_u = [2 - 2S_{ab}^2]^{-\frac{1}{2}}$.

Beispiel 5.1 *Normierung von Φ_1 in Gl. (5.2)*

Der Normierungsfaktor N_g von Φ_1 sorgt dafür, daß $\langle\Phi_1|\Phi_1\rangle = 1$ ist. Da die Spinfunktion von Φ_1 bereits normiert ist (vgl. Beisp. 5.2), braucht nur der Ortsanteil betrachtet zu werden:

$$N_g^2\{\underbrace{\langle\phi_a(1)|\phi_a(1)\rangle\langle\phi_b(2)|\phi_b(2)\rangle}_{1} + \underbrace{\langle\phi_a(2)|\phi_a(2)\rangle\langle\phi_b(1)\phi_b(1)\rangle}_{1} +$$
$$\underbrace{\langle\phi_a(1)|\phi_b(1)\rangle\langle\phi_b(2)|\phi_a(2)\rangle}_{S_{ab}^2} + \underbrace{\langle\phi_a(2)|\phi_b(2)\rangle\langle\phi_b(1)\phi_a(1)\rangle}_{S_{ab}^2}\} = 1.$$

Wir erhalten $N_g = [2 + 2S_{ab}^2]^{-1/2}$. *

Die Funktionen Φ_1 bis Φ_4 in den Gln. (5.2,5.3) gehen bei Vertauschung der Elektronen 1 und 2 in die jeweilige negative Funktion über: $\Phi_i(1,2) = -\Phi_i(2,1)$. Dabei ist im Falle von Φ_1 die Ortsfunktion symmetrisch und die Spinfunktion antisymmetrisch, während es sich bei Φ_2, Φ_3, Φ_4 umgekehrt verhält. Die Tatsache, daß eine Ortsfunktion bestimmter Symmetrie aufgrund des PAULI-Prinzips eine Spinfunktion bestimmter Multiplizität erzwingt, wird später noch von großer Bedeutung sein. Wir stellen bei der Untersuchung der räumlichen Symmetrie fest, daß alle Ortsfunktionen invariant unter Drehungen um die H–H-Bindungsachse sind, sich jedoch bei Vertauschung der Kerne a und b, d. h. bez. der Inversion, unterscheiden. Φ_1 geht in sich über, transformiert sich daher nach der irreduziblen Darstellung A_g der Punktgruppe C_i (Tab. 5.1), während sich die Funktionen Φ_2, Φ_3, Φ_4 nach A_u transformieren. Wir werden daher zukünftig die Funktionen entsprechend kennzeichnen. Berücksichtigen wir auch noch die Multiplizität, lauten sie ${}^1\Phi_1^g$ bzw. ${}^3\Phi_2^u$, ${}^3\Phi_3^u$, ${}^3\Phi_4^u$.

Tab. 5.1: Irreduzible Darstellungen von C_i

C_i	E	i
A_g	1	1
A_u	1	−1

Um die Energien der Zustände zu berechnen, wendet man auf die Basisfunktionen der Gln. (5.2) und (5.3) den HAMILTON-Operator

$$\hat{H} = \underbrace{-\frac{\hbar^2}{2m_e}\nabla^2(1) - \frac{e^2}{r_{a1}} - \frac{e^2}{r_{b1}}}_{\hat{h}(1)} \underbrace{-\frac{\hbar^2}{2m_e}\nabla^2(2) - \frac{e^2}{r_{a2}} - \frac{e^2}{r_{b2}}}_{\hat{h}(2)} + \frac{e^2}{r_{12}} \tag{5.4}$$

an. Er enthält Terme, die die kinetische Energie der Elektronen, die Elektron-Kern-Anziehung und die interelektronische Abstoßung repräsentieren. Der Term für die Kern-Kern-Abstoßung, e^2/r_{ab}, wurde weggelassen, da er bei allen Zuständen einen konstanten Beitrag liefert und nicht zu ihrer Aufspaltung beiträgt. Wir fassen die Matrixelemente mit den Einelektronentermen h in der angegebenen Weise zusammen. Von den Triplettzuständen braucht nur einer betrachtet zu werden, z. B. $\Phi_2^u\ (1,1)$, da alle dieselbe Energie haben. Aus Symmetriegründen und wegen der unterschiedlichen Spinquantenzahlen weist die 4×4-H-Matrix nur Diagonalelemente auf. Unter Berücksichtigung der Normierungsfaktoren erhalten wir (s. Beisp. 5.2)

$$E(S) = \langle {}^1\Phi_1^g|\hat{H}|{}^1\Phi_1^g\rangle = \frac{2(h + h_{ab}S_{ab}) + J_{ab} + K_{ab}}{1 + S_{ab}^2} \tag{5.5}$$

$$E(T) = \langle {}^3\Phi_2^u|\hat{H}|{}^3\Phi_2^u\rangle = \frac{2(h - h_{ab}S_{ab}) + J_{ab} - K_{ab}}{1 - S_{ab}^2}, \tag{5.6}$$

wobei $E(S)$ und $E(T)$ für die Energie von Singulett- bzw. Triplettzustand stehen. Die Abkürzungen haben folgende Bedeutung:

$$h = \left\langle \phi_a(i)|\hat{h}(i)|\phi_a(i)\right\rangle = \left\langle \phi_b(i)|\hat{h}(i)|\phi_b(i)\right\rangle, \quad h_{ab} = \langle\phi_a(i)|\hat{h}(i)|\phi_b(i)\rangle$$
$$J_{ab} = \langle\phi_a(1)\phi_b(2)|e^2/r_{12}|\phi_a(1)\phi_b(2)\rangle, \quad K_{ab} = \langle\phi_a(1)\phi_b(2)|e^2/r_{12}|\phi_a(2)\phi_b(1)\rangle.$$

h ist ein Einzentren-Einelektronen-Integral, h_{ab} ein sog. Transferintegral, J_{ab} ein Zweizentren-COULOMB-Integral und K_{ab} ein reines Austauschintegral.

Beispiel 5.2 *Berechnung von* $E(S) = \left\langle {}^1\Phi_1^g|\hat{H}|{}^1\Phi_1^g\right\rangle$

Da der Operator den Spin nicht enthält, kann über ihn vorab integriert werden (s. 3.2.3). Die Integration über den Spin liefert:

$$\begin{aligned}\tfrac{1}{2}\,\langle\alpha(1)\beta(2) - \beta(1)\alpha(2)|\alpha(1)\beta(2) - \beta(1)\alpha(2)\rangle = \\ \tfrac{1}{2}\big[\underbrace{\langle\alpha(1)\beta(2)|\alpha(1)\beta(2)\rangle}_{1} + \underbrace{\langle\alpha(2)\beta(1)|\alpha(2)\beta(1)\rangle}_{1} - \\ \underbrace{\langle\alpha(2)\beta(1)|\alpha(1)\beta(2)\rangle}_{0} - \underbrace{\langle\alpha(1)\beta(2)|\alpha(2)\beta(1)\rangle}_{0}\big] = 1.\end{aligned}$$

Das Integral über die Ortsfunktion lautet:

$$E(S) = N_g^2 \left\langle \phi_a(1)\phi_b(2) + \phi_b(1)\phi_a(2) \middle| \hat{h}(1) + \hat{h}(2) + e^2/r_{12} \middle| \phi_a(1)\phi_b(2) + \phi_b(1)\phi_a(2) \right\rangle = 2N_g^2[2(h + h_{ab}S_{ab}) + J_{ab} + K_{ab}].$$

Neben den Einelektronenintegralen h und h_{ab} treten das COULOMB-Integral J_{ab} und das Austauschintegral K_{ab} auf. *

Der Energieunterschied $\Delta E(T,S) = E(T) - E(S)$ ergibt sich, wenn man nach Abschluß der Rechnung S_{ab}^2 neben 1 im Nenner vernachlässigt, zu:

$$\Delta E(T,S) = -2K_{ab} - 4h_{ab}S_{ab} + 2S_{ab}^2(2h + J_{ab}). \tag{5.7}$$

Beim H_2-Molekül ist ${}^1\Phi_1^g$ Grundzustand ($\Delta E(T,S) > 0$). Da das Austauschintegral K_{ab} stets positiv ist und somit der erste Term einen negativen Beitrag liefert, ist offensichtlich die Summe der beiden anderen Terme so stark positiv, daß sie den ersten überkompensiert. Gl. (5.7) ist geeignet, um das Vorzeichen der Singulett-Triplett-Aufspaltung vorherzusagen [54].

Das H_2-Molekül gehört in die Kategorie von Verbindungen mit einer starken kovalenten chemischen Bindung. Bei normaler Temperatur ist nur der Singulett-Grundzustand besetzt, da die Aufspaltung $\Delta E(T,S)$ zwischen Singulett und Triplett im Vergleich zur thermischen Energie sehr groß ist. In der Magnetochemie spielen jedoch Verbindungen wie der eingangs erwähnte dinukleare Kupferkomplex eine wichtige Rolle, bei denen $\Delta E(T,S)$ im Bereich von k_BT liegt, so daß neben dem Grundzustand auch der angeregte Zustand besetzt werden kann. Aufgrund der temperaturabhängigen Besetzung der Niveaus, gesteuert durch $\Delta E(T,S)$ in einer BOLTZMANN-Verteilung, erhält die χ_{mol}–T-Kurve einen charakteristischen Verlauf (Abb. 2.6). Um aus der gemessenen Kurve $\Delta E(T,S)$ zu ermitteln, wird sie mit einer Suszeptibilitätsgleichung verglichen, die $\Delta E(T,S)$ als Parameter enthält. Zu ihrer Erstellung benötigen wir einen Modell-Operator, der die Störung der beiden magnetisch aktiven Zentren bei der Bildung der dinuklearen Einheit repräsentiert. Zur Herleitung eines solchen Operators kommen wir auf das wichtige Resultat zurück, daß das Antisymmetrieprinzip die Elektronen mit parallelem Spin in die antisymmetrische Bahnfunktion zwingt, während der Zustand mit antiparallelem Spin die symmetrische Bahnfunktion hat. Die Wechselwirkung zwischen den Elektronen läßt sich daher durch eine *scheinbare* Spin-Spin-Kopplung beschreiben [8] [3]. Ein Operator, der diese Kopplung repräsentiert, d. h. die Singulett-Triplett-Aufspaltung $\Delta E(T,S)$ wiedergibt, sollte dem Operator für die Spin-Bahn-Wechselwirkung (Kopplung von

---

3) Der Spin übernimmt, wie VAN VLECK [283] es formulierte, die Rolle eines „Indikators", der Hinweise zur energetischen Situation bei den Ortsfunktionen gibt.

$\hat{\boldsymbol{L}}$ und $\hat{\boldsymbol{S}}$ zu $\hat{\boldsymbol{J}}$) ähneln (s. Gl. (3.98)). Zwischen den drei Vektoroperatoren $\hat{\boldsymbol{S}}_1$, $\hat{\boldsymbol{S}}_2$ und $\hat{\boldsymbol{S}}'$ besteht der Zusammenhang:

$$\begin{aligned} \hat{\boldsymbol{S}}'^2 &= \left(\hat{\boldsymbol{S}}_1 + \hat{\boldsymbol{S}}_2\right)^2 = \hat{\boldsymbol{S}}_1^2 + \hat{\boldsymbol{S}}_2^2 + 2\hat{\boldsymbol{S}}_1 \cdot \hat{\boldsymbol{S}}_2 \\ 2\hat{\boldsymbol{S}}_1 \cdot \hat{\boldsymbol{S}}_2 &= \hbar^2 \left[\hat{\boldsymbol{S}}'^2 - \hat{\boldsymbol{S}}_1^2 - \hat{\boldsymbol{S}}_2^2\right] = \hbar^2 \left[S'(S'+1) - S_1(S_1+1) - S_2(S_2+1)\right] \end{aligned} \tag{5.8}$$

Wendet man $2\hat{\boldsymbol{S}}_1 \cdot \hat{\boldsymbol{S}}_2$ auf ${}^1\Phi_1^g$ ($S' = 0$) und ${}^3\Phi_i^u$ ($S' = 1$) mit $i = 2, 3, 4$ an und läßt, wie allgemein üblich, die Faktoren $\hbar$ weg, erhält man wegen $S_1 = S_2 = 1/2$

$$2\hat{\boldsymbol{S}}_1 \cdot \hat{\boldsymbol{S}}_2 \, {}^1\Phi_1^g = -\left(\tfrac{3}{2}\right) {}^1\Phi_1^g, \qquad 2\hat{\boldsymbol{S}}_1 \cdot \hat{\boldsymbol{S}}_2 \, {}^3\Phi_i^u = \left(\tfrac{1}{2}\right) {}^3\Phi_i^u$$

Schreibt man jetzt

$$\boxed{\hat{H}_{ex} = -2\mathcal{J} \hat{\boldsymbol{S}}_1 \cdot \hat{\boldsymbol{S}}_2 \quad \text{mit} \quad \mathcal{J} = -\tfrac{1}{2}\Delta E(T,S),} \tag{5.9}$$

haben wir die relativen Energien von Singulett- und Triplett-Zustand als Spin-Spin-Kopplung formuliert [4)]. Diese Kopplung, obwohl ihrer Natur nach elektrostatisch, entspricht in ihrer Auswirkung einer Kopplung der Spins. In diesem Sinne ist (5.9) ein *effektiver Operator*, der das Phänomen zwar beschreibt, es aber nicht erklärt. Das Vorzeichen von $\mathcal{J}$ bestimmt die Multiplizität des Grundzustands: Ist $\mathcal{J} < 0$, liegt das Singulett am tiefsten, und man spricht von antiferromagnetischer Kopplung; ist $\mathcal{J} > 0$, bildet das Triplett den Grundzustand, und man spricht von ferromagnetischer Kopplung.

Der Vorteil des Operators (5.9) besteht darin, daß man unter später noch zu spezifizierenden Bedingungen bei seiner Anwendung mit Spin-Produktfunktionen als Basis auskommt. Zur Übung wenden wir ihn auf das bisher betrachtete dinukleare System mit $S_1 = S_2 = \frac{1}{2}$ an.

Beispiel 5.3 *Anwendung von $\hat{H}_{ex}$, Gl. (5.9), auf eine dinukleare Einheit mit $S_1 = S_2 = \frac{1}{2}$*

Es ist zweckmäßig, $\hat{H}_{ex}$ wie $\hat{H}_{SB}$, Gl. (3.110), umzuformen:

$$\begin{aligned} \hat{H}_{ex} &= -2\mathcal{J} \hat{\boldsymbol{S}}_1 \cdot \hat{\boldsymbol{S}}_2 = -2\mathcal{J}\left(\hat{S}_{z1}\hat{S}_{z2} + \hat{S}_{x1}\hat{S}_{x2} + \hat{S}_{y1}\hat{S}_{y2}\right) \\ &= -2\mathcal{J}\left[\hat{S}_{z1}\hat{S}_{z2} + \tfrac{1}{2}\left(\hat{S}_{+1}\hat{S}_{-2} + \hat{S}_{-1}\hat{S}_{+2}\right)\right]. \end{aligned} \tag{5.10}$$

Als Basis dienen die Spinfunktionen in Gl. (5.2,5.3). Anstelle von α und β schreiben wir $|\frac{1}{2}\rangle$ bzw. $|-\frac{1}{2}\rangle$. Auf die Angabe der Elektronennummer verzichten wir

4) Die Definition von $\mathcal{J}$ ist in der Literatur nicht einheitlich. Man findet anstelle von Gl. (5.9) auch $\hat{H}_{ex} = -\mathcal{J}\hat{\boldsymbol{S}}_1 \cdot \hat{\boldsymbol{S}}_2$ und (seltener) $\hat{H}_{ex} = \mathcal{J}\hat{\boldsymbol{S}}_1 \cdot \hat{\boldsymbol{S}}_2$.

und vereinbaren, daß sich der erste M_S-Wert auf Elektron 1, der zweite auf Elektron 2 bezieht. Man erhält die H-Matrix

(5.11)

$M_{S1}M_{S2}$	$\lvert \frac{1}{2}\,\frac{1}{2}\rangle$	$\lvert -\frac{1}{2}\,\frac{1}{2}\rangle$	$\lvert \frac{1}{2}\,-\frac{1}{2}\rangle$	$\lvert -\frac{1}{2}\,-\frac{1}{2}\rangle$
$\langle \frac{1}{2}\,\frac{1}{2}\rvert$	$-\mathcal{J}/2$			
$\langle -\frac{1}{2}\,\frac{1}{2}\rvert$		$\mathcal{J}/2$	$-\mathcal{J}$	
$\langle \frac{1}{2}\,-\frac{1}{2}\rvert$		$-\mathcal{J}$	$\mathcal{J}/2$	
$\langle -\frac{1}{2}\,-\frac{1}{2}\rvert$				$-\mathcal{J}/2$

Berechnung des Diagonalelementes H_{11}:

$$-2\mathcal{J}\langle \tfrac{1}{2}\,\tfrac{1}{2}\,|\,\hat{s}_{z1}\hat{s}_{z2}\,|\,\tfrac{1}{2}\,\tfrac{1}{2}\rangle = -2\mathcal{J}\left(\tfrac{1}{2}\right)\left(\tfrac{1}{2}\right) = -\mathcal{J}/2$$

Berechnung des Nichtdiagonalelementes H_{23} (vgl. Gl. (3.89)):

$$-2\mathcal{J}\langle -\tfrac{1}{2}\,\tfrac{1}{2}\,|\,\tfrac{1}{2}\hat{s}_{-1}\hat{s}_{+2}\,|\,\tfrac{1}{2}\,-\tfrac{1}{2}\rangle = -\mathcal{J}(1)(1) = -\mathcal{J}$$

Tab. 5.2: Funktionen und Energien nach Anwendung von $\hat{H}_{ex}$ auf ein $S_1 = S_2 = \frac{1}{2}$-System

Spinfunktion	$M_{S'}$	S'	E
$\frac{1}{\sqrt{2}}\left(\lvert \frac{1}{2}\,-\frac{1}{2}\rangle - \lvert -\frac{1}{2}\,\frac{1}{2}\rangle\right)$	0	0	$\frac{3}{2}\mathcal{J}$
$\lvert \frac{1}{2}\,\frac{1}{2}\rangle$	1		
$\frac{1}{\sqrt{2}}\left(\lvert \frac{1}{2}\,-\frac{1}{2}\rangle + \lvert -\frac{1}{2}\,\frac{1}{2}\rangle\right)$	0	1	$-\frac{1}{2}\mathcal{J}$
$\lvert -\frac{1}{2}\,-\frac{1}{2}\rangle$	-1		

Schema (5.11) enthält einen 2×2-Block, dessen weitere Auswertung sich eng an die Behandlung der Spin-Bahn-Kopplung des p^1-Systems, Gl. (3.114) f., anlehnt und aus dem sich die Energien zu $\frac{3}{2}\mathcal{J}$ und $-\frac{1}{2}\mathcal{J}$ ergeben. Die mit ihnen erhaltenen korrekten Funktionen 0. Ordnung sind zusammen mit allen anderen Ergebnissen in Tab. 5.2 zusammengefaßt. *

Der Operator $\hat{H}_{ex}$, Gl. (5.9), wurde für ein System aus zwei Zentren mit jeweils einem Elektron abgeleitet. Ein entsprechender Operator läßt sich auch für zwei Mehrelektronenzentren formulieren [8]. Hat Ion 1 n_1 magnetisch aktive und Ion 2 n_2 magnetisch aktive Valenzelektronen, lautet der Operator

$$\hat{H}_{ex} = -2\sum_{k=1}^{n_1}\sum_{l=1}^{n_2}\mathcal{J}_{kl}\hat{\boldsymbol{s}}_k\cdot\hat{\boldsymbol{s}}_l, \tag{5.12}$$

wobei die beiden Summen sich auf die verschiedenen Ionen beziehen. Nimmt man an, daß der Austauschparameter $\mathcal{J}_{kl}$ unabhängig davon ist, welchen Zustand unter den verschiedenen möglichen eines jeden Atoms man betrachtet, kann der Austauschparameter außerhalb der Summationszeichen gesetzt werden, so daß sich Gl. (5.12) zu

$$\hat{H}_{ex} = -2\mathcal{J}\hat{\boldsymbol{S}}_1 \cdot \hat{\boldsymbol{S}}_2 \quad \text{mit} \quad \hat{\boldsymbol{S}}_1 = \sum_k \hat{\boldsymbol{s}}_k \quad \text{und} \quad \hat{\boldsymbol{S}}_2 = \sum_l \hat{\boldsymbol{s}}_l \tag{5.13}$$

reduziert. Handelt es sich um Zentren mit $S_1 = S_2$, ergeben sich die Energien nach der LANDÉ-Intervallregel (Gl. (3.153)) mit $-2\mathcal{J} \mathrel{\widehat{=}} \lambda$. Sind Wechselwirkungen zwischen mehr als zwei Zentren zu berücksichtigen, hat der Austauschoperator die in Gl. (5.14) dargestellte allgemeine Form:

$$\hat{H}_{ex} = -2\sum_{i<j} \mathcal{J}_{ij}\hat{\boldsymbol{S}}_i \cdot \hat{\boldsymbol{S}}_j \tag{5.14}$$

$$\hat{H}_{ex} = -2\mathcal{J}\sum_{i<j} \hat{\boldsymbol{S}}_i \cdot \hat{\boldsymbol{S}}_j \tag{5.15}$$

Gl. (5.14) ist der HEISENBERG- (früher HEISENBERG-DIRAC-VAN VLECK-)-Operator. Er beschreibt den isotropen und dominierenden Teil der Austauschwechselwirkung. Gl. (5.14) vereinfacht sich zu Gl. (5.15), wenn alle magnetisch aktiven Zentren äquivalent sind und nur die Wechselwirkung zwischen *einer* Sorte von Nachbarn, normalerweise den nächsten, berücksichtigt wird.

Im Falle von Lanthanoid-Systemen läßt sich bei Beschränkung auf das Grundmultiplett mit spezifischer Gesamtdrehimpulsquantenzahl J der Vektor $\boldsymbol{S}$ durch seine Komponente $\boldsymbol{S}_J$ in Richtung von $\boldsymbol{J}$

$$\boldsymbol{S}_J \longrightarrow (g_J - 1)\boldsymbol{J} \tag{5.16}$$

ersetzen, wie folgende Rechnung mit Rücksicht auf $\boldsymbol{J} = \boldsymbol{S} + \boldsymbol{L}$ zeigt:

$$\boldsymbol{S}_J = (\boldsymbol{S} \cdot \boldsymbol{J})\boldsymbol{J}/\boldsymbol{J}^2 = \left[\left(\boldsymbol{S}^2 + \boldsymbol{S} \cdot \boldsymbol{L}\right)/\boldsymbol{J}^2\right]\boldsymbol{J}$$

Wegen $2\boldsymbol{S} \cdot \boldsymbol{L} = \boldsymbol{J}^2 - \boldsymbol{L}^2 - \boldsymbol{S}^2$ und Gl. (3.157) für den LANDÉ-Faktor g_J folgt Gl. (5.16). Der Austausch-Operator (5.15) erhält mit dem sog. DE GENNES-Faktor $(g_J - 1)$ [71] die Form

$$\hat{H}_{ex} = -2(g_J - 1)^2 \mathcal{J} \sum_{i<j} \hat{\boldsymbol{J}}_i \cdot \hat{\boldsymbol{J}}_j. \tag{5.17}$$

5.1.1.2 Suszeptibilitätsgleichungen für einfache Systeme

Unter einem einfachen System wollen wir eine homonukleare Verbindung aus wenigen Zentren verstehen, die äquivalent sind und einen thermisch isolierten Bahnsingulett-Grundzustand haben.

Dinukleare Einheit mit $S_1 = S_2 = 1/2$. Wir betrachten den einfachsten Fall, eine austauschgekoppelte homodinukleare Einheit im HEISENBERG-Modell mit jeweils einem s-Elektron an jedem Zentrum, schalten das Magnetfeld dazu und formulieren die Suszeptibilitätsgleichung nach VAN VLECK. Die Energien $E(T)$ und $E(S)$ sowie die Funktionen $|S'M_{S'}\rangle$ sind durch Beisp. 5.3 bekannt. Der ZEEMAN-Operator lautet in diesem Fall

$$\hat{H}_{M_z} = -\gamma_e g\left(\hat{s}_{z1} + \hat{s}_{z2}\right) B_z = -\gamma_e g \hat{S}'_z B_z .$$

Die 4×4-Matrix hat nur zwei von null verschiedene Elemente, nämlich die Diagonalelemente $\langle 11|\hat{H}_{M_z}|11\rangle = g\mu_B B_z$ und $\langle 1\,-1|\hat{H}_{M_z}|1\,-1\rangle = -g\mu_B B_z$. Für die magnetische Suszeptibilität pro Zentrum ergibt sich nach Einsetzen in die VAN VLECK-Gleichung

$$\chi_{mol} = \mu_0 \frac{N_A \mu_B^2}{3k_B T} \underbrace{g^2 \left[1 + \frac{1}{3}\exp\left(\frac{-2\mathcal{J}}{k_B T}\right)\right]^{-1}}_{n_{eff}^2} . \tag{5.18}$$

Gl. (5.18) ist die sog. BLEANEY-BOWERS-Gleichung, die zur Deutung der temperaturabhängigen Intensität der ESR-Spektren von $[Cu(CH_3COO)_2(H_2O)]_2$ verwendet wurde [282]. Das mit ihr berechnete magnetische Verhalten ist in Form von χ_{mol}-T-, χ_{mol}^{-1}-T- und n_{eff}-T-Diagramm jeweils mit $g = 2$ und $\mathcal{J} = 0$, $\mathcal{J} > 0$ und $\mathcal{J} < 0$ in Abb. 5.2 dargestellt. Man sieht anhand des $\chi_{mol}^{-1} - T$-Diagramms, daß die Kurven mit steigendem $|\mathcal{J}|$ zunehmend von der CURIE-Geraden ($\mathcal{J} = 0$) abweichen. Bei hoher Temperatur gehen sie jedoch in allen Fällen in Parallelen zur Referenzgeraden über, so daß sich das Verhalten in diesem Bereich durch das CURIE-WEISS-Gesetz beschreiben läßt. Dies erkennt man auch direkt anhand der Gl. (5.18), wenn man für $|\mathcal{J}|/k_B T \ll 1$ den e-Faktor approximiert:

$$\begin{aligned} \chi_{mol} &\approx \mu_0 \frac{N_A \mu_B^2}{3k_B T} g^2 \left[1 + \frac{1}{3}\left(1 - \frac{2\mathcal{J}}{k_B T}\right)\right]^{-1} = \frac{C}{T - \Theta_p} \\ &\text{mit} \quad C = \mu_0 \frac{N_A \mu_B^2}{3k_B} g^2 \left(\frac{3}{4}\right) \quad \text{und} \quad \Theta_p = \frac{\mathcal{J}}{2k_B}. \end{aligned} \tag{5.19}$$

Kurven für $\mathcal{J} < 0$ zeigen Suszeptibilitätsmaxima, die umso weiter zu höheren Temperaturen verschoben sind, je größer $|\mathcal{J}|$ ist. Antiferromagnetische Wechselwirkungen lassen sich daher leicht am Verlauf der χ_{mol}-T-Kurve erkennen, im Unterschied zur ferromagnetischen Kopplung. Hier ist das n_{eff}-T-Diagramm [5] günstiger. Man erhält bei tiefer Temperatur eine Parallele zur Temperaturachse mit $n_{eff} = 2$ *pro Zentrum*, wie bei einem dinuklearen System mit reinem Spinmoment ($g = 2$) und $S' = 1$ — wegen $n_{eff} = \sqrt{2}\sqrt{S'(S'+1)}$ — zu erwarten ist. Bei einem ungekoppelten System ist $n_{eff} = \sqrt{3}$ im gesamten T-Bereich.

[5] Alternativ wählt man auch das n_{eff}^2-T- oder $\chi_{mol}T$-T-Diagramm, die sich nur durch einen Zahlenfaktor unterscheiden. Ersteres hat den Vorteil, daß sich unabhängig von den Maßsystemen SI und CGS(GAUSS) derselbe Wert ergibt.

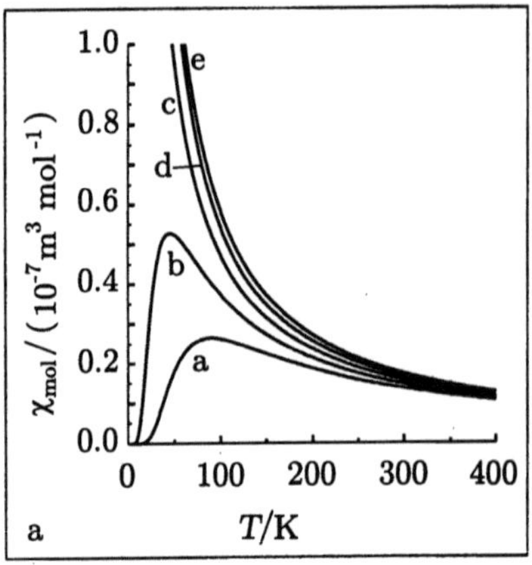

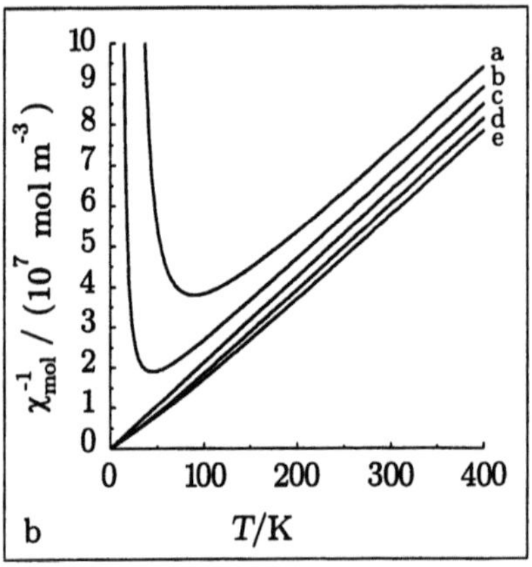

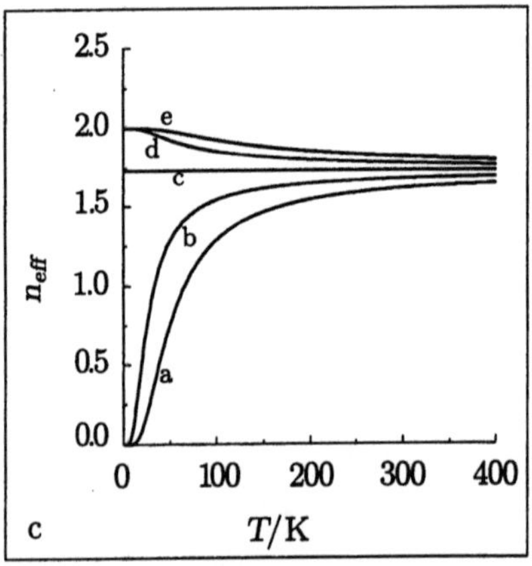

Modellrechnungen zum System $S_1 = S_2 = \frac{1}{2}$ mit ferro- und antiferromagnetischer Spin-Spin-Kopplung;

$\mathcal{J}$-Werte [cm^{-1}]:
Kurve a: −50
Kurve b: −25
Kurve c: 0
Kurve d: +25
Kurve e: +50

Abb. 5.2 a: $\chi_{mol} - T$-Diagramm
Abb. 5.2 b: $\chi_{mol}^{-1} - T$-Diagramm
Abb. 5.2 c: $n_{eff} - T$-Diagramm

Ist die Spin-Spin-Kopplung vergleichbar stark wie der Magnetfeldeinfluß ($H_{ex} \approx H_M$), muß anstelle der VAN VLECK-Gleichung die Fundamentalgleichung (3.167) unter gleichzeitiger Betrachtung von $H_{ex} + H_M$ verwendet werden, wie wir es in ähnlicher Weise bei dem p^1-System mit $H_{SB} + H_M$ in 3.4.3.3 durchführten. Die H-Matrix hat mit der Basis $|S'M_{S'}\rangle$ und $G \equiv \mu_B B_z$ die Form:

(5.20)

$S'M_{S'}$	$\|1\,1\rangle$	$\|1\,0\rangle$	$\|1\,-1\rangle$	$\|0\,0\rangle$
$\langle 1\,1\|$	$-\mathcal{J}/2 + gG$			
$\langle 1\,0\|$		$-\mathcal{J}/2$		
$\langle 1\,-1\|$			$-\mathcal{J}/2 - gG$	
$\langle 0\,0\|$				$3\mathcal{J}/2$

Man setzt die Größen E_n und $\bar{\mu}_z$ in Gl. (3.167) ein und erhält pro Zentrum

$$\chi_{mol} = \mu_0 \frac{N_A \mu_B}{2BZ} \times \left[-g \exp\left(\frac{\mathcal{J}/2 - gG}{k_B T}\right) + g \exp\left(\frac{\mathcal{J}/2 + gG}{k_B T}\right)\right] \tag{5.21}$$

$$\text{mit } Z = \exp\left(\frac{\mathcal{J}/2 - gG}{k_B T}\right) + \exp\left(\frac{\mathcal{J}/2}{k_B T}\right) + \exp\left(\frac{\mathcal{J}/2 + gG}{k_B T}\right) + \exp\left(-\frac{3\mathcal{J}/2}{k_B T}\right).$$

Das Korrelationsdiagramm in Abb. 5.3 zeigt die Energieänderungen für das schwach antiferromagnetisch gekoppelte $S_1 = S_2 = \frac{1}{2}$-System ($\mathcal{J} = -2\,\text{cm}^{-1}$) mit steigender Flußdichte des äußeren Magnetfeldes. Am linken Rand sind Singulettzustand (bei $E = 0$) und Triplettzustand (bei $E = -2\mathcal{J} = 4\,\text{cm}^{-1}$) aufgetragen. Wird H_M dazugeschaltet, spaltet der Triplettzustand auf. Seine Komponente $|\,1\,0\,\rangle$ und der Singulettzustand $|\,0\,0\,\rangle$ bleiben unverändert, während $|\,1\,-1\,\rangle$ abgesenkt und $|\,1\,1\,\rangle$ angehoben wird. Bei kleiner Flußdichte ist $|\,0\,0\,\rangle$ Grundzustand, während bei $B > 4{,}3\,\text{T}$ $|\,1\,-1\,\rangle$ zum Grundzustand wird. Diese

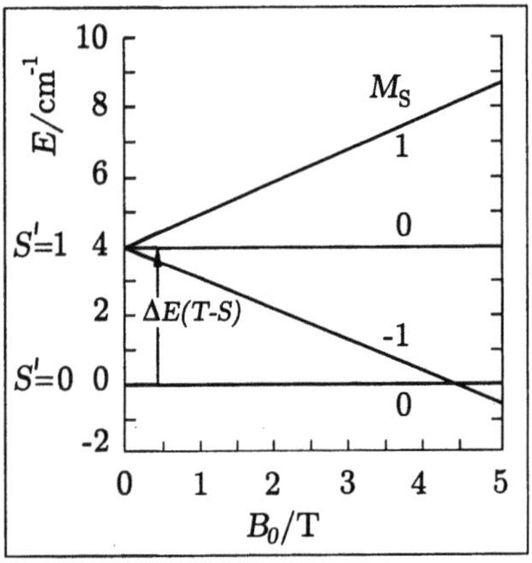

Abb. 5.3: Korrelationsdiagramm für ein $S_1 = S_2 = \frac{1}{2}$-Systems unter dem Einfluß von $H_{ex} + H_M$ ($\mathcal{J} = -2\,\text{cm}^{-1}$)

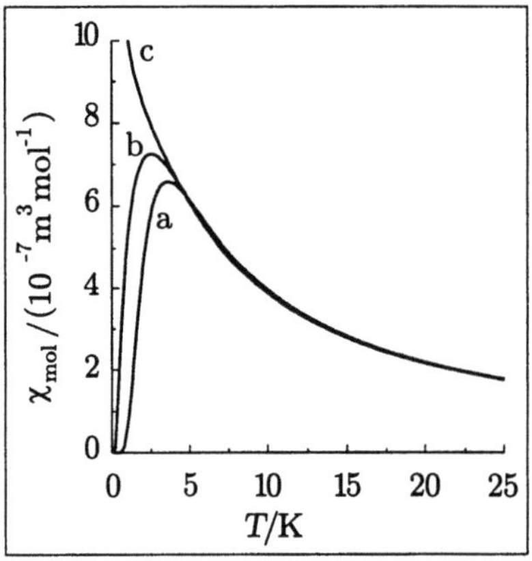

Abb. 5.4: Berechnetes χ_{mol}–T-Verhalten eines durch $H_{ex} + H_M$ gestörten $S_1 = S_2 = \frac{1}{2}$-Systems mit $\mathcal{J} = -2\,\text{cm}^{-1}$ für (a) $B = 0{,}01\,\text{T}$, (b) $B = 3{,}5\,\text{T}$ und (c) $B = 5\,\text{T}$

Überschneidung führt zur deutlichen Änderung im magnetischen Verhalten, wie Abb. 5.4 zeigt. Führt man die Suszeptibilitätsmessung bei 0,01 T durch, liegt der VAN VLECK-Fall vor, und man beobachtet das für die antiferromagnetische Kopplung typische Maximum in χ_{mol}. Mißt man bei $B = 3{,}5\,\text{T}$, hat sich das Maximum zu tieferer Temperatur verschoben, während es bei $B = 5\,\text{T}$ ganz verschwunden ist. Diese Ergebnisse zeigen, daß man bei der magnetochemischen

Charakterisierung von schwach gekoppelten Systemen eine Suszeptibilitätsgleichung verwenden muß, die auf der Fundamental-Gl. (3.167) beruht und daher H_M als gleichberechtigte Störung enthält. Die Anwendung der VAN VLECK-Gl. (5.18) zur Bestimmung von $\mathcal{J}$ führt nur dann zu einem sinnvollen Parameterwert, wenn Meßwerte zugrunde liegen, die bei sehr schwachem Magnetfeld aufgenommen wurden.

Polynukleare Einheit aus n äquivalenten Zentren. Wir betrachten den Fall, daß alle n in Wechselwirkung stehenden magnetisch aktiven Zentren (Spinquantenzahl S) äquivalent sind und daß entsprechend Gl. (5.15) nur eine Sorte von Wechselwirkungen, normalerweise die zu den nächsten Nachbarn, betrachtet wird. Die Suszeptibilität pro Zentrum ergibt sich, wie VAN VLECK [8] gezeigt hat, zu

$$\boxed{\chi_{mol} = \frac{\mu_0}{n} \frac{N_A \mu_B^2 g^2}{3k_B T} \frac{\sum_{S'} S'(S'+1)(2S'+1)\Omega(S') \exp\left(-\frac{E(S')}{k_B T}\right)}{\sum_{S'} (2S'+1)\Omega(S') \exp\left(-\frac{E(S')}{k_B T}\right)}.} \quad (5.22)$$

Die in der Gleichung auftretenden Größen S', $\Omega(S')$ und $E(S')$ werden nach folgendem Verfahren erhalten:

Die Quantenzahl S' der Zustände, die durch Kopplung der Einzelzustände (charakterisiert durch S) resultieren, kann die Werte $S' = nS, nS-1, \ldots, 0$ oder $\frac{1}{2}$ annehmen, abhängig davon, ob nS ganz- oder halbzahlig ist.

Die Energie $E(S')$ eines Zustands S' in Abhängigkeit von $\mathcal{J}$ läßt sich mit Rücksicht auf Gl. (5.8) berechnen nach

$$E(S') = -\frac{z\mathcal{J}}{n-1}\left[S'(S'+1) - nS(S+1)\right], \quad (5.23)$$

wobei z die Zahl der nächsten Nachbarn eines Zentrums und n die Zahl der in Wechselwirkung stehenden Zentren ist.

Die Häufigkeit $\Omega(S')$, mit der Zustände eines bestimmten S'-Wertes vorkommen, erhält man aus

$$\Omega(S') = \omega(S') - \omega(S'+1),$$

wobei $\omega(S')$ der Koeffizient von $X^{S'}$ in der Entwicklung $(X^S + X^{S-1} + \ldots + X^{-S})^n$ ist. Eine alternative Methode besteht darin, daß man den ersten Spin S_1 mit dem zweiten Spin S_2 koppelt, wobei Spinzustände mit $S^* = S_1 + S_2, S_1 + S_2 - 1, \ldots, |S_1 - S_2|$ erhalten werden. Dann wird der dritte Spin S_3 mit jedem S^* gekoppelt. Es resultieren jeweils $S' = S^* + S_3, S^* + S_3 - 1, \ldots, |S^* - S_3|$, usw.

Beispiel 5.4 *Anwendung von Gl. (5.22) auf eine dinukleare Einheit mit* $S_1 = S_2 = \frac{7}{2}$

1.) Häufigkeit $\Omega(S')$: Die in diesem System möglichen S'-Werte von $0, 1, \ldots, 7$ kommen wie bei jedem dinuklearen Komplex nur einmal vor, d. h. $\Omega(S') = 1$ in allen Fällen.

2.) Energien $E(S')$: Legt man den Nullpunkt in den Zustand mit $S' = 0$, folgen für die anderen Zustände entsprechend Gl. (5.23) $E(S' = 1) = -2\mathcal{J}$, $E(2) = -6\mathcal{J}$, $E(3) = -12\mathcal{J}$, $E(4) = -20\mathcal{J}$, $E(5) = -30\mathcal{J}$, $E(6) = -42\mathcal{J}$, $E(7) = -56\mathcal{J}$.

3.) Suszeptibilitäts-Gl. (5.22) nach Einsetzen von S', $\Omega(S') = 1$ und $E(S')$:

$$\chi_{mol} = \frac{\mu_0 N_A \mu_B^2 g^2}{k_B T} \frac{e^{2x} + 5e^{6x} + 14e^{12x} + 30e^{20x} + 55e^{30x} + 91e^{42x} + 140e^{56x}}{1 + 3e^{2x} + 5e^{6x} + 7e^{12x} + 9e^{20x} + 11e^{30x} + 13e^{42x} + 15e^{56x}}$$

mit $x = \mathcal{J}/k_B T$. (5.24)

Diese Gleichung gilt für Wechselwirkungen in dinuklearen Gd^{3+}- oder Eu^{2+}-Einheiten und ist auf ein Zentrum bezogen. Sie kann jedoch leicht in die Gleichung für Zentren mit kleinerem $S_1 = S_2$ überführt werden, wenn man Terme in Zähler und Nenner nach folgendem Muster streicht: Erniedrigt man, beginnend bei $S = 7/2$, die Spinquantenzahl der Zentren in Schritten von $\frac{1}{2}$, muß bei jedem Schritt der jeweils letzte Term in Zähler und Nenner gestrichen werden. Gehen wir von $S = 7/2$ gleich zwei Schritte zu $S = 5/2$ zurück, da es für $S = 3$ keinen Praxisbezug gibt [6], müssen die letzten beiden Terme jeweils in Zähler und Nenner gestrichen werden. Auch das System mit $S_1 = S_2 = 1/2$ ist enthalten. Hier fallen jeweils die letzten sechs Terme in Zähler und Nenner weg, so daß nur ein Term im Zähler und zwei Terme im Nenner übrigbleiben. *

Beispiel 5.5 *Anwendung von Gl. (5.22) auf eine trinukleare Einheit (gleichseitiges Dreieck) mit* $S_1 = S_2 = S_3 = \frac{1}{2}$

1.) Häufigkeit $\Omega(S')$: $(X^{1/2} + X^{-1/2})^3 = X^{3/2} + 3X^{1/2} + 3X^{-1/2} + X^{-3/2}$
$\Longrightarrow \Omega(3/2) = 1; \quad \Omega(1/2) = 2$
Die zweite Methode bestätigt das Ergebnis: Koppelt man zunächst $S_1 = 1/2$ und $S_2 = 1/2$, resultieren $S^* = 0$ und $S^* = 1$. Beide S^*-Zustände koppelt man mit $S_3 = 1/2$ und erhält im ersten Fall $S' = 1/2$, im zweiten Fall $S' = 1/2$ und $3/2$, in Übereinstimmung mit dem ersten Ergebnis.

2.) Energien $E(S')$: $\Longrightarrow E(3/2) = -3\mathcal{J}/2; \quad E(1/2) = 3\mathcal{J}/2$ (Gl. (5.23))
Probe: Da der Schwerpunkt der durch $\hat{H}_{ex}$ bewirkten Aufspaltung bei 0 liegt,

[6] Beispiele von Ionen mit der Gesamtspinquantenzahl $S = 3$ sind Eu^{3+} und Tb^{3+}. Sie zeigen jedoch wegen ihrer komplizierten Multiplettstruktur keinen reinen Spinmagnetismus.

gilt in unserem Beispiel mit einem Quartett und zwei Dubletts $4 \times E(3/2) + 2 \times 2 \times E(1/2) = 0$, wie durch Einsetzen der Energiewerte bestätigt wird.

3.) Suszeptibilitäts-Gl. (5.22) nach Einsetzen von S', $\Omega(S')$ und $E(S')$:

$$\chi_{mol} = \frac{\mu_0}{3}\frac{N_A\mu_B^2 g^2}{3k_BT}\frac{\left(\frac{1}{2}\right)\left(\frac{3}{2}\right)(2)(2)\exp\left(-\frac{3\mathcal{J}}{2k_BT}\right)+\left(\frac{3}{2}\right)\left(\frac{5}{2}\right)(4)\exp\left(\frac{3\mathcal{J}}{2k_BT}\right)}{(2)(2)\exp\left(-\frac{3\mathcal{J}}{2k_BT}\right)+4\exp\left(\frac{3\mathcal{J}}{2k_BT}\right)}$$

$$= \frac{\mu_0}{3}\frac{N_A\mu_B^2 g^2}{3k_BT}\frac{3\exp\left(-\frac{3\mathcal{J}}{2k_BT}\right)+15\exp\left(\frac{3\mathcal{J}}{2k_BT}\right)}{4\exp\left(-\frac{3\mathcal{J}}{2k_BT}\right)+4\exp\left(\frac{3\mathcal{J}}{2k_BT}\right)} \quad *$$

Gültigkeitsbereich des HEISENBERG-Modells. Das HEISENBERG-Modell in Form der Operatoren (5.13) bis (5.17) ist von größter Bedeutung in der magnetochemischen Analyse von Kollektiveffekten. Seine Anwendung ist jedoch nicht in allen Fällen zulässig. Folgende Punkte sind zu beachten [329]:

1.) Das System muß „lokalisierten" Magnetismus aufweisen; es darf sich also nicht um ein metallisches d-System handeln. S_i und S_j müssen „gute" Quantenzahlen sein, d. h,. das RUSSELL-SAUNDERS-Kopplungsschema sollte in guter Näherung gelten, und die interatomaren direkten oder indirekten Wechselwirkungen H_{ex} müssen klein im Vergleich zu den durch H_{ee} und H_{LF} bewirkten Termaufspaltungen sein.

2.) Die Anwendung von Gl. (5.13) ist nur bei bestimmten Elektronenkonfigurationen wirklich berechtigt. Dazu gehören in erster Linie solche mit halbbesetzter 3d- oder 4f-Unterschale — selbst unter Berücksichtigung der Tatsache, daß die individuellen Austauschparameter $\mathcal{J}_{kl}$ in Gl. (5.12) von den magnetischen Bahndrehimpulsquantenzahlen, also der Orientierung der Orbitale, abhängen. Sind nämlich, um bei dem Beispiel eines dinuklearen Systems zu bleiben, S_1 und S_2 gute Quantenzahlen und alle Niveaus einfach besetzt, so daß S_1 des Ions 1 den maximalen Wert $n_1/2$ hat, gilt

$$\langle S_1 M_{S_1}|\hat{s}_1|S_1 M'_{S_1}\rangle = \frac{1}{n_1}\langle M_{S_1}|\hat{S}_1|M'_{S_1}\rangle$$

und ein analoger Ausdruck für S_2. Daraus folgt, daß Gl. (5.13) angewendet werden darf, wenn man $\mathcal{J}$ definiert als

$$\mathcal{J} = \frac{1}{n_1 n_2}\sum_{k=1}^{n_1}\sum_{l=1}^{n_2}\mathcal{J}_{kl}. \tag{5.25}$$

Ist nicht jedes Orbital in der Unterschale einfach besetzt, ist die Anwendung von Gl. (5.13) im allgemeinen nicht erlaubt, da es aufgrund der Bahnentartung mehr als einen Zustand mit maximaler Multiplizität gibt. Eine Ausnahme ergibt sich, wenn die Ionen aufgrund eines relativ starken Ligandenfeldeffektes ein thermisch isoliertes Bahnsingulett als Grundzustand haben. Dies ist in kubischen Systemen, die wir der Einfachheit halber diskutieren[7)], bei den Konfigurationen $3d^3$(okt.), $3d^8$(okt.) und $3d^7$(tetr.), $3d^2$(tetr.) der Fall. Sie haben jeweils einen A-Grundterm, und die angeregten Zustände können wegen des großen Abstands außer acht gelassen werden. Konsequenterweise trifft Gl. (5.25) z. B. für $3d^3$(okt.) jetzt mit $n_1 = n_2 = 3$ zu. Wie die Abbn. 4.33, 4.31, 4.35 zeigen, ist im Falle $H_{ex} = 0$ das magnetische Verhalten dieser Ionen CURIE-ähnlich mit nahezu temperaturkonstantem n_{eff}.

3.) Haben die in Wechselwirkung stehenden magnetischen Zentren einen T-Grundterm wie z. B. $^4T_1$ bei der d^7(okt.)-High-Spin-Konfiguration, ist vor Anwendung von $\hat{H}_{ex}$ zu berücksichtigen, daß H_{SB} zu einem Grundmultiplett $J = 1/2$ und den beiden angeregten Multipletts mit $J = 3/2$ und $5/2$ führt, die energetisch vergleichbar mit k_BT sind (vgl. 4.3.2.5). Folglich ist das magnetische Verhalten der isolierten Zentren wesentlich komplizierter als bei den unter Pkt. 2 genannten Beispielen. Wir gehen hier auf die damit zusammenhängende Problematik der *anisotropen Austauschwechselwirkungen* [329] - [335]), die insbesondere bei den Lanthanoiden mit Ausnahme der $4f^7$-Konfiguration eine große Rolle spielen, nicht ein. Um im Falle von $^4T_1$ allein den isotropen Anteil der Austauschwechselwirkungen mit dem HEISENBERG-Modell adäquat zu beschreiben, müssen neben dem Grundmultiplett mit $J = 1/2$ auch die angeregten Multipletts betrachtet werden. Die H-Matrix mit $\hat{H}_{ex}$ hat im Falle einer dinuklearen Einheit die Dimension $12^2 \times 12^2$. Die Rechnungen lassen sich vereinfachen, wenn man nach LINES [336] ein Modell verwendet, das die Spin-Spin-Kopplung im Grundmultiplett mit dem HEISENBERG-Modell beschreibt, die Kopplung bei den höheren Multipletts dagegen im einfacheren Molekularfeld-Modell. Ein entsprechendes isotropes Modell für Lanthanoid-Ionen berücksichtigt nach demselben Schema die Austausch-Kopplung im Ligandenfeld-Grundzustand im HEISENBERG-Modell und in den angeregten Ligandenfeld-Termen im Molekularfeld-Modell [337].

4.) Neben der unter Pkt. 3 erwähnten Anisotropie im Austauschmechanismus („Unterschiedliche Bahnzustände haben unterschiedliche Austauschkonstanten“) ist das Ligandenfeld gegebenenfalls in Kombination mit der Spin-Bahn-Kopplung eine wichtige zweite Quelle für Anisotropie in den Austauschwechselwirkungen[8)]. Als Beispiel betrachten wir das Grunddublett $|\pm 3/2\rangle$ des

---

7) Die aktuelle Punktsymmetrie der magnetischen Zentren in polynuklearen Verbindungen ist häufig höchstens C_{2v} oder C_{3v}. Jedoch gilt hier wie bei der Behandlung isolierter magnetischer Zentren, daß trotz Abweichung von einer hochsymmetrischen Anordnung generelle Aussagen möglich sind, gegebenenfalls unter Einführung weiterer Parameter.

8) Magnetische Dipol-Dipol-Wechselwirkungen (MDD, s. S. 306), können ebenfalls zu ani-

Co^{2+}-Ions im Cs_3CoCl_5. Abb. 4.58 belegt, daß das im wesentlichen auf den Spin zurückzuführende magnetische Moment in z-Richtung orientiert ist; denn der ZEEMAN-Koeffizient 1. Ordnung für die z-Richtung ist ungleich null, für eine Richtung senkrecht zu z jedoch gleich null. Diese bevorzugte Orientierung ist auf die mit dem Grunddublett verknüpften Ortsanteile der Wellenfunktionen zurückzuführen. Schaltet man jetzt H_{ex} ein und untersucht dann das magnetische Verhalten (bei kleinen Feldern, so daß die Momente in der „leichten" Richtung bleiben), so unterscheidet sich die Suszeptibilitätskurve signifikant von derjenigen, die man für ein entsprechendes isotropes System, also ohne leichte und schwere Richtungen, erhielte[339, 340]. Alternativ könnte in diesem Fall eines thermisch isolierten Grunddubletts an den Co^{2+}-Zentren die Spin-Spin-Kopplung zwischen ihnen durch den Operator $\hat{H}_{ex} = -2\mathcal{J}\sum_{i<j}\hat{S}_{zi}\hat{S}_{zj}$ mit dem *effektiven Spin* $\frac{1}{2}$ beschrieben werden (ISING-Modell [338]). Wir kommen im Abschnitt 5.3.2 auf den Formalismus effektiver Spins zurück.

Um generell eine eingeschränkte Spindimensionalität in der Spin-Spin-Kopplung zu berücksichtigen, schreibt man Gl. (5.15) in der Form[55]

$$\hat{H}_{ex} = -2\mathcal{J}\sum_{i<j}\left[a\hat{S}_{zi}\hat{S}_{zj} + b\left(\hat{S}_{xi}\hat{S}_{xj} + \hat{S}_{yi}\hat{S}_{yj}\right)\right]. \tag{5.26}$$

Für $a = b = 1$ erhalten wir das HEISENBERG-Modell, in dem die Wechselwirkung vollständig isotrop ist. Der andere Extremfall, das soeben erwähnte ISING-Modell mit der Fixierung der Spins in z-Richtung, wird bei $a = 1$ und $b = 0$ erhalten. Der dritte Fall mit $a = 0$ und $b = 1$ wird XY-Modell genannt. Hier sind alle Orientierungen des Gesamtspins der einzelnen Zentren senkrecht zur z-Richtung leichte Richtungen. Eine Reduktion der Spindimensionalität kann Konsequenzen hinsichtlich der magnetischen Ordnung haben (s. Tab. 5.5).

5.) Bei dinuklearen Komplexverbindungen des Cr(III) mit $\mathcal{J} < 0$ hat man Abweichungen von der LANDÉ-Intervallregel festgestellt [342, 343, 56, 344]. Eine Verbesserung in der Simulation des χ_{mol}-T-Verlaufs läßt sich durch Einbeziehung eines biquadratischen Terms im Spin-Spin-Kopplungsoperator erzielen:

$$\hat{H}_{ex} = -2\mathcal{J}\hat{\boldsymbol{S}}_1\cdot\hat{\boldsymbol{S}}_2 - j(\hat{\boldsymbol{S}}_1\cdot\hat{\boldsymbol{S}}_2)^2. \tag{5.27}$$

Der Parameter $|j|$ ist im allgemeinen zwei Größenordnungen kleiner als $|\mathcal{J}|$.

Ergänzungen zur magnetochemischen Analyse. Bei der magnetochemischen Analyse auf der Grundlage der verschiedenen Spin-Spin-Kopplungsmodelle sind zur Ermittlung verläßlicher $\mathcal{J}$-Werte gegebenenfalls weitere Parameter in Anpassungsrechnungen zu verfeinern.

---

sotropen Spin-Spin-Kopplungen führen.

1.) g. Eine gute Simulation des χ_{mol}-T-Verhaltens z. B. von dinuklearen Cu(II)-Verbindungen läßt sich in der Regel nur erreichen, wenn auch der g-Wert bei Anpassungsrechnungen verfeinert wird. Im Falle von $[Cu(CH_3COO)_2(H_2O)]_2$ ergibt sich $g = 2,16$ (s. 2.3.1). Die Erhöhung beruht auf Bahnbeiträgen zur Suszeptibilität und ist im Einklang mit der Erhöhung von n_{eff} durch H_{SB} bei entsprechenden mononuklearen Verbindungen.

2.) χ_0. Ein TUP-Beitrag resultiert aus der Einmischung niedrig liegender Zustände durch das Magnetfeld. Er wird auch bei mononuklearen Verbindungen mit A- und E-Grundtermen in Rechnung gestellt, z. B. in Gl. (4.69).

3.) *Intermolekulare Austauschwechselwirkungen.* Diese können eine signifikante Rolle in polynuklearen Verbindungen mit ferromagnetischer intramolekularer Wechselwirkung spielen. Sie sind in der Regel um mindestens eine Größenordnung schwächer als die Spin-Spin-Kopplung in den Mehrkerneinheiten und werden am einfachsten in der Molekularfeldnäherung mit Hilfe der Gl. (5.43) berücksichtigt, wobei χ'_{mol} für die Suszeptibilität der isolierten polynuklearen Einheit steht. Ist infolge einer intramolekularen antiferromagnetischen Kopplung ihr Grundzustand $S' = 0$, spielt dieser Effekt keine Rolle.

4.) *Mononukleare Verunreinigungen.* Gelingt es nicht, eine polynukleare Verbindung mit Grundzustand $S' = 0$ frei von mononuklearen Beimengungen zu präparieren, kommt es im Tieftemperaturbereich anstelle eines Absinkens auf $\chi_{mol} \to 0$ zu einem Wiederanstieg der Suszeptibilität. Eine Korrektur wird mit einem Zusatzglied in der Suszeptibilitätsbeziehung in Form eines CURIE- oder CURIE-WEISS-Terms vorgenommen, wobei man davon ausgeht, daß es sich um dasselbe magnetische Zentrum und dasselbe Molekulargewicht wie bei der Mehrkern-Einheit handelt:

$$\chi_{mol} = (1 - x)\chi'_{mol} + x \frac{C}{T - \Theta_p}. \tag{5.28}$$

Der molare Anteil der mononuklearen Spezies, x, kann sich z. B. im Falle von dinuklearen Fe(III)-Verbindungen mit $\mathcal{J} < 0$ bereits bei Werten von $x = 0,001$ störend bemerkbar machen[176].

5.) *Spinfrustration.* Zur Spinfrustration kommt es im Falle antiferromagnetischer Wechselwirkungen, wenn die Topologie eine allseits befriedigende antiparallele Spinkopplung nicht zuläßt. Das „klassische“ Beispiel ist ein 2 D-Dreiecksnetz im ISING-Fall [458]. Das System ist bei allen Temperaturen ungeordnet und hat keinen kritischen Punkt T_N. Auch in polynuklearen Komplexen mit einer tetranuklearen, rautenförmigen Einheit wird Spinfrustration beobachtet, wenn antiferromagnetische Wechselwirkungen sowohl längs den „Kanten“ ($\mathcal{J}$) als auch längs der kurzen Diagonale ($\mathcal{J}'$) existieren [459]. Ist z. B. $|\mathcal{J}| > |\mathcal{J}'|$, bleibt in der magnetochemischen Analyse $\mathcal{J}'$ unbestimmt.

6.) *Veröffentlichung magnetochemischer Resultate.* In wissenschaftlichen Publikationen zum Magnetismus polynuklearer Verbindungen ist es erforderlich, die Definition von $\mathcal{J}$, d. h. den Spin-Operator, anzugeben (vgl. S. 312).

5.1.2 Doppelaustausch

Der Halbleiter $LaMnO_3$ (Perowskit-Typ) mit dem magnetisch aktiven Mn^{3+}-Ion verhält sich antiferromagnetisch. $La_{1-x}A_xMnO_3$-Phasen, in denen ein Teil der La^{3+}-Ionen durch ein Erdalkali-Ion A^{2+} ersetzt ist, zeigen dagegen elektrische Leitfähigkeit und Ferromagnetismus [314] (s. Tab. 2.5). Hier liegt Mangan mit gebrochener Oxidationszahl zwischen +3 und +4 vor, und die Leitfähigkeit wird dem Elektronenübergang $Mn^{3+} \to Mn^{4+}$ unter Beteiligung eines zwischen den Mangan-Ionen liegenden Oxid-Ions zugeschrieben [315, 316]: Gleichzeitig mit einem Elektrontransfer Mn3+ $\to O^{2-}$ springt ein Elektron von O^{2-} nach Mn4+, so daß aus der Konfiguration Mn^{3+}–O^{2-}–Mn^{4+} die Konfiguration Mn^{4+}–O^{2-}–Mn^{3+} resultiert. Aufgrund der simultanen Elektronensprünge nannte ZENER [315] den Vorgang *Doppelaustausch.* Im angeführten Beispiel ist die d-Unterschale der Ionen weniger als halbbesetzt. Damit der Elektronentransfer stattfinden kann, muß der atomare Gesamtspin des Zielions parallel zum Spin des springenden Elektrons gerichtet sein; denn nur dann kann das wandernde Elektron dort einen gemäß der 1. HUNDsche Regel energetisch günstigen Zustand einnehmen. Folglich sind die atomaren Spins der am Prozeß beteiligten magnetischen Zentren parallel orientiert, so daß im Beispiel der Perowskit-Phasen die ursprüngliche antiferromagnetische Wechselwirkung aufgebrochen wird und Ferromagnetismus resultiert. Wir haben also zur Deutung des magnetischen Verhaltens dieser besonderen Klasse von Verbindungen neben der Spin-Spin-Austauschkopplung den Elektronentransfer und die damit korrespondierende ferromagnetische Kopplung zu betrachten.

Auch in der Molekülchemie kennt man gemischtvalente Verbindungen, z. B. dinukleare Komplexe [326, 325, 317] mit Ru(III)Ru(II) [322], Ni(II)Ni(I) [318] und Fe(III)Fe(II) [319]. Im ersten Fall liegt nur *ein* ungepaartes Elektron vor, da die Metallionen Low-Spin-Anordnung haben. Diese Verbindungen sind magnetochemisch nicht von großem Interesse, da bei Suszeptibilitätsmessungen ein CURIE-ähnliches Verhalten mit einem $S = 1/2$ entsprechenden magnetischen Moment gemessen wird und über den Grad der Delokalisierung des Elektrons keine Aussage möglich ist. In den anderen genannten Fällen sind beide Zentren magnetisch aktiv, so daß H_{ex} eine Rolle spielt. Insbesondere die dem Ni(II)Ni(I) mit drei „Löchern“ äquivalente Situation mit drei Elektronen ist geeignet, um das Parametrisierungsschema für das elektronische Energiespektrum im Falle von Elektronentransfer und HEISENBERG-Kopplung H_{ex} vorzustellen [320, 54].

Das im folgenden präsentierte System [54] enthält zwei äquivalente magnetisch aktive Zentren[9] mit jeweils einem ungepaarten Elektron und einem dritten Elektron, dessen Rolle entsprechend der Klassifizierung gemischtvalenter Verbindungen [321] in die Klasse III gehören möge[10]. Es gibt drei magnetisch aktive Elektronen, für die — so die Voraussetzung — am Zentrum a die nichtentarteten *magnetischen Orbitale* (vgl. 5.2.1) ϕ_{a1} und ϕ_{a2} ($E(\phi_{a1}) < E(\phi_{a2})$) und am Zentrum b die entsprechenden Orbitale ϕ_{b1} und ϕ_{b2} ($E(\phi_{b1}) < E(\phi_{b2})$) zur Verfügung stehen. Es wird des weiteren vorausgesetzt, daß das System durch orthogonale magnetische Orbitale (nicht nur an *einem* Zentrum, sondern auch *zwischen* den Zentren) beschrieben werden kann. ϕ_{a1} und ϕ_{b1} enthalten jeweils ein Elektron, während die beiden höher liegenden Orbitale ϕ_{a2} und ϕ_{b2} vom dritten Elektron mit gleicher Wahrscheinlichkeit besetzt werden können. Die COULOMB-Abstoßung von zwei Elektronen mit entgegengesetztem Spin an einem Zentrum wird als sehr stark angenommen, so daß diese atomaren Zustände außer acht gelassen werden können. Abb. 5.5 zeigt die unter diesen Voraussetzungen möglichen Konfigurationen.

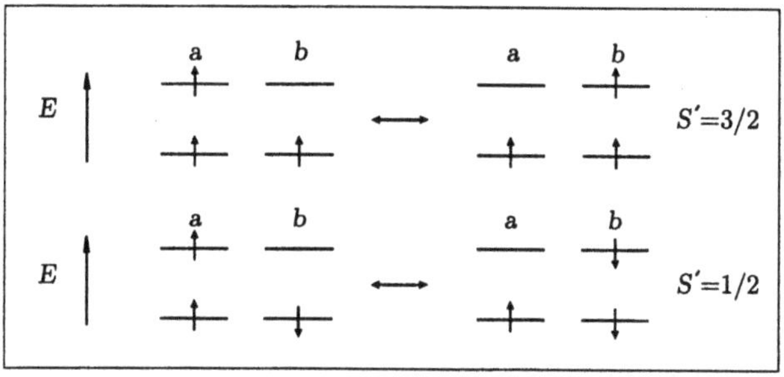

Abb. 5.5: Energieniveauschema und Elektronenkonfigurationen für eine symmetrische gemischtvalente dinukleare Verbindung und drei magnetisch aktiven Elektronen; Zentrum a mit den Zuständen ϕ_{a1} und ϕ_{a2} ($E(\phi_{a1}) < E(\phi_{a2})$) und b entsprechend mit ϕ_{b1} und ϕ_{b2}.

---

[9] Der röntgenographische Nachweis der Äquivalenz der Zentren kann problematisch sein, da sie durch eine Fehlordnung vorgetäuscht sein kann (vgl. [54], Kap. 13.5).

[10] Nach ROBIN und DAY[321] werden gemischtvalente Verbindungen in drei Klassen eingeteilt. Zur Klasse I gehört ein System, in dem die Ionen unterschiedlicher Valenz auf Plätzen unterschiedlicher Symmetrie und Ligandenfeldstärke sitzen (Beispiel: Co_3O_4, normaler Spinell mit Co^{3+} in Low-Spin-Konfiguration auf dem Oktaeder- und Co^{2+} in High-Spin-Konfiguration auf dem Tetraederplatz). Eine Verbindung der Klasse III liegt vor, wenn die Ionen äquivalente Plätze besetzen, auf denen das übertragbare Elektron dieselbe Aufenthaltswahrscheinlichkeit hat (Beispiel: Fe_3O_4 bei $T > 119\,K$). In der Klasse II, die zwischen I und III liegt, sind die beiden Plätze noch unterscheidbar, jedoch hält sich das übertragbare Elektron nicht mit gleicher Dauer auf ihnen auf.

Bevor wir der Delokalisierung des dritten Elektrons Rechnung tragen, betrachten wir die Austauschwechselwirkung zwischen den Metallionen für die Grenzkonfigurationen, in denen dieses Elektron in ϕ_{a2} oder ϕ_{b2} eingefangen ist. Im ersten Fall haben die Zentren a und b den Gesamtspin $S_a = 1$ bzw. $S_b = 1/2$, im zweiten Fall $S_a = 1/2$ bzw. $S_b = 1$. Wir beginnen mit ersterer (Bahnkonfiguration $\phi_{a1}\phi_{a2}\phi_{b1}$), schalten die Spin-Spin-Austauschkopplung $\hat{H}_{ex} = -2\mathcal{J}\hat{\boldsymbol{S}}_a\cdot\hat{\boldsymbol{S}}_b$ ein und bestimmen Energie und Spineigenzustände. Die Gesamtspinquantenzahlen der durch H_{ex} gekoppelten Zustände $S' = S_a \pm \frac{1}{2}$ sind $S' = 3/2$ (Quartett) und $S' = 1/2$ (Dublett). Sie werden mit $|a; S'M_{S'}\rangle$ bezeichnet, wobei die Kennung a anzeigt, daß das dritte Elektron am Zentrum a sitzt. Mit Hilfe der CLEBSCH-GORDAN-Koeffizienten in Tab. 3.5 konstruieren wir zunächst die Funktionen $|a; SM_S\rangle$ für das Spintriplett S_a aus den Funktionen $|m_{sa1}, m_{sa2}\rangle$:

$\|a; S, M_S\rangle$		$\|m_{sa1}, m_{sa2}\rangle$
$\|a; 1, \pm 1\rangle$	$=$	$\|\pm\frac{1}{2}, \pm\frac{1}{2}\rangle$
$\|a; 1, 0\rangle$	$=$	$\sqrt{\frac{1}{2}}\left(\|\frac{1}{2}, -\frac{1}{2}\rangle + \|-\frac{1}{2}, \frac{1}{2}\rangle\right)$

(5.29)

und anschließend nach demselben Schema die Quartett- und Dublett-Funktionen:

$\|a; S', M_{S'}\rangle$		$\|M_{sa}, m_{sb1}\rangle$
$\|a; \frac{3}{2}, \pm\frac{3}{2}\rangle$	$=$	$\|\pm 1, \pm\frac{1}{2}\rangle$
$\|a; \frac{3}{2}, \pm\frac{1}{2}\rangle$	$=$	$\sqrt{\frac{1}{3}}\|\pm 1, \mp\frac{1}{2}\rangle + \sqrt{\frac{2}{3}}\|0, \pm\frac{1}{2}\rangle$
$\|a; \frac{1}{2}, \pm\frac{1}{2}\rangle$	$=$	$\pm\sqrt{\frac{2}{3}}\|\pm 1, \mp\frac{1}{2}\rangle \mp \sqrt{\frac{1}{3}}\|0, \pm\frac{1}{2}\rangle.$

(5.30)

Der Energieunterschied zwischen den Zuständen mit $S' = 3/2$ und $S' = 1/2$ beträgt nach Gl. (5.23) $\Delta E(Q, D) = E(Q) - E(D) = -3\mathcal{J}$.

Bei der späteren Anwendung des HAMILTON-Operators auf diese Zustände benötigen wir die Ortsanteile. Wir formulieren zu diesem Zweck jeweils einen Zustand des Quartetts und Dubletts in Form von SLATER-Determinanten. Mit Rücksicht auf (5.29) erhalten wir:

$$
\begin{aligned}
|a; \tfrac{3}{2}, \tfrac{3}{2}\rangle &= |1, \tfrac{1}{2}\rangle = |\tfrac{1}{2}, \tfrac{1}{2}, \tfrac{1}{2}\rangle = \det|\phi_{a1}\alpha\phi_{a2}\alpha\phi_{b1}\alpha| \\
|a; \tfrac{1}{2}, \tfrac{1}{2}\rangle &= \sqrt{\tfrac{2}{3}}|\tfrac{1}{2}, \tfrac{1}{2}, -\tfrac{1}{2}\rangle - \sqrt{\tfrac{1}{6}}\left(|\tfrac{1}{2}, -\tfrac{1}{2}, \tfrac{1}{2}\rangle + |-\tfrac{1}{2}, \tfrac{1}{2}, \tfrac{1}{2}\rangle\right) \\
&= \sqrt{\tfrac{1}{6}}\,(2\det|\phi_{a1}\alpha\phi_{a2}\alpha\phi_{b1}\beta| - \det|\phi_{a1}\alpha\phi_{a2}\beta\phi_{b1}\alpha| - \\
&\qquad \det|\phi_{a1}\beta\phi_{a2}\alpha\phi_{b1}\alpha|)\,.
\end{aligned}
\tag{5.31}
$$

Betrachten wir jetzt die zweite Grenzsituation mit $S_a = 1/2, S_b = 1$ und der Bahnkonfiguration $\phi_{a1}\phi_{b1}\phi_{b2}$, so lassen sich die folgenden, zu Gl. (5.31) symmetrisch äquivalenten Zustände formulieren:

$$\begin{aligned}
|b; \tfrac{3}{2}, \tfrac{3}{2}\rangle &= -|\tfrac{1}{2}, \tfrac{1}{2}, \tfrac{1}{2}\rangle = -\det|\phi_{a1}\alpha\phi_{b1}\alpha\phi_{b2}\alpha| \\
|b; \tfrac{1}{2}, \tfrac{1}{2}\rangle &= \sqrt{\tfrac{2}{3}}|-\tfrac{1}{2}, \tfrac{1}{2}, \tfrac{1}{2}\rangle - \sqrt{\tfrac{1}{6}}\left(\tfrac{1}{2}, -\tfrac{1}{2}, \tfrac{1}{2}\rangle + |\tfrac{1}{2}, \tfrac{1}{2}, -\tfrac{1}{2}\rangle\right) \\
&= \sqrt{\tfrac{1}{6}}\,(2\det|\phi_{a1}\beta\phi_{b1}\alpha\phi_{b2}\alpha| - \det|\phi_{a1}\alpha\phi_{b1}\beta\phi_{b2}\alpha| - \\
&\qquad \det|\phi_{a1}\alpha\phi_{b1}\alpha\phi_{b2}\beta|)\,.
\end{aligned} \tag{5.32}$$

Um die Energiezustände des Systems unter Einbeziehung des Elektronentransfers zu ermitteln, wendet man den HAMILTON-Operator

$$\hat{H} = \hat{h}_1 + \hat{h}_2 + \hat{h}_3 + e^2/r_{12} + e^2/r_{13} + e^2/r_{23}. \tag{5.33}$$

auf alle zwölf Basiszustände an und gibt damit dem übertragbaren Elektron die Gelegenheit, sowohl ϕ_{a2} als auch ϕ_{b2} zu besetzen. Da Operator (5.33) den Spin nicht enthält, mischt er keine Zustände mit unterschiedlichem S' und $M_{S'}$, so daß die entsprechenden Nichtdiagonalelemente verschwinden. Daher zerfällt die 12×12-Matrix in vier identische 2×2-Blöcke (Quartett-Zustände, $S' = 3/2$) und zwei identische 2×2-Blöcke (Dublett-Zustände, $S' = 1/2$), wobei jeder Block zu einem bestimmten $M_{S'}$ gehört und zur Kopplung von $|a; S'M_{S'}\rangle$ und $|b; S'M_{S'}\rangle$ führt. Man kann alle Integrale, die die Austauschkopplung betreffen, zum Parameter $\mathcal{J}$ zusammenfassen (Einzelheiten sind z. B. Lit. [323] zu entnehmen). Darüber hinaus gibt es das Transfer-Integral

$$t_{22} = \langle\phi_{a2}(i)|\hat{h}(i)|\phi_{b2}(i)\rangle,$$

das bei den Nichtdiagonalelementen

$$\langle a; \tfrac{3}{2}M_{S'}|\hat{H}|b; \tfrac{3}{2}M_{S'}\rangle = t_{22} \quad \text{und} \quad \langle a; \tfrac{1}{2}M_{S'}|\hat{H}|b; \tfrac{1}{2}M_{S'}\rangle = t_{22}/2$$

auftritt. (Die Phasen der Funktionen Gl. (5.32) wurden so gewählt, daß sich positive Vorzeichen für die Nichtdiagonalelemente ergeben.) Weitere Terme tragen aus Gründen der Orthogonalität der magnetischen Orbitale nicht zu den Nichtdiagonalelementen bei. Damit haben die beiden 2×2-Blöcke die einfache Form:

	$\|a; \tfrac{3}{2}M_{S'}\rangle$	$\|b; \tfrac{3}{2}M_{S'}\rangle$
$\langle a; \tfrac{3}{2}M_{S'}\|$	$-2\mathcal{J}$	t_{22}
$\langle b; \tfrac{3}{2}M_{S'}\|$	t_{22}	$-2\mathcal{J}$

	$\|a; \tfrac{1}{2}M_{S'}\rangle$	$\|b; \tfrac{1}{2}M_{S'}\rangle$
$\langle a; \tfrac{1}{2}M_{S'}\|$	$\mathcal{J}$	$t_{22}/2$
$\langle b; \tfrac{1}{2}M_{S'}\|$	$t_{22}/2$	$\mathcal{J}$

(5.34)

Aus der 2×2-Determinante ergeben sich die Funktionen und Energien

$$\begin{aligned}
&|ab; S'M_{S'}\pm\rangle = \sqrt{\tfrac{1}{2}}\,(|a; S'M_{S'}\rangle \pm |b; S'M_{S'}\rangle) \\
&E(3/2, \pm) = -2\mathcal{J} \pm t_{22} \qquad E(1/2, \pm) = \mathcal{J} \pm t_{22}/2.
\end{aligned} \tag{5.35}$$

Um das Ergebnis aus Gl. (5.35) zu diskutieren, können wir von dem wahrscheinlichen Fall eines negativen $\mathcal{J}$-Wertes ausgehen. Er favorisiert einen Dublett-Grundzustand. Kommt jedoch die Delokalisierung in Form des zweiten Terms, t_{22}, ins Spiel, kann das Quartett Grundzustand werden (vgl. Abb. 5.6), d. h., die Delokalisierung favorisiert den Zustand mit dem größten S'-Wert als Grundzustand. Der Grund für diese Bevorzugung besteht darin, daß sich das übertragbare Elektron im Falle des Quartett-Grundzustands von einem Zentrum zum anderen unter Beibehaltung seiner Spinrichtung bewegen kann. Dies ist im Fall des Dublett-Grundzustands nicht möglich (s. Abb. 5.5). Hier könnte ein Transfer nur mit einem energetisch ungünstigen Spin-Flip erfolgen.

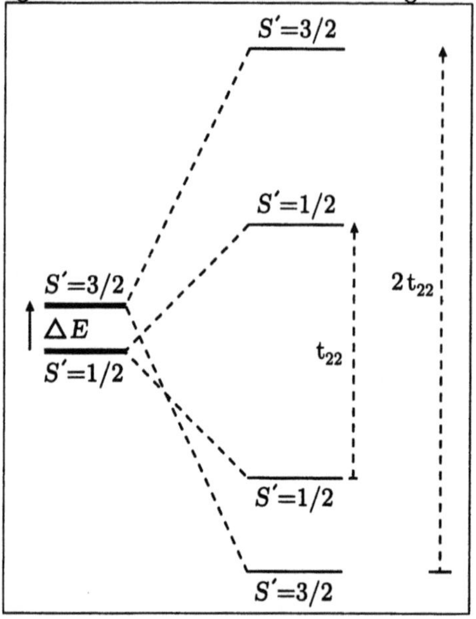

Abb. 5.6: Energieniveauschema einer symmetrischen dinuklearen Verbindung mit lokalen Dublett- und Triplett-Zuständen

Das in Gl. (5.35) aufgeführte Ergebnis kann für den Fall symmetrischer dinuklearer Verbindungen und einem vollständig delokalisierten Elektron im Hinblick auf Zentren mit anderen Elektronenzahlen verallgemeinert werden. Das Nichtdiagonalelement läßt sich in der Form

$$\langle a; S'M_{S'}|\hat{H}|b; S'M_{S'}\rangle = t\,\frac{2S'+1}{2(2S_0+1)} \tag{5.36}$$

schreiben, wobei S_0 für den Spin des einzelnen Zentrums ohne das übertragbare Elektron steht ($S_0 = 1/2$ im oben besprochenen Fall) und t das Transfer-Integral zwischen den magnetischen Orbitalen ist, die vom übertragbaren Elektron besetzt sind. Aus Gl. (5.36) geht auch hervor, daß für ein gegebenes System die Aufspaltung zwischen einem Paar lokalisierter Zustände S' steigt, wenn S' zunimmt, so daß immer der Zustand mit dem größten S' am stärksten stabilisiert wird. Ist H_{ex} vernachlässigbar, ändert sich die Energie der Zustände nach Gl. (5.36) mit $2S'+1$, während sich die Energiestufen bei H_{ex} im HEISENBERG-Modell nach der LANDÉ-Intervallregel proportional zu $S'(S'+1)$ ergeben.

Der phänomenologische HAMILTON-Operator, der den kombinierten Effekt von Spin-Spin-Austauschkopplung und Elektronentransfer repräsentiert, hat die Form [324]

$$\hat{H} = -2\mathcal{J}\left({}^a\hat{\boldsymbol{S}}_a \cdot {}^a\hat{\boldsymbol{S}}_b \hat{\boldsymbol{O}}_a + {}^b\hat{\boldsymbol{S}}_a \cdot {}^b\hat{\boldsymbol{S}}_b \hat{\boldsymbol{O}}_b\right) + \mathcal{B}\hat{\boldsymbol{T}}_{ab}. \tag{5.37}$$

${}^a\hat{\boldsymbol{S}}_a$ und ${}^a\hat{\boldsymbol{S}}_b$ sind die lokalen Spinoperatoren, wenn das übertragbare Elektron am Platz a sitzt; ${}^b\hat{\boldsymbol{S}}_a$ und ${}^b\hat{\boldsymbol{S}}_b$ gelten für die äquivalente Situation mit dem Elektron am b-Platz. $\hat{\boldsymbol{O}}_a$ und $\hat{\boldsymbol{O}}_b$ sind Besetzungsoperatoren, die den Effekt

$$\hat{\boldsymbol{O}}_a|a; S'M_{S'}\rangle = |a; S'M_{S'}\rangle \quad \text{und} \quad \hat{\boldsymbol{O}}_a|b; S'M_{S'}\rangle = 0$$

haben. Entsprechendes gilt für Beziehungen mit vertauschten Zentren a und b. Der Term $\mathcal{B}\hat{\boldsymbol{T}}_{ab}$ repräsentiert die Aufspaltung der lokalisierten Zustände $|a; S'M_{S'}\rangle$ und $|b; S'M_{S'}\rangle$ durch den Elektronentransfer. Die Wirkung von $\hat{\boldsymbol{T}}_{ab}$ ist

$$\hat{\boldsymbol{T}}_{ab}|a; S'M_{S'}\rangle = (S' + \tfrac{1}{2})|b; S'M_{S'}\rangle \quad \text{und} \quad \hat{\boldsymbol{T}}_{ab}|b; S'M_{S'}\rangle = (S' + \tfrac{1}{2})|a; S'M_{S'}\rangle,$$

und $\mathcal{B}$ steht für $t/(2S_0 + 1)$.

Damit enthält der Modell-HAMILTON-Operator zwei anzupassende Parameter, $\mathcal{J}$ und $\mathcal{B}$. Wählt man den Energie-Nullpunkt geeignet, lauten die Lösungen für eine symmetrische dinukleare Verbindung

$$E(S', \pm) = -\mathcal{J}S'(S' + 1) \pm \mathcal{B}(S' + \tfrac{1}{2}). \tag{5.38}$$

Bei den bisherigen Betrachtungen wurde nicht berücksichtigt, daß das molekulare System beim Transfer des Elektrons von a nach b durch eine Expansion der Koordinationssphäre bei b (ein antibindender Zustand wird besetzt) und eine entsprechende Kontraktion bei a (ein antibindender Zustand wird frei) reagiert. Der Elektronentransfer ist somit an die antisymmetrische Atmungsschwingung der dinuklearen Einheit gekoppelt[323]. Als Folge weist der der Gl. (5.38) entsprechende Energieausdruck weitere Terme auf, die die Schwingungskoordinate enthalten. Die Berücksichtigung der Schwingung kann zur Folge haben, daß für den höchsten Spinzustand S' das übertragbare Elektron vollständig delokalisiert ist (der Klasse III der gemischtvalenten Verbindungen entsprechend), bei den niedrigeren Spinzuständen jedoch mehr oder weniger stark gefangen ist (Klasse II). Der Elektronentransfer ist somit spinabhängig, weshalb man den Begriff Doppelaustausch auch durch *spin dependent delocalization* ersetzt. Einzelheiten zur vibronischen Kopplung bei gemischtvalenten Systemen entnehme man der umfangreichen Spezialliteratur [320, 327, 328].

5.1.3 Molekularfeld-Näherung des HEISENBERG-Modells

Wir betrachten einen ferromagnetischen Festkörper mit lokalisierten magnetischen Momenten, greifen ein Zentrum i heraus und schalten H_{ex} zu allen magnetischen Nachbarn ein. Diese Situation wird durch den Operator

$$\hat{H}_{ex}(i) = -2\hbar^{-2}(g_J - 1)^2 \hat{\boldsymbol{J}}_i \cdot \sum_{j=1}^{z} \mathcal{J}_{ij} \hat{\boldsymbol{J}}_j$$

repräsentiert. Er folgt aus Gl. (5.17), führt jedoch im Hinblick auf die folgende Ableitung noch den Faktor $\hbar^{-2}$ mit. Um diesen Modelloperator zu vereinfachen, wird zunächst entsprechend Gl. (3.160) der Gesamtdrehimpulsoperator durch den entsprechenden Momentoperator ersetzt [30]:

$$\hat{H}_{ex}(i) = -2\left(\frac{\hat{\boldsymbol{\mu}}_i}{\mu_B g_J}\right) \cdot \sum_{j=1}^{z} \mathcal{J}'_{ij} \left(\frac{\hat{\boldsymbol{\mu}}_j}{\mu_B g_J}\right) \quad \text{mit} \quad \mathcal{J}'_{ij} = (g_J - 1)^2 \mathcal{J}_{ij}.$$

Abstrahieren wir von der Bezirksstruktur des Ferromagneten und betrachten eine einzelne Domäne, hat jedes Ion ein mittleres magnetisches Moment in Richtung der Magnetisierung. Fluktuierende Komponenten in den anderen Richtungen mitteln sich zeitlich heraus. In der folgenden Modellvorstellung geht man davon aus, daß sich bei der Summation über die Wechselwirkung mit den Nachbarionen auch der Teil herausmittelt, der die fluktuierenden Komponenten betrifft. Näherungsweise wird daher die Vektorsumme über die magnetischen Momente der Nachbarn ersetzt durch die Summe der gemittelten Momente $\bar{\boldsymbol{\mu}}_j$ der Nachbarn. Setzen wir dann noch voraus, daß nur die Wechselwirkung mit den z äquidistanten nächsten Nachbarn von Bedeutung ist, und zwar mit jeweils gleicher Stärke $\mathcal{J}'$, können wir unter Verzicht auf den Index i schreiben

$$\hat{H}_{ex} = -2\left(\frac{\hat{\boldsymbol{\mu}}}{\mu_B g_J}\right) \cdot \mathcal{J}'\left(\frac{z\,\bar{\boldsymbol{\mu}}}{\mu_B g_J}\right) = -\left(\frac{2z\mathcal{J}'}{N_A \mu_B^2 g_J^2}\right) \hat{\boldsymbol{\mu}} \cdot \boldsymbol{M}_{mol}. \tag{5.39}$$

Hier ist das mittlere Moment $\bar{\boldsymbol{\mu}}$ der Ionen in Feldrichtung durch $\bar{\boldsymbol{\mu}} = \boldsymbol{M}_{mol}/N_A$ ersetzt worden. Schreibt man Gl. (5.39) in der Form

$$\hat{H}_{ex} = -\hat{\boldsymbol{\mu}} \cdot \boldsymbol{B}_{in} \quad \text{mit} \quad \boldsymbol{B}_{in} = \mu_0 \underbrace{\underbrace{\left(\frac{2z\mathcal{J}'}{\mu_0 N_A \mu_B^2 g_J^2}\right)}_{\lambda_{MF}} \boldsymbol{M}_{mol}}_{\boldsymbol{H}_{MF}}, \tag{5.40}$$

resultiert eine Gleichung, die formal identisch mit der eines magnetischen Dipols in einem Feld der Flußdichte $\boldsymbol{B}_{in}$ ist und in der der Effekt durch die Austauschkräfte näherungsweise durch ein effektives „inneres Feld“ (Molekularfeld) beschrieben wird, das proportional der Magnetisierung ist. Nach diesem Ansatz ist die richtende Kraft, die ein magnetischer Dipol durch die magnetischen Dipole der Nachbarn erfährt, umso stärker, je stärker diese bereits ausgerichtet sind. Dieses Molekularfeldmodell legt implizit lokalisierte Momente an den Zentren zugrunde. Die „Magnetfeldstärke" des Molekularfeldes,

$$\boldsymbol{H}_{MF} = \lambda_{MF} \boldsymbol{M}_{mol} \quad \text{mit} \quad \lambda_{MF} = \frac{2z\mathcal{J}'}{\mu_0 N_A \mu_B^2 g_J^2}, \tag{5.41}$$

ist der Magnetisierung proportional. Der Proportionalitätsfaktor λ_{MF} ist der *Molekularfeld-Parameter.* Wir schreiben ihn im folgenden einfacher λ, da es hier keine Verwechslung mit der Term-Spin-Bahn-Kopplungskonstanten gibt.

5.1.3.1 Paramagnetismus bei $T > T_C(T_N)$

Die in Abb. 5.2 gezeigten $\chi_{mol}^{-1}-T$-Kurven eines dinuklearen Systems mit intramolekularer ferro- und antiferromagnetischer Kopplung gehen bei hoher Temperatur in Geraden über, die parallel zur Referenzgeraden des wechselwirkungsfreien Systems verlaufen. Man beobachtet CURIE-WEISS-Verhalten mit $\Theta_p < 0$ bei antiferromagnetischer und mit $\Theta_p > 0$ bei ferromagnetischer Kopplung.

Eine Parallelverschiebung der $\chi_{mol}^{-1} - T$-Kurve gegenüber der des wechselwirkungsfreien Systems ist nicht auf die betrachtete Substanzklasse beschränkt, sondern wird in guter Näherung generell beobachtet, wenn nennenswerte Wechselwirkungen zwischen den magnetisch aktiven Zentren vorhanden sind[11]. Im folgenden wollen wir den in Gl. (5.19) beim dinuklearen System mit $S_1 = S_2 = \frac{1}{2}$ ermittelten Zusammenhang zwischen $\mathcal{J}$ und Θ_p verallgemeinern.

Im Falle einer isotropen paramagnetischen Verbindung mit Spin-Spin-Kopplung setzt sich in Gegenwart eines äußeren Magnetfelds H das auf ein Zentrum wirkende effektive Feld H_{eff} aus den beiden Beiträgen

$$H_{eff} = H + H_{MF} \tag{5.42}$$

zusammen. Wir setzen ein schwaches äußeres Feld voraus, so daß sich die Magnetisierung nach Gl. (1.5) durch die Suszeptibilität ausdrücken läßt. Mit χ'_{mol} wird die Suszeptibilität der isolierten Zentren, also ohne Einfluß von Austauschwechselwirkungen, bezeichnet. Je nach Elektronenkonfiguration und Störungen durch H_{ee}, H_{LF} und H_{SB} wird der χ'_{mol}-T-Verlauf dem CURIE- oder einem komplizierteren Gesetz folgen. Mit Rücksicht auf Gl. (5.41) erhält man die

[11] Es gibt eine umfassendere Deutung des CURIE-WEISS-Gesetzes [9]: Ist in einem Stoff im thermischen Gleichgewicht neben dem Grundzustand auch ein angeregter Zustand vorhanden, der ein anderes magnetisches Moment besitzt, so erhält man bei genügend hoher Temperatur eine lineare χ^{-1}-T-Kurve. Verlängert man diese bis zum Schnittpunkt mit der T-Achse, so ergeben sich negative Θ-Werte, wenn der Grundzustand schwächer magnetisch ist als der angeregte Zustand. Ist es umgekehrt, so ist Θ positiv.

Änderung im paramagnetischen Verhalten durch das Molekularfeld:

$$\begin{aligned} M_{mol} &= \chi'_{mol}(H + H_{MF}) = \chi'_{mol}(H + \lambda M_{mol}) \\ M_{mol}/H &= \chi_{mol} = \chi'_{mol}(1 + \lambda\chi_{mol}) \\ \chi_{mol}^{-1} &= \left(\chi'_{mol}\right)^{-1} - \lambda. \end{aligned} \quad (5.43)$$

λ bewirkt eine Parallelverschiebung der $(\chi'_{mol})^{-1}$–T-Kurve. Gilt für diese das CURIE-Gesetz, folgt das CURIE-WEISS-Gesetz:

$$\chi_{mol}^{-1} = \frac{T}{C} - \lambda \quad \Longrightarrow \quad \chi_{mol} = \frac{C}{T - \Theta_p} \quad \text{mit} \quad \Theta_p = \lambda C. \quad (5.44)$$

λ und Θ_p haben dasselbe Vorzeichen. Mit Hilfe der Gln. (2.4) und (5.13) ergibt sich der Zusammenhang zwischen Θ_p und $\mathcal{J}'$ zu

$$\Theta_p = \frac{2J(J+1)}{3k_B} z\,\mathcal{J}'. \quad (5.45)$$

Im Falle eines dinuklearen Komplexes mit $S_1 = S_2 = \frac{1}{2}$ und $g_J = 2$ folgt $\Theta_p = \mathcal{J}/2k_B$, wie bereits in Gl. (5.19) gezeigt wurde. Sind nicht nur die nächsten, sondern auch die übernächsten, drittnächsten Nachbarn usw. in Rechnung zu stellen, ist der Zusammenhang zwischen Θ_p und den verschiedenen Wechselwirkungsparametern $\mathcal{J}'_i$ näherungsweise gegeben durch [286]

$$\Theta_p = [2J(J+1)/3k_B] \sum_i z_i \mathcal{J}'_i. \quad (5.46)$$

5.1.3.2 Spontane Magnetisierung eines Ferromagneten

Das Molekularfeld-Modell zum Ferromagnetismus ist mit der WEISSschen Theorie der spontanen Magnetisierung identisch [60] [12)], abgesehen davon, daß WEISS anstelle der BRILLOUIN-Funktion die LANGEVIN-Funktion verwendete und er dem Molekularfeldparameter λ_{MF} keine mikroskopische Bedeutung entsprechend Gl. (5.41) zukommen lassen konnte. Da das innere Feld in einer ferromagnetischen Substanz extrem groß ist (s. Beisp. 5.6), ist die Annahme einer

12) WEISS stellte 1907 zwei Hypothesen auf: (a) Jedes ferromagnetische Material besteht für $T < T_C$ aus einer Zahl von Domänen. Jede Domäne ist bis zur Sättigung durch Parallelstellung der atomaren magnetischen Dipole magnetisiert. Die Richtung der Magnetisierung verschiedener Domänen braucht jedoch nicht notwendigerweise parallel zu sein. (b) Ein starkes inneres Feld, das *Molekularfeld*, ist verantwortlich für die Parallelstellung der atomaren Momente innerhalb einer Domäne. Nur ein äußeres Feld kann die Magnetisierungsvektoren der einzelnen Domänen ausrichten und schließlich bei entsprechender Größe zur magnetischen Sättigung des Stoffes führen.

kleinen Magnetisierung, die wir zur Ableitung der Gl. (5.43) für die Suszeptibilität oberhalb der magnetischen Ordnungstemperatur verwendeten, nicht geeignet. Um das Konzept des inneren Feldes auf den magnetisch geordneten Bereich zu übertragen, wird M_{mol} mit Hilfe der BRILLOUIN-Funktion, Gl. (3.185)

$$\frac{M_{mol}}{M_{mol}^{\infty}} = B_J(\alpha) \quad \text{mit} \quad \alpha = \frac{\mu_0 g_J J \mu_B H_{eff}}{k_B T} \tag{5.47}$$

formuliert. $M_{mol}^{\infty} = N_A g_J J \mu_B$ ist die maximal mögliche molare Magnetisierung (bei $T = 0$). Führt man sie in das Argument α der BRILLOUIN-Funktion ein, kann unter Berücksichtigung der Gln. (5.41) und (5.42) α geschrieben werden als

$$\alpha = \frac{\mu_0 M_{mol}^{\infty} H_{eff}}{N_A k_B T} = \frac{\mu_0 M_{mol}^{\infty}(H + \lambda M_{mol})}{N_A k_B T}. \tag{5.48}$$

Unser Ziel ist die Berechnung von M_{mol} in Abhängigkeit von H und T. Dies ist nicht analytisch möglich, da im Argument der BRILLOUIN-Funktion, Gl. (5.47), die zu berechnende Größe selbst auftritt. M_{mol} kann bei gegebenem H und T durch Iteration berechnet werden. Daneben gibt es ein graphisches Verfahren [73]. Um es anzuwenden, löst man zunächst Gl. (5.48) nach M_{mol}/M_{mol}^{∞} auf:

$$\frac{M_{mol}}{M_{mol}^{\infty}} = \frac{N_A k_B T}{\mu_0 \lambda (M_{mol}^{\infty})^2}\alpha - \frac{H}{\lambda M_{mol}^{\infty}}. \tag{5.49}$$

Trägt man in einem Diagramm M_{mol}/M_{mol}^{∞} gegen α auf, stellt Gl. (5.49) eine Gerade dar, die bei $H = 0$ durch den Ursprung verläuft und deren Anstieg von T abhängt (Abb. 5.7). Es liegt aber nur dann eine Lösung für M_{mol}/M_{mol}^{∞} vor,

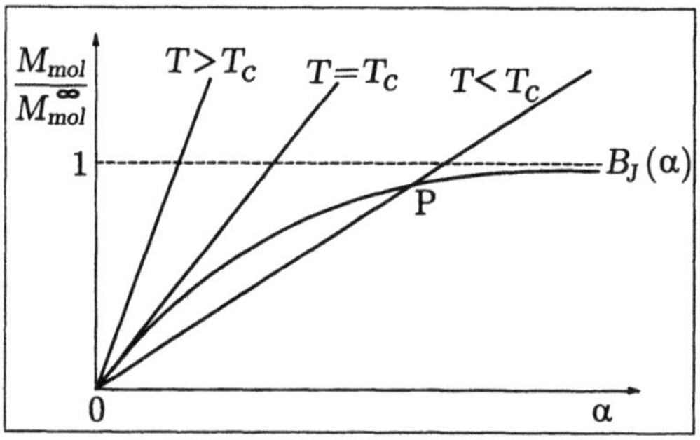

Abb. 5.7: Graphische Lösung von Gl. (5.47) und (5.49) für $H = 0$

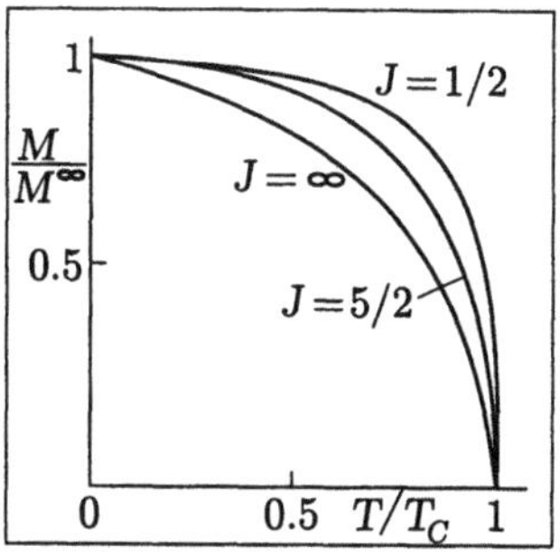

Abb. 5.8: Reduzierte Zustandsgleichung für eine ferromagnetische Substanz

wenn gleichzeitig auch Gl. (5.47) erfüllt ist. Das ist am Schnittpunkt der beiden Kurven der Fall. Der Ordinatenwert des Schnittpunkts hat bei $T = 0$ den

Wert 1 und nimmt mit steigender Temperatur ab. Aus der Ableitung sieht man ferner, daß ein äußeres Feld H eine Parallelverschiebung der Geraden Gl. (5.49) bewirkt. Da der Schnittpunkt der Geraden mit $B_J(\alpha)$ dabei zu höheren M_{mol}/M_{mol}^{∞}-Werten rückt, bedeutet die Gegenwart eines äußeren Feldes eine Erhöhung von M_{mol} bei konstanter Temperatur.

Temperaturabhängigkeit der spontanen Magnetisierung M_{mol}^s. Das Gleichungssystem (5.47) und (5.49) liefert für jede Temperatur $T < T_C$ außer der trivialen Lösung $M_{mol}/M_{mol}^{\infty} = 0$ einen eindeutigen und endlichen Wert. Für $H = 0$ folgt aus der WEISSschen Theorie, daß in einem ferromagnetischen Stoff ohne ein äußeres Feld bei jeder Temperatur ein bestimmter Wert der Magnetisierung im Gleichgewicht ist. Dieser wird spontane Magnetisierung oder Sättigungsmagnetisierung genannt und erhält das Symbol M_{mol}^s. Für $T = 0$ wird M_{mol}^s gleich M_{mol}^{∞}. Die Temperaturabhängigkeit von M_{mol}^s ist durch Gl. (5.47) mit α aus Gl. (5.48) für $H = 0$ gegeben:

$$\frac{M_{mol}^s}{M_{mol}^{\infty}} = B_J\left(\frac{\mu_0 M_{mol}^{\infty} \lambda M_{mol}^s}{N_A k_B T}\right) \tag{5.50}$$

Der Schnittpunkt der Geraden Gl. (5.49) für $H = 0$ mit der BRILLOUIN-Funktion $B_J(\alpha)$ ist bei derjenigen Temperatur null, für welche die Gerade die Steigung der Tangente an die BRILLOUIN-Funktion im Ursprung erreicht. Bei dieser Temperatur wird somit die spontane Magnetisierung null, man befindet sich am CURIE-Punkt. Er läßt sich berechnen, wenn man nach Gl. (3.186) $B_J(\alpha)$ durch die Tangente $M_{mol}^s/M_{mol}^{\infty} = [(J+1)/3J]\alpha$ ersetzt. Berücksichtigt man Gl. (5.48) (mit $H = 0$) und Gl. (2.4), resultiert [13)]

$$M_{mol} = \frac{C}{T_C}\lambda M_{mol} \quad \Longrightarrow \quad T_C = \lambda C, \qquad \boxed{T_C = \Theta_p}. \tag{5.51}$$

Der Vergleich mit Gl. (5.44) zeigt, daß in der Molekularfeld-Näherung für Ferromagnetika $T_C = \Theta_p$ ist.

Ersetzt man λ im Argument der BRILLOUIN-Funktion mit Hilfe der Gl. (5.51) und führt damit T_C ein, ergibt sich

$$\frac{M_{mol}^s}{M_{mol}^{\infty}} = B_J\left(\frac{3J}{J+1}\,\frac{M_{mol}^s/M_{mol}^{\infty}}{T/T_C}\right). \tag{5.52}$$

Man erhält eine Gleichung zwischen den reduzierten Variablen $M_{mol}^s/M_{mol}^{\infty}$ und T/T_C (Abb. 5.8). Aus dieser Gleichung, die man auch das Gesetz der korrespondierenden ferromagnetischen Zustände nennt, folgt für gleiches J dieselbe Funktion.

---

13) Man kommt zum selben Ergebnis, wenn man den Anstieg der Geraden in Gl. (5.49) gleich $(J+1)/3J$ setzt.

Beispiel 5.6 *Abschätzung von $\mathcal{J}$ aus Θ_p für Nickel*

Wir wenden Gl. (5.45) an[14], setzen $\Theta_p = 630\,\mathrm{K}$, $z = 12$ (kubisch-flächenzentriertes Gitter), $J = S = \frac{1}{2}$ und $g_J = 2$ und erhalten $\mathcal{J} = 73\,\mathrm{cm}^{-1}$. Von den zwölf Nachbarn eines Nickelatoms wird damit ein internes Feld mit einer Flußdichte in der Größenordnung 10^3 T aufgebaut. Dieses Feld ist etwa 100mal stärker als das von üblichen Magnetometern. Wir erwarten daher, daß das äußere Feld nur einen geringen Einfluß auf die spontane Magnetisierung hat. *

5.1.3.3 Molekularfeldtheorie für Antiferromagneten

NÉEL [65] hat gezeigt, daß sich der Antiferromagnetismus in analoger Weise wie der Ferromagnetismus mit Hilfe des Molekularfeldmodells phänomenologisch beschreiben läßt, wenn man den Begriff des Untergitters — eine Gittereinheit mit parallel ausgerichteten Dipolen — einführt. Besonders übersichtlich ist die Einteilung des kubisch-innenzentrierten Gitters in Untergitter. Die folgenden Betrachtungen zur Nachbarschaft beziehen sich ausschließlich auf die magnetisch aktiven Zentren; gegebenenfalls vorhandene unmagnetische Ionen werden ignoriert[15].

Magnetische Ordnung im kubisch-innenzentrierten Gitter. Das kubisch-innenzentrierte Gitter läßt sich aus zwei kubisch-primitiven Gittern A und B zusammengesetzt denken. Besteht zwischen A- und B-Atomen eine antiferromagnetische Wechselwirkung, kann sich jeder atomare Dipol antiparallel zu den Dipolen seiner acht nächsten magnetischen Nachbarn einstellen (s. Abb. 5.9). Es resultieren damit zwei Untergitter, die für sich ferromagnetisch erscheinen und denen man die spontanen Magnetisierungen $\boldsymbol{M}_A^s$ und $\boldsymbol{M}_B^s$ zuordnen kann. Diese Momentenordnung 1. Art kann allein dadurch zustande kommen,

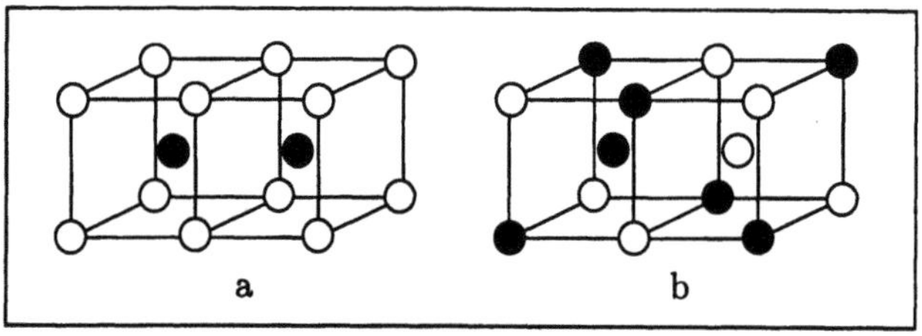

Abb. 5.9: Antiferromagnetische Momentenordnungen im kubisch-innenzentrierten Gitter: (a) 1. Art; (b) 2. Art

[14] Gl. (5.45) darf hier eigentlich nicht angewendet werden, da im Nickel kein „lokalisierter" Magnetismus, sondern 3d-Bandmagnetismus vorliegt (s. 5.1.4). Die Betrachtung dient hier nur zur Abschätzung der Flußdichte des internen Feldes.

[15] Zur Anwendung des Molekularfeldmodells auf Mischkristalle $M_{1-x}Mn_xQ$ mit M ≙ Zn, Cd, Hg und Q ≙ S, Se, Te vgl. Lit. [460, 461].

daß zwischen den nächsten Nachbarn, also zwischen A- und B-Atomen, eine antiferromagnetische Wechselwirkung besteht. Außerdem können aber auch innerhalb der Untergitter A und B — allgemein zwischen übernächsten Nachbarn — ferromagnetische oder antiferromagnetische Wechselwirkungen vorhanden sein. Diesen kommen, wie wir noch sehen werden, eine wesentliche Bedeutung zu.

Das auf die Ionen der A-Plätze wirkende Molekularfeld ist bei Berücksichtigung von Wechselwirkungen zwischen nächsten und übernächsten Nachbarn gegeben durch die folgende linke Gleichung

$$\boldsymbol{H}_{MF(A)} = 2\lambda_{AB}\boldsymbol{M}_B^s + 2\lambda_{AA}\boldsymbol{M}_A^s \qquad \boldsymbol{H}_{MF(B)} = 2\lambda_{BA}\boldsymbol{M}_A^s + 2\lambda_{BB}\boldsymbol{M}_B^s, \quad (5.53)$$

wobei λ_{AB} den Molekularfeldparameter für die $A-B$-Wechselwirkung und λ_{AA} den für die $A-A$-Wechselwirkung bezeichnet. Der Faktor 2 rührt daher, daß sich die Untergittermagnetisierungen nur jeweils auf $N_A/2$ magnetische Zentren beziehen, die mit ihnen verknüpften Molekularfeldparameter jedoch nach der von uns gewählten Definition [286] auf N_A (vgl. Gl. (5.41)). λ_{AB} ist nach Voraussetzung negativ [16)]. Entsprechend gilt für die B-Plätze die rechte Gleichung (5.53).

Da die antiferromagnetische Spinstruktur in Abwesenheit eines äußeren Magnetfeldes symmetrisch in bezug auf A und B ist, ist $\lambda_{AB} = \lambda_{BA}$ und $\lambda_{AA} = \lambda_{BB}$. Im folgenden schreiben wir daher einfacher

$$\lambda_{AB} = \lambda_{BA} = \lambda_1 \qquad \lambda_{AA} = \lambda_{BB} = \lambda_2 \quad (5.54)$$

und indizieren mit dem Index die Wechselwirkung mit den nächsten (λ_1) oder übernächsten (λ_2) Nachbarn.

Magnetisches Verhalten bei $T > T_N$. Befindet man sich oberhalb der NÉEL-Temperatur, ist für jedes der beiden Untergitter $M \ll \frac{1}{2}N_A g_J J\mu_B$, so daß $B_J(\alpha)$ durch die Tangente im Ursprung angenähert werden kann. Man erhält entsprechend Gl. (3.186) $M_i = \frac{1}{2}N_A g_J J\mu_B[(J+1)/3J]\alpha_i$ mit $\alpha_i = \mu_0 g_J J\mu_B H_{eff(i)}/k_BT$. Führt man noch die CURIE-Konstante C über Gl. (2.4) ein, ergibt sich die Untergittermagnetisierung als Funktion des effektiven Feldes

$$M_i = \tfrac{1}{2}N_A g_J J\mu_B\left(\frac{J+1}{3J}\right)\frac{\mu_0 g_J J\mu_B H_{eff(i)}}{k_BT} = \frac{C}{2T}H_{eff(i)}. \quad (5.55)$$

Hier können jetzt Magnetisierung und Feld als Skalare geschrieben werden, weil oberhalb von T_N die magnetische Ordnung nicht mehr existiert und die mittlere Magnetisierung jedes Untergitters parallel zum äußeren Feld $\boldsymbol{H}$ ist. Damit sind auch $\boldsymbol{M}$ und $\boldsymbol{H}_{eff}$ parallel zueinander, und man erhält aus den Gln. (5.55) und

---

16) Die Vorzeichenwahl der Molekularfeldparameter bei Antiferromagneten ist in der Literatur nicht einheitlich. Nach der von uns gewählten Definition steht $\lambda > 0$ für ferromagnetische und $\lambda < 0$ für antiferromagnetische Wechselwirkungen [277, 286].

(5.53), letztere um das äußere Feld ergänzt, die mittlere Magnetisierung jedes Untergitters

$$M_A = \frac{C}{2T}\underbrace{(H + 2\lambda_2 M_A + 2\lambda_1 M_B)}_{H_{eff(A)}}; \quad M_B = \frac{C}{2T}\underbrace{(H + 2\lambda_2 M_B + 2\lambda_1 M_A)}_{H_{eff(B)}}. \quad (5.56)$$

Addiert man beide Gleichungen und löst nach $M_A + M_B$ auf, ergibt sich die Suszeptibilität

$$\chi_{mol} = \frac{M_A + M_B}{H} = \frac{C}{T - \Theta_p} \quad \text{mit} \quad \Theta_p = C\,(\lambda_1 + \lambda_2)\,. \quad (5.57)$$

Der Parameter λ_1, der in der Momentenordnung 1. Art des kubisch-innenzentrierten Gitters den dominierenden Beitrag liefert, ist negativ. Damit korresondiert ein negativer Θ_p-Wert.

Berechnung der NÉEL-*Temperatur* T_N [286]. Bei der Berechnung der CURIE-Temperatur eines Ferromagneten wurde die Funktion $B_J(\alpha)$ durch ihre Tangente im Ursprung ersetzt, woraus sich eine Bestimmungsgleichung für T_C ergab (s. Gl. (5.51)). Entsprechend geht man bei der Berechnung von T_N eines Antiferromagneten vor, mit dem Unterschied, daß man bei einer Aufteilung in zwei Untergitter die zwei Bestimmungsgleichungen (5.56) hat. Setzt man auch hier $H = 0$, ergibt sich das homogene Gleichungssystem

$$0 = \left(\frac{C\lambda_2}{T_N} - 1\right) M_A + \frac{C\lambda_1}{T_N} M_B; \qquad 0 = \frac{C\lambda_1}{T_N} M_A + \left(\frac{C\lambda_2}{T_N} - 1\right) M_B.$$

T_N ist die Temperatur, für die das Gleichungssystem eine physikalisch sinnvolle Lösung hat. Diese folgt aus

$$\begin{vmatrix} \frac{C\lambda_2}{T_N} - 1 & \frac{C\lambda_1}{T_N} \\ \frac{C\lambda_1}{T_N} & \frac{C\lambda_2}{T_N} - 1 \end{vmatrix} = 0 \quad \text{und ergibt} \quad T_N = C(\lambda_2 - \lambda_1). \quad (5.58)$$

Wir sehen, daß der Zusammenhang zwischen Θ_p und der kritischen Temperatur bei einem Antiferromagneten komplizierter als bei einem Ferromagneten ist. Spielt nur die antiferromagnetische Wechselwirkung zwischen den Untergittern A und B eine Rolle, d. h., ist $\lambda_2 = 0$, gilt $T_N = |\Theta_p|$.

Aus dem in Gl. (5.58) erzielten Ergebnis für T_N könnte man schließen, daß bei $\lambda_2 = \lambda_1$ $T_N = 0$ wird. Diesen Schluß darf man jedoch nicht ziehen; denn Gl. (5.58) trifft für $\lambda_2 = \lambda_1$ gar nicht mehr zu, weil eine andere Momentenordnung unter dieser Bedingung thermodynamisch stabiler ist, d. h. zu einer höheren NÉEL-Temperatur führt. Bei einer solchen Momentenordnung 2. Art sind die Dipole aller *übernächsten* Nachbarn antiparallel zu einem betrachteten Dipol gekoppelt, und in bezug auf die nächsten Nachbarn hat dieser Dipol ebensoviele parallele wie antiparallele Dipole (Abb. 5.9). Das Gitter läßt sich in vier Untergitter A_1, A_2 und B_1, B_2 zerlegen, wobei A_1, A_2 und B_1, B_2 jeweils unter sich antiparallel gekoppelt sind. Dagegen besteht keine Korrelation zwischen den Momentenrichtungen im A- und im B-Untergitter, da jedes Atom z. B. auf einem A_1- oder A_2-Platz gleichviele B_1- und B_2-Nachbarn hat. Für $H = 0$ verschwindet also die Kopplungsenergie zwischen A und B, so daß sich in analoger Weise wie Gl. (5.56) die Magnetisierung der vier Untergitter ergibt:

$$M_{A_1} = \frac{C}{4T} 4\lambda_2 M_{A_2} \qquad M_{A_2} = \frac{C}{4T} 4\lambda_2 M_{A_1} \tag{5.59}$$

$$M_{B_1} = \frac{C}{4T} 4\lambda_2 M_{B_2} \qquad M_{B_2} = \frac{C}{4T} 4\lambda_2 M_{B_1} \tag{5.60}$$

Mit $M_{A_1} = M_{A_2}$ und $M_{B_1} = M_{B_2}$ ergibt sich aus Gl. (5.59) bzw. (5.60) jeweils

$$T_N = -C\lambda_2 \qquad \text{mit} \quad \lambda_2 < 0. \tag{5.61}$$

Für $\lambda_1 = 2\lambda_2$ (mit $\lambda_1 < 0$ und $\lambda_2 < 0$) sind die nach Gl. (5.58) und (5.61) berechneten NÉEL-Temperaturen gleich groß. Ist λ_1 stärker negativ als $2\lambda_2$, also $\lambda_1 < 2\lambda_2$, wird T_N nach Gl. (5.58) größer als nach Gl. (5.61). Umgekehrt wird T_N nach Gl. (5.61) größer als nach Gl. (5.58), wenn $\lambda_1 > 2\lambda_2$. Im ersten Fall ist die Momentenordnung 1. Art, im zweiten Fall die der 2. Art stabil.

Das magnetische Verhalten bei $T > T_N$ wird sowohl für $\lambda_1 < 2\lambda_2$ als auch für $\lambda_1 > 2\lambda_2$ (mit $M_A = M_{A_1} + M_{A_2}$ und $M_B = M_{B_1} + M_{B_2}$) durch Gl. (5.57) beschrieben, da die Momentenordnung nicht mehr existiert.

Magnetische Ordnung im kubisch-primitiven Gitter. Das kubisch-primitive Gitter läßt sich aus zwei kubisch-flächenzentrierten Gittern A und B zusammensetzen. Besteht zwischen den A- und B-Atomen eine antiferromagnetische Wechselwirkung, kann sich jeder Dipol antiparallel zu den Dipolen seiner sechs nächsten Nachbarn einstellen. In Abb. 5.10 sind zwei Elementarzellen des Grundgitters gezeigt; die schwarzen und weißen Kreise stellen entgegengesetzt orientierte Dipole dar. Die weiteren Betrachtungen schließen sich direkt an die Momentenordnung 1. Art des vorher besprochenen kubisch-innenzentrierten Systems an und führen zu den Beziehungen Gl. (5.57) und (5.58) für Θ_p bzw. T_N.

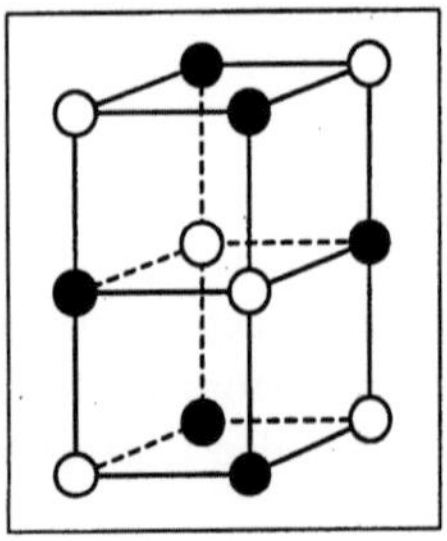

Abb. 5.10: Antiferromagnetische Momentenordnung im kubisch-primitiven Gitter (s. Text).

Magnetische Ordnung im kubisch-flächenzentrierten Gitter. Eine Momentenordnung, in welcher die magnetischen Dipole aller nächsten Nachbarn zu dem Dipol eines gegebenen Atoms antiparallel stehen, ist im kubisch-flächenzentrierten Gitter nicht möglich. Man kennt vier Arten der magnetischen Ordnung [287], von denen zwei in Abb. 5.11 dargestellt sind. Das kubisch-flächenzentrierte Gitter läßt sich aus vier primitiven Untergittern A, B, C und D zusammensetzen. Ein betrachtetes Atom eines Untergitters ist von zwölf nächsten Nachbarn umgeben, die zu gleichen Teilen den anderen Untergittern angehören. Die sechs übernächsten Nachbarn gehören demselben Untergitter an. Berücksichtigen wir die von ihnen hervorgerufenen Molekularfelder, erhalten wir entsprechend den Gln. (5.56) und (5.57) $\Theta_p = C(3\lambda_1 + \lambda_2)$.

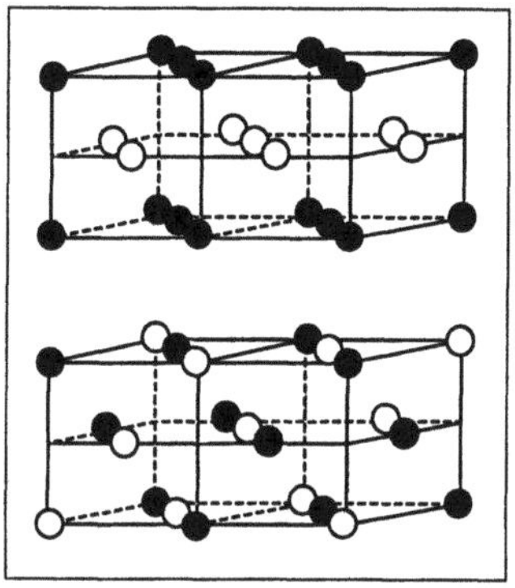

Abb. 5.11: Zwei antiferromagnetische Momentenordnungen im kubisch-flächenzentrierten Gitter (s. Text).

In der Momentenordnung 1. Art (oberes Bild) mit der dominierenden antiferromagnetischen Kopplung zu den nächsten Nachbarn haben acht der zwölf nächsten Nachbarn ihre Dipole antiparallel zu dem eines betrachteten Atoms ausgerichtet, während die restlichen parallel orientiert sind. Zu den sechs übernächsten Nachbarn liegt parallele Ausrichtung vor. Daraus ergibt sich $T_N = C(\lambda_2 - \lambda_1)$. Die Momentenordnung 2. Art (unteres Bild) liegt vor, wenn antiferromagnetische Wechselwirkungen zwischen den übernächsten Nachbarn hinreichend stark sind, so daß der Dipol jedes Atoms antiparallel zu den Dipolen der sechs übernächsten Nachbarn steht. In bezug auf die nächsten Nachbarn gibt es gleichviele mit paralleler und antiparalleler Momentausrichtung, so daß sich ihre Molekularfelder im magnetisch geordneten Zustand aufheben und nicht zu T_N beitragen: $T_N = -C\lambda_2$. Das bedeutet jedoch nicht, daß zwischen den Dipolen nächster Nachbarn keine Korrelation besteht. Die magnetische Ordnung der 2. Art liegt bei MnO, FeO, CoO und NiO vor.

Temperaturabhängigkeit der spontanen Magnetisierung. Wir betrachten wieder den einfachen Fall des kiz-Gitters mit zwei Untergittern A und B sowie Momentenordnung 1. Art. Berücksichtigen wir noch, daß die beiden Untergittermagnetisierungen von gleicher Größe, aber unterschiedlichem Vorzeichen sind, d. h.

$$\boldsymbol{M}_A^s = -\boldsymbol{M}_B^s, \tag{5.62}$$

können die Gln. (5.53) auch geschrieben werden als

$$\boldsymbol{H}_{MF(A)} = 2(\lambda_2 - \lambda_1)\boldsymbol{M}_A^s \quad \text{bzw.} \quad \boldsymbol{H}_{MF(B)} = 2(\lambda_2 - \lambda_1)\boldsymbol{M}_B^s. \tag{5.63}$$

Die beiden Gleichungen in (5.63) sind von derselben Form wie Gl. (5.41) für den ferromagnetischen Fall (mit $\lambda \mathrel{\hat{=}} 2(\lambda_2 - \lambda_1)$). M_A^∞ und M_B^∞ sind die Beträge der spontanen Magnetisierung der Untergitter bei $T = 0$, M_A^s und M_B^s bei beliebiger Temperatur $T < T_N$. Für die Temperaturabhängigkeit der spontanen Magnetisierung der Untergitter A und B folgt entsprechend Gl. (5.50)

$$\begin{aligned} M_A^s &= \tfrac{1}{2} M_A^\infty B_J \left(\frac{\mu_0 g_J J \mu_B \, 2\,[\lambda_2 - \lambda_1]\, M_A^s}{k_B T} \right) \\ M_B^s &= \tfrac{1}{2} M_B^\infty B_J \left(\frac{\mu_0 g_J J \mu_B \, 2\,[\lambda_2 - \lambda_1]\, M_B^s}{k_B T} \right). \end{aligned} \tag{5.64}$$

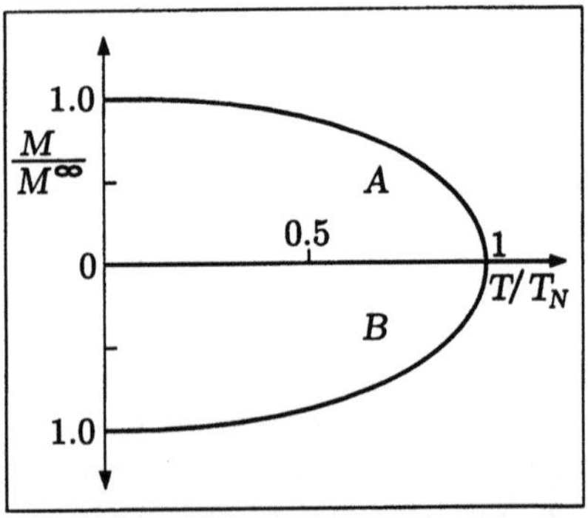

Abb. 5.12: Spontane Magnetisierung der beiden Untergitter eines Antiferromagneten

Der Faktor $\frac{1}{2}$ ist zu setzen, da jedes Untergitter nur $N_A/2$ magnetische Zentren enthält. Die beiden Untergittermagnetisierungen nehmen mit steigender Temperatur ab, ähnlich wie die spontane Magnetisierung bei einem Ferromagneten, bis sie beim kritischen Punkt, der NÉEL-Temperatur T_N, verschwinden.

Magnetische Suszeptibilität unterhalb des NÉEL-Punkts [289, 290, 286]. Wir betrachten einen eindomänigen Einkristall eines aus zwei Untergittern A und B bestehenden antiferromagnetischen Stoffes. Bei $H = 0$ und $T < T_N$ liegen beide Untergittermagnetisierungen $\boldsymbol{M}_A^s$ und $\boldsymbol{M}_B^s$ in einer leichten Richtung und antiparallel zueinander. Wir setzen einachsige Anisotropie voraus und brauchen deshalb nur zwischen $\chi_\parallel$ und $\chi_\perp$ zu unterscheiden. Außerdem betrachten wir nur den Fall, daß das äußere Feld schwach im Vergleich zum Molekularfeld ist und sich folglich die Magnetisierung jedes Untergitters nur wenig von der Sättigungsmagnetisierung unterscheidet. Unter dem Einfluß des äußeren Feldes ändern sich die Untergittermagnetisierungen um $\boldsymbol{\delta M}_A$ bzw. $\boldsymbol{\delta M}_B$. Man kann $\boldsymbol{\delta M}_A = \boldsymbol{\delta M}_B$ setzen, da für kleine äußere Felder die Suszeptibilität eines betrachteten Atoms unabhängig davon ist, ob das äußere Feld um 180° gegenüber dem internen Feld gedreht wird. Mit der Größe $\boldsymbol{M}_0 = \boldsymbol{M}_A = -\boldsymbol{M}_B$ erhält man für die unter dem Einfluß des äußeren Feldes stehenden Magnetisierungen der beiden Untergitter:

$$\boldsymbol{M}_A = \boldsymbol{M}_0 + \delta\boldsymbol{M} \qquad \boldsymbol{M}_B = -\boldsymbol{M}_0 + \delta\boldsymbol{M}.$$

Die durch das äußere Feld bewirkte Magnetisierung $\boldsymbol{M}_{mol}$ der antiferromagnetischen Substanz ist dann gegeben durch

$$\boldsymbol{M}_{mol} = \boldsymbol{M}_A + \boldsymbol{M}_B = 2\delta\boldsymbol{M}.$$

Das gesamte auf ein magnetisches Zentrum des $A(B)$-Untergitters wirkende effektive Feld $\boldsymbol{H}_{eff(A)}$ ($\boldsymbol{H}_{eff(B)}$) lautet

$$\begin{aligned}\boldsymbol{H}_{eff(A)} &= \boldsymbol{H} + 2\lambda_1(-\boldsymbol{M}_0 + \delta\boldsymbol{M}) + 2\lambda_2(\boldsymbol{M}_0 + \delta\boldsymbol{M})\\ \boldsymbol{H}_{eff(B)} &= \boldsymbol{H} + 2\lambda_1(\boldsymbol{M}_0 + \delta\boldsymbol{M}) + 2\lambda_2(-\boldsymbol{M}_0 + \delta\boldsymbol{M}).\end{aligned}$$

Für die späteren Betrachtungen ist es nützlich, die Terme in diesen Gleichungen wie folgt zusammenzufassen:

$$\begin{aligned}\boldsymbol{H}_{eff(A)} &= 2(\lambda_2 - \lambda_1)\boldsymbol{M}_0 + \boldsymbol{H} + 2(\lambda_2 + \lambda_1)\delta\boldsymbol{M}\\ \boldsymbol{H}_{eff(B)} &= -2(\lambda_2 - \lambda_1)\boldsymbol{M}_0 + \boldsymbol{H} + 2(\lambda_2 + \lambda_1)\delta\boldsymbol{M}\end{aligned}$$

Der erste Term auf der rechten Seite in beiden Gleichungen bezieht sich auf das mit der spontanen Magnetisierung verknüpfte Molekularfeld, der zweite und dritte auf die durch das äußere Feld bewirkte Änderung des effektiven Feldes. Die gesuchte Magnetisierung M_{mol} ist gegeben durch

$$\begin{aligned}M_{mol} = {} & \tfrac{1}{2}N_A g_J J \mu_B \times \\ & \left[\cos\left(\boldsymbol{H}_{eff(A)}, \boldsymbol{H}\right)\, B_J(\alpha_A) + \cos\left(\boldsymbol{H}_{eff(B)}, \boldsymbol{H}\right)\, B_J(\alpha_B)\right].\end{aligned} \tag{5.65}$$

Um M_{mol} und daraus χ_{mol} zu berechnen, müssen wir die aus den beiden Untergittern A und B resultierenden Komponenten $B_J(\alpha_A)$ und $B_J(\alpha_B)$ und ihre Orientierung in bezug auf das äußere Feld über die Kosinus-Faktoren kennen. In das Argument der BRILLOUIN-Funktion geht nach Gl. (5.47) der Betrag des effektiven Feldes ein:

$$\alpha_A = |\boldsymbol{H}_{eff(A)}|\mu_0 g_J J \mu_B / k_B T \qquad \alpha_B = |\boldsymbol{H}_{eff(B)}|\mu_0 g_J J \mu_B / k_B T$$

Ist $\boldsymbol{H} = 0$, folgt $|\boldsymbol{M}_0| = \frac{1}{2}N_A g_J J \mu_B B_J(\alpha_0)$ mit $\alpha_0 = \mu_0 g_J J \mu_B 2(\lambda_2 - \lambda_1)M_0/k_B T$. Im folgenden wenden wir die abgeleiteten allgemeinen Beziehungen auf zwei Fälle an: (I) $\boldsymbol{H} \| \boldsymbol{M}_0$ (zur Berechnung von $\chi_{mol\|}$) und (II) $\boldsymbol{H} \perp \boldsymbol{M}_0$ (zur Berechnung von $\chi_{mol\perp}$).

(I) $\boldsymbol{H} \| \boldsymbol{M}_0$ ($\chi_{mol\|}$). Das äußere Feld liegt parallel zur leichten Richtung, und zwar soll $\boldsymbol{H}$ parallel zu $\boldsymbol{M}_A^s(\boldsymbol{M}_0)$ und antiparallel zu $\boldsymbol{M}_B^s(-\boldsymbol{M}_0)$ orientiert sein

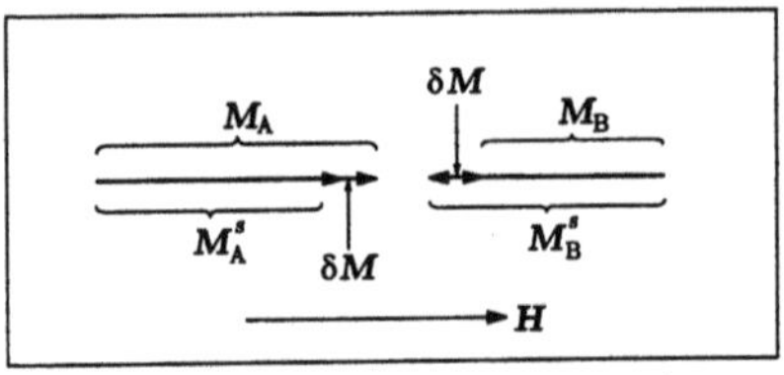

Abb. 5.13: Anordnung der Untergittermagnetisierungen, wenn $\boldsymbol{H}$ parallel zu $\boldsymbol{M}_A^s$ und antiparallel zu $\boldsymbol{M}_B^s$

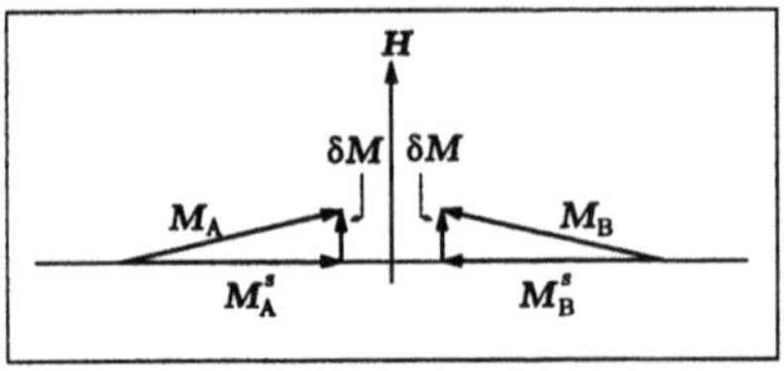

Abb. 5.14: Anordnung der Untergittermagnetisierungen, wenn $\boldsymbol{H} \perp \boldsymbol{M}_A^s$ und $\boldsymbol{M}_B^s$

(s. Abb. 5.13). Alle zu betrachtenden Feld- und Momentvektoren sind kollinear. Die Kosinus-Faktoren ergeben daher ± 1 und bringen die entgegengesetzten Richtungen der inneren Felder zum Ausdruck; denn das äußere Feld wird als vergleichsweise schwach angenommen, so daß die Richtung von $\boldsymbol{H}_{eff(i)}$ durch das jeweilige innere Feld bestimmt wird. Da das äußere Feld nur zu kleinen Änderungen in den Untergittermagnetisierungen führt, entwickelt man $B_J(\alpha_A)$ und $B_J(\alpha_B)$ jeweils in eine TAYLOR-Reihe um $H = 0$ [17] und berücksichtigt nur das Glied linear in H:

$$\begin{aligned} B_J(\alpha_A) &= B_J(\alpha_0) + [H + 2(\lambda_2 + \lambda_1)\delta M] \frac{\mu_0 g_J J \mu_B}{k_B T} B'_J(\alpha_0) \\ B_J(\alpha_B) &= B_J(\alpha_0) - [H + 2(\lambda_2 + \lambda_1)\delta M] \frac{\mu_0 g_J J \mu_B}{k_B T} B'_J(\alpha_0). \end{aligned}$$

Das Vorzeichen vor der eckigen Klammer in den Gleichungen bringt zum Ausdruck, daß die beiden Untergittermagnetisierungen durch das äußere Feld in entgegengesetzter Weise verändert werden. Abb. 5.13 verdeutlicht, daß in einem Fall eine Verstärkung, im anderen Fall eine Schwächung der spontanen Untergittermagnetisierung eintritt. Eingesetzt in Gl. (5.65), ergibt sich

$$M_{mol} = 2\delta M = N_A g_J J \mu_B \, [H + 2(\lambda_2 + \lambda_1)\delta M] \frac{\mu_0 g_J J \mu_B}{k_B T} B'_J(\alpha_0).$$

Man setzt $\lambda_1 + \lambda_2 = \Theta_p / C$, löst nach M_{mol} auf und dividiert durch H:

$$\begin{aligned} \chi_{mol\|} &= \mu_0 \frac{N_A g_J^2 J^2 \mu_B^2 \, B'_J(\alpha_0)}{k_B T - (\Theta_p/C) N_A g_J^2 J^2 \mu_B^2 \, B'_J(\alpha_0)} \\ &= C \frac{3J(J+1)^{-1} B'_J(\alpha_0)}{T - \Theta_p 3J(J+1)^{-1} B'_J(\alpha_0)}. \end{aligned} \tag{5.66}$$

Für $T \to 0$ verschwindet $B'_J(\alpha_0)$ schneller als T selbst. Damit wird $\chi_{mol\|} = 0$ für $T = 0$ (s. Abb. 5.15).

---

[17] TAYLOR-Reihe: $f(x+h) = f(x) + f'(x) + \frac{h^2}{2!} f''(x) + \cdots$.

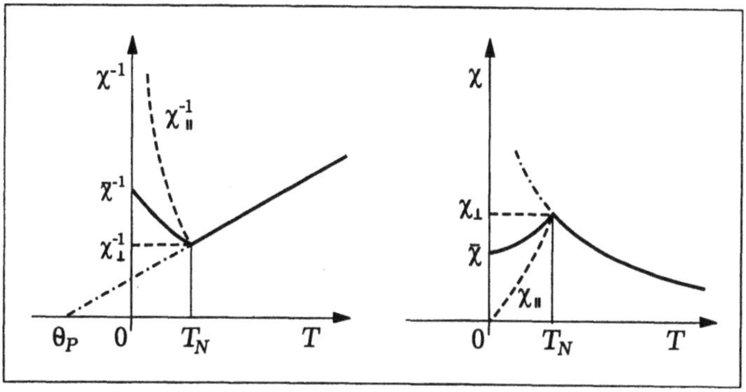

Abb. 5.15: χ_{mol}^{-1}–T- (links) und χ_{mol}–T-Diagramm (rechts) eines Antiferromagneten mit einachsiger Anisotropie. $\chi_{mol\parallel}$, $\chi_{mol\perp}$ und $\bar{\chi}_{mol} = (\chi_{mol\parallel} + 2\chi_{mol\perp})/3$ sind gemessen an einem Einkristall mit dem äußeren Feld parallel bzw. senkrecht zur Vorzugsrichtung, während $\bar{\chi}_{mol}$ die Messung an einer polykristallinen Probe betrifft.

(II) $\boldsymbol{H} \perp \boldsymbol{M}_0$ ($\chi_{mol\perp}$). Wird das äußere Feld senkrecht zu $\boldsymbol{M}_0$ gelegt (s. Abb. 5.14), besteht das auf jedes Ion wirkende Feld aus zwei Anteilen, dem ursprünglichen inneren Feld $\boldsymbol{H}_{MFx} = \pm 2(\lambda_2 - \lambda_1)\boldsymbol{M}_0 = \pm(\lambda_2 - \lambda_1)N_A g_J J \mu_B B_J(\alpha_0)$, das hier in x-Richtung liegen soll, und dem äußeren Feld zuzüglich dem induzierten inneren Feld $\boldsymbol{H}_z = \boldsymbol{H} + 2(\lambda_2 + \lambda_1)\delta\boldsymbol{M}$, das entlang der z-Achse orientiert ist. Wir gehen wiederum von Gl. (5.65) aus, setzen für beide Kosinus-Faktoren $|\boldsymbol{H}_z|/|\boldsymbol{H}_{MFx}|$ und ersetzen α_A, α_B in den Argumenten der BRILLOUIN-Funktion durch α_0. Man erhält wegen $M_{mol} = 2\delta M$

$$M_{mol} = \tfrac{1}{2} N_A g_J J \mu_B \, 2 \frac{|\boldsymbol{H}_z|}{|\boldsymbol{H}_{MFx}|} B_J(\alpha_0) = \frac{H + (\lambda_2 + \lambda_1)M_{mol}}{\lambda_2 - \lambda_1}.$$

Ersetzt man die Molekularfeldparameter mit Hilfe der Gln. (5.57) und (5.58) durch Θ_p bzw. T_N, löst nach M_{mol} auf und dividiert durch H, ergibt sich

$$\chi_{mol\perp} = \frac{C}{T_N - \Theta_p} = \chi_{mol\perp}(T_N). \tag{5.67}$$

Wir erhalten als Resultat, daß $\chi_{mol\perp}$ temperaturunabhängig und gleich der Suszeptibilität am NÉEL-Punkt ist (s. Abb. 5.15). Man beachte jedoch, daß $\chi_{mol\perp}$ und $\chi_{mol\parallel}$ eines Einkristalls nur dann meßbar sind, wenn *eine* Domäne vorliegt. Dies ist in Gittern mit mehreren äquivalenten leichten Richtungen i. a. nicht der Fall.

Liegt ein magnetisch isotroper Kristall vor (verschwindende Kristallanisotropie), so stellen sich die einzelnen Momente stets senkrecht zum Feld ein. Man mißt in diesem Fall immer $\chi_\perp$.

Die Suszeptibilität einer pulverförmigen Probe mit einachsiger Anisotropie ist näherungsweise gegeben durch

$$\bar{\chi}_{mol} = \tfrac{1}{3}\chi_{mol\|} + \tfrac{2}{3}\chi_{mol\perp}. \qquad (5.68)$$

Aus den Ableitungen geht hervor, daß man bei Suszeptibilitätsmessungen an antiferromagnetischen Stoffen durch Bestimmung von $\chi_{mol}(T_N)$ eine Möglichkeit erhält, Austauschparameter $\mathcal{J}_i$ experimentell zu ermitteln[18]. Beschränkt man sich wie in den hier vorgenommenen Betrachtungen auf Wechselwirkungen zwischen nächsten und übernächsten Nachbarn, so kann man Aussagen über λ_1 und λ_2 und damit über $\mathcal{J}_1$ und $\mathcal{J}_2$ mit Hilfe von T_N, Θ_p und $\chi_{mol}^{-1}(T_N)$ gewinnen. Jede dieser drei ist in der Molekularfeld-Theorie als Linearkombination von $\mathcal{J}_1$ und $\mathcal{J}_2$ darstellbar, und wenn zu allen drei Größen Messungen vorliegen, kann versucht werden, einen konsistenten Satz von Austauschparametern daraus abzuleiten [288].

Tab. 5.3: Molekularfeld-Beziehungen ($\rho_S = 3k_B[2S(S+1)]^{-1}$) [288]

Gitter		$\rho_S T_N$	$\rho_S(T_N - \Theta_p)$	$\rho_S\Theta_p$
kiz	1. Art	$-8\mathcal{J}_1 + 6\mathcal{J}_2$	$-16\mathcal{J}_1$	$8\mathcal{J}_1 + 6\mathcal{J}_2$
	2. Art	$-6\mathcal{J}_2$	$-8\mathcal{J}_1 - 12\mathcal{J}_2$	$8\mathcal{J}_1 + 6\mathcal{J}_2$
kflz	1. Art	$-4\mathcal{J}_1 + 6\mathcal{J}_2$	$-16\mathcal{J}_1$	$12\mathcal{J}_1 + 6\mathcal{J}_2$
	2. Art	$-6\mathcal{J}_2$	$-12\mathcal{J}_1 - 12\mathcal{J}_2$	$12\mathcal{J}_1 + 6\mathcal{J}_2$

Metamagnetismus. Wir wiesen bereits in 2.3.3 auf Verbindungen wie $FeCl_2$ und $FeBr_2$ mit metamagnetischem Verhalten hin. Es ist durch einen antiferromagnetischen Grundzustand, dominierende ferromagnetische Wechselwirkungen ($\Theta_p > 0$) und große Kristallanisotropie gekennzeichnet. Die Verbindungen zeigen eine auffällige Feldstärkeabhängigkeit der Magnetisierung.

Betrachten wir zunächst eine antiferromagnetische Substanz mit nur kleiner Anisotropie, so wird sich bereits bei relativ kleinem angelegten Feld die Momentachse senkrecht zur Feldrichtung einstellen, da die Suszeptibilität $\chi_{mol\perp}$ größer als $\chi_{mol\|}$ ist (s. Abb. 5.15). Vergrößert man das äußere Feld, wird die

[18] Die Temperatur, unterhalb der magnetische Ordnung vorliegt, fällt nicht genau mit der Temperatur zusammen, bei der $\chi_\|$ maximal ist. Das experimentell im Übergangsbereich beobachtete Maximum in $\chi_\|$ muß etwas oberhalb von T_N liegen. Die Zuordnung von T_N zu $T(\chi_\|^{max})$ im Rahmen der Molekularfeldnäherung beruht auf der Annahme, daß kurzreichweitige Wechselwirkungen nicht vorhanden sind [13].

Magnetisierung weiter zunehmen, da die Magnetisierungsvektoren der (im einfachsten Fall) zwei Untergitter immer weiter in Feldrichtung gedreht werden, bis sie bei hinreichend hohem Feld parallel zum Feld liegen und der paramagnetisch gesättigte Bereich erreicht ist.

Werden die magnetischen Dipole aufgrund einer stärkeren Anisotropie in einer leichten Richtung gehalten (z. B. in z-Richtung), so steigt bei Orientierung des äußeren Feldes parallel zur leichten Richtung die Magnetisierung entsprechend $\chi_{mol\|}$ nur wenig an. Erreicht jedoch das Feld einen kritischen Wert H_C, kommt es zu einem diskontinuierlichen Wechsel in der Spinrichtung (***Spin-Flop***) und damit (bei Messung an einem Einkristall) zu einem Spung in der $M_{mol} - H$-Kurve entsprechend dem Wechsel von $\chi_{mol\|}$ nach $\chi_{mol\perp}$ (s. Abb. 5.16). Ist die

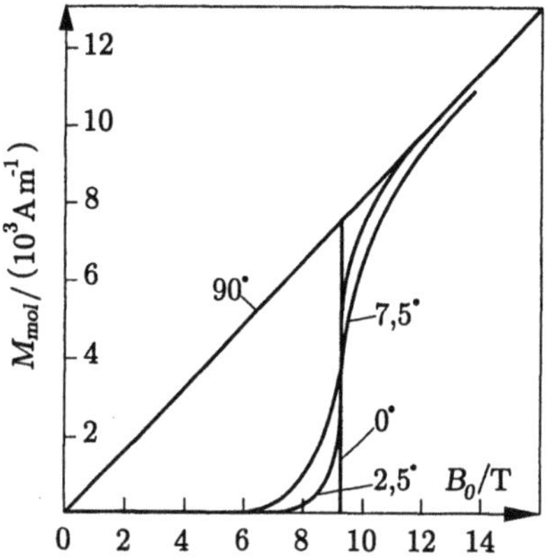

Abb. 5.16: Metamagnetischer Übergang bei MnF_2 mit Magnetfeld parallel zu einer leichten Richtung.

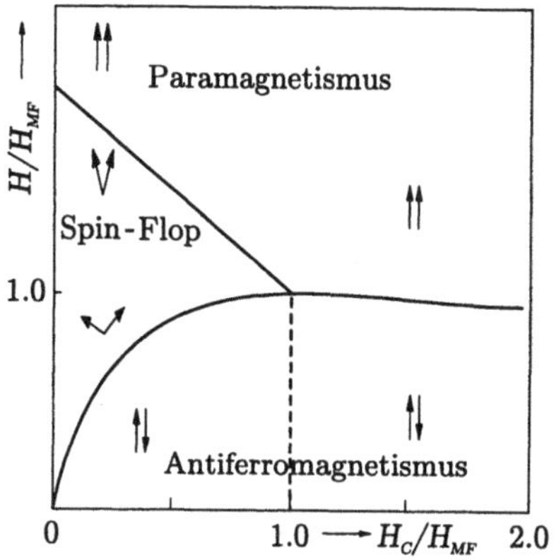

Abb. 5.17: Vereinfachtes isothermes Phasendiagramm bei $T = 0$ von kollinearen Antiferromagneten [291] (s. Text).

Anisotropie sehr groß, sind die Dipole also in der leichten Richtung fest verankert, erfolgt der Übergang von der antiferromagnetischen in die paramagnetisch gesättigte Phase, d. h. mit parallel ausgerichteten Momenten, direkt und ohne die Spin-Flop-Phase. Diesen Prozeß nennt man im engeren Sinne einen metamagnetischen Übergang. Abb. 5.17 zeigt, daß er bei $H_C > H_{MF}$ abläuft [291].

Helimagnetismus ist das Pendant zum Metamagnetismus bei antiferromagnetischen Spinstrukturen, deren Dipole nicht kollinear, sondern spiral- oder helixförmig angeordnet sind (vgl. 5.4.4.5).

5.1.3.4 Molekularfeldmodell für Ferrimagneten

Wir behandeln die Molekularfeld-Näherung für ferrimagnetische Materialien am Beispiel einfacher Ferrite $A[B_2]O_4$ mit Spinellstruktur [73]. Die Oktaederplätze sind durch eckige Klammern charakterisiert. Als dreiwertige Ionen wollen wir ausschließlich Fe^{3+} in Betracht ziehen. Entsprechend der Besetzung von Tetraeder- und Oktaederplätzen mit Fe^{3+} und einem zweiwertigen Metallkation M^{2+} gibt es folgende Möglichkeiten:

a) $M^{II}[Fe_2^{III}]O_4$, d. h. A $\widehat{=}$ M^{II} und B $\widehat{=}$ Fe^{III} (normaler Spinell)
b) $Fe^{III}[M^{II}Fe^{III}]O_4$, d. h. A $\widehat{=}$ Fe^{III} und B $\widehat{=}$ M^{II} und Fe^{III} (inverser Spinell)

Bei binären Mischferriten, die man sich aus den zwei Grundferriten $M_i^{II}Fe_2O_4$ und $M_j^{II}Fe_2O_4$ zusammengesetzt denken kann, sind drei Fälle zu unterscheiden: 1.) Beide Grundferrite sind invers, 2.) der eine Grundferrit ist normal, der andere invers, 3.) beide Grundferrite sind normal. Da der letzte Fall praktisch ohne Bedeutung ist, betrachten wir im folgenden nur die ersten beiden.

1.) *Beide Grundferrite sind invers.* Die Ionen M_i^{2+} (Anteil x, Moment $\mu_m(M_i)$) und M_j^{2+} ($[1-x]$, $\mu_m(M_j)$)) nehmen die B-Lage ein. In diesem Fall erwartet man, daß das resultierende Moment μ_m des Ferrits linear von der Zusammensetzung abhängt:

$$\mu_m = x\,\mu_m(M_i) + (1-x)\,\mu_m(M_j).$$

Messungen z. B. an der Mischkristallreihe $Fe[Ni_xMn_{1-x}Fe]O_4$ bestätigen diese Vorhersage. Man stellt darüber hinaus fest, daß sich die CURIE-Temperatur ebenfalls linear mit der Zusammensetzung ändert [19].

2.) *Normaler und inverser Grundferrit.* Wir setzen voraus, daß M_i^{2+} diamagnetisch ($\mu_m(M_i) = 0$) und der entsprechende Grundferrit normal ist. Geht man vom reinen M_j-Ferrit aus, so befinden sich alle M_j^{2+}-Ionen auf B-Lagen. Wird nun M_j^{2+} durch M_i^{2+} ausgetauscht, so geht dieses in eine A-Lage. Dafür wechselt ein Fe^{3+} von einer A-Lage in eine B-Lage. Damit erhält man für das resultierende Moment des Mischferrits

$$\mu_m = (1-x)\,\mu_m(M_j) + 2x\,\mu_m(Fe^{3+}).$$

Da stets $\mu_m(M_j) < \mu_m(Fe^{3+})$, folgt aus dieser Beziehung, daß das Moment pro Formeleinheit durch den Einbau diamagnetischer M_i^{2+}-Ionen zunimmt, und zwar sollte μ_m linear mit x von $\mu_m = \mu_m(M_j)$ für $x = 0$ auf $\mu_m = 2\mu_m(Fe^{3+})$ ansteigen. Nun soll jedoch für $x = 1$ den Voraussetzungen entsprechend der Ferrit $M_iFe_2O_4$ normal sein, welcher antiferromagnetisch ist (da die antiferromagnetische Kopplung zwischen A und B — diese erzwingt die Parallelstellung der Momente im B-Teilgitter — nachläßt, wenn immer mehr Fe^{3+}-Ionen A-Plätze verlassen). Für $x = 1$ muß also $\mu_m = 0$ werden. Es ist demnach zu erwarten und wird auch experimentell bestätigt, daß μ_m nur für kleines x linear ansteigt,

---

[19] $Fe[NiFe]O_4$: $\mu_m \approx 2,3\,\mu_B$, $T_C \approx 900\,K$; $Fe[MnFe]O_4$: $\mu_m \approx 4,7\,\mu_B$, $T_C \approx 580\,K$.

und — nach Durchlaufen eines Maximums — bei hohen Konzentrationen der M_i^{2+}-Ionen gegen Null geht (s. Abb. 5.18). Qualitativ ist einzusehen, daß sich von einer bestimmten M_i^{2+}-Konzentration an die antiferromagnetische Kopplung innerhalb des B-Gitters bemerkbar macht.

Paramagnetismus oberhalb der CURIE**-Temperatur.** Es wird der einfache Fall eines Ferrits MFe_2O_4 betrachtet, in welchem die M^{2+}-Ionen diamagnetisch sind und die Fe^{3+}-Ionen — nur diese tragen ein magnetisches Moment — auf die beiden Gitterplätze A und B verteilt sind. Mit M_A^s und M_B^s bezeichnen wir die auf ein Mol bezogene Magnetisierung der Fe^{3+}-Ionen, wenn sich diese in A- bzw. B-Lagen befinden. M_A^s und M_B^s unterscheiden sich im allgemeinen wegen der unterschiedlichen Umgebung der verschiedenen Gitterplätze. Werden mit x und y die Mengenanteile der Fe^{3+}-Ionen in A- bzw. B-Lagen bezeichnet ($x + y = 1$), so ist die resultierende spontane Magnetisierung des Ferrits

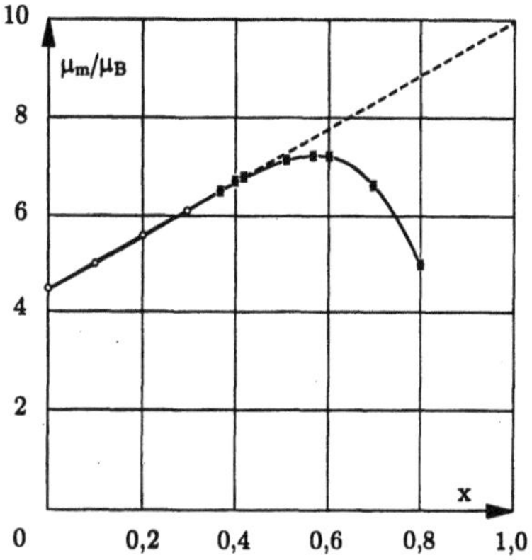

Abb. 5.18: μ_m pro Formeleinheit des Mischferrits $Zn_xMn_{1-x}Fe_2O_4$ in Abhängigkeit des Zn-Anteils x

$$\boldsymbol{M}^s = x\boldsymbol{M}_A^s + y\boldsymbol{M}_B^s. \tag{5.69}$$

Das auf ein Fe^{3+}-Ion in A-Lage und B-Lage wirkende Molekularfeld hat die Form

$$\underbrace{\boldsymbol{H}_A = n\,(\alpha x\boldsymbol{M}_A^s + \varepsilon y\boldsymbol{M}_B^s)}_{\text{A-Lage}} \qquad \underbrace{\boldsymbol{H}_B = n\,(\beta y\boldsymbol{M}_B^s + \varepsilon x\boldsymbol{M}_A^s)}_{\text{B-Lage}}. \tag{5.70}$$

Der Molekularfeldparameter n wird als stets positive Konstante definiert; ε kann ± 1 sein, entsprechend einer ferromagnetischen oder antiferromagnetischen Kopplung *zwischen* den Untergittern A und B. Die Parameter α und β sind positiv bei ferromagnetischer und negativ bei antiferromagnetischer Wechselwirkung *innerhalb* der Untergitter. Die Kopplungen zwischen und innerhalb der Untergitter werden somit durch die drei Molekularfeldparameter n, $n\alpha$ und $n\beta$ beschrieben. Diese von NÉEL [65] eingeführte Schreibweise hat sich wegen ihrer Übersichtlichkeit bewährt.

Für $T > T_C$ und bei Anwesenheit eines äußeren Magnetfeldes H erhält man in analoger Weise wie in Gl. (5.56) die Magnetisierung der Untergitter:

$$\boldsymbol{M}_A = \frac{C}{T}(\boldsymbol{H} + \boldsymbol{H}_A) \qquad \boldsymbol{M}_B = \frac{C}{T}(\boldsymbol{H} + \boldsymbol{H}_B). \tag{5.71}$$

Wir betrachten jetzt den Fall $\varepsilon = -1$, also eine antiferromagnetische Kopplung zwischen den Untergittern A und B, und $x \neq y$. Da für $T > T_C$ keine spontane Magnetisierung mehr in den Untergittern besteht, sondern nur noch die durch das äußere Feld $\boldsymbol{H}$ hervorgerufenen Magnetisierungen $\boldsymbol{M}_A$ und $\boldsymbol{M}_B$ in Richtung des Feldes, wird auf die Vektordarstellung und den Index „s" verzichtet. Setzt man Gl. (5.70) in Gl. (5.71) ein, ergibt sich

$$M_A = \frac{C}{T}\left[H + n\left(\alpha x M_A - y M_B\right)\right] \qquad M_B = \frac{C}{T}\left[H + n\left(\beta y M_B - x M_A\right)\right]. \quad (5.72)$$

Man löst nach M_A bzw. M_B auf:

$$\begin{aligned} M_A &= \frac{C(T - Cn\beta y) - C^2 ny}{(T - Cn\beta y)(T - Cn\alpha x) - C^2 n^2 xy} H \\ M_B &= \frac{C(T - Cn\alpha x) - C^2 nx}{(T - Cn\beta y)(T - Cn\alpha x) - C^2 n^2 xy} H. \end{aligned}$$

Da $M_{mol} = xM_A + yM_B$ und $\chi_{mol} = M/H$, erhalten wir für die reziproke Suszeptibilität:

$$\begin{aligned} \frac{1}{\chi_{mol}} &= \frac{T^2 - nC(\alpha x + \beta y)T + n^2C^2 xy(\alpha\beta - 1)}{CT - nC^2 xy(2 + \alpha + \beta)} \\ \frac{1}{\chi_{mol}} &= \frac{T}{C} + \frac{1}{\chi_0} - \frac{\sigma}{T - \Theta_p} \quad \text{mit} \\ \chi_0^{-1} &= n(2xy - x^2\alpha - y^2\beta), \\ \sigma &= n^2 Cxy\left[x(1+\alpha) - y(1+\beta)\right]^2, \\ \Theta &= nCxy[2 + \alpha + \beta]. \end{aligned} \quad (5.73)$$

Gl. (5.73) liefert keine lineare Temperaturabhängigkeit von χ_{mol}^{-1} wie das Curie-Weiss-Gesetz. Man erhält, bedingt durch das Glied $\sigma/(T - \Theta)$, eine Hyperbel mit den Asymptoten

$$\chi_{mol}^{-1} = T/C + \chi_0^{-1} \quad (5.74) \qquad \text{und} \qquad T = \Theta. \quad (5.75)$$

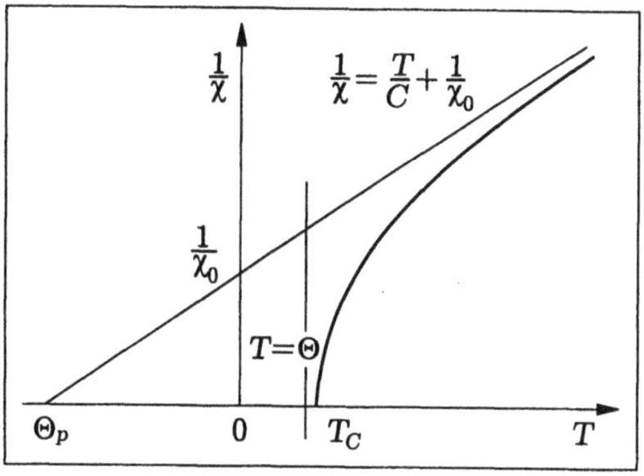

Abb. 5.19: Berechneter χ_{mol}^{-1}–T-Verlauf (Molekularfeldmodell) eines einfachen Ferrimagneten (siehe Text)

Hierin besteht ein charakteristischer Unterschied zwischen ferri- und ferromagnetischen Stoffen. (Bei letzteren liefert das Molekularfeldmodell eine Gerade.) Eine lineare Abhängigkeit erhält man, wenn in Gl. (5.73) $\sigma = 0$ ist. In diesem Fall ist $x(1+\alpha) = y(1+\beta)$. Diese Bedingung ist insbesondere erfüllt, wenn $x = y = 1/2$ und $\alpha = \beta$. Dies entspricht dem bereits bekannten Fall des Antiferromagnetismus.

Den Schnittpunkt der Asymptote Gl. (5.74) mit der Temperaturachse bei $\Theta_p = -C/\chi_0$ bezeichnet man als asymptotischen Curie-Punkt. Er entspricht im Falle von $x = y = 1/2$ und $\alpha = \beta$ der paramagnetischen Curie-Temperatur des Antiferromagneten.

Eine besondere Bedeutung hat der Schnittpunkt der durch Gl. (5.73) gegebenen Hyperbel mit der Temperaturachse:

$$T_C = \frac{nC}{2}\left\{x\alpha + y\beta + \left[(x\alpha - y\beta)^2 + 4xy\right]^{1/2}\right\}.$$

$T_C > 0$ bedeutet, daß bei $T = T_C$ die Suszeptibilität ∞ wird, d. h., daß für $T < T_C$ spontane Magnetisierung besteht. Ist $T_C < 0$, verhält sich der Stoff bei allen Temperaturen paramagnetisch. Für die kritische Bedingung $T_C = 0$ folgt $\alpha\beta = 1$, $\alpha, \beta < 0$.

Für $\alpha > 0$ und $\beta > 0$ existiert Ferrimagnetismus. Wenn die Absolutwerte von α und β größer werden als die Werte, die die Bedingung $\alpha\beta = 1$ erfüllen, wird die Momentanordnung auf den Untergittern antiferromagnetisch oder unmagnetisch. Sind die Absolutwerte kleiner als die Werte, die die Bedingung $\alpha\beta = 1$ erfüllen, werden die antiferromagnetischen Wechselwirkungen innerhalb der Untergitter unterdrückt, und es resultiert spontane Magnetisierung.

Temperaturabhängigkeit der spontanen Magnetisierung. Wir bezeichnen wie üblich die spontanen Untergittermagnetisierungen mit M_A^s und M_B^s, die bei $T = 0$ die Werte M_A^∞ und M_B^∞ annehmen. Mit den Bezeichnungen n, $n\alpha$ und $n\beta$ ergeben sich die Temperaturabhängigkeiten der spontanen Magnetisierung der Untergitter A und B als Lösungen des simultanen Gleichungssystems

$$\begin{aligned} M_A^s &= M_A^\infty B_J\left(\frac{\mu_0 g_J J\mu_B n(\alpha x M_A^s + y M_B^s)}{k_B T}\right) \\ M_B^s &= M_B^\infty B_J\left(\frac{\mu_0 g_J J\mu_B n(\beta y M_B^s + x M_A^s)}{k_B T}\right). \end{aligned} \tag{5.76}$$

Die Temperaturabhängigkeit der spontanen Magnetisierung des Ferrits ist damit gegeben durch

$$M_{mol}^s = |xM_A^s - yM_B^s|. \tag{5.77}$$

Wegen $x \neq y$ und $\alpha \neq \beta$, sind die Temperaturabhängigkeiten von M_A^s und M_B^s voneinander verschieden. NÉEL hat eine große Mannigfaltigkeit für den Verlauf $M_{mol}^s - T$ vorhergesagt. Während für ein ferromagnetisches Material die Sättigungsmagnetisierung mit zunehmender Temperatur abnimmt und bei der CURIE-Temperatur verschwindet, kann man für ein ferrimagnetisches Material einen ganz anderen Verlauf erwarten. Dies wird dadurch verursacht, daß die Magnetisierung eines Ferrimagneten gleich der Differenz zwischen zwei und mehr Untergittermagnetisierungen ist. Wenn die Untergittermagnetisierungen eine unterschiedliche Temperaturabhängigkeit besitzen, können anomale $M_{mol}^s - T$-Kurven entstehen (s. Abb. 5.20). Die von NÉEL vorhergesagten Typen der Magnetisierungskurven wurden experimentell bestätigt (vgl. [65, 73]). Kürzlich wurde ein Ferrimagnet mit zwei Nulldurchgängen der Magnetisierung gefunden [436, 437].

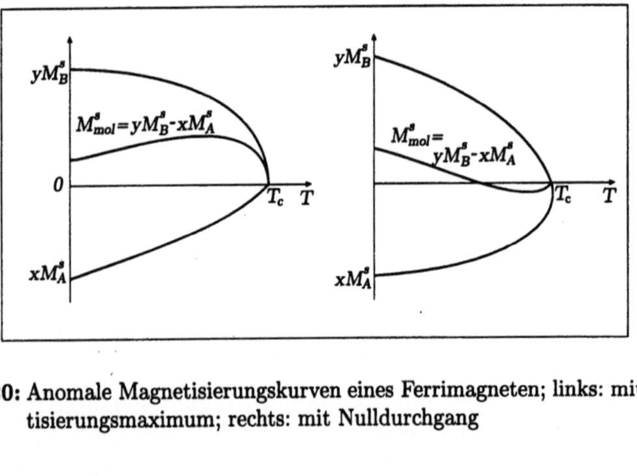

Abb. 5.20: Anomale Magnetisierungskurven eines Ferrimagneten; links: mit Magnetisierungsmaximum; rechts: mit Nulldurchgang

5.1.4 STONER-Modell für den Band-Ferromagnetismus

Die in den Abschnitten 5.1.1 und 5.1.3 behandelten Modelle zur Beschreibung magnetischer Kollektiveffekte beziehen sich auf Systeme, in denen *lokalisierte* atomare magnetische Momente vorhanden sind. Die Modelle sind auf nicht- und halbleitende d- und f-Verbindungen wie $CrCl_3$ bzw. EuO, aber auch auf intermetallische 4f-Verbindungen wie z. B. die des Gadolinium anwendbar: Für den Magnetismus sind die lokalisierten 4f-Elektronen verantwortlich, für die elektrische Leitfähigkeit im wesentlichen die delokalisierten 6s-Elektronen.

In seiner ausgeprägtesten Form (hohe kritische Temperatur und Sättigungsmagnetisierung) tritt uns der Ferromagnetismus allerdings bei den 3d-Metallen Eisen, Kobalt und Nickel sowie deren Legierungen gegenüber. Zahlreiche Messungen sprechen dafür, daß das Bild streng lokalisierter Momente hier nicht adäquat ist, sondern durch ein Modell ersetzt werden muß, das die Delokalisierung der Valenzelektronen in Rechnung stellt. Hier ist dieselbe Elektronensorte für die magnetischen und elektrischen Eigenschaften des Metalls verantwortlich.

Eine geeignete Theorie des Bandmagnetismus sollte folgende Eigenschaften der drei ferromagnetischen 3d-Metalle beschreiben können [292, 78]:

a) Die Existenz der spontanen Magnetisierung innerhalb des d-Blocks ausschließlich bei Eisen, Kobalt und Nickel;

b) die nicht ganzzahligen Werte der atomaren Sättigungsmagnetisierung μ_m für Fe, Co und Ni ($2,2\,\mu_B$, $1,7\,\mu_B$ bzw. $0,6\,\mu_B$) und die Tatsache, daß der Bahnbeitrag nur sehr klein ist;

c) die Temperaturabhängigkeit der spontanen Magnetisierung, die z. B. bei sehr tiefer Temperatur durch $M^s(T) - M^\infty \sim -T^{3/2}$ gegeben ist [20];

d) die CURIE-Temperatur ($T_C = 1044\,\mathrm{K}, 1388\,\mathrm{K}, 627\,\mathrm{K}$ bei Fe, Co bzw. Ni);

e) das paramagnetische Verhalten bei $T > T_C$;

f) die Variation dieser und anderer magnetischer Eigenschaften in Legierungen (z. B. die Abnahme von μ_m(Ni) in Nickel-Legierungen mit steigender Elektronenkonzentration);

g) die Temperaturabhängigkeit der spezifischen Wärme, des elektrischen Widerstands, usw.;

h) die Resultate von Messungen „lokaler" Effekte mit Hilfe der Neutronenbeugung, des MÖSSBAUER-Effekts, usw.

Offensichtlich sind zur Ausbildung spontaner Magnetisierung in diesen Systemen delokalisierte Valenzelektronen, insbesondere 3d-Elektronen, Voraussetzung. Um einen Einblick in die Physik eines Modells zum Bandmagnetismus zu

---

[20] Es handelt sich um das für Ferromagnetismus im Rahmen der Spinwellentheorie [53] abgeleitete BLOCH-$T^{3/2}$-Gesetz [294].

gewinnen, werden wir die einfachste Näherung, das STONER[21])-Modell [293], betrachten. Die Konsequenzen delokalisierter Elektronen führen zu einem Modell, das phänomenologisch die Temperaturabhängigkeit der spontanen Magnetisierung ($T < T_C$) und der Suszeptibilität ($T > T_C$) beschreiben kann. Bei der Behandlung dieses Modells knüpfen wir an das beim PAULI-Paramagnetismus in 2.4 verwendete Modell des freien Elektronengases an. Das PAULI-Prinzip sorgt in einem Metall dafür, daß sich Elektronen mit parallelem Spin, die demselben Band angehören, nicht zu nahe kommen. Ihre COULOMB-Abstoßung ist reduziert, d. h., es wird gegenüber einer Anordnung mit antiparallelen Spins potentielle Energie gewonnen. Die Beobachtung, daß in der Regel die Spins der Leitungselektronen jedoch antiparallel stehen, ist auf eine dann günstigere kinetische Energie zurückzuführen. Wir werden in 5.2.3 sehen, daß nur bei einigen wenigen Stoffen mit geeigneter Bandstruktur der Gewinn an potentieller Energie bei Parallelstellung von Spins den Verlust an kinetischer Energie überkompensieren kann, so daß Überschußspins und damit Ferromagnetismus auftreten.

Magnetisierung bei $T \to 0\,$K. In Abb. 5.21 sind die Zustandsdichte-Kurven für ein 3d-Metall dargestellt. Das 4s-Band ist breit und weist nur eine niedrige Zustandsdichte auf, während das 3d-Band relativ schmal und von hoher Zustandsdichte ist. E_F ist die FERMI-Energie bei $T = 0$, und E_0 mißt den Energieabstand vom oberen Rand des 3d-Bandes bis zu E_F. Um den Einfluß der Austauschwechselwirkung zwischen den Leitungselektronen zu verdeutlichen, wird entsprechend zu Abb. 2.14 jedes Energieband in zwei Halbbänder unterteilt. Das eine Halbband betrifft die Energiezustände von Leitungselektronen mit $m_s = \frac{1}{2}$, das andere die mit $m_s = -\frac{1}{2}$. Während es bei dem in 2.4 besprochenen Modell einfacher Metalle zu einer Verschiebung der Halbbänder gegeneinander und zum Umklappen einiger Spins erst durch das äußere Magnetfeld kommt, geht man im Modell der ferromagnetischen 3d-Metalle davon aus, daß die Halbbänder aufgrund von Austauschwechselwirkungen H_{ex} bereits ohne äußeres Magnetfeld gegeneinander verschoben und nicht mehr mit der gleichen Zahl von Elektronen besetzt sind. Im STONER-Modell wird diese starre Verschiebung im Rahmen der Molekularfeldnäherung proportional zur Magnetisierung gesetzt.

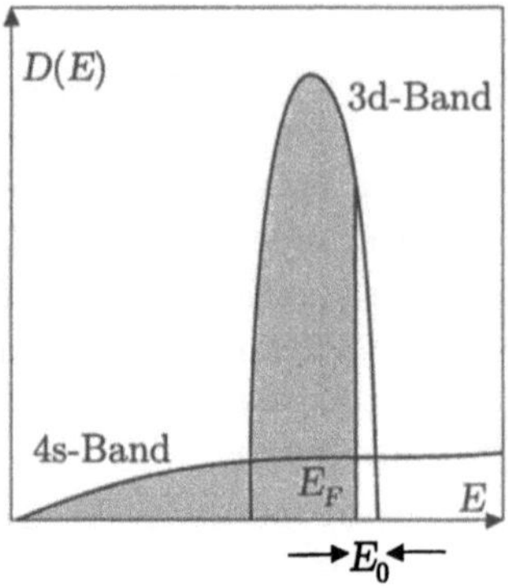

Abb. 5.21: Schematische Darstellung von Energiebändern in 3d-Metallen [49].

[21]) EDMUND C. STONER†, Professor für Theoretische Physik in Leeds.

Die Stärke des Molekularfeldes können wir berechnen, wenn wir die Zahl der Überschußelektronen kennen. Übersteigt die Zahl der Elektronen des stärker besetzten Halbbandes, im folgenden mit (+)-Halbband bezeichnet, die der Elektronen des schwächer besetzten (−)-Halbbandes um n pro Volumen, ergibt sich ein Molekularfeld von

$$H_{MF} = \lambda_V M = \lambda_V n \mu_B,$$

wobei λ_V die auf die Volumenmagnetisierung bezogene Molekularfeldkonstante und $M = n\mu_B$ die Nettomagnetisierung pro Volumen ist. Um eine Energiebilanz aufzustellen, muß berücksichtigt werden, daß zwar beim Elektronenübergang vom (−)- ins (+)-Halbband die Austauschenergie E_{ex} abnimmt, die kinetische Energie dieser Elektronen jedoch zunimmt, da sie in unbesetzte Zustände angehoben werden. Aus einem Vergleich dieser beiden Beiträge erhalten wir eine Bedingung für das Auftreten spontaner Magnetisierung. Wir betrachten die Situation bei $T \to 0\,\mathrm{K}$ und berechnen zunächst E_{ex}. Dabei nehmen wir an, daß die Probe ursprünglich $N/2$ Elektronen pro Volumen in jedem Halbband enthielt und dann ein Elektron nach dem anderen vom (−)- in das (+)-Halbband überführt wird. Da die Zahl paralleler Spins zunimmt, sinkt die Austauschenergie E_{ex}. Der Energiegewinn berechnet sich mit Rücksicht auf Gl. (2.8) zu:

$$\begin{aligned} E_{ex} &= -\mu_0 \int_0^M H_{MF} dM = -\mu_0 \int_0^M \lambda_V M dM \\ &= -\tfrac{1}{2}\mu_0 \lambda_V M^2 = -\tfrac{1}{2}\mu_0 \lambda_V n^2 \mu_B^2. \end{aligned} \tag{5.78}$$

Wir können auch die relative Verschiebung der beiden Halbbänder angeben, die dieser Austauschenergie entspricht: Das (+)-Halbband muß zu tieferer und das (−)-Halbband zu höherer Energie jeweils um $\frac{1}{2}\mu_0\lambda_V n \mu_B^2$ verschoben werden. Multipliziert man nämlich die Zahl der Zustände im (+)- und (−)-Halbband mit der entsprechenden Verschiebung und addiert beide Beiträge, erhält man die Änderung der Gesamtaustauschenergie zu

$$-\underbrace{\left(\frac{N}{2} + \frac{n}{2}\right)}_{N^+} \frac{1}{2}\mu_0 \lambda_V n \mu_B^2 + \underbrace{\left(\frac{N}{2} - \frac{n}{2}\right)}_{N^-} \frac{1}{2}\mu_0 \lambda_V n \mu_B^2 = -\frac{1}{2}\mu_0 \lambda_V n^2 \mu_B^2$$

im Einklang mit Gl. (5.78). Abb. 5.22 zeigt entsprechende Verrückungen, die die beiden Halbbändern um $\mu_0 \lambda_V n \mu_B^2$ relativ zueinander verschieben.

Um ein Kriterium für spontanen Bandferromagnetismus aufzustellen, gehen wir von der Situation aus, daß es in den beiden Halbbändern zunächst dieselbe Zahl an Elektronen gibt und H_{ex} noch nicht eingeschaltet ist. Bei $T \to 0\,\mathrm{K}$ sind alle Zustände bis zur FERMI-Energie E_F besetzt. Bei diesem Energiewert ist

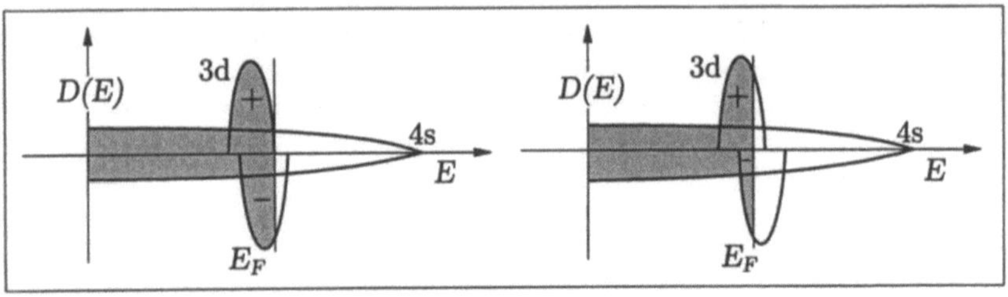

Abb. 5.22: Molekularfeldmodell für die Verschiebung der Halbbänder mit (+)- und (−)-Spins in einem 3d-metallischen Ferromagnetikum. Linkes Bild: das FERMI-Niveau befindet sich außerhalb eines der Halbbänder; rechtes Bild: es erstreckt sich über beide Halbbänder [49].

die Zustandsdichte in jedem Halbband $\frac{1}{2}D(E_F)$. Wird jetzt H_{ex} eingeschaltet, reduziert der Transfer *eines* Elektrons pro Volumen vom (−)- ins (+)-Halbband die Austauschenergie nach Gl. (5.78) wegen $n = 2$ um

$$\Delta E_{ex} = -\tfrac{1}{2}\lambda_V \mu_B^2 \cdot 4 = -2\lambda_V \mu_B^2. \tag{5.79}$$

Gleichzeitig nimmt die kinetische Energie des Elektrons zu, da es in einen bislang unbesetzten Zustand angehoben wird. Die Größe dieser Zunahme erhalten wir aus der $D(E)$-Kurve. Im (−)-Halbband wird ein Zustand entvölkert ($\Delta D = 1$) und einer im (+)-Halbband neu besetzt. Die damit verknüpfte Zunahme der kinetischen Energie ΔE_{kin} ergibt sich zu

$$\Delta E_{kin} = \frac{\Delta E_{kin}}{\Delta D}\Delta D = \frac{2}{D(E_F)},$$

wobei wir mit Rücksicht auf Gl. (2.21) $\Delta D/\Delta E_{kin} \approx dD/dE = \frac{1}{2}D(E_F)$ gesetzt haben. Aus diesem Ergebnis und Gl. (5.79) können wir jetzt eine Bedingung für das Auftreten von Ferromagnetismus gewinnen: Ist $\Delta E_{ex} + \Delta E_{kin} < 0$ oder

$$\lambda_V \mu_B^2 > \frac{1}{D(E_F)}, \tag{5.80}$$

findet der Elektronentransfer (−) → (+) unter Energiegewinn statt. Damit ist der Kristall spontan magnetisiert. Das sog. STONER-Kriterium (5.80) folgt letztlich aus dem PAULI-Ausschließungsprinzip und der Molekularfeldnäherung. Eine wichtige Rolle spielt die Zustandsdichte: Haben wir es mit einem breiten Band und einer demzufolge niedrigen Zustandsdichte an der FERMI-Kante zu tun, kann die spontane Magnetisierung ausbleiben, selbst wenn Austauschwechselwirkungen vorhanden sind. Aus diesem Grund tritt bei den Hauptgruppenmetallen kein Ferromagnetismus auf. Ist jedoch das Band schmal und die Zustandsdichte an der FERMI-Kante groß, kann der ferromagnetische Zustand stabil sein, da relativ viele Elektronen das Halbband wechseln können, ohne eine allzu große Zunahme an kinetischer Energie in Kauf nehmen zu müssen.

Ist das Kriterium (5.80) erfüllt, werden Elektronen spontan von einem Halbband zum anderen transferiert, bis der Zustand niedrigster Energie erreicht ist. Zwei mögliche Situationen sind in Abb. 5.22 dargestellt. Bei (a) sind alle Plätze im (+)-Halbband besetzt, und die restlichen Elektronen besetzen teilweise das (−)-Halbband, während es bei (b) Löcher in beiden Halbbändern gibt. Für (a) läßt sich die Magnetisierung bei $T \to 0\,\mathrm{K}$ sehr einfach erhalten: Wenn jedes Halbband insgesamt $B/2$ Plätze pro Volumen hat, auf die N Elektronen pro Volumen zu verteilen sind, ergibt sich die spontane Magnetisierung zu

$$\begin{aligned} M^s &= n\mu_B = \left[\frac{B}{2} - \left(N - \frac{B}{2}\right)\right]\mu_B \\ M^s &= (B - N)\mu_B. \end{aligned} \tag{5.81}$$

$(B - N)$ ist die Zahl unbesetzter Zustände oder Löcher im (−)-Halbband. Dies unterstreicht die Bedeutung der gängigen Aussage, daß der Ferromagnetismus z. B. bei Nickel durch Löcher im 3d-Band verursacht wird. Wenn wir annehmen, daß von den zehn Valenzelektronen, die das Nickelatom mitbringt, etwa 9,4 Elektronen im 3d-Band sitzen (das damit nahezu voll ist) und die restlichen 0,6 Elektronen im 4s-Band, wird der experimentelle Wert für das Sättigungsmoment von Nickel ($\mu_m = 0{,}6\,\mu_B$) plausibel und entspräche dann einer Situation, bei der das energetisch tiefer liegende Halbband vollständig besetzt ist, während das Halbband mit der höheren Energie 0,6 Löcher pro Atom aufweist (s. Abb. 5.22, linkes Bild). Das Modell des itineranten Ferromagnetismus erklärt auch die Änderung der magnetischen Eigenschaften von Legierungen aus Nickel und Kupfer: Das Elektron, das Kupfer mehr hat als Nickel, geht in das höhere 3d-Band, so daß das mittlere magnetische Sättigungsmoment pro Nickelatom mit steigendem Kupfer-Gehalt stetig sinkt. Legierungen mit mehr als 60 % Kupfer sind nicht mehr ferromagnetisch, so daß hier von einem vollständig gefüllten d-Band ausgegangen werden kann. Zusammenfassend stellen wir fest, daß das Bandmodell des Ferromagnetismus für die ferromagnetischen 3d-Elemente im Gegensatz zum einfachen Molekularfeldmodell keine Schwierigkeiten bei der Erklärung gebrochener Werte für die atomaren Momente hat, auch wenn jedes Atom dieselbe Zahl von Elektronen zu den Leitungselektronen beisteuert: Deren Bruchteil im (+)- und (−)-Halbband wird durch die $D(E)$-Kurve bestimmt, die eine komplizierte Funktion der Elektronenenergie ist und i. a. nicht zu einer ganzen Zahl von Überschußelektronen pro Atom Anlaß gibt.

Magnetisierung bei $T > 0\,\mathrm{K}$. Am absoluten Nullpunkt, den wir bisher betrachteten, ist jeder Zustand unterhalb des FERMI-Niveaus mit einem Elektron besetzt, während alle Zustände darüber frei sind. Steigt die Temperatur, werden mehr und mehr Elektronen in höhere Zustände angeregt. Die Verteilung der Elektronen ist gegenüber der bei $T \to 0\,\mathrm{K}$ innerhalb eines Bereiches $k_B T$ oberhalb und unterhalb der FERMI-Energie gestört. Über die Verteilung auf die Zustände gibt die FERMI-DIRAC-Statistik Auskunft. Diese ist hier anzuwenden, da es sich um ein System handelt, bei dem — entsprechend dem PAULI-Ausschließungsprinzip — nicht mehr als ein Teilchen auf jeden Zustand gesetzt werden kann. Die Besetzung wird durch eine temperaturabhängige sog. Besetzungswahrscheinlichkeit $f(E)$ geregelt. Sie gibt die relative Wahrscheinlichkeit (mit Werten zwischen 0 und 1) an, mit der ein Zustand i besetzt ist [294, 305]:

$$f(E)_i = \left[\exp\left(\frac{E_i - \eta}{k_B T}\right) + 1\right]^{-1} \tag{5.82}$$

E_i ist die Gesamtenergie eines Elektrons im Zustand i; η ist ein Term, der bei $T = 0\,\mathrm{K}$ gleich der FERMI-Energie E_F *in Abwesenheit der Austauschwechselwirkung* ist. Er wird so gewählt, daß die Bedingung $\sum_i f(E)_i = N$ erfüllt ist. Wenn $E_F \gg k_B T$ wie bei Metallen mit hoher Leitungselektronenkonzentration, weicht η nur geringfügig von E_F ab. In Abb. 5.24 ist $f(E)_i$ gegen E_i/E_F für zwei Temperaturen aufgetragen. Am absoluten Nullpunkt ist $f(E)_i = 1$ für alle $E_i < E_F$ und $f(E)_i = 0$ für alle $E_i > E_F$. Bei $T > 0\,\mathrm{K}$ ändert sich die Besetzungswahrscheinlichkeit wie in der Abbildung dargestellt, indem Zustände oberhalb von E_F zu jedem Zeitpunkt besetzt sind auf Kosten von Zuständen unterhalb von E_F, die leer bleiben. Wenn die Zustandsdichte bei einer Energie E^+ gleich $D(E^+)$ des (+)-Halbbandes und bei einer Energie E^- gleich $D(E^-)$ des (−)-Halbbandes ist, dann ist die Zahl der Überschußelektronen pro Volumen im (+)-Halbband, $n = N^+ - N^-$, durch

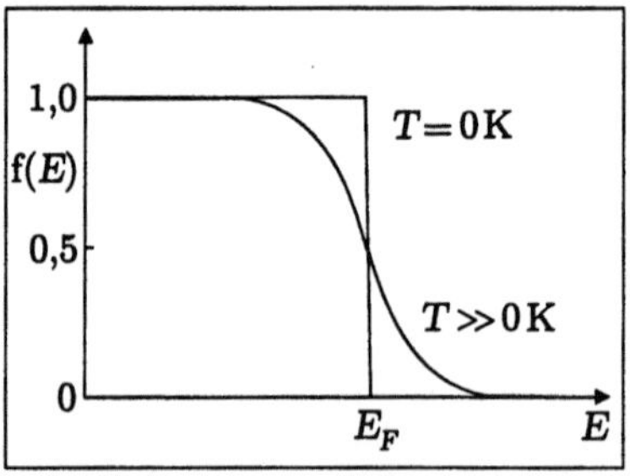

Abb. 5.24: Verlauf der FERMI-Verteilungsfunktion $f(E)_i$ in Abhängigkeit von E_i für zwei Temperaturen

$$n = N^+ - N^- = \underbrace{\int_0^\infty f(E^+)D(E^+)dE}_{N^+} - \underbrace{\int_0^\infty f(E^-)D(E^-)dE}_{N^-} \tag{5.83}$$

gegeben. Aus dieser Zahl gewinnen wir die Magnetisierung pro Volumen $M = n\mu_B = (N^+ - N^-)\mu_B$. In Anwesenheit eines Molekularfeldes und eines äußeren Magnetfeldes erhält die Verteilungsfunktion die Form

$$f(E - E')_i = \left[\exp\left(\frac{E_i - E' - \eta}{k_B T}\right) + 1\right]^{-1}, \tag{5.84}$$

wobei sich E' aus den Beiträgen

$$E_1 = \pm\,\mu_0\mu_B\lambda_V M \quad \text{und} \quad E_2 = \pm\,\mu_0\mu_B H \tag{5.85}$$

zusammensetzt [293, 49]. E_1 ist die Energieänderung eines Leitungselektrons im Molekularfeld. Dabei gilt für ein Elektron im (+)-Halbband — dessen magnetisches Moment liegt in Magnetisierungsrichtung — das negative Vorzeichen, für ein Elektron im (−)-Halbband das positive Vorzeichen. E_2 ist die entsprechende Energieänderung im äußeren Magnetfeld. E_1 und E_2 können daher zu $E' = \pm\,\mu_0(\mu_B\lambda_V M + \mu_B H)$ zusammengefaßt werden. Das Molekularfeld wirkt also immer in gleicher Richtung wie das äußere Magnetfeld.

Gl. (5.85,links) kann nach STONER [293] durch $E_1 = \pm\,\mu_0 k_B\theta'\zeta$ formuliert werden, indem der Molekularfeldeinfluß $\mu_B\lambda_V M$ duch $k_B\theta'\zeta$ ersetzt ist; θ' ist der Wechselwirkungsparameter und $\zeta = M/M^\infty$ die relative Magnetisierung. ζ stellt das Verhältnis aus parallelen Überschußspins ($M = n\mu_B$) und *maximal möglicher Zahl* von parallelen Spins ($M^\infty = N\mu_B$) dar. M^∞ wird bei $T = 0\,\text{K}$ gemessen, wenn in einem relativ gering besetzten Band alle Elektronen in *einem* Halbband sitzen oder wenn bei einem relativ vollen d-Band Löcher nur in *einem* Halbband vorhanden sind wie z. B. bei Nickel (in diesem Fall ist N die Zahl der Löcher pro Volumen).

Die Magnetisierung hängt von der Zahl der Überschußelektronen im (+)-Halbband ab. Bezeichnen wir wiederum mit N^+ und N^- die Zahl der Leitungselektronen pro Volumen im entsprechenden Halbband, ist die Magnetisierung $(N^+ - N^-)\mu_B$. Für N^+ schreiben wir entsprechend Gl. (5.83):

$$N^+ = \int_0^\infty D(E^+) f(E - E')dE = \int_0^\infty \frac{D(E)dE}{\exp[(E - E' - \eta)/k_B T] + 1}. \tag{5.86}$$

Zur Vereinfachung der Schreibweise führt man folgende Abkürzungen ein:

$$\eta' = \frac{\eta}{k_B T}, \qquad \varepsilon = \mu_0\frac{\mu_B\lambda_V M}{k_B T} = \mu_0\frac{k_B\theta'\zeta}{k_B T},$$
$$\varepsilon' = \mu_0\frac{\mu_B H}{k_B T}, \qquad \varepsilon + \varepsilon' = \frac{E'}{k_B T}.$$

Jetzt berechnen wir für einen Modellfall das in Gl. (5.86) stehende Integral. Wir betrachten die Situation, in der bei einem relativ vollen d-Band Löcher nur in einem Halbband vorhanden sind und das andere Halbband vollständig gefüllt ist. Die $D(E)$–E-Kurve beschreiben wir durch die Parabel $D(E) = aE^{1/2}$ mit $a = \frac{3}{2}(N/E_0^{3/2})$. Dieses Ergebnis folgt aus den Gln. (2.21), (2.22), wobei entsprechend Abb. 5.21 E_0 die Energie zwischen der Oberkante des d-Bandes und der FERMI-Energie mißt. Zur Berechnung des Integrals in Gl. (5.86) führen wir die Abkürzung $x = (E/k_B T)$ ein, so daß $D(E)dE = aE^{1/2}dE = a\,(k_B T)^{3/2}\,x^{1/2}dx$

wird und wir für N^+ unter Berücksichtigung eines Faktors $\frac{1}{2}$ aufgrund der Beschränkung auf eine Spinsorte

$$N^+ = \tfrac{3}{4} N \left(\frac{k_B T}{E_0}\right)^{3/2} \underbrace{\int_0^\infty \frac{x^{1/2} dx}{\exp(x - \eta' - \varepsilon - \varepsilon') + 1}}_{F_{1/2}(\eta' + \varepsilon + \varepsilon')}$$

erhalten. $F_{1/2}(\eta' + \varepsilon + \varepsilon')$ ist ein FERMI-DIRAC-Integral. Analog gilt für N^-

$$N^- = \tfrac{3}{4} N \left(\frac{k_B T}{E_0}\right)^{3/2} \underbrace{\int_0^\infty \frac{x^{1/2} dx}{\exp(x - \eta' + \varepsilon + \varepsilon') + 1}}_{F_{1/2}(\eta' - \varepsilon - \varepsilon')} .$$

Daraus folgt für die Gesamtzahl der Elektronen pro Volumen in den beiden Halbbändern

$$\boxed{N = N^+ + N^- = \tfrac{3}{4} N \left(\frac{k_B T}{E_0}\right)^{3/2} \left[F_{1/2}(\eta' + \varepsilon + \varepsilon') + F_{1/2}(\eta' - \varepsilon - \varepsilon')\right] .} \tag{5.87}$$

Diese Gleichung dient zur Fixierung von η' und damit von η. Für die Magnetisierung pro Volumen erhalten wir

$$\boxed{M = N^+ - N^- = \tfrac{3}{4} N \mu_B \left(\frac{k_B T}{E_0}\right)^{3/2} \left[F_{1/2}(\eta' + \varepsilon + \varepsilon') - F_{1/2}(\eta' - \varepsilon - \varepsilon')\right] .} \tag{5.88}$$

Die Gln. (5.87) und (5.88) stellen die Basis des STONER-Modells dar. Sie sind generell gültig für den Bandmagnetismus, enthalten also auch den PAULI-Paramagnetismus als Spezialfall (s. Gl. (2.19)), und beschreiben bei Ferromagnetika das Verhalten nicht nur unterhalb, sondern auch oberhalb der CURIE-Temperatur T_C. Die relative Magnetisierung ζ folgt aus den Gln. (5.87) und (5.88) zu

$$\zeta = \frac{M}{N\mu_B} = \frac{F_{1/2}(\eta' + \varepsilon + \varepsilon') - F_{1/2}(\eta' - \varepsilon - \varepsilon')}{F_{1/2}(\eta' + \varepsilon + \varepsilon') + F_{1/2}(\eta' - \varepsilon - \varepsilon')} . \tag{5.89}$$

Aus Gl. (5.89) leiten sich verschiedene Grenzfälle ab [49, 294, 292].

1.) Paramagnetismus ohne Wechselwirkungen.

In diesem Fall ist $\theta' = 0$ und damit $\varepsilon = 0$. Für die Magnetisierung resultiert aus Gl. (5.88)

$$M = \tfrac{3}{4} N \mu_B \left(\frac{k_B T}{E_0}\right)^{3/2} \left[F_{1/2}(\eta' + \varepsilon') - F_{1/2}(\eta' - \varepsilon')\right] .$$

Der Magnetfeldeinfluß ε' ist sehr klein im Vergleich zu η'. Selbst bei starken Flußdichten ist $\mu_B B/E_0$ nur von der Größenordnung 10^{-3}. Unter dieser Bedingung ergeben sich die Magnetisierung und Suszeptibilität zu $M = \mu_B^2 BD(E_0)$ bzw. $\chi = \mu_0 \mu_B^2 D(E_0)$, in Analogie zu Gl. (2.20).

2.) Paramagnetismus mit schwachen Wechselwirkungen

Die Magnetisierung ist auch hier schwach und proportional zum äußeren Feld. Der Wechselwirkungsparameter θ' ist klein, jedoch nicht null. ε und ε' sind von derselben Größenordnung. Für die Suszeptibilität ergibt sich

$$\chi' = \frac{\chi}{1 - (k_B\theta'/\mu_B^2)\chi}. \tag{5.90}$$

Ein Beispiel mit dem relativ großen sog. STONER-Enhancement-Faktor $\chi'/\chi = 12$ ist Palladium. Dieses Metall ist fast ferromagnetisch.

3.) Spontane Magnetisierung ($T < T_C$)

Im Falle von Ferromagnetismus und in Abwesenheit eines äußeren Feldes ergibt sich die relative Magnetisierung zu

$$\zeta = \frac{F'}{F} = \frac{F(\eta' + \varepsilon) - F(\eta' - \varepsilon)}{F(\eta' + \varepsilon) + F(\eta' - \varepsilon)}. \tag{5.91}$$

In Abb. 5.25 ist die Temperaturabhängigkeit der relativen Magnetisierung für verschiedene Werte des STONER-Parameters $k_B\theta'/E_0$ dargestellt.

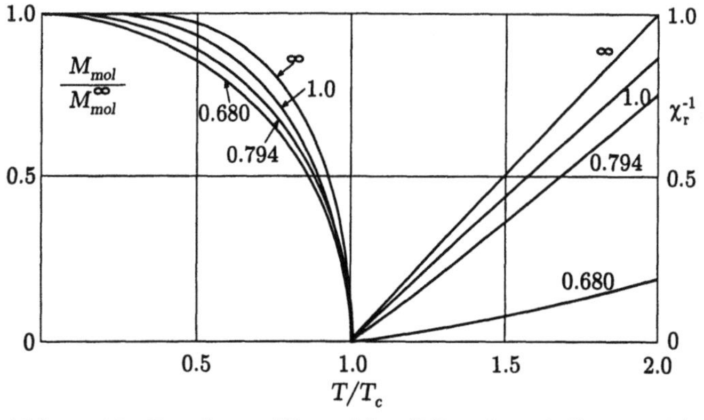

Abb. 5.25: Berechnete Werte M_{mol}/M_{mol}^{∞} (unterhalb von T_C) und die reziproke Suszeptibilität (oberhalb von T_C) im Kollektiv-Elektronen-Modell von STONER [293]. χ^{-1} ist gegeben in Einheiten von $(\mu_B M_{mol}^{\infty}/k_B T_C)$

Das STONER-Modell bildet die Basis für das Verständnis der magnetischen Eigenschaften der d-Metalle, in denen die den Magnetismus hervorrufenden

Elektronen schmale Bänder bilden. Das Modell machte schon frühzeitig ersichtlich, daß gebrochene Zahlen an BOHR-Magnetonen auftauchen, und es erlaubte weiterhin anhand des zunächst empirischen STONER-Parameters $k_B\theta'/E_0$ eine einfache Einteilung der Metalle in ferromagnetische und nichtferromagnetische. Später [439] gelang es, aus präzisen Bandstrukturrechnungen den STONER-Parameter zu extrahieren und das ursprüngliche Modell insofern zu bestätigen. Allerdings fallen dann geringe quantitative und qualitative Schwächen ins Auge: Nach dem STONER-Kriterium sollte Nickel der stärkste Ferromagnet, noch vor Eisen, sein, und Cobalt dürfte eigentlich nicht ferroagnetisch sein.

Richtig vorhergesagt wird jedoch, daß bei den entsprechenden 4d- und 5d-Elementen die Zustandsdichten und der STONER-Parameter zu klein sind, um Ferromagnetismus hervorzurufen. Es kommt jedoch zu einer Verstärkung des Paramagnetismus aufgrund positiver Austauschkopplung zwischen den Leitungselektronen, insbesondere bei Palladium und Platin. Bereits geringe Eisenanteile in Palladium verursachen „giant“ magnetic moments (vgl. 2.4).

5.2 Mechanismus der kooperativen Effekte

Der Mechanismus magnetischer Kollektiveffekte hängt davon ab, ob die für den Magnetismus verantwortlichen Elektronen lokalisiert sind wie in (1) Nichtleitern und (2) metallischen 4f-Systemen oder ob sie delokalisiert sind wie in (3) metallischen d-Systemen. In (1) kommt es neben dem direkten Kontakt von Orbitalen benachbarter magnetischer Zentren zu indirekten Wechselwirkungen unter Beteiligung der äußersten doppelt besetzten Orbitale der verbrückenden Liganden, und bei (2) übernehmen die delokalisierten 6s-Leitungselektronen die Vermittlerrolle zwischen den 4f-Momenten. Bei (3) ist schließlich das Zusammenspiel von kinetischer und potentieller Energie der Leitungselektronen sowie Bandfaktor und PAULI-Prinzip für die Kollektiveffekte ausschlaggebend. Wir behandeln die verschiedenen Mechanismen in dieser Reihenfolge.

5.2.1 Isolatoren

In Isolatoren betragen die Abstände zwischen den magnetischen Zentren in der Regel mindestens 400 pm, so daß direkte elektrostatische Wechselwirkungen zwischen dem ungepaarten Elektron eines Zentrums und dem eines benachbarten i. a. vernachlässigbar sind. Verbrückende Liganden müssen daher maßgeblich an der Vermittlung der Spin-Spin-Kopplungen beteiligt sein. Ausgehend von dieser Idee KRAMERS' [307] aus dem Jahre 1934 wurden Regeln zum Vorzeichen und zur Intensität der Austauschwechselwirkungen in Abhängigkeit von Symmetrie und Besetzung der beteiligten Orbitale aufgestellt (GOODENOUGH-KANAMORI-Regeln [299, 297, 309, 284]) und zunächst an typischen Festkörpern wie Oxiden und Halogeniden mit dreidimensionalem Bauzusammenhang erprobt. Einsetzend mit dem Nachweis des intramolekularen Antiferromagnetismus in $[Cu(CH_3COO)_2(H_2O)]_2$ von BLEANEY und BOWERS [282] im Jahre 1952, rückten dann in der Magnetochemie di- und polynukleare Komplex-Verbindungen zunehmend in den Vordergrund — mit dem Vorteil, daß durch die Feinabstimmung in der Verknüpfung der Zentren und der Verwendung genauerer quantenmechanischer Modelle die Kenntnisse über den Mechanismus der Spin-Spin-Kopplung wesentlich erweitert wurden. Die auf diesem Wege erarbeiteten Konzepte dienen heute wiederum dazu, magnetische Zentren dreidimensional so zu vernetzen, daß ferro- und ferrimagnetische Festkörper mit speziellen Eigenschaften entstehen [56, 281, 54, 280].

Um den Mechanismus der Spin-Spin-Kopplung zu studieren, betrachten wir eine einzelne dinukleare Baueinheit $L'_nM_a–L–M_bL'_n$, bestehend aus symmetrisch äquivalenten magnetischen Zentren M_a und M_b mit jeweils einem ungepaarten Elektron ($s_1 = s_2 = 1/2$; z. B. Cu^{2+}), den terminalen Liganden L′ und dem verbrückenden Liganden L. Um die Wechselwirkung zwischen den beiden magnetisch aktiven Elektronen zu beschreiben — alle passiven Elektronen läßt man außer acht —, wird der HEITLER-LONDON-Ansatz zugrunde gelegt. Im Unterschied zur normalen Elektronenpaarbindung ist jedoch die Wechselwirkung zwischen den Elektronen schwach: Die aus ihr resultierenden Singulett- und Triplett-Zustände liegen in der Regel energetisch so dicht, daß beide im normalerweise zugänglichen Temperaturbereich besetzt werden können ($\Delta E \leq 1000\,\mathrm{cm}^{-1}$). Die Rolle der 1s-Funktionen im H-Atom übernehmen die beiden höchsten, einfach besetzten antibindenden Orbitale ϕ_a und ϕ_b der Fragmente L'_nM_aL bzw. $LM_bL'_n$ [22]. Diese i. a. *nichtorthogonalen magnetischen Orbitale* [56, 54] haben überwiegend d-Charakter, sind an den Metallionen zentriert und partiell in Richtung der Liganden delokalisiert. Die Anwendung des Operators (5.4) auf die magnetischen Orbitale ist analog zur Behandlung des H_2-Moleküls (5.1.1.1). Alternativ können *orthogonalisierte magnetische Orbitale* ϕ'_a und ϕ'_b verwendet werden. Beide Verfahren werden im folgenden beschrieben.

Nichtorthogonale magnetische Orbitale. ϕ_a und ϕ_b bestehen überwiegend aus Metall-d-Orbitalen und kleinen Anteilen an den äußersten doppelt besetzten Ligandenorbitalen. Die Einmischung von p-Orbitalen in die Metallorbitale ist in der Regel stärker als die von s-Orbitalen, da erstere energetisch dichter an den 3d-Zuständen liegen. Die p-Orbitale können nach Art einer σ- oder einer (gewöhnlich schwächeren) π-Bindung eingemischt werden.

Man erzeugt entsprechend den VB-Zuständen Gl. (5.2, 5.3) des H_2-Moleküls

[22] Die Aufteilung einer $L'_nM_a–L–M_bL'_n$-Einheit in L'_nM_aL und $LM_bL'_n$ ist insbesondere dann gerechtfertigt, wenn die Fragmente auch tatsächlich existieren [54].

jetzt die Zustände für die dinukleare Einheit aus ϕ_a und ϕ_b und wendet auf sie den Operator (5.4) an. Es ergibt sich in Analogie zum Verfahren in 5.1.1.1 der $\mathcal{J}$-Parameter zu

$$\boxed{\mathcal{J} = -\tfrac{1}{2}\Delta E(T,S) = K_{ab} + 2h_{ab}S_{ab} - (2h + J_{ab})S_{ab}^2.} \quad (5.92)$$

Der erste Term in Gl. (5.92), das Austauschintegral K_{ab}, ist immer positiv und begünstigt die ferromagnetische Spin-Spin-Kopplung. Ist das Überlappungsintegral S_{ab} klein genug, haben h_{ab} und S_{ab} unterschiedliches Vorzeichen, so daß $2h_{ab}S_{ab}$ negativ und die antiferromagnetische Kopplung bevorzugt ist. Das Vorzeichen des dritten Terms, der proportional zu S_{ab}^2 ist, läßt sich nur schwer abschätzen, da $h < 0$ und $J_{ab} > 0$ ist. Da für kleine Überlappung dieser quadratische Term insgesamt nur klein gegenüber den ersten beiden sein sollte, wird er in qualitativen Betrachtungen häufig vernachlässigt. In diesem Fall setzt sich $\mathcal{J}$ aus einem ferromagnetischen Anteil $\mathcal{J}_F$ und einem antiferromagnetischen Anteil $\mathcal{J}_{AF}$ zusammen. Dominiert $\mathcal{J}_F$, ist die parallele Spinanordnung begünstigt, dominiert $\mathcal{J}_{AF}$, kommt es zur antiparallelen Spinorientierung. Quantenchemische Rechnungen zeigen, daß $\mathcal{J}_F$ i. a. klein ist, so daß bereits bei geringer Überlappung $\mathcal{J}_{AF}$ dominiert und antiferromagnetische Spin-Spin-Kopplung resultiert. In den weitaus meisten Fällen wird daher Antiferromagnetismus gefunden, Ferromagnetismus bleibt die Ausnahme. Aus diesen Ergebnissen können wir eine wichtige Schlußfolgerung ziehen: Überlappen die beiden in Kontakt stehenden magnetischen Orbitale, dominiert $\mathcal{J}_{AF}$, und die Spins sind antiparallel gekoppelt; sind die Orbitale dagegen orthogonal, wird $\mathcal{J}$ durch $\mathcal{J}_F$ bestimmt, und ferromagnetische Kopplung resultiert.

Zur Singulett-Triplett-Aufspaltung können im Prinzip weitere Terme beitragen, wenn man im Rahmen einer Konfigurationswechselwirkung (CI) ionogene Zustände an den Metallzentren in die Rechnungen einbezieht [308, 310]. Als Modellsystem dient uns wieder das H_2-Molekül. Im HEITLER-LONDON-Modell werden ausschließlich unpolare Zustände $a\bullet\!\!-\!\!-\!\!\bullet b$ betrachtet (einfacher Valence-Bond(VB)-Ansatz). Mischt man sie im Rahmen einer CI-Rechnung mit den polaren Zuständen $a\overset{+}{\bullet}\!\!-\!\!-\!\!\overset{-}{\bullet}b$ und $a\overset{-}{\bullet}\!\!-\!\!-\!\!\overset{+}{\bullet}b$, bei denen sich beide Elektronen am Zentrum b bzw. a befinden, kommt es zu einer Stabilisierung des Singulett-Grundzustands. Man geht dabei wie vorher von den vier Spinorbitalen $\phi_a\alpha$, $\phi_b\alpha$, $\phi_a\beta$ und $\phi_b\beta$ aus, bildet aus ihnen jedoch zusätzlich die zwei polaren Zustände, deren SLATER-Determinanten die Form

$$\begin{aligned} D_5 &= \det|\phi_a\alpha\,\phi_a\beta| \quad \text{und} \quad & D_6 &= \det|\phi_b\alpha\,\phi_b\beta| \\ \Phi_5 &= D_5 \quad (0,0) & \Phi_6 &= D_6 \quad (0,0) \end{aligned}$$

haben. D_5 und D_6 gehören zu den Bahnkonfigurationen $\phi_a\phi_a$ bzw. $\phi_b\phi_b$ und sind bereits Eigenfunktionen des Gesamtspins mit $S' = 0$ und $M_{S'} = 0$, wie man durch Vergleich mit der Spinfunktion von ${}^1\Phi_1^g$, Gl. (5.2), feststellt.

Vor der Anwendung des HAMILTON-Operators Gl. (5.4) werden Φ_5 und Φ_6 symmetrieadaptiert. Beide sind invariant unter Drehungen um die H–H-Bindungsachse, induzieren jedoch bei Inversion eine zweidimensionale Darstellung, die reduzibel ist und in $A_g \oplus A_u$ zerfällt. $\Phi_5 + \Phi_6$ transformiert sich nach A_g und $\Phi_5 - \Phi_6$ nach A_u. Damit ergeben sich einschließlich der Zustände aus Gl. (5.2,5.3) folgende symmetrieadaptierte Zustände:

$$\begin{array}{lll} \text{gerade:} & {}^1\Phi_1^g = \Phi_1 = D_1 - D_2 & (0,0) \\ & {}^1\Phi_5^g = \Phi_5 + \Phi_6 = D_5 + D_6 & (0,0) \\ \text{ungerade:} & {}^1\Phi_6^u = \Phi_5 - \Phi_6 = D_5 - D_6 & (0,0) \\ & {}^3\Phi_2^u = \Phi_2 = D_1 + D_2 & (1,0) \\ & {}^3\Phi_3^u = \Phi_3 = D_3 & (1,1) \\ & {}^3\Phi_4^u = \Phi_4 = D_4 & (1,-1). \end{array} \tag{5.93}$$

Die Diagonalelemente der neuen polaren Zustände mit dem HAMILTON-Operator (5.4) ergeben sich zu

$$\langle {}^1\Phi_5^g | \hat{H} | {}^1\Phi_5^g \rangle = \frac{2(h + h_{ab}S_{ab}) + J_{aa} + K_{ab}}{1 + S_{ab}^2} \tag{5.94}$$

$$\langle {}^1\Phi_6^u | \hat{H} | {}^1\Phi_6^u \rangle = \frac{2(h - h_{ab}S_{ab}) + J_{aa} - K_{ab}}{1 - S_{ab}^2} \tag{5.95}$$

Sie unterscheiden sich von den Matrixelementen mit ${}^1\Phi_1^g$ (Gl. (5.5)) und ${}^3\Phi^u$ (Gl. (5.6) durch das COULOMB-Integral: Bei den polaren Zuständen kommt das Einzentrenintegral J_{aa} mit beiden Elektronen am selben Zentrum vor, bei den unpolaren Zuständen das Zweizentrenintegral J_{ab}. Im Gegensatz zum VB-Ansatz ohne CI ist der Operator (5.4) in der Basis (5.93) jedoch nicht vollständig diagonal, sondern hat das nichtverschwindende Nichtdiagonalelement $\langle \Phi_1^g | \hat{H} | \Phi_5^g \rangle$. Es kommt also zur Einmischung des geraden polaren Singulettzustands in den Grundzustand des einfachen Modells. Tabelle 5.4 zeigt alle bisherigen Schritte im Zusammenhang und Gl. (5.96) die Beziehung für den Kopplungsparameter $\mathcal{J}$, der jetzt gegenüber Gl. (5.92) einen zusätzlichen negativen Term enthält [54]:

$$\mathcal{J} = \underbrace{K_{ab} + 2h_{ab}S_{ab} - (2h + J_{ab})S_{ab}^2}_{\text{unpolar}} \underbrace{- \frac{2b_{ab}^2}{U}}_{\text{polar}} \tag{5.96}$$

$$\text{mit} \quad U = \frac{J_{aa} - J_{ab}}{1 + S_{ab}^2} \quad \text{und} \quad b_{ab} = h_{ab} - S_{ab}(\ldots).$$

U ist proportional der Energiedifferenz des Ein- und Zweizentren-COULOMB-Integrals und entspricht der Energiedifferenz z. B. von Cu^{3+}–Cu^{+} und Cu^{2+}–

Tab. 5.4: Schritte zur Erzeugung symmetrieadaptierter VB-Funktionen für das H_2-Molekül [308]

SLATER-Det.	D_1	D_5	D_6	D_2	D_3	D_4
$(S', M_{S'})$–Klassifizierung	(0,0)			(1,0)	(1,1)	(1,−1)
	Φ_1	Φ_5	Φ_6	Φ_2	Φ_3	Φ_4
Symmetrie-Klassifizierung	(A_g)		(A_u)	(A_u)	(A_u)	(A_u)
	${}^1\Phi_1^g$	${}^1\Phi_5^g$	${}^1\Phi_6^u$	${}^3\Phi_2^u$	${}^3\Phi_3^u$	${}^3\Phi_4^u$
LC [a]	${}^1\Psi_1^g$	${}^1\Psi_5^g$	${}^1\Psi_6^u$	${}^3\Psi_2^u$	${}^3\Psi_3^u$	${}^3\Psi_4^u$

[a] Linear-Kombinationen nach Diagonalisierung der H-Matrix des Operators (5.4).

Cu^{2+}, während in b_{ab} neben dem Transferintegral h_{ab} eine Reihe weiterer Terme enthalten ist, die von S_{ab} abhängen. In Abb. 5.26 sind die Energiezustände für ein antiferromagnetisch gekoppeltes System $S_1 = S_2 = 1/2$ dargestellt. Der Singulett-Grundzustand wird durch die Konfigurationswechselwirkung stabilisiert und $\Delta E(T, S)$ vergrößert.

Orthogonalisierte magnetische Orbitale. Geht man von einer orthogonalisierten Basis aus, läßt sich eine der Gl. (5.96) äquivalente Beziehung für $\mathcal{J}$ erhalten, die sich bei der Diskussion von $\mathcal{J}$ durch ihre Anschaulichkeit auszeichnet. Um ihre Herleitung zu skizzieren, können im ersten Schritt die im oben angeführten Modell verwendeten nichtorthogonalen Funktionen ϕ_a und ϕ_b nach klassischen Verfahren orthogonalisiert werden [311]. Diese Funktionen ϕ'_a und ϕ'_b sind zwar noch im wesentlichen am Fragment a bzw. b lokalisiert, haben jedoch jeweils einen Restbeitrag im anderen Fragment außerhalb der ge-

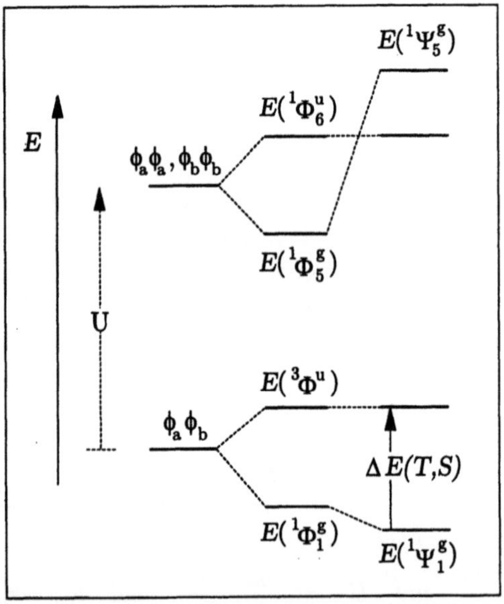

Abb. 5.26: Energiezustände eines dinuklearen, antiferromagnetisch gekoppelten Systems mit $S_1 = S_2 = 1/2$ (nichtorthogonale Basis).

meinsamen Brückenregion von a und b. Je größer die Überlappung $S_{ab} = \langle\phi_a|\phi_b\rangle$, desto größer sind diese Restbeiträge.

In der Praxis leitet man die orthogonalisierten magnetischen Orbitale aus den zwei höchsten einfach besetzten Molekül-Orbitalen $\phi_1 \sim d_a + d_b$ und $\phi_2 \sim d_a - d_b$ des niedrig liegenden Triplett-Zustands einer dinuklearen M_a–M_b-Einheit ab [272]. Bei identischen Zentren sind ϕ'_a und ϕ'_b gegeben durch

$$\phi'_a = \sqrt{\tfrac{1}{2}}\,(\phi_1 + \phi_2)\,; \quad \phi'_b = \sqrt{\tfrac{1}{2}}\,(\phi_1 - \phi_2)\,; \quad \langle\phi'_a|\phi'_b\rangle = 0. \tag{5.97}$$

Aus der Konfiguration mit einem ungepaarten Elektron pro magnetischem Orbital werden ein Singulett- und ein Triplettzustand gebildet (entsprechend den unpolaren Zuständen beim H_2-Molekül). Aus der Konfiguration mit zwei Elektronen in demselben magnetischen Orbital entstehen zwei Singulettzustände, von denen einer mit dem bereits vorhandenen Singulettzustand aus Symmetriegründen in Wechselwirkung tritt und diesen stabilisiert. Die störungstheoretische Behandlung führt für den $\mathcal{J}$-Parameter zur Beziehung [272]

$$\boxed{\mathcal{J} = K'_{ab} - \frac{1}{2}\frac{(\varepsilon_1 - \varepsilon_2)^2}{J'_{aa} - J'_{ab}}}\,. \tag{5.98}$$

Durch $'$ wird gekennzeichnet, daß sich die Integrale auf den orthogonalisierten Basissatz beziehen. ε_1 und ε_2 sind die Energien der beiden einfach besetzten Molekülorbitale ϕ_1 und ϕ_2 im Triplettzustand. Ist $\varepsilon_1 = \varepsilon_2$, sind diese entartet, und es ergibt sich $\mathcal{J} = K'_{ab}$ mit dem Triplettzustand als Grundzustand. Gl. (5.98) zeigt, daß eine signifikante Aufspaltung der Molekülorbitale zum Singulett-Grundzustand führt. Im folgenden Beispiel werden wir den Austauschmechanismus sowohl auf der Grundlage des nichtorthogonalen als auch des orthogonalisierten Basissatzes diskutieren.

Beispiel 5.7 *Spin-Spin-Kopplung in der* $[L'_2Cu_2(\mu\text{-}OH)_2]^{2+}$*-Einheit* (L′ = *zweizähniger Ligand) [312, 54]*
Das Konzept zur Wechselwirkung der magnetischen Orbitale wird auf dinukleare Cu^{2+}-Verbindungen angewandt, in denen die Metallionen quadratisch-planar durch zwei OH^- und zwei N-Atome eines zweizähnigen Liganden koordiniert und über die OH^--Gruppen verbrückt sind (s. Abb. 5.27). Man hat festgestellt, daß der Austauschparameter $\mathcal{J}$ vom Brückenwinkel θ abhängt. Im Modell der nichtorthogonalisierten magnetischen Orbitale ergibt sich für $\theta = 90°$ das in Abb. 5.28 dargestellte Orbital-Modell: Die einfach besetzten d-Orbitale sind zusammen mit den (σ)-

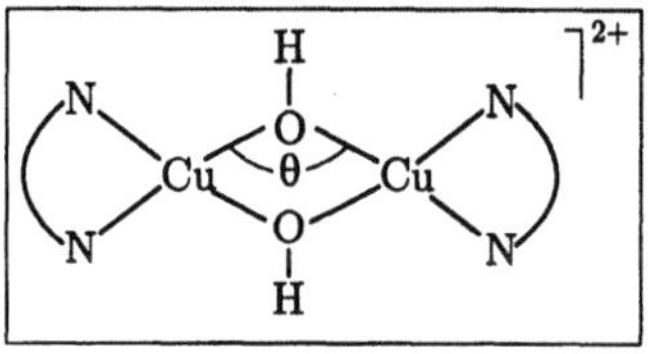

Abb. 5.27: Zentrale Baueinheit $[L'_2Cu_2(\mu\text{-}OH)_2]^{2+}$ (L′ = zweizähniger, N-haltiger Ligand)

antibindenden p-Orbitalen der Brücken-Sauerstoffatome gezeichnet. Mit einem Singulett-Grundzustand ist zu rechnen, wenn nach Gl. (5.92) $S_{ab} \neq 0$ ist. Abb. 5.28 verdeutlicht, daß bei $\theta = 90°$ die Überlappung null ist (positive und negative Bereiche kompensieren sich) und die magnetischen Orbitale daher bei dieser Geometrie orthogonal sind. Folglich ist zu erwarten, daß der Triplett-Zustand Grundzustand ist. Bei Aufweitung von θ kompensieren sich die positiven und negativen Bereiche der Überlappung nicht mehr. Es ist daher mit einer Stabilisierung des Singuletts und einer Destabilisierung des Tripletts zu rechnen.

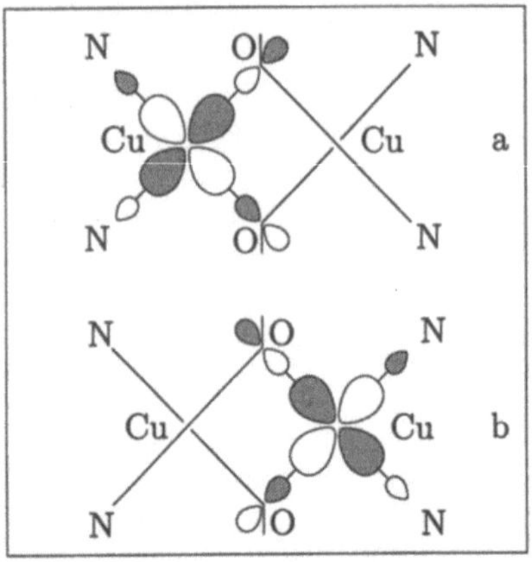

Abb. 5.28: Magnetische Orbitale a und b, lokalisiert im linken und rechten Fragment von $[L'_2Cu_2(\mu\text{-}OH)_2]^{2+}$ [54]

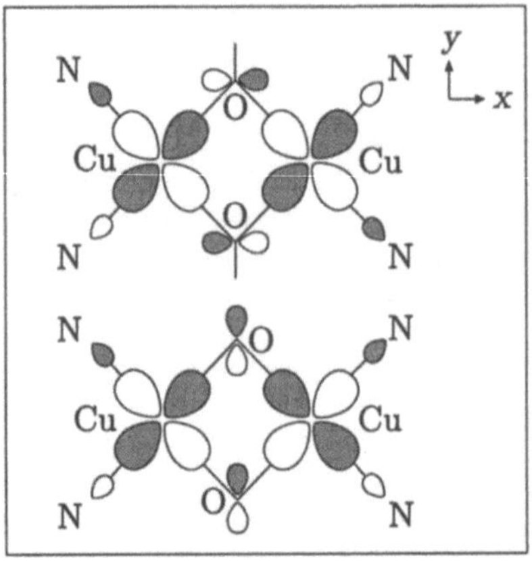

Abb. 5.29: Orthogonalisierte Molekülorbitale für $[L'_2Cu_2(\mu\text{-}OH)_2]^{2+}$ (s. Text) [54]

Diskutiert man auf der Grundlage von Gl. (5.98) (orthogonalisierte magnetische Orbitale) den Gang von $\mathcal{J}$, so kann man davon ausgehen, daß sich J'_{aa} und J'_{ab} nicht signifikant mit θ ändern. Die Stärke des antiferromagnetischen Beitrags wird daher allein durch $(\varepsilon_1 - \varepsilon_2)^2$ gesteuert. Die Energieänderung bei Variation von θ hängt mit der antibindenden Überlappung der $3d_{xy}$-Orbitale[23]) des Metalls mit den 2p-Orbitalen des Sauerstoffs zusammen. Bei $\theta \approx 90°$ sind die Überlappungen $\langle d_{xy}|p_x\rangle$ und $\langle d_{xy}|p_y\rangle$ negativ und gleich groß. In dieser Situation ist $\varepsilon_1 = \varepsilon_2$ und der Triplettzustand Grundzustand. Steigt θ, wird $\langle d_{xy}|p_x\rangle$ stärker negativ und $\langle d_{xy}|p_y\rangle$ schwächer negativ. Folglich steigt die Energiedifferenz $\varepsilon_1 - \varepsilon_2$, und der Singulettzustand wird zunehmend stabilisiert. Diese Vorhersage bez. des Ganges von $\mathcal{J}$ bei $\theta > 90°$ wird durch das Experiment bestätigt (s. 5.4.2). *

[23]) Man beachte, daß das Referenz-Koordinatensystem für die dinukleare Einheit gegenüber dem üblichen System um 45° gedreht ist, so daß aus der $d_{x^2-y^2}$-Funktion die d_{xy}-Funktion wird (vgl. Beispiel 4.7).

Ab-Initio-Berechnung von $\mathcal{J}$. In einigen Fällen (z. B. bei hoher Symmetrie) gelingt es, auf der Grundlage dieser Konzepte das Vorzeichen der Austauschwechselwirkungen richtig, dem Experiment entsprechend, vorherzusagen. Häufig ist es jedoch nicht möglich, nach diesem Verfahren die relative Größe der zahlreichen Beiträge zu $\mathcal{J}$ ausreichend genau abzuschätzen. In der Praxis gibt es genügend Fälle, die zeigen, daß sich die Stärke der Spin-Spin-Kopplung bereits bei relativ kleinen Änderungen in der Koordinationssphäre und Verbrückung der magnetisch aktiven Zentren deutlich und kaum vorhersehbar ändert [54].

Die bisherigen Betrachtungen dienten der Abschätzung des Vorzeichens von $\mathcal{J}$ und dem Aufzeigen eines Trends bei kontinuierlicher Änderung eines Strukturparameters. Soll die Singulett-Triplett-Aufspaltung Ab-Initio berechnet werden, reichen die bisher skizzierten Modelle nicht aus. So zeigen die Rechnungen [273] für $[Cu(CH_3COO)_2(H_2O)]_2$ mit $\mathcal{J}_{exp} = -148\,\text{cm}^{-1}$, daß sich auf der Grundlage des bisherigen Ansatzes $\mathcal{J}_F$ und $\mathcal{J}_{AF}$ bis auf einen kleinen positiven Beitrag ($+15\,\text{cm}^{-1}$) kompensieren, so daß nicht einmal das Vorzeichen richtig vorhergesagt wird! Um die experimentelle Größe zu bestätigen, müssen weitere Konfigurationswechselwirkungen berücksichtigt werden, u. a. doppelt besetzte Molekülorbitale, die energetisch nur wenig unterhalb von ϕ_1 und ϕ_2 liegen. Es konnte letztendlich eine befriedigende Übereinstimmung zwischen gemessenen und berechneten $\mathcal{J}$-Werten erzielt werden. Es zeigte sich aber auch, daß es extrem schwierig ist, die CI-Beiträge verläßlich in Hinsicht auf Vorzeichen und relativer Größe vorherzusagen.

5.2.2 Metallische 4f-Systeme

Zwischen lokalisierten Momenten in einem Metall gibt es Wechselwirkungen, die durch Leitungselektronen vermittelt werden. Dieser Kopplungstyp herrscht in Lanthanoidmetallen (z. B. Gadolinium) und deren Legierungen vor, also in Stoffen, bei denen die magnetischen und elektrischen Eigenschaften von verschiedenen Elektronengruppen bestimmt werden. Die Kopplung ist darauf zurückzuführen, daß lokalisierte magnetische Momente die Spins der Leitungselektronen polarisieren können. Diese Polarisierung spüren die benachbarten Momente, woraus eine effektive Kopplung zwischen den lokalisierten Momenten resultiert.

Die Idee zu diesem als RKKY-Theorie bezeichneten indirekten Mechanismus geht auf RUDERMAN und KITTEL [101] zurück, die die langreichweitige Kopplung von Kernspins in metallischer Matrix untersuchten. KASUYA [102] und YOSHIDA [103] entwickelten und erweiterten die Theorie auf lokalisierte Elektronenspins (s–f- bzw. s–d-Wechselwirkungen).

Die Spinpolarisation der Leitungselektronen ist nicht auf die unmittelbare Nachbarschaft der lokalen Momente beschränkt, sondern ist von großer Reichweite und oszillatorisch. Um sich den Mechanismus vorzustellen (vgl.

[49, 277]), betrachtet man ein einzelnes magnetisch aktives Zentrum an einem Gitterplatz in einem „See" von Leitungselektronen eines unmagnetischen Metalls. Der Einfachheit halber werden die Leitungselektronenzustände im Modell des freien Elektronengases beschrieben. Der Effekt des lokalen Momentes besteht darin, daß sein Gitterplatz aufgrund direkter Austauschwechselwirkungen eine günstige Region für diejenigen Leitungselektronen ist, die ihr Spinmoment parallel zum lokalen Moment haben, jedoch eine ungünstige Region darstellt für solche mit antiparallelem Moment. Um einen Vorteil aus der Austauschwechselwirkung zu ziehen, wird ein Leitungselektron mit parallelem Moment seine Wellenfunktion so ändern, daß es eine höhere Aufenthaltswahrscheinlichkeit am Ort des lokalen Momentes hat. Dies geschieht durch Einmischen von Leitungselektronenzuständen im Bereich des FERMI-Niveaus. Die Wellenfunktionen der eingemischten Zustände sind am Ort des lokalen Momentes in Phase, so daß sie an diesem Punkt konstruktiv interferieren (s. Abb. 5.30). Bewegt man sich vom Ort des lokalen Momentes weg, beginnen die Funktionen destruktiv zu interferieren, da sie mit einem anderen Bereich von Wellenvektoren und daher auch Wellenlängen korrespondieren. Die ursprünglich gleichförmig verteilten Leitungselektronen einer Spinrichtung zeigen jetzt oszillatorisches Verhalten, das mit steigendem Abstand ausläuft.

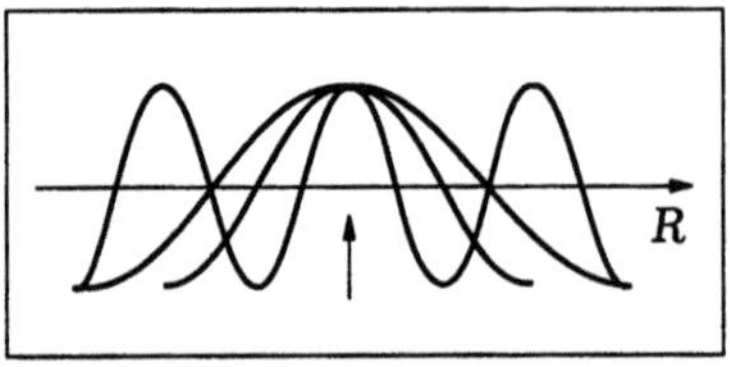

Abb. 5.30: RKKY-Wechselwirkung: Wellenfunktionen von Leitungselektronen in der Nähe eines lokalen Momentes [49] (s. Text).

Die Leitungselektronen mit antiparallelem Spinmoment zum lokalen Moment ändern ebenfalls ihre Wellenfunktionen, und zwar in der Weise, daß ihre Aufenthaltswahrscheinlichkeit am Ort des lokalen Momentes abnimmt. Komplementär zu den Leitungselektronen des ersten Halbbandes, ergibt sich hier eine oszillatorische Ausdünnung. Der Gesamteffekt der Spinpolarisation beider Halbbänder hat den in Abb. 5.31 gezeigten Verlauf. Dabei ist zu beachten, daß die *Elektronen*dichte unserem Modell des freien Elektronengases entsprechend im ganzen Kristall konstant bleibt; nur die *Spin*dichte ändert sich in Abhängigkeit vom Ort.

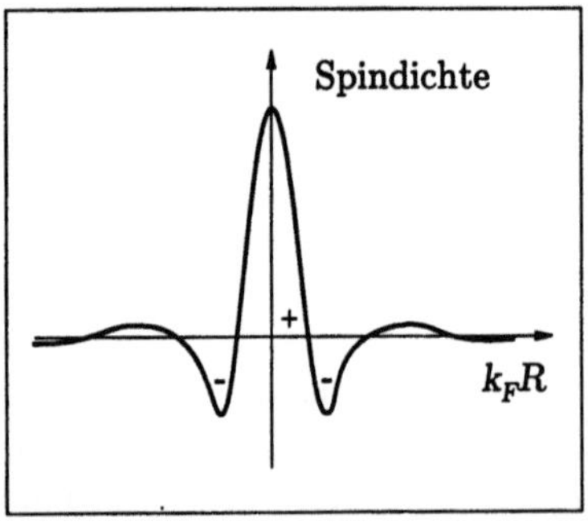

Abb. 5.31: RKKY-Wechselwirkung: Resultierende Spindichteverteilung der Leitungselektronen in der Nähe eines lokalen Momentes [49].

Die Periodizität, mit der die Spindichte oszilliert, ist maßgeblich bestimmt durch die Wellenlänge der Leitungselektronen am FERMI-Niveau. Daher muß die Variation der Spindichteverteilung zunächst vom Abstand vom lokalen Moment und zugleich von der Form der $D(E)$–E-Kurve am FERMI-Niveau abhängen. Die RKKY-Theorie wurde für das freie Elektronengas mit kugelförmigem FERMI-Körper abgeleitet und ist daher eine Vereinfachung; die Variation in der Spindichteverteilung erfolgt als Funktion der dimensionslosen Größe $k_F R$.

Ein zweites magnetisches Zentrum, eingebaut in den Metallkristall, wird je nach Abstand R vom ersten Zentrum mit diesem ferro- oder antiferromagnetisch koppeln, da es entweder den positiven oder den negativen Teil der Polarisationswelle vom ersten Moment spürt. Aus der RKKY-Theorie folgt, daß die Spin-Spin-Kopplung zwischen den beiden Zentren durch einen effektiven Operator vom HEISENBERG-Typ repräsentiert wird [277]:

$$\hat{H}_{ex}^{RKKY} = -2\sum_{i<j} \mathcal{J}_{ij}^{RKKY} \hat{\boldsymbol{S}}_i \cdot \hat{\boldsymbol{S}}_j \tag{5.99}$$

$$\text{mit} \quad \mathcal{J}_{ij}^{RKKY} \sim F(x) = \frac{x\cos x - \sin x}{x^4} \quad \text{und} \quad x = 2k_F R_{ij}.$$

Aus der Theorie ergeben sich zwei wichtige Resultate:

(1) Die Kopplung vom RKKY-Typ ist von relativ großer Reichweite. Ihre Stärke nimmt mit R_{ij}^{-3} ab. In dieser Hinsicht besteht ein großer Unterschied zu den Wechselwirkungen in einem Nichtleiter. Diese sind kurzreichweitig und hängen exponentiell von R_{ij} ab. Approximiert man diese Abhängigkeit durch ein Potenzgesetz $\mathcal{J}_{ij} \sim R_{ij}^{-\alpha}$, liegt α typischerweise im Bereich ≥ 10.

(2) Das Vorzeichen der indirekten RKKY-Wechselwirkung wird durch die oszillierende Funktion $F(x) = (x\cos x - \sin x)/x^4$ $(x = 2k_F R)$ bestimmt. In Abhängigkeit des Abstands R der magnetischen Zentren voneinander liegt eine ferromagnetische oder antiferromagnetische Wechselwirkung vor. Die Nulldurchgänge von $F(x)$ hängen sehr stark von k_F und damit von der Elektronendichte N der unmagnetischen Metallmatrix ab:

$$\mathcal{J}_{ij}^{RKKY} \sim N^{4/3} \tag{5.100}$$

Bei einer niedrigen Konzentration der Leitungselektronen ist k_F relativ klein. Der RKKY-Mechanismus sagt dann eine ferromagnetische Spin-Spin-Kopplung zwischen den nächsten Nachbarn voraus.

Anmerkungen und Ergänzungen. 1.) Das Konzept des indirekten Austausches über Leitungselektronen wurde zuerst bei den Lanthanoidmetallen und ihren intermetallischen Phasen angewendet, jedoch auch auf die Legierungen $Cu_{1-x}Mn_x$ [63].

2.) Auch auf dem Gebiet der molekularen Materialien spielt das Konzept eine Rolle, z. B. bei $[Cu(pc)]^{0,33+}[I_3^-]_{0,33}$ (pc ≡ Phthalocyanin) (vgl. [300] sowie weitere in [280] zitierte Lit.).

3.) Auf den Austauschmechanismus zwischen magnetischen Ln-Zentren in halbleitenden und ionogenen Verbindungen gehen wir in 5.4.4.4 bei der Besprechung der magnetischen Eigenschaften der Eu(II)-Chalkogenide ein.

5.2.3 Band-Ferromagnetismus

Die bisher vorgestellten Modelle zum Magnetismus itineranter Elektronen können die magnetischen Phänomene der ferromagnetischen 3d-Metalle qualitativ beschreiben, aber nicht erklären. So wurde z. B. im STONER-Modell das Molekularfeld eingeführt, um die Verschiebung der beiden Halbbänder gegeneinander zu simulieren. Als Folge flossen Leitungselektronen aus dem energetisch angehobenen (−)-Halbband in das abgesenkte (+)-Halbband bis zum Erreichen eines gemeinsamen FERMI-Niveaus ab, und das Sättigungsmoment der Überschußelektronen im (+)-Halbband entsprach der spontanen Magnetisierung. Die Frage nach der Ursache des Molekularfeldes blieb offen.

Das Modell des freien Elektronengases berücksichtigt die Atomrümpfe als einen positiv geladenen, gleichförmig verteilten Hintergrund, der durch die Leitungselektronen — mit Ausnahme des betrachteten — kompensiert wird. Dieses Modell ist, wie wir bei der Behandlung der PAULI-Suszeptibilität sahen, dann erfolgreich, wenn es sich um Leitungselektronen aus *breiten* Bändern handelt, wie die s-Bänder der Alkalimetalle. Es ist dagegen zur Erklärung des Bandmagnetismus völlig ungeeignet, wie folgende Überlegung zeigt [277]: Charakteristisch für Bandmagnetismus ist, daß er vor allem in den relativ *schmalen* d-Bändern der Übergangselemente auftritt. Ein schmales Energieband zeigt an, daß ein hohes Gitterpotential existiert, die Bandelektronen ausgeprägte Maxima der Aufenthaltswahrscheinlichkeit an den einzelnen Gitterplätzen haben und folglich nur wenig beweglich sind. Eine *Tight-Binding-Approximation* (TB) [306] ist daher bei Übergangsmetallen ein sinnvoller Startpunkt. Das Leitungselektron befindet sich meistens in der Nähe des Kerns. Daher sollte ein HAMILTON-Operator zur Beschreibung geeignet sein, der „atomare" Eigenschaften repräsentiert. Die Wellenfunktionen, die das d-Elektron in der Nähe eines Kerns beschreiben, überlappen nur wenig. Ihre Energieaufspaltung im Festkörper ist relativ gering, d. h., das Energieband ist schmal. Konsequenterweise müssen in einem adäquaten Modell *intraatomare* elektrostatische Wechselwirkungen der d-Elektronen untereinander und mit dem Kern berücksichtigt werden. Rechnungen zur Elektronenstruktur von kubisch-innenzentriertem Eisen (α-Fe) haben offengelegt, weshalb das Metall ferromagnetisch ist [301] [24].

Zum Verständnis dieses Ergebnisses ist es hilfreich, zunächst die elektronische Struktur des hypothetischen nichtmagnetischen α-Fe zu studieren (nichtspinpolarisierte Bandstruktur). In Abb. 5.32 (links) ist das Ergebnis der numerischen Rechnung in Form von $D(E)$–E-Kurven dargestellt. Das breite 4s-Band hat im gesamten Energiebereich nur eine für unsere Betrachtungen vernachlässigbar kleine Zustandsdichte und ist nicht markiert worden. Das 3d-Band ist erwartungsgemäß relativ schmal und weist eine charakteristische Dreizackstruktur auf. In ihr spiegelt sich der Ligandenfeld-Effekt des kubisch-innenzentrierten Gitters auf die 3d-Leitungselektronen wider. Das FERMI-Niveau — hier willkürlich in den Energienullpunkt gesetzt — liegt in einem Bereich hoher Zustandsdichte, wie für einen metallischen Leiter zu erwarten. Da in der Rechnung zwischen den Elektronen unterschiedlicher m_s-Werte noch nicht unterschieden wird, sind beide gleich häufig.

Für die weitere Diskussion ist die im rechten Teil der Abb. 5.32 gezeigte COHP–E-Kurve (crystal orbital HAMILTON population [304]) sehr geeignet. Sie ist eine Funktion, die Aussagen zur Bindungsstärke in einem Festkörper erlaubt und die mit der Kristall-Orbital-Überlappungspopulation (COOP) aus der extended HÜCKEL-Näherung [303] verwandt ist. Das COHP-Verfahren teilt anstelle der Überlappungsdichte die Bandstruktur*energie* ($\hat{=}$ Summe der Energien aller Kristallorbitale) unter den verschiedenen Bindungen auf. Die in Abb. 5.32 dargestellte COHP-Kurve bezieht sich auf die Bindung zwischen den nächsten Fe-Nachbarn. Man beachte, daß die *negativen* COHP-Werte aufgetragen sind; verläuft also die Kurve im rechten Teil des Diagramms, sind bindende Zustände besetzt (Energiegewinn),

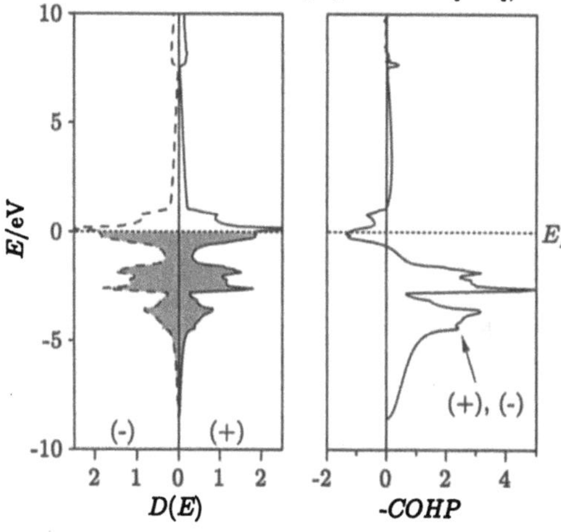

Abb. 5.32: links: Nichtspinpolarisierte Bandstruktur von α-Fe, $D(E)$-E-Kurve; rechts: Kristallorbital-HAMILTON-Populationskurve (COHP, s. Text) der nächsten Fe-Fe-Nachbarn. Das FERMI-Niveau wurde $E = 0$ gesetzt.

[24] Die Rechnungen zur elektronischen Struktur [301] wurden mit dem Linear Muffin-Tin Orbital-Verfahren (Programm TB-LMTO-ASA 4.7 [302]) durchgeführt.

während ein Verlauf im linken Teil für die Besetzung antibindender Zustände steht (Energieverlust).

Die COHP-Kurve gibt zu erkennen, daß das FERMI-Niveau in einer Region antibindender Fe–Fe-Wechselwirkungen liegt. In einem solchen Fall versucht ein System normalerweise, seine *räumliche Struktur* so zu ändern, daß diese Situation vermieden wird. Das geschieht offensichtlich nicht bei α-Fe. Das System hat eine andere Möglichkeit, die antibindenden Wechselwirkungen abzuschwächen: Es ändert seine *elektronische Struktur*. Spinpolarisierte Elektronenstrukturrechnungen zeigen, daß bei einem Überschuß von 2,27 Elektronen pro Fe im (+)-Halbband die Energie minimal wird. Dieser Wert entspricht einer Magnetisierung von $\mu_m = 2{,}27\mu_B$ pro Fe und ist praktisch identisch mit dem gemessenen Wert $\mu_m = 2{,}22\mu_B$. Abb. 5.33 zeigt den Verlauf der $D(E)$–E- und COHP-Kurven, jeweils getrennt für beide Halbbänder. Wie in den früher behandelten, schematischen Darstellungen ist das (−)-Halbband gegenüber dem (+)-Halbband zu höherer Energie verschoben. Letzteres ist, wie die eingezeichnete FERMI-Grenzenergie zeigt, bis zur Oberkante mit Elektronen besetzt. Die (−)- und (+)-COHP-Kurven ähneln sich untereinander und unterscheiden sich nur wenig von denen der Abb. 5.32. Ihre relativen Größen haben sich jedoch geändert: Die Niveaus des (+)-Halbbandes direkt unterhalb von E_F sind deutlich weniger Fe–Fe-antibindend als nach der ersten Rechnung. Die äquivalenten Zustände im (−)-Halbband liegen jetzt oberhalb von E_F und sind daher unbesetzt. Dafür sind direkt unterhalb von E_F Fe–Fe-bindende Zustände besetzt. Integriert man die COHP-Werte der beiden Halbbänder jeweils auf, findet man, daß die Fe–Fe-Wechselwirkungen im (−)-Halbband nahezu doppelt so stark bindend sind wie diejenigen im (+)-Halbband. Insgesamt führt die Spinpolarisation zu einer Verstärkung der Fe–Fe-Bindung um 5 %.

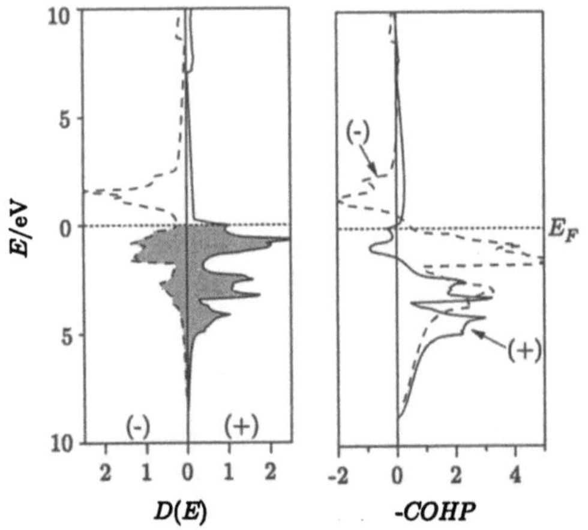

Abb. 5.33: links: Spinpolarisierte Bandstruktur von α-Fe, $D(E)$-E-Kurve; rechts: Kristallorbital-HAMILTON-Populations-Kurve der nächsten Fe-Fe-Nachbarn. Das FERMI-Niveau wurde $E = 0$ gesetzt.

Aus den beiden Elektronenstrukturrechnungen (spinpolarisiert und nicht-spinpolarisiert) läßt sich auch eine Umverteilung der Ladungsdichte herauslesen, und zwar ist die Ladungsdichte in der Region nächster Fe–Fe-Bindungen (längs den Raumdiagonalen der Elementarzelle) erniedrigt, in der Region übernächster Fe–Fe-Bindungen (längs den Würfelkanten) erhöht. Wenn wir uns daran erinnern, daß gerade bei der nicht-spinpolarisierten Elektronenstrukturrechnung hinsichtlich der nächsten Fe–Fe-Kontakte antibindende Fe–Fe-Zustände an der FERMI-Kante besetzt waren, so vermindert die Spinpolarisation diese antibindenden Wechselwirkungen, indem sie Elektronendichte aus den kritischen Regionen abzieht.

Im Zuge der Spinpolarisation werden die Zustände des (+)-Halbbandes energetisch abgesenkt und die des (−)-Halbbandes angehoben. Diese Verschiebung erfolgt deshalb, weil die Abschirmung der Kernladung durch Elektronen mit gleicher magnetischer Spinquantenzahl m_s weniger effizient ist als diejenige zwischen Elektronen mit unterschiedlichen m_s-Werten — als Folge des sog. FERMI-Lochs, wie wir im Zusammenhang mit der 1. HUNDschen Regel sahen (s. 3.3.3). Sobald die Elektronen aus dem (−)- in das (+)-Halbband überwechseln, erfahren letztere aufgrund der verminderten Elektronen des (−)-Halbbandes eine höhere effektive Kernladung. Genau der entgegengesetzte Effekt macht sich bei den Elektronen des (−)-Halbbandes bemerkbar: Aufgrund der Überschußelektronen im (+)-Halbband verspüren sie wegen der besseren Abschirmung eine geringere Kernladung. Damit ergibt sich eine plausible Erklärung für die Verschiebungsrichtung der beiden Halbbänder.

Die Änderungen in den effektiven Kernladungen für die beiden Elektronensorten haben veränderte Raumbedürfnisse zur Folge. Die in der Überzahl vorkommenden Elektronen des (+)-Halbbandes sind fester an den Kern gebunden und stärker kontrahiert als die Elektronen des (−)-Halbbandes. Damit sind die Elektronen des (+)-Halbbandes aber weniger gut in der Lage, um an der Fe–Fe-Wechselwirkung teilzunehmen. Für die Elektronen des (−)-Halbbandes gilt, daß sie lockerer an die Atomrümpfe gebunden sind, sich räumlich weiter ausbreiten können und die durch sie vermittelten Fe–Fe-Wechselwirkungen stärker sind. Die Spinpolarisation läuft auf eine Kontraktion der Zustände des Majoritätshalbbandes unter Energieabsenkung hinaus, während die Zustände des Minoritätshalbbandes energetisch angehoben und ausgedünnt werden. Der ferromagnetische Zustand ist für α-Fe günstiger als der PAULI-paramagnetische, weil antibindende Fe–Fe-Zustände in der Nähe der FERMI-Kante verlöschen und die Stärke der Fe–Fe-Bindung um 5 % erhöht wird.

Analoge Rechnungen für Cobalt und Nickel zeigen, daß auch in diesen Metallen die FERMI-Energie zunächst in einem kritischen, Metall-Metall-antibindenden Bereich zu liegen kommt. Erst im ferromagnetischen Zustand werden diese ungünstigen Wechselwirkungen durch Umverteilung der Spinpopulationen unter Gewinn von Bindungsenergie aufgehoben. Da für frühe Übergangsmetalle (etwa Vanadium) bzw. späte (Kupfer) die FERMI-Energie unterhalb bzw. oberhalb des antibindenden Bereiches liegt, existiert keine Triebkraft für das Einsetzen des Ferromagnetismus.

Numerische Rechnungen zur Austauschwechselwirkung geben weiterhin zu erkennen, daß die Umverteilung der Elektronen zwischen den Spinhalbbändern eine genügend große effektive Kernladung voraussetzt. Ist diese durch tieferliegende besetzte Orbitale gleicher Gestalt abgeschirmt, so kann — wie für die 4d- und 5d-Elemente — kein Ferromagnetismus resultieren. Nur für die 3d-Elemente ist diese zusätzliche Bedingung wegen der „fehlenden" 2d-Orbitale gegeben.

5.3 Untersuchungsmethoden

In der folgenden Auflistung von Meßmethoden, die bei magnetochemischen Fragestellungen wichtig sind, stehen solche im Vordergrund, die komplementär zur Suszeptibilitäts- und Magnetisierungsmessung sind, d. h. Informationen zu individuellen Niveaus geben [56, 378].

5.3.1 Optische Spektroskopie

Bei der magnetochemischen Analyse sowohl von d- als auch von f-Verbindungen liefert die UV-VIS-Spektroskopie u. a. Informationen zur Ligandenfeldaufspaltung. Einen ersten Überblick gibt Lit. [378, 381, 306], vertiefte Einblicke geben im Falle der Übergangsmetalle Lit. [139, 379] und im Falle der Lanthanoiden Lit. [188, 380, 68].

5.3.2 Elektronenspinresonanz (ESR)

Die ESR-Spektroskopie, auch EPR (electron paramagnetic resonance) spectroscopy genannt ([31, 181],[382]–[385], [423]), kann Hinweise über die Eigenschaften des Grundzustands liefern — im Gegensatz zur Suszeptibilität, bei der über einen Satz von thermisch besetzten Niveaus gemittelt wird. Um das Prinzip vorzustellen, betrachten wir die ZEEMAN-Aufspaltung (Gl. (3.162)) bei einem System mit einem ungepaarten Elektron:

$$E = m_s g \mu_B B \quad \text{mit} \quad m_s = \pm\tfrac{1}{2}. \tag{5.101}$$

Mit steigender Flußdichte B steigt die Energie eines Elektrons mit $m_s = +\frac{1}{2}$, während die des Elektrons mit $m_s = -\frac{1}{2}$ fällt. Die Energiedifferenz und Resonanzbedingung ist

$$\Delta E = h\nu = E(+\tfrac{1}{2}) - E(-\tfrac{1}{2}) = g\mu_B B. \tag{5.102}$$

Ist sie erfüllt, erfolgt starke Absorption von eingestrahlten elektromagnetischen Wellen. In der ESR-Spektroskopie gibt man die Frequenz fest vor und bestimmt, bei welcher Flußdichte die Resonanzbedingung erfüllt ist. Aus der Messung erhält man den g-Wert. Er ist z. B. 1,999 bei NO_2 und 2,01 bei ClO_2. Aus der Abweichung gegenüber $g = 2,0023$ eines freien Elektrons können Informationen über die Elektronenstruktur des Systems erhalten werden.

Um den Zusammenhang zwischen dem durch ESR bestimmten g-Wert und der Wellenfunktion des Grundzustands bei d- und f-Systemen aufzuzeigen, betrachten wir ein Einelektronensystem. ESR-Spektren werden üblicherweise mit Hilfe eines Spin-HAMILTON-Operators anstelle des tatsächlich geltenden Operators interpretiert[25]), d. h., der Spin-HAMILTON-Operator enthält nur Spinoperatoren. Sie wirken auf Wellenfunktionen des Systems, die ausschließlich in Form von Spinfunktionen repräsentiert werden. Bahnanteilen, die der Zustand möglicherweise hat, trägt man dadurch Rechnung, daß man dem g-Wert erlaubt, von 2,0023 — dem Wert des freien Elektrons — abzuweichen. Der Spin-HAMILTON-Operator und die Spinfunktionen, die für ein Einelektronensystem geeignet sind, haben die Form (vgl. [12])

$$\hat{H}_S = -g_z\gamma_e B_z\hat{S}_z - g_x\gamma_e B_x\hat{S}_x - g_y\gamma_e B_y\hat{S}_y \qquad |\tfrac{1}{2}\rangle, |-\tfrac{1}{2}\rangle, \tag{5.103}$$

wobei x, y und z für die molekularen Hauptachsen stehen. Die H-Matrix mit dem Operator und der Basis von Gl. (5.103) lautet:

	$\lvert\frac{1}{2}\rangle$	$\lvert-\frac{1}{2}\rangle$
$\langle\frac{1}{2}\rvert$	$\frac{1}{2}g_z\mu_B B_z$	$\frac{1}{2}g_x\mu_B B_x - \frac{i}{2}g_y\mu_B B_y$
$\langle-\frac{1}{2}\rvert$	$\frac{1}{2}g_x\mu_B B_x + \frac{i}{2}g_y\mu_B B_y$	$-\frac{1}{2}g_z\mu_B B_z$

(5.104)

Lassen wir nun zur Beschreibung des Magnetfeldeinflusses anstelle des obigen Spinoperators den für das System eigentlich zutreffenden ZEEMAN-Operator

$$\hat{H}_M = -\gamma_e B_z(\hat{L}_z + 2\hat{S}_z) - \gamma_e B_x(\hat{L}_x + 2\hat{S}_x) - \gamma_e B_y(\hat{L}_y + 2\hat{S}_y) \tag{5.105}$$

auf die tatsächlichen Funktionen $|\psi^+\rangle$ und $|\psi^-\rangle$ einwirken (wobei $|\psi^+\rangle$ hauptsächlich mit der Spinfunktion $|\frac{1}{2}\rangle$ und $|\psi^-\rangle$ mit der Spinfunktion $|-\frac{1}{2}\rangle$ verknüpft

[25]) Der HEISENBERG-Operator zur Beschreibung der Austauschwechselwirkungen zwischen magnetischen Zentren (5.1.1.1) ist ein weiteres Beispiel für einen Spin-HAMILTON-Operator.

ist, ergibt sich die H-Matrix

	$\lvert\psi^+\rangle$	$\lvert\psi^-\rangle$
$\langle\psi^+\rvert$	$-\gamma_e B_z \langle\psi^+\lvert(\hat{L}_z + 2\hat{S}_z)\rvert\psi^+\rangle$	$-\gamma_e B_x \langle\psi^+\lvert(\hat{L}_x + 2\hat{S}_x)\rvert\psi^-\rangle$ $-\gamma_e B_y \langle\psi^+\lvert(\hat{L}_y + 2\hat{S}_y)\rvert\psi^-\rangle$
$\langle\psi^-\rvert$	$-\gamma_e B_x \langle\psi^-\lvert(\hat{L}_x + 2\hat{S}_x)\rvert\psi^+\rangle$ $-\gamma_e B_y \langle\psi^-\lvert(\hat{L}_y + 2\hat{S}_y)\rvert\psi^+\rangle$	$\gamma_e B_z \langle\psi^-\lvert(\hat{L}_z + 2\hat{S}_z)\rvert\psi^-\rangle$

. (5.106)

Wenn die H-Matrizen (5.104) und (5.106) zu denselben Energieniveaus führen sollen — dies muß der Fall sein, wenn der Spin-HAMILTON-Operator gültig ist — dann müssen die Matrixelemente einander entsprechen. Daraus ergeben sich die folgenden Beziehungen zwischen den g-Werten der molekularen Hauptachsen und den Wellenfunktionen des Systems:

$$g_z = 2\langle\psi^+\lvert\hat{L}_z + 2\hat{S}_z\rvert\psi^+\rangle, \quad g_x = 2\langle\psi^+\lvert\hat{L}_x + 2\hat{S}_x\rvert\psi^-\rangle, \quad g_y = 2i\langle\psi^+\lvert\hat{L}_y + 2\hat{S}_y\rvert\psi^-\rangle. \tag{5.107}$$

Da normalerweise in die Grundzustandsfunktionen $\lvert\psi^\pm\rangle$ angeregte Zustände eingemischt sind, können aus den ESR-spektroskopisch bestimmten g-Werten die Mischungskoeffizienten unter Verwendung von Gl. (5.107) ermittelt werden. Mit dieser Kenntnis kann eine Vorhersage zum magnetischen Verhalten gemacht bzw. eine bereits erfolgte magnetochemische Analyse überprüft werden (s. Beispiele in [12, 13]).

5.3.3 Neutronenstreuung

Neutronen werden sowohl durch die Kraftfelder der Atomkerne als auch infolge der Wechselwirkung ihres magnetischen Momentes mit den atomaren magnetischen Momenten gestreut. Besteht in einem Gitter keine magnetische Ordnung, rühren alle Interferenzen von der Kernstreuung her[26)]. Besteht dagegen eine Momentenordnung, dann treten zusätzliche, von der magnetischen Streuung stammende Beiträge auf, welche aus ihrer Lage und Intensität direkte Schlüsse über Größe und Richtung der magnetischen Dipole in bezug auf die kristallographischen Achsen erlauben [100, 389, 391, 392, 393]. Klassische Beispiele sind die Antiferromagneten MnF_2 (Rutil-Typ) sowie MnO, FeO, CoO und NiO (NaCl-Typ) [390]. Daten über eine Vielzahl von Magnetstrukturbestimmungen findet man in Lit. [396].

[26)] Durch Neutronenbeugung kurz oberhalb der kritischen Temperatur können auch Informationen über magnetische Nahordnung erhalten werden [394] (u. a. in dinuklearen Komplexen [395]).

Neben dieser elastischen Streuung gibt es die inelastische Streuung (Neutronenspektroskopie). Sie dient u. a. zur Untersuchung von Spinwellen z. B. bei Ferromagneten [53], zur Bestimmung der Kristallfeldaufspaltung in Materialien wie intermetallischen Phasen [397] und zur Austauschaufspaltung in polynuklearen Verbindungen [398].

5.3.4 MÖSSBAUER-Spektroskopie

Im Zusammenhang mit magnetochemischen Fragestellungen ist die MÖSSBAUER-Spektroskopie (Bestimmung der Absorption von γ-Quanten durch eine Probe) eine sehr wichtige Methode [399, 378]. Die auftretenden Effekte (Hyperfeinwechselwirkungen) lassen Rückschlüsse über die elektronische Umgebung der untersuchten Kerne zu. Zu den Effekten gehören die Isomerieverschiebung, die magnetische Hyperfeinwechselwirkung und die Quadrupolaufspaltung. Die Isomerieverschiebung wird beeinflußt von der elektrostatischen Wechselwirkung zwischen Elektronen und Kern. Befindet sich z. B. in der Probe das zu untersuchende Atom in unterschiedlichen Valenzzuständen, macht sich das in der Regel durch unterschiedliche Isomerieverschiebungen bemerkbar. Die magnetische Hyperfeinwechelwirkung erlaubt die Bestimmung von inneren magnetischen Feldern, hervorgerufen z. B. durch geordnete magnetische Dipole ($T < T_C$ bzw. T_N). Die elektrische Quadrupolwechselwirkung berücksicht den elektrischen Feldgradienten am Ort des Kerns.

Intensiv angewendet wird die MÖSSBAUER-Spektroskopie im Zusammenhang mit magnetochemischen Problemen bei Eisen- (^{57}Fe, vgl. 4.3.2.4) und Europium-Verbindungen (^{151}Eu, vgl. 4.4.3).

5.3.5 Suszeptibilitätsmessung durch NMR

NMR-Experimente können zur Suszeptibilitätsmessung ausgenutzt werden, da die chemische Verschiebung eines in Resonanz stehenden magnetischen Kerns von der magnetischen Suszeptibilität des ihn umgebenden Mediums abhängt [400, 23]. Der Vorteil der Methode besteht darin, daß sie in Lösung erfolgen kann und somit die in der Regel an Festkörpern mit FARADAY-Waage oder SQUID-Magnetometer vorgenommenen Messungen ergänzt. Insbesondere können Gleichgewichte zwischen magnetischen Spezies mit unterschiedlichem magnetischen Moment untersucht werden [401]. Beispiele sind temperaturabhängige Gleichgewichte (1) zwischen oktaedrischer/tetraedrischer und quadratisch-planarer Form eines Ni(II)-Komplexes (paramagnetisch bzw. diamagnetisch) [402], (2) zwischen Monomer und Dimer eines Fe(III)-HEDTA-Komplexes [403] oder (3) zwischen zwei Formen eines dinuklearen Ru(III)-Komplexes mit kurzem und langem Ru–Ru-Abstand (diamagnetisch bzw. paramagnetisch) [404].

5.3.6 Messung der Wärmekapazität

Die Wärmekapazität C_m eines magnetisch geordneten Materials enthält neben den bei einem entsprechenden nichtmagnetischem Material vorhandenen Beiträgen von Gitter und gegebenenfalls Elektronengas eine magnetische Komponente [53]. Sie äußert sich in C_m–T-Diagrammen z. B. im Bereich des CURIE-Punkts eines Ferromagneten durch eine scharfe Spitze (λ-Übergang; Beipiel: $GdCl_3$ bei $T_C = 2,2\,K$). Der Verlauf ist typisch für einen Phasenwechsel 2. Ordnung. Er ist verknüpft mit dem Verschwinden der langreichweitigen magnetischen Ordnung für $T > T_C$. Eine kleine magnetische Wärmekapazität oberhalb von T_C ist auf noch vorhandene Nahordnung zurückzuführen, deren Beitrag mit steigender Temperatur jedoch schnell abnimmt[27)]. Aus der Messung des C_m–T-Verlaufs kann die Entropie ΔS_m des magnetischen Zustands bestimmt werden:

$$\Delta S_m = \int \frac{C_m}{T} dT \qquad \text{mit} \qquad \Delta S_m = cR\ln(2S+1).$$

Integriert wird über den gesamten Temperaturbereich. Die rechte Gleichung zeigt den Zusammenhang zwischen der Entropie des magnetischen Zustands und der Quantenzahl S des magnetischen Zentrums (c: Anteil der magnetischen Zentren an der Gesamtzahl der Atome; R: Gaskonstante). Durch Messung der Wärmekapazität in Gegenwart eines Magnetfeldes kann die Natur eines Phasenübergangs sowie die Spin- und Gitterdimensionalität der kooperativen Effekte charakterisiert werden [405].

5.4 Beispiele

In 5.1 haben wir gezeigt, daß magnetische Kollektiveffekte durch Spinoperatoren repräsentiert werden können, und in 5.2 sind die Mechanismen der Austauschwechselwirkung in Abhängigkeit von den Leitereigenschaften und der Natur der magnetischen Zentren behandelt worden. Auf dieser Grundlage werden wir jetzt — nach einer Vorbemerkung zu magnetischer Ordnung, Gitter- und Spindimensionalität — kooperative Effekte in Abhängigkeit vom Verknüpfungsgrad der magnetischen Zentren betrachten.

---

27) Aus dem Verlauf der C_m–T-Kurve oberhalb der kritischen Temperatur (T_C oder T_N) kann analog zur Analyse des χ–T-Verlaufs im paramagnetischen Bereich die Bestimmung von Austauschparametern $\mathcal{J}$ im Rahmen der Hochtemperaturentwicklung erfolgen [55] (vgl. 5.4.4.1).

5.4.1 Gitter- und Spindimensionalität

Niedrige Dimensionalität in der Verknüpfung magnetischer Zentren wird angenähert erreicht, wenn diese überwiegend mit Nachbarn in Wechselwirkung treten, die in Form abgeschlossener Baugruppen (0 D), Ketten (1 D) oder Schichten (2 D) angeordnet sind. Von dieser Gitterdimensionalität ist die Spindimensionalität (s. Gl. (5.26)) zu unterscheiden. Sie hat in einem System mit bestimmter Gitterdimensionalität maßgeblichen Einfluß auf die magnetische Ordnung. Aus thermodynamischer Sicht kann es nur dann zu magnetischer Ordnung unterhalb einer kritischen Temperatur T_C oder T_N kommen, wenn die *Korrelationslänge* ξ [386] — das ist der Abstand, bei dem zwei Spins noch korreliert sind — gegen ∞ geht. Ist dies nicht der Fall, liegt keine magnetische Fernordnung, sondern nur Nahordnung vor. Unter welchen Voraussetzungen ξ divergiert und damit magnetische Ordnung auftreten kann, zeigt folgende Tabelle [345, 280]:

Tab. 5.5: Einfluß der Gitter- und Spindimensionalität auf die magnetische Ordnung [345, 280]

<table>
<tr><th>Dimensionalität</th><th colspan="3">Gitter</th></tr>
<tr><th>Spin</th><th>1 D</th><th>2 D</th><th>3 D</th></tr>
<tr><td>ISING</td><td>keine</td><td colspan="2">langreichweitige</td></tr>
<tr><td>XY</td><td>lang-</td><td>$\xi \to \infty$ bei T_K</td><td rowspan="2">Ord-
nung</td></tr>
<tr><td>HEISENBERG</td><td colspan="2">reichweitige Ordnung bei $T = 0$</td></tr>
</table>

Langreichweitige magnetische Ordnung ist danach in idealen 1 D-Systemen nicht möglich. In 2 D-Systemen kann nur im Falle des ISING-Modells magnetische Ordnung auftreten, und in 3 D-Systemen ordnen die magnetischen Gitter immer, also unabhängig von der Spindimensionalität. Das 2 D-XY-Modell zeigt einen speziellen Phasenübergang bei T_K, der zwar einhergeht mit $\xi \to \infty$ bei einer endlichen Temperatur, aber ohne langreichweitige Ordnung ist [387].

In der Praxis findet man jedoch bei 1 D- und 2 D-Systemen, deren magnetisches Verhalten dem HEISENBERG-Modell folgt, in der Regel einen Phasenübergang, wenn auch häufig erst bei sehr tiefer Temperatur[28)]. Dieser scheinbare Widerspruch löst sich auf, wenn man bedenkt, daß bei realen Verbindungen neben der Kopplung $\mathcal{J}$ innerhalb der Ketten/Schichten prinzipiell auch immer eine Kopplung $\mathcal{J}'$ zwischen den niederdimensionalen Einheiten vorliegt oder eine Form von Anisotropie (leichte Richtung für einen magnetischen Dipol in bezug auf die kristallographischen Achsen) existiert. Diese zusätzlichen Wech-

[28)] Auch bei 0 D-Systemen (abgeschlossene Baugruppen) kann es bei tiefer Temperatur zu magnetischer Ordnung kommen, insbesondere bei ferromagnetischer Intracluster-Wechselwirkung.

selwirkungen, auch wenn sie klein gegenüber der Wechselwirkung innerhalb der Ketten/Schichten sind, führen bei ausreichend tiefer Temperatur zu magnetischer Ordnung. Von einem 1D- bzw. 2D-System spricht man nur dann, wenn die Wechselwirkung innerhalb der niederdimensionalen Einheit wesentlich stärker als die Wechselwirkung zwischen ihnen ist ($|\mathcal{J}'| \ll |\mathcal{J}|$). Bei $CrCl_3$ und $CrBr_3$ mit Schichtenstruktur ist $\tau = |\mathcal{J}'|/|\mathcal{J}| \approx 10^{-4}$ bzw. 10^{-2} (vgl. 5.4.4.2). Die „Güte" eines niederdimensionalen Systems kann dann mit τ angegeben werden: Je kleiner τ ist, desto ähnlicher ist das reale dem idealen niederdimensionalen System. Aus einem Vergleich von Abständen zwischen den magnetisch aktiven Zentren lassen sich erste Hinweise auf die dominierenden Wechselwirkungen gewinnen. Das Abstandskriterium reicht jedoch nicht aus, um die Größe von τ abzuschätzen, da aufgrund günstiger Superaustauschpfade auch relativ weit voneinander entfernte Zentren noch stark koppeln können.

5.4.2 Dinukleare Verbindungen

Homonukleare Verbindungen. Zur Ermittlung von Austauschparametern $\mathcal{J}$ in di- und polynuklearen Verbindungen stehen Suszeptibilitätsgleichungen zur Verfügung, deren Herleitung in 5.1.1.2 behandelt wurde. In Tab. 5.6 sind einige typische Beispiele dinuklearer Verbindungen zusammengestellt.

Die in Tab. 5.6 aufgeführten beiden Kupferverbindungen (**1** und **2**) gehören zu einer Serie, bei der eine der ersten Struktur-Magnetismus-Beziehungen aufgestellt wurde [408]: $\mathcal{J}$ hängt in entscheidendem Maße vom Brückenwinkel Cu–O–Cu ab (vgl. Beisp. 5.7). Bei der Ruthenium-Verbindung (**3**) mit Ru(III) in Low-Spin-Konfiguration ($S = 1/2$) wurde der bisher einzige Fall beobachtet, bei dem in der Elementarzelle zwei Dimere mit stark unterschiedlichem Abstand d(Ru–Ru)von 293 pm (a) und 375 pm (b) auftreten. In (a) liegt eine relativ starke antiferromagnetische und in (b) eine schwache ferromagnetische Kopplung vor ($\mathcal{J}(a) \leq -400\,\mathrm{cm}^{-1}$ bzw. $\mathcal{J}(b) = +12\,\mathrm{cm}^{-1}$). Die in Abb. 5.42 dargestellten magnetischen Orbitale können die Änderung im Vorzeichen von $\mathcal{J}$ plausibel machen (vgl. dortige Diskussion). Die Interpretation des magnetischen Verhaltens der Ti(III)-Verbindung (**4**) in Lit. [409] zeigt exemplarisch, in welchem Maße der Aufwand steigt, wenn kein thermisch isoliertes Bahnsingulett, sondern Bahnentartung vorliegt. Bei den Cr(III)-Verbindungen **5** – **7** mit relativ großem Abstand d(Cr–Cr) nimmt die antiferromagnetische Spin-Spin-Kopplung mit steigender Größe des Anions ab. Die deutlich schwächeren antiferromagnetischen Wechselwirkungen zwischen den dinuklearen Einheiten nehmen in derselben Richtung zu; das Iodid ordnet magnetisch bei 8,5 K ([410, 411]). Die Cr(III)-Verbindungen **8** und **9** haben nahezu gleiche interatomare Abstände und Winkel in der Brücke; der Abstand d(Cr–Cr) beträgt 263 pm bzw. 265 pm und ist damit wesentlich kürzer als in den drei ternären Halogeniden. Die Aus-

Tab. 5.6: Homodinukleare Verbindungen mit Spin-Spin-Austauschkopplung

Nr.	Verbindung	S	Brücke	$\mathcal{J}[cm^{-1}]$	Lit.
1	$[Cu(tmen)OH]_2Br_2$ [a]	$\frac{1}{2}$	OH^-	−255	[407]
2	$[Cu(bipy)OH]_2(NO_3)_2$ [b]	$\frac{1}{2}$	OH^-	86	[408]
3	$[(C_5Me_5)RuCl_2]_2$	$\frac{1}{2}$	Cl^-	≤ −400(*a*) +12(*b*) [c]	[350]
4	$Cs_3Ti_2Cl_9$	$\frac{1}{2}$	Cl^-	≈ −260 [d]	[409]
5	$Cs_3Cr_2Cl_9$ [e]	$\frac{3}{2}$	Cl^-	−7,06	[410]
6	$Cs_3Cr_2Br_9$	$\frac{3}{2}$	Br^-	−4,2	[411]
7	$Cs_3Cr_2I_9$	$\frac{3}{2}$	I^-	−3,2	
8	$[Cr_2(\mu\text{-}OH)_3(NH_3)_6]^{3+}$ [f]	$\frac{3}{2}$	OH^-	−60	[412]
9	$[Cr_2(\mu\text{-}NH_2)_3(NH_3)_6]I_3$ [g]	$\frac{3}{2}$	NH_2^-	−98	[414]
10	$[Fe(ODM)]_2O$ [h]	$\frac{5}{2}$	O^{2-}	−125	[415]
11	$[Fe(TPrPc)]_2O$ [i]	$\frac{5}{2}$	O^{2-}	−114	[416]
12	$[(C_7H_7)V(C_5H_4COOH)]_2$	$\frac{1}{2}$	H [j]	0,006	[422]

[a] ∠(Cu–O–Cu) = 104,4° (s. Beisp. 5.7).
[b] ∠(Cu–O–Cu) = 95,6°.
[c] Im Kristall gibt es im Verhältnis 1:1 zwei Sorten von Dimeren mit d(Ru–Ru) = 293 pm bzw. 375 pm.
[d] Aufgrund von Bahnanteilen zum magnetischen Moment ist die Interpretation des Magnetismus kompliziert.
[e] d(Cr–Cr) in pm: 312 (Cl), 332 (Br), ≈ 340 (I).
[f] d(Cr–Cr) = 263 pm.
[g] d(Cr–Cr) = 265 pm.
[h] ODM ≙ 5,15-dimethyl-2,3,7,8,12,13,17,18-octaethylporphyrinato dianion; d(Fe–O) = 175,2 pm, ∠ (Fe–O–Fe) = 178,6°.
[i] TBuPc ≡ 2,7,12,17-Tetra-*n*-propylporphycen; d(Fe–O) = 177,0 pm, ∠ (Fe–O–Fe) = 145,3°.
[j] Superaustausch über H-Brücken.

tauschwechselwirkungen führen zu einer um eine Größenordnung stärkeren antiferromagnetischen Spin-Spin-Kopplung als bei **5** – **7**. Diese ist im Fall der NH_2^--

Brücke besonders stark[29]. Die Fe(III)-Komplexe unterscheiden sich in ∠(Fe–O–Fe) deutlich mit 178,6° in **10** und 145,3° in **11**; der Abstand d(Fe–O) beträgt 175,2 pm bzw. 177,0 pm. Die Kopplungsparameter $\mathcal{J}$ signalisieren relativ starke und vergleichbar große antiferromagnetische Wechselwirkungen (-125 bzw. $-114\,\mathrm{cm}^{-1}$). Die Resultate sind im Einklang mit Ergebnissen von Ab-Initio-Rechnungen [417], nach denen in erster Linie der Fe–O-Abstand die Stärke der antiferromagnetischen Kopplung bestimmt [30]. Die Spin-Spin-Kopplung im Vanadium-Komplex **12** wurde ESR-spektroskopisch nachgewiesen [422]. Die Dimerisierung entspricht der Selbstassoziation der Benzoesäure.

Gd(III)–Cu(II)-Verbindungen. Zur Beschreibung des magnetischen Verhaltens von Systemen mit Gd(III)–Cu(II)-Paaren ist das HEISENBERG-Modell geeignet, da die magnetischen Zentren nahezu reinen Spinmagnetismus zeigen. Die Anwendung des HEISENBERG-Operators $\hat{H} = -2\mathcal{J}\hat{\boldsymbol{S}}_{\mathrm{Gd}}\cdot\hat{\boldsymbol{S}}_{\mathrm{Cu}}$ auf die sechzehn Produktzustände $|M_S(\mathrm{Gd})M_S(\mathrm{Cu})\rangle$ führt wegen $S' = S_{\mathrm{Gd}} \pm S_{\mathrm{Cu}} = \frac{7}{2} \pm \frac{1}{2}$ zu den Zuständen $S' = 4$ und $S' = 3$ mit den Energien $E(S' = 4) = -\frac{7}{2}\mathcal{J}$ und $E(S' = 3) = \frac{9}{2}\mathcal{J}$ (vgl. Gl. (5.8) und Beispiel 5.3).

Zur Ermittlung der VAN VLECK-Gleichung läßt man auf die Zustände $S' = 4$ und $S' = 3$ den Operator $\hat{H}_{M_z} = -\gamma_e\big(g_{\mathrm{Gd}}\hat{S}_{z(\mathrm{Gd})} + g_{\mathrm{Cu}}\hat{S}_{z(\mathrm{Cu})}\big)B_z$ einwirken (vgl. 3.4.3.1). Mit $g_4 = (7g_{\mathrm{Gd}} + g_{\mathrm{Cu}})/8$ und $g_3 = (9g_{\mathrm{Gd}} - g_{\mathrm{Cu}})/8$ ergibt sich

$$\chi_{mol} = \mu_0 \frac{N_A\mu_B^2}{3k_BT} \underbrace{\frac{\left[180\, g_4^2 \exp\left(\frac{7\mathcal{J}}{2k_BT}\right) + 84\, g_3^2 \exp\left(-\frac{9\mathcal{J}}{2k_BT}\right)\right]}{\left[9 \exp\left(\frac{7\mathcal{J}}{2k_BT}\right) + 7 \exp\left(-\frac{9\mathcal{J}}{2k_BT}\right)\right]}}_{n_{eff}^2} . \tag{5.108}$$

Bisher untersuchte Komplexe haben positive $\mathcal{J}$-Werte von $3,5\,\mathrm{cm}^{-1}$ [424] und $2,84\,\mathrm{cm}^{-1}$ [425]. Die Spins von Gd(III) und Cu(II) sind ferromagnetisch gekoppelt, so daß $S' = 4$ Grundzustand ist. Da die für $\mathcal{J}$ erhaltenen Werte relativ klein sind, ist der Einfluß des äußeren Magnetfeldes auf den Verlauf der n_{eff}–T-Kurve zu beachten. Gl. (5.108) ist nur anwendbar, wenn der VAN VLECK-Fall $\hat{H}_M \ll \hat{H}_{ex}$ vorliegt, also bei schwachem Magnetfeld gemessen wird. Ist dies nicht der Fall, muß eine Gleichung verwendet werden, die äußeres Magnetfeld und Austauschwechselwirkung als gleichzeitige Störung betrachtet

---

[29] Eine Diskussion von Struktur-Magnetismus-Beziehungen bei dinuklearen Cr(III)-Verbindungen findet man in [413].

[30] Für (μ-Oxo)dieisen(III)-Komplexe mit mindestens zweifacher Verbrückung existiert eine empirisch ermittelte Struktur-Magnetismus-Beziehung [418]. In [419] sind Daten zu Struktur, Magnetismus und anderen Eigenschaften oxo- und hydroxoverbrückter dinuklearer Eisen-Komplexe zusammengefaßt. Höherkernige Fe(III)-Komplexe sind wegen ihres Anwendungspotentials (nanoskalierte magnetische Materialien, s. 5.4.4.3) von großem Interesse [420, 421].

(vgl. 5.1.1.2). Abb. 5.34 zeigt die für ein Gd(III)–Cu(II)-Paar mit $\mathcal{J} = 5\,\mathrm{cm}^{-1}$ und verschieden starken Feldern berechneten n_{eff}–T-Kurven. Bei Kurve (a) mit $B_0 = 0,01\,\mathrm{T}$ ist $H_M \ll H_{ex}$, und es liegt praktisch der durch Gl. (5.108) beschriebene VAN VLECK-Fall vor. Dies trifft jedoch nicht mehr bei (b) und (c) mit $B_0 = 0,1\,\mathrm{T}$ bzw. 1,0 T zu. Während Kurve (a) im Bereich $T < 10\,\mathrm{K}$ ein Plateau bei $n_{eff} = \sqrt{80} = 8,94$ (mit $g_{\mathrm{Gd}} = g_{\mathrm{Cu}} = 2$) erreicht, erfolgt im Falle (b) ein Abbiegen der Kurve zu kleineren n_{eff}-Werten bereits bei $T < 3\,\mathrm{K}$ aufgrund des Sättigungseffektes, und bei (c) wird der Maximalwert von n_{eff} nicht mehr erreicht. Gl. (5.108) ist in den beiden letztgenannten Fällen nicht adäquat.

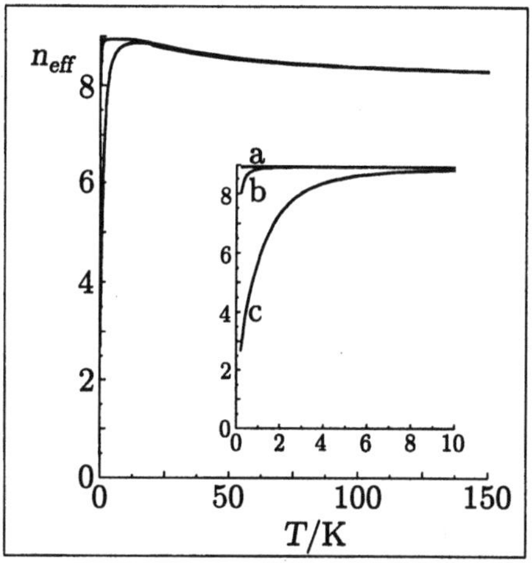

Abb. 5.34: Berechneter n_{eff}–T-Verlauf einer mit $\mathcal{J} = 5\,\mathrm{cm}^{-1}$ ferromagnetisch gekoppelten Gd(III)–Cu(II)-Einheit (HEISENBERG-Modell) mit $g_{\mathrm{Gd}} = g_{\mathrm{Cu}} = 2$ für Magnetfelder B_0 von (a) 0,01 T, (b) 0,1 T, (c) 1,0 T.

5.4.3 Ketten

Im einfachsten Fall besteht eine „magnetische Kette" aus einer großen Zahl äquivalenter Zentren M mit lokalem Spin $S = 1/2$ und gleicher Spin-Spin-Kopplung $\mathcal{J}$ zwischen nächsten Nachbarn:

$$\overset{\mathcal{J}}{\text{——}}\ \mathrm{M_i}\ \overset{\mathcal{J}}{\text{——}}\ \mathrm{M_{i+1}}\ \overset{\mathcal{J}}{\text{——}}\ \mathrm{M_{i+2}}\ \overset{\mathcal{J}}{\text{——}}$$

Beschreibt man die Wechselwirkungen im HEISENBERG-Modell, lautet der Operator bei gleichzeitiger Berücksichtigung eines äußeren Magnetfeldes

$$\hat{H} = -2\mathcal{J} \sum_{i=1}^{N-1} \hat{\boldsymbol{S}}_i \cdot \hat{\boldsymbol{S}}_{i+1} - \gamma_e g B_z \sum_{i=1}^{N} \hat{S}_{i,z}, \tag{5.109}$$

wobei N die Zahl der in Wechselwirkung stehenden Zentren angibt.

In realen Systemen ist N sehr groß, und aus rechentechnischen Gründen ist ein System z. B. mit $N = 100$ nach dem herkömmlichen Verfahren (vgl. 5.1.1.2) nicht handhabbar. Betrachtet man z. B. ein Kettenstück aus $N = 100$ lokalen Spins $S = 1/2$, hätte die H-Matrix bez. H_{ex} die Dimension $(2S+1)^N =$

$2^{100} \approx 10^{30}$. Sie kann von keinem Rechner weder gespeichert noch diagonalisiert werden. Die Grenze der Bearbeitbarkeit liegt bei $N \approx 20$. Ein Weg zur Bestimmung der Suszeptibilität (oder anderer thermodynamischer Größen wie z. B. der spezifischen Wärme) von 1 D-Systemen besteht darin, die Rechnungen auf relativ kurze Ketten von $N = 10 - 11$ zu beschränken und auf das Verhalten von Systemen mit $N \to \infty$ zu extrapolieren (BONNER, FISHER [346]). Abb. 5.35 zeigt das Ergebnis solcher Rechnungen. Aufgetragen sind die reduzierten Größen $T_{red} = k_BT/[|\mathcal{J}|S(S+1)]$ und $\chi_{red} = \chi_{mol}|\mathcal{J}|/(\mu_0 N_A g^2 \mu_B^2)$, die unabhängig vom Betrag des Austauschparameters sind. Kurve (11/10) entspricht dem arithmetischen Mittel aus $N = 10$ und $N = 11$, die gestrichelte Kurve zeigt das durch Extrapolation erzielte Resultat für $N \to \infty$. Die Abbildung enthält auch Kurven, die man durch einfache Mittelwertbildung aus den Kurven für N und $N+1$ erhält. Die Kurve für $N \to \infty$ strebt für $T \to 0$ einem endlichen χ_{red}-Wert von 0,0591 zu. Man erkennt ein relativ breites Maximum in χ_{red}, das typisch für Systeme mit antiferromagnetischer Kopplung bei niedrigdimensionaler Verknüpfung der Zentren ist (vgl. Abb. 5.2a). Es liegt bei $k_BT_{max}/|\mathcal{J}| = 1,282$ und $\chi_{red}^{max}/(\mu_0 N_A g^2 \mu_B^2/|\mathcal{J}|) = 0,07346$. Man beachte, daß der Verlauf der Kurve (11/10) und derjenigen für $N \to \infty$ in einem großen Temperaturbereich sehr ähnlich ist. In diesem Bereich genügt es offenbar, sich auf die Kurve (11/10) zu stützen. In Tab. 5.7 sind einige Beispiele von Verbindungen mit Kettenstruktur zusammengestellt. Die für $N \to \infty$ erhaltene Kurve kann simuliert werden durch [341]

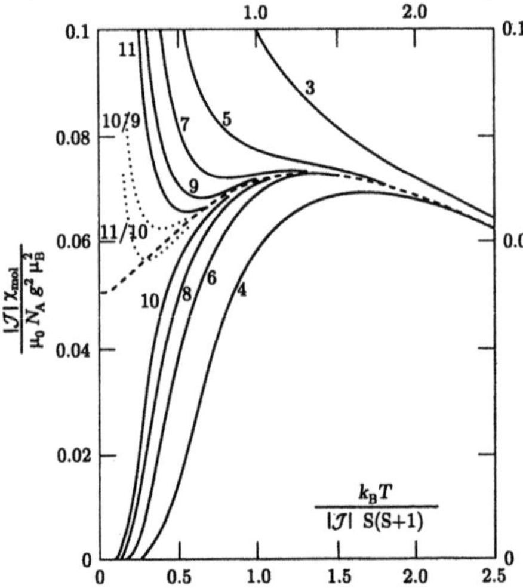

Abb. 5.35: Temperaturverlauf der magnetischen Suszeptibilität (reduzierte Einheiten) eines antiferromagnetisch gekoppelten 1 D-Systems im HEISENBERG-Modell (s. Text).

$$\chi_{mol} = \mu_0 \frac{N_A g^2 \mu_B^2}{k_B T} \frac{0,25 + 0,074975x + 0,075235x^2}{1,0 + 0,9931x + 0,172135x^2 + 0,757825x^3} \quad (5.110)$$

mit $x = |2\mathcal{J}|/(k_BT)$. Diese Beziehung vereinfacht Anpassungsrechnungen bei der magnetochemischen Analyse von 1 D-Verbindungen mit $S = 1/2$-Zentren, $\mathcal{J} < 0$ (HEISENBERG-Modell). Ein typisches Beispiel ist die Verbindung $Cu(C_2O_4) \cdot \frac{1}{3} H_2O$ [347, 54] mit $\mathcal{J} = -146\,\mathrm{cm}^{-1}$.

Tab. 5.7: Verbindungen mit 1D-verknüpften magnetischen Zentren und Spin-Spin-Austauschkopplung

Verbindung	S	Brücke	$\mathcal{J}[\mathrm{cm}^{-1}]$	$\mathcal{J}'[\mathrm{cm}^{-1}]^{a)}$	Lit.
$Cu(C_2O_4)\cdot\frac{1}{3}H_2O$	$\frac{1}{2}$	$C_2O_4^{2-}$	−146		[347, 54]
$(C_6H_{11}NH_3)CuCl_3$	$\frac{1}{2}$	$(\mu\text{-}Cl)_2$	50	$0,05; -10^{-2}$	[348, 349]
$CuGeO_3$	$\frac{1}{2}$	O^{2-}	−63	$-6; 0,6$	[351, 352]
$CsNiCl_3$	1	Cl^-	−9	[b)]	[55]

[a)] $\mathcal{J}$: 'intrachain'-Parameter; $\mathcal{J}'$: 'interchain'-Parameter.
[b)] $|\mathcal{J}'/\mathcal{J}| = 7\times10^{-3}$.

Eine entsprechende Gleichung für $\mathcal{J} > 0$ gibt es nicht. Hier empfiehlt sich die Verwendung einer Beziehung, die nach der *Hochtemperaturentwicklung* abgeleitet wird (vgl. 5.4.4). Eine relativ starke ferromagnetische Kopplung $\mathcal{J} = 50\,\mathrm{cm}^{-1}$ gibt es in der Kette $(C_6H_{11}NH_3)CuCl_3$ [348, 349].

Betrachtet man 1D-Systeme mit Zentren der Gesamtspinquantenzahl $S \geq 1$, ist das Verfahren zur Aufstellung einer Suszeptibilitätsbeziehung wie bei $S = 1/2$ im Prinzip durchführbar. Da die Größe der zu diagonalisierenden Matrix jedoch schnell mit wachsendem S anwächst, können nur relativ wenige Zentren in die Rechnung einbezogen werden. Bei $S = 5/2$ sind dies zum heutigen Zeitpunkt maximal $N = 5$ Zentren (s. [54] und dort zitierte Literatur). Bei dieser niedrigen Zahl ist die Extrapolation natürlich relativ unsicher. Ist S groß, z. B. 5/2 bei $3d^5$-Systemen oder 7/2 bei $4f^7$-Systemen, verwendet man zur Berechnung der magnetischen Suszeptibilität daher besser eine von FISHER [353] für klassische Spins abgeleitete Beziehung[31)]. Sie lautet für die auf den Spin S normierte Suszeptibilität [354]:

$$\chi_{mol} = \mu_0 \frac{N_A \mu_B^2 g^2}{k_B T}\frac{1+u}{1-u} \quad \text{mit } u = \coth\left[\frac{2\mathcal{J}S(S+1)}{k_B T}\right] - \frac{k_B T}{2\mathcal{J}S(S+1)}. \tag{5.111}$$

Neben der homonuklearen Kette sind kompliziertere Varianten wie alternierende Ketten untersucht worden (vgl. [356, 54] und dort zitierte Literatur):

$$\overset{\mathcal{J}}{\text{——}}\ \mathrm{M_i}\ \overset{\alpha\mathcal{J}}{\text{——}}\ \mathrm{M_{i+1}}\ \overset{\mathcal{J}}{\text{——}}\ \mathrm{M_{i+2}}\ \overset{\alpha\mathcal{J}}{\text{——}}$$

Der HEISENBERG-Operator lautet in diesem Fall

$$\hat{H}_{ex} = -2\mathcal{J}\sum_{i=1}^{N}\left(\hat{\boldsymbol{S}}_{2i}\cdot\hat{\boldsymbol{S}}_{2i-1} + \alpha\hat{\boldsymbol{S}}_{2i}\cdot\hat{\boldsymbol{S}}_{2i+1}\right). \tag{5.112}$$

[31)] Beim klassischen Spin gibt es keine Richtungsquantelung.

Im Falle $\alpha = 0$ reduziert sich das Modell auf dasjenige für homodinukleare Systeme. Der Grundzustand einer alternierenden Spinkette mit antiferromagnetischer Kopplung ist immer ein nichtmagnetischer Singulett-Zustand, d. h., die magnetische Suszeptibilität geht im Gegensatz zu der Kette mit $\alpha = 1$ für $T \to 0$ für alle Werte von $\alpha \neq 0$ ebenfalls gegen null[32)].

Insbesondere Ketten aus den Gliedern $-Cu^{2+}-L-Mn^{2+}-$ mit antiferromagnetischer Cu–Mn-Wechselwirkung sind als Zwischenstufe auf dem Weg zu einem spontan magnetisiertem, molekularem 3 D-System von Interesse [356]. Hier wird das Konzept des Ferrimagnetismus mit einer antiferromagnetischen Wechselwirkung zwischen den nichtäquivalenten Zentren auf molekulare Materialien übertragen.

5.4.4 Schichten und Raumnetze

Rechenaufwand und Speicherplatzbedarf wachsen bei den im vorigen Abschnitt beschriebenen Näherungsverfahren mit größer werdender Zahl an Spins sehr rasch an. Für Systeme mit 2 D- und 3 D-Verknüpfung der Zentren sind sie zur Bestimmung der magnetischen Suszeptibilität daher nicht mehr brauchbar. Eine effektive Methode zur Berechnung der Suszeptibilität ist hier die *Hochtemperatur-Entwicklung* (HTE). „Hochtemperatur" bedeutet, daß man sich oberhalb der Ordnungstemperatur (T_C, T_N) befindet; „Entwicklung" steht für Reihenentwicklung. Die HTE kann für den allgemeinen Fall, d. h. ferro- oder antiferromagnetische Wechselwirkung bei beliebigem Gitter und Spin, die Suszeptibilität über einen großen Temperaturbereich liefern und so Aussagen über die Größe der Austauschparameter machen.

5.4.4.1 Hochtemperatur-Entwicklung (HTE)

Wir werden die allgemein gültigen Beziehungen für Magnetisierung und Suszeptibilität, wie sie sich aus der Thermodynamik ergeben, vorstellen und die HTE für das HEISENBERG-Modell daraus in mehreren Schritten vollziehen.[33)]

[32)] Die alternierende Spinkette hängt eng mit dem Phänomen des sog. Spin-PEIERLS-Übergangs zusammen (vgl. $CuGeO_3$, Tab. 5.7). Die Theorie zeigt, daß eine isotrope Spinkette ($\alpha = 1$) unter Einbeziehung der dreidimensionalen Schwingungen des sie umgebenden Gitters unterhalb einer bestimmten Temperatur T_{SP} in eine alternierende Kette (Paarbildung) zerfallen muß — unter der Voraussetzung, daß die intermolekularen Wechselwirkungen so schwach sind, daß keine 3 D-Ordnung oberhalb von T_{SP} eintritt. Eine Art zweidimensionaler PEIERLS-Verzerrung findet man bei $Na_2Ti_3Cl_8$ [426]. Bei Raumtemperatur bildet das Ti^{2+}-Teilgitter KAGOMÉ-Netze, die bei $T < 245$ K in $[Ti_3]^{6+}$-Cluster unter Erniedrigung des magnetischen Moments übergehen (vgl. die Eu-Teilstruktur in $EuMg_{5.2}$, Abb. 5.43).

[33)] An diesem Abschnitt hat Dr. K. HANDRICK maßgeblich mitgewirkt.

Suszeptibilitätsgleichung. Die Definition der Zustandssumme Z lautet

$$Z = \sum_n \exp(-\beta E_n) = Sp\Big[\exp(-\beta \hat{H})\Big] \quad \text{mit} \quad \beta \equiv 1/(k_B T). \qquad (5.113)$$

$Sp[\exp(-\beta \hat{H})]$ steht für die *Spur* der Matrix des HAMILTON-Operators $\hat{H}$ bzw. aus den Eigenwerten des HAMILTON-Operators[33]. Aus Z kann über Gl. (3.165) nach den Regeln der Differentialrechnung die Magnetisierung erhalten werden:

$$M = N k_B T \frac{\partial \ln Z}{\partial B} = \gamma_e g \frac{Sp\left[\sum_{i=1}^{N} \hat{S}_{zi} \exp(-\beta \hat{H})\right]}{Sp\left[\exp(-\beta \hat{H})\right]}. \qquad (5.114)$$

Bevor wir für $\hat{H}$ den Operator einsetzen, der die Wechselwirkungen innerhalb eines austauschgekoppelten 2 D- oder 3 D-Systems in Gegenwart eines äußeren Magnetfeldes repräsentiert, wollen wir anhand zweier Beispiele in den Formalismus der Spinmatrizen einführen, der bei der HTE anzuwenden ist.

Beispiel 5.8 *Magnetisierung zweier ungekoppelter Zentren mit je Spin S*

Mit $\hat{H} = -\gamma_e g B_z(\hat{S}_{z1} + \hat{S}_{z2})$ lautet Gl. (5.114)

$$M = \gamma_e g \frac{Sp\Big[(\hat{S}_{z1} + \hat{S}_{z2}) \exp(-\beta \hat{H})\Big]}{Sp\Big[\exp(-\beta \hat{H})\Big]}. \qquad (5.115)$$

Die in den eckigen Klammern der Gl. (5.115) stehenden Größen $\hat{S}_{z1}$, $\hat{S}_{z2}$ und $\exp(-\beta \hat{H})$ sind Matrizen. Sie haben in unserem Beispiel die Ordnung $(2S+1)^2$ mit dem Spin S jedes Zentrums und der Zahl der Zentren als Exponent. (Bei N Zentren ist die Ordnung der Matrizen $(2S+1)^N$.) $\hat{S}_{z1}$ ist die Matrixdarstellung eines Operators, der nach Anwendung auf eine Basisfunktion den Eigenwert $M_S \hbar$ des Zentrums 1 ergibt; Entsprechendes gilt für $\hat{S}_{z2}$. Die Basis des Zweizentren-Systems besteht aus Produktfunktionen $|M_S\rangle_1 |M_S\rangle_2$, und wir erinnern daran, daß eine Matrix ($\hat{=}$ Darstellung eines Operators) für Produktzustände aus Operatoren für Einzelzustände mit Hilfe des direkten Produkts zu bilden ist (s. 4.1.6, insbesondere Beisp. 4.10). $\hat{S}_{z1}$ und $\hat{S}_{z2}$ erhält man, indem man das direkte Produkt aus $\hat{S}_z$ und der Einheitsmatrix $\hat{1}$ bzw. aus $\hat{1}$ und $\hat{S}_z$ bildet:

$$\hat{S}_{z1} = \hat{S}_z \otimes \hat{1}, \qquad \hat{S}_{z2} = \hat{1} \otimes \hat{S}_z.$$

Wählen wir $S = S_1 = S_2 = 1/2$, ist $\hat{S}_z$ die PAULI-Spinmatrix $\frac{\hbar}{2}\sigma_z$ (Gl. (3.90)), so daß $\hat{S}_{z1}$ und $\hat{S}_{z2}$ die Form

$$\hat{S}_{z1} \to \frac{\hbar}{2} \underbrace{\begin{pmatrix} 1 & 0 \\ 0 & -1 \end{pmatrix}}_{\hat{\sigma}_z} \otimes \underbrace{\begin{pmatrix} 1 & 0 \\ 0 & 1 \end{pmatrix}}_{\hat{1}} =$$

$$\frac{\hbar}{2} \begin{pmatrix} 1 \begin{pmatrix} 1 & 0 \\ 0 & 1 \end{pmatrix} & 0 \begin{pmatrix} 1 & 0 \\ 0 & 1 \end{pmatrix} \\ 0 \begin{pmatrix} 1 & 0 \\ 0 & 1 \end{pmatrix} & -1 \begin{pmatrix} 1 & 0 \\ 0 & 1 \end{pmatrix} \end{pmatrix} = \frac{\hbar}{2} \underbrace{\begin{pmatrix} 1 & 0 & 0 & 0 \\ 0 & 1 & 0 & 0 \\ 0 & 0 & -1 & 0 \\ 0 & 0 & 0 & -1 \end{pmatrix}}_{\hat{\sigma}_z \otimes \hat{1}},$$

$$\hat{S}_{z2} \to \frac{\hbar}{2} \underbrace{\begin{pmatrix} 1 & 0 \\ 0 & 1 \end{pmatrix}}_{\hat{1}} \otimes \underbrace{\begin{pmatrix} 1 & 0 \\ 0 & -1 \end{pmatrix}}_{\hat{\sigma}_z} = \frac{\hbar}{2} \underbrace{\begin{pmatrix} 1 & 0 & 0 & 0 \\ 0 & -1 & 0 & 0 \\ 0 & 0 & 1 & 0 \\ 0 & 0 & 0 & -1 \end{pmatrix}}_{\hat{1} \otimes \hat{\sigma}_z}$$

haben. Ihre Summe, die wir für Gl. (5.115) benötigen, ist

$$\hat{S}_{z1} + \hat{S}_{z2} \to \hbar \begin{pmatrix} 1 & 0 & 0 & 0 \\ 0 & 0 & 0 & 0 \\ 0 & 0 & 0 & 0 \\ 0 & 0 & 0 & -1 \end{pmatrix}. \tag{5.116}$$

Im Formalismus der Spinmatrizen schreibt man die Basisfunktionen in einer speziellen Form, wie wir bei der Behandlung der PAULI-Matrizen Gl. (3.95) sahen: $|\frac{1}{2}\rangle \to \binom{1}{0}$; $|-\frac{1}{2}\rangle \to \binom{0}{1}$. Aus ihnen werden im Falle des Systems mit $S_1 = S_2 = \frac{1}{2}$ die Produktformen als direkte Produkte gebildet:

$$\underbrace{\begin{pmatrix} 1 \\ 0 \end{pmatrix}}_{|\frac{1}{2}\rangle_1} \otimes \underbrace{\begin{pmatrix} 1 \\ 0 \end{pmatrix}}_{|\frac{1}{2}\rangle_2} = \begin{pmatrix} 1 \begin{pmatrix} 1 \\ 0 \end{pmatrix} \\ 0 \begin{pmatrix} 1 \\ 0 \end{pmatrix} \end{pmatrix} = \underbrace{\begin{pmatrix} 1 \\ 0 \\ 0 \\ 0 \end{pmatrix}}_{|\frac{1}{2}\frac{1}{2}\rangle}, \quad \underbrace{\begin{pmatrix} 1 \\ 0 \end{pmatrix}}_{|\frac{1}{2}\rangle_1} \otimes \underbrace{\begin{pmatrix} 0 \\ 1 \end{pmatrix}}_{|-\frac{1}{2}\rangle_2} = \underbrace{\begin{pmatrix} 0 \\ 1 \\ 0 \\ 0 \end{pmatrix}}_{|\frac{1}{2}-\frac{1}{2}\rangle},$$

$$\underbrace{\begin{pmatrix} 0 \\ 1 \end{pmatrix}}_{|-\frac{1}{2}\rangle_1} \otimes \underbrace{\begin{pmatrix} 1 \\ 0 \end{pmatrix}}_{|\frac{1}{2}\rangle_2} = \underbrace{\begin{pmatrix} 0 \\ 0 \\ 1 \\ 0 \end{pmatrix}}_{|-\frac{1}{2}\frac{1}{2}\rangle}, \quad \underbrace{\begin{pmatrix} 0 \\ 1 \end{pmatrix}}_{|-\frac{1}{2}\rangle_1} \otimes \underbrace{\begin{pmatrix} 0 \\ 1 \end{pmatrix}}_{|-\frac{1}{2}\rangle_2} = \underbrace{\begin{pmatrix} 0 \\ 0 \\ 0 \\ 1 \end{pmatrix}}_{|-\frac{1}{2}-\frac{1}{2}\rangle}.$$

Multipliziert man die zuvor abgeleitete Matrixdarstellung des Operators $\hat{S}_{z1}$ der Reihe nach mit den vier Basiszuständen, erhält man bei den ersten zwei erwartungsgemäß den Eigenwert $+\hbar/2$, bei den letzten zwei $-\hbar/2$. Die Anwendung von $\hat{S}_{z2}$ auf die erste und dritte Funktion liefert $+\hbar/2$, bei der zweiten und vierten $-\hbar/2$. Damit haben wir gezeigt, daß $\hat{S}_{z1}$ nur auf das Zentrum 1 und $\hat{S}_{z2}$ nur auf das Zentrum 2 wirkt. Im folgenden werden die Funktionen nicht mehr gebraucht.

Zur Entwicklung des Zählers und Nenners der Gl. (5.115) wird neben $\hat{S}_{z1}$ und $\hat{S}_{z2}$ die Matrixdarstellung von $\exp(-\beta\hat{H})$ benötigt. Unter Berücksichtigung von Matrix (5.116) ergibt sie sich zu

$$\exp\left(g\gamma_e B_z \beta[\hat{S}_{z1} + \hat{S}_{z2}]\right) \to \begin{pmatrix} \exp(-y) & 0 & 0 & 0 \\ 0 & 1 & 0 & 0 \\ 0 & 0 & 1 & 0 \\ 0 & 0 & 0 & \exp(y) \end{pmatrix}; \quad y = g\mu_B B_z \beta.$$

Setzt man sie und die Spinmatrix (5.116) in Gl. (5.115) ein, ergibt sich für den Zähler (mit MZ bezeichnet), den Nenner (MN) und schließlich M:

$$\begin{aligned} MZ &= \hbar\, Sp \left[\begin{pmatrix} 1 & 0 & 0 & 0 \\ 0 & 0 & 0 & 0 \\ 0 & 0 & 0 & 0 \\ 0 & 0 & 0 & -1 \end{pmatrix} \begin{pmatrix} \exp(-y) & 0 & 0 & 0 \\ 0 & 1 & 0 & 0 \\ 0 & 0 & 1 & 0 \\ 0 & 0 & 0 & \exp(y) \end{pmatrix} \right] \\ &= \hbar\,[\exp(-y) - \exp(y)] \\ MN &= \exp(-y) + 2 + \exp(y) \\ M &= g\mu_B \frac{\exp(y) - \exp(-y)}{\exp(y) + 2 + \exp(-y)}. \end{aligned}$$

Entwickelt man die Exponentialfunktionen für $B \to 0$ in 1. Ordnung, resultieren die Gleichungen für zwei Zentren mit $S_1 = S_2 = 1/2$:

$$M = g\mu_B \frac{2y}{4} \quad \longrightarrow \quad \chi = \frac{g\,\mu_B}{H_z}\frac{y}{2} = \mu_0 \frac{g^2\mu_B^2}{2k_B T}. \tag{5.117}$$

Zu dem hier bewußt auf umständliche Weise erhaltenen Ergebnis kann man auf einem einfacheren Weg gelangen. Aus Gl. (5.114) folgt direkt:

$$M = 2\gamma_e g \frac{Sp\left[\hat{S}_z \exp\left(-y\hat{S}_z/\hbar\right)\right]}{Sp\left[\exp\left(-y\hat{S}_z/\hbar\right)\right]} = 2\gamma_e g \langle \hat{S}_z \rangle$$

mit $Sp\left[\exp\left(-y\hat{S}_z/\hbar\right)\right] = \sum_{MS} \exp(yM_S)$ (vgl. Gl. (4.28)). Jetzt werden unter der Voraussetzung $B \to 0$ die Exponentialfunktionen bis zur 1. Ordnung entwickelt:

$$M = 2\gamma_e g \frac{Sp\left[\hat{S}_z\right] + \gamma_e g B_z \beta Sp\left[\hat{S}_z^2\right]}{Sp\left[\hat{1}\right] + \gamma_e g B_z \beta Sp\left[\hat{S}_z\right]}. \qquad \text{Mit}$$

$$Sp\left[\hat{S}_z\right] = \sum_{M_S=-S}^{S} \langle M_S|\hat{S}_z|M_S\rangle = \hbar \sum_{M_S=-S}^{S} M_S \underbrace{\langle M_S|M_S\rangle}_{1} = 0, \tag{5.118}$$

$$Sp\left[\hat{S}_z^2\right] = \sum_{M_S=-S}^{S} \langle M_S|\hat{S}_z^2|M_S\rangle = \hbar^2 \sum_{M_S=-S}^{S} M_S^2 \underbrace{\langle M_S|M_S\rangle}_{1} = \frac{\hbar^2}{3} \underbrace{S(S+1)}_{X}\underbrace{(2S+1)}_{Y},$$

$$Sp\left[\hat{1}\right] = \sum_{M_S=-S}^{S} \langle M_S|\hat{1}|M_S\rangle = 2S+1 \equiv Y \quad \text{folgt die bekannte Beziehung}$$

$$M = \frac{2g^2\mu_B^2 B_z}{k_B T} \frac{S(S+1)(2S+1)}{3(2S+1)} = \frac{2g^2\mu_B^2 S(S+1)}{3k_B T} B_z.$$

Für $S = \frac{1}{2}$ ergibt sich Gl. (5.117). *

Beispiel 5.9 *Magnetisierung zweier austauschgekoppelter Zentren mit Spin* $S_1 = S_2 = 1/2$ *im* HEISENBERG-*Modell*

Der Operator lautet: $\hat{H} = -2\mathcal{J}\hat{\boldsymbol{S}}_1 \cdot \hat{\boldsymbol{S}}_2 - g\gamma_e B_z(\hat{S}_{z1} + \hat{S}_{z2})$. Zunächst wird die Spinmatrix für $\hat{\boldsymbol{S}}_1 \cdot \hat{\boldsymbol{S}}_2 = \hat{S}_{z1}\hat{S}_{z2} + \hat{S}_{x1}\hat{S}_{x2} + \hat{S}_{y1}\hat{S}_{y2}$ mit $S_1 = S_2 = 1/2$ gebildet, wobei, wie üblich im Zusammenhang mit dem Spin-Spin-Kopplungsoperator auf $\hbar$ verzichtet wird:

$$\hat{S}_{z1}\hat{S}_{z2} \;\rightarrow\; \left(\frac{1}{4}\right) \underbrace{\begin{pmatrix} 1 & 0 \\ 0 & -1 \end{pmatrix}}_{\hat{\sigma}_z} \otimes \begin{pmatrix} 1 & 0 \\ 0 & -1 \end{pmatrix} = \left(\frac{1}{4}\right) \begin{pmatrix} 1 & 0 & 0 & 0 \\ 0 & -1 & 0 & 0 \\ 0 & 0 & -1 & 0 \\ 0 & 0 & 0 & 1 \end{pmatrix}$$

$$\hat{S}_{x1}\hat{S}_{x2} \;\rightarrow\; \left(\frac{1}{4}\right) \underbrace{\begin{pmatrix} 0 & 1 \\ 1 & 0 \end{pmatrix}}_{\hat{\sigma}_x} \otimes \begin{pmatrix} 0 & 1 \\ 1 & 0 \end{pmatrix} = \left(\frac{1}{4}\right) \begin{pmatrix} 0 & 0 & 0 & 1 \\ 0 & 0 & 1 & 0 \\ 0 & 1 & 0 & 0 \\ 1 & 0 & 0 & 0 \end{pmatrix}$$

$$\hat{S}_{y1}\hat{S}_{y2} \;\rightarrow\; \left(\frac{1}{4}\right) \underbrace{\begin{pmatrix} 0 & -i \\ i & 0 \end{pmatrix}}_{\hat{\sigma}_y} \otimes \begin{pmatrix} 0 & -i \\ i & 0 \end{pmatrix} = \left(\frac{1}{4}\right) \begin{pmatrix} 0 & 0 & 0 & -1 \\ 0 & 0 & 1 & 0 \\ 0 & 1 & 0 & 0 \\ -1 & 0 & 0 & 0 \end{pmatrix}$$

Als Summe der drei 4×4-Matrizen erhalten wir mit dem Faktor $-2\mathcal{J}$:

$$-2\mathcal{J}\hat{\boldsymbol{S}}_1\cdot\hat{\boldsymbol{S}}_2 \to \begin{pmatrix} -\mathcal{J}/2 & 0 & 0 & 0 \\ 0 & \mathcal{J}/2 & -\mathcal{J} & 0 \\ 0 & -\mathcal{J} & \mathcal{J}/2 & 0 \\ 0 & 0 & 0 & -\mathcal{J}/2 \end{pmatrix}.$$

Übernehmen wir die Spinmatrix für $\hat{S}_{z1} + \hat{S}_{z2}$ aus Gl. (5.116), ergibt sich die Matrixdarstellung des Gesamtoperators zu

$$\hat{H} = -2\mathcal{J}\hat{\boldsymbol{S}}_1\cdot\hat{\boldsymbol{S}}_2 - g\gamma_e B_z(\hat{S}_{z1} + \hat{S}_{z2}) \to$$
$$\begin{pmatrix} -\mathcal{J}/2 + g\mu_B B_z & 0 & 0 & 0 \\ 0 & \mathcal{J}/2 & -\mathcal{J} & 0 \\ 0 & -\mathcal{J} & \mathcal{J}/2 & 0 \\ 0 & 0 & 0 & -\mathcal{J}/2 - g\mu_B B_z \end{pmatrix}.$$

Wir sind nur an der *Spur* dieser Matrix interessiert, die daher nicht diagonalisiert zu werden braucht, da sich bei Diagonalisierung die *Spur* nicht ändert (vgl. Matrix (5.20)). Mit der Matrixform des Operators gehen wir in Gl. (5.114):

$$M = \frac{g\gamma_e}{Sp\,[Z]} Sp\left[\left(\hat{S}_{z1} + \hat{S}_{z2}\right)\exp\left(\frac{2\mathcal{J}\hat{\boldsymbol{S}}_1\cdot\hat{\boldsymbol{S}}_2}{k_BT}\right)\exp\left(\frac{g\gamma_e B_z(\hat{S}_{z1} + \hat{S}_{z2})}{k_BT}\right)\right].$$

Man entwickelt die Exponentialfunktionen für $B \to 0$ in 1. Ordnung und erhält

$$\begin{aligned} M &= g\gamma_e \frac{Sp\,[M1 + M2]}{Sp\,[Z]} \quad \text{mit} \\ M1 &= \left(\hat{S}_{z1} + \hat{S}_{z2}\right)\exp\left(\frac{2\mathcal{J}\hat{\boldsymbol{S}}_1\cdot\hat{\boldsymbol{S}}_2}{k_BT}\right) \\ M2 &= \left(\hat{S}_{z1} + \hat{S}_{z2}\right)^2\exp\left(\frac{2\mathcal{J}\hat{\boldsymbol{S}}_1\cdot\hat{\boldsymbol{S}}_2}{k_BT}\right)\frac{g\gamma_e B_z}{k_BT} \\ Z &= \exp\left(\frac{2\mathcal{J}\hat{\boldsymbol{S}}_1\cdot\hat{\boldsymbol{S}}_2}{k_BT}\right) + \exp\left(\frac{2\mathcal{J}\hat{\boldsymbol{S}}_1\cdot\hat{\boldsymbol{S}}_2}{k_BT}\right)\frac{g\gamma_e B_z\left(\hat{S}_{z1} + \hat{S}_{z2}\right)}{k_BT}. \end{aligned}$$

Wir betrachten die drei Terme im einzelnen (mit der Abkürzung $x = (\mathcal{J}/2k_BT)$):

$Sp\,[M1] =$

$$Sp\left[\hbar\begin{pmatrix} 1 & 0 & 0 & 0 \\ 0 & 0 & 0 & 0 \\ 0 & 0 & 0 & 0 \\ 0 & 0 & 0 & -1 \end{pmatrix}\begin{pmatrix} \exp x & 0 & 0 & 0 \\ 0 & \exp x & 0 & 0 \\ 0 & 0 & \exp(-3x) & 0 \\ 0 & 0 & 0 & \exp x \end{pmatrix}\right] = 0,$$

$$Sp\,[M2] = Sp\left[\hbar^2 \begin{pmatrix} 1 & 0 & 0 & 0 \\ 0 & 0 & 0 & 0 \\ 0 & 0 & 0 & 0 \\ 0 & 0 & 0 & 1 \end{pmatrix} \begin{pmatrix} \exp x & 0 & 0 & 0 \\ 0 & \exp x & 0 & 0 \\ 0 & 0 & \exp(-3x) & 0 \\ 0 & 0 & 0 & \exp x \end{pmatrix}\right] \frac{g\gamma_e B_z}{k_B T}$$
$$= -\frac{g\mu_B \hbar B_z}{k_B T} 2 \exp x,$$
$$Sp\,[Z] = 3\exp x + \exp(-3x).$$

Damit folgt für die Magnetisierung

$$\begin{aligned} M &= \frac{2g^2\mu_B^2 B_z}{k_B T}\left\{\frac{\exp x}{3\exp x + \exp(-3x)}\right\} \\ &= \frac{2g^2\mu_B^2 B_z}{3k_B T}\left\{1 + \frac{1}{3}\exp\left(-\frac{2\mathcal{J}}{k_B T}\right)\right\}^{-1}. \end{aligned}$$

Es resultiert die auf eine einzelne dinukleare Einheit bezogene Magnetisierung (vgl. Gl. (5.18)). Für $\mathcal{J} = 0$ ist dies das erste Ergebnis aus Beisp. 5.8. *

Die beiden Beispiele dienten zur Demonstration des Rechnens mit Spinmatrizen, obwohl es hier aus praktischer Sicht unvorteilhaft ist. In Systemen mit einer großen Zahl an gekoppelten magnetischen Zentren ist das Verfahren jedoch sehr nützlich, wie wir jetzt bei der Behandlung der HTE sehen werden. Der HAMILTON-Operator $\hat{H}$ hat bei Berücksichtigung der Wechselwirkungen nur zwischen nächsten Nachbarn und des Magnetfeldes in z-Richtung die Form

$$\hat{H} = -2\mathcal{J}\sum_{i<j} \hat{\boldsymbol{S}}_i \cdot \hat{\boldsymbol{S}}_j - g\gamma_e B_z \sum_i \hat{S}_{zi}. \tag{5.119}$$

Anstelle der zwei in Wechselwirkung stehenden magnetischen Zentren des Beispiels 5.9 haben wir es jetzt mit einer großen Zahl von N Zentren eines unendlich ausgedehnten Systems (2 D, 3 D) zu tun. N soll so groß sein, daß von Randeffekten abgesehen werden kann.

Die Suszeptibilität χ *pro Zentrum* ergibt sich aus Gl. (5.114) mit Rücksicht auf Gl. (3.166) zu

$$\begin{aligned} \chi &= \mu_0 \frac{g\gamma_e}{N}\frac{\partial}{\partial B}\left\{\frac{Sp\left[\sum_i \hat{S}_{zi}\exp\left(-\beta\hat{H}\right)\right]}{Sp\left[\exp\left(-\beta\hat{H}\right)\right]}\right\} \\ &= \mu_0 (g\gamma_e)^2\beta/N \times \qquad (5.120) \\ &\left\{\frac{Sp\left[\sum_i \hat{S}_{zi}\sum_j \hat{S}_{zj}\exp\left(-\beta\hat{H}\right)\right]}{Sp\left[\exp\left(-\beta\hat{H}\right)\right]} - \frac{\left\{Sp\left[\sum_i \hat{S}_{zi}\exp\left(-\beta\hat{H}\right)\right]\right\}^2}{\left[Sp\left[\exp\left(-\beta\hat{H}\right)\right]\right]^2}\right\}. \end{aligned}$$

Da die SCHRÖDINGER-Gleichung mit dem Operator (5.119) i. a. nicht für 2 D- und 3 D-Systeme gelöst werden kann, gibt es in diesen Fällen auch keinen geschlossenen Ausdruck für Gl. (5.120). Die Suszeptibilität läßt sich jedoch mit der HTE näherungsweise berechnen. Dazu wird die Zustandssumme Z um $\beta = 0$ entsprechend der TAYLOR-Reihe in

$$\exp(-\beta\hat{H}) = 1 - (\beta\hat{H}) + \frac{(\beta\hat{H})^2}{2!} \mp \ldots = \sum_{k=0}^{\infty} \frac{1}{k!}(-\beta\hat{H})^k \tag{5.121}$$

entwickelt[357, 358]. Die Summation in Gl. (5.121) enthält unendlich viele Glieder. In der Praxis muß man jedoch mit wenigen auskommen, da die Zahl der mit vertretbarem Aufwand berechenbaren Terme begrenzt ist.

Für kleine Magnetfelder, die wir voraussetzen (VAN VLECK-Fall), besteht ein linearer Zusammenhang zwischen B und M, so daß χ von B unabhängig ist. Man kann daher ohne Beschränkung der Allgemeinheit die Nullfeld-Näherung, also $B \to 0$, anwenden. Damit entfallen der zweite Summand in Gl. (5.120) und die Glieder mit B, und man erhält:

$$\chi(B \to 0) = \mu_0 \frac{g^2\gamma_e^2}{Nk_BT} \frac{Sp\left[\sum_i \hat{S}_{zi} \sum_j \hat{S}_{zj} \sum_{k=0} \frac{(2\beta\mathcal{J})^k}{k!} \left\{\sum_{i<j} \hat{\boldsymbol{S}}_i \cdot \hat{\boldsymbol{S}}_j\right\}^k\right]}{Sp\left[\sum_{k=0} \frac{(2\beta\mathcal{J})^k}{k!} \left\{\sum_{i<j} \hat{\boldsymbol{S}}_i \cdot \hat{\boldsymbol{S}}_j\right\}^k\right]}. \tag{5.122}$$

Mit den Abkürzungen

$$\hat{\boldsymbol{P}} = \sum_{i<j} \hat{\boldsymbol{S}}_i \cdot \hat{\boldsymbol{S}}_j \quad \text{und} \quad \hat{Q}^2 = \sum_i \hat{S}_{zi} \sum_j \hat{S}_{zj} \quad \text{lautet Gl. (5.122)}$$

$$\chi(B \to 0) = \mu_0 \frac{g^2\gamma_e^2}{Nk_BT} \frac{Sp\left[\hat{Q}^2 \sum_{k=0} \frac{(2\beta\mathcal{J})^k}{k!} \hat{\boldsymbol{P}}^k\right]}{Sp\left[\sum_{k=0} \frac{(2\beta\mathcal{J})^k}{k!} \hat{\boldsymbol{P}}^k\right]}. \tag{5.123}$$

Bis zur 2. Ordnung ($k = 0, 1, 2$) ergeben sich in Zähler und Nenner folgende Summanden:

$$\chi = \mu_0 \frac{g^2\gamma_e^2}{Nk_BT} \times \tag{5.124}$$

$$\frac{\sum\limits_{<ij>} Sp\left[\hat{S}_{zi}\hat{S}_{zj}\left(\hat{1} + \overbrace{2\beta\mathcal{J}\sum\limits_{<mn>}\hat{\boldsymbol{S}}_m\cdot\hat{\boldsymbol{S}}_n}^{k=1} + \overbrace{(2^2/2!)(\beta\mathcal{J})^2(\sum\limits_{<mn>}\hat{\boldsymbol{S}}_m\cdot\hat{\boldsymbol{S}}_n)^2}^{k=2} + \ldots\right)\right]}{Sp\left[\hat{1} + 2\beta\mathcal{J}\sum\limits_{<mn>}\hat{\boldsymbol{S}}_m\cdot\hat{\boldsymbol{S}}_n + (2^2/2!)(\beta\mathcal{J})^2(\sum\limits_{<mn>}\hat{\boldsymbol{S}}_m\cdot\hat{\boldsymbol{S}}_n)^2 + \ldots\right]}$$

Graphischer Formalismus. Um Gl. (5.123) zur Berechnung von Suszeptibilitäts-Temperatur-Kurven anzuwenden, müssen die Terme $\hat{Q}^2\hat{\boldsymbol{P}}^k$ berechnet werden [34]. Zu diesem Zweck haben RUSHBROOKE und WOOD [358] einen Formalismus angewendet, in dem die Spinprodukte als Graphen dargestellt werden. Jede Linie entspricht einer Nachbarschaftsrelation und jede „Ecke“ (Knoten) einem magnetischen Zentrum. Es werden also Spinprodukte der Ordnung k, d. h.

$$\hat{\boldsymbol{P}}^k = \left(\sum_{<ij>}\hat{\boldsymbol{S}}_i\cdot\hat{\boldsymbol{S}}_j\right)^k,$$

als Graphen aus k Linien dargestellt. Die Summe über alle in Wechselwirkung stehenden Paare $<ij>$ stellt eine Kurzschreibweise für zwei geschachtelte Summen dar, die jeweils über alle Zentren $1\ldots N$ des betrachteten Systems laufen:

$$\sum_{<ij>} = \sum_i\sum_j(i \text{ Nachbar von } j).$$

Die Summenterme der Spinprodukte lassen sich zu Typen zusammenfassen, wobei wir für letztere eine spezifische Numerierung verwenden und die Häufigkeit ihres Auftretens in einem späteren Verfahren berücksichtigen:

$$\begin{aligned}
\hat{\boldsymbol{P}}^1 &= \sum_{<ij>}\hat{\boldsymbol{S}}_i\cdot\hat{\boldsymbol{S}}_j & &\rightarrow (\hat{\boldsymbol{S}}_1\cdot\hat{\boldsymbol{S}}_2)\\
\hat{\boldsymbol{P}}^2 &= \left(\sum\nolimits_{<ij>}\hat{\boldsymbol{S}}_i\cdot\hat{\boldsymbol{S}}_j\right)\cdot\left(\sum\nolimits_{<mn>}\hat{\boldsymbol{S}}_m\cdot\hat{\boldsymbol{S}}_n\right) & &\\
&= \sum_{<ij>}\sum_{<ij>}\left(\hat{\boldsymbol{S}}_i\cdot\hat{\boldsymbol{S}}_j\right)\cdot\left(\hat{\boldsymbol{S}}_i\cdot\hat{\boldsymbol{S}}_j\right) & &\rightarrow (\hat{\boldsymbol{S}}_1\cdot\hat{\boldsymbol{S}}_2)^2\\
&+ \sum_{<ij>}\sum_{<jm>}\left(\hat{\boldsymbol{S}}_i\cdot\hat{\boldsymbol{S}}_j\right)\cdot\left(\hat{\boldsymbol{S}}_j\cdot\hat{\boldsymbol{S}}_m\right) & &\rightarrow (\hat{\boldsymbol{S}}_1\cdot\hat{\boldsymbol{S}}_2)\cdot(\hat{\boldsymbol{S}}_2\cdot\hat{\boldsymbol{S}}_3)\\
&+ \sum_{<ij>}\sum_{<mn>}\left(\hat{\boldsymbol{S}}_i\cdot\hat{\boldsymbol{S}}_j\right)\cdot\left(\hat{\boldsymbol{S}}_m\cdot\hat{\boldsymbol{S}}_n\right) & &\rightarrow (\hat{\boldsymbol{S}}_1\cdot\hat{\boldsymbol{S}}_2)\cdot(\hat{\boldsymbol{S}}_3\cdot\hat{\boldsymbol{S}}_4)\\
&\vdots
\end{aligned} \tag{5.125}$$

[34] Wir nehmen hier das spätere wichtige Resultat vorweg, daß in einer endgültigen Suszeptibilitätsgleichung die Terme $\hat{\boldsymbol{P}}^k$ im Nenner von Gl. (5.123) keine Rolle spielen.

Die Spinprodukttypen lassen sich in die Darstellungen

$\hat{\boldsymbol{P}}^1 \rightarrow$

$\hat{\boldsymbol{P}}^2 \rightarrow$

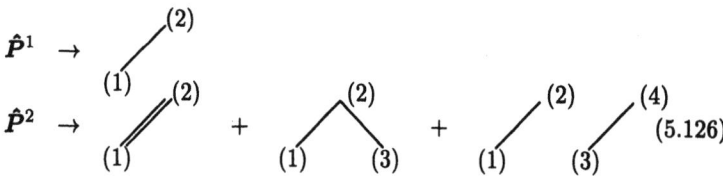

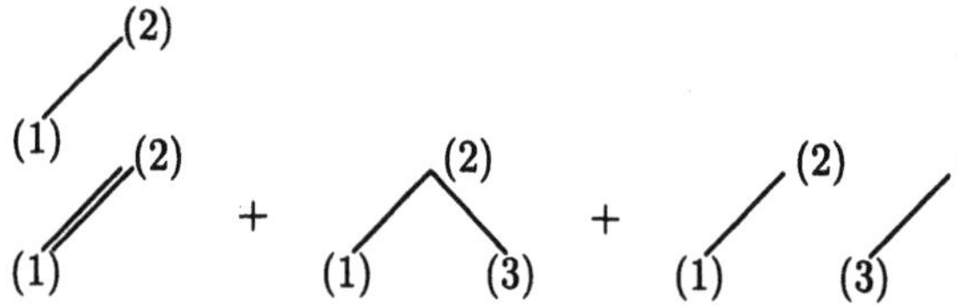

(5.126)

überführen. Hierbei wird ausgenutzt, daß beim Ausmultiplizieren der Reihenentwicklungen in Gl. (5.123) Spinprodukte auftreten, die sich durch Umnumerieren der jeweiligen Zentren ineinander überführen lassen. Die graphische Repräsentation verdeutlicht die Äquivalenz der Spinprodukte. Da der Wert dieser äquivalenten Spinprodukte identisch ist, muß er nur einmal berechnet werden. Des weiteren muß bestimmt werden, wie oft der jeweilige Spinprodukttyp — also z. B. jede der drei bei $k = 2$ zu unterscheidenden Formen — in der Entwicklung auftritt. Diese Gewichtung, die vom Gitter der magnetischen Zentren abhängt, bezeichnet man als *Lattice Count* (LC). Es sind damit zwei getrennte Berechnungen erforderlich. Zum einen werden sämtliche Spinprodukttypen gebildet, die bei der Entwicklung eines beliebigen Systems bis zu einer gegebenen Ordnung k auftreten können, und ihre Spur berechnet (gitterunabhängiger Teil, nur ein einziges Mal für gegebenes S zu bestimmen). Zum anderen wird der Bezug zur Struktur des untersuchten Systems hergestellt, indem ermittelt wird, in welcher Häufigkeit (LC) jedes Spinprodukt, also jeder Graph, auf das betrachtete Gitter abgebildet werden kann. Auf diesen gitterabhängigen Teil werden wir später noch ausführlich zurückkommen (vgl. Tabn. 5.8 und 5.9).

In der graphischen Darstellung der Spinprodukte $\hat{Q}^2\hat{\boldsymbol{P}}^k$ werden diejenigen Knoten i zusätzlich mit einem + oder einem * versehen, auf die ein Operator $\hat{Q}_i$ bzw. $\hat{Q}_i^2$ wirkt. Diese Operatoren vermitteln keine Wechselwirkung zwischen Knoten. Daher entspricht der Bezug der mit $\hat{Q}^2\hat{\boldsymbol{P}}^k$ korrespondierenden Graphen zu einem Gitter dem für die Spinprodukte $\hat{\boldsymbol{P}}^k$ beschriebenen.

Die im Prinzip bei $\hat{Q}^2\hat{\boldsymbol{P}}^k$ zu unterscheidenden Graphen (Spinprodukttypen) für $k = 0$ und $k = 1$ sind im folgenden aufgelistet. Als Kurzform eines Typs wird das Symbol $G_{k\alpha}$ gewählt, wobei k für Ordnung der Entwicklung und α zur alphabetischen Kennzeichnung dient.

$$k = 0: \quad \underbrace{\hat{S}_{z1}^2}_{G_{0a}} \rightarrow *(1), \qquad \underbrace{\hat{S}_{z1}\hat{S}_{z2}}_{G_{0b}} \rightarrow +(1) + (2). \tag{5.127}$$

$k = 1$:

$\underbrace{(\hat{\boldsymbol{S}}_1\cdot\hat{\boldsymbol{S}}_2)\hat{S}_{z1}\hat{S}_{z2}}_{G_{1a}} \rightarrow$ 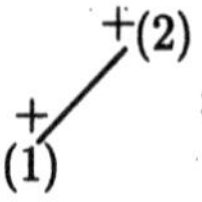

; $\underbrace{(\hat{\boldsymbol{S}}_1\cdot\hat{\boldsymbol{S}}_2)\hat{S}_{z3}\hat{S}_{z4}}_{G_{1b}} \rightarrow$ 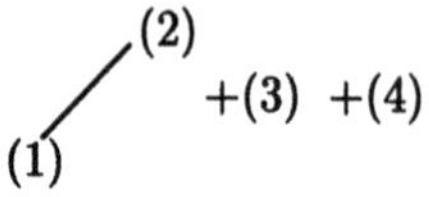

$\underbrace{(\hat{\boldsymbol{S}}_1\cdot\hat{\boldsymbol{S}}_2)\hat{S}_{z1}\hat{S}_{z1},}_{G_{1c}} \rightarrow$ 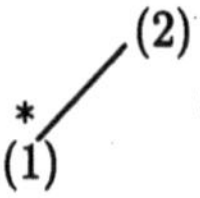

; $\underbrace{(\hat{\boldsymbol{S}}_1\cdot\hat{\boldsymbol{S}}_2)\hat{S}_{z3}\hat{S}_{z3}}_{G_{1d}} \rightarrow$ 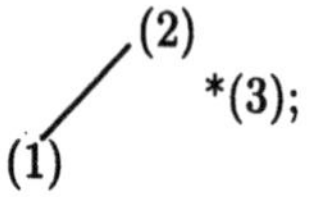

$\underbrace{(\hat{\boldsymbol{S}}_1\cdot\hat{\boldsymbol{S}}_2)\hat{S}_{z1}\hat{S}_{z3}}_{G_{1e}} \rightarrow$ 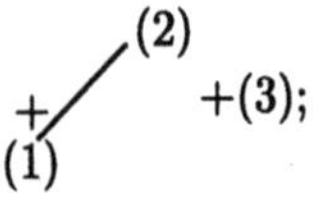

$\underbrace{(\hat{\boldsymbol{S}}_1\cdot\hat{\boldsymbol{S}}_2)\hat{S}_{z2}\hat{S}_{z3}}_{G_{1f}} \rightarrow$ 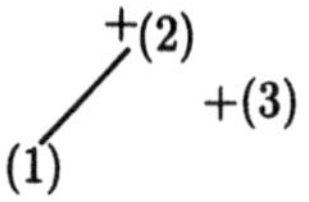

(5.128)

Die Zahl der möglichen Graphen bei $k = 2$ ist gegenüber denen niedrigerer Ordnung sehr viel größer. Es wird sich jedoch herausstellen, daß nur die vier

$\underbrace{(\hat{\boldsymbol{S}}_1\cdot\hat{\boldsymbol{S}}_2)^2\hat{S}_{z1}\hat{S}_{z2}}_{G_{2a}} \rightarrow$ 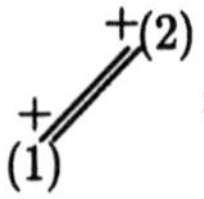

; $\underbrace{(\hat{\boldsymbol{S}}_1\cdot\hat{\boldsymbol{S}}_2)^2\hat{S}_{z1}\hat{S}_{z1},}_{G_{2b}} \rightarrow$ 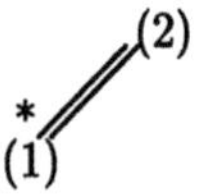

$\underbrace{(\hat{\boldsymbol{S}}_1\cdot\hat{\boldsymbol{S}}_2)^2\hat{S}_{zi}\hat{S}_{zi}}_{G_{2c}} \rightarrow$ 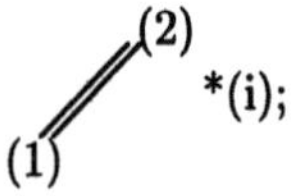

$\underbrace{(\hat{\boldsymbol{S}}_1\cdot\hat{\boldsymbol{S}}_2)(\hat{\boldsymbol{S}}_2\cdot\hat{\boldsymbol{S}}_3)\hat{S}_{z1}\hat{S}_{z3}}_{G_2'} \rightarrow$ 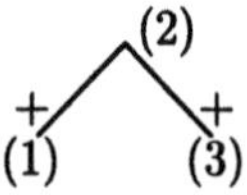

(5.129)

zu berücksichtigen sind (s. u.).

Fassen wir zusammen, so zerfällt die Berechnung der *Spur* der Terme $\hat{Q}^2\hat{\boldsymbol{P}}^k$ in die drei Schritte

1.) Erstellen einer Liste aller möglichen Graphen aus k Linien;
2.) Berechnung der Spur der Spinprodukte, die zu jedem Graphen gehören;
3.) Bestimmung des *Lattice Count*.

Wir wollen uns im einzelnen die Terme $\hat{Q}^2\hat{\boldsymbol{P}}^k$ mit $k = 0$, 1 und 2 ansehen (s. Gln. (5.127) – (5.129)). Die Spuren der mit diesen Graphen korrespondierenden Spinprodukte müssen berechnet und ihr Beitrag zur Suszeptibilitätsgleichung bestimmt werden. Zunächst jedoch wollen wir zeigen, welche Form die Matrix des Einheitsoperators $\hat{1}$ und eines Spinoperators, z. B. $\hat{S}_{zi}^2$, des Systems aus N in Wechselwirkung stehenden Zentren hat. Die Matrixdarstellung von $\hat{1}$ ergibt sich aus dem direkten Produkt (4.1.6) der Einzentrenmatrizen mit der jeweiligen Ordnung $2S + 1$:

$$\begin{array}{ccccccc} \hat{1} & \otimes & \hat{1} & \otimes & \ldots & \otimes & \hat{1} \\ 1 & & 2 & & \ldots & & N. \end{array}$$

Wir erhalten daraus eine Einheitsmatrix, deren Ordnung und *Spur* $(2S+1)^N \equiv Y^N$ beträgt. Das Ergebnis folgt aus der wiederholten Anwendung der Gl. (4.28), nach der die *Spur* des direkten Produktes zweier Matrizen gleich dem Produkt ihrer Spuren ist. Die Matrixdarstellung des Spinoperators $\hat{S}^2_{zi}$ erhalten wir — in Erweiterung unserer Betrachtungen in den Beispielen 5.8 und 5.9 — aus dem direkten Produkt der Einzentren-Spinmatrix mit den Einheitsmatrizen der restlichen $N-1$ Zentren:

$$\begin{array}{ccccccccccccc} \hat{1} & \otimes & \hat{1} & \otimes & \ldots & \otimes & \hat{S}^2_z & \otimes & \ldots & \otimes & \hat{1} & \otimes & \hat{1} \\ 1 & & 2 & & \ldots & & i & & \ldots & & N-1 & & N. \end{array}$$

Die *Spur* der damit korrespondierenden Spinmatrix ergibt sich mit Rücksicht auf Gl. (4.28) aus den Y^{N-1} 1-Elementen der $N-1$ neben dem i-ten Element vorhandenen Zentren, multipliziert mit der *Spur* der auf das i-te Zentrum bezogenen Spinmatrix, also $Sp\left[\hat{S}^2_{zi}\right] = Y^{N-1} Sp_{red}\left[\hat{S}^2_{zi}\right]$. Die Schreibweise Sp_{red} kennzeichnet, daß sich die Spurbildung auf eine *lokale* Matrix bezieht, deren reduzierte Ordnung mit den Knoten eines Graphen korrespondiert.

Im Unterschied zu $Sp\left[\hat{S}^2_{zi}\right]$ ist $Sp\left[\hat{S}_{zi}\hat{S}_{zj}\right] = Y^{N-2} Sp_{red}\left[\hat{S}_{zi}\right] Sp_{red}\left[\hat{S}_{zj}\right] = 0$ für $i \neq j$, da die möglichen M_S-Werte von $\hat{S}_z$ symmetrisch um den Nullpunkt liegen (vgl. Gl. (5.118)). Das Ergebnis läßt sich verallgemeinern:

Satz I: Da $Sp_{red}\left[\hat{S}_q\right] = 0$ $(q = x, y, z)$, muß sich für Terme, die bez. eines Zentrums eine ungerade Anzahl irgendeiner Spinvariablen in x, y bzw. z enthalten, der Wert null ergeben.

Berechnung der Spur von Spinprodukten. Wir gehen von der Suszeptibilitäts-Gl. (5.124) aus und ziehen den Faktor Y^N aus der Summe im Nenner heraus:

$$\chi = \mu_0 \frac{g^2\gamma_e^2 Y^{-N}}{Nk_BT} \times \tag{5.130}$$

$$\frac{\sum\limits_{i,j} Sp\left[\hat{S}_{zi}\hat{S}_{zj}\left(\hat{1} + 2\beta\mathcal{J}\sum\limits_{m,n}\hat{\boldsymbol{S}}_m\cdot\hat{\boldsymbol{S}}_n + (2^2/2!)(\beta\mathcal{J})^2(\sum\limits_{m,n}\hat{\boldsymbol{S}}_m\cdot\hat{\boldsymbol{S}}_n)^2 + \ldots\right)\right]}{1 + Y^{-N} Sp\left[2\beta\mathcal{J}\sum\limits_{m,n}\hat{\boldsymbol{S}}_m\cdot\hat{\boldsymbol{S}}_n + (2^2/2!)(\beta\mathcal{J})^2(\sum\limits_{m,n}\hat{\boldsymbol{S}}_m\cdot\hat{\boldsymbol{S}}_n)^2 + \ldots\right]},$$

wobei $1 = Y^{-N} Sp\left[\hat{1}\right]$. Diese Umformung ist zweckmäßig, da jetzt die Möglichkeit besteht, anstelle der Spinmatrizen mit der hohen Ordnung Y^N des Gesamtsystems solche Spinmatrizen zu verwenden, die sich auf eine begrenzte Knotenzahl p entsprechend den korrespondierenden Graphen beziehen. Zu berücksichtigen ist dabei jeweils das Produkt $Y^{-N}Y^{N-p} = Y^{-p}$, mit dem die Graphen aus p Knoten zu multiplizieren sind:

Satz II: Jeder Graph, der sich über p Knoten erstreckt, ist bei der Berechnung der Spur Sp_{red} mit dem Faktor Y^{-p} zu multiplizieren.

Spinprodukte mit $k = 0$. Hier sind nur die in Gl. (5.127) dargestellten Graphen, die den Termen $\hat{Q}^2$ entsprechen, zu untersuchen, da $\hat{\boldsymbol{P}}^0 = 1$. G_{0a} bezieht sich auf ein Zentrum. Nach Gl. (5.118)ff. ist $Sp_{red}\left[\hat{S}_z^2\right] = \left(\frac{1}{3}\right)\hbar^2 XY$ [35], so daß unter Berücksichtigung von Satz II der Beitrag $Y^{-1}\left(\frac{1}{3}\right)\hbar^2 XY = \left(\frac{1}{3}\right)\hbar^2 X = < G_{0a} >$ eingeht. $< G_{k\alpha} >$ steht für die mit Y^{-p} multiplizierte *Spur* des mit dem Graphen $G_{k\alpha}$ (aus p Knoten) korrespondierenden Spinproduktes.

Der Graphentyp G_{0b} ergibt, wie wir bereits feststellten, keinen Beitrag. Im Falle von $k = 0$ ist daher bei der Aufstellung der Suszeptibilitätsgleichung nur der Typ G_{0a} zu berücksichtigen.

Bevor wir auf das Verfahren zur Berechnung von $\hat{Q}^2\hat{\boldsymbol{P}}^k$ mit $k = 1, 2$ eingehen, zeigen wir im folgenden Beispiel, daß sich Gl. (5.130) in 0. Ordnung auf das CURIE-Gesetz reduziert.

Beispiel 5.10 *Die Reduktion der Gl. (5.130) in 0. Ordnung (entsprechend $\mathcal{J} = 0$) auf das* CURIE-*Gesetz*

In 0. Ordnung erhält Gl. (5.130) die Form

$$\begin{aligned}\chi &= \mu_0 \frac{g^2\gamma_e^2 Y^{-N} \sum\limits_{i=1}^{N} Y^{N-1} Sp_{red}\left[\hat{S}_{zi}^2\right]}{Nk_BT} \\ &= \mu_0 \frac{g^2\gamma_e^2 Y^{-1} N}{Nk_BT}\left(\tfrac{1}{3}\right)\hbar^2 XY = \mu_0 \frac{g^2\mu_B^2}{3k_BT} S(S+1).\end{aligned}$$

Nach Multiplikation mit N_A erhalten wir die bekannte Beziehung für χ_{mol}. *

Spinprodukte mit $k = 1$. Die Graphentypen für $\hat{Q}^2\hat{\boldsymbol{P}}^1$ repräsentieren die Spinprodukte $(\hat{\boldsymbol{S}}_1 \cdot \hat{\boldsymbol{S}}_2)\hat{S}_{zi}\hat{S}_{zj}$. Unter Berücksichtigung der für i und j möglichen Werte sind die in Gl. (5.128) aufgeführten Graphen zu unterscheiden.

Wir entwickeln das erste Spinprodukt, bestehend aus einer Einfachlinie und einem Kreuz an jedem Knoten. Das Skalarprodukt wird zunächst umgeformt.

---

[35] Derselbe Wert ergibt sich für $Sp_{red}\left[\hat{S}_x^2\right]$ und $Sp_{red}\left[\hat{S}_y^2\right]$.

Anschließend werden, um Gl. (4.28) anzuwenden, die Spinoperatoren nach den beiden Zentren sortiert:

$$\begin{aligned} Sp_{red}\left[(\hat{\boldsymbol{S}}_1\cdot\hat{\boldsymbol{S}}_2)\hat{S}_{z1}\hat{S}_{z2}\right] &= Sp_{red}\left[(\hat{S}_{x1}\hat{S}_{x2}+\hat{S}_{y1}\hat{S}_{y2}+\hat{S}_{z1}\hat{S}_{z2})\hat{S}_{z1}\hat{S}_{z2}\right] \\ &= Sp_{red}\left[(\hat{S}_{x1}+\hat{S}_{y1}+\hat{S}_{z1})\hat{S}_{z1}\right] Sp_{red}\left[(\hat{S}_{x2}+\hat{S}_{y2}+\hat{S}_{z2})\hat{S}_{z2}\right] \\ &= \sum_{q=x,y,z} Sp_{red}\left[\hat{S}_{q1}\hat{S}_{z1}\right] Sp_{red}\left[\hat{S}_{q2}\hat{S}_{z2}\right]. \end{aligned} \tag{5.131}$$

Um Gl. (5.131) auszuwerten, müssen $Sp_{red}\left[\hat{S}_{xi}\hat{S}_{zi}\right]$ und $Sp_{red}\left[\hat{S}_{yi}\hat{S}_{zi}\right]$ berechnet werden, während $Sp_{red}\left[\hat{S}_{zi}\hat{S}_{zi}\right] = \left(\frac{1}{3}\right)\hbar^2 XY$ mit Gl. (5.118) bereits bekannt ist.

Beispiel 5.11 *Berechnung von* $Sp_{red}\left[\hat{S}_{xi}\hat{S}_{zi}\right]$ *und* $Sp_{red}\left[\hat{S}_{yi}\hat{S}_{zi}\right]$

$$\begin{aligned} Sp_{red}\left[\hat{S}_{xi}\hat{S}_{zi}\right] &= \tfrac{1}{2}\sum_{M_S}\langle M_S|(\hat{S}_{+i}+\hat{S}_{-i})\hat{S}_{zi}|M_S\rangle \\ &= \tfrac{1}{2}\sum_{M_S}\Big(\langle M_S|\hat{S}_{+i}\hat{S}_{zi}|M_S\rangle + \langle M_S|\hat{S}_{-i}\hat{S}_{zi}|M_S\rangle\Big) \\ &= \tfrac{1}{2}\sum_{M_S} M_S\Big(\langle M_S|\hat{S}_{+i}|M_S\rangle + \langle M_S|\hat{S}_{-i}|M_S\rangle\Big) \\ &= \tfrac{1}{2}\sum_{M_S} M_S\Big([S(S+1)-M_S(M_S+1)]^{1/2}\underbrace{\langle M_S|M_S+1\rangle}_{0} + \\ &\qquad [S(S+1)-M_S(M_S-1)]^{1/2}\underbrace{\langle M_S|M_S-1\rangle}_{0}\Big) = 0. \end{aligned}$$

Aufgrund der Orthogonalität der Spinfunktionen ergibt sich null. Entsprechendes gilt für $Sp_{red}\left[\hat{S}_{yi}\hat{S}_{zi}\right]$. *

Mit den Ergebnissen aus Beisp. 5.11 und mit Rücksicht auf Satz II folgt schließlich für $< G_{1a} >$:

$$< G_{1a} >= Y^{-2}\sum_{q=x,y,z} Sp_{red}\left[\hat{S}_{q1}\hat{S}_{z1}\right] Sp_{red}\left[\hat{S}_{q2}\hat{S}_{z2}\right] = \left(\tfrac{1}{9}\right)\hbar^2 X^2. \tag{5.132}$$

Aus Satz I folgt, daß Graphen mit nur einer einzigen einfachen Verbindung zu einem Gitterpunkt ohne Kreuz keinen Beitrag zur Spur liefern und daher von vornherein eliminiert werden können. Unter dieses Kriterium fallen alle Graphen im Schema (5.128) mit Ausnahme des ersten:

$$< G_{1b} > = < G_{1c} > = \ \dots\ = < G_{1f} > = \ 0.$$

Spinprodukte mit $k = 2$. Zur Formulierung der Spinprodukte $\hat{Q}^2\hat{\boldsymbol{P}}^2$ der 2. Ordnung sind, ausgehend von den Graphen für $\hat{\boldsymbol{P}}^2$ in Gl. (5.126), jeweils die beiden Kreuze für $\hat{Q}^2$ anzubringen. Im Falle des ersten Graphen, der im Vergleich zum Graphen $\hat{\boldsymbol{P}}^1$ eine Doppellinie aufweist, sind dieselben Kombinationen mit Kreuzen wie im Schema (5.128) möglich, von denen unter Berücksichtigung von Satz I die drei in Gl. (5.129) gezeichneten überleben. Darüber hinaus ist nur ein weiterer Graph von Bedeutung, der aus den restlichen Graphentypen als einziger die *Spur* $\neq 0$ nach Satz I liefert. In den folgenden Beispielen werden ihre *Spuren* berechnet.

Beispiel 5.12 *Berechnung von* $< G_{2a} >$

$$\begin{aligned}
Sp_{red}\left[(\hat{\boldsymbol{S}}_1\cdot\hat{\boldsymbol{S}}_2)^2\hat{S}_{z1}\hat{S}_{z2}\right] &= Sp_{red}\left[(\hat{S}_{x1}\hat{S}_{x2}+\hat{S}_{y1}\hat{S}_{y2}+\hat{S}_{z1}\hat{S}_{z2})^2\hat{S}_{z1}\hat{S}_{z2}\right]\\
&= Sp_{red}\left[(\hat{S}_{x1}+\hat{S}_{y1}+\hat{S}_{z1})^2\hat{S}_{z1}\right]Sp_{red}\left[(\hat{S}_{x2}+\hat{S}_{y2}+\hat{S}_{z2})^2\hat{S}_{z2}\right]\\
&= \sum_{<q,r>} Sp_{red}\left[(\hat{S}_{q1}\hat{S}_{r1})\hat{S}_{z1}\right]Sp_{red}\left[(\hat{S}_{q2}\hat{S}_{r2})\hat{S}_{z2}\right],
\end{aligned}$$

wobei $q, r = x, y, z$. Von allen möglichen Kombinationen bleiben nur zwei von null verschiedene Terme, $Sp_{red}\left[\hat{S}_x\hat{S}_y\hat{S}_z\right] = -Sp_{red}\left[\hat{S}_y\hat{S}_x\hat{S}_z\right]$, wie folgende Rechnung unter Berücksichtigung von Gl. (3.130) zeigt:

$$\begin{aligned}
Sp_{red}\left[\hat{S}_x\hat{S}_y\hat{S}_z\right] &= \frac{1}{4i}\sum_{M_S}\langle M_S|(\hat{S}_+ + \hat{S}_-)(\hat{S}_+ - \hat{S}_-)\hat{S}_z|M_S\rangle\\
&= \frac{1}{4i}\sum_{M_S}\Big\{\langle M_S|\hat{S}_+^2\hat{S}_z|M_S\rangle - \langle M_S|\hat{S}_-^2\hat{S}_z|M_S\rangle -\\
&\qquad \langle M_S|\hat{S}_+\hat{S}_-\hat{S}_z|M_S\rangle + \langle M_S|\hat{S}_-\hat{S}_+\hat{S}_z|M_S\rangle\Big\}\\
&= \frac{1}{4i}\sum_{M_S}\Big\{-\langle M_S|\hat{S}_+\hat{S}_-\hat{S}_z|M_S\rangle + \langle M_S|\hat{S}_z\hat{S}_-\hat{S}_+|M_S\rangle\Big\}\\
&= \frac{1}{4i}\hbar\sum_{M_S}M_S\Big\{-[S(S+1)-M_S(M_S-1)]^{1/2}[S(S+1)-(M_S-1)M_S]^{1/2}+\\
&\qquad [S(S+1)-M_S(M_S+1)]^{1/2}[S(S+1)-(M_S+1)M_S]^{1/2}\Big\}\\
&= \frac{1}{4i}\hbar\sum_{M_S}M_S\left\{-[S(S+1)-M_S(M_S-1)]+[S(S+1)-(M_S+1)M_S]\right\}\\
&= \frac{1}{2i}\hbar\sum_{M_S}-M_S^2 = -\frac{1}{6i}\hbar S(S+1)(2S+1) = \left(\tfrac{1}{6}\right)i\hbar XY.
\end{aligned}$$

Auf die gleiche Weise ergibt sich $Sp_{red}\left[\hat{S}_y\hat{S}_x\hat{S}_z\right] = -\left(\frac{1}{6}\right)i\hbar XY$. Terme mit dem Produkt $Sp_{red}\left[\hat{S}_x\hat{S}_x\hat{S}_z\right]$ verschwinden:

$$
\begin{aligned}
Sp_{red}\left[\hat{S}_x\hat{S}_x\hat{S}_z\right] &= \frac{1}{4}\sum_{M_S}\langle M_S|(\hat{S}_+ + \hat{S}_-)(\hat{S}_+ + \hat{S}_-)\hat{S}_z|M_S\rangle \\
&= \frac{1}{4}\sum_{M_S}\Big\{\langle M_S|\hat{S}_+^2\hat{S}_z|M_S\rangle + \langle M_S|\hat{S}_-^2\hat{S}_z|M_S\rangle + \\
&\qquad \langle M_S|\hat{S}_+\hat{S}_-\hat{S}_z|M_S\rangle + \langle M_S|\hat{S}_-\hat{S}_+\hat{S}_z|M_S\rangle\Big\} \\
&= \frac{1}{4}\sum_{M_S}\Big\{\langle M_S|\hat{S}_+\hat{S}_-\hat{S}_z|M_S\rangle + \langle M_S|\hat{S}_-\hat{S}_+\hat{S}_z|M_S\rangle\Big\} \\
&= \frac{1}{4}\hbar\sum_{M_S}M_S\Big\{[S(S+1)-M_S(M_S-1)]^{1/2}[S(S+1)-(M_S-1)M_S]^{1/2}+ \\
&\qquad [S(S+1)-M_S(M_S+1)]^{1/2}[S(S+1)-(M_S+1)M_S]^{1/2}\Big\} \\
&= \frac{1}{4}\hbar\sum_{M_S}M_S\left\{[S(S+1)-M_S(M_S-1)]+[S(S+1)-(M_S+1)M_S]\right\} \\
&= \frac{1}{2}\hbar\sum_{M_S}M_S\left(S(S+1)-M_S^2\right) = \frac{1}{2}\hbar\sum_{M_S}\left(M_S S(S+1)-M_S^3\right) = 0,
\end{aligned}
$$

da alle Summen mit ungeraden Potenzen in M_S gleich null sind. Ebenso lassen sich $Sp_{red}\left[\hat{S}_y\hat{S}_y\hat{S}_z\right] = Sp_{red}\left[\hat{S}_z\hat{S}_z\hat{S}_z\right] = 0$ bestimmen. Damit sind alle Beiträge zu $Sp_{red}\left[(\hat{\boldsymbol{S}}_1\cdot\hat{\boldsymbol{S}}_2)^2\hat{S}_{z1}\hat{S}_{z2}\right]$ bekannt:

$$
\begin{aligned}
Sp_{red}\left[(\hat{\boldsymbol{S}}_1\cdot\hat{\boldsymbol{S}}_2)^2\hat{S}_{z1}\hat{S}_{z2}\right] &= 2\left[\left(\tfrac{1}{6}\right)i\hbar XY\right]^2 = -\left(\tfrac{1}{18}\right)\hbar^2X^2Y^2, \quad \text{woraus} \\
< G_{2a} > &= -\left(\tfrac{1}{18}\right)\hbar^2X^2 \quad \text{folgt.} \qquad *
\end{aligned}
$$

In entsprechender Weise läßt sich $< G_2' > = \left(\frac{1}{27}\right)\hbar^2X^3$ erhalten. Hier ist bei der Häufigkeit des Auftretens ein Faktor $P(+) = 2$ zu berücksichtigen, da neben der Form $(\hat{\boldsymbol{S}}_1\cdot\hat{\boldsymbol{S}}_2)(\hat{\boldsymbol{S}}_2\cdot\hat{\boldsymbol{S}}_3)\hat{S}_{z1}\hat{S}_{z3}$ auch die Form $(\hat{\boldsymbol{S}}_2\cdot\hat{\boldsymbol{S}}_3)(\hat{\boldsymbol{S}}_1\cdot\hat{\boldsymbol{S}}_2)\hat{S}_{z1}\hat{S}_{z3}$ auftritt (s. Tab. 5.9). Hinsichtlich der Graphen G_{2b} und G_{2c} gibt es eine Besonderheit: Ihre Beiträge spielen in der Suszeptibilitätsgleichung keine Rolle, da sie sich nach Berücksichtigung des *LC* (s. S. 404) kompensieren. Das Ergebnis läßt sich verallgemeinern:

Satz III: Im HEISENBERG-Modell kompensieren sich die Graphen mit Doppelkreuz und die Graphen derselben Linienstruktur mit Doppelkreuz außerhalb der Knoten.

Die Berechnung der Spinprodukte wird im Rahmen des von uns entwickelten Programm-Paketes „HTSE-package“ [360] durchgeführt (s. Tafel auf S. 403).

Lattice Count (*LC*)[358, 367, 366]. Wir ermitteln unter der Voraussetzung nur nächster Nachbarschaftswechselwirkungen die *LC*-Werte von Graphen bis zur 2. Ordnung, deren *Spur* von null verschieden ist und die daher zur Suszeptibilität beitragen. Das Diagramm G_{0a} läßt sich bei einer Gesamtzahl von N Gitterpunkten insgesamt N-mal auf ein beliebiges Gitter legen, d. h. $LC(G_{0a}) = N$. Der Graph G_{1a} kann von einem beliebigen Gitterpunkt i insgesamt q-mal abgetragen werden, wobei q die Koordinationszahl ist. Die bei einer entsprechenden Berücksichtigung aller N Zentren erfolgende Doppelzählung der Paarwechselwirkung wird durch den Faktor $\frac{1}{2}$ kompensiert, d. h., $LC(G_{1a}) = \frac{1}{2}Nq$.

Kreuze (+), Doppelkreuze (*) und Mehrfachlinien, z. B. // anstelle von /, beeinflussen den *LC* in unserem Beispiel nicht. So haben z. B. die Graphen G_{1a} und G_{2a} denselben *LC*-Wert. In Abhängigkeit der Koordinationszahl q ergeben sich die in der Tabelle angegebenen *LC*-Werte für die bis zur 2. Ordnung der Suszeptibilität auftretenden Diagramme. Außerdem sind die *LC*-Werte für $q = 4$ notiert. Diese Koordinationszahl liegt z. B. im quadratischen Netz vor, für das wir später eine Suszeptibilitätsgleichung entwickeln.

Der *LC* muß für jedes Diagramm und für jedes Gitter bestimmt werden. Für die bekannten häufig auftretenden Gitter (kubisch-flächenzentriert, kubisch-primitiv, quadratisch, usw. und Wechselwirkungen nur zwischen nächsten Nachbarn) liegen die Werte in Tabellenform vor [366]. Manche Diagramme können auf gewissen Gittern nicht plaziert werden. Ein Beispiel ist das in 3. Ordnung der Entwicklung auftretende Dreieck. Es kann nicht auf ein quadratisches Netz gelegt werden und spielt daher in der HTE eines quadratischen Gitters keine Rolle. Der Aufwand zur Berechnung der Koeffizienten in der HTE kann also für die einzelnen Gitter unterschiedlich sein.

Tab. 5.8: Lattice Count (*LC*) für die Graphen bis zur 2. Ordnung

Graph	LC	$LC(q=4)$
+	N	N
/	$\frac{1}{2}Nq$	$2N$
∧	$\frac{1}{2}Nq(q-1)$	$6N$

Berechnung der Koeffizienten in der HTE. In Tab. 5.9 sind die Faktoren zusammengestellt, die zur Formulierung des Zählers der allgemeinen Suszeptibilitätsgleichung in der HTE bis zur 2. Ordnung erforderlich sind. $P(+)$ berücksichtigt bei Graphen mit zwei Kreuzen, daß beim Ausmultiplizieren der verschachtelten Summen in Gl. (5.123) Terme auftreten, die einer Vertauschung der Kreuze entsprechen.

TAFEL: Die Hochtemperatur-Entwicklung in Computerrealisierung

Wie aus der Ableitung der Hochtemperatur-Entwicklung deutlich wird, ist die tatsächliche Berechnung der Reihenglieder in höherer Ordnung sehr aufwendig. Um diese Berechnungen überhaupt handhaben zu können, haben wir ein Programmpaket, das „HTSE-package", entwickelt, mit dessen Hilfe alle Schritte der Hochtemperatur-Entwicklung vollautomatisch durchgeführt werden können.

Die erste Komponente von HTSE-Package dient dem Erzeugen sämtlicher möglicher Graphen, die in einer gegebenen Ordnung der Entwicklung relevant sind, sowie der Berechnung von deren Spuren bei einem gegebenen Spin der magnetischen Zentren.

Die zweite Komponente ermittelt zu jedem im ersten Schritt erzeugten Graphen den Lattice Count auf einem gegebenen Gitter. Hierbei können zum einen beliebige Gitter betrachtet werden, zum anderen kann die bei Vorliegen unterschiedlicher Wechselwirkungen notwendige Differenzierung nach Nachbarschaften und nach Einfach- oder Mehrfachlinien automatisch vorgenommen werden.

Die dritte Komponente schließlich fügt die Spuren und die Lattice Counts zusammen und berechnet mit den so ermittelten Reihengliedern in Abhängigkeit von bis zu drei Wechselwirkungs-Parametern sowie dem Landé-Fakor g und dem Molekularfeld-Parameter λ den Temperaturverlauf der magnetischen Suszeptibilität unter Zuhilfenahme der Padé-Approximation.

Zur Anpassung dieser berechneten Kurven an Meßkurven kann eine beliebige Auswahl der Parameter einem Optimierungsalgorithmus unterworfen werden, wobei zur Vermeidung lokaler Nebenminima das Verfahren des „Threshold Accepting" angewandt wird.

Bislang wurden nur die Terme $\hat{Q}^2\hat{\boldsymbol{P}}^k$ des Zählers betrachtet. Jetzt wird auch der Nenner mit den Termen $\hat{\boldsymbol{P}}^k$ einbezogen, die keine auf den ZEEMAN-Effekt zurückgehenden Spinoperatoren $\hat{S}_{zi}$ aufweisen. Den einzigen bis zur 2. Ordnung von null verschiedenen Beitrag liefert der in Gl. (5.126) gezeigte Graph von $\hat{\boldsymbol{P}}^2$ in Form der Doppellinie, den wir mit G_2 bezeichnen und dessen LC-Wert $\frac{1}{2}Nq$ ist. Damit kann der in der Suszeptibilitäts-Gl. (5.124) stehende Bruch bis zur 2. Ordnung geschrieben werden als ($\mathcal{K} = \mathcal{J}/k_BT$):

$$N\left\{< G_{0a} > +\mathcal{K}\,2q < G_{1a} > +\mathcal{K}^2\left[2q < G_{2a} > +2q < G_{2b} > + \right.\right. \tag{5.133}$$
$$\left.\left. q(N-2) < G_{2c} > +4q(q-1) < G_2' >\right]\right\} \Big/ \left\{1 + \mathcal{K}^2 N q < G_2 >\right\}.$$

Mit Hilfe der Näherung $1/(1+y) \approx 1 - y$ läßt sich der Ausdruck vereinfachen:

$$N\left\{< G_{0a} > +\mathcal{K}\,2q < G_{1a} > +\mathcal{K}^2\,[\ldots]\right\}\left\{1 - \mathcal{K}^2 N q < G_2 >\right\}. \tag{5.134}$$

Tab. 5.9: Faktoren zur Berechnung von Koeffizienten in der HTE

G	$(2^k/k!N)$	$<G>$	LC	$P(+)$	a_k
G_{0a}	$1/N$	$\left(\frac{1}{3}\right)\hbar^2 X$	N	1	$\left(\frac{1}{3}\right)\hbar^2 X$
G_{1a}	$2/N$	$\left(\frac{1}{9}\right)\hbar^2 X^2$	$\left(\frac{1}{2}\right)Nq$	2	$q\left(\frac{2}{9}\right)\hbar^2 X^2$
G_{2a}	$2/N$	$-\left(\frac{1}{18}\right)\hbar^2 X^2$	$\left(\frac{1}{2}\right)Nq$	2	$-q\left(\frac{1}{9}\right)\hbar^2 X^2$
G_{2b}	$2/N$	$\left(\frac{1}{9}\right)\hbar^2 X^3$	$\left(\frac{1}{2}\right)Nq$	2	$q\left(\frac{1}{9}\right)\hbar^2 X^3$
G_{2c}	$2/N$	$\left(\frac{1}{9}\right)\hbar^2 X^3$	$\left(\frac{1}{2}\right)Nq(N-2)$	1	$q(N-2)\left(\frac{1}{9}\right)\hbar^2 X^3$
G'_2	$2/N$	$\left(\frac{1}{27}\right)\hbar^2 X^3$	$\left(\frac{1}{2}\right)Nq(q-1)$	$4^{a)}$	$q(q-1)\left(\frac{4}{27}\right)\hbar^2 X^3$
G_2	$2/N$	$\left(\frac{1}{3}\right)X^2$	$\left(\frac{1}{2}\right)Nq$	1	$q\left(\frac{1}{3}\right)X^2$

[a] Zum zusätzlichen Faktor 2 siehe Text.

Man multipliziert aus und beachtet insbesondere die Abhängigkeit der resultierenden Terme von der Teilchenzahl N. Die Suszeptibilität als extensive Größe muß bei Betrachtung eines Zentrums durch eine Gleichung formuliert werden können, die unabhängig von N ist. Dies ist bei allen Termen der ersten Klammer der Fall, die durch Multiplikation mit 1 aus der zweiten Klammer resultieren. Bezüglich dieser Terme ist die Suszeptibilität pro Zentrum unabhängig von der Teilchenzahl. Dagegen ist das Produkt aus dem ersten Term der ersten Klammer und dem zweiten Term der zweiten Klammer, $T_2 = -N^2 q < G_{0a} >< G_2 >$, proportional N^2, und es ist offensichtlich, daß in höheren Ordnungen der Reihenentwicklung Terme in N^3, N^4 usw. auftreten. Die Entwicklung wird damit scheinbar abhängig von der Teilchenzahl N bzw. höheren Potenzen von N.

Der Widerspruch löst sich dadurch auf, daß alle Terme, die von N^p ($p = 2, 3, \ldots$) abhängig sind, kompensiert werden, so daß nur die Terme linear in N übrig bleiben. Diese Kompensation wollen wir am Beispiel T_2 demonstrieren. Wir betrachten die Graphen G_{2c} und G_{2b} (s. Gl. (5.129)). Der LC-Wert von G_{2b} ist das Produkt der LC-Werte der getrennten Graphen, jedoch korrigiert um die Werte, bei denen die Diagramme denselben Raum beanspruchen:

$$\begin{aligned} LC(G_{2c}) &= LC(G_2)\,LC(G_{0a}) &&- 2LC(G_{2b}) \\ &= \left(\tfrac{1}{2}\right)N^2 q &&- Nq \end{aligned}$$

Der Faktor $P(+) = 2$ bei $LC(G_{2b})$ rührt daher, daß neben dem Graphen mit Stern am Zentrum 1 auch der mit Stern am Zentrum 2 erfaßt werden muß. Um zu zeigen, daß die betrachteten Terme in der Suszeptibilitätsgleichung kompensiert werden, müssen neben dem LC die *Spur* der Spinmatrizen und die weiteren in Tab. 5.9 notierten Faktoren berücksichtigt werden. Hinsichtlich der *Spur* gilt:

$$< G_2 >< G_{0a} > = < G_{2c} > .$$

Mit Rücksicht auf sonstige Faktoren und den Term T_2 ergibt sich damit für die Terme der Ordnung $\mathcal{K}^2$:

$$N\Big[2\,q < G_{2a} > + 2\,q < G_{2b} > \underbrace{+ \, q(N-2) < G_{2c} > \underbrace{- N\,q \underbrace{< G_2 >< G_{0a} >}_{< G_{2c} >}}_{-2\,q < G_{2c} >}}_{0}\Big]$$

Wegen $< G_{2b} > \; = \; < G_{2c} >$ im HEISENBERG-Modell (Satz III) verbleibt nur der von N abhängige Term $< G_{2a} >$, und alle Terme, die von N^2 abhängen, verschwinden. Analoges gilt für Terme von N mit Ordnungen > 2.

Aus dieser Diskussion folgt, daß es genügt, sich zur Ermittlung der Suszeptibilitätsgleichung auf die Beiträge des Zählers in Gl. (5.124) zu beschränken, und dort auch nur auf die Teile, die abhängig sind von N. Die allgemeine Suszeptibilitätsgleichung lautet daher

$$\chi = \mu_0 \frac{g^2 \mu_B^2}{k_B T} \sum_{k=0}^{\infty} a_k \left(\frac{\mathcal{J}}{k_B T} \right)^k , \tag{5.135}$$

wobei k die Ordnung und a_k der Koeffizient k-ter Ordnung ist:

$$a_k = \frac{2^k}{k!N} Sp \left[Y^{-N} \hat{S}_{zi} \hat{S}_{zj} \left(\sum_{m,n} \hat{\boldsymbol{S}}_m \cdot \hat{\boldsymbol{S}}_n \right)^k \right] . \tag{5.136}$$

Setzt man die in Tab. 5.9 notierten Werte ein, erhält man für χ_{mol} in 2. Ordnung

$$\chi_{mol} = \mu_0 \frac{N_A g^2 \mu_B^2}{k_B T} \frac{X}{3} \times \tag{5.137}$$
$$\left\{ 1 + \left(\tfrac{2}{3}\right) qX \left(\frac{\mathcal{J}}{k_B T} \right) + \left[- \left(\tfrac{1}{3}\right) qX + \left(\tfrac{4}{9}\right) q(q-1) X^2 \right] \left(\frac{\mathcal{J}}{k_B T} \right)^2 \right\} .$$

Jetzt setzen wir die Werte $q = 4$ und $X = \frac{3}{4}$ für ein quadratisches Netz mit $S = \frac{1}{2}$-Zentren ein und ergänzen bis zur 8. Ordnung:

$$\chi_{mol} = \mu_0 \frac{N_A g^2 \mu_B^2}{3 k_B T} \frac{3}{4} \left\{ 1 + 2 \left(\frac{\mathcal{J}}{k_B T} \right) + 2 \left(\frac{\mathcal{J}}{k_B T} \right)^2 + \frac{4}{3} \left(\frac{\mathcal{J}}{k_B T} \right)^3 + \frac{13}{12} \left(\frac{\mathcal{J}}{k_B T} \right)^4 + \right.$$
$$\left. \frac{71}{60} \left(\frac{\mathcal{J}}{k_B T} \right)^5 + \frac{367}{720} \left(\frac{\mathcal{J}}{k_B T} \right)^6 - \frac{811}{2520} \left(\frac{\mathcal{J}}{k_B T} \right)^7 + \frac{8213}{20160} \left(\frac{\mathcal{J}}{k_B T} \right)^8 \right\} \tag{5.138}$$

Das bisher im Rahmen der HTE behandelte Modell gilt für Systeme, in denen Wechselwirkungen nur zwischen nächsten Nachbarn bestehen. In realen und magnetochemisch interessanten Verbindungen sind jedoch meistens die Einflüsse übernächster [359] und häufig sogar drittnächster Nachbarn [361, 360] nicht zu vernachlässigen. Der HAMILTON-Operator und die allgemeine Suszeptibilitätsgleichung lauten in diesem Fall

$$\hat{H}_{ex} = -2\mathcal{J}_1 \sum_{<ij>}^{1.n} \hat{\boldsymbol{S}}_i\cdot\hat{\boldsymbol{S}}_j - 2\underbrace{\alpha\mathcal{J}_1}_{\mathcal{J}_2} \sum_{<kl>}^{2.n} \hat{\boldsymbol{S}}_k\cdot\hat{\boldsymbol{S}}_l - 2\underbrace{\beta\mathcal{J}_1}_{\mathcal{J}_3} \sum_{<mn>}^{3.n} \hat{\boldsymbol{S}}_m\cdot\hat{\boldsymbol{S}}_n \qquad (5.139)$$

$$\chi_{mol} = \mu_0 \frac{N_A g^2 \mu_B^2}{k_B T} \left[\sum_{t=0}^{\infty} a_t \left(\frac{\mathcal{J}_1}{k_B T} \right)^t \right] \quad \text{mit} \quad a_t = \sum_{r+s\leq t} a'_{t-r-s,r,s} \alpha^r \beta^s .$$

In Erweiterung der Gln. (5.135) und (5.136) tragen die Entwicklungskoeffizienten über die Faktoren α^r und β^s den unterschiedlichen Kopplungsparametern und ihrem *Lattice Count* Rechnung.

Generell gilt, daß die Bestimmung eines *LC*-Wertes bei höheren Ordnungen der HTE keineswegs trivial ist. Insbesondere in Fällen, bei denen nicht nur die Wechselwirkung zwischen den nächsten Nachbarn, sondern auch den übernächsten und weiteren Nachbarn in hoher Ordnung berücksichtigt werden sollen — diese Fälle spielen in der Praxis eine wichtige Rolle (s. 5.4.4.2) —, ist der Aufwand enorm. Die Berechnung der *LC*-Werte ist sehr aufwendig, so daß eine adäquate Suszeptibilitätsgleichung dann nur mit Hilfe eines entsprechenden Rechenprogramms auf Hochleistungs-Workstations aufgestellt werden kann [360, 361][36)].

Auswertung einer HTE: PADÉ-Approximation. Die Reihe in Gl. (5.138) ist für jedes Vorzeichen des Austauschparameters $\mathcal{J}$ verwendbar. Aufgrund des Auftretens ungerader und gerader Potenzen in $\mathcal{J}$ alterniert sie im Falle antiferromagnetischer Wechselwirkungen. Ein Problem ist generell die Konvergenz der TAYLOR-Reihe. Abb. 5.36 zeigt, daß man bei einer direkten Verwendung der Entwicklung (DE) mit acht Reihengliedern eine Kurve erhält, die zwar den oberen Temperaturbereich bis zu $k_B T/|\mathcal{J}| \approx 2$ einen plausiblen und bei Messungen an entsprechenden Systemen beobachteten Verlauf hat, sich jedoch bei tieferer Temperatur nicht sinnvoll verhält (DE(8)). Hier ist es im Sinne einer verläßlichen Parameterbestimmung erforderlich, durch geeignete PADÉ-Approximationen [369] das Konvergenzverhalten zu verbessern. Die Grundidee

[36)] Das zum HTSE-Paket gehörende Programm `'lattice'` beansprucht z. B. zur Berechnung der ca. 7 000 *LC*-Werte in 7. Ordnung für ein Gitter aus einem modifizierten KAGOMÉ-Netz (s. Abb. 5.43) mit drei Wechselwirkungsparametern 10 Tage Rechenzeit auf einer SGI Origin und ca. 1.2 GB Hauptspeicher [360] (Stand 1998).

besteht darin, die Potenzreihenentwicklung für $\chi(\mathcal{K})$ ($\mathcal{K} = \mathcal{J}/k_BT$), deren Koeffizienten a_k bis zur Ordnung r bekannt sind, durch den Quotienten zweier Polynome $P_L(\mathcal{K})$ und $Q_M(\mathcal{K})$ vom Grade L bzw. M anzunähern, wobei $r = L+M$ gelten muß:

$$\frac{\chi\, 3k_BT}{\mu_0 N_A g^2 \mu_B^2 X} = 1 + \sum_{k=1}^{r} a_k \mathcal{K}^k = \frac{P_L(\mathcal{K})}{Q_M(\mathcal{K})} = \frac{p_0 + p_1\mathcal{K} + \ldots + p_L\mathcal{K}^L}{1 + q_1\mathcal{K} + \ldots + q_M\mathcal{K}^M}.$$

Als Abkürzung für die Entwicklung wird das Symbol $[L/M]$ verwendet. Durch dieses Verfahren kann der Konvergenzbereich bei geeigneten Parameterwerten für $\mathcal{J}$ erweitert werden. So hat die in Abb. 5.36 gezeigte PADÉ-Approximation [4/4] auch bei $k_BT/|\mathcal{J}| < 2$ einen plausiblen Verlauf. Unter Umständen erhält man jedoch einen Pol im interessierenden Bereich, so daß die PADÉ-Approximation unbrauchbar ist.

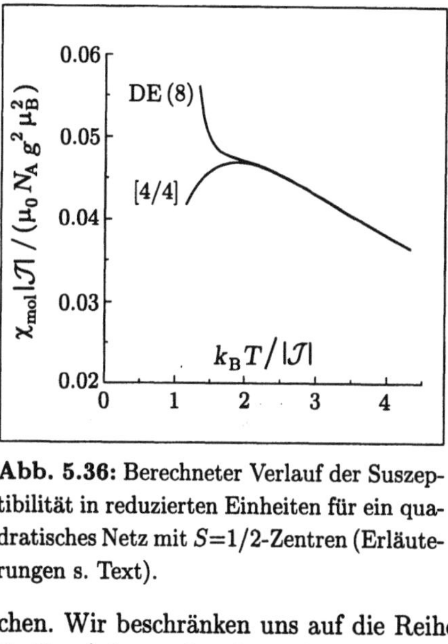

Abb. 5.36: Berechneter Verlauf der Suszeptibilität in reduzierten Einheiten für ein quadratisches Netz mit S=1/2-Zentren (Erläuterungen s. Text).

Die Aufgabe besteht darin, eine eindeutige Beziehung zwischen den Koeffizienten a_k der bekannten Reihe und den unbekannten p_i, q_j herzustellen. Das Verfahren, das in unserem HTSE-Paket integriert ist und z. B. auch mit dem Programm `'Maple'` V [388] durchgeführt werden kann, wollen wir am Beispiel der Reihe des quadratisch-planaren Gitters mit S=1/2-Zentren verdeutlichen. Wir beschränken uns auf die Reihe bis zur 2. Ordnung und berechnen die PADÉ-Approximation mit $L = 1$ und $M = 1$. Die Reihe bis zur 2. Ordnung lautet:

$$\frac{\chi\, 3k_BT}{\mu_0 N_A g^2 \mu_B^2 X} = 1 + 2\mathcal{K} + 2\mathcal{K}^2 = \frac{p_0 + p_1\mathcal{K}}{1 + q_1\mathcal{K}}.$$

(q_1 darf nicht mit der Koordinationszahl q verwechselt werden.) Durch Umformung erhält man:

$$\begin{aligned}&(1 + 2\mathcal{K} + 2\mathcal{K}^2)\,(1 + q_1\mathcal{K}) = \\ &\qquad 1 + 2\mathcal{K} + 2\mathcal{K}^2 + q_1\mathcal{K} + 2q_1\mathcal{K}^2 + 2q_1\mathcal{K}^3 = p_0 + p_1\mathcal{K}.\end{aligned}$$

Eine eindeutige Zuordnung ergibt sich nach Vernachlässigung solcher Glieder in $\mathcal{K}$, deren Potenzen größer sind als $L + M$. Durch Abgleichung von rechter und linker Seite in Potenzen von $\mathcal{K}$ erhält man schließlich:

$$p_0 = 1; \qquad p_1 = 2 + q_1; \quad 0 = 2 + 2q_1; \qquad \rightarrow \quad p_1 = 1, \quad q_1 = -1.$$

Die PADÉ-Approximation [1/1] lautet somit:

$$\frac{\chi\, 3\, k_B T}{\mu_0 N_A g^2 \mu_B^2 X} = \frac{1+\mathcal{K}}{1-\mathcal{K}}.$$

Auf diese Weise lassen sich auch höhere PADÉ-Approximationen gewinnen. Die Erfahrung zeigt, daß die Parität von L und M (*gerade* oder *ungerade*) eine wichtige Rolle spielt und in der Regel die $[L/L]$-Approximationen, also für den Fall $L = M$, die plausibelsten Resultate liefern. In Abb. 5.36 ist daher die [4/4]-Kurve gezeigt. Man erkennt ein breites Maximum, das typisch ist für Substanzen mit einer antiferromagnetischen Kopplung in einer 2 D-Verknüpfung der magnetischen Zentren.

Durch Auswertung einer Reihe von PADÉ-Approximationen findet man das Maximum in χ (reduzierte Einheiten) für das quadratische Netz und $S = 1/2$ bei $\chi_{max}|\mathcal{J}|/(\mu_0 N_A g^2 \mu_B^2) = 0,0469$, so daß in diesem Spezialfall (Berücksichtigung nur nächster Nachbarn) bei Kenntnis von χ_{max} der Parameter $\mathcal{J}$ direkt, also ohne Anpassungsrechnungen, bestimmt werden kann. Entsprechende Werte für andere Spinquantenzahlen sind tabelliert [368]. Mit Hilfe der Gl. (5.138) ist eine Serie ferromagnetischer 2 D-Alkylammonium-tetrachlorocuprate(II) analysiert worden [427].

5.4.4.2 Anwendungsbeispiele der HTE

Zunächst vergleichen wir H_{ex} ($\mathcal{J} < 0$) in Dimer, Kette, Schicht und Raumnetz. Dann betrachten wir Verbindungen mit dominierenden 2 D-Wechselwirkungen.

Vergleich des magnetischen Verhaltens von Dimer, Kette, Schicht und Raumnetz ($\mathcal{J} < 0$). In Abb. 5.37 ist links die reduzierte Suszeptibilität $\chi_{red} = \chi|\mathcal{J}|/(\mu_0 N_A g^2 \mu_B^2)$ und rechts ihr Kehrwert als Funktion der reduzierten Temperatur $T_{red} = k_B T/|\mathcal{J}|$ für $S = 1/2$-Systeme mit zunehmender Dimensionalität in der Verknüpfung dargestellt, wobei 2 D hier für das quadratische und 3 D für das kubisch-primitive Gitter steht. Betrachtet wird die isotrope antiferromagnetische Wechselwirkung ausschließlich mit den nächsten Nachbarn. Die 3 D-Kurve endet bei der Temperatur, an der χ_{red} den höchsten Wert erreicht, da bei weiterer Temperaturabsenkung magnetische Ordnung einsetzt, für die das HTE-Modell nicht mehr relevant ist. Alle Kurven befolgen bei hoher Temperatur das CURIE-WEISS-Gesetz (rechts).

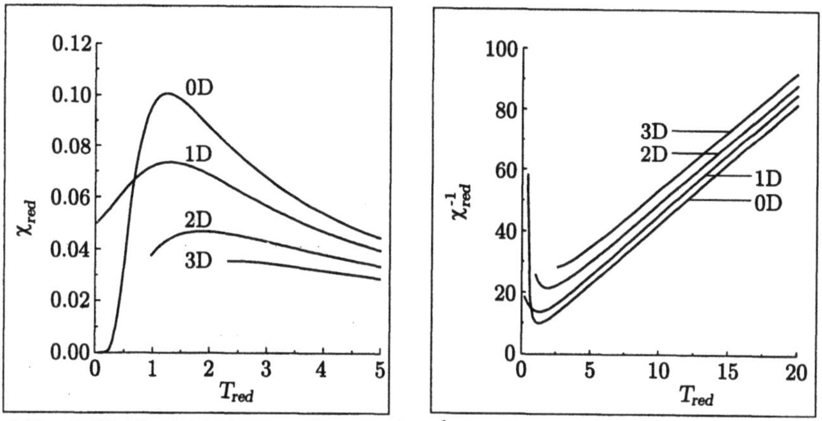

Abb. 5.37: Vergleich der χ_{red}–T_{red}- und χ_{red}^{-1}–T_{red}-Diagramme von antiferromagnetisch gekoppelten $S = 1/2$-Zentren (HEISENBERG-Modell) in Dimer (0 D; Gl. (5.18)), Kette (1 D; Gl. (5.110)), quadratischem Netz (2 D; Gl. (5.138), [4/4]) und kubisch-primitivem Gitter (3 D; [367], [4/4]).

Mit steigender Zahl nächster Nachbarn von 1 (Dimer) bis 6 (kubisch-primitives Gitter) werden die Θ_{red}-Werte stärker negativ: $\Theta_0 = -0{,}58$; $\Theta_1 = -1{,}27 = 2{,}2\,\Theta_0$, $\Theta_2 = -2{,}53 = 4{,}0\,\Theta_0$, $\Theta_3 = -3{,}51 = 6{,}0\,\Theta_0$. Der Gang ist in 1. Näherung proportional der Zahl der Nachbarn und damit im Einklang mit Gl. (5.45). Der Maximalwert von χ_{red} nimmt mit steigender Zahl der Nachbarn ab, während die Temperatur, bei der χ_{red} maximal ist, in dieser Richtung steigt.

Schichtenstrukturen mit Cu(II). In Tab. 5.10 sind Austauschparameter einiger 2 D-Systeme mit Cu(II) ($S = 1/2$) aufgeführt. Im ersten Beispiel sind die Wechselwirkungen antiferromagnetischer, in den anderen Beispielen ferromagnetischer Natur. Anhand der in 5.2 vorgestellten Mechanismen zum Superaustausch werden die Vorzeichen plausibel.

$CrCl_3$, $CrBr_3$. Die Verbindungen haben bei $T < 240$ K bzw. 450 K die Schichtenstruktur des BiI_3-Typs [186] (Raumgruppe $R\,\overline{3}$). Die oktaedrisch koordinierten Cr^{3+}-Ionen der Punktsymmetrie C_3 (3) haben in bezug auf die nächsten Anionen in guter Näherung D_{3d}-Symmetrie und bilden in der Schicht ein 6^3-Netz[37] (Abb. 5.38). Die Stapelung der Netze längs **c** zeigt Abb. 5.39.

Charakteristisch für den Magnetismus der beiden Halogenide mit $3d^3(S = \frac{3}{2})$-Zentren sind ferromagnetische Wechselwirkungen in den Schichten, wobei die magnetischen Dipole im Chlorid senkrecht zu **c** und im Bromid parallel zu

37) Das 6^3-Netz [89] liegt z. B. in den Schichten des Graphit vor.

Tab. 5.10: Cu(II)-Verbindungen mit 2D-verknüpften magnetischen Zentren und Spin-Spin-Austauschkopplung (HEISENBERG-Systeme)

Verbindung	Brücke	$\mathcal{J}[cm^{-1}]$	$\lvert\mathcal{J}'/\mathcal{J}\rvert$ [a]	Lit.
$Cu(HCOO)_2 \cdot 4H_2O$	$HCOO^-$	−21	$\approx 10^{-3}$	[55]
K_2CuF_4	F^-	7,8	3×10^{-3}	[55]
Rb_2CuCl_4	Cl^-	13	8×10^{-3}	[55]
L_2CuCl_4 [b]	Cl^-	17,1 [c]		[427]

[a] $\mathcal{J}$: 'intralayer'-Parameter; $\mathcal{J}'$: 'interlayer'-Parameter.
[b] L $\widehat{=}$ $C_6H_5CH_2NH_3$.
[c] Ermittelt aus Anpassungsrechnungen mit Gl. (5.138).

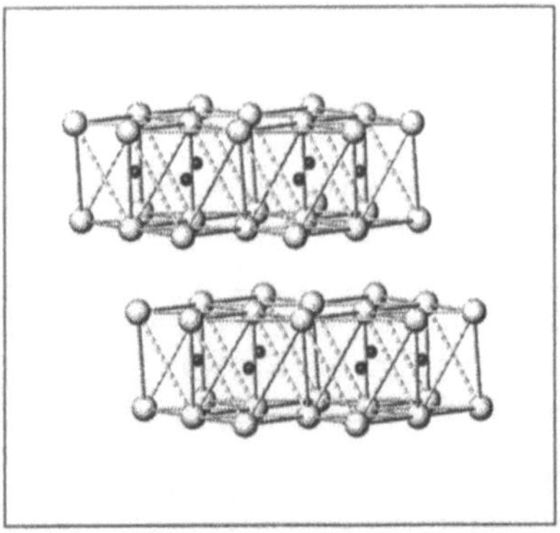

Abb. 5.38: Schichtpakete in $CrCl_3$ und $CrBr_3$ (BiI_3-Typ)

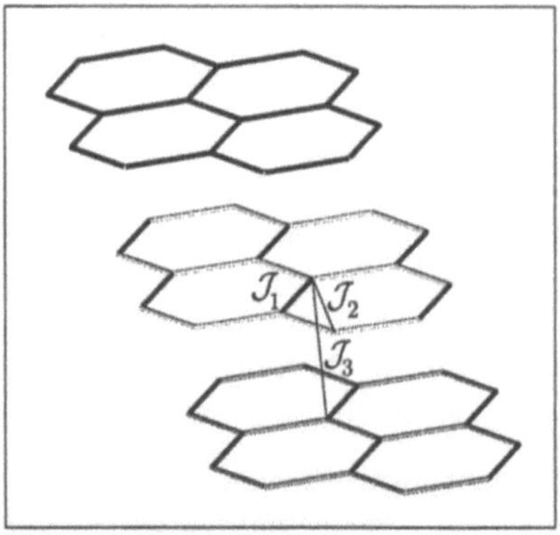

Abb. 5.39: Anordnung von drei in c-Richtung übereinanderliegenden 6^3-Netzen aus Cr^{3+}-Ionen

c orientiert sind[38]. Die Cr^{3+}–Cr^{3+}-Wechselwirkungen zwischen den Schichten sind schwach und im Chlorid antiferromagnetischer, im Bromid hingegen ferromagnetischer Natur. Oberhalb von ca. 90 K ($CrCl_3$) bzw. 130 K ($CrBr_3$) liegt

[38] Die leichte Richtung der magnetischen Dipole wird — abgesehen von der Formanisotropie der Kristalle — bestimmt durch magnetische Dipol-Dipol-Wechselwirkung, Einzelion-Anisotropie (aufgrund der Nullfeldaufspaltung des Spinquartetts in die Dubletts $|\pm 1/2\rangle$ und $|\pm 3/2\rangle$, vgl. 4.5.5) und Anisotropie der Austauschwechselwirkung (zur Stärke der drei Beiträge im Falle von $CrCl_3$ und $CrBr_3$ siehe [55, 376]). Bereits ein kleines äußeres Feld von $B_0 < 0,5\,T$ für $CrCl_3$ und $< 0,8\,T$ für $CrBr_3$ reicht aus, um magnetische Sättigung in jeder beliebigen Richtung zu erreichen.

Tab. 5.11: Magnetische Daten von $CrCl_3$ und $CrBr_3$ [55, 368, 370]

CrX_3	magnetisch geordnet T_C, T_N [K]	μ_m^∞ [μ_B]	$\mathcal{J}^{a)}$ [cm^{-1}]	$\mathcal{J}'$ [cm^{-1}]	$\lvert\mathcal{J}'\rvert/\lvert\mathcal{J}\rvert$	paramagn. μ [μ_B]	Θ_p [K]
$CrCl_3$	16.8(T_N)	2.82(2)	3.65	−0,013	$\approx 6 \times 10^{-4}$	3.85	41
$CrBr_3$	32.7(T_C)	3	5.73	0,345	$\approx 6 \times 10^{-3}$	3.89	54

a) $\mathcal{J}$ und $\mathcal{J}'$ sind Intralayer- bzw. Interlayer-Parameter; die Werte resultieren aus Spinwellen-Analysen [440, 441].

CURIE-WEISS-Verhalten vor mit positiven Θ_p-Werten (41 bzw. 54 K); die aus C ermittelten magnetischen Momente entsprechen praktisch dem reinen Spinmoment $\mu^{s.o.} = 3.87\,\mu_B$ (vgl. das in Abb. 4.31 dargestellte n_{eff}–T-Verhalten für isolierte, oktaedrisch koordinierte Cr^{3+}-Ionen).

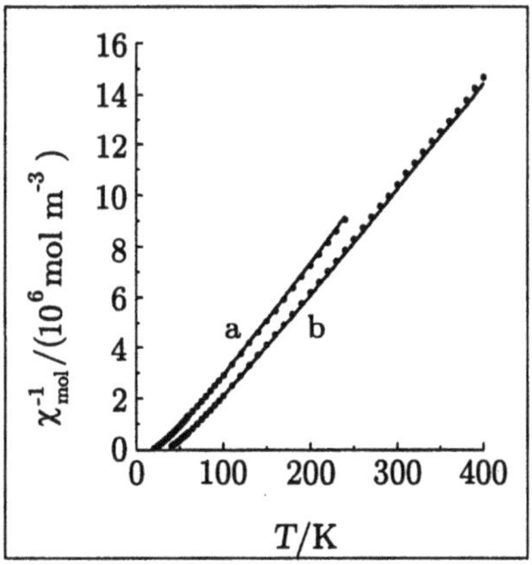

Abb. 5.40: χ_{mol}^{-1}–T-Diagramm von (a) $CrCl_3$ und (b) $CrBr_3$

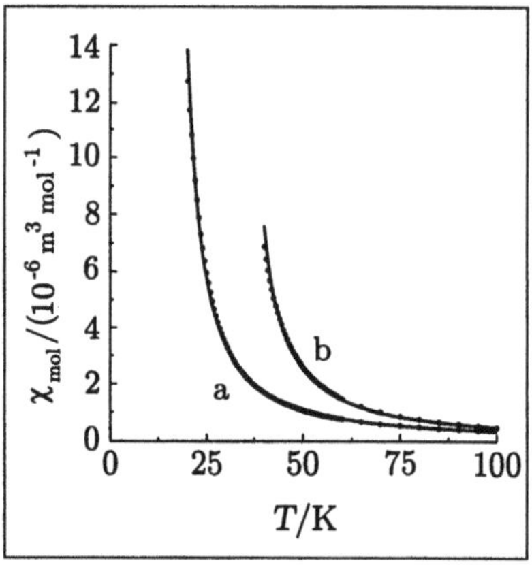

Abb. 5.41: χ_{mol}–T-Diagramm von (a) $CrCl_3$ und (b) $CrBr_3$

Im Bereich zwischen CURIE-WEISS-Verhalten bei hoher Temperatur und den magnetischen Ordnungstemperaturen T_N bzw. T_C kommt es zu einem charakteristischen Verlauf der Suszeptibilitäts-Temperatur-Kurve (s. Abbn. 5.40, 5.41), der mit der Vorhersage einer HTE (s. Gln. (5.139) und (5.140), 6. Ordnung) verglichen wird. Die Wechselwirkungsparameter $\mathcal{J}_1$ und $\mathcal{J}_2$ beziehen

Tab. 5.12: $CrCl_3$ und $CrBr_3$: Parameter g und $\mathcal{J}_i$ [cm^{-1}] nach HTE-Analyse (6. Ordnung) und Cr–Cr-Abstände [pm] [370]

Parameter	$CrCl_3$	$CrBr_3$
g	1,95(1)	1,995(8)
$\mathcal{J}_1$	4,4(2)	6,04(5)
d(Cr–Cr)	344	364
$\mathcal{J}_2$	-0,16(3)	-0,27(5)
d(Cr–Cr)	595	631
$\mathcal{J}_3$	-0,01(0)	1,9(5)
d(Cr–Cr)	613	612

sich auf nächste und übernächste magnetische Nachbarn in der Schicht, während $\mathcal{J}_3$ für die Wechselwirkungen zwischen den Schichten steht (s. Abb. 5.39).

Die aus der HTE-Analyse erhaltenen Parameterwerte in Tab. 5.12 [370] bestätigen die nach anderen Verfahren erhaltenen Ergebnisse [368, 371]: Die dominierende ferromagnetische Wechselwirkung herrscht zwischen den nächsten Nachbarn in der Schicht. Sie ist im Bromid ($\mathcal{J}_1 = 6,0\,cm^{-1}$) stärker als im Chlorid (4,4 cm^{-1}). Zwischen den übernächsten Nachbarn in derselben Schicht liegen vergleichsweise schwache antiferromagnetische Wechselwirkungen vor. Die Wechselwirkungen zwischen den Schichten sind erwartungsgemäß schwach und geben hinsichtlich ihres Vorzeichens den experimentellen Befund wieder: Antiferromagnetische Spinstruktur sowie Metamagnetismus bei $CrCl_3$ und Ferromagnetismus bei $CrBr_3$.

Die Dominanz der ferromagnetischen Wechselwirkung zwischen den nächsten Nachbarn in der Schicht und die Zunahme von $\mathcal{J}_1$ beim Übergang vom Chlorid zum Bromid läßt sich durch die möglichen Austauschpfade plausibel machen. In Abb. 5.42 ist ein Cr^{3+}–Cr^{3+}-Paar mit der Doppelbrücke aus Cl^- bzw. Br^- (Oktaederkante) herausgegriffen. Sowohl der direkte Austausch durch Überlappung von einfach besetzten t_{2g}-Orbitalen als auch der 90°-Superaustausch sind zu betrachten. Der direkte Austausch müßte wegen $S_{ab} \neq 0$ zu antiferromagnetischer Spin-Spin-Kopplung, $\mathcal{J}_1 < 0$, führen. Er spielt hier offensichtlich keine dominierende Rolle. Vielmehr führt der Superaustausch den Regeln entsprechend zu paralleler Spinkopplung, da die magnetischen Orbitale der benachbarten Cr^{3+}-Ionen orthogonal zueinander sind [299]. Die Argumentation ähnelt weitgehend der bei den quadratisch-planar koordinierten dinuklearen Cu^{2+}-Komplexen in Beisp. 5.7, mit dem Unterschied, daß bei der Bildung der magnetischen Orbitale im Falle des d^3-Systems den Metall-d-Funktionen Liganden-p-Orbitale nach Art einer π-Bindung beigemischt sind und nicht wie im Falle des d^9-Systems nach Art einer σ-Bindung.

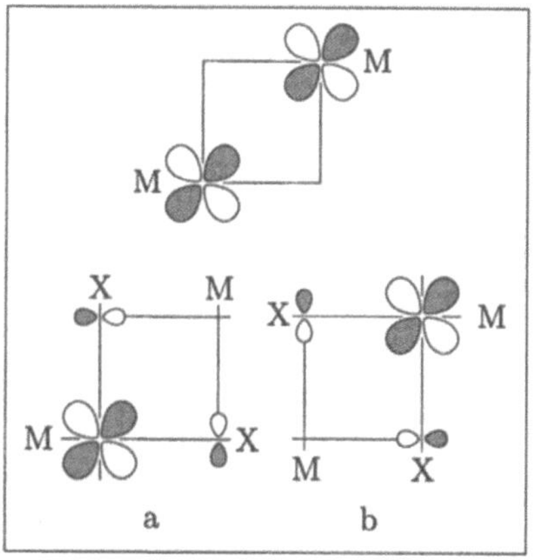

Abb. 5.42: $CrCl_3$, $CrBr_3$: Magnetische Orbitale (links: direkter Austausch d_{xy}–d'_{xy}; rechts: 90°-Superaustausch, s. Text)

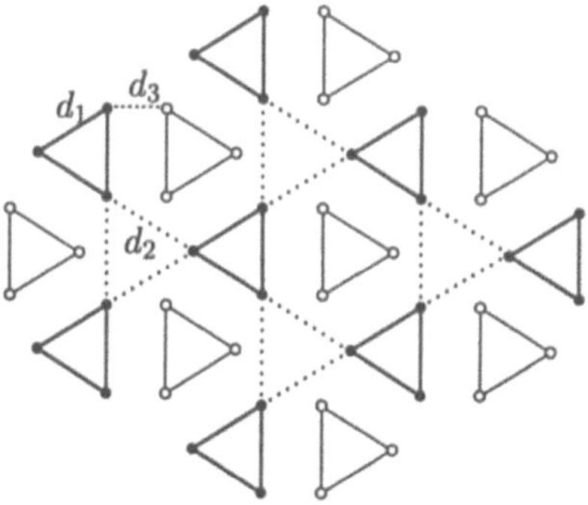

Abb. 5.43: Modifizierte KAGOMÉ-Netze aus Eu in $EuMg_{5.2}$

$EuMg_{5.2}$. Magnetisch konzentrierte Europium-Verbindungen, in denen das Metall eine stabile Valenz mit der $4f^7$-Konfiguration hat, sind häufig Modellsysteme für isotropen Austausch (HEISENBERG-Modell). Dazu gehören vor allem die Chalkogenide EuX (s. 5.4.4.4). Aber auch bei intermetallischen Systemen ist das HEISENBERG-Modell aufgrund der lokalisierten Momente mit Bahnsingulett-Grundzustand ($^8S_{7/2}$) adäquat. Zu ihnen gehört $EuMg_{5.2}$ (Raumgruppe $P6_3/mmc$), dessen Suszeptibilitätsverlauf im paramagnetischen Bereich bis nahe an die Ordnungstemperatur durch eine HTE (7. Ordnung, [4/3]) simuliert werden kann. Die Struktur [372, 373] setzt sich aus Eu_3Mg_{14}-Einheiten zusammen — angeordnet im Sinne der hexagonal-dichtesten Packung — und zusätzlichen Mg-Atomen in den Zwischenräumen. Die Baugruppe Eu_3 ist ein gleichseitiges Dreieck mit $d_1 = 431\,pm$ (s. Abb. 5.43). Der Abstand d_2

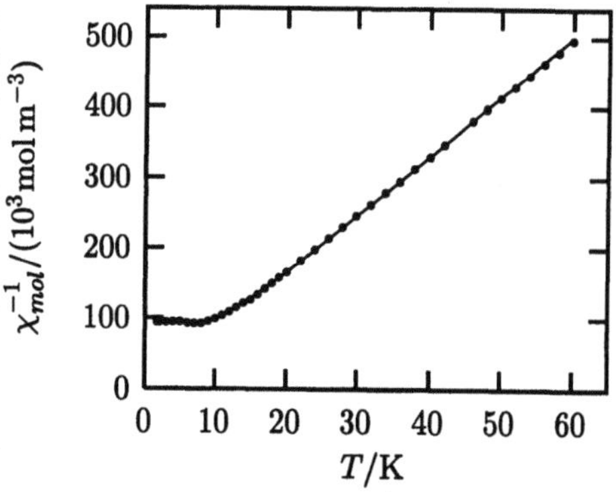

Abb. 5.44: χ_{mol}^{-1}-T-Diagramm von $EuMg_{5.2}$; (···) Meßwerte, (—) berechnete Werte mit HTE (7. Ordnung, [4/3])

zwischen den Dreiecken in derselben Schicht beträgt 610 pm, während er zu den benachbarten Schichten mit $d_3 = 640\,\text{pm}$ etwas größer ist. Die Eu-Teilstruktur einer Schicht läßt sich als modifiziertes KAGOMÉ-Netz beschreiben.

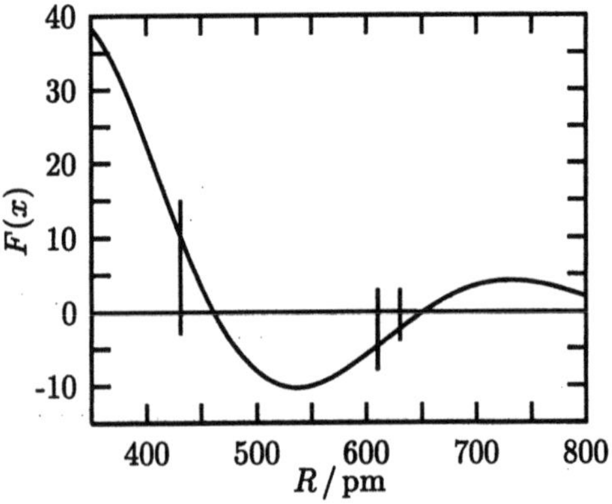

Abb. 5.45: $F(x)$-Beiträge (Gl. (5.99)) zu den Kopplungsparametern $\mathcal{J}_1$, $\mathcal{J}_2$ und $\mathcal{J}_3$ für $EuMg_{5.2}$ nach dem RKKY-Modell

Den drei Abständen sind die Parameter $\mathcal{J}_1$, $\mathcal{J}_2$ bzw. $\mathcal{J}_3$ zugeordnet, deren Werte (in cm^{-1}) $\mathcal{J}_1 = 0.31$, $\mathcal{J}_2 = -0.17$, $\mathcal{J}_3 = -0.01$ betragen. Als weiterer Parameter wurde $g = 2.15$ bestimmt. Die Erhöhung gegenüber dem Wert 2 für Eu^{2+} in nichtleitenden Verbindungen wird einer Polarisation der Leitungselektronen zugeschrieben. Das Ergebnis spricht für dominierende ferromagnetische Wechselwirkungen in den Dreiecken und antiferromagnetische Wechselwirkungen zwischen ihnen. Letztere sind stärker in derselben Schicht. Auf den Mechanismus der Austauschwechselwirkungen zwischen lokalisierten Momenten in elektrisch leitenden Verbindungen unter Vermittlung der Leitungselektronen kann das RKKY-Modell angewendet werden (s. 5.2.2). Wir erinnern an die Kernaussagen dieses Modells, daß die Kopplung langreichweitig und von oszillatorischem Charakter ist. Gl. (5.99) stellt den Zusammenhang her zwischen $\mathcal{J}_{ij}^{RKKY}$ und dem Produkt aus dem FERMI-Radius k_F und dem Abstand R_{ij} der magnetischen Zentren. Setzt man in einer Abschätzung den Anteil freier Elektronen im System $EuMg_{5.2}$ dem des reinen Magnesium von 0,268 [374] gleich, so ergibt sich mit einem Volumen der Elementarzelle von $1005{,}6(10^{-10}\,\text{m})^3$ für sechs Formeleinheiten eine Dichte der Leitungselektronen $N = 19{,}8 \times 10^{27}/\text{m}^3$. Mit Gl. (2.22) erhält man damit den FERMI-Radius $k_F = 8{,}37 \times 10^9\,\text{m}^{-1}$. Daraus folgen mit Rücksicht auf Gl. (5.99) für die drei Abstände d(Eu–Eu) von 431, 610 und 640 pm die unskalierten und zu $F(x)$ proportionalen Anteile der Kopplungsparameter 10,47, −4,68 bzw. −1,18 (s. Abb. 5.45). Vergleicht man das aus der Anpassung erhaltene Verhältnis $\mathcal{J}_1/\mathcal{J}_2$ der Parameterwerte mit den Werten, die das RKKY-Modell vorhersagt, so ergibt sich eine gute Übereinstimmung: $\mathcal{J}_1/\mathcal{J}_2 = -1{,}84$ aus der Anpassung und $-2{,}16$ aus dem Modell. Auch das Vorzeichen aller drei Parameterwerte wird vom Modell richtig vorhergesagt. Einen relativ starken Einfluß auf die Kopplungsparameter hat bereits der Einbau von 10 % Lithium oder Aluminium anstelle von Magnesium: Im Falle des Alkalimetalls ergibt sich eine Verstärkung des ferromagnetischen Beitrags um 30 %, bei Aluminium eine Schwächung um 25 % [360, 375]. Auch dieser Gang ist nach dem RKKY-Modell plausibel und mit dem HTE-Modell gut nachvollziehbar.

5.4.4.3 Nanostrukturiertes Fe_3O_4

Wir knüpfen an die Ausführungen zum Magnetit, Fe_3O_4, in 2.3.4 an. Seine relativ hohe elektrische Leitfähigkeit kommt durch den leichten Übergang des Elektrons von Fe^{2+} nach Fe^{3+} auf den Oktaederplätzen zustande. Unterhalb von 119 K gibt es, durch Neutronenbeugung und MÖSSBAUER-Spektroskopie[39)] nachgewiesen, eine geordnete Verteilung der beiden Ionensorten, und das Material ist halbleitend [428, 429].

Von großer Bedeutung hinsichtlich technischer und medizinischer Anwendung sind Ferrofluide (ferromagnetische Flüssigkeiten), die kolloidal gelöste eindomänige Teilchen von Fe_3O_4 oder anderer ferro- oder ferrimagnetischer Materialien in einer Größe von ≈10 nm enthalten. Das magnetische Verhalten einer Ansammlung isotroper eindomäniger Teilchen, jedes mit dem Gesamtmoment μ, läßt sich bei verschwindenden Wechselwirkungen zwischen den Teilchen und nicht zu tiefer Temperatur durch die LANGEVIN-Gl. (2.10) für den klassischen Paramagnetismus beschreiben. Im Unterschied zum Paramagnetismus von Atomen oder Ionen bezieht sich μ auf das Eindomänenteilchen, das aus mindestens 10^3 Zentren besteht, deren magnetische Dipole im Falle eines Ferromagnetikums parallel ausgerichtet sind. Man nennt die Erscheinungsform wegen des riesigen Momentes daher *Superparamagnetismus*[40)] [432]. Mit abnehmender Größe der Teilchen spielen Oberflächeneffekte eine immer größere Rolle, wie mit Hilfe der MÖSSBAUER-Spektroskopie untersucht wurde [433, 473]. Einzelheiten zur medizinischen Anwendung magnetischer Nanopartikel findet man in [434, 435].

Um zu sehr kleinen magnetischen Teilchen einheitlicher Größe zu gelangen — von großem Interesse sowohl in Grundlagenforschung als auch Anwendung — wählt man den Weg der gezielten chemischen Synthese von polynuklearen Komplexen mit großem Gesamtspin S', wie bereits auf S. 382 im Zusammenhang mit Eisenkomplexen erwähnt wurde. Entsprechende Vertreter gibt es auch mit Mangan, z. B. $[Mn_{12}(CH_3COO)_{16}(H_2O)_4O_{12}] \cdot 2\,CH_3COOH \cdot 4\,H_2O$ ($S' = 10$). Auffallendes Merkmal der Magnetisierungskurven zwischen 1,8 und 2,6 K eines

---

39) In Lit. [378] werden die MÖSSBAUER-spektroskopischen Untersuchungen an Fe_3O_4 ausführlich vorgestellt.

40) Auch kleine Teilchen eines Antiferromagnetikums wie Cr_2O_3 oder NiO können ein permanentes magnetisches Moment erhalten, und zwar durch unvollständige Kompensation der magnetischen Untergitter, d. h. einen schwachen Ferrimagnetismus [464, 465, 466, 467]. Er hat seinen Ursprung im Mangel perfekter innerer Struktur und der Oberflächenform des Teilchens.

Einkristalls dieser Verbindung sind Stufen, die dadurch zustande kommen, daß es eine bestimmte Wahrscheinlichkeit für das Umklappen der Magnetisierungsrichtung über eine Energiebarriere von einer leichten Richtung in eine andere gibt (*Resonanztunneln der Magnetisierung, quantum tunneling of magnetization* [468, 469, 470, 471, 472]). Entsprechende Untersuchungen an anderen nanostrukturierten und mesoskopischen Systemen sind in Lit. [474] beschrieben.

5.4.4.4 EuX (X ≙ O, S, Se, Te)

Die im NaCl-Typ kristallisierenden Eu(II)-Chalkogenide sind magnetische Halbleiter und gelten als ideale HEISENBERG-Systeme. Ihr magnetisches und elektrisches Verhalten ändert sich systematisch beim Gang vom Oxid zum Tellurid, wie Tab. 5.13 zeigt: EuO hat im Vergleich zu nichtleitenden Salzen eine

Tab. 5.13: Magnetische Kenngrößen und Energielücke von Eu(II)-Chalkogeniden [52]

EuX	a [pm]	Θ_p [K]	T_C, T_N [K]	a)	$\mathcal{J}_1$ [cm^{-1}]	$\mathcal{J}_2$ [cm^{-1}]	$\Delta E^{b)}$ [eV]	$10\,Dq$ [eV]
EuO	514,1	74	69,33	F	0,421	+0,08	1,12	3,1
EuS	596,8	18,7	16,57	F	0,158	−0,071	1,65	2,2
EuSe	619,5	8,5	4,6$^{c)}$	AF I	0,051	−0,0076	1,8	1,7
EuTe	659,8	−4,0	9,58	AF	0,030	−0,104	2,0	1,5

a) F: Ferromagnet; AF: Antiferromagnet.
b) Energielücke der Halbleiter (s. Abb. 5.46); 1 eV ≙ 8 066 cm^{-1}.
c) Weitere Phasenumwandlungen: $T = 2,8$ K: ferri; $T = 1,8$ K: AF II.

überraschend hohe CURIE-Temperatur von 74 K, und auch bei EuS ist der Wert $T_C = 18,7$ K relativ hoch. Bei EuSe wird Metamagnetismus beobachtet, während EuTe typisches antiferromagnetisches Verhalten zeigt. Die Änderung der magnetischen Kollektiveffekte kann anhand der Kopplungsparameter $\mathcal{J}_1$ und $\mathcal{J}_2$ zu den zwölf nächsten bzw. sechs übernächsten Kationen eines Eu(II)-Zentrums verfolgt werden. Die Ermittlung der Parameterwerte erfolgte im Falle der ferromagnetischen Verbindungen EuO und EuS durch Experimente mit inelastischen Neutronen (5.3.3), bei den beiden antiferromagnetischen Verbindungen aus einer Molekularfeldanalyse (vgl. Tab. 5.3) nach Bestimmung der Spinstruktur [52]. $\mathcal{J}_1$ ist positiv, und zwar am stärksten im Oxid und am schwächsten im Tellurid; $\mathcal{J}_2$ ist negativ, mit Ausnahme bei EuO.

Bei den Spin-Spin-Austauschkopplungen sind direkte 4f–4f-Wechselwirkungen praktisch auszuschließen. Selbst im Oxid mit einem relativ kurzen Abstand d(Eu–Eu) ≈ 360 pm ist die Überlappung der 4f-Orbitale benachbarter Zentren zu vernachlässigen. Zur Erklärung müssen die leeren 5d-Orbitale der Eu(II)-Zentren herangezogen werden, die im Kristall das 5d-Leitungsband bilden[41]. Aufgrund des Ligandenfeldeffekts ist das Band in die Subbänder $5d(t_{2g})$ und $5d(e_g)$ aufgespalten, wobei die $5d(t_{2g})$-Orbitale benachbarter Eu(II)-Zentren überlappen. Wird ein Elektron vom 4f-Zustand eines Zentrums in einen $5d(t_{2g})$-Bandzustand transferiert (Energielücke ΔE, siehe Tab. 5.13 und Abb. 5.46), kann es aufgrund der Austauschwechselwirkung $\mathcal{J}_{\mathrm{df}}$ den benachbarten 4f-Zu-

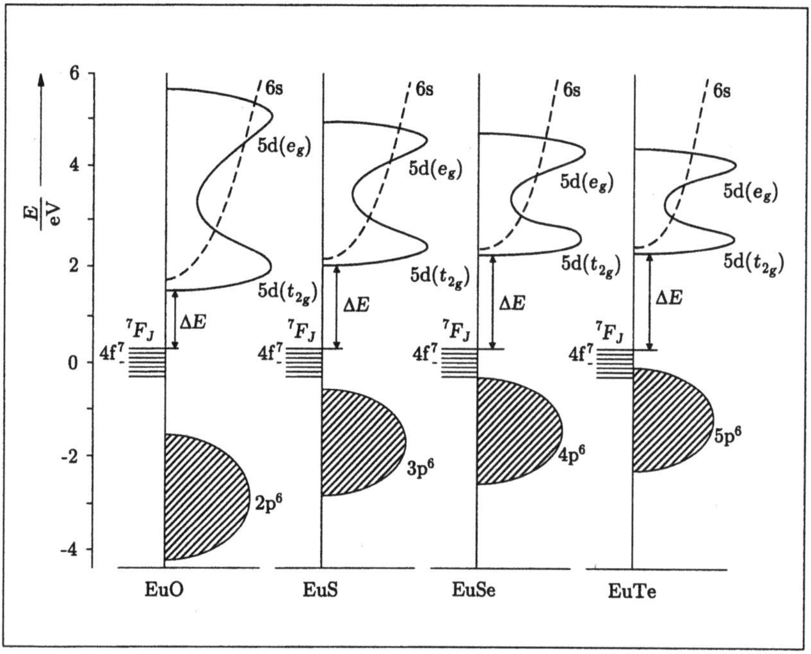

Abb. 5.46: Elektronische Struktur (schematisch) der Europiumchalkogenide EuX [52]

stand polarisieren. Es kommt damit zur ferromagnetischen Kopplung über einen *Kation- -Kation-Superaustausch*-Pfad [299] und damit zu positivem $\mathcal{J}_1$. Da ΔE beim Gang von EuO zu EuTe zunimmt, nimmt die Wahrscheinlichkeit für den Transfer 4f → $5d(t_{2g})$ des Elektrons und damit $\mathcal{J}_1$ ab.

Der Austauschpfad zu $\mathcal{J}_2$ erfolgt über den intraatomaren Transfer 4f →

[41] In metallreichen Halogeniden und Carbidhalogeniden der Lanthanoide ist das 5d-Leitungsband teilweise gefüllt, so daß metallische Leitung vorliegt (vgl. z. B. Gd_2ClC (T_N = 32 K), Gd_2BrC (T_C = 110 K), Gd_2IC (T_C = 182 K) [479]).

5d(e_g) und, wegen der Überlappung von 5d(e_g) mit den p-Orbitalen der Anionen, den günstigen 180°-Superaustausch mit dem antiferromagnetischen Beitrag. Dabei spielt die Energiedifferenz zwischen dem 5d(e_g)-Subband und den p-Zuständen der Chalkogenid-Ionen eine entscheidende Rolle. Ist sie groß wie bei den leichten Chalkogenid-Verbindungen, ist der absolute Beitrag zu $\mathcal{J}_2$ klein und die Zunahme der antiferromagnetischen Kopplung beim Gang zum Tellurid erklärbar. Der nach diesem Mechanismus nicht erklärliche positive $\mathcal{J}_2$-Wert für EuO hängt mit der Größe konkurrierender Austauschterme zusammen [52].

Das magnetische Verhalten der vier Eu-Verbindungen folgt im paramagnetischen Bereich dem CURIE-WEISS-Gesetz. Allerdings gibt es hier eine Komplikation: Obwohl das magnetische Sättigungsmoment im Tieftemperaturbereich zu $7\,\mu_B$ erhalten wird und die g-Werte bei 1,993(6) liegen, werden Werte für C gemessen, die um 3,5 % bis 7,5 % über denen liegen, die man für den reinen Spinmagnetismus mit $\mu = 7,93\,\mu_B$ des $^8S_{7/2}$-Systems erwartet. Man erklärt das Verhalten mit temperaturabhängigen Austauschparametern.

5.4.4.5 Nichtkollineare Spinstrukturen

Bei komplizierteren Spinstrukturen (s. Tab. 5.14) sind die Momente nichtkollinear angeordnet, sondern gegeneinander verkippt.

Ursachen für diese Abweichungen sind u. a. Spin-Bahn-Kopplung und Kristallfeld-Effekte, magnetische Dipol-Dipol-Wechselwirkungen und Wechselwirkungen nicht nur zwischen den nächsten magnetischen Nachbarn [430, 431]. Beim α-Fe_2O_3 weicht der Winkel zwischen den Vektoren der Untergittermagnetisierungen $\boldsymbol{M_A}$ und $\boldsymbol{M_B}$ um 0,006° von der streng antiparallelen Anordnung ab und führt wegen der resultierenden spontanen Magnetisierung zu *schwachem Ferromagnetismus.*

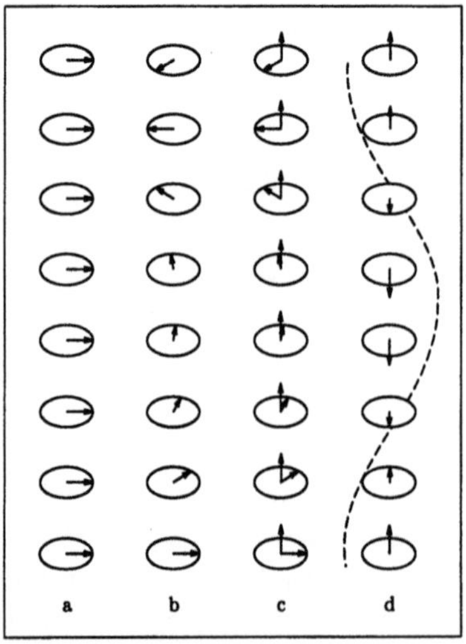

Abb. 5.47: Spinstrukturen der schweren Lanthanoide [377]

Komplizierte Spinstrukturen findet man bei den Lanthanoiden Tb – Tm, die in der hexagonal-dichtesten Kugelpackung kristallisieren (s. Abb. 5.47). Es treten jeweils mindestens zwei magnetisch geordnete Phasen auf, von denen die bei höherer Temperatur existierende antiferromagnetisch und die bei tieferer Temperatur vorliegende ferromagnetisch ist. Innerhalb jeder hexagonalen Schicht stehen die Momente parallel. Unterschiede ergeben sich in der Orientierung der Momente von Schicht zu Schicht. Die Momente können (a) parallel zur c-Achse (Beispiele: Gd, Tb, Dy), (b) senkrecht zur c-Achse (Tb, Dy, Ho), (c) schräg zur c-Achse stehen (Ho, Er) oder (d) eine Longitudinalwellen-Struktur haben (Er, Tm). Alternativ zum Fall (d), bei dem sich die Momente in ihrer Größe sinusförmig ändern, kann es nach einer bestimmten Sequenz auch zu einem Umklappen der Momente in Gegenrichtung kommen (Tm). Im Fall (b) beobachtet man eine Schraubung, wobei der Schraubungswinkel nicht in ganzzahligem Verhältnis zur Gitterperiode zu stehen braucht und sich sogar stark mit der Temperatur ändert.

Tab. 5.14: Magnetische Kenngrößen einiger Elemente und Verbindungen mit komplizierter Spinstruktur

Substanz	Struktur	T_N/K	T_C/K	Θ_p/K	μ^s/μ_B	Lit.
Cr(α)	kiz	312		[a]	[b]	[48]
Tb	hdp	230 [c]	219,5 [d]	195 ($\parallel c$) 239 ($\perp c$)	9,34	[80]
Dy	hdp	179 [e]	89 [f]	121 ($\parallel c$) 169 ($\perp c$)	10,33	[80]
Ho [g]	hdp	132 [h]	20 [i]	73 ($\parallel c$) 88 ($\perp c$)	10,34	[80, 124] [125]
$MnAu_2$	CaC_2	370 [j]				[100]
α-Fe_2O_3	Korund	950 [k]			4,9	[100]

[a] $T > T_N$: kein Curie-Weiss-Verhalten.
[b] Keine lokalisierten Momente, sondern Spin-Dichte-Wellen der 3d-Leitungselektronen [48].
[c] $T > 230$ K: paramagnetisch; $230\,\mathrm{K} > T > 219,5\,\mathrm{K}$: Spiralstruktur (helical).
[d] $T < 219,5\,\mathrm{K}$: ferromagnetisch.
[e] $T > 179$ K: paramagnetisch; $179\,\mathrm{K} > T > 89\,\mathrm{K}$: Spiralstruktur (helical).
[f] $T < 89\,\mathrm{K}$: ferromagnetisch.
[g] Hinsichtlich der relativ komplizierten Spinstrukturen von Er und Tm sei auf die Literatur [80, 177, 127, 126] verwiesen.
[h] $T > 132\,\mathrm{K}$: paramagnetisch; $132\,\mathrm{K} > T > 20\,\mathrm{K}$: Spiralstruktur (helical).
[i] $T < 20\,\mathrm{K}$: konische ferromagnetische Spiralstruktur mit ferromagnetischer Komponente in c-Richtung und antiferromagnetischer Komponente in der Basalebene.
[j] Spinstruktur: Spiralförmig.
[k] Spinstruktur ($950\,\mathrm{K} > T > 250\,\mathrm{K}$): Verkantet (Verkantungswinkel: 0,06°).

5.4.5 Konzepte für permanentmagnetische Materialien

Für Permanentmagnete wird eine hohe CURIE-Temperatur T_C, eine hohe Sättigungsmagnetisierung M^s und hohe Remanenz gefordert.

Intermetallische Systeme. Die auf S. 51f. besprochenen superstarken Magnete intermetallischer Verbindungen mit Lanthanoiden genügen diesen Bedingungen in hohem Maße. Ihnen ist folgendes gemeinsam:

1.) Sie bestehen überwiegend aus Eisen oder Cobalt (hohes T_C, hohes M^s);

2.) die beteiligten Lanthanoide Samarium und Neodym haben eine ungerade Zahl an 4f-Elektronen — damit ist, unabhängig von der Symmetrie des Kristallfeldes, ein magnetischer Grundzustand garantiert — und zeichnen sich durch magnetische Momente aus, die sowohl einen hohen Spinanteil ($S = 5/2$ bzw. $3/2$) als auch einen hohen Bahnanteil ($L = 5$ bzw. 6) haben;

3.) die Kristallstrukturen ($CaCu_5$- oder $Nd_2Fe_{14}B$-Typ) haben einachsige Anisotropie (hexagonal bzw. tetragonal) und bestehen aus Netzen von Übergangsmetallatomen, die sich mit gemischten Übergangsmetall-Lanthanoid-Netzen abwechseln.

Die den ferromagnetischen Übergangsmetallen fehlende Remanenz — die reinen Metalle sind weichmagnetisch — wird durch die Lanthanoide eingebracht: Die magnetischen Momente der Lanthanoide bevorzugen eine bestimmte leichte Richtung im Kristall, aus der sie sich aufgrund einer anisotropen 4f-Ladungsverteilung nur schwer herauskippen lassen. Über die 3d-4f-Spin-Spin-Kopplung und die starke Spin-Bahn-Kopplung bei den 4f-Elementen sind damit die 3d-Spins ebenfalls an das Kristallgitter gekoppelt, so daß insgesamt ein magnetisch stark anisotropes Material vorliegt [463].

Molekulare Magnete. Konzepte zum Bau molekularer magnetischer Materialien [54, 475, 462, 313] beruhen einerseits auf der mit orthogonalen Orbitalen verknüpften ferromagnetischen Spin-Spin-Kopplung (gegebenenfalls unter Verwendung paramagnetischer Liganden), andererseits auf der Herstellung ferrimagnetischer Systeme. In bezug auf den letzten Punkt gibt es Ansätze bei Verbindungen, die sich vom Berliner Blau ableiten [476].

A Einheiten, Konstanten, Inkremente

A.1 Einheiten

Wir verwenden das auf den vier Größen Länge (m), Masse (kg), Zeit (s) und Stromstärke (A) beruhende Einheiten-System SI (MKSA). In Tab. A.1 sind die für die Magnetochemie wichtigen Größen aufgeführt.

Tab. A.1: Die für Praxis und Theorie des Magnetismus wichtigen abgeleiteten SI-Einheiten

Größe	Name	Symbol	SI-Einheit
Frequenz	Hertz	Hz	$1\ \mathrm{Hz} = 1\ \mathrm{s}^{-1}$
Kraft	Newton	N	$1\ \mathrm{N} = 1\ \mathrm{kg{\cdot}m/s^2}$
Energie, Arbeit	Joule	J	$1\ \mathrm{J} = 1\ \mathrm{N{\cdot}m}$
Leistung	Watt	W	$1\ \mathrm{W} = 1\ \mathrm{J/s}$
elektrische Ladung	Coulomb	C	$1\ \mathrm{C} = 1\ \mathrm{A{\cdot}s}$
elektrische Spannung	Volt	V	$1\ \mathrm{V} = 1\ \mathrm{W/A}$
magnetischer Fluß	Weber	Wb	$1\ \mathrm{Wb} = 1\ \mathrm{V{\cdot}s}$
magnetische Induktion	Tesla	T	$1\ \mathrm{T} = 1\ \mathrm{Wb/m^2}$
Induktivität	Henry	H	$1\ \mathrm{H} = 1\ \mathrm{Wb/A}$

In der Magnetochemie ist jedoch bis heute überwiegend das GAUSSsche CGS-System[1)] in Gebrauch, das sich auf den drei mechanischen Größen Länge (cm), Masse (g), Zeit (s) gründet und in dem die elektrischen und magnetischen Größen durch die auf elektrische Ladungen bzw. Ströme wirkenden Kräfte definiert sind [53]. In der Praxis ergeben sich daher häufig Umrechnungen zwischen den Maßsystemen, wobei die entsprechenden Faktoren nicht nur Zehnerpotenzen, sondern auch 4π enthalten können.

Tab. A.2 enthält die im SI und GAUSSschen CGS-System gültigen Definitionen magnetischer Kenngrößen.

[1)] Das GAUSSsche CGS-System wird auch als nichtrationalisiertes CGS-System oder als CGS-emu-System bezeichnet, wobei emu für *electro-magnetic units* steht.

Tab. A.2: Definition magnetischer Kenngrößen

Größe	SI	a)	CGS-System (GAUSS)
μ_0	$4\pi \times 10^{-7}\mathrm{V{\cdot}s/(A{\cdot}m)}$	*	1
μ_B	$e\hbar/(2m_e)$	*	$e\hbar/(2m_e c)$
$\boldsymbol{M}$	$\boldsymbol{m}/\mathrm{V}$	*	$\boldsymbol{m}/\mathrm{V}$
$\boldsymbol{M}$	$\boldsymbol{B} = \mu_0(\boldsymbol{H} + \boldsymbol{M})$	*	$\boldsymbol{B} = \boldsymbol{H} + 4\pi\boldsymbol{M}$
	$\boldsymbol{B}_0 = \mu_0\boldsymbol{H}$	*	
M_{mol}	$M\mathrm{M}_r/\rho$	*	$M\mathrm{M}_r/\rho$
$\boldsymbol{J}_p$	$\boldsymbol{B} = \mu_0\boldsymbol{H} + \boldsymbol{J}_p$		
σ	M/ρ		M/ρ
σ_p	J_p/ρ		
μ_m	$M\mathrm{M}_r/(\rho N_A)$	*	$M\mathrm{M}_r/(\rho N_A)$
N [b]	$H = H_a - \mathrm{N}M$	*	$H = H_a - \mathrm{N}M$
μ_r	$\boldsymbol{B} = \mu_0\mu_r\boldsymbol{H}$ [c]	*	$\boldsymbol{B} = \mu_r\boldsymbol{H}$
χ [d]	$\boldsymbol{M} = \chi\boldsymbol{H}$	*	$\boldsymbol{M} = \chi\boldsymbol{H}$
	$\mu_r = 1 + \chi$		$\mu_r = 1 + 4\pi\chi$
χ_g	χ/ρ	*	χ/ρ
χ_{mol}	$\chi\mathrm{M}_r/\rho$ [e]	*	$\chi\mathrm{M}_r/\rho$
n_{eff}	$[3kT\chi_{mol}/(\mu_0 N_A\mu_B^2)]^{1/2}$	*	$[3kT\chi_{mol}/(N_A\mu_B^2)]^{1/2}$
F [f]	$(1/2)\mu_0 m_g\chi_g(\partial H^2/\partial z)$	*	$(1/2)m_g\chi_g(\partial H^2/\partial z)$

[a] Mit * versehene Kenngrößen werden in diesem Buch verwendet.
[b] H_a: Magnetfeldstärke des äußeren Feldes.
[c] Isotropes Verhalten vorausgesetzt.
[d] Bei anisotropen Dia- und Paramagneten ist χ ein Tensor.
[e] Man beachte, daß die Molmasse M_r in kg/mol anzugeben ist.
[f] m_g: Masse der Probe.

Die Symbole bedeuten:

μ_0	magnetische Feldkonstante	$\boldsymbol{m}$	magnetisches Dipolmoment
μ_B	BOHR-Magneton	$\boldsymbol{M}$	Magnetisierung
$\boldsymbol{B}$	Kraftflußdichte	M_{mol}	Molmagnetisierung
$\boldsymbol{H}$	Magnetfeldstärke	$\boldsymbol{J}_p$	magnetische Polarisation
σ	spez. Magnetisierung	χ	Vol.-Suszeptibilität
σ_p	spez. magn. Polarisation	χ_g	Grammsuszeptibilität
μ_m	atom. magn. Dipolmoment	χ_{mol}	Molsuszeptibilität
N	Entmagnetisierungsfaktor	n_{eff}	Zahl eff. BOHR-Magnetonen
μ_r	Permeabilitätszahl	F	Kraft

Die in den beiden Maßsystemen gültigen Einheiten sowie die entsprechenden Umrechnungsfaktoren vom CGS-System zum SI [30, 128, 135] sind Tab. A.3 zu entnehmen.

Tab. A.3: Einheiten magnetischer Kenngrößen im SI und im GAUSSschen CGS-System und ihre Umrechnungsfaktoren

Größe	SI	CGS	Faktor[a]
$\boldsymbol{B}$	T	G[b]	10^{-4} T/G
$\boldsymbol{H}$ [c]	A/m	Oe[d]	$(4\pi)^{-1} \times 10^3$ (A/m)/Oe
$\boldsymbol{M}$	A/m	G	10^3 (A/m)/G
$\boldsymbol{m}$	A·m^2 ≡ J/T	G·cm^3 ≡ erg/G	10^{-3} (A·m^2)/(G·cm^3)
$\boldsymbol{J}_p$	T	G	$4\pi \times 10^{-4}$ T/G
σ	A·m^2/kg	G·cm^3/g	1 (A·m^2/kg)/(G·cm^3/g)
σ_p	T·m^3/kg	G·cm^3/g	$4\pi \times 10^{-7}$ (T·m^3/kg)/(G·cm^3/g)
M_{mol}	A·m^2/mol	G·cm^3/mol	10^{-3} (A·m^2)/(G·cm^3)
μ_B	A·m^2	G·cm^3	10^{-3} (A·m^2)/(G·cm^3)
μ_m/μ_B	1	1	1
N [e]	1	1	$(4\pi)^{-1}$
μ_r	1	1	1
χ	1	1	4π
χ_g	m^3/kg	cm^3/g	$4\pi \times 10^{-3}$ (m^3/kg)/(cm^3/g)
χ_{mol}	m^3/mol	cm^3/mol	$4\pi \times 10^{-6}$ m^3/cm^3
n_{eff}	1	1	1

[a] Faktor, mit dem die CGS-Größe multipliziert werden muß, um die SI-Größe zu erhalten.
[b] G (Gauss) = $(\text{erg/cm}^3)^{1/2} = (\text{dyn/cm}^2)^{1/2}$.
[c] Verwendet man $\boldsymbol{B}_0 = \mu_0 \boldsymbol{H}$ anstelle von $\boldsymbol{H}$, ist der Umrechnungsfaktor 10^{-4} T/Oe.
[d] Oe (Oersted) ≡ $(\text{erg/cm}^3)^{1/2} = (\text{dyn/cm}^2)^{1/2}$.
[e] Entmagnetisierungsfaktor.

A.2 Konstanten

Die bei der Auswertung von magnetochemischen Untersuchungen und quantenmechanischen Rechnungen benötigten Konstanten sind in Tab. A.4 zusammengestellt.

Tab. A.4: Atomare Konstanten [129]

Konstante				
AVOGADRO-Konstante	N_A		$6{,}02213 \times 10^{23}$	mol^{-1}
Gaskonstante	R	(SI)	8,31451	J/(mol·K)
	R	(CGS)	$8{,}31451 \times 10^{7}$	erg/(mol·K)
BOLTZMANN-Konstante	k_B	(SI)	$1{,}38066 \times 10^{-23}$	J/K
	k_B	(CGS)	$1{,}38066 \times 10^{-16}$	erg/K
Elementarladung	e		$1{,}60218 \times 10^{-19}$	C
Masse des Elektrons	m_e		$9{,}10939 \times 10^{-31}$	kg
BOHRscher Radius	a_0		$0{,}52918 \times 10^{-10}$	m
Lichtgeschwindigkeit	c		299 792 458	m/s
Fallbeschleunigung	b		9,8062	m/s^2
magnet. Feldkonstante	μ_0	(SI)	$4\pi \times 10^{-7}$	V·s/(A·m)
	μ_0	(CGS)	1	
PLANCK-	h	(SI)	$6{,}62608 \times 10^{-34}$	J·s
Wirkungsquantum	h	(CGS)	$6{,}62608 \times 10^{-27}$	erg·s
BOHR-Magneton	μ_B	(SI)	$9{,}27402 \times 10^{-24}$	$A \cdot m^2 \equiv J/T$
	μ_B	(CGS)	$9{,}27402 \times 10^{-21}$	$G \cdot cm^3 \equiv erg/G$
Kernmagneton	μ_N	(SI)	$5{,}05787 \times 10^{-27}$	$A \cdot m^2 \equiv J/T$
	μ_N	(CGS)	$5{,}05787 \times 10^{-24}$	$G \cdot cm^3 \equiv erg/G$
g-Faktor des Elektrons	g_e		2,002 319 304	

Mit Hilfe der Konstanten ergeben sich für einige häufig gebrauchte Größen die folgenden Werte:

Größe	SI	CGS
$\mu_0 N_A \mu_B$	7,01824 $T \cdot m^3/mol$	$5{,}58494 \times 10^{3}$ erg/(G·mol)
μ_B/k_B	0,671710 K/T	$0{,}671710 \times 10^{-4}$ K/G
$\mu_0 N_A \mu_B^2/(3k_B)$	$1{,}57141 \times 10^{-6}$ $m^3 \cdot K/mol$	$1{,}25049 \times 10^{-1}$ $cm^3 \cdot K/mol$
n_{eff}	$\dfrac{797,74\,(T\chi_{mol})^{1/2}}{(m^3\,K\,mol^{-1})^{1/2}}$	$\dfrac{2,8279\,(T\chi_{mol})^{1/2}}{(cm^3\,K\,mol^{-1})^{1/2}}$

Häufig wird die Energie E nicht direkt in der SI-Einheit 1 J = 1 V·A·s (= 10^7 erg im CGS-System) angegeben, sondern in einer der folgenden Energie-Ersatzgrößen (vgl. die in Tab. A.5 angegebenen Umrechnungsfaktoren):

Spannung	$U = E/e$ [V]	Temperatur	$T = E/k_B$ [K]
Frequenz	$\nu = E/h$ [s^{-1}]	Kraftflußdichte	$B = E/\mu_B$ [T]
Wellenzahl	$\tilde{\nu} = E/(hc)$ [cm^{-1}]	mol. Wärmetönung	$Q = EN_A$ [kJ/mol]

Tab. A.5: Energie-Umrechnungsfaktoren [53]

	J	V	s^{-1}	cm^{-1}	K	T	kJ/mol
1 J	1	6,24151 $\times 10^{18}$	1,50919 $\times 10^{33}$	5,03411 $\times 10^{22}$	7,24292 $\times 10^{22}$	1,07828 $\times 10^{23}$	6,02214 $\times 10^{20}$
1 V	1,60218 $\times 10^{-19}$	1	2,41799 $\times 10^{14}$	8,06554 $\times 10^{3}$	1,16045 $\times 10^{4}$	1,72760 $\times 10^{4}$	9,64853 $\times 10^{1}$
1 s^{-1}	6,62607 $\times 10^{-34}$	4,13567 $\times 10^{-15}$	1	3,33564 $\times 10^{-11}$	4,79922 $\times 10^{-11}$	7,14477 $\times 10^{-11}$	3,99031 $\times 10^{-13}$
1 cm^{-1}	1,98645 $\times 10^{-23}$	1,23984 $\times 10^{-4}$	2,99792 $\times 10^{10}$	1	1,43877	2,14195	1,19626 $\times 10^{-2}$
1 K	1,38066 $\times 10^{-23}$	8,61739 $\times 10^{-5}$	2,08367 $\times 10^{10}$	6,95039 $\times 10^{-1}$	1	1,48874	8,31451 $\times 10^{-3}$
1 T	9,27402 $\times 10^{-24}$	5,78839 $\times 10^{-5}$	1,39963 $\times 10^{10}$	4,66864 $\times 10^{-1}$	6,71710 $\times 10^{-1}$	1	5,58494 $\times 10^{-3}$
1 kJ/mol	1,66054 $\times 10^{-21}$	1,03642 $\times 10^{-2}$	2,50607 $\times 10^{12}$	8,35933 $\times 10^{1}$	1,20272 $\times 10^{2}$	1,79053 $\times 10^{2}$	1

A.3 Diamagnetische Inkremente

Tab. A.6: Diamagnetische Inkremente der Ionen und Edelgas-Atome ($-\chi_{mol} \times 10^{11}$ m^3/mol) [11]

Ion	[a]	Ion		Ion		Ion		Ion	
Ag^+	30	Cr^{2+}	(19)	La^{3+}	25	Pb^{2+}	35	Sn^{2+}	25
Ag^{2+}	(30)	Cr^{3+}	(14)	Li^+	0,8	Pb^{4+}	(33)	Sn^{4+}	(20)
Al^{3+}	3	Cr^{4+}	(10)	Lu^{3+}	(21)	Pd^{2+}	(31)	Sr^{2+}	19
Ar	24,3	Cr^{5+}	(6)	Mg^{2+}	4	Pd^{4+}	(23)	Ta^{5+}	18
As^{3+}	(11)	Cr^{6+}	4	Mn^{2+}	(18)	Pr^{3+}	(25)	Tb^{3+}	(24)
As^{5+}	(8)	Cs^+	(39)	Mn^{3+}	(13)	Pr^{4+}	(21)	Tb^{4+}	(21)
AsO_3^{3-}	64	Cu^+	≈15	Mn^{4+}	(10)	Pt^{2+}	(50)	Te^{2-}	(88)
AsO_4^{3-}	≈75	Cu^{2+}	(14)	Mn^{6+}	(5)	Pt3+	(41)	Te^{4+}	(18)
Au^+	≈50	Dy^{3+}	(24)	Mn^{7+}	4	Pt^{4+}	(35)	Te^{6+}	(15)
Au^{3+}	40	Er^{3+}	(23)	Mo^{2+}	(39)	Rb^+	25	TeO_3^{2-}	79
B^{3+}	0,3	Eu^{2+}	(28)	Mo^{3+}	(29)	Re^{3+}	(45)	TeO_4^{2-}	≈69
BF_4^-	≈49	Eu^{3+}	(25)	Mo^{4+}	(21)	Re^{4+}	(35)	Th^{4+}	(29)
BO_3^{3-}	44	F^-	14	Mo^{5+}	(15)	Re^{6+}	(20)	Ti^{3+}	(11)
Ba^{2+}	40	Fe^{2+}	(16)	Mo^{6+}	9	Re^{7+}	15	Ti^{4+}	6
Be^{2+}	0,5	Fe^{3+}	(13)	N^{5+}	0,1	Rh^{3+}	(28)	Tl^+	43
Bi^{3+}	≈31	Ga^{3+}	(10)	NH_4^+	14,5	Rh^{4+}	(23)	Tl^{3+}	(39)
Bi^{5+}	(29)	Ge^{4+}	(9)	NO_2^-	13	Ru^{3+}	(29)	Tm^{3+}	(23)
Br^-	45	Gd^{3+}	(25)	NO_3^-	25	Ru^{4+}	(23)	U^{3+}	(58)
Br^{5+}	(8)	H^+	0	Na^+	6	S^{2-}	(48)	U^{4+}	(44)
BrO_3^-	50	He	2,5	Nb^{5+}	11	S^{4+}	(4)	U^{5+}	(33)
C^{4+}	0,1	Hf^{4+}	20	Nd^{3+}	(25)	S^{6+}	1	U^{6+}	(24)
CN^-	23	Hg^{2+}	≈46	Ne	14,5	SO_3^{2-}	48	V^{2+}	(19)
CNO^-	≈26	Ho^{3+}	(24)	Ni^{2+}	(15)	SO_4^{2-}	50	V^{3+}	(13)
CNS^-	≈44	I^-	65	O^{2-}	15	$S_2O_8^{2-}$	98	V^{4+}	(9)
CO_3^{2-}	43	I^{5+}	(15)	OH^-	15	Sb^{3+}	≈21	V^{5+}	5
Ca^{2+}	10	I^{7+}	(13)	Os^{2+}	(55)	Sb^{5+}	(18)	W^{2+}	(52)
Cd^{2+}	28	IO_3^-	63	Os^{3+}	(45)	Sc^{3+}	8	W^{3+}	(45)
Ce^{3+}	(25)	IO_4^-	68	Os^{4+}	(36)	Se^{2-}	(60)	W^{4+}	(29)
Ce^{4+}	(21)	In^{3+}	(24)	Os^{6+}	(23)	Se^{4+}	(10)	W^{5+}	(24)
Cl^-	33	Ir^+	(63)	Os^{8+}	14	Se^{6+}	(6)	W^{6+}	16
Cl^{5+}	(3)	Ir^{2+}	(53)	P^{3+}	(5)	SeO_3^{2-}	55	Xe	57,2
ClO_3^-	40	Ir^{3+}	(44)	P^{5+}	1	SeO_4^{2-}	(64)	Y^{3+}	15
ClO_4^-	43	Ir^{4+}	(36)	PO_3^-	38	Si^{4+}	1	Yb^{2+}	(25)
Co^{2+}	(15)	Ir^{5+}	(25)	PO_3^{3-}	≈53	SiO_3^{2-}	45	Yb^{3+}	(23)
Co^{3+}	(13)	K^+	16	PO_4^{3-}	59	Sm^{2+}	(29)	Zn^{2+}	13
		Kr	36,4			Sm^{3+}	(25)	Zr^{4+}	13

[a] Werte in Klammern sind geschätzt.

Tab. A.7: Atomrumpf-Inkremente $-\chi_{mol} \times 10^{11}$ m^3/mol (SI) [14]

Atom		Atom		Atom	
C	0,19	F	6,3	Br	25,1
O	4,5	Cl	15,7	I	45,2
N	3,0				

Tab. A.8: Bindungs-Inkremente $-\lambda_{mol} \times 10^{11}$ m^3/mol (SI) [14]

Gruppe		Gruppe		Gruppe	
$C_1 - H$ [a]	5,3	$C_1 - C_1$	4,5	$C_3 - C_3$	4,1
$C_2 - H$	4,8	$C_1 - C_2$	4,5	$C_2 - C_4$	4,1
$C_3 - H$	4,4	$C_1 - C_3$	4,5	$C_3 - C_4$	4,1
$C_1 - C_4$	4,3	$C_2 - C_2$	4,5	$C_4 - C_4$	4,1
$C_2 - C_3$	4,3				
$C_1^* - H$	4,5	$C - C^*$	3,3	$C_1 \pi C_2$	4,3
$C_2^* - H$	4,0	$C^* - C^*$	3,0	$C_2 \pi C_2$	2,8
				$C_1 \pi C_3$	2,8
$O_0 - H$	5,9	$C - O_1$	2,3	$C - C_2(O_1)$	5,8
$O_1 - H$	4,1	$C - O_2$	2,1	$C - C_3$	5,8
				$C(O_1) - C(O_1)$	7,2
$C_3^* = O^*$	0,25	$C_2^*(O) = O^*$	2,3		
$C_2^* = O^*$	0,75	$C_3^* = O^*$			
$C_1^* = O^*$	5,4				
$O(C=O) - H$	4,5	$C^*(O) - O$	5,0	$C^* - O_1$	1,9
$C_1 - Cl$	10,2	$C_1 - Br$	10,2	$C_1 - I$	10,2
$C_2 - Cl$	10,2	$C_2 - Br$	10,2	$C_2 - I$	10,2
$C_2(Cl_2) - Cl$	8,7	$C_1(Cl) - H$	4,8	$C(Cl) - F$	3,9
$C_3(Cl_3) - Cl$	7,4	$C_2(Cl) - C_2(Cl)$	3,5	$C(Cl_2) - F$	1,9
$C_4(Cl_4) - Cl$	5,3				
$N_0 - H$	6,7	$C_1 - N_1$	4,8	$C_2 - N_2$	2,8
$N_1 - H$	4,4	$C_2 - N_1$	3,4	$C_2 - N_3$	2,8
$N_2 - H$	2,3			$C_2(N) - C_2(N)$	8,3
$\lambda_{mol,\mathrm{Benzol}}$ [b]	17,2				

[a] Der Index gibt die Zahl der an das betreffende Atom gebundenen C-Atome an; handelt es sich um andere gebundene Atome oder Gruppen, so sind diese in Klammern angegeben. "*" bedeutet sp^2-Hybridisierung, "π" ein π-Elektronenpaar. Beispiele: $C_1 - H$ und $C_1^* - H$: λ von $C-H$ in Ethan bzw. Ethen; $O_0 - H$ und $O_1 - H$: λ von $O-H$ in H_2O bzw. einem Alkohol; $C_3^* = O^*$, $C_2^* = O^*$ und $C_3^*(O) = O^*$: λ von $C = O$ in einem Keton, einem Aldehyd (ausgenommen Formaldehyd: $C_1^* = O^*$) bzw. der Carboxylgruppe.

[b] Ringstromeffekt im Benzol.

B Kopplung von Drehimpulsen

B.1 Bahndrehimpuls und infinitesimale Drehung

Mit Gl. (4.13) wurde die Darstellungsmatrix für die Drehung eines Vektors mit den Ortskoordinaten (x, y, z) vorgestellt, und in den Beispielen 4.6 bis 4.8 sahen wir, daß sie auch auf Funktionen anwendbar ist. Im folgenden wollen wir die Rotationsmatrix für spezielle Funktionen, die Eigenfunktionen des Drehimpulses, $|JM\rangle$ mit $M = -J, -J+1, \ldots, J$ herleiten. (J steht hier stellvertretend für eine Spin-, Bahn- oder Gesamtdrehimpulsquantenzahl.) Dabei wird der wichtige Zusammenhang zwischen der Drehung dieser Funktionen und dem Bahndrehimpulsoperator hergestellt [143].

Der Drehoperator $\hat{R}_z(\alpha)$ wird auf die Funktion $f(x, y, z)$ angewendet, und nach Gl. (4.18) ergibt sich die gedrehte Funktion

$$\hat{R}_z(\alpha) f(x, y, z) = f(x\cos\alpha + y\sin\alpha, -x\sin\alpha + y\cos\alpha, z).$$

Bei einer *infinitesimalen* Drehung $\delta\alpha$ folgt wegen $\cos\delta\alpha \to 1$ und $\sin\delta\alpha \to \delta\alpha$

$$\hat{R}_z(\delta\alpha) f(x, y, z) = \\ f(x\cos\delta\alpha + y\sin\delta\alpha, -x\sin\delta\alpha + y\cos\delta\alpha, z) \approx f(x + y\,\delta\alpha, -x\,\delta\alpha + y, z).$$

Entwickelt man die rechte Seite in eine TAYLOR-Reihe um (x, y, z) [1] und betrachtet nur Terme erster Ordnung in $\delta\alpha$, ergibt sich:

$$\begin{aligned} f(x + y\,\delta\alpha, -x\,\delta\alpha + y, z) &= f(x, y, z) + \delta\alpha\, y \frac{\partial f(x, y, z)}{\partial x} - \delta\alpha\, x \frac{\partial f(x, y, z)}{\partial y} \\ &= \left[1 - \delta\alpha \left(x\frac{\partial}{\partial y} - y\frac{\partial}{\partial x}\right)\right] f(x, y, z) \\ &= (1 - i\,\delta\alpha\,\hat{l}_z/\hbar) f(x, y, z). \end{aligned} \tag{B.1}$$

Unter Berücksichtigung von Gl. (3.69) wurde der Operator $\hat{l}_z$ der Bahndrehimpulskomponente in z-Richtung eingeführt. Eine infinitesimale Drehung der Funktion um die z-Achse wird also durch den Operator

$$\hat{R}_z(\delta\alpha) \approx 1 - i\,\delta\alpha\,\hat{l}_z/\hbar \tag{B.2}$$

[1] TAYLOR-Reihe: $f(x+h) = f(x) + hf'(x) + (h^2/2!)f''(x) + \ldots + [h^{n-1}/(n-1)!]f^{(n-1)}(x)$. Hier bedeutet $f'(x)$ die erste und $f''(x)$ die zweite Ableitung der Funktion $f(x)$.

bewirkt. Ausgehend von Gl. (B.1), kann der Operator $\hat{R}_z(\alpha)$ für die endliche Drehung einer Funktion um die z-Achse abgeleitet werden. Man setzt $\alpha = n\,\delta\alpha$ und läßt, bei konstant gehaltenem α, n gegen ∞ und $\delta\alpha$ gegen 0 gehen. Jetzt kann $\hat{R}_z(\alpha)$ als Resultat von $n = \alpha/(\delta\alpha)$ infinitesimalen Schritten $\hat{R}_z(\delta\alpha)$ aufgefaßt werden:

$$\hat{R}_z(\alpha) = \lim_{\delta\alpha\to 0} \hat{R}_z(\delta\alpha)^{\alpha/(\delta\alpha)} = \lim_{\delta\alpha\to 0} \left[1 - i\,\delta\alpha\,\hat{l}_z/\hbar\right]^{\alpha/(\delta\alpha)} .$$

Die letzte Zeile wird entsprechend einer Definition der Exponential-Funktion [2] geschrieben als

$$\boxed{\hat{R}_z(\alpha) = \exp(-i\alpha\hat{l}_z/\hbar)} . \tag{B.3}$$

Beispiel B.1 *Anwendung von Gl. (B.3)*
Die Wirkung von $\exp(-i\alpha\hat{l}_z/\hbar)$ auf die Eigenfunktion $\exp(im\phi)$ von $\hat{l}_z$ läßt sich unmittelbar angeben. Wegen $\hat{l}_z \exp(im\phi) = m\hbar \exp(im\phi)$ folgt bei Berücksichtigung der Reihenentwicklung des exponentiellen Operators

$$\exp(-i\alpha\hat{l}_z/\hbar)\exp(im\phi) = \exp(-im\alpha)\exp(im\phi) \qquad * \tag{B.4}$$

Gl. (B.3) liefert ein für die weiteren Betrachtungen wichtiges Ergebnis. Da es analoge Beziehungen für endliche Drehungen um die x- und y-Achse gibt, gilt für eine beliebige Drehung entsprechend Gl. (4.13) und bei Verallgemeinerung des Drehimpulsoperators ($\hat{J}$ anstelle $\hat{l}$):

$$\boxed{\hat{R}(\alpha,\beta,\gamma) = \hat{R}_z(\alpha)\hat{R}_y(\beta)\hat{R}_z(\gamma) = \exp(-i\alpha\hat{J}_z/\hbar)\exp(-i\beta\hat{J}_y/\hbar)\exp(-i\gamma\hat{J}_z/\hbar)} . \tag{B.5}$$

Wie in Gl. (4.13) ist streng auf die Reihenfolge der Operatoren zu achten.

Eine Besonderheit betrifft die Drehung um 2π von Systemen mit halbzahliger Gesamtdrehimpulsquantenzahl, also ungerader Zahl halbzahliger Einzeldrehimpulse. Eine Drehung um 2π um eine Achse führt wieder auf die Ausgangslage zurück. Der zugehörige Drehoperator ist aber nur dann gleich 1 — d. h. entspricht nur dann der Identität — wenn J ganzzahlig ist: Wirkt der Operator $\hat{R}_z(2\pi) = \exp(-i2\pi\hat{J}_z/\hbar)$ auf eine Eigenfunktion von $\hat{J}_z$ mit ganzzahligem bzw. halbzahligem J, ergibt sich entsprechend Gl. (B.4)

$$\hat{R}_z(2\pi)\,|JM\rangle = \exp(-i2\pi\hat{J}_z/\hbar)\,|JM\rangle =$$
$$\exp(-i2\pi M)\,|JM\rangle = \begin{cases} +1|JM\rangle & J,M \quad \text{ganzzahlig} \\ -1|JM\rangle & J,M \quad \text{halbzahlig}\,. \end{cases} \tag{B.6}$$

Bei halbzahligem J ist die Identität erst bei einer Drehung um 4π erreicht (vgl. dazu die in 4.1.7 behandelten Doppelgruppen). In dieser Eigenschaft äußert sich ein weiteres Mal das unanschauliche Verhalten des Spins.

[2] $(1+x)^{y/x} \to \exp y$ für $x \to 0$. Die Wirkungsweise eines Exponential-Operators folgt aus seiner Definition: $\exp\hat{\Omega} = 1 + \hat{\Omega} + \hat{\Omega}^2/2! + \hat{\Omega}^3/3! + \cdots$.

B.2 WIGNER-Rotationsmatrix

Bei der Rotation der p-Funktionen mit Hilfe der Drehmatrizen (4.14) stellten wir in 4.1.4, Beisp. 4.6 fest, daß sich die Funktionen bei Einwirkung von $R_z(\pi/2)$ untereinander transformieren. Dieses Ergebnis läßt sich sowohl hinsichtlich der Funktionen als auch der Drehungen verallgemeinern. Man betrachtet dazu den sog. *Standard*-Satz $|JM\rangle$ [3]. Bei Symmetrieoperationen der Drehgruppe gehen die $2J+1$ Eigenzustände $|JM\rangle$ von $\hat{J}^2$ und $\hat{J}_z$ immer in Linearkombinationen von sich selbst über. Das bedeutet gruppentheoretisch, daß sich die Zustände $|JM\rangle$ nach einer irreduziblen Darstellung der Drehgruppe transformieren. Die allgemeine Transformationsgleichung lautet:

$$\hat{R}(\alpha,\beta,\gamma)|JM\rangle = \sum_{M'} |JM'\rangle\, \mathcal{D}^J_{M'M}(\alpha,\beta,\gamma). \tag{B.7}$$

Die $2J+1$ Basisfunktionen $|JM\rangle$ mit $M = J, J-1, \ldots, -J$ sind Zeilenvektoren. Die $(2J+1)^2$ Koeffizienten $\mathcal{D}^J_{M'M}(\alpha,\beta,\gamma)$ ordnen wir in einer $(2J+1)\times(2J+1)$-Matrix $\mathcal{D}^J(\alpha,\beta,\gamma)$ in der Weise an, daß sich die Zahl M von ihrem Maximal- zu ihrem Minimalwert entlang den Zeilen von links nach rechts und die Zahl M' entsprechend entlang den Spalten von oben nach unten ändert. Danach hat z. B. $\mathcal{D}^1(\alpha,\beta,\gamma)$ die Form:

$$\begin{pmatrix} \mathcal{D}^1_{11}(\alpha,\beta,\gamma) & \mathcal{D}^1_{10}(\alpha,\beta,\gamma) & \mathcal{D}^1_{1-1}(\alpha,\beta,\gamma) \\ \mathcal{D}^1_{01}(\alpha,\beta,\gamma) & \mathcal{D}^1_{00}(\alpha,\beta,\gamma) & \mathcal{D}^1_{0-1}(\alpha,\beta,\gamma) \\ \mathcal{D}^1_{-11}(\alpha,\beta,\gamma) & \mathcal{D}^1_{-10}(\alpha,\beta,\gamma) & \mathcal{D}^1_{-1-1}(\alpha,\beta,\gamma) \end{pmatrix} \tag{B.8}$$

Aus Gl. (B.7) folgt, daß sich die Funktion $|JM\rangle$ bei Drehungen nach der M-ten Spalte der Matrix $\mathcal{D}^J(\alpha,\beta,\gamma)$ transformiert. Zu jedem Satz von EULER-Winkeln gehört eine einzige $\mathcal{D}^J(\alpha,\beta,\gamma)$-Matrix. Für ein gegebenes J gibt es eine unendliche Zahl solcher Matrizen — diese bilden eine irreduzible Darstellung der Drehgruppe —, da es unendlich viele Möglichkeiten gibt, Werte für die drei Winkel zu wählen. Wir stellen jetzt das von WIGNER [4][201] entwickelte Verfahren vor, mit dem die Darstellung für beliebiges J ermittelt werden kann, und zwar unter Anwendung der Operatoren für endliche Drehungen (s. Gl. (B.5)). Diese Darstellungen sind von fundamentaler Bedeutung bei der Entwicklung der in C behandelten Tensoroperator-Methode. Wegen der Orthonormalität der Drehimpuls-Eigenfunktionen $|JM\rangle$,

$$\langle JM|J'M'\rangle = \delta_{JJ'}\,\delta_{MM'}, \tag{B.9}$$

[3] Steht die Quantenzahl J für L, ist sie immer ganzzahlig. In den beiden anderen Fällen ist J ganzzahlig bei gerader und halbzahlig bei ungerader Elektronenzahl.

[4] Eugene Paul WIGNER (1902 - 1994), Professor für Physik in Berlin und Princeton, Nobelpreis für Physik 1963.

erhalten wir nach Multiplikation beider Seiten der Gl. (B.7) von links mit $\langle JM'|$ und Integration (zusammengefaßt als „skalare Multiplikation" bezeichnet und dem Skalarprodukt in der Vektorrechnung entsprechend)

$$\mathcal{D}^J_{M'M}(\alpha,\beta,\gamma) = \langle JM'|\hat{R}(\alpha,\beta,\gamma)|JM\rangle. \tag{B.10}$$

Um die Koeffizienten $\mathcal{D}^J_{M'M}(\alpha,\beta,\gamma)$ zu erhalten, müssen die Matrixelemente

$$\langle JM'|\hat{R}(\alpha,\beta,\gamma)|JM\rangle = \\ \langle JM'|\exp(-i\alpha\hat{J}_z/\hbar)\exp(-i\beta\hat{J}_y/\hbar)\exp(-i\gamma\hat{J}_z/\hbar)|JM\rangle$$

entwickelt werden. Da $|JM\rangle$ und $|JM'\rangle$ Eigenzustände von $\hat{J}_z$ sind, ergibt sich mit Gl. (B.4)

$$\begin{aligned} \mathcal{D}^J_{M'M}(\alpha,\beta,\gamma) &= \exp(-i\alpha M')\langle JM'|\exp(-i\beta\hat{J}_y/\hbar)|JM\rangle\exp(-i\gamma M) \\ &= \exp(-i\alpha M')\, d^J_{M'M}(\beta)\, \exp(-i\gamma M) && \text{(B.11)} \\ \text{mit} \quad d^J_{M'M}(\beta) &= \langle JM'|\exp(-i\beta\hat{J}_y/\hbar)|JM\rangle. && \text{(B.12)} \end{aligned}$$

Bei der Herleitung von Gl. (B.11) haben wir ausgenutzt, daß $\hat{J}_z$ ein hermitescher Operator ist (s. Gl. (3.13)) [5]. Die Koeffizienten $d^J_{M'M}(\beta)$ lassen sich mit der Formel

$$\begin{aligned} d^J_{M'M}(\beta) &= [(J+M)!(J-M)!(J+M')!(J-M')!]^{1/2} \\ &\times \sum_\nu \frac{(-1)^\nu}{(J-M'-\nu)!(J+M-\nu)!(\nu+M'-M)!\nu!} \\ &\times \left[\cos\left(\frac{\beta}{2}\right)\right]^{2J+M-M'-2\nu} \left[-\sin\left(\frac{\beta}{2}\right)\right]^{M'-M+2\nu} \end{aligned} \tag{B.13}$$

gewinnen [199]. Die Summe über ν erstreckt sich über alle ganzen Zahlen, für die die Klammerausdrücke der Fakultäten nicht negativ werden.

Der besonders einfache Fall $J = 0$ liefert $\mathcal{D}^0(\alpha,\beta,\gamma) = 1$. Die beiden folgenden Beispiele behandeln die Matrix $\mathcal{D}^{1/2}(\alpha,\beta,\gamma)$, zutreffend für ein System mit $J = 1/2$, sowie die Matrix $\mathcal{D}^1(\alpha,\beta,\gamma)$ $(J = 1)$.

---

[5] Nach Gl. (B.4) ist $\exp(-i\alpha\hat{l}_z/\hbar)\exp(iM'\phi) = \exp(-i\alpha M')\exp(iM'\phi)$. Für die komplex-konjugierte Form folgt $[\exp(-i\alpha\hat{l}_z/\hbar)\exp(iM'\phi)]^* = \exp(i\alpha\hat{l}_z/\hbar)\exp(-iM'\phi) = \exp(-i\alpha M')\exp(-iM'\phi)$ und mit $\exp(-i\alpha M')$ der erste Faktor des auf der rechten Seite der Gl. (B.11) notierten Ergebnisses.

Beispiel B.2 $\mathcal{D}^{1/2}(\alpha,\beta,\gamma)$.

Die Matrix $\mathcal{D}^{1/2}(\alpha,\beta,\gamma)$ besteht aus den vier Koeffizienten $\mathcal{D}^{1/2}_{M'M}(\alpha,\beta,\gamma)$ mit $M', M = \pm\frac{1}{2}$ [6]:

M'	$M = 1/2$	$-1/2$
$1/2$	$e^{-i(\alpha+\gamma)/2}\cos(\beta/2)$	$-e^{-i(\alpha-\gamma)/2}\sin(\beta/2)$
$-1/2$	$e^{i(\alpha-\gamma)/2}\sin(\beta/2)$	$e^{i(\alpha+\gamma)/2}\cos(\beta/2)$

(B.14)

Die WIGNER-Rotationsmatrix enthält die reellen Faktoren $d^J_{M'M}(\beta)$ und aufgrund der Faktoren $\exp(-i\alpha M')$ und $\exp(-i\gamma M)$ komplexe Elemente[7]. Entsprechendes gilt für Matrizen mit $J > \frac{1}{2}$.

Bei der Drehung mit $\alpha = 2\pi$ ($\beta = \gamma = 0$) geht $|\frac{1}{2},\frac{1}{2}\rangle$ über in $-|\frac{1}{2},\frac{1}{2}\rangle$ und $|\frac{1}{2},-\frac{1}{2}\rangle$ in $-|\frac{1}{2},-\frac{1}{2}\rangle$, konsistent mit Gl. (B.6). Erst die Drehung mit $\alpha = 4\pi$ läßt die Phase unverändert. Entsprechendes gilt für Drehungen mit β und γ. *

Beispiel B.3 $\mathcal{D}^1(\alpha,\beta,\gamma)$

Das Transformationsverhalten der Kugelflächenfunktionen läßt sich durch WIGNER-Matrizen mit ganzzahligem J beschreiben. Als Beispiel betrachten wir $J = 1$ (p-Funktionen). Mit Hilfe der Gleichungen (B.11) und (B.13) erhalten wir die Koeffizienten $\mathcal{D}^1_{M'M}(\alpha,\beta,\gamma)$ zu

M'	$M = 1$	0	-1
1	$e^{-i\alpha}\frac{1}{2}(1+\cos\beta)e^{-i\gamma}$	$-e^{-i\alpha}\frac{1}{\sqrt{2}}\sin\beta$	$e^{-i\alpha}\frac{1}{2}(1-\cos\beta)e^{i\gamma}$
0	$\frac{1}{\sqrt{2}}\sin\beta\, e^{-i\gamma}$	$\cos\beta$	$-\frac{1}{\sqrt{2}}\sin\beta\, e^{i\gamma}$
-1	$e^{i\alpha}\frac{1}{2}(1-\cos\beta)e^{-i\gamma}$	$e^{i\alpha}\frac{1}{\sqrt{2}}\sin\beta$	$e^{i\alpha}\frac{1}{2}(1+\cos\beta)e^{i\gamma}$

(B.15)

Wir drehen die p-Funktionen $|1M\rangle$ um $\gamma = \pi$ um $\boldsymbol{e}_z$ und anschließend um $\beta = -\frac{\pi}{2}$ um $\boldsymbol{e}_y$. Zu berechnen sind zunächst die Koeffizienten $\mathcal{D}^1_{M'M}(0,-\frac{\pi}{2},\pi)$

---

[6] Bei der Ermittlung von $\mathcal{D}^{1/2}_{-\frac{1}{2}\frac{1}{2}}(\alpha,\beta,\gamma)$ ist in Gl. (B.13) nur der Summand mit $\nu = 1$ möglich, bei den drei anderen Koeffizienten nur $\nu = 0$.

[7] Die Rotationsmatrizen sind unitär: $\mathcal{D}^J(\alpha,\beta,\gamma)^{-1} = \tilde{\mathcal{D}}^J(\alpha,\beta,\gamma)^* = \mathcal{D}^J(\alpha,\beta,\gamma)^\dagger$, d. h., die inverse Matrix ist gleich der adjungierten Matrix. Ihre Elemente gehorchen daher den Summenregeln

$$\sum_{M'}[\mathcal{D}^J_{M'M}(\alpha,\beta,\gamma)]^\dagger \mathcal{D}^J_{M'N}(\alpha,\beta,\gamma) = \sum_{M'} d^J_{MM'}(\beta) d^J_{M'N}(\beta) = \delta_{MN}$$

$$\sum_{M}[\mathcal{D}^J_{M'M}(\alpha,\beta,\gamma)]^\dagger \mathcal{D}^J_{N'M}(\alpha,\beta,\gamma) = \sum_{M} d^J_{MM'}(\beta) d^J_{N'M}(\beta) = \delta_{M'N'}$$

mit Hilfe der Matrix (B.15) und dann mit Gl. (B.7) die Linearkombinationen nach der Drehung:

$$\hat{R}(0,-\tfrac{\pi}{2},\pi)\big(|\,1\,1\,\rangle,\,|\,1\,0\,\rangle,\,|\,1\,{-1}\,\rangle\big) =$$

$$\big(|\,1\,1\,\rangle,\,|\,1\,0\,\rangle,\,|\,1\,{-1}\,\rangle\big)\underbrace{\begin{pmatrix} -\frac{1}{2} & \frac{1}{\sqrt{2}} & -\frac{1}{2} \\ \frac{1}{\sqrt{2}} & 0 & -\frac{1}{\sqrt{2}} \\ -\frac{1}{2} & -\frac{1}{\sqrt{2}} & -\frac{1}{2} \end{pmatrix}}_{\mathcal{D}^1(0,-\frac{\pi}{2},\pi)} =$$

$$\Big(\underbrace{\tfrac{1}{2}\big[-|\,1\,1\,\rangle+\sqrt{2}\,|\,1\,0\,\rangle-|\,1\,{-1}\,\rangle\big]}_{\frac{1}{\sqrt{2}}(\mathrm{p}_z-i\mathrm{p}_y)},\ \underbrace{\tfrac{1}{\sqrt{2}}\big[|\,1\,1\,\rangle-|\,1\,{-1}\,\rangle\big]}_{-\mathrm{p}_x},$$

$$\underbrace{-\tfrac{1}{2}\big[|\,1\,1\,\rangle+\sqrt{2}\,|\,1\,0\,\rangle+|\,1\,{-1}\,\rangle\big]}_{-\frac{1}{\sqrt{2}}(\mathrm{p}_z+i\mathrm{p}_y)}\Big)$$

Das Ergebnis ist auch in Form des Basissatzes p_x,p_y,p_z angegeben, der entsprechend den Gln. (3.63) und (3.64) mit dem Basissatz $|1M\rangle$ verknüpft ist durch

$$|11\rangle = -\tfrac{1}{\sqrt{2}}(\mathrm{p}_x+i\mathrm{p}_y) \qquad |10\rangle = \mathrm{p}_z \qquad |1{-1}\rangle = \tfrac{1}{\sqrt{2}}(\mathrm{p}_x-i\mathrm{p}_y).\text{*} \tag{B.16}$$

B.3 Kopplung von zwei Drehimpulsen

In 3.2.4 behandelten wir störungstheoretisch die Spin-Bahn-Wechselwirkung am Beispiel des p^1-Systems und fanden, daß das sechsfach energieentartete wechselwirkungsfreie System mit den „ungekoppelten" Zuständen $|lm_l, sm_s\rangle$ ($m_l = 0, \pm 1$; $m_s = \pm 1/2$) durch die Spin-Bahn-Kopplung in ein Dublett und ein Quartett aufspaltet (s. Tab. 3.4). Die neuen, „gekoppelten" Zustände $|JM\rangle$ ließen sich durch die Gesamtdrehimpuls-Quantenzahlen $J = l - s = 1/2$ und $J = l + s = 3/2$ charakterisieren (s. Gl. (3.120) und (3.121)). Wir wiesen dabei schon auf die Möglichkeit hin, die an die Störung adaptierten Linearkombinationen $|JM\rangle$ allein mit Hilfe von Formeln wie in Tab. 3.5 aus den Zuständen $|lm_l sm_s\rangle$ zu bestimmen. Auf diesen Punkt werden wir jetzt ausführlicher eingehen und ihn verallgemeinern. Zunächst behandeln wir die Kopplung zweier Drehimpulse, danach die von drei und vier Drehimpulsen.

B.3.1 CLEBSCH-GORDAN-Koeffizienten

Wir haben einen Satz von $(2j_1 + 1)$ Eigenzuständen der Operatoren $\hat{j}_1^2$ und $\hat{j}_{1z}$, bezeichnet mit $|j_1 m_1\rangle$, und einen Satz von $(2j_2 + 1)$ Eigenzuständen der

Operatoren $\hat{\jmath}_2^2$ und $\hat{\jmath}_{2z}$, bezeichnet mit $|j_2m_2\rangle$. Daraus bilden wir $(2j_1+1)(2j_2+1)$ Produktzustände $|j_1m_1\rangle|j_2m_2\rangle \equiv |j_1m_1, j_2m_2\rangle$. Diese sind Eigenzustände von $\hat{\jmath}_1^2$, $\hat{\jmath}_{1z}$, $\hat{\jmath}_2^2$ und $\hat{\jmath}_{2z}$. Aus ihnen wollen wir gekoppelte Zustände $|j_1j_2JM\rangle$ (Kurzform $|JM\rangle$) konstruieren, die Eigenfunktionen von $\hat{J}^2 = (\hat{\jmath}_1 + \hat{\jmath}_2)^2$ und $\hat{J}_z = \hat{\jmath}_{1z} + \hat{\jmath}_{2z}$ sind.

Für das aus den zwei Drehimpulsvektoren zusammengesetzte System mit $\boldsymbol{J} = \boldsymbol{j}_1 + \boldsymbol{j}_2$ gilt:

1.) Die Zahl der Zustände ist $(2j_1 + 1)(2j_2 + 1)$;

2.) die möglichen Eigenwerte J sind: $j_1 + j_2, j_1 + j_2 - 1, \ldots, |j_1 - j_2|$;

3.) zu jedem dieser Werte gehört genau eine Folge von $(2J+1)$ Eigenzuständen $|JM\rangle$ des Gesamtdrehimpulses.

Diese drei Aussagen bilden das *Additionstheorem für zwei Drehimpulse.* Die gekoppelten Zustände $|JM\rangle$ stellen wie die ungekoppelten Zustände $|j_1m_1, j_2m_2\rangle$ eine orthonormierte Basis dar[8]. Ein gekoppelter Zustand wird durch eine bestimmte Linearkombination der ungekoppelten Zustände erhalten:

$$|JM\rangle = \sum_{m_1,m_2} |j_1m_1, j_2m_2\rangle C^{j_1j_2J}_{m_1m_2M}. \tag{B.17}$$

Die Koeffizienten $C^{j_1j_2J}_{m_1m_2M}$ hängen von den angegebenen Indizes ab. Da die ungekoppelten Zustände einen orthonormierten Satz bilden, können die Koeffizienten erhalten werden, indem wir beide Seiten der Gl. (B.17) mit $\langle j_1m_1, j_2m_2|$ skalar multiplizieren. Wir erhalten für einen bestimmten Koeffizienten

$$\langle j_1m_1j_2m_2|JM\rangle = C^{j_1j_2J}_{m_1m_2M}. \tag{B.18}$$

Die Koeffizienten sind reell. Zukünftig verwenden wir immer die linke Form.

Die beiden Funktionssätze $|j_1m_1j_2m_2\rangle$ und $|JM\rangle$ sind äquivalent und durch eine orthogonale Transformation über die Koeffizienten $\langle j_1m_1j_2m_2|JM\rangle$ miteinander verknüpft:

$$|JM\rangle = \sum_{m_1,m_2} |j_1m_1, j_2m_2\rangle\langle j_1m_1, j_2m_2|JM\rangle \tag{B.19}$$

bzw.
$$|j_1m_1, j_2m_2\rangle = \sum_{J,M} |JM\rangle\langle JM|j_1m_1, j_2m_2\rangle \tag{B.20}$$

mit
$$\langle JM|j_1m_1, j_2m_2\rangle = \langle j_1m_1, j_2m_2|JM\rangle \tag{B.21}$$

[8] Zur vollständigen Charakterisierung der Zustände müßte man $|aj_1m_1, j_2m_2\rangle$ bzw. $|aJM\rangle$ schreiben, wobei a für die Gesamtheit der übrigen Quantenzahlen steht, die man zur vollständigen Beschreibung des Systems braucht. Die beschriebene Entwicklung ist jedoch von a unabhängig, so daß wir hier auf diese Angabe verzichten können [143].

Man beachte die unterschiedlichen Summationsindizes und Beispiel B.4. Die Entwicklungskoeffizienten $\langle j_1 m_1, j_2 m_2 | JM \rangle$ bezeichnet man als CLEBSCH-GORDAN- oder *Vektorkopplungs*(VC)-Koeffizienten. Sie hängen nur von den beteiligten Drehimpulsen und deren Orientierung ab, nicht aber von der Natur der dynamischen Variablen, aus denen man die Drehimpulse bildet (z. B. Bahnbewegung, Spin usw.) [143]. Die Reihenfolge, in der die Zustände gekoppelt werden, muß beachtet werden, denn sie kann die Phase beeinflussen:

$$\langle j_1 m_1, j_2 m_2 | JM \rangle = (-1)^{j_1 + j_2 - J} \langle j_2 m_2, j_1 m_1 | JM \rangle. \tag{B.22}$$

Gruppentheoretisch formuliert, spannt in der Drehgruppe der Funktionssatz $|j_1 m_1\rangle$ eine $(2j_1 + 1) \times (2j_1 + 1)$-Darstellung $\mathcal{D}^{j_1}(R)$ von $\hat{\jmath}_1^2$ und $\hat{\jmath}_{1z}$ auf und der Funktionssatz $|j_2 m_2\rangle$ eine $(2j_2 + 1) \times (2j_2 + 1)$-Darstellung $\mathcal{D}^{j_2}(R)$ von $\hat{\jmath}_2^2$ und $\hat{\jmath}_{2z}$. Das direkte Produkt der beiden Funktionssätze, $|j_1 m_1, j_2 m_2\rangle$, spannt die Darstellung des direkten Produkts auf, die i. a. reduzibel ist (vgl. 4.1.6). Die gruppentheoretische Bedeutung von Gl. (B.19) besteht darin, daß $\mathcal{D}^{j_1}(R) \otimes \mathcal{D}^{j_2}(R)$ in die irreduziblen Darstellungen $\mathcal{D}^J(R)$ zerfällt, wobei J die Werte von $j_1 + j_2$ bis $|j_1 - j_2|$ in Schritten von 1 annimmt:

$$\mathcal{D}^{j_1}(R) \otimes \mathcal{D}^{j_2}(R) = \mathcal{D}^{j_1+j_2}(R) \oplus \mathcal{D}^{j_1+j_2-1}(R) \oplus \ldots \oplus \mathcal{D}^{|j_1-j_2|}(R).$$

Überführt man die Produktbasis $|j_1 m_1, j_2 m_2\rangle$ durch die Transformation Gl. (B.19) in die Basis $|JM\rangle$, haben die Darstellungsmatrizen $\mathcal{D}^{j_1}(R) \otimes \mathcal{D}^{j_2}(R)$ Blockform.

Die VC-Koeffizienten sind nur dann ungleich null, wenn die Bedingungen

$$m_1 + m_2 = M \qquad \text{und} \qquad |j_1 - j_2| \le J \le j_1 + j_2$$

dem Additionstheorem entsprechend erfüllt sind. Sie werden nach WIGNER [201] mit der Formel

$$\begin{aligned} \langle j_1 m_1, j_2 m_2 | JM \rangle &= \delta_{M, m_1+m_2} \\ &\times \left[\frac{(J + j_1 - j_2)!(J - j_1 + j_2)!(j_1 + j_2 - J)!(J + M)!(J - M)!(2J + 1)}{(J + j_1 + j_2 + 1)!(j_1 - m_1)!(j_1 + m_1)!(j_2 - m_2)!(j_2 + m_2)!} \right]^{1/2} \\ &\times \sum_\kappa \frac{(-1)^{\kappa + j_2 + m_2}(J + j_2 + m_1 - \kappa)!(j_1 - m_1 + \kappa)!}{(J - j_1 + j_2 - \kappa)!(J + M - \kappa)\kappa!(\kappa + j_1 - j_2 - M)!} \end{aligned} \tag{B.23}$$

berechnet (vgl. Lit. [66]). In der Summation nimmt κ solche ganzzahligen Werte an, für die die in Klammern stehenden Ausdrücke nicht negativ werden. Verkürzte Formeln für spezielles $j_2 \le 2$ sind bei [66], für $j_2 = 5/2$ bei [148] und für $j_2 = 3$ bei [149] angegeben. Als einfachsten Fall nennen wir zunächst die

Formel für VC-Koeffizienten für $j_2 = \frac{1}{2}$ (vgl. 3.2.4), um sie dann im folgenden Beispiel anzuwenden:

$$j_2 = \tfrac{1}{2} \qquad \begin{array}{|c|cc|} \hline J = & m_2 = \frac{1}{2} & m_2 = -\frac{1}{2} \\ \hline j_1 + \frac{1}{2} & \sqrt{\frac{j_1+M+\frac{1}{2}}{2j_1+1}} & \sqrt{\frac{j_1-M+\frac{1}{2}}{2j_1+1}} \\ j_1 - \frac{1}{2} & -\sqrt{\frac{j_1-M+\frac{1}{2}}{2j_1+1}} & \sqrt{\frac{j_1+M+\frac{1}{2}}{2j_1+1}} \\ \hline \end{array} \tag{B.24}$$

Beispiel B.4 *Berechnung von VC-Koeffizienten für* $j_1 = 1, j_2 = \frac{1}{2}$.

Mit (B.24) und den Erläuterungen zu Tab. 3.5 ergibt sich die folgende VC-Matrix, in der die Funktionen $|JM\rangle$ von links nach rechts und die Funktionen $\langle j_1m_1, j_2m_2|$ von oben nach unten notiert sind:

	$\vert\frac{3}{2}\frac{3}{2}\rangle$	$\vert\frac{3}{2}\frac{1}{2}\rangle$	$\vert\frac{1}{2}\frac{1}{2}\rangle$	$\vert\frac{3}{2}-\frac{1}{2}\rangle$	$\vert\frac{1}{2}-\frac{1}{2}\rangle$	$\vert\frac{3}{2}-\frac{3}{2}\rangle$
$\langle 1\,1, \frac{1}{2}\frac{1}{2}\vert$	1					
$\langle 1\,1, \frac{1}{2}-\frac{1}{2}\vert$		$\sqrt{\frac{1}{3}}$	$\sqrt{\frac{2}{3}}$			
$\langle 1\,0, \frac{1}{2}\frac{1}{2}\vert$		$\sqrt{\frac{2}{3}}$	$-\sqrt{\frac{1}{3}}$			
$\langle 1\,0, \frac{1}{2}-\frac{1}{2}\vert$				$\sqrt{\frac{2}{3}}$	$\sqrt{\frac{1}{3}}$	
$\langle 1\,-1, \frac{1}{2}\frac{1}{2}\vert$				$\sqrt{\frac{1}{3}}$	$-\sqrt{\frac{2}{3}}$	
$\langle 1\,-1, \frac{1}{2}-\frac{1}{2}\vert$						1

(B.25)

Greifen wir als gekoppelte Funktionen $|JM\rangle$ die beiden Vertreter $|\frac{3}{2}, \frac{1}{2}\rangle$ und $|\frac{1}{2}, \frac{1}{2}\rangle$ heraus, so ergeben sich mit den Eintragungen der Matrix (B.25) die Linearkombinationen der $|j_1m_1, j_2m_2\rangle$-Zustände zu

$$\begin{aligned} |\tfrac{3}{2}, \tfrac{1}{2}\rangle &= \sqrt{\tfrac{1}{3}}\,|1\,1, \tfrac{1}{2} -\tfrac{1}{2}\rangle + \sqrt{\tfrac{2}{3}}\,|1\,0, \tfrac{1}{2}\tfrac{1}{2}\rangle \\ |\tfrac{1}{2}, \tfrac{1}{2}\rangle &= \sqrt{\tfrac{2}{3}}\,|1\,1, \tfrac{1}{2} -\tfrac{1}{2}\rangle - \sqrt{\tfrac{1}{3}}\,|1\,0, \tfrac{1}{2}\tfrac{1}{2}\rangle. \end{aligned} \tag{B.26}$$

Für die ungekoppelten Zustände $|1\,1, \frac{1}{2}-\frac{1}{2}\rangle$ und $|1\,0, \frac{1}{2}\frac{1}{2}\rangle$ folgt aus der Matrix:

$$\begin{aligned} |1\,1, \tfrac{1}{2} -\tfrac{1}{2}\rangle &= \sqrt{\tfrac{1}{3}}\,|\tfrac{3}{2}, \tfrac{1}{2}\rangle + \sqrt{\tfrac{2}{3}}\,|\tfrac{1}{2}, \tfrac{1}{2}\rangle \\ |1\,0, \tfrac{1}{2}\tfrac{1}{2}\rangle &= \sqrt{\tfrac{2}{3}}\,|\tfrac{3}{2}, \tfrac{1}{2}\rangle - \sqrt{\tfrac{1}{3}}\,|\tfrac{1}{2}, \tfrac{1}{2}\rangle, \end{aligned} \tag{B.27}$$

wodurch Gl. (B.20) bestätigt ist. Außerdem erkennen wir die Gültigkeit der Gln. (B.29) und (B.30): Die Summe der Koeffizientenquadrate einer Spalte ergibt 1 und die Summe der Koeffizientenprodukte zweier Spalten verschwindet. Entsprechendes gilt für Zeilen. *

Die VC-Koeffizienten für den Fall $j_2 = 1$ lauten:

	$J=$	$m_2 = 1$	$m_2 = 0$	$m_2 = -1$
$j_2 = 1$	$j_1 + 1$	$\sqrt{\frac{(j_1+M)(j_1+M+1)}{(2j_1+1)(2j_1+2)}}$	$\sqrt{\frac{(j_1-M+1)(j_1+M+1)}{(2j_1+1)(j_1+1)}}$	$\sqrt{\frac{(j_1-M)(j_1-M+1)}{(2j_1+1)(2j_1+2)}}$
	j_1	$-\sqrt{\frac{(j_1+M)(j_1-M+1)}{2j_1(j_1+1)}}$	$\frac{M}{\sqrt{j_1(j_1+1)}}$	$\sqrt{\frac{(j_1-M)(j_1+M+1)}{2j_1(j_1+1)}}$
	$j_1 - 1$	$\sqrt{\frac{(j_1-M)(j_1-M+1)}{2j_1(2j_1+1)}}$	$-\sqrt{\frac{(j_1-M)(j_1+M)}{j_1(2j_1+1)}}$	$\sqrt{\frac{(j_1+M+1)(j_1+M)}{2j_1(2j_1+1)}}$

(B.28)

Aus der jeweiligen Orthonormalität der Zustände $|JM\rangle$ und $|j_1m_1, j_2m_2\rangle$ ergeben sich folgende Relationen zwischen den VC-Koeffizienten:

$$\sum_{m_1,m_2} \langle JM|j_1m_1, j_2m_2\rangle\langle j_1m_1, j_2m_2|J'M'\rangle = \delta_{J,J'}\delta_{M,M'} \qquad \text{(B.29)}$$

$$\sum_{J,M}\langle j_1m_1, j_2m_2|JM\rangle\langle JM|j_1m_1', j_2m_2'\rangle = \delta_{m_1,m_1'}\delta_{m_2,m_2'} \qquad \text{(B.30)}$$

Ordnen wir in einer Matrix die Funktionen $|JM\rangle$ von links nach rechts an und die Funktionen $\langle j_1m_1, j_2m_2|$ von oben nach unten, so besagt Gl. (B.29), daß die Spalten orthogonal zueinander sind, und Gl. (B.30), daß die Zeilen orthogonal zueinander sind.

B.3.2 3-j-Symbole

Für spätere Anwendungen ist es zweckmäßig, anstelle der VC-Koeffizienten die von WIGNER eingeführten 3-j-Symbole zu verwenden. Zwischen beiden gilt der Zusammenhang

$$\begin{pmatrix} j_1 & j_2 & J \\ m_1 & m_2 & -M \end{pmatrix} = \frac{(-1)^{j_1-j_2+M}}{\sqrt{2J+1}}\langle j_1m_1, j_2m_2|JM\rangle. \qquad \text{(B.31)}$$

Man beachte das Minus-Zeichen im 3-j-Symbol. Die 3-j-Symbole weisen zahlreiche Symmetrieeigenschaften auf. Um sie zu verdeutlichen, schreibt man die Symbole in der Form

$$\begin{pmatrix} j_1 & j_2 & j_3 \\ m_1 & m_2 & m_3 \end{pmatrix}.$$

Die 3-j-Symbole haben die Eigenschaft, daß sie bei einer geraden Permutation der Spalten ihren numerischen Wert nicht ändern:

$$\begin{pmatrix} j_1 & j_2 & j_3 \\ m_1 & m_2 & m_3 \end{pmatrix} = \begin{pmatrix} j_2 & j_3 & j_1 \\ m_2 & m_3 & m_1 \end{pmatrix} = \begin{pmatrix} j_3 & j_1 & j_2 \\ m_3 & m_1 & m_2 \end{pmatrix}, \qquad \text{(B.32)}$$

während eine ungerade Permutation der Multiplikation mit $(-1)^{j_1+j_2+j_3}$ entspricht:

$$\begin{aligned}
\begin{pmatrix} j_1 & j_2 & j_3 \\ m_1 & m_2 & m_3 \end{pmatrix} &= (-1)^{j_1+j_2+j_3} \begin{pmatrix} j_2 & j_1 & j_3 \\ m_2 & m_1 & m_3 \end{pmatrix} \\
&= (-1)^{j_1+j_2+j_3} \begin{pmatrix} j_1 & j_3 & j_2 \\ m_1 & m_3 & m_2 \end{pmatrix} \qquad \text{(B.33)} \\
&= (-1)^{j_1+j_2+j_3} \begin{pmatrix} j_3 & j_2 & j_1 \\ m_3 & m_2 & m_1 \end{pmatrix}.
\end{aligned}$$

Dasselbe gilt für Vorzeichenwechsel bei allen m-Werten:

$$\begin{pmatrix} j_1 & j_2 & j_3 \\ m_1 & m_2 & m_3 \end{pmatrix} = (-1)^{j_1+j_2+j_3} \begin{pmatrix} j_1 & j_2 & j_3 \\ -m_1 & -m_2 & -m_3 \end{pmatrix} \qquad \text{(B.34)}$$

Die den Gln. (B.29) und (B.30) entsprechenden Orthogonalitätsrelationen lauten:

$$\sum_{m_1,m_2} \begin{pmatrix} j_1 & j_2 & j_3 \\ m_1 & m_2 & m_3 \end{pmatrix} \begin{pmatrix} j_1 & j_2 & j_3' \\ m_1 & m_2 & m_3' \end{pmatrix} = \frac{1}{2j_3+1}\, \delta_{j_3,j_3'} \delta_{m_3,m_3'} \qquad \text{(B.35)}$$

$$\sum_{j_3,m_3} (2j_3+1) \begin{pmatrix} j_1 & j_2 & j_3 \\ m_1 & m_2 & m_3 \end{pmatrix} \begin{pmatrix} j_1 & j_2 & j_3 \\ m_1' & m_2' & m_3 \end{pmatrix} = \delta_{m_1,m_1'} \delta_{m_2,m_2'} \qquad \text{(B.36)}$$

Algebraische Formen einiger 3-j-Symbole

Für eine Reihe von 3-j-Koeffizienten stehen algebraische Formen zur Verfügung [206]. Die wichtigsten und von uns später verwendeten lauten:

$$\begin{aligned}
\begin{pmatrix} j_1 & j_2 & j_3 \\ 0 & 0 & 0 \end{pmatrix} &= 0 \quad \text{für } j_1+j_2+j_3 = J \text{ ungerade} \qquad \text{(B.37)} \\
\begin{pmatrix} j_1 & j_2 & j_3 \\ 0 & 0 & 0 \end{pmatrix} &= (-1)^{J/2} \left[\frac{(j_1+j_2-j_3)!(j_1+j_3-j_2)!(j_2+j_3-j_1)!}{(j_1+j_2+j_3+1)!}\right]^{1/2} \times \\
&\quad \frac{(J/2)!}{(J/2-j_1)!(J/2-j_2)!(J/2-j_3)!} \quad \text{für } J \text{ gerade} \\
\begin{pmatrix} j_1 & j_2 & 0 \\ m_1 & -m_2 & 0 \end{pmatrix} &= (-1)^{j_1-m_1} \frac{1}{\sqrt{2j_1+1}} \delta_{j_1,j_2} \delta_{m_1,m_2} \qquad \text{(B.38)} \\
\begin{pmatrix} j & j & 1 \\ m & -m & 0 \end{pmatrix} &= (-1)^{j-m} \frac{m}{[(2j+1)j(j+1)]^{1/2}} \qquad \text{(B.39)} \\
\begin{pmatrix} j & j & 2 \\ m & -m-2 & 2 \end{pmatrix} &= (-1)^{j-m} \times \qquad \text{(B.40)} \\
&\quad \left[\frac{6(j-m-1)(j-m)(j+m+1)(j+m+2)}{(2j+3)(2j+2)(2j+1)(2j)(2j-1)}\right]^{1/2}
\end{aligned}$$

$$\begin{pmatrix} j & j & 2 \\ m & -m-1 & 1 \end{pmatrix} = (-1)^{j-m}(1+2m) \times \left[\frac{6(j+m+1)(j-m)}{(2j+3)(2j+2)(2j+1)(2j)(2j-1)}\right]^{1/2} \tag{B.41}$$

$$\begin{pmatrix} j & j & 2 \\ m & -m & 0 \end{pmatrix} = (-1)^{j-m}\frac{2[3m^2 - j(j+1)]}{[(2j+3)(2j+2)(2j+1)(2j)(2j-1)]^{1/2}} \tag{B.42}$$

B.4 Drei und vier Drehimpulse

Werden zwei Drehimpuls-Vektoren $\boldsymbol{j}_1$ und $\boldsymbol{j}_2$ gekoppelt, so sind die resultierenden Drehimpulszustände vollständig durch $|JM\rangle$ charakterisiert, denn abgesehen vom Phasenfaktor $(-1)^{j_1+j_2-J}$ sind die VC-Koeffizienten für $|j_1 j_2 JM\rangle$ und $|j_2 j_1 JM\rangle$ identisch (s. Gl. (B.22)). Bei der Kopplung von drei Drehimpulsvektoren $\boldsymbol{j}_1$, $\boldsymbol{j}_2$ und $\boldsymbol{j}_3$ kommt es auf die Reihenfolge der Kopplung an, welcher Zustand $|JM\rangle$ resultiert. Koppelt man im ersten Fall $\boldsymbol{j}_1$ mit $\boldsymbol{j}_2$ zu $\boldsymbol{j}_{12}$ und anschließend $\boldsymbol{j}_{12}$ mit $\boldsymbol{j}_3$ zu $\boldsymbol{J}$, lauten die Eigenzustände:

$$|j_{12}j_3JM\rangle = \sum_{m_{12}m_3} |j_{12}m_{12}, j_3m_3\rangle\langle j_{12}m_{12}, j_3m_3|JM\rangle = \sum_{\substack{m_1,\, m_2,\\ m_3,\, m_{12}}} |j_1m_1, j_2m_2, j_3m_3\rangle\langle j_1m_1, j_2m_2|j_{12}m_{12}\rangle\langle j_{12}m_{12}, j_3m_3|JM\rangle, \tag{B.43}$$

wobei $|j_1m_1, j_2m_2, j_3m_3\rangle \equiv |j_1m_1\rangle|j_2m_2\rangle|j_3m_3\rangle$ die Eigenfunktionen des vollständig ungekoppelten Systems darstellen. Wird alternativ $\boldsymbol{j}_1$ mit dem resultierenden $\boldsymbol{j}_{23}$ zu $\boldsymbol{J}$ gekoppelt, wobei $\boldsymbol{j}_{23}$ durch Kopplung von $\boldsymbol{j}_2$ mit $\boldsymbol{j}_3$ erhalten wurde, lautet die der Gl. (B.43) entsprechende Gleichung

$$|j_1j_{23}JM\rangle = \sum_{m_1m_{23}} |j_1m_1, j_{23}m_{23}\rangle\langle j_1m_1, j_{23}m_{23}|JM\rangle = \sum_{\substack{m_1,\, m_2,\\ m_3,\, m_{23}}} |j_1m_1, j_2m_2, j_3m_3\rangle\langle j_1m_1, j_{23}m_{23}|JM\rangle\langle j_2m_2, j_3m_3|j_{23}m_{23}\rangle. \tag{B.44}$$

Beide gekoppelten Systeme mit den Zuständen $|j_{12}j_3JM\rangle$ und $|j_1j_{23}JM\rangle$ sind physikalisch äquivalent. Sie unterscheiden sich dadurch, daß nach Gl. (B.43) Eigenzustände der Operatoren $\hat{\boldsymbol{J}}^2$, $\hat{J}_z$, $\hat{\boldsymbol{j}}_{12}^2$ und $\hat{\boldsymbol{j}}_3^2$ vorliegen, nach Gl. (B.44) dagegen Eigenzustände der Operatoren $\hat{\boldsymbol{J}}^2$, $\hat{J}_z$, $\hat{\boldsymbol{j}}_1^2$ und $\hat{\boldsymbol{j}}_{23}^2$. Mit Hilfe der unitären Transformation

$$|j_1j_{23}JM\rangle = \sum_{j_{12}} \langle j_{12}j_3J|j_1j_{23}J'\rangle|j_{12}j_3J'M'\rangle\delta_{J,J'}\delta_{M,M'} \tag{B.45}$$

gelangt man von den Zuständen des einen Systems zu denen des anderen, d. h., man kann mit einer solchen Transformation eine Umkopplung vornehmen. Die zur Transformation benötigten *Umkopplungskoeffizienten* $\langle j_{12}j_3J|j_1j_{23}J\rangle$ lassen sich aus Produkten von VC-Koeffizienten gewinnen (Einzelheiten s. bei Lit. [199]). In kompakter Form sind sie durch ein sog. 6-j-Symbol darstellbar:

$$\begin{Bmatrix} j_1 & j_2 & j_{12} \\ j_3 & J & j_{23} \end{Bmatrix} = \frac{(-1)^{j_1+j_2+j_3+J}}{[(2j_{12}+1)(2j_{23}+1)]^{1/2}} \langle j_{12}j_3J|j_1j_{23}J\rangle. \qquad \text{(B.46)}$$

Ein 6-j-Symbol läßt sich aus Produkten von 3-j-Symbolen berechnen:

$$\begin{aligned} \begin{Bmatrix} j_1 & j_2 & j_3 \\ j_4 & j_5 & j_6 \end{Bmatrix} &= \sum_{\text{alle } m} (-1)^{j_1-m_1+j_2-m_2+j_3-m_3+j_4-m_4+j_5-m_5+j_6-m_6} \\ &\quad \times \begin{pmatrix} j_1 & j_2 & j_3 \\ -m_1 & -m_2 & -m_3 \end{pmatrix} \begin{pmatrix} j_1 & j_5 & j_6 \\ m_1 & -m_5 & m_6 \end{pmatrix} \\ &\quad \times \begin{pmatrix} j_2 & j_6 & j_4 \\ m_2 & -m_6 & m_4 \end{pmatrix} \begin{pmatrix} j_3 & j_4 & j_5 \\ m_3 & -m_4 & m_5 \end{pmatrix}. \qquad \text{(B.47)} \end{aligned}$$

Anstelle der in Gl. (B.46) angegebenen Form des 6-j-Symbols wurde in Gl. (B.47) die üblicherweise verwendete symmetrische Form gewählt, in der die Drehimpulse durchnumeriert sind. Das 6-j-Symbol ist invariant gegenüber der Vertauschung beliebiger Spalten und außerdem gegenüber der Vertauschung von oberer und unterer Eintragung zweier Spalten, z. B.

$$\begin{Bmatrix} j_1 & j_2 & j_3 \\ j_4 & j_5 & j_6 \end{Bmatrix} = \begin{Bmatrix} j_2 & j_1 & j_3 \\ j_5 & j_4 & j_6 \end{Bmatrix} = \begin{Bmatrix} j_1 & j_5 & j_6 \\ j_4 & j_2 & j_3 \end{Bmatrix}. \qquad \text{(B.48)}$$

Zahlenwerte für die 6-j-Symbole entnimmt man entweder Tabellenwerken [202] oder berechnet sie mit Computerprogrammen [199].

Die Umkopplung von vier Drehimpulsen $\boldsymbol{j}_1$, $\boldsymbol{j}_2$, $\boldsymbol{j}_3$ und $\boldsymbol{j}_4$ führt zu 9-j-Symbolen [199]. Man benötigt sie z. B. im Falle von d^2-Systemen, wenn man die Basis im RUSSELL-SAUNDERS-Kopplungsschema in die Basis für das j–j-Kopplungsschema umwandeln will (vgl. [170], S. 355). Werden z. B. im ersten Schema die Kopplungen $\boldsymbol{j}_{14} = \boldsymbol{j}_1 + \boldsymbol{j}_4$, $\boldsymbol{j}_{23} = \boldsymbol{j}_2 + \boldsymbol{j}_3$, $\boldsymbol{J} = \boldsymbol{j}_{14} + \boldsymbol{j}_{23}$ vorgenommen, im zweiten Schema $\boldsymbol{j}_{12} = \boldsymbol{j}_1 + \boldsymbol{j}_2$, $\boldsymbol{j}_{34} = \boldsymbol{j}_3 + \boldsymbol{j}_4$, $\boldsymbol{J} = \boldsymbol{j}_{12} + \boldsymbol{j}_{34}$, so liefert ein 9-$j$-Symbol die entsprechenden Umkopplungskoeffizienten $\langle (j_1j_2)j_{12}(j_3j_4)j_{34}J|(j_1j_4)j_{14}(j_2j_3)j_{23}J\rangle$:

$$\begin{aligned} &\langle (j_1j_2)j_{12}(j_3j_4)j_{34}J|(j_1j_4)j_{14}(j_2j_3)j_{23}J\rangle = \\ &\qquad [(2j_{12}+1)(2j_{34}+1)(2j_{14}+1)(2j_{23}+1)]^{1/2} \begin{Bmatrix} j_1 & j_2 & j_{12} \\ j_3 & j_4 & j_{34} \\ j_{14} & j_{23} & J \end{Bmatrix}. \qquad \text{(B.49)} \end{aligned}$$

Die 9-j-Symbole können mit Hilfe von 3-j-Symbolen entwickelt werden:

$$\begin{Bmatrix} j_1 & j_2 & j_3 \\ j_4 & j_5 & j_6 \\ j_7 & j_8 & j_9 \end{Bmatrix} = \sum_{\text{alle } m} \begin{pmatrix} j_1 & j_2 & j_3 \\ m_1 & m_2 & m_3 \end{pmatrix} \begin{pmatrix} j_4 & j_5 & j_6 \\ m_4 & m_5 & m_6 \end{pmatrix} \begin{pmatrix} j_7 & j_8 & j_9 \\ m_7 & m_8 & m_9 \end{pmatrix} \times \begin{pmatrix} j_1 & j_4 & j_7 \\ m_1 & m_4 & m_7 \end{pmatrix} \begin{pmatrix} j_2 & j_5 & j_8 \\ m_2 & m_5 & m_8 \end{pmatrix} \begin{pmatrix} j_3 & j_6 & j_9 \\ m_3 & m_6 & m_9 \end{pmatrix}. \tag{B.50}$$

Das 9-j-Symbol ändert sich nicht bei einer geraden Permutation der Zeilen oder der Spalten, und bei einer ungeraden Permutation wird es multipliziert mit dem Phasenfaktor $(-1)^{\sum(\text{alle } j)} = (-1)^{j_1+j_2+\ldots+j_9}$. Das 9-$j$-Symbol reduziert sich auf ein 6-j-Symbol, wenn ein Argument verschwindet:

$$\begin{Bmatrix} j_1 & j_2 & j_3 \\ j_4 & j_5 & j_6 \\ j_7 & j_8 & 0 \end{Bmatrix} = (-1)^{j_2+j_3+j_4+j_7} \left[(2j_3+1)(2j_7+1)\right]^{-1/2} \times \begin{Bmatrix} j_1 & j_2 & j_3 \\ j_5 & j_4 & j_7 \end{Bmatrix} \delta_{j_3,j_6}\delta_{j_7,j_8} \tag{B.51}$$

Aufgrund der Symmetrieeigenschaften kann ein 9-j-Symbols mit der Null an einer anderen Stelle immer so umgruppiert werden, daß Gl. (B.51) angewandt werden kann.

C Irreduzible Tensor-Operatoren

Um quantenmechanische Rechnungen zu vereinfachen, muß ein möglichst großer Nutzen allein aus der Symmetrie des Systems gezogen werden. Mit der Methode der irreduziblen Tensoroperatoren, von RACAH [192] und WIGNER für atomare Systeme auf der Basis der Gruppentheorie entwickelt, gelingt dies in äußerst effizienter Weise. In der Anwendung auf atomare Systeme stellt sie einen wesentlichen Teil der Theorie der Drehimpulse dar. Die Methode wurde zunächst umfassend zur Berechnung der Matrixelemente kugelsymmetrischer Systeme [1)] (Atome, freie Ionen) entwickelt[192] und später auf niedersymmetrische Systeme ausgedehnt[193].

Auf den ersten Blick sehen die abgeleiteten, allgemein gültigen Formeln zur Berechnung von Matrixelementen äußerst kompliziert aus. Das Prinzip ihrer Ableitung ist jedoch relativ leicht nachvollziehbar, und ihre Anwendung erfordert nur einfache algebraische Operationen. Nachdem wir das Transformationsverhalten von Eigenfunktionen $|JM\rangle$ der Drehimpulsoperatoren $\hat{J}^2$ und $\hat{J}_z$ unter beliebigen Drehungen sowie die Kopplung von Drehimpulsen betrachtet haben, wollen wir uns jetzt mit der Handhabung irreduzibler Tensoroperatoren vertraut machen. Es folgt das WIGNER-ECKART-Theorem sowie die Anwendung der Tensoroperator-Methode zur Berechnung von Matrixelementen der interelektronischen Wechselwirkung und der Spin-Bahn-Kopplung.

C.1 Drehung von Operatoren

C.1.1 Definition irreduzibler Tensoroperatoren

Wir haben bisher das Transformationsverhalten der *Funktionen* $|JM\rangle$ unter räumlichen Drehungen (kontinuierliche Gruppe $O(3)$) behandelt. Zu den Beispielen mit ganzzahligem J gehören die Kugelflächenfunktionen. Die Wirkung der Drehoperation $\hat{R}$ auf eine Funktion $|JM\rangle$ besteht darin, daß diese in eine Linearkombination des geschlossenen Funktionssatzes $|JM'\rangle$ $(M' = J, J -$

[1)] Die Drehung von kugelsymmetrischen Systemen wird durch die Drehgruppe $O(3)$ beschrieben. Sie ist eine kontinuierliche Gruppe, d. h. besitzt nicht abzählbar unendlich viele Elemente, die von einem oder von mehreren kontinuierlichen Parametern abhängen. Im Falle der Gruppe $O(3)$ bildet die Menge $R(\phi)$ der Drehungen um denselben Winkel ϕ $(0 \leq \phi \leq \pi)$, die sich nur durch die Richtung der Drehachse voneinander unterscheiden, eine Klasse der Gruppe $O(3)$ [143].

$1, \ldots, -J$)

$$\hat{R}|JM\rangle = \sum_{M'} |JM'\rangle\, \mathcal{D}^J_{M'M}(R)$$

transformiert wird. Folglich bilden die $2J + 1$ Funktionen die Basis für eine irreduzible Darstellung der dreidimensionalen Drehgruppe in Form der unitären WIGNER-Matrizen $\mathcal{D}^J(R)$.

Wenden wir die Symmetrieoperation $\hat{R}$ auf das Skalarprodukt $\langle\psi_i|\psi_j\rangle$ zweier Funktionen an, so erwarten wir keine Änderung, da bei dieser Operation die Länge der „Vektoren" und der Winkel zwischen Ihnen erhalten bleiben. In symbolischer Schreibweise können wir dieses Ergebnis durch

$$\langle\psi_i'|\psi_j'\rangle = \langle\psi_i|\hat{R}^{-1}\hat{R}|\psi_j\rangle \tag{C.1}$$

formulieren. $\hat{R}\,|\psi_j\rangle$ steht für die Anwendung der mit $\hat{R}$ korrespondierenden Matrix $\mathcal{D}^J(R)$ auf $|\psi_j\rangle$, während $\langle\psi_i|\hat{R}^{-1}$ der Anwendung von $\mathcal{D}^J(R)^\dagger = \mathcal{D}^J(R)^{-1}$ auf $\langle\psi_i|$ entspricht.

Um das Transformationsverhalten von *Operatoren* bei Drehungen zu betrachten, geht man vom allgemeinen Matrixelement $\langle\psi_i|\hat{\Omega}|\psi_j\rangle$ eines Operators $\hat{\Omega}$ aus. Der Wert der durch $\hat{\Omega}$ repräsentierten Observablen ist unabhängig vom gewählten Koordinatensystem und darf sich nicht ändern, wenn wir das physikalische System drehen. Diese Tatsache können wir durch die symbolische Schreibweise

$$\langle\psi_i|\hat{\Omega}|\psi_j\rangle = \langle\psi_i|\hat{R}^{-1}\hat{R}\hat{\Omega}\hat{R}^{-1}\hat{R}|\psi_j\rangle = \langle\psi_i'|\hat{R}\hat{\Omega}\hat{R}^{-1}|\psi_j'\rangle \tag{C.2}$$

zum Ausdruck bringen, wobei zweimal die Identität $\hat{R}^{-1}\hat{R}$ eingeführt wurde. Gl. (C.2) zeigt, daß der transformierte Operator die Form $\hat{R}\hat{\Omega}\hat{R}^{-1}$ hat. $\hat{\Omega}$ soll jetzt ein *irreduzibler Tensoroperator* der Stufe k sein. Darunter versteht man einen Satz von $2k+1$ Operatoren T^k_q mit $q = -k, -k+1, \ldots, k$ (üblicherweise ohne Zirkumflex „ ˆ " geschrieben), deren Transformationsverhalten bei Drehungen durch

$$\hat{R}\,T^k_q\hat{R}^{-1} = \sum_{q'} T^k_{q'}\,\mathcal{D}^k_{q'q}(R) \tag{C.3}$$

gegeben ist. Die Komponente T^k_q geht bei einer Drehung $\hat{R}$ in eine Linearkombination der $(2k+1)$ Operatoren $T^k_{q'}$ über, wobei die Koeffizienten dieser Linearkombination die Elemente $\mathcal{D}^k_{q'q}(R)$ der WIGNER-Rotationsmatrix sind (s. Beisp. C.4). Aus dem Vergleich mit Gl. (B.7) folgt, daß die Operatoren T^k_q mit ganzzahligem k — nur diese sind von praktischer Bedeutung — proportional zu den Kugelflächenfunktionen Y_m^l sein müssen (mit $k \hat{=} l$ und $q \hat{=} m$)[2]. In den folgenden Beispielen werden die Operatoren T_q^k ($k = 0, 1$ und 2) und ihr Transformationsverhalten vorgestellt.

Beispiel C.1 *Transformation von* T_0^0
Aus der allgemeinen Gl. (C.3) folgt:

$$\hat{R}\, T_0^0 \hat{R}^{-1} = T_0^0\, \mathcal{D}_{00}^0(R) = T_0^0 \tag{C.4}$$

wegen $\mathcal{D}_{00}^0(R) = 1$. Der Tensoroperator 0. Stufe, T_0^0, bleibt bei Drehungen unverändert, er verhält sich wie eine Zahl und wird daher skalarer Operator genannt. Skalare Operatoren spielen bei Systemen wie Atom oder Ion (in Abwesenheit äußerer Felder) eine wichtige Rolle, da diese Systeme invariant gegenüber Drehungen sind. *

Beispiel C.2 *Transformation von* T_q^1

In diesem Fall liegen drei Operatoren vor: T_1^1, T_0^1, T_{-1}^1. Sie bilden einen irreduziblen Tensoroperator 1. Stufe. Unter Drehung geht der Operator T_q^1 über in

$$\hat{R}\, T_q^1 \hat{R}^{-1} = T_1^1\, \mathcal{D}_{1q}^1(R) + T_0^1\, \mathcal{D}_{0q}^1(R) + T_{-1}^1\, \mathcal{D}_{-1q}^1(R). \tag{C.5}$$

Die Operatoren T_q^1 transformieren sich wegen $2k+1 = 3$ nach einer dreidimensionalen irreduziblen Darstellung der Drehgruppe und verhalten sich wie ein Vektor oder Dipol. Man nennt daher einen irreduziblen Tensoroperator 1. Stufe auch einen *Vektor*- oder *Dipol*-Operator. Ein einfaches Beispiel ist der Ortsvektor $\boldsymbol{r}$. Wählen wir allerdings r_x, r_y und r_z als seine drei Komponenten, transformieren sie sich zwar nach einer irreduziblen dreidimensionalen Darstellung der Drehgruppe, aber nicht, wie in der Definition (C.3) gefordert, nach einer Darstellung mit den WIGNER-Rotationsmatrizen. Damit diese Bedingung erfüllt ist, müssen die Vektor-Komponenten durch eine geeignete unitäre Transformation in den *Standard*-Satz umgewandelt werden, der die Form

$$T_{\pm 1}^1 = \mp \frac{1}{\sqrt{2}}(r_x \pm i r_y) = \mp \frac{1}{\sqrt{2}}(x \pm iy) \qquad T_0^1 = r_z = z \tag{C.6}$$

hat. Er ist proportional den Kugelflächenfunktionen Y_1^1, Y_0^1 bzw. Y_{-1}^1 (p-Funktionen) und transformiert sich daher wie diese.

Auch die Operatoren $\hat{\boldsymbol{l}}$, $\hat{\boldsymbol{s}}$ und $\hat{\boldsymbol{\jmath}}$ stellen irreduzible Tensoroperatoren 1. Stufe dar. Damit das der Gl. (C.3) entsprechende Transformationsverhalten vorliegt, müssen z. B. die Komponenten von $\hat{\boldsymbol{\jmath}}$ die Form

$$\hat{\jmath}_{+1} = -\frac{1}{\sqrt{2}}(\hat{\jmath}_x + i\hat{\jmath}_y) \equiv -\frac{1}{\sqrt{2}}\hat{\jmath}_+; \qquad \hat{\jmath}_0 = \hat{\jmath}_z; \qquad \hat{\jmath}_{-1} = \frac{1}{\sqrt{2}}(\hat{\jmath}_x - i\hat{\jmath}_y) \equiv \frac{1}{\sqrt{2}}\hat{\jmath}_- \tag{C.7}$$

[2] Y_m^l kann also nicht nur als Funktion, sondern auch als Operator verwendet werden. Diese Dualität ist uns aber nicht neu; denn wir haben sie schon bei den Funktionen x, y und z kennengelernt, die auch als Ortsoperatoren verwendet werden (s. 3.3).

haben, wobei $\hat{\jmath}_+$ und $\hat{\jmath}_-$ die Stufenoperatoren sind (s. Gl. (3.101)). *

Beispiel C.3 *Transformation von T_q^2*

Hier existieren die fünf Operatoren T_2^2, T_1^2, T_0^2, T_{-1}^2, T_{-2}^2. Sie bilden einen irreduziblen Tensoroperator 2. Stufe und transformieren sich wie die Kugelflächenfunktionen $Y_m^2(\theta,\phi)$ (d-Funktionen). Tensoroperatoren mit $k=4$ und $k=6$ werden zur Beschreibung von Kristallfeldeffekten, letztere ausschließlich bei f-Systemen, neben denen mit $k=2$ benötigt. *

Beispiel C.4 *Die Transformation der Komponenten des Drehimpulsoperators.*

Als Beispiel für die Anwendung der Gl. (C.3) betrachten wir den Operator $\hat{\boldsymbol{J}}$ mit seinen drei Komponenten $\hat{J}_{+1}$, $\hat{J}_0$ und $\hat{J}_{-1}$. Es handelt sich um einen Tensoroperator T_q^k 1. Stufe, d. h. $k=1$ und $q=1,0,-1$.

1.) Berechnung der transformierten Komponenten $\hat{J}_{+1}$, $\hat{J}_0$ und $\hat{J}_{-1}$

Entsprechend der rechten Seite der Gl. (C.3) ergibt sich nach Anwendung der Drehung $\hat{R}$ mit Hilfe der Rotationsmatrix $\mathcal{D}^1(R)$:

$$\begin{aligned}
\hat{R}\hat{J}_{+1}\hat{R}^{-1} &= \hat{J}_{+1}\mathcal{D}^1_{11}(R)+\hat{J}_0\mathcal{D}^1_{01}(R)+\hat{J}_{-1}\mathcal{D}^1_{-11}(R) = \qquad \text{(C.8)}\\
& \quad e^{-i\gamma}\left[\tfrac{1}{2}(1+\cos\beta)e^{-i\alpha}\hat{J}_{+1}+\tfrac{1}{\sqrt{2}}\sin\beta\hat{J}_0+\tfrac{1}{2}(1-\cos\beta)e^{i\alpha}\hat{J}_{-1}\right]\\
\hat{R}\hat{J}_0\hat{R}^{-1} &= \hat{J}_{+1}\mathcal{D}^1_{10}(R)+\hat{J}_0\mathcal{D}^1_{00}(R)+\hat{J}_{-1}\mathcal{D}^1_{-10}(R) \qquad \text{(C.9)}\\
&= -\tfrac{1}{\sqrt{2}}\sin\beta\, e^{-i\alpha}\hat{J}_{+1}+\cos\beta\hat{J}_0+\tfrac{1}{\sqrt{2}}\sin\beta\, e^{i\alpha}\hat{J}_{-1}\\
\hat{R}\hat{J}_{-1}\hat{R}^{-1} &= \hat{J}_{+1}\mathcal{D}^1_{1-1}(R)+\hat{J}_0\mathcal{D}^1_{0-1}(R)+J_{-1}\mathcal{D}^1_{-1-1}(R) \qquad \text{(C.10)}\\
&= e^{i\gamma}\left[\tfrac{1}{2}(1-\cos\beta)e^{-i\alpha}\hat{J}_{+1}-\tfrac{1}{\sqrt{2}}\sin\beta\hat{J}_0+\tfrac{1}{2}(1+\cos\beta)e^{i\alpha}\hat{J}_{-1}\right]
\end{aligned}$$

2.) Berechnung des Matrixelementes $\langle 11|\hat{R}^{-1}\hat{R}\hat{J}_0\hat{R}^{-1}\hat{R}|11\rangle$

Nach Gl. (C.2) muß $\langle 11|\hat{J}_0|11\rangle = \langle 11|\hat{R}^{-1}\hat{R}\hat{J}_0\hat{R}^{-1}\hat{R}|11\rangle$ sein. Auch im rechten Integral muß sich somit 1 (in Einheiten von $\hbar$) ergeben. Im folgenden soll dies überprüft werden. Dazu wird das Matrixelement zwischen den mit Hilfe der Matrix (B.15) transformierten Funktionen

$$\langle 1\,1\,|\hat{R}^{-1} = \left\langle e^{i\gamma}\left\{e^{i\alpha}\tfrac{1}{2}(1+\cos\beta)\langle 11|+\tfrac{1}{\sqrt{2}}\sin\beta\langle 10|+e^{-i\alpha}\tfrac{1}{2}(1-\cos\beta)\langle 1\,-1|\right\}\right|$$

und

$$\hat{R}\,|\,1\,1\,\rangle = \left|e^{-i\gamma}\left\{e^{-i\alpha}\tfrac{1}{2}(1+\cos\beta)|11\rangle+\tfrac{1}{\sqrt{2}}\sin\beta|10\rangle+e^{i\alpha}\tfrac{1}{2}(1-\cos\beta)|1\,-1\rangle\right\}\right\rangle$$

mit dem Operator $\hat{R}\,\hat{J}_0\hat{R}^{-1}$ aus Gl. (C.9) berechnet. Die relativ umfangreiche Entwicklung führt auch hier zum Wert 1, womit gezeigt ist, daß die Transformation von Basisfunktion und Operator konsistent erfolgte.

3.) Berechnung von $\hat{R}\,\hat{J}_q\hat{R}^{-1}$

Wir zeigen, daß die linken Seiten der Gln. (C.8) — (C.10) den Matrix-Produkten $\mathcal{D}^1(R)\,\hat{J}_q\,\mathcal{D}^1(R)^{-1}$ entsprechen. Dazu werden die Operatoren $\hat{J}_q$ in Matrixform dargestellt (entsprechend den Spinoperatoren in Form der PAULI-Spinmatrizen, s. Gl. (3.92)): Man berechnet die Matrixelemente $\langle JM'|J_q|JM\rangle$ für $J=1$ mit Hilfe der Gln. (3.101) und (C.7) und ordnet sie jeweils so in Matrixform an, daß sich M entlang den Reihen von links nach rechts von 1 nach -1 und M' entlang den Spalten von oben nach unten ebenfalls von 1 nach -1 ändert:

$$\underbrace{\begin{pmatrix} 0 & -1 & 0 \\ 0 & 0 & -1 \\ 0 & 0 & 0 \end{pmatrix}}_{\hat{J}_{+1}} \quad \underbrace{\begin{pmatrix} 1 & 0 & 0 \\ 0 & 0 & 0 \\ 0 & 0 & -1 \end{pmatrix}}_{\hat{J}_0} \quad \underbrace{\begin{pmatrix} 0 & 0 & 0 \\ 1 & 0 & 0 \\ 0 & 1 & 0 \end{pmatrix}}_{\hat{J}_{-1}}. \tag{C.11}$$

Im Falle von $\hat{J}_0$ als Beispiel ergibt sich:

$$\hat{R}\hat{J}_0\hat{R}^{-1} =$$
$$\begin{pmatrix} \mathcal{D}_{11} & \mathcal{D}_{10} & \mathcal{D}_{1-1} \\ \mathcal{D}_{01} & \mathcal{D}_{00} & \mathcal{D}_{0-1} \\ \mathcal{D}_{-11} & \mathcal{D}_{-10} & \mathcal{D}_{-1-1} \end{pmatrix} \begin{pmatrix} 1 & 0 & 0 \\ 0 & 0 & 0 \\ 0 & 0 & -1 \end{pmatrix} \begin{pmatrix} \mathcal{D}^*_{11} & \mathcal{D}^*_{01} & \mathcal{D}^*_{-11} \\ \mathcal{D}^*_{10} & \mathcal{D}^*_{00} & \mathcal{D}^*_{-10} \\ \mathcal{D}^*_{1-1} & \mathcal{D}^*_{0-1} & \mathcal{D}^*_{-1-1} \end{pmatrix}$$
$$= \begin{pmatrix} \cos\beta & \frac{1}{\sqrt{2}}\sin\beta\, e^{-i\alpha} & 0 \\ \frac{1}{\sqrt{2}}\sin\beta\, e^{i\alpha} & 0 & \frac{1}{\sqrt{2}}\sin\beta\, e^{-i\alpha} \\ 0 & \frac{1}{\sqrt{2}}\sin\beta\, e^{i\alpha} & -\cos\beta \end{pmatrix}. \tag{C.12}$$

Matrix (C.12) ist, in Übereinstimmung mit Gl. (C.9), die Summe der Matrizen

$$\underbrace{\begin{pmatrix} 0 & \frac{1}{\sqrt{2}}\sin\beta e^{-i\alpha} & 0 \\ 0 & 0 & \frac{1}{\sqrt{2}}\sin\beta e^{-i\alpha} \\ 0 & 0 & 0 \end{pmatrix}}_{-\frac{1}{\sqrt{2}}\sin\beta\, e^{-i\alpha}\hat{J}_{+1}} +$$
$$\underbrace{\begin{pmatrix} \cos\beta & 0 & 0 \\ 0 & 0 & 0 \\ 0 & 0 & -\cos\beta \end{pmatrix}}_{\cos\beta\hat{J}_0} + \underbrace{\begin{pmatrix} 0 & 0 & 0 \\ \frac{1}{\sqrt{2}}\sin\beta e^{-i\alpha} & 0 & 0 \\ 0 & \frac{1}{\sqrt{2}}\sin\beta e^{-i\alpha} & 0 \end{pmatrix}}_{\frac{1}{\sqrt{2}}\sin\beta\, e^{i\alpha}\hat{J}_{+1}}.^*$$

C.1.2 Alternative Definition irreduzibler Tensoroperatoren

RACAH [192] hat die irreduziblen Tensoroperatoren nicht über Gl. (C.3), sondern über die Vertauschungsrelationen

$$[\hat{J}_\pm, T_q^k] = T_{q\pm1}^k[(k \mp q)(k \pm q + 1)]^{1/2}, \qquad [\hat{J}_z, T_q^k] = qT_q^k \tag{C.13}$$

definiert. Wir zeigen, daß diese Definition der ersten äquivalent ist [197]. Gl. (C.3) gilt für jede Drehung, also auch für eine infinitesimale Drehung um eine zunächst beliebig orientierte Achse. Mit Hilfe der Gl. (B.2) können wir — in Verallgemeinerung der Drehachse — schreiben:

$$(1 - i\delta\alpha\hat{J}_n/\hbar)\, T_q^k\, (1 + i\delta\alpha\hat{J}_n/\hbar) = \sum_{q'} T_{q'}^k\, \mathcal{D}_{q'q}^k(\delta\alpha). \tag{C.14}$$

Der Koeffizient $\mathcal{D}_{q'q}^k(\delta\alpha)$ der WIGNER-Matrix hat nach Gl. (B.11) die Form

$$\mathcal{D}_{q'q}^k(\delta\alpha) = \langle kq'|1 - i\delta\alpha\hat{J}_n/\hbar|kq\rangle = \delta_{q'q} - (i\delta\alpha/\hbar)\langle kq'|\hat{J}_n|kq\rangle. \tag{C.15}$$

Aus den Gln. (C.14) und (C.15) ergibt sich nach Entwicklung und Vernachlässigung von Termen mit $(\delta\alpha)^2$:

$$T_q^k - \frac{i\delta\alpha}{\hbar}\hat{J}_n T_q^k + T_q^k\frac{i\delta\alpha}{\hbar}\hat{J}_n = \sum_{q'} T_{q'}^k\left[\delta_{q'q} - \frac{i\delta\alpha}{\hbar}\right]\langle kq'|\hat{J}_n|kq\rangle,$$

woraus wir

$$\begin{aligned} \frac{i\delta\alpha}{\hbar}\hat{J}_n T_q^k - T_q^k\frac{i\delta\alpha}{\hbar}\hat{J}_n &= \sum_{q'} T_{q'}^k\frac{i\delta\alpha}{\hbar}\langle kq'|\hat{J}_n|kq\rangle \\ \hat{J}_n T_q^k - T_q^k\hat{J}_n &= [\hat{J}_n, T_q^k] = \sum_{q'} T_{q'}^k\langle kq'|\hat{J}_n|kq\rangle \end{aligned}$$

erhalten. Führen wir als Beispiel eine Drehung um die z-Achse durch, ist $\hat{J}_n = \hat{J}_z$, und es ergibt sich mit

$$[\hat{J}_n, T_q^k] = qT_q^k$$

die von RACAH gegebene Definition. Setzt man $\hat{J}_n = \hat{J}_+$ oder $\hat{J}_-$, folgen die anderen in Gl. (C.13) aufgeführten Beziehungen.

C.2 Wigner-Eckart-Theorem

Matrixelemente $\langle a'j'm'|T_q^k|ajm\rangle$ irreduzibler Tensoroperatoren T_q^k zwischen Zuständen mit scharfem (definiertem) Drehimpuls lassen sich in zwei Faktoren aufteilen, und zwar in einen VC-Koeffizienten und einen Faktor, der unabhängig von den magnetischen Quantenzahlen ist. Von der Entknüpfung dieser beiden Faktoren handelt das Wigner-Eckart-Theorem [204, 205].

Um zum Wigner-Eckart-Theorem zu gelangen, gehen wir vom Matrixelement $\langle a'j'm'|T_q^k|ajm\rangle$ aus und betrachten zunächst die „Produkte" $T_q^k|ajm\rangle$. Da die Tensoroperatoren definitionsgemäß dasselbe Transformationsverhalten bei Rotationen wie die Funktionen $|jm\rangle$ aufweisen, können wir gruppentheoretische Methoden anwenden, um zu ermitteln, welche Darstellungen die Produkte aus Tensoroperator und Funktion in der Drehgruppe $SO(3)$ induzieren. T_q^k besteht aus $(2k+1)$ Komponenten und $|ajm\rangle$ aus $(2m+1)$ Komponenten. Insgesamt treten also $(2k+1)(2m+1)$ Produktkomponenten auf. Diese transformieren sich unter Rotation entsprechend den Darstellungen $\mathcal{D}^k \otimes \mathcal{D}^j$:

$$\begin{aligned}\hat{R}\left[T_q^k|ajm\rangle\right] &= \hat{R}T_q^k\hat{R}^{-1}\,\hat{R}\,|ajm\rangle \\ &= \sum_{q'} T_{q'}^k\,\mathcal{D}_{q'q}^k(R)\sum_{m'}|ajm'\rangle\,\mathcal{D}_{m'm}^j(R) \\ &= \sum_{q',m'}\left[T_{q'}^k\,|ajm'\rangle\right]\,\mathcal{D}_{q'q}^k(R)\,\mathcal{D}_{m'm}^j(R).\end{aligned}$$

Wir fragen nun nach *den* Linearkombinationen der Produkte $T_q^k|ajm\rangle$, die sich als bestimmter Zustand $|bJM\rangle$ der $2J+1$ Funktionen nach der irreduziblen Darstellung $\mathcal{D}^J(R)$ (mit $J = k+j, k+j-1, \ldots, |k-j|$) transformieren. Die Lösung ergibt sich mit Hilfe der VC-Koeffizienten Gl. (B.19) zu

$$|bJM\rangle = \sum_{q,m} T_q^k\,|ajm\rangle\,\langle kq, jm|JM\rangle,$$

wobei zur Vereinfachung k' durch k und m' durch m ersetzt wurde. Die Umkehrung dieser Gleichung lautet nach Gl. (B.20):

$$T_q^k\,|ajm\rangle = \sum_{J,M}|bJM\rangle\langle kq, jm|JM\rangle.$$

Die skalare Multiplikation mit $\langle a'j'm'|$ liefert

$$\langle a'j'm'|T_q^k|ajm\rangle = \sum_{J,M}\langle a'j'm'|bJM\rangle\langle kq, jm|JM\rangle. \tag{C.16}$$

Auf der rechten Seite steht das Integral $\langle a'j'm'|bJM\rangle$ über zwei Funktionen. Dieses ist, unabhängig von den in a' und b enthaltenen Anteilen, wegen der Orthogonalität der Funktionen immer null außer wenn $j' = J$ und $m' = M$. Von der Summe bleibt daher nur ein Term übrig. Dieses Integral ist darüber hinaus auch unabhängig von den magnetischen Quantenzahlen, wie folgende Überlegung zeigt: Die von den Funktionen $|a'j'm'\rangle$ und $|bJM\rangle$ im Falle von $j' = J$ und $m' = M$ repräsentierten Drehimpulse haben die gleiche Orientierung. Ihr Skalarprodukt hat einen bestimmten Wert, der sich nicht ändert, wenn man den Wert für $m' = M$ ändert oder wenn man das Koordinatensystem dreht. In diesen Fällen ändert sich an der relativen Orientierung der beiden Drehimpulse zueinander nichts, so daß das Integral unabhängig von den magnetischen Quantenzahlen ist. Üblicherweise wird $\langle a'j'm'|bj'm'\rangle$ in der Form $\langle a'j'||T_k||aj\rangle$ geschrieben, und man erhält aus Gl. (C.16)

$$\langle a'j'm'|T_q^k|ajm\rangle = \langle kq, jm|j'm'\rangle\langle a'j'||T_k||aj\rangle =$$
$$(-1)^{k-j+m'}(2j'+1)^{1/2}\begin{pmatrix} j' & k & j \\ -m' & q & m \end{pmatrix}\langle a'j'||T_k||aj\rangle, \qquad \text{(C.17)}$$

wobei J durch j' und M durch m' ersetzt sowie der VC-Koeffizient in das 3-j-Symbol umgewandelt wurde. Das Integral $\langle a'j'||T_k||aj\rangle$ bezeichnet man als *reduziertes Matrixelement.*

Gl. (C.17) stellt den Kern des WIGNER-ECKART-Theorems dar und zeigt, daß das Matrixelement des Operators T_q^k in ein reduziertes Matrixelement und einen geometrischen Faktor (VC-Koeffizient bzw. 3-j-Symbol) aufgeteilt werden kann. Bei der in der Literatur am häufigsten und auch von uns verwendeten Form des WIGNER-ECKART-Theorems [206]

$$\boxed{\langle a'j'm'|T_q^k|ajm\rangle = (-1)^{j'-m'}\begin{pmatrix} j' & k & j \\ -m' & q & m \end{pmatrix}\langle a'j'||T^k||aj\rangle} \qquad \text{(C.18)}$$

ist der Faktor $(2j'+1)^{1/2}$ mit im reduzierten Matrixelement enthalten, das zur Unterscheidung vom reduzierten Matrixelement in Gl. (C.17) mit hochgestelltem k geschrieben wird. Der Vorteil des Theorems bei der Berechnung von Matrixelementen ist offensichtlich: Bei Kenntnis des reduzierten Matrixelementes $\langle a'j'||T^k||aj\rangle$ — seine Ermittlung ist Thema der nächsten Beispiele — lassen sich alle $(2j'+1)(2k+1)(2j+1)$ möglichen Matrixelemente $\langle a'j'm'|T_q^k|ajm\rangle$ mit Hilfe tabellierter 3-j-Symbole entwickeln.

Zur Ermittlung reduzierter Matrixelemente wird ein möglichst einfaches Matrixelement zum einen direkt und zum anderen mit Hilfe des WIGNER-ECKART-Theorems berechnet, wobei im zweiten Fall das reduzierte Matrixelement noch unbekannt ist. Dieses folgt anschließend aus dem Vergleich der beiden Rechnungen (vgl. Beisp. 4.25; auf die gleiche Weise werden die in Tab. 4.39 notierten reduzierten Matrixelemente α_J, β_j und γ_J (STEVENS-Faktoren) berechnet).

Beispiel C.5 *Reduzierte Matrixelemente der Operatoren $\hat{\boldsymbol{L}}$ und $\hat{\boldsymbol{S}}$*
Nach Gl. (C.7) lauten die Komponenten von $\hat{\boldsymbol{L}}$ und $\hat{\boldsymbol{S}}$ (Tensoroperatoren 1. Stufe) in der Standard-Form:

$$L_{+1} = -\frac{1}{\sqrt{2}}(L_x + iL_y) \equiv -\frac{1}{\sqrt{2}}L_+; \quad L_0 = L_z; \quad L_{-1} = \frac{1}{\sqrt{2}}(L_x - iL_y) \equiv \frac{1}{\sqrt{2}}L_-$$
$$S_{+1} = -\frac{1}{\sqrt{2}}(S_x + iS_y) \equiv -\frac{1}{\sqrt{2}}S_+; \quad S_0 = S_z; \quad S_{-1} = \frac{1}{\sqrt{2}}(S_x - iS_y) \equiv \frac{1}{\sqrt{2}}S_-$$

Die reduzierten Matrixelemente von $\hat{\boldsymbol{L}}$ und $\hat{\boldsymbol{S}}$ können leicht gefunden werden. Beginnen wir mit $\langle L'||L^1||L\rangle$, so ist $\langle L'M'|L_z|LM\rangle$ besonders einfach zu berechnen, denn es ist nur dann nicht automatisch null, wenn $L' = L$ und $M' = M$. In diesem Fall ergibt sich

$$\langle LM|L_z|LM\rangle = M. \tag{C.19}$$

Mit Hilfe des WIGNER-ECKART-Theorems erhalten wir

$$\langle LM|L_z|LM\rangle = (-1)^{L-M}\begin{pmatrix} L & 1 & L \\ -M & 0 & M \end{pmatrix}\langle L||L^1||L\rangle. \tag{C.20}$$

Nach Gl. (B.37) ist das 3-j-Symbol gegeben durch

$$\begin{pmatrix} L & L & 1 \\ M & -M & 0 \end{pmatrix} = (-1)^{L-M}\frac{M}{[(2L+1)L(L+1)]^{1/2}},$$

so daß unter Berücksichtigung der Symmetrie der 3-j-Symbole für Gl. (C.20) folgt:

$$\langle LM|L_z|LM\rangle = \frac{M}{[(2L+1)L(L+1)]^{1/2}}\langle L||L^1||L\rangle \tag{C.21}$$

Der Vergleich der Gln. (C.19) und (C.21) liefert den Wert für das reduzierte Matrixelement:

$$\langle L'||L^1||L\rangle = [(2L+1)L(L+1)]^{1/2}\delta_{L'L}. \tag{C.22}$$

Der analoge Ausdruck ergibt sich für das reduzierte Matrixelement des Tensoroperators $\hat{\boldsymbol{S}}$:

$$\langle S'||S^1||S\rangle = [(2S+1)S(S+1)]^{1/2}\delta_{S'S}. \quad * \tag{C.23}$$

Normalerweise wendet man das WIGNER-ECKART-Theorem nicht bei diesen einfachen Fällen an. Von großer praktischer Bedeutung ist dagegen das reduzierte Matrixelement einer Kugelflächenfunktion, das im folgenden Beispiel berechnet wird.

Beispiel C.6 *Reduziertes Matrixelement einer Kugelflächenfunktion*
Das Integral über drei Kugelflächenfunktionen lautet (Herleitung in [199]):

$$\begin{aligned}
&\int Y^{l_3 *}_{m_3}(\theta,\phi)\, Y^{l_2}_{m_2}(\theta,\phi)\, Y^{l_1}_{m_1}(\theta,\phi)\, d\Omega \\
&= \left[\frac{(2l_1+1)(2l_2+1)}{4\pi(2l_3+1)}\right]^{1/2} \langle\, l_1 m_1, l_2 m_2 | l_3 m_3\rangle\, \langle l_1 0, l_2 0\, | l_3\, 0\,\rangle \qquad \text{(C.24)}\\
&= (-1)^{m_3}\left[\frac{(2l_1+1)(2l_2+1)(2l_3+1)}{4\pi}\right]^{1/2} \begin{pmatrix} l_1 & l_2 & l_3 \\ m_1 & m_2 & -m_3 \end{pmatrix} \begin{pmatrix} l_1 & l_2 & l_3 \\ 0 & 0 & 0 \end{pmatrix}.
\end{aligned}$$

Ersetzt man $Y^{l_2}_{m_2}$ durch den RACAH-Tensor $C^{l_2}_{m_2} = \sqrt{4\pi/(2l_2+1)}\, Y^{l_2}_{m_2}$, erhält man

$$\int Y^{l_3 *}_{m_3}\, C^{l_2}_{m_2}\, Y^{l_1}_{m_1}\, d\Omega = \qquad \text{(C.25)}$$

$$(-1)^{m_3}\left[(2l_3+1)(2l_1+1)\right]^{1/2} \begin{pmatrix} l_3 & l_2 & l_1 \\ -m_3 & m_2 & m_1 \end{pmatrix} \begin{pmatrix} l_3 & l_2 & l_1 \\ 0 & 0 & 0 \end{pmatrix}$$

Die Integrale (C.24) und (C.25) liefern nur dann einen Beitrag, wenn $l_3 + l_2 + l_1$ gerade und $-m_3 + m_2 + m_1 = 0$ ist.

Das Integral in Gl. (C.24) ergibt für $m' = q = m = 0$

$$\langle l'0|Y^k_0|l0\rangle = \left[\frac{(2l'+1)(2k+1)(2l+1)}{4\pi}\right]^{1/2} \begin{pmatrix} l' & k & l \\ 0 & 0 & 0 \end{pmatrix}^2 . \qquad \text{(C.26)}$$

Die Anwendung des WIGNER-ECKART-Theorems liefert

$$\langle l'0|Y^k_0|l0\rangle = (-1)^{l'} \begin{pmatrix} l' & k & l \\ 0 & 0 & 0 \end{pmatrix} \langle l'||Y^k||l\rangle \quad \text{und} \qquad \text{(C.27)}$$

$$\langle l'||Y^k||l\rangle = (-1)^{l'}\left[\frac{(2l'+1)(2k+1)(2l+1)}{4\pi}\right]^{1/2} \begin{pmatrix} l' & k & l \\ 0 & 0 & 0 \end{pmatrix}. \qquad \text{(C.28)}$$

Hieraus lassen sich die Matrixelemente für alle anderen magnetischen Quantenzahlen m', q und m mit Hilfe des WIGNER-ECKART-Theorems gewinnen:

$$\langle l'm'|Y^k_q|lm\rangle = (-1)^{l'-m'} \begin{pmatrix} l' & k & l \\ -m' & q & m \end{pmatrix} \langle l'||Y^k||l\rangle. \qquad \text{(C.29)}$$

In der Praxis werden anstelle der Funktionen Y^k_q häufig die RACAH-Tensoren C^k_q (s. Gl. (3.140)) verwendet. Ihr reduziertes Matrixelement ist

$$\langle l'||C^k||l\rangle = (-1)^{l'}\left[(2l'+1)(2l+1)\right]^{1/2} \begin{pmatrix} l' & k & l \\ 0 & 0 & 0 \end{pmatrix}. \qquad \text{(C.30)}$$

Ist $l' = l$, muß k gerade sein, damit das reduzierte Matrixelement nicht verschwindet. *

C.3 Produkte von Tensoroperatoren und ihre Matrixelemente

C.3.1 Tensoroperator-Produkte

Einige für uns wichtige Operatoren bestehen aus Produkten von Operatoren, z. B. der Operator der Spin-Bahn-Kopplung: $\xi(r)\hat{\boldsymbol{l}}\cdot\hat{\boldsymbol{s}} = \xi(r)(\hat{l}_x\hat{s}_x + \hat{l}_y\hat{s}_y + \hat{l}_z\hat{s}_z)$. Unser Ziel ist zunächst die systematische Konstruktion und Klassifizierung solcher Operatoren, wobei uns diese Vorüberlegungen später bei der Berechnung ihrer Matrixelemente dienen.

Wir haben in B.3 gesehen, daß das direkte Produkt zweier Sätze von Basis*funktionen*, $|j_1m_1\rangle$ und $|j_2m_2\rangle$, die sich in der Drehgruppe nach den irreduziblen Darstellungen $\mathcal{D}^{j_1}(R)$ und $\mathcal{D}^{j_2}(R)$ transformieren, die Produktdarstellung $\mathcal{D}^{j_1}(R) \otimes \mathcal{D}^{j_2}(R)$ induziert. Diese ist i. a. reduzibel, und wir können mit Hilfe der VC-Koeffizienten Linearkombinationen von Produktfunktionen finden, die diese Darstellung in Blockform überführen. Die Blöcke sind die irreduziblen Darstellungen $\mathcal{D}^J(R)$ mit $J = j_1 + j_2, j_1 + j_2 - 1, \ldots, |j_1 - j_2|$.

Bevor wir Produkte irreduzibler Tensoroperatoren behandeln, sei an die in Gl. (C.3) gegebene Definition erinnert: Irreduzible Tensoroperatoren T_q^k zeigen bei einer Drehung $\hat{R}$ das Transformationsverhalten $\hat{R}\, T_q^k \hat{R}^{-1} = \sum_{q'} T_{q'}^k \mathcal{D}_{q'q}^k(R)$. Die Komponente T_q^k mit bestimmtem q geht dabei in eine Linearkombination der $(2k+1)$ Operatoren $T_{q'}^k$ über, wobei die Koeffizienten dieser Linearkombination die Elemente $\mathcal{D}_{q'q}^k(R)$ der WIGNER-Rotationsmatrix sind. Die irreduziblen Tensoroperatoren transformieren sich also wie die Kugelflächenfunktionen. Aufgrund dieser Analogie zwischen Funktion $|jm\rangle$ und Tensoroperator T_q^k überrascht es nicht, daß sich durch die Multiplikation zweier sphärischer Tensoroperatoren $T_{q_1}^{k_1}$ und $T_{q_2}^{k_2}$ der Stufen k_1 bzw. k_2 ein sphärischer Tensor der Stufe k mit Hilfe von VC-Koeffizienten oder 3-j-Symbolen erhalten läßt[3]:

$$T_q^k = \sum_{q_1,q_2} T_{q_1}^{k_1} T_{q_2}^{k_2}\, \langle k_1q_1, k_2q_2|kq\rangle =$$

$$\sum_{q_1,q_2} (-1)^{k_1-k_2+q}\,(2k+1)^{1/2} \begin{pmatrix} k_1 & k_2 & k \\ q_1 & q_2 & -q \end{pmatrix} T_{q_1}^{k_1} T_{q_2}^{k_2}. \qquad \text{(C.32)}$$

[3] Um nachzuweisen, daß T_q^k ein irreduzibler Tensor k-ter Stufe ist, untersucht man sein Transformationsverhalten bei Drehungen. Bei Anwendung der Drehoperation $\hat{R}$ auf beide Seiten der Gl. (C.32) gemäß

$$\hat{R}\, T_q^k \hat{R}^{-1} = \sum_{q_1,q_2} \hat{R}\, T_{q_1}^{k_1} \hat{R}^{-1} \hat{R}\, T_{q_2}^{k_2} \hat{R}^{-1}\, \langle k_1q_1, k_2q_2|kq\rangle \qquad \text{(C.31)}$$

stellt sich heraus, daß Gl. (C.32) für den Produkt-Tensoroperator T_q^k erfüllt ist [199].

Das direkte Produkt (auch Tensorprodukt genannt) der Operatoren $T^{k_1}_{q_1}$ und $T^{k_2}_{q_2}$ induziert die Darstellung $\mathcal{D}^{k_1}(R) \otimes \mathcal{D}^{k_2}(R)$ von $\mathcal{R}_3$, die in die irreduziblen Darstellungen $\mathcal{D}^{k_1+k_2}(R) + \mathcal{D}^{k_1+k_2-1}(R) + \ldots + \mathcal{D}^{|k_1-k_2|}(R)$ zerfällt. Diejenigen Linearkombinationen der Produkte $T^{k_1}_{q_1} T^{k_2}_{q_2}$, die sich wie T^k_q bei der Drehung transformieren, sind durch die VC-Koeffizienten $\langle k_1 q_1, k_2 q_2 | kq \rangle$ gegeben. Das Ergebnis zeigt, daß die Kopplung sphärischer Tensoroperatoren mathematisch identisch mit der Kopplung von Drehimpuls-Eigenvektoren erfolgt.

Das Tensorprodukt von $T^{k_1}_{q_1}$ und $T^{k_2}_{q_2}$ in Gl. (C.32) kann auch formuliert werden als

$$T^k_q = \left[\boldsymbol{T}^{k_1} \otimes \boldsymbol{T}^{k_2}\right]^k_q. \tag{C.33}$$

Durch den Fettdruck wird angezeigt, daß die Tensoren aus $(2k_1 + 1)$ bzw. $(2k_2+1)$ Komponenten bestehen. Wir betrachten zunächst den Fall $k_1 = k_2 = 1$. Das direkte Produkt $\boldsymbol{T}^1(1) \otimes \boldsymbol{T}^1(2)$ der beiden Tensoroperatoren 1. Stufe wird sich — nach Aufsuchen der richtigen Linearkombinationen — nach den Darstellungen $\mathcal{D}^1(R) \otimes \mathcal{D}^1(R) = \mathcal{D}^2(R) \oplus \mathcal{D}^1(R) \oplus \mathcal{D}^0(R)$ transformieren. Wir erhalten also einen Produkt-Tensoroperator 2. Stufe (Transformation nach $\mathcal{D}^2(R)$), einen solchen 1. Stufe (Transformation nach $\mathcal{D}^1(R)$) und einen skalaren Tensoroperator (Transformation nach $\mathcal{D}^0(R)$). Wir behandeln sie im folgenden der Reihe nach, beginnend bei $\underline{k=0}$:

$$\begin{aligned}
\left[\boldsymbol{T}^1(1) \otimes \boldsymbol{T}^1(2)\right]^0_0 &= \sum_{q_1,q_2} (-1)^{1-1-0}(2 \cdot 0 + 1)^{1/2} \begin{pmatrix} 1 & 1 & 0 \\ q_1 & q_2 & 0 \end{pmatrix} T^1_{q_1} T^1_{q_2} \\
&= \sum_{q_1,q_2} \begin{pmatrix} 1 & 1 & 0 \\ q_1 & q_2 & 0 \end{pmatrix} T^1_{q_1} T^1_{q_2}.
\end{aligned}$$

Das 3-j-Symbol liefert nach Gl. (B.39) nur im Falle $q_2 = -q_1$ einen von null verschiedenen Beitrag, und zwar $(-1)^{1-q_1} \frac{1}{\sqrt{3}}$. Mit den möglichen Werten 1,0,−1 für q_1 erhalten wir

$$\left[\boldsymbol{T}^1(1) \otimes \boldsymbol{T}^1(2)\right]^0_0 = \frac{1}{\sqrt{3}} \left[T^1_1(1) T^1_{-1}(2) - T^1_0(1) T^1_0(2) + T^1_{-1}(1) T^1_1(2)\right] \tag{C.34}$$

Beispiel C.7 *Spezialfälle für das Tensoroperatorprodukt* $\left[\boldsymbol{T}^1(1) \otimes \boldsymbol{T}^1(2)\right]^0_0$

Im ersten Beispiel sollen $\boldsymbol{T}^1(1)$ und $\boldsymbol{T}^1(2)$ aus den Komponenten

$$T^1_1(1) = -\frac{1}{\sqrt{2}}(x_1 + iy_1) \qquad T^1_0(1) = z_1 \qquad T^1_{-1}(1) = \frac{1}{\sqrt{2}}(x_1 - iy_1) \tag{C.35}$$

bzw.

$$T^1_1(2) = -\frac{1}{\sqrt{2}}(x_2 + iy_2) \qquad T^1_0(2) = z_2 \qquad T^1_{-1}(2) = \frac{1}{\sqrt{2}}(x_2 - iy_2) \tag{C.36}$$

bestehen, die jeweils den Funktionen $|\,1\,1\,\rangle$, $|\,1\,0\,\rangle$ und $|\,1\,-1\,\rangle$ proportional sind. Setzen wir die Operatoren in Gl. (C.34) ein, so folgt

$$\left[\boldsymbol{T}^1(1)\otimes\boldsymbol{T}^1(2)\right]_0^0 = -\frac{1}{\sqrt{3}}(x_1x_2+y_1y_2+z_1z_2) = -\frac{1}{\sqrt{3}}\boldsymbol{T}^1(1)\cdot\boldsymbol{T}^1(2) \quad \text{(C.37)}$$

und damit, bis auf den konstanten Faktor $-\frac{1}{\sqrt{3}}$, das Skalarprodukt der beiden Tensoroperatoren.

Im zweiten Beispiel betrachten wir den Operator der Spin-Bahn-Kopplung für ein Einelektronensystem im Zentralfeld, $\hat{H}_{SB} = \xi(r)\hat{\boldsymbol{l}}\cdot\hat{\boldsymbol{s}}$. Hier sind $\hat{\boldsymbol{l}}$ und $\hat{\boldsymbol{s}}$ Vektoroperatoren. Das Skalarprodukt ist unter Berücksichtigung von Gl. (C.7)

$$\hat{\boldsymbol{l}}\cdot\hat{\boldsymbol{s}} = \hat{l}_z\hat{s}_z + \frac{1}{2}(\hat{l}_+\hat{s}_- + \hat{l}_-\hat{s}_+) = -\hat{l}_{+1}\hat{s}_{-1} + \hat{l}_0\hat{s}_0 - \hat{l}_{-1}\hat{s}_{+1},$$

und wir erkennen, daß diese Form proportional zur rechten Seite der Gl. (C.34) ist. Der Operator der Spin-Bahn-Kopplung ist somit ein Tensoroperator 0. Stufe, der aus zwei Tensoroperatoren 1. Stufe zusammengesetzt ist.

$\underline{k=1}$; $q = 1$

$$\begin{aligned}\left[\boldsymbol{T}^1(1)\otimes\boldsymbol{T}^1(2)\right]_1^1 &= \sum_{q_1,q_2}\langle\, 1q_1, 1q_2 |\, 1\,1\,\rangle T^1_{q_1}T^1_{q_2} \\ &= \sum_{q_1,q_2}(-1)^{1-1+1}(2\cdot 1+1)^{1/2}\begin{pmatrix}1 & 1 & 1\\ q_1 & q_2 & -1\end{pmatrix}T^1_{q_1}T^1_{q_2}.\end{aligned}$$

Mit der Bedingung $q_1+q_2-1=0$, die erfüllt sein muß, damit das 3-j-Symbol nicht automatisch null ist, und der Einschränkung, daß q_1 und q_2 nur die Werte 1,0,−1 annehmen kann, bleiben nach Gl. (B.39) nur zwei 3-j-Symbole, die ungleich null sind, und zwar

$$\begin{pmatrix}1 & 1 & 1\\ 1 & 0 & -1\end{pmatrix} = -\frac{1}{\sqrt{6}} \quad \text{und} \quad \begin{pmatrix}1 & 1 & 1\\ 0 & 1 & -1\end{pmatrix} = \frac{1}{\sqrt{6}},$$

so daß wir

$$\left[\boldsymbol{T}^1(1)\otimes\boldsymbol{T}^1(2)\right]_1^1 = \frac{1}{\sqrt{2}}\left[T_1^1(1)\,T_0^1(2) - T_0^1(1)\,T_1^1(2)\right]$$

erhalten. Entsprechende Ausdrücke findet man für die Komponenten mit $q=0$ und $q=-1$:

$$q=0 \qquad \left[\boldsymbol{T}^1(1)\otimes\boldsymbol{T}^1(2)\right]_0^1 = \frac{1}{\sqrt{2}}\left[T_1^1(1)\,T_{-1}^1(2) - T_{-1}^1(1)\,T_1^1(2)\right]$$

$$q=-1 \qquad \left[\boldsymbol{T}^1(1)\otimes\boldsymbol{T}^1(2)\right]_{-1}^1 = -\frac{1}{\sqrt{2}}\left[T_{-1}^1(1)\,T_0^1(2) - T_0^1(1)\,T_{-1}^1(2)\right],$$

in Übereinstimmung mit Ergebnissen, die für die Kopplung zweier Drehimpulse $j_1 = j_2 = 1$ zu $J = 1$ unter Verwendung der zweiten Zeile des Schemas (B.28) erhalten werden.

$k = 2$. Wir übernehmen die Zusammensetzung der Tensoroperatoren 2. Stufe direkt aus der ersten Zeile des Schemas (B.28):

$$\begin{aligned}
\left[\boldsymbol{T}^1(1) \otimes \boldsymbol{T}^1(2)\right]^2_{\pm 2} &= T^1_{\pm 1}(1)\, T^1_{\pm 1}(2) \\
\left[\boldsymbol{T}^1(1) \otimes \boldsymbol{T}^1(2)\right]^2_{\pm 1} &= \frac{1}{\sqrt{2}} \left[T^1_{\pm 1}(1)\, T^1_0(2) + T^1_0(1)\, T^1_{\pm 1}(2)\right] \\
\left[\boldsymbol{T}^1(1) \otimes \boldsymbol{T}^1(2)\right]^2_{0} &= \frac{1}{\sqrt{6}} \left[T^1_{-1}(1)\, T^1_1(2) + 2\, T^1_0(1)\, T^1_0(2) + T^1_1(1)\, T^1_{-1}(2)\right]
\end{aligned}$$

Nach den Spezialfällen von Gl. (C.32) mit $k_1 = k_2 = 1$ fügen wir jetzt noch das skalare Tensorprodukt für $k_1 = k_2 \neq 1$ an [199]:

$$\left[\boldsymbol{T}^{k_1} \otimes \boldsymbol{T}^{k_2}\right]^0_0 = \frac{1}{(2k_1+1)^{1/2}} \sum_{q_1} (-1)^{k_1 - q_1}\, T^{k_1}_{q_1}\, T^{k_2}_{-q_1}\, \delta_{k_1,k_2} \tag{C.38}$$

$$\boldsymbol{T}^k(1) \cdot \boldsymbol{T}^k(2) = (-1)^k (2k+1)^{1/2} \left[\boldsymbol{T}^k(1) \otimes \boldsymbol{T}^k(2)\right]^0_0 = \sum_q (-1)^q T^k_q(1)\, T^k_{-q}(2) \tag{C.39}$$

Der in Gl. (C.34) besprochene Skalaroperator $\left[\boldsymbol{T}^1(1) \otimes \boldsymbol{T}^1(2)\right]^0_0$ ist der Spezialfall mit $k = 1$.

C.3.2 Matrixelemente von Produkt-Tensoroperatoren

In diesem Abschnitt werden allgemeine Ausdrücke für die Matrixelemente von Produkt-Tensoroperatoren hergeleitet [199, 197]. Sie werden in den folgenden Abschnitten angewandt auf Spin-Bahn-Kopplung und interelektronische Wechselwirkung (zur Anwendung auf das Ligandenfeld vgl. Lit. [170, 193]).

Ausgangspunkt ist zum einen Gl. (B.19), die die Bildung der gekoppelten Zustände $|jm\rangle = |j_1 j_2 jm\rangle$ aus den ungekoppelten Zuständen $|j_1 m_1\rangle$ und $|j_2 m_2\rangle$ beschreibt, und zum anderen Gl. (C.32), die zeigt, wie die Produkttensoroperatoren X^k_q aus den Tensoroperatoren $T^{k_1}_{q_1}$ und $U^{k_2}_{q_2}$ zusammengesetzt werden. Bei letzteren setzen wir voraus, daß sie auf voneinander unabhängige Variable wirken (z. B. auf Bahndrehimpuls bzw. Spin) und daher kommutieren. Ersetzen wir jeweils den VC-Koeffizienten entsprechend Gl. (B.31) durch das 3-j-Symbol, lauten die Gleichungen

$$|j_1 j_2 jm\rangle = \sum_{m_1, m_2} |j_1 m_1\rangle |j_2 m_2\rangle (-1)^{j_1 - j_2 + m} (2j+1)^{1/2} \begin{pmatrix} j_1 & j_2 & j \\ m_1 & m_2 & -m \end{pmatrix} \tag{C.40}$$

$$X_q^k = \sum_{q_1,q_2} T_{q_1}^{k_1}\, U_{q_2}^{k_2}\, (-1)^{k_1-k_2+q}(2k+1)^{1/2} \begin{pmatrix} k_1 & k_2 & k \\ q_1 & q_2 & -q \end{pmatrix} \tag{C.41}$$

Das zu berechnende Matrixelement für Zustände innerhalb einer Konfiguration[4] hat unter Anwendung des WIGNER-ECKART-Theorems die Form

$$\langle j_1 j_2 j m | X_q^k | j_1' j_2' j' m' \rangle = (-1)^{j-m} \begin{pmatrix} j & k & j' \\ -m & q & m' \end{pmatrix} \langle j_1 j_2 j || X_q^k || j_1' j_2' j' \rangle \tag{C.42}$$

Unser Ziel ist es zunächst, das auf der rechten Seite stehende reduzierte Matrixelement des Produkttensoroperators X_q^k mit Hilfe der reduzierten Matrixelemente von $T_{q_1}^{k_1}$ und $U_{q_2}^{k_2}$ zu formulieren. Wir ersetzen dazu auf der linken Seite X_q^k durch $T_{q_1}^{k_1} U_{q_2}^{k_2}$ entsprechend Gl. (C.41) und anschließend die Zustände $|j_1 j_2 j m\rangle$ durch $|j_1 m_1\rangle |j_2 m_2\rangle$ entsprechend Gl. (C.40):

$$\begin{aligned}
&\langle j_1 j_2 j m | X_q^k | j_1' j_2' j' m' \rangle = \\
&\sum_{q_1,q_2} \langle j_1 j_2 j m | T_{q_1}^{k_1} U_{q_2}^{k_2} | j_1' j_2' j' m' \rangle (-1)^{k_1-k_2+q}(2k+1)^{1/2} \begin{pmatrix} k_1 & k_2 & k \\ q_1 & q_2 & -q \end{pmatrix} \\
= &\sum_{m_1 m_2} \sum_{m_1', m_2'} \sum_{q_1,q_2} (-1)^{k_1-k_2+q+j_1-j_2+m+j_1'-j_2'+m'} \\
&\times \left[(2j+1)(2j'+1)(2k+1)\right]^{1/2} \\
&\times \begin{pmatrix} j_1 & j_2 & j \\ m_1 & m_2 & -m \end{pmatrix} \begin{pmatrix} j_1' & j_2' & j' \\ m_1' & m_2' & -m' \end{pmatrix} \begin{pmatrix} k_1 & k_2 & k \\ q_1 & q_2 & -q \end{pmatrix} \\
&\times \langle j_1 m_1 | T_{q_1}^{k_1} | j_1' m_1' \rangle \langle j_2 m_2 | U_{q_2}^{k_2} | j_2' m_2' \rangle
\end{aligned}$$

Jetzt wird auf die Matrixelemente $\langle j_1 m_1 | T_{q_1}^{k_1} | j_1' m_1' \rangle$ und $\langle j_2 m_2 | U_{q_2}^{k_2} | j_2' m_2' \rangle$ das WIGNER-ECKART-Theorem angewandt:

$$\begin{aligned}
&\langle j_1 j_2 j m | X_q^k | j_1' j_2' j' m' \rangle = \\
&\sum_{m_1 m_2} \sum_{m_1', m_2'} \sum_{q_1,q_2} (-1)^{k_1-k_2+q+j_1-j_2+m+j_1'-j_2'+m'} \\
&\times \left[(2j+1)(2j'+1)(2k+1)\right]^{1/2} \\
&\times \begin{pmatrix} j_1 & j_2 & j \\ m_1 & m_2 & -m \end{pmatrix} \begin{pmatrix} j_1' & j_2' & j' \\ m_1' & m_2' & -m' \end{pmatrix} \begin{pmatrix} k_1 & k_2 & k \\ q_1 & q_2 & -q \end{pmatrix} \\
&\times (-1)^{j_1-m_1+j_2-m_2} \begin{pmatrix} j_1 & k_1 & j_1' \\ -m_1' & q_1 & m_1' \end{pmatrix} \begin{pmatrix} j_2 & k_2 & j' \\ -m_2 & q_2 & m_2' \end{pmatrix} \\
&\times \langle j_1 || T^{k_1} || j_1' \rangle \langle j_2 || U^{k_2} || j_2' \rangle .
\end{aligned} \tag{C.43}$$

[4] Das *allgemeine* Matrixelement lautet $\langle a j_1 j_2 j m | X_q^k | a' j_1' j_2' j' m' \rangle$, wobei die Symbole a und a' für alle anderen Quantenzahlen (z. B. Hauptquantenzahlen) der durch j bzw. j' charakterisierten Zustände stehen.

Mit den Gln. (C.42) und (C.43) liegen zwei Ausdrücke für das Matrixelement des Tensoroperators X_q^k vor. Wir können sie gleichsetzen und beide Seiten mit $(-1)^{j-m}\begin{pmatrix} j & k & j' \\ -m & q & m' \end{pmatrix}$ multiplizieren sowie über m, m' und q summieren. Nach Anwendung von Gl. (B.35) erhalten wir folgenden Zusammenhang zwischen reduzierten Matrixelementen:

$$\begin{aligned}
&\langle j_1 j_2 j||X^k||j_1' j_2' j'\rangle = \\
&\sum_{m,m',q}\sum_{m_1,m_1'}\sum_{m_2,m_2'}\sum_{q_1,q_2}(-1)^{k_1-k_2+j_1'-j_2'+q+m'-m_1-m_2} \\
&\times\begin{pmatrix} j_1 & j_2 & j \\ m_1 & m_2 & -m \end{pmatrix}\begin{pmatrix} j_1' & j_2' & j' \\ m_1' & m_2' & -m' \end{pmatrix}\begin{pmatrix} k_1 & k_2 & k \\ q_1 & q_2 & -q \end{pmatrix} \\
&\times\begin{pmatrix} j_1 & k_1 & j_1' \\ -m_1 & q_1 & m_1' \end{pmatrix}\begin{pmatrix} j_2 & k_2 & j_2' \\ -m_2 & q_2 & m_2' \end{pmatrix}\begin{pmatrix} j & k & j' \\ -m & q & m' \end{pmatrix} \\
&\times\left[(2j+1)(2j'+1)(2k+1)\right]^{1/2}\langle a j_1||T^{k_1}||a'' j_1'\rangle\langle a'' j_2||U^{k_2}||a' j_2'\rangle
\end{aligned}$$

In dieser Gleichung treten sechs 3-j-Symbole auf, und wir erinnern an Gl. (B.50), die den Zusammenhang mit einem 9-j-Symbol herstellt. Nutzt man die Symmetrieeigenschaften der 3-j-Symbole aus und berücksichtigt die jeweiligen Phasenfaktoren, resultiert die kompakte Form

$$\boxed{\begin{aligned}\langle j_1 j_2 j||X^k||j_1' j_2' j'\rangle &= \left[(2j+1)(2j'+1)(2k+1)\right]^{1/2}\begin{Bmatrix} j_1 & j_1' & k_1 \\ j_2 & j_2' & k_2 \\ j & j' & k \end{Bmatrix} \\ &\quad\times\langle j_1||T^{k_1}||j_1'\rangle\langle j_2||U^{k_2}||j_2'\rangle\end{aligned}} \tag{C.44}$$

Alle in den folgenden Abschnitten betrachteten Spezialfälle können mit Hilfe dieser Beziehung[5] entwickelt werden. Wir vereinfachen sie zunächst für den Fall, daß der Produkttensoroperator ein Skalaroperator X_0^0 ist. Setzt man im 9-j-Symbol $k=0$, so ist es nur dann ungleich null, wenn $j=j'$ und $k_1=k_2$ ist. Dabei reduziert es sich nach Gl. (B.51) auf ein 6-j-Symbol, so daß Gl. (C.44) in

$$\begin{aligned}
\langle j_1 j_2 j||X^0||j_1' j_2' j'\rangle &= \langle j_1 j_2 j||[T^k\otimes U^k]^0||j_1' j_2' j'\rangle \\
&= (-1)^{k+j_2+j+j_1'}(2k+1)^{-1/2}(2j+1)^{1/2}\begin{Bmatrix} j_1 & j_2 & j \\ j_2' & j_1' & k \end{Bmatrix} \\
&\quad\times\langle j_1||T^k||j_1'\rangle\langle j_2||U^k||j_2'\rangle
\end{aligned} \tag{C.45}$$

---

[5] Gl. (C.44) gilt für Zustände innerhalb einer Konfiguration. Andernfalls muß $\langle j_1 j_2 j||X^k||j_1' j_2' j'\rangle$ durch $\langle a j_1 j_2 j||X^k||a' j_1' j_2' j'\rangle$ und $\langle j_1||T^{k_1}||j_1'\rangle\langle j_2||U^{k_2}||j_2'\rangle$ durch $\sum_{a''}\langle a j_1||T^{k_1}||a'' j_1'\rangle\langle a'' j_2||U^{k_2}||a' j_2'\rangle$ ersetzt werden [199].

übergeht. Man beachte, daß sich die Bedeutung von k beim Übergang von Gl. (C.44) nach (C.45) geändert hat. Berücksichtigen wir, daß nach Gl. (C.39) $\left[\boldsymbol{T}^k \otimes \boldsymbol{U}^k\right]_0^0 = (-1)^k(2k+1)^{-1/2}\boldsymbol{T}^k\cdot \boldsymbol{U}^k$ gesetzt werden kann, geht Gl. (C.45) über in

$$\begin{aligned}\langle j_1 j_2 j \| \boldsymbol{T}^k\cdot \boldsymbol{U}^k \| j_1' j_2' j'\rangle &= (-1)^{j_1'+j_2+j}(2j+1)^{1/2}\left\{\begin{array}{ccc} j_1 & j_2 & j \\ j_2' & j_1' & k \end{array}\right\} \\ &\quad \times \langle j_1 \| T^k \| j_1'\rangle\langle j_2 \| U^k \| j_2'\rangle \end{aligned} \tag{C.46}$$

Wegen der häufigen Anwendung von skalaren Operatoren notieren wir in diesem Fall auch das vollständige Matrixelement. Man erhält es, indem man Gl. (C.46) mit dem WIGNER-ECKART-Theorem (Gl. (C.18)) verknüpft und das dabei auftretende 3-j-Symbol nach Gl. (B.38) berechnet:

$$\begin{aligned}&\langle j_1 j_2 j m | \boldsymbol{T}^k\cdot \boldsymbol{U}^k | j_1' j_2' j' m'\rangle = \\ &\quad \delta_{j,j'}\delta_{m,m'}(-1)^{j_1'+j_2+j}\left\{\begin{array}{ccc} j_1 & j_2 & j \\ j_2' & j_1' & k \end{array}\right\}\langle j_1 \| T^k \| j_1'\rangle\langle j_2 \| U^k \| j_2'\rangle \end{aligned} \tag{C.47}$$

Wir betrachten jetzt den speziellen Fall, daß X_q^k nur auf *einen* Satz von Variablen eines gekoppelten Zustands wirkt [6]. Wir nehmen z. B. an, daß sich X_q^k so verhält, als wirke es nur wie $T_{q_1}^{k_1}$. Formal können wir dies erreichen, indem wir $U_{q_2}^{k_2}$ gleich einer Konstanten U_0^0, multipliziert mit dem Einheitsoperator, setzen. Setzt man in Gl. (C.44) $k_2 = 0$, reduziert sich das 9-j-Symbol wiederum auf ein 6-j-Symbol, wobei $j_2 = j_2'$ sowie $k = k_1$ gelten muß:

$$\begin{aligned}&\langle j_1 j_2 j \| T^{k_1} \| j_1' j_2' j'\rangle = \\ &\quad \delta_{j_2,j_2'}(-1)^{j_1+j_2+j'+k_1}\left[(2j'+1)(2j+1)\right]^{1/2}\left\{\begin{array}{ccc} j_1 & j & j_2 \\ j' & j_1' & k_1 \end{array}\right\}\langle j_1 \| T^{k_1} \| j_1'\rangle. \end{aligned} \tag{C.48}$$

Entsprechende Überlegungen für den Fall, daß X_q^k nur auf den zweiten Satz von Variablen wirkt, führen zu

$$\begin{aligned}&\langle j_1 j_2 j \| U^{k_2} \| j_1' j_2' j'\rangle = \\ &\quad \delta_{j_1,j_1'}(-1)^{j_1+j_2'+j+k_2}\left[(2j'+1)(2j+1)\right]^{1/2}\left\{\begin{array}{ccc} j_2 & j & j_1 \\ j' & j_2' & k_2 \end{array}\right\}\langle j_2 \| U^{k_2} \| j_2'\rangle. \end{aligned} \tag{C.49}$$

Die beiden letzten Formeln liefern uns also die reduzierten Matrixelemente eines Einteilchenoperators in einem gekoppelten System. Man beachte, daß sich die Phasenfaktoren in beiden Gleichungen unterscheiden, da die Kopplung von $\boldsymbol{j}_1$ und $\boldsymbol{j}_2$ zu $\boldsymbol{j}$ in unterschiedlicher Reihenfolge vorgenommen wird.

---

[6] Bei der Anwendung z. B. des ZEEMAN-Operators $\hat{H}_M = -\gamma_e(\hat{\boldsymbol{L}} + 2\hat{\boldsymbol{S}})\cdot\boldsymbol{B}$ auf einen RUSSELL-SAUNDERS-Zustand $|JM\rangle$ müssen Matrixelemente bez. $\hat{\boldsymbol{L}}$ und $\hat{\boldsymbol{S}}$ berechnet werden.

C.3.3 Matrixelemente von $\hat{H}_{ee}$

In Gl. (3.141), haben wir den Operator e^2/r_{12} für die interelektronische Wechselwirkung in die Form

$$\frac{e^2}{r_{12}} = e^2 \sum_{k=0}^{\infty} \frac{r_<^k}{r_>^{k+1}} \sum_{q=-k}^{k} (-1)^q C_{-q}^k(1)\, C_q^k(2) \tag{C.50}$$

überführt, die es uns erlaubte, die Matrixelemente z. B. für das d^2-System ($l_1 = l_2 = 2$) zu ermitteln (s. Beispiel 3.4). Wir wollen jetzt dasselbe Problem mit Hilfe der Tensoroperator-Methode lösen. Zunächst wird die zweite Summe in Gl. (C.50) mit Hilfe von Gl. (C.39) umgeformt in

$$\sum_q (-1)^q C_{-q}^k(1)\, C_q^k(2) = \boldsymbol{C}^k(1)\cdot\boldsymbol{C}^k(2). \tag{C.51}$$

Wir legen wieder das RUSSELL-SAUNDERS-Kopplungsschema zugrunde und entwickeln mit Hilfe von Gl. (C.47) das Matrixelement

$$\begin{aligned}
&\left\langle (nl)^2 S M_S L M_L \,\middle|\, \boldsymbol{C}^k(1)\cdot\boldsymbol{C}^k(2) \,\middle|\, (nl)^2 S' M_S' L' M_L' \right\rangle = \\
&\delta_{S,S'}\delta_{M_S,M_S'} \left\langle l l L M_L \,\middle|\, \boldsymbol{C}^k(1)\cdot\boldsymbol{C}^k(2) \,\middle|\, l l L' M_L' \right\rangle = \\
&\delta_{S,S'}\delta_{M_S,M_S'}\delta_{L,L'}\delta_{M_L,M_L'} (-1)^{l+l+L} \left\{ \begin{matrix} l & l & k \\ l & l & L \end{matrix} \right\} \left\langle l \| C^k \| l \right\rangle^2
\end{aligned} \tag{C.52}$$

Die KRONECKER-Symbole bez. S und M_S treten auf, da der Operator keine Spinoperatoren enthält. Für die Energie eines Terms des d^2-Systems erhalten wir

$$\begin{aligned}
E(^{2S+1}L) &= \left\langle l_1 = 2,\, l_2 = 2,\, S M_S L M_L \,\middle|\, \frac{e^2}{r_{12}} \,\middle|\, l_1 = 2,\, l_2 = 2,\, S M_S L M_L \right\rangle = \\
&\sum_k \left\langle d^2 S M_S L M_L \,\middle|\, \boldsymbol{C}^k(1)\cdot\boldsymbol{C}^k(2) \,\middle|\, d^2 S M_S L M_L \right\rangle \\
&\times e^2 \int_0^\infty r_1^2\, dr_1 \int_0^\infty r_2^2\, dr_2 \frac{r_<^k}{r_>^{k+1}} \left[R_{nd}(1)\, R_{nd}(2)\right]^2 = \\
&= \sum_k (-1)^L \left\{ \begin{matrix} 2 & 2 & k \\ 2 & 2 & L \end{matrix} \right\} \left\langle 2 \| C^k \| 2 \right\rangle^2 F^k
\end{aligned} \tag{C.53}$$

Die Größen F^k sind die SLATER-CONDON-Parameter. Wir berechnen im folgenden Beispiel die Energie des ^3F-Terms.

Beispiel C.8 *Berechnung der Energie des $^3F(\mathrm{d}^2)$-Terms*

(a) Berechnung der reduzierten Matrixelemente

$$\langle l'||C^k||l\rangle = (-1)^{l'}[(2l'+1)(2l+1)]^{1/2}\begin{pmatrix} l' & k & l \\ 0 & 0 & 0 \end{pmatrix}$$

mit $l' = l = 2$ und $k = 0, 2, 4$ (k kann nur gerade und maximal $2l$ sein). Unter Verwendung von Gl. (B.37) ergibt sich

$$\langle 2||C^0||2\rangle = 5\underbrace{\begin{pmatrix} 2 & 0 & 2 \\ 0 & 0 & 0 \end{pmatrix}}_{1/\sqrt{5}} = \sqrt{5}; \quad \langle 2||C^2||2\rangle = 5\underbrace{\begin{pmatrix} 2 & 2 & 2 \\ 0 & 0 & 0 \end{pmatrix}}_{-\sqrt{2/35}} = -\sqrt{\frac{10}{7}}$$

$$\langle 2||C^4||2\rangle = 5\underbrace{\begin{pmatrix} 2 & 4 & 2 \\ 0 & 0 & 0 \end{pmatrix}}_{\sqrt{2/35}} = \sqrt{\frac{10}{7}}$$

(b) Berechnung der 6-j-Symbole $\begin{Bmatrix} 2 & 2 & k \\ 2 & 2 & L \end{Bmatrix}$ mit $k = 0, 2, 4$ und $L = 3$
Ein 6-j-Symbol mit einer Null vereinfacht sich zu

$$\begin{Bmatrix} j_1 & j_2 & 0 \\ j_4 & j_5 & j_6 \end{Bmatrix} = (-1)^{j_1+j_4+j_6}[(2j_1+1)(2j_4+1)]^{-1/2}\delta_{j_1,j_2}\delta_{j_4,j_5} \tag{C.54}$$

Die anderen 6-j-Symbole entnehmen wir den Tabellenwerken [202, 203]:

$$\begin{Bmatrix} 2 & 2 & 0 \\ 2 & 2 & 3 \end{Bmatrix} = -\frac{1}{5}; \quad \begin{Bmatrix} 2 & 2 & 2 \\ 2 & 2 & 3 \end{Bmatrix} = \frac{4}{35}$$

$$\begin{Bmatrix} 2 & 2 & 4 \\ 2 & 2 & 3 \end{Bmatrix} = \frac{1}{70}$$

(c) Eingesetzt in Gl. (C.53) erhalten wir

$$\begin{aligned} E(^3F) &= \sum_k (-1)^3 \begin{Bmatrix} 2 & 2 & k \\ 2 & 2 & 3 \end{Bmatrix} \langle 2||C^k||2\rangle^2 F^k \\ &= -(-\tfrac{1}{5})5\,F^0 - \tfrac{4}{35}\tfrac{10}{7}\,F^2 - \tfrac{1}{70}\tfrac{10}{7}\,F^4 \\ &= F^0 - \tfrac{8}{49}\,F^2 - \tfrac{1}{49}\,F^4 = F_0 - 8\,F_2 - 9\,F_4 \end{aligned}$$

In der letzten Zeile wurden, wie üblich (s. Beisp. 3.4), anstelle der Parameter F^k die Größen F_k eingesetzt. Das Ergebnis ist im Einklang mit Gl. (3.148).

Mit Hilfe der 6-j-Symbole

$$\left\{\begin{matrix} 2 & 2 & 0 \\ 2 & 2 & 0 \end{matrix}\right\} = \left\{\begin{matrix} 2 & 2 & 0 \\ 2 & 2 & 2 \end{matrix}\right\} = \left\{\begin{matrix} 2 & 2 & 0 \\ 2 & 2 & 4 \end{matrix}\right\} = \frac{1}{5}; \quad \left\{\begin{matrix} 2 & 2 & 0 \\ 2 & 2 & 1 \end{matrix}\right\} = -\frac{1}{5}$$

$$\underbrace{\left\{\begin{matrix} 2 & 2 & 2 \\ 2 & 2 & 1 \end{matrix}\right\}}_{-1/10} \quad \underbrace{\left\{\begin{matrix} 2 & 2 & 2 \\ 2 & 2 & 2 \end{matrix}\right\}}_{-3/70} \quad \underbrace{\left\{\begin{matrix} 2 & 2 & 2 \\ 2 & 2 & 4 \end{matrix}\right\}}_{2/35} \quad \underbrace{\left\{\begin{matrix} 2 & 2 & 4 \\ 2 & 2 & 1 \end{matrix}\right\}}_{2/15} \quad \underbrace{\left\{\begin{matrix} 2 & 2 & 4 \\ 2 & 2 & 4 \end{matrix}\right\}}_{1/630}$$

und unter Beachtung ihrer Symmetrie (s. B.48) lassen sich auch sehr leicht die Energien der anderen Terme berechnen und die Eintragungen von Tab. 3.9 überprüfen.

C.3.4 Matrixelemente von $\hat{H}_{SB}$

Wir betrachten ein System mit zwei äquivalenten Elektronen und legen das Russell-Saunders-Kopplungsschema zugrunde: $\boldsymbol{L} = \boldsymbol{l}_1 + \boldsymbol{l}_2$, $\boldsymbol{S} = \boldsymbol{s}_1 + \boldsymbol{s}_2$ und $\boldsymbol{J} = \boldsymbol{L} + \boldsymbol{S}$. Der Operator der Spin-Bahn-Kopplung ist nach Gl. (3.149) in diesem Fall

$$\hat{H}_{SB} = \xi(r)(\hat{\boldsymbol{l}}_1 \cdot \hat{\boldsymbol{s}}_1 + \hat{\boldsymbol{l}}_2 \cdot \hat{\boldsymbol{s}}_2). \tag{C.55}$$

Wie schon in C.3.1, Beisp. C.7 erörtert, ist $\hat{H}_{SB}$ ein skalarer Tensoroperator, der sich aus dem direkten Produkt zweier Tensoroperatoren 1. Stufe ergibt: $[T^1 \otimes U^1]^0_0$.

Das allgemeine Matrixelement von $\hat{H}_{SB}$ für Zustände innerhalb einer Konfiguration mit äquivalenten Elektronen erhalten wir durch Anwendung von Gl. (C.47):

$$\begin{aligned}
&\left\langle LSJM_J|\hat{H}_{SB}|L'S'J'M'_J\right\rangle = \\
&\quad \left\langle LSJM_J|\xi(r)\hat{\boldsymbol{l}}_1 \cdot \hat{\boldsymbol{s}}_1|L'S'J'M'_J\right\rangle + \left\langle LSJM_J|\xi(r)\hat{\boldsymbol{l}}_2 \cdot \hat{\boldsymbol{s}}_2|L'S'J'M'_J\right\rangle = \\
&\quad \zeta_{nl}\delta_{J,J'}\delta_{M_J,M'_J}(-1)^{L'+S+J}\left\{\begin{matrix} L & S & J \\ S' & L' & 1 \end{matrix}\right\}\langle L||l_1||L'\rangle\langle S||s_1||S'\rangle \\
&\quad + \zeta_{nl}\delta_{J,J'}\delta_{M_J,M'_J}(-1)^{L'+S+J}\left\{\begin{matrix} L & S & J \\ S' & L' & 1 \end{matrix}\right\}\langle L||l_2||L'\rangle\langle S||s_2||S'\rangle,
\end{aligned} \tag{C.56}$$

wobei das Radialintegral über $\xi(r)$ durch ζ_{nl} abgekürzt wurde (s. Gl. (3.107)). Jetzt werden die reduzierten Matrixelemente der Gl. (C.56) in einfachere Formen überführt. Dabei wenden wir die Gln. (C.48) und (C.49) an:

$$\begin{aligned}
&\langle L||l_1||L'\rangle \equiv \langle l_1 l_2 L||l_1||l'_1 l'_2 L'\rangle = \\
&\quad \delta_{l_2,l'_2}(-1)^{l_1+l_2+L'+1}\left[(2L'+1)(2L+1)\right]^{1/2} \times \left\{\begin{matrix} l_1 & L & l_2 \\ L' & l'_1 & 1 \end{matrix}\right\}\langle l_1||l_1||l'_1\rangle
\end{aligned} \tag{C.57}$$

$$\langle S||s_1||S'\rangle \equiv \langle s_1 s_2 S||s_1||s_1' s_2' S'\rangle = \qquad \text{(C.58)}$$
$$\delta_{s_2,s_2'}(-1)^{s_1+s_2+S'+1}\left[(2S'+1)(2S+1)\right]^{1/2} \times \left\{\begin{array}{ccc} s_1 & S & s_2 \\ S' & s_1' & 1 \end{array}\right\} \langle s_1||s_1||s_1'\rangle$$

$$\langle L||l_2||L'\rangle \equiv \langle l_1 l_2 L||l_2||l_1' l_2' L'\rangle = \qquad \text{(C.59)}$$
$$\delta_{l_1,l_1'}(-1)^{l_1+l_2'+L+1}\left[(2L'+1)(2L+1)\right]^{1/2} \times \left\{\begin{array}{ccc} l_2 & L & l_1 \\ L' & l_2' & 1 \end{array}\right\} \langle l_2||l_2||l_2'\rangle$$

$$\langle S||s_2||S'\rangle \equiv \langle s_1 s_2 S||s_2||s_1' s_2' S'\rangle = \qquad \text{(C.60)}$$
$$\delta_{s_1,s_1'}(-1)^{s_1+s_2'+S+1}\left[(2S'+1)(2S+1)\right]^{1/2} \times \left\{\begin{array}{ccc} s_2 & S & s_1 \\ S' & s_2' & 1 \end{array}\right\} \langle s_2||s_2||s_2'\rangle$$

Die reduzierten Matrixelemente in diesen Gleichungen haben wir bereits in den Gln. (C.22) und (C.23) entwickelt. Wir setzen sie ein, berücksichtigen, daß s_1, s_2, s_1' sowie s_2' gleich $\frac{1}{2}$ sind, und erhalten

$$\begin{aligned}
&\left\langle LSJM_J|\hat{H}_{SB}|L'S'J'M_J'\right\rangle = \\
&\quad \zeta_{nl}\delta_{J,J'}\delta_{M_J,M_J'}\delta_{l_1,l_1'}\delta_{l_2,l_2'}(-1)^{S+S'+J+l_1+l_2+1} \\
&\quad \times \left[(2L'+1)(2L+1)(2S'+1)(2S+1)(2l_1+1)l_1(l_1+1)(3/2)\right]^{1/2} \\
&\quad \times \left\{\begin{array}{ccc} L & S & J \\ S' & L' & 1 \end{array}\right\}\left\{\begin{array}{ccc} l_1 & L & l_2 \\ L' & l_1 & 1 \end{array}\right\}\left\{\begin{array}{ccc} \frac{1}{2} & S & \frac{1}{2} \\ S' & \frac{1}{2} & 1 \end{array}\right\} \\
&\quad + \zeta_{nl}\delta_{J,J'}\delta_{M_J,M_J'}\delta_{l_1,l_1'}\delta_{l_2,l_2'}(-1)^{2S+L+L'+J+l_1+l_2+1} \\
&\quad \times \left[(2L'+1)(2L+1)(2S'+1)(2S+1)(2l_2+1)l_2(l_2+1)(3/2)\right]^{1/2} \\
&\quad \times \left\{\begin{array}{ccc} L & S & J \\ S' & L' & 1 \end{array}\right\}\left\{\begin{array}{ccc} l_2 & L & l_1 \\ L' & l_2 & 1 \end{array}\right\}\left\{\begin{array}{ccc} \frac{1}{2} & S & \frac{1}{2} \\ S' & \frac{1}{2} & 1 \end{array}\right\} \qquad \text{(C.61)}
\end{aligned}$$

Anhand Gl. (C.61) sollen noch ein paar wichtige Resultate der Spin-Bahn-Wechselwirkung erwähnt werden.

1.) Die Matrixelemente des Operators $\hat{H}_{SB}$ sind aufgrund der Faktoren $\delta_{J,J'}$ und $\delta_{M_J,M_J'}$ nur dann nicht automatisch null, wenn die Zustände in J und M_J übereinstimmen.

2.) Die Spin-Bahn-Kopplung ist unabhängig von M_J; denn in Gl. (C.61) kommt kein von M_J abhängiger Faktor vor. Somit wird die $(2J+1)$-fache Entartung eines J-Multipletts durch die Spin-Bahn-Kopplung nicht aufgehoben.

3.) $\hat{H}_{SB}$ besteht aus Einelektronenoperatoren. Ein Matrixelement, das Zustände miteinander verknüpft, die sich in zwei Spinorbitalen unterscheiden, ist daher automatisch null. Entweder für das erste oder für das zweite Elektron müssen die Quantenzahlen in den miteinander verknüpften Zuständen dieselben sein.

4.) Das in den beiden Summanden jeweils an erster Stelle stehende 6-j-Symbol verschwindet, außer wenn folgende zwei Drehimpuls-Additions-Gleichungen erfüllt sind: $\boldsymbol{L}+\boldsymbol{1}=\boldsymbol{L}'$ und $\boldsymbol{S}+\boldsymbol{1}=\boldsymbol{S}'$ [199].

5.) Wenn $l_i = l_i' = 0$ ($i = 1$ oder 2), ist das Matrixelement null. Systeme mit s-Elektronen können daher keine Spin-Bahn-Kopplung aufweisen.

Zur Ermittlung der verschiedenen Termenergien $E(^{2S+1}L_J)$ muß i. a. eine Säkulargleichung für einen bestimmten J-Wert diagonalisiert werden (Beispiel: $^3H_4$ und $^3F_4$ des Pr^{3+}-Ions). Wenn jedoch die Aufspaltung durch die Spin-Bahn-Wechselwirkung klein ist gegenüber der Aufspaltung der Terme, die gleiches J haben, die LS-Kopplung also eine gute Näherung ist, so reicht eine Störungsrechnung bis zur 1. Ordnung aus, und zwar praktisch lediglich mit Diagonalelementen. Für Diagonalelemente $\langle LSJM|\hat{H}_{SB}|LSJM\rangle$ erhält man für das jeweils an erster Stelle in Gl. (C.61) stehende 6-j-Symbol

$$\begin{Bmatrix} L & S & J \\ S & L & 1 \end{Bmatrix} = (-1)^{S+L+J} \frac{J(J+1)-S(S+1)-L(L+1)}{2[S(S+1)(2S+1)L(L+1)(2L+1)]^{1/2}}. \tag{C.62}$$

Da für ein gegebenes Multiplett $^{2S+1}L_J$ die Werte für S und L fest liegen und ebenso die für s_1, s_2, l_1 und l_2, hängt das Diagonalelement nur von J ab, und zwar aufgrund des in Gl. (C.62) entwickelten 6-j-Symbols [7]. Die Spin-Bahn-Kopplungsenergie ist damit proportional dem Zähler des in Gl. (C.62) dargestellten Bruches. Der Proportionalitätsfaktor setzt sich aus den verbleibenden konstanten Termen der Gl. (C.61) zusammen. Im Spin-Bahn-Kopplungsoperator (C.55) können die auf die Einelektronenzustände bezogenen Spin- und Bahndrehimpulsoperatoren durch $\hat{\boldsymbol{L}}\cdot\hat{\boldsymbol{S}}$ ersetzt werden, wie wir für einen Spezialfall in den Gln. (3.153) und (3.154) sahen. Wir können daher schreiben:

$$\hat{H}_{SB} = \frac{\lambda_{LS}}{\hbar^2}\hat{\boldsymbol{L}}\cdot\hat{\boldsymbol{S}} = \frac{\lambda_{LS}}{2}\left[J(J+1)-S(S+1)-L(L+1)\right], \tag{C.63}$$

wobei λ_{LS} für alle J-Zustände des Terms ^{2S+1}L gleich ist [8]. Für die Energiedifferenz zwischen energetisch benachbarten Multipletts ergibt sich die sog. LANDÉ-Intervallregel:

$$E(^{2S+1}L_J) - E(^{2S+1}L_{J-1}) = \lambda_{LS} J. \tag{C.64}$$

[7] J kommt auch in den Phasenfaktoren der Gl. (C.61) vor. Bezieht man in ihnen auch den Phasenfaktor des von J abhängigen 6-j-Symbols mit ein (s. Gl. (C.62)), tritt in den Exponenten jeweils $2J$ auf. Da aufgrund des Zweielektronensystems J nur ganzzahlig sein kann, ist die Phase unabhängig von J.

[8] In Gl. (C.63) wurde die Integration über r schon durchgeführt, d. h., λ_{LS} enthält bereits die Radialintegrale.

Liegt die Elektronenkonfiguration $(nl)^2$ mit zwei äquivalenten Elektronen vor, haben die Diagonalelemente die Form

$$\left\langle (nl)^2\,{}^{2S+1}LJM_J \left| \hat{H}_{SB} \right| (nl)^2\,{}^{2S+1}LJM_J \right\rangle = \tag{C.65}$$

$$2\,\zeta_{nl}\,(-1)^{2S+J+1}(2L+1)(2S+1)[l(l+1)(2l+1)(3/2)]^{1/2}\times$$
$$\times \begin{Bmatrix} L & S & J \\ S & L & 1 \end{Bmatrix} \begin{Bmatrix} l & L & l \\ L & l & 1 \end{Bmatrix} \begin{Bmatrix} \frac{1}{2} & S & \frac{1}{2} \\ S & \frac{1}{2} & 1 \end{Bmatrix}. \tag{C.66}$$

Wir sehen, daß alle Aufspaltungen der J-Zustände eines Terms ${}^{2S+1}L$ allein durch den Spin-Bahn-Kopplungsparameter ζ_{nl} beschrieben werden. Dies gilt generell für Systeme $(nl)^N$ mit N äquivalenten Elektronen.

Beispiel C.9 *Spin-Bahn-Kopplung im System* $(np)^2$
Wir wenden Gl. (C.65) auf die Zustände ${}^3P_J$ mit $J = 2, 1, 0$ des p^2-Systems an. Im Falle ${}^3P_2$ lautet das Matrixelement:

$$\left\langle (n\mathrm{p})^2\,1\,1\,2\,M_J \left| \hat{H}_{SB} \right| (n\mathrm{p})^2\,1\,1\,2\,M_J \right\rangle =$$
$$-54\,\zeta_{np} \underbrace{\begin{Bmatrix} 1 & 1 & 2 \\ 1 & 1 & 1 \end{Bmatrix}}_{(1/6)} \underbrace{\begin{Bmatrix} 1 & 1 & 1 \\ 1 & 1 & 1 \end{Bmatrix}}_{(1/6)} \underbrace{\begin{Bmatrix} \frac{1}{2} & 1 & \frac{1}{2} \\ 1 & \frac{1}{2} & 1 \end{Bmatrix}}_{-(1/3)} = \frac{\zeta_{np}}{2}.$$

Die 6-j-Symbole wurden mit Hilfe der Gl. (C.62) berechnet [206] oder Tabellen entnommen [202], wobei gegebenenfalls Umformungen unter Ausnutzung der Symmetriebeziehungen Gl. (B.48) vorzunehmen waren. Für die Zustände ${}^3P_1$ und ${}^3P_0$ erhalten wir

$$\left\langle (n\mathrm{p})^2\,1\,1\,1\,M_J \left| \hat{H}_{SB} \right| (n\mathrm{p})^2\,1\,1\,1\,M_J \right\rangle = 54\,\zeta_{np} \underbrace{\begin{Bmatrix} 1 & 1 & 1 \\ 1 & 1 & 1 \end{Bmatrix}}_{(1/6)} \left(\frac{1}{6}\right)\left(-\frac{1}{3}\right) = -\frac{\zeta_{np}}{2}. \tag{C.67}$$

$$\left\langle (n\mathrm{p})^2\,1\,1\,0\,0 \left| \hat{H}_{SB} \right| (n\mathrm{p})^2\,1\,1\,0\,0 \right\rangle = -54\,\zeta_{np} \underbrace{\begin{Bmatrix} 1 & 1 & 0 \\ 1 & 1 & 1 \end{Bmatrix}}_{-(1/3)} \left(\frac{1}{6}\right)\left(-\frac{1}{3}\right) = -\zeta_{np}. \tag{C.68}$$

Die Energiedifferenzen zwischen den Multipletts ergeben sich im Einklang mit der LANDÉ-Intervallregel zu

$$\Delta E({}^3P_2 - {}^3P_1) = \zeta_{np} = 2\lambda_{LS} \qquad \Delta E({}^3P_1 - {}^3P_0) = \frac{\zeta_{np}}{2} = \lambda_{LS}, \tag{C.69}$$

wobei wir vom Zusammenhang $\lambda_{LS} = \pm\zeta_{nl}/2S$ zwischen ζ_{nl} und der Term-Spin-Bahn-Kopplungskonstanten des Grundterms λ_{LS} Gebrauch gemacht haben (s. Gl. (3.152)) [9]. *

[9] Da eine Elektronenkonfiguration vor der Halbbesetzung vorliegt, gilt das obere Vorzeichen.

Literaturverzeichnis

[1] P. W. SELWOOD, Magnetochemistry, 2nd ed., Interscience, New York 1956.

[2] R. L. CARLIN, Magnetochemistry: A Research Proposal, Coord. Chem. Rev. **79** (1987) 215 – 228.

[3] W. HABERDITZL, Magnetochemie, Akademie-Verlag, Berlin 1968.

[4] D. CRAIK, Magnetism – Principles and Applications, Wiley, Chichester 1995.

[5] E. GRIMSEHL, Lehrbuch der Physik, Band 2, Elektrizitätslehre, 21. Aufl., Teubner, Leipzig 1988.

[6] E. GRIMSEHL, Lehrbuch der Physik, Band 4, Struktur der Materie, 18. Aufl., Teubner, Leipzig 1990.

[7] E. GRIMSEHL, Lehrbuch der Physik, Band 1, Mechanik, Akustik, Wärmelehre, 27. Aufl., Teubner, Leipzig 1991.

[8] J. H. VAN VLECK, The Theory of Electric and Magnetic Susceptibilities, Oxford University Press, Oxford 1932.

[9] W. KLEMM, Magnetochemie, Akad. Verlagsges., Leipzig 1936.

[10] J. H. VAN VLECK, Quantum Mechanics — The Key to Understanding Magnetism, Rev. Modern Phys. **50** (1978) 181 - 189.

[11] LANDOLT-BÖRNSTEIN, Zahlenwerte und Funktionen aus Naturwissenschaften und Technik; Neue Serie, Gruppe II: Atom- und Molekularphysik, Bd. 2, Magnetische Eigenschaften der Koordinations- und metallorganischen Verbindungen der Übergangselemente, Springer, Berlin 1966.

[12] F. E. MABBS AND D. J. MACHIN, Magnetism and Transition Metal Complexes, Chapman and Hall, London, 1973.

[13] R. L. CARLIN, Magnetochemistry, Springer, Berlin 1986.

[14] W. HABERDITZL, Neues über Molekulardiamagnetismus, Angew. Chem. **78** (1966) 277 - 288.

[15] R. HAVEMANN, W. HABERDITZL, P. GRZEGORZEWSKI, Über den Diamagnetismus des Porphyrinsystems, Z. Phys. Chem. **217** (1961) 91 - 109.

[16] R. C. BENSON, W. H. FLYGARE, Molecular Zeeman Effect of Cyclopentadiene and Isoprene and Comparison of the Magnetic Susceptibility Anisotropies, J. Am. Chem. Soc. **26** (1970) 7523 - 7529.

[17] T. G. SCHMALZ, T. D. GIERKE, P. BEAK, W. H. FLYGARE, Magnetic Susceptibility, Electron Delocalization and Aromaticity, Tetrahedron Lett. **33** (1974) 2885 - 2888.

[18] R. B. MALLION, Some Comments on the Use of the Ring-Current Concept in Diagnosing and Defining Aromaticity, Pure Appl. Chem. **52** (1980) 1541 - 1548.

[19] P. W. Atkins, R. S. Friedman, Molecular Quantum Mechanics, 3rd ed., Oxford University Press, Oxford 1997.

[20] L. N. Mulay, E. A. Boudreaux (eds.), Theory and Applications of Molecular Diamagnetism, Wiley, New York 1976.

[21] R. F. W. Bader, P. L. A. Popelier, T. A. Keith, Die theoretische Definition einer funktionellen Gruppe und das Paradigma des Molekülorbitals, Angew. Chem. **106** (1994) 647 - 659.

[22] D. W. Davies, The Theory of Electric and Magnetic Properties of Molecules, Wiley, New York 1967.

[23] A. Weiss, H. Witte, Magnetochemie — Grundlagen und Anwendungen, Verlag Chemie, Weinheim 1973.

[24] H. Lueken, J. W. Buchler, K. L. Lay, Antiferromagnetische Wechselwirkungen in einigen μ–Oxoeisen(III)-Porphyrinen, Z. Naturforsch. B **31** (1976) 1596 - 1603.

[25] I. Morgenstern-Badarau, D. Cocco, A. Desideri, G. Rotilio, J. Jordanov, N. Dupré, Magnetic Susceptibility Studies of the Native Cupro-Zinc Superoxide Dismutase and its Cobalt-substituted Derivatives. Antiferromagnetic Coupling in the Imidazolate-bridged Copper(II)–Cobalt(II) Pair, J. Am. Chem. Soc. **108** (1986) 300 - 302.

[26] W. Klemm (a) Über den Diamagnetismus edelgasähnlicher Ionen, Z. Anorg. Allg. Chem. **244** (1940) 377 – 396; (b) Über Ionendiamagnetismus II, Z. Anorg. Allg. Chem. **246** (1941) 347 - 362.

[27] W. Buckel, Supraleitung, 5. Aufl., Verlag Chemie (VCH), Weinheim 1994.

[28] A. Schilling, M. Cantoni, J. D. Guo, H. R. Ott, Superconductivity above 130 K in the Hg–Ba–Ca–Cu–O-System, Nature **363** (1993) 56 - 58.

[29] J. F. Nye, Physical Properties of Crystals — Their Representation by Tensors and Matrices, Clarendon Press, Oxford 1985.

[30] B. I. Bleaney, B. Bleaney, Electricity and Magnetism, 3rd ed., Oxford University Press, Oxford 1994.

[31] P. W. Atkins, Physical Chemistry, 4th ed., Oxford University Press, Oxford 1990.

[32] J. I. Hoppeé, Effective Magnetic Moment, J. Chem. Educ. **49** (1972) 505.

[33] W. Kutzelnigg, Einführung in die Theoretische Chemie, Bd. 1: Quantenmechanische Grundlagen, Verlag Chemie, Weinheim 1975.

[34] W. Kutzelnigg, Einführung in die Theoretische Chemie, Bd. 2: Die chemische Bindung, Verlag Chemie, Weinheim 1978.

[35] I. N. Bronstein, K. A. Semendjajew, Taschenbuch der Mathematik, 24. Aufl., Verlag Harri Deutsch, Thun 1989.

[36] J. H. Van Vleck, $\chi = C/(T + \Delta)$, The Most Overworked Formula in the History of Paramagnetism, Physica **69** (1973) 177 - 192.

[37] B. N. Figgis, J. Lewis, The Magnetic Properties of Transition Metal Complexes, in F. A. Cotton (ed.), Prog. Inorg. Chem., Vol. 6 (1964) 37 - 239.

[38] P. CURIE, Propriétés Magnétiques des Corps à Diverses Températures, Ann. Chim. Phys, 7e Série, **5** (1895) 289 - 405.

[39] A. R. REHR, M. JANSEN, Kristallstruktur von Chlordioxid, Angew. Chem. **103** (1991) 1506 - 1508.

[40] G. HEGER, R. VIEBAHN-HÄNSLER, The Magnetic Structure of Na_2NiFeF_7, Solid State Commun. **11** (1972) 1119 - 1122.

[41] LANDOLT-BÖRNSTEIN, Zahlenwerte und Funktionen, 6. Aufl., Bd. II, Teil 9, Magnetische Eigenschaften I, Springer, Berlin 1962, S. 3–211 und 3–120.

[42] H. LUEKEN, Magnetische Suszeptibilität von destilliertem Lithium zwischen 294 und 3,7 K, Z. Naturforsch. A **33** (1978) 740 - 741.

[43] W. PAULI, Über Gasentartung und Paramagnetismus, Z. Phys. **41** (1927) 81 – 102.

[44] S. E. BARNES, Theory of Electron Spin Resonance of Magnetic Ions in Metals, Adv. Phys. **30** (1981) 801 - 938.

[45] E. VOGT, Physikalische Eigenschaften der Metalle, Band 1, Akad. Verlagsges., Leipzig 1958.

[46] J. RESKE, D. M. HERLACH, F. KEUSER, K. MAIER, D. PLATZECK, Evidence for the Existence of Long-Range Magnetic Ordering in a Liquid Undercooled Metal, Phys. Rev. Lett. **75** (1995) 737 - 739.

[47] G. URBAN, E. ÜBELACKER, The measurement of the magnetic susceptibility of some elements (Fe, Co, Ni, Ge, Sn, Te) in the liquid state, Adv. Phys. **16** (1967) 429 – 438.

[48] H. P. J. WIJN (ed.), Magnetic Properties of Metals (d-Elements, Alloys, Compounds), Data in Science and Technology, Springer, Berlin 1991.

[49] J. CRANGLE, Solid State Magnetism, Arnold, London 1991.

[50] R. A. ERICKSON, Neutron Diffraction Studies of Antiferromagnetism in Manganous Fluoride and Some Isomorphous Compounds, Phys. Rev. **90** (1953) 779 - 785.

[51] K. A. GSCHNEIDNER, JR., L. EYRING (eds.), Handbook on the Physics and Chemistry of Rare Earths, North-Holland Publishing Company, Amsterdam.

[52] P. WACHTER, Europium Chalcogenides: EuO, EuS, EuSe and EuTe, in [51], Vol. 2 (1979) 507 - 574.

[53] K.-H. HELLWEGE, Einführung in die Festkörperphysik, 3. Aufl., Springer, Berlin 1988.

[54] O. KAHN, Molecular Magnetism, Verlag Chemie (VCH), Weinheim 1993.

[55] L. J. DE JONGH, A. R. MIEDEMA, Experiments on Simple Magnetic Model Systems, Adv. Phys. **23** (1974) 1 - 260.

[56] R. D. WILLETT, D. GATTESCHI, O. KAHN, Magneto-Structural Correlations in Exchange Coupled Systems, NATO ASI Series, Vol. 140, Reidel, Dordrecht 1985.

[57] K. A. MCEWEN, Magnetic and Transport Properties of the Rare Earths, in [51], Vol. 1 (1978) 411 - 488.

[58] G. P. Felcher, J. W. Cable, M. K. Wilkinson, The Magnetic Moment Distribution in Cu_2MnAl, J. Phys. Chem. Solids **24** (1963) 1663 - 1665.

[59] J. S. Miller, A. J. Epstein, W. M. Reiff, Ferromagnetic Molecular Charge-Transfer Complexes, Chem. Rev. **88** (1988) 201 - 220.

[60] P. Weiss, L'Hypothèse du champs moléculaire et la propriété ferromagnétique, J. de Phys. **6** (1907) 661 - 690.

[61] N. Neumann, D. Seiger, H.-J. Schanz, G. Mohr, F. Ibrom, H. Lueken, Magnetische Suszeptibilität von Calcium, Strontium und Barium, J. Less-Common Met. **167** (1991) 345 - 352.

[62] E. P. Wohlfarth (ed., Vol. 1 - 3), E. P. Wohlfarth, K. H. W. Buschow (eds., Vol. 4, 5, ...) Ferromagnetic Materials, A Handbook on the Properties of Magnetic Ordered Substances, North-Holland Publishing Company, Amsterdam.

[63] J. A. Mydosh, G. J. Nieuwenhuys, Dilute Transition Metal Alloys; Spin Glasses, in [62], Vol. 1 (1980) 71 - 182.

[64] H. Maletta, W. Zinn, Spin Glasses, in [51], Vol. 12 (1989) 213 - 356.

[65] L. Néel, Propriétés magnétiques des ferrites, ferrimagnétisme et antiferromagnétisme, Ann. Phys. (Paris) **3** (1948) 137 - 198.

[66] E. U. Condon, G. H. Shortley, The Theory of Atomic Spectra, Cambridge University Press, Cambridge 1970.

[67] H. Lueken, W. Bronger, U. Löchner, Über die magnetischen Eigenschaften von $NdCl_2$ und $NdBr_2$, Rev. Chim. Miner. **13** (1976) 113 - 118.

[68] S. Hüfner, Optical Spectra of Transparent Rare Earth Compounds, Academic Press, New York 1978.

[69] A. J. Annila, K. N. Clausen, P.-A. Lindgård, O. V. Lounasmaa, A. S. Oja, K. Siemensmeyer, M. Steiner, J. T. Tuoriniemi, H. Weinfurter, Nuclear Order in Copper: New Type of Antiferromagnetism in an Ideal fcc System, Phys. Rev. Lett. **64** (1990) 1421 - 1424.

[70] W. Haberditzl, Quantenchemie, Band 4, Komplexverbindungen, Hüthig, Heidelberg 1979.

[71] P. G. De Gennes, Interactions indirectes entre couches 4f dans les métaux de terres rares, J. Phys. Radium **23** (1962) 510 - 521.

[72] J. M. Manriquez, G. T. Yee, R. S. Scott, A. J. Epstein, J. S. Miller, A room-temperature molecular/organic-based magnet, Science **252** (1991) 1415 - 1417.

[73] E. Kneller, Ferromagnetismus, Springer, Berlin 1962.

[74] D.-X. Chen, J. A. Brug, R. B. Goldfarb, Demagnetizing Factors for Cylinders, IEEE Trans. Magn. **27** (1991) 3601 - 3619.

[75] D. Gatteschi, O. Kahn, J. S. Miller (eds.), Magnetic Molecular Materials, NATO ASI Series E: Applied Sciences, Vol. 198, Kluwer, Dordrecht 1991.

[76] W. Heisenberg, Zur Theorie des Ferromagnetismus, Z. Phys. **49** (1928) 619 - 636.

[77] H. Zijlstra, Permanent Magnets; Theory, in [62], Vol. 3 (1982) 37 - 105.

[78] E. P. WOHLFARTH, Iron, Cobalt and Nickel, in [62], Vol. 1 (1980) 1 - 70.

[79] H. R. LEO, F. J. SIMMONS, Magnetic Susceptibility of Liquid Bi, In, Sn and Tl, J. Magn. Magn. Mat. **74** (1988) 87 - 90.

[80] S. LEGVOLD, Rare Earth Metals and Alloys, in [62], Vol. 1 (1980) 183 - 295.

[81] K. H. J. BUSCHOW, Rare Earth Compounds, in [62], Vol. 1 (1980) 297 - 414.

[82] J. G. BOOTH, Ferromagnetic Transition Metal intermetallic Compounds, in [62], Vol. 4 (1988) 211 - 308.

[83] J. B. GOODENOUGH, J. A. KAFALAS, High-Pressure Study of the First-Order Phase Transition in MnAs, Phys. Rev. **157** (1967) 389 - 395.

[84] W. J. TAKEI, D. E. COX, G. SHIRANE, Magnetic Structures in the MnSb–CrSb System, Phys. Rev. **129** (1963) 2008 - 2018.

[85] A. F. ANDRESEN, W. HÄLG, P. FISCHER, E. STOLL, The Magnetic and Crystallographic Properties of MnBi Studied by Neutron Diffraction, Acta Chem. Scand. **21** (1967) 1543 - 1554.

[86] U. KÖBLER, K. J. FISCHER, Effective Magnetic Moments of the Europium Monochalcogenides, Z. Phys. B **20** (1975) 391 - 397.

[87] W. TRZEBIATOWSKI, Actinide Elements and Compounds, in [62], Vol. 1 (1980) 415 - 449.

[88] R. KREMER, E. GMELIN, A. SIMON, Thermal and Magnetic Properties of $TbCl_3$, J. Magn. Magn. Mat. **69** (1987) 53 - 60.

[89] W. P. PEARSON, The Crystal Chemistry and Physics of Metals and Alloys, Wiley, New York 1972.

[90] P. DAY, Correlation of Structures and Properties of Ferromagnetic Tetrahalogenochromate(II) Salts, J. Magn. Magn. Mat. **54 - 57** (1986) 1442 - 1446.

[91] R. CHIARELLI, M. A. NOVAK, A. RASSAT, J. L. THOLENCE, A ferromagnetic transition at 1.48 K in an organic nitroxide, Nature **363** (1993) 147 - 149.

[92] G. BATE, Recording Materials, in [62], Vol. 2 (1980) 381 - 507.

[93] S. W. CHARLES, J. POPPLEWELL, Ferromagnetic Liquids, in [62], Vol. 2 (1980) 509 - 587.

[94] K. HANDRICH, S. KOBE, Amorphe Ferro- und Ferrimagnetika, Physik Verlag, Weinheim 1980.

[95] F. E. LUBORSKY, Amorphous Ferromagnets, in [62], Vol. 1 (1980) 451 - 529.

[96] R. A. MCCURRIE, The Structure and Properties of Alnico Permanent Magnet Alloys, in [62], Vol. 3 (1982) 107 - 188.

[97] G. Y. CHIN, J. H. WERNICK, Soft Magnetic Metallic Materials, in [62], Vol. 2 (1980) 55 - 188.

[98] K. H. J. BUSCHOW, Permanent Magnet Materials Based on 3d-rich Ternary Compounds, in [62], Vol. 4 (1988) 1 - 129.

[99] K. J. STRNAT, Rare Earth-Cobalt Permanent Magnets, in [62], Vol. 4 (1988) 131 - 209.

[100] G. E. BACON, Neutron Diffraction, 3rd edition, Clarendon Press, Oxford 1975; Neutron Scattering in Chemistry, Butterworths 1977.

[101] M. A. RUDERMAN, C. KITTEL, Indirect Coupling of Nuclear Magnetic Moments by Conduction Electrons, Phys. Rev. **96** (1954) 99 - 102.

[102] T. KASUYA, A Theory of Metallic Ferro- and Antiferromagnetism on Zener's Model, Prog. Theor. Phys. **16** (1956) 45 - 57.

[103] K. YOSHIDA, Magnetic Properties of Cu-Mn Alloys, Phys. Rev. **106** (1957) 893 - 898.

[104] H. HIBST, Magnetic Pigments for Recording Information, J. Magn. Magn. Mat. **74** (1988) 193 - 202.

[105] W. E. WALLACE, E. SEGAL, Rare Earth Intermetallics, Academic Press, New York 1973.

[106] M. WINTERBERGER, R. CHAMARD-BOIS, M. BELAKHOVSKY, J. PIERRE, Structure magnétique ordonné du composé DyCu, Phys. Status Solidi B **48** (1971) 705 - 709.

[107] R. J. RADWAŃSKI, The Rare Earth Contribution to the Magnetocrystalline Anisotropy in RCo_5 Intermetallics, J. Magn. Magn. Mat. **62** (1986) 120 - 126.

[108] W. BRONGER, P. MÜLLER, R. HÖPPNER, H.-U. SCHUSTER, Zur Charakterisierung der magnetischen Eigenschaften von NaMnP, NaMnAs, NaMnSb, NaMnBi, LiMnAs und KMnAs über Neutronenbeugungsexperimente, Z. Anorg. Allg. Chem. **539** (1986) 175 - 182.

[109] H. SHAKED, J. FABER, JR., R. L. HITTERMAN, Low-Temperature Magnetic Structure of MnO: A High-Resolution Neutron-Diffraction Study, Phys. Rev. B **38** (1988) 11901 - 11903.

[110] W. L. ROTH, The Magnetic Structure of Co_3O_4, J. Phys. Chem. Solids **25** (1964) 1 - 10.

[111] W. L. ROTH, Magnetic Structures of MnO, FeO, CoO, and NiO, Phys. Rev. **110** (1958) 1333 - 1341.

[112] M. M. SCHIEBER, Experimental Magnetochemistry (Nonmetallic Magnetic Materials), North-Holland, Amsterdam 1967.

[113] B. BOUCHER, R. BUHL, M. PERRIN, Structure magnétique du spinelle antiferromagnétique $ZnFe_2O_4$, Phys. Status Solidi **40** (1970) 171 - 182.

[114] F. K. LOTGERING, The Influence of Fe^{3+} Ions at the Tetrahedral Sites on the Magnetic Properties of $ZnFe_2O_4$, J. Phys. Chem. Solids **27** (1966) 139 - 145.

[115] E. STRYJEWSKI, N. GIORDANO, Metamagnetism, Adv. Phys. **26** (1977) 487 - 650.

[116] A. ITO, K. ONO, Magnetization of $FeCl_2$ Single Crystal, J. Phys. Soc. Jpn. **20** (1965) 784 - 785.

[117] M. K. WILKINSON, J. W. CABLE, E. O. WOLLAN, W. C. KOEBLER, Neutron Diffraction Investigations of the Magnetic Ordering in $FeBr_2$, $CoBr_2$, $FeCl_2$ and $CoCl_2$, Phys. Rev. **113** (1959) 497 - 507.

[118] M. A. GILLEO, Ferrimagnetic Isolatores: Garnets, in [62], Vol. 2 (1980) 1 - 53.

[119] A. H. COOKE, Paramagnetic Crystals in Use for Low Temperature Research, in C. J. GORTER (ed.), Prog. Low Temp. Phys., Vol. 1 (1955) 224.

[120] B. N. FIGGIS, M. GERLOCH, R. MASON, The Paramagnetic Anisotropies and Ligand Fields of the Tetrahedral Cobaltous Chlorides and Thiocyanates, Proc. Roy. Soc. A **279** (1964) 210 - 228.

[121] P. DOBRINSKI, G. KRAKAU, A. VOGEL, Physik für Ingenieure, 8. Aufl., Teubner, Stuttgart 1993.

[122] S. J. SWITHENBY, Magnetometry at Liquid Helium Temperatures, Contemp. Phys. **15** (1974) 249 - 267.

[123] H. LUEKEN, W. ROHNE, Messungen von magnetischen Kenngrößen nach der FARADAY-Methode mit einem Gold-Rhodium-Probenhalter im Temperaturbereich zwischen 4 K und 300 K, Z. Anorg. Allg. Chem. **418** (1975) 103 - 108.

[124] C. C. TANG, W. G. STIRLING, D. L. JONES, C. C. WILSON, P. W. HAYCOCK, A. J. ROLLASON, A. H. THOMAS, D. FORT, Magnetic X-ray and Neutron Scattering From Holmium and Terbium, J. Magn. Magn. Mat. **103** (1992) 86 - 96.

[125] R. M. MOON, R. M. NICKLOW, Neutron Scattering of Lanthanide Materials, J. Magn. Magn. Mat. **100** (1991) 139 - 150.

[126] D. GIBBS, Resonant X-ray Magnetic Scattering in Holmium, J. Magn. Magn. Mat. **104 - 107** (1992) 1489 - 1495.

[127] S. W. ZOCHOWSKI, K. A. MCEWEN, Magnetic Phase Diagram of Thulium, J. Magn. Magn. Mat. **104 - 107** (1992) 1515 - 1516.

[128] T. I. QUICKENDEN, R. C. MARSHALL, Magnetochemistry in SI Units, J. Chem. Educ. **49** (1972) 114 - 116.

[129] (a) CODATA: 1986 Recommended values of the fundamental physical constants. CODATA News Letters 38 (1986); (b) E. R. COHEN, B. N. TAYLOR, The 1986 Adjustment of the Fundamental Physical Constants, CODATA Bulletin 63 (1986).

[130] D. NELSON, L. W. TER HAAR, Single-Crystal Studies of the Zero-Field Splitting and Magnetic Exchange Interactions in the Magnetic Susceptibility Calibrant $HgCo(NCS)_4$, Inorg. Chem. **32** (1993) 182 - 188.

[131] S. FONER, Versatile and Sensitive Vibrating-Sample Magnetometer, Rev. Sci. Instrum. **30** (1959) 548 - 557.

[132] S. FONER, Review of Magnetometry, IEEE Trans. Magn. MAG–17 (1981) 3358.

[133] K. HONDA, Die thermomagnetischen Eigenschaften der Elemente, Ann. Phys. (Leipzig) **32** (1910) 1027 - 1063.

[134] F. KOHLRAUSCH, Praktische Physik, Bd. 2, 23. Aufl., Teubner, Stuttgart 1985.

[135] L. J. SWARTZENDRUBER, Properties, Units and Constants in Magnetism, J. Magn. Magn. Mat. **100** (1991) 573 - 575.

[136] K. JUG, Mathematik in der Chemie, 2. Aufl., Springer, Berlin 1993.

[137] W. HEITLER, Elementare Wellenmechanik, 2. Aufl., Vieweg, Braunschweig 1961.

[138] F. W. BYRON, R. W. FULLER, Mathematics of Classical and Quantum Physics, Vol. 1, Addison-Wesley, Reading (Massachusetts) 1969.

[139] H. L. SCHLÄFER, G. GLIEMANN, Einführung in die Ligandenfeldtheorie, Akad. Verlagsges., Frankfurt/Main 1967.

[140] R. McWeeny, B. T. Sutcliffe, Methods of Molecular Quantum Mechanics, Academic Press, London 1969.

[141] H. Eyring, J. Walter, G. E. Kimball, Quantum Chemistry, Wiley, New York 1967.

[142] R. McWeeny, Quantum Mechanics, Methods and Basic Applications, Pergamon Press, Oxford 1973.

[143] A. Messiah, Quantenmechanik, Band 1, 2., verbesserte Aufl., De Gruyter, Berlin 1991; Quantenmechanik Band 2, 3., verbesserte Aufl., De Gruyter, Berlin 1990.

[144] F. Schwabl, Quantenmechanik, Springer, Berlin 1993.

[145] L. D. Landau, E. M. Lifschitz, Lehrbuch der Theoretischen Physik, Band III, Quantenmechanik, 5. Aufl., Akademie-Verlag, Berlin 1974.

[146] H. R. Schwarz, Numerische Mathematik, Teubner, Stuttgart 1986.

[147] W. H. Press, S. A. Teukolsky, W. T. Vetterling, B. P. Flannery, Numerical Recipes in Fortran, 2. Aufl., Cambridge University Press, Cambridge 1992.

[148] R. Saito, M. Morita, Clebsch-Gordan Coefficients for $j_2 = 5/2$, Prog. Theor. Phys. [Kyoto] **13** (1955) 540 - 542.

[149] D. L. Falkoff, G. S. Colladay, R. E. Sells, Transformation Amplitudes for Vector Addition of Angular Momentum; $(j3mm'|j3JM)$, Can. J. Phys. **30** (1952) 253 - 256.

[150] C. J. Ballhausen, Ligand Field Theory, McGraw-Hill, New York 1962.

[151] H. A. Bethe, Termaufspaltung in Kristallen, Ann. Phys. **5** (1929) 133 - 208.

[152] A. Earnshaw, Introduction to Magnetochemistry, Academic Press, London 1968.

[153] A. Zumsteg, M. Ziegler, W. Känzig, M. Bösch, Magnetische und kalorische Eigenschaften von Alkali-Hyperoxid-Kristallen, Phys. Cond. Mat. **17** (1974) 267 - 291.

[154] H. Lueken, M. Deussen, M. Jansen, W. Hesse, W. Schnick, Zum magnetischen Verhalten der Alkalimetallozonide KO_3, RbO_3 und CsO_3, Z. Anorg. Allg. Chem. **553** (1987) 179 - 186.

[155] R. Sonntag, D. Hohlwein, T. Brückel, G. Collin, First observation of superstructure reflections by neutron diffraction due to oxygen ordering in $YBa_2Cu_3O_{6.35}$, Phys. Rev. Lett. **66** (1991) 1497.

[156] H. Maletta, E. Pörschke, T. Chattopadhyay, P. J. Brown, 2-D and 3-D magnetic ordering of Er in $ErBa_2Cu_3O_x$ ($6 \leq x \leq 7$), Physica C **166** (1990) 9 - 14.

[157] C. S. Barrett, L. Meyer, J. Wassermann, Antiferromagnetic and crystal structures of α-oxygen, J. Chem. Phys. **47** (1967) 592.

[158] E. Kanda, T. Haseda, A. Ôtsubo, Paramagnetic Susceptibility of Solid Oxygen, Science Reports Research Institute Tôhoku University A **7** (1955) 1 - 5.

[159] R. A. Alikhanov, I. L. Ilyina, L. S. Smirnov, Magnetic Form Factor of Molecular Oxygen, Phys. Status Solidi B **50** (1972) 385 - 392.

[160] F. DUNSTETTER, V. PLAKHTY, J. SCHWEIZER, Magnetic Correlations in γ-Oxygen: A Neutron Polarisation Study, J. Magn. Magn. Mat. **96** (1991) 282 - 290.

[161] R. LEMAIRE, Magnetische Eigenschaften intermetallischer Verbindungen des Kobalt mit seltenen Erdmetallen und Yttrium, Kobalt **32** (1966) 117 - 124.

[162] L. HUAI-SHAN, H. RUI-WANG, Magnetization Spin Reorientation and Crystalline Electric Field Coefficients of RCo_5 (R = Pr, Nd, Tb, Dy and Ho) Compounds, J. Magn. Magn. Mat. **117** (1992) 29 - 32.

[163] LANDOLT-BÖRNSTEIN, Zahlenwerte und Funktionen aus Naturwissenschaften und Technik; Neue Serie, Gruppe III, Band 4, Teil b, Magnetische und andere Eigenschaften von Oxiden und verwandten Verbindungen; Springer, Berlin 1970.

[164] J. P. BOUCHARD, Propriétés Magnétiques et Structurales des Carbonitrures de Manganèse et des Perowskites Mn_3GaC et Mn_3GaN, Ann. Chim. France **3** (1968) 81.

[165] D. JILES, Introduction to Magnetism and Magnetic Materials, Chapman and Hall, London 1991.

[166] H. KOJIMA, Fundamental Properties of Hexagonal Ferrites with Magnetoplumbite Structure, in [62], Vol. 3 (1982) 305 - 391.

[167] H. HIBST, Hexagonale Ferrite aus Schmelzen und wäßrigen Lösungen, Materialien für magnetische Aufzeichnungen, Angew. Chem. **94** (1982) 262 - 274.

[168] C. J. O'CONNOR, Magnetochemistry — Advances in Theory and Experimentation, in S. J. LIPPARD (ed.), Prog. Inorg. Chem., Vol. 29 (1982) 203 - 283.

[169] M. GERLOCH, J. H. HARDING, G. WOOLEY, The Context and Application of Ligand Field Theory, Struct. Bonding (Berlin) **46** (1981) 1 - 46.

[170] M. GERLOCH, Magnetism and ligand-field analysis, Cambridge University Press, Cambridge 1983.

[171] A. J. BRIDGEMAN, M. GERLOCH, The Interpretation of Ligand Field Parameters, in K. D. KARLIN (ed.), Prog. Inorg. Chem., Vol. 45 (1997) 179 - 281.

[172] W. M. REIFF, Magnetic Susceptibility Measurements: An Important Facet of Modern Solid-State Characterization, International Laboratory 1994, 28 - 34.

[173] M. GERLOCH, A Local View in Magnetochemistry, in S. J. LIPPARD (ed.), Prog. Inorg. Chem., Vol. 26 (1979) 1 - 43.

[174] C. BUTZLAFF, Magnetische Suszeptibilität an Übergangsmetallkomplexen, Dissertation Universität Hamburg 1993.

[175] C. BUTZLAFF, A. X. TRAUTWEIN, H. WINKLER, in J. F. RIORDAN, B. L. VALLEE (ed.), Methods in Enzymology Metallobiochemistry C. Academic Press, Vol. 227 (1993) 412.

[176] H. LUEKEN, K. HANDRICK, H. SCHILDER, J. W. BUCHLER, K.-L. LAY, Intramolecular Antiferromagnetism in μ-Oxo-bis[(5,15-dimethyl-2,3,7,8,12,13,17,18-octaethylporphyrinato)iron(III)], Z. Anorg. Allg. Chem. **622** (1996) 95 - 99.

[177] S. K. SINHA, Magnetic Structures and Inelastic Neutron Scattering: Metals, Alloys and Compounds, in [51], Vol. 1 (1978) 489 - 589.

[178] J. S. GRIFFITH, The Theory of Transition-Metal Ions, Cambridge University Press, Cambridge 1971.

[179] H. E. WHITE, Spectral Relations Between Certain Iso-Electronic Systems and Sequences. Part I; Ca I, Sc II, Ti III, V IV and Cr V, Phys. Rev. **33** (1929) 538 - 546.

[180] K. BETHGE, G. GRUBER, Physik der Atome und Moleküle, Verlag Chemie (VCH), Weinheim 1990.

[181] A. ABRAGAM, B. BLEANEY, Electron Paramagnetic Resonance of Transition Ions, Clarendon Press, Oxford 1970.

[182] R. M. GOLDING, Applied Wave Mechanics, Van Norstrand, London 1969.

[183] E. KÖNIG, S. KREMER, Complete Theory of Paramagnetism in Transition Metal Ions, II. The Octahedral and Tetrahedral d^5 Electron Configuration, Ber. Bunsenges. Phys. Chem. **78** (1974) 268 - 276.

[184] F. A. COTTON, Chemical Applications of Group Theory, 3rd ed., Wiley, New York 1990.

[185] S. F. A. KETTLE, Symmetrie und Struktur, Teubner, Stuttgart 1994.

[186] U. MÜLLER, Anorganische Strukturchemie, 3., überarbeitete und erweiterte Aufl., Teubner, Stuttgart 1996.

[187] T. HAHN (ed.), International Tables for Crystallography, Volume A, Space-Group Symmetry, 2nd ed., Kluwer Academic Publ., Dordrecht 1989.

[188] B. G. WYBOURNE, Spectroscopic Properties of Rare Earths, Wiley, New York 1965.

[189] H. MARGENAU, G. M. MURPHY, Die Mathematik für Physik und Chemie, Bd. 1, Verlag H. Deutsch, Frankfurt/Main 1965.

[190] B. R. JUDD, Operator Techniques in Atomic Spectroscopy, McGraw-Hill, New York 1963.

[191] K. W. H. STEVENS, Matrix Elements and Operator Equivalents Connected with the Magnetic Properties of Rare Earth Ions, Proc. Phys. Soc. A [London] **65** (1952) 209.

[192] G. RACAH, Theory of Complex Spectra.II, Phys. Rev. **62** (1942) 438 - 462.

[193] J. S. GRIFFITH, The Irreducible Tensor Method for Molecular Symmetry Groups, Prentice-Hall, New Jersey 1962.

[194] M. BOUTEN, On the Rotation Operators in Quantum Mechanics, Physica **42** (1969) 572 - 580.

[195] A. A. WOLF, Rotation Operators, Am. J. Phys. **37** (1969) 531 - 536.

[196] E. O. STEINBORN, K. RUEDENBERG, Rotation and Translation of Regular and Irregular Solid Spherical Harmonics, Adv. Quant. Chem. **7** (1973) 1 - 81.

[197] B. L. SILVER, Irreducible Tensor Methods, An Introduction for Chemists, Academic Press, New York 1976.

[198] R. MC WEENY, Symmetry, An Introduction to Group Theory and its Applications, Pergamon, Oxford 1963.

[199] R. N. ZARE, Angular Momentum, Understanding Spatial Aspects in Chemistry and Physics, Wiley, New York 1988.

[200] S. L. Altmann, Rotations, Quaternions, and Double Groups, Clarendon, Oxford 1986.

[201] E. Wigner, Gruppentheorie und ihre Anwendung auf die Quantenmechanik der Atomspektren, Vieweg, Braunschweig 1931.

[202] M. Rotenberg, R. Bivins, N. Metropolis, J. K. Wooten, Jr., The 3-j and 6-j Symbols, The Technology Press, MIT, Cambridge (Mass.) 1959.

[203] Landolt-Börnstein, Numerical Data and Functional Relationships in Science and Technology, Group I, Vol. 3, Numerical Tables for Angular Correlation Computations in α-, β-, and γ-Spectroscopy: $3j$, $6j$, $9j$ Symbols, F- and Γ-Coefficients, Springer, Berlin 1968.

[204] E. P. Wigner, Group Theory, Academic Press, New York 1959.

[205] C. Eckart, The Application of Group Theory to the Quantum Dynamics of Monatomic Systems, Rev. Mod. Phys. **2** (1930) 305.

[206] A. R. Edmonds, Angular Momentum in Quantum Mechanics, 3rd ed., Princeton University Press, Princeton 1974.

[207] M. Tinkham, Group Theory and Quantum Mechanics, McGraw-Hill, New York 1964.

[208] D. Smith, J. H. M. Thornley, The Use of Operator Equivalents, Proc. Phys. Soc. **89** (1966) 779 - 781.

[209] R. J. Birgeneau, Tables of Matrix Elements of Racah Operator Equivalents, Can. J. Phys. **45** (1967) 3761 - 3771.

[210] M. Hutchings, Point-Charge Calculations of Energy Levels of Magnetic Ions in Crystalline Electric Fields, Solid State Phys. **16** (1964) 227, Academic Press, New York.

[211] H. Watanabe, Operator Techniques in Ligand Field Theory, Prentice-Hall, London 1966.

[212] A. Freeman, R. E. Watson, Hyperfine Interactions in Magnetic Materials, in G. T. Rado, H. Suhl (eds.), Magnetism, Vol. IIA, Academic Press, New York 1965.

[213] U. Walter, Charge Distributions of Crystal Field States, Z. Phys. B - Cond. Mat. **62** (1986) 299 - 309.

[214] E. König, S. Kremer, Magnetism Diagrams for Transition Metal Ions, Plenum Press, New York 1979.

[215] A. J. Kassman, Relationship between the Coefficients of the Tensor Operator and Operator Equivalent Methods, J. Chem. Phys. **53** (1970) 4118 - 4119.

[216] K. R. Lea, M. J. M. Leask, W. P. Wolf, The Raising of Angular Momentum Degeneracy of f-Electron Terms by Cubic Crystal Fields, J. Phys. Chem. Solids **23** (1962) 1381 - 1405.

[217] A. Furrer (ed.), Crystal Field Effects in Metals and Alloys, Plenum, New York 1977.

[218] J. G. Sereni, Low-temperature Behaviour of Cerium Compounds (Specific Heat of Binary and Related Phases), in [51], Vol. 15 (1991) 1 - 59.

[219] W. MOFFITT, G. L. GOODMAN, M. FRED, B. WEINSTOCK, The Colours of Transition Metal Hexafluorides, Mol. Phys. **2** (1959) 109 - 122.

[220] B. N. FIGGIS, Ligand Field Theory, in G. WILKINSON, R. D. GIRARD, J. A. MC CLEVERTY (eds.), Comprehensive Coordination Chemistry, Vol. 1, Theory and Background, Pergamon. Oxford 1987, S. 213 - 279.

[221] L. H. GADE, Koordinationschemie, Wiley-VCH, Weinheim 1998.

[222] J. OWEN, The colours and magnetic properties of hydrated iron group salts, and evidence for covalent bonding, Proc. Roy. Soc. A **227** (1955) 183 - 200.

[223] T. M. DUNN, Covalency and the Iron Group of Complexes, J. Chem. Soc. (London) (1959) 623 - 627.

[224] K. W. H. STEVENS, On the Magnetic Properties of Covalent XY_6 Compounds, Proc. Roy. Soc. (London) A **219** (1954) 542 - 555.

[225] M. GERLOCH, J. R. MILLER, Covalence and the Orbital Reduction Factor, *k*, in Magnetochemistry, in S. J. LIPPARD (ed.), Prog. Inorg. Chem., Vol. 10 (1968) 1 - 47.

[226] S. L. ALTMANN, P. HERZIG, Point-Group Theory Tables, Clarendon Press, Oxford 1994.

[227] H. LUEKEN, M. MEIER, G. KLESSEN, W. BRONGER, J. FLEISCHHAUER, Magnetische Eigenschaften von $CePt_5$ zwischen 4,2 und 295 K, J. Less-Common Met. **63** (1979) P35 - P44.

[228] W. DE W. HORROCKS, JR., D. DE W. HALL, Paramagnetic Anisotropy, Coord. Chem. Rev. **6** (1971) 147 - 186.

[229] Y. TANABE, S. SUGANO, On the Absorption Spectra of Complex Ions. I + II, J. Phys. Soc. Jpn. **9** (1954) 753 - 779.

[230] 'CAMMAG', a FORTRAN program by D. A. CRUSE, J. E. DAVIES, J. H. HARDING, M. GERLOCH, D. J. MACKEY, R. F. MCMEEKING, s. [170].

[231] F. A. COTTON, Chemical Applications of Group Theory, 3rd ed., Wiley, New York 1990.

[232] H. SCHILDER, H. LUEKEN, Computerprogramm CONDON, unveröffentlicht.

[233] C. GÖRLLER-WALRAND, K. BINNEMANS, in [51], Vol. 23 (1969) 121 - 283.

[234] T. RUF, Hochtemperatursupraleitung — Grundlagenforschung und Anwendung, Phys. Unserer Zeit **29** (1998) 160 - 167.

[235] O. PETRACIC, C. BINEK, W. KLEEMANN, U. NEUHAUSEN, H. LUEKEN, Field-Induced Transverse Spin Ordering in $FeBr_2$, Phys. Rev. **B 57** (1998) R 11051 - 11053.

[236] M. J. REISFELD, G. A. CROSBY, Analysis of the absorption spectrum of cesium uranium(V) hexafluoride, Inorg. Chem. **4** (1965) 65 - 70.

[237] Y. HINATSU, T. FUJINO, N. EDELSTEIN, Magnetic susceptibility of $LiUO_3$, J. Solid State Chem. **99** (1992) 182 - 188.

[238] W. URLAND, (a) On the Ligand-Field Potential for f Electrons in the Angular Overlap Model, Chem. Phys. **14** (1976) 393 - 401; (b) The Application of the Angular Overlap Model in the Calculation of Paramagnetic Principal Susceptibilities for f^n-Electron Systems, Chem. Phys. Lett. **46** (1977) 457 - 460; (c) The

Interpretation of the Crystal Field Parameters for f^n-Electron Systems by the Angular Overlap Model. Rare-Earth Ions in $LaCl_3$, Chem. Phys. Lett. **53** (1978) 296 - 299.

[239] P. A. TANNER, V. V. RAVI KANTH KUMAR, C. K. JAYASANKAR, M. F. REID, Analysis of spectral data and comparative energy level parametrizations for Ln^{3+} in cubic elpasolite crystals, J. Alloys Comp. **215** (1994) 349 - 370.

[240] (a) W. URLAND, K. FELDNER, R. HOPPE, Über das magnetische Verhalten von Cs_2KPrF_6 und Cs_2RbPrF_6, Z. Anorg. Allg. Chem. **465** (1980) 7 - 14; (b) W. URLAND, „Magnetochemische Reihen" für Verbindungen der Lanthanoide, Angew. Chem. **93** (1981) 205 - 206.

[241] E. K. BYRNE, D. S. RICHESON, K. H. THEOPOLD, Tetrakis(1-norbornyl)-cobalt, a Low Spin Tetrahedral Complex of a First Row Transition Metal, J. Chem. Soc., Chem. Commun. **1986**, 1491.

[242] BERGMANN-SCHAEFER, Lehrbuch der Experimentalphysik, Band IV, Teil 1, Aufbau der Materie, 2. Aufl., de Gruyter, Berlin 1981.

[243] B. PIETZAK, M. WAIBLINGER, T. ALMEIDA-MURPHY, A. WEIDINGER, M. HÖHNE, E. DIETEL, A. HIRSCH, Buckminsterfullerene C_{60}: A Chemical Faraday Cage for Atomic Nitrogen, Chem. Phys. Lett. **279** (1997) 259 - 263.

[244] M. MAUSER, N. J. R. VAN EIKEMA, T. C. HOMMES, A. HIRSCH, B. PIETZAK, A. WEIDINGER, L. DUNSCH, Stabilization of Atomic Nitrogen inside C_{60}, Angew. Chem. **36**, Int. Ed. Engl., (1997) 2835 - 2838.

[245] P. GÜTLICH, Spin-Crossover in Fe(II) Complexes, Struct. Bonding (Berlin) **44** (1981) 83 - 195.

[246] P. GÜTLICH, A. HAUSER, Thermal and Light-Induced Spin-Crossover in Iron(II) Complexes, Coord. Chem. Rev. **97** (1990) 1 - 22.

[247] P. GÜTLICH, A. HAUSER, H. SPIERING, Thermisch und optisch schaltbare Eisen(II)-Komplexe, Angew. Chem. **106** (1994) 2109 - 2141.

[248] E. KÖNIG, Nature and Dynamics of the Spin-State Interconversion in Metal Complexes, Struct. Bonding (Berlin) **76** (1991) 51 - 152.

[249] P. GANGULI, P. GÜTLICH, E. W. MÜLLER, Effect of Metal Dilution on the Spin-Crossover Behavior in $[Fe_xM_{1-x}(phen)_2(NCS)_2]$ (M = Mn, Co, Ni, Zn), Inorg. Chem. **21** (1982) 3429 - 3433.

[250] E. KÖNIG, S. KREMER, Ligand Field Energy Diagrams, Plenum Press, New York 1977.

[251] G. HARRIS, (a) Spin-Mixed States of Ferric Ion in Complexes of Tetragonal Symmetry, Theor. Chim. Acta **10** (1968) 119 - 154; (b) Spin-Mixing and the Different Spin States of Ferric Ion in Tetragonal Symmetry, Theor. Chim. Acta **10** (1968) 155 - 180.

[252] H. IRVING, M. J. MELLOR, The Stability of Metal Complexes of 1,10-Phenanthroline and its Analogues. Part II. 2-Methyl- and 2,9-Dimethyl-phenanthroline, J. Chem. Soc. (1962) 5237 - 5245.

[253] E. KÖNIG, K. MADEJA, ${}^5T_2$–${}^1A_1$ Equilibria in Some Iron(II)–Bis(1,10-phenanthroline) Complexes, Inorg. Chem. **6** (1967) 48 - 55.

[254] H. KÖPPEN, E. W. MÜLLER, C. P. KÖHLER, H. SPIERING, E. MEISSNER, P. GÜTLICH, Unusual Spin-Transition Anomaly in the Crossover System [Fe(2-pic)$_3$]$Cl_2 \cdot$ EtOH, Chem. Phys. Lett. **91** (1982) 348 - 352.

[255] H. IMOTO, A. SIMON, Structural Study of the Spin-Crossover Transition in the Cluster Compounds Nb_6I_{11} and HNb_6I_{11}, Inorg. Chem. **21** (1982) 308 - 319.

[256] J. J. FINLEY, R. E. CAMLEY, E. E. VOGEL, V. ZEVIN, E. GMELIN, Spin-Crossover Transition in the Cluster Compounds Nb_6I_{11} and HNb_6I_{11}, Phys. Rev. B **24** (1981) 1323 - 1332.

[257] M. KOTANI, (a) On the Magnetic Moment of Complex Ions. (I), J. Phys. Soc. Japan **4** (1949) 293 - 297; (b) Properties of d Electrons in Complex Salts. Part I (Paramagnetism of Complex Salts), Prog. Theor. Phys., Suppl. **14** (1960) 1 - 16.

[258] A. SCHRÖDER, R. VAN DEN BERG, H. VON LÖHNEYSEN, H. LUEKEN, Magnetic ordering of $CePt_5$, Solid State Commun. **65** (1988) 99 - 101.

[259] L. G. VANQUICKENBORNE, A. CEULEMANS, M. HENDRICKX, K. PIERLOOT, Recent theoretical developments in photochemistry, Coord. Chem. Rev. **111** (1991) 175 - 192.

[260] R. J. BOYD, A quantum mechanical explanation for HUND's multiplicity rule, Nature **310** (1984) 480 - 481.

[261] L. G. VANQUICKENBORNE, L. HASPESLAGH, On the meaning of spin-pairing energy in transition metal ions, Inorg. Chem. **21** (1981) 2448 - 2454.

[262] E. A. BOUDREAUX, L. N. MULAY (eds.), Theory and applications of molecular paramagnetism, Wiley, New York 1976.

[263] B. N. FIGGIS, M. GERLOCH, R. MASON, A Least-Squares Refinement of the Crystal Structure of Tricaesium Pentachlorocobalt, Cs_3CoCl_5, Acta Crystallogr. **17** (1964) 506 - 508.

[264] U. NEUHAUSEN, Single-Crystal SQUID-Magnetometry and Magnetic Properties of Organometallic Ytterbium and Erbium Compounds, Dissertation Technische Hochschule Aachen 1999.

[265] N. PELLETIER-ALLARD, Crystal Field Parameters of Double Chlorides of Cobalt and Cesium, C. R. Acad. Sci. **260** (1965) 2170 - 2173.

[266] J. P. JESSON, Analysis of the Paramagnetic Resonance and Optical Spectra of $d^{3,7}$ Ions in Tetragonal Crystal Fields. I. Orbitally Nondegenerate Ground States, J. Chem. Phys. **48** (1967) 161 - 168.

[267] D. M. HALEPOTO, D. G. L. HOLT, L. F. LARKWORTHY, G. J. LEIGH, D. C. POVEY, G. W. SMITH, Spin Crossover in Chromium(II) Complexes and the Crystal and Molecular Structure of the High Spin Form of Bis[1,2-bis(diethylphosphino)ethane]di-iodochromium(II), J. Chem. Soc., Chem. Commun. **1989** 1322 - 1323.

[268] E. KÖNIG, S. KREMER, Complete Theory of Paramagnetism in Transition Metal Ions II. The Octahedral and Tetrahedral d^5 Electron Configuration, Ber. Bunsenges. Phys. Chem. **78** (1974) 268 - 276.

[269] E. KÖNIG, S. KREMER, Complete Theory of Paramagnetism in Transition Metal Ions I. The Octahedral and Tetrahedral d^4 and d^6 Electron Configurations, Ber. Bunsenges. Phys. Chem. **76** (1972) 870 - 882.

[270] E. König, S. Kremer, Complete Theory of Paramagnetism in Transition Metal Ions III. The Octahedral and Tetrahedral d^3 and d^7 Electron Configurations, Ber. Bunsenges. Phys. Chem. **78** (1974) 786 - 794.

[271] E. König, S. Kremer, Complete Theory of Paramagnetism in Transition Metal Ions IV. The d^2 and d^8 Electron Configurations in Cubic (O_h and T_d), Tetragonal (D_{4h}), and Trigonal (D_{3d}) Symmetry, Ber. Bunsenges. Phys. Chem. **79** (1975) 192 - 202.

[272] P. J. Hay, J. C. Thibeault, R. Hoffmann, Orbital Interactions in Metal Dimer Complexes, J. Am. Chem. Soc. **97** (1975) 4884 - 4899.

[273] (a) P. de Loth, P. Cassoux, J. P. Daudey, J. P. Malrieu, Ab Initio Direct Calculations of the Singlet-Triplet Separation in Cupric Acetate Hydrate Dimer, J. Am. Chem. Soc. **103** (1981) 4007 - 4016; (b) P. de Loth, J.-P. Daudey, H. Astheimer, L. Walz, W. Haase, Direct Theoretical Ab Initio Calculations in Exchange Coupled Copper(II) Dimers: Influence of the Choice of the Atomic Basis Set on the Singlet-Triplet Splitting in Modeled and Real Copper Dimers, J. Chem. Phys. **82** (1985) 5048 - 5052.

[274] A. H. Morrish, The Physical Principles of Magnetism, Wiley, New York 1965.

[275] W. Kläui, W. Eberspach, P. Gütlich, Spin-Crossover Cobalt(III) Complexes, Steric and Electronic Control of Spin State, Inorg. Chem. **26** (1987) 3977 - 3982.

[276] A. G. M. Jansen, J. Lejay, H. Wiegelmann, P. Wyder, W. Bronger, Equilibrium Between Dia- and Paramagnetism in a Magnetic Field, Z. Phys. Chem. **182** (1993) 1 - 8.

[277] W. Nolting, Quantentheorie des Magnetismus, Bd. 1 und 2, Teubner, Stuttgart 1986.

[278] H.-F. Klein, L. Fabry, H. Witty, U. Schubert, H. Lueken, U. Stamm, Antiferromagnetic Coupling of Cobalt (d^9) Centers Mediated by the Norbornadiene π Systems, Inorg. Chem. **24** (1985) 683 - 688.

[279] F. Tinti, M. Verdaguer, O. Kahn, J.-M. Savariault, Interaction between Copper(II) Ions Separated by 7.6 Å. Crystal Structure and Magnetic Properties of (μ-Iodanilato)bis[(N, N, N', N'-tetramethylethylenediamine)-copper(II)]Diperchlorate, Inorg. Chem. **26** (1987) 2380 - 2384.

[280] E. Coronado, P. Delhaès, D. Gatteschi, J. S. Miller (eds.), Molecular Magnetism: From Molecular Assemblies to the Devices, NATO ASI Studies, Series E: Applied Sciences, Vol. 321, Kluwer Academic Publishers, Doordrecht 1996.

[281] O. Kahn, Zweikernkomplexe mit vorhersagbaren magnetischen Eigenschaften, Angew. Chem. **97** (1985) 837 - 853.

[282] B. Bleaney, K. D. Bowers, Anomalous Paramagnetism of Copper Acetate, Proc. Roy. Soc. (London), **A 214** (1952) 451 - 465.

[283] J. H. Van Vleck, Spin, the Great Indicator of Valence Behaviour, Pure Appl. Chem. **24** (1970) 235 - 255.

[284] A. P. GINSBERG, Magnetic Exchange in Transition Metal Complexes VI: Aspects of Exchange Coupling in Magnetic Cluster Complexes, Inorg. Chim. Acta Rev. **5** (1971) 45 - 68.

[285] S. CHIKAZUMI, Physics of Ferromagnetism, 2nd ed., Clarendon Press, Oxford 1997.

[286] J. S. SMART, Effective Field Theories of Magnetism, Saunders, Philadelphia 1966.

[287] P. J. BROWN, Magnetic Structure, Physica B **137** (1986) 31 - 42.

[288] J. S. SMART, Evaluation of Exchange Interactions from Experimental Data, in G. T. RADO, H. SUHL (eds.), Magnetism Vol. III, Academic Press, New York 1963, S. 63 - 114.

[289] J. H. VAN VLECK, On the Theory of Antiferromagnetism, J. Chem. Phys. **9** (1941) 85 - 90.

[290] J. H. VAN VLECK, Recent Developments in the Theory of Antiferromagnetism, J. Phys. Radium **12** (1951) 262 - 274.

[291] M. M. SCHIEBER, Experimental Magnetochemistry (Nonmetallic Magnetic Materials), North-Holland, Amsterdam 1967.

[292] E. P. WOHLFARTH, Ferromagnetism and Exchange in Metals, in S. KRUPICKA, J. STERNBERK (eds.), Elements of Theoretical Magnetism, ILIFFE Books, London 1968, S. 109 - 135.

[293] (a) E. C. STONER, Collective electron ferromagnetism, Proc. Roy. Soc. **165** (1938) 372 - 414; (b) E. C. STONER, Collective electron ferromagnetism. II. Energy and specific heat, Proc. Roy. Soc. **169** (1939) 339 - 371; (c) E. C. STONER, Ferromagnetism, Rep. Prog. Phys. **11** (1946 - 1947) 43 - 112.

[294] H. IBACH, H. LÜTH, Festkörperphysik, Einführung in die Grundlagen, 4. Auflage, Springer, Berlin 1995.

[295] D. H. MARTIN, Magnetism in Solids, ILIFFE Books Ltd., London 1967.

[296] P. W. ANDERSON, (a) Exchange in Isolators: Superexchange, Direct Exchange, and Double Exchange, in G. T. RADO, H. SUHL (eds.), Magnetism, Vol. 1, Academic Press, New York 1963, S. 25 - 83; (b) Theory of Magnetic Exchange Interactions: Exchange in Isolators and Semiconductors, in F. SEITZ, D. TURNBULL (eds.), Solid State Physics, Vol. 14, Academic Press, New York 1963, S. 99 - 214.

[297] J. KANAMORI, Superexchange Interaction and Symmetry Property of Electronic Orbitals, J. Phys. Chem. Solids **10** (1959) 87 - 98.

[298] P. A. M. DIRAC, (a) Proc. Roy. Soc. **112A** (1926) 661; (b) Quantum Mechanics of Many-Electron Systems, Proc. Roy. Soc. **A 123** (1929) 714 - 733.

[299] J. B. GOODENOUGH, Magnetism and the Chemical Bond, Wiley, New York 1963.

[300] (a) M. Y. OGAWA, J. MARTINSEN, S. M. PALMER, J. L. STANTON, J. TANAKA, R. L. GREENE, B. M. HOFFMAN, J. A. IBERS, Cu(pc)I: A Molecular Metal with a One-dimensional Array of Local Moments Embedded in a "Fermi Sea" of Charge Carriers, J. Am. Chem. Soc. **109** (1987) 1115 - 1121; (b)

M. Y. OGAWA, S. M. PALMER, K. LIOU, G. QUIRION, J. THOMPSON, M. POIRIER, B. M. HOFFMAN, Phys. Rev. **B 39** (1989) 10682.

[301] G. A. LANDRUM, R. DRONSKOWSKI, Ferromagnetismus in Übergangsmetallen aus Sicht der chemischen Bindung, Angew. Chem. **111** (1999) 1482 - 1485.

[302] G. KRIER, O. JEPSEN, A. BURKHARDT, O. K. ANDERSEN, The TB-LMTO-ASA program, version 4.7.

[303] R. HOFFMANN, Solids and Surfaces: A Chemist's View of Bonding in Extended Structures, Verlag Chemie (VCH), Weinheim 1988.

[304] R. DRONSKOWSKI, P. E. BLÖCHL, Crystal Orbital Hamilton Population (COHP). Energy-Resolved Visualization of Chemical Bonding in Solids Based on Density-Functional Calculations, J. Chem. Phys. **97** (1993) 8617 - 8624.

[305] P. A. COX, The Electronic Structure and Chemistry of Solids, Oxford University Press, Oxford 1987.

[306] J. A. DUFFY, Bonding, Energy Levels, and Bands in Inorganic Solids, Longman Scientific & Technical, New York 1990.

[307] H. A. KRAMERS, L'interaction entre les atomes magnétogènes dans un cristal paramagnétique, Physica **1** (1934) 182 - 192.

[308] R. MCWEENY, B. T. SUTCLIFFE, Methods of Molecular Quantum Mechanics, Academic Press, London 1969.

[309] R. L. MARTIN, Metal-metal interactions in paramagnetic clusters, in E. A. V. EBSWORTH, A. G. MADDOCK, A. G. SHARPE (eds.), New pathways in inorganic chemistry, Cambridge University Press, London 1968, S. 175 - 231.

[310] L. PAULING, E. B. WILSON, Introduction to Quantum Mechanics, McGraw-Hill, New York 1935.

[311] P. O. LÖWDIN, On the Non-Orthogonality Problem Connected with the Use of Atomic Wave Functions in the Theory of Molecules and Crystals, J. Chem. Phys. **18** (1950) 365 - 375.

[312] W. H. CRAWFORD, H. W. RICHARDSON, J. R. WASSON, D. J. HODGSON, W. E. HATFIELD, Relationship between the Singlet-Triplet Splitting and the Cu–O–Cu Bridge Angle in Hydroxo-Bridged Copper Dimers, Inorg. Chem. **15** (1976) 2107 - 2110.

[313] W. PLASS, Design magnetischer Materialien: Chemie der Magnete, Chem. Unserer Zeit **32** (1998) 323 - 333.

[314] G. H. JONKER, J. H. VAN SANTEN, (a) Ferromagnetic Compounds of Manganese with Perovskite Structure, Physica **16** (1950) 337; (b) Magnetic Compounds with Perovskite Structure III. Ferromagnetic Compounds of Cobalt, Physica **19** (1953) 120.

[315] C. ZENER, Interaction between the d-Shells in the Transition Metals. II. Ferromagnetic Compounds of Manganese with Perovskite Structure, Phys. Rev. **82** (1951) 403 - 405.

[316] P. W. ANDERSON, H. HASEGAWA, Considerations on Double Exchange, Phys. Rev. **100** (1955) 675 - 681.

[317] M. D. WARD, Metal-Metal Interactions in Binuclear Complexes Exhibiting Mixed Valency: Molecular Wires and Switches, Chem. Soc. Rev. (1995) 121 - 134.

[318] (a) D. GATTESCHI, C. MEALLI, L. SACCONI, A Binuclear Complex of 1.5 Valent Nickel, J. Am. Chem. Soc. **95** (1973) 2736 - 2738; (b) L. SACCONI, C. MEALLI, D. GATTESCHI, Synthesis and Characterization of 1,8-Naphthyridine Complexes of 1.5-Valent Nickel, Inorg. Chem. **13** (1974) 1985 - 1991; (c) A. BENCINI, D. GATTESCHI, L. SACCONI, Electron Spin Resonance Investigation of the Mixed-Valence Dinuclear Tetra(μ-1,8-naphthyridine-N,N')-bis(bromonickel) Tetraphenylborate Complex, Inorg. Chem. **17** (1978) 2670 - 2672.

[319] A. X. TRAUTWEIN, E. BILL, E. L. BORMINAAR, H. WINKLER, Iron-Containing Proteins and Related Analogs — Complementary Mössbauer, EPR and Magnetic Susceptibility Studies, Struct. Bonding (Berlin) **78** (1991) 1 - 95.

[320] I. B. BERSUKER, S. A. BORSHICH, Vibronic Interactions in Polynuclear Mixed-Valence Clusters, Adv. Chem. Phys. **LXXXI** (1992) 703 - 782.

[321] M. B. ROBIN, P. DAY, Mixed valence chemistry — a survey and classification, Adv. Inorg. Chem. Radiochem. **10** (1967) 247 - 422.

[322] C. CREUTZ, Mixed-Valence Complexes of d^5-d^6 Metal Centers, in S. J. LIPPARD (ed.), Prog. Inorg. Chem., Vol. 30 (1983) 1 - 73.

[323] J.-J. GIRERD, Electron Transfer between Magnetic Ions in Mixed Valence Binuclear Systems, J. Chem. Phys. **79** (1983) 1766 - 1775.

[324] V. PAPAEFTHYMIOU, J.-J. GIRERD, I. MOURA, J. J. G. MOURA, E. MÜNCK, Mössbauer Study of Dinuclear *D. gigas* Ferredoxin II and Spin-Coupling Model for the Fe_3S_4 Cluster with Valence Delocalization, J. Am. Chem. Soc. **109** (1987) 4703 - 4710.

[325] G. BLONDIN, J.-J. GIRERD, Interplay of Electron Exchange and Electron Transfer in Metal Polynuclear Complexes in Proteins or Chemical Models, Chem. Rev. **90** (1990) 1359 - 1376.

[326] D. B. BROWN (ed.), Mixed Valence Compounds, Reidel, Dordrecht 1980.

[327] B. S. TSUKERBLAT, A. V. PALII, H. M. KISHINEVSKY, V. YA. GAMURAR, A. S. BERENGOLTS, Magnetic Moments of the Dimeric Multielectronic Mixed Valence Clusters in the Dynamic Model of Intermediate Vibronic Coupling, Mol. Phys. **76** (1992) 1103 - 1117.

[328] J. J. BORRAS-ALMENAR, E. CORONADO, B. S. TSUKERBLAT, R. GEORGES, Localization vs. Delocalization in Molecules and Clusters: Electronic and Vibronic Interactions in Mixed Valence Systems, in [280], S. 105 - 139.

[329] J. H. VAN VLECK, Note on the Use of the Dirac Vector Model in Magnetic Materials, Revista de Mathemática y Fisica Téorica, Universidad National de Tucumán **14** (1962) 189 - 196.

[330] (a) J. H. VAN VLECK, N. L. HUANG, Isotropic Coupling Caused by Anisotropic Exchange in Eu_2O_3, Société française de physique (Paris), Polarisation, matière et rayonnement, Vol. jubiliaire d'honneur d'Alfred Kastler, Paris (1969) 507 - 521; (b) N. L. HUANG, J. H. VAN VLECK, Effect of Anisotropic Exchange and the Crystalline Field on the Magnetic Susceptibility of Eu_2O_3, J. Appl. Phys. **40** (1969) 1144 - 1146.

[331] F. HARTMANN-BOUTRON, Interactions de superéchange en présence de dégénération orbitale et de couplage spin-orbite, J. de Phys. **29** (1968) 212 - 214.

[332] P. M. LEVY, (a) Anisotropy in Two-Center Exchange Interactions, Phys. Rev. **177** (1969) 509 - 525; (b) Exchange, in D. J. CRAIK (ed.), Magnetic Oxides, Part 1, Wiley, New York 1975, S. 181 - 232; (c) G. M. COPLAND, P. M. LEVY, Direct Exchange between d Electrons, Phys. Rev. B **1** (1970) 3043 - 3050.

[333] K. J. BIRGENEAU, M. T. HUTCHINGS, J. M. BAKER, J. D. RILEY, High-Degree Electrostatic and Exchange Interactions in Rare-Earth Compounds, J. Appl. Phys. **40** (1969) 1070 - 1079.

[334] W. P. WOLF, Anisotropic interactions between magnetic ions, J. de Phys., Colloque C1 **32** (1971) C1-26–C1-33.

[335] A. M. LEUSHIN, M. V. ERËMIN, Anisotropy of Exchange Interaction, Sov. Phys. JETP **42** (1975) 1113 - 1117.

[336] M. E. LINES, Orbital Angular Momentum in the Theory of Paramagnetic Clusters, J. Chem. Phys. **55** (1971) 2977 - 2984.

[337] H. LUEKEN, P. HANNIBAL, K. HANDRICK, Exchange Interactions in Lanthanide Binuclear Compounds. The Cubic Isotropic Case, Chem. Phys. **143** (1990) 151 - 161.

[338] E. ISING, Beitrag zur Theorie des Ferromagnetismus, Z. Phys. **31** (1925) 253 - 258.

[339] K. W. MESS, E. LAGENDIJK, D. A. CURTIS, W. J. HUISKAMP, Magnetic Properties and Spin-Lattice Relaxation of $CoCs_3Cl_5$ and $CoCs_3Br_5$, Physica **34** (1967) 126 - 148.

[340] R. F. WIELINGA, H. W. J. BLÖTE, J. A. ROEST, W. J. HUISKAMP, Specific Heat Singularities of the Ising Antiferromagnets $CoCs_3Cl_5$ and $CoCs_3Br_5$, Physica **34** (1967) 223 - 240.

[341] W. E. ESTES, D. P. GAVEL, W. E. HATFIELD, D. HODGSON, Magnetic and Structural Characterization of Dibromo- and Dichlorobis(thiazole)copper(II), Inorg. Chem. **17** (1978) 1415 - 1421.

[342] H. IKEDA, I. KIMURA, N. URYÛ, Biquadratic Exchange Interactions in Chromium Binuclear Complex Compounds, J. Chem. Phys. **48** (1968) 4800.

[343] D. J. HODGSON, The Structural and Magnetic Properties of First-Row Transition-Metal Dimers containing Hydroxo, Substituted Hydroxo, and Halogen Bridges, Prog. Inorg. Chem., Vol. 19 (1975) 173 - 241.

[344] J. M. CLEMENTE, A. V. PALII, B. S. TSUKERBLAT, R. GEORGES, Exchange Interactions II: Spin Hamiltonians, in [280], S. 85 - 104.

[345] N. D. MERMIN, H. WAGNER, Absence of Ferromagnetism or Antiferromagnetism in One- or Two-Dimensional Isotropic Heisenberg Models, Phys. Rev. Lett. **17** (1966) 1133 - 1136.

[346] J. C. BONNER, M. E. FISHER, Linear Magnetic Chains with Anisotropic Coupling, Phys. Rev. **A 135** (1964) 640 - 658.

[347] A. Michalowicz, J. J. Girerd, J. Goulon, EXAFS Determination of the Copper Oxalate Structure. Relation between Structure and Magnetic Properties, Inorg. Chem. **18** (1979) 3004 - 3010; J. J. Girerd, O. Kahn, M. Verdaguer, Orbital Reversal in (Oxalato)copper(II) Linear Chains, Inorg. Chem. **19** (1980) 274 - 276.

[348] (a) R. D. Willett, C. P. Landee, R. M. Gaura, D. D. Swank, H. A. Groenendijk, A. J. van Duynevelt, J. Magn. Magn. Mat. **15 - 18** (1980) 1055; (b) R. D. Willett, R. M. Gaura, C. P. Landee, in J. S. Miller (ed.), Extended Linear Chain Compounds, Vol. 3, Plenum, New York 1983.

[349] H. A. Groenendijk, A. J. van Duynevelt, H. W. J. Blöte, R. M. Gaura, R. D. Willett, C. P. Landel, Crystal Structure and Magnetic Properties of Cyclohexylammonium Trichlorocuprate(II): A Quasi 1 D Heisenberg $S = \frac{1}{2}$ Ferromagnet, Physica B **106** (1981) 47.

[350] U. Koelle, H. Lueken, K. Handrick, H. Schilder, J. Burdett, S. Balleza, Magnetism and Electronic Structure of the (Pentamethylcyclopentadienyl)dichlororuthenium Dimers, Inorg. Chem. **34** (1995) 6273 - 6278.

[351] M. Hase, I. Terasaki, Y. Sasago, K. Uchinokura, Effects of Substitution of Zn for Cu in the Spin-Peierls Cuprate, $CuGeO_3$: The Suppression of the Spin-Peierls Transition and the Occurrence of a New Spin-Glass State, Phys. Rev. Lett. **71** (1993) 4059.

[352] M. Weiden, Der Spin-Peierls-Zustand, Physik in unserer Zeit **30** (1999) 6 - 11. (Hinweis: Vorzeichenwahl bei $\hat{H}_{ex}$ und $\mathcal{J}$ nicht konsistent.)

[353] M. E. Fisher, Magnetism in One-Dimensional Systems — The Heisenberg Model for Infinite Spins, Am. J. Phys. **32** (1964) 343 - 346.

[354] G. R. Wagner, S. A. Friedberg, Linear Chain Antiferromagnetism in $Mn(HCOO)_2 \cdot 2\,H_2O$, Phys. Lett. **9** (1964) 11 - 13.

[355] C. O'Connor, Magnetochemistry — Advances in Theory and Experimentation, in S. J. Lippard (Hrg.), Prog. Inorg. Chem., Vol. 29 (1982) 203 - 283 (Table XII).

[356] O. Kahn, Magnetism of the Heteropolymetallic Systems, Struct. Bonding (Berlin) **68** (1987) 89 - 167.

[357] W. Opechowski, On the Exchange Interaction in Magnetic Crystals, Physica **4** (1937) 181 - 199.

[358] G. S. Rushbrooke, P. J. Wood, On the Curie Points and High Temperature Susceptibilities of Heisenberg Model Ferromagnetics, Mol. Phys. **1** (1958) 257 - 283.

[359] P. J. Wojtowicz, High-Temperature Susceptibility of Heisenberg Ferromagnets Having First- and Second-Neighbor Interactions, Phys. Rev. A **135** (1964) 1314 - 1320.

[360] Th. Eifert, Die Hochtemperatur-Entwicklung des Heisenberg-Operators magnetisch konzentrierter Systeme in vollständiger Computerrealisierung, Dissertation Technische Hochschule Aachen 1999.

[361] K. HANDRICK, Modelle zur Beschreibung magnetischer Wechselwirkungen zwischen paramagnetischen Zentren in niedrigdimensionalen Systemen, Dissertation Technische Hochschule Aachen 1991.

[362] M. PLISCHKE, B. BERGERSEN, Equilibrium Statistical Physics, Prentice-Hall International, London 1989.

[363] R. AMEIS, S. KREMER, D. REINEN, JAHN-TELLER-Effect of Ti^{3+} in Octahedral Coordination. A Spectroscopic Study of $TiCl_6^{3-}$ Complexes, Inorg. Chem. **24** (1985) 2751 - 2754.

[364] W. BRONGER, G. AUFFERMANN, H. SCHILDER, K_3ReH_6 — Synthese, Struktur und magnetische Eigenschaften, Z. Anorg. Allg. Chem. **624** (1998) 497-500.

[365] R. L. CARLIN, Zero-Field Splittings and Magnetic Interactions, in [56], S. 127-155.

[366] C. DOMB, Graph Theory and Embeddings, in C. DOMB, M. S. GREEN (eds.), Phase Transitions and Critical Phenomena, Vol. 3 (Series Expansions for Lattice Models), Academic Press, London 1974, S. 1 - 95.

[367] G. S. RUSHBROOKE, G. A. BAKER, JR., P. J. WOOD, Heisenberg Model, in C. DOMB, M. S. GREEN (eds.), Phase Transitions and Critical Phenomena, Vol. 3 (Series Expansions for Lattice Models), Academic Press, London 1974, S. 245 - 356.

[368] R. NAVARRO, Application of High- and Low-Temperature Series Expansions to Two-dimensional Magnetic Systems, in L. J. DE JONGH (ed.), Magnetic Properties of Layered Transition Metal Compounds, Kluwer, Dordrecht 1990, S. 105 - 190.

[369] G. A. BAKER, P. GRAVES-MORRIS, Padé Approximants, Part I: Basic Theory, in G.-C. ROTA (ed.), Encyclopedia of Mathematics and Its Applications, Vol. 13, Addison-Wesley, London 1981, S. 1 - 70.

[370] P. SCHMIDT, G. THIELE, F. HÜNING, T. EIFERT, H. LUEKEN, unveröffentlicht.

[371] E. J. SAMUELSEN, R. SILBERGLITT, G. SHIRANE, J. P. REMEIKA, Spin Waves in Ferromagnetic $CrBr_3$ Studied by Inelastic Neutron Scattering, Phys. Rev. B **3** (1971) 157 - 166.

[372] J. ERASSME, H. LUEKEN, Strontium and Europium Polynuclear Units in Intermetallic Compounds with Magnesium. Structural Refinements and Relationships, Acta Crystallogr. B **43** (1987) 244-250.

[373] W. MÜHLPFORDT, Zur Kenntnis des Systems Magnesium-Europium. V $(Eu_3Mg_{14})Mg_x$ mit $1,7 \geq x \geq 1$: Eine intermetallische Phase mit Kanalstruktur, Z. Anorg. Allg. Chem. **623** (1997) 985 - 989.

[374] V. L. MORUZZI, J. F. FRANK, A. R. WILLIAMS, Calculated Electronic Properties of Metals, Pergamon, New York 1978.

[375] J. KURTH, Intermetallische Clusterverbindungen des Europium und Strontium mit Magnesium, Aluminium und Lithium im $EuMg_{5.2}$-, Sr_3Mg_{13}- und Th_6Mn_{23}-Typ, Dissertation Technische Hochschule Aachen 1996.

[376] V. M. BERMUDEZ, D. S. MCCLURE, Spectroscopic Studies of the Two-Dimensional Magnetic Insulators Chromium Trichloride and Chromium Tribromide, J. Phys. Chem. Solids **40** (1979) 129 - 173.

[377] J. JENSEN, A. R. MACKINTOSH, Rare Earth Magnetism, Structures and Excitations, Clarendon, Oxford 1991.

[378] A. WEISS, H. WITTE, Kristallstruktur und chemische Bindung, Verlag Chemie, Weinheim 1983.

[379] A. B. P. LEVER, Inorganic Electronic Spectroscopy, 2nd ed., Elsevier 1984.

[380] G. H. DIEKE, Spectra and Energy Levels of Rare Earth Ions in Crystals, Wiley, New York 1968.

[381] T. P. SOFTLEY, Atomic Spectra, Oxford Chemistry Primers, Oxford University Press 1994.

[382] J. E. WERTZ, J. R. BOLTON, Electron Spin Resonance, Elementary Theory and Applications, McGraw-Hill, New York 1972.

[383] R. KIRMSE, J. STACH, ESR-Spektroskopie, Band 202, Anwendungen in der Chemie, Akademie-Verlag, Berlin 1985.

[384] C. P. POOLE, JR., H. A. FARACH, Handbook of Electron Spin Resonance — Data Sources, Computer Technology, Relaxation, and ENDOR, AIP Press, New York 1994.

[385] F. E. MABBS, B. COLLISON, Electron Paramagnetic Resonance of d-Transition Metal Compounds, Elsevier, Amsterdam 1992.

[386] H. E. STANLEY, Introduction to Phase Transitions and Critical Phenomena, Oxford University Press, Oxford 1971.

[387] J. M. KOSTERLITZ, D. J. THOULESS, J. Phys. C **6** (1973) 1181.

[388] M. KOFLER, Maple V, Release 4; Einführung und Leitfaden für den Praktiker, Addison-Wesley, Bonn 1996.

[389] W. PRANDL, The Determination of Magnetic Structures, in H. DACHS (ed.), Topics in Current Physics, Neutron Diffraction, Springer, Berlin 1978, S. 113 - 149.

[390] P. J. BROWN, Magnetic Structure, Physica B **137** (1986) 31 - 42.

[391] S. W. LOVESEY, Theory of Neutron Scattering from Condensed Matter, Vol. 1 + 2, Clarendon Press, Oxford 1987.

[392] E. BALCAR, S. W. LOVESEY, Theory of Magnetic Neutron and Photon Scattering, Clarendon Press, Oxford 1989.

[393] B. BARBARA, D. GIGNOUX, C. VETTIER, Lectures on Modern Magnetism, Springer, Beijing 1988.

[394] I. BLECH, B. L. AVERBACH, Spin Correlations in MnO, Physics **1** (1964) 31 - 44.

[395] P. WEHAUSEN, O. BORGMEIER, A. FURRER, P. FISCHER, P. ALLENSPACH, W. HENGGELER, H. SCHILDER, H. LUEKEN, Dicyclopentadienidehalides of Lanthanides. Part 9. Exchange Coupling in $[Dy(C_5H_5)_2(\mu\text{-Br})]_2$ and $[Dy(C_5D_5)_2(\mu\text{-Br})]_2$, J. Alloys Comp. **246** (1997) 139 - 146.

[396] a) A. OLEŚ, F. KAJZAR, M. KUCAB, W. SIKORA, Magnetic Structures Determined by Neutron Diffraction, Państwowe Wydawnictwo Naukowe, Warszawa 1976; b) A. OLEŚ, W. SIKORA, A. BOMBIK, M. KONOPKA, Scientific Bulletins

of the Staislaw Staszic University of Mining and Metallurgy, No. 1005. Physics, Bulletin 1, Magnetic Structures Determined by Neutron Diffraction. Description and Symmetry Analysis, Cracow 1984.

[397] A. FURRER (ed.), Crystal Field Effects in Metals and Alloys, Plenum, New York 1976.

[398] H. U. GÜDEL, a) Inelastic Neutron Scattering from Clusters, in [56], p. 329 - 354; b) Inelastic Neutron Scattering, in [280], p. 229 - 242.

[399] P. GÜTLICH, R. LINK, A. X. TRAUTWEIN, Mössbauer Spectroscopy and Transition Metal Chemistry, Springer, Berlin 1978.

[400] D. J. EVANS, The Determination of the Paramagnetic Susceptibility of Substances in Solution by Nuclear Magnetic Resonance, J. Chem. Soc. (1959) 2003 - 2005.

[401] H. H. CRAWFORD, J. SWANSON, Temperature Dependent Magnetic Measurements and Structural Equilibria in Solution, J. Chem. Educ. **48** (1971) 382 - 386.

[402] L. SACCONI, P. NANNELLI, N. NARDI, U. CAMPIGLI, Five-Coordination in Some Complexes of Nickel(II) with Schiff Bases, Formed from Salicylaldehydes and N,N-Substituted Ethylenediamines. II, Inorg. Chem. **4** (1965) 943 - 948.

[403] H. SCHUGAR, C. WALLING, R. B. JONES, H. B. GRAY, The Structure of Iron(III) in Aqueous Solution, J. Am. Chem. Soc. **89** (1967) 3712 - 3720.

[404] U. KÖLLE, J. KOSSAKOWSKI, N. KLAFF, L. WESEMANN, U. ENGLERT, G. E. HERBERICH, Dichloro(pentamethylcyclopentadienyl)ruthenium — neuartige Dichotomie einer Molekülstruktur, Angew. Chem. **91** (1991) 732 - 733.

[405] R. L. CARLIN, A. J. VAN DUYNEVELDT, Magnetic Properties of Transition Metal Compounds, Springer, New York 1977.

[406] H. U. GÜDEL, A. STEBLER, A. FURRER, Direct Observation of Singlet-Triplet Separation in Dimeric Copper(II) Acetate by Neutron Inelastic Scattering Spectroscopy, Inorg. Chem. **18** (1979) 1021 - 1023.

[407] B. J. COLE, W. H. BRUMAGE, Magnetic Susceptibility of Di-μ-bis(N,N,N',N'-tetramethylethylenediamin)Dicopper(II)Bromide, J. Chem. Phys. **53** (1970) 4718 - 4719.

[408] K. T. MCGREGOR, N. T. WATKINS, D. L. LEWIS, R. F. DRAKE, D. J. HODGSON, W. E. HATFIELD, Magnetic Properties of Di-μ-hydroxo bis(2,2'-Bipyridyl)Copper(II)Nitrate, and the Correlation Between the Singlet-Triplet Splitting and the Cu–O–Cu Angle in Hydroxo-Bridged Copper(II) Complexes, Inorg. Nucl. Chem. Lett. **9** (1973) 423 - 428.

[409] B. BRIAT, O. KAHN, I. MORGENSTERN-BADARAU, J. C. RIVOAL, Spectroscopic and Magnetic Properties of $Cs_3Ti_2Cl_9$, Inorg. Chem. **20** (1981) 4193 - 4200.

[410] B. LEUENBERGER, H. U. GÜDEL, J. K. KJEMS, D. PETITGRAND, Magnetic Excitations in $Cs_3Cr_2Cl_9$ Studied by Neutron Scattering, Inorg. Chem. **24** (1985) 1035 - 1038.

[411] B. LEUENBERGER, H. U. GÜDEL, P. FISCHER, Synthesis, Structural Characterization, and Magnetic Properties of the Dimer Compounds $Cs_3Cr_2X_9$, X = Cl, Br, I, J. Solid State Chem. **64** (1986) 90 - 101.

[412] P. ANDERSEN, A. DØSSING, S. LARSEN, E. PEDERSEN, The Crystal Structure and Magnetic and Other Properties of Tri-μ-hydroxo-bis[tetramminechromium(III)]Perchlorate, Acta Chem. Scand. A **41** (1987) 381 - 390.

[413] D. J. HODGSON, Magneto-Structural Correlations in Binuclear Chromium(III) Complexes, in [56], S. 497 - 522.

[414] H. LUEKEN, H. SCHILDER, H. JACOBS, U. ZACHWIEJA, Intramolekularer Antiferromagnetismus in $[Cr_2(\mu\text{-}NH_2)_3(NH_3)_6]I_3$, Z. Anorg. Allg. Chem. **621** (1995) 959 - 962.

[415] H. LUEKEN, K. HANDRICK, H. SCHILDER, J. W. BUCHLER, K.-L. LAY, Intramolecular Antiferromagnetism in μ-Oxo-bis[5,15-dimethyl-2,3,7,8,12,13,17,18-octaethylporphyrinato)iron(III)], Z. anorg. allg. Chem. **622** (1996) 95 - 99.

[416] M. LAUSMANN, I. ZIMMER, J. LEX, H. LUEKEN, K. WIEGHARDT, E. VOGEL, μ-Oxodieisen(III)-Komplexe von Porphycenen, Angew. Chem. **106** (1994) 776 - 779.

[417] J. R. HART, A. K. RAPPÉ, S. M. GORUN, T. H. UPTON, Ab Initio Calculation of the Magnetic Exchange Interactions in (μ-Oxo)diiron(III) Systems Using a Broken Symmetry Wave Function, Inorg. Chem. **31** (1992) 5254 - 5259.

[418] S. M. GORUN, S. J. LIPPARD, Magnetostructural Correlations in Magnetically Coupled (μ-Oxo)diiron(III) Complexes, Inorg. Chem. **30** (1991) 1625 - 1630.

[419] D. M. KURTZ, JR., Oxo- and Hydroxo-Bridged Diiron Complexes: A Chemical Perspective on a Biological Unit, Chem. Rev. **90** (1990) 585 - 606.

[420] A. CORNIA, D. GATTESCHI, K. HEGETSCHWEILER, Magnetic Exchange Coupling in the $Fe_6^{III}(\mu_6\text{-}O)$ Core: A Hint to the Magnetic Properties of Higher-Nuclearity Spin Clusters, Inorg. Chem. **33** (1994) 1559 - 1561.

[421] D. GATTESCHI, A. CANESCHI, R. SESSOLI, A. CORNIA, Magnetism of Large Iron-Oxo Clusters, Chem. Soc. Rev. (1996) 101 - 109.

[422] C. ELSCHENBROICH, O. SCHIEMANN, O. BURGHAUS, K. HARMS, Exchange Interaction Mediated by O–H···O Hydrogen Bonds: Synthesis, Structure, and EPR Study of the Paramagnetic Organometallic Carboxylic Acid $(\eta^7\text{-}C_7H_7)V(\eta^5\text{-}C_5H_4COOH)$, J. Am. Chem. Soc. **119** (1997) 7452 - 7457.

[423] A. BENCINI, D. GATTESCHI, EPR of Exchange Coupled Systems, Springer, Berlin 1990.

[424] J.-P. COSTES, F. DAHAN, A. DUPUIS, J. P. LAURENT, A Genuine Example of a Discrete Bimetallic (Cu, Gd) Complex: Structural Determination and Magnetic Properties, Inorg. Chem. **35** (1996) 2400 - 2402.

[425] I. RAMADE, O. KAHN, Y. JEANNIN, F. ROBERT, Design and Magnetic Properties of a Magnetically Isolated $Gd^{III}Cu^{II}$ Pair. Crystal Structures of $[Gd(hfa)_3Cu(salen)]$, $[Y(hfa)_3Cu(salen)]$, $[Gd(hfa)_3Cu(salen)(Meim)]$, and $[La(hfa)_3(H_2O)Cu(salen)]$ [hfa = Hexafluoroacetylacetonato, salen = N,N′-Ethylenebis(salicylideneaminato), Meim = 1-Methylimidazole], Inorg. Chem. **36** (1997) 930 - 936.

[426] D. J. HINZ, G. MEYER, T. DEDECKE, W. URLAND, $Na_2Ti_3Cl_8$: From Isolated Ti^{2+} Ions to $[Ti_3]^{6+}$ Clusters, Angew. Chem. Int. Ed. Engl. **34** (1995) 71 - 73.

[427] W. E. ESTES, D. B. LOSEE, W. E. HATFIELD, The Magnetic Properties of Several Quasi Two-Dimensional Heisenberg Layer Compounds: A New Class of Ferromagnetic Insulators Involving Halocuprates, J. Chem. Phys. 72 (1980) 630 - 638.

[428] D. J. CRAIK (ed.), Magnetic Oxides, Wiley, London 1975.

[429] R. VALENZUELA, Magnetic Ceramics, Cambridge University Press 1994.

[430] I. DZYALOSHINSKY, A Thermodynamic Theory of "Weak" Ferromagnetism of Antiferromagnets, J. Phys. Chem. Solids **4** (1958) 241 - 255.

[431] T. MORIYA, Anisotropic Superexchange Interaction and Weak Ferromagnetism, Phys. Rev. **120** (1960) 91 - 98.

[432] I. S. JACOBS, C. P. BEAN, Fine Particles, Thin Films and Exchange Anisotropy (Effects of Finite Dimensions and Interfaces on the Basic Properties of Ferromagnets), in G. T. RADO, H. SUHL (eds.), Magnetism, Vol. III, Academic Press, New York 1963.

[433] K. HANEDA, Recent Advances in the Magnetism of Fine Particles, Can. J. Phys. **65** (1987) 1233 - 1244.

[434] U. HÄFELI, W. SCHÜTT, J. TELLER, M. ZBOROWSKI (eds.), Scientific and Clinical Applications of Magnetic Carriers, Plenum, New York 1997.

[435] W. ANDRÄ, H. NOWAK (eds.), Magnetism in Medicine, a Handbook, Wiley-VCH, Berlin 1998.

[436] S. OHKOSHI, Y. ABE, A. FUJISHIMA, K. HASHIMOTO, Design and Preparation of a Novel Magnet Exhibiting Two Compensation Temperatures Based on Molecular Field Theory, Phys. Rev. Lett. **62** (1999) 1285 - 1288.

[437] O. KAHN, The Magnetic Turnabout, Nature **399** (1999) 21 - 23.

[438] L. SMART, E. MOORE, Solid State Chemistry, An Introduction, Chapman & Hall, London 1992.

[439] J. F. JANAK, Uniform Susceptibility of Metallic Elements, Phys. Rev. B **16** (1977) 255 - 262.

[440] A. NARATH, H. L. DAVIS, Spin-Wave Analysis of the Sublattice Magnetization Behavior of Antiferromagnetic and Ferromagnetic $CrCl_3$, Phys. Rev. A **137** (1965) 163 - 178.

[441] H. L. DAVIS, A. NARATH, Spin-Wave Renormalization Applied to Ferromagnetic $CrBr_3$, Phys. Rev. A **134** (1964) 433 - 441.

[442] H. HEIM, H. BÄRNIGHAUSEN, Die Kristallstruktur von Trisamariumtetrasulfid, eine allgemeine kristallchemische Betrachtung über den Th_3P_4-Typ und eine Diskussion über den ungewöhnlichen Valenzzustand des Samariums in Sm_3S_4, Acta Crystallogr. B **34** (1978) 2084 - 2092.

[443] M. LOEWENHAUPT, K. H. FISCHER, Valence-Fluctuation and Heavy-Fermion Systems, in [51], Vol. 16 (1993) 1 - 105.

[444] D. C. KOSKENMAKI, K. A. GSCHNEIDNER, Jr., Cerium, in [51], Vol. 1 (1978) 337 - 377.

[445] K. A. Gschneidner, Jr., A. H. Daane, Physical Metallurgy, in [51], Vol. 11 (1988) 409 - 484.

[446] A. Jayaraman, Valence Changes in Compounds, in [51], Vol. 2 (1979), p. 575 - 611.

[447] R. Nagarajan, G. K. Shenoy, L. C. Gupta, E. V. Sampathkumaran, Anomalous Behaviour of the Mössbauer Resonance Width in Mixed Valent $EuNi_2P_2$, J. Magn. Magn. Mat. **47** & **48** (1985) 413 - 416.

[448] (a) N. Lossau, H. Kierspel, J. Langen, W. Schlabitz, D. Wohlleben, A. Mewis, C. Sauer, EuPtP: a new mixed valent europium-system, Z. Phys. B – Cond. Mat. **74** (1989) 227 - 232; (b) N. Lossau, H. Kierspel, G. Michels, F. Oster, W. Schlabitz, D. Wohlleben, C. Sauer, A. Mewis, Three magnetic order transitions in mixed valent EuPtP, Z. Phys. B – Cond. Mat. **77** (1989) 393 - 397.

[449] D. K. Wohlleben, Systematics of Valence Fluctuation Systems, in L. M. Falicov, W. Hanke, M. B. Maple (eds.), Valence Fluctuations in Solids, North-Holland, Amsterdam 1981.

[450] K. R. Bauchspiess, W. Boksch, E. Holland-Moritz, H. Launois, R. Pott, D. Wohlleben, L_{III} Absorption Edge of the Ce and Yb Intermediate Valence Compounds: Non-Existence of Tetravalent Cerium Compounds, in L. M. Falicov, W. Hanke, M. B. Maple (eds.), Valence Fluctuations in Solids, North-Holland, Amsterdam 1981.

[451] W. Franz, F. Steglich, W. Zell, D. Wohlleben, Intermediate Valence on Dilute Europium Ions, Phys. Rev. Lett. **45** (1980) 64 - 67.

[452] B. C. Sales, D. K. Wohlleben, Susceptibility of Interconfigurational-Fluctuation Compounds, Phys. Rev. Lett. **35** (1975) 1240 - 1975.

[453] B. Wittershagen, D. Wohlleben, The Mixed Valence Energy Parameters of Some Ce and Yb Systems, J. Magn. Magn. Mat. **47** & **48** (1985) 79 - 85.

[454] M. Sauer, S. Raetz, V. Ohm, M. Merkens, C. Sauer, D. Schmitz, H. Schilder, H. Lueken, Structural, Mössbauer spectroscopic and magnetochemical investigations into $EuPt_5$, $TmPt_5$ and $TmPt_3$ synthesized from platinum and gaseous lanthanide, J. Alloys Comp. **246** (1997) 147 - 154.

[455] J. C. W. Folmer, F. Jellinek, The Valence of Copper in Sulphides and Selenides: An X-ray Photoelectron Spectroscopy Study, J. Less-Common Met. **76** (1980) 153 - 162.

[456] B. P. Ghosh, M. Chaudhury, K. Nag, Electron Transport and Magnetic Properties of Some Mixed-Valent Alkalithiocuprates, J. Solid State Chem. **47** (1983) 307 - 313.

[457] W. Bronger (ed.), Unusual Valence States in Solid State Materials, Special Issue of J. Alloys Comp. **246** (1997) 1 - 262.

[458] G. H. Wannier, Antiferromagnetism. The Triangular Ising Net, Phys. Rev. **79** (1950) 357 - 364; Errata: Phys. Rev. B **7** (1973) 5017.

[459] J. K. McCusker, J. B. Vincent, E. A. Schmitt, M. L. Mino, K. Shin, D. K. Coggin, P. M. Hagen, J. C. Hoffman, G. Christou, D. N. Hendrickson, Molecular Spin Frustration in the $[Fe_4O_2]^{8+}$ Core: Synthesis, Structure, and Magnetochemistry of $[Fe_4O_2(O_2CR)_7(bpy)_2](ClO_4)$ (R = Me, Ph), J. Am. Chem. Soc. **113** (1993) 3012 - 3021.

[460] J. Spałek, A. Lewicki, Z. Tarnawski, J. K. Furdyna, R. R. Galazka, Z. Obuszko, Magnetic susceptibility of semimagnetic semiconductors: The high-temperature regime and the role of superexchange, Phys. Rev. B **33** (1986) 3407 - 3418.

[461] V. Spasojevic, A. Bajorek, A. Szytula, W. Giriat, High Temperature Susceptibility of Semimagnetic-Semiconductor $Zn_{1-x}Mn_xS$, J. Magn. Magn. Mat. **80** (1989) 183 - 188.

[462] J. S. Miller, A. J. Epstein, Organische und metallorganische molekulare magnetische Materialien: Designer-Magnete, Angew. Chem. **106** (1994) 399 - 432.

[463] H. Kronmüller, Superstarke Magnete intermetallischer Verbindungen der Seltenerdmetalle, Phys. Bl. **53** (1997) 437 - 439.

[464] L. Néel, Superparamagnétism des grains très fins antiferromagnétiques, C. R. Acad. Sci. **252** (1961) 4075 - 4080.

[465] L. Néel, Superposition de l'antiferromagnétisme et du superparamagnétisme dans un grain très fin, C. R. Acad. Sci. **253** (1961) 9 - 12.

[466] L. Néel, Superantiferromagnétisme dans les grains fins, C. R. Acad. Sci. **253** (1961) 203 - 208.

[467] J. Cohen, K. M. Creer, R. Pauthenet, K. Srivastave, Propriétés Magnétiques des Substances Antiferromagnétiques, J. Phys. Soc. Jpn **17** Suppl. B-1 (1962) 685 - 689.

[468] E. M. Chudnovsky, L. Gunther, Quantum Tunneling of Magnetization in Small Ferromagnetic Particles, Phys. Rev. Lett. **60** (1988) 661 - 664.

[469] J. R. Friedman, M. P. Sarachik, J. Tejada, R. Ziolo, Macroscopic Measurement of Resonant Magnetization Tunneling in High-Spin Molecules, Phys. Rev. Lett. **76** (1996) 3830 - 3833.

[470] L. Thomas, F. Lionti, R. Ballou, D. Gatteschi, R. Sessoli, B. Barbara, Macroscopic quantum tunneling of magnetization in a single crystal of nanomagnets, Nature **383** (1996) 145 - 147.

[471] V. Drach, Quantenmechanisches Kippen von Nanomagneten, Phys. Unserer Zeit **28** (1997) 91.

[472] L. Gunther, B. Barbara (eds.), Quantum Tunneling of Magnetization — QTM '94, NATO ASI Series, Serie E: Applied Sciences, Vol. 301, Kluwer, Dordrecht 1995.

[473] J. L. Dormann, D. Fiorani, Magnetic Properties of Fine Particles, North-Holland, Amsterdam 1992.

[474] J. Tejada, R. F. Ziola, X. X. Zhang, Quantum Tunneling of Magnetization in Nanostructured Materials, Chem. Mat. **8** (1996) 1784 - 1792.

[475] C. Kollmar, O. Kahn, Ferromagnetic Spin Alignment in Molecular Systems: An Orbital Approach, Acc. Chem. Res. **26** (1993) 259 - 265.

[476] S. Ferlay, T. Mallah, R. Ouahès, P. Veillet, M. Verdaguer, A room-temperature organometallic magnet based on Prussian blue, Nature **378** (1995) 701 - 703.

[477] L. Néel, Magnetismus und lokales Molekularfeld (Nobel-Vortrag), Angew. Chem. **83** (1971) 838 - 848.

[478] R. K. Kremer, HJ. Mattausch, A. Simon, S. Steuernagel, M. E. Smith, Metal-Metal Bonding in Y_2Cl_3 — A NMR and Magnetic Susceptibility Study, J. Solid State Chem. **96** (1992) 237 - 242.

[479] A. Simon, HJ. Mattausch, G. J. Miller, W. Bauhofer, R. K. Kremer, Metal-rich Halides, Structure, Bonding and Properties, in [51], Vol. 15 (1991) 191 - 285.

[480] W. Reimers, E. Hellner, W. Treutmann, P. J. Brown, Polarised Neutron Diffraction Study of $Mn_{1.09}Sb$, J. Phys. Chem. Solids **44** (1983) 195 - 204.

[481] T. Dittrich, Bistabilität zwischen mikroskopischer und makroskopischer Physik: Kohärenz, Chaos und Dissipation, Phys. Unserer Zeit **28** (1997) 238 - 245.

Sachverzeichnis

Verwendete Abkürzungen:
H_{ee} interelektronische Wechselwirkung
H_{SB} Spin-Bahn-Kopplung
H_{LF} Ligandenfeldeffekt
H_{ex} Austauschwechselwirkung
H_M äußeres Magnetfeld
okt. oktaedrisch
tetr. tetraedrisch

molekulare, 420
nanoskalierte, 382
$Nd_2Fe_{14}B$, 52, 53
Sm_2Co_{17}, 52, 53
$SmCo_5$, 52, 53
Supermalloy, 52
$Y_3Fe_5O_{12}$, 57
magnetischer Dipol, 27
magnetisches Dipolmoment, 19
magnetisches Moment, 26, 30
des Neutrons, 53
effektives, 38
freier Ionen, 138–143
Ln^{3+}-Ionen, 37
lokalisiertes, 307
longitudinales, 293
Riesen-, 61
Sättigungs-, 53
Spin-only, 40
transversales, 293
magnetisches Verhalten
$3d^1$(okt.), 246
$3d^1$(tetr.), 250
d^1 (okt./tetr.), 213–214
$3d^1$(tetragonal), 297–298
$3d^2$(okt.), 247
$3d^2$(tetr.), 250, 321
$3d^3$(okt.), 250, 321
$3d^3$(tetr.), 249
$3d^4$(okt.), 250
$3d^4$(okt.)-Low-Spin, 249
$3d^4$(tetr.), 247
$3d^5$(okt.)-Low-Spin, 246
$3d^5$(okt./tetr.), 250
$3d^5$(tetr.)-Low-Spin, 246
$3d^6$(okt.), 247
$3d^6$(tetr.), 250
$3d^7$(okt.), 249
$3d^7$(tetr.), 250, 321
$3d^8$(okt.), 250, 321
$3d^8$(tetr.), 247
$3d^9$(okt.), 250
$3d^9$(tetr.), 246
d^9 (okt./tetr.), 215
$4f^N$ (freie Ionen), 152, 153
$4f^1$ (freies Ion), 148–150
$4f^1$ (okt.), 265
$4f^6$ (freies Ion), 153
$4f^{13}$ (freies Ion), 148–150
$4f^{13}$ (okt.), 265
$5f^1$ (okt.), 265
Ce^{3+} (kub.), 265–270
$CeCl_3$, 304
Co^{2+}(okt.), 253
Co^{2+}(okt.)-Low-Spin, 253
Co^{2+}(tetr.), 253
Cr^{2+}(okt.), 253
Cr^{3+}(okt.), 253
$CrBr_3$, 409
$CrCl_3$, 409
$Cs_2NaEuCl_6$, 273
$Cs_2NaNdCl_6$, 273
$Cs_2NaPrCl_6$, 272
$Cs_2NaSmCl_6$, 273
Cs_3CoCl_5, 300–303
Cu^{2+}(okt.), 220, 221
Cu^{2+}(tetr.), 219, 221
dinukleare Systeme, 314
Eu[$4f^6/4f^7$], zwischenvalent, 285
$EuMg_{5,2}$, 413
Fe^{2+}(okt.), 253
Fe^{3+}(okt.), 253
Hf^{3+}(okt.), 217
Hf^{3+}(tetr.), 218
Ir^{4+}(okt.), 253
Mo^{3+}(okt.), 253
Mo^{4+}(okt.), 253
Ni^{2+}(okt.), 253
Ni^{2+}(tetr.), 253
Os^{5+}(okt.), 253
polynukleare Systeme, 318
Pr(III) (kub.), 276–278
Re^{3+}(okt.), 253
Ru^{3+}(okt.), 253
Ti^{3+}(okt.), 217, 219
Ti^{3+}(tetr.), 218, 220
Ti^{3+}(verz.-okt.), 297
V^{3+}(okt.), 253
W^{4+}(okt.), 253
Zr^{3+}(okt.), 217
Zr^{3+}(tetr.), 218
Magnetisierung, 16–21, 84, 287

$CeCl_3$, 303
$CePd_3$, 286
$CePt_5$, 292
ClO_2, 43
Co^{2+}-, 40
Co_3O_4, 55, 325
$Co_{1-x}Pd_x$(l), 46
Co(II)-Spincrossover-, 243
Co(III)-Spincrossover-, 243
CoO, 55, 339, 376
$NdCo_5$, 47
$[CoL_2]SbCl_6$, 243
$HgCo(NCS)_4$, 64
Cs_3CoCl_5, 64, 298, 322
Cr_2O_3, 415
Cr(II)-Spincrossover-, 243
$[Cr_2(\mu\text{-}NH_2)_3(NH_3)_6]I_3$, 381
$[Cr_2(\mu\text{-}OH)_3(NH_3)_6]^{3+}$, 381
$CrBr_3$, 380, 409–412
$CrCl_3$, 351, 380, 409–412
CrO_2, 52, 53
Rb_2CrCl_4, 47
Na_2CrO_4, 24
$Cs_3Cr_2Br_9$, 381
$Cs_3Cr_2Cl_9$, 381
$Cs_3Cr_2I_9$, 381
$Cu(C_2O_4) \cdot \frac{1}{3} H_2O$, 385
$Cu(HCOO)_2 \cdot 4H_2O$, 410
$CuGeO_3$, 385
ACu_4S_3, 285
$[Cu(CH_3COO)_2(H_2O)]_2$, 44–46, 361
$[Cu(bipy)OH]_2(NO_3)_2$, 381
$[Cu(pc)]^{0,33+}[I_3^-]_{0,33}$, 370
$[Cu(tmen)OH]_2Br_2$, 381
Alkylammonium-tetrachlorocuprate(II), 408
$(C_6H_{11}NH_3)CuCl_3$, 385
K_2CuF_4, 410
L_2CuCl_4, 410
Rb_2CuCl_4, 410
$YBa_2Cu_3O_{6,35}$, 55
dinukleare, 380–383
DyCu, 55
$ErBa_2Cu_3O_{6,53}$, 55
$ErBa_2Cu_3O_{6,87}$, 55
$Eu_xSr_{1-x}S$, 44
$EuMg_{5,2}$, 413
$EuNi_2P_2$, 286
EuO, 34, 35, 47, 351, 416
EuPtP, 286
EuS, 47, 416
EuSe, 36, 48, 55, 416
EuTe, 48, 55, 416
$Cs_2NaEuCl_6$, 273
$Fe_2O_3(\alpha)$, 419
$Fe_2O_3(\gamma)$, 57, 418
Fe_3O_4, 56, 57, 325
Fe_3O_4, nanostrukturiert, 415
$Fe_{40}Co_{40}B_{20}$, 52
Fe(II)-Spincrossover-, 243
Fe(III)-Spincrossover-, 243
Fe(III)/Fe(II), 324
$Fe[MnFe]O_4$, 346
$Fe[Ni_xMn_{1-x}Fe]O_4$, 346
$Fe[NiFe]O_4$, 346
$FeBr_2$, 36, 55, 294, 344
$FeCl_2$, 36, 44, 54, 55, 344
FeO, 55, 339, 376
$BaFe_{12}O_{19}$, 57
$[Fe_xM_{1-x}(phen)_2(NCS)_2]$, 245
$[Fe(2\text{-}pic)_3]Cl_2 \cdot EtOH$, 245
$[Fe(ODM)]_2O$, 72, 381
$[Fe(TPrPc)]_2O$, 381
$[Fe(phen)_2(NCS)_2]$, 243, 245
$[Fe(phen)_3]X_2$, 243
$[FeCp_2^*][TCNE]$, 47
$NH_4Fe(SO_4)_2 \cdot 12\,H_2O$, 28, 31, 64
$Y_3Fe_5O_{12}$, 56, 57
$ZnFe_2O_4$, 55
$Nd_2Fe_{14}B$, 52, 53
Ferrite, 345–347
$Gd_2(SO_4)_3 \cdot 8\,H_2O$, 28, 31
Gd_2BrC, 417
Gd_2ClC, 417
Gd_2IC, 417
Gd-Cu-, 382
$GdCl_3$, 378
gemischtvalente, 48, 324
  Ce-, 48, 270
  Eu-, 48, 285
  Sm-, 48
  Tm-, 48

MIX
Papier aus verantwortungsvollen Quellen
Paper from responsible sources
FSC® C105338
FSC
www.fsc.org

If you have any concerns about our products,
you can contact us on
ProductSafety@springernature.com

In case Publisher is established outside the EU,
the EU authorized representative is:
Springer Nature Customer Service Center GmbH
Europaplatz 3, 69115 Heidelberg, Germany

Printed by Libri Plureos GmbH
in Hamburg, Germany